Microsoft

Windows Server 2016 系統管理與架站實務

Administrator's Guide

感謝您購買旗標書，
記得到旗標網站
www.flag.com.tw
更多的加值內容等著您…

<請下載 QR Code App 來掃描>

1. 建議您訂閱「旗標電子報」：精選書摘、實用電腦知識搶鮮讀；第一手新書資訊、優惠情報自動報到。
2. 「更正下載」專區：提供書籍的補充資料下載服務，以及最新的勘誤資訊。
3. 「網路購書」專區：您不用出門就可選購旗標書！

買書也可以擁有售後服務，您不用道聽塗說，可以直接和我們連絡喔！

我們所提供的售後服務範圍僅限於書籍本身或內容表達不清楚的地方，至於軟硬體的問題，請直接連絡廠商。

● 如您對本書內容有不明瞭或建議改進之處，請連上旗標網站，點選首頁的 讀者服務，然後再按右側 讀者留言版，依格式留言，我們得到您的資料後，將由專家為您解答。註明書名(或書號)及頁次的讀者，我們將優先為您解答。

學生團體 訂購專線：(02)2396-3257 轉 361, 362
傳真專線：(02)2321-2545

經銷商 服務專線：(02)2396-3257 轉 314, 331
將派專人拜訪
傳真專線：(02)2321-2545

國家圖書館出版品預行編目資料

Microsoft Server 2016 系統管理與架站實務 /
施威銘研究室 作. 臺北市：旗標, 2017 .08 面；公分

ISBN 978-986-312-447-4 (平裝)

1. 網際網路

312.1653 106007968

作 者／施威銘研究室
發 行 所／旗標科技股份有限公司
台北市杭州南路一段15-1號19樓
電 話／(02)2396-3257(代表號)
傳 真／(02)2321-2545
劃撥帳號／1332727-9
帳 戶／旗標科技股份有限公司
監 督／楊中雄
執行企劃／陳彥發
執行編輯／鄭秀珠
美術編輯／林美麗・陳奕愷・薛榮貴
封面設計／古鴻杰
編 審／陳翊志
校 對／鄭秀珠

新台幣售價：650 元
西元 2017 年 8 月 初版
行政院新聞局核准登記-局版台業字第 4512 號
ISBN 978-986-312-447-4

序

PREFACE

微軟在 2016/10/20 正式在台灣發表 Windows Server 2016，本書實測 Microsoft Windows Server 2016 各項功能，從安裝、規劃、建立網域、建立帳戶、磁碟管理到架設站台，由淺入深引導讀者輕鬆入門，奠定擔任 Windows Server 系統管理員的基礎。

希望本書能對於讀者在工作和學習上都提供實質的助益，達成我們與讀者共同學習、成長的目的。

施威銘研究室　2017/7

Windows Server 2016 試用版的取得方式

Windows Server 2016 的試用版可以從以下的網頁下載：

```
https://www.microsoft.com/zh-tw/evalcenter/evaluate-windows-server-2016
```

詳細的下載步驟請參考第 2 章，這個版本包括 Datacenter 版和 Standard 版，但是顯示語言中沒有「正體中文」可以選，所以在本書是先選英文、再將介面改為正體中文，若讀者熟悉大陸的用語，也可以選擇簡體中文，再評估是否要改為正體中文。

試用版的功能完整、試用期限為 180 天，完成安裝並登入後必須在 10 天內啟用 (啟用所需的金鑰會自動產生，毋須輸入)，啟用後才開始起算 180 天。每次開機後會在右下角以「通知」的方式顯示還剩下多少天的試用期，或者在**命令提示字元**執行『slmgr.vbs /dlv』指令也能顯示。

到期之後雖然還是可以啟動登入，但是每次登入時會提醒您應該立即啟用，這次的啟用必須輸入購買的授權金鑰才能完成。若選擇**稍後詢問我**以避開啟用，則系統會「每一小時自動關機一次」！而且安裝更新時，僅能安裝「安全性更新」，其餘的更新都不能安裝。

目 錄

CONTENTS

第一篇 初學安裝篇

第 1 章 Windows Server 2016 簡介

1-1 版本與授權方式 1-3
1-2 本書介紹的功能 1-6

第 2 章 安裝 Windows Server 2016

2-1 安裝前準備工作 2-2
2-2 「桌面體驗」安裝模式 2-6
2-3 Server Core 安裝模式 2-16

第二篇 網域成立篇

第 3 章 目錄服務

3-1 目錄服務的基本觀念 3-2
3-2 目錄的架構 3-4
3-3 X.500 和 LDAP 3-6
3-4 AD 目錄服務 3-6
3-5 AD 物件的名稱 3-12

第 4 章 Active Directory 網域

4-1 AD 網域的定義與功用 4-2
4-2 網域控制站 4-5
4-3 多重網域的架構 4-8
4-4 站台與 GC 伺服器 4-13

第 5 章　建立網域

5-1　建立第一個網域 5-2
5-2　將電腦加入網域 5-14
5-3　提升樹系與網域功能等級 5-20
5-4　退出網域和 DC 降級 5-25

第三篇　基礎管理篇

第 6 章　建立與管理使用者帳戶

6-1　新增使用者帳戶 6-2
6-2　使用者帳戶的內容 6-9
6-3　管理使用者帳戶 6-18
6-4　使用者設定檔 6-24

第 7 章　規劃與建立群組

7-1　安全性群組的種類 7-3
7-2　建立與維護群組 7-10
7-3　認識內建群組 7-20
7-4　指派使用者權利 7-29

第 8 章　分享檔案與資料夾

8-1　關於檔案分享的基礎知識 8-2
8-2　分享公用資料夾 8-4
8-3　分享任意資料夾 8-8
8-4　根據帳戶名稱賦予不同的權限 8-12
8-5　將共用資料夾發佈到 AD 資料庫 8-16
8-6　管理共用資源與進階共用 8-19

第 9 章　分享印表機與列印管理

9-1　網路列印的基本觀念 9-2
9-2　分享印表機 9-4
9-3　管理印表機與管理文件 9-10
9-4　列印管理主控台 9-19

第四篇 進階管理篇

第 10 章 群組原則－基礎篇

10-1 群組原則的基本觀念 10-2
10-2 建立與管理群組原則 10-12
10-3 委派群組原則管理 10-30
10-4 安全性設定 10-34

第 11 章 磁碟管理

11-1 基本磁碟與動態磁碟 11-2
11-2 管理基本磁碟 11-5
11-3 管理動態磁碟 11-14
11-4 連接磁碟 11-30

第 12 章 資料加密與壓縮

12-1 資料加密 12-2
12-2 允許他人解密 12-13
12-3 資料加密修復代理 12-16
12-4 資料壓縮 12-26

第 13 章 分散式檔案系統

13-1 DFS 簡介 13-2
13-2 DFS 實例應用 13-10
13-3 DFS 複寫 13-20

第 14 章 遠端管理

14-1 啟用遠端連線 14-2
14-2 建立與結束遠端桌面連線 14-10
14-3 遠端桌面的選項設定 14-15

第 15 章 備份、還原與陰影複製

15-1 立即備份 15-4
15-2 排程備份 15-12
15-3 還原資料 15-17
15-4 陰影複製與以前的版本 15-21

第五篇 虛擬平台篇

第 16 章 Hyper-V

16-1 安裝 Hyper-V 16-3
16-2 新增虛擬主機與安裝作業系統 16-8
16-3 修改虛擬主機的配備 16-18
16-4 新增虛擬交換器 16-25

第 17 章 Nano Server

17-1 產生 VHD 檔 17-2
17-2 建立 Nano Server 虛擬主機 17-5

第六篇 架站實務篇

第 18 章 DNS 伺服器

18-1 DNS 概論 18-2
18-2 安裝 DNS 伺服器 18-4
18-3 新增區域 18-8
18-4 新增資源記錄 18-19
18-5 新增次要及反向區域 18-24

第 19 章 DHCP 伺服器

19-1 安裝授權與設定 19-3
19-2 管理領域 19-19

第 20 章 IIS 網頁伺服器 － 架設、管理與維護

20-1 安裝 IIS 網頁伺服器....................20-2
20-2 建立第一個自己的網站....................20-7
20-3 利用 WebDAV 上傳網頁....................20-17
20-4 管理與維護....................20-22

第 21 章 IIS 網頁伺服器－安全管理與多站台應用

21-1 限制 IP 位址和網域名稱....................21-4
21-2 設定身分驗證方式....................21-10
21-3 設定授權....................21-14
21-4 多個站台同時運作....................21-17

第 22 章 FTP 檔案伺服器

22-1 建立第一個 FTP 站台....................22-2
22-2 設定 FTP 站台的安全性....................22-11
22-3 FTP 使用者隔離....................22-17

附錄 A 網路基礎知識

A-1 OSI 模型與通訊協定....................A-2
A-2 IP 通訊協定....................A-5
A-3 IPv6 通訊協定....................A-11
A-4 TCP、UDP 與連接埠....................A-14

附錄 B 準備好架站的網路環境

B-1 選擇哪一種寬頻網路....................B-2
B-2 連上網路....................B-3
B-3 申請付費網域名稱....................B-12

第一篇 初學安裝篇

CHAPTER

01

Windows Server 2016

Windows Server 2016 簡介

1-1 版本與授權方式

1-2 本書介紹的功能

微軟在 Windows Server 2016 發表會中，以「為貴公司帶來全球最大型雲端資料中心的創新」為標語，強力宣示攻佔雲端資料中心的決心。到底它有哪些版本？有什麼新亮點？就讓我們先來瞭解一下。

「雲端就緒」和「資料中心」是 Windows Server 2016 的兩大核心

根據**微軟**所公布的網頁資料，Windows Server 2016 的新功能涵蓋以下八大領域：

- 運算 (Compute)
- 身分識別與存取 (Identity and Access)
- 系統管理 (Administration)
- 網路 (Networking)
- 安全性和保證 (Security and Assurance)
- 存放 (Storage)
- 容錯移轉叢集 (Failover Clustering)
- 應用程式開發 (Application development)

詳情請參考 https://docs.microsoft.com/zh-tw/windows-server/get-started/what-s-new-in-windows-server-2016，其中林林總總列出了大約 30 項議題，大致來說，脫離不了「雲端化、提升安全性、軟體定義資料中心」三個範疇。

此外，對硬體（CPU、記憶體）的支援也有大幅度的改進：

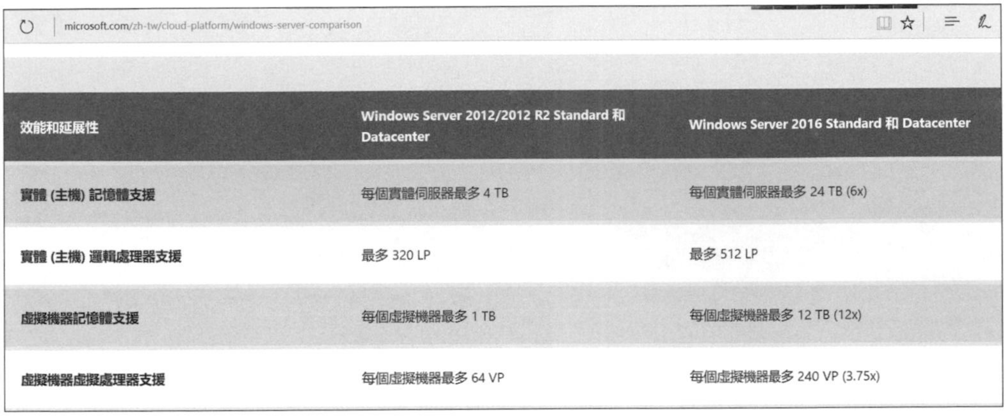
microsoft.com/zh-tw/cloud-platform/windows-server-comparison

效能和延展性	Windows Server 2012/2012 R2 Standard 和 Datacenter	Windows Server 2016 Standard 和 Datacenter
實體 (主機) 記憶體支援	每個實體伺服器最多 4 TB	每個實體伺服器最多 24 TB (6x)
實體 (主機) 邏輯處理器支援	最多 320 LP	最多 512 LP
虛擬機器記憶體支援	每個虛擬機器最多 1 TB	每個虛擬機器最多 12 TB (12x)
虛擬機器虛擬處理器支援	每個虛擬機器最多 64 VP	每個虛擬機器最多 240 VP (3.75x)

Windows Server 2016 支援更多的 CPU 核心和記憶體
（資料來源：https://www.microsoft.com/zh-tw/cloud-platform/windows-server-comparison）

1-1 版本與授權方式

相較於先前的 Windows Server 家族成員，Windows Server 2016 的版本相當精簡，市面上販售的只有 Datacenter 和 Standard 兩種版本（都是 64 位元版，沒有 32 位元版），兩者在功能面的差異請參考下表：

microsoft.com/zh-tw/cloud-platform/windows-server-pricing

Windows Server 2016 功能差異

功能	Datacenter	Standard
Windows Server 的核心功能	●	●
OSE/Hyper-V 容器	無限制	2
Windows Server 容器	無限制	無限制
主機守護者服務	●	●
Nano Server*	●	●
儲存功能包括儲存空間直接存取和儲存體複本	●	
受防護的虛擬機器	●	
網路功能堆疊	●	

*需要軟體保證才能在生產環境中部署及操作 Nano Server。

資料來源：https://www.microsoft.com/zh-tw/cloud-platform/windows-server-pricing

Standard 版和 Datacenter 版的主要差異在於「儲存功能」、「受防護的虛擬機器」及「網路功能堆疊」，要注意的是，倘若公司將來打算採用「軟體空間直接存取（Storage Spaces Direct, S2D）技術，或者要採用「軟體定義網路」(Software Defined Networking, SDN) 技術時，就應該購買 Datacenter 版。

不過對於中小企業來說，比較關心的可能是授權方式的改變！

從 Windows Server 2016 開始，伺服器授權的計算方式有重大的改變，從「以實體 CPU 數量計算」(processor-based) 改為「以核心數量計算」(core-based)，舉例來說，若伺服器有兩顆 CPU、每顆有 4 核心，對 Windows Server 2012 R2 來說只需要 2 份伺服器授權；但是對 Windows Server 2016 來說則需要 8 份伺服器授權。以前買一套 Windows Server 2012 R2 就包含 2 顆 CPU 的伺服器授權，不管總共有多少核心。

現在買一套 Windows Server 2016 也同樣包含 2 顆 CPU 的伺服器授權，但是每顆 CPU 只有 8 核心的授權，也就是最多有 16 核心的伺服器授權，倘若不夠，加購時必須以「2 份」為最小單位，亦即可以加購 2 份、4 份、6 份 ... 依此類推。

定價和授權概觀

為了在多雲端環境下提供更一致的授權體驗，我們正在將 Windows Server 2016 Datacenter 和 Standard 版本從處理器型授權轉換為核心型授權。如需特定的價格，請連絡您的 Microsoft 轉銷商。

Windows Server 2016 版本	適用於	授權模式	CAL 需求*	Open NL ERP 定價 (美元)
Datacenter**	高度虛擬化和軟體定義資料中心環境	核心型	Windows Server CAL	$6,155
Standard**	低密度或非虛擬化環境	核心型	Windows Server CAL	$882
Essentials	最多有 25 位使用者和 50 部裝置的小型企業	處理器型	不需要 CAL	$501

*存取伺服器的每位使用者或每部裝置都需要 CAL。如需詳細資料，請參閱「產品使用權」。

**Datacenter Edition 和 Standard Edition 定價是針對 16 核心授權。

資料來源：https://www.microsoft.com/zh-tw/cloud-platform/windows-server-pricing

以上圖為例，用戶端授權 (CAL) 沒有改變，有幾位用戶端就需要幾份 CAL；但是 Datacenter 版每套 6155 美元和 Standard 版每套 882 美元都已經包含了 16 份伺服器授權。

目前在業界常見的伺服器是採用兩顆 CPU、每顆 8 核心（例如：Intel E5-26xx v2 和 v3 系列）的架構，總計有 16 核心，所以一部伺服器搭配一套 Datacenter 版或 Standard 版就夠了。但是若採用 Intel E5-2650 v4 CPU，因為每顆包含 12 核心，總計就有 24 核心，超過了一套 Windows Server 2016 提供的 16 核心授權數，因此還要加買 8 份伺服器授權。

不過這只是基本原則，實際費用還是以現況為準，有意採用 Windows Server 2016 的企業可以撥打 0800-00-88-33 免付費電話，**微軟**或經銷商會提供專業諮詢，甚至派人到企業現場評估。

1-2 本書介紹的功能

本書的目標讀者是初次接觸 Windows Server 2016 的使用者，很可能對於如何安裝伺服器、建立 AD 網域、架設網站、分配 IP 位址等等都不熟，因此基於「萬丈高樓平地起」的想法，我們會從入門功夫開始教起。然而篇幅有限，一本書不可能涵蓋所有的議題，經過篩選之後，選定了以下議題作為後續各章的主角：

- 建立 Active Domain 網域
- 帳戶管理
- 群組管理
- 檔案與資料夾分享
- 印表機分享
- 群組原則
- 磁碟管理
- 資料加密與壓縮
- 分散式檔案系統
- 備份與還原
- 架設 DNS 伺服器
- 架設 DHCP 伺服器
- 架設 Web 站台
- 架設 FTP 站台
- Hyper-V

以上這些題材都是擔任系統管理員不可不學的基本功，因此務必要練到得心應手的境界，才算是跨進系統管理殿堂的第一步。

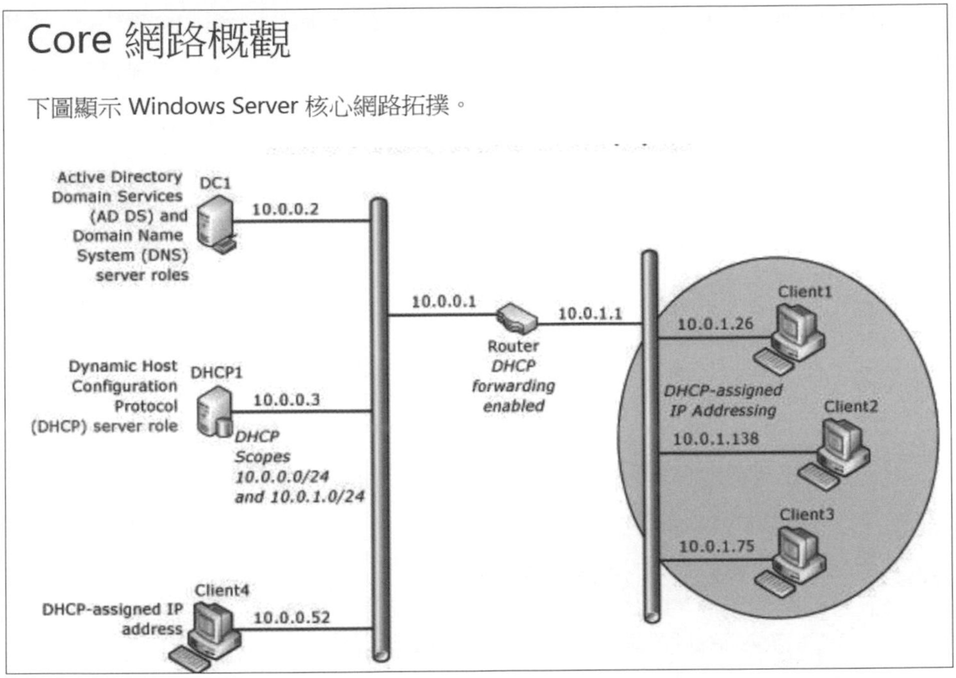

架設一個「核心網路」是系統管理員必備的技能
(資料來源:https://docs.microsoft.com/zh-tw/windows-server/networking/core-network-guide/core-network-guide#BKMK_overview)

至於更進階的技術，例如：重複資料刪除 (Data Deduplication)、容錯移轉 (Failover)、軟體空間直接存取（S2D）、軟體定義網路 (SDN) 等等，當然也不能忽視，但是要實作這些技術所需的硬體門檻太高了，大多數電腦教室和家庭網路都還不夠資格做到。

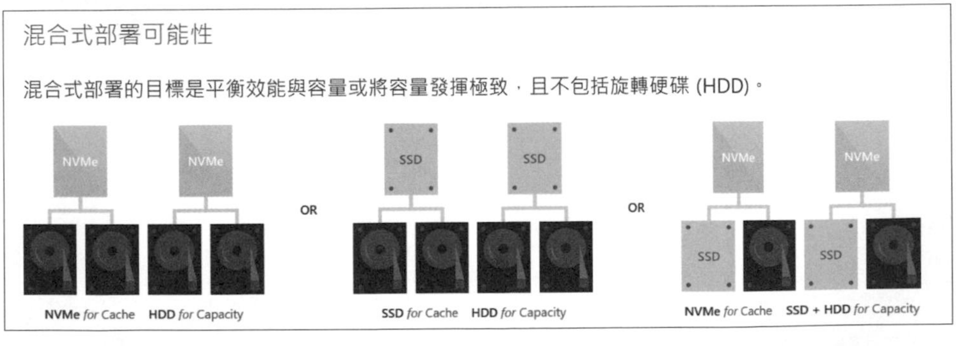

S2D 技術需要昂貴的硬體來配合，通常無法在個人工作是或一般電腦教室實作
(資料來源:https://docs.microsoft.com/zh-tw/windows-server/storage/storage-spaces/understand-the-cache)

以容錯移轉(Faiover)來說，至少需要 4 部電腦，一部扮演網域控制站、一部接 iSCSI 儲存裝置、其餘兩部扮演網路主機，每部電腦起碼要有 8GB 記憶體，最好有兩部硬碟、兩片 Gigabit 網路卡、接兩條網路線 ... 等，這個要求已經不低囉。

腦筋動得快的讀者會說：「利用虛擬化，一部電腦可以當成四部來用啊！」沒錯，問題是要用一部電腦模擬成四部 Windows Server 2016，建議要有 32GB 記憶體，有四部硬碟、四片至少 Gigabit 網路卡、能接 4 條網路線 ... 等，這種「豪宅級」的電腦有幾人買的起？

所以我們回歸到務實面，以大多數人在家裡或電腦教室能接觸到的硬體配備為主，安裝本書介紹的 Windows 元件，保證不會有「跑不動」的問題，只要照著做，「按圖施工、保證成功！」

此外，開始動手實作之前，倘若讀者對於 IP 位址的格式、如何設定 IP 組態 (設定 IP 位址、子網路遮罩和預設閘道)、如何排除網路問題或如何申請網域名稱 (又稱為「網址」或「DNS 名稱」) 這些工作還不熟的話，請先參考附錄 A 和附錄 B，務必要熟練這些基本動作，後面才會做得順利！

CHAPTER

02

Windows Server 2016

安裝 Windows Server 2016

2-1 安裝前準備工作

2-2 「桌面體驗」安裝模式

2-3 Server Core 安裝模式

Windows Server 2016 有「有圖形介面」和「無圖形介面」兩種安裝模式，前者稱為「桌面體驗」，適合初學者；後者稱為「Server Core」，適合進階者。我們建議學員先從「桌面體驗」模式開始學習，等到熟悉整個操作之後，再花時間學習命令列指令和 PowerShell 語言，最後動手嘗試 Server Core 模式安裝。因此本書的操作均以「桌面體驗」的圖形介面來示範。

2-1 安裝前準備工作

硬體需求

硬體	最低要求	建議規格	備註
CPU	64 位元 1.4GHz	64 位元 3GHz 以上	若要使用 Hyper-V 功能，必須支援 NX、DEP 技術，還有 EPT 或 NPT 技術
記憶體	512MB	16GB 以上	
硬碟空間	32GB	200GB 以上	
光碟機	DVD 光碟機	DVD 燒錄機	

此外，Windows Server 2016 沒有 32 位元版，所以使用 32 位元 CPU 的主機是無法安裝的！

軟體需求

請事先備妥 Server 2016 正體中文版安裝光碟，將該光碟置入光碟機並用來開機。若要下載評估版，則必須知道**微軟**釋出的評估版並「沒有」正體中文版，所以我們只能先安裝英文版，然後再下載語言套件，將顯示介面變更為正體中文，可是這樣會有後遺症：後續在安裝 DNS、DHCP、FTP、Web 等等**伺服器角色**或**功能**元件時，仍然顯示英文介面：

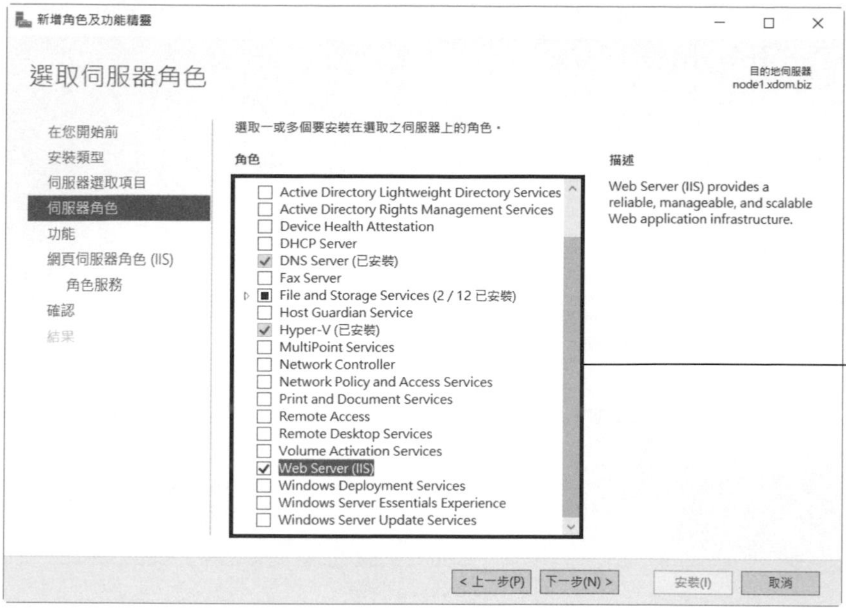

元件名稱仍然是英文，不會改為中文

下載 Server 2016 英文評估版

請連結到以下網址來下載 Windows Server 2016 試用版：

https://www.microsoft.com/zh-tw/evalcenter/evaluate-windows-server-2016

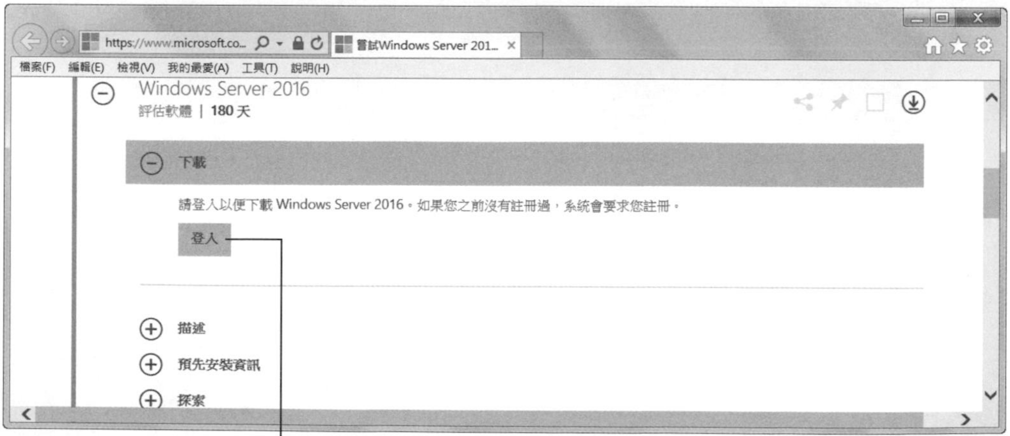

1 按登入鈕

2 輸入在**微軟**註冊的帳戶名稱，按 **Next** 鈕

3 輸入微軟帳戶的密碼，按 **Sign in** 鈕

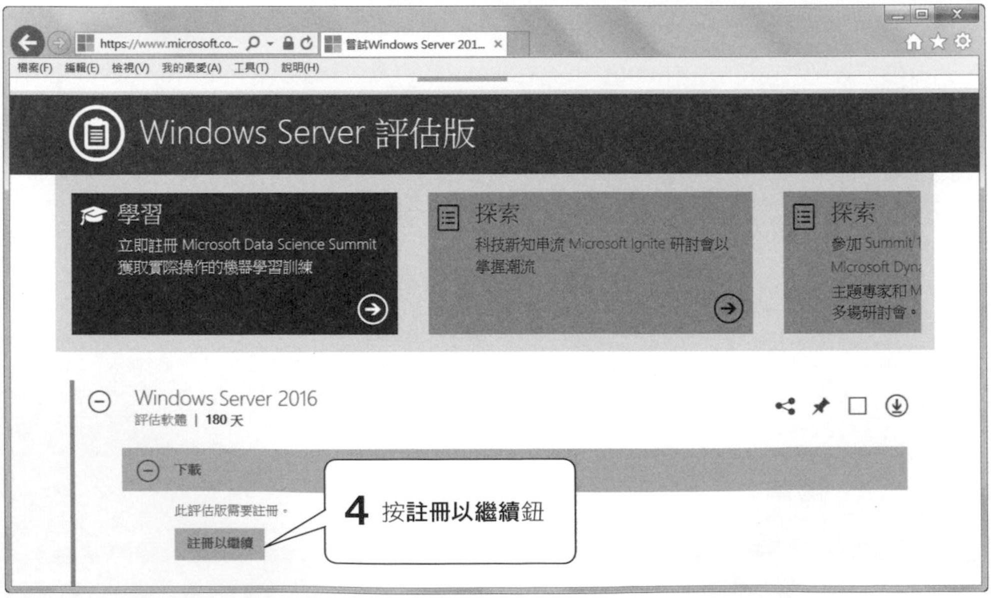

4 按**註冊以繼續**鈕

5 填完表格後按**繼續**鈕

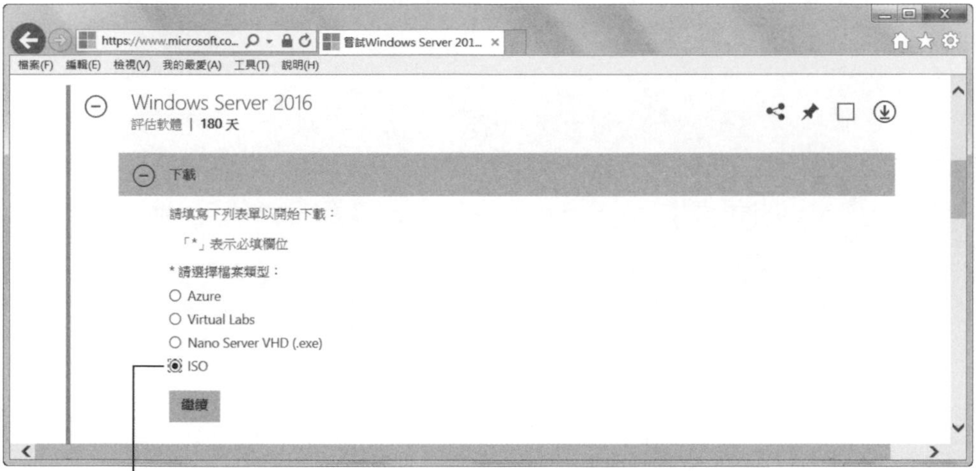

6 選取 **ISO** 後按**繼續**鈕

下載完畢後將該 ISO 檔燒錄成 DVD 光碟 (因為檔案超過 4.7GB, 必須使用空白的藍光光碟或雙層 DVD 光碟)。

2-2 「桌面體驗」安裝模式

以下用前一節所下載、燒錄的 「Windows Server 2016 英文評估版」光碟為例，說明安裝流程，請用此光碟開機：

1 選取 **Chinese(Traditional, Taiwan)**

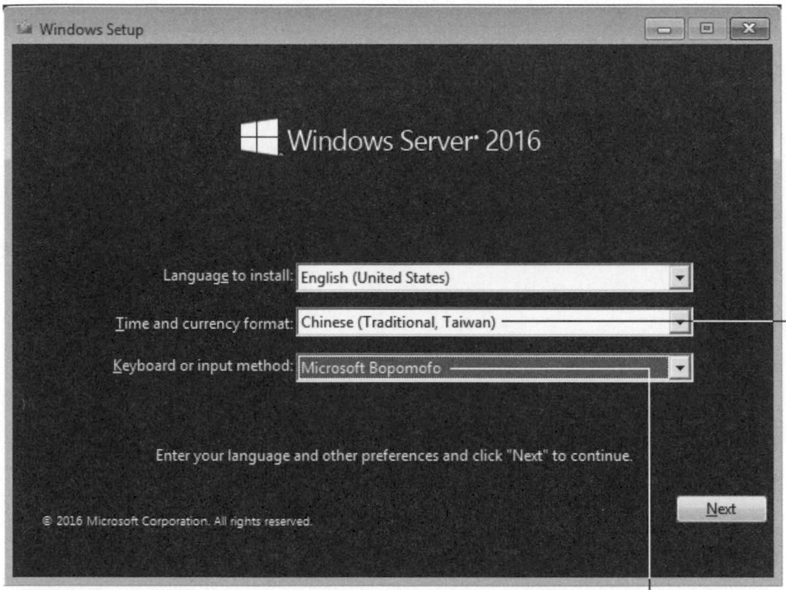

按 **Next** 鈕

2 選取 **Microsoft Bopomofo**

3 按 **Install Now** 鈕

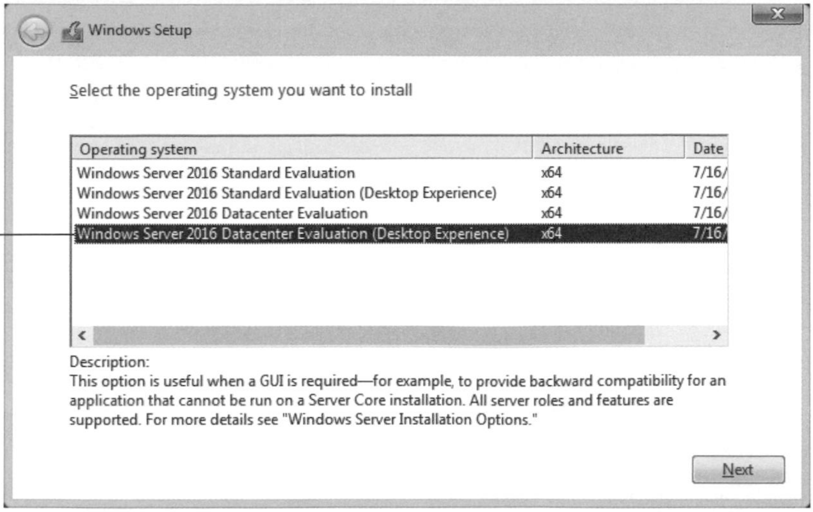

4 選取 **Windows Server 2016 Datacenter Evaluation(Desktop Experience)**

按 **Next** 鈕

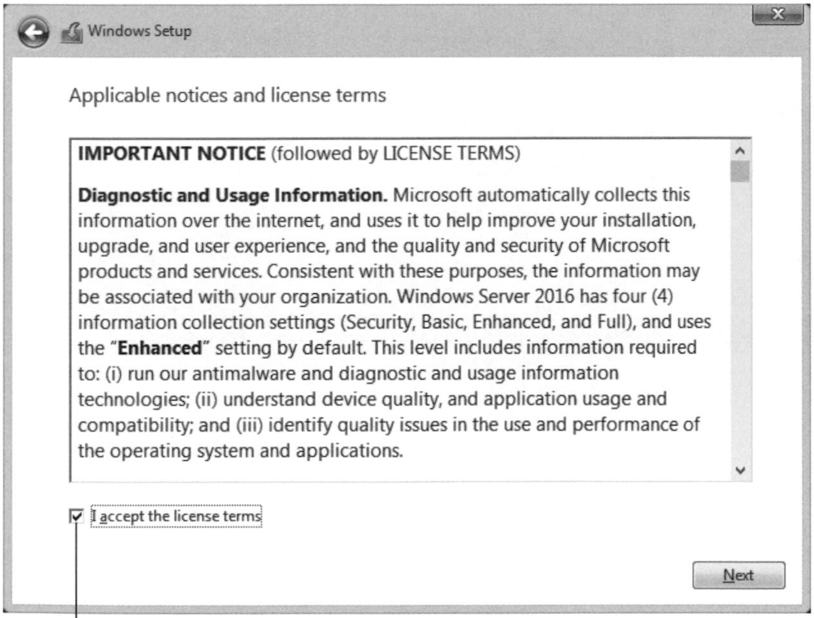

5 勾選此項目

按 **Next** 鈕

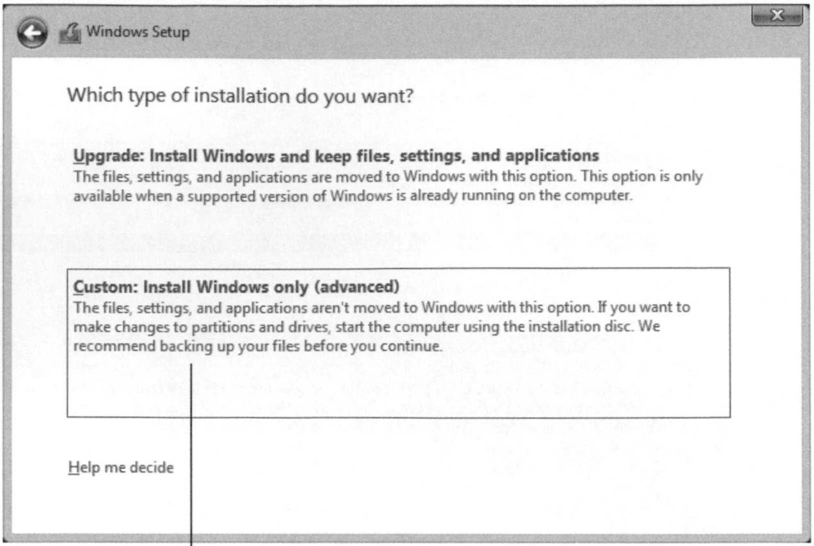

6 點選 **Custom:Install Windows Only**

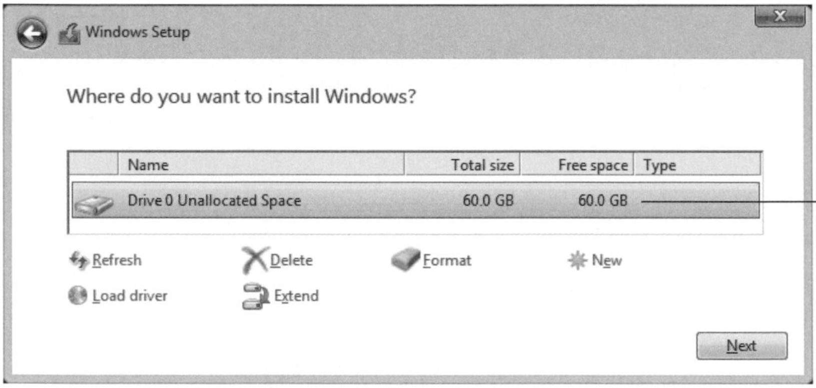

7 選擇要安裝到哪一部硬碟

按 **Next** 鈕

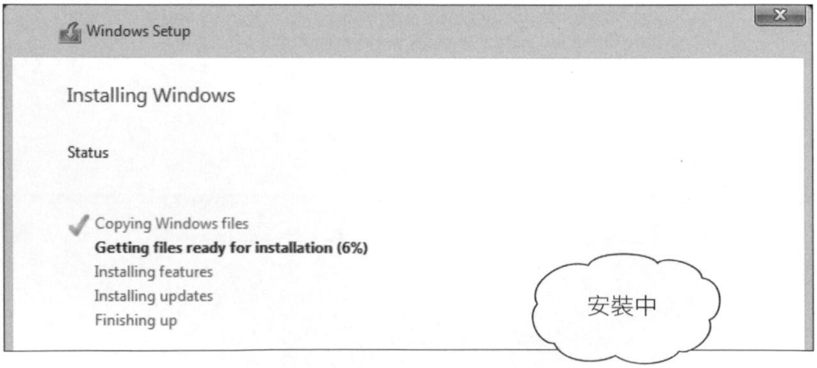

依據 CPU 執行速度與記憶體多寡，安裝過程大約要 15~30 分鐘，完成後會出現以下畫面：

8 設定 Administrator 帳戶的密碼

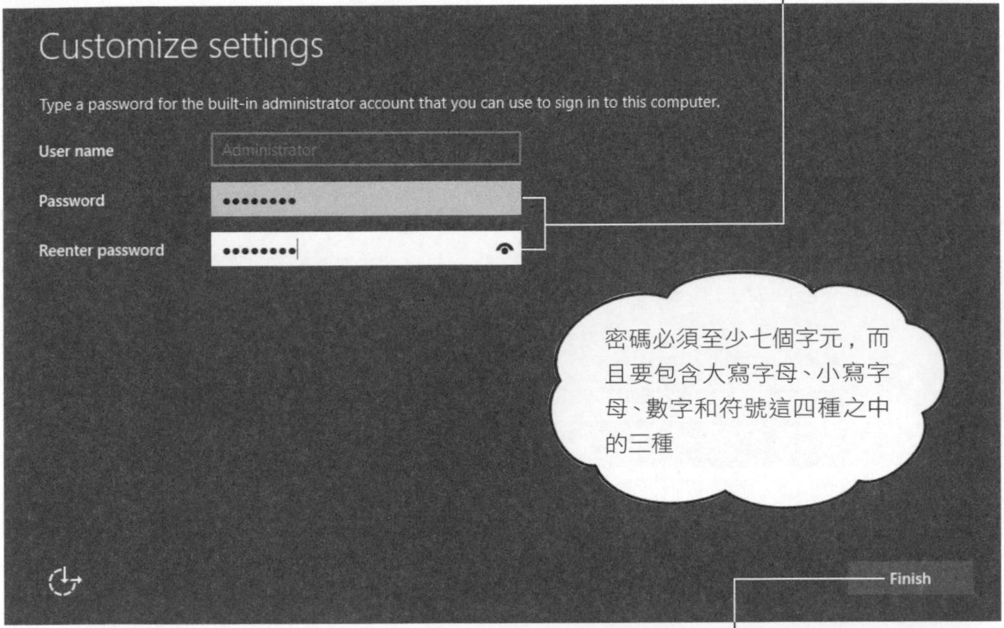

9 按 **Finish** 鈕

10 按 Ctrl + Alt + Del 鈕，啟動登入程序

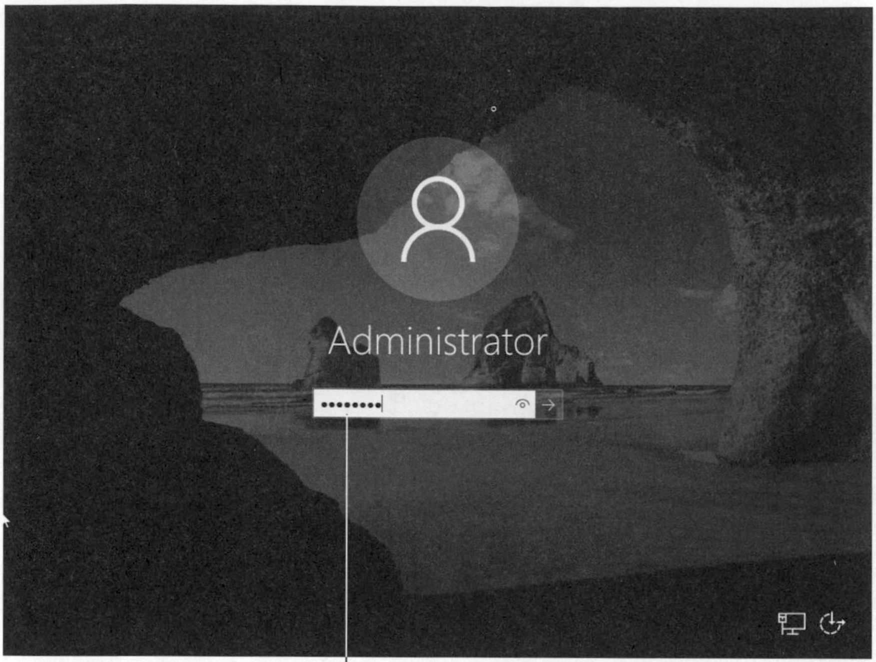

11 輸入 administrator 帳戶的密碼後按 Enter 鍵

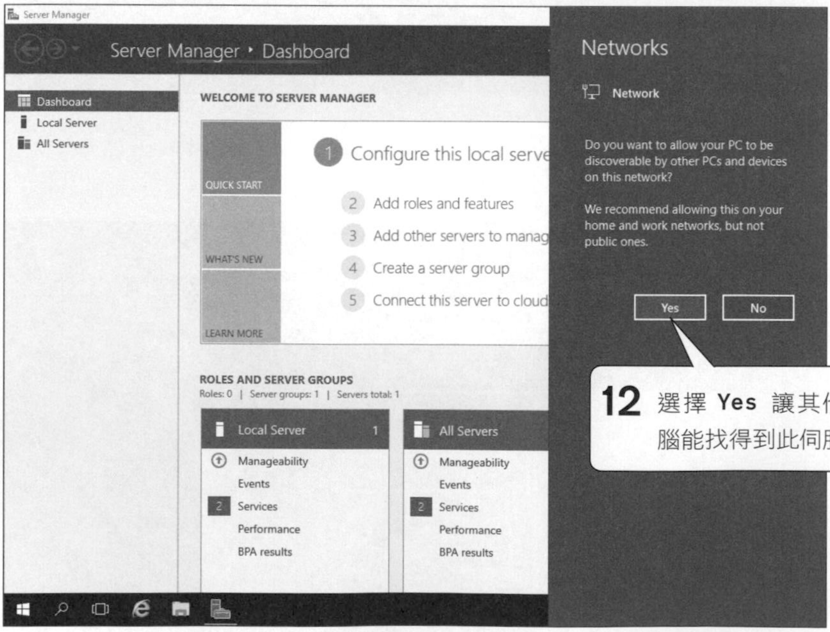

12 選擇 Yes 讓其他電腦能找得到此伺服器

到目前為止，已經安裝完成「英文版」的 Server 2016，接著要將它變更為正體中文顯示介面。

變更為中文顯示介面

1 點選**開始**鈕，執行『Control Panel』命令

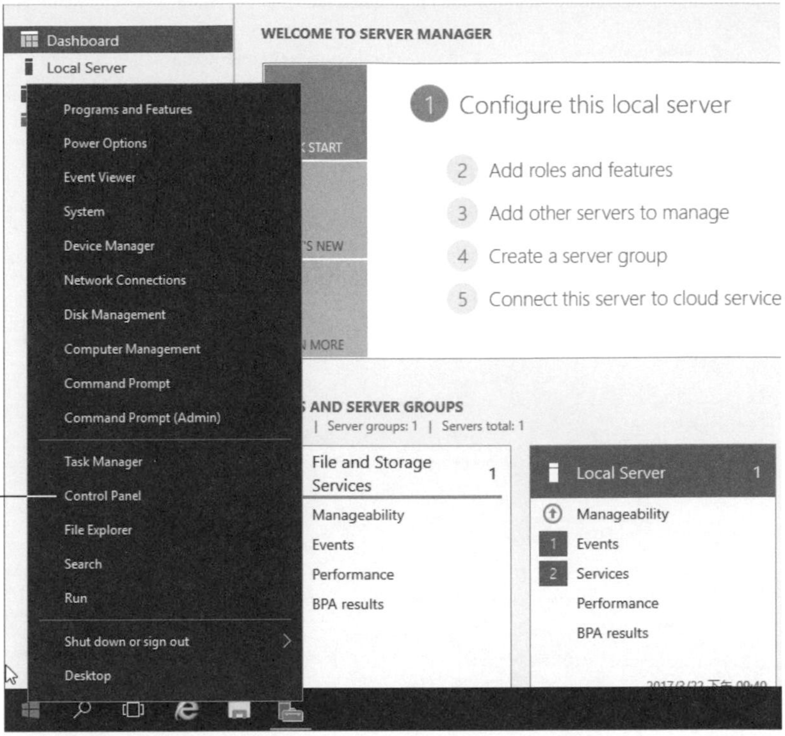

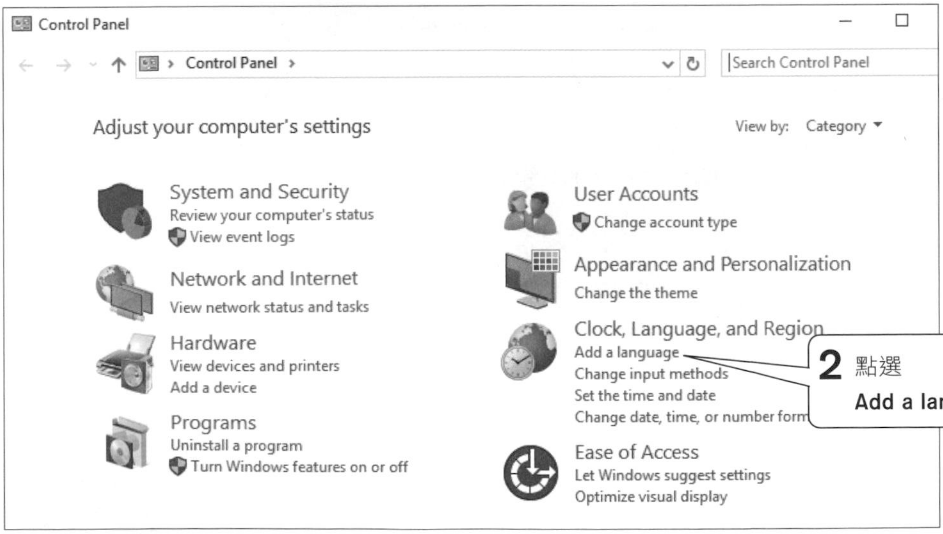

2 點選 Add a language

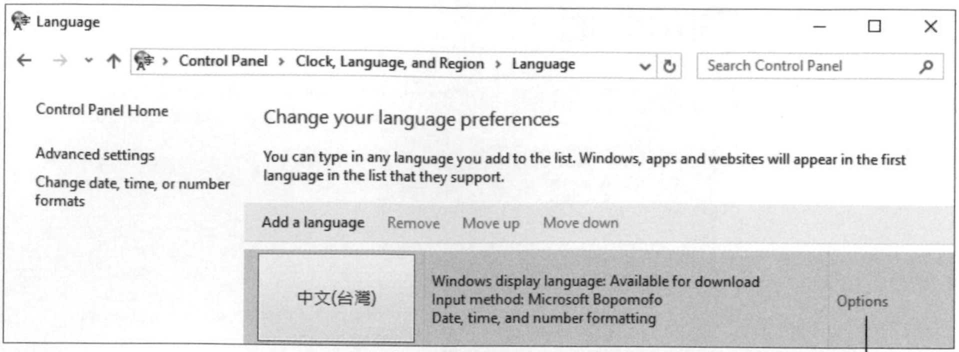

3 點選 **Options**

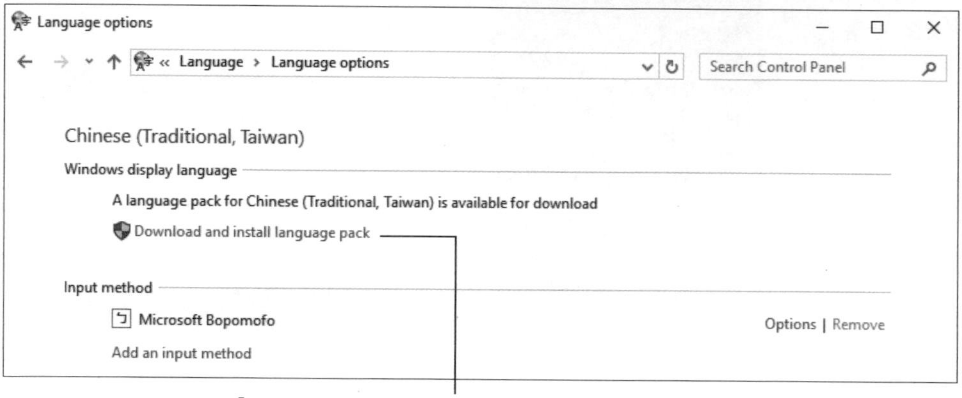

4 點選 **Download and install language pack**

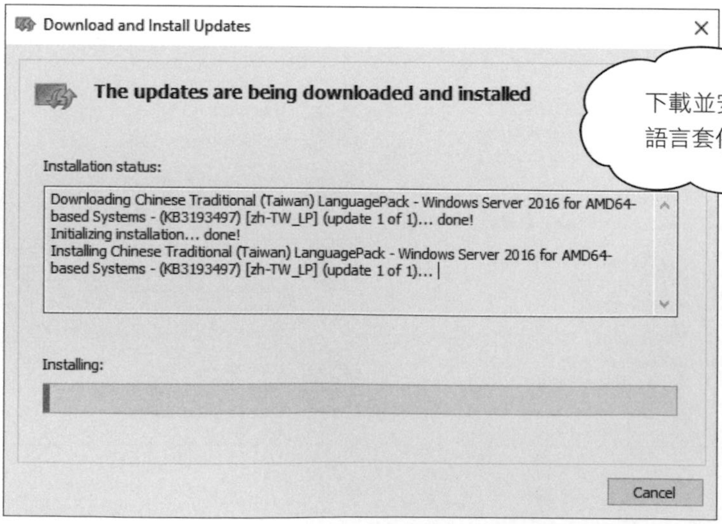

下載並安裝
語言套件中

5 安裝完成，按 **Close** 鈕

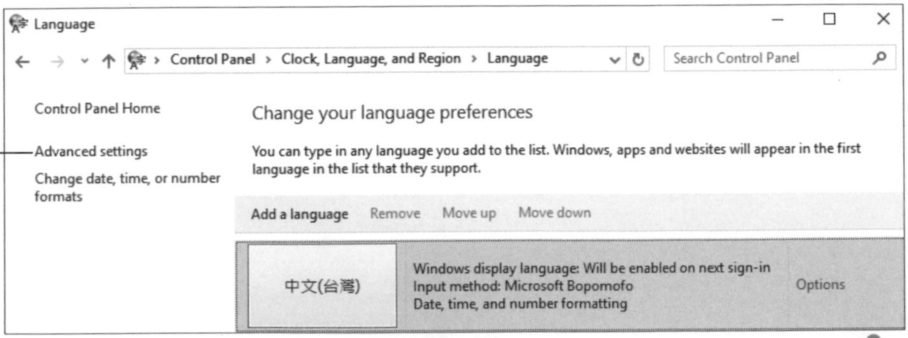

6 點選 **Advanced settings**

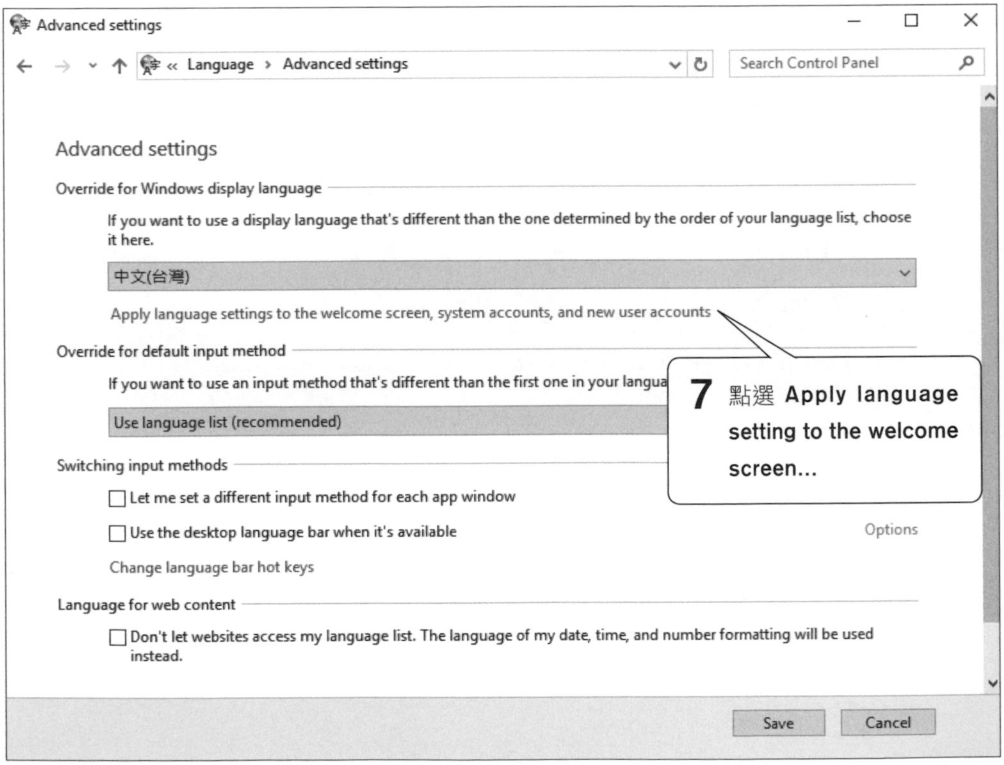

7 點選 **Apply language setting to the welcome screen...**

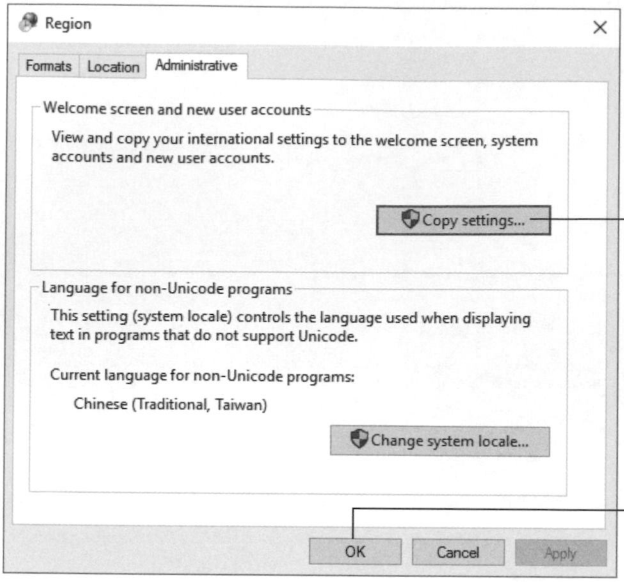

8 按 **Copy settings** 鈕

9 按 **OK** 鈕

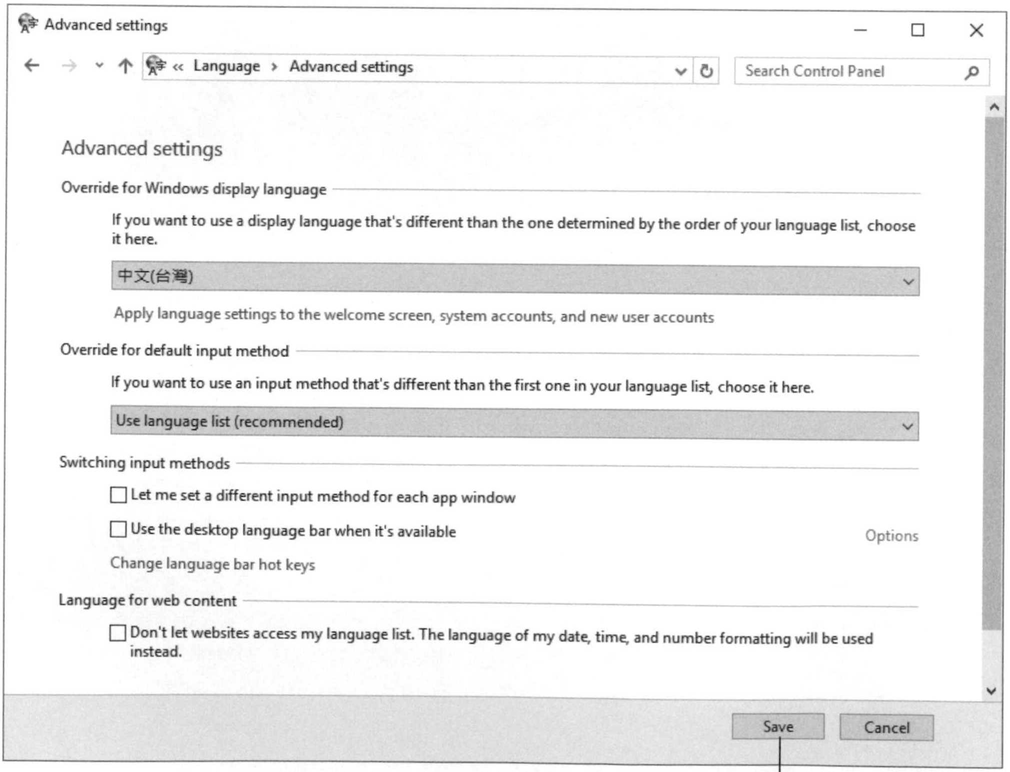

10 按 **Save** 鈕

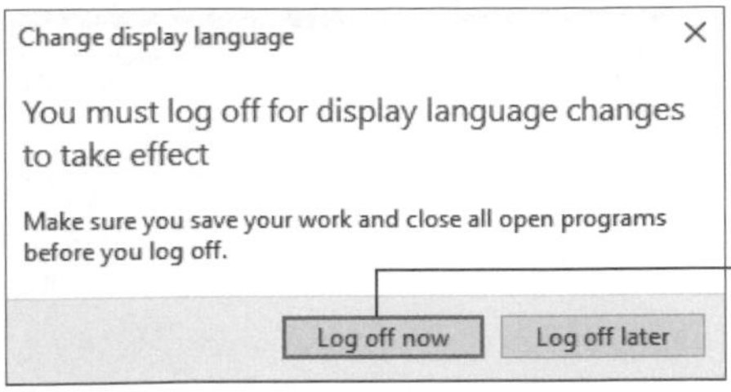
Change display language
You must log off for display language changes to take effect
Make sure you save your work and close all open programs before you log off.
Log off now
Log off later

11 按 **Log off now** 鈕

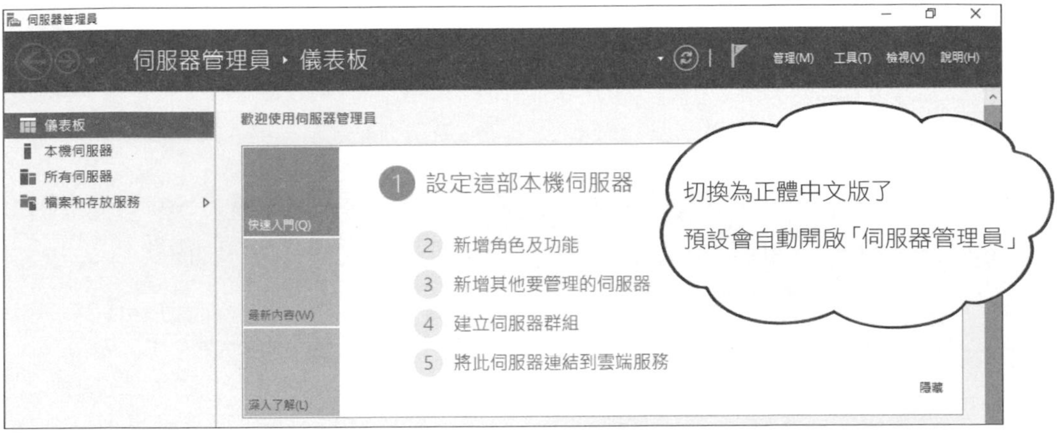
伺服器管理員
伺服器管理員 ‣ 儀表板
管理(M) 工具(T) 檢視(V) 說明(H)
儀表板
本機伺服器
所有伺服器
檔案和存放服務
歡迎使用伺服器管理員
快速入門(Q)
最新內容(W)
深入了解(L)
1 設定這部本機伺服器
2 新增角色及功能
3 新增其他要管理的伺服器
4 建立伺服器群組
5 將此伺服器連結到雲端服務
隱藏
切換為正體中文版了
預設會自動開啟「伺服器管理員」

若要確認版本，請操作如下：

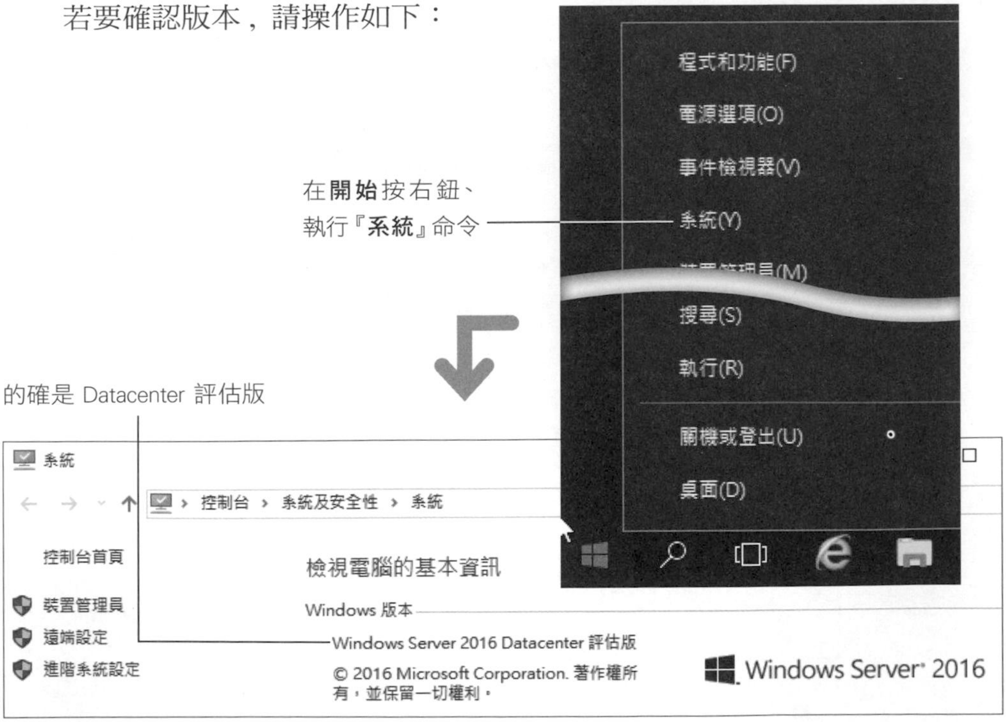
程式和功能(F)
電源選項(O)
事件檢視器(V)
系統(Y)
搜尋(S)
執行(R)
關機或登出(U)
桌面(D)
在**開始**按右鈕、
執行『**系統**』命令
的確是 Datacenter 評估版
系統
控制台 › 系統及安全性 › 系統
控制台首頁
裝置管理員
遠端設定
進階系統設定
檢視電腦的基本資訊
Windows 版本
Windows Server 2016 Datacenter 評估版
© 2016 Microsoft Corporation. 著作權所有，並保留一切權利。
Windows Server 2016

2-3 Server Core 安裝模式

相較之下，Server Core 所安裝的元件少很多，大約節省了 3.6GB 的硬碟空間。最主要的差別是沒有圖形介面，都必須在**命令提示字元**環境輸入指令。

安裝過程

在前一節的安裝過程的第 4 步驟，若選取 Windows Server 2016 Datacenter Evaluation, 代表要採用「Server Core」安裝模式：

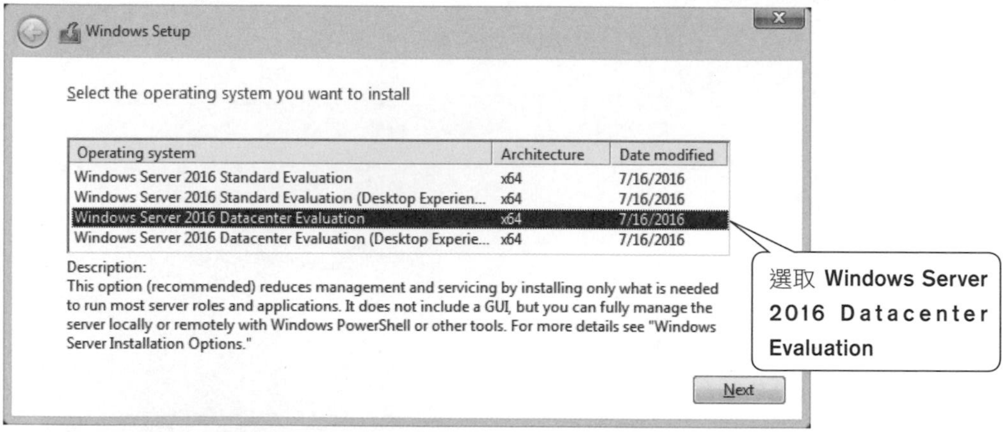

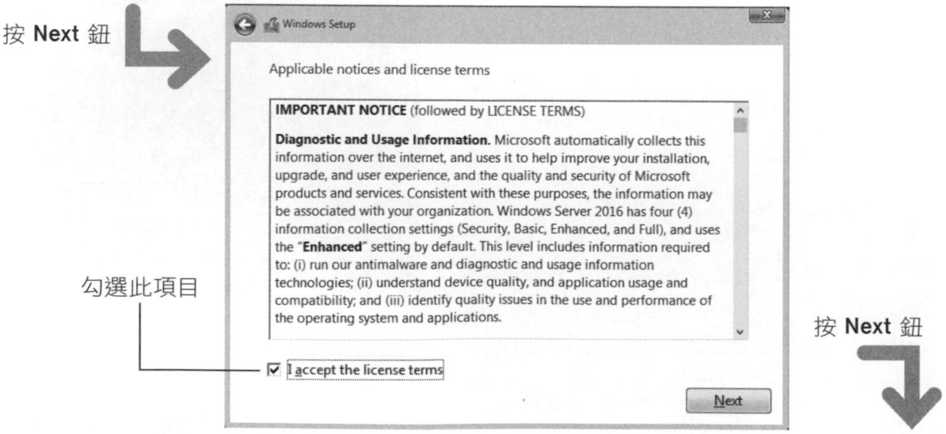

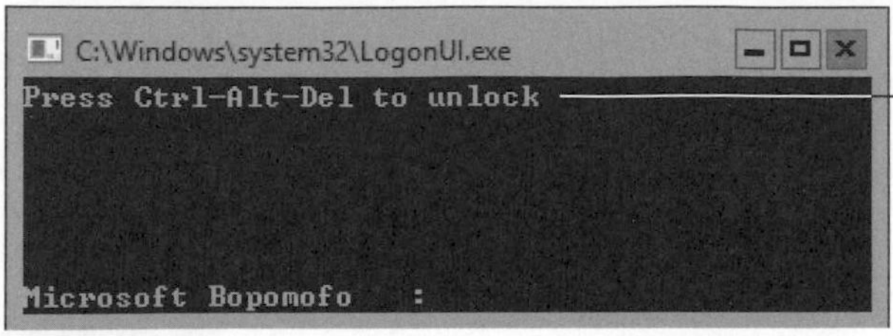

按 Ctrl + Alt + Del 鍵

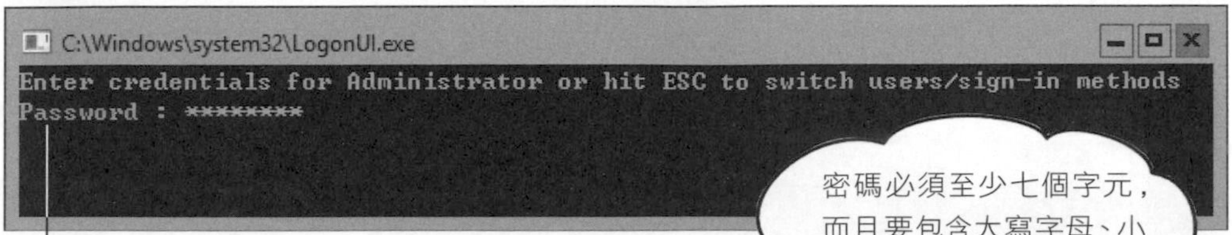

設定 Administrator 帳戶的密碼

密碼必須至少七個字元，而且要包含大寫字母、小寫字母、數字和符號這四種之中的三種

Server Configuration 是 Server Core 預設的起始環境

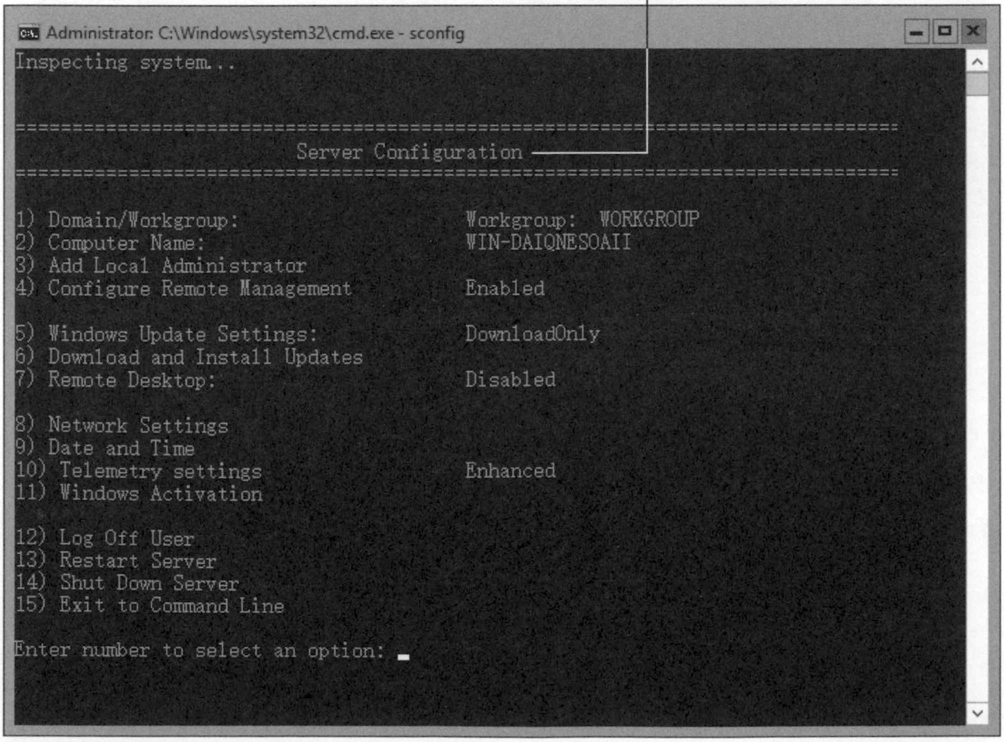

現在整體介面又成了英文，因為先前是在圖形介面變更顯示語言，但是在 Server Core 不支援變更語言，所以必須適應英文介面，不過我們還是列出中文顯示的畫面以供比對參考：

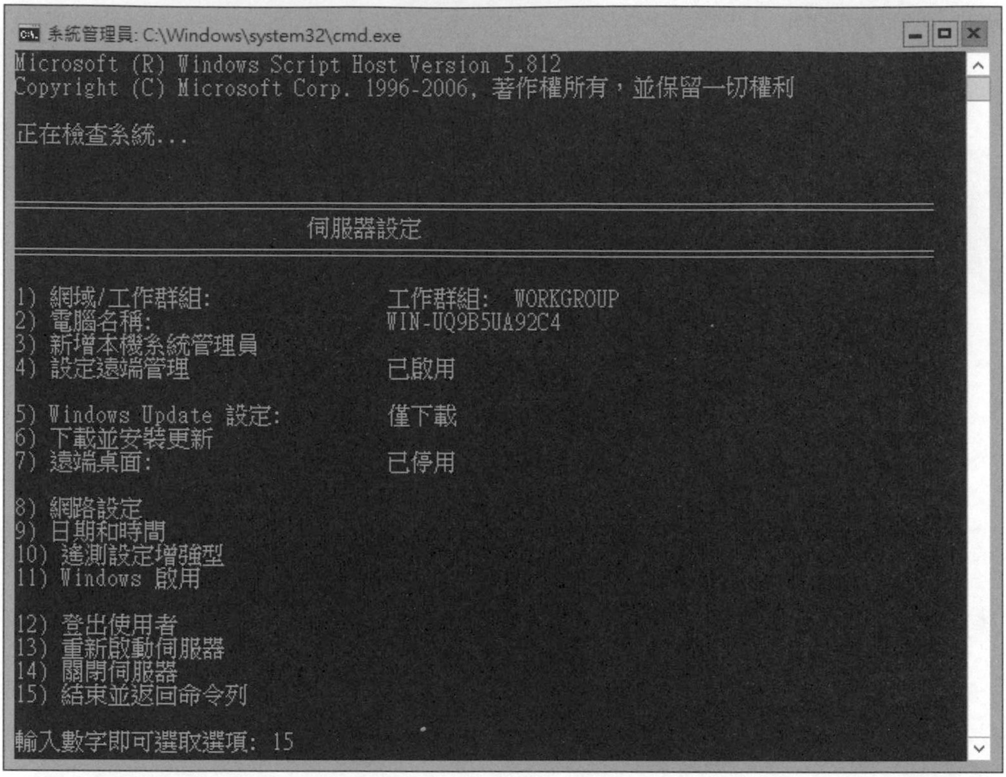

這是正體中文版的 **Server Configuration** 畫面

在 Sconfig 介面的操作方式是「根據要做的動作，輸入對應的數字」，例如：「要關機就輸入 14」、「要修改電腦名稱就輸入 2」... 依此類推，後續的操作係「一問一答」、逐步進行，我們只要看清楚系統顯示的訊息、輸入適當的回應即可。

微軟強烈建議使用 Power Shell 語言來管理與維護 Server Core 系統，以提昇工作效率，因此請讀者自行參考 Power Shell 相關文件。

在 Server Core 常遇到的問題

雖然在 Sconfig 介面已經能做不少工作，不過以下仍介紹一些很可能會遇到、但 Sconfig 解決不了的問題。

回應其他電腦的 Ping

安裝完 Server Core 後預設會啟動 Windows 防火牆，阻擋外部主動進來的封包，因此在其他電腦會 ping 不到此伺服器，以下指令可以讓 Windows 防火牆不阻擋 ping 封包：

```
netsh firewall set icmpsetting 8 enable
```

其實輸入上列指令後，系統會告知 netsh firewall 已經是舊版指令，雖然仍然有效，但建議改用新版指令。只不過新版指令實在太冗長、很難記住，我們列出讓大家參考：

```
netsh advfirewall firewall add rule name="ICMP Allow incoming
V4 echo request" protocol=icmpv4:8,any dir=in action=allow
```

關閉 Windows 防火牆

在測試網路連線時，若不確定是否因為 Windows 防火牆阻擋而無法連線，此時可以暫時關閉該防火牆：

```
netsh firewall set opmode disable
```

同樣地，對應的新版指令如下：

```
netsh advfirewall set currentprofile state off
```

爾後要在啟用防火牆時，將上述指令中的「disable」改為「enable」或「off」改為「on」即可。

不小心關閉 CMD 視窗

萬一不小心在 cmd 視窗輸入 "exit" 指令而關閉了該視窗，導致不能輸入任何指令，此時請按 Ctrl + Alt + Del 鍵：

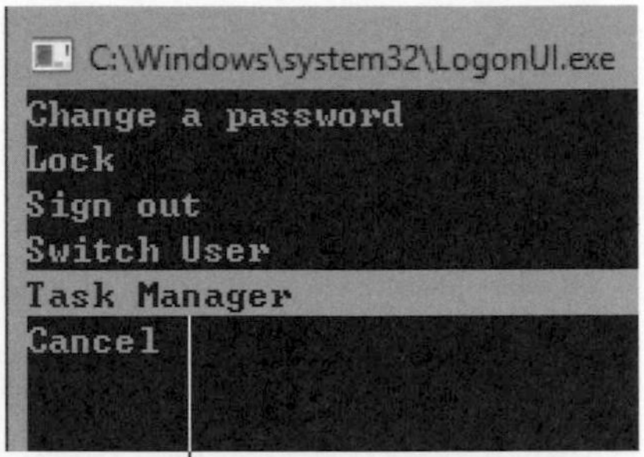

1 點選工作管理員

2 執行『File/Run new task』命令

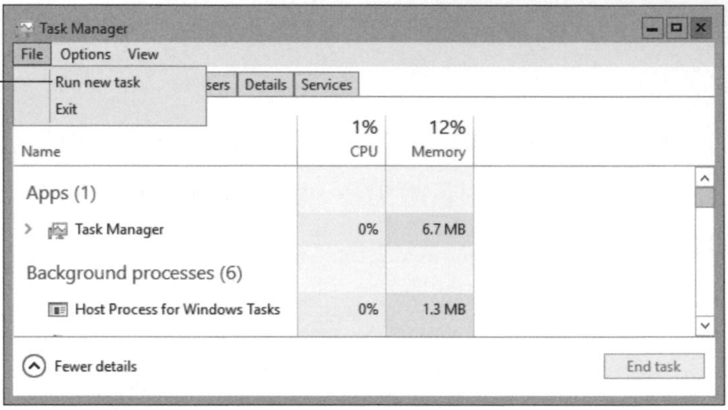

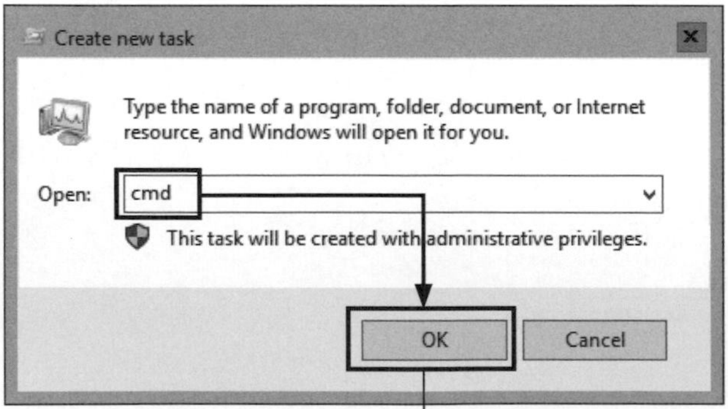

3 輸入 cmd、按 OK 鈕

就會恢復先前的 cmd 視窗了。

修改 administrator 密碼

指令的格式如下：

```
net user 使用者名稱　新的密碼
```

其實以上的指令格式可以用來改變所有使用者帳戶的密碼（如果有夠大的權限的話），可是在剛安裝完 Server Core 時，只有『administrator』一個使用者帳戶，我們也一定用它來登入。假設要將它的密碼改為『!Q2w3e4r』，指令如下：

```
net user administrator  !Q2w3e4r
```

MEMO

第二篇　網域成立篇

CHAPTER

03

Windows Server 2016

目錄服務

3-1　目錄服務的基本觀念

3-2　目錄的架構

3-3　X.500 和 LDAP

3-4　AD 目錄服務

3-5　AD 物件的名稱

微軟在 2000 年開始推出的目錄服務，可以說是新、舊技術的分水嶺。從 Windows 2000 Server 到 Windows Server 2016，許多重要的功能都與目錄服務相關，所以我們先來瞭解目錄服務的相關知識，為後面的學習打好基礎。

3-1 目錄服務的基本觀念

何謂目錄 (Directory)

其實目錄早已存在日常生活中，例如電話簿可用來查詢用戶的電話號碼、姓名與地址，就是一種目錄。而電腦的檔案系統記錄了資料夾與檔案的名稱、建立日期、修改日期、儲存位置等等資訊，因此使用者以檔案名稱或某種檔案屬性（例如：修改日期），就能從眾多的資料夾中找出所要的檔案。

從以上的例子可知，目錄是用來記載特定環境中、一群物件的相關資訊。在此所謂的物件，泛指環境中的各種獨立個體－包括人、事、物。

Tip 在目錄中的物件和物件導向程式設計中的物件，雖然都是同一個英文字－ Object，然而兩者仍有諸多差異。建議您勿將程式設計的物件觀念，套用在目錄中的物件，以免混淆。

目錄與資料庫的差異

許多初次接觸目錄或目錄服務的使用者，經常產生一個問題：「目錄與資料庫有何差異？」

其實，目錄與資料庫都是用來儲存資料，兩者的確很相似。不過，深入比較其細節，就會發現通常有以下兩點差異：

- **目錄強調查詢，資料庫重視異動。**

  目錄對於查詢動作做過最佳化，因此查詢的速度很快，適合處理變動少、查詢多的資料；資料庫則是重視異動（Transcation），適合處理變動較多的資料。

- **目錄以樹狀架構為主，資料庫以關聯式資料表為主。**

  絕大多數的目錄都採用階層式樹狀架構來儲存資料；至於資料庫，雖然也有少數採用樹狀架構，但是主流產品是『關聯式資料庫』，其主要架構為『存在關聯性的資料表』。

雖然目錄與資料庫有以上的差異，可是在許多文件或人們平常的交談中，經常將兩者混淆，幾乎視為相同。所以，我們也毋須太計較其中的差異，不妨將目錄當成是一種**查詢速度很快的資料庫**即可。

何謂目錄服務 (Directory Service)

有了目錄之後，理論上就可以用來查詢所要的資訊。但是當這份目錄包含龐大的資料時，用人工查詢和維護便顯得沒有效率。翻閱厚厚的電話簿時很不方便，但是透過查號台，利用電腦來搜尋電話用戶資料庫，便能快速又準確地知道結果，所以查號台的服務便是一種目錄服務。

簡而言之，藉由目錄服務，我們能夠方便迅速地查詢與維護目錄，提高工作效率。

電腦網路為何需要目錄服務

在單機時代，檔案、印表機、掃描器和數據機等等，都是在同一部電腦，使用者能輕易地找到這些資源，因此感受不到目錄服務的重要。可是到了網路時代，這些資源可能散佈在 5 部或 10 部電腦上，使用者如何找得到？即使找到了，是否就有權限使用？倘若讀取每一個檔案或使用每一部印表機時，都得重複輸入帳戶名稱與密碼，豈不是很麻煩？

為了解決這些因為網路規模膨脹而出現的問題，我們需要一份目錄，上頭記載著電腦名稱、印表機名稱、帳戶名稱、密碼、權限等等，再設計一種好用的目錄服務，讓大家透過該目錄服務就能輕易地使用網路資源。

不過在實務應用上，考量到資訊安全，因此軟體廠商所設計的目錄服務，大都還會結合身分驗證（Authentication）機制。亦即在使用目錄服務之前，必須表明自己的身分，通常是輸入帳戶名稱與密碼，但也可以用插入 IC 卡或是掃瞄指紋等等方式，俟系統驗證無誤後，使用者才能查詢或修改目錄內容。

3-2 目錄的架構

目錄的架構是指在目錄中儲存物件的方式，明白這方面的知識，有助於未來的維護和設計工作。

目錄樹

若目錄中的物件是以『階層式樹狀架構』來組織，則該架構稱為『目錄樹』(Directory Tree)，包含以下兩類的物件：

- **容器物件** (Container Object)：這類物件的下層可再存放其他物件。位於整個目錄樹頂端的容器物件，稱為『根』物件 (Root Object)。
- **非容器物件** (Non-container Object)：這類物件的下層不可再存放其他物件。非容器物件必定是位於目錄樹的末端，又稱為『葉』物件 (Leaf Object)。

整體的架構圖如下：

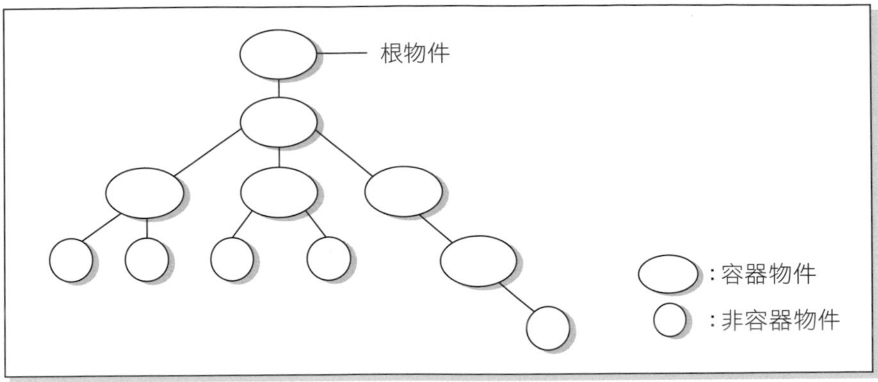

目錄樹的階層式架構

物件的屬性

在目錄樹中，各物件都有所謂的『**屬性**』(Attribute)，記載著該物件的特性。物件與屬性的關係，類似於資料庫中紀錄與欄位的關係。一筆紀錄可以有多個欄位，同理，一個物件可以有多個屬性，而且不同性質的物件會有不同的屬性。舉例來說：使用者（User）物件有『公司名稱』『部門名稱』和『電話號碼』這些屬性，但是資料夾物件就沒有這些屬性，而有『建立日期』和『大小』等屬性。

Tip 哪種物件該具備哪種屬性，是由 Schema 所定義。所謂 Schema 就是一種規範，用來訂定物件的種類和屬性等等。

屬性的內容通常稱為**屬性值**，不同物件的某些屬性值可以相同、某些則必須唯一。例如：A、B 兩位使用者隸屬於相同部門，所以它們的公司名稱、部門名稱，甚至電話號碼都相同，但是『員工編號』就絕對不能相同。

3-3 X.500 和 LDAP

由於電腦網路可能包含了多種不同的作業系統，當我們要用一種目錄服務將它們整合在一起時，如果沒有統一的標準，就必須為每一個系統設計專屬的用戶端軟體，如此勢必增加複雜度與成本。

當初在『目錄』觀念剛萌芽時，ITU-T 發表了一系列名為『X.500 Recommandation』文件，探討目錄的觀念、模型、存取協定等等技術，業界便以 X.500 作為目錄的標準，以 DAP (Directory Access Protocol) 協定作為存取 X.500 目錄的共同方式。

但是廠商在實作時，發覺 DAP 協定過於複雜，而且用戶端程式的負荷太大，於是將其改良，推出了 LDAP (Lightweight Directory Access Protocol) 協定。顧名思義，LDAP 為『輕量級』 (Lightweight) 的 DAP, 一方面簡化架構、易於設計，另一方面也減輕用戶端軟體的負荷，因此成為主流。

Lotus Domino、Sun One Directory Server、Novell Directory Services (NDS) 和**微軟**的 Active Directory Services 等等目錄服務產品，都標榜支援 LDAP 協定。

3-4 AD 目錄服務

微軟自 Windows 2000 Server 開始提供完整的目錄服務，命名為 AD 目錄服務（Active Directory Service），搭配該服務的目錄便稱為 AD 目錄－－但是許多文件是以『**AD 資料庫**』來稱呼 AD 目錄。

雖然 AD 目錄與 AD 目錄服務大致上符合 X.500 及 LDAP 規範，但是難免加入了**微軟**獨家的規格與技術，因此本節將介紹其中比較值得注意的一些特性。

AD 目錄的架構

AD 目錄仍然是以物件組合成階層式樹狀架構，不過卻多了『網域』（Domain）物件。將一般物件先整合到網域中，再形成所謂的『網域樹狀目錄』（Domain Tree），如右圖：

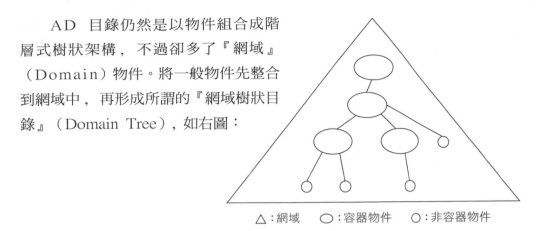

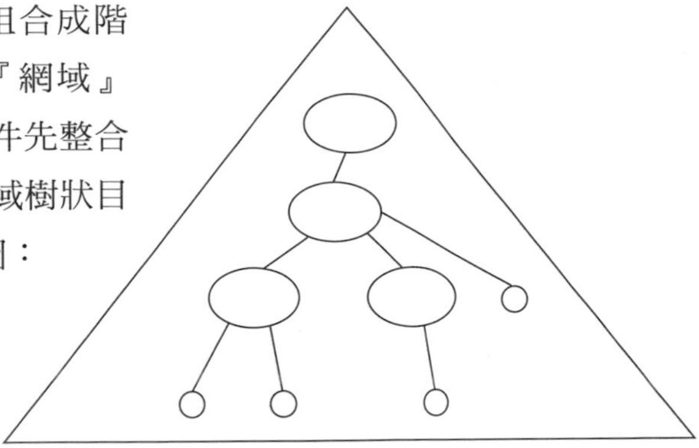

△：網域　⬭：容器物件　○：非容器物件

其實網域樹狀目錄與先前提過的目錄樹很像，只不過多了網域這個容器物件。各個物件先隸屬於網域，再由網域組合成目錄。而且多個網域樹狀目錄還可以透過「信任關係」，再結合成『樹系』（Forest），如下圖：

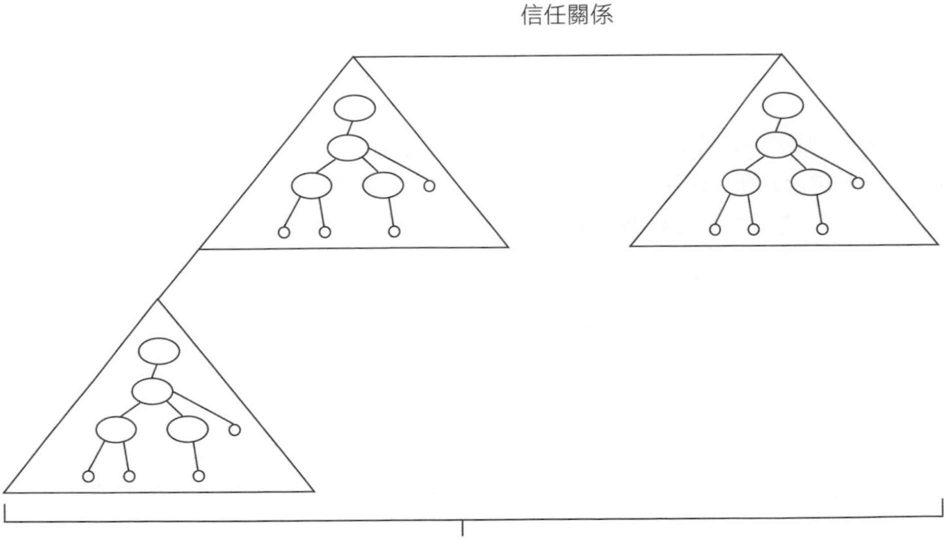

兩個（含）以上的網域樹狀目錄可以結合成『樹系』（Forest）
△：網域　⬭：容器物件　○：非容器物件

關於 AD 網域、網域樹狀目錄和樹系的細節，我們會在下一章說明。

AD 物件的共同特性

在 AD 目錄中的物件稱為 AD 物件。雖然大多數 AD 物件的特性各不相同，但是卻有一些共同點。認識這些共同的特性，可讓我們更深入瞭解 AD 物件。

GUID

Windows Server 2016 會賦予每一個物件一個獨一無二的代碼，稱為 GUID(Globally Unique Identifier, 全域唯一識別元)。GUID 的長度高達 128 位元，以確保不會彼此重複。物件的 GUID 一旦產生，永遠不會改變，因此不論物件的名稱或屬性如何變更，應用程式仍可透過 GUID 找到物件。

ACL

從 Windows 2000 Server 到 Windows Server 2016, 都存在所謂的**安全性原則** (Security Principal) 物件，它包含『使用者帳戶、電腦帳戶與群組』等 3 種物件。

Tip 顯然**微軟**公司外包翻譯的廠商誤將 Security Principal 的 Principal 當成 Principle, 因而譯出**安全性原則**這個錯誤名稱，並從 Windows 2000 時代沿用迄今，應該譯為『安全性主體』 較能代表其意義。但為了避免讀者混淆，本書仍採用微軟的翻譯名詞。

而 AD 物件都有一份清單 (List), 記載著安全性原則物件對自己有哪些權限，這份清單稱為**存取控制清單** (ACL, Access Control List)。換言之，ACL 記載了『哪些安全性原則物件，可以對哪些物件做什麼動作』，例如：『王小華』可以讀取『人事部門』資料夾、但不能刪除或修改其內容；『美編組』的成員可以使用彩色印表機、但不能修改設定等等。我們不妨將物件的 ACL 想像成如下的表格：

安全性原則物件	權限
系統管理員	完全控制
王小華	寫入與讀取
美編組	讀取

當然，以上的內容係經過簡化，目的是要讓讀者容易理解。實際的 ACL 是用一堆代碼來記錄，遠比上表來得複雜。

ACL 的繼承關係

雖然 AD 物件各自擁有一份獨立的 ACL，然而系統管理員可以根據實際需求，決定是否讓下層物件繼承上層物件的 ACL。以下圖為例：

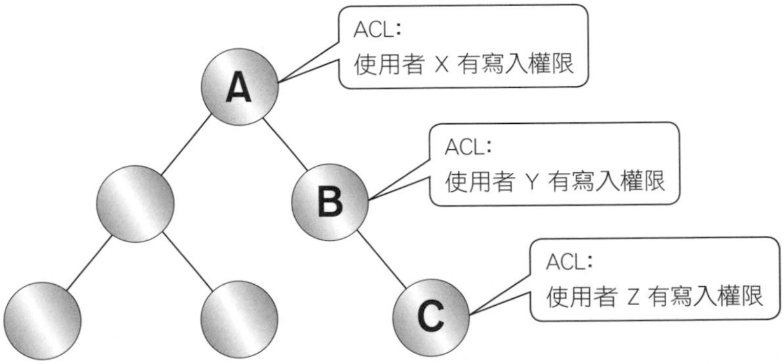

當 C 物件繼承上層物件（A 和 B 物件）的 ACL 時，連帶使得 X 和 Y 使用者都對 C 物件具有寫入權限，造成 X、Y 和 Z 三位使用者都對 C 物件有寫入權限。若將 C 物件移動至其它位置時，本身的 ACL 並未改變，但因所繼承的 ACL 不同會導致不同的結果。以下圖為例：

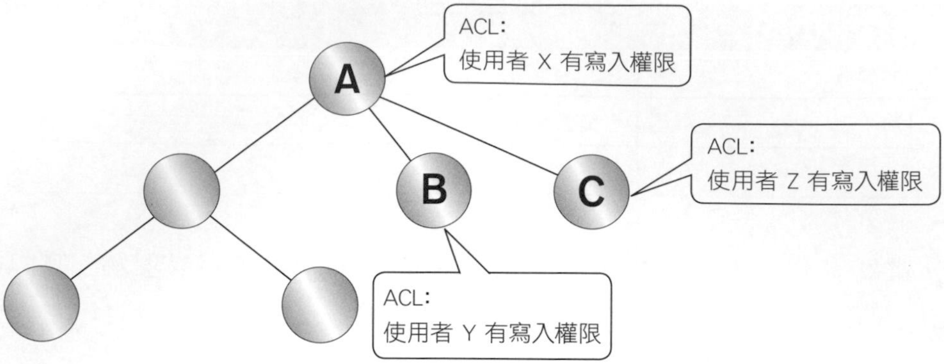

將 C 物件移至 A 物件下層後，不再繼承 B 物件的 ACL，所以只有 X、Z 使用者對 C 物件具有寫入權限，Y 使用者則喪失對 C 物件的寫入權限。

AD 物件的屬性

AD 物件記載了 AD 網域內各種資源的特性，這些特性便是物件的屬性。每個 AD 物件通常有多個屬性，以使用者（User）物件為例，預設有兩百多個屬性，較常用到的屬性如下：

- sn：使用者的姓氏。
- givenName：使用者的名字。
- userPassword：使用者的密碼。
- objectGUID：使用者的 GUID。
- lastLogon：使用者最近一次的登入時間。
- userCertificate：使用者的數位憑證。
- url：使用者的個人網址。
- homePhone：使用者家中的電話號碼。
- thumbnailPhoto：使用者的數位相片。

在實際的應用上，通常不會用到所有的屬性，而是依需求來存取部份的屬性，因此使用者僅能存取應用程式所提供的屬性。例如：Windows Server 2016 的使用者帳戶管理介面，並沒有出現 thumbnailPhoto 屬性可供設定。倘若有儲存使用者相片檔的需求，則必須另行撰寫程式，提供該屬性的設定選項，讓操作者能將相片檔儲存在使用者物件中。

AD Schema

先前提過，不同類的 AD 物件可能具有不同的屬性，例如：印表機物件有『紙張尺寸』屬性，但是使用者物件就不可能有此屬性。到底什麼樣的物件具有哪些屬性，這是由 AD schema 所決定。

AD schema 如同一份規格文件，將物件分成各種類別 (Class)，並定義每一種類別的物件該有哪些屬性。透過這些已定義屬性的物件類別來建立物件，可確保套用這個類別所產生的物件，皆有相同的屬性。例如：定義 user 類別所包含的屬性之後，所有的使用者物件都根據 user 類別來建立，如此所產生的使用者物件便會有相同的屬性。

Tip **微軟**將 schema 譯為『架構』，但我們認為過於抽象、不易理解，不如改用『結構描述』較適當。為避免讀者混淆，本書一律將 schema 保留原文。

在其它的目錄服務中，schema 經常是以文字檔的形式來呈現，例如：schema.ini 檔。但是在 AD 中，則將 schema 包裝成 AD 物件，換言之，雖然 AD schema 本身是用來定義物件，可是自己也是一種物件，可以說是『用來定義物件』的物件。

在 AD schema 中，同一種屬性可以存在於不同類別，例如：description 屬性同時存在於 user、group、computer 等類別，而且彼此完全獨立。修改 user 的 description 屬性不會影響 group 物件的 description 屬性。雖然 Windows Server 2016 已經提供相當多的類別與屬性，但為了提高 AD 功能的彈性，仍允許系統管理員自行定義新的類別或屬性。

3-5 AD 物件的名稱

由於使用者或網路程式可能會以不同方式來存取物件，而每一種存取方式對於物件都有自己的稱呼方式，因此 AD 物件會有多種名稱，以適用於不同的場合。

LDAP 名稱

AD 是採用 LDAP 3 協定的目錄服務，因此用戶端可透過 LDAP 協定來存取 AD 中的物件。存取時所指定的物件名稱，可區分為以下 2 類：

- DN (Distinguished Name) 與 RDN (Relative Distinguished Name)
- 標準名稱

DN 與 RDN

AD 目錄中各物件皆具有符合 LDAP 規格的 DN 與 RDN 名稱，以便讓 LDAP 用戶端程式存取物件。物件本身具有一個 RDN 屬性，用以記載自己的 RDN；物件的 DN 則是由自己的 RDN 再加「上層所有物件的 RDN」所組成，以下圖為例：

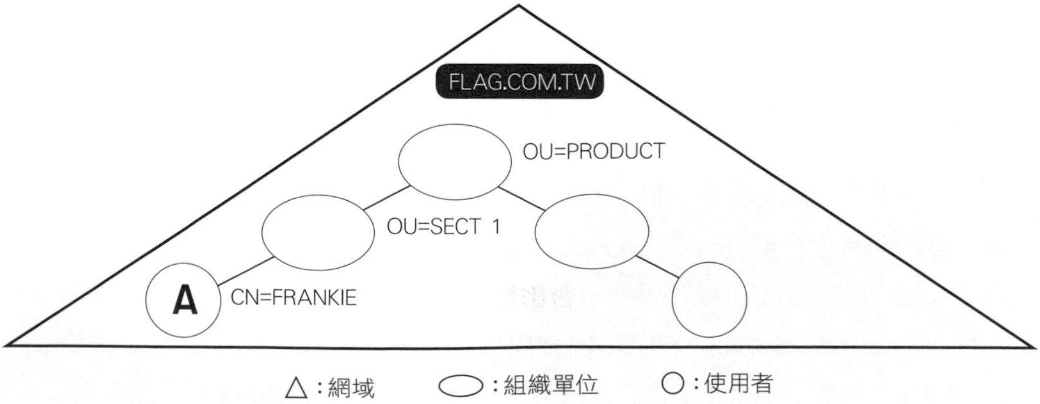

物件 A 的 RDN 為：

```
CN=FRANKIE
```

DN 為：

```
CN=FRANKIE,OU=SECT1,OU=PRODUCT,DC=FLAG,DC=COM,DC=TW
```

其中，CN (Common Name) 通常用來代表物件名稱，例如使用者名稱、印表機名稱等等；OU (Organizational Unit) 代表組織單位名稱；DC (Domain Component) 代表網域名稱。這裡要注意我們慣用的是 DNS 網域名稱，例如：flag.com.tw，但是 LDAP 則是用『DC=』加在每個網域之前，形成『DC=flag,DC=com,DC=tw』的表示法，詳情請參考第 4-1 節。

物件的 DN 是由系統根據物件的 RDN 與其位置而自動產生的。移動物件時，DN 也會隨之變更，以反映移動後的位置。除了程式設計師在開發程式時，會用到冗長難記的 DN 外，一般情形很少直接使用 DN 來存取物件。

標準名稱

標準名稱是以簡化方式表示 LDAP 的 DN，假設物件的 DN 為：

```
CN=FRANKIE,OU=SECT1,OU=PRODUCT,DC=FLAG,DC=COM,DC=TW
```

則在 AD 中此物件的標準名稱為：

```
FLAG.COM.TW/PRODUCT/SECT1/FRANKIE
```

換言之，標準名稱省略了 DN 中的 “CN=”、”OU=”等等保留字，並改用 DNS 網域名稱來表示 DN 中的網域名稱。

UPN 名稱

UPN (User Principal Name) 名稱代表「隸屬於某個網域的使用者」，是我們在登入時經常要輸入的名稱。它的格式與慣用的 Email 地址相同，例如：frankie@xdom.com，其中 frankie 是使用者名稱（一般又稱為『帳戶名稱』或『帳號』），xdom.com 是 frankie 所隸屬的 DNS 網域名稱。

UPN 雖然容易記憶，但是因為在同一個網域內不得重複，所以若存在上百個使用者時，如何為自己取一個好記、又不跟別人相同的名稱，就成為讓人頭痛的問題。

CHAPTER

04

Windows Server 2016

Active Directory 網域

4-1 AD 網域的定義與功用

4-2 網域控制站

4-3 多重網域的架構

4-4 站台與 GC 伺服器

從 Windows 2000 Server 開始，微軟所謂的網域都是指『AD 網域』（AD Domain），因此本章將說明 AD 網域的定義、功能、名稱及多重網域的架構，讓讀者先紮穩馬步，以利於後續各章的實作。

4-1 AD 網域的定義與功用

Windows 2000 Server 開始改用與 DNS 網域相同的架構，而且將 AD 目錄服務整合到網域中，因此形成一種新的網域。為了與 NT 網域區別，一般稱之為 AD 網域。

由於**微軟**已經淘汰 Windows NT，因此本書不介紹 NT 網域。**後文所指的網域，一律代表 AD 網域！**

何謂 AD 網域 (AD Domain)

簡言之，**共用同一份 AD 資料庫之電腦所組成的集合**便是一個 AD 網域！

由於 AD 資料庫（或者說 AD 目錄）裡頭包含了使用者帳戶、使用者密碼、電腦帳戶、權限設定等等資訊，所以同網域內的電腦和使用者，都是由同一份 AD 資料來決定誰可以存取哪些資源、誰可以做哪些工作等等。

網域的功能

說實在的，管理網路並非一定要有網域不可－－但是有網域可以省下很多工夫！我們先來看沒有網域的情形，再看有了網域之後的情形，兩相對照便能明白其中的差別。

工作群組－各自為政的架構

在沒有網域的環境中，假設有 10 部伺服器和 100 位使用者，因為每部伺服器都有自己的帳戶資料庫（稱為『本機帳戶資料庫』），網路管理員等於要維護 10×100 ＝ 1000 筆資料。而隨著伺服器和使用者數量遞增，維護工作所佔用的時間也隨之暴增。

微軟將上述這種『各管各的帳戶資料庫』架構，稱為『工作群組』（Workgroup）架構。從 Windows 9X 之後的各版本 Windows，無論是否 Server 版，都支援工作群組架構。

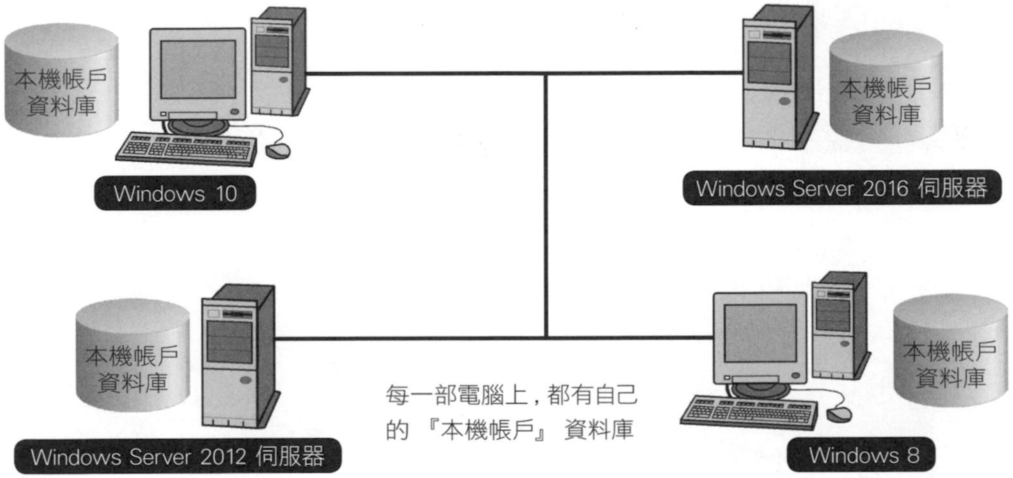

網域－中央集權的架構

要管理分散於各伺服器的帳戶資料庫，是一件讓人頭痛的事，不如選一部電腦專門負責管理帳戶資料，讓其它的電腦都以它的帳戶資料庫為準。如此一來，無論使用者或伺服器的數量增加多少，網路管理員都只要維護一個帳戶資料庫即可。

同樣以 10 部伺服器和 100 位使用者的環境為例，假設我們將 10 部伺服器的帳戶資料庫整合成一個，儲存在 A 伺服器。並且告訴所有的電腦：『凡是要查證使用者名稱與密碼是否正確時，一律去問 A 伺服器，它說了算！』爾後有任何的帳戶異動，只要修改 A 伺服器的帳戶資料庫，效力就遍及 10 部伺服器和 100 位使用者。

若用**微軟**的術語來說，A 伺服器所儲存的共用帳戶資料庫稱為 AD 資料庫；而 A 伺服器則稱為網域控制站（DC, Domain Controller）。

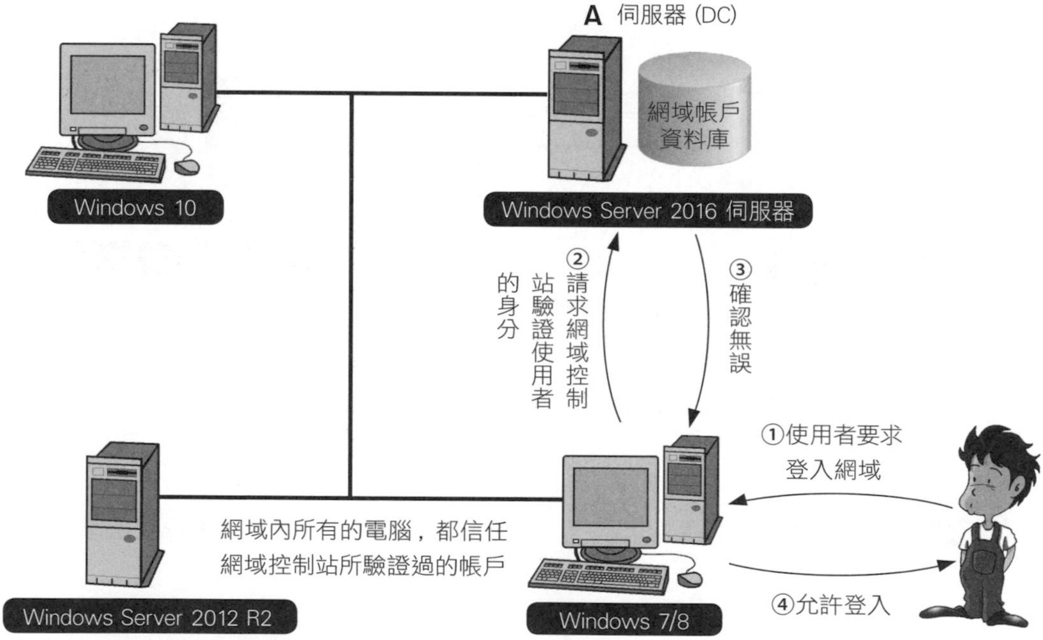

網域名稱 (Domain Name)

在不同的應用場合，我們會使用不同的格式來表示網域名稱，其中較常用到的 2 種格式，便是 DNS 網域名稱和 LDAP 網域名稱：

DNS 網域名稱

AD 網域的命名方式與 DNS 網域名稱相同，例如：

```
WWW.XXX.YYY.ZZZ
```

其中 WWW、XXX、YYY 和 ZZZ 都稱為標籤（Tag），每個標籤不得超過 63 個字元，並以『.』隔開，全部的標籤加上全部的『.』總共不得超過 255 個字元。

每一個標籤代表階層式樹狀架構中的一個 AD 網域，而且愈靠近右邊的標籤代表愈上層的網域，愈靠近左邊的標籤代表愈下層的網域。

LDAP 網域名稱

DNS 網域名稱利用『.』來區隔網域，但是 LDAP 則是以『DC』(Domain Component, 網域元件）來代表每一層網域。因此用 LDAP 網域名稱將 FLAG.COM.TW 表示如下：

```
DC=FLAG,DC=COM,DC=TW
```

特別要注意的是：不要將 LDAP 名稱裡的 DC 當成 AD 網域的 Domain Controller。

4-2 網域控制站

先前曾介紹過，存放 AD 資料庫、管理網域中的 AD 物件，並提供身分驗證服務的電腦稱為網域控制站（DC, Domain Controller）。網域中必須至少有一部電腦扮演 DC 的角色，如果沒有 DC，就沒有所謂的網域。

倘若不用『網域控制站』這個**微軟**發明的術語，我們可以稱它為『身分驗證伺服器』（Authentication Server）－－因為它主要用來執行身分驗證工作。又因為通常是在登入時執行驗證，所以也可以稱為『登入伺服器』（Logon Server）。

Tip 由於身分驗證涉及資訊安全甚鉅，因此也有人將身分驗證伺服器稱為『安全伺服器』(Security Server)。

建立多部 DC 的考量

我們在前文曾說過：『必須至少有一部電腦扮演 DC 』－－也就是說，可以有多部電腦都扮演 DC 的角色！

當網域中有多部 DC 時，各 DC 的地位平等。網路管理員可用其中任一部 DC 來維護 AD 資料庫，例如：新增帳號、設定權限等等；使用者也可透過任一部 DC 來登入網域。

但是，為什麼需要多部 DC 呢？

因為單靠一部 DC 的話，萬一它無法提供服務（關機、當機或斷線），會導致所有使用者都無法登入，整個網域形同癱瘓。如果有其它 DC，便可以照常提供服務，網域功能不會停擺，等於提供了『容錯』（Fault Tolerance）機制。

此外，由於網域可涵蓋多個區域網路，而這些區域網路之間可能透過低頻寬的網際網路連線，為了避免登入遲緩或失敗，便可在各區域網路中架設 DC，以加速登入流程。

DC 之間的複寫機制

當網域中有多部 DC 時，為了使每個 AD 資料庫有相同的內容，每部 DC 會將異動的資料複製給其它 DC，這種機制稱為『複寫』(Replication)。

然而複寫並非只是單存地將整個資料庫複製（Copy）過去，而是會遵循以下的基本原則來運作：

採用局部複寫減低資料量

當兩部 DC 進行 AD 資料的同步化時，並不會複寫全部的 AD 資料庫，而只是複寫變動的部份。例如：網管人員在 A 網域控制站中新增一個使用者帳戶，當 A 網域控制站與 B 網域控制站進行複寫時，只會將新增的使用者帳戶資料複寫至 B。這種複寫稱為局部複寫（Partial Replication）。

利用更新序號判斷複寫時機

DC 複寫時會自動協調出合適的方式，其中直接相互複寫的對象稱為『複寫夥伴』（Replication Partner），以下圖為例，B 和 D 便是 A 的複寫夥伴：

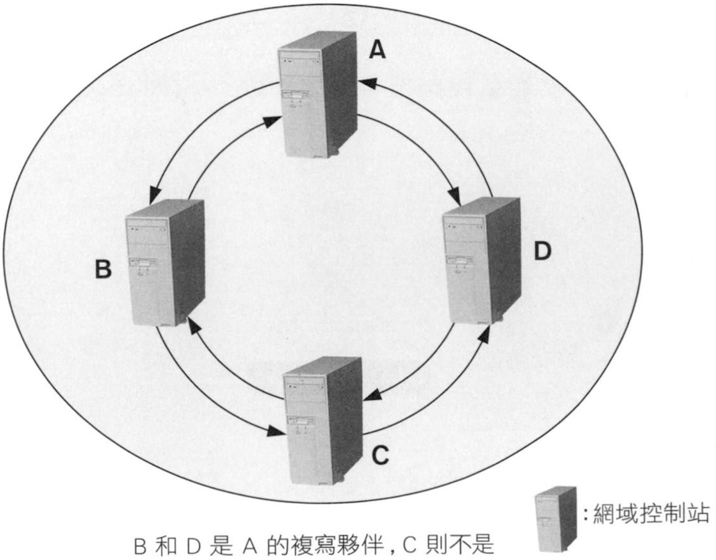

B 和 D 是 A 的複寫夥伴，C 則不是

每部 DC 各有自己的更新序號（USN，Update Sequence Number），當 AD 資料庫更新完畢後，即自動將本身的更新序號加 1。而每部 DC 也記錄複寫夥伴的更新序號。因此，當某部 DC 的更新序號變動時，其複寫夥伴隨即就會知道，然後開始執行複寫動作。複寫動作會沿既定的順序執行，直到所有的 AD 資料庫內容都同步為止。

發生衝突時以『更新戳記』決定優先順序

由於在網域的每部 DC 都可修改 AD 資料庫，因此若兩位使用者分別在不同 DC 上修改同一物件的屬性，在複寫過程即會造成衝突。此時系統會以『更新戳記』（Stamp）判定以何者的資料為準。更新戳記中包括版本、時刻和 GUID 等 3 項資訊，系統首先比較版本，版本數字愈高者愈優先；若版本相同則比較時刻，愈晚修改者愈優先；萬一連時刻都一樣（雖然這種機會微乎其微），就以 GUID 較大者為優先。

理論上，DC 的數目愈多，複寫時的資料傳輸量也隨著增加。因此我們在新增 DC 時，也必須考慮網路頻寬是否能負荷的問題。

4-3 多重網域的架構

雖然**微軟**建議企業儘量採用單一網域架構，以提升效能、簡化管理，如下圖：

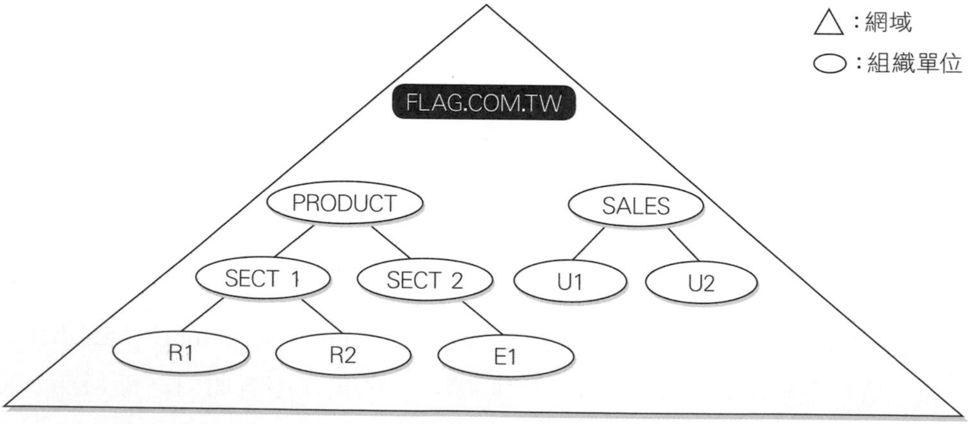

單一網域所構成的 AD

可是基於以下的原因，我們可能規劃為多個網域：

降低資安風險

通常分公司的設施不如總公司完善，可能用一般的房間充當 DC 的機房，因此被竊取或入侵的風險相對較高。但是分公司的 DC 因為透過複寫，擁有與總公司 DC 同樣的帳戶資料，所以一旦出問題，受影響的絕非只有分公司而已。從資訊安全的角度來考量，若不願花錢整建分公司的機房，最好就劃分成兩個網域。

因應部門的要求

假設財務部門的使用者帳戶有特殊權限，可以存取高敏感性的資料，因此不願這些帳戶資訊存放到其它電腦。然而我們無法限定 DC 之間不複寫哪些帳戶，所以只能將該部門獨立為另一個網域。

存在多個網域時，可形成**網域樹狀目錄** (Domain Tree) 或**樹系** (Domain Forest) 等兩種架構，以下分別介紹這兩種架構。

Tip

Domain Tree 與 Domain Forest 原意分別為『網域樹』與『網域森林』，字面意義已經能反映出實際的架構。但是微軟將其譯為『網域樹狀目錄』與『樹系』，本書只得沿用。

網域樹狀目錄

網域樹狀目錄是由多個網域以階層式組織成樹狀，如下圖：

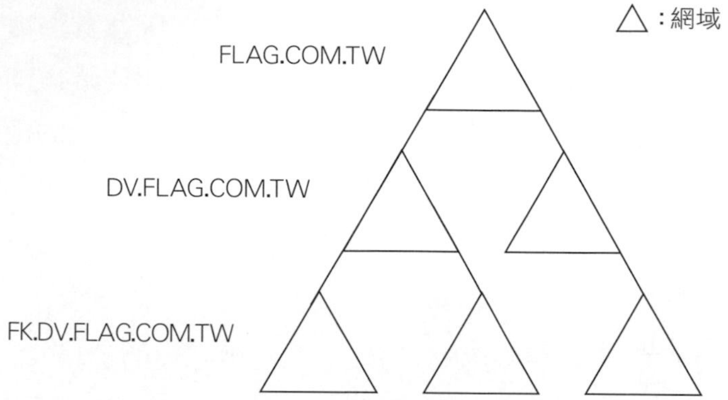

由多個網域組成的網域樹狀目錄

網域樹狀目錄中最上層的網域稱為根網域（Root Domain），亦即上圖中的 FLAG.COM.TW。而下層網域是上層網域的子網域（Child Domain），所以 DV.FLAG.COM.TW 是 FLAG.COM.TW 的子網域；FK.DV.FLAG.COM.TW 是 DV.FLAG.COM.TW 的子網域，依此類推。

請特別注意，網域樹狀目錄中的網域雖然有階層關係，但這僅限於命名方式，並不代表上層網域的成員對下層網域的成員具有管轄權。原則上，網域樹狀目錄中的各網域都是獨立的管理個體，所以上層網域的網路管理員，與下層網域的網路管理員是處於平等地位。

樹系

所謂樹系是**將多個網域樹狀目錄的根網域，透過信任關係（Trust Relationship）結合而成的集合**，也是 AD 目錄中最大的集合，如下圖：

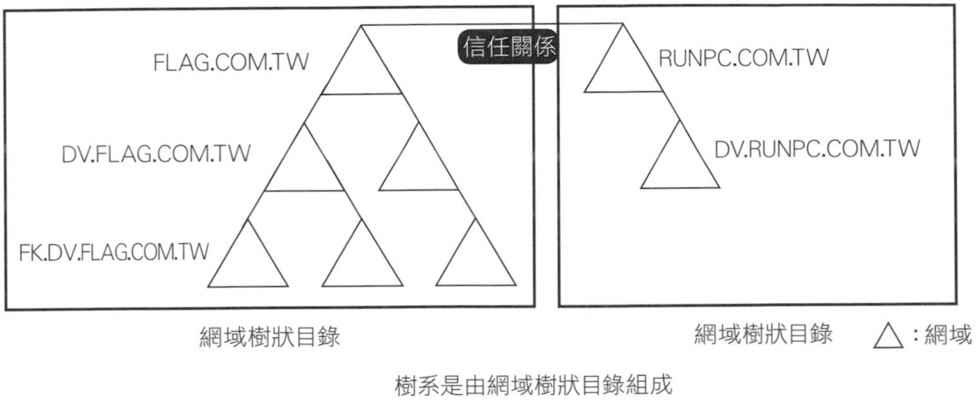

FLAG.COM.TW 和 RUNPC.COM.TW 兩個網域樹狀目錄組成樹系

原本 FLAG.COM.TW 和 RUNPC.COM.TW 是彼此獨立、互不相干的兩個網域樹狀目錄，一旦雙方的根網域建立信任關係，便形成樹系，在同一樹系中的網域都會彼此互相信任。

何謂網域的信任關係？

假設 A 網域信任 B 網域，代表 A 網域的資源開放給 B 網域的使用者來使用；同理，B 網域若要提供自己的資源給 A 網域的使用者，就必須信任 A 網域。這種信任機制從 Windows NT 時代就存在。

將 AD 網域加入網域樹狀目錄或樹系時，各網域彼此會自動建立信任關係，這種預設建立的信任關係具有以下的特色：

■ **雙向性（Two-way）**

不但使 A 網域信任 B 網域，同時也使 B 網域信任 A 網域。因此只要權限設定允許，A 網域的使用者可以存取 B 網域的資源；B 網域的使用者也可以存取 A 網域的資源。

NEXT

■ **可轉移性 (Transitive)**

所謂可轉移的信任關係是指：若 B 網域信任 A 網域，且 A 網域同時也信任 C 和 D 網域，則 B 網域也信任 C 和 D 網域。

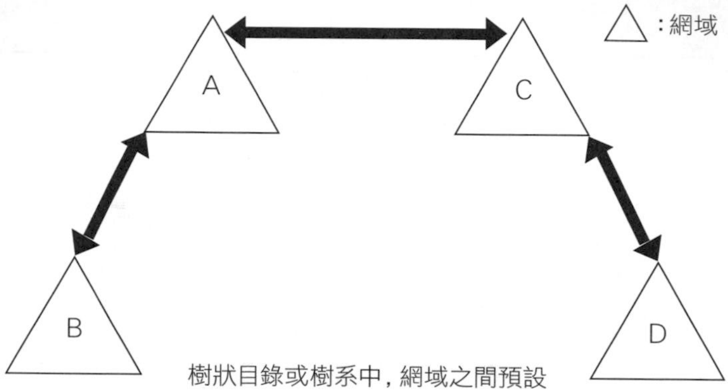

樹狀目錄或樹系中，網域之間預設會建立雙向、可轉移的信任關係

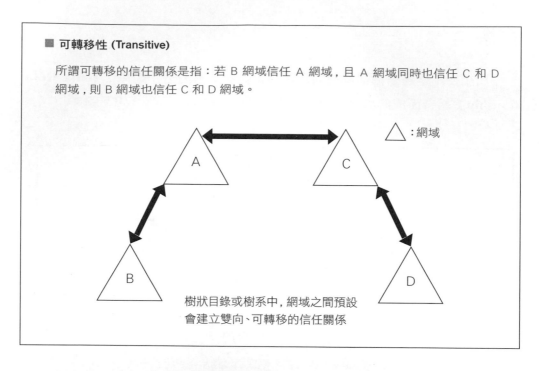

在中小企業中，考慮到效能與管理，大多不會採用樹系架構。一般比較常用到樹系的時機，是在兩個或多個公司合併時，將各公司原本的網域樹狀目錄整合起來。假設 FLAG 公司併購 POLE 公司，要以最短的時間、最少的變動來整合雙方的網路資源，那麼將各自的網域樹狀目錄 POLE.COM.TW 與 FLAG.COM.TW 結合成樹系，會是比較好的方式，如下圖：

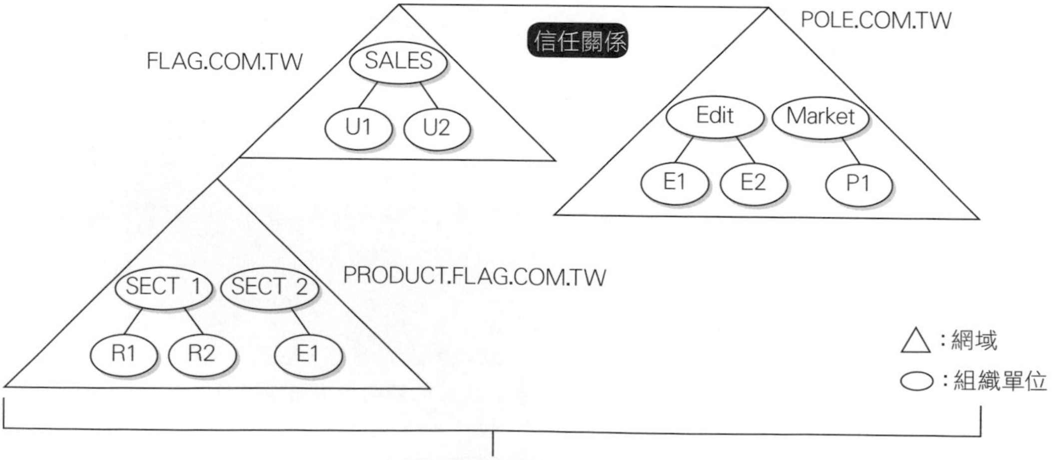

企業併購時便可能產生樹系架構

4-4 站台與 GC 伺服器

在 AD 目錄架構中，除了網域和網域控制站之外，還可能遇到的兩個名詞為**站台**（Site）和 **GC 伺服器**（GC Server, Global Catalog Server）。

AD 站台

所謂 AD 站台（以下簡稱為『站台』）是指透過『高速連線』所連接的一群電腦，而且這群電腦位於相同的 IP 子網路。所謂的高速連線，**微軟**預設是以 500 Kbps 為界線，低於此頻寬便視為低速連線。因此常見的區域網路連線都算是高速連線，而透過傳統數據機所建立的撥接連線則是低速連線。

站台的功能

站台的主要兩項功能如下：

控制登入時的速度

因為用戶端登入網域時，會優先與相同站台內的 DC 建立連線，所以若將距離最近的 DC 劃分到不同的站台；將距離最遠或最忙碌的 DC 劃分到相同的站台，便會降低登入的速度。

控制複寫的方式

DC 之間的複寫動作，若是發生在相同站台內，會自動協調出一套方式，毋須人為干預；若是不同站台間的複寫，則必須人工設定各種參數，系統才能判斷出最好的方式。

站台的規劃

由於站台的範圍經常是配合區域網路的範圍，加上區域網路通常以地理位置來劃分，因此會有人以為站台必定以地理位置劃分，其實這是一種誤解。有些企業利用高速專線或光纖來連結不同城市或國家的區域網路，此時便可將這些遠距區域網路規劃為同一站台。

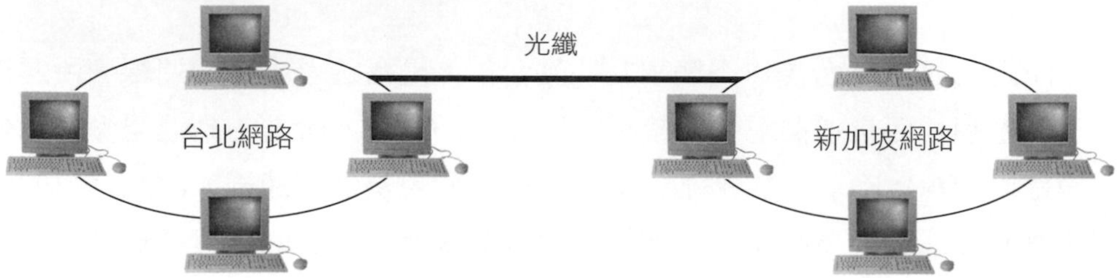

即使是位於不同國家的區域網路，只要彼此間建立高速連線，仍然可視為同一個 AD 站台

由於站台之間的低速連線會成為網路效能的瓶頸，因此網路管理員在規劃時應考慮以下的原則，以減少低速連線所造成的負面影響：

站台內最好至少有一部 DC

如果用戶端每次登入網域時，都必須經過低速連線去找位於另一個站台的 DC，勢必造成效能低落。因此最好在各站台內至少架設一部 DC，讓用戶端能快速連線到 DC。

降低站台間的資料複寫量

由於 DC 之間必須複寫 AD 資料，若 DC 位於不同站台，則複寫資料必須透過站台間的低速連線來傳輸，因此必須同時考量 DC 的擺放位置和站台的規劃，儘量減少站台間複寫的資料量。

不過，因為規劃站台時與規劃網域時所考慮的因素不同，所以一個站台可能包含多個網域；一個網域也可能包含多個站台。究竟該如何規劃，要看組織的規模、特性與需求而定。

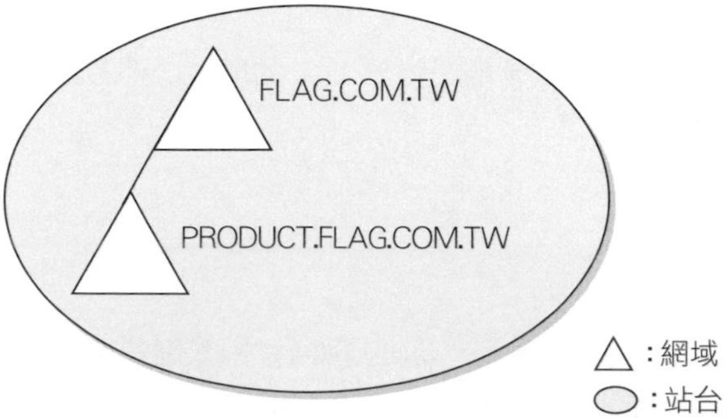

單一站台可包含多個網域

GC 伺服器

GC（Global Catalog，通用類別目錄）是一份清單，記載了樹系（Forest）內所有物件的資訊，而儲存這份清單的電腦便是 GC 伺服器。事實上，GC 也是儲存在 AD 資料庫內，亦即 NTDS.DIT 檔案中，所以 GC 伺服器這個角色一定依附在 DC（網域控制站）。

換言之，GC 伺服器一定是 DC，但是 DC 未必是 GC 伺服器。

GC 的內容

更進一步地看，GC 伺服器所儲存的物件資訊區分為以下兩種：

- 自己網域中，所有物件的**完整資訊**。
- 同樹系的其他網域中，所有物件的**部份資訊**。

所謂的部分資訊，代表『經常被查詢』或『執行特定功能時必要』的資訊。以使用者物件為例，『使用者名稱』就是經常被查詢的資訊；但是對於印表機物件，我們很少查詢其『列印速度』，因此該資訊（屬性）便不在 GC 內。

Tip 微軟已經事先定義了數十種記錄於 GC 的屬性，不過網路管理員仍可自行加入常用的屬性。

GC 伺服器的功能

GC 伺服器的主要功能為『加速查詢』和『提供登入時所需的資訊』兩種，由於後者牽涉較多的系統運作細節，不適合在此處說明，所以後文僅介紹前者。

Tip 在 Windows 2000 Server 環境，登入網域時若找不到 GC 伺服器便會失敗，不過從 Windows Server 2003 之後的環境都已經沒有這個問題。

在多重網域的架構中，使用者要查詢的物件資訊可能位於不同的網域，必須透過 DC 的轉介功能，詢問其它網域的 DC，往往降低查詢的效率。有了 GC 伺服器之後，搜尋物件資訊時會先查詢 GC 的內容，若找到了當然就可以直接使用，縮短了查詢的時間。若是在單一網域的環境，因為沒有跨網域查詢的問題，所以就不容易彰顯出 GC 伺服器的功用。

GC 伺服器的建立

樹系內的第一部 DC 預設就兼任 GC 伺服器，這是唯一會自動建立的 GC 伺服器。若需要建立更多的 GC 伺服器，網路管理員必須在其它 DC 逐一手動設定。

根據**微軟**的建議，各站台至少應有一部 GC 伺服器，讓使用者的查詢先送到就近的 GC 伺服器，通常 GC 伺服器即可滿足大多數的查詢需求，如此便能避免透過低速連線做跨站台查詢。

CHAPTER

05

Windows Server 2016

建立網域

5-1　建立第一個網域

5-2　將電腦加入網域

5-3　提升樹系與網域功能等級

5-4　退出網域和 DC 降級

在微軟的企業網路架構裡，『網域』佔有舉足輕重的地位，可以說 Windows Server 2016 的重要功能都建立在網域上。本章將說明建立網域的步驟、注意事項及相關知識，從此開始學習如何發揮 Windows Server 2016 的強大威力。

5-1 建立第一個網域

具體來說，要建立第 1 個網域就是要建立第 1 部網域控制站（Domain Controller, 以下簡稱為 DC），而建立 DC 必須具有系統管理員權限才能做到，因此務必先以具有系統管理員權限的帳戶登入。

賦予固定的 IP 位址

Windows Server 2016 預設是採用非固定的 IP 位址，可是一般來說，DC 應該採用固定的 IP 位址，所以我們在將電腦升級到 DC 之前先賦予它一個固定的 IP 位址。

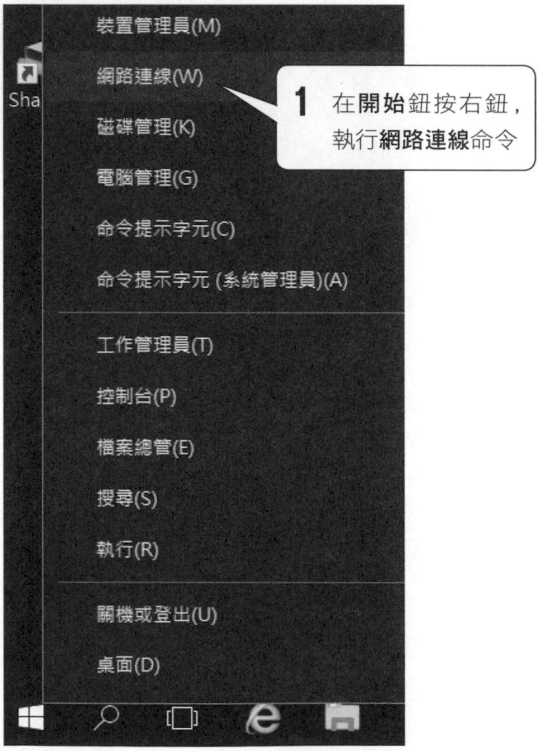

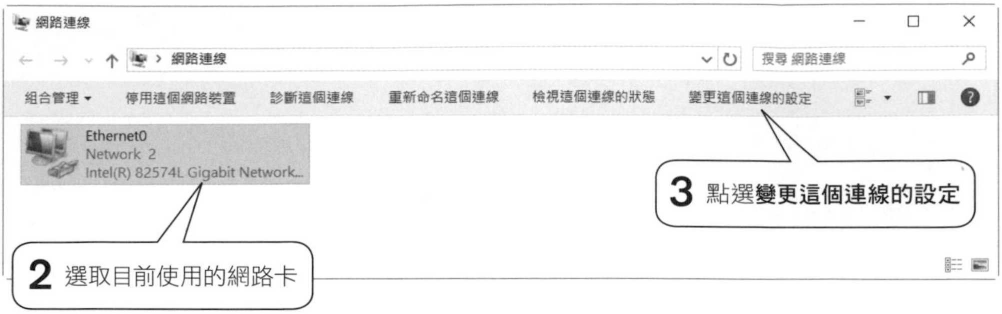
網路連線
網路連線
搜尋 網路連線
組合管理
停用這個網路裝置
診斷這個連線
重新命名這個連線
檢視這個連線的狀態
變更這個連線的設定
Ethernet0
Network 2
Intel(R) 82574L Gigabit Network...
3 點選變更這個連線的設定
2 選取目前使用的網路卡

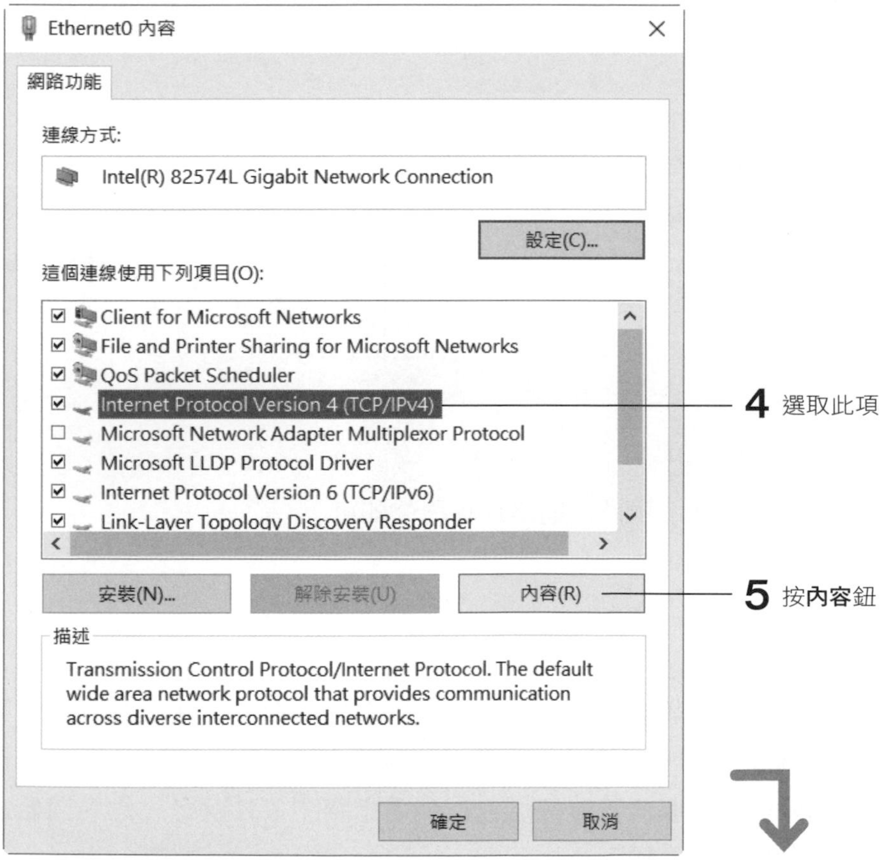
Ethernet0 內容
網路功能
連線方式:
Intel(R) 82574L Gigabit Network Connection
設定(C)...
這個連線使用下列項目(O):
Client for Microsoft Networks
File and Printer Sharing for Microsoft Networks
QoS Packet Scheduler
Internet Protocol Version 4 (TCP/IPv4)
Microsoft Network Adapter Multiplexor Protocol
Microsoft LLDP Protocol Driver
Internet Protocol Version 6 (TCP/IPv6)
Link-Layer Topology Discovery Responder
安裝(N)...
解除安裝(U)
內容(R)
描述
Transmission Control Protocol/Internet Protocol. The default wide area network protocol that provides communication across diverse interconnected networks.
確定
取消
4 選取此項
5 按內容鈕

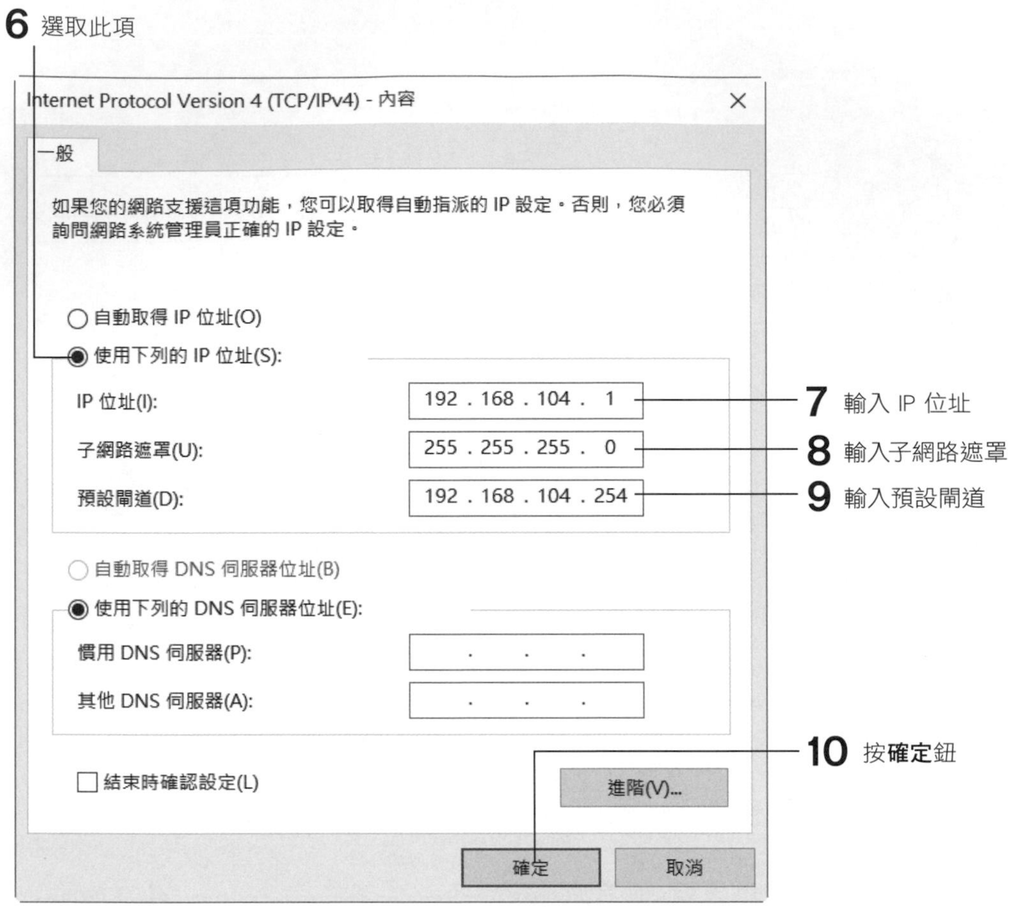

接著按**關閉**鈕，再關閉**網路連線**視窗即可。

新增角色

以下的示範步驟，係假設目前的網路無任何網域，所要建立的是第一個網域，又稱為根網域（root domain）。Windows Server 2016 預設在登入之後會自動開啟**伺服器管理員**視窗，倘若您關閉了該視窗，請在**開始**鈕按右鈕、執行**執行**命令，輸入 "servermanager.exe"、按 Enter 鍵：

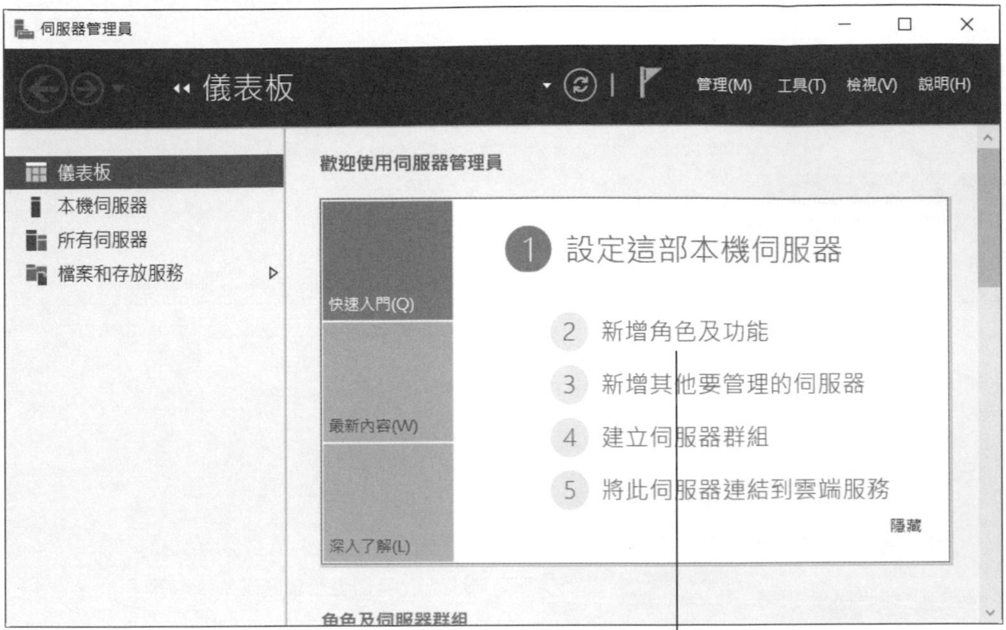
伺服器管理員
儀表板
管理(M) 工具(T) 檢視(V) 說明(H)
儀表板
本機伺服器
所有伺服器
檔案和存放服務
歡迎使用伺服器管理員
快速入門(Q)
最新內容(W)
深入了解(L)
1 設定這部本機伺服器
2 新增角色及功能
3 新增其他要管理的伺服器
4 建立伺服器群組
5 將此伺服器連結到雲端服務
隱藏
角色及伺服器群組

1 在**伺服器管理員 / 儀表板**選取**新增角色及功能**

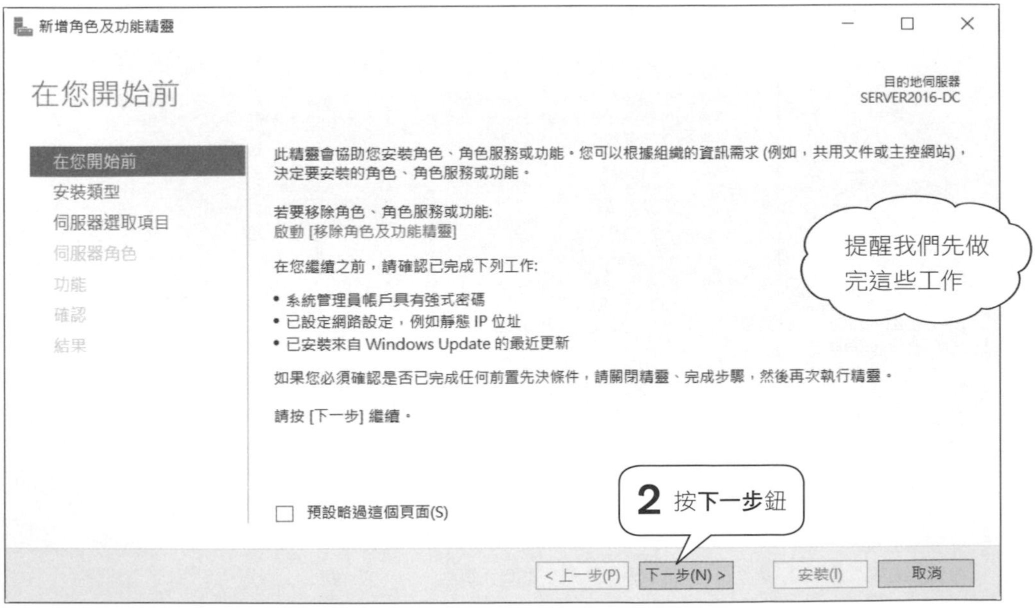
新增角色及功能精靈
在您開始前
目的地伺服器
SERVER2016-DC
在您開始前
安裝類型
伺服器選取項目
伺服器角色
功能
確認
結果
此精靈會協助您安裝角色、角色服務或功能。您可以根據組織的資訊需求 (例如，共用文件或主控網站)，決定要安裝的角色、角色服務或功能。
若要移除角色、角色服務或功能:
啟動 [移除角色及功能精靈]
在您繼續之前，請確認已完成下列工作:
• 系統管理員帳戶具有強式密碼
• 已設定網路設定，例如靜態 IP 位址
• 已安裝來自 Windows Update 的最近更新
如果您必須確認是否已完成任何前置先決條件，請關閉精靈、完成步驟，然後再次執行精靈。
請按 [下一步] 繼續。
預設略過這個頁面(S)
< 上一步(P)
下一步(N) >
安裝(I)
取消
提醒我們先做完這些工作

2 按**下一步**鈕

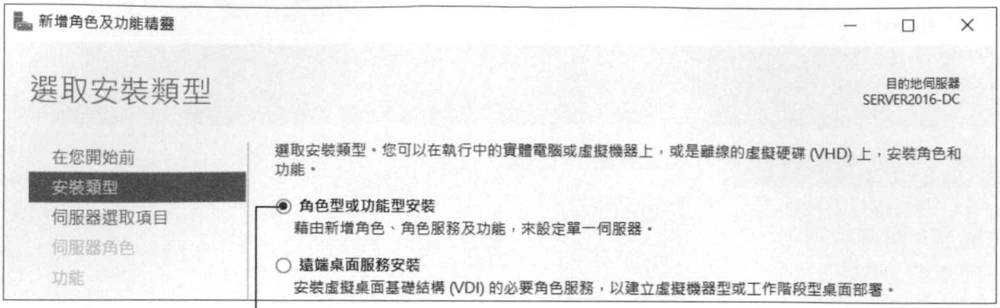

3 選取此項，按**下一步**鈕

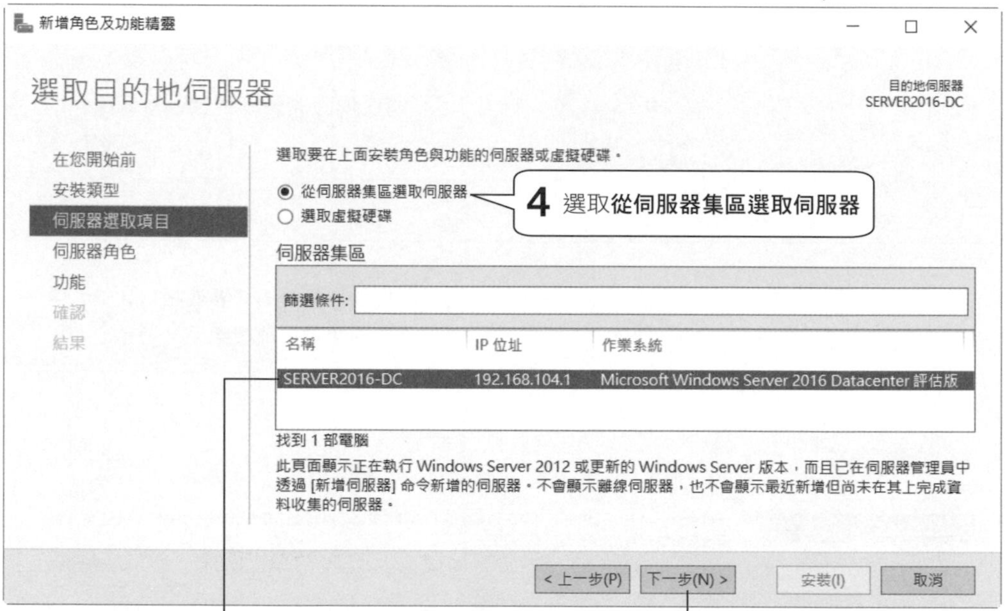

4 選取**從伺服器集區選取伺服器**

5 選取要升級為 DC 的電腦(注意 IP 位址是否正確)

6 按**下一步**鈕

7 選取此項

新增角色及功能精靈
新增 Active Directory Domain Services 所需的功能?
您必須同時安裝下列角色服務或功能，才能安裝 Active Directory Domain Services。
[工具] Group Policy Management
Remote Server Administration Tools
Role Administration Tools
AD DS and AD LDS Tools
Active Directory module for Windows PowerShell
AD DS Tools
[工具] Active Directory Administrative Center
[工具] AD DS Snap-Ins and Command-Line Tools
包含管理工具 (如適用)
新增功能
取消

8 按**新增功能**鈕

選取伺服器角色
目的地伺服器
SERVER2016-DC
在您開始前
安裝類型
伺服器選取項目
伺服器角色
功能
AD DS
確認
結果
選取一或多個要安裝在選取之伺服器上的角色。
角色
Active Directory Certificate Services
Active Directory Domain Services
Active Directory Federation Services
Active Directory Lightweight Directory Services
Active Directory Rights Management Services
Device Health Attestation
DHCP Server
DNS Server
Fax Server
File and Storage Services (1 / 12 已安裝)
Host Guardian Service
描述
Active Directory Domain Services (AD DS) stores information about objects on the network and makes this information available to users and network administrators. AD DS uses domain controllers to give network users access to permitted resources anywhere on the network through a single logon process.

9 按下一步鈕

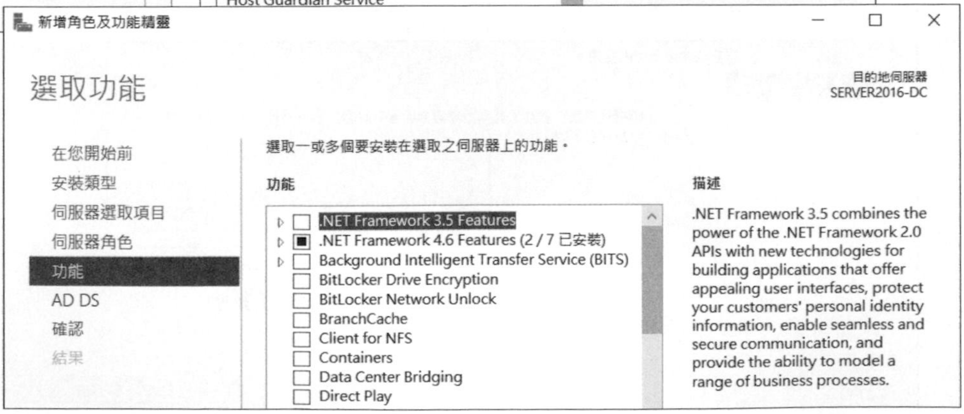
新增角色及功能精靈
選取功能
目的地伺服器
SERVER2016-DC
在您開始前
安裝類型
伺服器選取項目
伺服器角色
功能
AD DS
確認
結果
選取一或多個要安裝在選取之伺服器上的功能。
功能
.NET Framework 3.5 Features
.NET Framework 4.6 Features (2 / 7 已安裝)
Background Intelligent Transfer Service (BITS)
BitLocker Drive Encryption
BitLocker Network Unlock
BranchCache
Client for NFS
Containers
Data Center Bridging
Direct Play
描述
.NET Framework 3.5 combines the power of the .NET Framework 2.0 APIs with new technologies for building applications that offer appealing user interfaces, protect your customers' personal identity information, enable seamless and secure communication, and provide the ability to model a range of business processes.

10 按下一步鈕

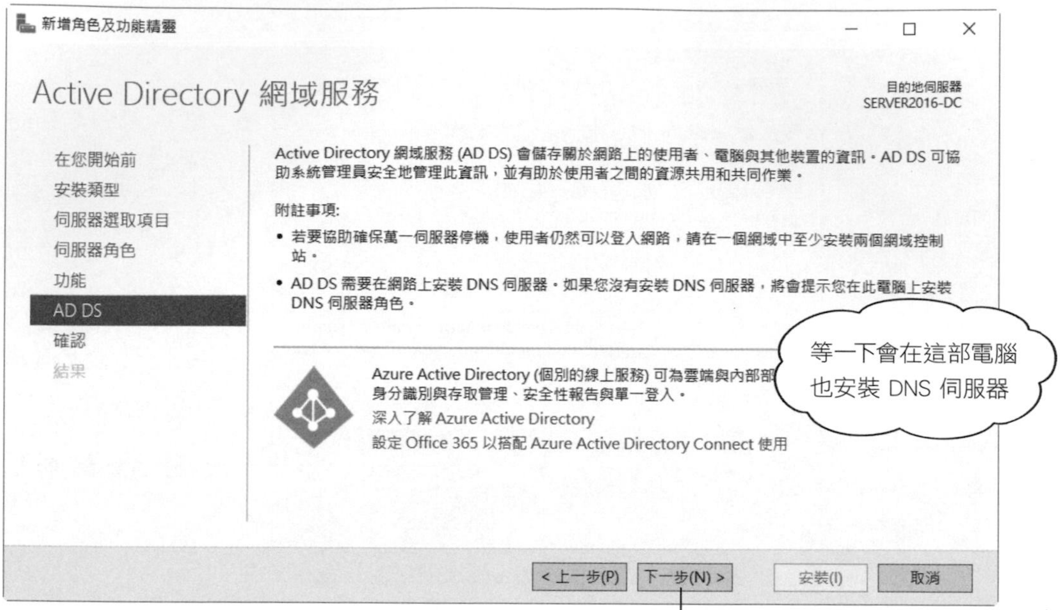
新增角色及功能精靈
Active Directory 網域服務
目的地伺服器
SERVER2016-DC
在您開始前
安裝類型
伺服器選取項目
伺服器角色
功能
AD DS
確認
結果
Active Directory 網域服務 (AD DS) 會儲存關於網路上的使用者、電腦與其他裝置的資訊。AD DS 可協助系統管理員安全地管理此資訊，並有助於使用者之間的資源共用和共同作業。
附註事項:
• 若要協助確保萬一伺服器停機，使用者仍然可以登入網路，請在一個網域中至少安裝兩個網域控制站。
• AD DS 需要在網路上安裝 DNS 伺服器。如果您沒有安裝 DNS 伺服器，將會提示您在此電腦上安裝 DNS 伺服器角色。
Azure Active Directory (個別的線上服務) 可為雲端與內部部
身分識別與存取管理、安全性報告與單一登入。
深入了解 Azure Active Directory
設定 Office 365 以搭配 Azure Active Directory Connect 使用
等一下會在這部電腦也安裝 DNS 伺服器
< 上一步(P)
下一步(N) >
安裝(I)
取消

11 按**下一步**鈕

12 勾選此項

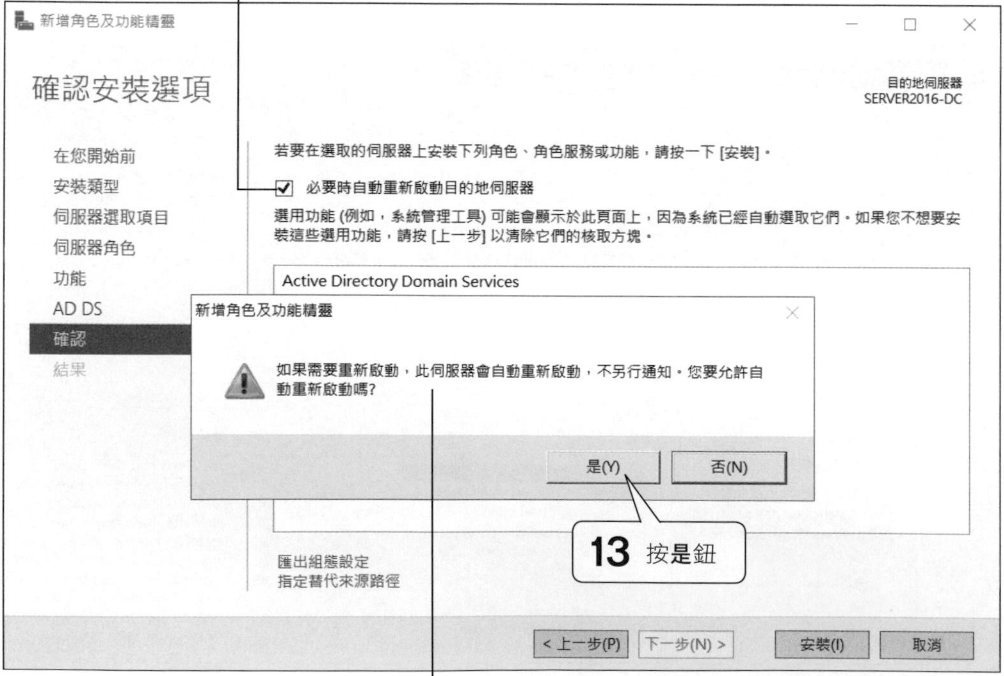
新增角色及功能精靈
確認安裝選項
目的地伺服器
SERVER2016-DC
在您開始前
安裝類型
伺服器選取項目
伺服器角色
功能
AD DS
確認
結果
若要在選取的伺服器上安裝下列角色、角色服務或功能，請按一下 [安裝]。
必要時自動重新啟動目的地伺服器
選用功能 (例如，系統管理工具) 可能會顯示於此頁面上，因為系統已經自動選取它們。如果您不想要安裝這些選用功能，請按 [上一步] 以清除它們的核取方塊。
Active Directory Domain Services
新增角色及功能精靈
如果需要重新啟動，此伺服器會自動重新啟動，不另行通知。您要允許自動重新啟動嗎?
是(Y)
否(N)
13 按是鈕
匯出組態設定
指定替代來源路徑
< 上一步(P)
下一步(N) >
安裝(I)
取消

讓系統於必要時自動重新啟動，不必詢問

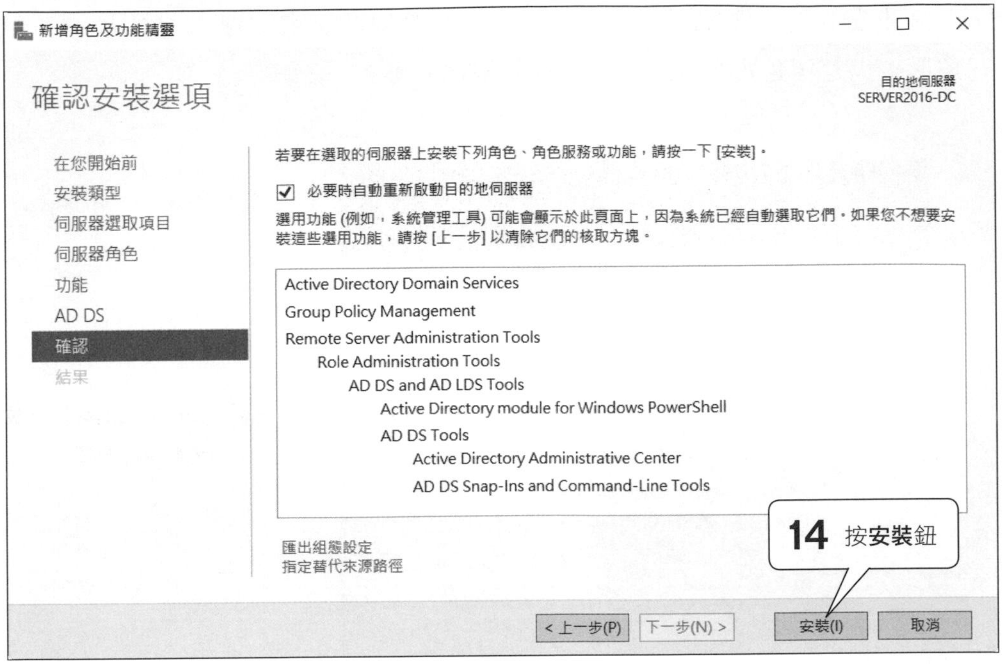
新增角色及功能精靈
確認安裝選項
目的地伺服器
SERVER2016-DC
在您開始前
安裝類型
伺服器選取項目
伺服器角色
功能
AD DS
確認
結果
若要在選取的伺服器上安裝下列角色、角色服務或功能，請按一下 [安裝]。
必要時自動重新啟動目的地伺服器
選用功能 (例如，系統管理工具) 可能會顯示於此頁面上，因為系統已經自動選取它們。如果您不想要安裝這些選用功能，請按 [上一步] 以清除它們的核取方塊。
Active Directory Domain Services
Group Policy Management
Remote Server Administration Tools
Role Administration Tools
AD DS and AD LDS Tools
Active Directory module for Windows PowerShell
AD DS Tools
Active Directory Administrative Center
AD DS Snap-Ins and Command-Line Tools
匯出組態設定
指定替代來源路徑
14 按安裝鈕
< 上一步(P)
下一步(N) >
安裝(I)
取消

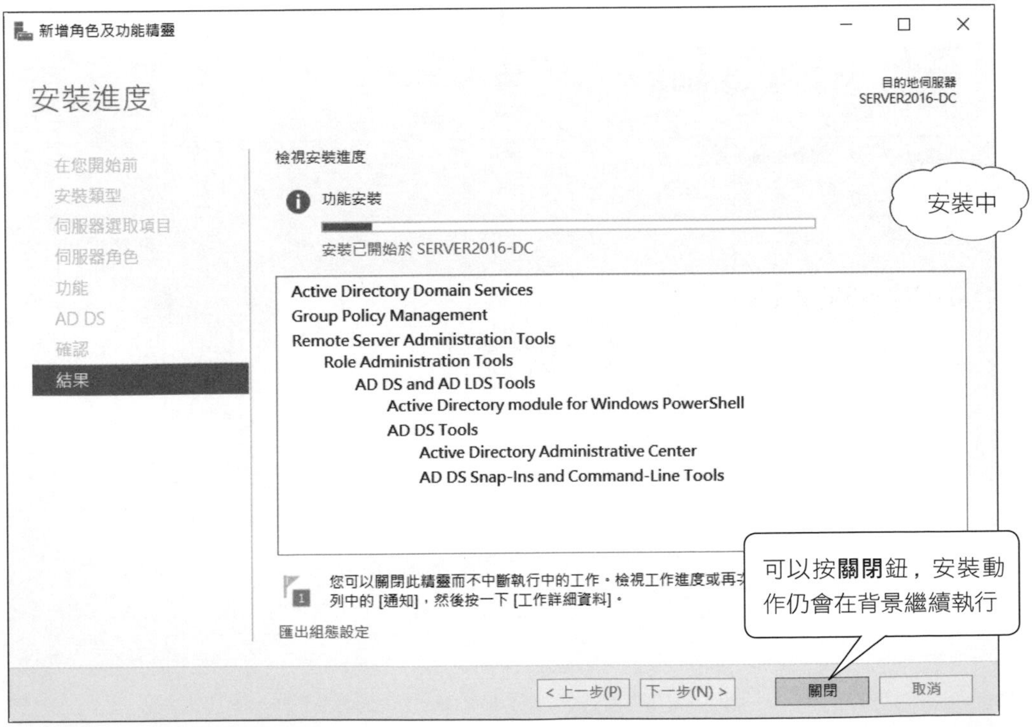
新增角色及功能精靈
安裝進度
目的地伺服器
SERVER2016-DC
在您開始前
安裝類型
伺服器選取項目
伺服器角色
功能
AD DS
確認
結果
檢視安裝進度
功能安裝
安裝中
安裝已開始於 SERVER2016-DC
Active Directory Domain Services
Group Policy Management
Remote Server Administration Tools
Role Administration Tools
AD DS and AD LDS Tools
Active Directory module for Windows PowerShell
AD DS Tools
Active Directory Administrative Center
AD DS Snap-Ins and Command-Line Tools
您可以關閉此精靈而不中斷執行中的工作。檢視工作進度或再
列中的 [通知]，然後按一下 [工作詳細資料]。
可以按關閉鈕，安裝動作仍會在背景繼續執行
匯出組態設定
< 上一步(P)
下一步(N) >
關閉
取消

完成安裝後在**伺服器管理員 / 儀表板**的**管理**功能表左邊，會出現「黃色三角形中央有黑色驚嘆號」，請點選驚嘆號旁邊的「三角旗」：

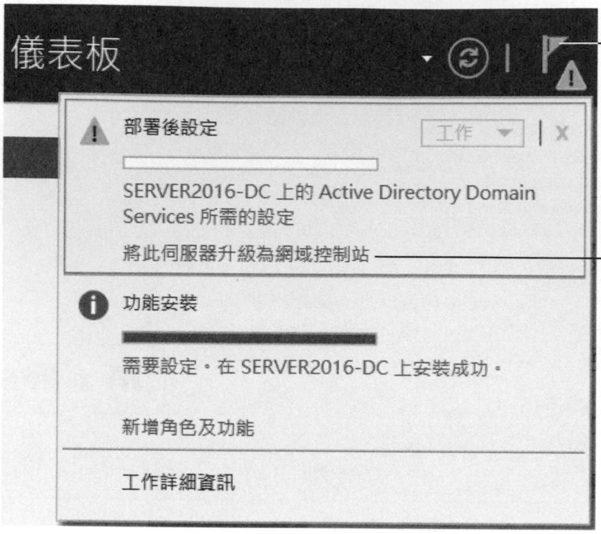

15 點選此三角旗

16 點選**將此伺服器升級為網域控制站**

17 選取**新增樹系**

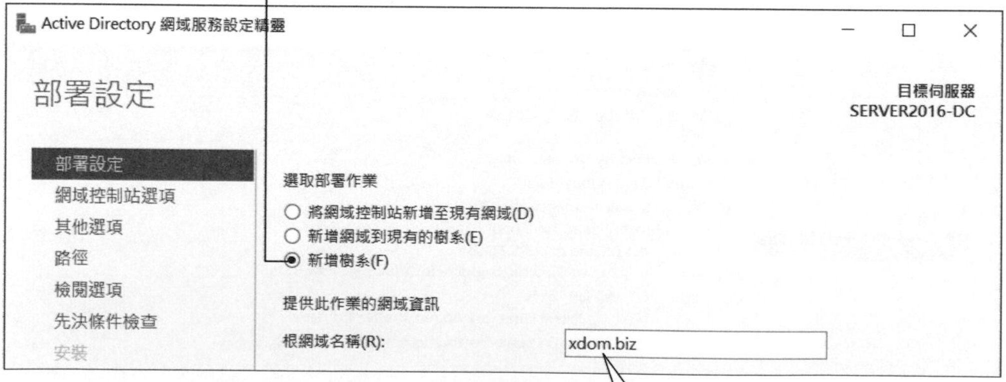

18 輸入自訂的網域名稱後，按**下一步**鈕

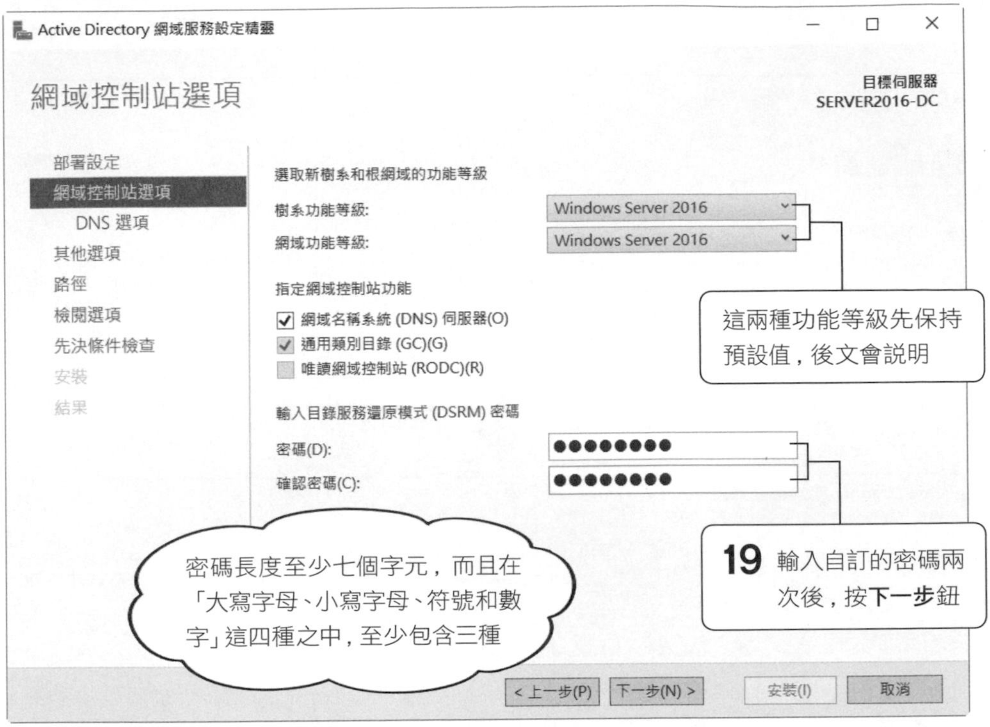
Active Directory 網域服務設定精靈
網域控制站選項
目標伺服器
SERVER2016-DC
部署設定
網域控制站選項
DNS 選項
其他選項
路徑
檢閱選項
先決條件檢查
安裝
結果
選取新樹系和根網域的功能等級
樹系功能等級:
Windows Server 2016
網域功能等級:
Windows Server 2016
指定網域控制站功能
網域名稱系統 (DNS) 伺服器(O)
通用類別目錄 (GC)(G)
唯讀網域控制站 (RODC)(R)
輸入目錄服務還原模式 (DSRM) 密碼
密碼(D):
確認密碼(C):
這兩種功能等級先保持預設值，後文會說明
密碼長度至少七個字元，而且在「大寫字母、小寫字母、符號和數字」這四種之中，至少包含三種
19 輸入自訂的密碼兩次後，按下一步鈕
< 上一步(P)
下一步(N) >
安裝(I)
取消

目前出現此訊息是正常，不必理會

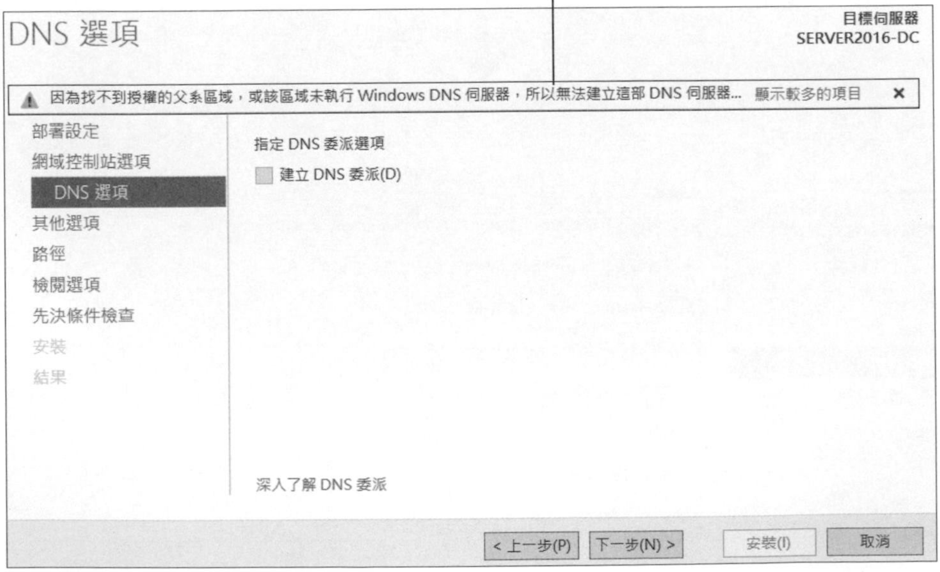
DNS 選項
目標伺服器
SERVER2016-DC
因為找不到授權的父系區域，或該區域未執行 Windows DNS 伺服器，所以無法建立這部 DNS 伺服器... 顯示較多的項目
部署設定
網域控制站選項
DNS 選項
其他選項
路徑
檢閱選項
先決條件檢查
安裝
結果
指定 DNS 委派選項
建立 DNS 委派(D)
深入了解 DNS 委派
< 上一步(P)
下一步(N) >
安裝(I)
取消

按**下一步**鈕

沿用「xdom」這個系統預設的 NetBIOS 名稱

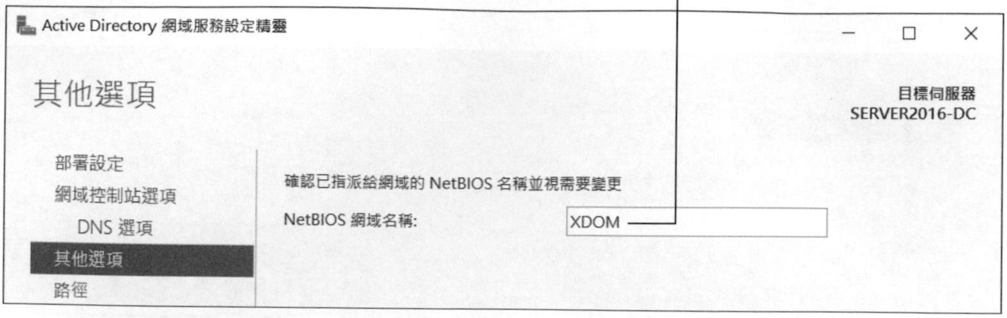
Active Directory 網域服務設定精靈
其他選項
目標伺服器
SERVER2016-DC
部署設定
網域控制站選項
DNS 選項
其他選項
路徑
確認已指派給網域的 NetBIOS 名稱並視需要變更
NetBIOS 網域名稱:
XDOM

按下一步鈕

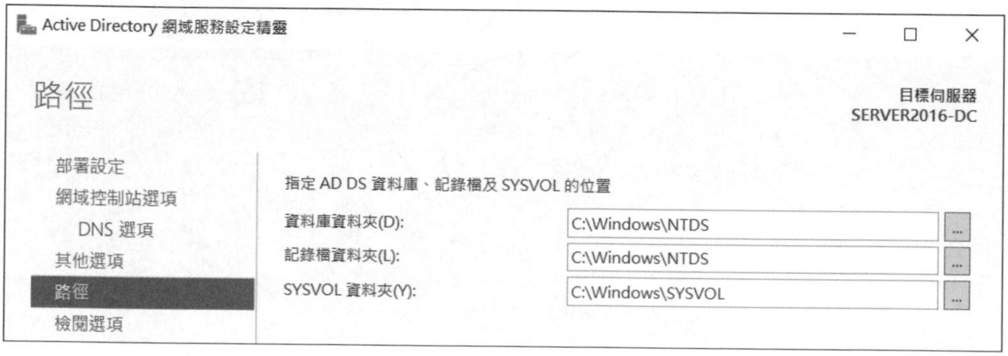
Active Directory 網域服務設定精靈
路徑
目標伺服器
SERVER2016-DC
部署設定
網域控制站選項
DNS 選項
其他選項
路徑
檢閱選項
指定 AD DS 資料庫、記錄檔及 SYSVOL 的位置
資料庫資料夾(D):
C:\Windows\NTDS
記錄檔資料夾(L):
C:\Windows\NTDS
SYSVOL 資料夾(Y):
C:\Windows\SYSVOL

按下一步鈕

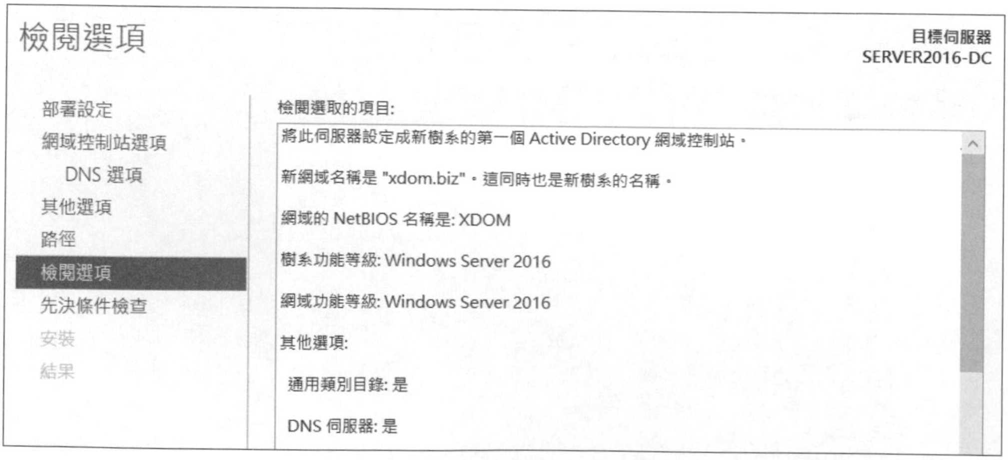
檢閱選項
目標伺服器
SERVER2016-DC
部署設定
網域控制站選項
DNS 選項
其他選項
路徑
檢閱選項
先決條件檢查
安裝
結果
檢閱選取的項目:
將此伺服器設定成新樹系的第一個 Active Directory 網域控制站。
新網域名稱是 "xdom.biz"。這同時也是新樹系的名稱。
網域的 NetBIOS 名稱是: XDOM
樹系功能等級: Windows Server 2016
網域功能等級: Windows Server 2016
其他選項:
通用類別目錄: 是
DNS 伺服器: 是

按下一步鈕

Active Directory 網域服務設定精靈
先決條件檢查
目標伺服器
SERVER2016-DC
已順利通過所有先決條件檢查。按一下 [安裝] 以開始安裝。
顯示較多的項目
部署設定
網域控制站選項
DNS 選項
其他選項
路徑
檢閱選項
先決條件檢查
安裝
結果
在此電腦上安裝 Active Directory 網域服務之前，必須先驗證先決條件
重新執行先決條件檢查
檢視結果(V)
Windows Server 2016 網域控制站有「允許與 Windows NT 4.0 相容的密碼編譯演算法」安全性設定的預設值，此設定可防止在建立安全性通道工作階段時使用強度較低的密碼編譯演算法。
如需有關此設定的詳細資訊，請參閱知識庫文章 942564 (http://go.microsoft.com/fwlink/?LinkId=104751)。
因為找不到授權的父系區域，或該區域未執行 Windows DNS 伺服器，所以無法建立這部 DNS 伺服器的委派。如果要整合現有 DNS 基礎結構，則應該手動在父系區域中建立這部 DNS 伺服器的委派，以確保網域 "xdom.biz" 外部的可靠名稱解析。否則，不需要採取任何動作。
先決條件檢查完成
已順利通過所有先決條件檢查。按一下 [安裝] 以開始安裝。
若按一下 [安裝]，伺服器會在升級作業結束時自動重新開機。
深入了解 先決條件
20 按安裝鈕
< 上一步(P)
下一步(N) >
安裝(I)
取消

按下**安裝**鈕之後就耐心等候，直到系統重新啟動、出現登入畫面：

網域名稱
這是指「網域系統管理員」
(Domain Administrator)
XDOM\Administrator
Password
輸入密碼以登入
XDOM\Administrator

5-2 將電腦加入網域

既然建立了網域，當然應該將其他電腦加入網域，以方便管理。不過要注意的是，執行「非專業版」或「非企業版」的 Windows 用戶端，例如：Windows 10 家用版、Windows 8/8.1 家用版、Windows 7 家用入門版 / 家用進階版、Windows XP 家用版等等，都不能加入 AD 網域。假設不確定目前使用的 Windows 是否能加入網域，請在**開始**按右鈕、執行**執行**命令，輸入 "sysdm.cpl"、按 Enter 鍵，開啟**系統內容**交談窗，再按**變更**鈕：

若能點選**網域**，代表可以加入 AD 網域

由於 Windows 版本眾多，無法一一示範，後文以 Windows 10 專業版來示範如何加入網域。其實就是做以下兩個動作：

- **修改『慣用 DNS 伺服器』**：以 DC 作為 DNS 伺服器。
- **修改『成員隸屬』**：從『工作群組』改為『網域』。

將 Windows 10 加入網域

首先修改「慣用 DNS 伺服器」設定：

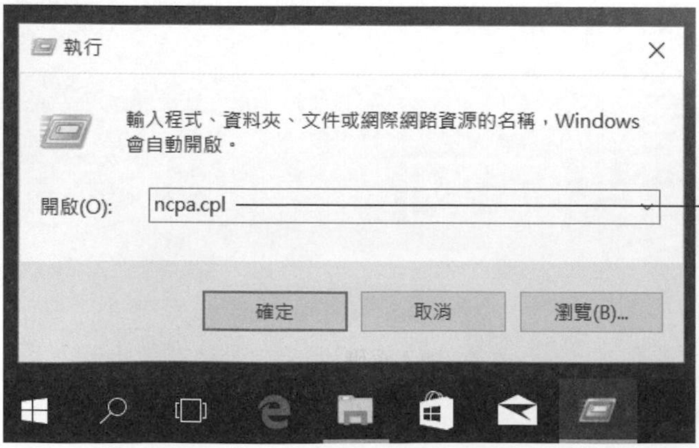

1 點選**開始**鈕，輸入 "NCPA.CPL"、按 Enter 鍵

2 選取目前使用的網路卡

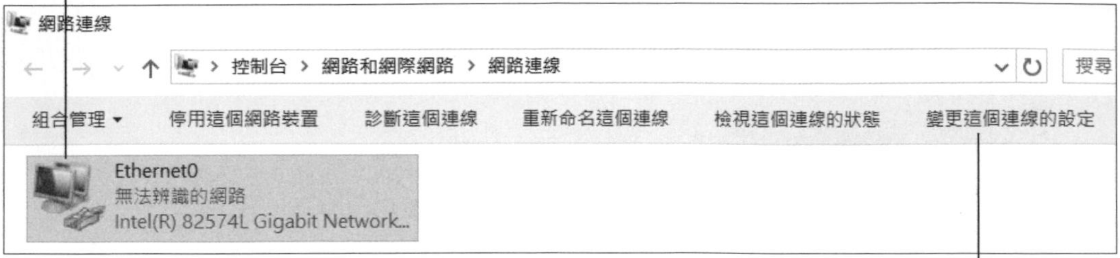
網路連線
控制台 > 網路和網際網路 > 網路連線
搜尋
組合管理
停用這個網路裝置
診斷這個連線
重新命名這個連線
檢視這個連線的狀態
變更這個連線的設定
Ethernet0
無法辨識的網路
Intel(R) 82574L Gigabit Network...

3 點選**變更這個連線的設定**

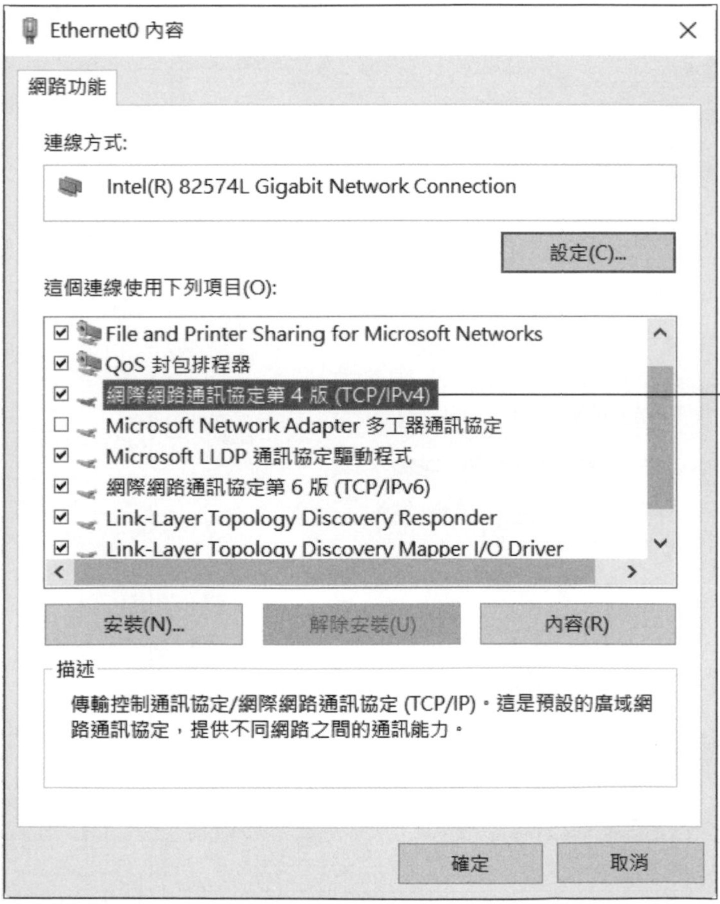
Ethernet0 內容
網路功能
連線方式:
Intel(R) 82574L Gigabit Network Connection
設定(C)...
這個連線使用下列項目(O):
File and Printer Sharing for Microsoft Networks
QoS 封包排程器
網際網路通訊協定第 4 版 (TCP/IPv4)
Microsoft Network Adapter 多工器通訊協定
Microsoft LLDP 通訊協定驅動程式
網際網路通訊協定第 6 版 (TCP/IPv6)
Link-Layer Topology Discovery Responder
Link-Layer Topology Discovery Mapper I/O Driver
安裝(N)...
解除安裝(U)
內容(R)
描述
傳輸控制通訊協定/網際網路通訊協定 (TCP/IP)。這是預設的廣域網路通訊協定，提供不同網路之間的通訊能力。
確定
取消

4 雙按此項

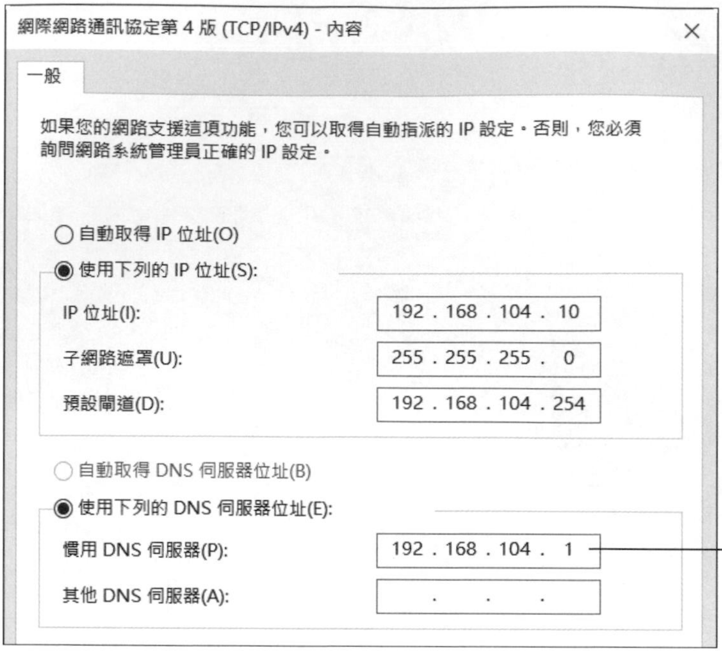

5 輸入 DC 的 IP 位址後，按**確定**鈕、再按**關閉**鈕

接著要修改「成員隸屬」設定，請參考前文開啟**系統內容**交談窗：

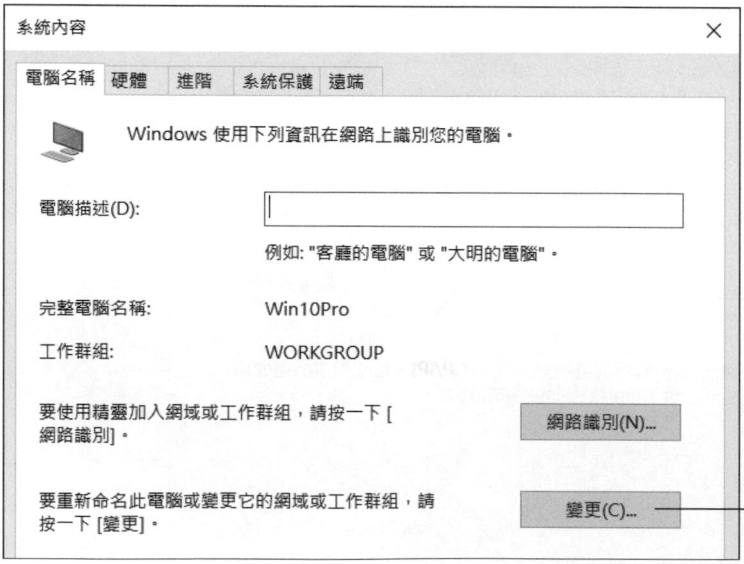

1 按**變更**鈕

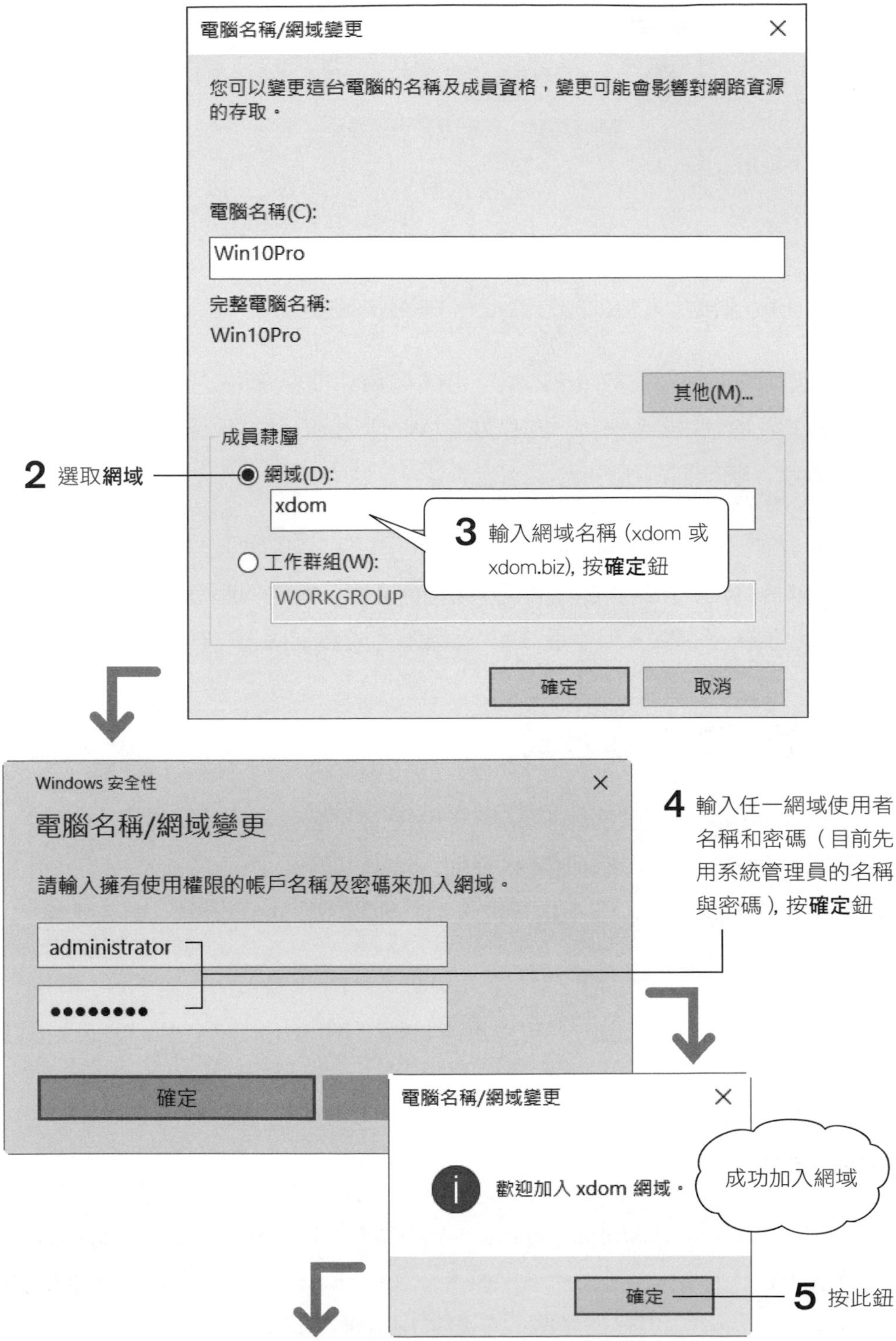
電腦名稱/網域變更
您可以變更這台電腦的名稱及成員資格，變更可能會影響對網路資源的存取。
電腦名稱(C):
Win10Pro
完整電腦名稱:
Win10Pro
其他(M)...
成員隸屬
網域(D):
xdom
工作群組(W):
WORKGROUP
確定
取消
2 選取網域
3 輸入網域名稱 (xdom 或 xdom.biz), 按確定鈕
Windows 安全性
電腦名稱/網域變更
請輸入擁有使用權限的帳戶名稱及密碼來加入網域。
administrator
●●●●●●●●●
確定
4 輸入任一網域使用者名稱和密碼（目前先用系統管理員的名稱與密碼）, 按確定鈕
電腦名稱/網域變更
歡迎加入 xdom 網域。
成功加入網域
確定
5 按此鈕

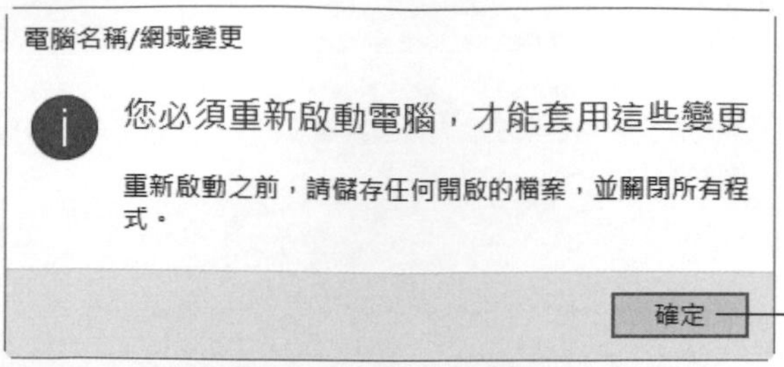
電腦名稱/網域變更
您必須重新啟動電腦，才能套用這些變更
重新啟動之前，請儲存任何開啟的檔案，並關閉所有程式。
確定

6 按**確定**鈕

重新開機後此電腦就成為 xdom 網域的成員了。

像是 Windows 7/8/8.1/10 這些電腦，加入網域之前稱為「用戶端」(Client)；加入網域後稱為「工作站」(Workstation)，不過坊間很多文件沒區分這兩者，統統稱為用戶端。

至於原本是 Windows 伺服器的電腦，例如：Windows Server 2008/2008 R2/2012 R2，加入網域之前稱為「獨立伺服器」(Stand-alone Server)，加入了網域、但不是 DC 就稱為「成員伺服器」(Member Server)。

登入網域的三種方式

登入網域時我們要輸入「使用者名稱」（又稱為「帳戶名稱、帳號」）和密碼，嚴格來說，其實應該也要輸入網域名稱，不過系統預設就是這部電腦所加入的網域，所以若不是要登入到其他網域，可以不輸入網域名稱。

依據格式的不同，我們在輸入時有「UPN 格式」「DNS 格式」和「NetBIOS 格式」三種方式可以選擇，以下用 Windows 10 的登入畫面來示範。

UPN 格式

UPN（User Principal Name）格式如同 Email 格式，例如：steve@xdom.biz，steve 是使用者名稱、xdom.biz 是網域名稱，我們建議在 Windows 7（含）以後的電腦，都儘量用這種格式輸入。

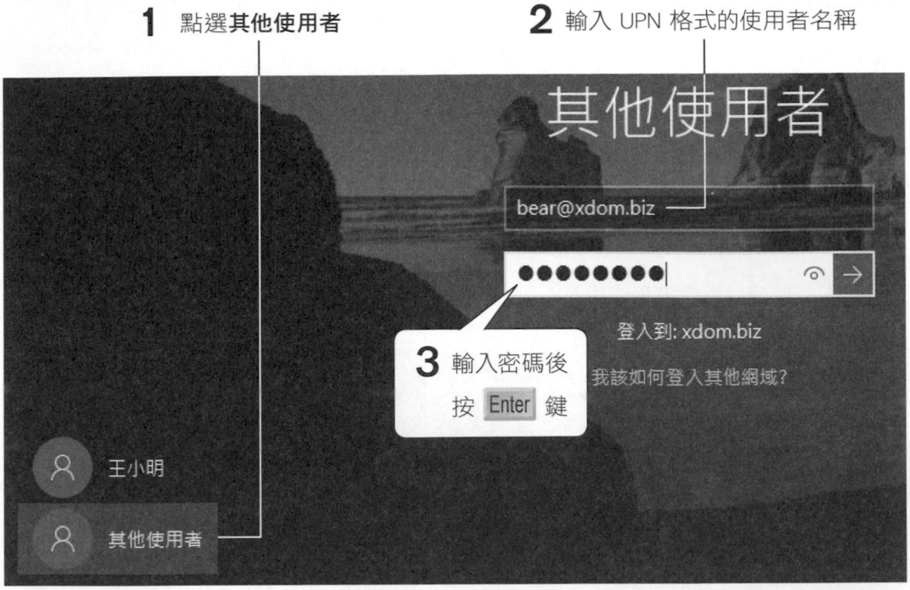

DNS 格式

例如：xdom.biz\steve, steve 是使用者名稱、xdom.biz 是網域名稱。

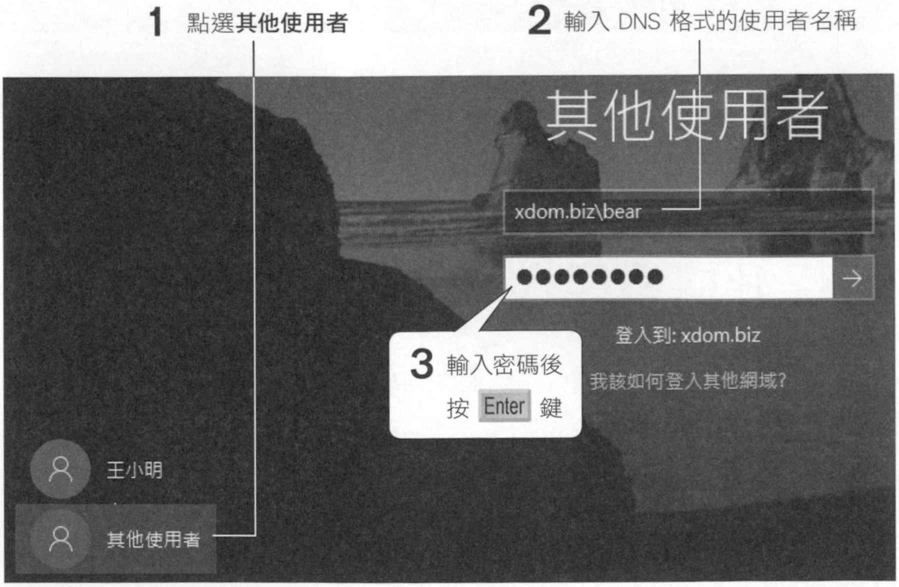

NetBIOS 格式

例如：xdom\steve, xdom 是當初建立網域時所取的 NetBIOS 名稱、steve 是使用者名稱，這種格式是為了與早期的 Windows 系統相容，建議逐漸淘汰這種登入方式。

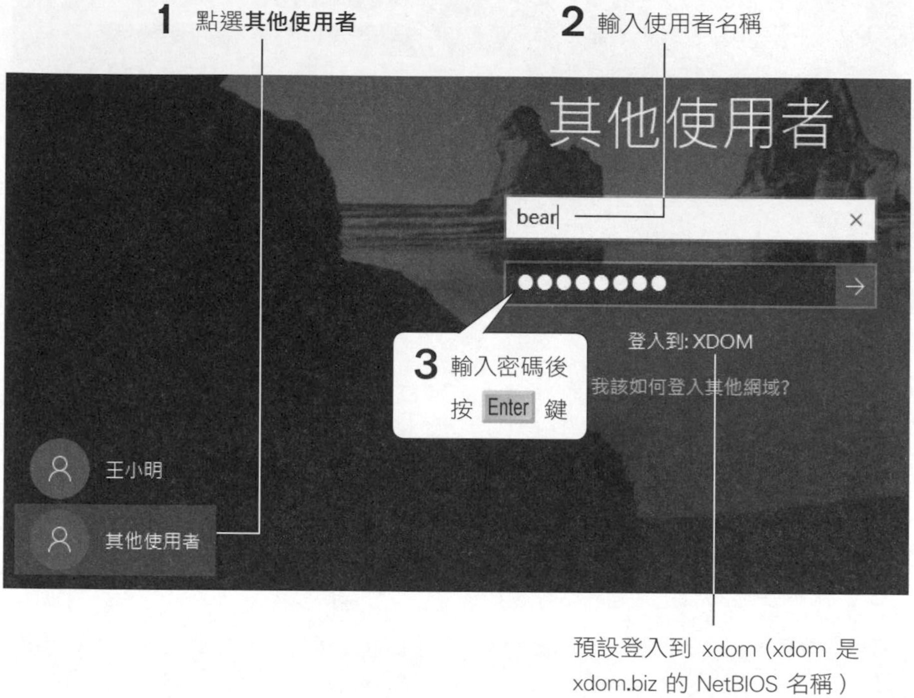

5-3 提升樹系與網域功能等級

先前建立第一個樹系的第一部 DC 時，因為只有自己一部 DC，所以『樹系功能等級』（Forest Functional Level）和『網域功能等級』（Domain Functional Level）都採用預設值，究竟不同的功能等級有何差異？該如何做最適當的選擇？本節都將一一說明。

功能等級的種類與影響

Windwos Server 2016 的樹系功能等級和網域功能等級，由低到高都是分為 5 種：『Windows Server 2008』、『Windows Server 2008R2』、『Windows Server 2012』、『Windows Server 2012R2』和『Windows Server 2016』。但是在升級到 DC 過程中，英文評估版會以『Windows Server Technical Preview』代表『Windows Server 2016』，如圖：

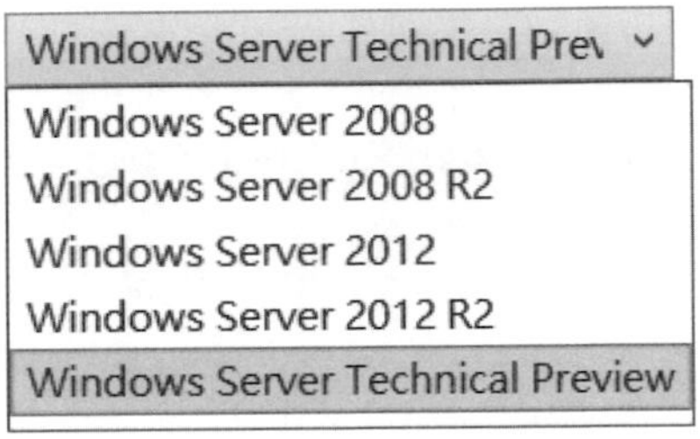

不過在後續要介紹的「提升功能等級」步驟中，卻又能正常顯示『Windows Server 2016』這個等級，所以應該只是一個顯示上的小瑕疵而已。

愈新的作業系統代表愈高的功能等級，因此 Windows Server 2016 的等級最高；Windows Server 2012 R2 次之，依此類推。設定功能等級時要注意：「網域功能等級必須『大於或等於』樹系功能等級」！所以樹系功能等級若為 Windows Server 2012，網域功能等級就必須是 Windows Server 2012/2012 R2/2016；樹系功能等級若為 Windows Server 2016，則網域功能等級就只能是 Windows Server 2016。

那麼選擇不同的功能等級有什麼影響呢？主要的影響如下：

哪些 DC 可以加入樹系或網域

雖然都是 DC，但是所執行的作業系統可能不同，而設定功能等級相當於設定作業系統的最低門檻，低於此門檻的 DC 不能加入樹系或網域。舉例而言：若樹系功能等級是 Windows Server 2012 R2，則只有執行 Windows Server 2012 R2 或 Windows Server 2016 的 DC 可加入此樹系；若網域功能等級是 Windows Server 2012，則執行 Windows Server 2008 R2 的 DC 就不能加入該網域。

樹系或網域支援功能的多寡

不同的功能等級的樹系或網域所支援的功能多寡也有差異，功能等級愈高，所支援的功能愈多，因為內容繁瑣，請參考微軟官方網站的說明。

總結來說，若網域或樹系的 DC 統統都是 Windows Server 2016，那就沿用預設值；若有 DC 是執行其他 Windows 作業系統，例如：Windows Server 2012/2008 R2，就要考慮改選其他功能等級了。

提升樹系或網域的功能等級

首先要知道：「一旦設定之後，功能等級只能提升、不能調降！」所以若已經設到最高等級，可就沒辦法降低囉，此時請參考下一節將 DC 降級，之後再升級，於升級過程來重設功能等級。而且必須是 **Enterprise Admin** 群組的成員才能變更樹系功能等級；必須是 **Domain Admin** 群組的成員才能變更網域功能等級。

提升樹系功能等級

請以隸屬於 **Enterprise Admin** 群組的使用者帳戶登入，而後在**伺服器管理員**執行『**工具 /Active Directory 網域及信任**』命令，並如下操作：

1 在 **Active Directory 網域及信任**按右鈕，執行此命令

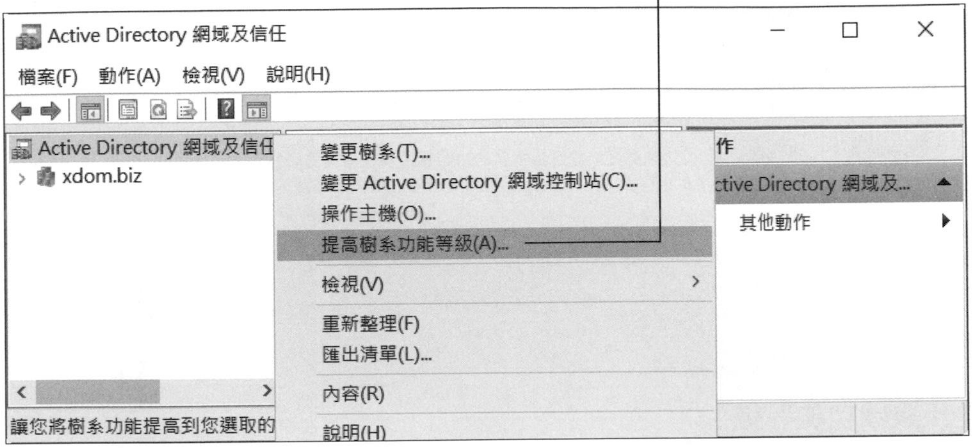

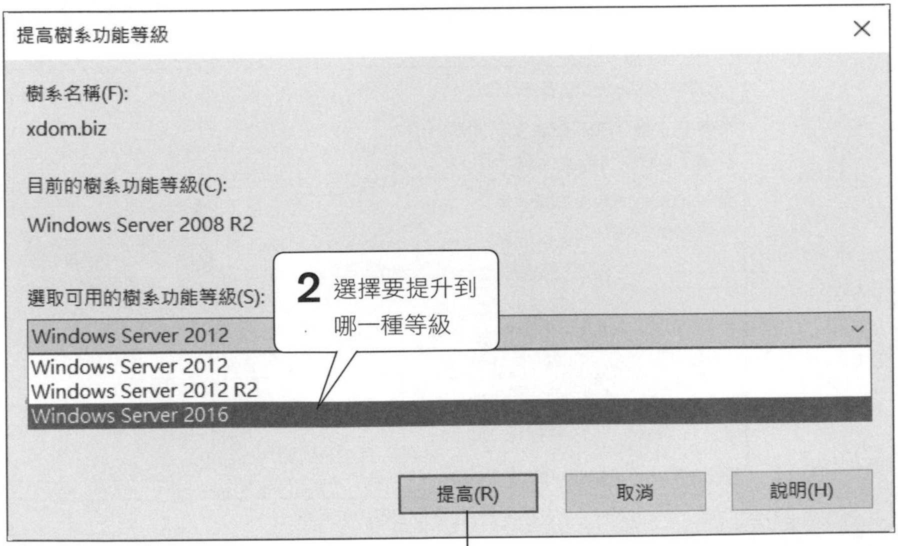

2 選擇要提升到哪一種等級

3 按**提高**鈕

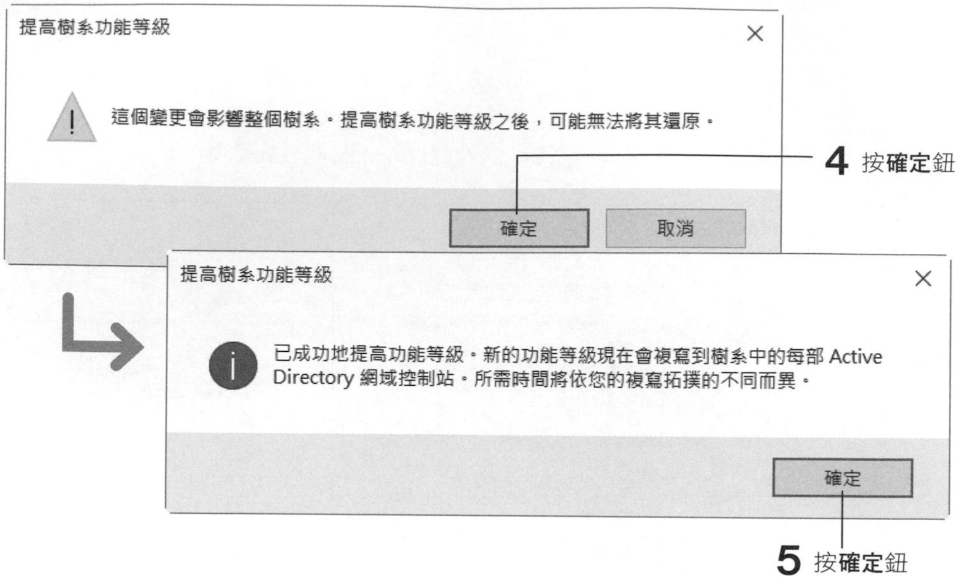

提升網域功能等級

請以隸屬於 Domain Admin 群組的使用者帳戶登入，而後在**伺服器管理員**執行『工具 /Active Directory 網域及信任』命令，並如下操作：

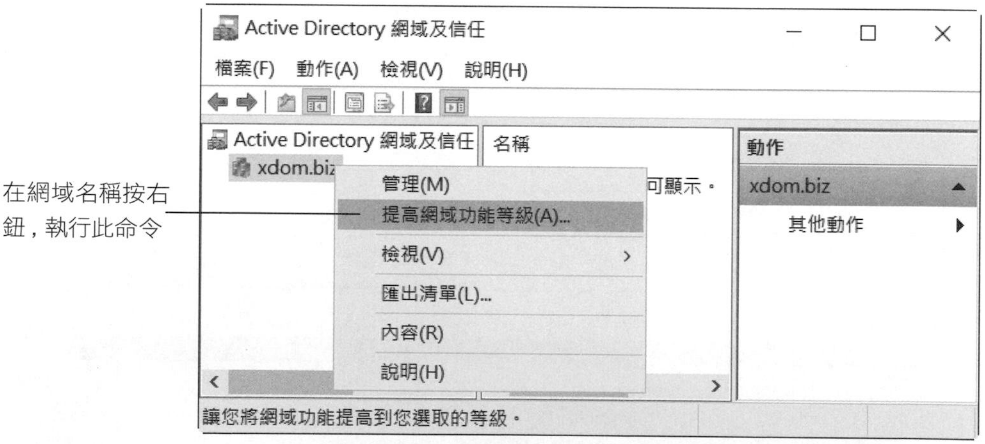

後續的步驟類似「提升樹系功能等級」，也是選擇要提升到哪一種等級，然後按**提高**鈕，再按兩次**確定**鈕即可。要注意的是：調高樹系功能等級時，系統在必要時會自動調高網域功能等級，因為必須維持「網域功能等級『大於或等於』樹系功能等級」這個原則。

5-4 退出網域和 DC 降級

退出網域會使成員伺服器變為獨立伺服器；使工作站變為用戶端。至於 DC 降級，若隸屬的網域還存在，就從 DC 變為成員伺服器；若網域不存在，就變成獨立伺服器。

退出網域

先前加入網域時修改了「慣用 DNS 伺服器」和「成員隸屬」，所以要退出時，只要將它們改為原本的設定值並重新啟動即可，但是所用的使用者名稱必須具有本機系統管理員、Enterprise Admin 或 Domain Admins 的權限，才能將電腦退出網域。

DC 降級

假設我們要將 xdom.biz 網域中的『2016DC-2』這部 DC 降級（但是還存在其它 DC），請在此電腦的**伺服器管理員**執行『**管理 / 移除角色及功能**』命令，按兩次**下一步**鈕之後：

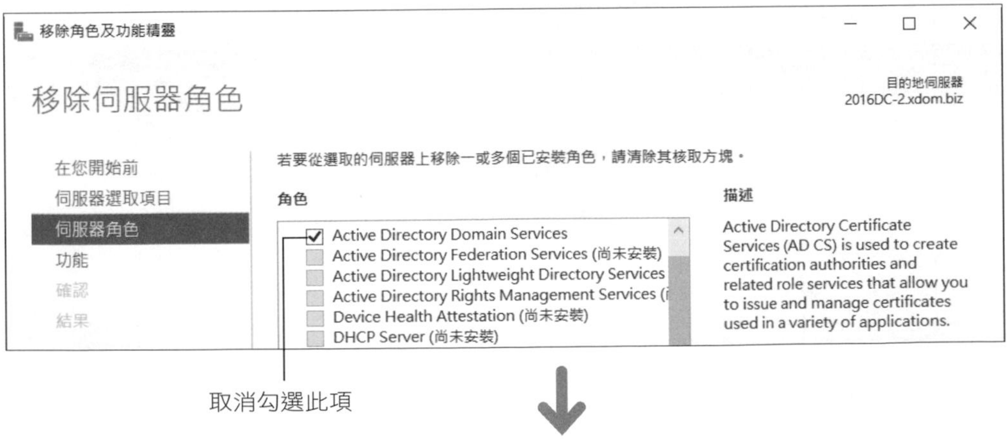

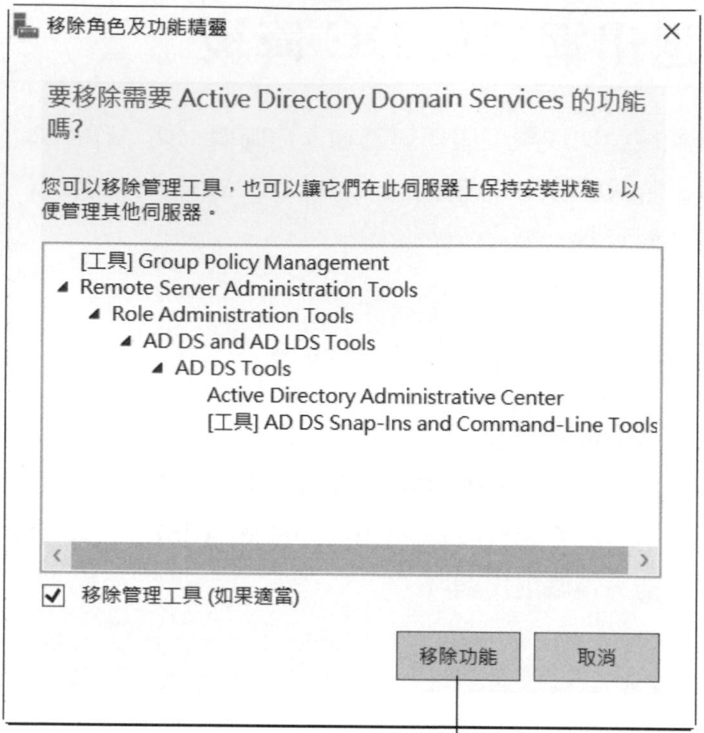
移除角色及功能精靈
要移除需要 Active Directory Domain Services 的功能嗎?
您可以移除管理工具，也可以讓它們在此伺服器上保持安裝狀態，以便管理其他伺服器。
[工具] Group Policy Management
Remote Server Administration Tools
Role Administration Tools
AD DS and AD LDS Tools
AD DS Tools
Active Directory Administrative Center
[工具] AD DS Snap-Ins and Command-Line Tools
移除管理工具 (如果適當)
移除功能
取消

按**移除功能**鈕

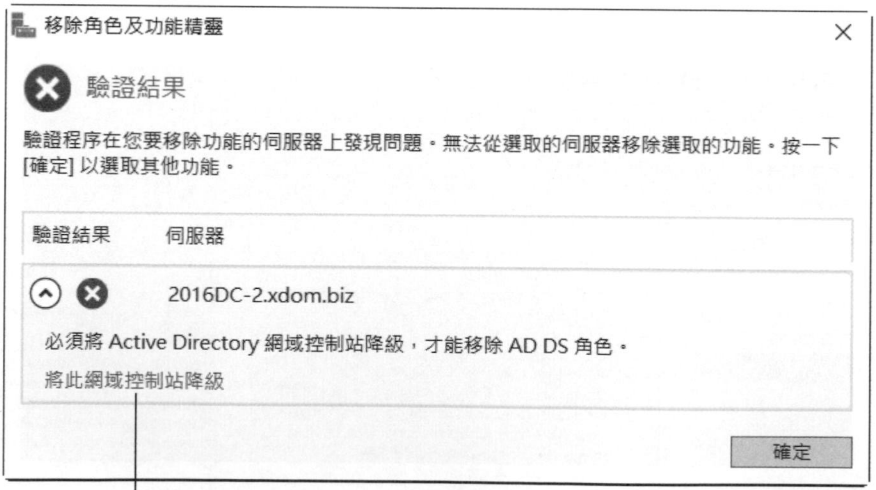
移除角色及功能精靈
驗證結果
驗證程序在您要移除功能的伺服器上發現問題。無法從選取的伺服器移除選取的功能。按一下 [確定] 以選取其他功能。
驗證結果
伺服器
2016DC-2.xdom.biz
必須將 Active Directory 網域控制站降級，才能移除 AD DS 角色。
將此網域控制站降級
確定

點選**將此網域控制站降級**

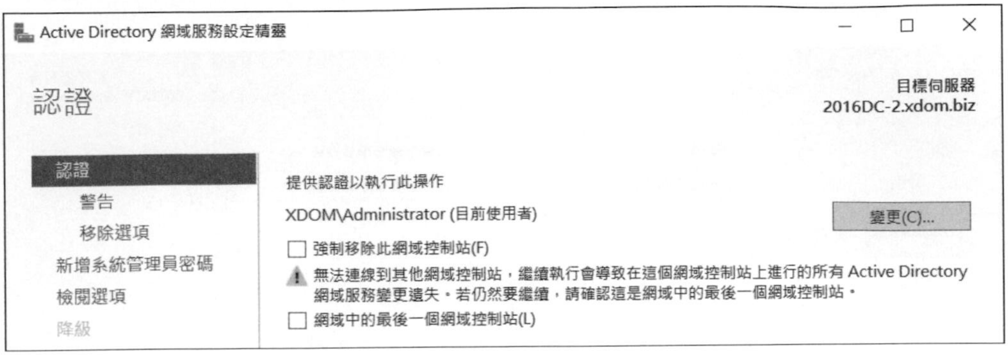
Active Directory 網域服務設定精靈
認證
目標伺服器
2016DC-2.xdom.biz
認證
警告
移除選項
新增系統管理員密碼
檢閱選項
降級
提供認證以執行此操作
XDOM\Administrator (目前使用者)
變更(C)...
強制移除此網域控制站(F)
無法連線到其他網域控制站，繼續執行會導致在這個網域控制站上進行的所有 Active Directory 網域服務變更遺失。若仍然要繼續，請確認這是網域中的最後一個網域控制站。
網域中的最後一個網域控制站(L)

按**下一步**鈕

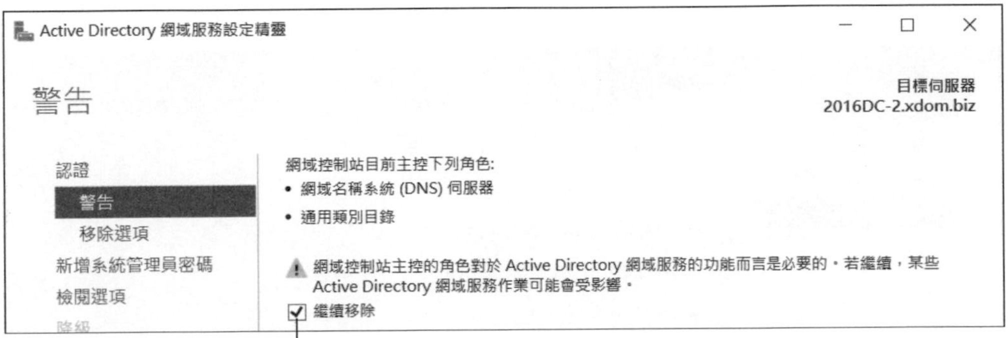
Active Directory 網域服務設定精靈
警告
目標伺服器
2016DC-2.xdom.biz
認證
警告
移除選項
新增系統管理員密碼
檢閱選項
降級
網域控制站目前主控下列角色:
• 網域名稱系統 (DNS) 伺服器
• 通用類別目錄
網域控制站主控的角色對於 Active Directory 網域服務的功能而言是必要的。若繼續，某些 Active Directory 網域服務作業可能會受影響。
繼續移除

勾選此項目

按**下一步**鈕

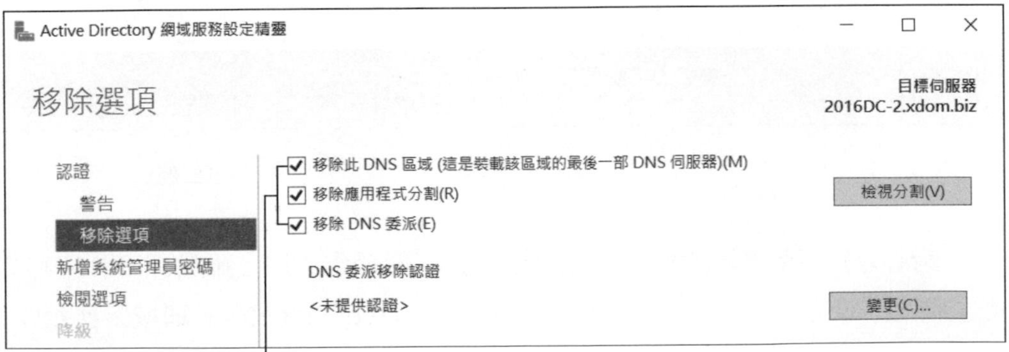
Active Directory 網域服務設定精靈
移除選項
目標伺服器
2016DC-2.xdom.biz
認證
警告
移除選項
新增系統管理員密碼
檢閱選項
降級
移除此 DNS 區域 (這是裝載該區域的最後一部 DNS 伺服器)(M)
移除應用程式分割(R)
移除 DNS 委派(E)
檢視分割(V)
DNS 委派移除認證
<未提供認證>
變更(C)...

勾選此項目

按**下一步**鈕

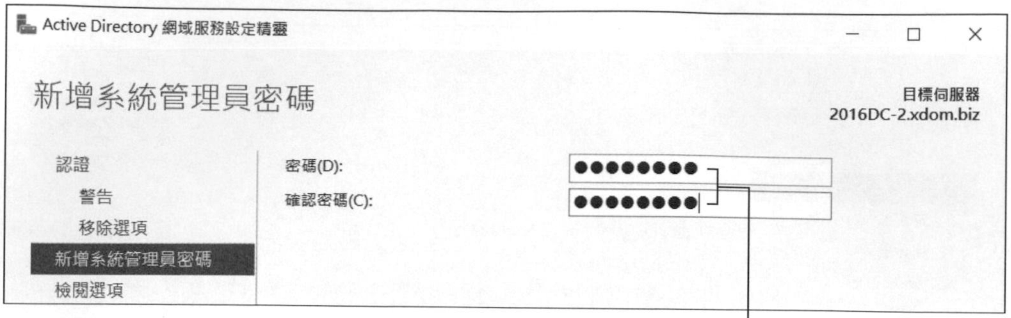

按**下一步**鈕

設定本機的系統管理員密碼

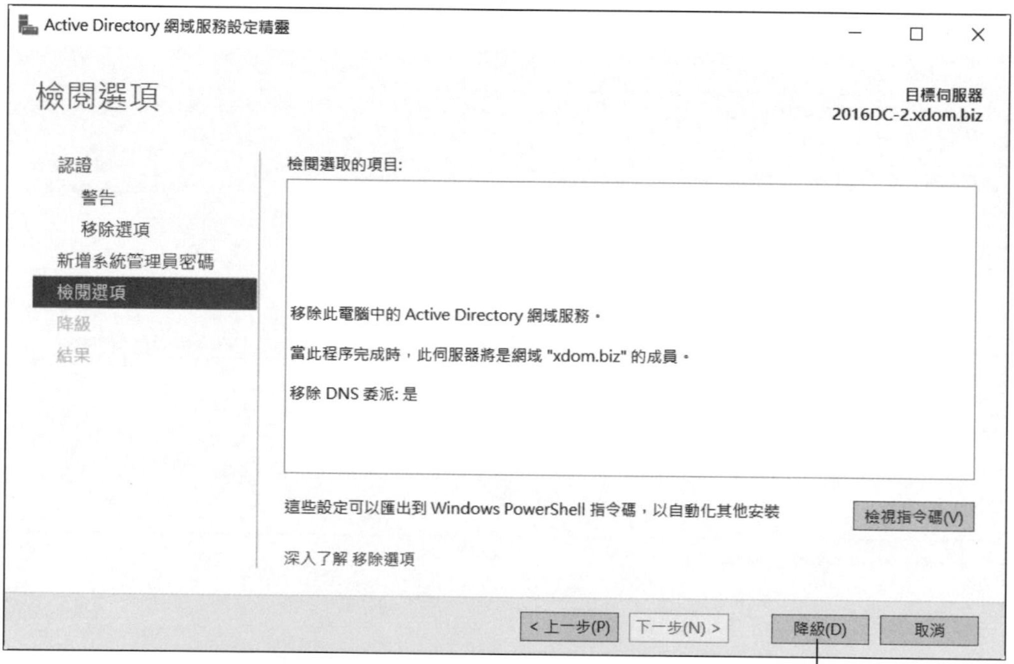

按**降級**鈕

耐心等候電腦重新啟動之後就完成了 DC 降級作，以上雖然將 2016DC-2 電腦降級，使它不再是 DC，但是並未移除 Active Directory **網域服務**元件，這是為了將來要再升級為 DC 時比較快速。倘若我們要一定要移除該元件，同樣在**伺服器管理員**再度執行『**管理 / 移除角色及功能**』命令，大致如同前述步驟，只是在**移除伺服器角色**交談窗要確認已經取消勾選 Active Directory **網域服務**元件，再依照畫面說明繼續操作，完成後同樣會重新啟動。

此外，若將網域的最後一部 DC 降級，在**認證**畫面會出現：

必須勾選**網域中的最後一部網域控制站**，再按**下一步**鈕

若沒勾選**網域中的最後一部網域控制站**，系統以為還存在其他 DC，降級過程便要通知其它 DC：「我已經從 DC 變為成員伺服器了！」，但找不到其它 DC 就會導致降級失敗，所以一定要勾選才能順利降級。

MEMO

第三篇 基礎管理篇

CHAPTER

06

Windows Server 2016

建立與管理使用者帳戶

6-1 新增使用者帳戶

6-2 使用者帳戶的內容

6-3 管理使用者帳戶

6-4 使用者設定檔

任何人想要使用網域內的資源，例如：電腦、印表機、共用資料夾等，必須先以使用者帳戶登入網域，之後才可以在授權範圍內使用網域的資源。本章將介紹如何建立、設定、管理帳戶，以及與帳戶有關的各項應用。

6-1 新增使用者帳戶

Windows Server 2016 將使用者帳戶資訊儲存於固定的資料夾，依伺服器類型不同，其位置也不同：

- 網域控制站會將帳戶資訊存於 AD 資料庫中，該資料庫所對應的檔案為 **\%systemroot%\NTDS\NTDS.DIT**（『%systemroot%』表示 Windows Server 2016 系統所在的資料夾，預設為 Windows）。
- 成員伺服器或獨立伺服器則將帳戶資料存於 Security Accounts Manager (SAM) 資料庫，該資料庫對應的的檔案為 **\%systemroot%\system32\config\SAM**。

要新增網域使用者帳戶，請在 DC 的**伺服器管理員**執行『**工具 /Active Directory 使用者和電腦**』命令：

安裝 Active Directory 網域服務之後，預設會有以下容器：

- **Builtin**：用來存放內建的群組，例如：Administrators、Account Operators、Guests 及 Users。
- **Computers**：用來存放網域內的電腦帳戶，凡是加入網域的電腦，其電腦名稱都會出現於此容器內。
- **Domain Controllers**：用來存放網域控制站的電腦帳戶。換言之，網域內所有的網域控制站都會出現在此容器內。
- **ForeignSecurityPrincipals**：儲存來自有信任關係網域的物件。
- **Users**：用來存放網域內的使用者帳戶及群組。

設定帳戶名稱

我們可以在任何的容器中新增使用者帳戶，不過為了便於管理，通常會在 **Users** 容器中新增使用者帳戶。請在 **Users** 容器上按右鈕，執行『**新增 / 使用者**』命令，首先要設定的就是帳戶的名稱：

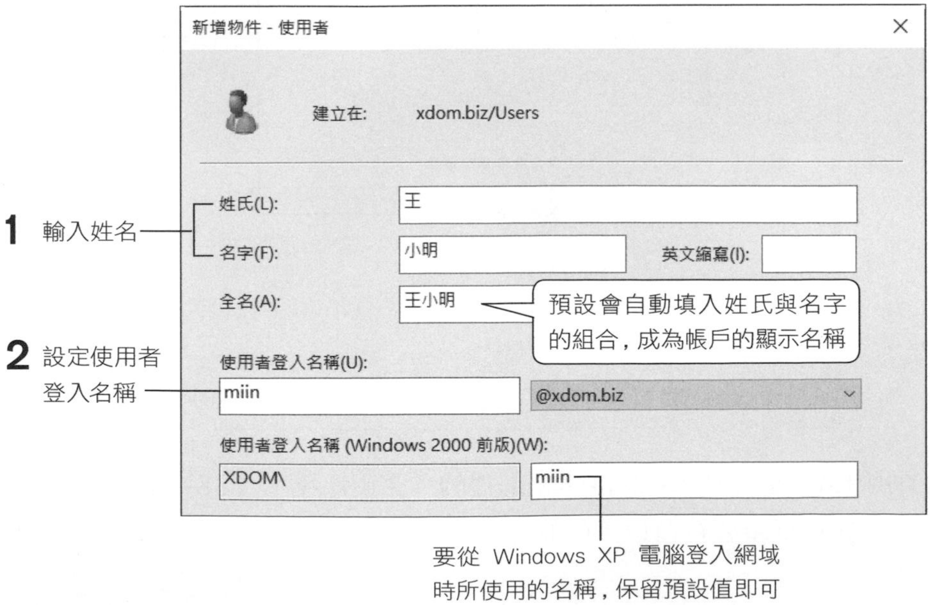

上圖中的使用者登入名稱即是所謂的 UPN（User Principal Name），UPN 與 e-mail 有相同的格式，例如：『miin@xdom.biz』，『miin』是使用者帳戶名稱，『xdom.biz』則代表該帳戶所在的網域名稱；UPN 的後半部 (@xdom.biz) 又稱為 UPN 尾碼。

在設定使用者帳戶名稱時，請遵循以下兩項原則：

1. 使用者的全名在同一個容器不得重複；而 UPN 在整個網域 (Domain)、網域樹狀目錄 (Domain Tree) 與樹系 (Forest) 中都不得重複。

2. 使用者的姓名與 UPN 可以使用中文，如需與 Windows NT4.0 相容，則不要超過 20 個字元，並且不要包含『"/\:;|=,+*?< 和 >』等特殊符號。

設定帳戶密碼

了解使用者帳戶的命名原則之後，請按前圖的**下一步**鈕，開啟以下的交談窗：

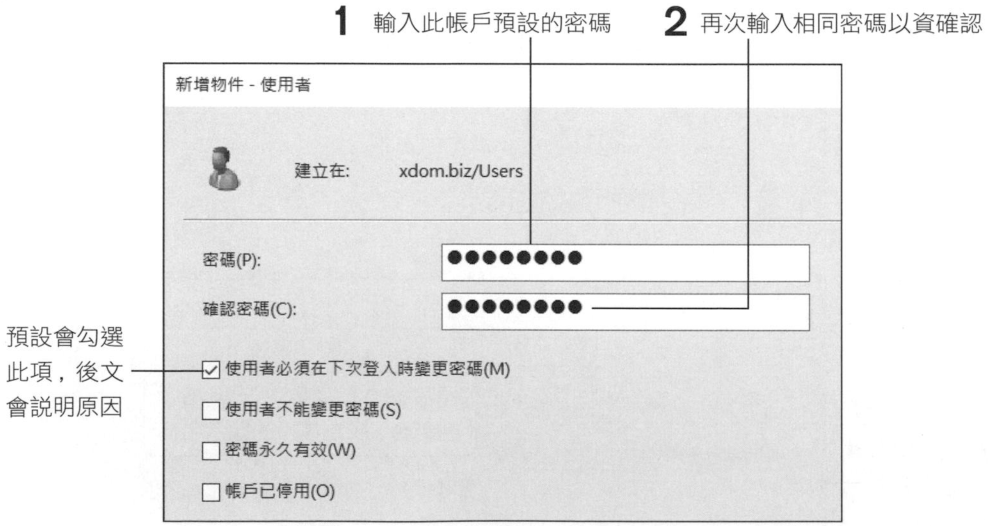

在網域控制站，因為受到群組原則裡的『密碼原則』（詳見第 10 章）所影響，設定密碼時要符合以下的條件：

- 至少必須大於或等於 7 個字元，最多 128 個字元，而且區分英文大小寫。

- 不得包含使用者帳戶的全名中，超過兩個以上的連續字元。例如：全名為 Jack Lee，則密碼中不得包含『Jac』、『Lee』或『ack』等等字串。

- 必須至少包含『大寫英文字母』、『小寫英文字母』、『數字』和『符號』四者之中的三者。所謂的『符號』是指鍵盤上除了『英文與數字以外』的字元，例如：!、$、#、% 等等。

此外，上頁下圖中 4 個多選鈕的意義如下：

- **使用者必須在下次登入時變更密碼**：

  預設會勾選此項，使用者首次登入網域時，系統會強迫他立即設定新的密碼，並用新密碼來登入，如此可確保連系統管理員也不知道使用者個人的密碼。

- **使用者不能變更密碼**：

  在預設的情況下，使用者可以隨時按 Ctrl + Alt + Del 鍵，然後按**變更密碼**鈕來變更自己的密碼。若勾選此項，便鎖定此帳戶的密碼，讓使用者無法變更。通常對於大家共用的帳戶或是某些服務所使用的帳戶，會勾選此項。

- **密碼永久有效**：

  勾選此項後，系統會忽略群組原則中有關密碼有效期限的設定（請參照第 10 章）。亦即，此帳戶的密碼永遠不會過期，系統也不會要求使用者變更密碼。此選項與**使用者必須在下次登入時變更密碼**彼此互斥，兩者不能同時勾選。

帳戶已停用：

若勾選此項，任何人都無法使用這個帳戶來登入網域，適用於某位員工留職停薪或休長假時，可避免其他人冒用他的身分登入。

在前頁交談窗完成密碼設定之後，請按**下一步**鈕繼續：

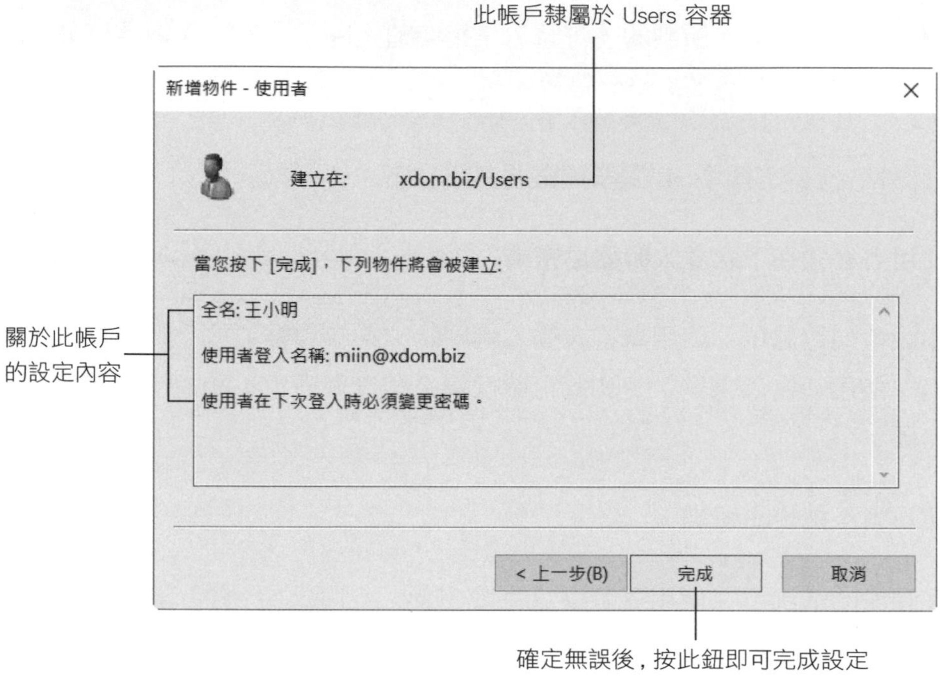

登入時自動建立的資料夾

當我們在某一部工作站（假設是 tony）用先前建立的登入名稱（在上例為 miin）來登入網域時，在該工作站的 **%systemdrive%\Users** 資料夾會自動建立同名的子資料夾－『%systemdrive%\Users\miin』，用來儲存該帳戶的使用者設定檔（詳見 6-4 節）。萬一本機使用者帳戶也有一個 miin，而且更早用來登入過，意味著『%systemdrive%\Users\miin』早已經存在，怎能再建立同名的資料夾呢？

此時系統會為網域的 miin 建立『%systemdrive%\Users\miin.xdom』子資料夾以資區別，其中『xdom』是網域名稱。同理，若是網域的 miin 先用來登入、而本機的 miin 後登入，則為前者建立的資料夾是『%systemdrive%\Users\miin』；後者則是『%systemdrive%\Users\miin.tony』，其中『tony』是電腦名稱。

簡而言之，同名但是比較晚用來登入的帳戶，所建立的資料夾名稱會自動加上『. 網域名稱』或『. 電腦名稱』。

Administrator 與 Guest 帳戶

在進一步說明使用者帳戶的細節之前，我們先來認識 Administrator 與 Guest 這兩個一開始就存在的內建帳戶：

這兩個是系統自動建立的帳戶

Administrator - 系統管理員帳戶

Administrator 帳戶擁有最大的控制權，我們無法刪除它，但可以將它更名。更名可讓企圖冒用系統管理員帳戶的使用者，不易猜到真正的名稱。此外，Administrator 帳戶還有以下幾點特色：

- 密碼永久有效，不會逾期失效。
- 在 DC 上預設是 **Administrators**、**Domain Admins**、**Enterprise Admins**、**Group Policy Admins** 和 **Schema Admins** 等 5 個群組的成員。
- Administrator 帳戶永遠不會到期 (有關帳戶到期日，請見 6-2 節)
- Administrator 帳戶不受登入時段與只能使用特定電腦登入的限制 (請見 6-2 節)

Guest - 來賓帳戶

Guest 是為了讓沒有帳戶的使用者，仍可共用 Guest 帳戶來登入網域，存取所需的資源。主要是為了便於提供公開的網路資源，省去為所有的存取者都建立帳戶的麻煩。但基於安全考量，**系統預設停用 Guest 帳戶**。我們雙按 **Guest** 這個帳戶名稱、切換到**帳戶**頁次：

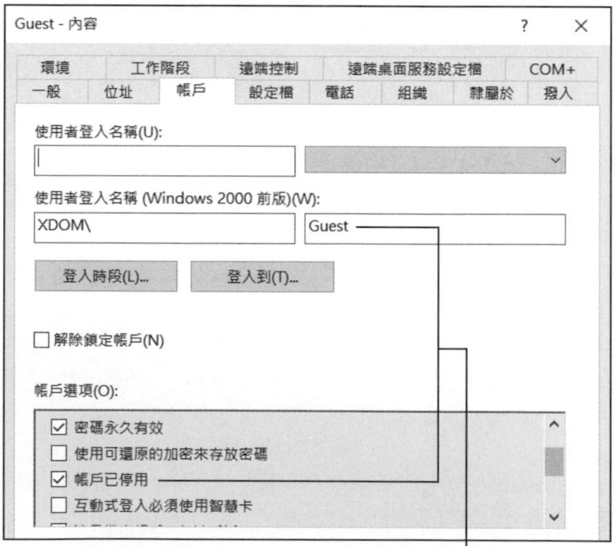

預設值停用 Guest 帳戶

6-2 使用者帳戶的內容

新增使用者帳戶後，系統管理員需要對該帳戶做進一步的設定，例如：輸入電子郵件位址、限制登入的時段、設定主資料夾以及將帳戶加入群組等等。這些資料都是在帳戶的**內容**交談窗中設定，要開啟此交談窗，請依下面方式操作：

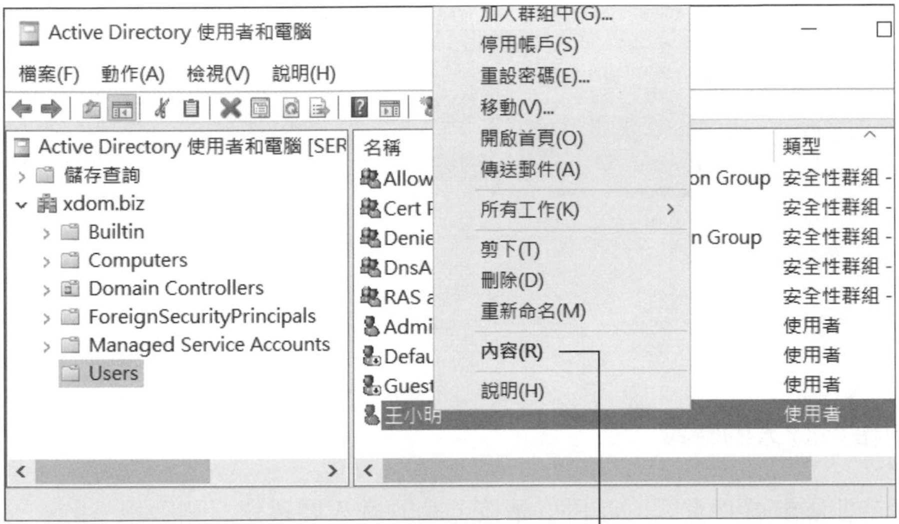

在要設定的帳戶上按右鈕執行此命令；或直接雙按帳戶名稱

限制登入的時段與能夠登入的工作站

系統管理員可以針對特定帳戶，限制登入時間以及能夠用來登入的電腦。請切換到**帳戶**頁次：

王小明 - 內容
環境
工作階段
遠端控制
遠端桌面服務設定檔
COM+
一般
位址
帳戶
設定檔
電話
組織
隸屬於
撥入
使用者登入名稱(U):
miin
@xdom.biz
使用者登入名稱 (Windows 2000 前版)(W):
XDOM\
miin
登入時段(L)...
登入到(T)...
解除鎖定帳戶(N)
帳戶選項(O):
使用者必須在下次登入時變更密碼
使用者不能變更密碼
密碼永久有效
使用可還原的加密來存放密碼
帳戶到期日
無(V)
到期日(E):
2017年 5月 7日
確定
取消
套用(A)
說明
按此鈕可限制帳戶的登入時段
按此鈕可設定此帳戶能用哪些工作站登入
此部份請參照前一節
此選項只適用於要用 Mac 電腦登入網域時

限制帳戶登入的時段

若要限制帳戶登入的時段，請按上圖的**登入時段**鈕，開啟以下的交談窗：

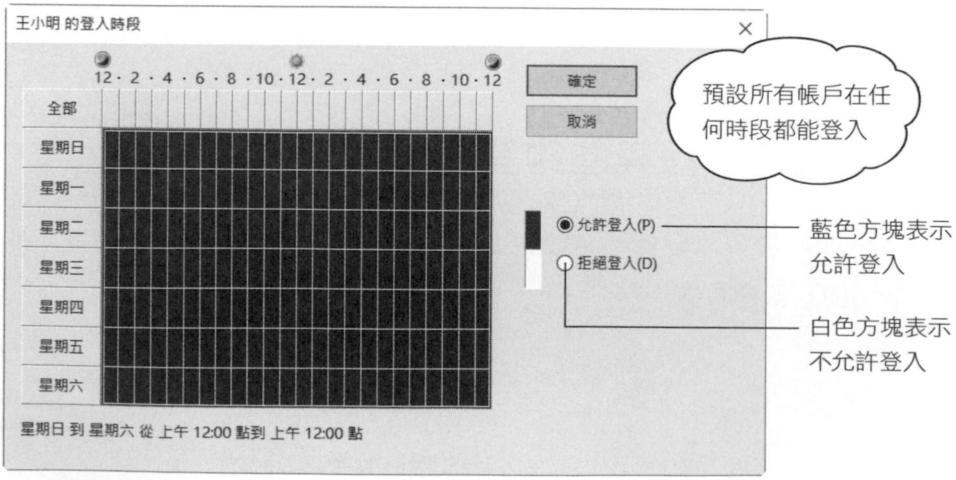
王小明 的登入時段
12 · 2 · 4 · 6 · 8 · 10 · 12 · 2 · 4 · 6 · 8 · 10 · 12
全部
星期日
星期一
星期二
星期三
星期四
星期五
星期六
確定
取消
允許登入(P)
拒絕登入(D)
星期日 到 星期六 從 上午 12:00 點到 上午 12:00 點
預設所有帳戶在任何時段都能登入
藍色方塊表示允許登入
白色方塊表示不允許登入

舉例來說，若要設定只有週一到週五的上午 8 時至下午 6 時，允許此帳戶登入網域，請先選取上圖中的**拒絕登入**單選鈕，將所有時間都設為不能登入（亦即藍色方塊全部變為白色方塊），然後操作如下：

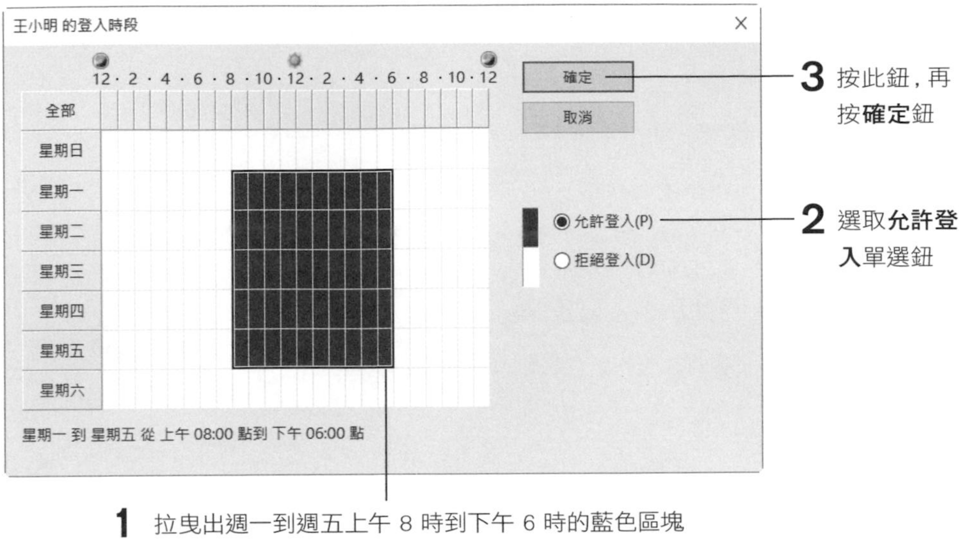

有一點請注意！如果帳戶在允許的時段內登入網域，一直連線到超過指定的時段（例如到了下午 6:05 還沒登出），系統並不會自動將其登出。若要強迫使用者超過設定時段會被登出，必須在 Defaulty Domain Policy 的**電腦設定 / 原則 /Windows 設定 / 安全性設定 / 本機原則 / 安全性選項**中設定**當登入時數到期時，中斷用戶端連線**（關於群組原則請見第 10 章）：

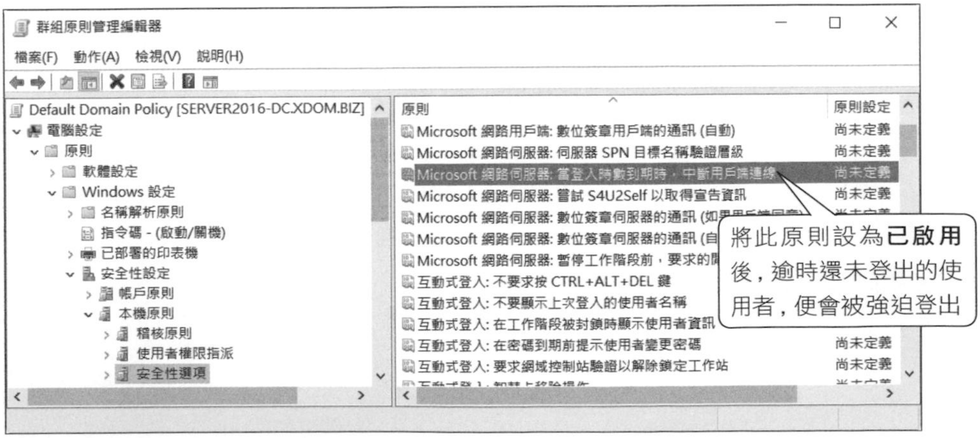

限制帳戶只能用特定的電腦登入網域

要限制帳戶只能夠用特定的電腦登入網域，請按**登入到**鈕，開啟如下的交談窗：

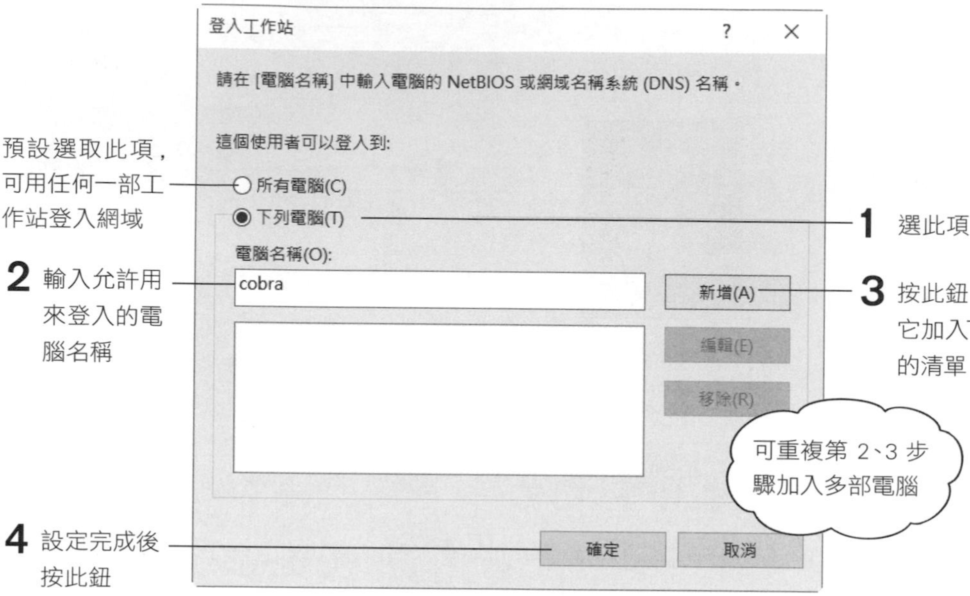

我們可以利用這項功能，限制使用者只能從自己的電腦登入網域，但如果他的電腦故障，或變更了電腦名稱，則該帳戶就無法登入網域了，所以規劃時請務必謹慎。

設定帳戶到期日與取消帳戶鎖定

在**帳戶**頁次中還能夠『設定帳戶到期日』及『取消帳戶鎖定』。前者可讓短期作業人員的帳戶，在工作合約期滿後自動失效，以減輕系統管理員的負擔。其設定方式如下：

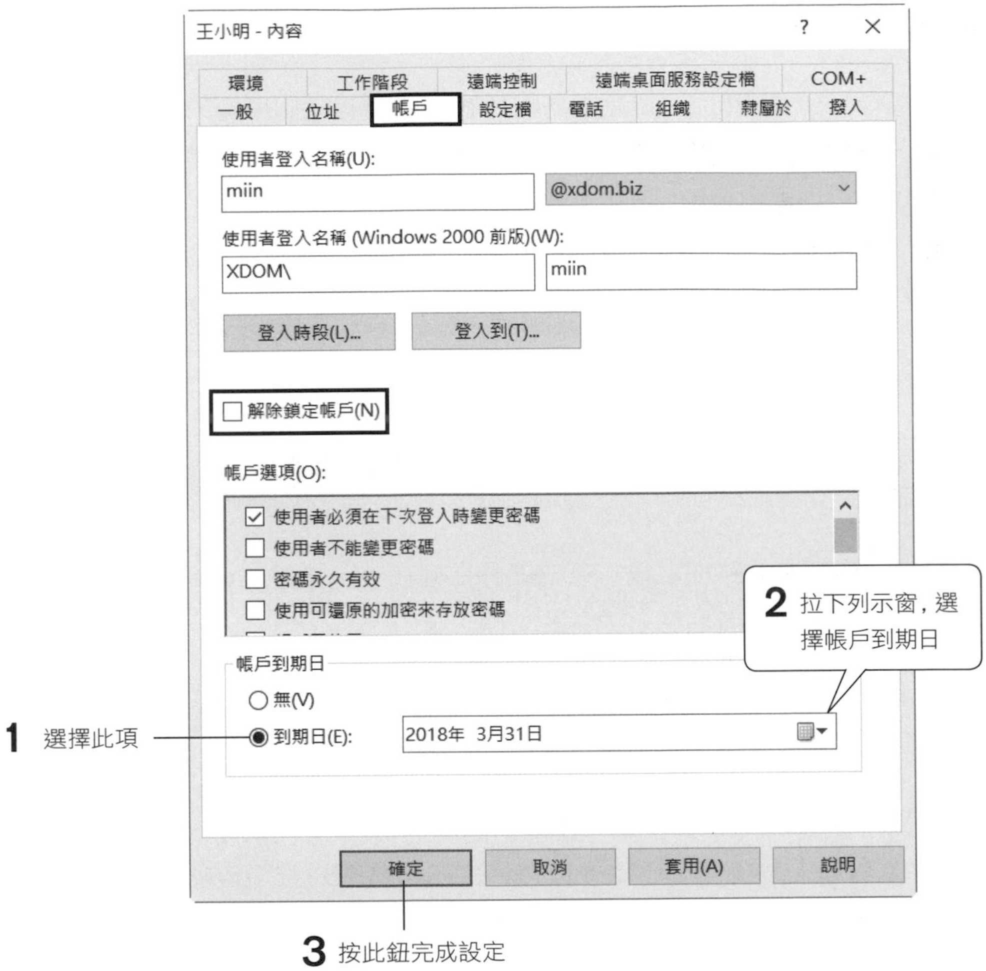

不過，若使用者在登入後、一直不登出，即使超過了帳戶到期日，系統並不會自動將其登出。

至於**解除鎖定帳戶**多選鈕則是當使用者連續多次登入失敗，系統會將帳戶鎖定，使得任何使用者無法再用此帳戶登入網域。在這種情況下，系統管理員需手動勾選此多選鈕，才能重新啟用該帳戶，這是防止有心人士用嘗試錯誤法來破解的一種安全機制。

設定主資料夾

主資料夾的功用，主要是讓各帳戶在網路上有一個專屬的位置，用以儲存個人資料；此外，對系統管理員來說，可以將各帳戶的主資料夾設定在同一部電腦中，以方便集中管理與備份。其實這項設定是為了支援 Windows NT/95/98 電腦而設的，若工作站都是 Windows 2000 之後版本的電腦 (包括 XP、Vista 等等)，可改用後面介紹的**資料夾重新導向**群組原則來設定。

主資料夾有以下 3 點特色：

- 主資料夾的權限預設只有該帳戶及 Administrators 群組的成員有完全控制權。
- 設定主資料夾的路徑之後，系統就會立刻在該路徑建立資料夾，該資料夾的名稱便是使用者名稱。
- 無論使用者用哪一部電腦登入網域，都能夠存取到自己的主資料夾 (因為登入後系統會自動將主資料夾連線為網路磁碟機)。

切換到**設定檔**頁次可以設定主資料夾以及使用者設定檔，此處先介紹如何設定主資料夾。我們可以將本機資料夾或網路上的共用資料夾設為主資料夾，其步驟如下：

1 指定以網路上的共用資料夾為主資料夾

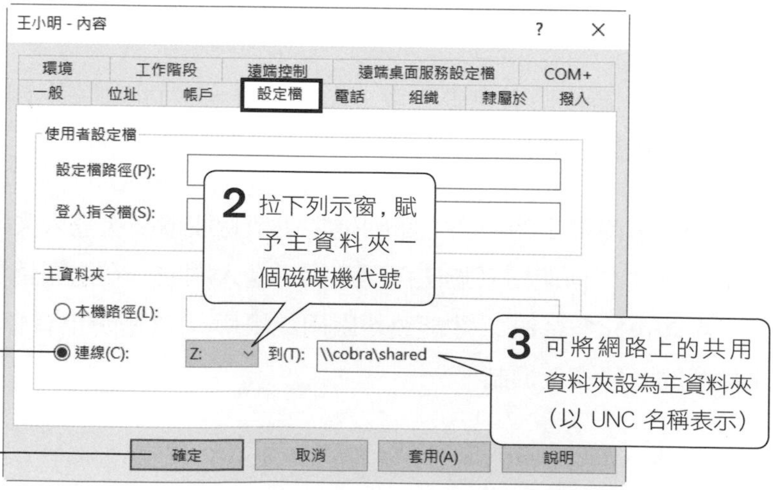

4 按此鈕，系統就會立刻在指定的位置建立與帳戶同名的資料夾

設定了主資料夾後，無論使用者從哪一部電腦登入網域，系統都會自動將主資料夾連線為網路磁碟機。此外，使用者開啟『**命令提示字元**』視窗時，預設出現的命令提示符號也會是主資料夾的磁碟機代號。

將帳戶加入群組中

預設每個網域使用者帳戶都隸屬於 **Domain Users** 群組（有關群組的功用請參考第 7 章)，如果要讓某個帳戶加入更多的群組，可以在**隸屬於**頁次將它加入其它的群組中：

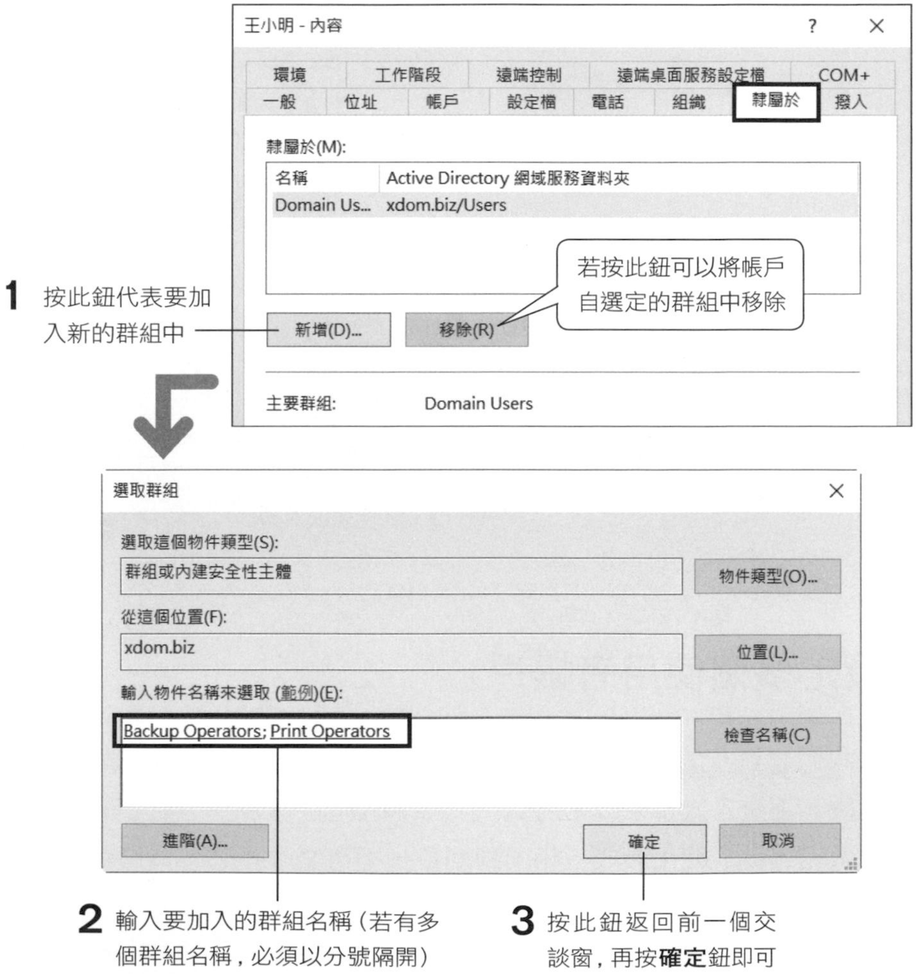

若不記得群組的名稱，可在上述畫面中按下**進階**鈕、再按**立即尋找**鈕，就會出現如下的交談窗，讓我們選擇群組：

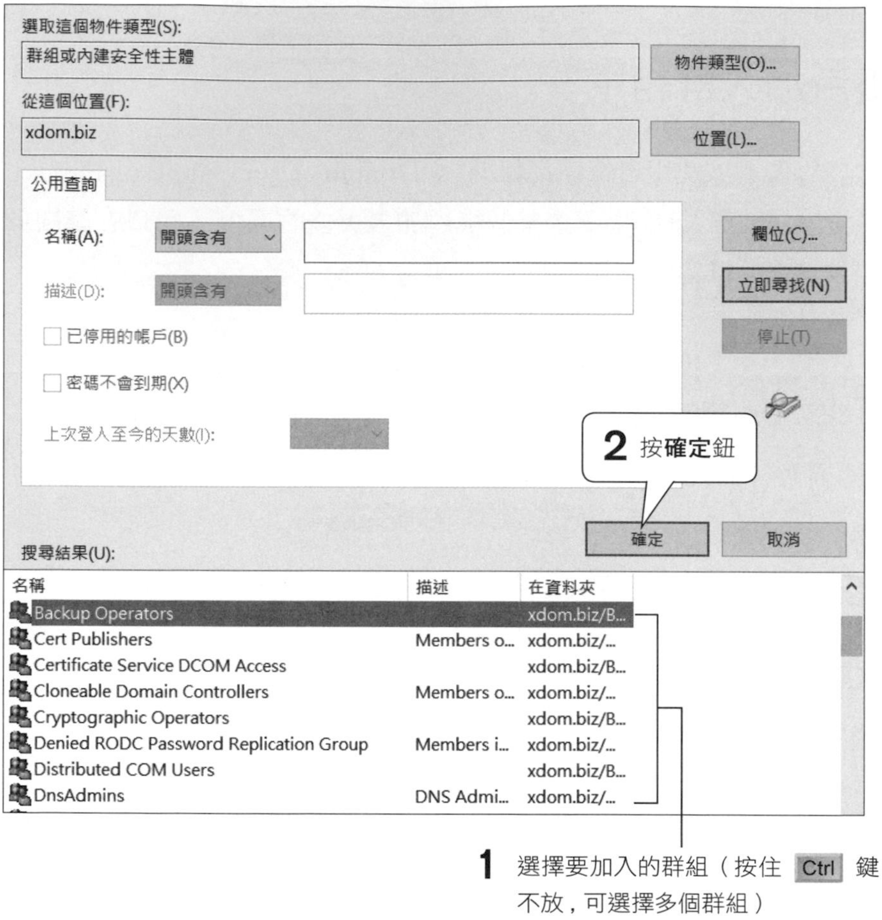

一次設定多個使用者帳戶

如果我們想對多個帳戶做相同的處理，例如：都設成相同的網頁、一樣的登入時段、下次登入都要改密碼 ... 等等，不必逐一設定，可同時選取多個帳戶一次做完。以下就用設成『相同到期日、不可修改密碼』為例示範：

1 選取多個要有相同設定的使用者帳戶

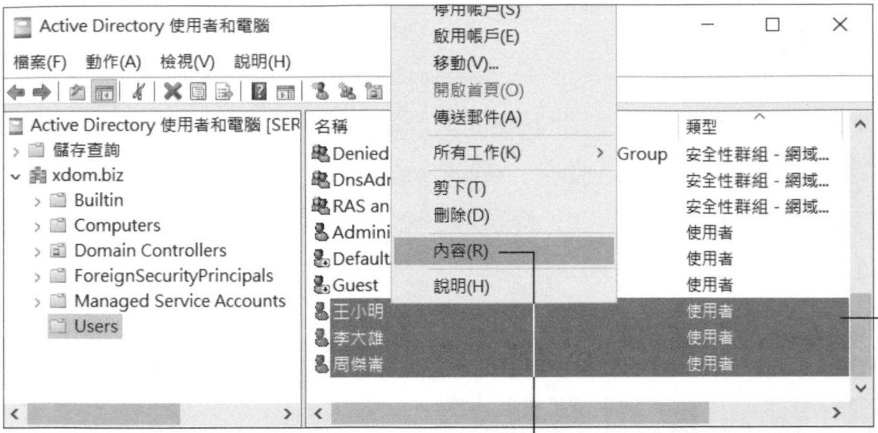

2 執行此命令

3 切換到此頁次

5 勾選此多選鈕

4 勾選此多選鈕

6 選取**帳戶到期日**和**到期日**，並設定日期

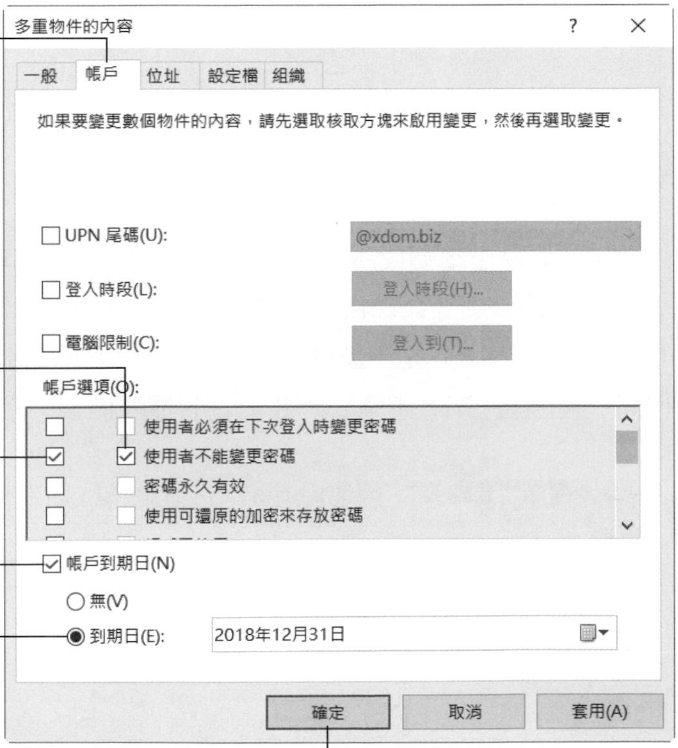

7 按此鈕完成設定

在**帳戶選項**出現了兩排多選鈕，勾選左邊的多選鈕代表『要改變』，至於改變成什麼則由右邊的多選鈕決定。所以我們將兩個都勾選，等於將多個帳戶的該選項都改變為勾選。

利用這種技巧，在設定時就可省下很多時間。不過並非所有的設定都可使用這種方式，由上圖可發現，選取多個使用者帳戶後所開啟的**多重物件的內容**交談窗，所包含的頁次比開啟單一帳戶的**內容**交談窗少了很多，這些未列出的設定選項，就必須個別設定了。

6-3 管理使用者帳戶

新增使用者帳戶之後，系統管理員還可以對帳戶進行刪除、重新命名、移動、重設密碼等管理動作。但是要知道：這些設定在使用者下一次登入時才會生效！

刪除帳戶

由於系統會賦予每個使用者帳戶一個獨一無二的 SID（Security IDentifier，安全性識別碼），即使在刪除後重新建立同名的帳戶，還是會賦予一個新的 SID。而 SID 是判斷權限的依據，所以雖然新舊兩個帳戶的使用者名稱相同，但因為 SID 不同，因此兩者的權限仍不一樣。

Tip 在命令提示字元輸入 "Whoami /user"、按 Enter 鍵，即可看到目前的使用者名稱與 SID。

在刪除帳戶前，請先確定電腦或網路中是否有該帳戶加密的重要檔案，或網域中是否已設定加密資料修復代理（請參考第 12 章）。若未設定加密資料修復代理，而且存在該帳戶加密的檔案，就要先將檔案解密後再刪除帳戶。否則一旦刪除該帳戶，就可能無法將檔案解密了。要刪除使用者帳戶，請參考下面的步驟：

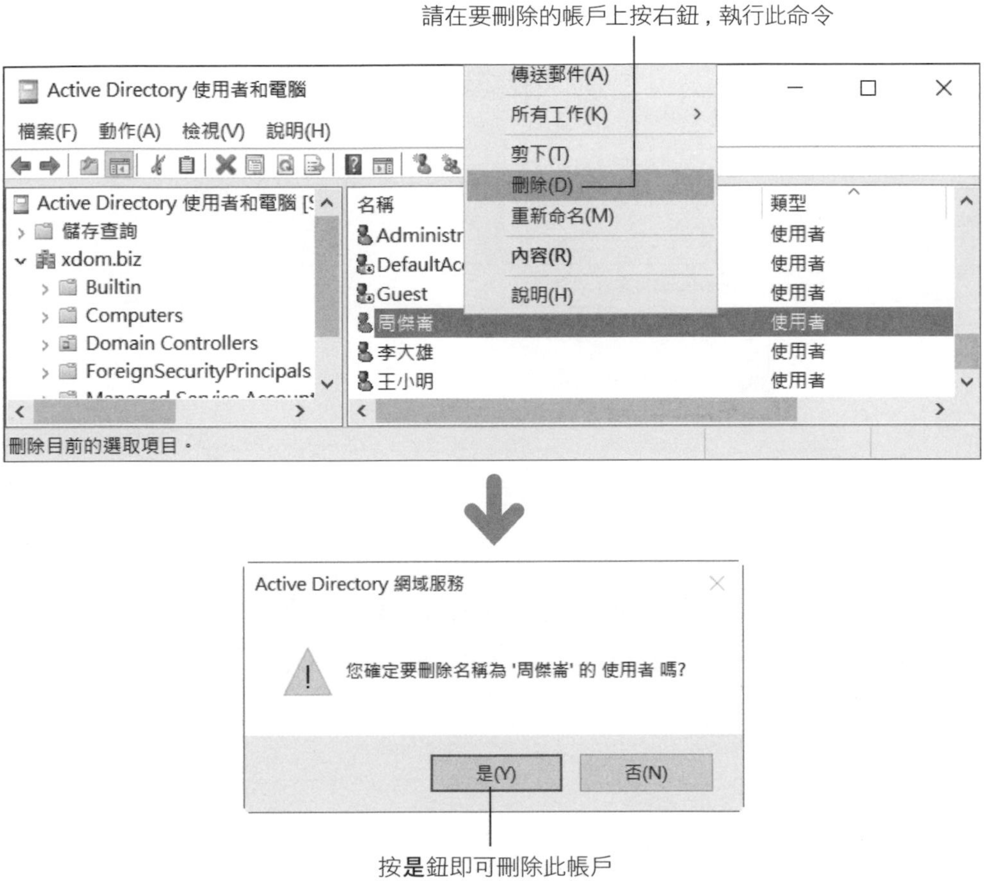

停用帳戶

如果某個員工休長假或留職停薪，最好暫時停用他的帳戶，以避免其被他人冒用，其步驟如下：

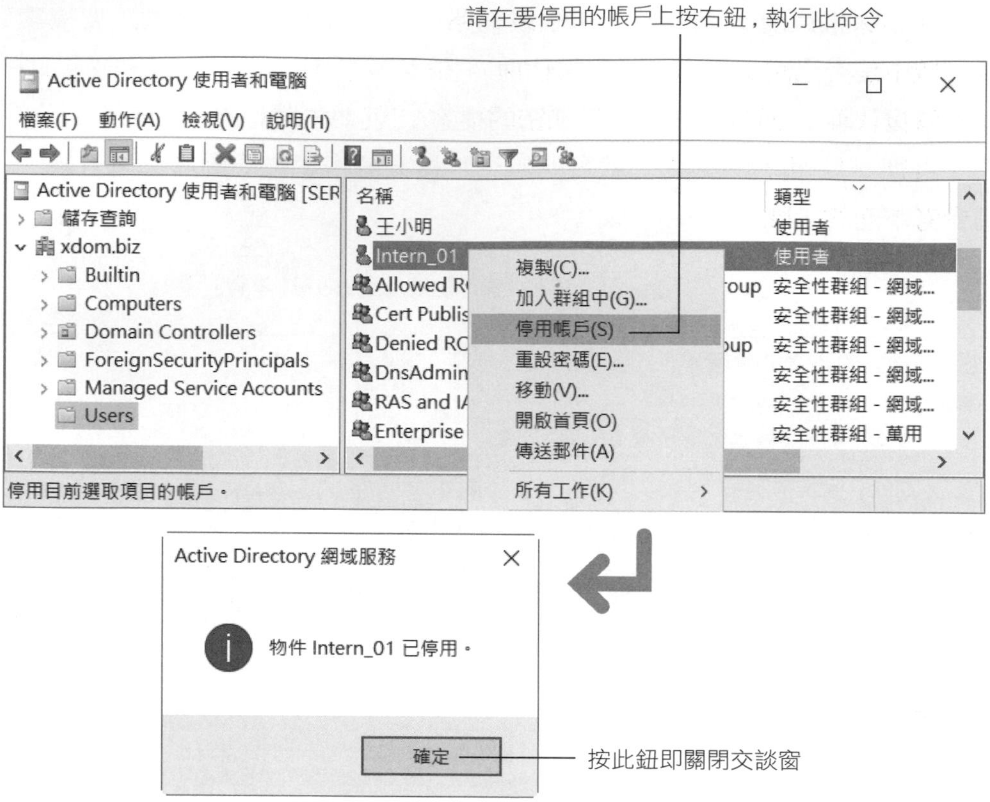

停用某個帳戶之後，該帳戶的圖示上就會變為 ，表示目前沒有人可以使用它來登入網域。若要重新啟用帳戶，只須在該帳戶上按右鈕，執行『**啟用帳戶**』命令即可：

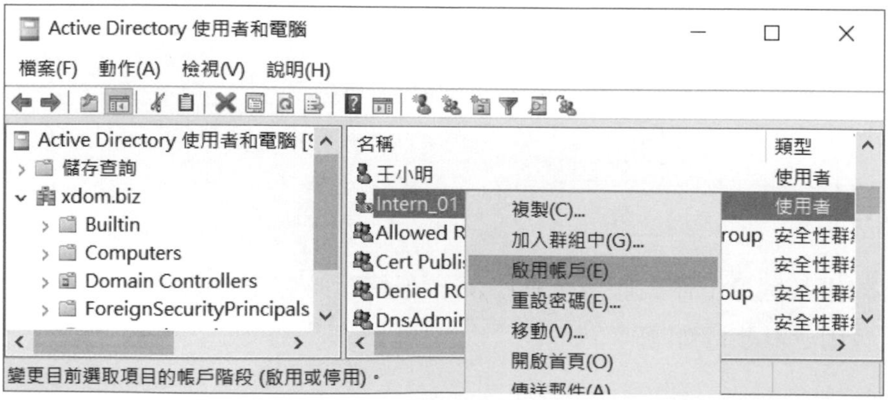

複製帳戶

一般而言，同部門的員工都隸屬於相同的群組、具有相似的權限（關於群組請見第 7 章）。因此系統管理員可以先做好其中一位員工的帳戶設定，然後以此帳戶為範本，利用**複製帳戶**功能複製出另一個帳戶，然後對複製出來的帳戶輸入姓名、登入名稱及密碼等等，共同的設定則會沿用原內容，如此便能省下不少的時間。複製帳戶的步驟如下：

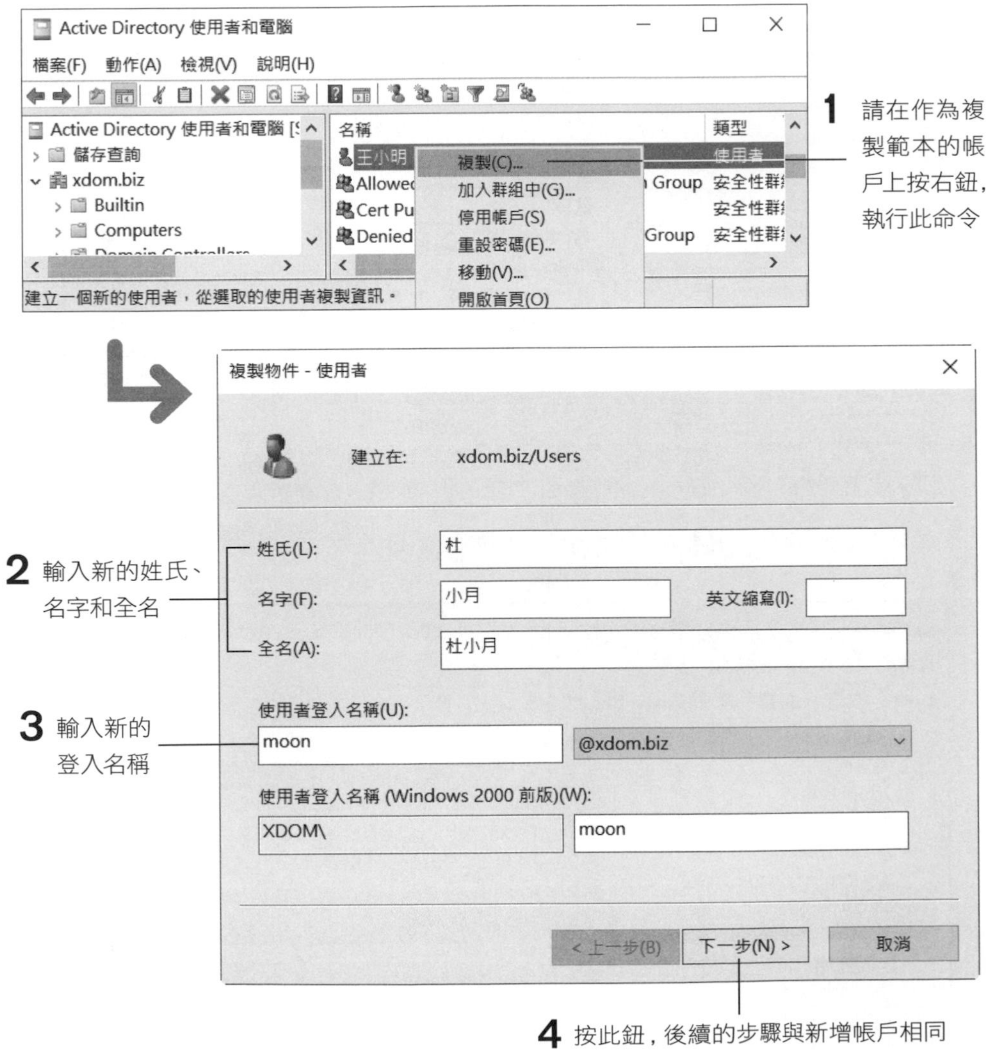

變更帳戶名稱

假使某甲要離職，由新進人員某乙接替其職位。則系統管理員毋須先建立某乙的帳戶、再刪除某甲的帳戶，可以直接將某甲的帳戶名稱變更為某乙的帳戶名稱，如此不但省事，在權限方面也不易出錯，其步驟如下：

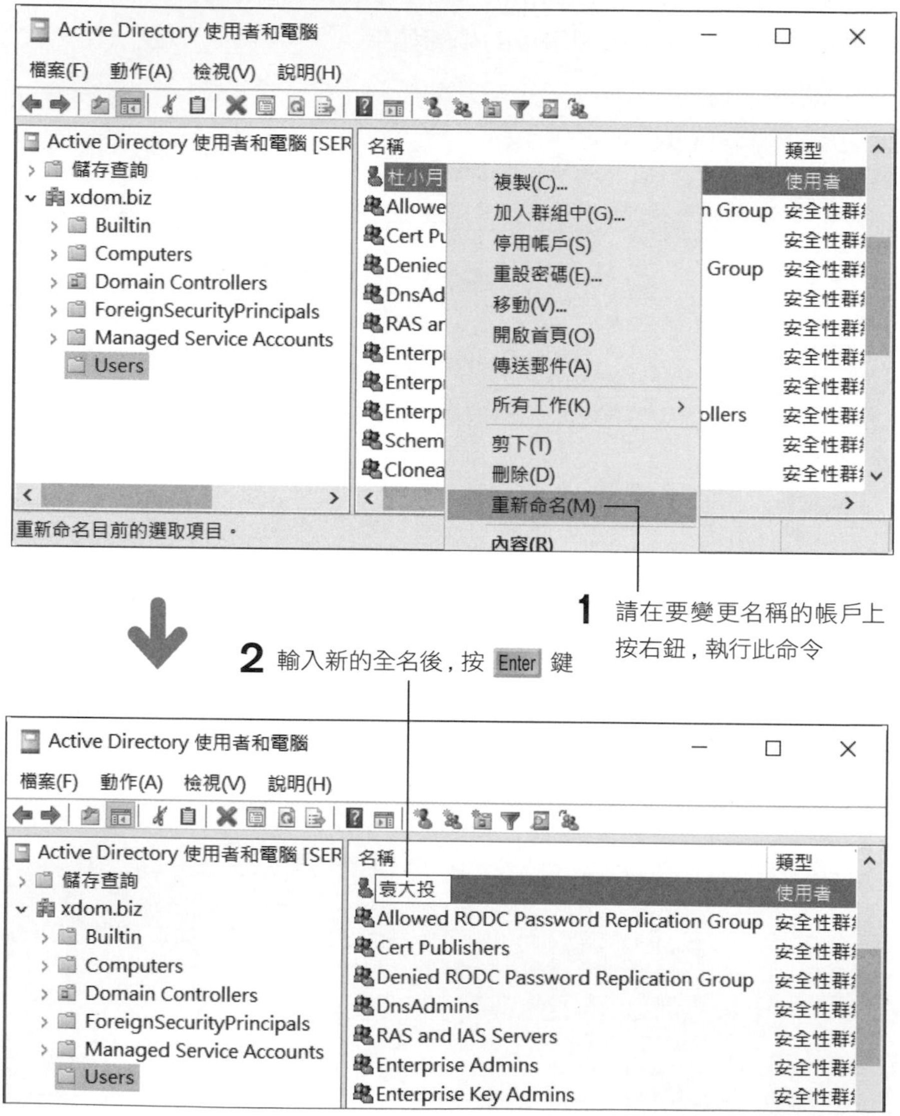

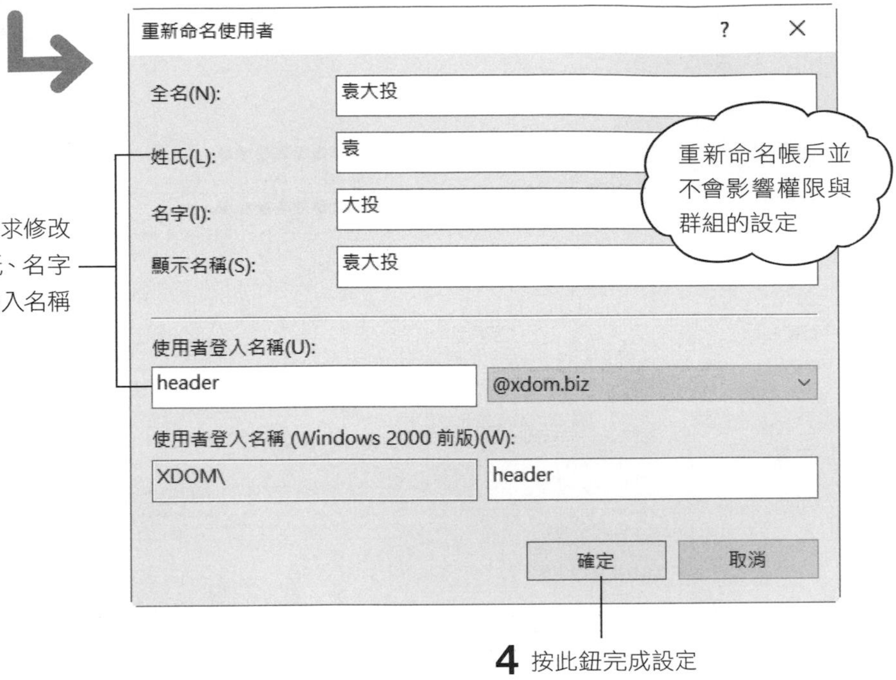

重設密碼

當使用者忘記密碼時，即使是系統管理員也無法查出其密碼為何。但是系統管理員能為他重新設定密碼：

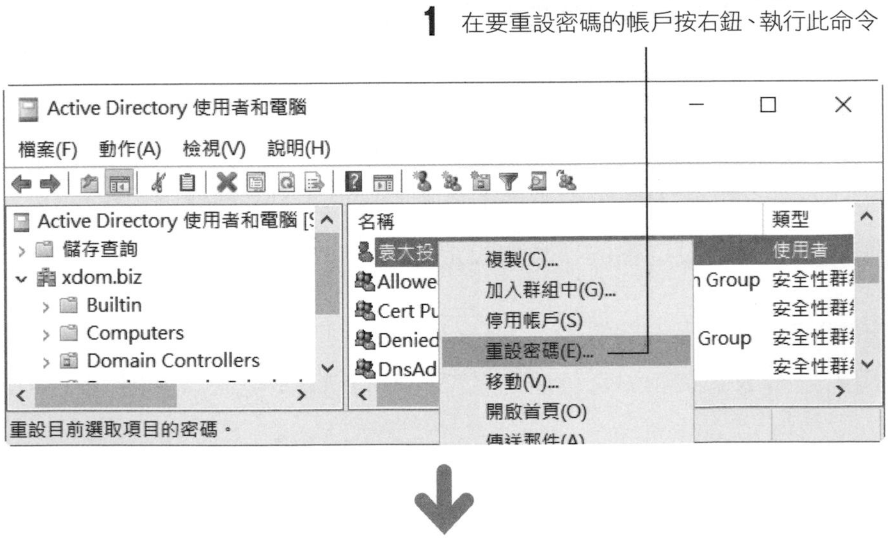

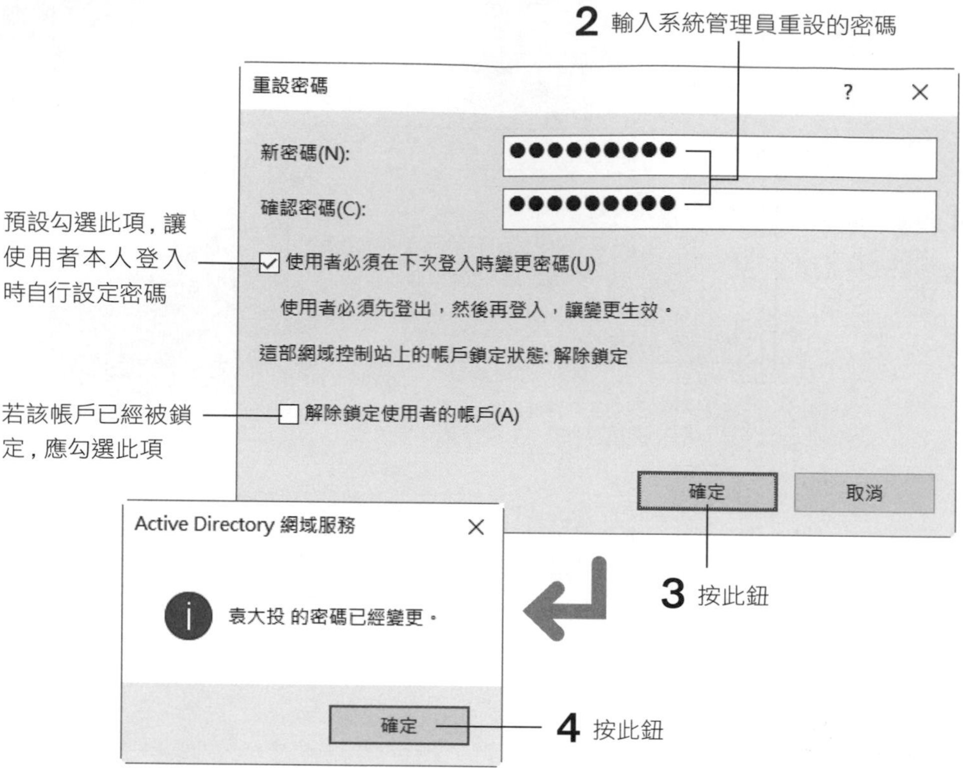

6-4 使用者設定檔

除了 Guest 帳戶外，每個帳戶都有一個專屬的使用者設定檔（User Profile），記錄自己的工作環境，例如：桌面大小、滑鼠指標形狀、背景圖案、網路磁碟機等等。在不特定人使用不特定電腦時，特別能凸顯出它的重要性。本節將介紹使用者設定檔的種類和設定方式。

這樣在多人共用一部電腦，或一人不固定使用哪一部電腦時，無論前面的使用者是否改過桌面，每位使用者都能擁有自己熟悉的工作環境。

使用者設定檔的種類

使用者設定檔區分為以下三種：

本機使用者設定檔（Local User Profile）

給本機使用者帳戶所使用的設定檔。我們以本機使用者帳戶首次登入時，都會產生一個自己專屬的使用者設定檔，儲存在本機的 **%systemdrive%\Users\%username%** 資料夾。爾後登入時就直接讀取自己的設定檔，不會再產生新的設定檔。在登入期間若修改了牽涉到設定檔的內容，於登出時會自動寫入設定檔，因此下次登入時會擁有上一次的工作環境。

Tip %systemdrive% 代表 Windows 系統所在的磁碟機，通常是 C；%username% 代表使用者名稱。

漫遊使用者設定檔（Roaming User Profile）

為不固定操作一部電腦的使用者所提供的設定檔，儲存在網路共用資料夾。我們以網域使用者帳戶登入時，會到指定的網路共用資料夾複製漫遊使用者設定檔，成為本機使用者設定檔。因此即使換了電腦，只要還能從共用資料夾讀取到漫遊使用者設定檔，就可以擁有原先的工作環境。

在登入期間的修改若牽涉到設定檔的內容，於登出時會自動寫入本機使用者設定檔和漫遊使用者設定檔，所以在理想狀況下，網域使用者的兩種設定檔應該有相同的內容。下次登入時就不會再複製一次漫遊使用者設定檔，而是直接採用本機使用者設定檔－－因為從本機讀取比較快。

然而若因故導致兩種設定檔的內容不同，登入時系統會採用其中較新的內容，並於登出時以新的內容覆蓋舊的內容，於是兩者又恢復到相同的狀態。

➕ 強制使用者設定檔（Mandatory User Profile）

其實只是漫遊使用者設定檔的唯讀（Read Only）版，在登出時系統不會用新的內容覆蓋舊的內容。

事實上，使用者設定檔不是一個檔案！

雖然我們習慣上都說產生『一個』使用者設定檔，然而『User Profile』其實不是指一個檔案，而是『一群檔案』。若要檢視它們，必須在**資料夾選項**交談窗設定**顯示隱藏的檔案、資料夾及磁碟機**，如下圖（以 Windows 10 為例）：

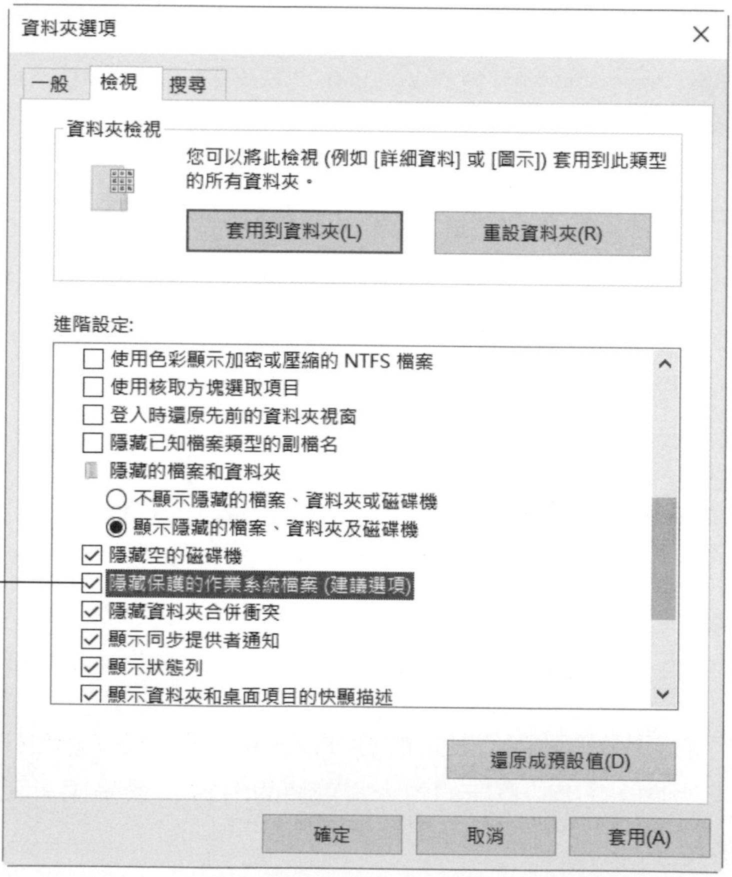

1 取消選取此多選鈕

NEXT

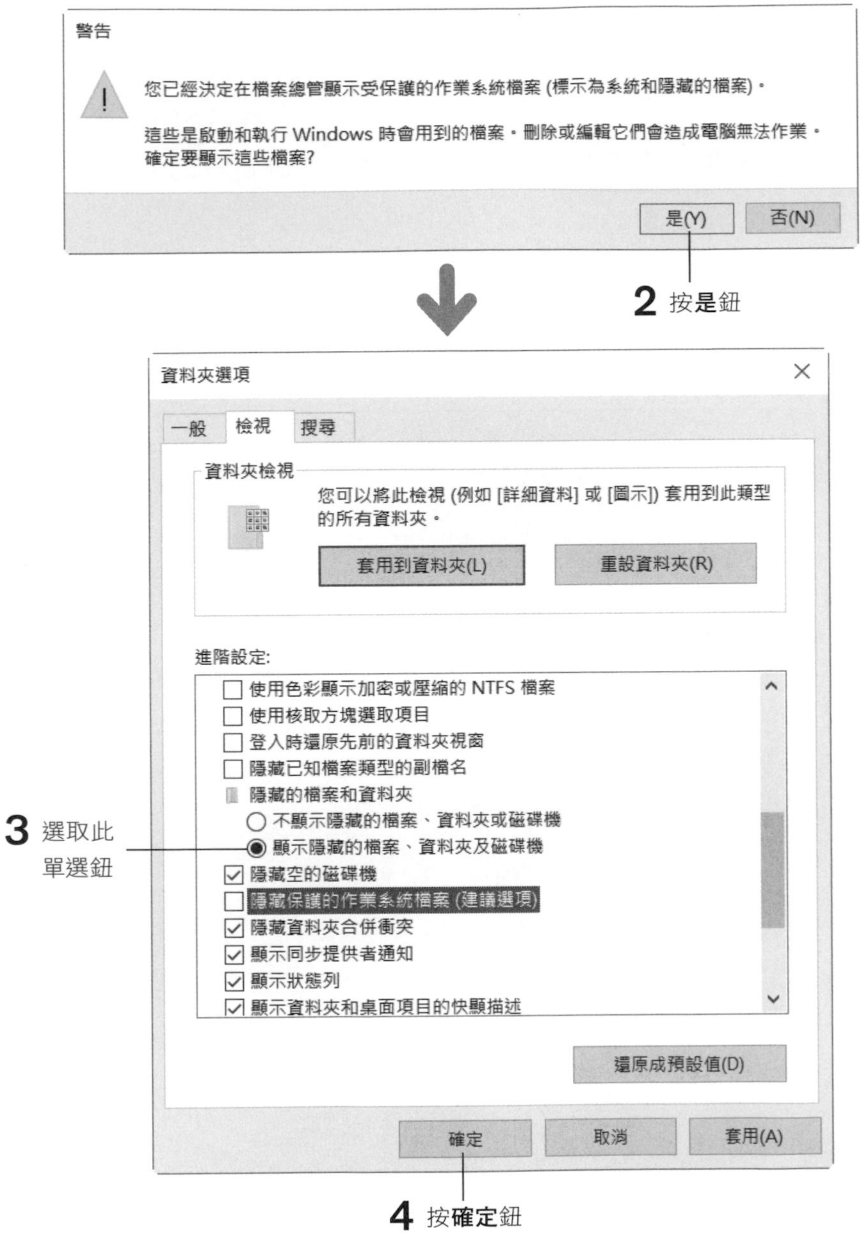

假設使用者『bear』已經登入過本機或網域，則開啟 C:\Users\bear 資料夾便可看到他的使用者設定檔（假設系統是安裝在 C 磁碟）：

NEXT

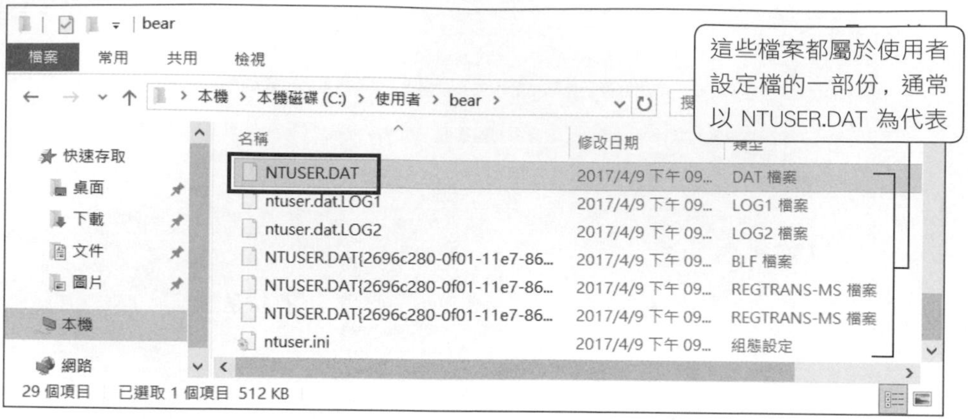

不過，既然大家都講習慣了，後文仍沿用『一個』使用者設定檔這種說法。

建立漫遊使用者設定檔

由於本機使用者設定檔的建立與維護，皆是由系統自動運作，毋須人為介入，因此以下將說明如何建立漫遊者使用設定檔，我們以 Windows Server 2016 搭配 Windows 10 專業版來示範。

首先介紹目前的網路環境：

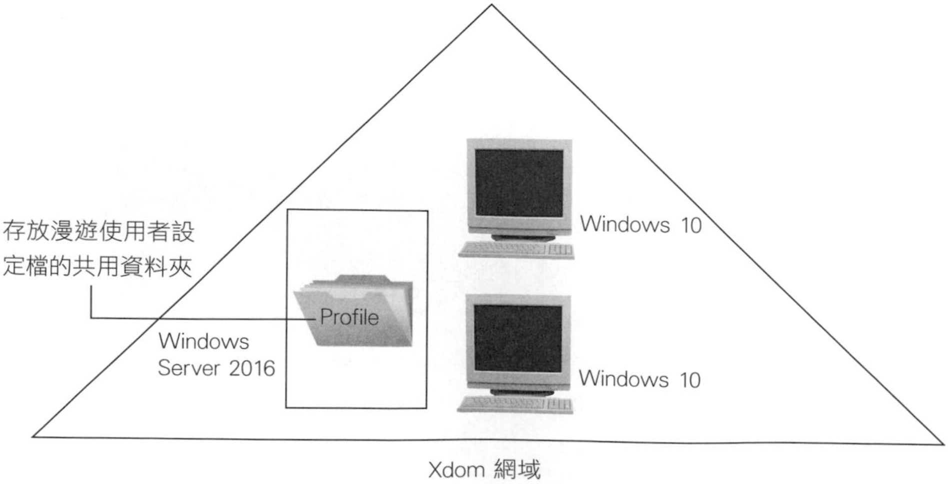

假設要為網域使用者 bear 建立漫遊使用者設定檔，步驟如下：

1. 建立共用資料夾 Profile, 賦予 bear 有**讀取 / 寫入**的權限。
2. 設定 bear 要使用漫遊使用者設定檔。
3. 以 bear 使用者帳戶登入網域，設定工作環境後登出。

1. 建立共用資料夾，賦予 bear 有讀取 / 寫入的權限

由於在後面會詳細說明共用資料夾的特點與設定方式，因此這裡只簡介操作步驟，不解釋觀念。首先要在 SERVER2016-DC 電腦建立一個共用資料夾『Profile』，用來儲存 bear 的設定檔。請先以具有本機系統管理員權限的身分登入 SERVER2016-DC，建立 Profile 資料夾，然後如下操作：

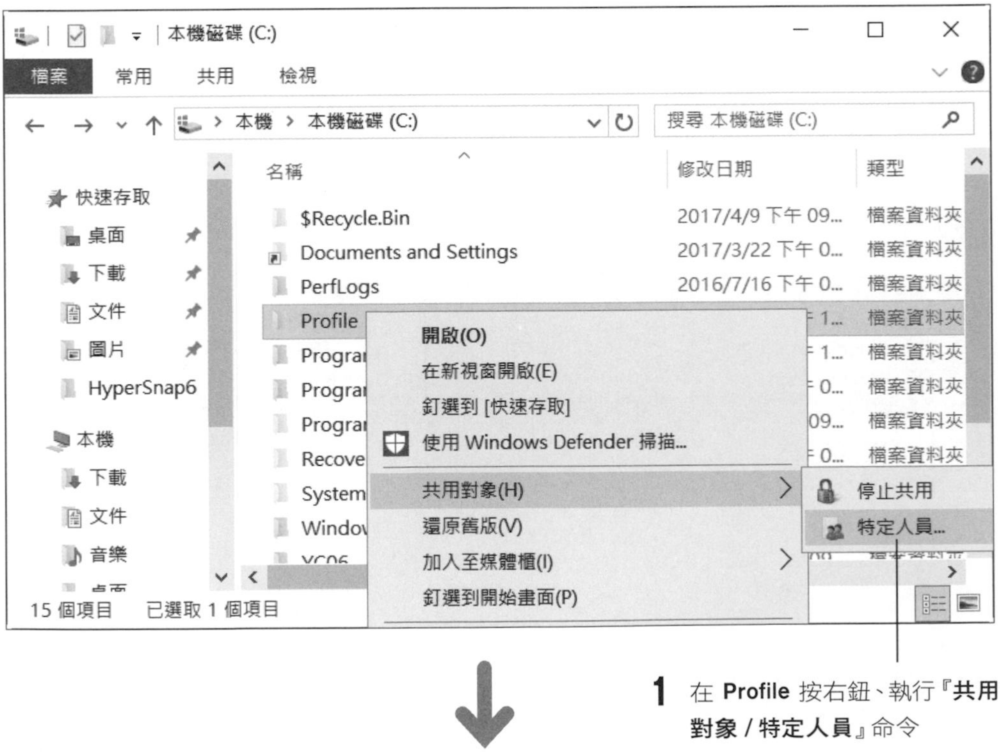

1 在 **Profile** 按右鈕、執行『**共用對象 / 特定人員**』命令

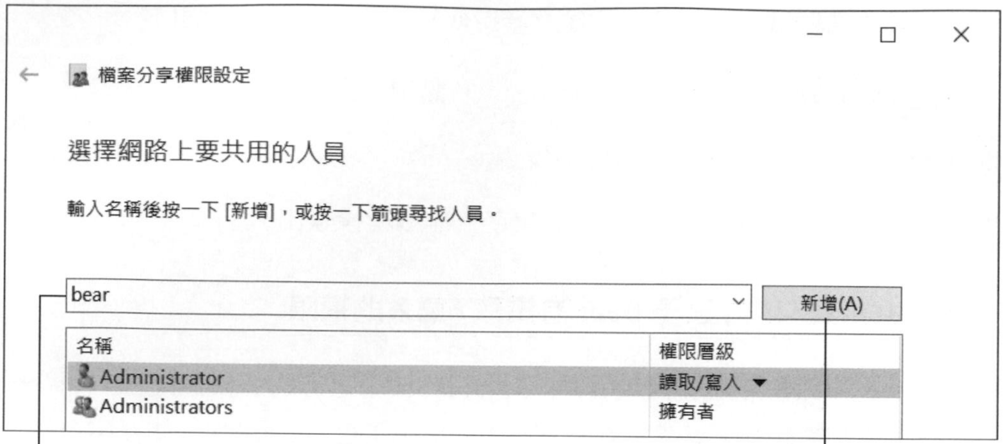

2 輸入"bear"

3 按**新增**鈕

4 點選此處

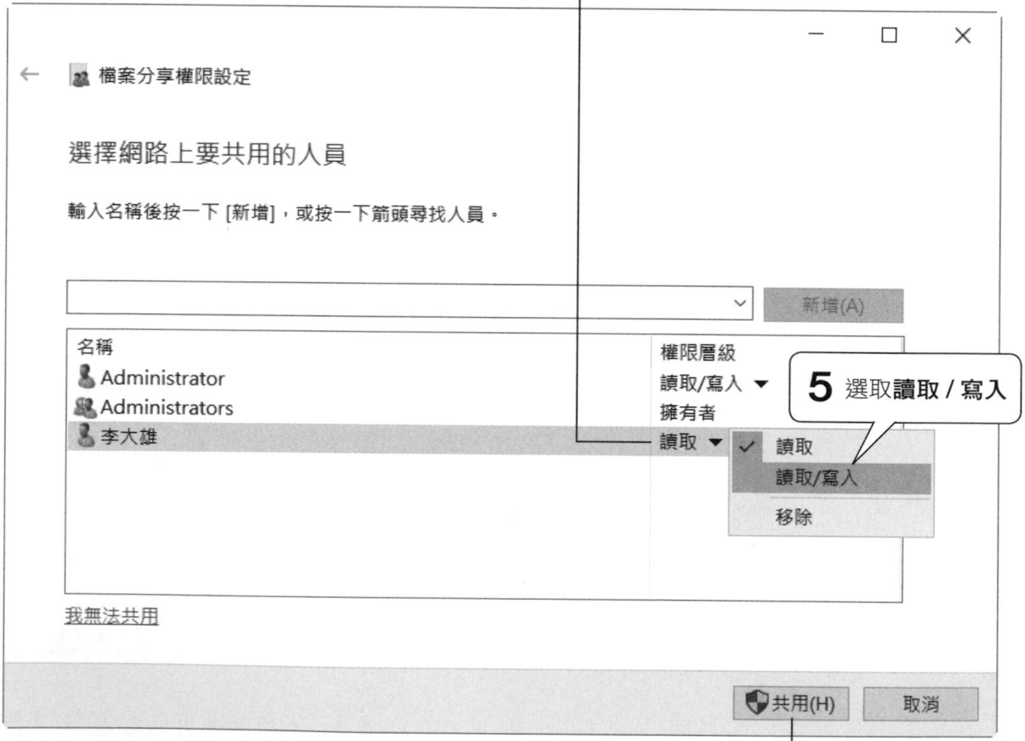

5 選取**讀取 / 寫入**

6 按此鈕

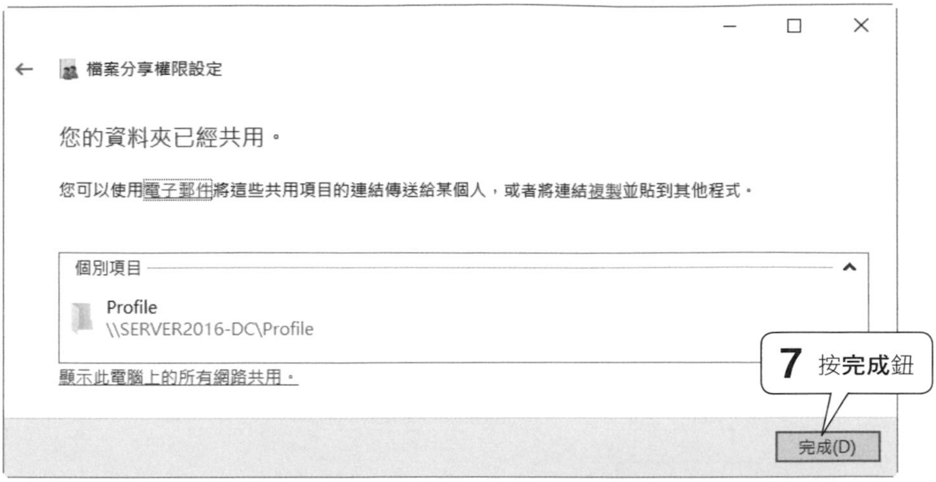

現在 bear 已經具有足夠權限，將來可以把使用者設定檔儲存到 \\SERVER2016-DC\Profile 資料夾了。

2. 設定 bear (李大雄) 要使用漫遊使用者設定檔

因為預設每一位使用者都用本機使用者設定檔，所以必須另外設定，系統才知道誰要改用漫遊使用者設定檔。請開啟 **Active Directory 使用者和電腦**視窗：

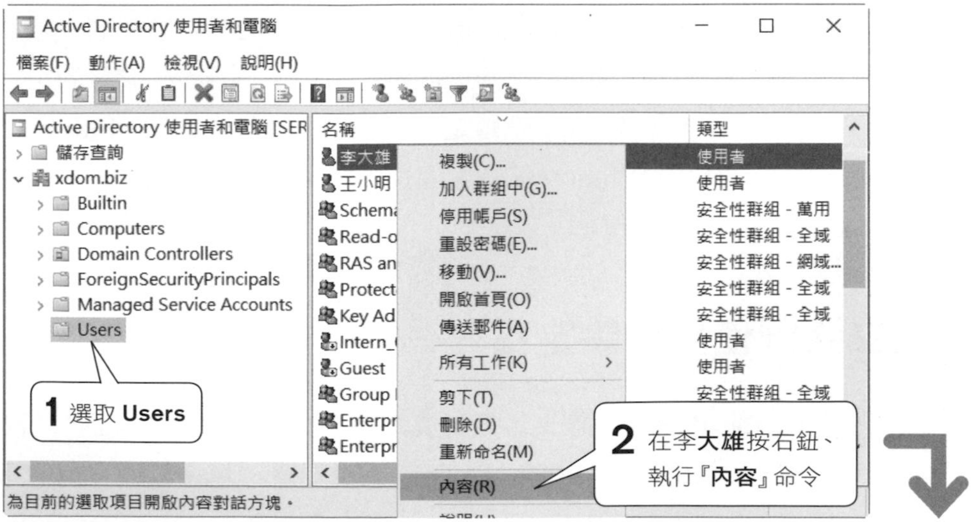

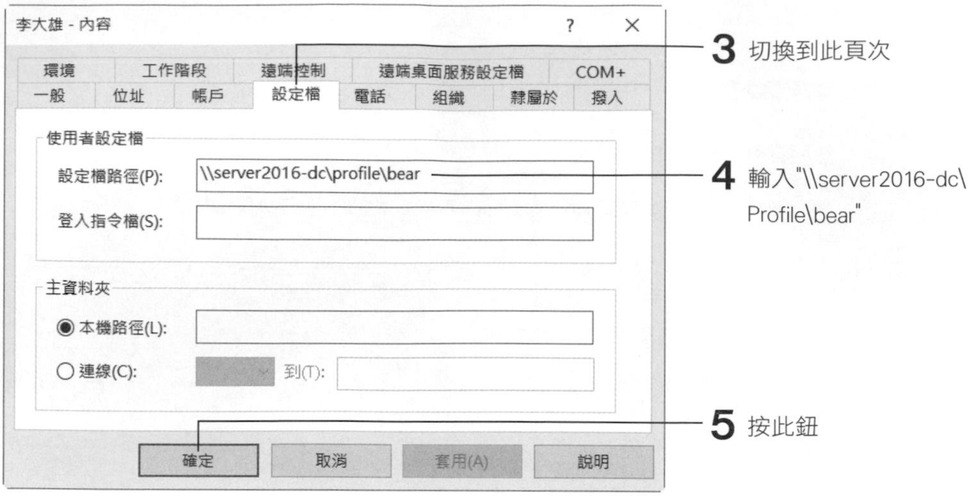

3. 用 bear 使用者帳戶登入網域，設定工作環境後登出

在網域內的任一部 Windows 10 電腦，用 bear 使用者帳戶登入網域，然後設定好自己的工作環境，例如：連線網路磁碟機、修改桌面背景、滑鼠指標和視窗外觀等等。要注意的是：用來當桌面背景的圖檔，必須是透過網路能讀取得到。因為若指定以 A 電腦的 C:\JPG\001.jpg 檔作為背景，當 bear 在 B 電腦登入時，除非 B 電腦剛好也有 C:\JPG\001.jpg 檔，否則會因找不到檔案而改用系統預設的桌面背景。

設定完成後登出網域，系統就會將 bear 目前的設定值寫到本機使用者設定檔與 \\server2016-dc\profile\bear.V6 資料夾。讀者應該會問：為何在使用者名稱後面要多加「.V6」？這是為了區別不同版本的 Windows 用戶端，倘若 bear 使用 Windows 7 電腦登入網域，那麼所產生的資料夾就會是「bear.V2」，依此類推。

建立強制使用者設定檔

要將漫遊使用者設定檔改為強制使用者設定檔的方式很簡單，請參考前頁的說明框，找出 NTUSER.DAT 這個設定檔，以系統管理員的身分將 NTUSER.DAT 重新命名為 NTUSER.MAN 即可。

CHAPTER

07

Windows Server 2016

規劃與建立群組

7-1 安全性群組的種類

7-2 建立與維護群組

7-3 認識內建群組

7-4 指派使用者權利

網域資源（檔案、印表機等等）的存取權限雖然可以直接指派給使用者帳戶，但是在實務上，針對每一個帳戶指派權限是沒效率的作法，也不容易維護。有鑑於此，於是產生了群組（Group）的概念。

通常我們將群組視為由**使用者帳戶所組成的集合**，不過實際上，它還可以包含『其他的群組』、『電腦』和『聯絡人』在內。然而，因為很少有機會將權限賦予『電腦』；而『聯絡人』又不能擁有權限，所以在實務上，很少提到後兩種成員。

群組可區分為網域群組和本機群組，而網域群組又區分為以下兩種：

- **安全性群組**（Security Group）

  如同使用者帳戶一樣，安全性群組也具有一個獨一無二的 SID，因此我們可以把權限指派給它，如此會使得該群組的成員都擁有這個群組具有的權限。

- **發佈群組**（Distribution Group）

  發佈群組沒有 SID，因此不能賦予權限。它主要是用來將成員的電子郵件位址組成電子郵件清單，寄信給該清單就等於寄信給清單內的所有成員。其角色相當於 Microsoft Exchange Server 的電子郵件發送清單（Distribution List）。

至於本機群組就很單純，沒有安全性群組與發佈群組之分，一律都是安全性群組。

一般而言，系統管理員著重的是『安全性群組』，因此本章也以它為重點。若無特別註明，在後文中的群組都是指安全性群組！

7-1 安全性群組的種類

Windows Server 2016 的安全性群組都有所謂的『群組領域』（Group Scope），群組領域是指這個群組的『影響範圍』，牽涉到以下 3 件事：

1. 能獲得哪個網域資源或樹系資源的權限。
2. 能隸屬於哪個網域或樹系的群組。
3. 能包含哪個網域或樹系的使用者帳戶及群組。

根據群組領域的不同，安全性群組區分為以下 3 種：

- **網域本機群組**（Domain Local Group）：群組領域為『網域本機』（Domain Local）的群組。
- **全域群組**（Global Group）：群組領域為『全域』（Global）的群組。
- **萬用群組**（Universal Group）：群組領域為『萬用』（Universal）的群組。

Tip 在 Windows 2000 Server 與 Windows Server 2003/2003R2 中，Domain Local Group 譯為『網域區域群組』；而 Global Group 譯為『通用群組』。

網域本機群組

網域本機群組可以包含以下 4 種成員：

- 同樹系任何網域的使用者帳戶。
- 同樹系任何網域的全域群組。

- 同樹系任何網域的萬用群組
- 同網域的網域本機群組。

Tip 若群組中包含其他的群組，這種架構稱為群組的巢狀架構 (Nesting)。

雖然網域本機群組幾乎可以包含所有類型的成員，然而它的權限範圍只限於同網域（該群組所在的網域）的資源；換言之，我們只能將同網域資源的權限指派給網域本機群組。

在管理網域資源時，一般都會把存取權限指派給網域本機群組，而不會直接指派給使用者帳戶，如下圖：

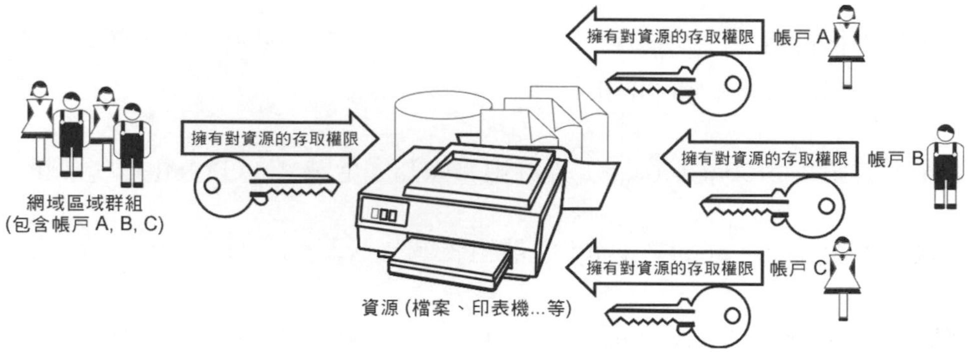

以上圖為例，如果 A、B、C 三位使用者須擁有相同的權限，則可以先將權限指派給某個網域本機群組，再將這 3 個帳戶加入該群組中，這種作法在維護和管理上，會比直接將資源指派給使用者要好得多。

不過在實際應用上，我們也可能將隸屬同一部門的使用者先加入全域群組，然後再將該全域群組加入網域本機群組，其中的差別請見後文。

全域群組

全域群組可以包含以下 2 種成員：

- 同網域的使用者帳戶。
- 同網域的其他全域群組。

全域群組的權限範圍是整個樹系，也就是說，我們可以將樹系內任何資源的權限指派給全域群組。在實際應用上，我們通常以全域群組來集合需要相同權限的使用者帳戶，例如：將產品部門的員工都集中加入 Products 全域群組，再將 Products 網域加入已設定權限的網域本機群組（詳見後文）。

利用『網域本機群組』+『全域群組』來管理網域

結合已經介紹的網域本機群組及全域群組，即可用來規劃單一網域的群組架構，其原則如下（以下的步驟並無先後順序的差別）：

- 把需要相同權限的使用者帳戶加入同一個全域群組，例如：將產品部門的員工加入『Products』全域群組、會計部門的員工加入『Accountings』全域群組。
- 把全域群組加入網域本機群組，例如：將『Products』與『Accountings』加入『Printers』網域本機群組。
- 將網域內資源的權限指派給網域本機群組，例如：將管理印表機的權限指派給『Printers』網域本機群組，即可讓前述的『Products』群組與『Accountings』群組的成員（亦即產品部與會計部的員工）都能管理印表機。

這種結合網域本機群組及全域群組的規劃方式，具有以下的優點：

- 當產品部不需要管理印表機時，只須將『Products』從『Printers』中移除即可；反之，如果當初『Printers』包含的是個別的使用者帳戶、而非全域群組時，系統管理員必須一一移除帳戶，增加管理負擔。
- 若銷售（Sales）全域群組與行銷（Marketings）全域群組也要使用印表機，只須將它們也加入『Printers』群組即可；反之，當初如果將權限直接指派給全域群組，則必須對『Sales』和『Marketings』逐一設定權限。

萬用群組

萬用群組可以包含以下 3 種成員：

- 同樹系任何網域的使用者帳戶。
- 同樹系任何網域的全域群組。
- 同樹系任何網域的萬用群組。

如同全域群組一樣，萬用群組的權限範圍也是整個樹系，所以我們可以指派樹系中任何資源的權限給萬用群組。既然如此，讀者或許會質疑：何不捨棄全域群組，直接以萬用群組來管理帳戶呢？就單一網域的觀點來看，以萬用群組取代全域群組的確是可行的方法；然而，在多網域的環境，就會衍生出『增加網路流量』的問題。

在跨網域存取資源時，會利用 GC（Global Catalog，通用類別目錄）來查詢資源所在的位置，所以不同網域的 GC 伺服器需要相互複寫資料，以確保資料的同步。萬用群組會把群組名稱及其成員資訊都發佈到 GC 上，因此一旦其成員變動，就會觸發 GC 伺服器的複寫動作，增加網路的流量。而全域群組和網域本機群組都只有群組名稱會記錄於 GC，群組的成員資訊不會存於 GC，所以無論其成員如何變動，都不會因 GC 的內容變更而觸發複寫動作。

因此，在多網域的環境，為了避免增加網路流量，利用全域群組來組織帳戶還是有其必要性，不宜用萬用群組取代全域群組。

在多網域環境運用萬用群組

萬用群組存在的目的就是為了簡化多網域的管理工作，以下我們舉一個實例說明使用萬用群組的好處。

假設旗標公司有台北總部、台中分公司與高雄分公司，總部及各分公司的財務人員都要能夠存取彼此的財務報表，在『不使用萬用群組』時，其群組架構如下圖：

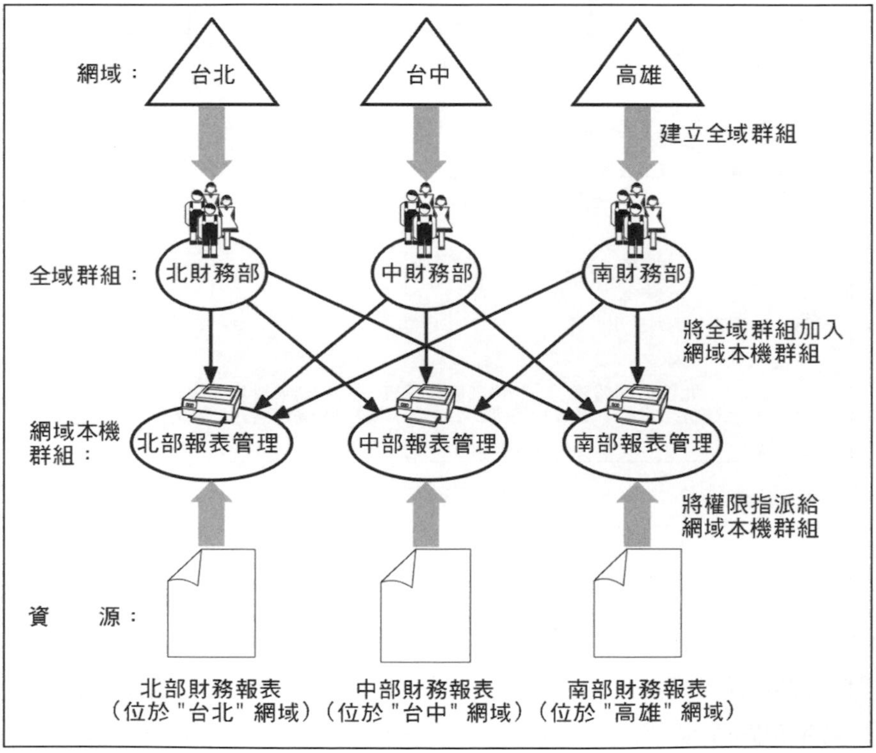

不使用**萬用群組**的作法

在上圖中，系統管理員必須將各個全域群組加到網域本機群組中，才能讓所有財務人員都能存取到各分公司的財務報表。然而，若在全域群組和網域本機群組之間，插入萬用群組之後，所形成的架構如下圖：

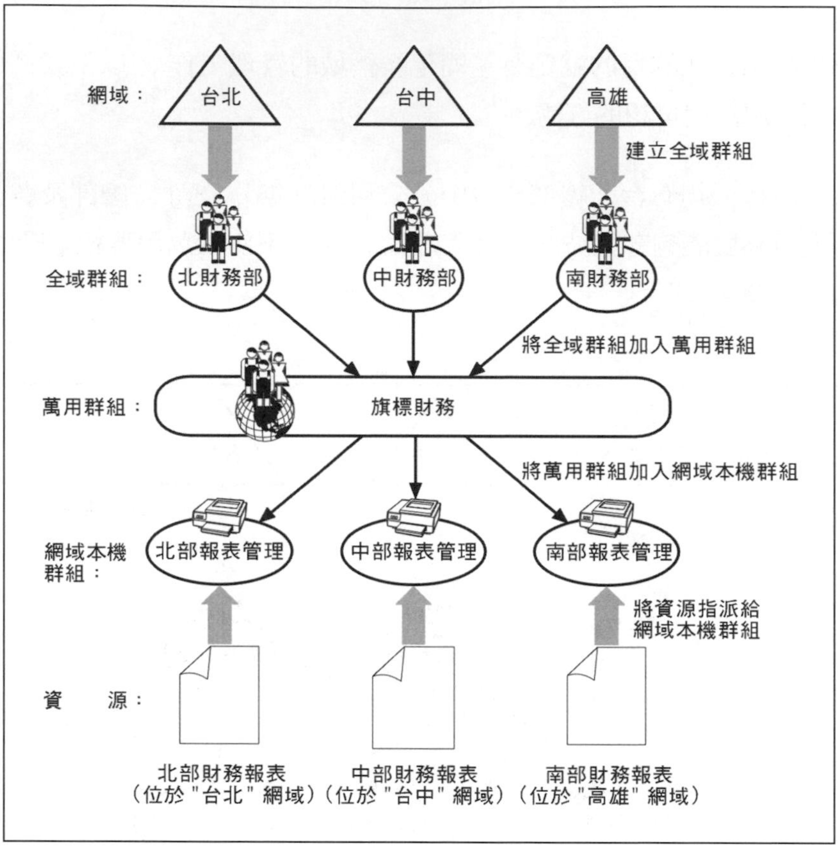

使用**萬用群組**的作法

如上圖所示，先將各網域的財務人員組成全域群組，再把這些全域群組加入萬用群組，然後再將萬用群組加入網域本機群組，最後則將網域資源的權限指派給網域本機群組。由於萬用群組並沒有直接包含使用者帳戶，而只是包含各網域的全域群組，因此全域群組中的成員異動，並不會觸發 GC 伺服器的複寫動作。如此不但簡化對萬用群組的管理，也可以有效減少因 GC 伺服器複寫所造成的網路負載。

最後，我們歸納出以下規劃群組時的原則：

- 在單一網域內，將使用者帳戶組成全域群組，再將全域群組加入已設定權限的網域本機群組，以獲得相同的權限（倘若以萬用群組取代全域群組亦可）。
- 在多網域的環境中，先將使用者帳戶組成全域群組，再將全域群組加入萬用群組，最後將萬用群組加入已設定權限的網域本機群組，以獲得相同的權限。儘量不要在萬用群組中包含使用者帳戶。
- 群組中包含其他群組的巢狀結構不要太複雜，在單一網域內，建議採用單層巢狀結構（One-Level Nesting）即可。

群組分類總攬

最後，我們將 Windows Server 2016 的各種群組彙整如下圖：

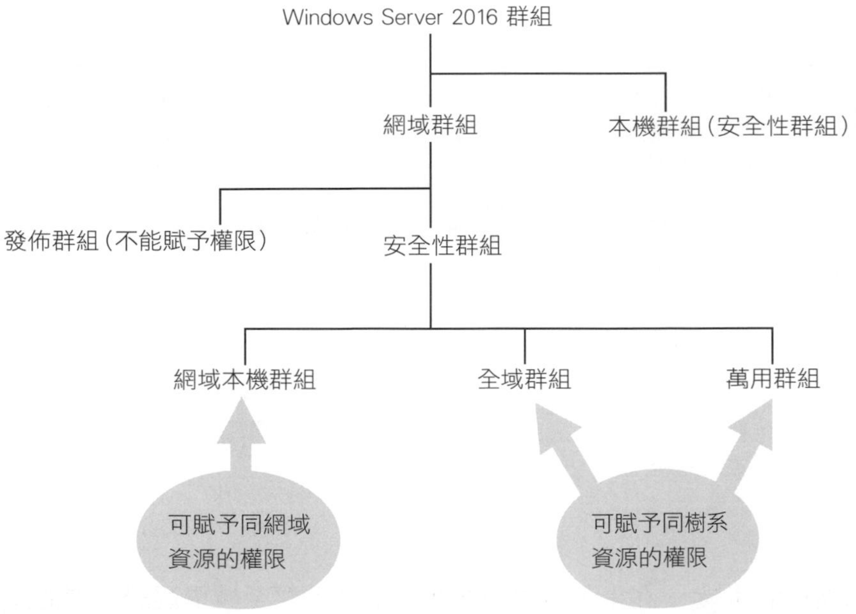

7-2 建立與維護群組

本節將舉例示範如何建立一個稱為『Printers』的網域本機群組，和『Products』的全域群組，然後把『Products』加入『Printers』中，最後將印表機的使用權限指派給『Printers』。

建立群組

要新增群組，請在『**伺服器管理員**』執行『**工具 /Active Directory 使用者和電腦**』命令，然後在要建立群組的容器（假設是 Users）按右鈕，執行『**新增 / 群組**』命令：

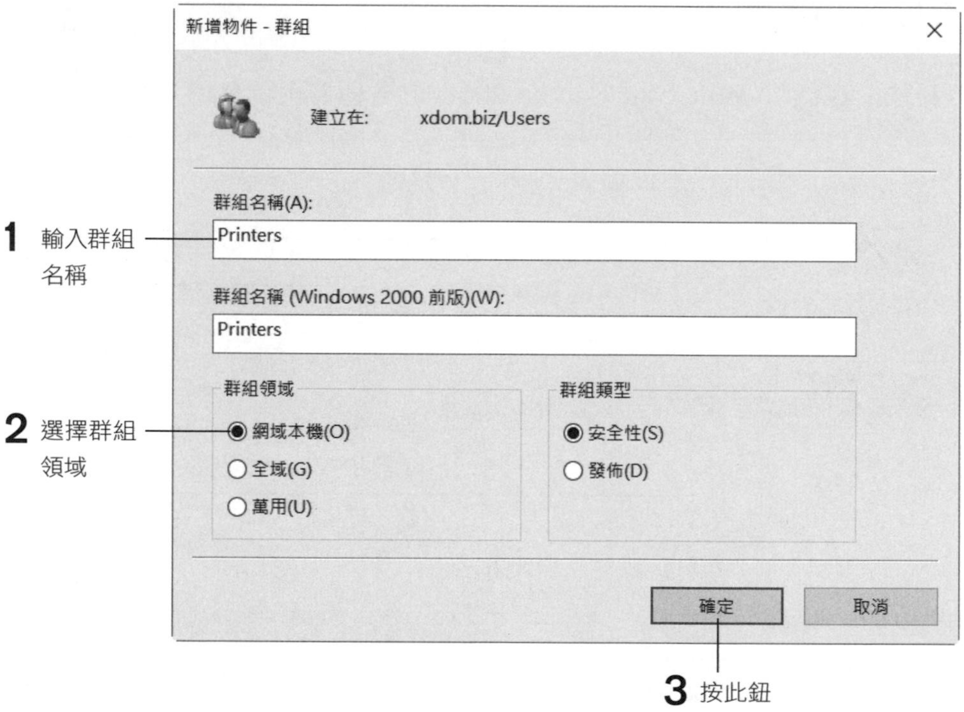

以同樣的步驟，在上圖的**群組領域**區塊中選擇**全域**單選鈕，便能夠建立『Products』全域群組，下圖就是建立這兩個群組後的情形：

另外建立的全域群組

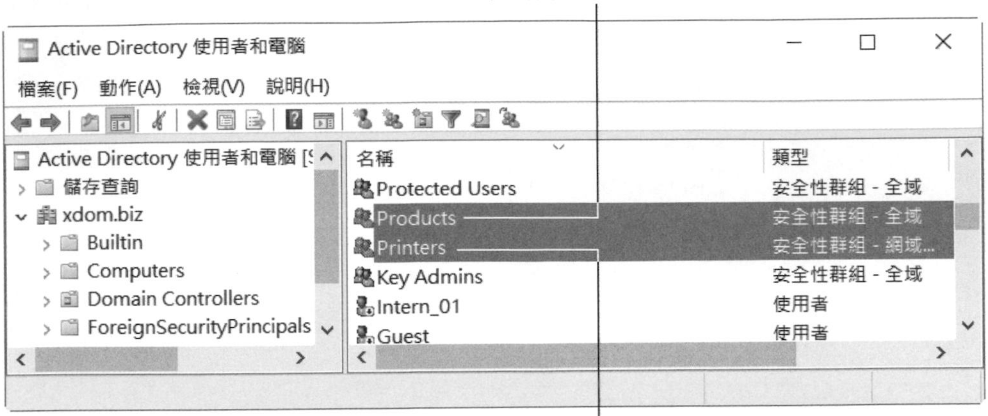

新增的網域本機群組

新增群組的成員

群組的成員可以是使用者或其它群組，所以我們分別示範新增使用者和新增其它群組的方式，最後會歸納出一個通則幫助大家記得。

將使用者加入群組

新增群組之後，就可以把使用者加入群組中。假設要將 Simon(鐵賽門) 使用者加入 Products 群組，請在該群組上按右鈕，執行『**內容**』命令，開啟群組的**內容**交談窗：

1 切換到**成員**頁次

2 按**新增**鈕

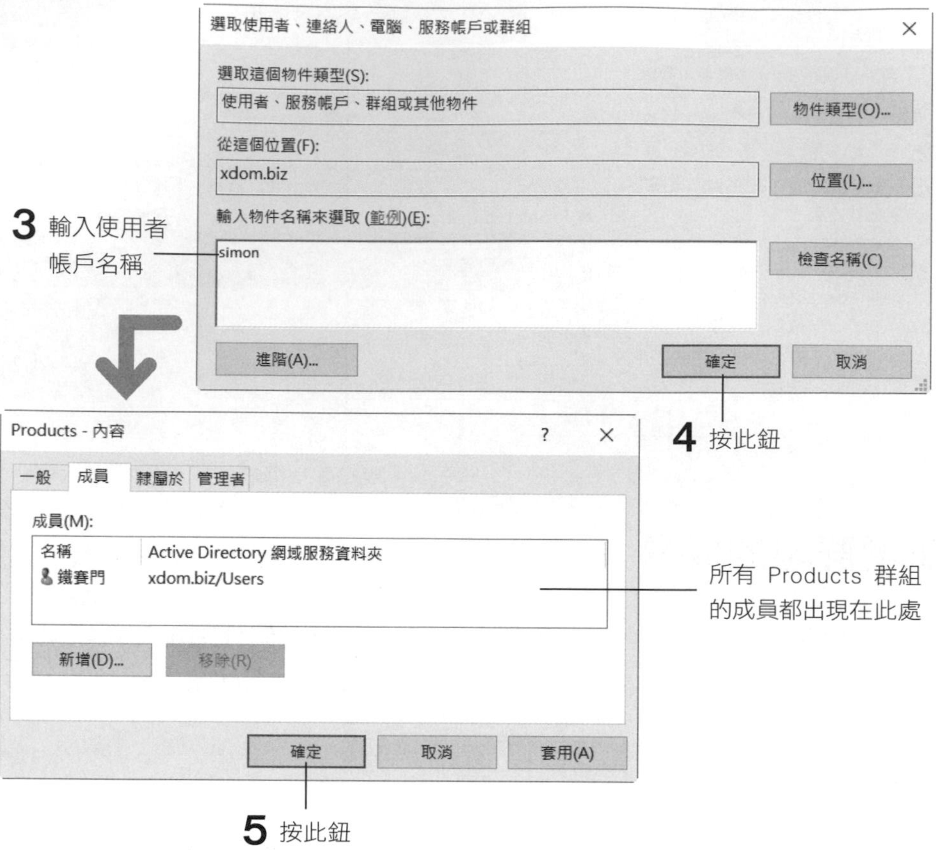

或者，也可以在 Simon 的**內容**交談窗的**隸屬於**頁次，將自己加入群組。請對 Simon 按右鈕、執行『**內容**』命令：

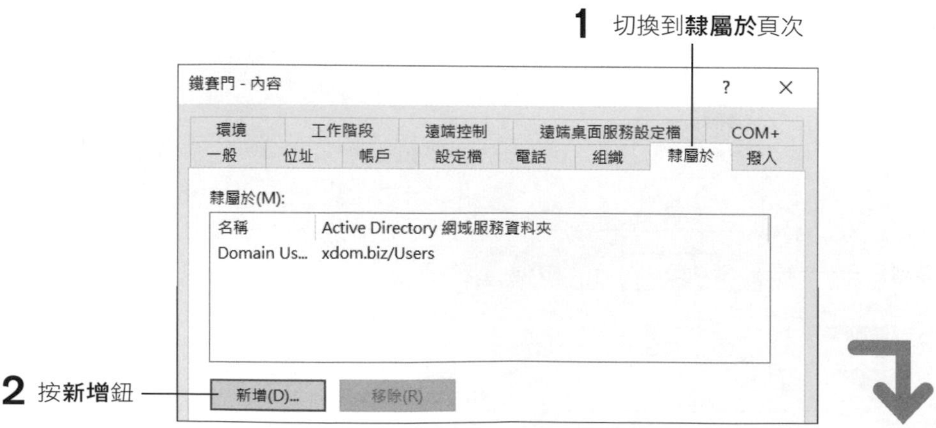

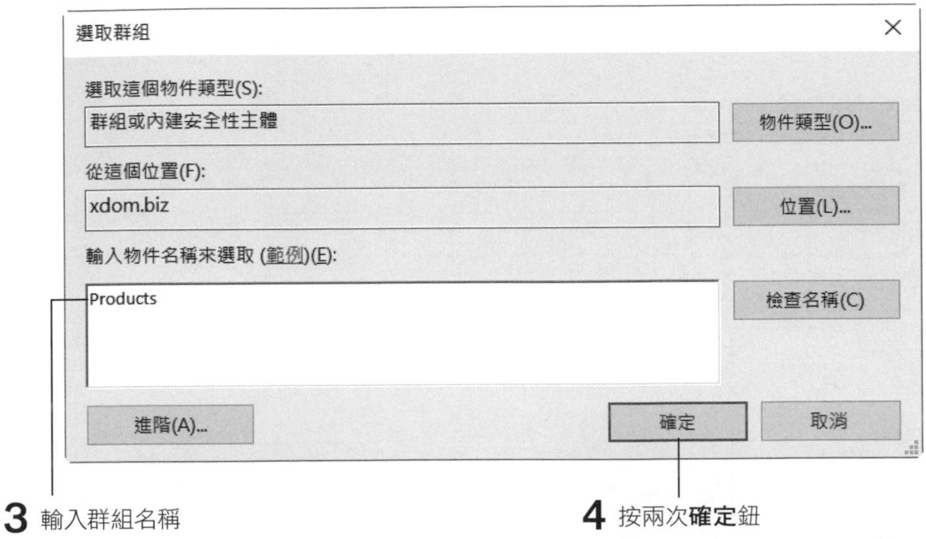

將群組加入其它群組

假設要將 Products 全域群組加入 Printers 網域本機群組，請在『Printers』上按右鈕，執行『**內容**』命令：

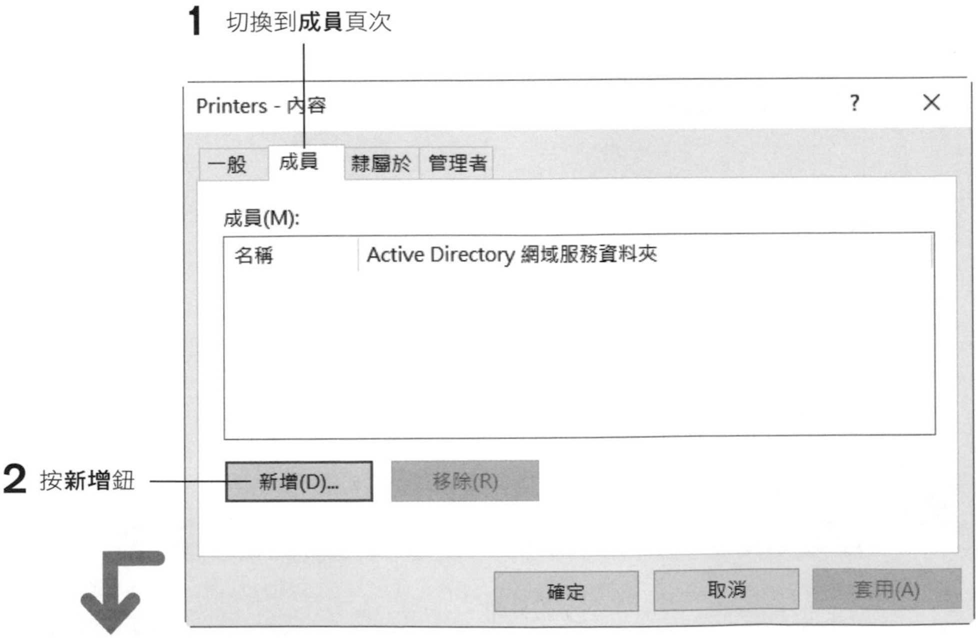

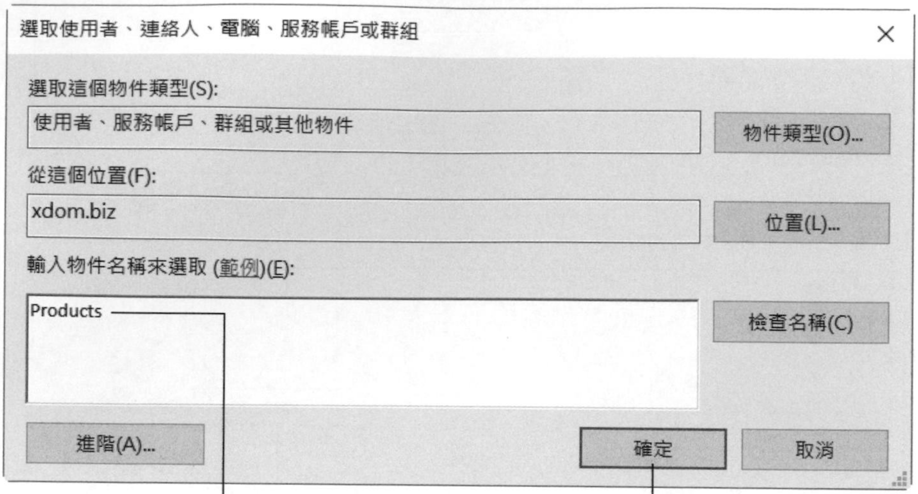

3 輸入新成員的名稱－Products

4 按**確定**鈕

所有 Printers 群組的成員都出現在此處

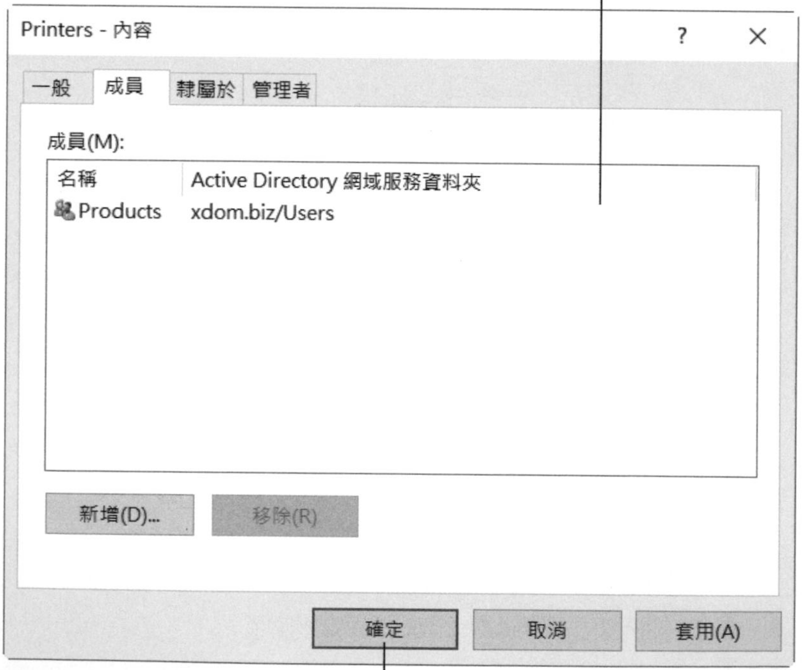

5 按此鈕

此外，也可以從 Products 的**內容**交談窗將自己加入 Printers 群組。請先開啟 Products 的**內容**交談窗，切換到**隸屬於**頁次：

1 按**新增**鈕

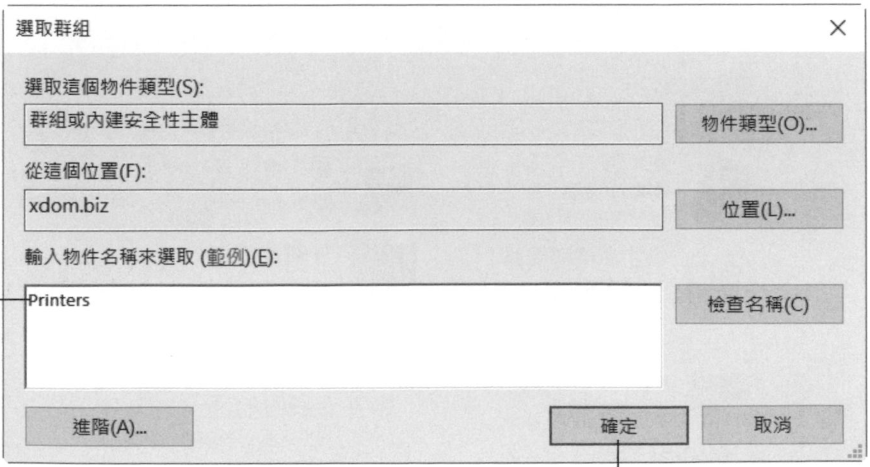

2 輸入 Printers

3 按兩次**確定**鈕即可

小結

綜合以上所述，要將『A』（A 可以是使用者或群組）加入『G』群組時，可以選擇下列任一種方式：

- 在『A』的**隸屬於**頁次中，新增『G』的群組名稱。
- 在『G』群組的**成員**頁次中，新增『A』的使用者或群組名稱。

將權限指派給群組

由於先前建議大家儘量將權限指派給網域本機群組，因此便以此來示範，不過同樣的方式仍可適用於指派給其它群組。

假設只要讓『Printers』的成員能夠使用某印表機，而非所有網域使用者都能使用。請在**開始**按右鈕、執行『**控制台**』命令：

1 點選**檢視裝置和印表機**

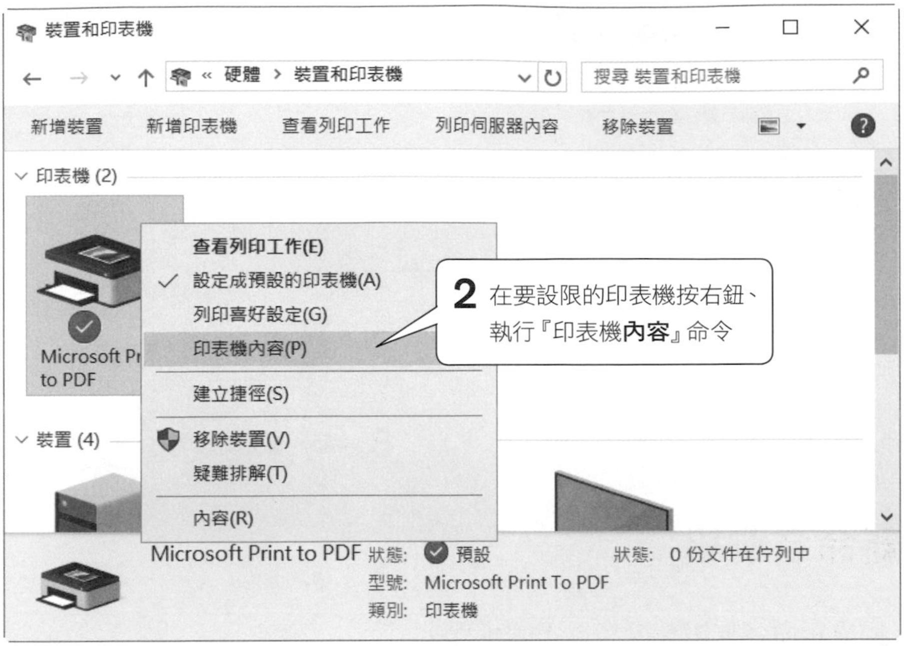

裝置和印表機
« 硬體 › 裝置和印表機
搜尋 裝置和印表機
新增裝置
新增印表機
查看列印工作
列印伺服器內容
移除裝置
印表機 (2)
Microsoft Print to PDF
查看列印工作(E)
設定成預設的印表機(A)
列印喜好設定(G)
印表機內容(P)
建立捷徑(S)
移除裝置(V)
疑難排解(T)
內容(R)
裝置 (4)
Microsoft Print to PDF 狀態: 預設
狀態: 0 份文件在佇列中
型號: Microsoft Print To PDF
類別: 印表機
2 在要設限的印表機按右鈕、執行『印表機內容』命令

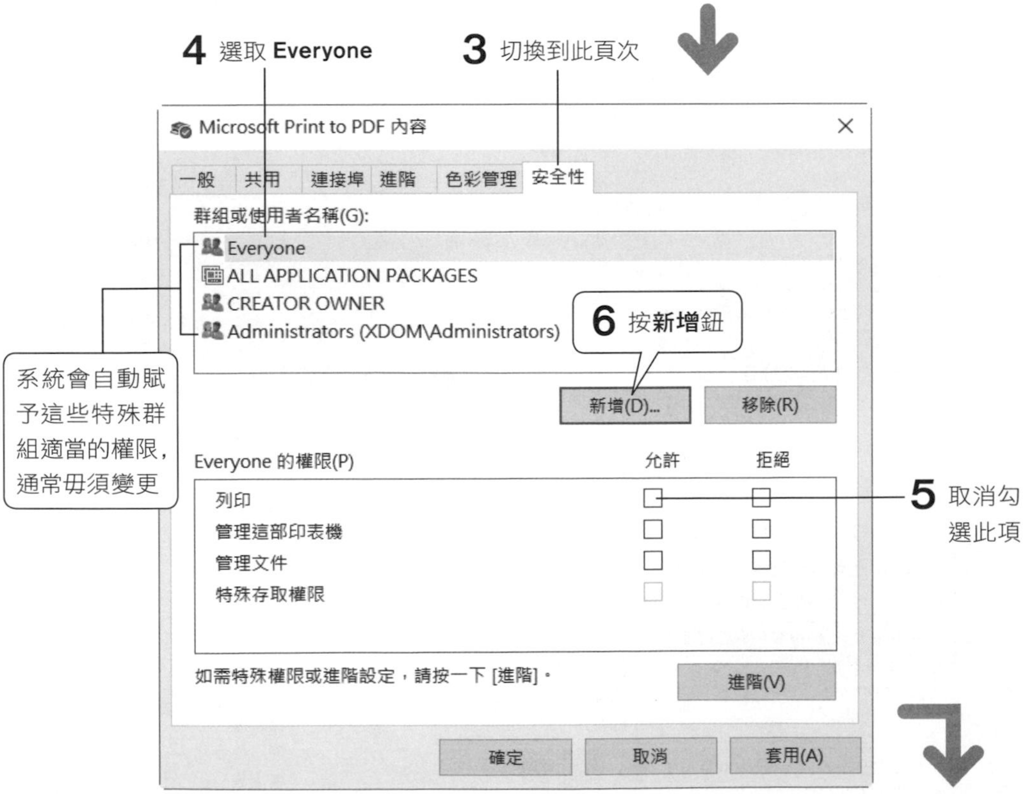

4 選取 Everyone
3 切換到此頁次
Microsoft Print to PDF 內容
一般
共用
連接埠
進階
色彩管理
安全性
群組或使用者名稱(G):
Everyone
ALL APPLICATION PACKAGES
CREATOR OWNER
Administrators (XDOM\Administrators)
6 按新增鈕
新增(D)...
移除(R)
系統會自動賦予這些特殊群組適當的權限，通常毋須變更
Everyone 的權限(P)
允許
拒絕
列印
管理這部印表機
管理文件
特殊存取權限
5 取消勾選此項
如需特殊權限或進階設定，請按一下 [進階]。
進階(V)
確定
取消
套用(A)

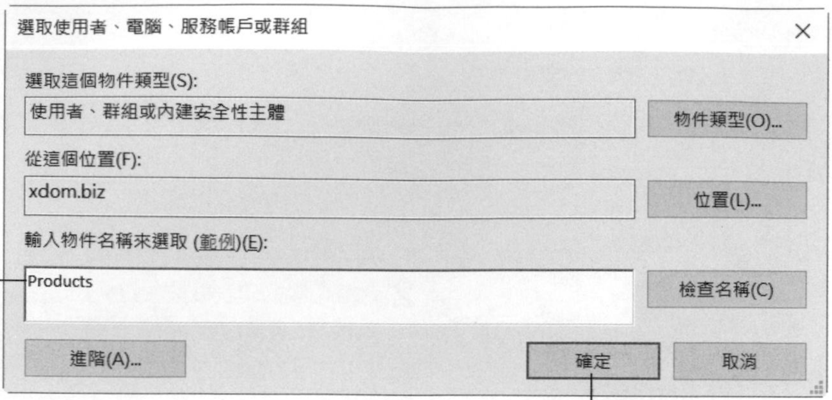

7 輸入 Products

8 按兩次**確定**鈕即可

重新命名群組

要重新命名群組請參考以下的步驟：

1 在要更名的群組上按右鈕、執行此命令

2 輸入新名稱、按 Enter 鍵

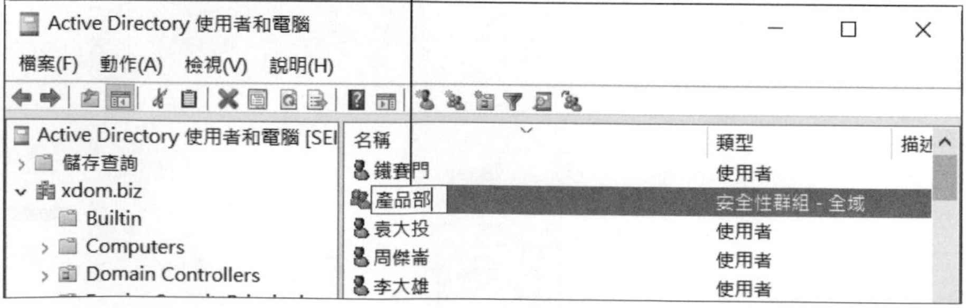

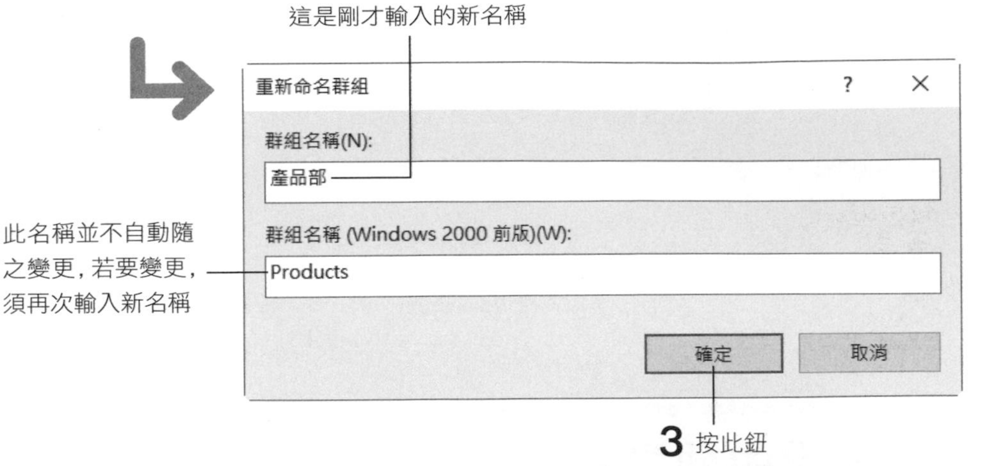

變更群組名稱後，其 SID 並不會跟著改變，所以此群組既有的設定及權限，都不會改變！

刪除群組

在刪除群組前請注意，刪除後即使重新建立相同名稱的群組，系統會重新指定一個不同的 SID 給新群組，所以雖有相同的名稱，實際上是兩個不同的群組，新群組不會擁有舊群組的權限與設定。

要刪除群組，請參考下面的步驟：

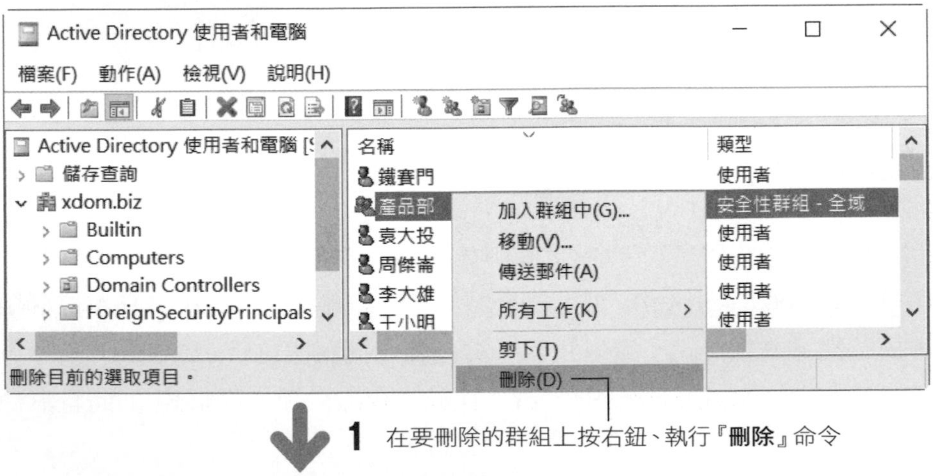

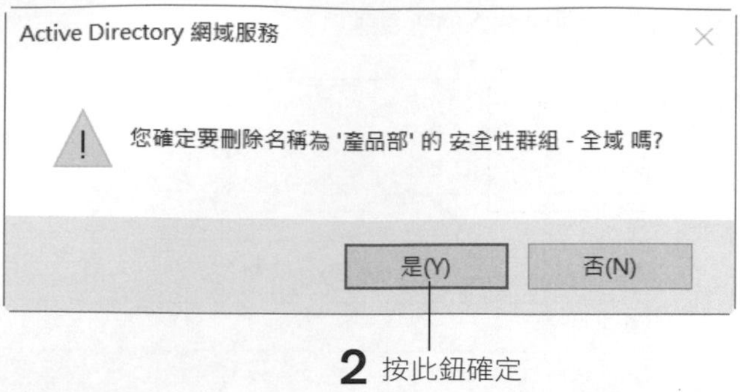

7-3 認識內建群組

Windows Server 2016 一共有 6 種內建（Built-in）的群組：

- 內建本機群組
- 在 **Builtin** 的網域本機群組
- 在 **Users** 的網域本機群組
- 在 **Users** 的全域群組
- 在 **Users** 的萬用群組
- 特殊的系統群組

內建本機群組

安裝 Windows Server 2016 後，系統會自動建立內建本機群組（Built-in Local Group)，但是升級為第 1 部網域控制站時，其本機群組都會轉換為網域本機群組。所以我們通常在獨立伺服器（Standalone Server）和成員伺服器（Memeber Server）比較常存取內建本機群組，而且無法將它們刪除。

要檢視這些內建本機群組，請在**開始**按右鈕、執行『**電腦管理**』命令：

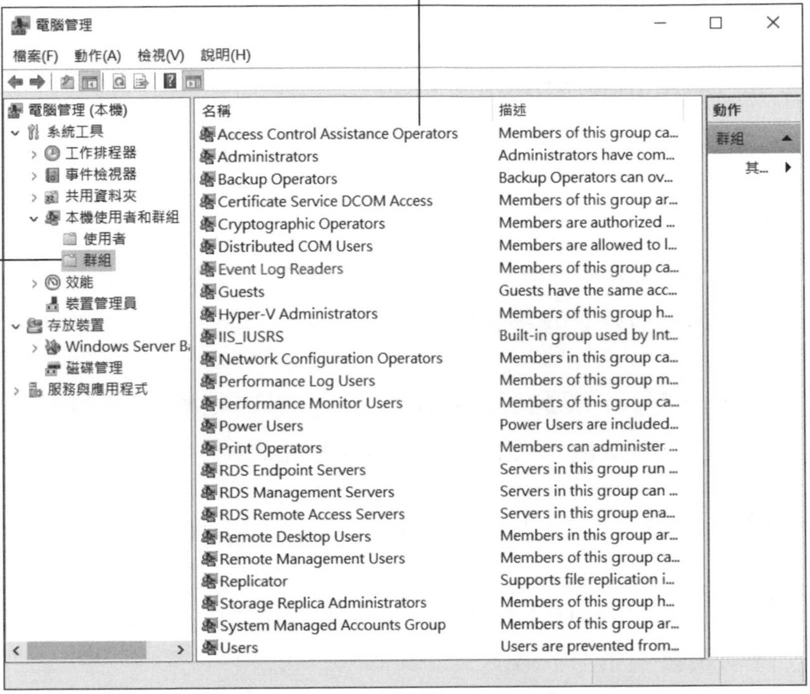

有些群組是為了特定功能而存在，並非每一部伺服器都用得到。因此以下僅介紹較常用到的群組：

- **Administrators**：

  此群組的成員擁有本機最大的管理權限，系統管理員－**Administrator**－就是這個群組的成員（我們能重新命名此帳戶，但無法將其刪除）。當獨立伺服器及用戶端加入網域後，網域的 Domain Admins 全域群組就會自動加入本機的 Administrators 群組中，因此網域系統管理員就是網域內所有電腦的系統管理員。

- **Backup Operators**：此群組的成員可以本機登入、關機，以及利用備份程式來備份或還原資料。

- **Event Log Readers**：此群組的成員可讀取本機的事件日誌。
- **Network Configuration Operators**：此群組的成員可修改 TCP/IP 的組態。
- **Performance Monitor Users**：此群組的成員可從本機或遠端檢視即時（Real-time）的效能資料，或變更顯示內容。
- **Performance Log Users**：此群組的成員具有 **Performance Monitor Users** 成員的所有權限，而且在獲得**登入為批次使用者**使用者權利後，便可以建立與修改資料收集器集合工具。
- **Power Users**：此群組的成員可以安裝應用程式、管理本機使用者帳戶，以及建立或取消本機的共用資料夾和印表機。
- **Print Operators**：此群組的成員可管理印表機。
- **Remote Desktop Users**：此群組的成員可使用**遠端桌面連線**登入本機，詳情請參考第 14 章。
- **Users**：預設任何本機使用者帳戶都是此群組的成員。此群組的成員可以登入這台電腦以及存取網路上的共用資源；可是 Users 群組預設不能變更系統設定。

  當獨立伺服器及用戶端加入網域後，網域的 **Domain Users** 群組就會自動加入本機的 Users 群組中，這也是網域使用者可登入、使用網域中所有電腦的原因（除了網域控制站以外）。

- **Guests**：此群組擁有極少的使用者權利和權限，其成員所能執行的動作（例如：備份檔案、關機等）須由系統管理員另行指派；而所能存取的資源，則須視所擁有的權限而定。預設停用的 Guest 帳戶就是 Guests 群組的成員。

我們在維護本機群組時，會發現『本機群組不能加入其它本機群組』，所以本機群組的成員通常都是使用者帳戶。

在 Builtin 的網域本機群組

建立網域之後，網域控制站原本的內建本機群組會轉變為網域本機群組，集中到 **Builtin** 容器內。這些群組已經具有因應管理需求而產生的使用者權利與權限，而且我們無法重新命名、移動及刪除它們：

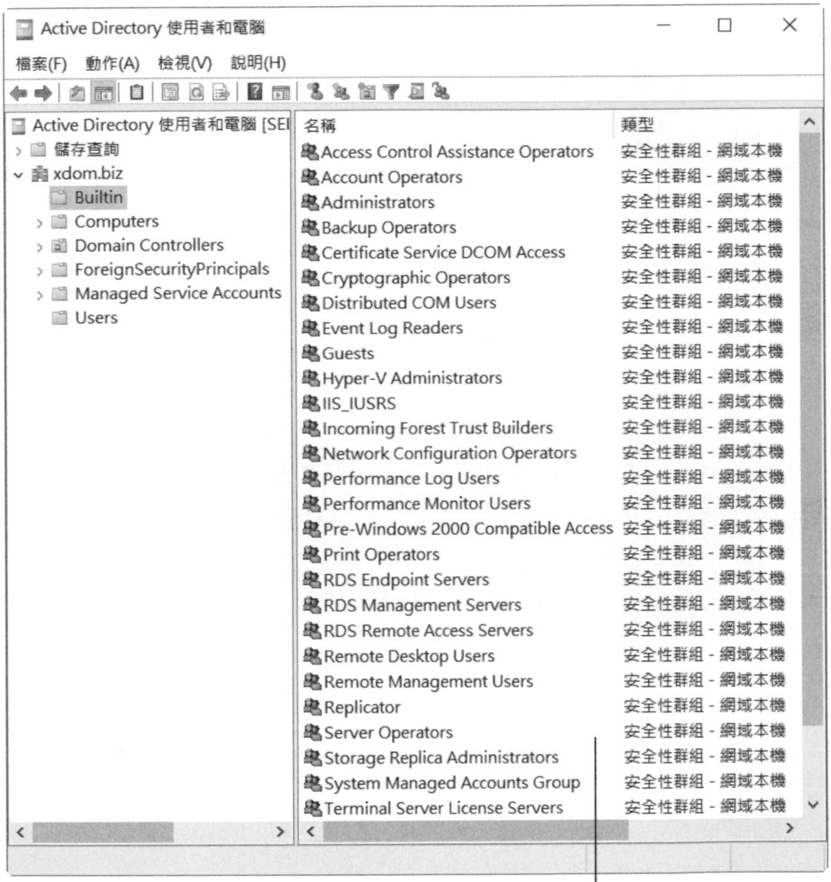

在 DC 的 Builtin 容器內的內建群組

其中諸如 **Network Configuration Operators**、**Performance Monitor Users** 等群組的功用，和前面介紹的同名本機群組相似，只不過其權利和權限範圍可及於網域中的所有電腦，因此以下只摘要介紹部分內建網域本機群組：

- **Account Operators**：此群組成員可以登入網域控制站、維護網域使用者帳戶和群組，但不能變更或刪除『Administrators、Domain Admins、Account Operators、Backup Operators、Print Operators、Server Operators』等群組及其成員。

- **Administrators**：此群組的成員擁有全部的使用者權利與權限，對整個網域有最大的控制權。Administrator 帳戶、Domain Admins 全域群組以及 Enterprise Admins 萬用群組，這 3 者預設是此群組的成員。

- **Backup Operators**：此群組的成員可登入網域控制站，並有關閉系統、備份資料與還原資料等使用者權利。

- **Incoming Forest Trust Builders**：在樹系根網域才會有這個群組，此群組的成員可建立另一網域對本網域的連入（Inbound）單向信任關係。

- **Print Operators**：此群組的可登入網域控制站及關機，而且可以新增、移除與設定網域內的印表機。

- **Server Operators**：此群組成員所擁有的使用者權利僅次於 Administrators 群組，包括登入網域控制站、關機、備份資料、還原資料、變更系統時間和與從遠端系統強制關機等等。

- **Users**：預設每一位網域使用者帳戶都是此群組的成員。此群組的成員可以登入網域內所有非網域控制站電腦，以及存取網路上的共用資源，但預設不能變更系統設定。

在 Users 的網域本機、全域和萬用群組

除了 **Builtin** 中的內建網域本機群組外，系統還會在 **Users** 容器中產生內建的網域本機、全域與萬用群組，這些群組本身大多沒有任何使用者權利與權限，它們的使用者權利與權限完全依賴加入其它群組。舉例來說，Domain Admins 群組的使用者權利與權限，是因為它隸屬於 **Builtin** 的 **Administrators** 群組。

在 **Active Directory 使用者和電腦**視窗選取 **Users** 容器，便能看到內建的網域本機群組、全域群組與萬用群組：

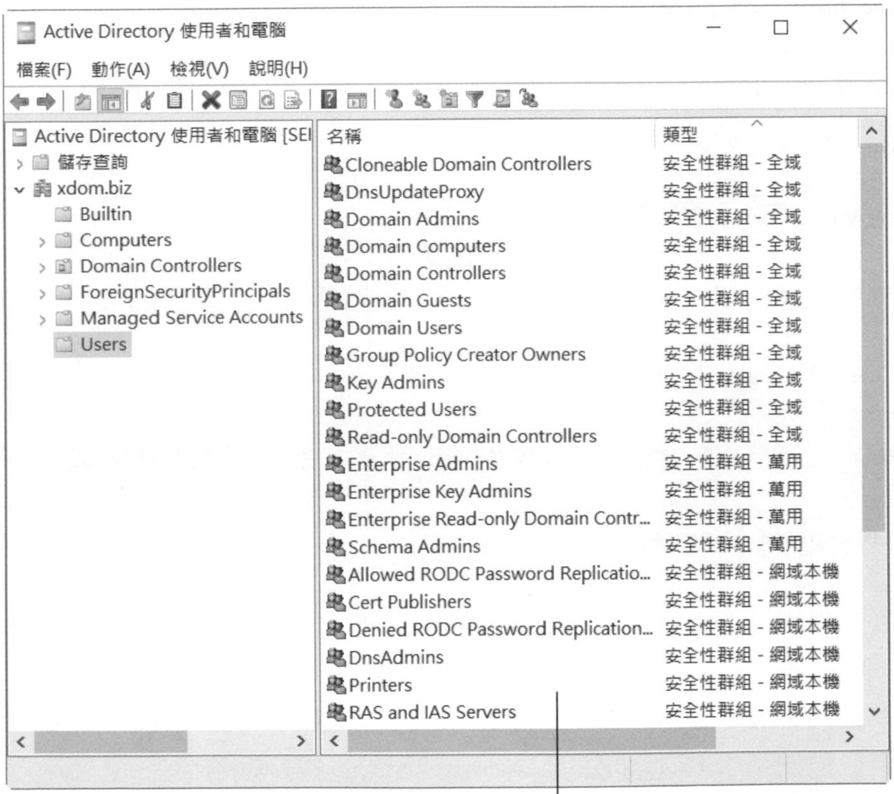

在 DC 的 Users 容器的內建群組

以下簡介各群組的功用：

- **Cert Publishers**：

  屬於網域本機群組，此群組的成員可將數位憑證發行至 AD 中，專門用於企業認證及更新代理程式。

- **Domain Admins**：

  屬於全域群組，專門用來組織網域中具有 Administrator 權限的使用者帳戶。此群組預設隸屬於 Administrators 本機群組。

- **Domain Computers**：

  屬於全域群組，所有加入網域的電腦都會有自己的電腦帳戶，而這些帳戶都隸屬於此群組。

- **Domain Controllers**：

  屬於全域群組，網域內所有的網域控制站都是這個群組的成員。

- **Domain Users**：

  屬於全域群組，預設所有的網域使用者帳戶都是這個群組的成員。

- **Enterprise Admins**：

  屬於萬用群組，這個群組只會出現在整個樹系中根網域的 DC，在子網域的 DC 不會有此群組。簡單的說，此群組的成員有權進行『整個樹系』的管理工作。預設樹系根網域的 Administrator 帳戶隸屬於此群組，但樹系中其它網域的 Administrator 帳戶則否。

- **Group Policy Creator Owners**：

  屬於全域群組，此群組的成員有權建立群組原則。

- **Schema Admins**：

  屬於萬用群組，這個群組也只會出現在整個樹系中的根網域。簡單的說，此群組的成員具有編輯 AD Schema（參見第 3 章）的權限，預設只有根網域的 Administrator 帳戶為此群組的成員。

- **DnsAdmins**：安裝 DNS 服務的伺服器才會有此群組，此群組的成員可管理 DNS 服務。

- **DnsUpdateProxy**：安裝 DNS 服務的伺服器才會有此群組，此群組主要用於 DHCP 伺服器對 DNS 服務進行動態更新。

系統管理員可以用以上的群組作為範本，以簡化管理作業。例如：將某個使用者帳戶加入 Domain Admins 群組，該使用者就會擁有系統管理員的能力，不必從頭設定該帳戶的使用者權利與權限。

特殊的系統群組

除了先前介紹過的內建群組外，還有一組特殊的系統群組，稱為**內建安全性主體**（Builtin Security Principal)。這些群組只會在指派使用者權利或設定權限時才會出現，平常在**電腦管理**與 **Active Directory 使用者和電腦**視窗看不到它們。

舉例來說：要設定**文件**資料夾的權限，請在**開始 / 文件**上按右鈕，執行『**內容**』命令，然後切換到**安全性**頁次，按**編輯**鈕、再按**新增**鈕、**進階**鈕後，再按**立即尋找**鈕即可看到**內建安全性主體**：

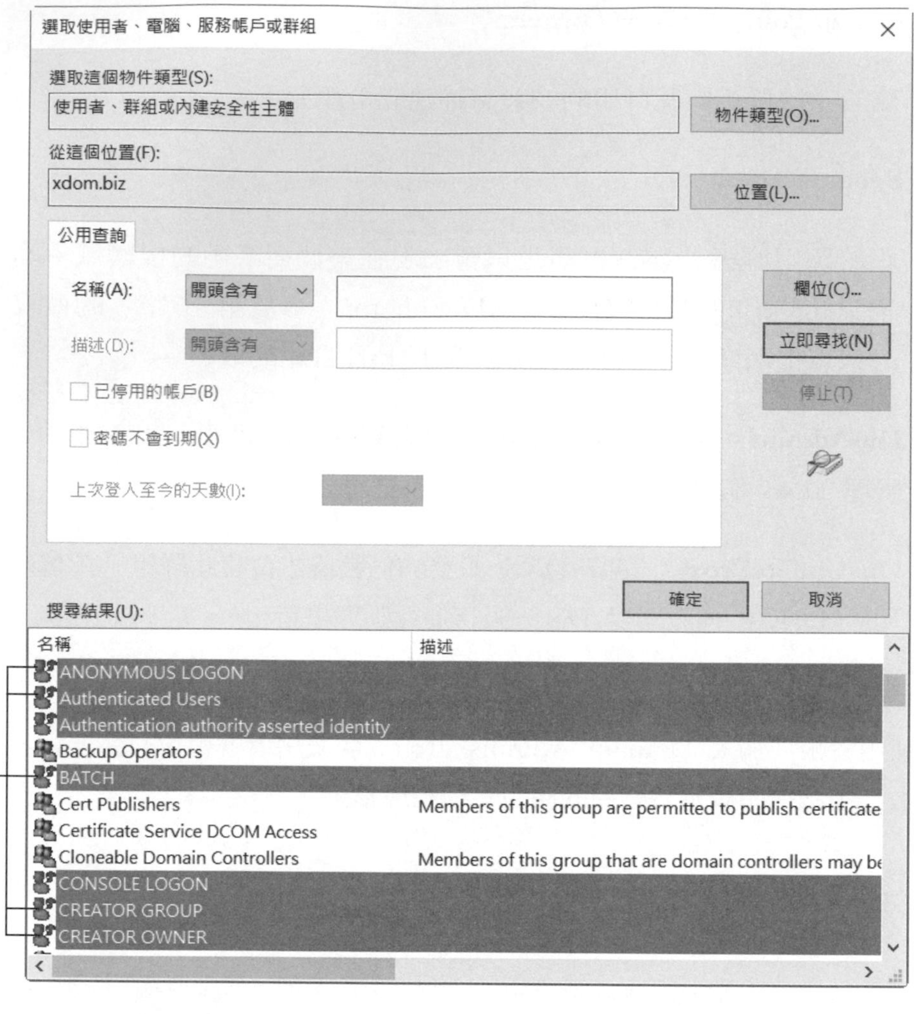

這些群組只在**選擇使用者電腦或群組**交談窗才會出現

在上圖中出現許多在圖示右上角有『向上紅箭頭』的群組，它們便是**內建安全性主體**。雖然可以指派使用者權利及權限給它們，但是卻無法刪除這些特別的群組，也無法查看它們包含哪些成員。

7-4 指派使用者權利

所謂『使用者權利』（User Right）指的是能否執行某些動作的能力，例如：能否變更系統時間、能否登入某一部電腦或能否備份檔案等等，它所影響的範圍是本機。雖然可以將使用者權利指派給使用者或群組，但為了管理方便起見，最好指派給群組，而避免指派給個別的使用者。

認識使用者權利

Windows Server 2016 提供的使用者權利相當多，但並非所有的權利我們都會用到，例如有些使用者權利是供程式設計人員開發特殊用途的應用程式時使用，以下介紹一般人較可能會用到的使用者權利：

- **從網路存取這台電腦**：使用者或群組可經由網路連結到這台電腦上存取資源。
- **將工作站加入網域**：允許使用者將電腦加入網域。
- **備份檔案及目錄**：可備份系統上所有的資料，不管該群組或使用者有沒有全部檔案及目錄的讀取權限，都可以順利進行備份工作。
- **變更系統時間**：可變更系統的日期與時間。
- **從遠端系統強制關機**：使用者或群組可以由遠端系統將這台電腦關機。
- **載入和釋放週邊設備驅動程式**：可以利用控制台安裝或移除驅動程式。
- **允許本機登入**：可以讓使用者或群組用這台電腦登入，例如網域控制站電腦預設只允許 Administrators、Account Operators、Backup Operators、Print Operators 等群組於本機登入。

- **管理稽核及安全日誌**：可以設定要針對哪些檔案、資料夾等資源做稽核，並能夠檢視與清除安全事件記錄檔的內容。

- **還原檔案及目錄**：相對於備份檔案及目錄，這項設定是能夠將備份資料還原至系統的權利。

- **關閉系統**：可關閉電腦的電源。

- **取得檔案或其他物件的所有權**：可以取得任何資源（磁碟、檔案、印表機等）的擁有權，有了擁有權就可以對該項物件進行所有的操作。

- **略過周遊檢查**：即使沒有某個目錄的任何權限，仍然可以切換到該目錄下的子目錄（此動作就稱為『周遊』，traverse)。這種使用者權利在備份資料時就會派上用場。

- **修改韌體環境值**：對一般 x86 電腦而言，此權利意指可修改上次的良好設定（剛開機時按下 F8 鍵，開機選單中所列的啟動選項之一）所代表的設定內容。

- **鎖定記憶體分頁**：可以將某些重要的資料鎖定在記憶體中，防止它們被搬移到虛擬記憶體中（Pagefile.sys)。例如 SQL Server 可能就需要這樣的權利，如此可將經常用到的資料鎖定在實體記憶體中，提高查詢效率。

在網域中，可以利用**群組原則管理編輯器**來指派使用者權利；對於沒加入網域的電腦，則可以在**本機安全性原則**視窗來指派本機的使用者權利，以下分別說明。

在網域中指派使用者權利

以下示範如何將『登入網域控制站』的使用者權利賦予 **Domain Users** 群組。請在**伺服器管理員**執行『**工具／群組原則管理**』命令，然後操作如下：

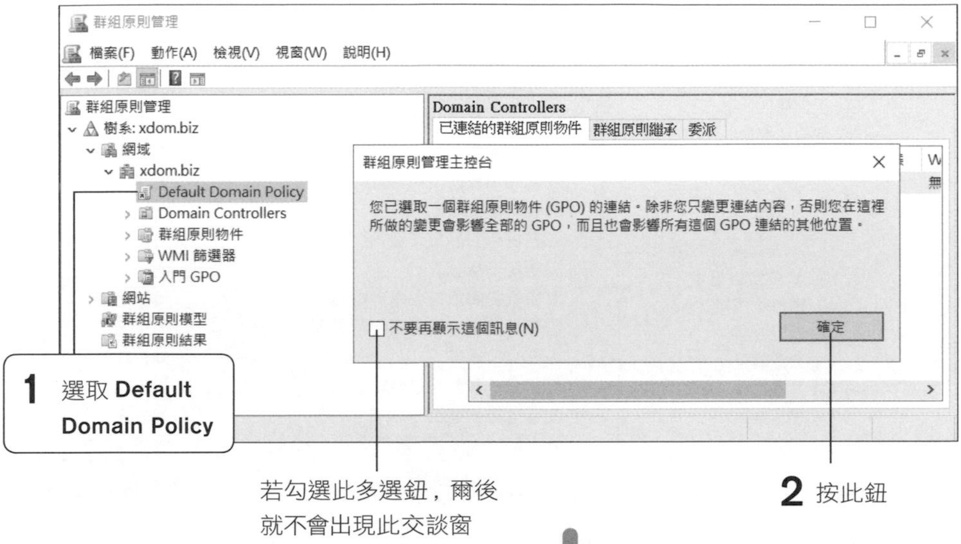

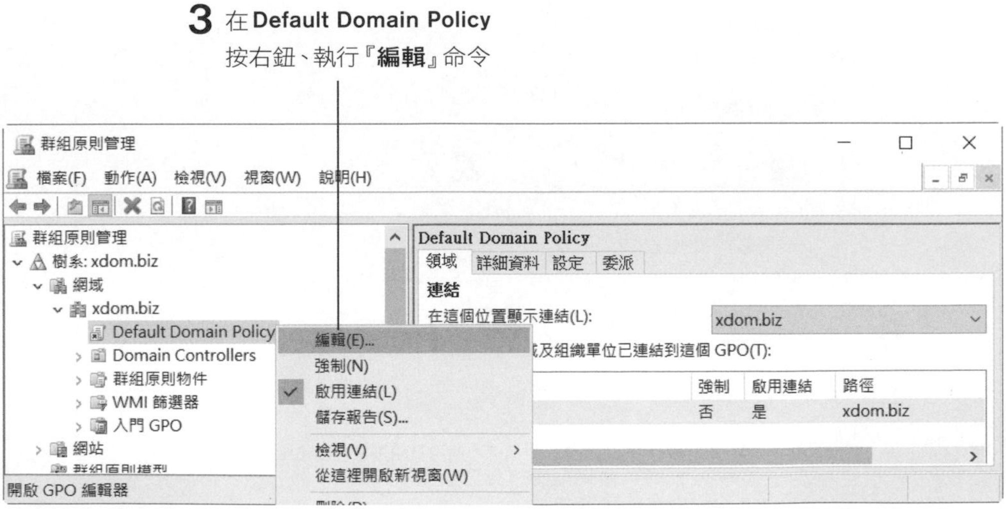

3 在 Default Domain Policy 按右鈕、執行『編輯』命令

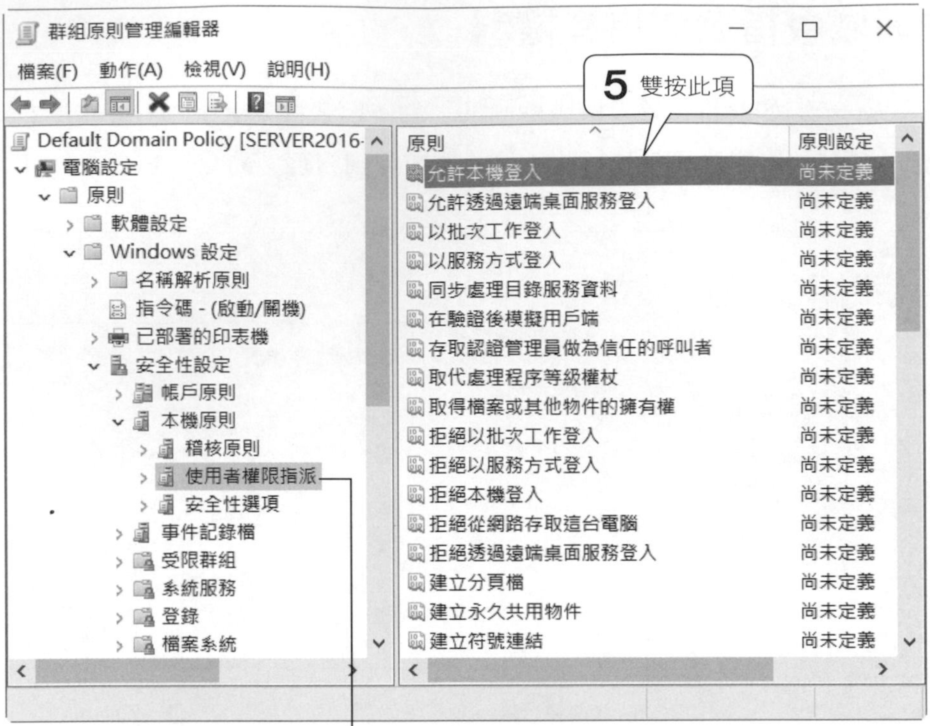
群組原則管理編輯器
檔案(F) 動作(A) 檢視(V) 說明(H)
5 雙按此項
Default Domain Policy [SERVER2016-
電腦設定
原則
軟體設定
Windows 設定
名稱解析原則
指令碼 - (啟動/關機)
已部署的印表機
安全性設定
帳戶原則
本機原則
稽核原則
使用者權限指派
安全性選項
事件記錄檔
受限群組
系統服務
登錄
檔案系統
原則
原則設定
允許本機登入 尚未定義
允許透過遠端桌面服務登入 尚未定義
以批次工作登入 尚未定義
以服務方式登入 尚未定義
同步處理目錄服務資料 尚未定義
在驗證後模擬用戶端 尚未定義
存取認證管理員做為信任的呼叫者 尚未定義
取代處理程序等級權杖 尚未定義
取得檔案或其他物件的擁有權 尚未定義
拒絕以批次工作登入 尚未定義
拒絕以服務方式登入 尚未定義
拒絕本機登入 尚未定義
拒絕從網路存取這台電腦 尚未定義
拒絕透過遠端桌面服務登入 尚未定義
建立分頁檔 尚未定義
建立永久共用物件 尚未定義
建立符號連結 尚未定義

4 選取**電腦設定 / 原則 /Windows 設定 / 安全性設定 / 本機原則 / 使用者權利指派**

允許本機登入 - 內容
安全性原則設定
解說
允許本機登入
定義這些原則設定(D):
6 選取此多選鈕
新增使用者或群組(U)...
移除(R)
7 按此鈕
修改這個設定可能影響與用戶端、服務及應用程式間的相容性。
如需其他資訊，請參閱允許本機登入。(Q823659)
確定
取消
套用(A)

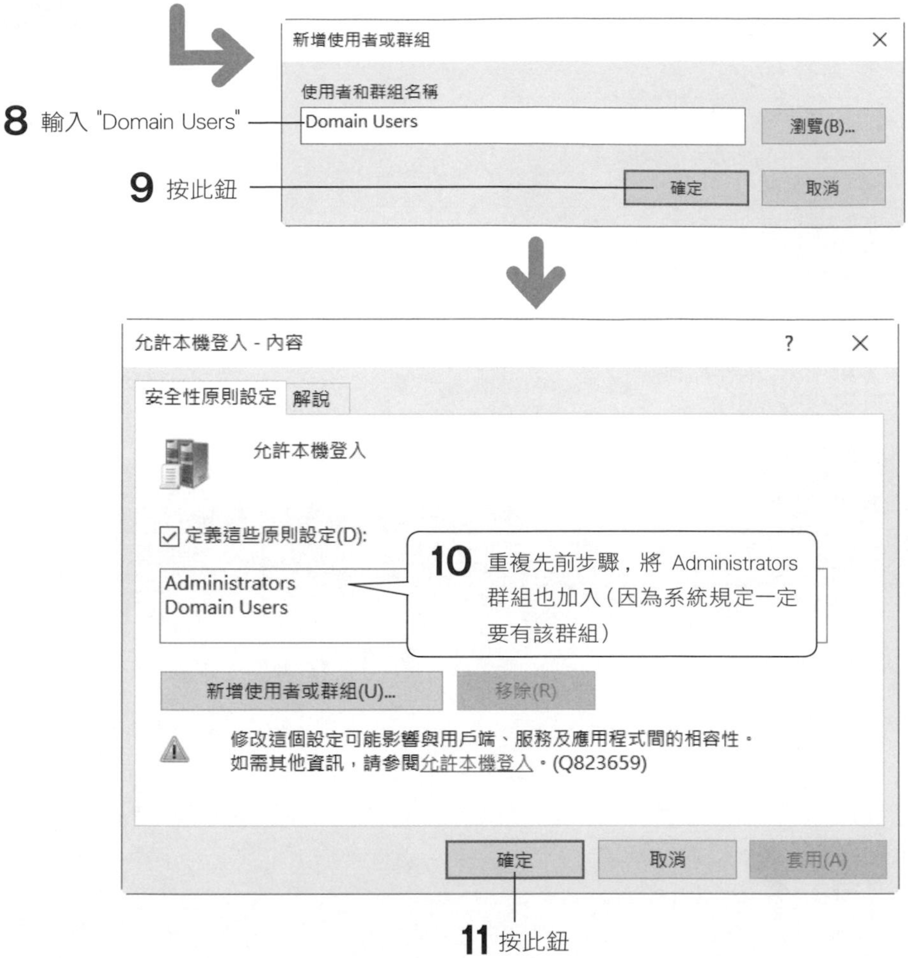

之後關閉**群組原則管理編輯器**視窗，按**開始**鈕，輸入 "gpupdate"、按 Enter 鍵即可。

指派本機的使用者權利

假設要指派本機的**變更時區**使用者權利給內建的『BATCH』本機群組，請在**伺服器管理員**執行『**工具 / 本機安全性原則**』命令：

1 選取**安全性設定 / 本機原則 / 使用者權利指派**

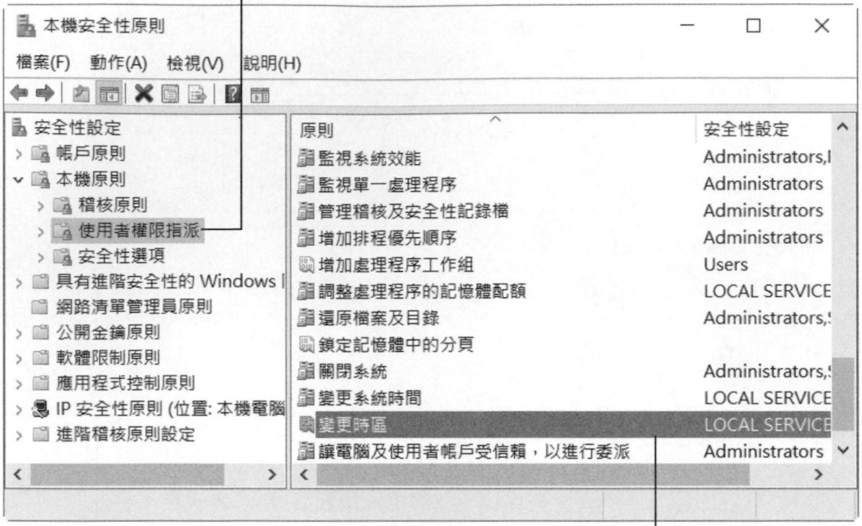
本機安全性原則
檔案(F) 動作(A) 檢視(V) 說明(H)
安全性設定
帳戶原則
本機原則
稽核原則
使用者權限指派
安全性選項
具有進階安全性的 Windows
網路清單管理員原則
公開金鑰原則
軟體限制原則
應用程式控制原則
IP 安全性原則 (位置: 本機電腦
進階稽核原則設定
原則
安全性設定
監視系統效能
監視單一處理程序
管理稽核及安全性記錄檔
增加排程優先順序
增加處理程序工作組
調整處理程序的記憶體配額
還原檔案及目錄
鎖定記憶體中的分頁
關閉系統
變更系統時間
變更時區
讓電腦及使用者帳戶受信賴，以進行委派
Administrators
Users
LOCAL SERVICE

2 雙按此項

變更時區 - 內容
本機安全性設定
解說
變更時區
Administrators
LOCAL SERVICE
Server Operators
新增使用者或群組(U)...
移除(R)
確定
取消
套用(A)

3 按此鈕

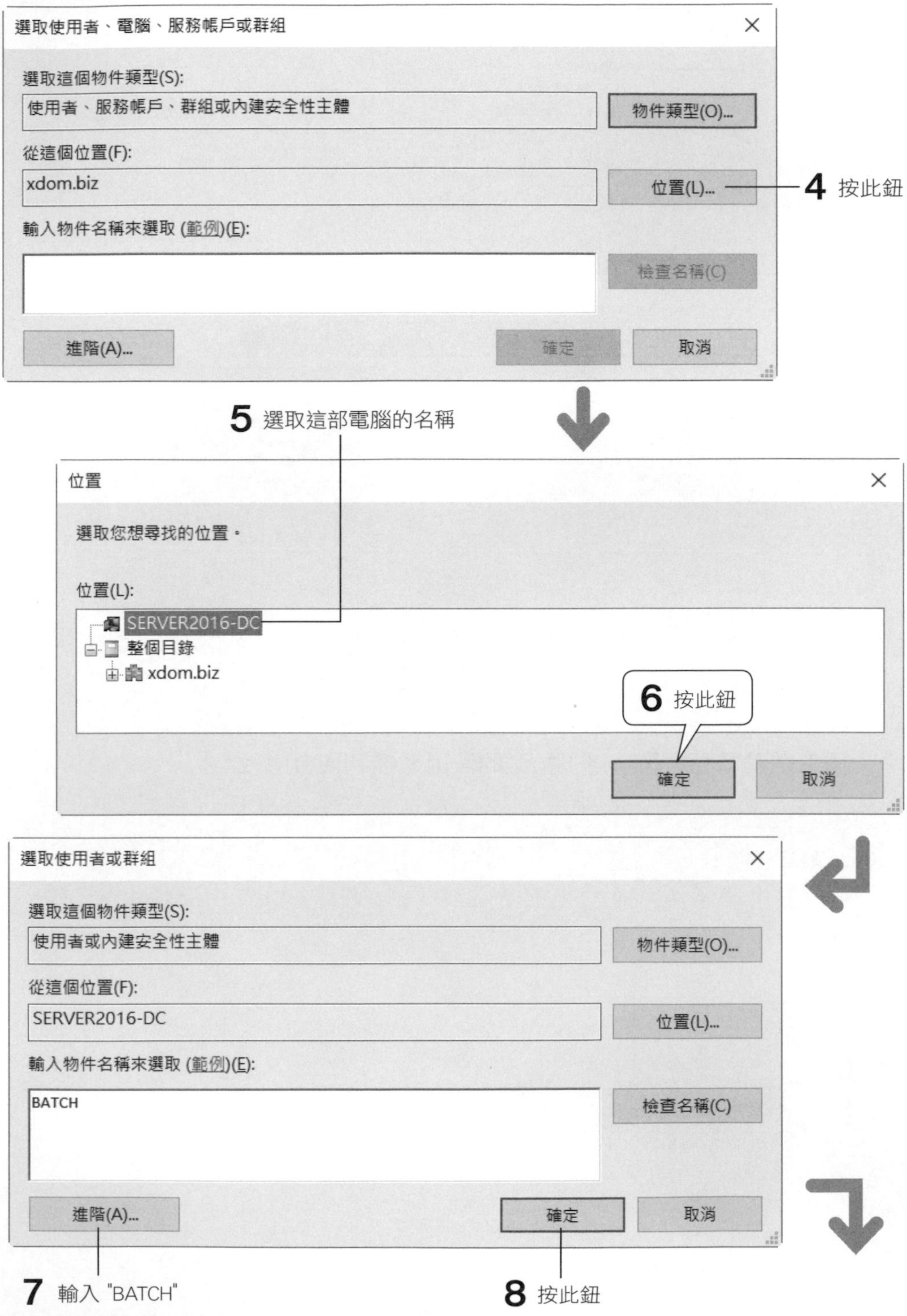
選取使用者、電腦、服務帳戶或群組
選取這個物件類型(S):
使用者、服務帳戶、群組或內建安全性主體
物件類型(O)...
從這個位置(F):
xdom.biz
位置(L)...
4 按此鈕
輸入物件名稱來選取 (範例)(E):
檢查名稱(C)
進階(A)...
確定
取消
5 選取這部電腦的名稱
位置
選取您想尋找的位置。
位置(L):
SERVER2016-DC
整個目錄
xdom.biz
6 按此鈕
確定
取消
選取使用者或群組
選取這個物件類型(S):
使用者或內建安全性主體
物件類型(O)...
從這個位置(F):
SERVER2016-DC
位置(L)...
輸入物件名稱來選取 (範例)(E):
BATCH
檢查名稱(C)
進階(A)...
確定
取消
7 輸入 "BATCH"
8 按此鈕

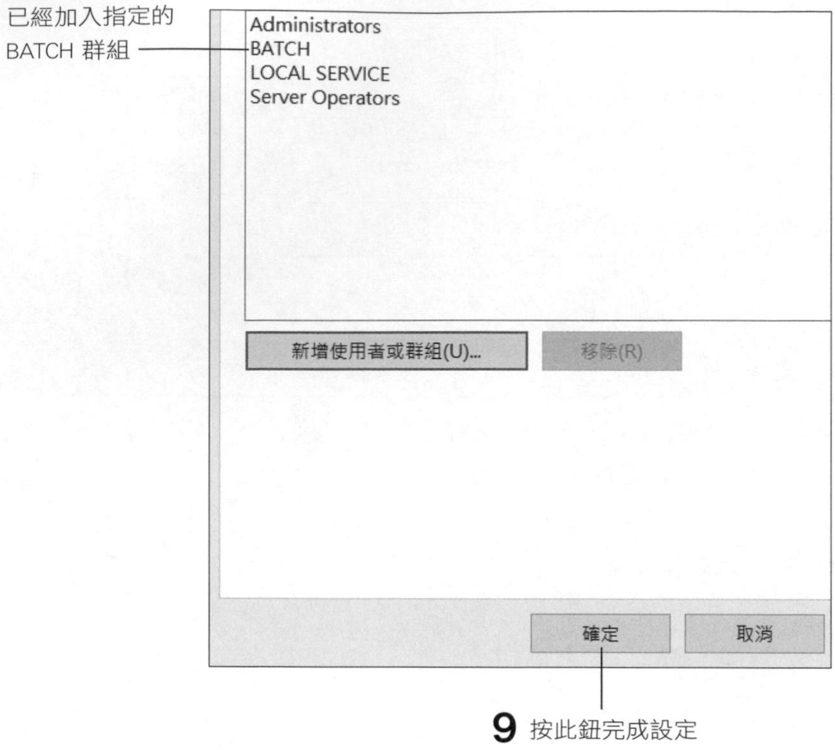

重新啟動電腦之後，以上指派的使用者權利便會生效。

CHAPTER

08

Windows Server 2016

分享檔案與資料夾

8-1 關於檔案分享的基礎知識

8-2 分享公用資料夾

8-3 分享任意資料夾

8-4 根據帳戶名稱賦予不同的權限

8-5 將共用資料夾發佈到 AD 資料庫

8-6 管理共用資源與進階共用

建立網路的一個主要目的就是分享檔案，歷經數十年的發展，如今各作業系統在這方面都有長足的進步。Windows Server 2016 不但改進了操作介面，讓使用者能輕鬆完成設定；更有充分的權限控管機制，在便利與安全之間取得適當的平衡。

Tip 本章以『分享檔案』統稱分享檔案與資料夾。

8-1 關於檔案分享的基礎知識

Windows Server 2016, 在分享檔案方面的基礎知識大致如下：

在『設定檔資料夾』擁有充分的分享權限

每位本機帳戶使用者都有權在『使用者設定檔』所在的資料夾（亦即 %SystemDrive%\Users\%Username%），設定分享單一檔案或資料夾。舉例來說，即使 John 只隸屬於 **Users** 群組，仍可以將 %SystemDrive%\Users\John 資料夾的『年度旅遊計畫 .doc』設為分享，但是在其它資料夾就無法設定任何分享。這種檔案分享方式稱為『In-profile Sharing』（在設定檔資料夾的分享）。

Tip 『%SystemDrive%』代表安裝 Windows Server 2016 的磁碟機，通常是 C 磁碟機。

不過雖然設定了 In-profile Sharing, 但是從其它電腦透過**網路** (Windows 7/8/10) 或**網路上的芳鄰** (Windows XP) 來存取時，不會直接看到檔案，而是看到 **Users** 資料夾，雙按此資料夾之後看到 John 資料夾，再進入 John 資料夾之後，才會看到『年度旅遊計畫 .doc』檔。

內建**公用**資料夾

公用資料夾是一個由系統自動建立、『專為分享而設計』的資料夾，雖然顯示的是中文名稱，但是實際所對應的是 **%SystemDrive%\Users\Public** 資料夾。凡是用本機帳戶登入的使用者，都能讀取**公用**資料夾的內容。

沒權限就看不到分享的檔案

在 2003 搭配 XP 的年代，只要是分享到網路上的資料夾，所有的網路使用者都看得到。雖然可能是『看得到名稱、讀不到內容』，卻已經被有心人士知道了共用資料夾的名稱，等於提供了一條破解的線索。因此從 Vista 和 2008 以後，必須對共用資料夾有至少『讀取』權限的使用者，瀏覽網路時才能看到該資料夾，這種功能稱為 ABE（Access-Based Enumeration）。

啟動**網路探索**才能看到網路資源

網路探索（Network Discovery）是從 Windows Vista 才出現的功能，係為了解決在 XP 時代設定了分享之後，其它電腦卻無法立即看得到該分享資源的問題。倘若網路上的電腦都支援並啟動**網路探索**功能，當其中一部新增了共用資料夾或共用印表機，便會主動廣播相關訊息，讓其它的電腦知道這些新增的網路資源。

在 Windows Server 2016，預設關閉**網路探索**功能，所以執行『**開始／網路**』命令時看不到其它電腦；其它電腦的使用者執行同樣命令時，也看不到 Windows Server 2016 電腦。

8-2 分享公用資料夾

開啟『公用』資料夾的方式如下：

若希望將某個資料夾分享給所有的網路使用者，最快速的方式是利用『公用』資料夾：

步驟 1：將所要分享的檔案與資料夾，複製或搬移到公用資料夾。

步驟 2：啟動**公用資料夾共用**，並設定權限。

步驟 1：將檔案與資料夾複製或搬移到公用資料夾

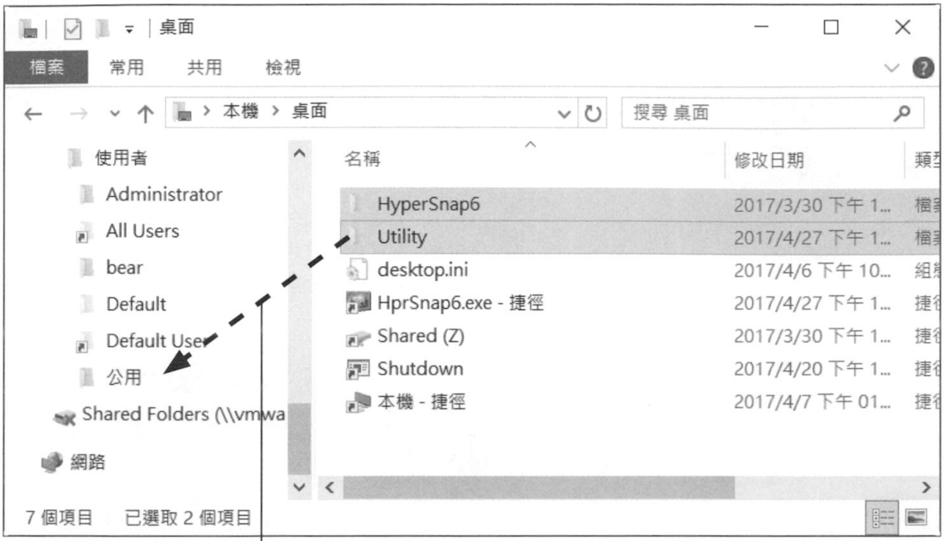

將所要分享的檔案或資料夾拉曳到『公用』資料夾

Tip 若拉曳到不同磁碟機，相當於『複製』（Copy）；若拉曳到同一部磁碟機，則相當於搬移（Move）。

步驟 2：啟動公用資料夾共用，並設定權限

1 在網路圖示按右鈕，執行『**開啟網路和共用中心**』命令

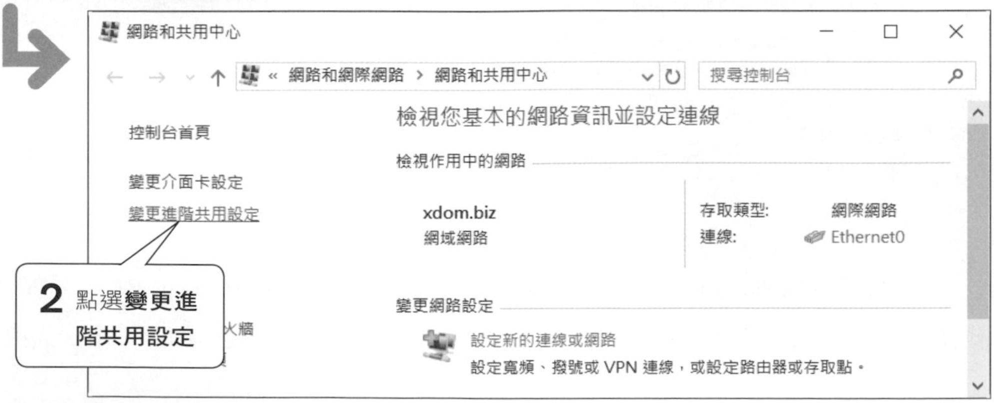

2 點選**變更進階共用設定**

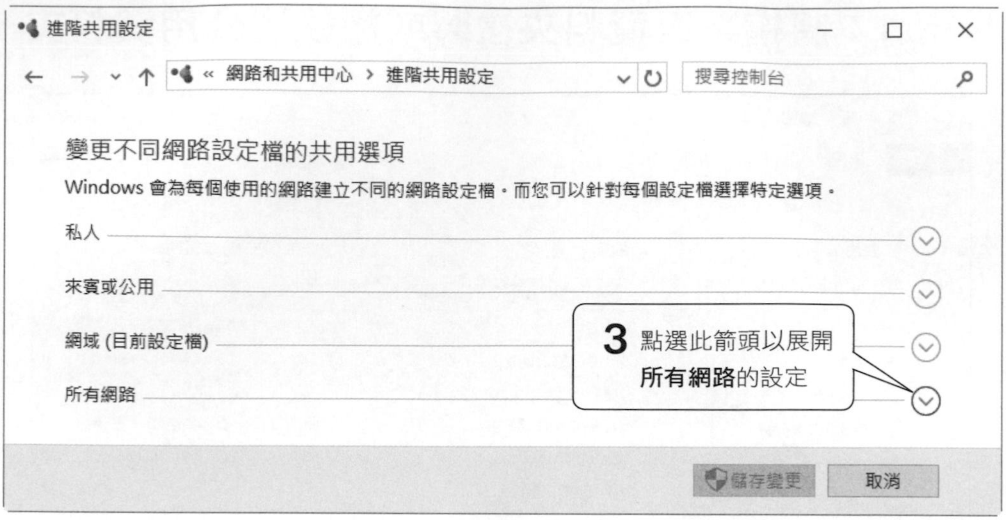

透過以上這種設定方式會有一個缺點，那就是「要嘛統統開放，要嘛統統拒絕」，不能只對特定幾個使用者開放或拒絕。若要解決這個問題，請看下一節。

存取公用資料夾

將 Windows Server 2016 的公用資料夾設為了共用之後，使用者在 Windows 7/8/10 電腦可用以下的任一種方式來存取該資料夾：

1. 按**開始**鈕（若在 Windows 10 則在**開始**按右鈕、執行『**執行**』命令），輸入 "\\ 伺服器的 IP 位址 \users\Public" 或 "\\ 伺服器的電腦名稱 \users\Public"，例如：『\\192.168.0.141\users\Public』或『\\Server2016\users\Public』，按 Enter 鍵。

Tip 別忘了，『公用』 資料夾實際的名稱是 **Public**；『使用者』資料夾實際的名稱是 **users**。

2. 若是在**命令提示字元**視窗，輸入 "Start \\ 伺服器的 IP 位址 \Public" 或 "Start \\ 伺服器的電腦名稱 \users\Public"，例如：『Start \\192.168.0.141\users\Public』或『Start \\Server2016\users\Public』，按 Enter 鍵。

3. 若本機和伺服器都啟動了**網路探索**，我們在 Windows 10 開啟**總案總管**、選取**網路**，便會看到網路上所有已設定分享的電腦，雙按伺服器的電腦名稱，即可看到 users**public** 資料夾。

Tip 若在 Windows XP 執行 『**開始 / 網路上的芳鄰**』 命令，可能看不到伺服器所分享的公用資料夾，建議改用第 1 種方式替代。

以上的『\\ 電腦名稱或 IP 位址 \ 資料夾的共用名稱』稱為 **UNC**（Universal Naming Convention）名稱，廣泛應用於存取網路上的共用資源。

對於尚未登入網域的使用者，存取上述的公用資料夾時，會遇到要求輸入使用者名稱和密碼的交談窗。

對於已經登入網域的使用者，因為在登入時已經輸入網域使用者名稱和密碼，所以會直接看到公用資料夾的內容，毋須再次輸入名稱與密碼。

8-3 分享任意資料夾

前一節透過公用資料夾來分享的方式，雖然很簡單。然而，若是要分享的資料多達數十 GB，還得花時間複製或搬移，並不方便。而且到後來會有一大堆資料都存放在公用資料夾，破壞了原有的檔案分類儲存規則。因此，本節將介紹即使不透過公用資料夾，仍能分享任意資料夾的方式，相信這種分享方式更能滿足大多數使用者的需求。

Tip 理論上『任意資料夾』當然可以包括『公用』資料夾在內，不過若用本節的方式來設定公用資料夾，會發現其實更複雜。所以，我們強烈建議：對於公用資料夾，請採用前一節的設定方式！至於本節介紹的設定方式，請用在『**公用資料夾以外**』**的資料夾**。

將指定的資料夾設為共用

以下示範如何將 Windows Server 2016 DC 的『Tools』資料夾，分享給所有的網域使用者讀取：

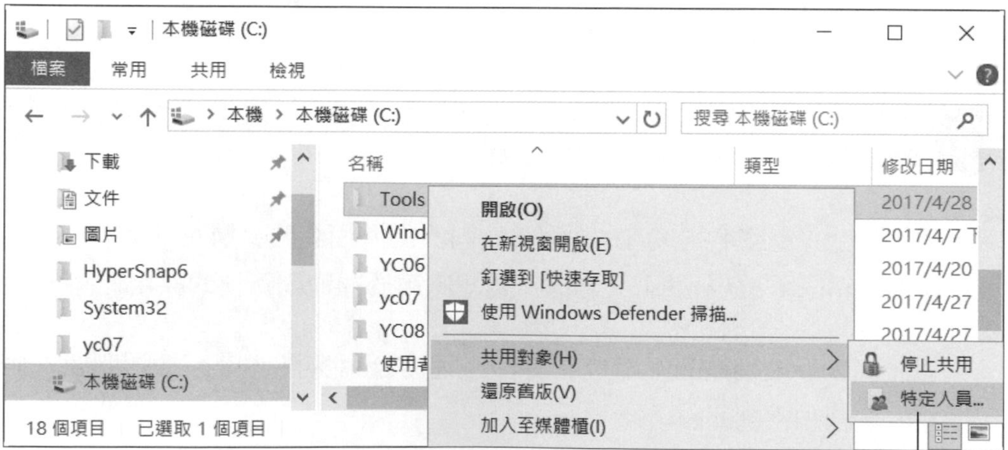

1 在要分享的資料夾按右鈕，執行『**共用對象 / 特定人員**』命令

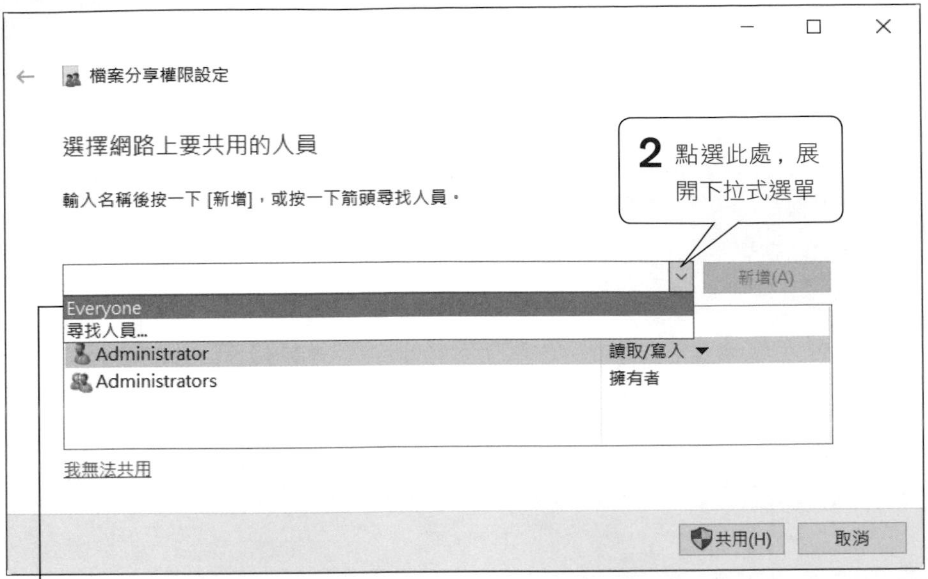

3 選取 **Everyone**, 表示分享給所有網域使用者 (因為目前是在 DC 上設定)

4 按**新增**鈕, 將 **Everyone** 加入清單

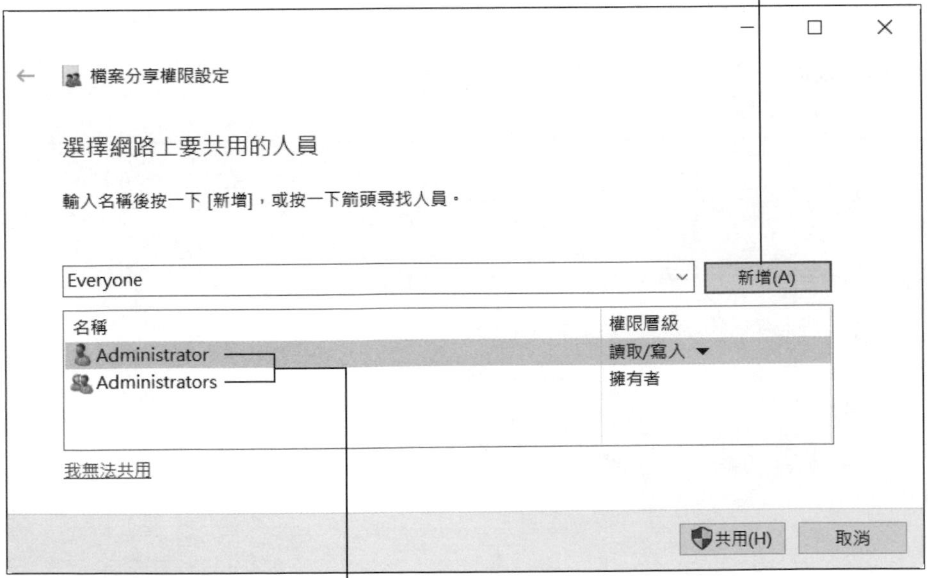

這份清單稱為 ACL (Access Control List, 存取控制清單), 系統根據它來判斷何人有何種權限

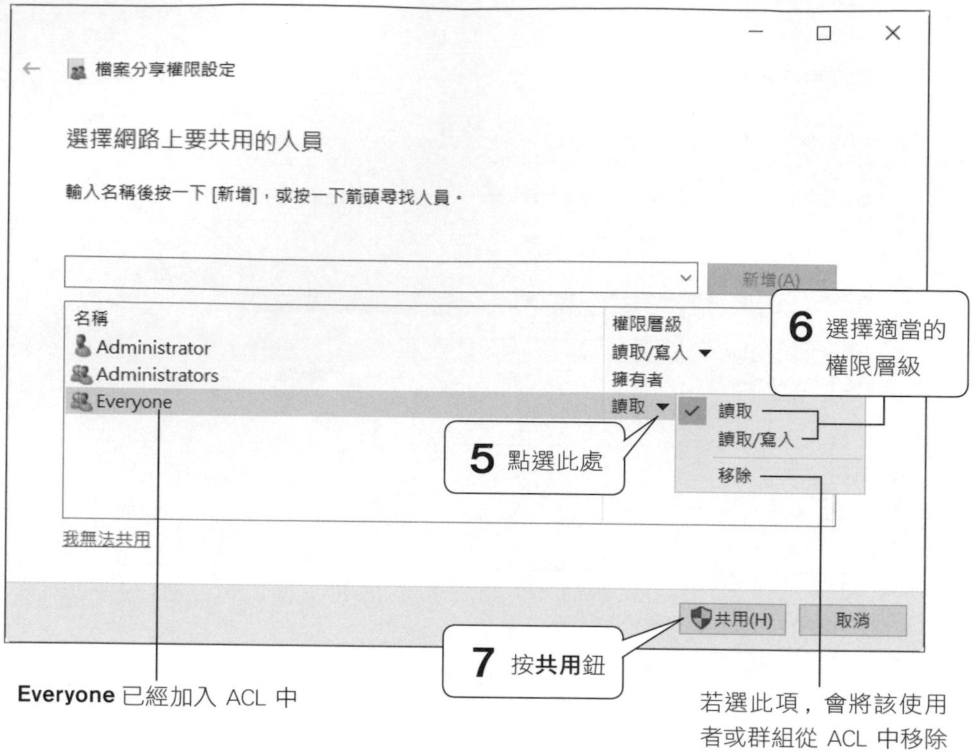
檔案分享權限設定
選擇網路上要共用的人員
輸入名稱後按一下 [新增]，或按一下箭頭尋找人員。
新增(A)
名稱
Administrator
Administrators
Everyone
權限層級
讀取/寫入
擁有者
讀取
讀取
讀取/寫入
移除
我無法共用
共用(H)
取消
6 選擇適當的權限層級
5 點選此處
7 按共用鈕
Everyone 已經加入 ACL 中
若選此項，會將該使用者或群組從 ACL 中移除

假設我們在第 6 步驟選擇**讀取**、並按**共用**鈕：

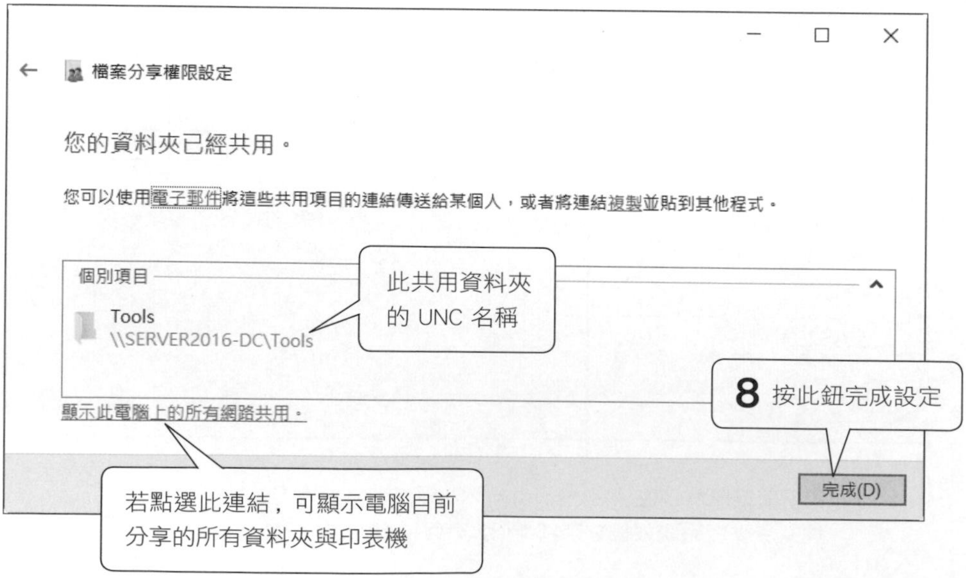
檔案分享權限設定
您的資料夾已經共用。
您可以使用電子郵件將這些共用項目的連結傳送給某個人，或者將連結複製並貼到其他程式。
個別項目
Tools
\\SERVER2016-DC\Tools
此共用資料夾的 UNC 名稱
顯示此電腦上的所有網路共用。
8 按此鈕完成設定
完成(D)
若點選此連結，可顯示電腦目前分享的所有資料夾與印表機

存取分享出來的任意資料夾

如同先前存取公用資料夾一般，存取分享出來的任意資料夾，也是利用**網路**命令或 UNC 名稱。假設要從 Tony 電腦（執行 Windows 10）存取 SERVER2016-DC 電腦的『工具程式』資料夾，有以下方式：

1. 在 Tony 電腦開啟**檔案總管**，再點選**網路**。

   若雙方都啟動了『網路探索』功能，那麼**網路**視窗就會出現 SERVER2016-DC 電腦，雙按該電腦即可見到共用資料夾。

2. 在 Tony 電腦輸入共用資料夾的 UNC 名稱。

   當 SERVER2016-DC 或 Tony 其中一方關閉了『網路探索』功能，那麼在 Tony 的**網路**視窗就不會出現 SERVER2016-DC 電腦。此時請在**開始**按右鈕、執行**執行**命令、輸入 "\\SERVER2016-DC\Tools"、按 Enter 鍵，即可檢視該資料夾的內容：

如何檢視目前分享了哪些資源

隨著設定愈來愈多的分享，系統管理員當然無法全都記在腦海中。利用以下方式便可以列出目前總共分享出哪些資源，請在**開始**按右鈕，執行**電腦管理**』命令（或者按 ⊞ + R 鍵，輸入 "compmgmt.msc"、按 Enter 鍵），開啟**電腦管理**視窗：

這些都是系統為了管理
用途而自動設定的共用

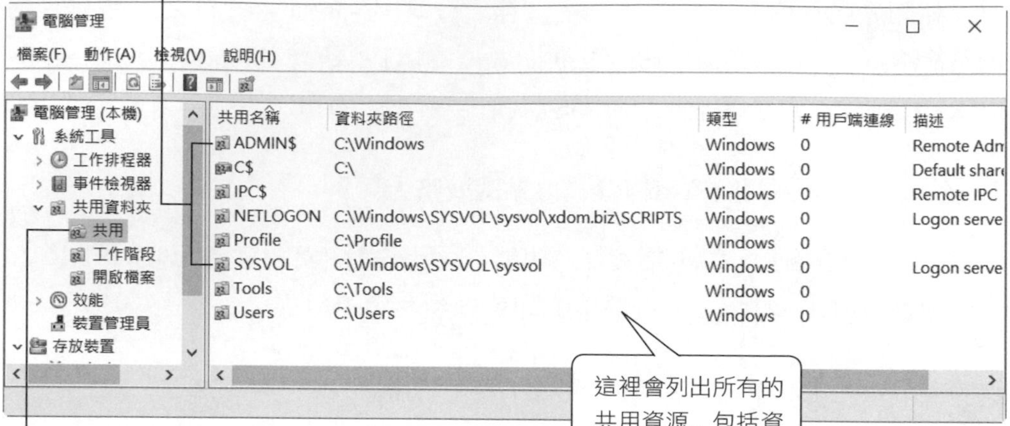

這裡會列出所有的共用資源，包括資料夾和印表機

選取**系統工具 / 共用資料夾 / 共用**

8-4 根據帳戶名稱賦予不同的權限

企業運作時所面臨的實際問題是：不但要能共用資料，還要能根據不同職務擁有不同的權限，例如：經理可以修改或刪除檔案，但是主任則只能讀取檔案。要達到這個目的，還是要從修改 ACL 著手。

假設目前要做的設定如下：

- 將某一部伺服器電腦的『財務報表』資料夾設為共用。
- 以 Simon 帳戶登入的使用者，對於『財務報表』資料夾擁有最大的權限。
- 以 Gino 帳戶登入的使用者，對於『財務報表』資料夾只擁有讀取的權限。

以下的示範可以將上述 3 項工作一起完成，請在**財務報表**按右鈕：

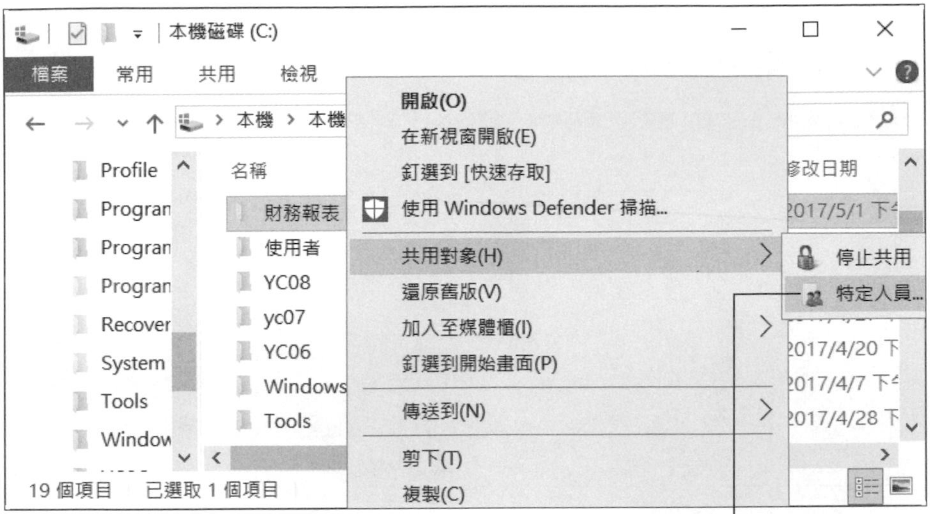

1 執行此命令

若不想輸入名稱，可點選此處、展開下拉式選單，選取**尋找人員**

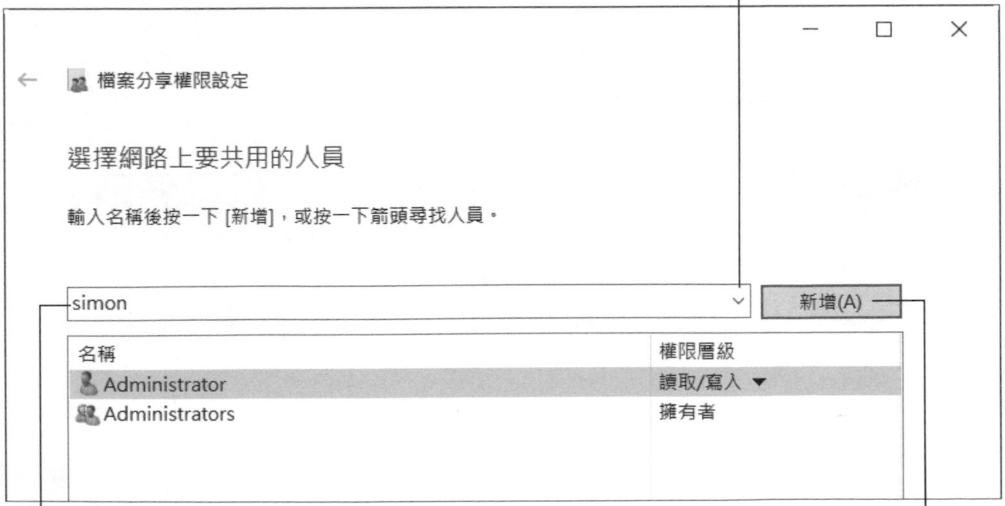

2 輸入 "simon"

3 按**新增**鈕

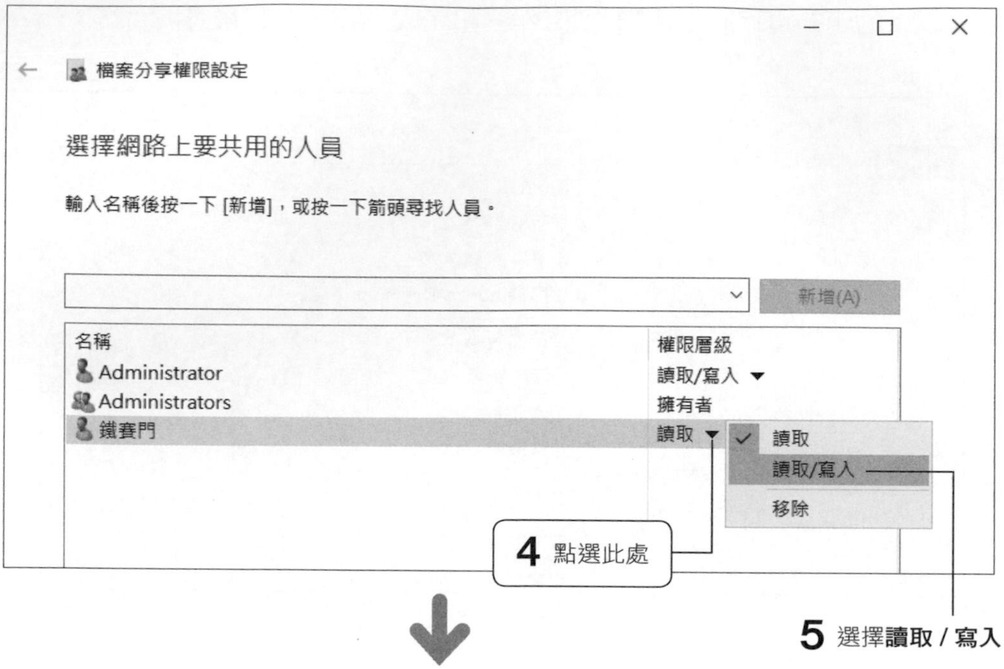
檔案分享權限設定
選擇網路上要共用的人員
輸入名稱後按一下 [新增]，或按一下箭頭尋找人員。
新增(A)
名稱
權限層級
Administrator
讀取/寫入
Administrators
擁有者
鐵賽門
讀取
讀取
讀取/寫入
移除
4 點選此處
5 選擇讀取 / 寫入

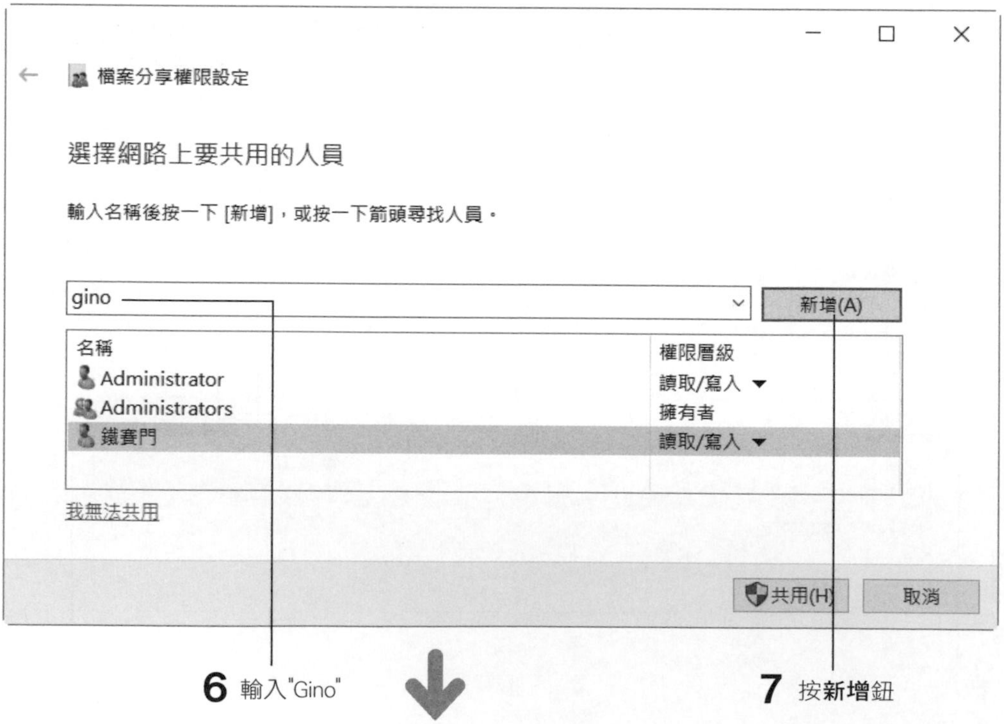
檔案分享權限設定
選擇網路上要共用的人員
輸入名稱後按一下 [新增]，或按一下箭頭尋找人員。
gino
新增(A)
名稱
權限層級
Administrator
讀取/寫入
Administrators
擁有者
鐵賽門
讀取/寫入
我無法共用
共用(H)
取消
6 輸入"Gino"
7 按新增鈕

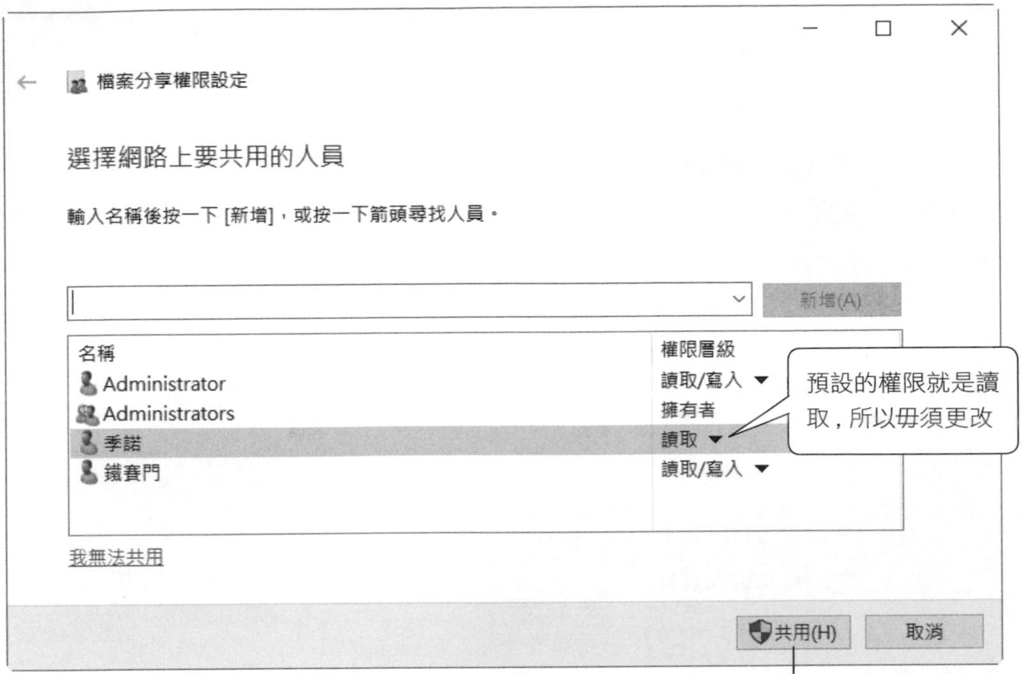
檔案分享權限設定
選擇網路上要共用的人員
輸入名稱後按一下 [新增]，或按一下箭頭尋找人員。
新增(A)
名稱
權限層級
Administrator
讀取/寫入
Administrators
擁有者
季諾
讀取
鐵賽門
讀取/寫入
預設的權限就是讀取，所以毋須更改
我無法共用
共用(H)
取消

8 按共用鈕

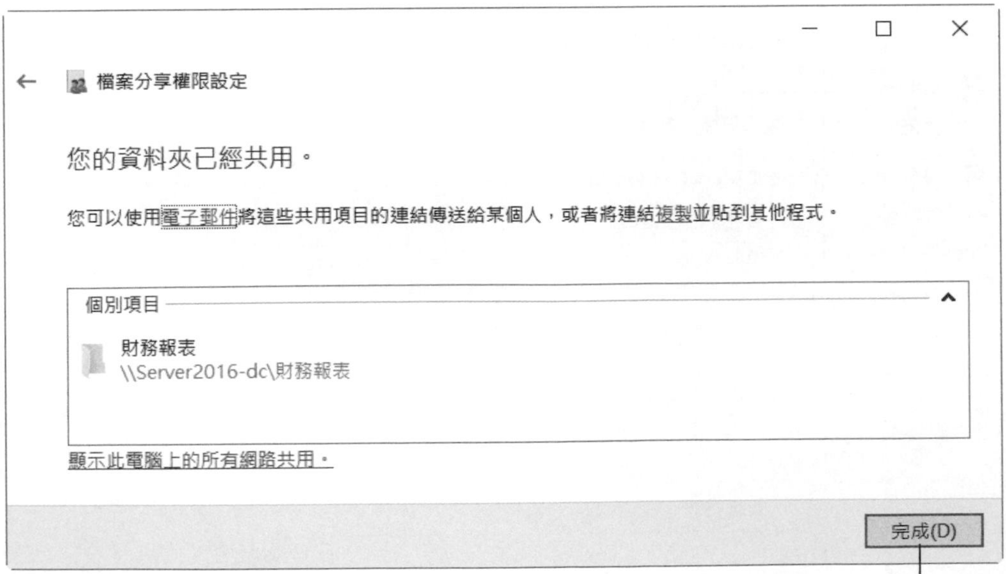
檔案分享權限設定
您的資料夾已經共用。
您可以使用電子郵件將這些共用項目的連結傳送給某個人，或者將連結複製並貼到其他程式。
個別項目
財務報表
\\Server2016-dc\財務報表
顯示此電腦上的所有網路共用。
完成(D)

9 按此鈕完成設定

8-5 將共用資料夾發佈到 AD 資料庫

當企業的網路規模愈來愈大，例如在多網域環境時，應該儘量將共用資源發佈到 AD 資料庫，這是因為在 AD 資料庫搜尋比在整個網路搜尋快得多。本節將示範如何把共用資料夾發佈到 AD 網域及存取方式。

首先請以 **Domain Admins** 成員的身分登入網域，假設要將『Tools』這個共用資料夾發佈到 AD 網域，請執行『**開始／電腦管理**』命令：

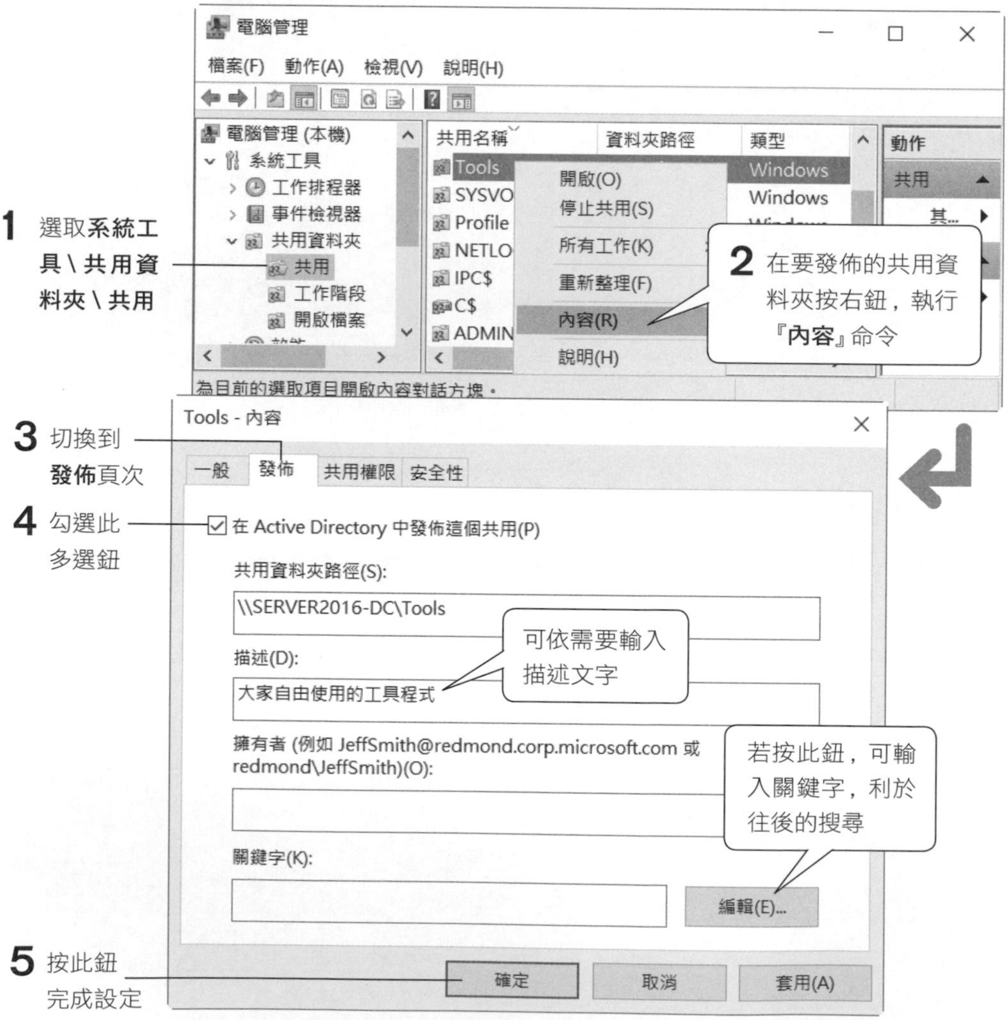

使用者若要搜尋 AD 資料庫有哪些資源，應使用已經加入網域的電腦 (以 Windows 10 為例) 登入網域，開啟『**控制台**』視窗：

1 點選**網路和網際網路**

2 點選**檢視網路電腦及裝置**

3 請按**確定**鈕 (未開啟**網路探索**才會看到這個與下一個交談窗)

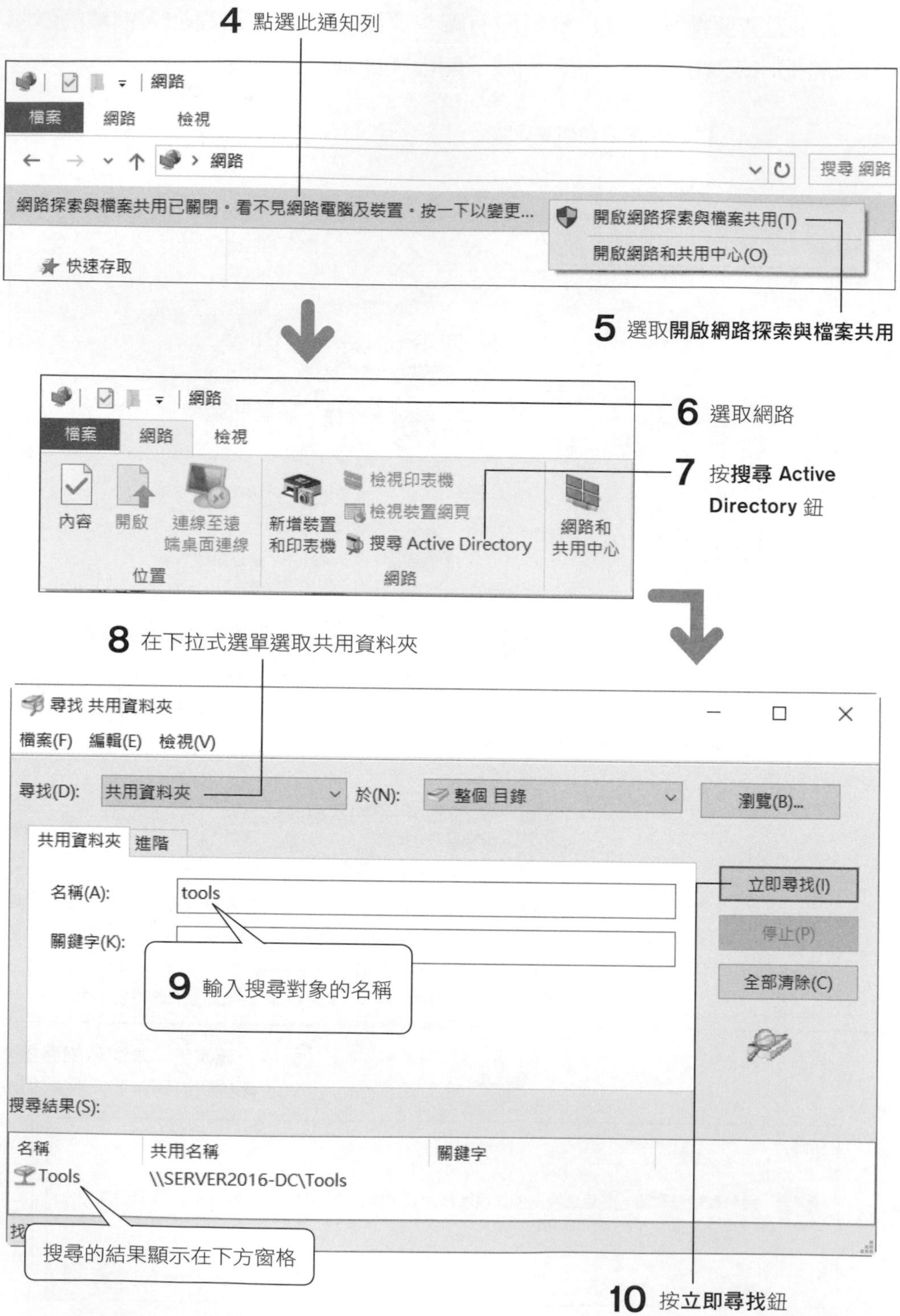
4 點選此通知列
網路
檔案 網路 檢視
網路探索與檔案共用已關閉。看不見網路電腦及裝置。按一下以變更...
開啟網路探索與檔案共用(T)
開啟網路和共用中心(O)
快速存取
5 選取**開啟網路探索與檔案共用**
6 選取網路
7 按**搜尋 Active Directory** 鈕
內容 開啟 連線至遠端桌面連線 新增裝置和印表機 檢視印表機 檢視裝置網頁 搜尋 Active Directory 網路和共用中心
位置 網路
8 在下拉式選單選取共用資料夾
尋找 共用資料夾
檔案(F) 編輯(E) 檢視(V)
尋找(D): 共用資料夾 於(N): 整個 目錄 瀏覽(B)...
共用資料夾 進階
名稱(A): tools
關鍵字(K):
9 輸入搜尋對象的名稱
立即尋找(I)
停止(P)
全部清除(C)
搜尋結果(S):
名稱 共用名稱 關鍵字
Tools \\SERVER2016-DC\Tools
搜尋的結果顯示在下方窗格
10 按**立即尋找**鈕

在 Windows 10 企業版要開啟**控制台**視窗時，不像在 Windows 7/8/8.1 環境直接執行『**開始／控制台**』命令即可，必須執行『**開始／Windows 系統／控制台**』命令，因此這裡提供一個比較快速的方式：按 ⊞ + R 鍵，輸入 "control.exe"、按 Enter 鍵，就開啟**控制台**視窗，此方式在 Windows 7/8/8.1 也適用。

8-6 管理共用資源與進階共用

雖然設定了分享，但是系統管理員還是可依照現況，隨時強迫中斷對於共用資料夾的存取行為。而所謂的『進階共用』，可以對共用資料夾做更多的細部設定，常用的功能就是新增共用名稱；此外，也說明如何隱藏共用資料夾，讓使用者看不到、存取得到。

中斷對於共用資料夾的存取

請在**伺服器管理員**執行『**工具／電腦管理**』命令：

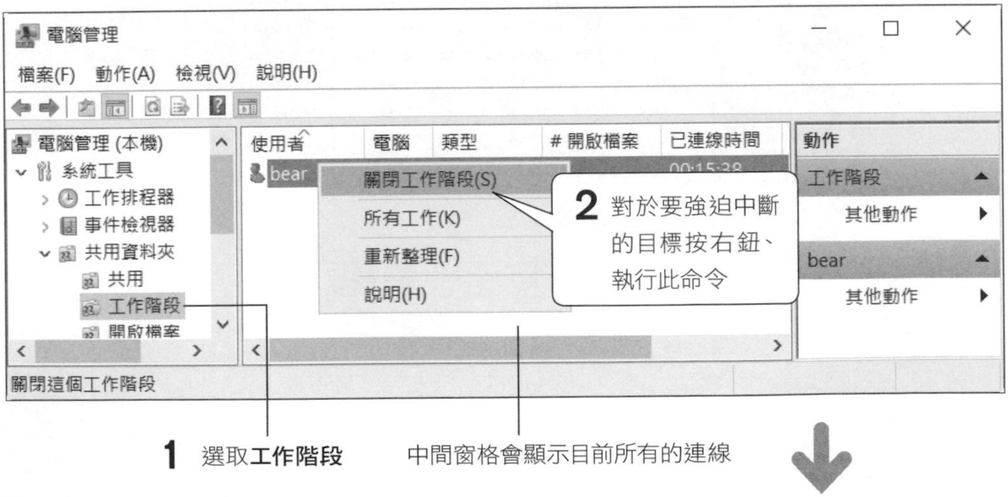

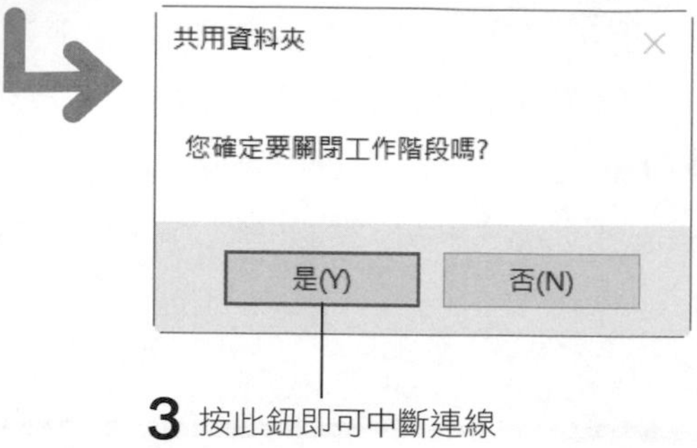

若要一次中斷全部的連線，請在**工作階段**上按右鈕，執行『**中斷全部的工作階段連線**』命令即可；若只是要關閉某一個開啟的資料夾或檔案，方式如下：

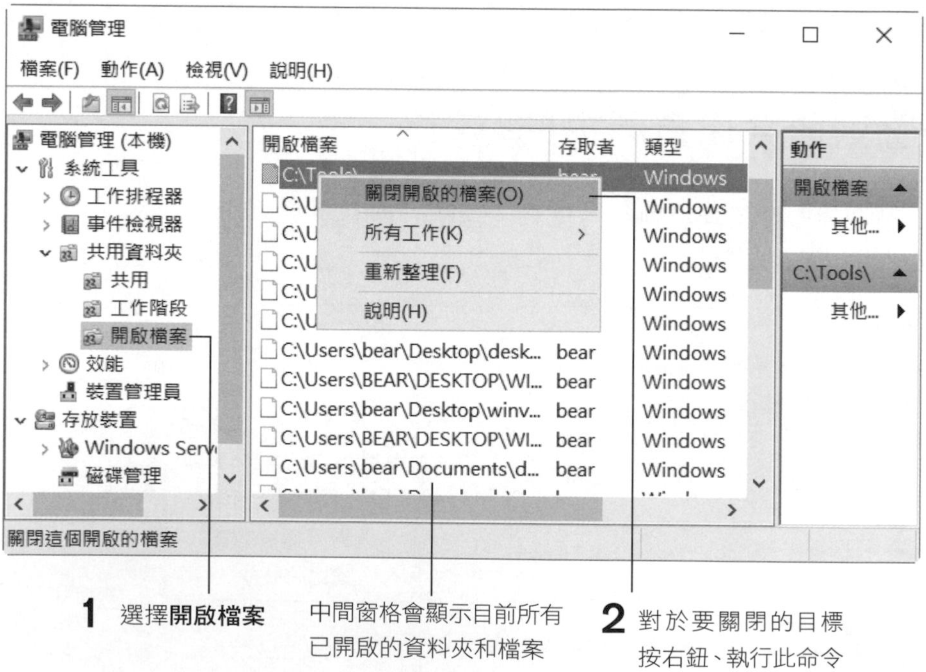

新增共用名稱

資料夾被設為共用時，可以取另外一個名稱，稱為『共用名稱』。因為預設是以資料夾名稱當成共用名稱，所以大多數人將它們劃上等號。其實兩者未必相同，而且資料夾名稱固定是一個，共用名稱卻可以有多個。

但是，在什麼場合需要設定多個不同的共用名稱呢？

舉例來說，許多企業內可能有外國籍的員工，它們未必都認得中文字。當我們要將資料夾分享給大家時，就可以用不同的文字來設定共用名稱，例如：一個共用名稱是『汽車保養手冊』；另一個共用名稱是『Manual_Car』，其實兩者都是對應到『Shared_Public』資料夾。

若要為共用資料夾新增一個共用名稱，請在該資料夾按右鈕、執行『**內容**』命令：

1 切換到**共用**頁次

2 按**進階共用**鈕

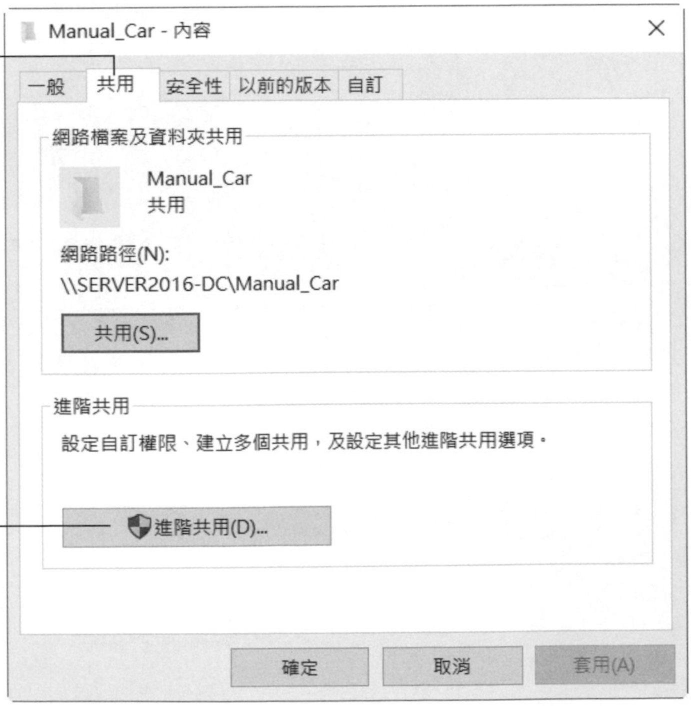

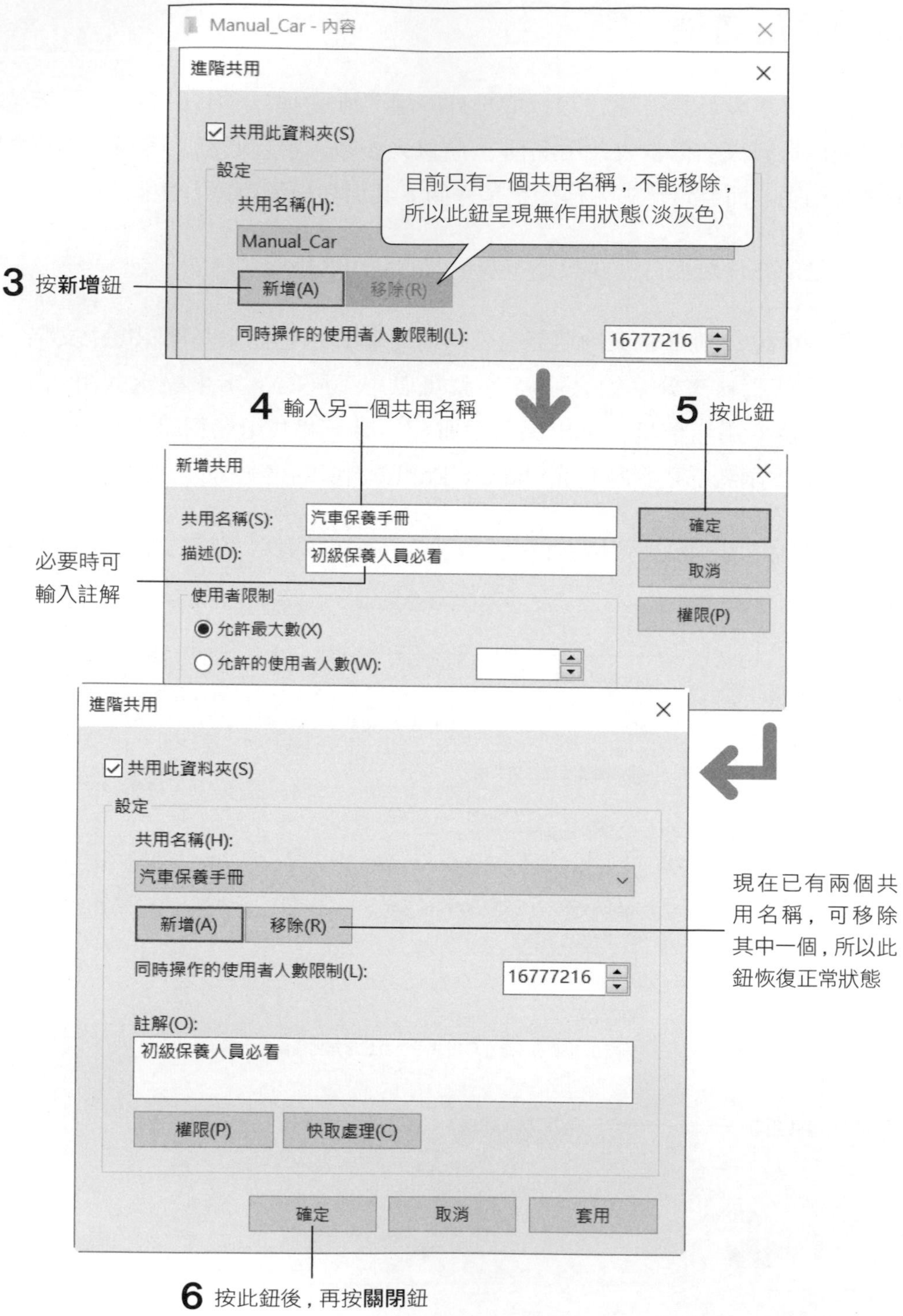
Manual_Car - 內容
進階共用
共用此資料夾(S)
設定
共用名稱(H):
Manual_Car
新增(A)
移除(R)
同時操作的使用者人數限制(L):
16777216
目前只有一個共用名稱，不能移除，所以此鈕呈現無作用狀態(淡灰色)
3 按新增鈕
4 輸入另一個共用名稱
5 按此鈕
新增共用
共用名稱(S):
汽車保養手冊
描述(D):
初級保養人員必看
確定
取消
權限(P)
使用者限制
允許最大數(X)
允許的使用者人數(W):
必要時可輸入註解
進階共用
共用此資料夾(S)
設定
共用名稱(H):
汽車保養手冊
新增(A)
移除(R)
同時操作的使用者人數限制(L):
16777216
註解(O):
初級保養人員必看
權限(P)
快取處理(C)
確定
取消
套用
現在已有兩個共用名稱，可移除其中一個，所以此鈕恢復正常狀態
6 按此鈕後，再按關閉鈕

爾後我們連線該電腦後，便會看到兩個共用名稱，其實它們是對應到同一個資料夾：

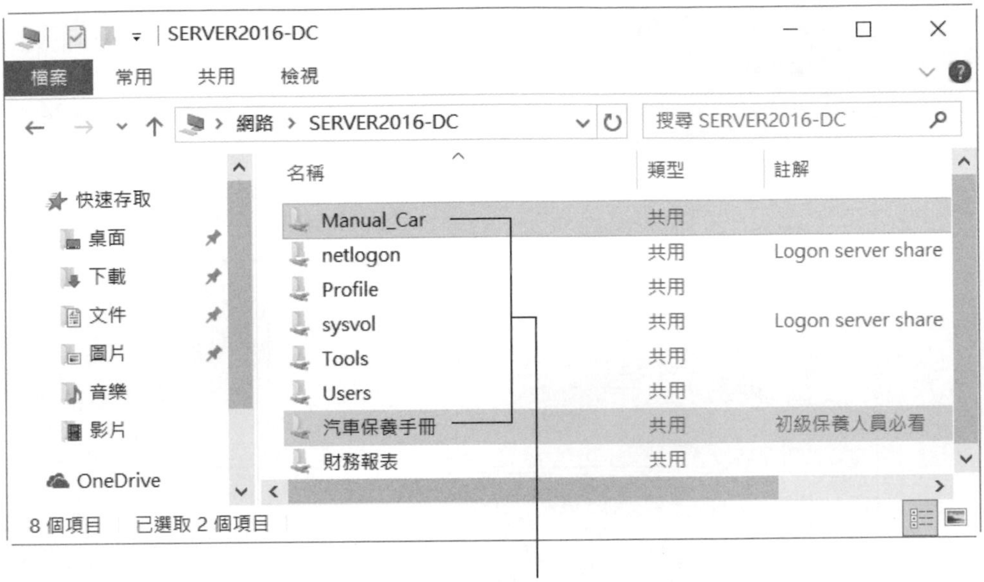

看起來是兩個共用資料夾，實際上是對應到同一個資料夾

隱藏共用資料夾

倘若只是給自己或少數人使用的共用資料夾，為了避免閒雜人等也來亂抓檔案，可以將這些共用資料夾設為隱藏。設為隱藏的方式很簡單，只要在設定共用名稱時，將結尾加上 $ 符號，例如：『密件 $』、『死黨專用 $』，然後移除非隱藏的共用名稱，只將隱藏的共用名稱告訴相關人員，便自然形成一種保護措施。

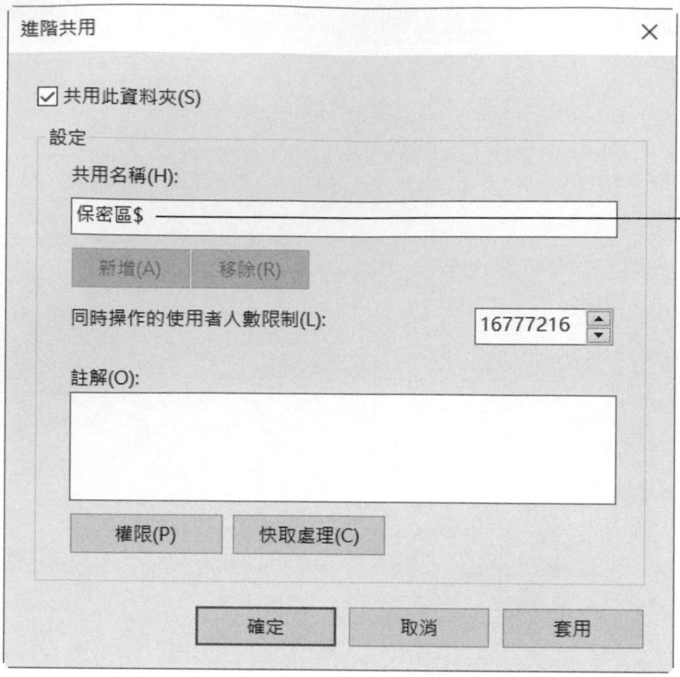

結尾加上 $ 符號即可隱藏此共用名稱

當我們在**網路**視窗雙按某部電腦後，並不會顯示出隱藏的共用名稱，所以無法存取其內容。此時必須依賴輸入 UNC 名稱來存取：

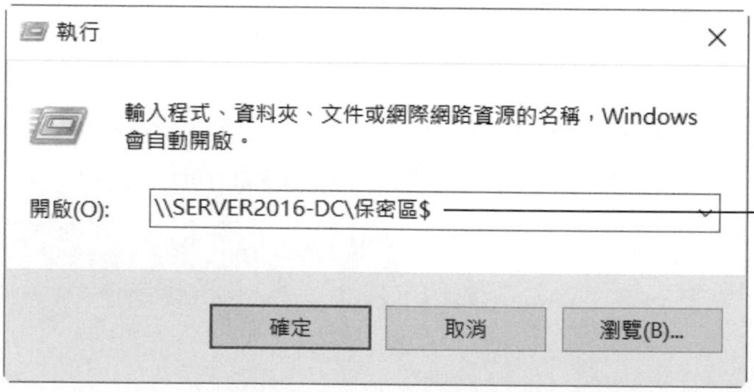

輸入 UNC 名稱（記得要加上$）便能存取隱藏的共用資料夾

CHAPTER

09

Windows Server 2016

分享印表機與列印管理

9-1 網路列印的基本觀念

9-2 分享印表機

9-3 管理印表機與管理文件

9-4 列印管理主控台

在大多數的企業中，不可能每一部電腦都配備一部印表機，通常是一個部門共用兩、三部印表機。因此系統管理員必須瞭解如何將印表機設為共用，及如何有效率地管理共用的印表機。

9-1 網路列印的基本觀念

在示範操作之前，我們先來認識網路列印的術語和運作原理，以利之後的學習。

- **本機印表機**（Local Printer）：直接連接在本機電腦的印表機稱為『本機印表機』，目前大多數印表機都是透過 LPT 連接埠或 USB 連接埠連接到電腦。

- **網路印表機**（Network Printer）：沒有連接到本機電腦，而是必須透過網路才能使用的印表機稱為『網路印表機』。

Tip 有些印表機已經內建網路介面，接上網路線、毋須連接電腦便可使用，為了避免混淆，這種印表機稱為『網路介面印表機』。

- **邏輯印表機**（Logical Printer）：在某些文件會出現這個名詞，其實它指的就是印表機驅動程式。

- **列印伺服器**（Print Server）：提供自己的本機印表機給網路大眾使用的電腦，便稱為列印伺服器。

- **列印佇列**（Print Queue）：由於印表機列印的速度低於資料傳輸的速度，因此列印伺服器會在硬碟撥出一塊空間，暫時儲存等待列印的文件，這塊暫存空間就稱為列印佇列，每一部印表機都會有自己對應的列印佇列。

- **文件**（Document）：本章所謂的文件，泛指一切要列印出來的資料，包括：圖形檔、文字檔、照片檔等等。

- **列印工作**（Print Job）：在列印佇列中等待列印的文件稱為列印工作，精確地說，列印工作是一份已經轉換的文件。例如：在列印時要求橫印、提升解析度為 1200 DPI、加上頁首文字和浮水印等等，那麼列印工作就是已經按照這些要求所呈現的外觀，與原始的文件不同。

Tip 在微軟的文件或顯示訊息，經常混用**文件**與**列印工作**，幾乎將它們視為相同，所以讀者也不必太計較兩者的差別。

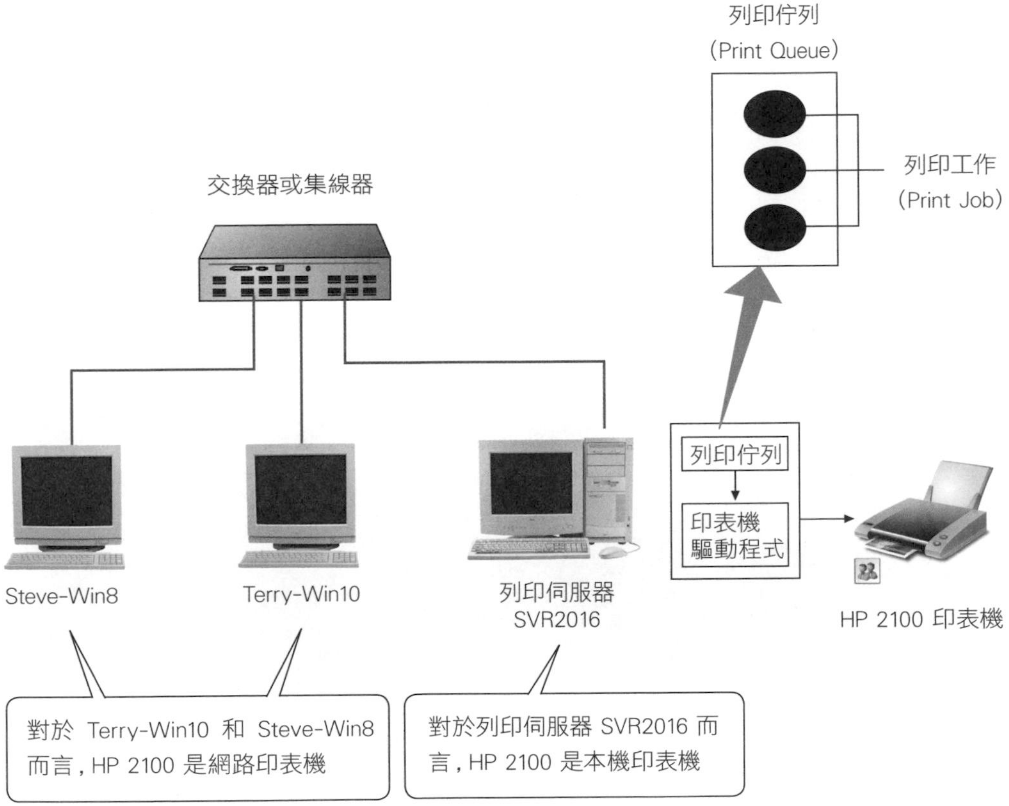

在上圖中，HP 2100 印表機連接在 SVR2016 電腦，所以對於 SVR2016 而言，HP 2100 是本機印表機。若將該印表機分享給網路大眾使用，則 SVR2016 便扮演列印伺服器的角色；而對於網路上的其它電腦而言，HP 2100 就是網路印表機。列印伺服器將列印佇列內的列印工作，依照『先到先印』的順序送給印表機驅動程式，印表機驅動程式再轉送給印表機印出來。

9-2 分享印表機

本節要說明如何將本機印表機設為共用，換個角度來看，也就是要建立一部列印伺服器，提供網路列印服務。

將本機印表機設為共用

假設我們已經在 Windows Server 2016 安裝了印表機，要將該印表機分享出去，請在**開始按右鈕**、**執行『控制台』**命令、點選**裝置和印表機**：

1 在要分享的印表機按右鈕、執行『**印表機內容**』命令

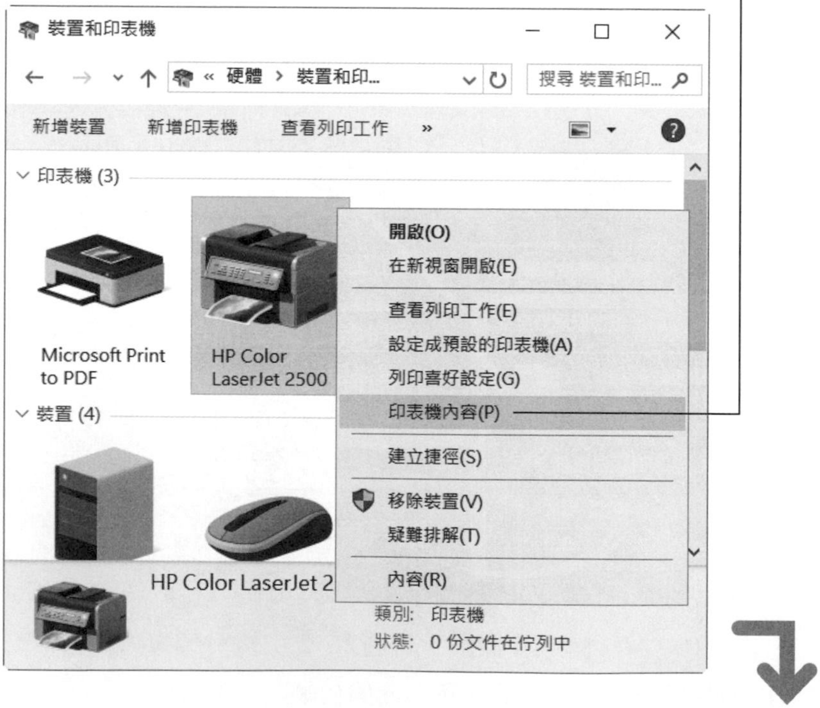

2 切換到**共用**頁次

3 勾選此多選鈕

4 設定共用名稱

5 建議勾選**列入目錄**，將此共用印表機發佈到 AD 資料庫

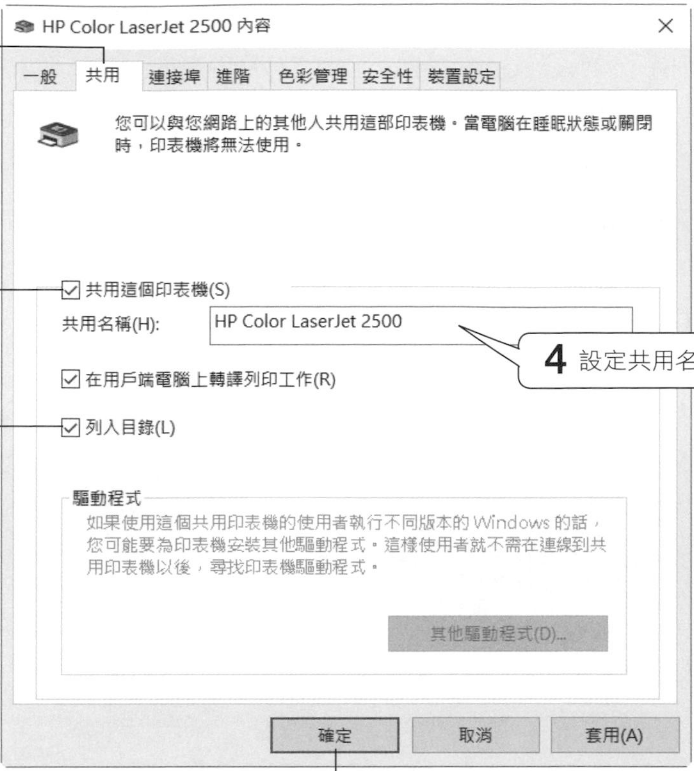

6 按**確定**鈕

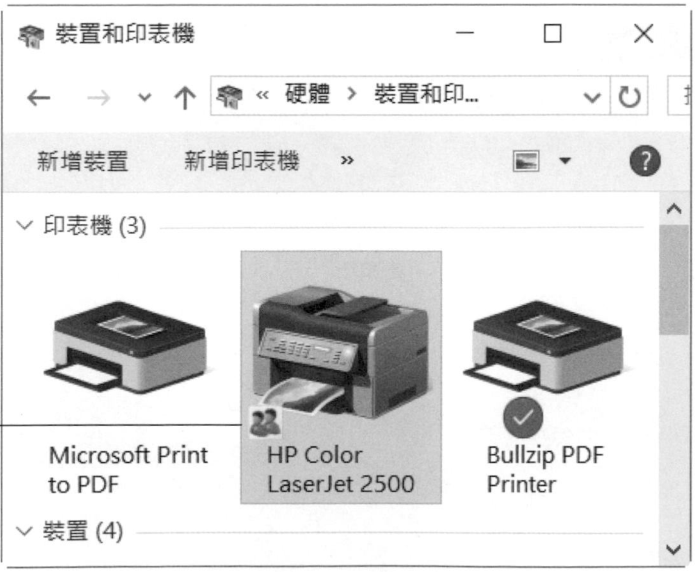

左下角的『雙人』圖示代表已經設為共用印表機

依此類推，請自行將其他印表機設為共用。當印表機被設為共用時，系統自動賦予 Everyone 群組對它擁有**列印**權限，因此大家都能用它來列印。若要取消共用時，取消勾選**共用這個印表機**、按**確定**鈕即可。

用戶端如何使用網路印表機

使用 UNC 名稱

以 Windows 10 為例，請按 + R 鈕：

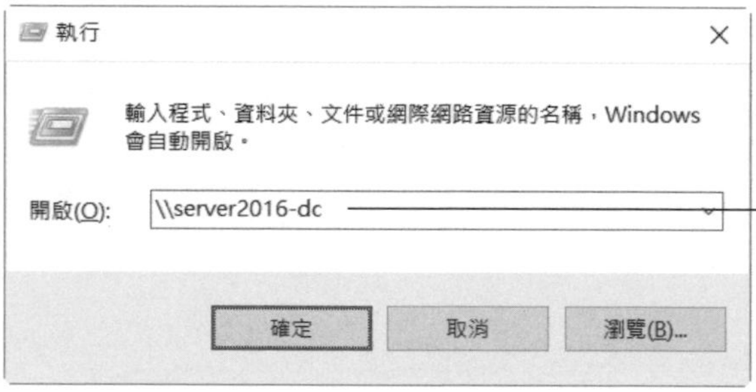

1 輸入列印伺服器的 UNC 名稱、按 Enter 鍵

2 雙按要使用的印表機

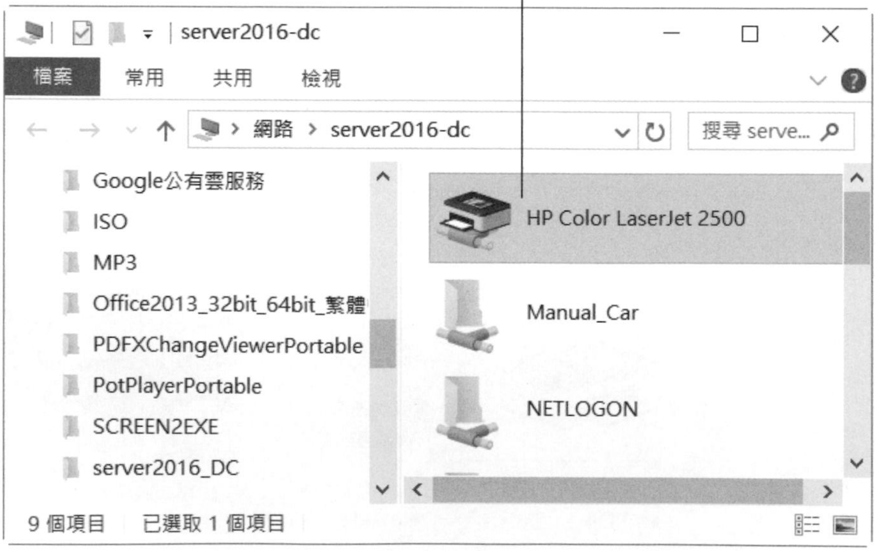

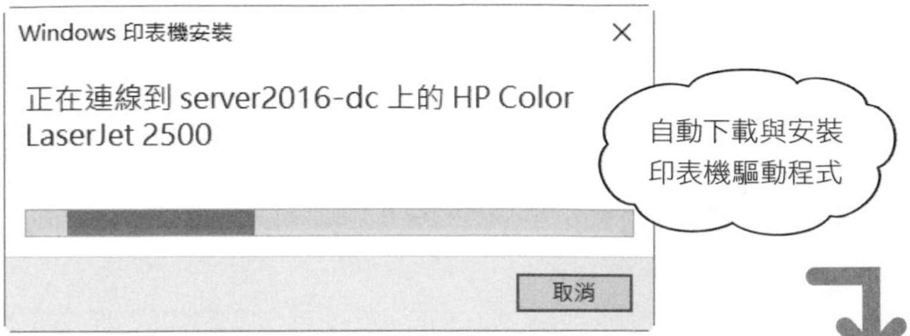

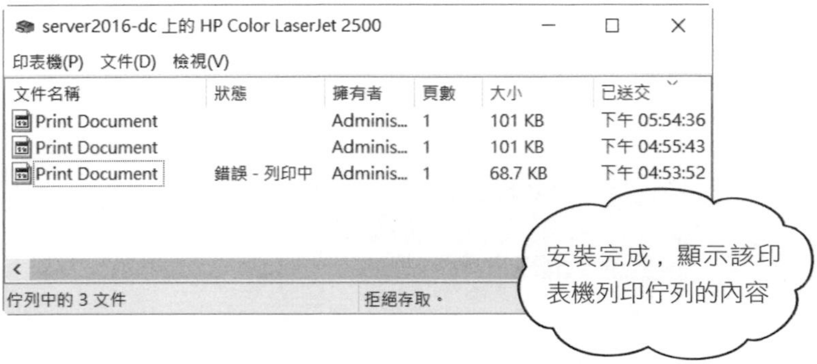

根據經驗，下載與安裝印表機驅動程式過程中，可能因不明原因而失敗，遇到此情形再多試幾次就可以了。

其實如果記得網路印表機的共用名稱，在第 1 步驟直接輸入 "\\ 列印伺服器名稱 \ 網路印表機的共用名稱 " 也可以。不過網路印表機的共用名稱，通常都是沿用系統所辨識出來的名稱，例如：HP LaserJet 2100 PCL6、IBM 4019 LaserPrinter PS39 等等，冗長而不好記，所以很少輸入。

使用新增印表機精靈

以 Windows 10 為例，請按 Win + R 鍵，輸入 "control.exe"、按 Enter 鍵，點選**裝置和印表機**：

1 按**新增印表機**鈕

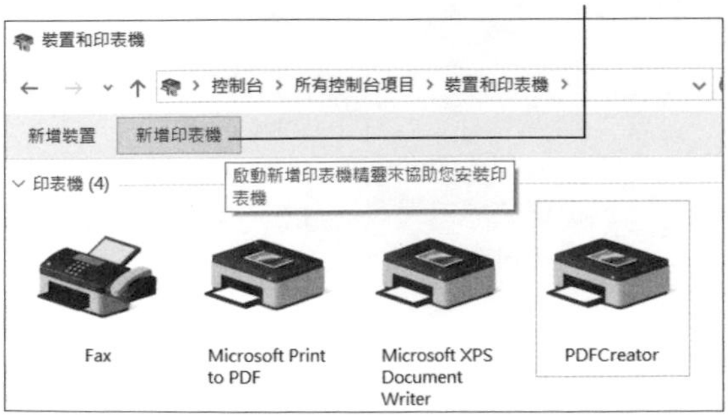

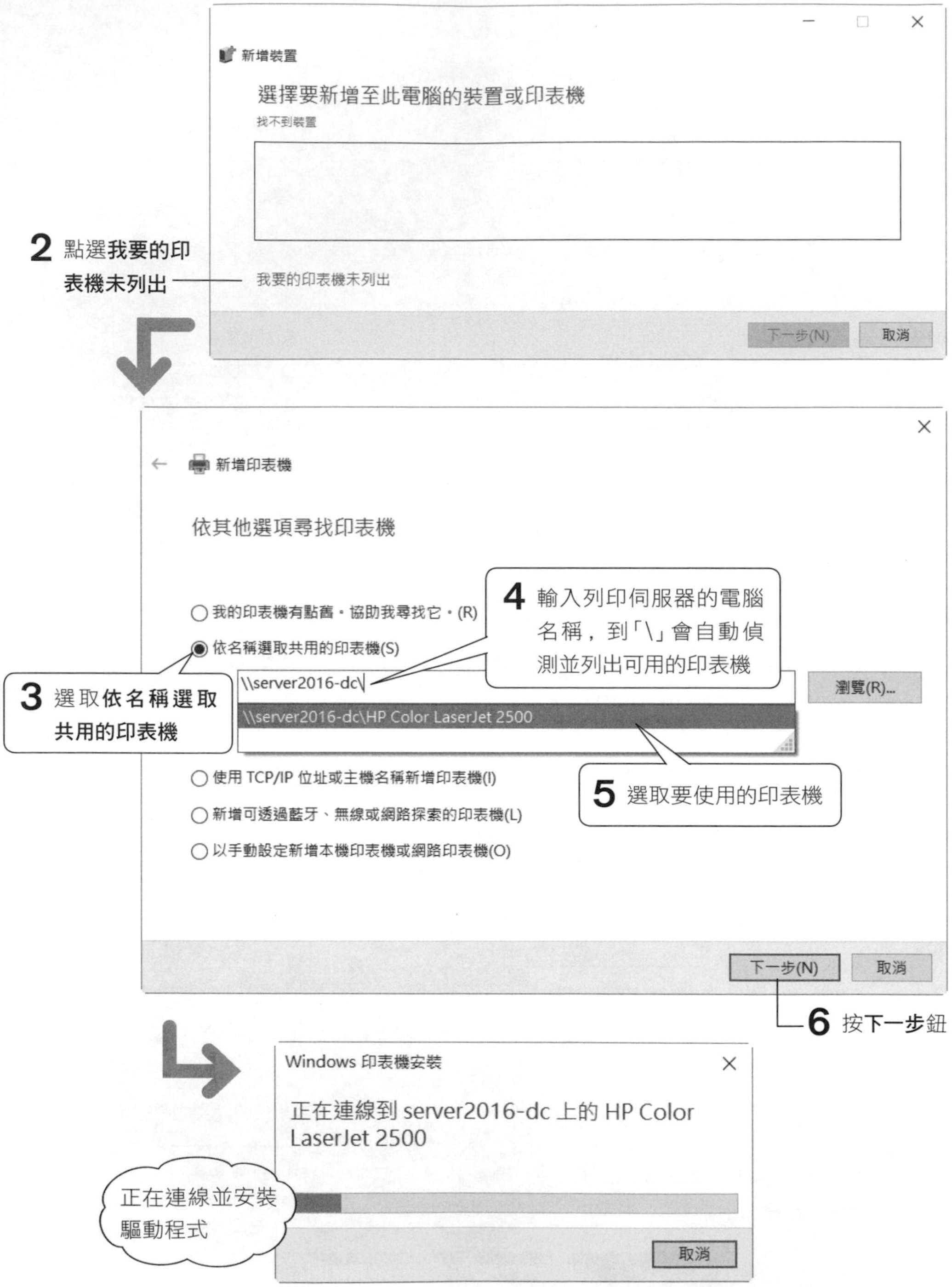
新增裝置
選擇要新增至此電腦的裝置或印表機
找不到裝置
我要的印表機未列出
下一步(N)
取消
2 點選我要的印表機未列出
新增印表機
依其他選項尋找印表機
我的印表機有點舊。協助我尋找它。(R)
依名稱選取共用的印表機(S)
\\server2016-dc\
\\server2016-dc\HP Color LaserJet 2500
瀏覽(R)...
使用 TCP/IP 位址或主機名稱新增印表機(I)
新增可透過藍牙、無線或網路探索的印表機(L)
以手動設定新增本機印表機或網路印表機(O)
下一步(N)
取消
3 選取依名稱選取共用的印表機
4 輸入列印伺服器的電腦名稱，到「\」會自動偵測並列出可用的印表機
5 選取要使用的印表機
6 按下一步鈕
Windows 印表機安裝
正在連線到 server2016-dc 上的 HP Color LaserJet 2500
取消
正在連線並安裝驅動程式

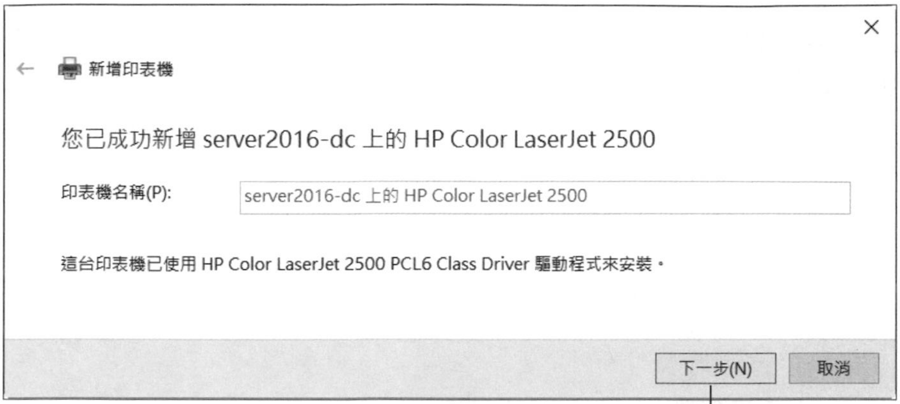
新增印表機
您已成功新增 server2016-dc 上的 HP Color LaserJet 2500
印表機名稱(P):
server2016-dc 上的 HP Color LaserJet 2500
這台印表機已使用 HP Color LaserJet 2500 PCL6 Class Driver 驅動程式來安裝。
下一步(N)
取消

7 按**下一步**鈕

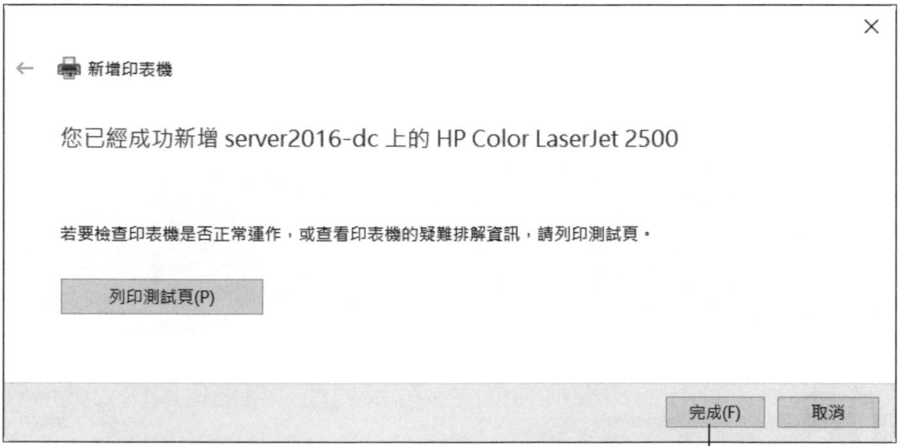
新增印表機
您已經成功新增 server2016-dc 上的 HP Color LaserJet 2500
若要檢查印表機是否正常運作，或查看印表機的疑難排解資訊，請列印測試頁。
列印測試頁(P)
完成(F)
取消

8 按**完成**鈕

9-3 管理印表機與管理文件

系統管理員對於印表機可以設定的權限共有 4 種，請在**控制台**點選**裝置和印表機**視窗，在任一部網路印表機按右鈕、執行**印表機內容**命令：

從上圖可以看出，印表機的權限區分為**列印**、**管理這部印表機**、**管理文件**和**特殊存取權限**等 4 種，但是一般用到**特殊存取權限**的機會很小，所以我們僅說明前 3 種：

- **列印**權限：

可否使用這部印表機列印。只要印表機被設為共用，系統便自動賦予 **Everyone** 群組**列印**權限，讓大家都能使用它來列印，也能暫停、取消或重新啟動自己的列印工作。

- **管理這部印表機**權限：

除了包含**列印**權限之外，還可以設定印表機是否共用、修改印表機的權限設定、使印表機暫停列印或恢復列印、移除印表機和修改**內容**交談窗的各項設定等，可以說是對於印表機有最大的權限。

- **管理文件**權限：

可以暫停、取消或重新啟動列印佇列內所有的列印工作－－無論是自己或別人的。

Tip 『管理文件』其實是在管理列印佇列內的『列印工作』，因此稱為『管理列印工作』比較恰當。不過為了利於讀者對照畫面訊息，我們還是沿用微軟的稱呼。

管理這部印表機和**管理文件**是系統管理員比較常用到的權限，當印表機或列印伺服器暫停服務（故障或維護）時，便會用到這兩個權限來改變印表機或文件的狀態。

修改印表機的使用權

印表機一旦設為共用，預設是 Everyone 群組都有列印權限，假設我們可能要加以限制，將列印權限賦予 Authenticated Users 而非 Everyone。請在**控制台**點選**裝置和印表機**：

1 在設定對象按右鈕、執行**印表機內容**命令

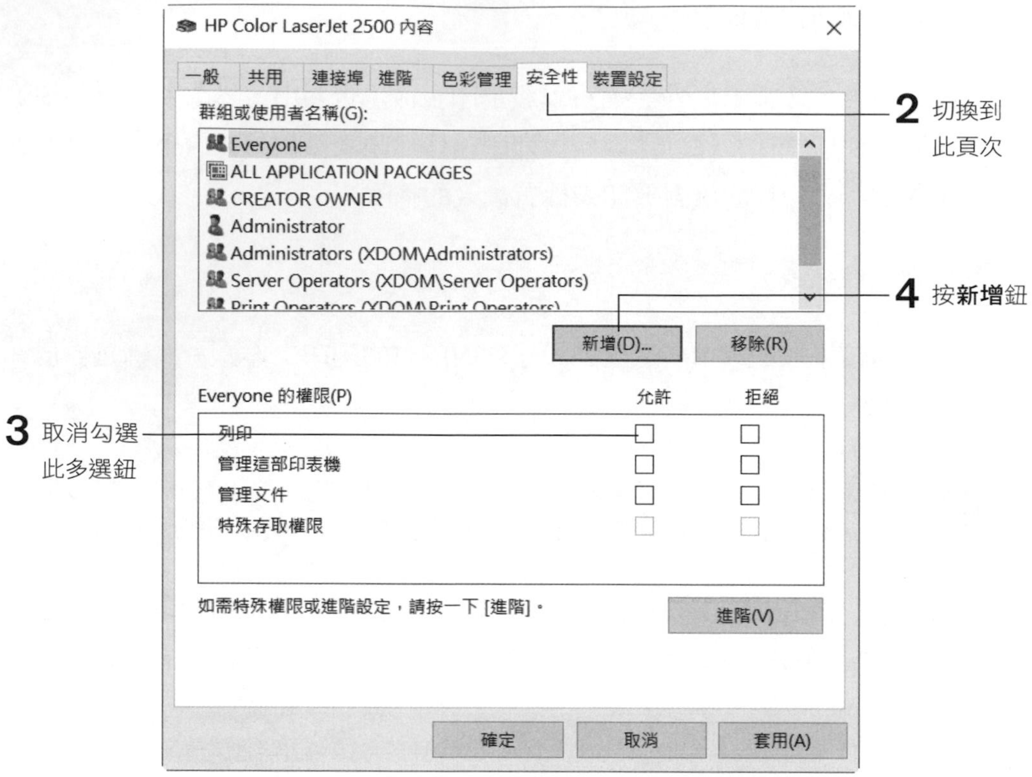
HP Color LaserJet 2500 內容
一般
共用
連接埠
進階
色彩管理
安全性
裝置設定
群組或使用者名稱(G):
Everyone
ALL APPLICATION PACKAGES
CREATOR OWNER
Administrator
Administrators (XDOM\Administrators)
Server Operators (XDOM\Server Operators)
新增(D)...
移除(R)
Everyone 的權限(P)
允許
拒絕
列印
管理這部印表機
管理文件
特殊存取權限
如需特殊權限或進階設定，請按一下 [進階]。
進階(V)
確定
取消
套用(A)
2 切換到此頁次
4 按新增鈕
3 取消勾選此多選鈕

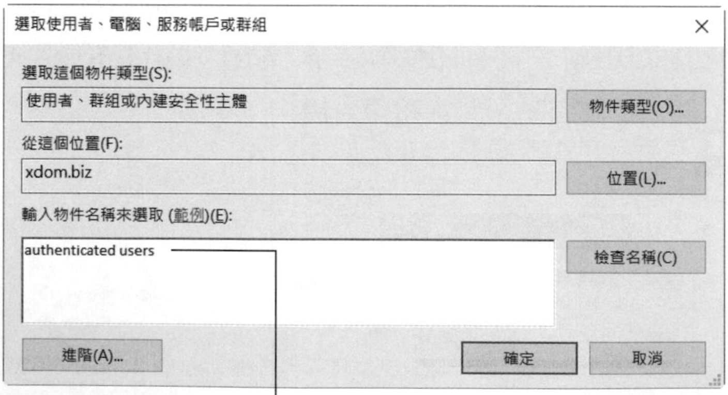
選取使用者、電腦、服務帳戶或群組
選取這個物件類型(S):
使用者、群組或內建安全性主體
物件類型(O)...
從這個位置(F):
xdom.biz
位置(L)...
輸入物件名稱來選取 (範例)(E):
authenticated users
檢查名稱(C)
進階(A)...
確定
取消

5 輸入 "authenticated users"、按 Enter 鍵

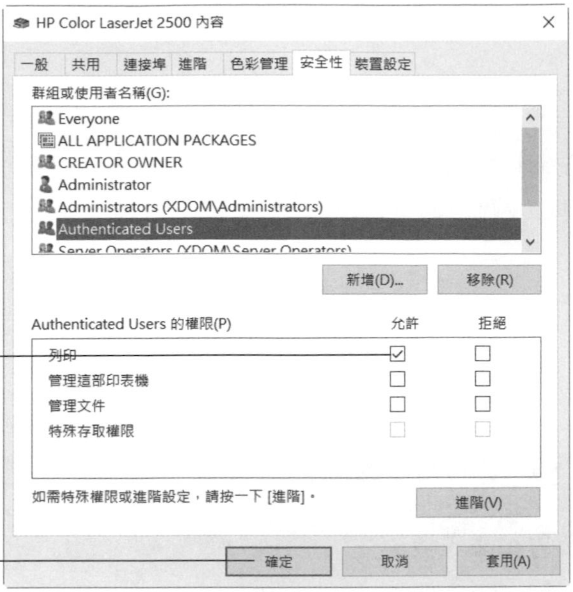
HP Color LaserJet 2500 內容
一般 共用 連接埠 進階 色彩管理 安全性 裝置設定
群組或使用者名稱(G):
Everyone
ALL APPLICATION PACKAGES
CREATOR OWNER
Administrator
Administrators (XDOM\Administrators)
Authenticated Users
新增(D)... 移除(R)
Authenticated Users 的權限(P) 允許 拒絕
列印
管理這部印表機
管理文件
特殊存取權限
如需特殊權限或進階設定，請按一下 [進階]。
進階(V)
確定 取消 套用(A)
系統預設會自動賦予**列印**權限
6 按此鈕

同理，若要賦予 Simon 擁有**管理印表機**的權限，應如下操作：

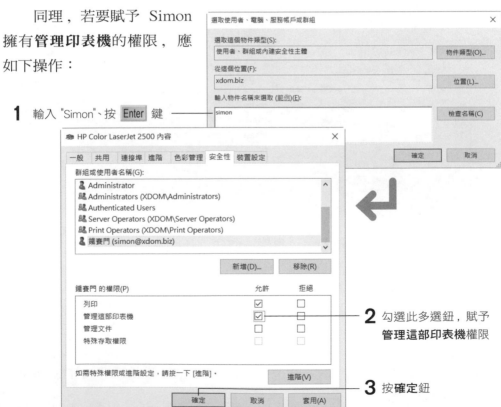

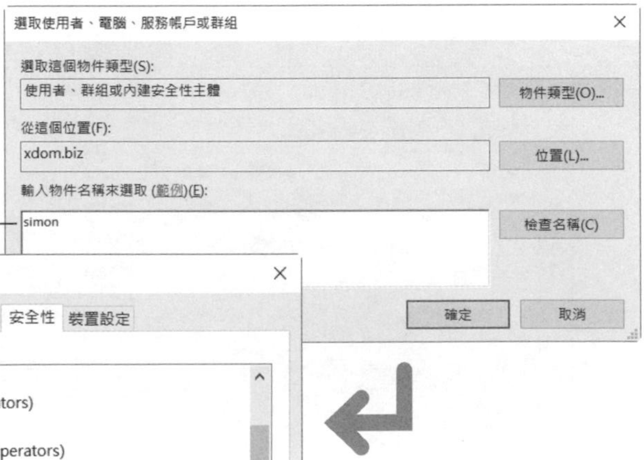
選取使用者、電腦、服務帳戶或群組
選取這個物件類型(S):
使用者、群組或內建安全性主體
物件類型(O)...
從這個位置(F):
xdom.biz
位置(L)...
輸入物件名稱來選取 (範例)(E):
simon
檢查名稱(C)
確定 取消
1 輸入 "Simon"、按 Enter 鍵

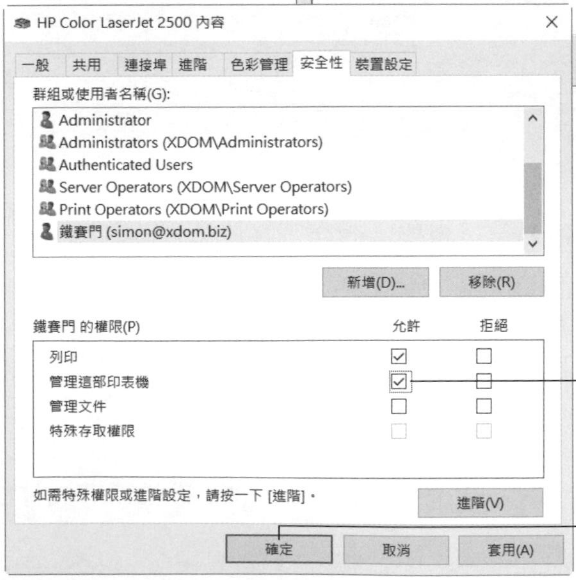
HP Color LaserJet 2500 內容
一般 共用 連接埠 進階 色彩管理 安全性 裝置設定
群組或使用者名稱(G):
Administrator
Administrators (XDOM\Administrators)
Authenticated Users
Server Operators (XDOM\Server Operators)
Print Operators (XDOM\Print Operators)
鐵賽門 (simon@xdom.biz)
新增(D)... 移除(R)
鐵賽門 的權限(P) 允許 拒絕
列印
管理這部印表機
管理文件
特殊存取權限
如需特殊權限或進階設定，請按一下 [進階]。
進階(V)
確定 取消 套用(A)
2 勾選此多選鈕，賦予**管理這部印表機**權限
3 按**確定**鈕

管理文件

當我們向某一部印表機送出文件後，在印出之前仍有機會將其刪除。一般使用者只能刪除自己的列印文件，而擁有**管理文件**權限的使用者，則可以刪除任一份列印文件。以下示範兩項常用的管理工作：

- 取消、暫停、繼續和重新啟動列印文件。
- 設定列印文件的優先權與排程

取消、暫停、繼續和重新啟動列印文件

請開啟**裝置和印表機**視窗，雙按要改變列印文件的印表機，即可看到列印佇列中所有的列印文件：

在任一份文件按右鈕，便可以看到各管理命令

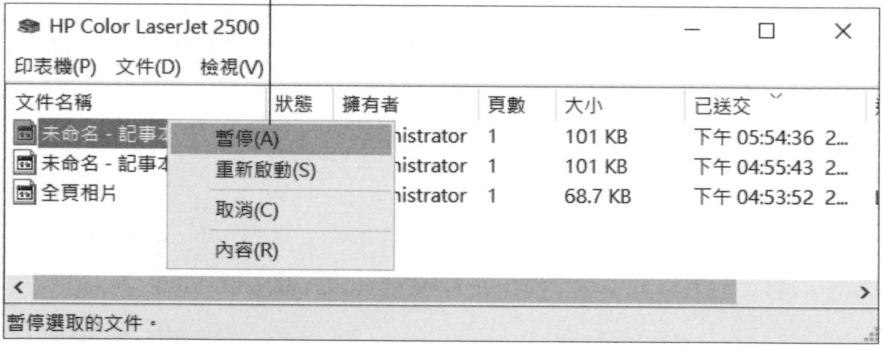

- 若要暫停列印文件，應執行『**暫停**』命令；在已暫停的列印文件按右鈕、執行『**繼續**』命令，便能恢復列印。
- 若要重印一份文件，應執行『**重新啟動**』命令；若要刪除列印文件，應執行『**取消**』命令。
- 若要一次停止所有文件的列印，應執行『**印表機 / 取消所有文件的列印**』，清空列印佇列的內容。

設定列印文件的優先權與排程

一般而言，印表機的列印順序都是以『先收到先印』為原則，所以每位使用者必須比快，先送出文件者先贏。但是，萬一遇到特殊情形，必須讓某些文件『插隊』、優先印出，或是延後列印時，就得藉助於優先權與排程的設定。

設定文件的優先權

當列印佇列內已經累積了一大堆文件，可是我們卻有一份急件要優先印出來時，就必須改變列印的優先順序，讓重要的文件搶先印出來。請執行『**印表機／暫停列印**』命令，先暫停所有的列印工作：

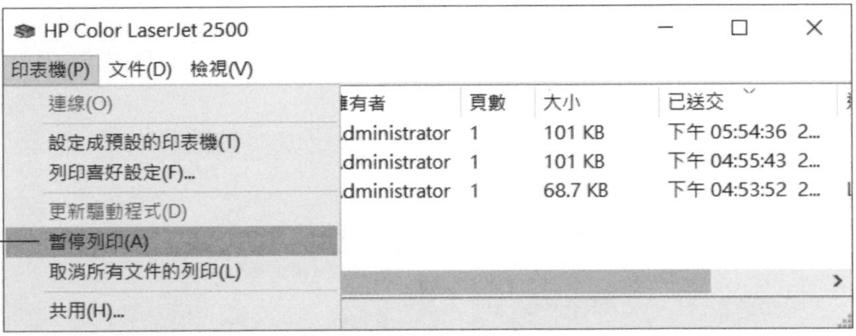

1 執行此命令

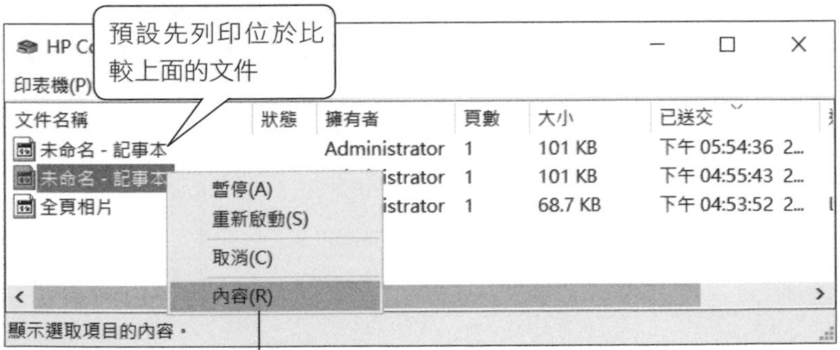

2 在需要優先列印的文件按右鈕、執行此命令

3 向右拉曳滑動桿，將優先順序設為**最高**

4 按此鈕確定

然後取消勾選**暫停列印**，就能優先列印方才設定的文件。

設定列印工作的排程

假設要印一大堆很多頁、但是並不急著用的文件，例如：印 20 份、每份 20 頁的會議紀錄，為了避免讓其它列印工作等待太久，可以設定排程，指定在非列印尖峰時段或下班時段才印出來：

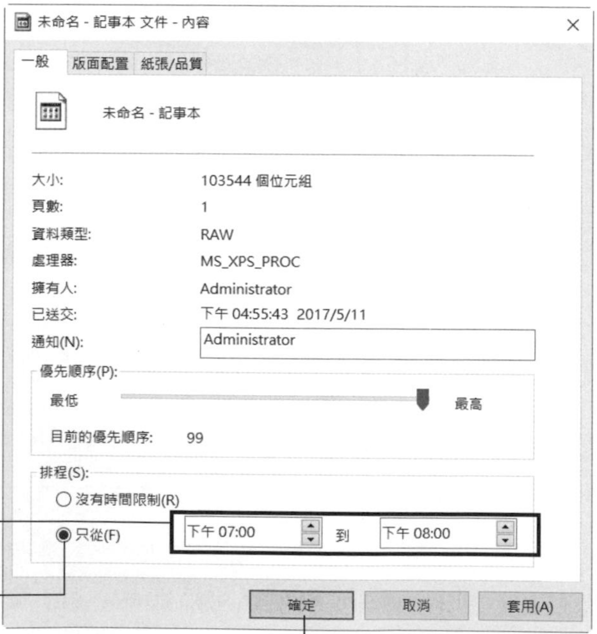

2 指定要列印的時段

1 選取此單選鈕

3 按此鈕確定

將文件轉移到其它印表機

假設某一部印表機故障，在尚未通知所有使用者停止使用之前，可以先將其列印佇列中的文件轉移到其它印表機。假設是轉移到同一部列印伺服器的其它印表機，請在該故障印表機的圖示按右鈕，執行『**查看列印工作**』命令：

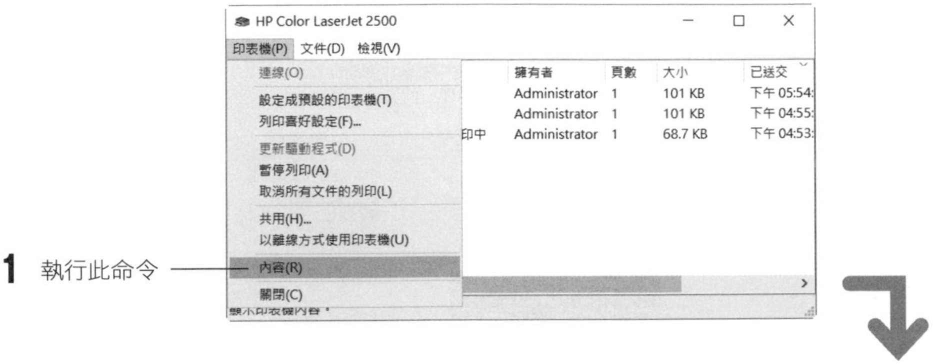

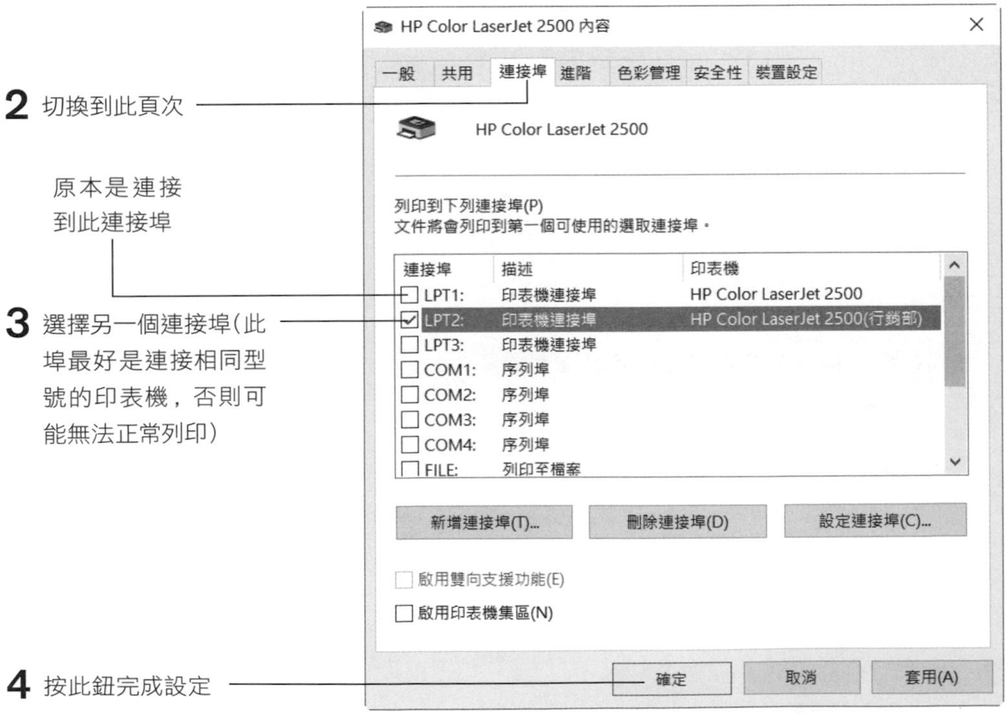

若是轉移到其它列印伺服器的印表機，也是先開啟該故障印表機的**內容**交談窗：

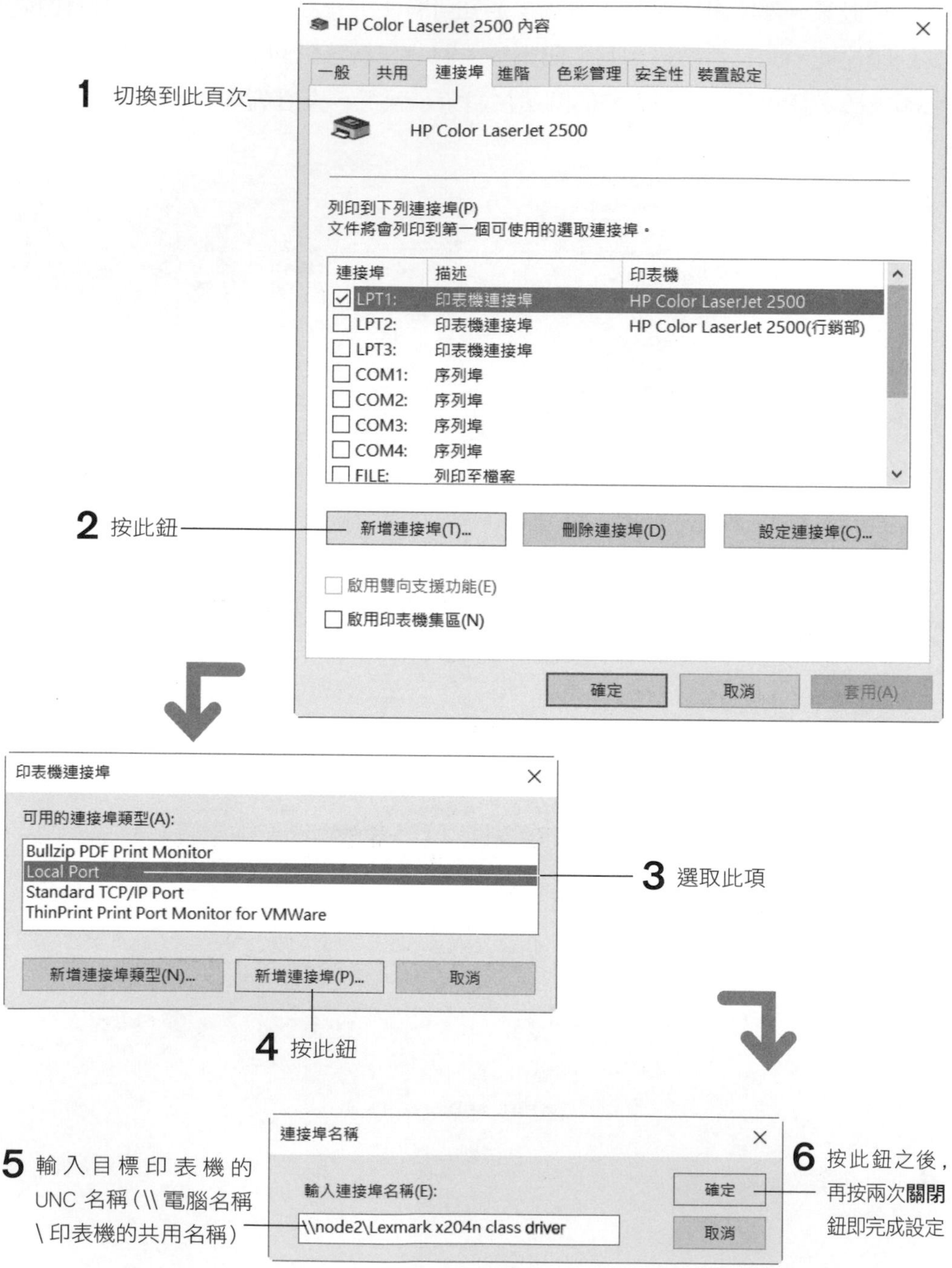
HP Color LaserJet 2500 內容
一般 共用 連接埠 進階 色彩管理 安全性 裝置設定
HP Color LaserJet 2500
列印到下列連接埠(P)
文件將會列印到第一個可使用的選取連接埠。
連接埠 描述 印表機
LPT1: 印表機連接埠 HP Color LaserJet 2500
LPT2: 印表機連接埠 HP Color LaserJet 2500(行銷部)
LPT3: 印表機連接埠
COM1: 序列埠
COM2: 序列埠
COM3: 序列埠
COM4: 序列埠
FILE: 列印至檔案
新增連接埠(T)... 刪除連接埠(D) 設定連接埠(C)...
啟用雙向支援功能(E)
啟用印表機集區(N)
確定 取消 套用(A)
1 切換到此頁次
2 按此鈕
印表機連接埠
可用的連接埠類型(A):
Bullzip PDF Print Monitor
Local Port
Standard TCP/IP Port
ThinPrint Print Port Monitor for VMWare
新增連接埠類型(N)... 新增連接埠(P)... 取消
3 選取此項
4 按此鈕
連接埠名稱
輸入連接埠名稱(E):
\\node2\Lexmark x204n class driver
確定
取消
5 輸入目標印表機的 UNC 名稱 (\\ 電腦名稱 \ 印表機的共用名稱)
6 按此鈕之後，再按兩次關閉鈕即完成設定

9-4 列印管理主控台

傳統上管理印表機的方式，都是遠端登入列印伺服器或直接在列印伺服器操作，這種方式的一大缺點便是一次只能管理一部列印伺服器，而且還得事先知道哪部印表機接在哪部列印伺服器。假設有 30 部印表機、分佈在 10 部列印伺服器，若還用傳統的管理方式就顯得太沒效率了。

有鑑於此，從 Windows Server 2003 R2 便新增了『列印管理主控台』（PMC, Print Management Console），將整個網域的印表機和列印伺服器集中在一個視窗內管理，到了 Windows Server 2016，仍保有列印管理主控台，但是將它視為一種功能，預設並未安裝。

新增列印管理主控台

請在**伺服器管理員**執行『**管理 / 新增角色及功能**』命令，依序按 4 次**下一步**鈕：

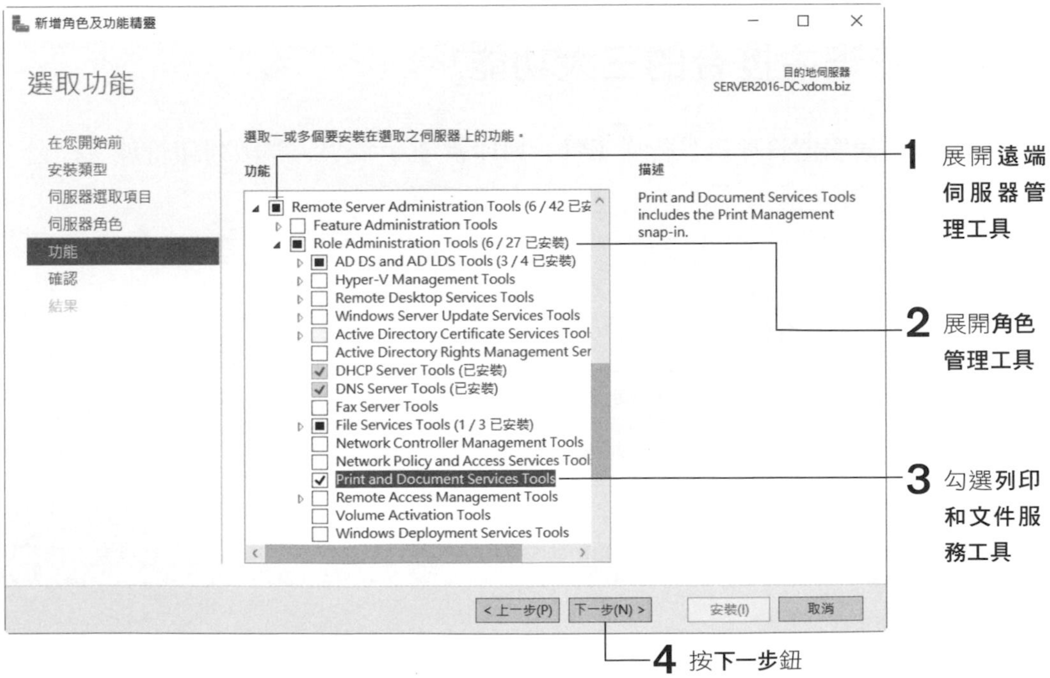

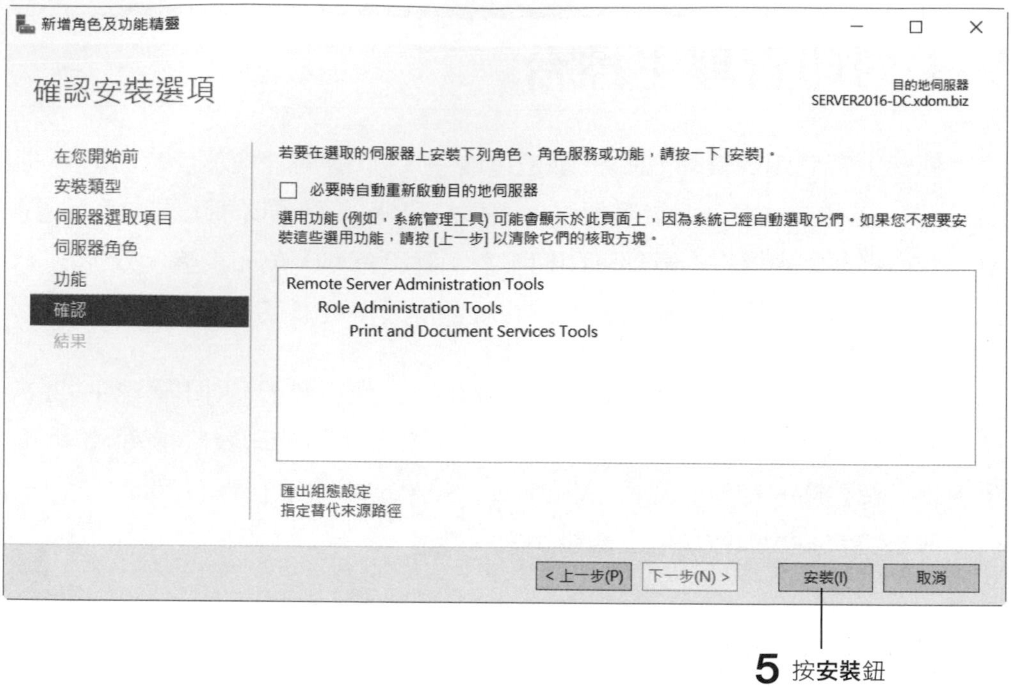

完成安裝之後按**關閉**鈕，無須重新啟動。

列印管理主控台的三大功能

請在**伺服器管理員**執行『**工具／列印管理**』命令，開啟**列印管理**主控台：

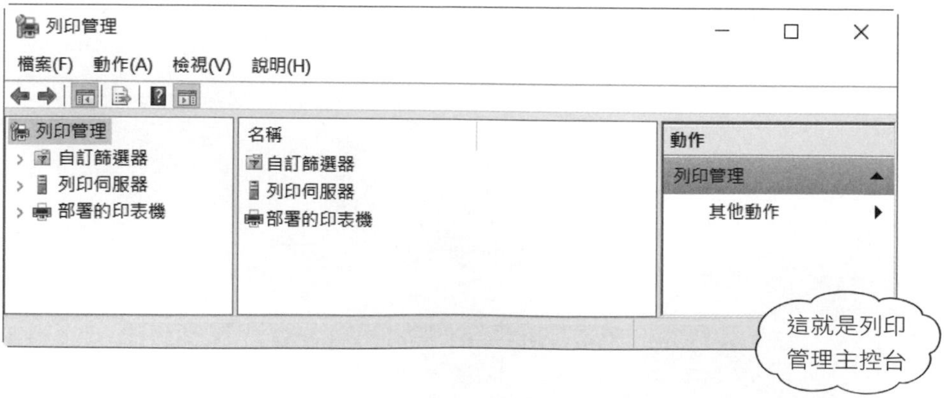

從上圖可以看出列印管理主控台有三大功能：

- **自訂篩選器**：

  藉由設定篩選條件，以顯示或監看特定的目標，例如：只顯示廠牌為 EPSON 的印表機、印表機缺紙時自動通知系統管理員等等。在網路印表機的數量眾多時，此功能可以協助我們快速地找到所要管理的印表機。

- **列印伺服器**：

  舉凡先前介紹過的管理功能，包括：暫停列印、繼續列印、取消所有工作、列入目錄、從目錄中移除、取消共用、恢復共用等等功能，統統可在此項目設定。

- **部署的印表機**：

  所謂**部署的印表機**是指透過群組原則、主動為『使用者或電腦』安裝的網路印表機，這類的印表機都集中顯示在此項目，以方便管理。

因為**部署的印表機**牽涉到群組原則的觀念與操作，所以不在本章介紹。以下先介紹前兩項功能。

自訂篩選器

請在**列印管理**主控台的左視窗選取**自訂篩選器**：

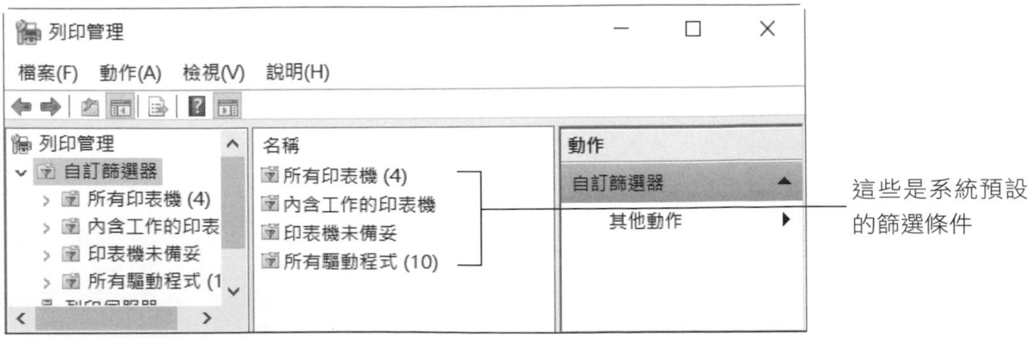

系統已經設定好了 4 個篩選條件，從名稱就可以瞭解它們的功用。假設我們要另外設定的篩選條件為：『當印表機的紙張用完時， 會自動發出電子郵件通知系統管理員』，其步驟如下：

1 在**自訂篩選器**按右鈕、執行『**新增印表機篩選器**』命令

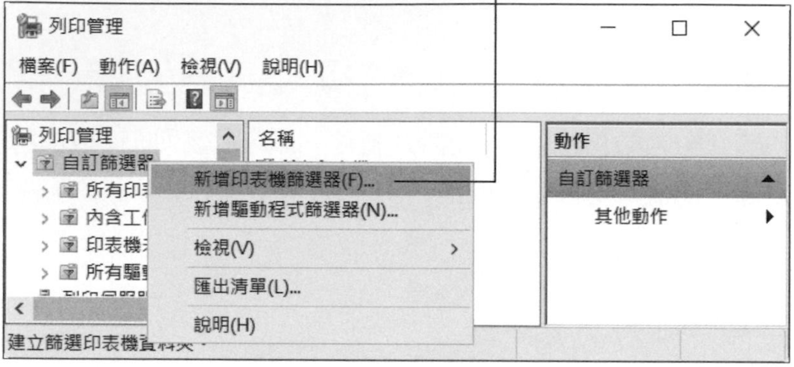

2 為這個篩選條件取一個易懂的名稱

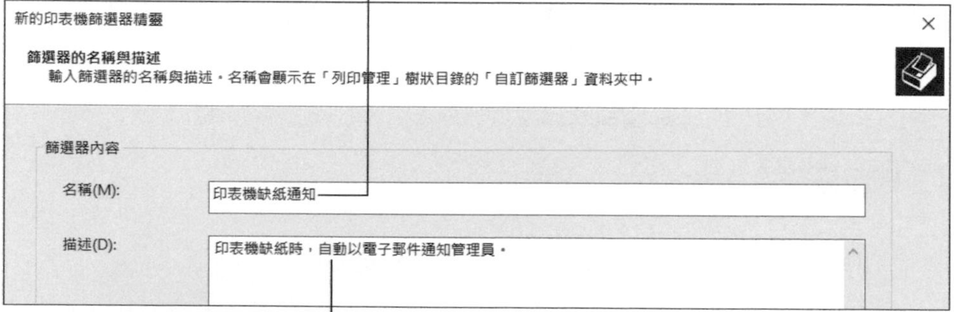

可輸入比較詳細的敘述，亦可留白

按**下一步**鈕

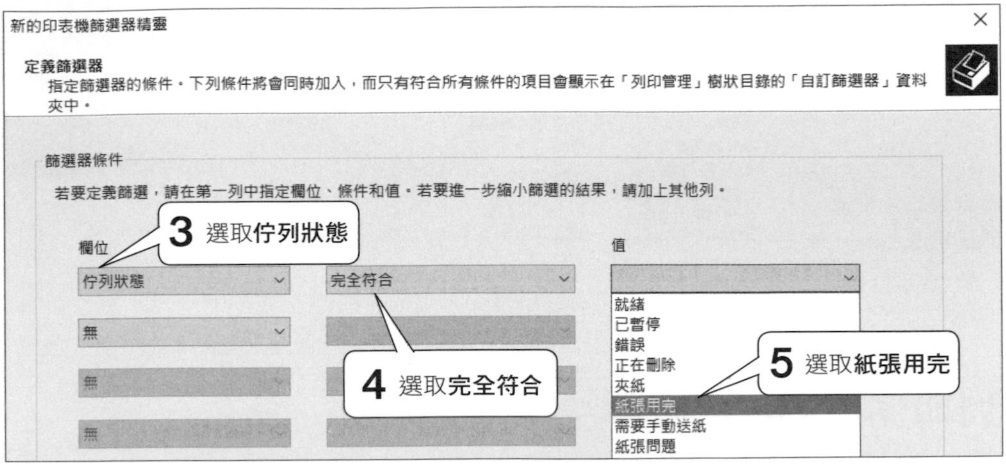
新的印表機篩選器精靈
定義篩選器
指定篩選器的條件。下列條件將會同時加入，而只有符合所有條件的項目會顯示在「列印管理」樹狀目錄的「自訂篩選器」資料夾中。
篩選器條件
若要定義篩選，請在第一列中指定欄位、條件和值。若要進一步縮小篩選的結果，請加上其他列。
3 選取佇列狀態
欄位
值
佇列狀態
完全符合
無
無
無
就緒
已暫停
錯誤
正在刪除
夾紙
紙張用完
需要手動送紙
紙張問題
4 選取完全符合
5 選取紙張用完

按**下一步**鈕

6 選取此多選鈕

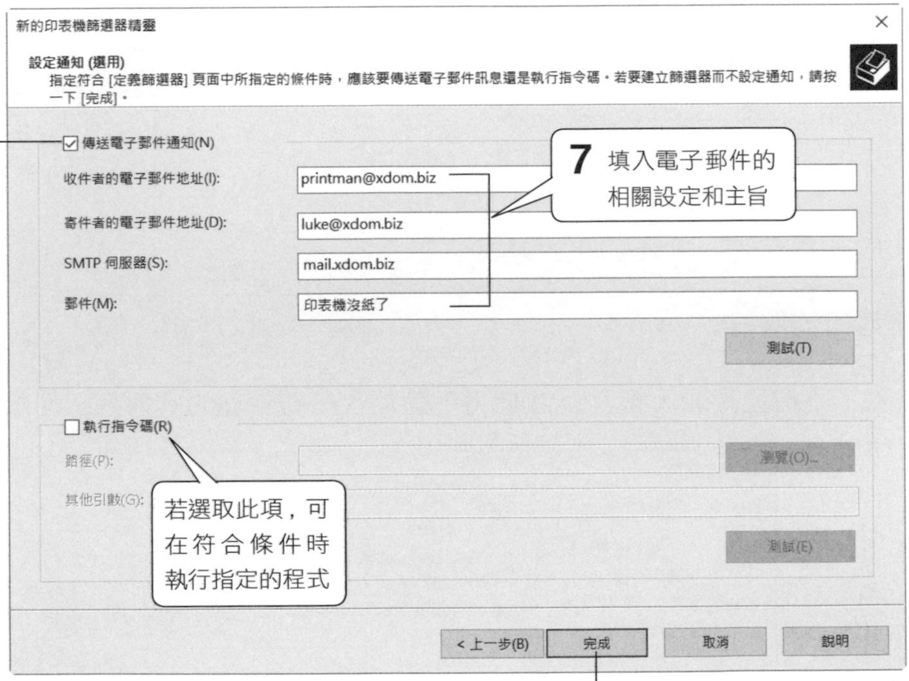
新的印表機篩選器精靈
設定通知 (選用)
指定符合 [定義篩選器] 頁面中所指定的條件時，應該要傳送電子郵件訊息還是執行指令碼。若要建立篩選器而不設定通知，請按一下 [完成]。
傳送電子郵件通知(N)
收件者的電子郵件地址(I):
printman@xdom.biz
寄件者的電子郵件地址(D):
luke@xdom.biz
SMTP 伺服器(S):
mail.xdom.biz
郵件(M):
印表機沒紙了
測試(T)
7 填入電子郵件的相關設定和主旨
執行指令碼(R)
路徑(P):
瀏覽(O)...
其他引數(G):
測試(E)
若選取此項，可在符合條件時執行指定的程式
< 上一步(B)
完成
取消
說明

8 按此鈕

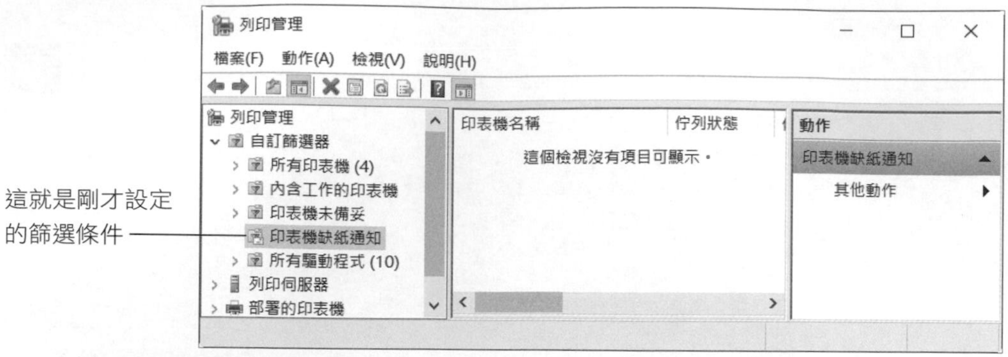

列印伺服器

請在**列印管理**主控台的左視窗選取**列印伺服器**：

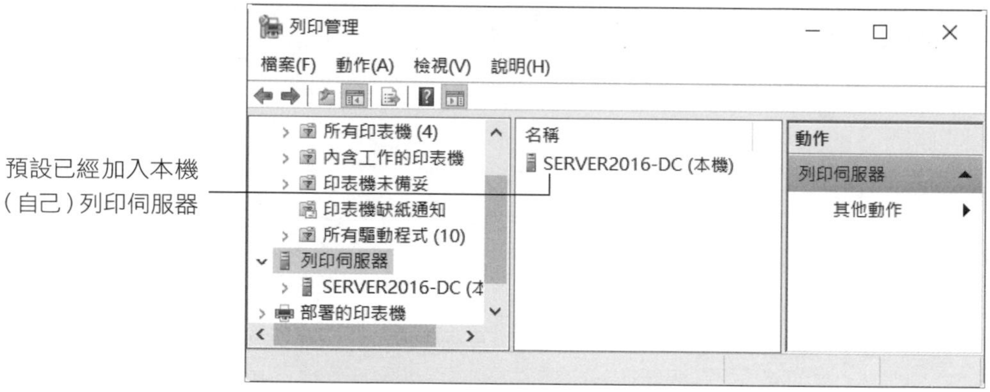

新增列印伺服器

除了本機已經加入管理，我們再手動加入所要管理的其他列印伺服器，步驟如下：

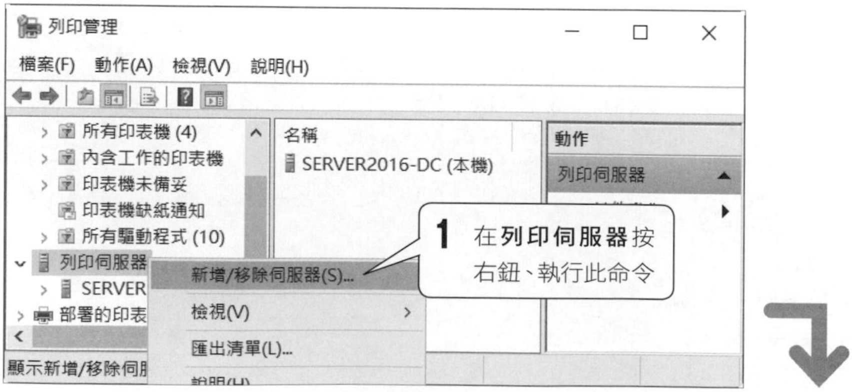

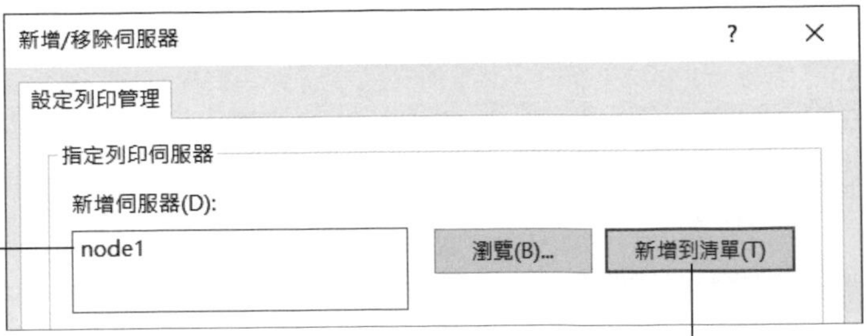
新增/移除伺服器
設定列印管理
指定列印伺服器
新增伺服器(D):
node1
瀏覽(B)...
新增到清單(T)

2 輸入列印伺服器的電腦名稱，可以用逗號區隔多部

3 按此鈕

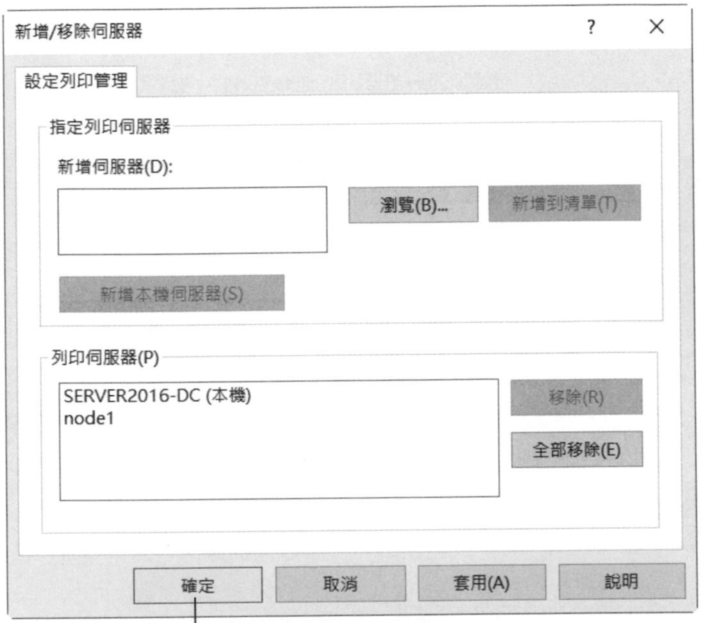
新增/移除伺服器
設定列印管理
指定列印伺服器
新增伺服器(D):
瀏覽(B)...
新增到清單(T)
新增本機伺服器(S)
列印伺服器(P)
SERVER2016-DC (本機)
node1
移除(R)
全部移除(E)
確定
取消
套用(A)
說明

4 按此鈕完成設定

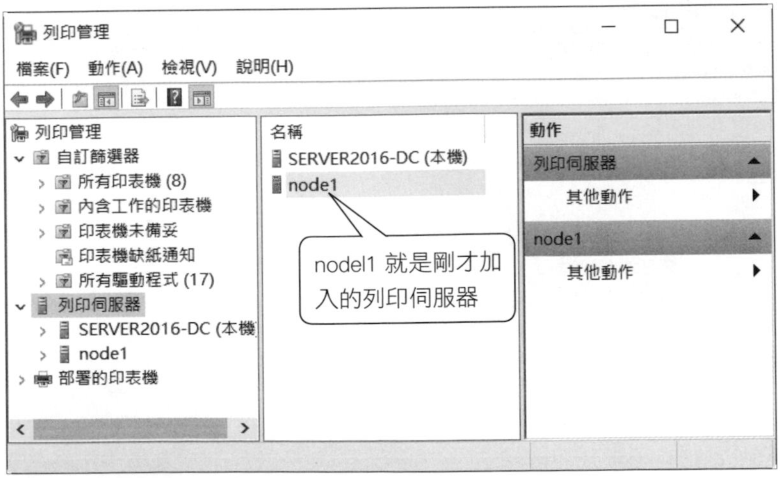
列印管理
檔案(F) 動作(A) 檢視(V) 說明(H)
列印管理
自訂篩選器
所有印表機 (8)
內含工作的印表機
印表機未備妥
印表機缺紙通知
所有驅動程式 (17)
列印伺服器
SERVER2016-DC (本機
node1
部署的印表機
名稱
SERVER2016-DC (本機)
node1
動作
列印伺服器
其他動作
node1
其他動作
nodel1 就是剛才加入的列印伺服器

快速管理

把要管理的列印伺服器都加入主控台之後，我們就可以來學習如何節省管理印表機與管理文件的時間。舉例來說，我們要執行的作業如下：

- 管理某一部列印伺服器的多部印表機：

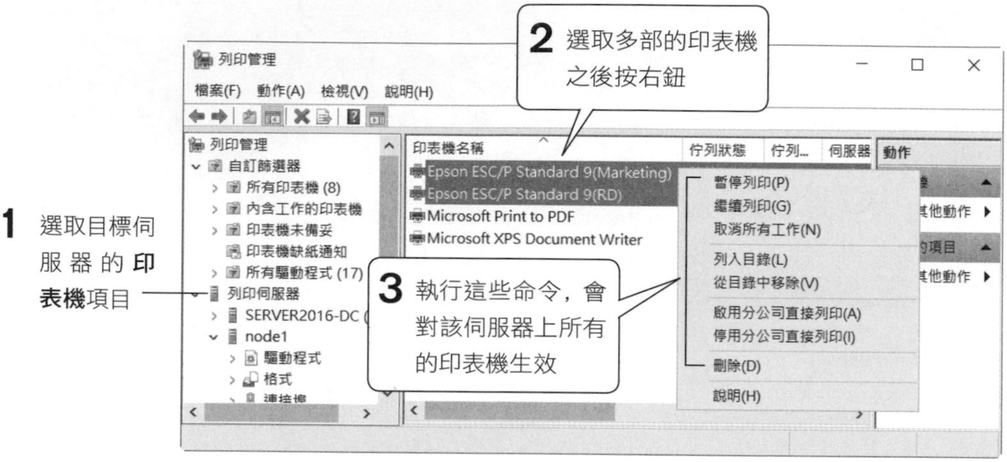

- 管理某一部印表機的文件：

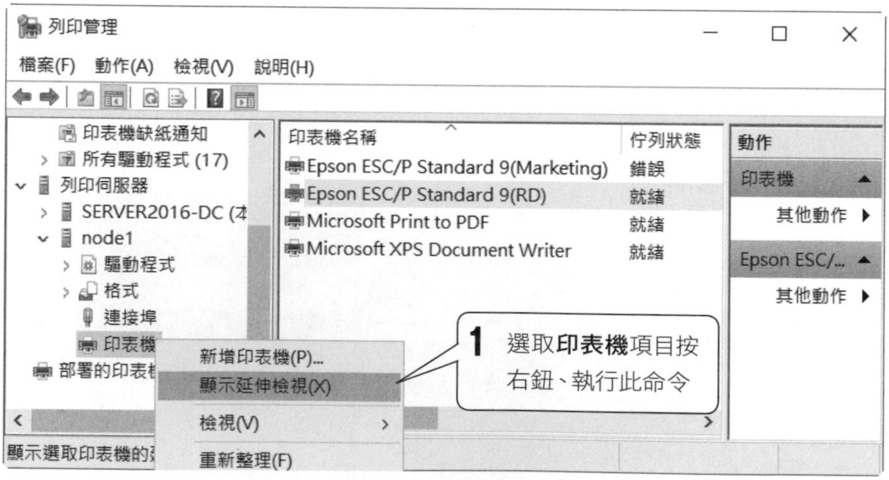

2 選取要管理哪一部印表機

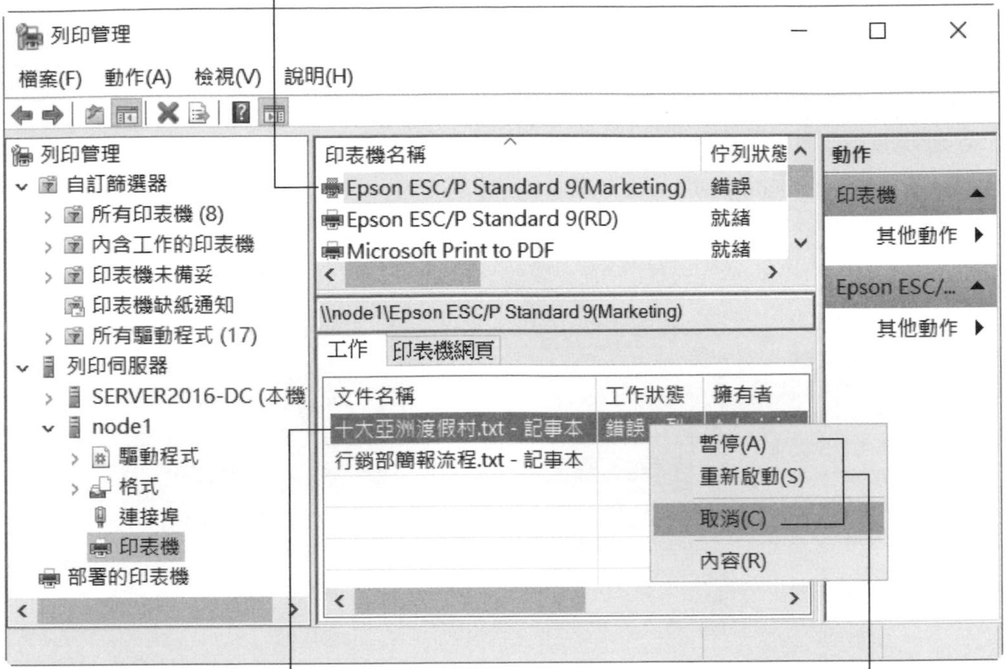

3 選取要管理的文件、按右鈕

根據需求執行適當的命令

➊ 將特定印表機從 AD 資料庫中移除：

假設要將全部的 EPSON 印表機從 AD 資料庫中移除，首先可自訂一個篩選條件找出它們，其主要設定內容如下：

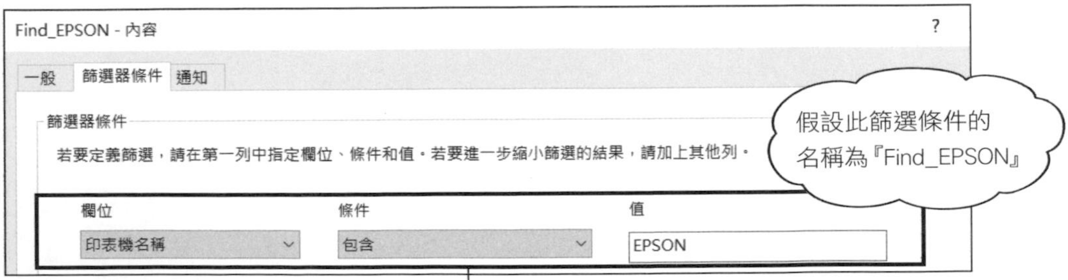

自訂篩選條件，找出名稱包含 EPSON 的印表機（詳細的步驟請參考前文）

接著針對找到的印表機，一次便完成設定：

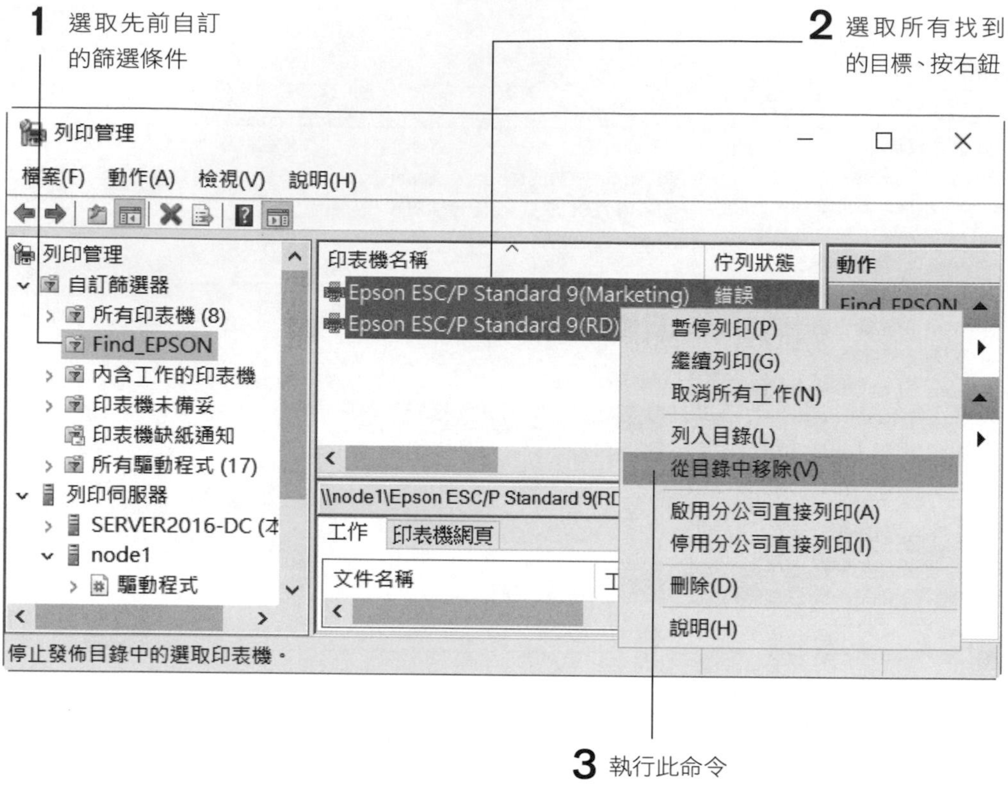
1 選取先前自訂的篩選條件
2 選取所有找到的目標、按右鈕
3 執行此命令
列印管理
檔案(F) 動作(A) 檢視(V) 說明(H)
列印管理
自訂篩選器
所有印表機 (8)
Find_EPSON
內含工作的印表機
印表機未備妥
印表機缺紙通知
所有驅動程式 (17)
列印伺服器
SERVER2016-DC
node1
驅動程式
印表機名稱
佇列狀態
Epson ESC/P Standard 9(Marketing)
錯誤
Epson ESC/P Standard 9(RD)
動作
暫停列印(P)
繼續列印(G)
取消所有工作(N)
列入目錄(L)
從目錄中移除(V)
啟用分公司直接列印(A)
停用分公司直接列印(I)
刪除(D)
說明(H)
工作
印表機網頁
文件名稱
停止發佈目錄中的選取印表機。

CHAPTER

10

群組原則－基礎篇

10-1 群組原則的基本觀念
10-2 建立與管理群組原則
10-3 委派群組原則管理
10-4 安全性設定

乍看『群組原則』(Group Policy) 一詞，很容易令人誤以為它與前面提過的群組有密切的關係。其實，『群組原則』與『群組』沒有關係，只是代表『一群』或『一組』原則。

系統管理員可利用群組原則來管理 AD 網域中的電腦與使用者，包括：使用者的桌面環境、電腦啟動 / 關機所執行的指令檔、使用者登入 / 登出所執行的指令檔、資料夾重新導向等等。曾用過 Windows NT 4.0 的使用者或許會覺得群組原則類似於 Windows NT 4.0 的系統原則。從功能面來看，群組原則的確可以視為系統原則的『威力加強版』，然而其運作機制卻不相同。

我們將說明觀念、套用機制以及基本操作，然後以常用的群組原則來示範應用。

10-1 群組原則的基本觀念

通常每種管理工具都會有使用上的前提，群組原則當然也不例外。以下為使用群組原則的前提：

- 群組原則的設定資料儲存在 AD 資料庫中，因此必須在網域控制站（或是從遠端登入網域控制站）設定群組原則。
- 群組原則只能影響『電腦』與『使用者』這兩種物件。換言之，無法利用群組原則來管理印表機、共用資料夾等其它物件。
- 群組原則不能套用到群組，只能套用到『站台、網域或組織單位』——統稱為 **SDOU**（Site、Domain、OU）。

- 群組原則不適用於 Windows 9x 和 Windows NT 系統，所以不能套用在這些電腦。

- 群組原則不會影響未加入網域的電腦和使用者，對於這些電腦和使用者，可使用『本機電腦原則』來管理。『本機電腦原則』就是**本機群組原則**，僅能影響本機的電腦設定與本機使用者帳戶。不過一般（包括本章在內）所談的群組原則，是指套用到 SDOU 的群組原則，不包括本機群組原則。

群組原則與 GPO

群組原則的設定資料皆以物件的形式存在，這種物件稱為**群組原則物件**（GPO, Group Policy Object）。換言之，**一個 GPO 就等於一個群組原則**。

剛建好 AD 網域時，預設有兩個 GPO－**Default Domain Policy** 和 **Default Domain Controllers Policy**，前者用來管理網域中所有的電腦與使用者；後者則專門用於管理網域控制站。根據**微軟**的建議，使用者所要做的設定，最好寫在另外新增的 GPO，儘量避免修改預設的兩個 GPO，以免影響系統的運作。

GPO 的連結關係

當我們要將某一個群組原則套用在 SDOU，具體的作法便是將代表該原則的 GPO 與 SDOU 建立連結關係。簡而言之，**建立連結關係 ＝ 套用！** 舉例來說，將『密碼有效期為 60 日』這個 GPO 連結到『flag.com』網域，就等於是將『密碼有效期為 60 日』這個群組原則套用到『flag.com』網域。

至於 GPO 與 SDOU 間的連結關係，可以是一對一、一對多或多對一，如下圖：

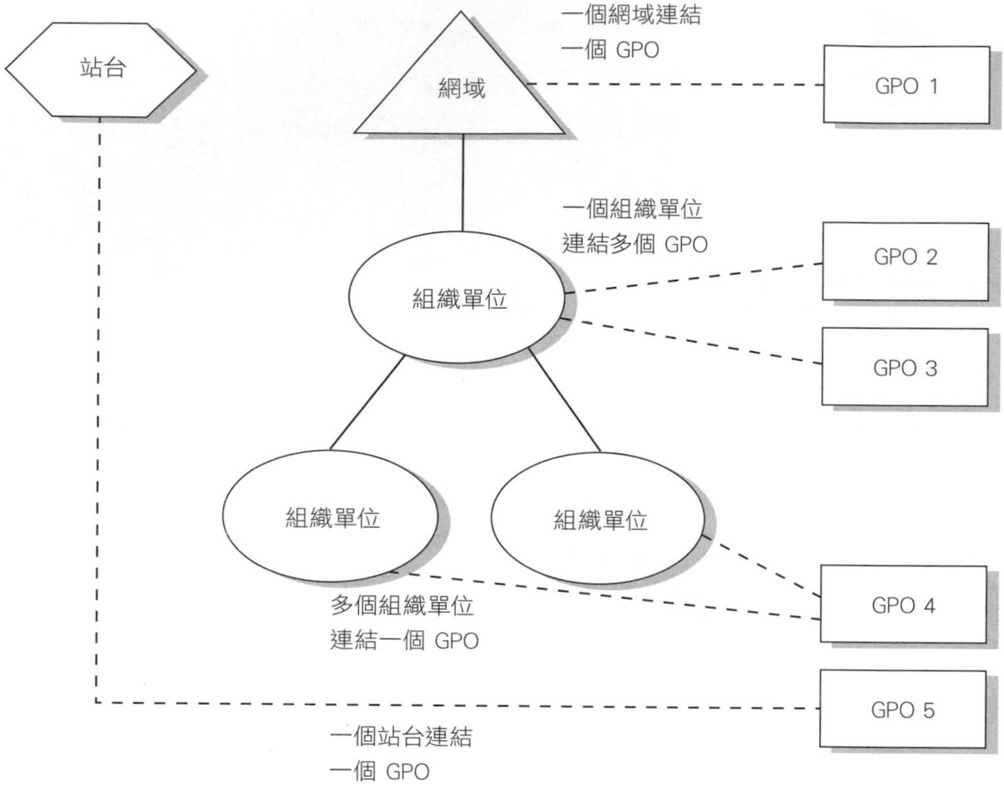

群組原則的套用順序

倘若我們對於站台、網域和組織單位都套用了群組原則，究竟誰的群組原則先套用、誰的後套用呢？誰先誰後有差別嗎？

群組原則的套用順序為：最先套用本機電腦原則，其次為站台的群組原則，再其次為網域的群組原則，最後是組織單位的群組原則，如下圖：

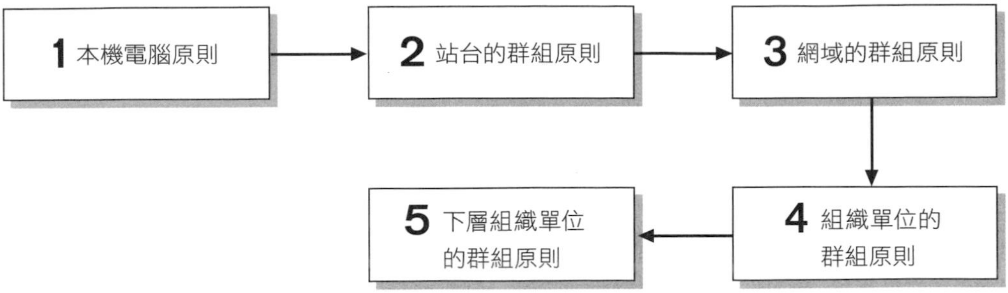

在套用過程中，原則上是『後套用』的設定值**覆蓋**『先套用』的設定值！但是後面會介紹透過特殊的設定可打破此原則。

群組原則的特性

在規劃群組原則之前，必須了解其它的兩項特性－－**繼承**（Inheritance）與**累加**（Cumulation）。

繼承

在 AD 架構中，若 X 容器包含 Y 容器，則 Y 容器便是 X 容器的『子容器』 (Child Container)。在預設的情形，子容器會繼承上層容器的群組原則，如下圖：

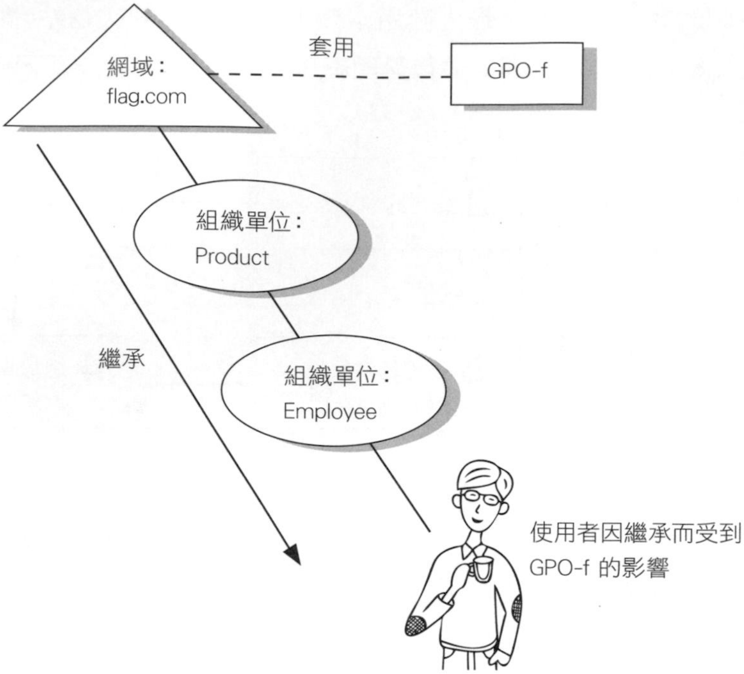

在上圖中，雖然 Product 和 Employee 沒有連結任何 GPO, 但是因為上層的網域連結了 GPO-f, 所以它們的成員也受到 GPO-f 的影響。所以，千萬別認為：『我沒有對組織單位設定任何群組原則，所以不會受到群組原則的影響』。因為雖然在這一層沒設定，說不定在上一層、甚至上兩層有設定，這都同樣有影響。

雖然在 AD 架構中，並不存在「站台→網域→組織單位」的階層關係－－因為一個網域可能包括多個站台；一個站台也可能包括多個網域。可是從群組原則的繼承作用來看，卻存在這樣的關係。換句話說，這時候可以暫時把站台看成網域的上層容器。

但是在繼承關係中存在一個例外－－子網域不會繼承上層網域的群組原則！也就是說，網域的群組原則會影響下層的組織單位，卻不會影響下層的網域，這一點值得注意。

累加

假設 flag.com 網域連結 GPO-f, Product 與 Employee 這 2 個組織單位分別連結 GPO-P 及 GPO-E, 則 Product 與 Employee 除了自己套用的群組原則外， 還會繼承來自上層容器的原則。總和這些群組原則所造成的結果，我們姑且稱為『有效原則』（Effective Policy），請見下圖：

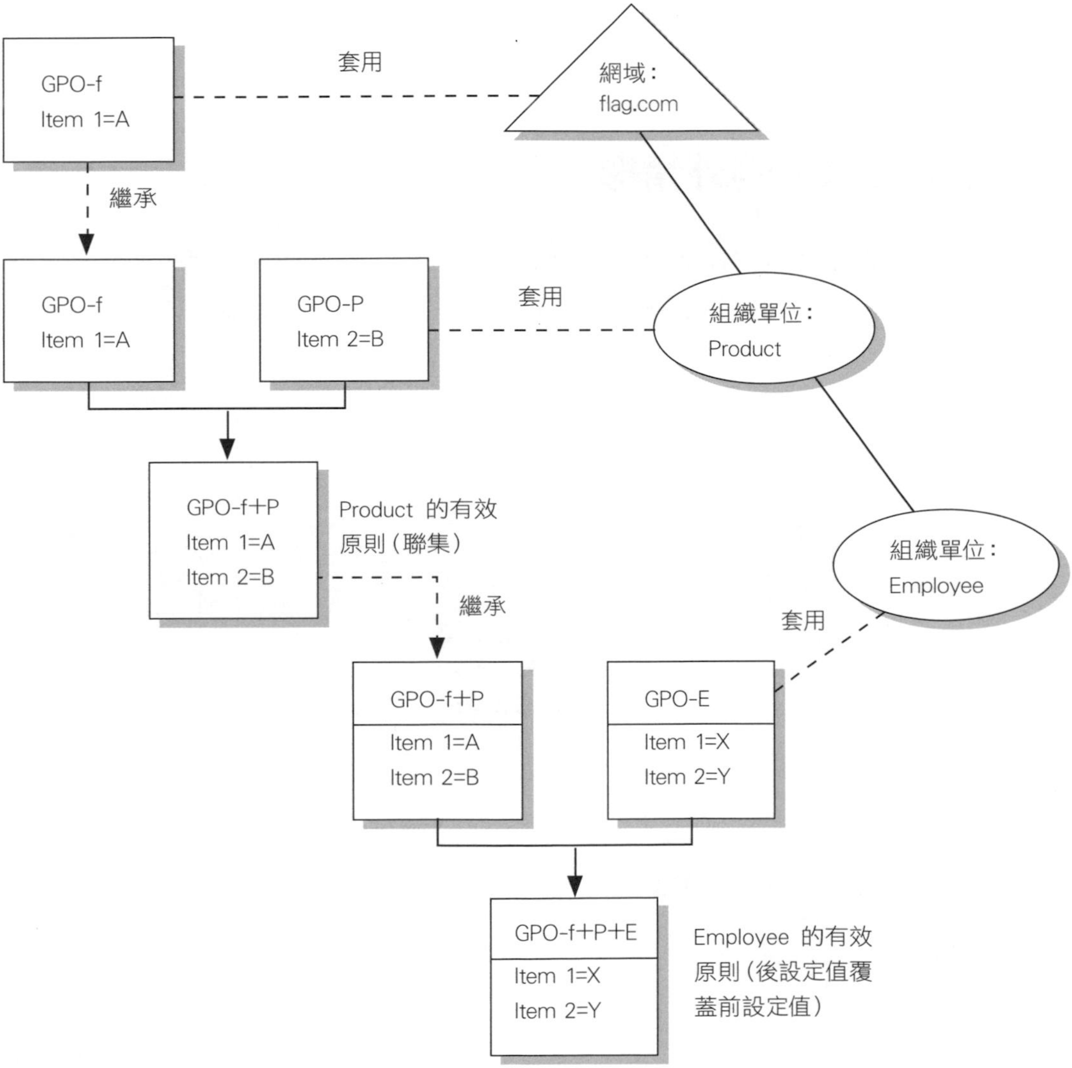

下層容器會先套用繼承自上層容器的群組原則，然後再套用本身的群組原則。當上層的設定項目與下層的設定項目不同時，群組原則的效果可以相加，也就是取其聯集，如前圖的 GPO-f+P，這就是所謂的『累加』特性。

若不同的群組原則對同一個項目有不同的設定，則先套用的原則（上層原則）會被後套用的原則（下層原則）所覆蓋，如前圖的 GPO-f+P+E。

總而言之，有效原則是多個群組原則的聯集，但是遇到衝突時，係以後設定值覆蓋前設定值。

繼承關係的例外情形

上述的繼承與累加為套用 GPO 的基本特性，但是可以有例外情形。這種例外情形必須利用**禁止繼承**（Block Inheritance）和**強制**（Enforced）兩種設定來產生。

禁止繼承

對於子容器（下層容器）設定**禁止繼承**，便可以阻擋來自上層容器的群組原則的影響：

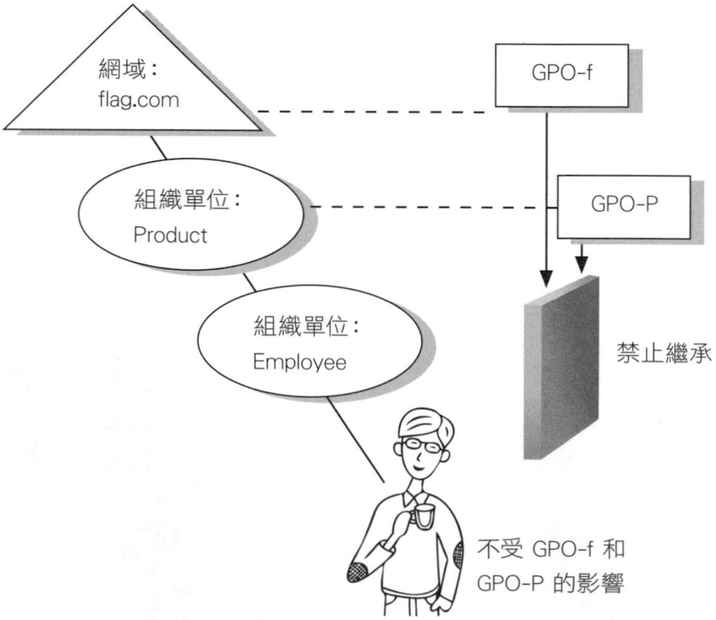

在上圖中，由於對 Employee 設定了**禁止繼承**，因此它的成員便不會受到 GPO-f 和 GPO-P 的影響。

強制

不同於**禁止繼承**是針對子容器做設定，強制生效是針對『GPO』做設定。設為**強制**的 GPO 等於擁有『尚方寶劍』、無人能擋！不但其它 GPO 的設定與其抵觸者一律無效，即使在下層容器設定了**禁止繼承**，依然擋不住！以下圖為例，在 GPO-f 設定了**強制**，但 GPO-P 則否，因此 Employee 的**禁止繼承**擋住了 GPO-P、卻擋不住 GPO-f 的影響：

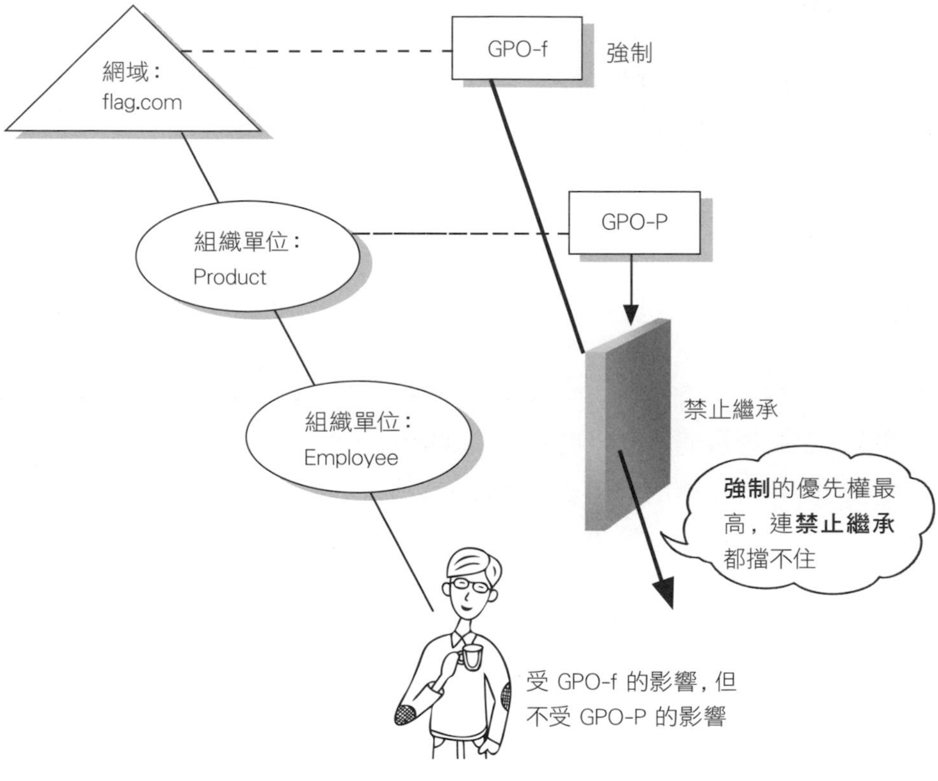

雖然，**禁止繼承**與**強制**可以用來規劃較有彈性的群組原則，但是若濫用反而會使得群組原則的關係更複雜，因此務必謹慎使用。

何時會套用群組原則

群組原則究竟在什麼時間點會套用到對象呢？亦即，它何時發揮效力呢？在說明這點之前，我們必須先知道，依據套用對象的不同，每個群組原則可分為『電腦設定』與『使用者設定』兩部份，分別套用到電腦與使用者，而且是以兩個獨立的套用程序，分別在不同的時間點執行。

開機 / 登入

『電腦開機』與『使用者登入』時，皆會套用群組原則：

電腦開機

當電腦開機（或是執行重新啟動）時，網域控制站會根據該電腦帳戶所隸屬的站台、網域或組織單位，決定應套用哪些群組原則的『電腦設定』部份。所以當我們看到螢幕出現登入的畫面時，表示已經套用了群組原則的『電腦設定』部分。

使用者登入

當使用者登入（按 Ctrl + Alt + Del 鍵，輸入帳戶名稱與密碼）時，網域控制站會根據該使用者帳戶所隸屬的站台、網域或組織單位，決定必須套用哪些群組原則的『使用者設定』部分。所以當我們看到螢幕出現各使用者自己的**桌面**時，表示已經套用了群組原則的『使用者設定』部分。

一般而言，在電腦順利啟動之後，使用者才能用該電腦登入網域。因此是**先套用電腦設定，後套用使用者設定**。不過，當電腦設定和使用者設定發生衝突時，若依照前述的觀念，應該是後套用的使用者設定覆蓋掉先套用的電腦設定－－然而事實並非如此，而是**電腦設定覆蓋掉使用者設定**！

此外，由於電腦與使用者可能分別隸屬不同的 SDOU，因此各自會繼承不同的 GPO，我們以下圖說明這種情形：

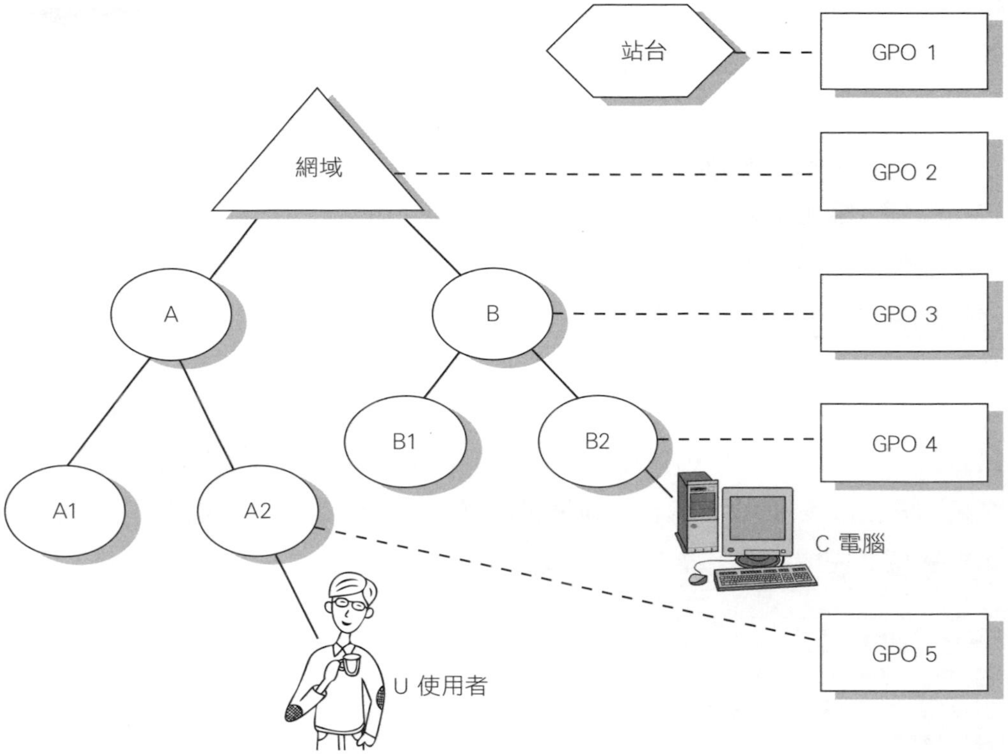

上圖中 U 使用者隸屬於 A2 組織單位，C 電腦隸屬於 B2 組織單位，當 U 使用者從 C 電腦開機並登入網域時，套用 GPO 的情形如下：

1. 當 C 電腦開機時，會依序套用 GPO1→GPO2→GPO3→GPO4 中『電腦設定』的部份。

2. 當 U 使用者登入時，會依序套用 GPO1 → GPO2 → GPO5 中『使用者設定』的部份。

定期重新套用

啟動了作業系統之後，工作站定期會自動重新套用群組原則。但是為了避免大家同時向網域控制站讀取群組原則，造成網路流量的瓶頸，因此實際更新群組原則的間隔時間，是在 90 ～ 120 分鐘的範圍內以亂數產生。倘若要強迫立即套用群組原則，可在工作站執行 GPupdate.exe。

10-2 建立與管理群組原則

介紹過群組原則的理論後，接下來我們以 IT 組織單位為例，示範套用、停用和篩選群組原則的操作步驟。

建立及套用群組原則

假設要建立一個新的群組原則並套用到 IT 組織單位，請在**伺服器管理員**執行『**工具／群組原則管理**』命令，開啟**群組原則管理**主控台。並在網域名稱 xdom.biz 按右鈕執行『**新增組織單位**』命令，建立一個名為『IT』的組織單位，完成後如下操作：

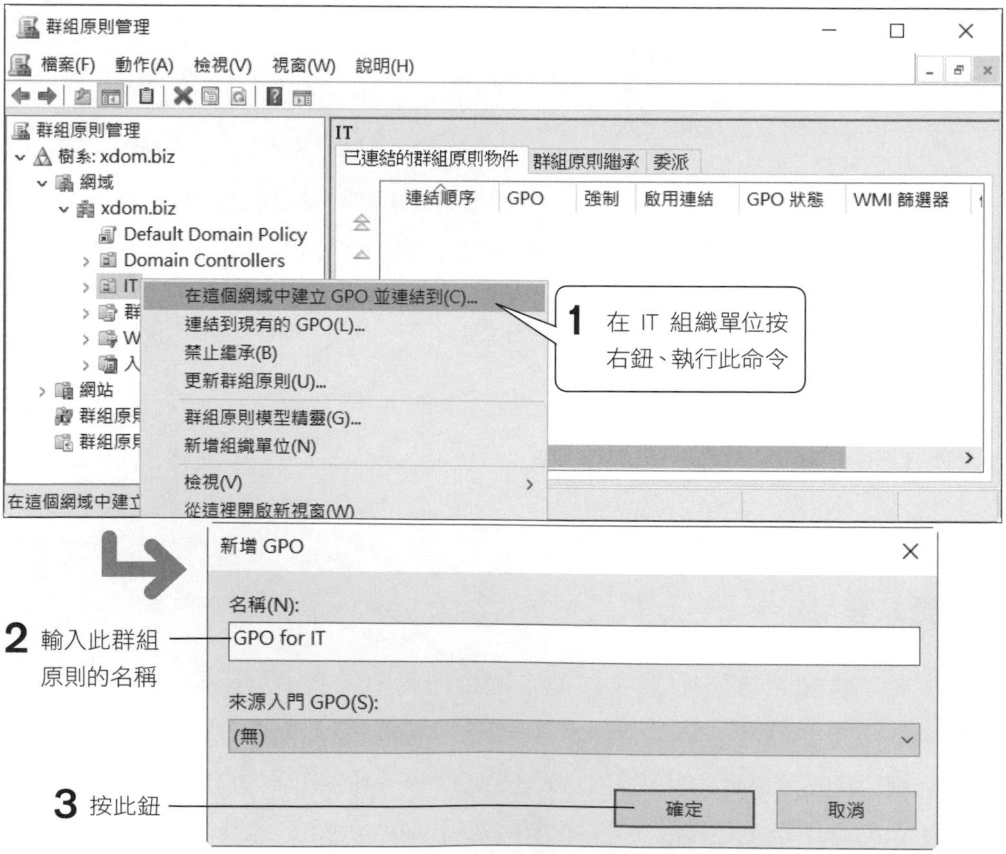

完成上述步驟就已經將 GPO for IT 這個 GPO 連結到 IT, 亦即將此群組原則套用到 IT。但是由於此群組原則尚未做任何設定, 因此無法發揮實際的效益。

Tip 以上的操作不適用於**站台**, 若要使 GPO 連結到站台, 必須執行**連結到現有的 GPO** 命令, 詳情請參考後文的『套用既有的群組原則』。

若是要新增一個暫時『不套用到任何對象』的群組原則：請在**群組原則物件**按右鈕, 執行『**新增**』命令, 後續的操作請參考前文。

群組原則的內容

先前已經建立了一個群組原則－－ GPO for IT, 現在就來看看它的內容為何。請開啟**群組原則管理**主控台：

1 展開**群組原則物件**的內容

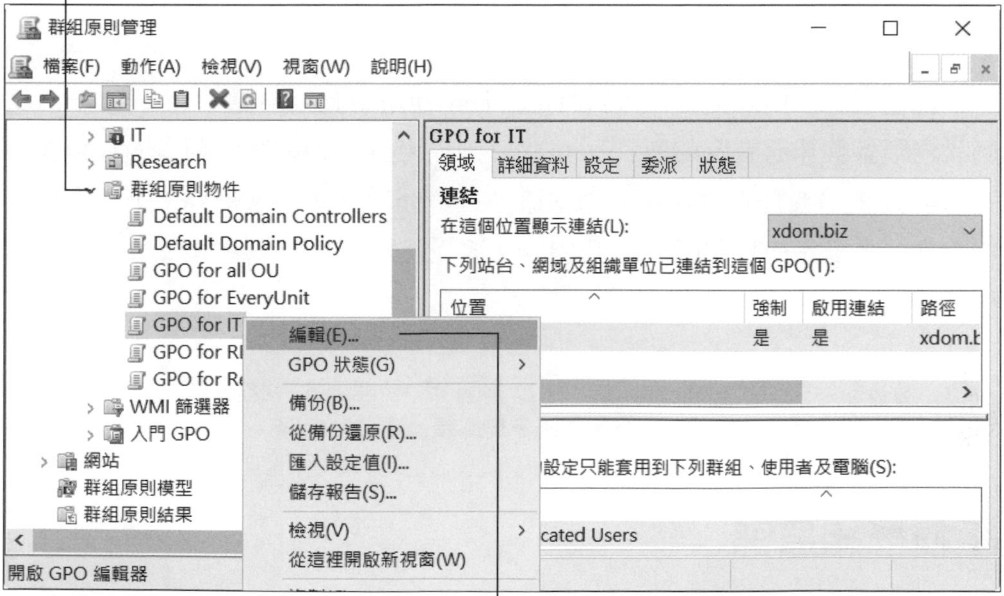

2 在 GPO for IT 原則按右鈕、執行『**編輯**』命令

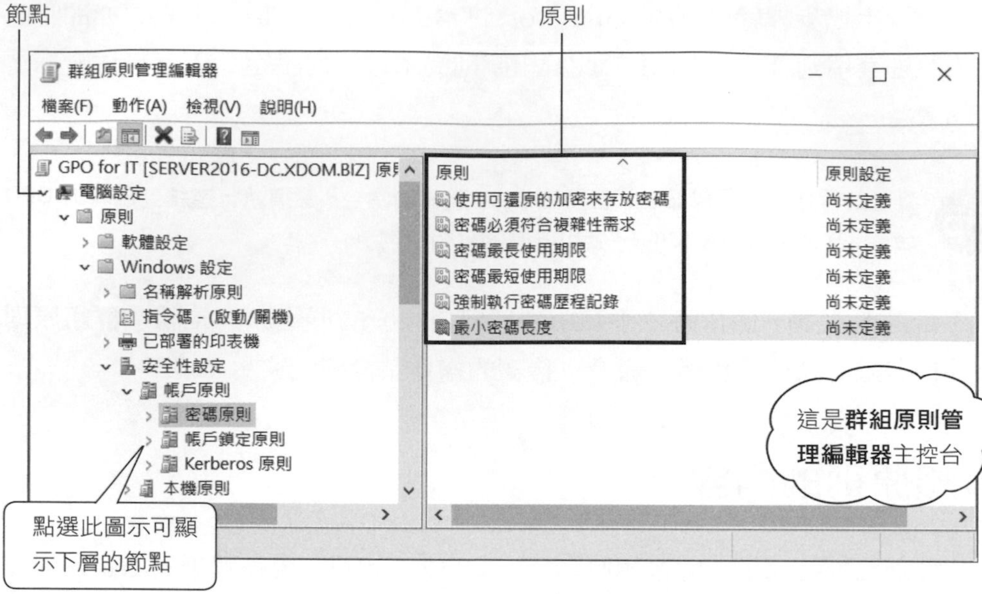

在**群組原則管理編輯器**主控台中，我們可以看出所有的原則組織成樹狀結構，並以『節點』來分門別類，『節點與原則』的關係猶如『資料夾與檔案』的關係。

每個群組原則都區分為**電腦設定**節點和**使用者設定**節點，顧名思義，**電腦設定**包含與電腦有關的原則，這些原則只會套用到電腦帳戶；而**使用者設定**包含與使用者有關的原則，這些原則只會套用到使用者帳戶。至於它們下層的許許多多子節點與原則，我們無法逐一說明，但是會在後文介紹比較常用到的原則。

Tip 若按**開始**鈕，輸入 "GPEdit.msc"、按 Enter 鍵，會開啟**本機群組原則編輯器**主控台，它的結構和操作方式都與**群組原則管理編輯器**主控台相同。

編輯群組原則

以下示範將 GPO for IT 這個 GPO 的**最小密碼長度**原則設為 3 個字元，首先請開啟**群組原則管理**主控台：

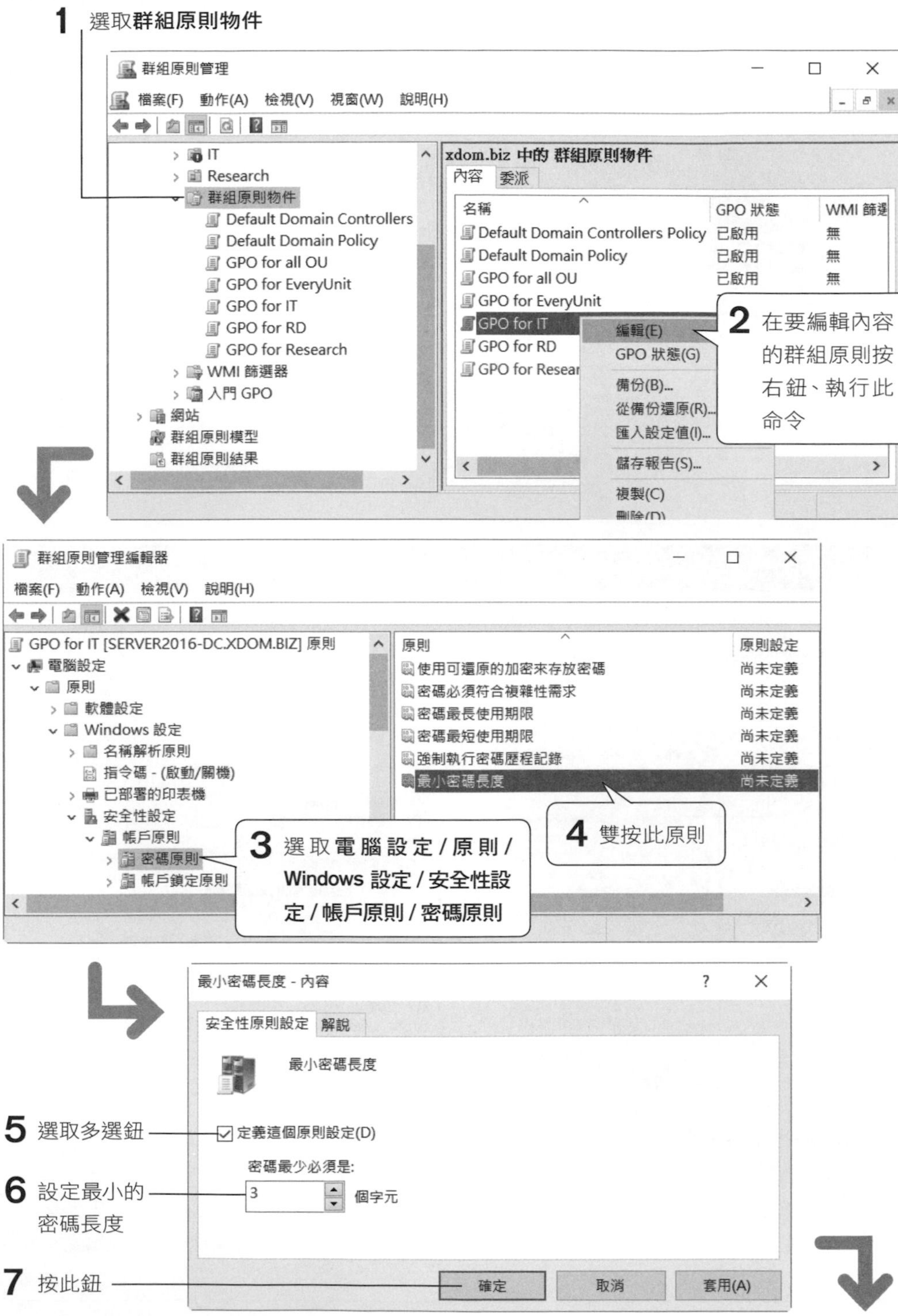
1 選取群組原則物件
群組原則管理
檔案(F) 動作(A) 檢視(V) 視窗(W) 說明(H)
IT
Research
群組原則物件
Default Domain Controllers
Default Domain Policy
GPO for all OU
GPO for EveryUnit
GPO for IT
GPO for RD
GPO for Research
WMI 篩選器
入門 GPO
網站
群組原則模型
群組原則結果
xdom.biz 中的 群組原則物件
內容 委派
名稱 GPO 狀態 WMI 篩選
Default Domain Controllers Policy 已啟用 無
Default Domain Policy 已啟用 無
GPO for all OU 已啟用 無
GPO for EveryUnit
GPO for IT
GPO for RD
編輯(E)
GPO 狀態(G)
備份(B)...
從備份還原(R)...
匯入設定值(I)...
儲存報告(S)...
複製(C)
2 在要編輯內容的群組原則按右鈕、執行此命令
群組原則管理編輯器
檔案(F) 動作(A) 檢視(V) 說明(H)
GPO for IT [SERVER2016-DC.XDOM.BIZ] 原則
電腦設定
原則
軟體設定
Windows 設定
名稱解析原則
指令碼 - (啟動/關機)
已部署的印表機
安全性設定
帳戶原則
密碼原則
帳戶鎖定原則
原則 原則設定
使用可還原的加密來存放密碼 尚未定義
密碼必須符合複雜性需求 尚未定義
密碼最長使用期限 尚未定義
密碼最短使用期限 尚未定義
強制執行密碼歷程記錄 尚未定義
最小密碼長度 尚未定義
3 選取電腦設定 / 原則 / Windows 設定 / 安全性設定 / 帳戶原則 / 密碼原則
4 雙按此原則
最小密碼長度 - 內容
安全性原則設定 解說
最小密碼長度
5 選取多選鈕
定義這個原則設定(D)
密碼最少必須是:
3 個字元
6 設定最小的密碼長度
7 按此鈕
確定 取消 套用(A)

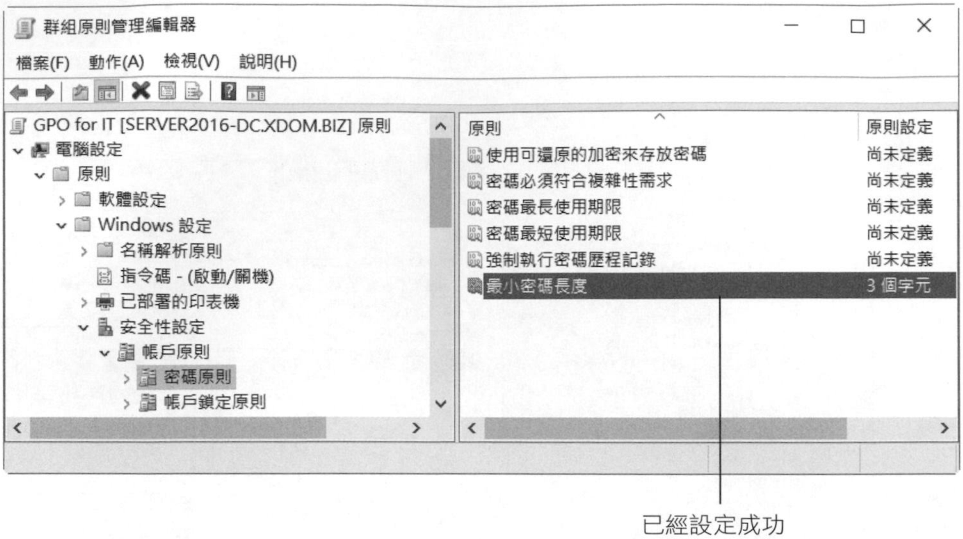

同一個群組原則，為何出現在好幾個地方？

在群組原則的樹狀結構中，一個群組原則不但出現在**群組原則物件**容器下層，也會出現在套用對象的下層，以下圖為例：

Default Domain Policy 是一個 GPO，所以歸類在**群組原則物件**容器下層，但是因為與 xdom.biz 網域建立了連結關係（亦即套用到該網域），因此也出現在該網域的下層。不過為了有所區別，在該網域下層顯示的是『捷徑』(Shortcut) 圖示，告訴我們：『這裡只是一個捷徑（連結關係），不是實際的 GPO』。若選取此捷徑，會看到以下的交談窗：

NEXT

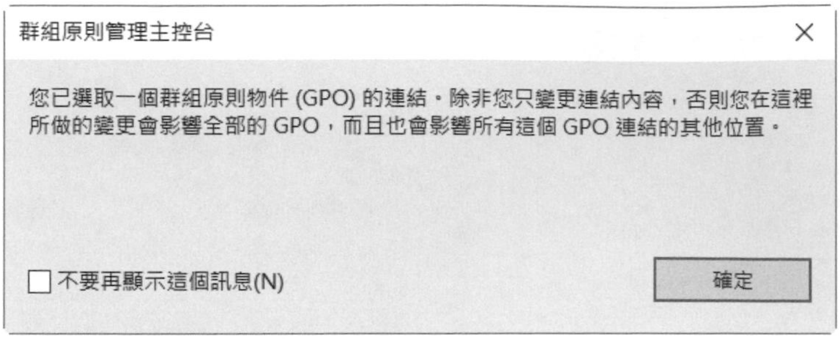

此交談窗是提醒我們：『雖然所選的是一個捷徑（連結關係），但是所做的變動會寫到實際的 GPO，因此也會影響該 GPO 的其它連結關係』。

設定『禁止繼承』與『強制』

如果希望 IT 不要繼承上層的群組原則，則需對該組織單位設定**禁止繼承**原則；如果希望 GPO for IT 的設定在下層組織單位都有效，不被其它群組原則阻擋或覆蓋，則須對此 GPO 設定**強制**原則。以下示範這兩種設定方式，首先請開啟**群組原則管理**主控台：

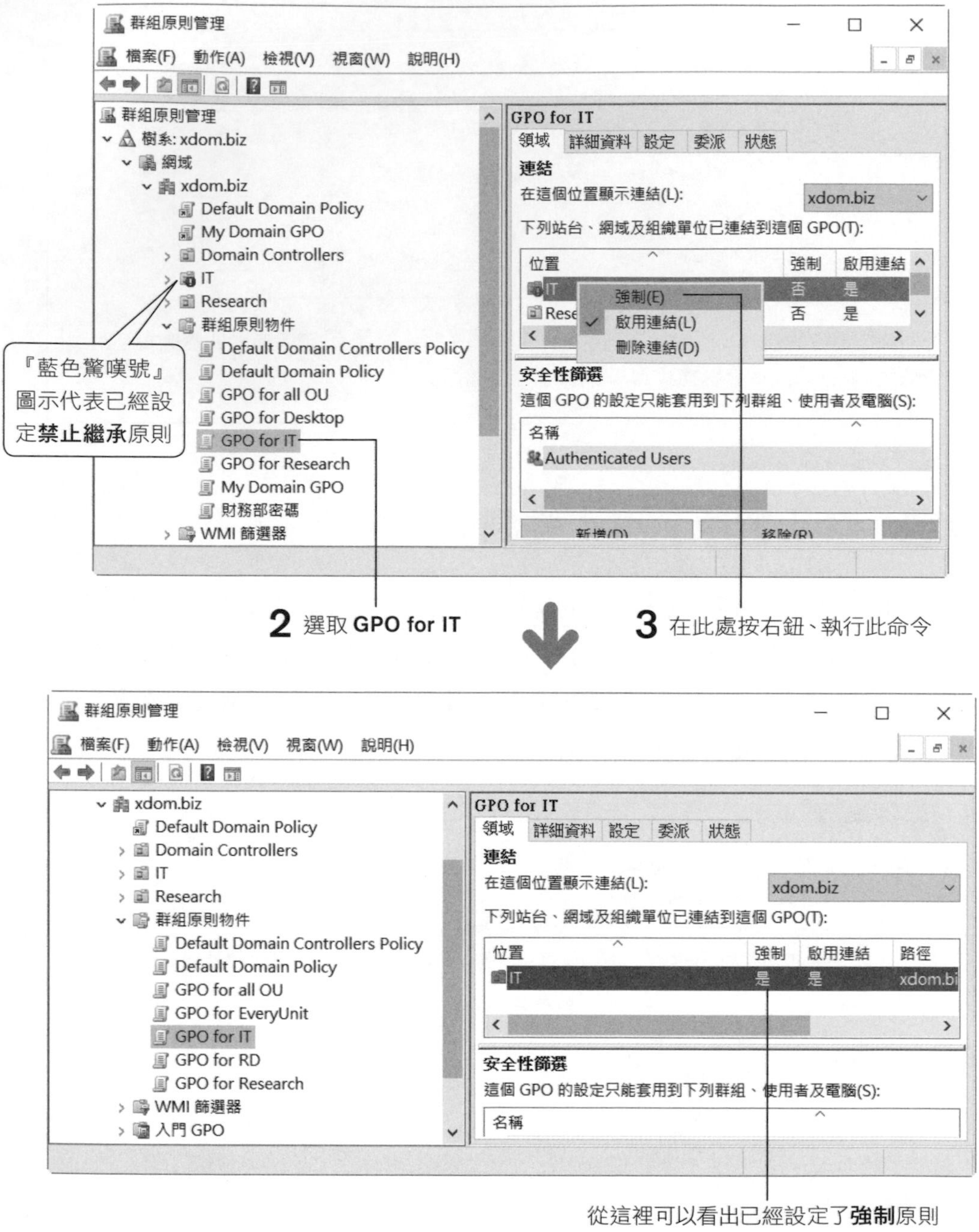
『藍色驚嘆號』圖示代表已經設定禁止繼承原則
2 選取 GPO for IT
3 在此處按右鈕、執行此命令
從這裡可以看出已經設定了強制原則

總之，**禁止繼承**通常是對『組織單位』設定；而**強制**則是對 『GPO』設定。

套用既有的群組原則

除了在新增 GPO 時套用到 SDOU 之外，也可以將 SDOU 連結到既有的 GPO。假設 GPO for Research 群組原則已經存在，現在要對 Research 組織單位套用該原則，請開啟**群組原則管理**主控台：

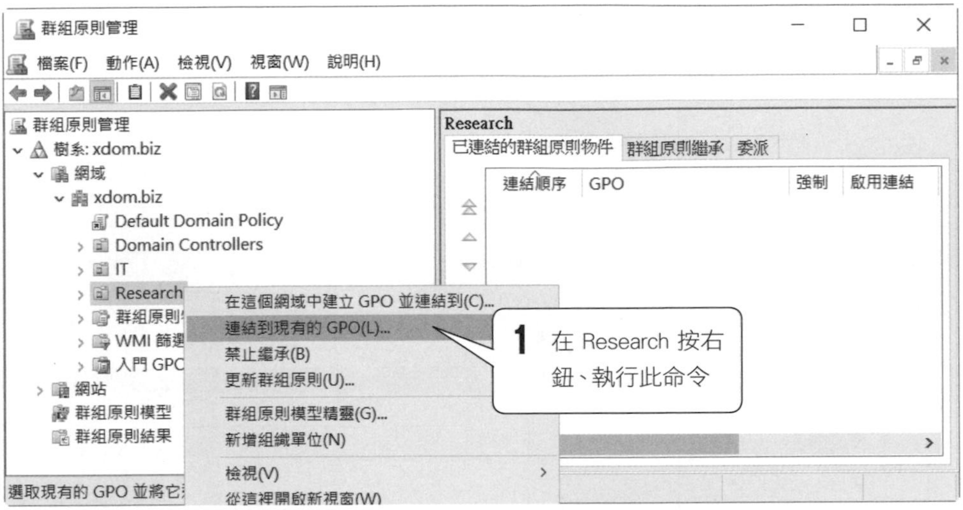

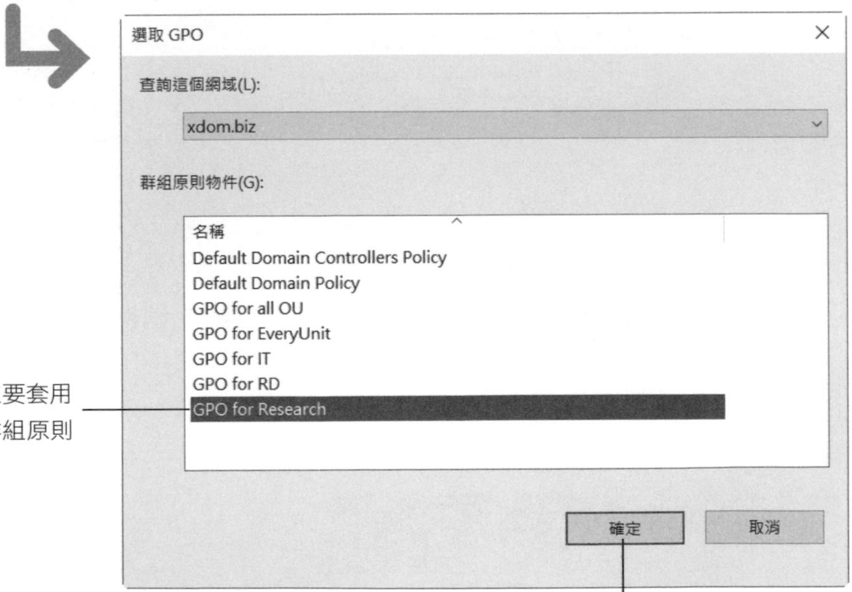

2 選取要套用的群組原則

3 按此鈕完成設定

調整套用群組原則的順序

當同一個物件連結到多個 GPO 時，愈先建立連結者、優先權愈高－－亦即愈晚套用，才能覆蓋其它原則。若要修改套用的順序，同樣是在**群組原則管理**主控台設定：

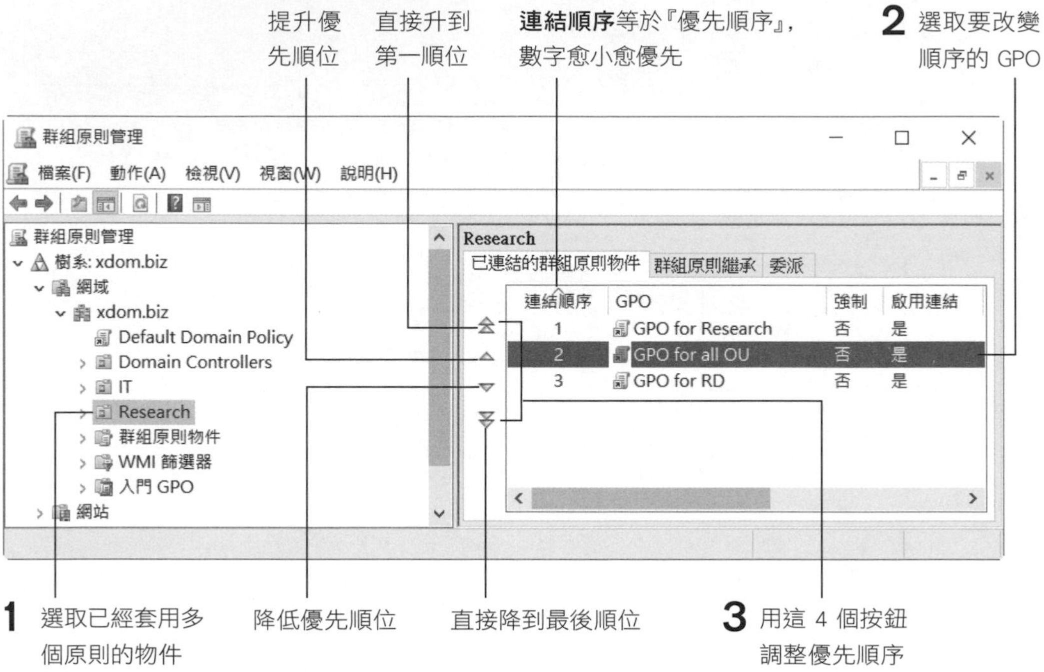

不過，在上圖只顯示自行套用的群組原則，並未顯示因繼承而套用的群組原則。若要將兩者合併顯示，應在右視窗切換到**群組原則繼承**頁次：

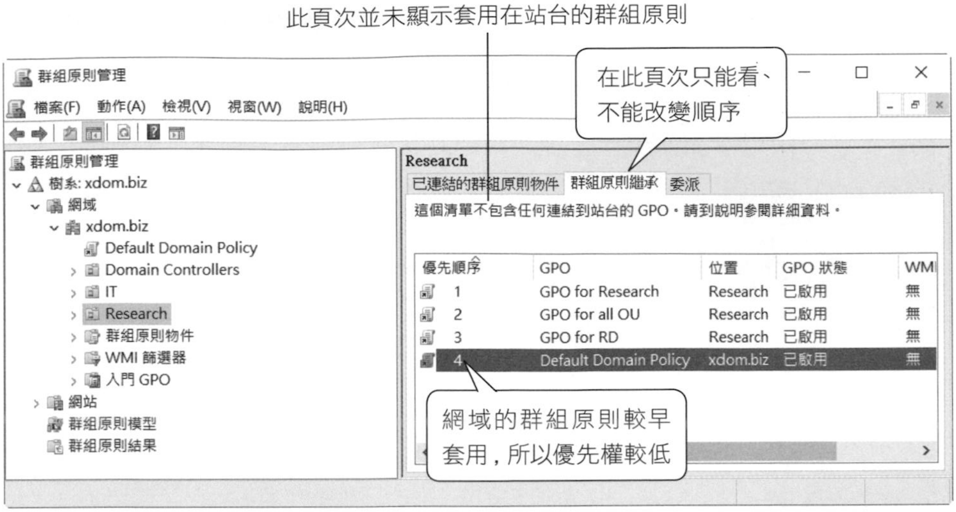
此頁次並未顯示套用在站台的群組原則
在此頁次只能看、不能改變順序
網域的群組原則較早套用，所以優先權較低

中斷連結和刪除連結

中斷連結只是中斷 GPO 與 SDOU 的連結關係，GPO 還是存在；刪除連結也是刪除連結關係，GPO 同樣還是存在。

假設要中斷 Research 組織單位與 GPO for IT 的連結關係，請如下操作：

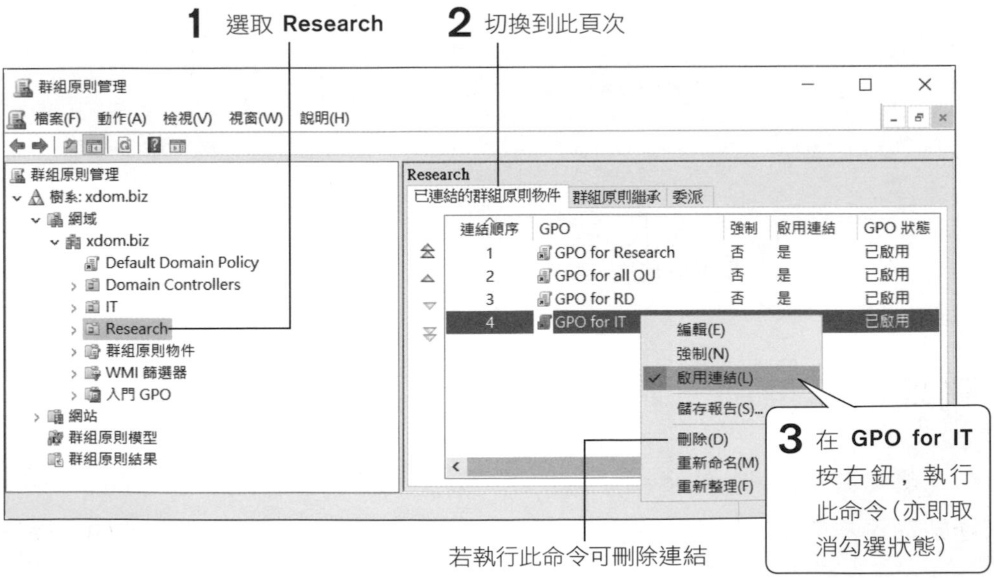
1 選取 Research
2 切換到此頁次
3 在 GPO for IT 按右鈕，執行此命令（亦即取消勾選狀態）
若執行此命令可刪除連結

爾後若要再恢復連結，以相同方式再次執行『**啟用連結**』命令即可。

萬一 GPO for IT 套用到很多的組織單位，我們不想逐一停用，以避免將來還要逐一啟用，此時可直接將 **GPO 狀態**變更為『停用』，便能一次中斷所有的連結關係：

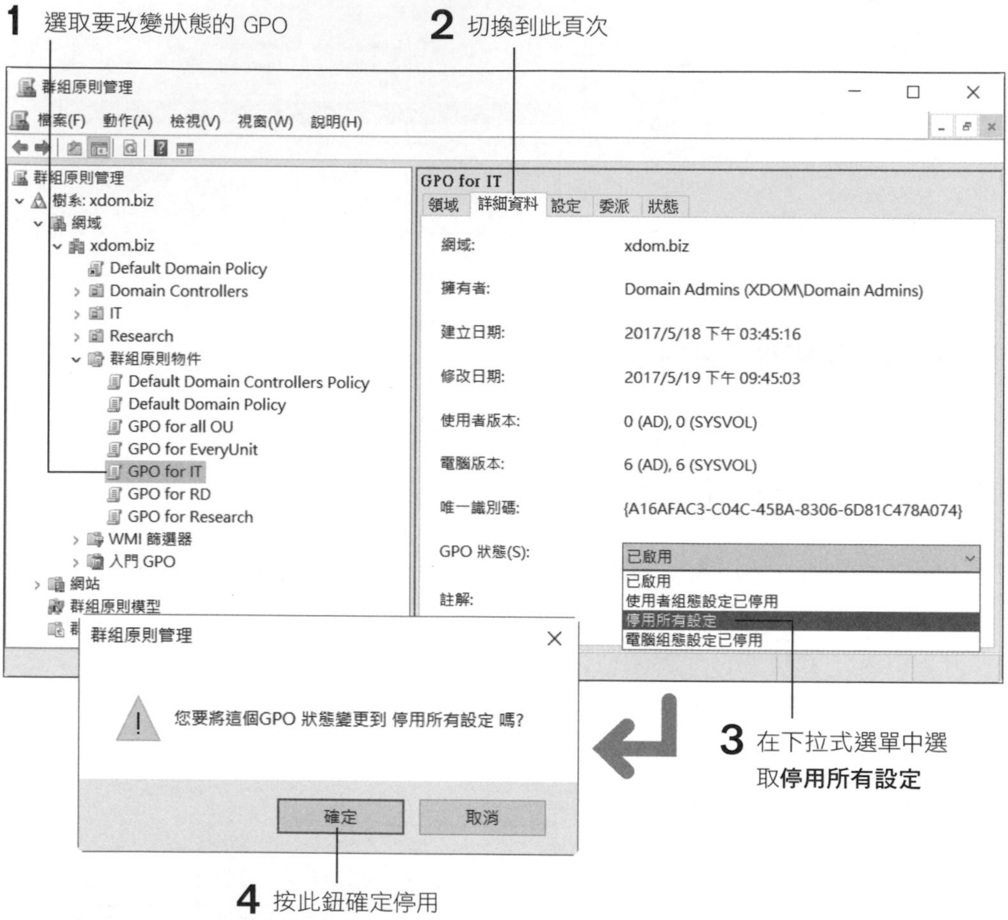

刪除群組原則

刪除群組原則意味著刪除 GPO，既然 GPO 不存在，原本建立的所有連結關係當然也一併中斷。假設要刪除 GPO for IT 這個原則，請如下操作：

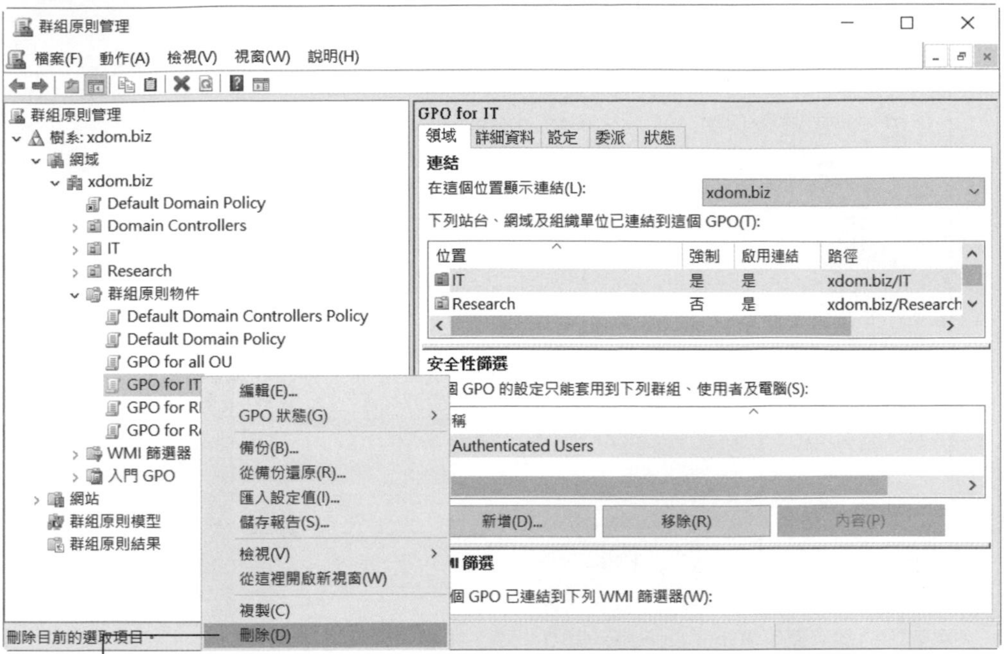

1 在要刪除的群組原則按右鈕、執行此命令

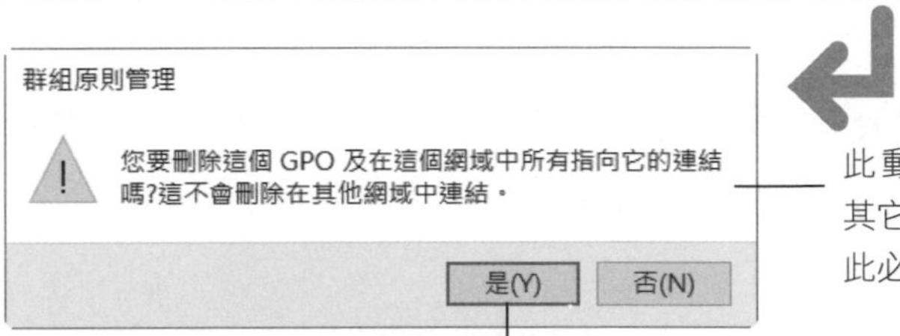

此動作無法刪除對其它網域的連結，因此必須手動將其刪除

2 按此鈕確定刪除

停用電腦設定或使用者設定

套用群組原則會增加電腦開機與使用者登入所耗費的時間，而且套用得愈多、耗費得愈久。由於每一個原則都分為『電腦設定』和『使用者設定』兩類，若我們只設定其中一類原則，便毋須套用另一類原則－－因為沒設定，即使套用了也沒用－－如此可以加快啟動或登入的速度。舉例來說，套用在 IT 組織單位的 GPO for Desktop 係用來管理使用者的桌面環境，只牽涉到『使用者設定』，此時就可以停用它的『電腦設定』：

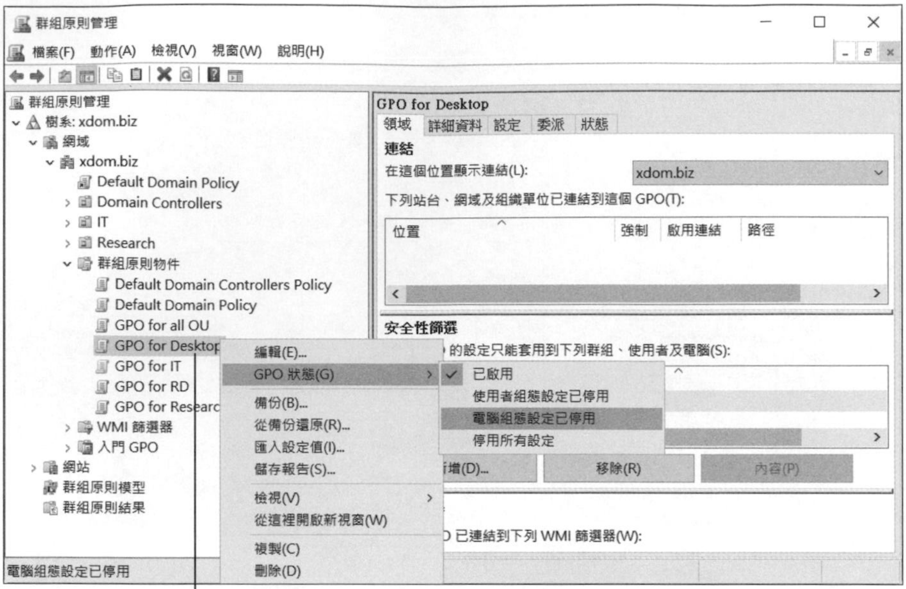

在設定的群組原則物件按右鈕執行 **GPO 狀態 / 電腦組態設定已停用**命令

同理，對於只影響『電腦設定』的原則，應執行上圖中的**使用者組態設定已停用命令**，以停用『使用者設定』的部分。

篩選套用的對象

在預設狀況下，將某個群組原則套用到 SDOU 後，該 SDOU 的 **Authenticated Users** 群組的成員都受到此原則的影響。假設只是要讓特定的對象受影響或不受影響，便可以利用『篩選』功能。群組原則的篩選方式可以區分以下兩種：

- **WMI 篩選**（Windows Management Instrumentation Filtering）：以『電腦』為篩選對象，藉由執行 WMI 查詢（WMI Query）後的傳回值，來決定該電腦是否套用群組原則。例如：查詢電腦的作業系統是否為 Windows 10，若傳回 True、則套用原則；若傳回 False、則不套用。由於這部分涉及用 WQL 語言執行 WMI 查詢，因此不在本書介紹。

Tip WQL (WMI Query Language) 語言源自於 ANSI SQL, 但所包含的指令較少，主要用來執行 WMI 查詢。

- **安全性篩選**（Security Filtering）：以『電腦、使用者和群組』為篩選對象。毋須設計程式，只要修改 GPO 的 ACL, 便能決定哪些對象不受群組原則的影響，後文將以此作為示範。

Tip 別忘了，『電腦、使用者和群組』統稱為『安全性原則』！

系統預設 **Authenticated Users** 群組對於所有的 GPO 擁有**讀取**和**套用群組原則**兩種權限，因此所有的網域使用者登入時都會受到群組原則的影響。倘若我們修改 GPO 的 ACL, 只讓某些對象擁有上述兩種權限，則其它的使用者就不會受到該群組原則的影響。

只套用於特定對象

假設『財務部密碼』這個群組原則已經套用於網域，以下示範如何使該群組原則只影響『財務部』群組。請開啟**群組原則管理**主控台：

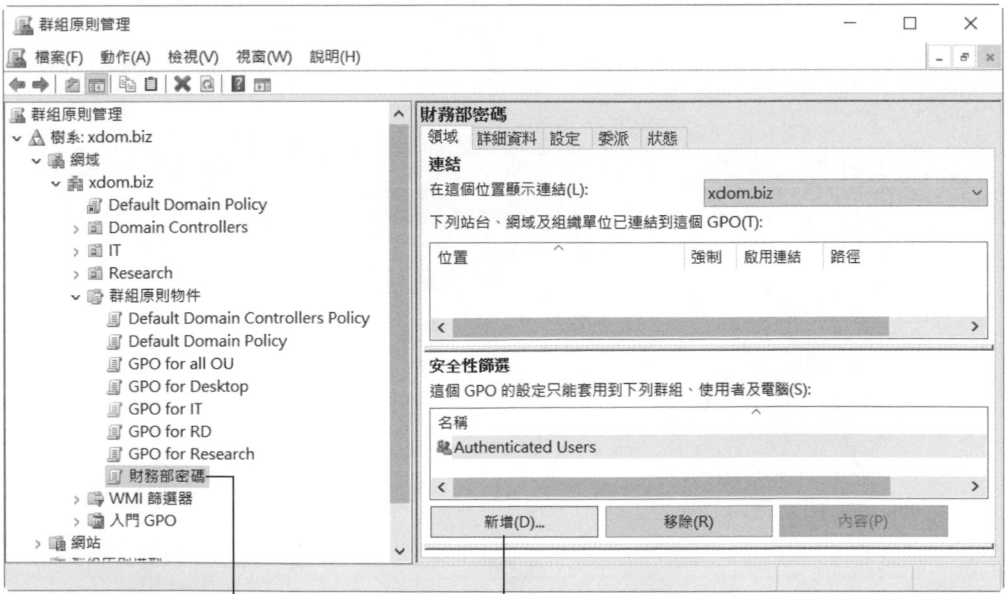

1 選取**財務部密碼**這個 GPO　2 按此鈕

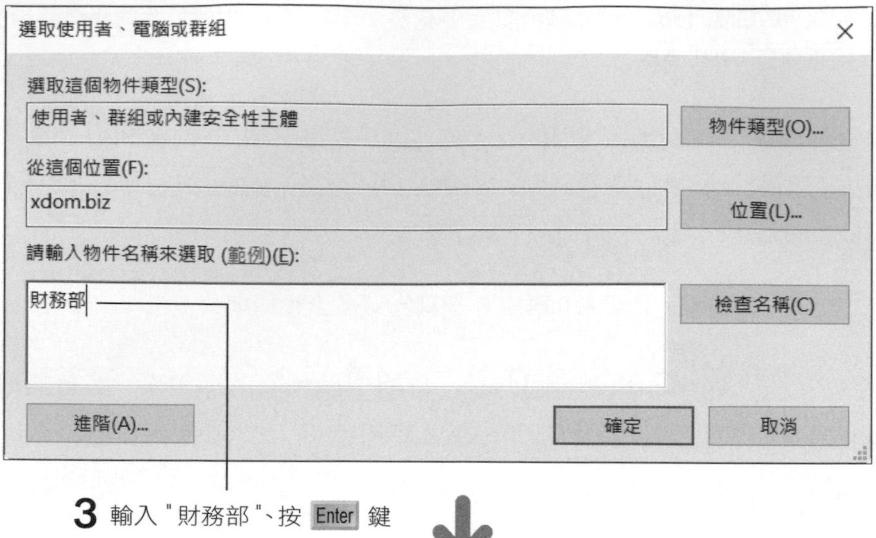
選取使用者、電腦或群組
選取這個物件類型(S):
使用者、群組或內建安全性主體
物件類型(O)...
從這個位置(F):
xdom.biz
位置(L)...
請輸入物件名稱來選取 (範例)(E):
財務部
檢查名稱(C)
進階(A)...
確定
取消
3 輸入 " 財務部 "、按 Enter 鍵

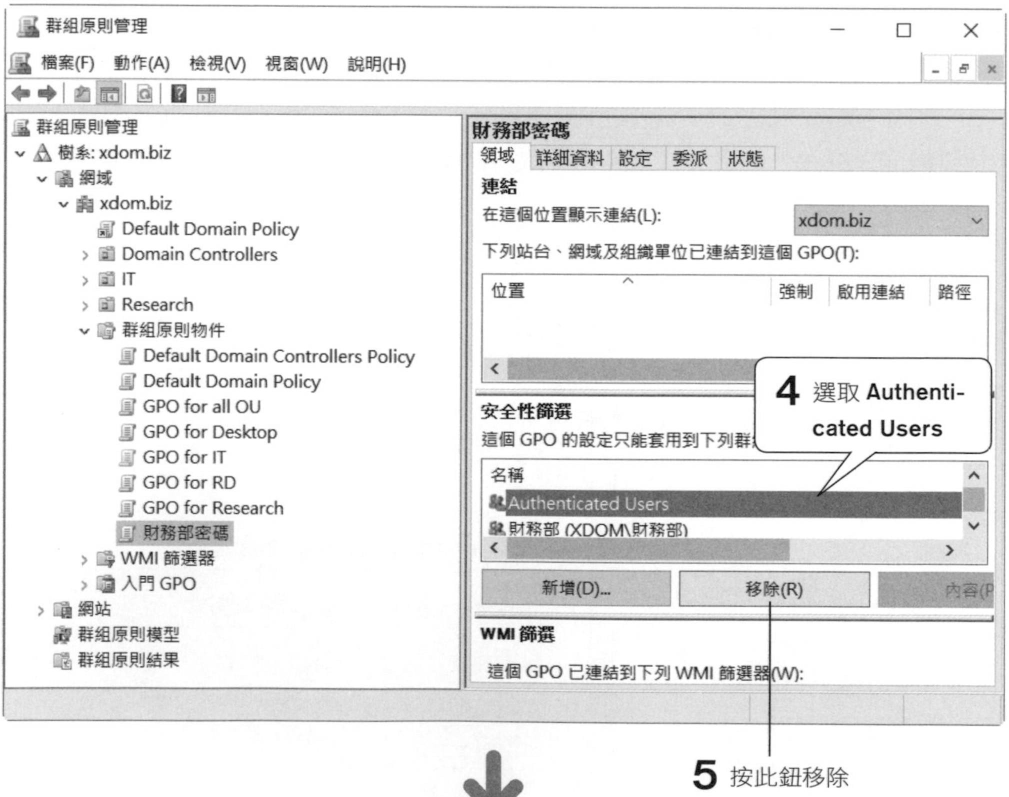
群組原則管理
檔案(F) 動作(A) 檢視(V) 視窗(W) 說明(H)
群組原則管理
樹系: xdom.biz
網域
xdom.biz
Default Domain Policy
Domain Controllers
IT
Research
群組原則物件
Default Domain Controllers Policy
Default Domain Policy
GPO for all OU
GPO for Desktop
GPO for IT
GPO for RD
GPO for Research
財務部密碼
WMI 篩選器
入門 GPO
網站
群組原則模型
群組原則結果
財務部密碼
領域 詳細資料 設定 委派 狀態
連結
在這個位置顯示連結(L):
xdom.biz
下列站台、網域及組織單位已連結到這個 GPO(T):
位置 強制 啟用連結 路徑
安全性篩選
這個 GPO 的設定只能套用到下列群
名稱
Authenticated Users
財務部 (XDOM\財務部)
新增(D)...
移除(R)
WMI 篩選
這個 GPO 已連結到下列 WMI 篩選器(W):
4 選取 Authenticated Users
5 按此鈕移除

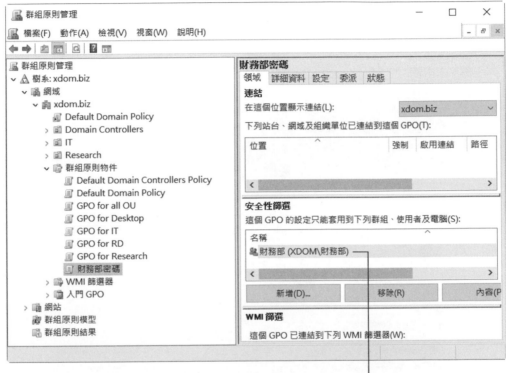

只有**財務部**群組的成員
受到此群組原則的影響

不套用於特定對象

倘若我們的需求是『大多數套用，少數例外』，上面的作法就不適用，必須改用略微複雜的方式。舉例來說，**Default Domain Policy** 預設對於 **Authenticated Users** 群組有影響，假如要將 Tony 排除在外、不受影響，方式如下：

1 選取 **Default Domain Policy**

2 切換到**領域**頁次

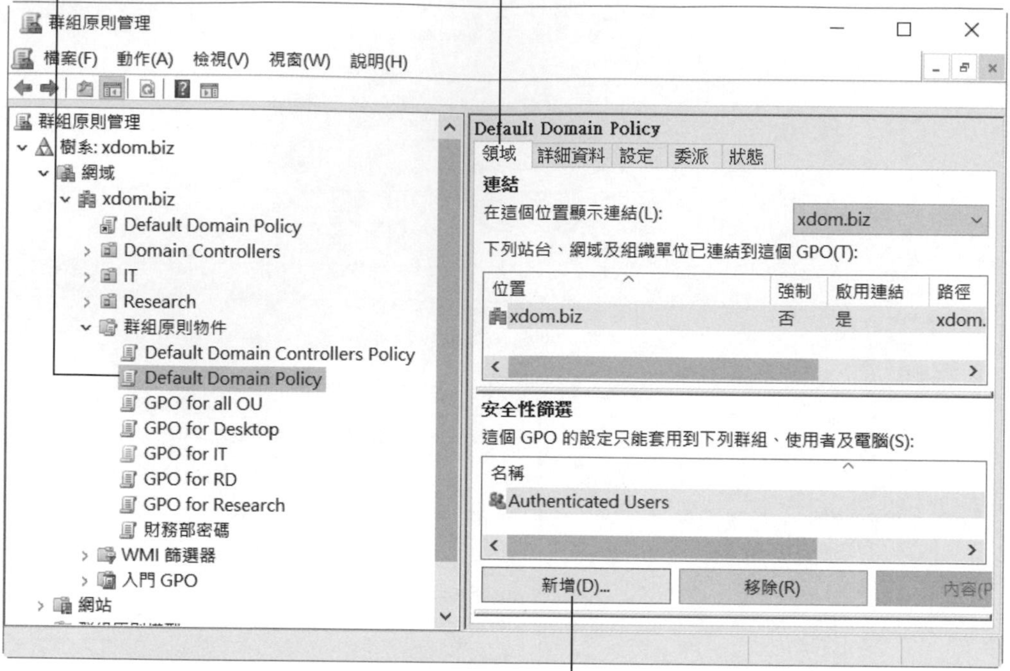

3 按**新增**鈕

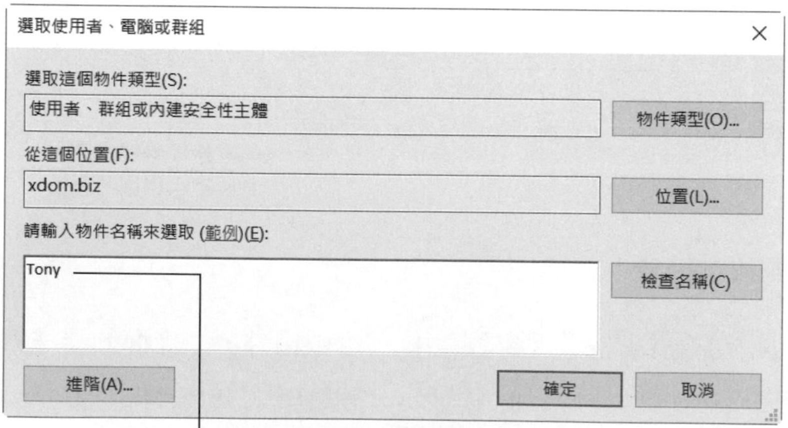

4 輸入 "Tony"、按 Enter 鍵

5 切換到**委派**頁次

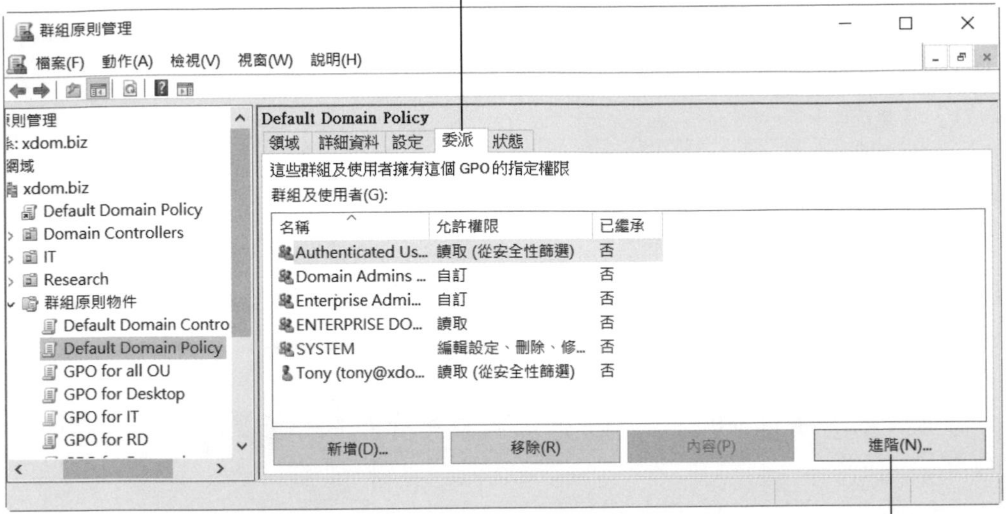
群組原則管理
檔案(F) 動作(A) 檢視(V) 視窗(W) 說明(H)
Default Domain Policy
領域 詳細資料 設定 委派 狀態
這些群組及使用者擁有這個 GPO 的指定權限
群組及使用者(G):
名稱 允許權限 已繼承
Authenticated Us... 讀取 (從安全性篩選) 否
Domain Admins ... 自訂 否
Enterprise Admi... 自訂 否
ENTERPRISE DO... 讀取 否
SYSTEM 編輯設定、刪除、修... 否
Tony (tony@xdo... 讀取 (從安全性篩選) 否
新增(D)... 移除(R) 內容(P) 進階(N)...
xdom.biz
Default Domain Policy
Domain Controllers
IT
Research
群組原則物件
Default Domain Contro
Default Domain Policy
GPO for all OU
GPO for Desktop
GPO for IT
GPO for RD

6 按**進階**鈕

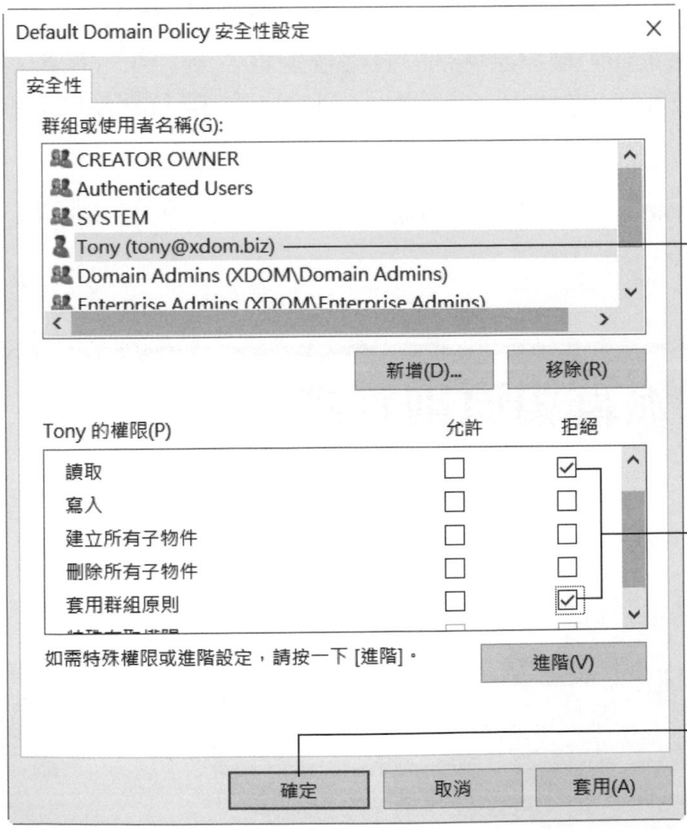
Default Domain Policy 安全性設定
安全性
群組或使用者名稱(G):
CREATOR OWNER
Authenticated Users
SYSTEM
Tony (tony@xdom.biz)
Domain Admins (XDOM\Domain Admins)
Enterprise Admins (XDOM\Enterprise Admins)
新增(D)... 移除(R)
Tony 的權限(P) 允許 拒絕
讀取
寫入
建立所有子物件
刪除所有子物件
套用群組原則
如需特殊權限或進階設定，請按一下 [進階]。
進階(V)
確定 取消 套用(A)

7 選取 **Tony**

8 選取這兩個多選鈕

9 按此鈕

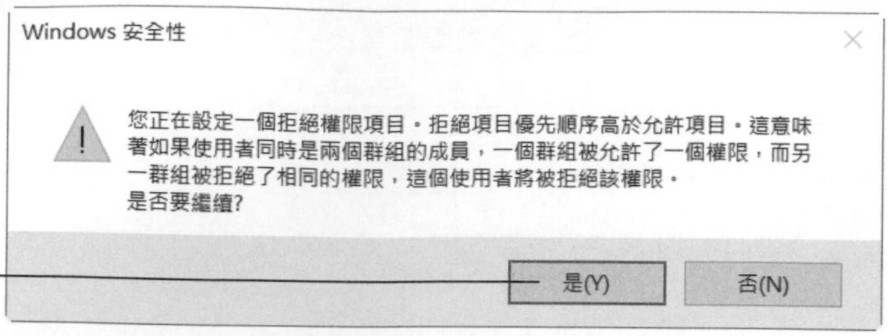
Windows 安全性
您正在設定一個拒絕權限項目。拒絕項目優先順序高於允許項目。這意味著如果使用者同時是兩個群組的成員，一個群組被允許了一個權限，而另一群組被拒絕了相同的權限，這個使用者將被拒絕該權限。
是否要繼續?
是(Y)
否(N)

10 按**是**鈕完成設定

眼尖的讀者或許就看出來：『這不就是修改 ACL 嗎』？沒錯，就是修改 **Default Domain Policy** 的 ACL, 將 Tony 對它的**讀取**和**套用群組原則**兩種權限設為**拒絕**，便使該原則不能套用在 Tony。

或許讀者會有疑問：『如果取消勾選**允許**、但不勾選**拒絕**，到底會如何』？

『都不勾選』表示『隱含拒絕』（Implicitly Deny），是一種無強制力的拒絕。如果全部的群組原則都設為隱含拒絕，總結果等於**拒絕**；但是只要其中有一個群組原則設為允許，就等於**允許**－－因為隱含拒絕無法覆蓋**允許**。可是**拒絕**就不同了，在 ACL 當中『拒絕優先於允許』！再多的**允許**，只要遇到一個**拒絕**，總結果就是**拒絕**，這也正是我們在先前步驟中，要明確設為**拒絕**的原因。

10-3 委派群組原則管理

前幾節介紹了關於新增、刪除與停用群組原則等等工作，倘若這些事都由系統管理員一手包辦，勢必加重其負擔。所以應該善用『委派』，將例行的維護工作授權給他人處理。系統將可以委派的權限區分為以下兩種：

1. 『**建立連結關係**』的權限

若擁有此權限，可以執行『建立連結』、『中斷連結』、『刪除連結』、『修改連結順序』和『設定禁止繼承』等動作。

2. 『**新增、刪除與修改群組原則**』的權限

若擁有此權限，可以新增 GPO，刪除『自己新增的』GPO 和修改『自己新增的』GPO 內容。

委派『建立連結關係』的權限

假設要委派『將 GPO 連結到 xdom.biz 網域』的權限給 Simon，請先開啟**群組原則管理**主控台：

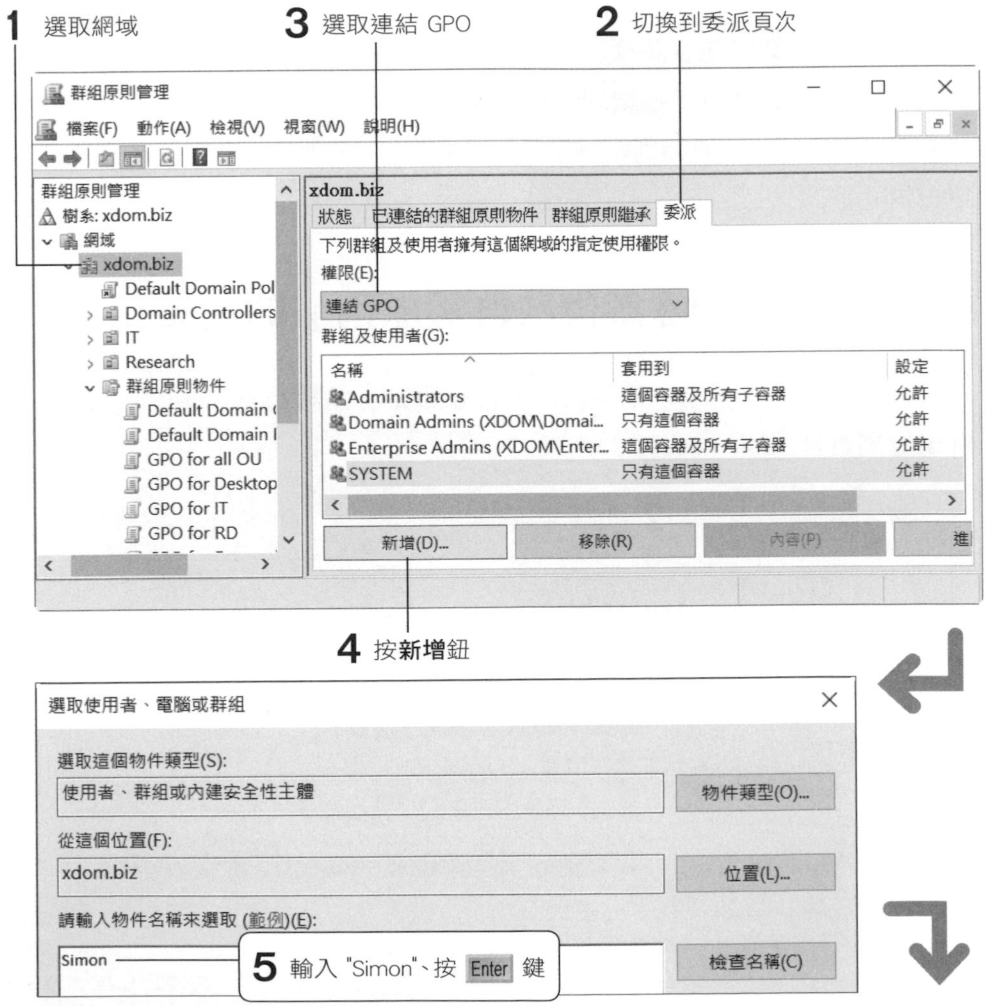

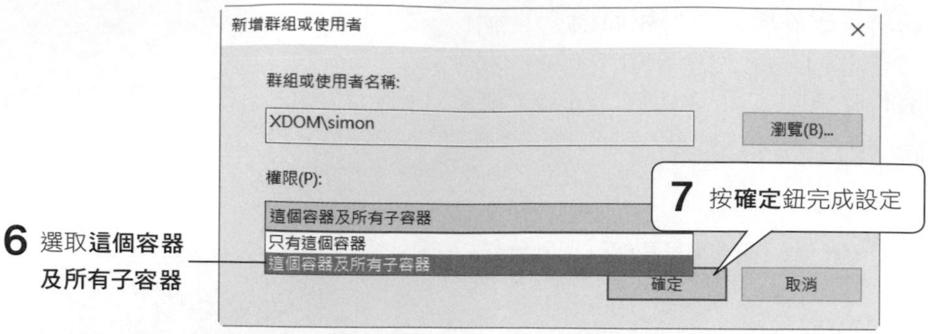

在第 6 步驟選取**這個容器及所有子容器**，代表對於 xdom.biz 網域和它所包含的組織單位，都有建立連結關係的權限；若選取**只有這個容器**，便只對 xdom.biz 網域擁有該權限。完成上述設定之後，Simon 在 xdom.biz 網域按右鈕，便能執行『**連結到現存的 GPO**』和『**禁止繼承**』命令。同理，若要委派『將 GPO 連結到組織單位』的權限，在第 1 步驟改為選取該組織單位即可。

委派『新增、刪除與修改群組原則』的權限

假設也要委派『新增、刪除與修改群組原則』的權限給 Simon，同樣是在**群組原則管理**主控台設定：

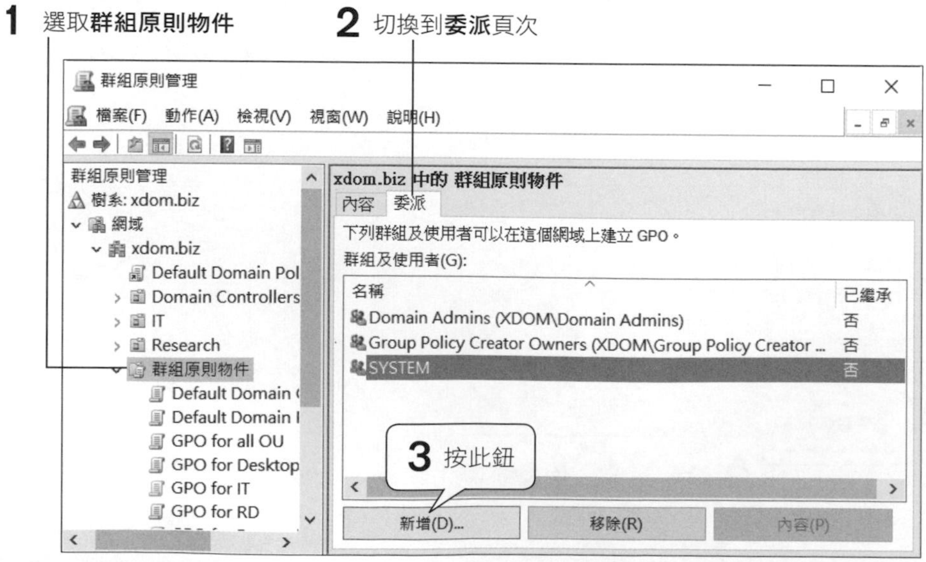

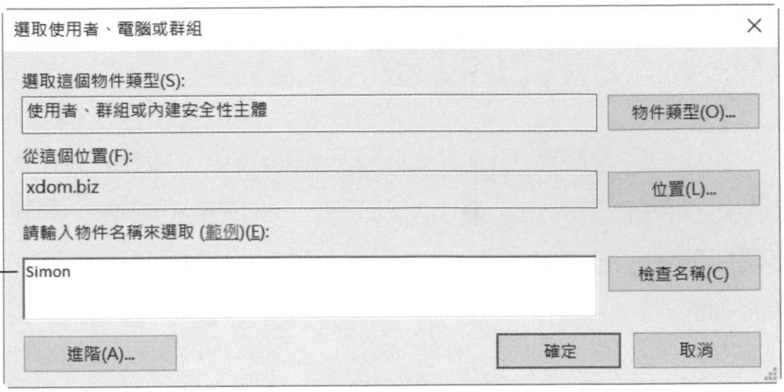

4 輸入 "Simon"、按 Enter 鍵，完成設定

爾後 Simon 便可以新增 GPO，而且對於自己新增的 GPO，可以執行『**刪除**』和『**編輯**』命令，但是對於他人建立的 GPO 則無這些權限。

『群組原則管理』主控台在哪裡？

上述步驟雖然將群組原則管理工作委派給 Simon，可是 Simon 若非使用 Windows Server 2016，就很可能找不到『群組原則管理』主控台在哪裡？此時必須額外安裝 Remote Server Administration Tools (RSAT)，其中文名稱為『遠端伺服器管理工具』。

若使用 Windows 10，請在微軟的網站下載並安裝『Remote Server Administration Tools for Windows 10』(注意有區分 32 位元和 64 位元兩種版本)，之後執行『**開始 /Windows 系統管理工具 / 群組原則管理**』命令即可。

若使用 Windows 7，請在微軟的網站下載並安裝『Remote Server Administration Tools for Windows 7』(注意有區分 32 位元和 64 位元兩種版本)，之後執行『**開始 / 控制台**』命令，再點選**程式集**，在**程式和功能**區域點選**開啟或關閉 Windows 功能**：

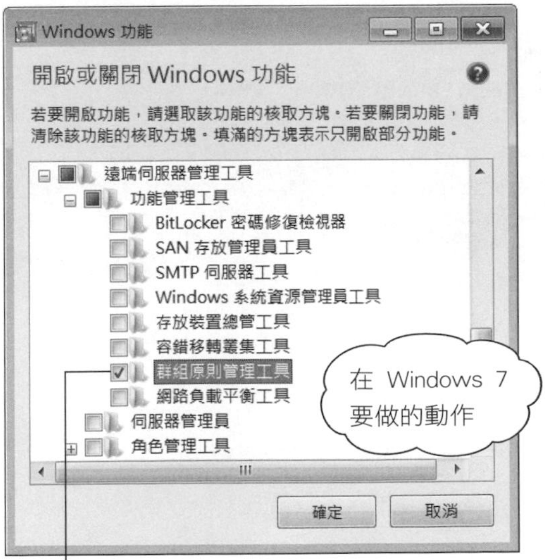

勾選此項目後按**確定**鈕

等待系統完成變更後，執行『**開始 / 系統管理工具 / 群組原則管理**』命令即可。

10-4 安全性設定

與系統安全相關的原則主要位於**電腦設定 / 原則 /Windows 設定 / 安全性設定**節點下，例如：**最小密碼長度**、**帳戶鎖定閾值**、**本機登入**等等。由於篇幅有限，我們無法逐項介紹，因此將以**帳戶原則**為主角，說明其中各項原則的細節。

帳戶原則節點包含了**密碼原則**、**帳戶鎖定原則**與 **Kerberos 原則**等 3 種與安全性相關的節點。請注意，這 3 種節點所包含的原則必須**套用在網域才會生效**，並且不受**禁止繼承**的阻擋！

後文將以 **Default Domain Policy** 的**密碼原則**與**帳戶鎖定原則**節點為例，介紹它們所包含的各項原則，但是並不修改其預設值。讀者若要嘗試不同的設定值，最好另外對網域套用自訂的原則（假設為『My Domain GPO』），並將它的連結順序調整到第 1 位（調整方式請參考 10-2 節），如下圖：

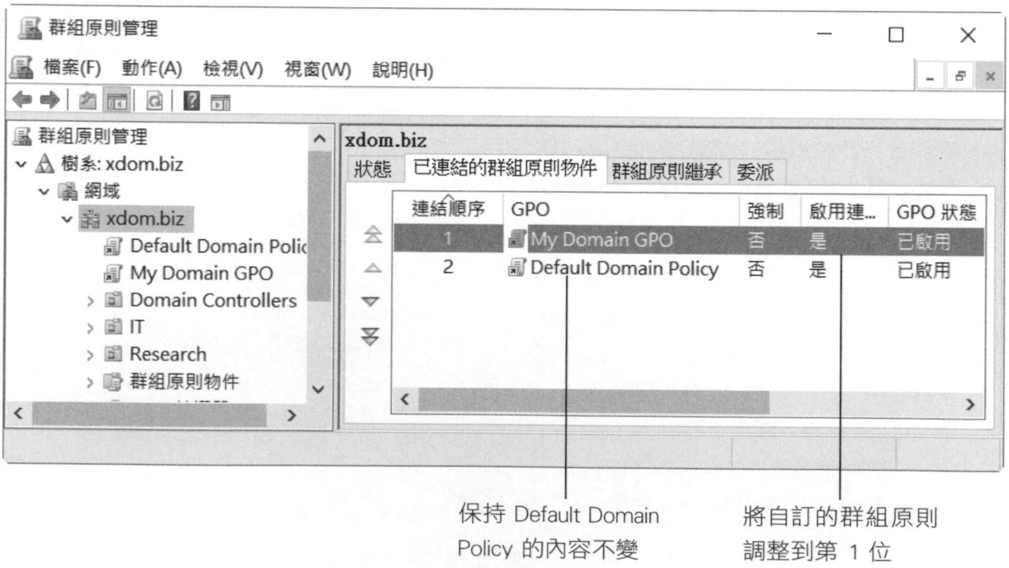

密碼原則

請在**伺服器管理員**執行『**工具／群組原則管理**』命令，開啟**群組原則管理**主控台。然後在**群組原則物件／Default Domain Policy**按右鈕、執行『**編輯**』命令，開啟**群組原則管理編輯器**主控台，選取**電腦設定／原則／Windows 設定／安全性設定／帳戶原則／密碼原則**節點：

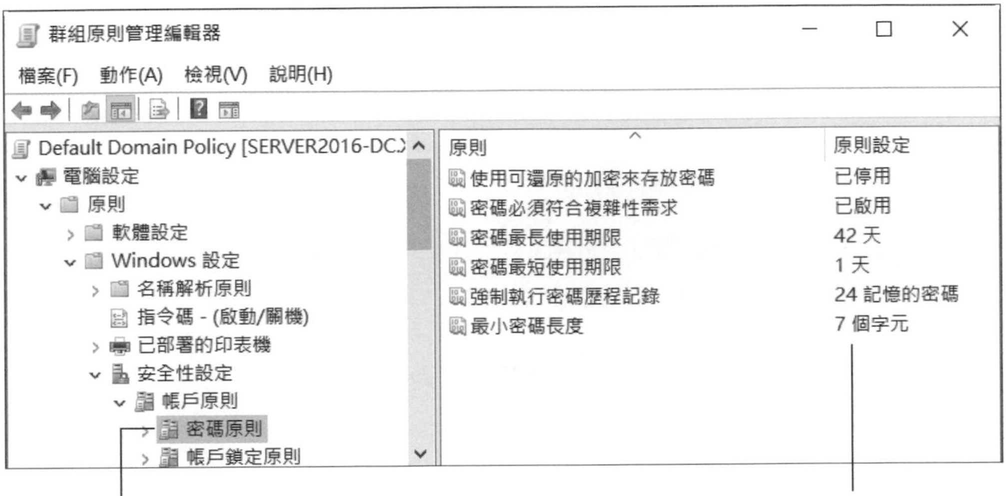

選取此節點

這些是節點包含的原則和預設值

使用可還原的加密來存放密碼

儲存在 Windows Server 2016 中的密碼，預設是透過雜湊 (Hash) 函數運算過的結果，無法將它們還原成原始密碼。若啟用此原則，則改用可還原的加密方式 (Reversible Encryption) 來儲存密碼，基本上這種作法與直接儲存原始密碼有同樣的風險，因此預設為**停用**狀態，請雙按此原則：

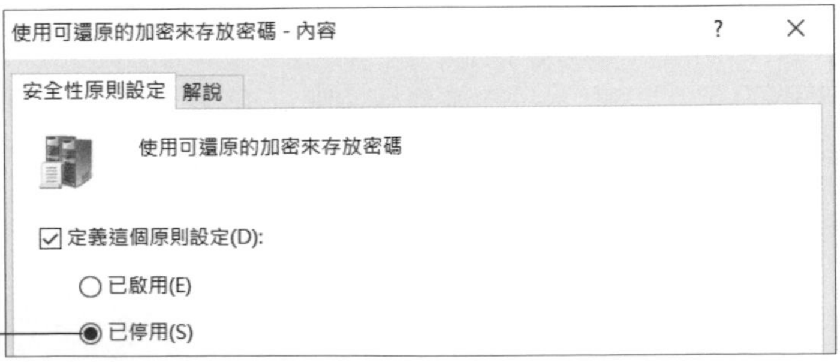

最好是維持預設的**停用**狀態

對於某些必須知道原始密碼的應用程式或身分驗證方式，就必須啟用此原則，例如：IIS 伺服器的**摘要式 Windows 網域伺服器驗證**。

密碼必須符合複雜性需求

為了避免有人使用諸如『123』、『aaa』這種傻瓜密碼，可啟用此原則以強迫取一個『夠複雜』的密碼。所謂的『夠複雜』必須符合下列條件：

1. 不包含使用者帳戶的全名中，超過兩個以上的連續字元。例如：全名為 Jack Lee, 則密碼中不得包含『Jac』、『Lee』或『ack』等等字串。

2. 必須至少包含『大寫英文字母』、『小寫英文字母』、『數字』和『符號』四者之中的三者。所謂的『符號』是指鍵盤上除了『英文與數字以外』的字元，例如：!、$、#、% 等等。

在網域控制站，此原則預設為**啟用**；在獨立伺服器上則為**停用**。

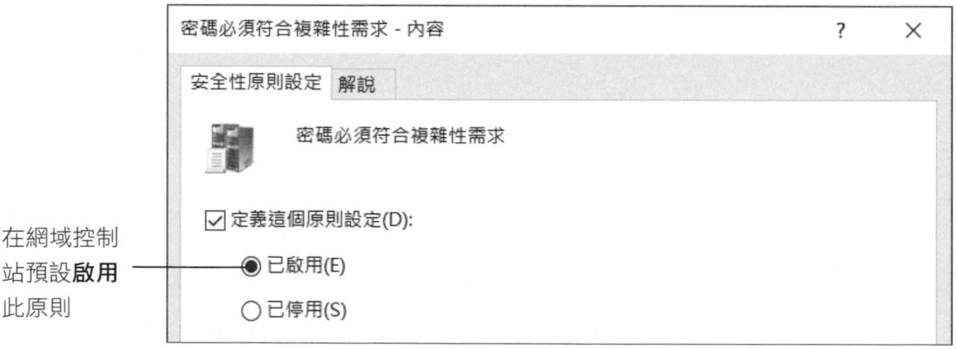

密碼最長使用期限

設定密碼的有效期限，一旦達到此期限，系統會強迫使用者變更密碼。允許設定的範圍為 0～999 天，0 代表『不會到期，永久有效』，系統建議每 30~90 天就變更密碼。請雙按此原則：

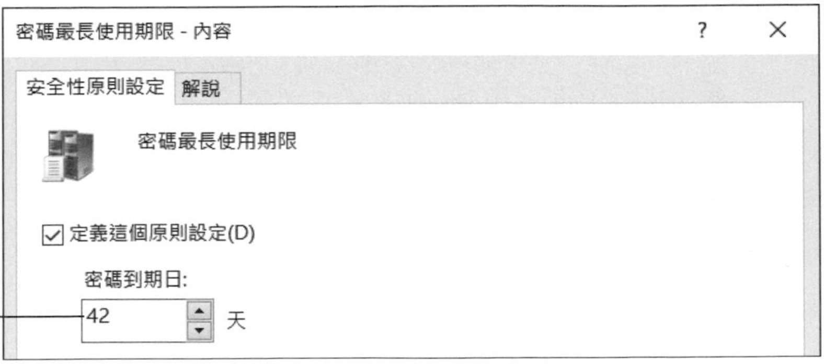

預設是 42 天之後必須變更密碼

密碼最短使用期限

設定至少必須經過多久時間後，使用者才能變更密碼。允許設定的範圍為 0～998，0 代表『可立即變更』。通常此設定值必須小於**密碼最長有效期**，但是**密碼最長有效期**若為 0，則**密碼最短有效期**可為 0～998 的任意整數。

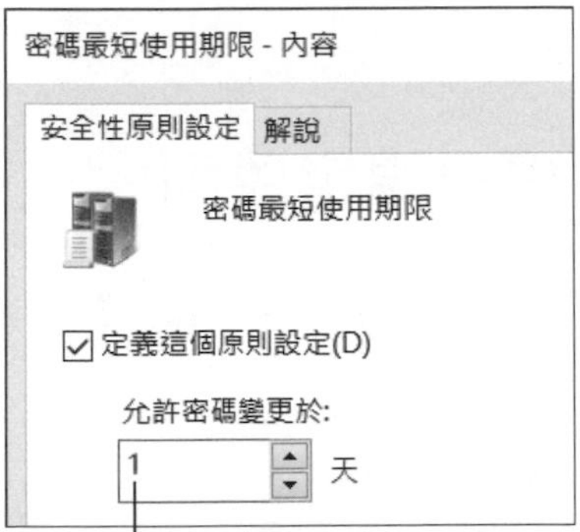

在網域控制站預設是 1；
在獨立伺服器預設是 0

強制執行密碼歷程記錄

有的使用者為了偷懶，當系統要求更換密碼時，固定以兩、三個密碼輪流使用。為了避免這種情形，系統會根據此原則的設定值來記錄曾經用過的密碼。假如設為 5，代表會記錄最近 5 次的密碼，所以在變更密碼時不能用這 5 個『登記有案』的密碼。允許設定的範圍為 0～24，0 代表『不記錄，隨時可用以前曾用過密碼』。

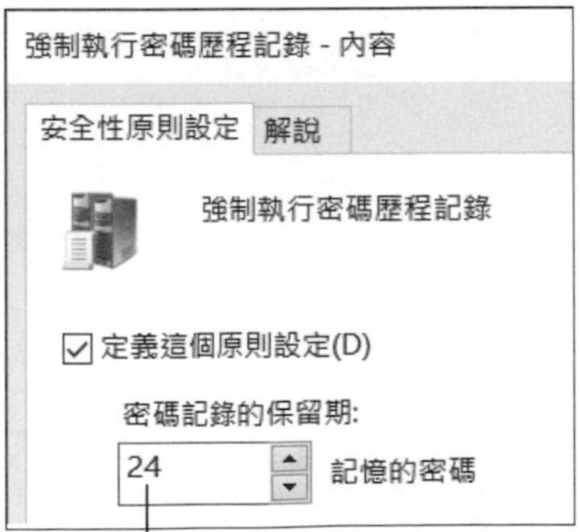

在網域控制站預設是 24；
在獨立伺服器預設是 0

最小密碼長度

設定密碼最少必須佔用幾個字元，允許設定的範圍為 0 ~ 14，0 代表『可以不設定密碼』。根據實測結果，一旦啟用**密碼必須符合複雜性需求**原則，即使**最小密碼長度**設為 0，則密碼的最小長度還是 3、而非 0——因為『複雜性需求』規定密碼必須包含『大寫英文字母』、『小寫英文字母』、『數字』和『符號』四者之中的三者。

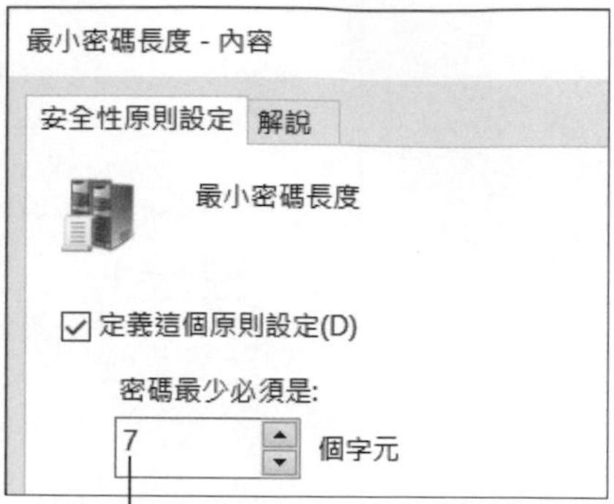

在網域控制站預設是 7;
在獨立伺服器預設是 0

帳戶鎖定原則

接下來請選取**帳戶鎖定原則**節點，檢視其所包含的 3 個原則：

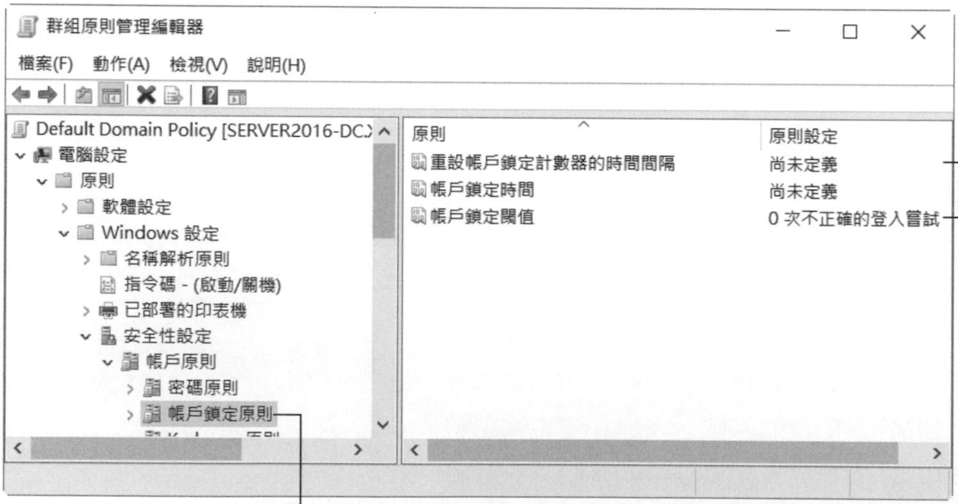

選取此節點

這些是節點包含的原則和預設值

首先要知道，以上 3 個原則的關係密切，所以修改其中一個的設定值時，系統會自動檢查相關的設定值是否適當？若否，便會出現以下的**建議的值變更**交談窗：

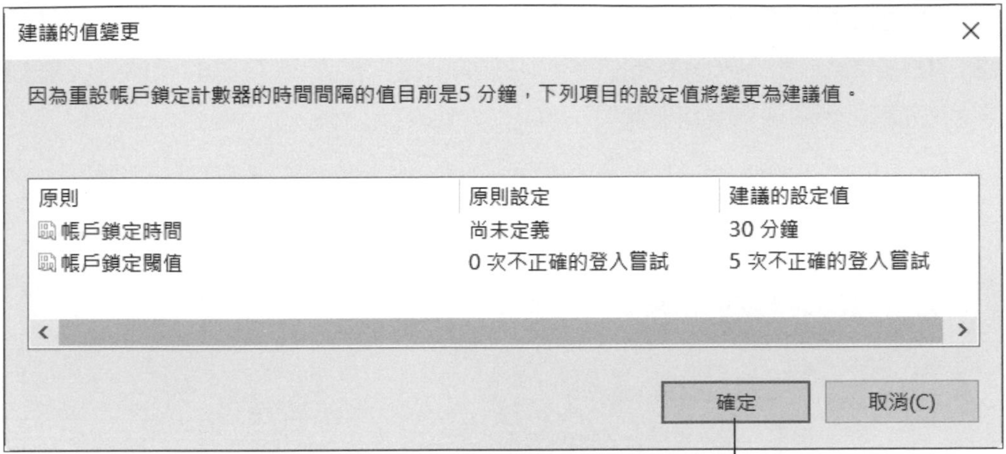

按此鈕同意變更，才能完成設定

在以上交談窗，我們必須按**確定**鈕同意變更，才能完成設定。倘若不滿意系統的設定值，可參考後文、另行改變它的設定值。

帳戶鎖定閾值（閾音ㄩ ㄟ）

設定使用者連續幾次登入失敗後，便鎖定該帳戶。帳戶一旦被鎖定，即使輸入正確的密碼也無法登入，如此可防止有人用『嘗試錯誤法』來試出正確密碼。允許設定的範圍為 0～999 次，預設為 0，代表『不鎖定』－－但是這樣不安全－－我們建議至少設為 3。請雙按此原則：

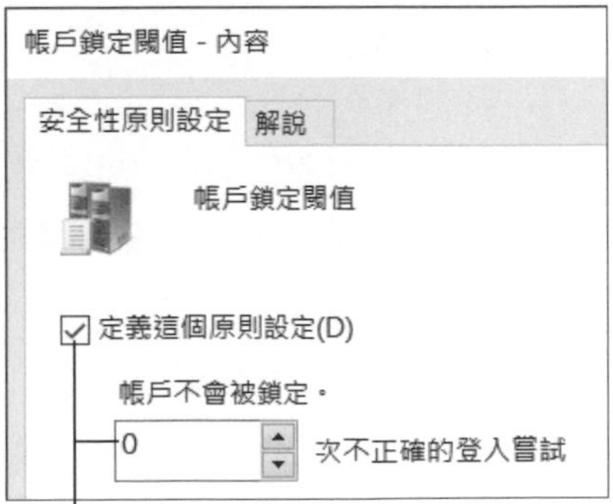

建議至少設為 3，代表連續 3 次登入失敗、便鎖定帳戶

同樣地，遇到**建議的值變更**交談窗時，必須按**確定**鈕，同意系統做相關的變更。

重設帳戶鎖定計數器的時間間隔

設定等待多久之後，將登入失敗的次數歸零。舉例來說，若**帳戶鎖定閾值**為 3 次，而**重設帳戶鎖定計數器的時間間隔**為 30 分鐘，當使用者在 30 分鐘內登入失敗 2 次後，為了避免再次錯誤、導致帳戶被鎖定，只要等待超過 30 分鐘，讓計數器重新歸零，之後便重新有 3 次嘗試的機會。允許設定的範圍為 1 ~ 99999 分鐘。

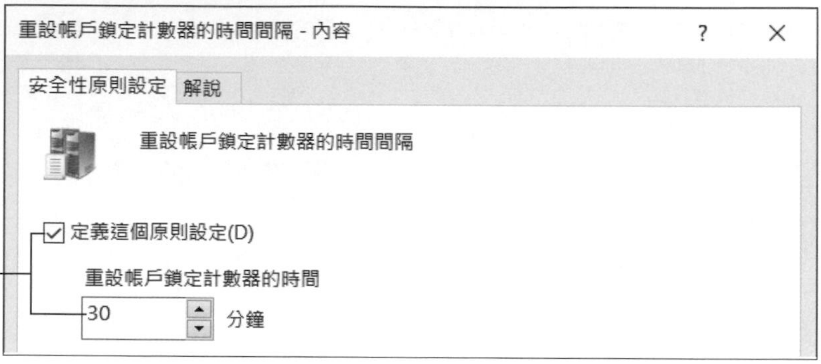

設定登入失敗次數的累計以 30 分鐘為限，超過後便自動將計數器歸零

同樣地，遇到**建議的值變更**交談窗時，必須按**確定**鈕，同意系統做相關的變更。

帳戶鎖定時間

設定帳戶被鎖定的時間長短，逾時可由系統自動解除鎖定。允許設定的範圍為 0 ~ 99999 分鐘，0 代表『不自動解除鎖定』，必須等系統管理員手動解除鎖定。此設定值必須大於前項的**重設帳戶鎖定計數器的時間間隔**。

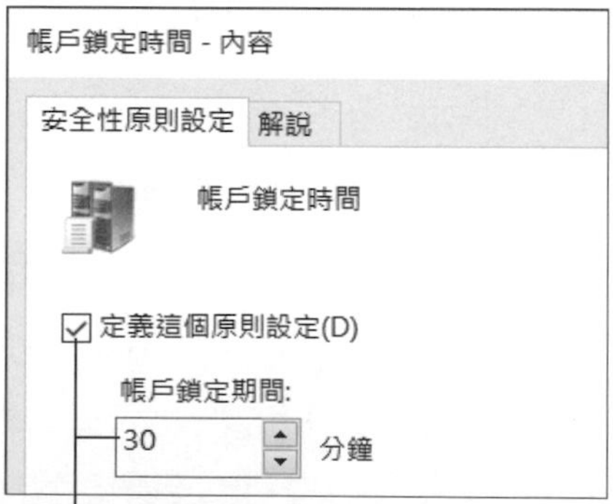

設定鎖定 30 分鐘後，便自動解除鎖定

同樣地，遇到**建議的值變更**交談窗時，必須按**確定**鈕，同意系統做相關的變更。

Windows Server 2016

CHAPTER

11

磁碟管理

11-1 基本磁碟與動態磁碟

11-2 管理基本磁碟

11-3 管理動態磁碟

11-4 連接磁碟

磁碟管理是作業系統的重要工作，Windows Server 2016 在這方面承襲了許多自 Windows 2000 Server 已經具備的技術，例如：動態磁碟、磁碟陣列等等。本章將先介紹基本觀念，然後再介紹如何管理磁碟。

11-1 基本磁碟與動態磁碟

本章所說的磁碟就是我們一般所稱的**硬碟**（包括外接式 USB 硬碟），根據 Windows Server 2016 分割磁碟的方式，可以將磁碟分成**基本磁碟** (Basic Disk) 和**動態磁碟** (Dynamic Disk)。

基本磁碟 (Basic Disk)

DOS、Windows 9x/Me/NT 等這些早期作業系統所使用的磁碟皆是基本磁碟，Windows Server 2016 預設也是採用基本磁碟，當我們安裝好 Windows Server 2016 時，系統所在的磁碟便是基本磁碟。

Tip 我們不能將 Windows Server 2016 直接安裝在動態磁碟，必須先安裝於基本磁碟，再將基本磁碟轉換為動態磁碟。

在使用基本磁碟之前必須先建立**磁碟分割** (Partition)，磁碟分割的資訊皆儲存於**磁碟分割表** (Partition Table，以下簡稱『分割表』)。每個基本磁碟都會有一份分割表，位於磁碟的第 1 個磁區。由於分割表最多只能儲存 4 筆紀錄，因此在基本磁碟上最多只能建立 4 個磁碟分割。基本磁碟的磁碟分割又區分為『主要磁碟分割』(Primary Partition) 和『延伸磁碟分割』(Extended Partition) 兩類。

Tip 微軟並未很嚴謹的使用『磁碟』這個字眼，有時候也用它來表示磁碟分割，不過絕大多數的情形還是代表實體硬碟。

主要磁碟分割 (Primary Partition)

主要磁碟分割可用來啟動作業系統，而作業系統可指派磁碟機代號給主要磁碟分割，也就是**檔案總管**中標示 C:、D: 等代號的磁碟機。每部磁碟最多可以有 4 個主要磁碟分割，這樣做的優點是可將不同的作業系統，例如：Windows 7/8/8.1/10、Windows XP/Vista、Linux 等等，安裝在同一部磁碟，然後透過多重開機程式，選擇開機時要進入哪一個作業系統。

延伸磁碟分割 (Extended Partition)

延伸磁碟分割不能直接用來儲存檔案，必須先在其中建立**邏輯磁碟機**（Logical Drive），並賦予磁碟機代號，才能用來儲存檔案。每部磁碟可以沒有延伸磁碟分割，但最多只能有一個延伸磁碟分割，在其中可建立多個邏輯磁碟機。由於基本磁碟最多只能有 4 個磁碟分割，因此可能『4 個都是主要磁碟分割』或『3 個主要磁碟分割加 1 個延伸磁碟分割』。

『啟動磁碟分割』與『系統磁碟分割』

在某些畫面和技術文件中，會出現『啟動磁碟分割』(Boot Partition) 和『系統磁碟分割』(System Partition) 這兩個名詞，因此我們特別予以說明。

『啟動磁碟分割』是指安裝了 Windows 系統檔案的磁碟分割，通常是 \Windows 資料夾所在的磁碟分割；『系統磁碟分割』則是指開機時用來載入開機資訊的磁碟分割，具體來說，就是 \Boot 資料夾所在的磁碟分割。

對於將 Windows Server 2016 安裝在 C 磁碟機的電腦而言，C 磁碟機既是系統磁碟分割，也是啟動磁碟分割。

動態磁碟 (Dynamic Disk)

動態磁碟並不使用分割表，而是將相關的資訊另外記錄在一個小型資料庫。為了便於區分，**微軟**對於動態磁碟不再使用『磁碟分割』這個名詞，而是使用**磁碟區** (Volume) 來取代。磁碟區的使用方式與基本磁碟的主要磁碟分割或邏輯磁碟機極為相似，都可擁有磁碟機代號，同樣地也必須先經過格式化才能儲存資料。

磁碟區的種類

Windows Server 2016 動態磁碟所支援的磁碟區有以下 5 種：

- **簡單磁碟區 (Simple Volume)**
- **跨距磁碟區 (Spanned Volume)**
- **等量磁碟區 (Stripped Volume)**
- **鏡像磁碟區 (Mirrored Volume)**
- **RAID-5 磁碟區 (RAID-5 Volume)**

至於各種磁碟區的差異與適用時機，我們會在後文介紹。

動態磁碟的優點

與基本磁碟相比較，動態磁碟具有以下優點：

- **磁碟區數目不受限制**

  基本磁碟由於受到分割表的限制，最多只能建立 4 個磁碟分割，但動態磁碟的資料庫則無此限制。

較佳的備援與修復機制

每部動態磁碟的資料庫，除了記錄自己的磁碟區資訊之外，也會記錄同一系統上其它動態磁碟的資訊。有任何異動時，也會複製到其它動態磁碟的資料庫。換言之，每部動態磁碟的資料庫都有相同的內容，也都記載著全部動態磁碟的磁碟區資訊。若某一部動態磁碟的資料庫損壞時，仍可從其它的動態磁碟取得磁碟區資訊，修復自己的資料庫，以存取檔案。

11-2 管理基本磁碟

瞭解了 Windows Server 2016 關於磁碟的基本概念後，接下來要介紹實際的操作步驟。本節示範如何管理基本磁碟，至於動態磁碟的管理工作則留待下一節。

啟動磁碟管理工具程式

要啟動磁碟管理工具程式，可以用下列任一種方式：

- 在**伺服器管理員**執行『**工具 / 電腦管理**』命令，開啟**電腦管理**視窗，接著在左窗格選取**磁碟管理**，在右窗格就會顯示出各磁碟機的資訊，如右圖：

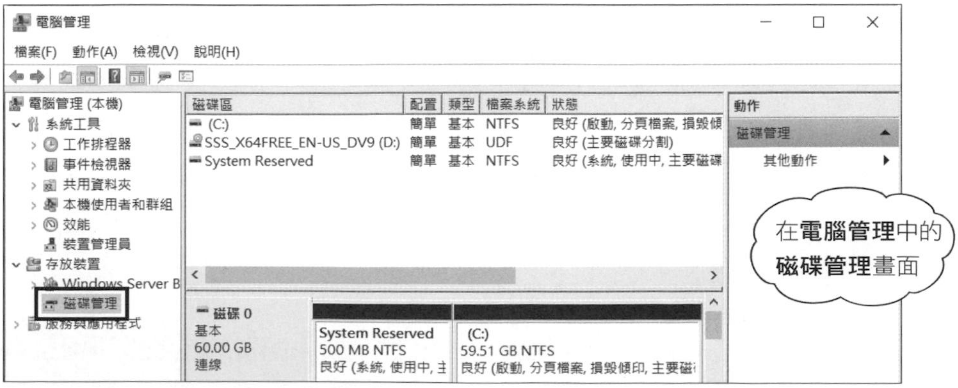

➊ 在**開始**按右鈕執行**執行**命令，輸入 "diskmgmt.msc"、按 Enter 鍵，可開啟**磁碟管理**視窗（出現**使用者帳戶控制**交談窗時請按**繼續**鈕，後文將省略這部分），如下圖：

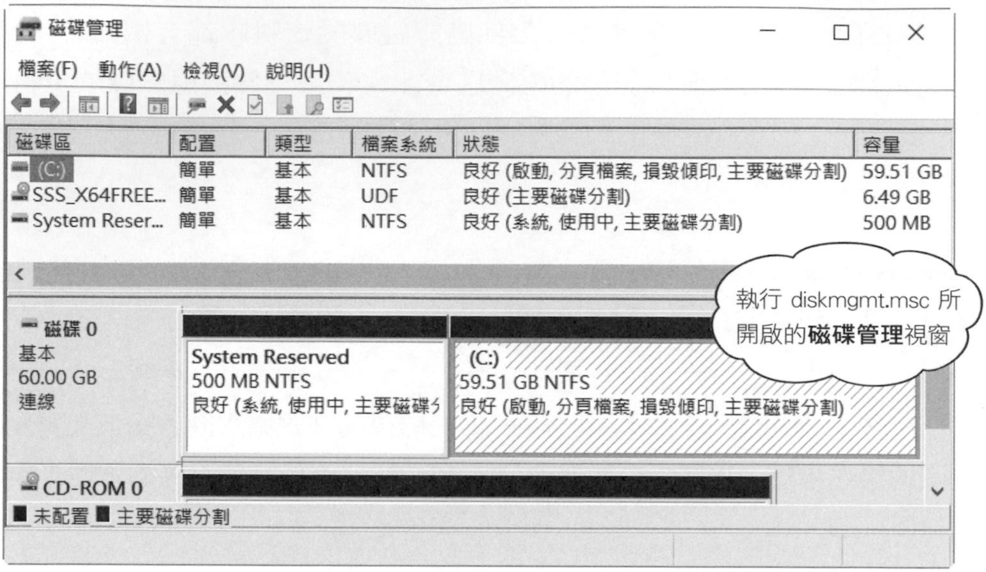

由於這種方式用整個視窗來顯示磁碟資訊，並未切割成 3 個窗格，比較清晰易讀，因此後文皆以**磁碟管理**視窗作為操作示範的環境。

建立磁碟分割

以下將示範如何建立主要磁碟分割和延伸磁碟分割，並在延伸磁碟分割中建立邏輯磁碟機。但是首先要特別強調一點－－利用 Windows Server 2016 的**磁碟管理**工具程式，所建立的**前 3 個磁碟分割必定是主要磁碟分割，第 4 個磁碟分割則必定是延伸磁碟分割**！因此，我們在建立磁碟分割的過程中，無法選擇要建立哪一種磁碟分割，而是由系統依據建立順序來決定。

建立主要磁碟分割

請按照前述方式開啟**磁碟管理**視窗，在標示為**未配置**的區域按下滑鼠右鈕：

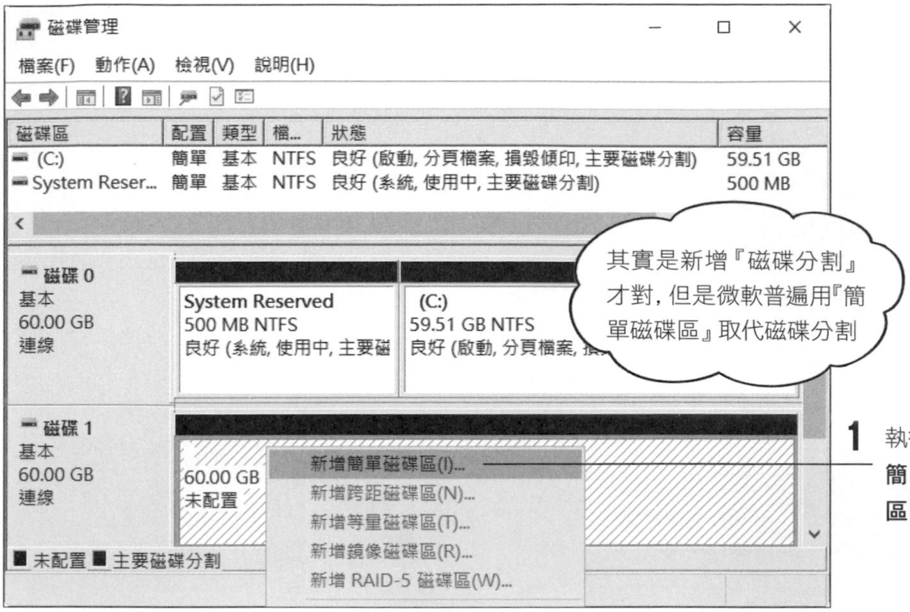
磁碟管理
檔案(F) 動作(A) 檢視(V) 說明(H)
磁碟區 配置 類型 檔... 狀態 容量
(C:) 簡單 基本 NTFS 良好 (啟動, 分頁檔案, 損毀傾印, 主要磁碟分割) 59.51 GB
System Reser... 簡單 基本 NTFS 良好 (系統, 使用中, 主要磁碟分割) 500 MB
磁碟 0
基本
60.00 GB
連線
System Reserved
500 MB NTFS
良好 (系統, 使用中, 主要磁
(C:)
59.51 GB NTFS
良好 (啟動, 分頁檔案,
磁碟 1
基本
60.00 GB
連線
60.00 GB
未配置
新增簡單磁碟區(I)...
新增跨距磁碟區(N)...
新增等量磁碟區(T)...
新增鏡像磁碟區(R)...
新增 RAID-5 磁碟區(W)...
未配置 主要磁碟分割
其實是新增『磁碟分割』才對，但是微軟普遍用『簡單磁碟區』取代磁碟分割

1 執行『**新增簡單磁碟區**』命令

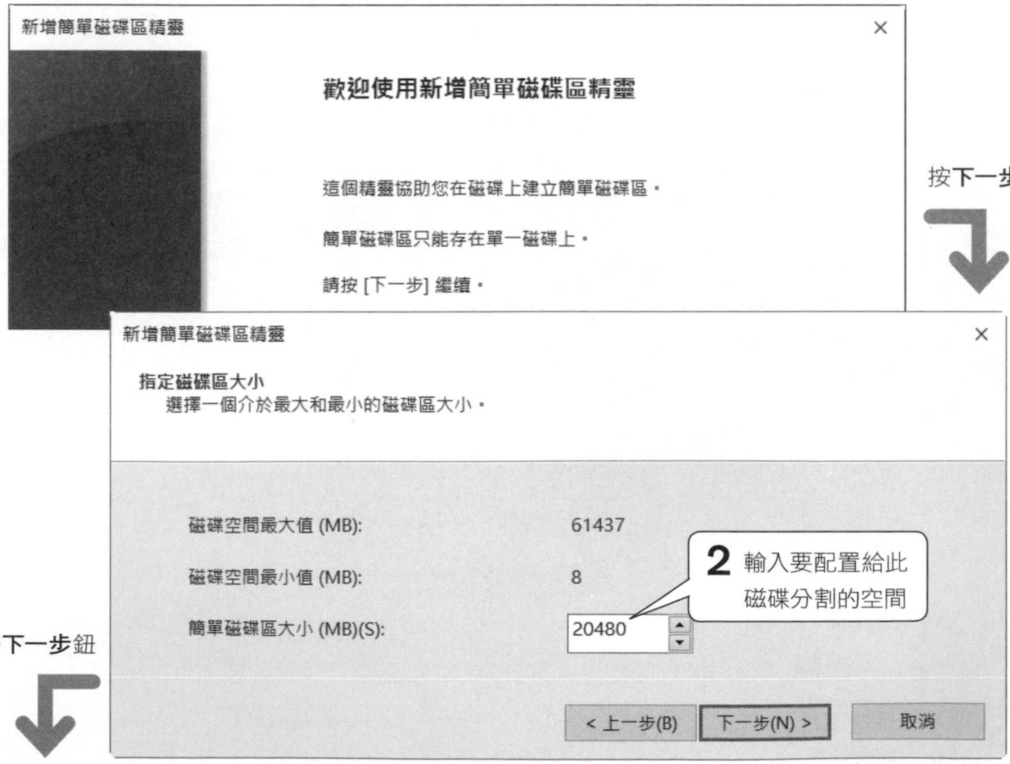
新增簡單磁碟區精靈
歡迎使用新增簡單磁碟區精靈
這個精靈協助您在磁碟上建立簡單磁碟區。
簡單磁碟區只能存在單一磁碟上。
請按 [下一步] 繼續。
新增簡單磁碟區精靈
指定磁碟區大小
選擇一個介於最大和最小的磁碟區大小。
磁碟空間最大值 (MB): 61437
磁碟空間最小值 (MB): 8
簡單磁碟區大小 (MB)(S): 20480
2 輸入要配置給此磁碟分割的空間
< 上一步(B)
下一步(N) >
取消

按**下一步**鈕

按**下一步**鈕

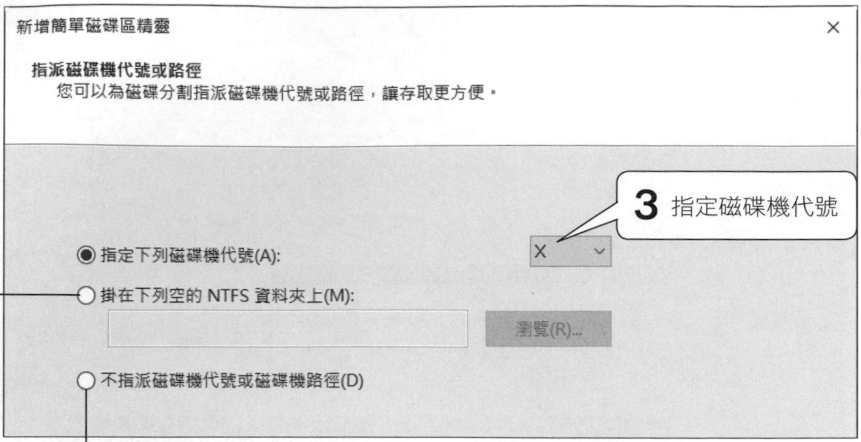

不指定磁碟機代號，而是連接到 NTFS 的資料夾

只建立磁碟分割，不指定磁碟機代號、也不連接到資料夾

按**下一步**鈕

若選此項，則建立分割後不自動格式化

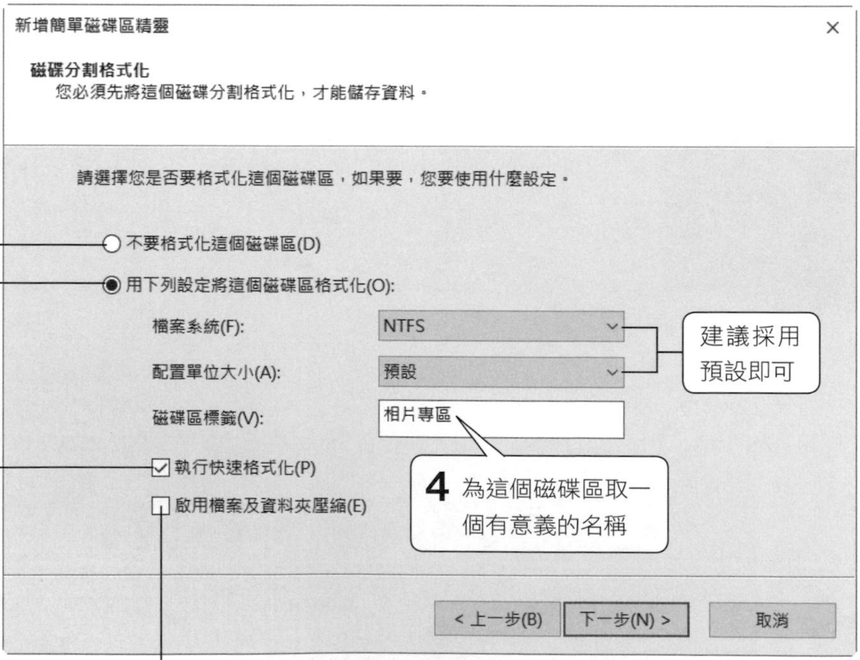

預設選此項以自動進行格式化

5 選取**執行快速格式化**以節省時間

採用 NTFS 檔案系統才可啟用壓縮功能

按**下一步**鈕

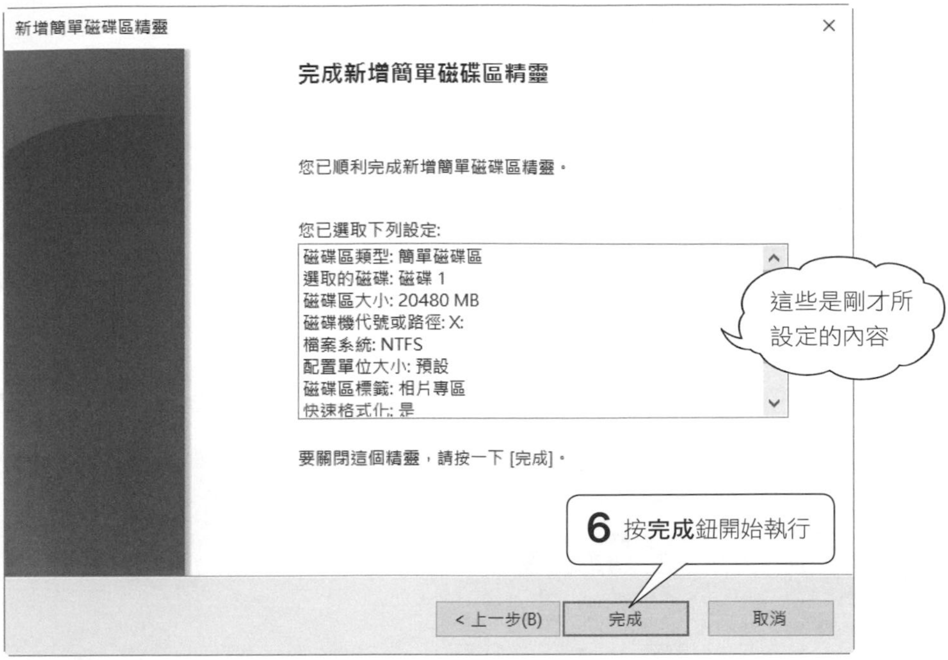

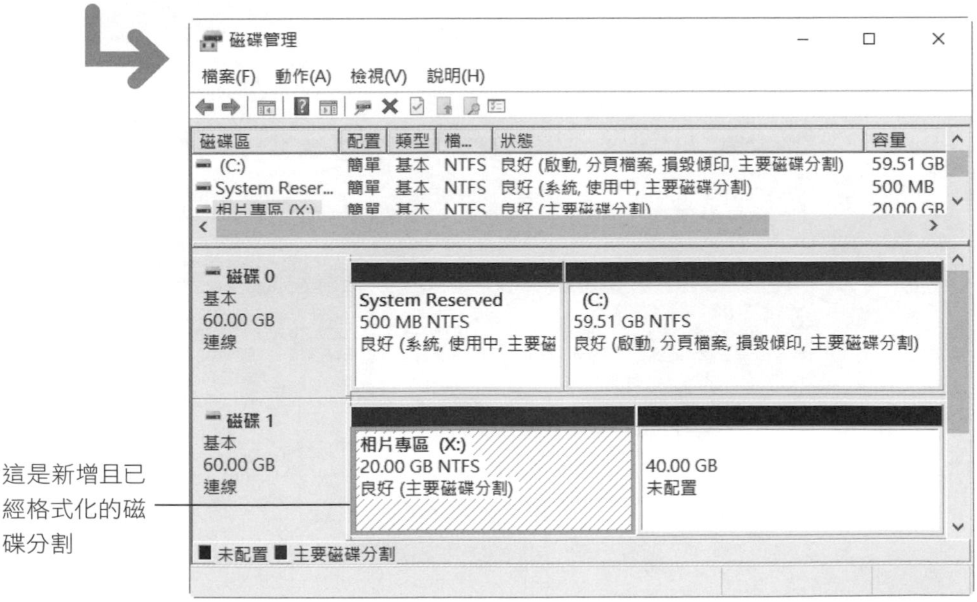

使用**磁碟管理**工具的好處， 便是將『建立磁碟分割』與『格式化』兩個動作連續做完，所以完成後立即可用來儲存檔案。

建立延伸磁碟分割與邏輯磁碟機

在繼續操作之前，請先依照上述步驟再建立兩個主要磁碟分割，因為一定要到建立第 4 個磁碟分割時，才能建立延伸磁碟分割。

事實上，建立延伸磁碟分割與建立邏輯磁碟機是綁在一起的動作，無法只做前者、以後再做後者，而且整個步驟都和前述的建立主要磁碟分割『完全一樣』！

同樣在**未配置**的磁碟空間上按下滑鼠右鈕、執行『**新增簡單磁碟區**』命令，後續的畫面請參考前文，直到完成之後才能看出所建立的是延伸磁碟分割和邏輯磁碟機：

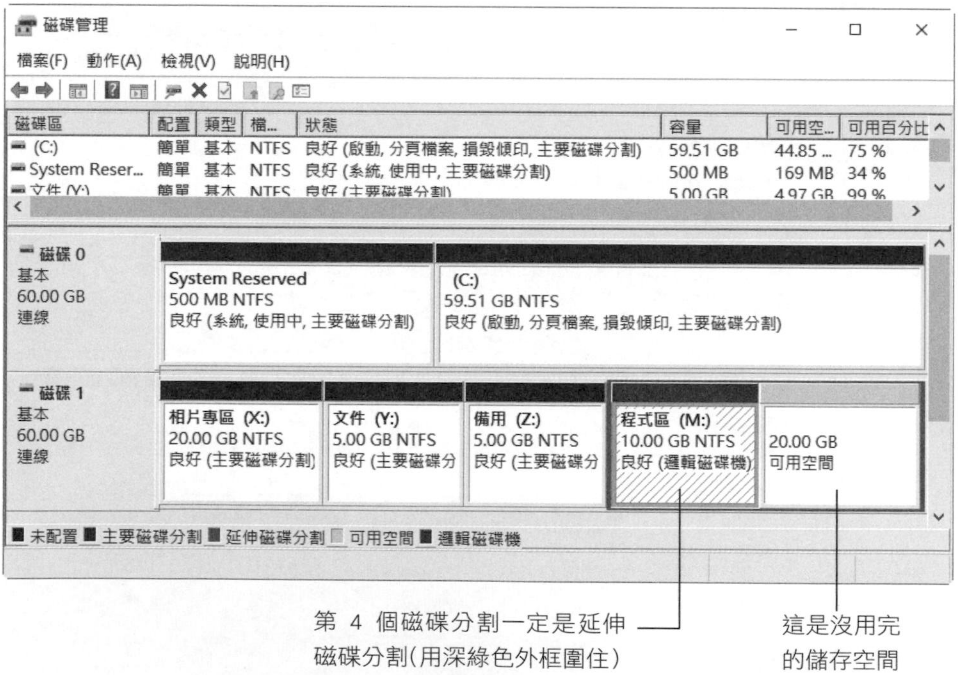

在上圖中，可發現尚未用完的儲存空間標示為**可用空間**，而非先前出現的**未配置**，究竟兩者有何差異呢？我們說明如下：

- **未配置**：磁碟上『未經分割』的空間，此空間可用來建立主要磁碟分割或延伸磁碟分割。

- **可用空間**：延伸磁碟分割中『尚未建立邏輯磁碟機』的空間，此空間僅能用來建立邏輯磁碟機。

刪除磁碟分割或邏輯磁碟機

無論是刪除磁碟分割或邏輯磁碟機，都是相同的方式。不過在動手之前，務必確認重要的資料都已備份，然後如下操作（以刪除主要磁碟分割為例）：

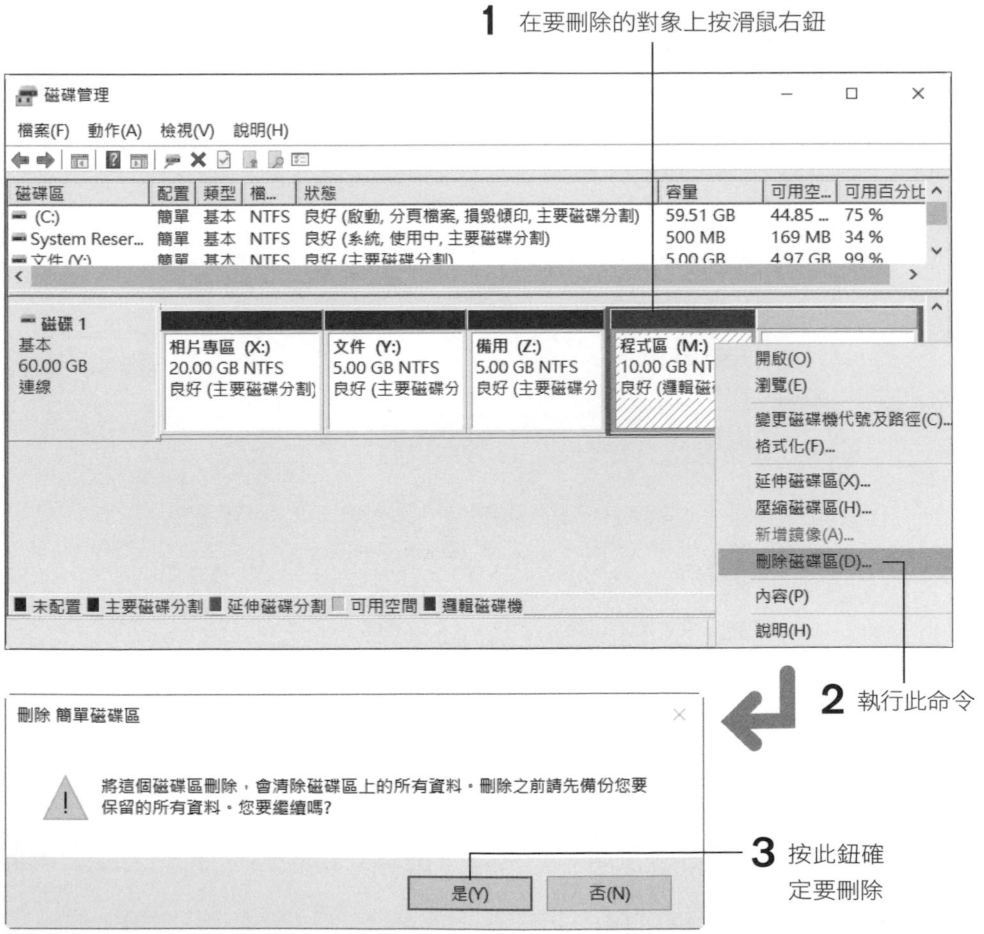

刪除磁碟分割後，原本其佔用的空間就會標示為**未配置**；若是刪除邏輯磁碟機，原佔用的空間則會標示為**可用空間**。若刪除的對象是延伸磁碟分割，則是出現以下的交談窗：

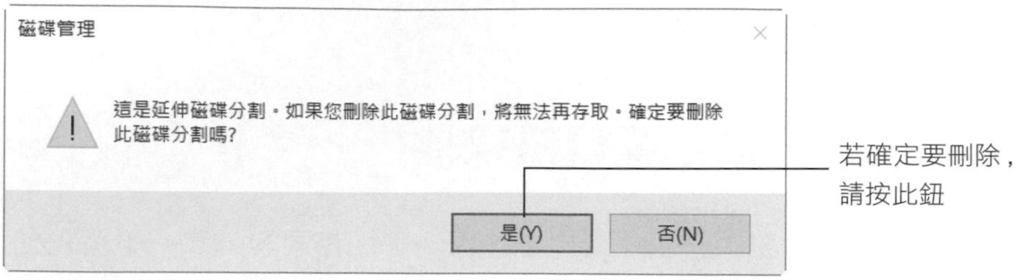

格式化

先前在建立磁碟分割的過程，若選擇**不要格式化這個磁碟區**，則在建立之後無法使用，一旦存取該磁碟分割時會看到以下的交談窗：

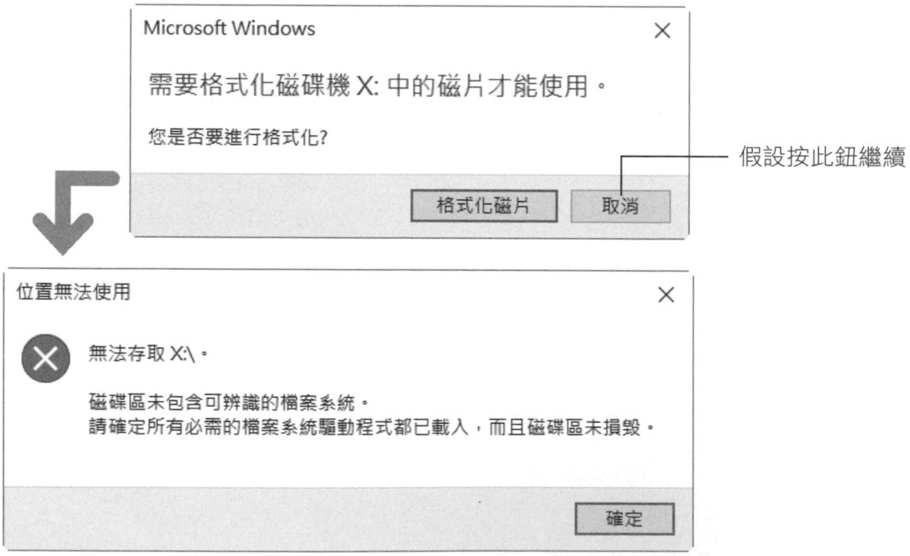

所以我們建立磁碟分割時，通常會一併做完格式化動作，否則這個磁碟分割根本不能用來儲存資料。

若事後要單獨執行格式化，請依照下列步驟進行：

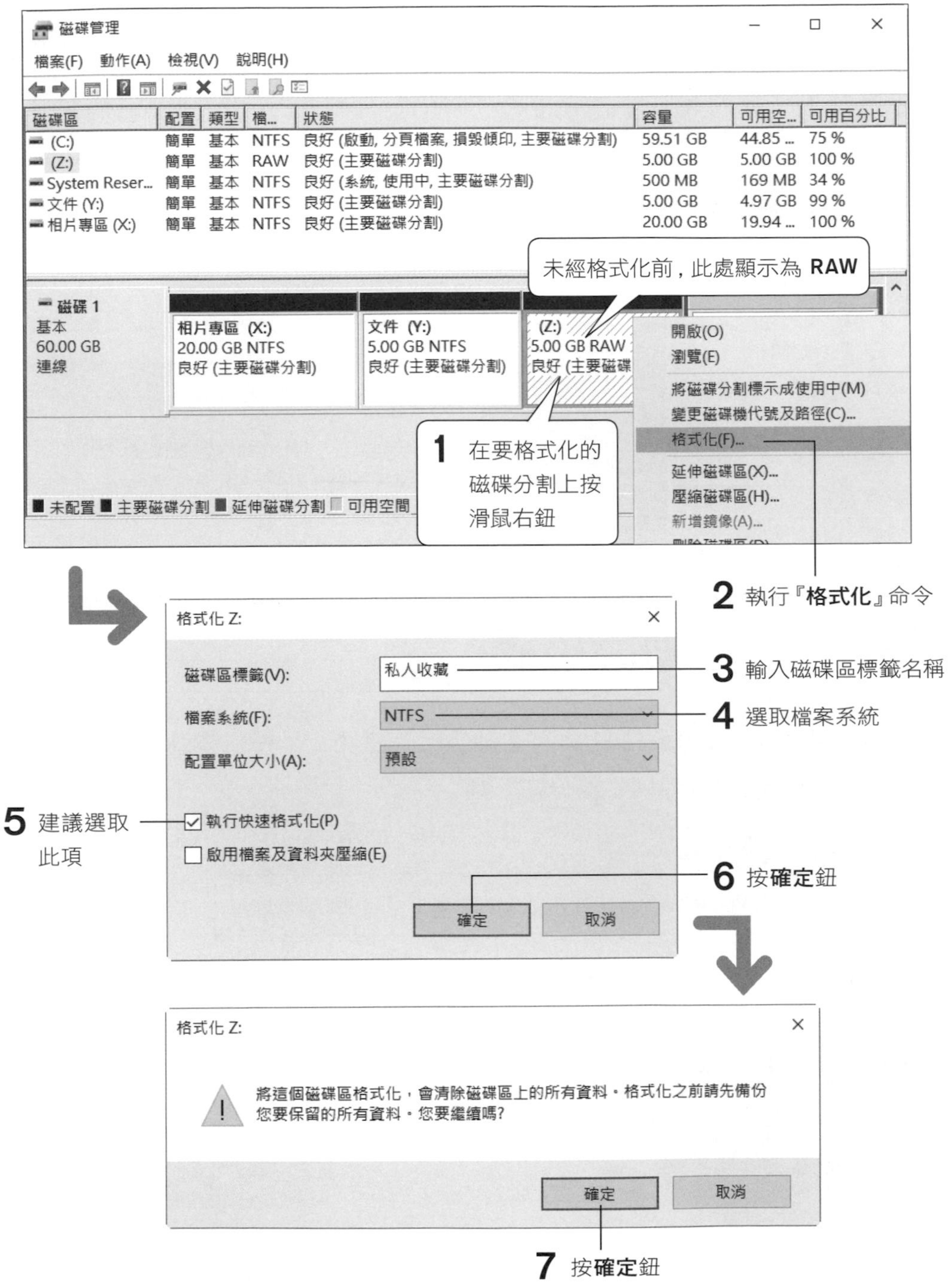

未經格式化前，此處顯示為 RAW
1 在要格式化的磁碟分割上按滑鼠右鈕
2 執行『格式化』命令
3 輸入磁碟區標籤名稱
4 選取檔案系統
5 建議選取此項
6 按確定鈕
7 按確定鈕
格式化 Z:
磁碟區標籤(V): 私人收藏
檔案系統(F): NTFS
配置單位大小(A): 預設
執行快速格式化(P)
啟用檔案及資料夾壓縮(E)
確定
取消
將這個磁碟區格式化，會清除磁碟區上的所有資料。格式化之前請先備份您要保留的所有資料。您要繼續嗎?

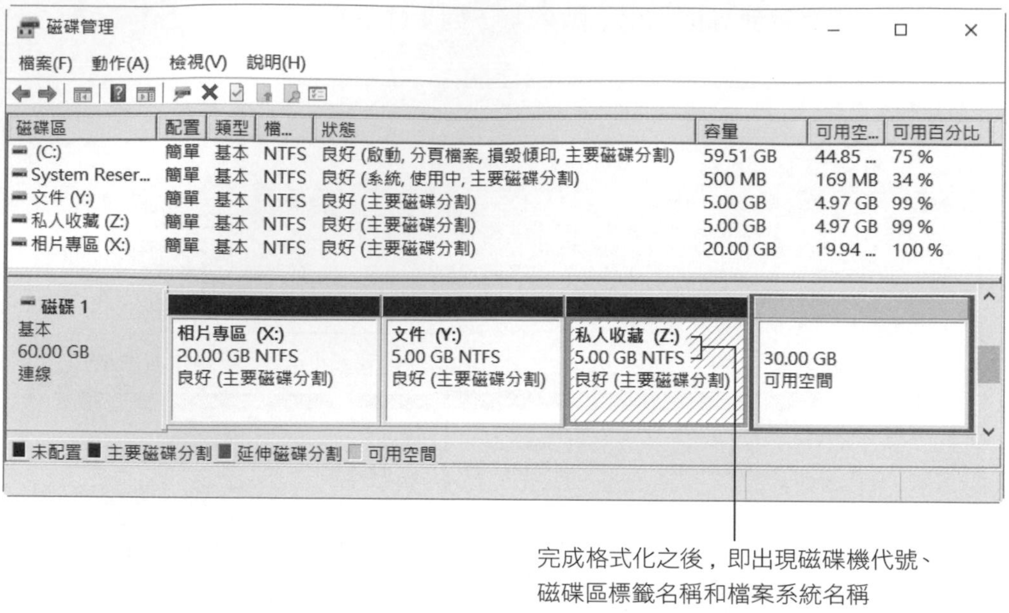

11-3 管理動態磁碟

Windows Server 2016 可在動態磁碟建立 5 種磁碟區（Volume），依據是否可形成磁碟陣列，區分如下圖：

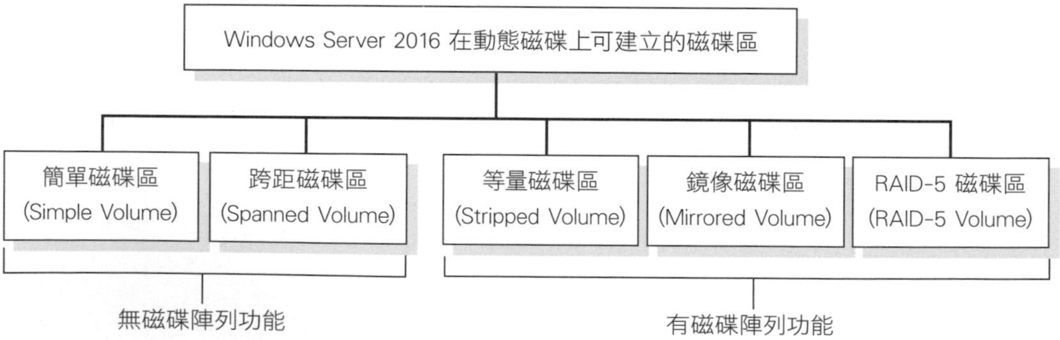

但是在建立這些磁碟區之前，我們必須先完成兩件事：

1. 增加硬碟數量：欲彰顯出動態磁碟的優點，至少要有兩部硬碟，建議有 3 部硬碟，最多可支援到 32 部硬碟。

2. 將基本磁碟轉換為動態磁碟。

此外，因為磁碟陣列的建立方式比較複雜且不常用，我們僅介紹如何建立簡單磁碟區和跨距磁碟區。

增加新硬碟

當我們將一部全新、未用過的硬碟安裝到 Windows Server 2016 電腦時，必須先執行連線與初始化工作，才能使作業系統使用這部磁碟。

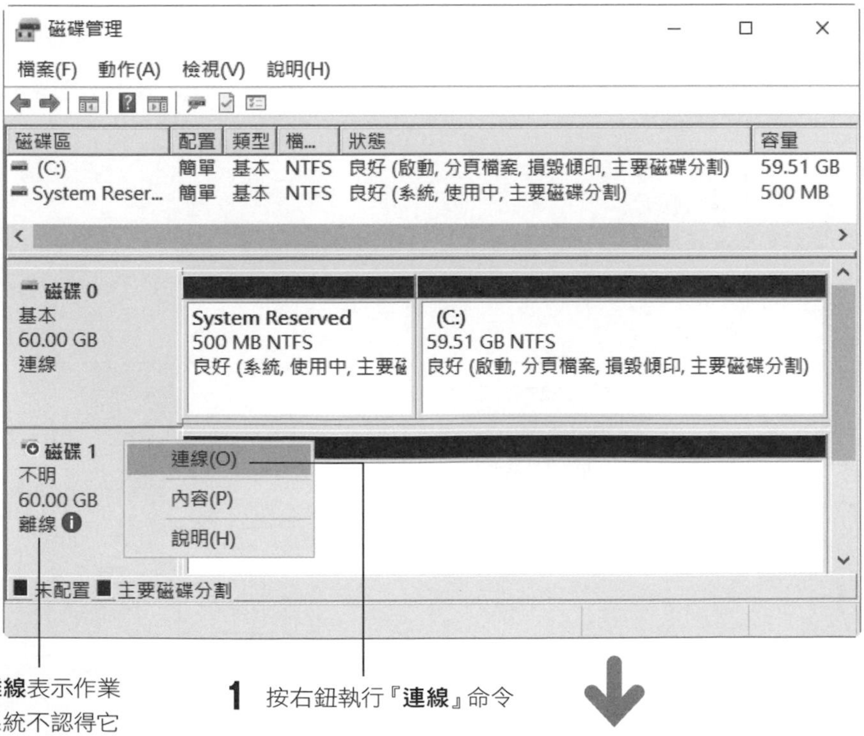

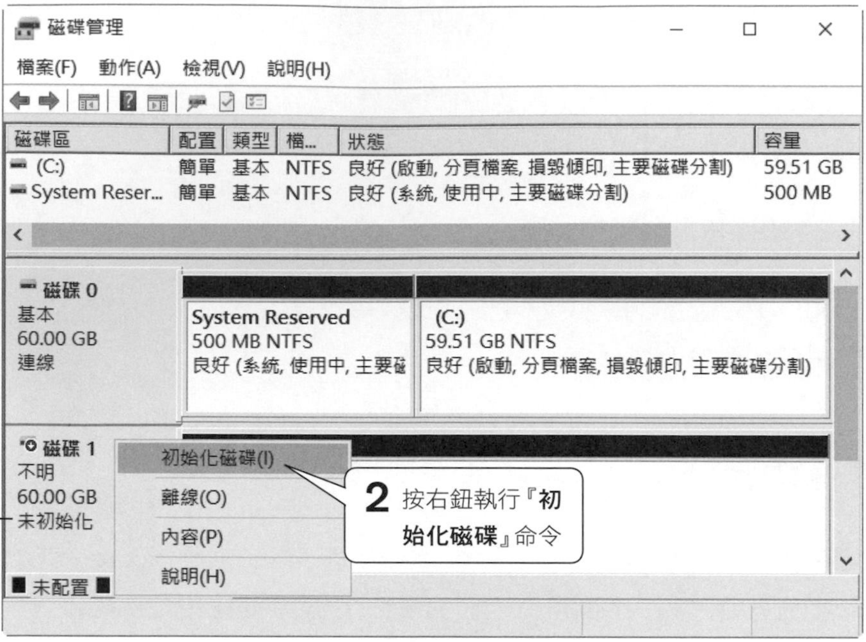
磁碟管理
檔案(F) 動作(A) 檢視(V) 說明(H)
磁碟區 | 配置 | 類型 | 檔... | 狀態 | 容量
(C:) 簡單 基本 NTFS 良好 (啟動, 分頁檔案, 損毀傾印, 主要磁碟分割) 59.51 GB
System Reser... 簡單 基本 NTFS 良好 (系統, 使用中, 主要磁碟分割) 500 MB
磁碟 0
基本
60.00 GB
連線
System Reserved
500 MB NTFS
良好 (系統, 使用中, 主要磁
(C:)
59.51 GB NTFS
良好 (啟動, 分頁檔案, 損毀傾印, 主要磁碟分割)
磁碟 1
不明
60.00 GB
未初始化
初始化磁碟(I)
離線(O)
內容(P)
說明(H)
未配置
2 按右鈕執行『初始化磁碟』命令

離線消失了，**未初始化**表示作業系統還不能使用它

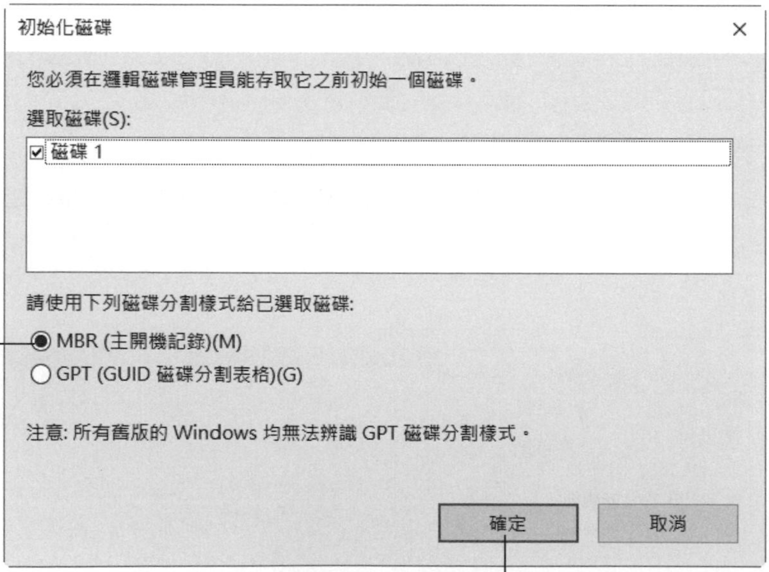
初始化磁碟
您必須在邏輯磁碟管理員能存取它之前初始一個磁碟。
選取磁碟(S):
磁碟 1
請使用下列磁碟分割樣式給已選取磁碟:
MBR (主開機記錄)(M)
GPT (GUID 磁碟分割表格)(G)
注意: 所有舊版的 Windows 均無法辨識 GPT 磁碟分割樣式。
確定
取消

3 請選此項

4 按**確定**鈕執行初始化

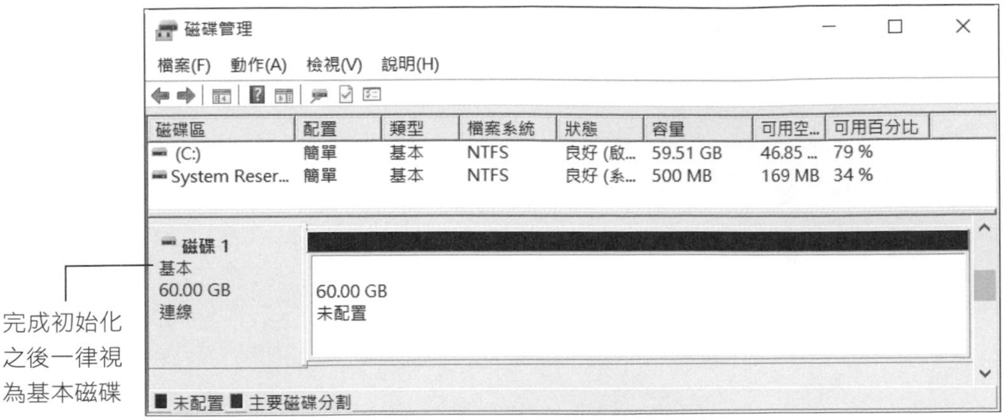

若將曾經在 Windows 環境建立過磁碟分割的硬碟，安裝到 Windows Server 2016 電腦，則毋須執行初始化動作，系統便會將它視為基本磁碟。

將基本磁碟轉換為動態磁碟

將基本磁碟轉換為動態磁碟時，必須**以整部硬碟為單位**，不能只轉換其中某個磁碟分割！而且在轉換之後，該磁碟便喪失多重開機能力。

請先開啟**磁碟管理**視窗，然後在要轉換的基本磁碟上按下滑鼠右鈕：

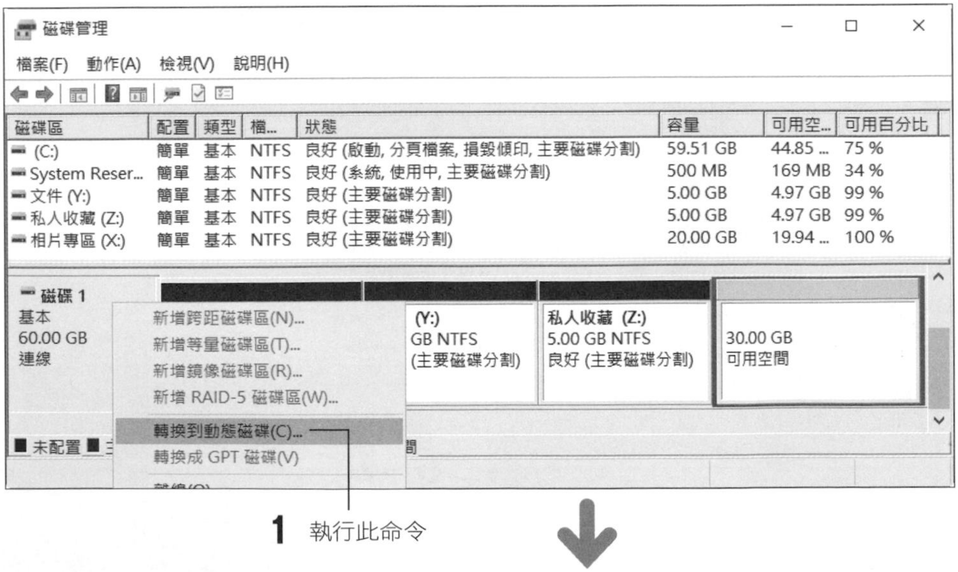

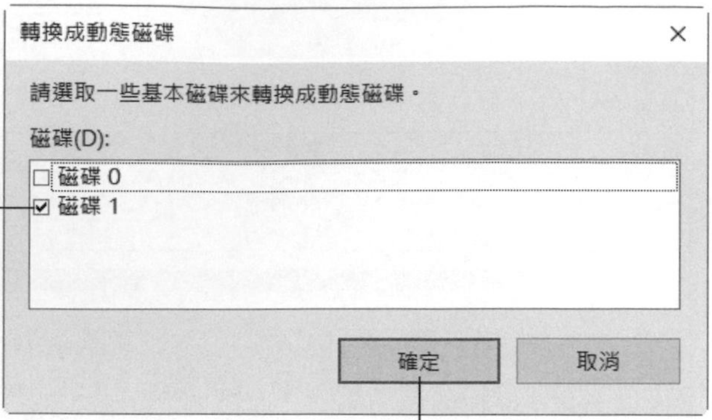

2 有多部硬碟時，請在此選擇要轉換的硬碟

3 按**確定**鈕

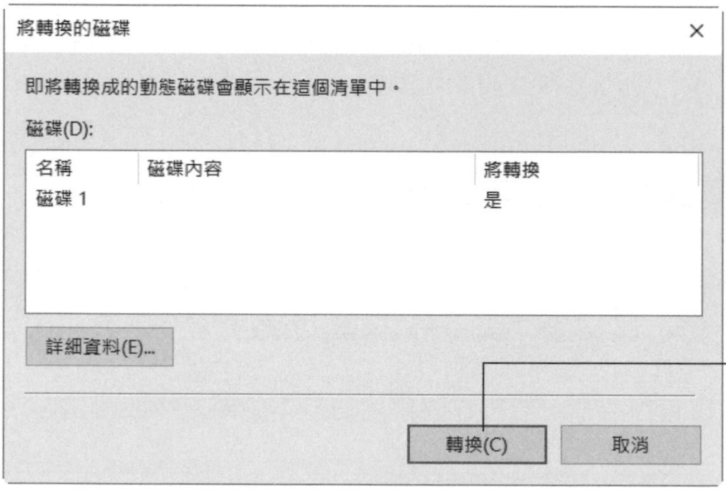

4 按**轉換**鈕

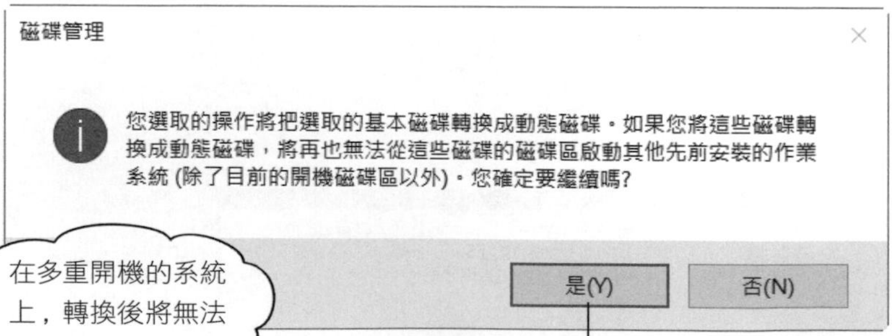

在多重開機的系統上，轉換後將無法啟動其他作業系統

5 按**是**鈕

原本的磁碟分割和邏輯磁碟機都會變成簡單磁碟區（以橄欖色標示）

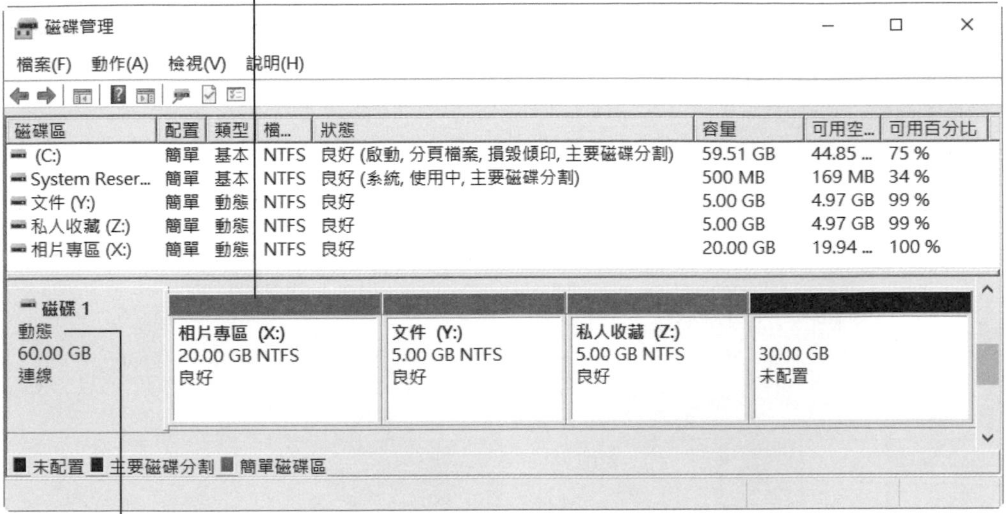

變成動態磁碟了

為何無法轉換為動態磁碟？

動態磁碟使用磁碟最後面約 1MB 的空間，作為動態磁碟的資料庫。所以若基本磁碟的磁碟分割已用盡全部的磁碟空間，便無法建立該資料庫，導致不能轉換成動態磁碟。此時可參考以下的解決方案：

- 若基本磁碟上只有一個主要磁碟分割，必須先備份所需的的資料，再刪除磁碟分割，然後轉換成動態磁碟，建立了磁碟區 (Volume) 之後再還原資料。
- 若硬碟上有 2~4 個主要磁碟分割，則只需備份最後一個磁碟分割的資料，然後刪除該磁碟分割。等到轉換為動態磁碟後，再建立一個磁碟區並還原資料。
- 若硬碟有延伸磁碟分割（必定是最後一個磁碟分割），則需先備份所有邏輯磁碟機的資料，再刪除邏輯磁碟機和延伸磁碟分割。等到轉換為動態磁碟後，再建立各磁碟區並還原資料。

建立簡單磁碟區

簡單磁碟區是在單一磁碟上所切割出來的儲存空間， 在使用上如同基本磁碟的主要磁碟分割。而且其建立的步驟及畫面， 都和前一節的『建立磁碟分割』一模一樣，請參考前一節。

Tip 其實無論是建立主要磁碟分割、延伸磁碟分割、邏輯磁碟機或簡單磁碟區，統統都是一樣的步驟！

一旦建立了簡單磁碟區之後， 可以將它的儲存空間延伸到同一部硬碟的不連續空間，或不同硬碟的空間，如下圖：

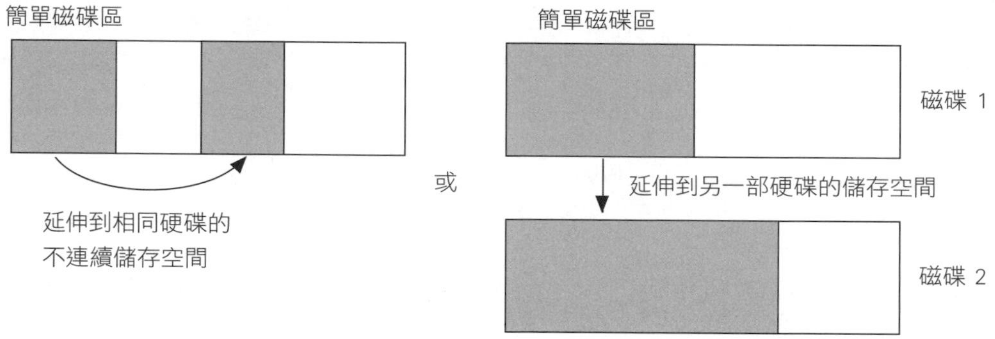

至於延伸磁碟區的方式，請參考後文。

建立跨距磁碟區

跨距磁碟區是由 2~32 部硬碟的儲存空間所組成， 每部硬碟所提供的空間大小可以不同。例如第一部硬碟提供 10GB 的空間， 第二部硬碟提供 15GB 的空間，所組成的跨距磁碟區就有 25GB 的空間，其建立步驟如下：

至少在 2 部硬碟上有**未配置**空間，才能建立跨距磁碟區

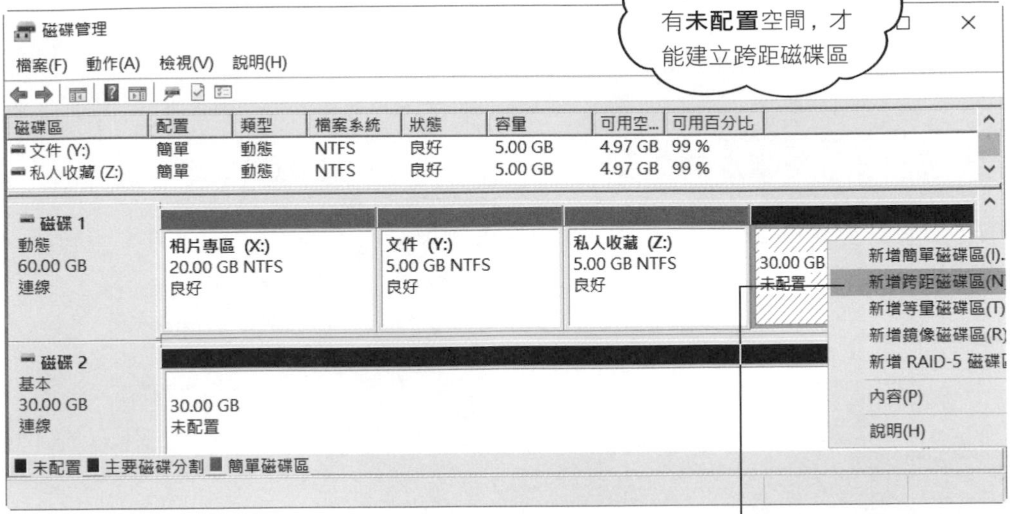

1 在動態磁碟的**未配置**空間按滑鼠右鈕，執行此命令

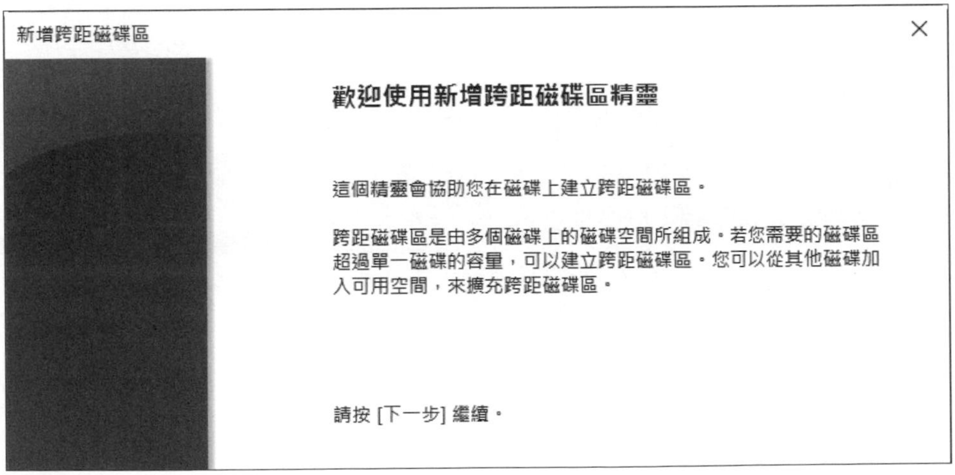
新增跨距磁碟區
歡迎使用新增跨距磁碟區精靈
這個精靈會協助您在磁碟上建立跨距磁碟區。
跨距磁碟區是由多個磁碟上的磁碟空間所組成。若您需要的磁碟區超過單一磁碟的容量，可以建立跨距磁碟區。您可以從其他磁碟加入可用空間，來擴充跨距磁碟區。
請按 [下一步] 繼續。

按**下一步**鈕

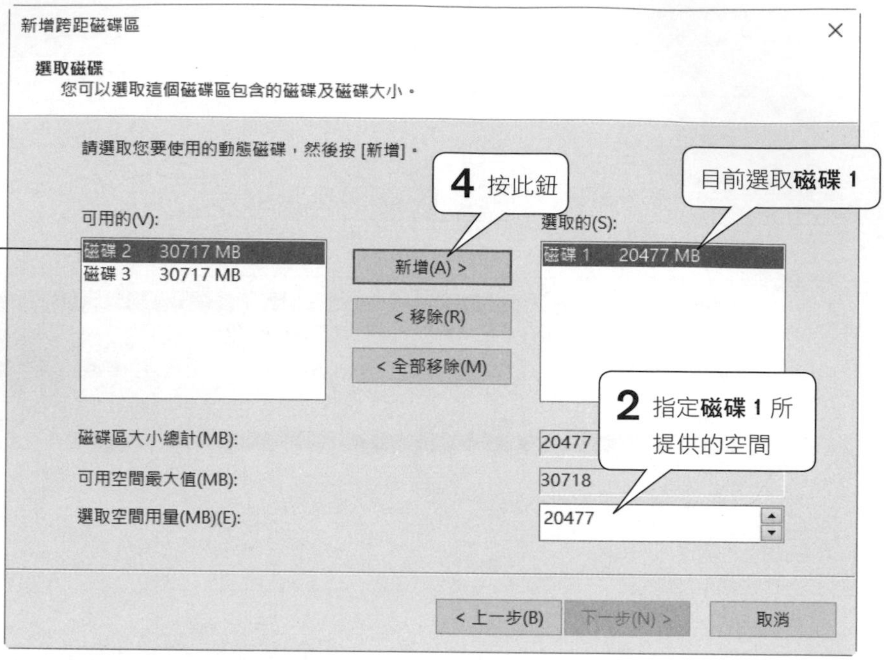
新增跨距磁碟區
選取磁碟
您可以選取這個磁碟區包含的磁碟及磁碟大小。
請選取您要使用的動態磁碟，然後按 [新增]。
可用的(V):
磁碟 2 30717 MB
磁碟 3 30717 MB
新增(A) >
< 移除(R)
< 全部移除(M)
選取的(S):
磁碟 1 20477 MB
磁碟區大小總計(MB):
20477
可用空間最大值(MB):
30718
選取空間用量(MB)(E):
20477
< 上一步(B)
下一步(N) >
取消
4 按此鈕
目前選取**磁碟 1**
2 指定**磁碟 1** 所提供的空間

3 選取另一部要提供空間的磁碟

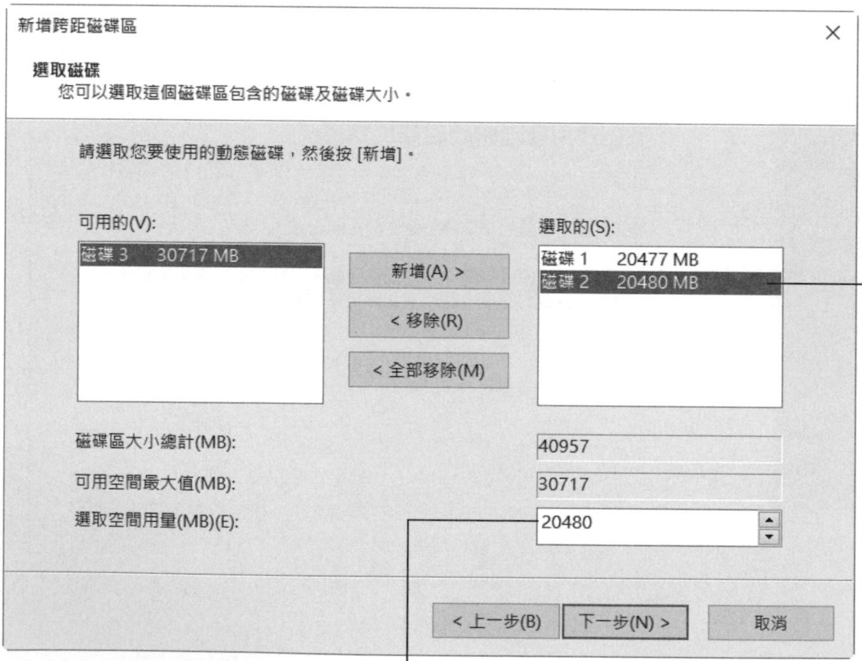
新增跨距磁碟區
選取磁碟
您可以選取這個磁碟區包含的磁碟及磁碟大小。
請選取您要使用的動態磁碟，然後按 [新增]。
可用的(V):
磁碟 3 30717 MB
新增(A) >
< 移除(R)
< 全部移除(M)
選取的(S):
磁碟 1 20477 MB
磁碟 2 20480 MB
磁碟區大小總計(MB):
40957
可用空間最大值(MB):
30717
選取空間用量(MB)(E):
20480
< 上一步(B)
下一步(N) >
取消

5 選取**磁碟 2**

6 指定**磁碟 2** 所提供的空間

按**下一步**鈕

7 指定磁碟機代號

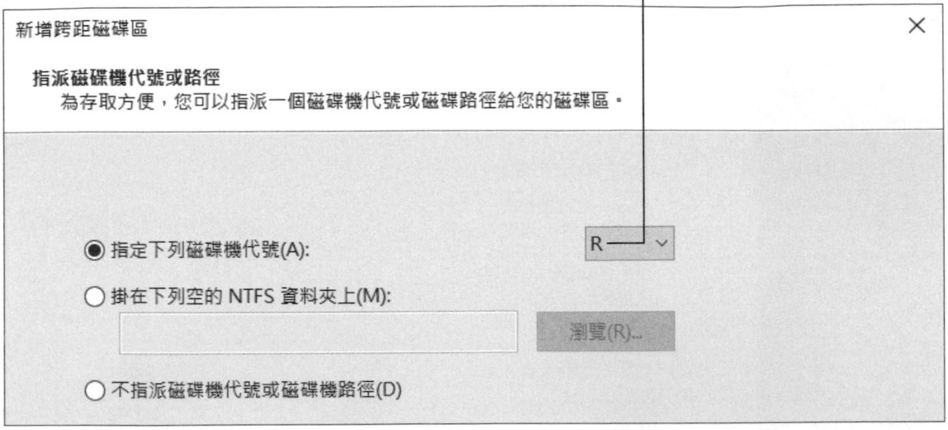
新增跨距磁碟區
指派磁碟機代號或路徑
為存取方便，您可以指派一個磁碟機代號或磁碟路徑給您的磁碟區。
指定下列磁碟機代號(A):
R
掛在下列空的 NTFS 資料夾上(M):
瀏覽(R)...
不指派磁碟機代號或磁碟機路徑(D)

按**下一步**鈕

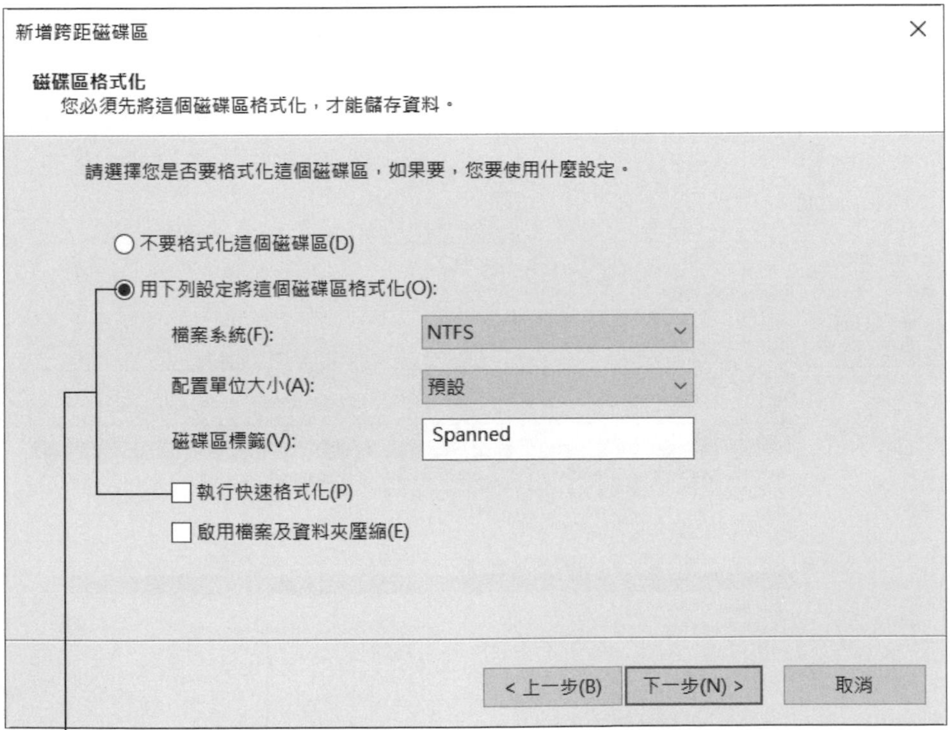
新增跨距磁碟區
磁碟區格式化
您必須先將這個磁碟區格式化，才能儲存資料。
請選擇您是否要格式化這個磁碟區，如果要，您要使用什麼設定。
不要格式化這個磁碟區(D)
用下列設定將這個磁碟區格式化(O):
檔案系統(F):
NTFS
配置單位大小(A):
預設
磁碟區標籤(V):
Spanned
執行快速格式化(P)
啟用檔案及資料夾壓縮(E)
< 上一步(B)
下一步(N) >
取消

8 這些格式化的設定，請參考前文

按**下一步**鈕

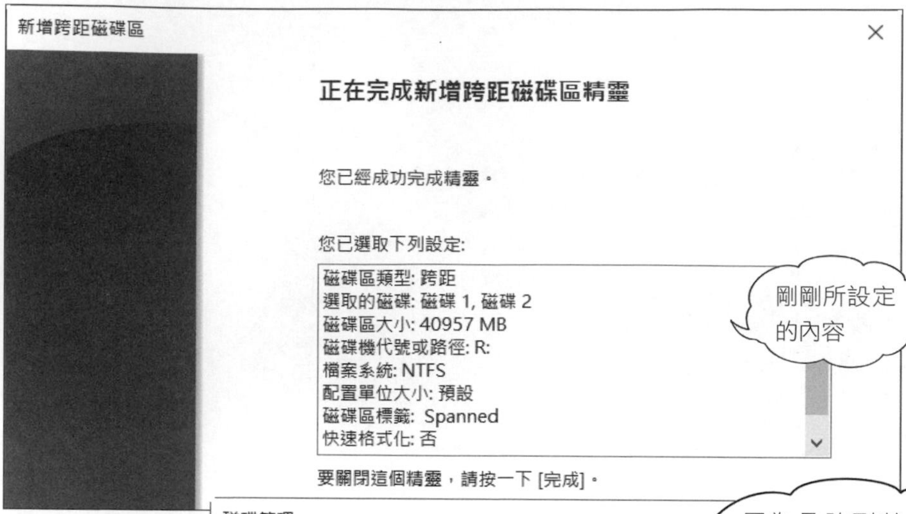

剛剛所設定的內容

按**完成**鈕

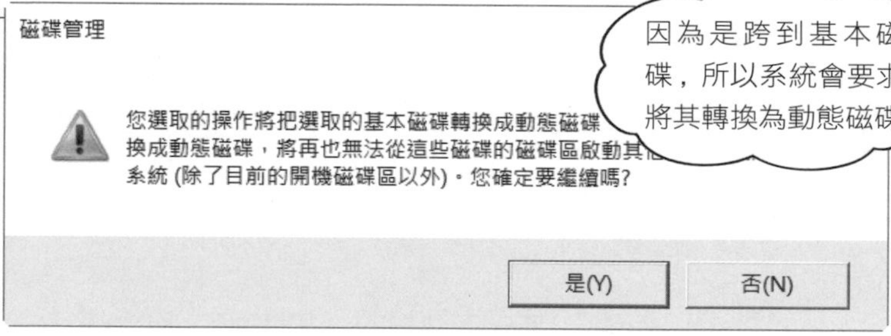

因為是跨到基本磁碟，所以系統會要求將其轉換為動態磁碟

按**是**鈕

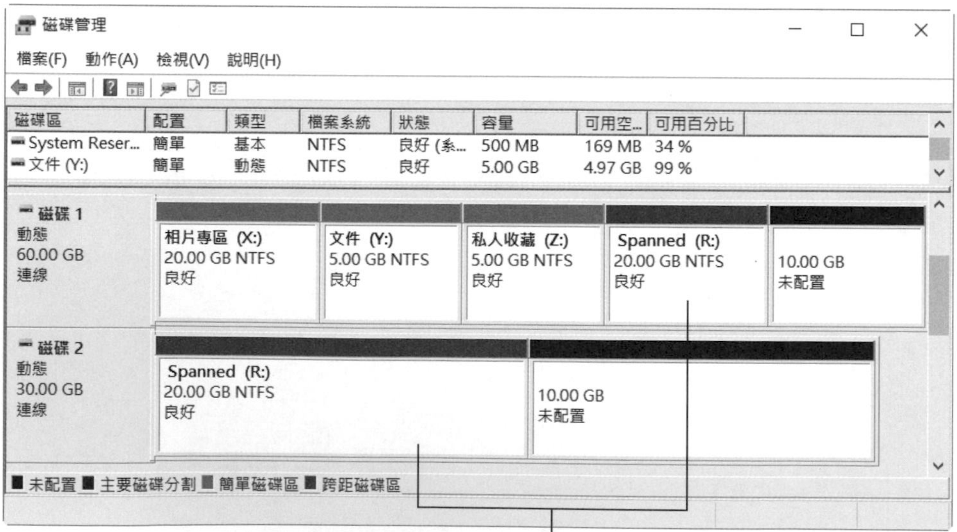

組成跨距磁碟區的 2 個區域(容量可不同)

刪除簡單或跨距磁碟區

跨距磁碟區雖然涵蓋不同磁碟上的空間，但在使用時與簡單磁碟區無異。刪除簡單或跨距磁碟區時，會同時刪除它們在不同磁碟上的空間。以下示範刪除跨距磁碟區的步驟（刪除簡單磁碟區的方式相同）：

1 在跨距磁碟區上按滑鼠右鈕

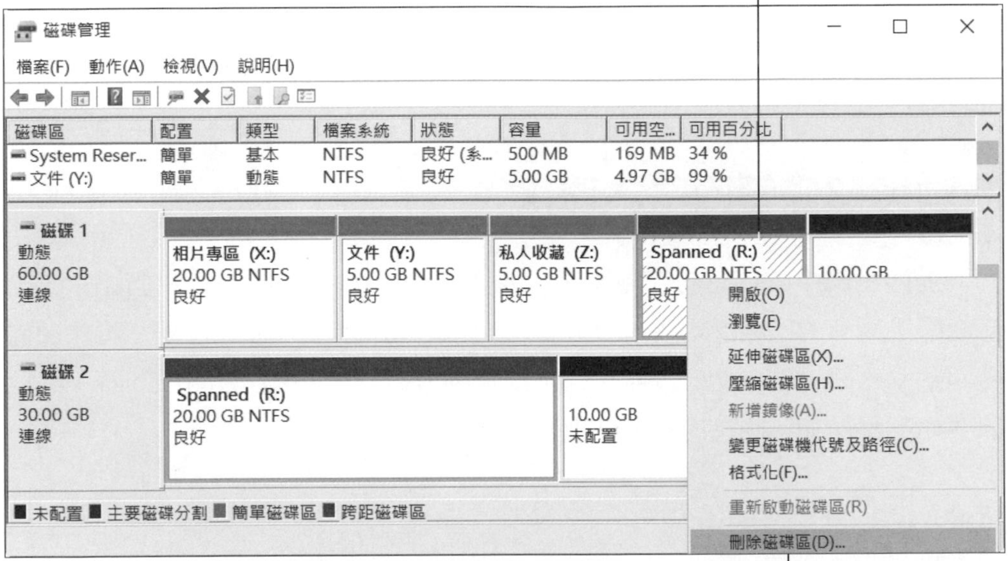

2 執行此命令

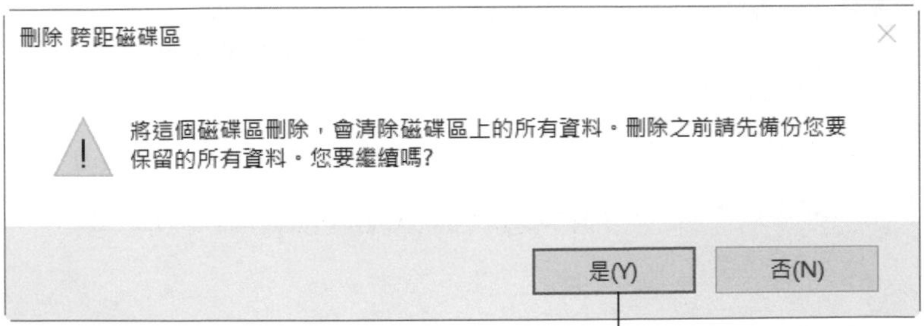

3 按是鈕

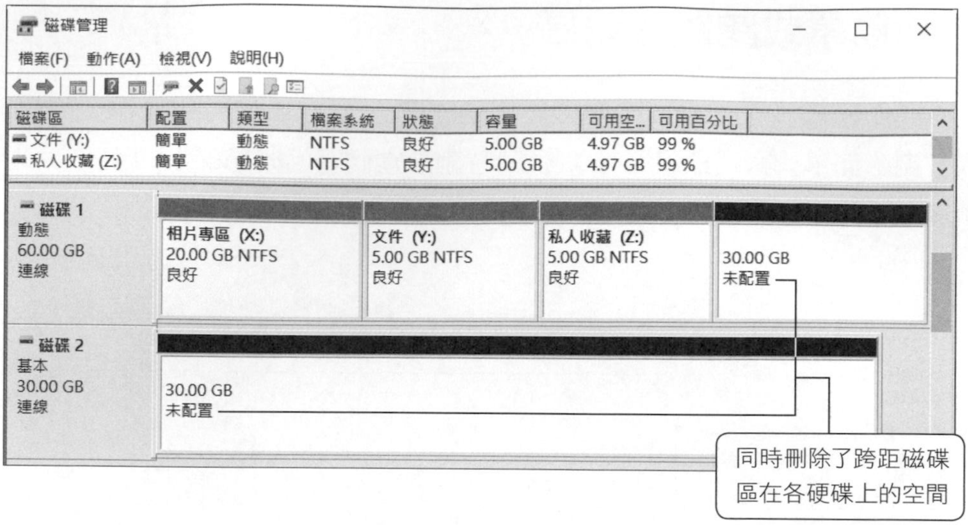

將動態磁碟轉回基本磁碟

動態磁碟中若存有任何磁碟區，便無法轉成基本磁碟。當我們刪除了動態硬碟上所有的磁碟區之後，Windows Server 2016 會『自動』將該硬碟轉回基本磁碟。若我們已經將硬碟轉換為動態磁碟，但尚未建立任何磁碟區，只要如下操作即可將動態磁碟轉換為基本磁碟：

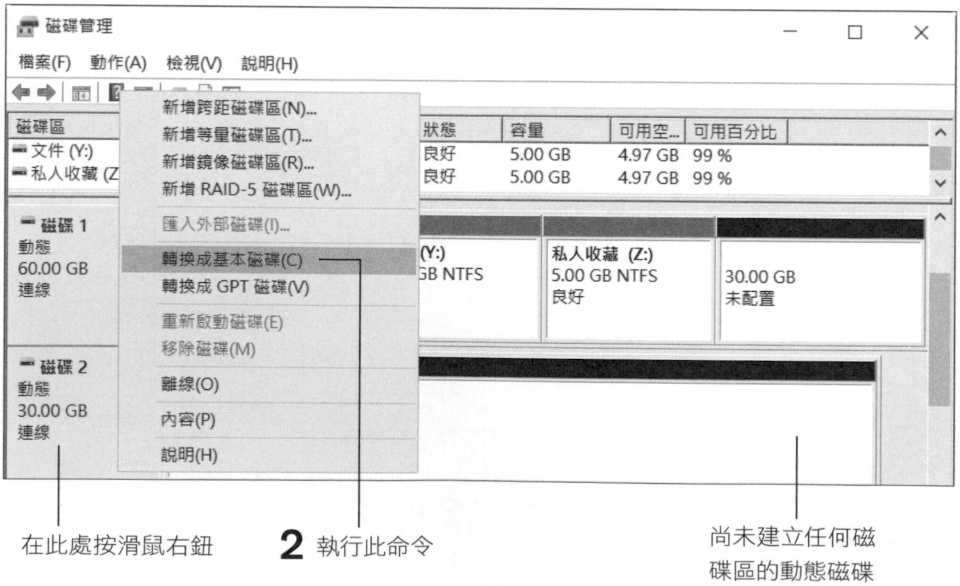

延伸磁碟區空間

可動態延伸（加大）磁碟區是動態磁碟吸引人的功能之一，只要在磁碟上還有未配置的空間，我們就能將這些空間加入現存的磁碟區，而且可立即使用，不需重新開機。然而這項功能有以下的限制：

- 只能延伸簡單磁碟區與跨距磁碟區。
- 只能延伸 NTFS 磁碟區。
- 無法延伸啟動磁碟區 (Boot Volume)，亦即不得延伸『Windows 資料夾所在的磁碟區』。
- 只能加入尚未配置的磁碟空間，不能將兩個磁碟區合併。

以下示範如何延伸到『基本磁碟』的**未配置**空間，在過程中系統會自動要求先將基本磁碟轉換為動態磁碟，然後再做延伸空間的動作：

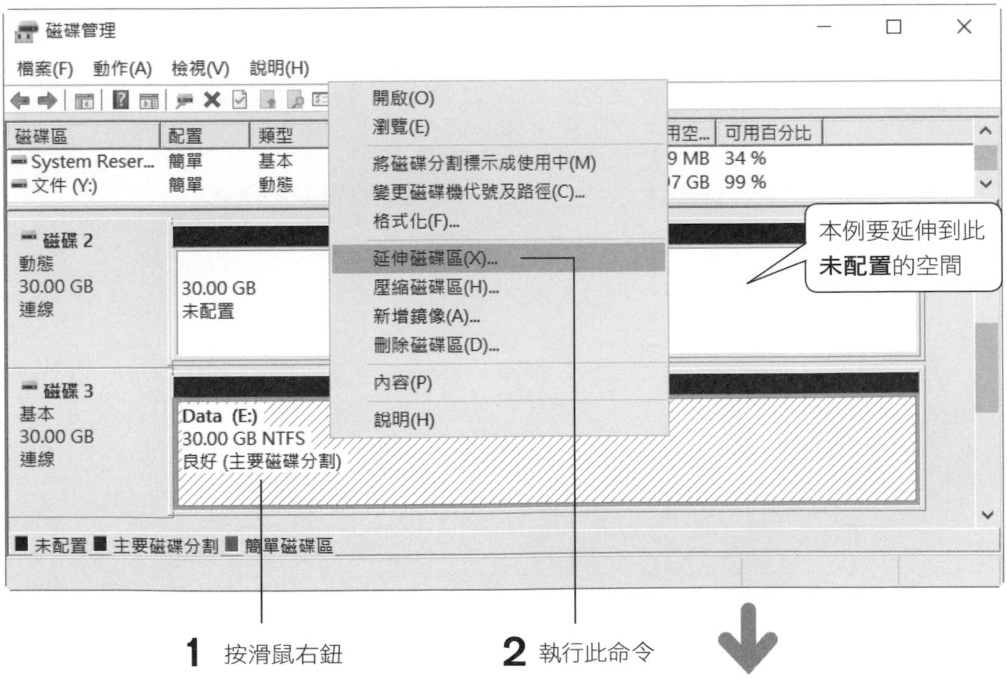

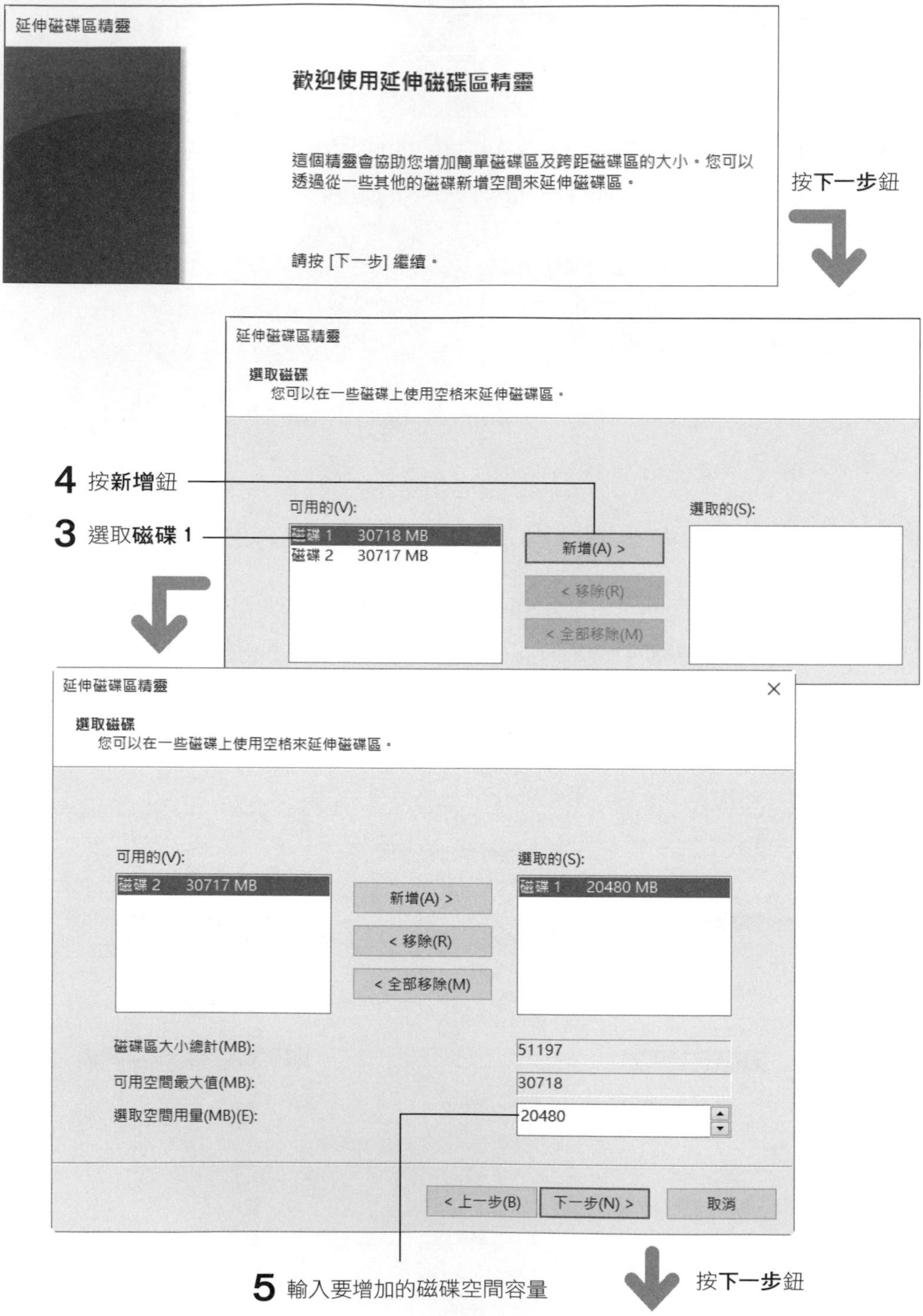
延伸磁碟區精靈
歡迎使用延伸磁碟區精靈
這個精靈會協助您增加簡單磁碟區及跨距磁碟區的大小。您可以透過從一些其他的磁碟新增空間來延伸磁碟區。
請按 [下一步] 繼續。
按下一步鈕
延伸磁碟區精靈
選取磁碟
您可以在一些磁碟上使用空格來延伸磁碟區。
4 按新增鈕
3 選取磁碟 1
可用的(V):
磁碟 1 30718 MB
磁碟 2 30717 MB
新增(A) >
< 移除(R)
< 全部移除(M)
選取的(S):
延伸磁碟區精靈
選取磁碟
您可以在一些磁碟上使用空格來延伸磁碟區。
可用的(V):
磁碟 2 30717 MB
新增(A) >
< 移除(R)
< 全部移除(M)
選取的(S):
磁碟 1 20480 MB
磁碟區大小總計(MB): 51197
可用空間最大值(MB): 30718
選取空間用量(MB)(E): 20480
< 上一步(B)
下一步(N) >
取消
5 輸入要增加的磁碟空間容量
按下一步鈕

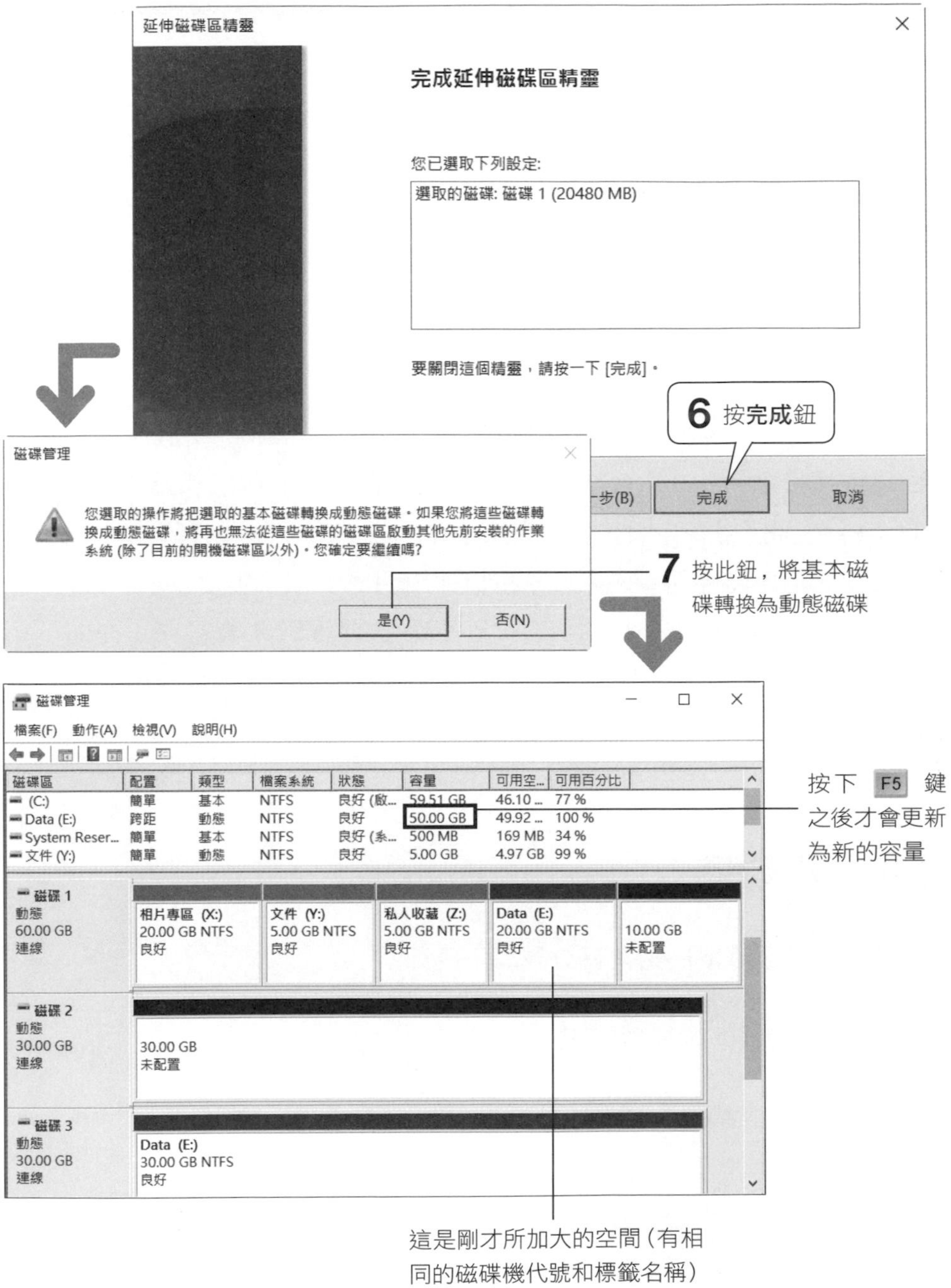

如上圖所示，延伸磁碟區其實是另外建立新的磁碟區，但是使用原磁碟區相同的磁碟機代號和標籤名稱，也就表示該磁碟機的容量增大了。

11-4 連接磁碟

在 Unix 和 Linux 系統中，每個磁碟分割都是掛載（Mount）在目錄下，因此使用者只會看到一堆目錄，沒有所謂的『磁碟機』存在，是一種『目錄\檔案』的兩層式架構。而 Windows 系統則是採用『磁碟機\目錄\檔案』的 3 層式架構，使用者必須先選磁碟機、再選目錄（資料夾），以存取所要的檔案。這兩種架構的優劣可說是見仁見智，其實只要習慣了就好。

Windows Server 2016 提供了類似 Unix/Linux 的掛載功能，稱為**連接磁碟**或**連接點**（Junction Point），可將一個磁碟區或磁碟分割直接連接到一個資料夾，使用者存取該資料夾便是存取磁碟區或磁碟分割，再也毋須磁碟機代號。這個磁碟區或磁碟分割可以採用 FAT、FAT32 或 NTFS 等三種檔案系統；但是用來連接的資料夾必須是**空的 NTFS 資料夾**，亦即，不但採用 NTFS 檔案統，而且不能存在任何子資料夾或檔案。

Tip 為了簡化行文，本節後文均以『磁碟區』統稱磁碟區與磁碟分割。

建立連接磁碟

建立連接磁碟的時機可區分為以下兩種：

- 將新增的磁碟區連接到 NTFS 資料夾。
- 將現有的磁碟機連接到 NTFS 資料夾。

將新增的磁碟區連接到 NTFS 資料夾

假設要使 C 磁碟機的儲存空間增加 30 GB，可是該磁碟的剩餘空間卻已不足，而且並非動態磁碟，因此不能擴充到另一部磁碟的儲存空間。此時可在另一部硬碟新增一個 30GB 的磁碟區，並連接到 C 磁碟機的某個空的 NTFS 資料夾（假設為 C:\Extra）。首先開啟**磁碟管理**視窗，然後操作如下：

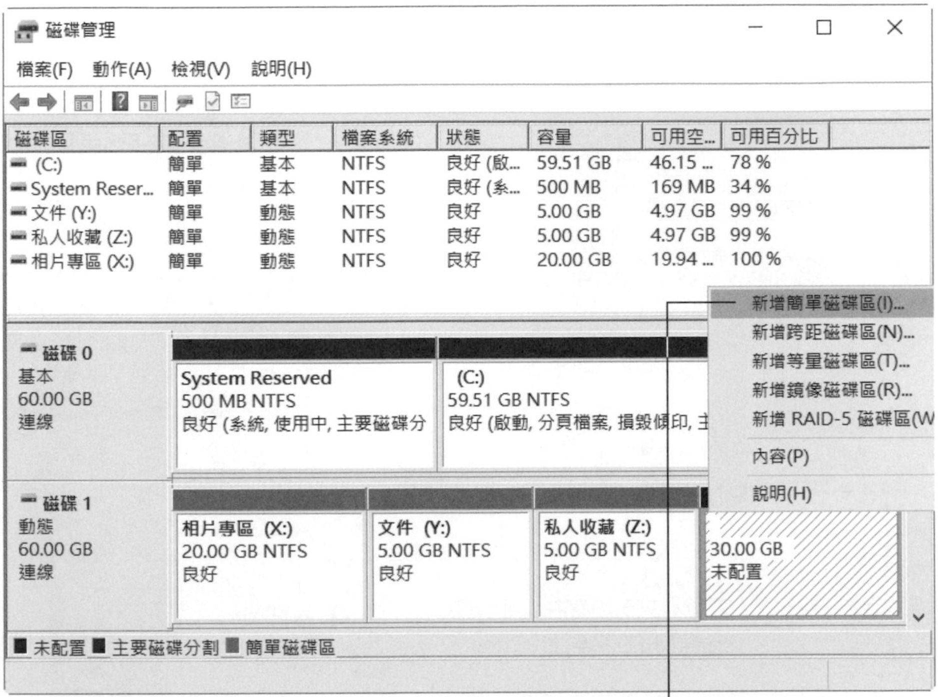

1 在**未配置**空間按右鈕，執行此命令

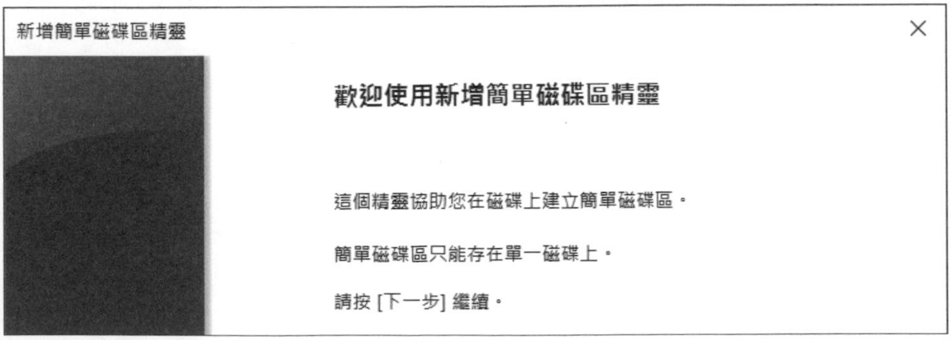

按**下一步**鈕

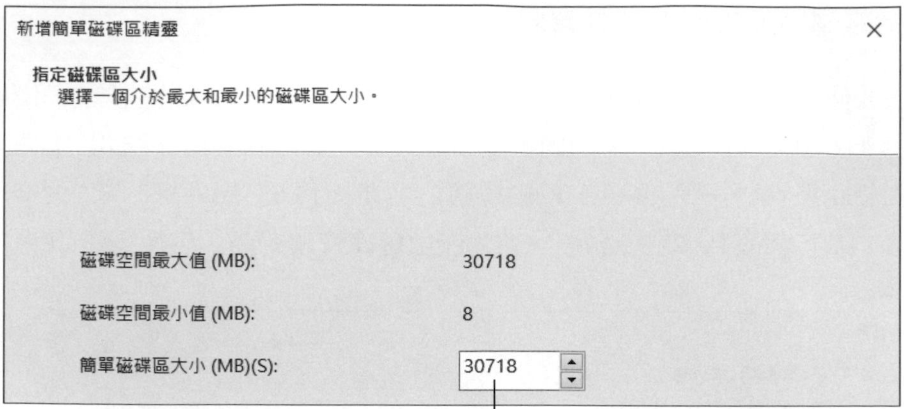

2 輸入要增加的儲存空間大小

按**下一步**鈕

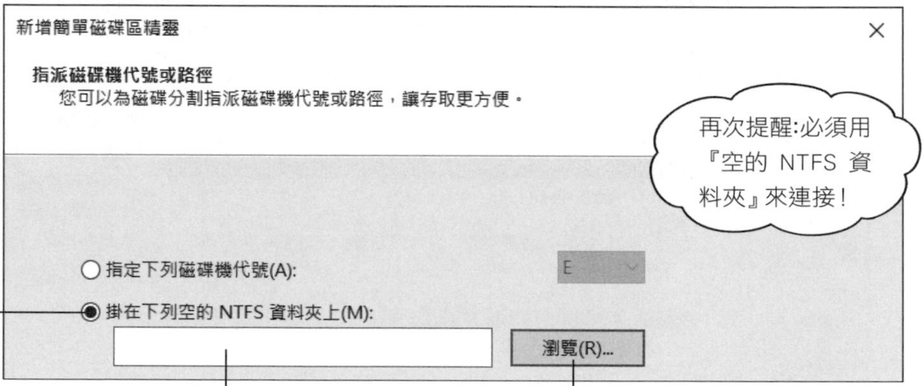

3 選取此單選鈕

若資料夾已經存在，可以直接輸入路徑名稱 (C:\Extra)

4 按此鈕

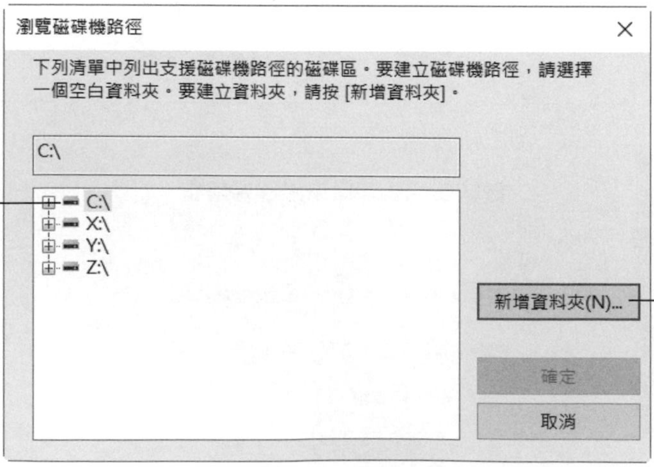

5 選取 C 磁碟機

6 按此鈕

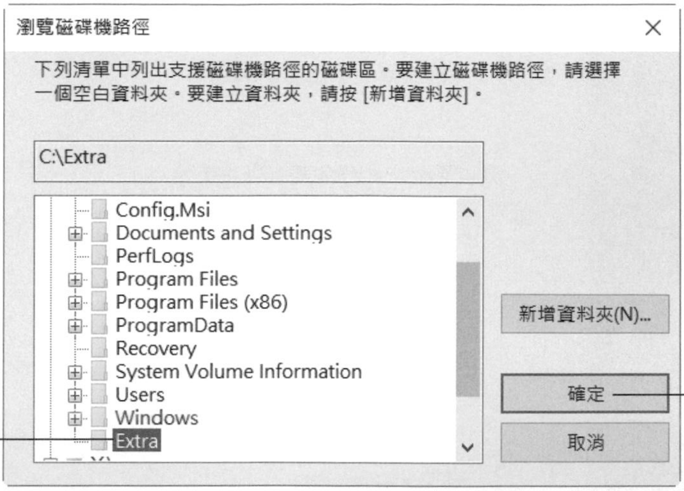

7 輸入資料夾的名稱

8 按此鈕

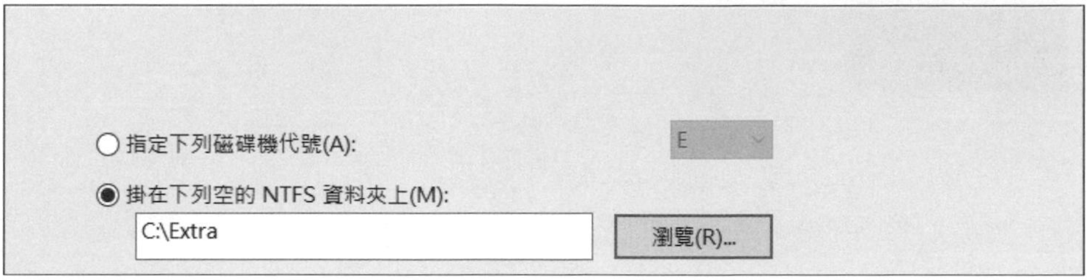

按**下一步**鈕

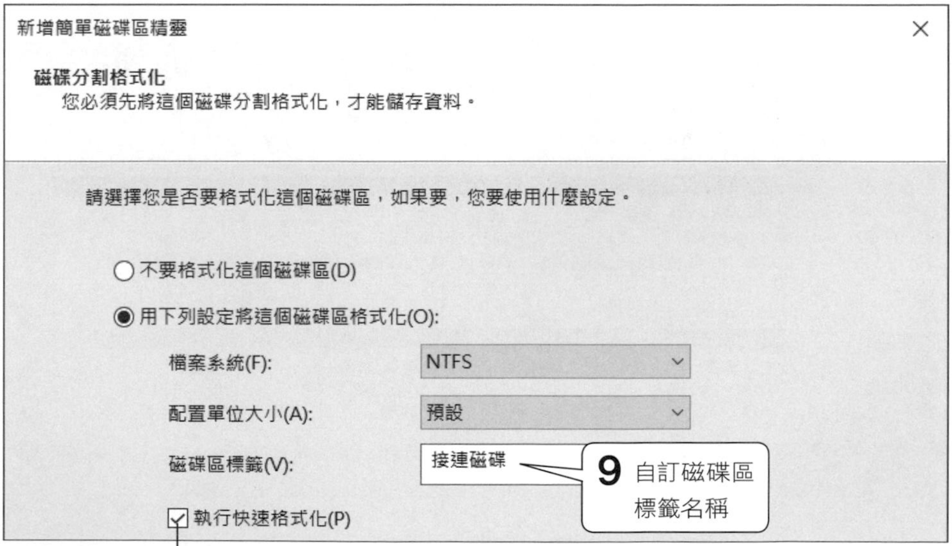

9 自訂磁碟區標籤名稱

建議選取此多選鈕，縮短等待格式化的時間

按**下一步**鈕

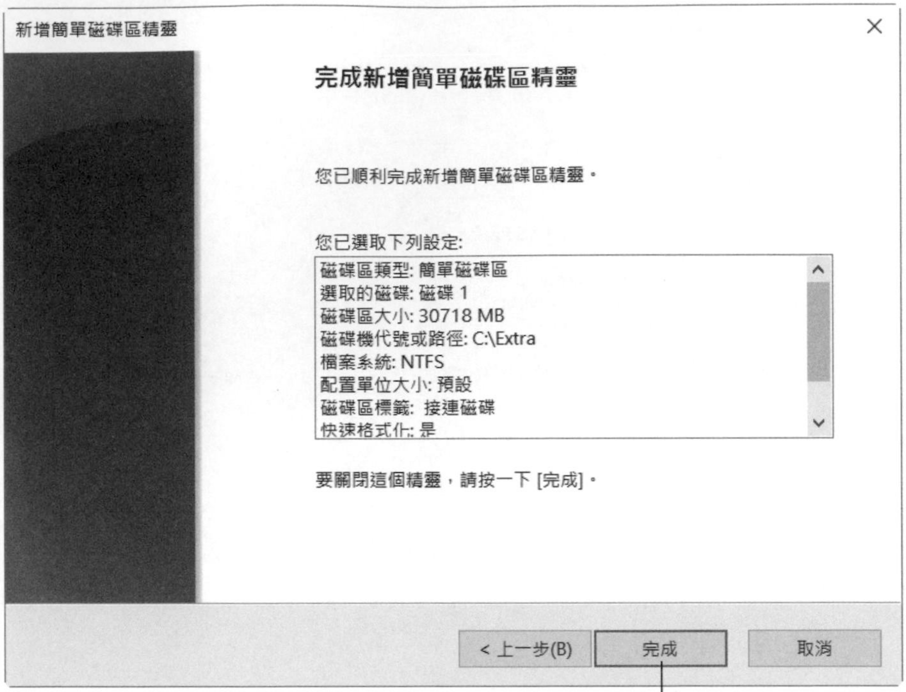
新增簡單磁碟區精靈
完成新增簡單磁碟區精靈
您已順利完成新增簡單磁碟區精靈。
您已選取下列設定:
磁碟區類型: 簡單磁碟區
選取的磁碟: 磁碟 1
磁碟區大小: 30718 MB
磁碟機代號或路徑: C:\Extra
檔案系統: NTFS
配置單位大小: 預設
磁碟區標籤: 接連磁碟
快速格式化: 是
要關閉這個精靈，請按一下 [完成]。
< 上一步(B)
完成
取消

10 按**完成**鈕

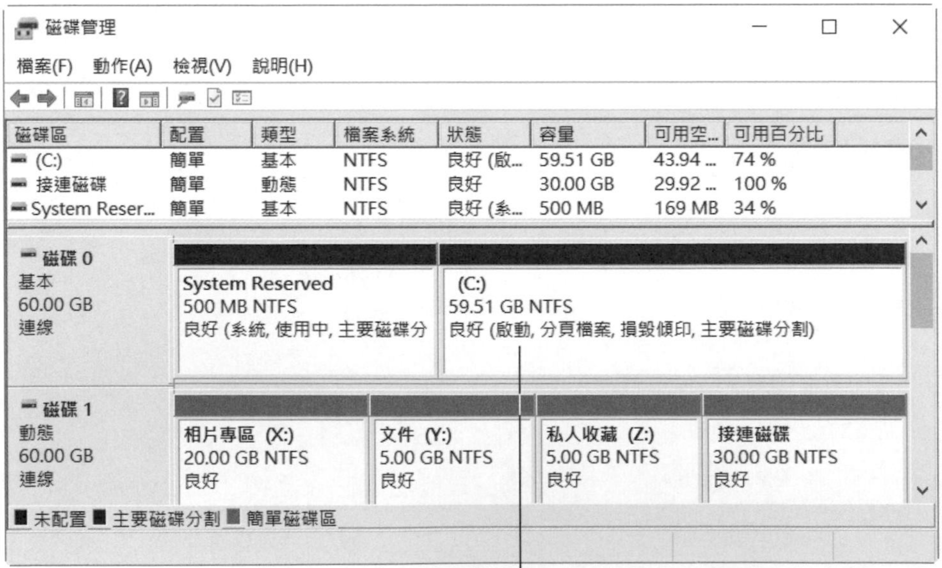
磁碟管理
檔案(F) 動作(A) 檢視(V) 說明(H)
磁碟區 配置 類型 檔案系統 狀態 容量 可用空... 可用百分比
(C:) 簡單 基本 NTFS 良好 (啟... 59.51 GB 43.94 ... 74 %
接連磁碟 簡單 動態 NTFS 良好 30.00 GB 29.92 ... 100 %
System Reser... 簡單 基本 NTFS 良好 (系... 500 MB 169 MB 34 %
磁碟 0
基本
60.00 GB
連線
System Reserved
500 MB NTFS
良好 (系統, 使用中, 主要磁碟分
(C:)
59.51 GB NTFS
良好 (啟動, 分頁檔案, 損毀傾印, 主要磁碟分割)
磁碟 1
動態
60.00 GB
連線
相片專區 (X:)
20.00 GB NTFS
良好
文件 (Y:)
5.00 GB NTFS
良好
私人收藏 (Z:)
5.00 GB NTFS
良好
接連磁碟
30.00 GB NTFS
良好
未配置 主要磁碟分割 簡單磁碟區

這就是連接到 C:\Extra 的磁碟區，但是在此視窗看不出來

將新增的磁碟區連接到 C:\Extra 資料夾之後，我們開啟**檔案總管**視窗看看該資料夾有何不同之處：

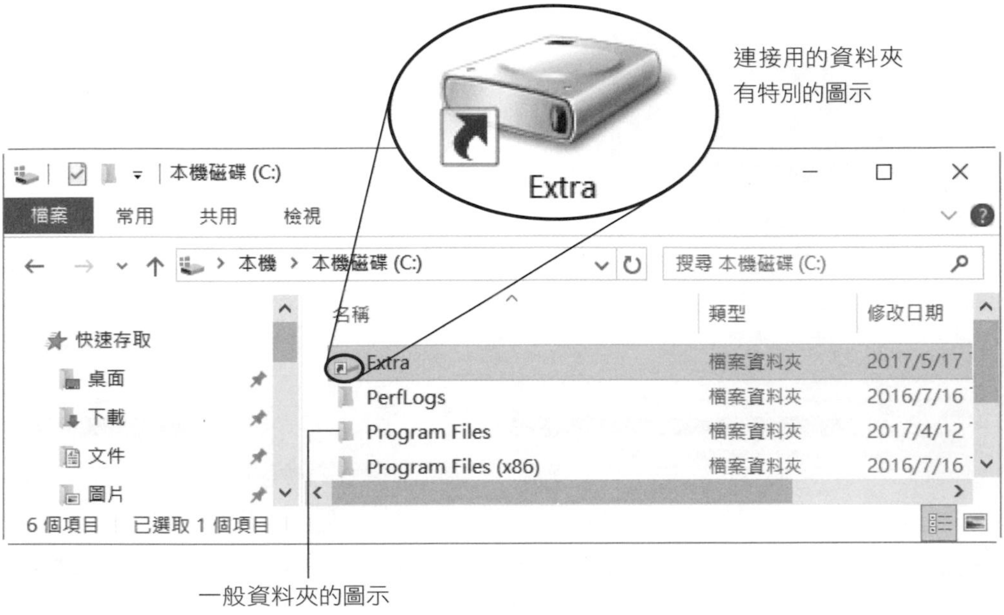

倘若在 **Extra** 資料夾按右鈕、執行『**內容**』命令：

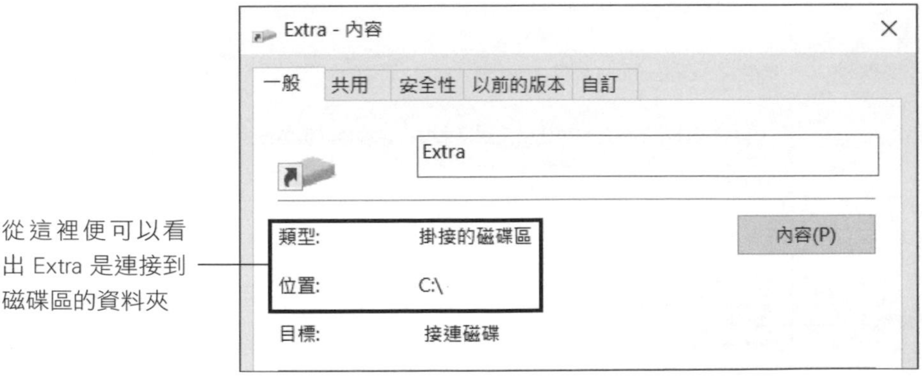

雖然將 C:\Extra 資料夾連接到 30 GB 的磁碟區，可是在**檔案總管**檢視 C 磁碟機的總容量時，會發現並未改變，沒有因此而增加 30 GB。

將現有的磁碟機連接到 NTFS 資料夾

假設要將 H 磁碟機連接到『C:\To_App』資料夾，同樣先開啟**磁碟管理**視窗：

1 在 H 磁碟機按右鈕，執行此命令

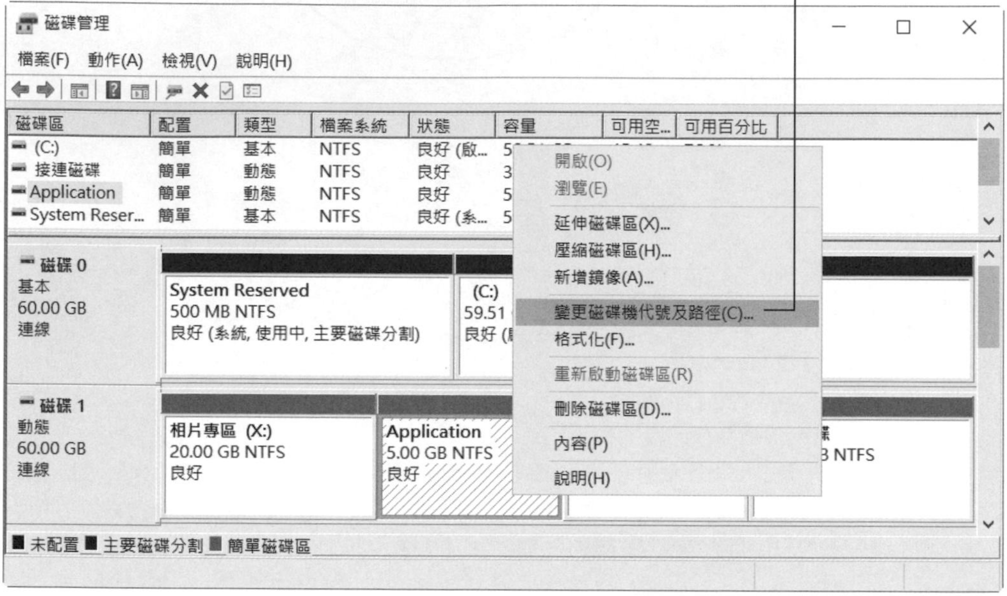

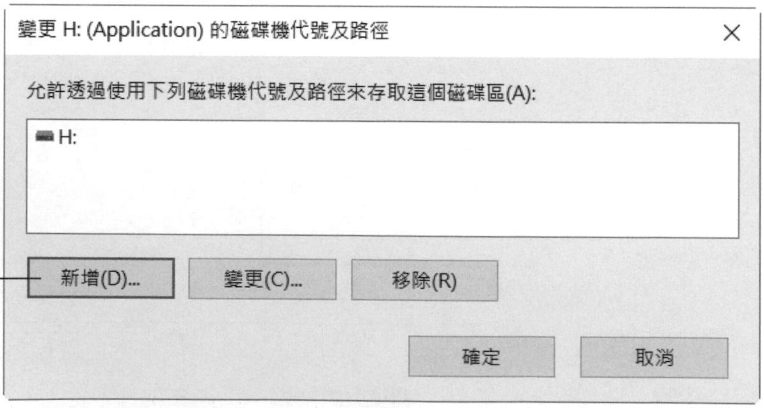

2 按新增鈕

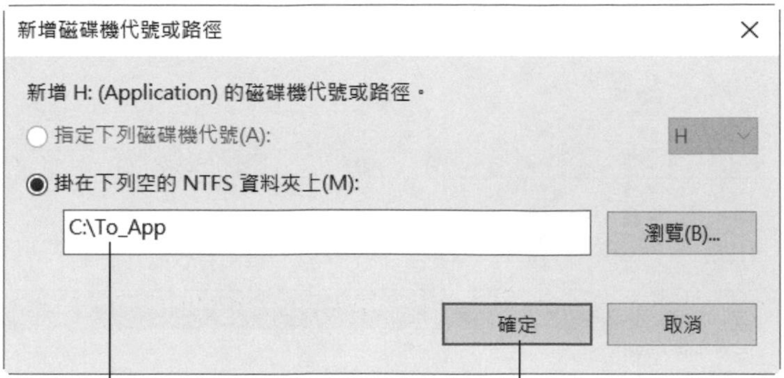

3 輸入資料夾名稱 (亦可按**瀏覽**鈕，選取資料夾)

4 按**確定**鈕即可完成設定

爾後無論存取 H 磁碟機或 C:\To_App，都會看到相同的內容。當然，或許有人會覺得沒必要保留 H 這個磁碟機代號，若要刪除，還是在**磁碟管理**視窗對 H 磁碟機按右鈕、執行『**變更磁碟機代號及路徑**』命令：

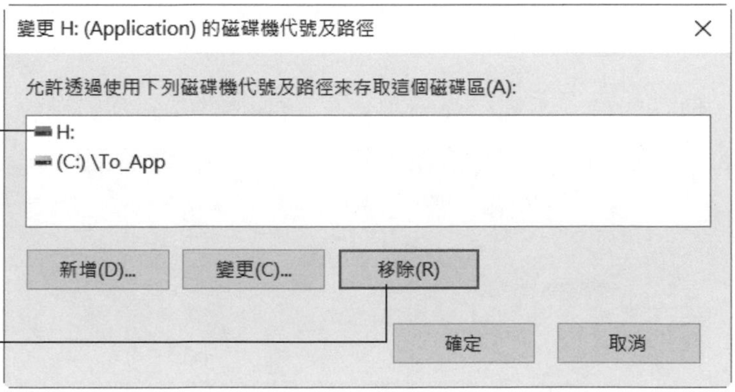

1 選取磁碟機代號

2 按此鈕移除磁碟機代號

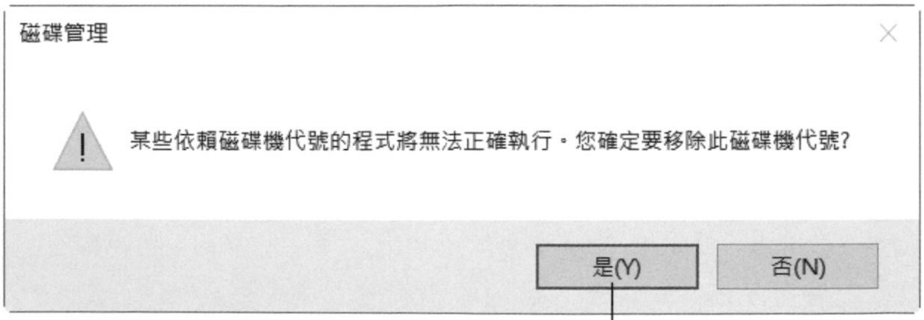

3 按此鈕確定

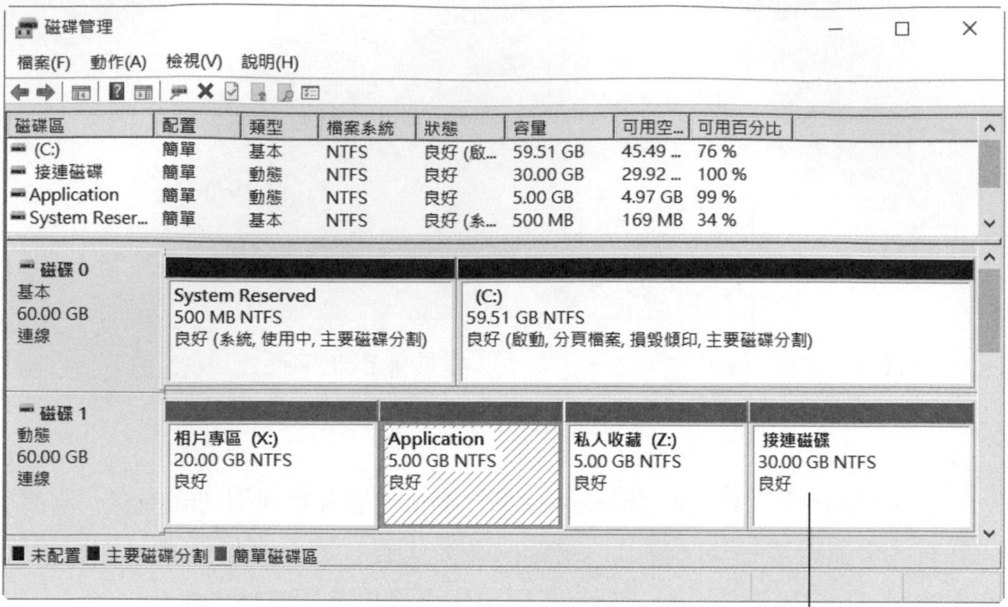

沒有磁碟機代號了

但是對於『系統磁碟分割』、『開機磁碟分割』和包含分頁檔（Paging File）的磁碟區，不能刪除磁碟機代號，否則會看到以下的交談窗：

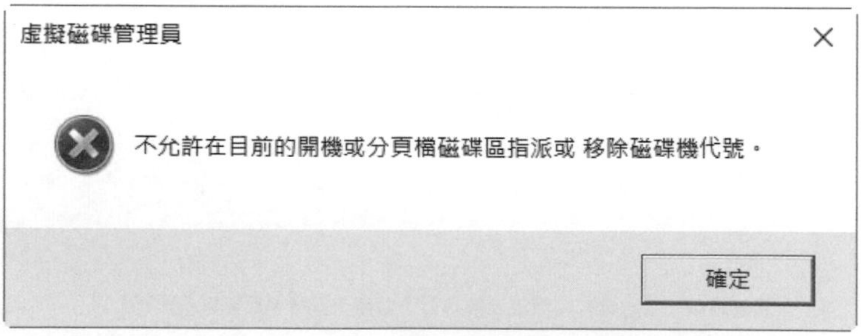

移除連接磁碟

若要移除 NTFS 資料夾與磁碟區之間的連結關係，請先開啟**磁碟管理**視窗 (假設要移除 C:\Extra 的連結關係)：

1 在所連結的磁碟區按右鈕，執行此命令

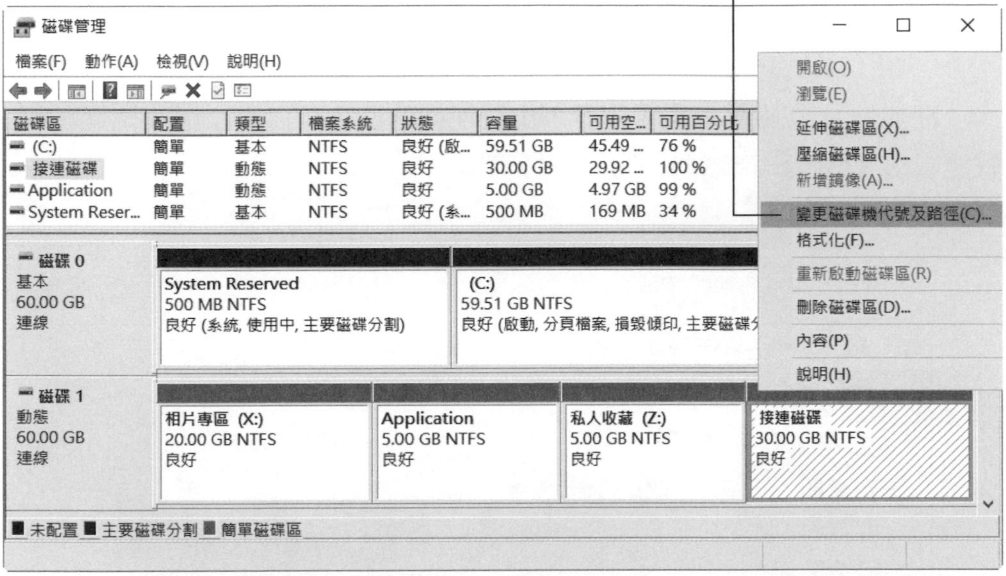

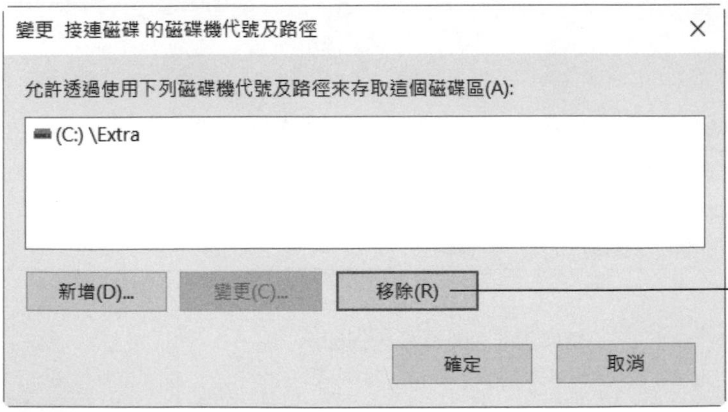

2 按此鈕

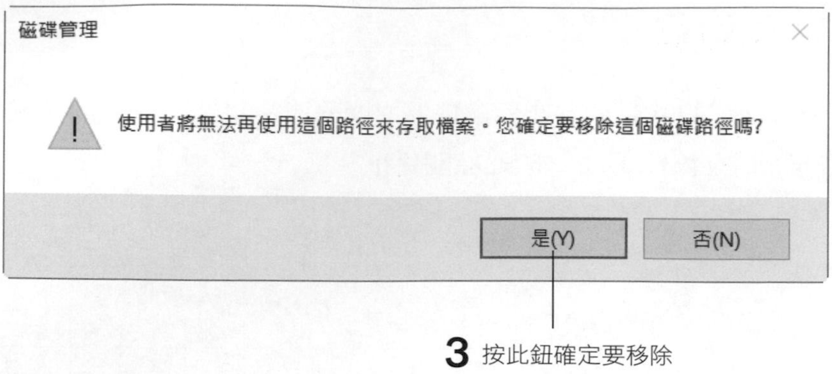

同樣地，在**磁碟管理**視窗看不出有任何的變化。但是在檔案總管視窗，就能看出 C:\Extra 資料夾的圖示變更了：

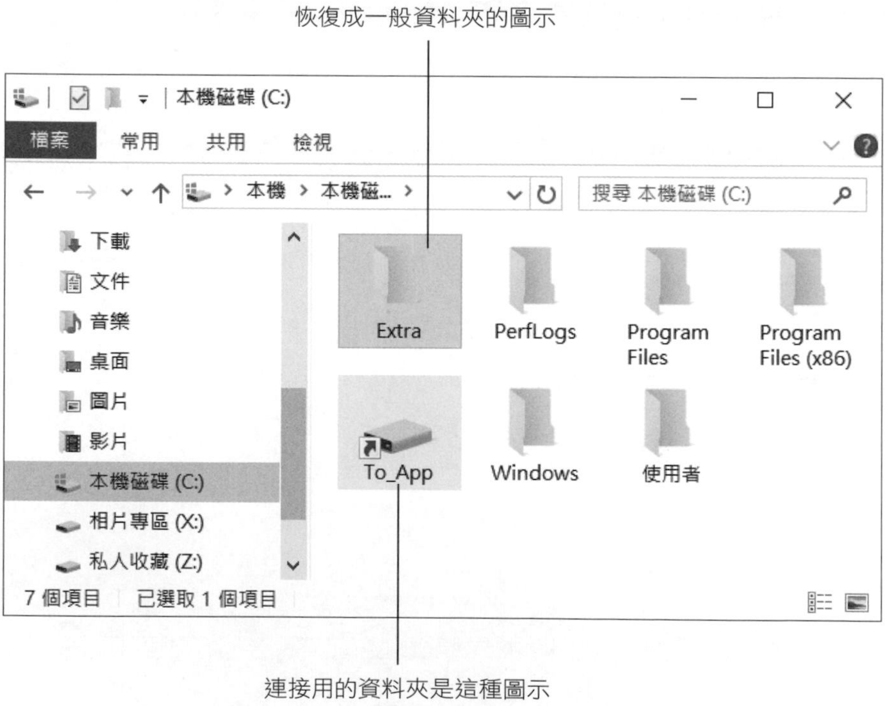

CHAPTER

12

Windows Server 2016

資料加密與壓縮

12-1 資料加密

12-2 允許他人解密

12-3 資料加密修復代理

12-4 資料壓縮

Windows Server 2016 對於 NTFS 的資料夾與檔案，提供了加密和壓縮功能，前者能保護機密資料；後者則可節省硬碟的儲存空間，都是相當實用的功能。本章將介紹它們的使用時機、工作原理和注意事項。

12-1 資料加密

Windows Server 2016 對資料夾與檔案的加密功能稱為 **EFS**（Encrypting File System, 加密檔案系統）。啟用此功能後，EFS 在存檔時會先將資料加密後再寫入；而讀取加密過的檔案時，也會自動先解密。換言之，加密與解密動作都是由系統在幕後自動執行，使用者在操作上毋須做任何改變。

EFS 的使用時機

一般而言，加密大多是應用在透過公開媒體傳遞訊息的情況，例如：透過網際網路傳遞重要的信件、進行電子商務交易等等。既然如此，為何需要對儲存在硬碟的資料夾與檔案加密呢？只要設定適當的存取權限，限制未獲授權的使用者不得存取檔案，不就可以保障個人資料的隱私嗎？

透過存取權限來保護資料夾與檔案，雖然在大多數的情況下都很安全，但仍有其無法避免的漏洞。舉例而言，若有人偷走整部主機或整部硬碟，然後將硬碟安裝到其它的 Windows Server 2016 系統，此時原先所設定的存取權限保護就會失去作用，對方就能存取該硬碟裡的資料。然而若事先將檔案加密，那麼他便無法看到真正的內容。

雖然在理論上，對方仍可用破解的方式將加密的資料還原，但實際上此種作法需擁有運算能力強大的電腦，再加上足夠長的運算時間，這樣高的門檻已經不是一般使用者所能跨越，所以 EFS 已經可以為多數人的資料提供足夠的保護能力。

Tip EFS 只能保護資料不被看出真正的內容，但不能保護資料不被破壞或刪除。

對稱式加密與非對稱式加密

所謂的加密 (Encrypt), 是將 『有意義』 的內容經過特定的處理後變成 『沒有意義』 的內容。加密前的內容稱為明文文字 (Plain text), 加密後的內容則稱為加密文字 (Cipher 或 Cipher text) 。加密過程需要一組字串參與運算，這組字串稱為秘鑰 (Secret Key)。秘鑰的長度愈長、加密時愈花費時間，但是也愈不容易被破解。

加密的方式可區分為對稱式 (Symmetric) 與非對稱式 (Asymmetric) 兩種。對稱式加密法又稱 『秘鑰加密法』 (Secret-key Cryptography), 是在加密和解密時，使用同一把秘鑰參與運算，如下圖：

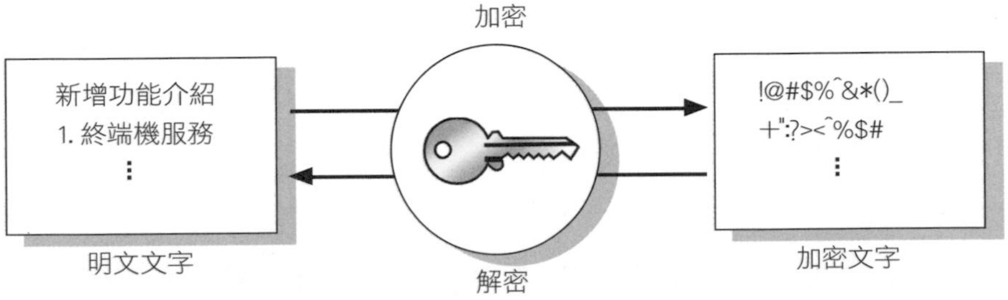

非對稱式加密又稱為 『公開金鑰加密法』 (Public-key Cryptography), 在加密和解密時使用不同的一把秘鑰。通常會公開其中一把秘鑰，因此將該秘鑰稱為公開金鑰 (Public key), 另一把則妥善保管，稱為私密金鑰 (Private key)。凡是以私密金鑰加密者，必須以公開金鑰解密；反之，以公開金鑰加密者，必須以私密金鑰解密，這便是非對稱式加密法的最大特點，如下圖：

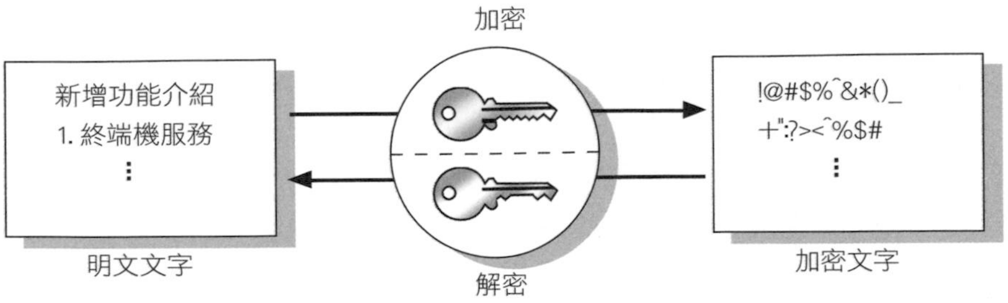

EFS 的工作原理

使用者首次啟用加密功能時，EFS 會自動為其產生一把公開金鑰和一把私密金鑰，並執行以下的工作（以檔案加密為例）：

1. 對於每一個要加密的檔案，隨機產生一把用來加密的金鑰，該金鑰稱為 FEK (File Encryption Key)。
2. 使用 FEK 以對稱式加密法將檔案內容加密。
3. 以加密者的公開金鑰，將這把 FEK 以非對稱式加密法加密。
4. 將加密後的 FEK 與加密後的檔案一同存放。

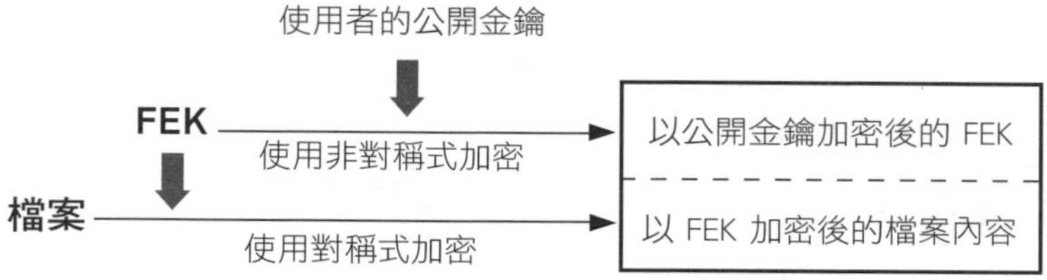

簡而言之，EFS 先用 FEK 保護檔案，再用加密者的公開金鑰保護 FEK，同時用到了對稱式加密法和非對稱式加密法，不但享有前者處理速度快的優點，同時也擁有後者安全性較佳的長處。

當加密者讀取檔案時，EFS 則會執行以下動作：

1. 以加密者的私密金鑰解開加密的 FEK。
2. 以 FEK 將檔案解密。

若非加密者嘗試讀取檔案，會因為私密金鑰不同而無法解開加密的 FEK，沒有 FEK 自然就不能將檔案解密了。

使用 EFS 時的注意事項

使用加密功能時要注意以下 3 點：

1. 不能對於具有『系統』屬性的檔案加密，也不能對 %systemroot%（預設是 C:\Windows）資料夾加密。
2. 對於同一檔案或資料夾，不能既加密又壓縮，只能擇一使用。
3. 不能對整部磁碟機加密。

啟用資料夾加密

使用加密功能時，比較好的作法是對資料夾設定加密。日後在此資料夾中建立新的檔案或複製檔案到此資料夾時，檔案就會自動被加密。將資料夾設為加密的步驟如下：

1 對於要加密的資料夾按右鈕，執行此命令

MIS專用 - 內容
一般
共用
安全性
以前的版本
自訂
MIS專用
類型: 檔案資料夾
位置: C:\
大小: 0 個位元組
磁碟大小: 0 個位元組
包含: 0 個檔案，0 個資料夾
建立日期: 2017年5月22日, 下午 02:31:08
屬性: 唯讀 (僅套用到資料夾中的檔案)(R)
隱藏(H)
進階(D)...

2 按**進階**鈕

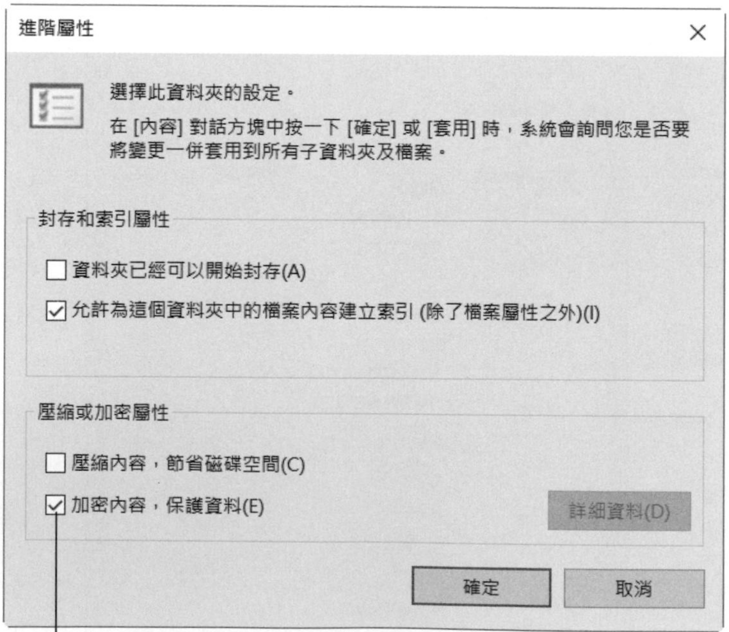
進階屬性
選擇此資料夾的設定。
在 [內容] 對話方塊中按一下 [確定] 或 [套用] 時，系統會詢問您是否要將變更一併套用到所有子資料夾及檔案。
封存和索引屬性
資料夾已經可以開始封存(A)
允許為這個資料夾中的檔案內容建立索引 (除了檔案屬性之外)(I)
壓縮或加密屬性
壓縮內容，節省磁碟空間(C)
加密內容，保護資料(E)
詳細資料(D)
確定
取消

按兩次**確定**鈕

3 勾選此多選鈕

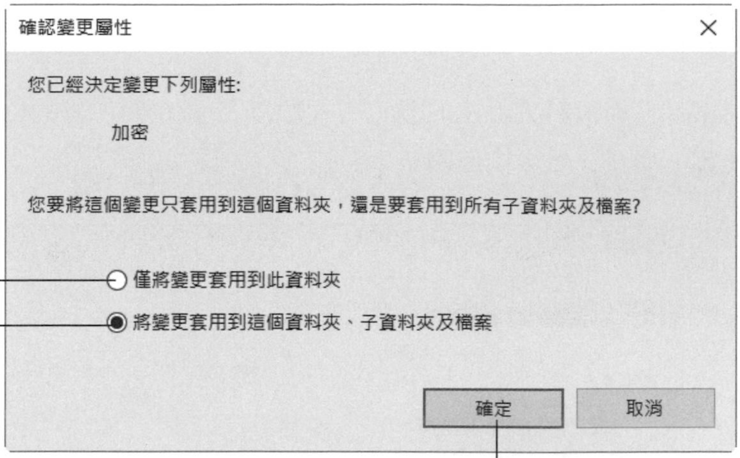

如果要加密的資料量很大，加密的時間會久一點。但是這些加密和解密作業都是由系統在幕後執行，所以在加密之後，存取檔案時並沒有什麼差異。但是對於非加密者來說，即使有讀取檔案的權限，實際開啟時會看到以下的交談窗：

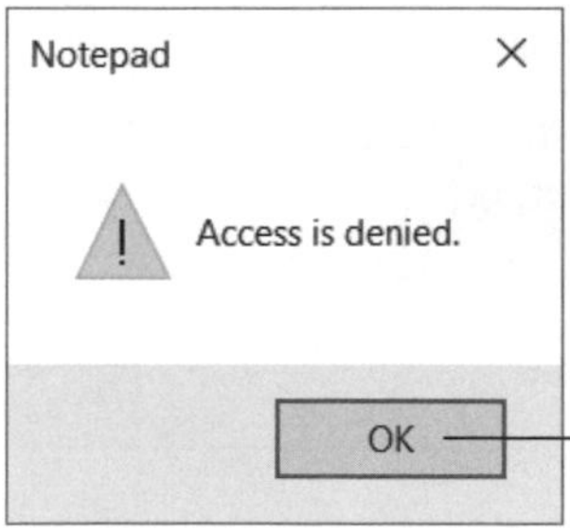

用**記事本**開啟別人加密的文字檔時會被拒絕(中文版會顯示**存取被拒**)

此外，資料夾加密有一個特殊限制－－不能對根目錄（Root Directory）加密！因為對根目錄的檔案及其子資料夾都加密，就等於對整部磁碟機加密－－這就違反了前述的第 3 點注意事項。

啟用檔案加密

檔案加密與資料夾加密的設定方式類似，請在要加密的檔案按右鈕，執行『**內容**』命令，然後按**進階**鈕：

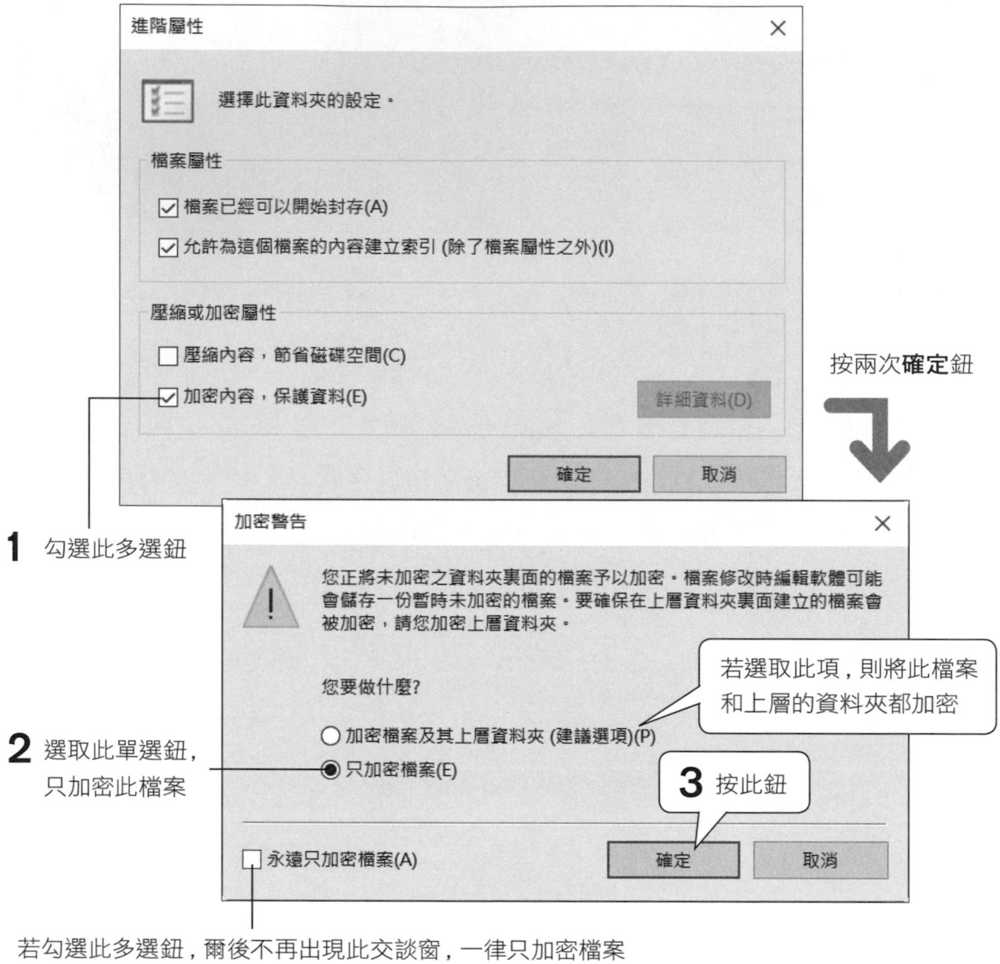

倘若複選多個檔案一次加密，而且在上圖未曾勾選**永遠只加密檔案**多選鈕，則上述的**加密警告**交談窗會針對每個檔案逐一詢問。

利用上述方式，便可以在未加密的資料夾中，將特定的檔案加密。不過還是建議系統管理員避免對個別的檔案加密，以方便管理。

備份金鑰

備份金鑰的目的是考慮到萬一自己的帳戶被誤刪或帳戶資料庫損毀，都會導致再也無法將加密檔予以解密，這些加密檔案便成為『孤兒檔案』——因為無人能解讀其內容！

即使系統管理員重建一個相同名稱的帳戶，由於會重新產生公開金鑰與私密金鑰，必定與先前加密時所用的不同，因此仍無法對原先的加密檔解密。要解決這個問題，有以下三種方案：

1. 加密者自行備份金鑰。
2. 由加密者設定讓其它人也能解密。
3. 由系統管理員設定『資料加密修復代理人』。

其中以第一個方案最單純，因為不涉及他人，每位使用者都可以備份自己的金鑰，所以我們先介紹，後兩個方案則留在後文。

假設 Gino 已經對某個檔案加密，現在要備份自己的金鑰到隨身碟 (E 磁碟機)。應在該加密檔案按右鈕，執行『**內容**』命令，然後按**進階**鈕：

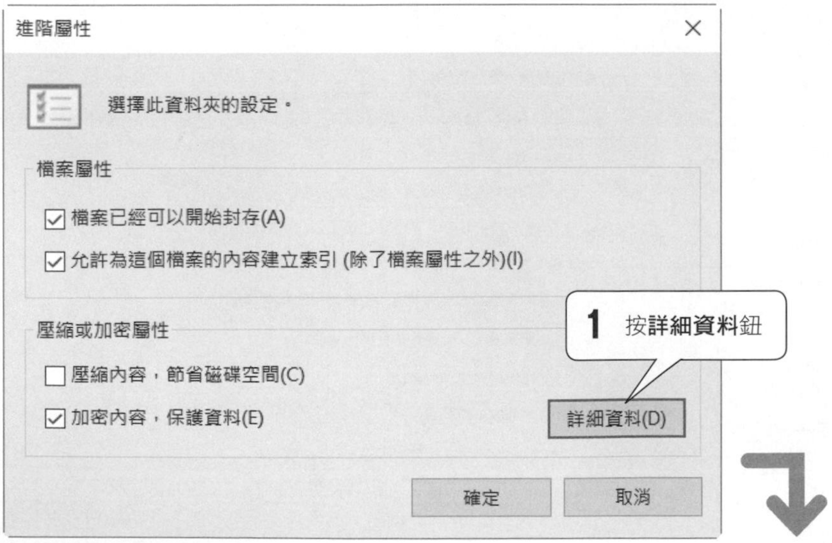

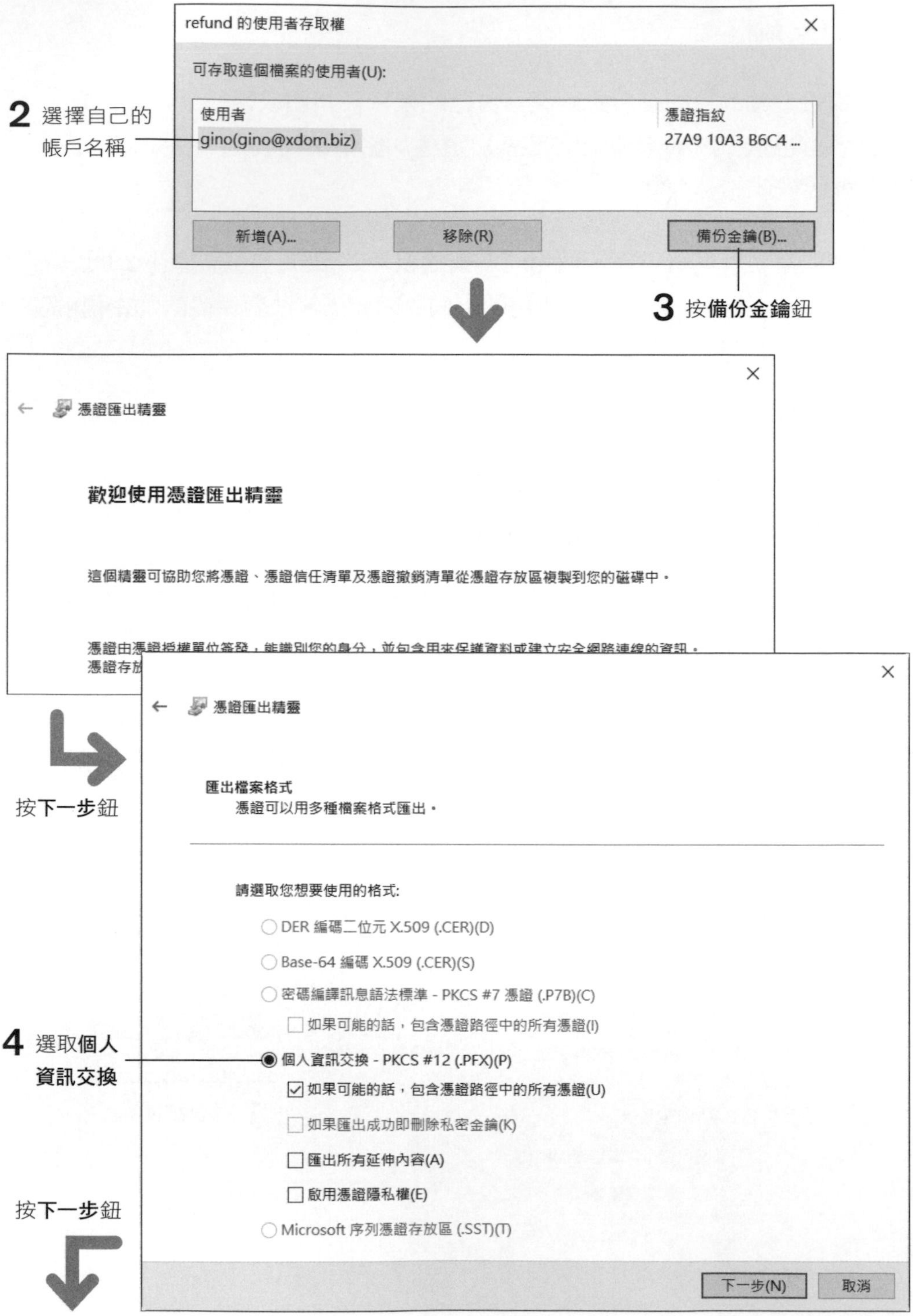
refund 的使用者存取權
可存取這個檔案的使用者(U):
使用者
憑證指紋
gino(gino@xdom.biz)
27A9 10A3 B6C4 ...
新增(A)...
移除(R)
備份金鑰(B)...
2 選擇自己的帳戶名稱
3 按備份金鑰鈕
憑證匯出精靈
歡迎使用憑證匯出精靈
這個精靈可協助您將憑證、憑證信任清單及憑證撤銷清單從憑證存放區複製到您的磁碟中。
憑證由憑證授權單位簽發，能識別您的身分，並包含用來保護資料或建立安全網路連線的資訊。
憑證存
按下一步鈕
憑證匯出精靈
匯出檔案格式
憑證可以用多種檔案格式匯出。
請選取您想要使用的格式:
DER 編碼二位元 X.509 (.CER)(D)
Base-64 編碼 X.509 (.CER)(S)
密碼編譯訊息語法標準 - PKCS #7 憑證 (.P7B)(C)
如果可能的話，包含憑證路徑中的所有憑證(I)
個人資訊交換 - PKCS #12 (.PFX)(P)
如果可能的話，包含憑證路徑中的所有憑證(U)
如果匯出成功即刪除私密金鑰(K)
匯出所有延伸內容(A)
啟用憑證隱私權(E)
Microsoft 序列憑證存放區 (.SST)(T)
下一步(N)
取消
4 選取個人資訊交換
按下一步鈕

5 勾選此項目

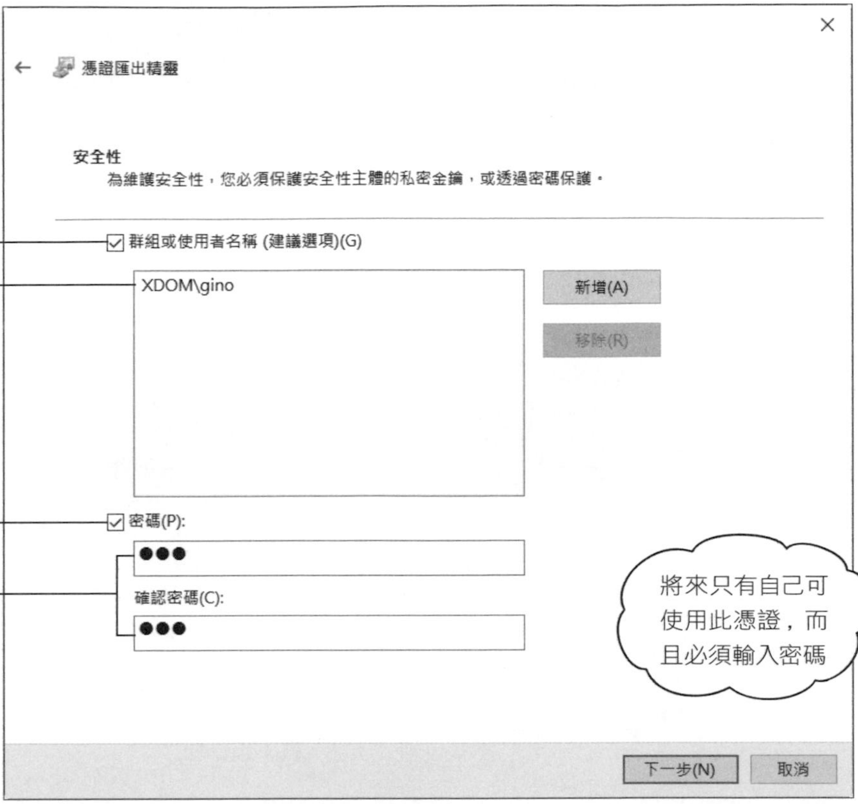

預設出現自己的帳戶名稱 (XDOM\gino)

6 勾選**密碼**

7 設定密碼

將來只有自己可使用此憑證，而且必須輸入密碼

按**下一步**鈕

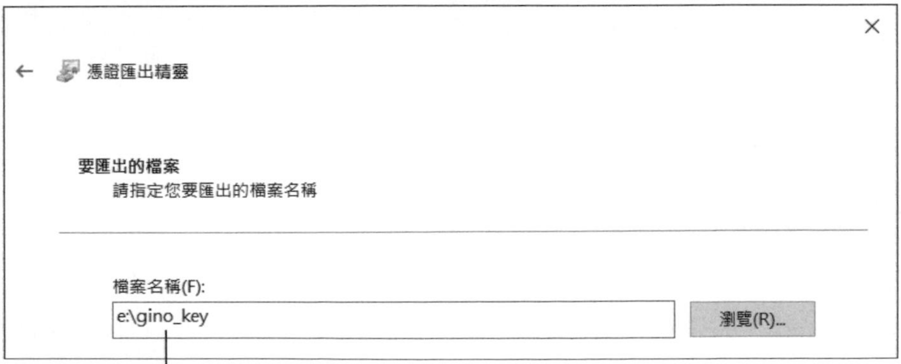

8 金鑰必定是以「.pfx 檔」的格式存在，我們只要設定主檔名和儲存位置

按**下一步**鈕

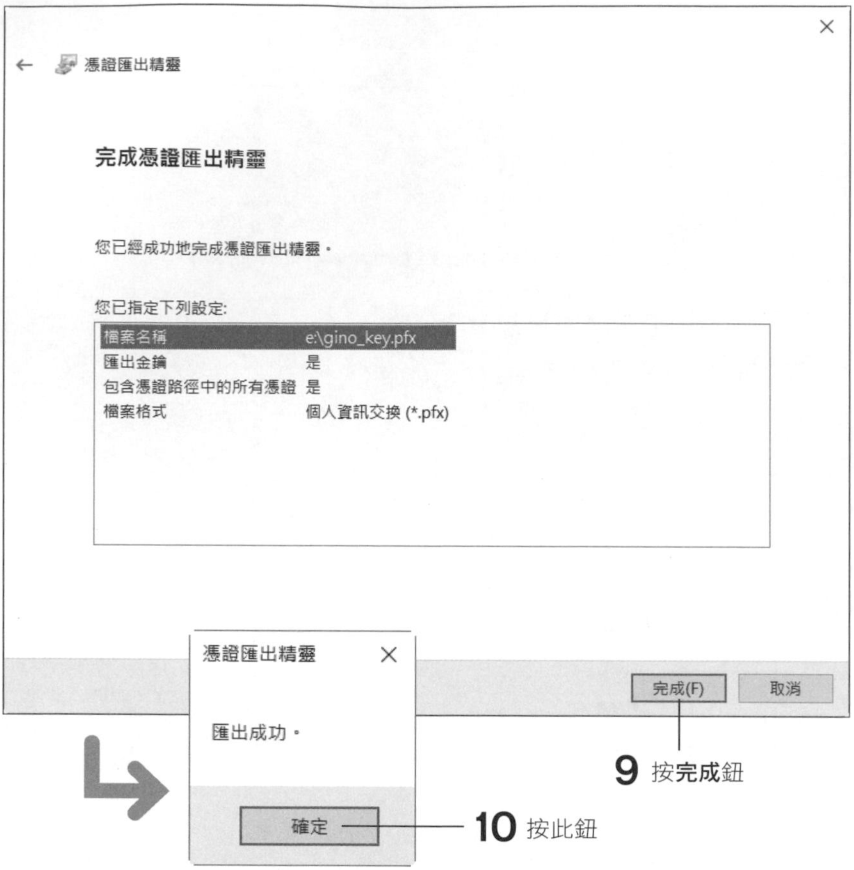

爾後萬一遇到解不開自己加密的檔案時，請參考後文匯入備份的私密金鑰 (包含在 .pfx 檔內) 就能解決問題。

搬移或複製對加密資料的影響

由於『加密』是存在於 NTFS 檔案系統的一種屬性，所以若將加密的檔案搬移到非 NTFS 檔案系統的儲存媒體，該檔案就會自動被解密，例如：磁碟片、光碟、磁帶和手機等等。同理，複製到 FAT/FAT32 檔案系統的硬碟時，複製過去的檔案也是未加密。

至於複製或搬移到其它 NTFS 資料夾，檔案仍保持加密屬性。從以上的說明應該可以看出：加密與否和儲存的位置有很大的關係。例如要透過網路傳送檔案時，必須在傳送之前將它讀出來，這就已經解密了，所以即使啟用 EFS 並無法保障網路傳送的安全性。

12-2 允許他人解密

如果檔案需要加密，卻又得提供給非加密者讀取，該怎麼辦呢？以企業來說，兩位副總經理互為職務代理人，因此必須能互相讀取對方加密過的檔案。此時加密者本人即可指定讓誰也能解開特定的檔案，換言之，等於是設定誰能與自己『共享加密檔案』。

請加密者對自己加密的檔案按右鈕，執行『**內容**』命令，再按**進階**鈕後如下操作：

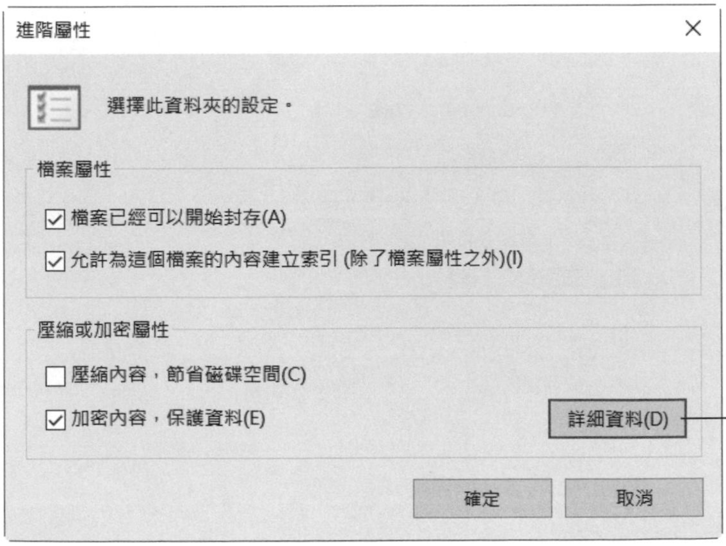

1 按此鈕

此檔是被 Administrator 加密，所以他是目前唯一的使用者

2 按此鈕

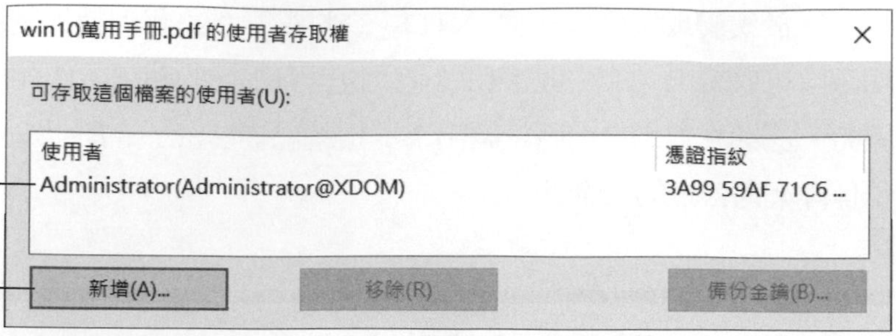

3 選擇其它使用者帳戶

4 按此鈕

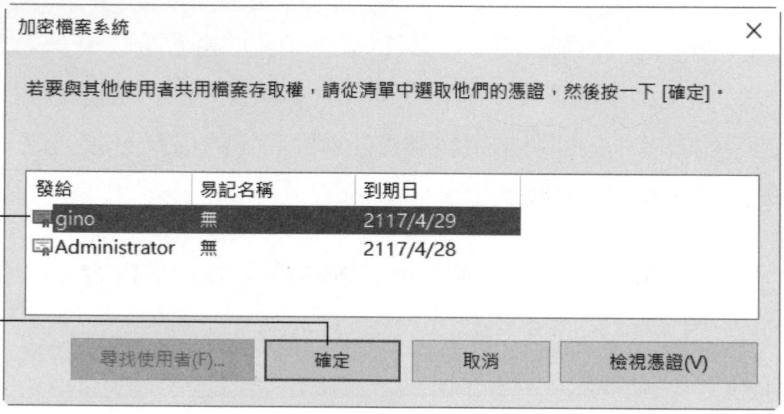

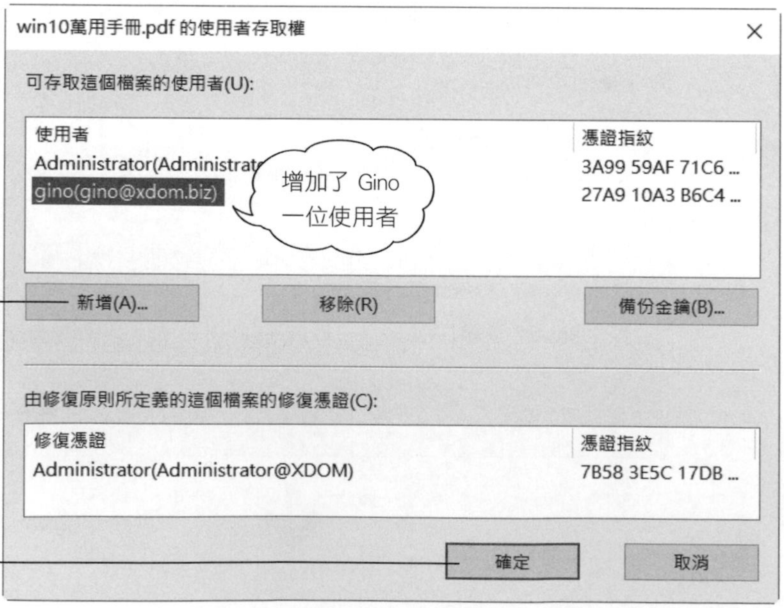

可繼續按此鈕以增加其它使用者

5 按此鈕

接著再按 3 次**確定**鈕完成設定。爾後 Gino 帳戶登入網域後，如果有權限讀取該檔案，也就可以對這個檔案解密，讀到正確的內容。

不過以上的方式只能針對個別的檔案來設定，不能對於資料夾來設定。而且在選擇誰也能解密時，可能會遇到除了加密者本人外，無其它帳戶可選的情形，如下圖：

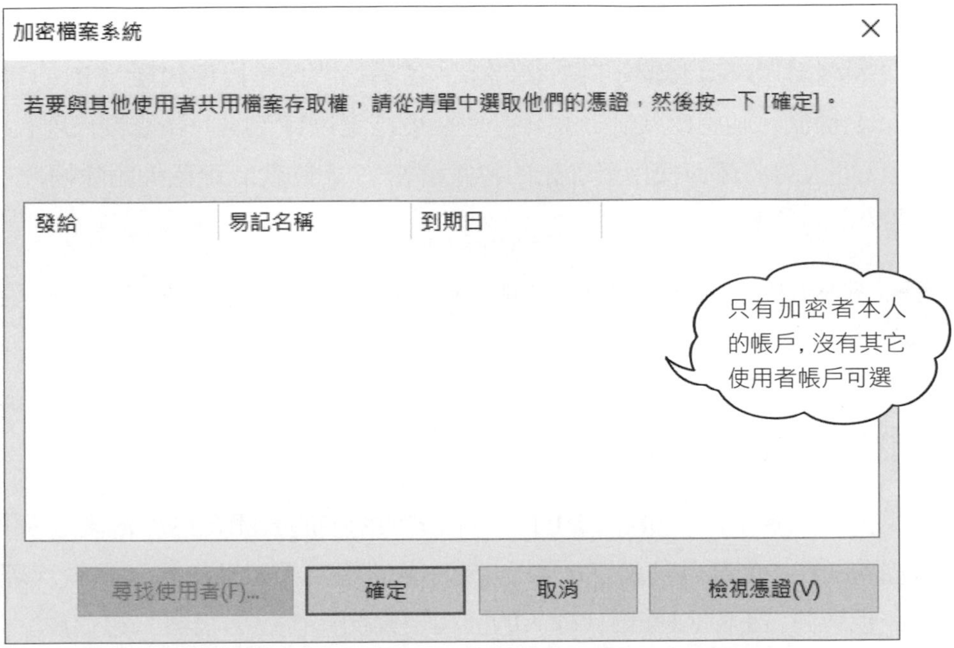

這是因為若要有解密能力，必須擁有公開金鑰和私密金鑰－可是 EFS 只會對於『曾使用過』加密功能的使用者產生這對金鑰。因此，必須先請使用者登入並加密任意一個檔案，EFS 便會產生他的一對金鑰，之後他的帳戶名稱就會出現在**加密檔案系統**交談窗以供選取。

12-3 資料加密修復代理

雖然 EFS 提高了檔案的保密性，但是卻可能衍生出問題，例如：刪除了某個離職員工的帳戶後，才發現還有重要的文件是以該帳戶加密；或者因為硬碟損壞，導致遺失某些帳戶的私密金鑰，這些情形都會產生無人能解開的『孤兒檔案』。

所幸 EFS 還有留一扇『後門』，這扇後門便是**修復代理** (Recovery Agent) 機制。利用此機制，系統管理員可指定以特定帳戶為修復代理人，而修復代理人可將任何使用者加密的檔案解密，如此就能避免因刪除帳戶，而無法解密的情形了。

Tip 雖然微軟將 Agent 翻譯為『代理』或『代理程式』，其實應該是『代理人』比較貼切。

修復代理的原理

先前說過 EFS 會將 FEK 以檔案加密者的公開金鑰加密後，與檔案一起存放。其實這只是說了一半，另一半則是：『如果指定了修復代理人，EFS 也會將 FEK 以修復代理人的公開金鑰加密後，與檔案一起存放』！換言之，每個檔案伴隨著兩把加密過的 FEK，一把以加密者的公開金鑰加密；另一把以修復代理人的公開金鑰加密。如下圖：

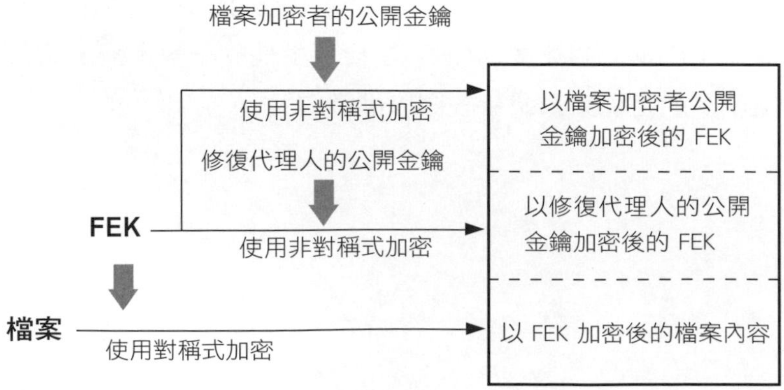

預設的修復代理人

在 Windows Server 2016 的 DC，毋須額外設定，網域系統管理員就是預設的修復代理人。換言之，任何網域使用者的 EFS 加密檔，網域系統管理員都可以解密讀取。

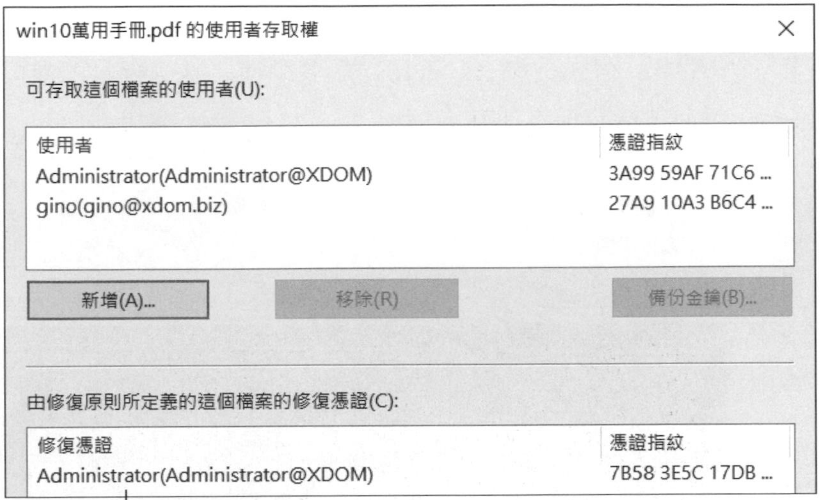

這個區域顯示的就是修復代理人，
在 DC 預設就是網域系統管理員

指定修復代理人

在不是 DC 的 Windows Server 2016 伺服器，預設沒有修復代理人，可以由系統管理員自行指定。假設我們要指定『大雄』(bear@xdom.biz) 為修復代理人，其中的關鍵是必須有大雄的兩個檔案—— .cer 檔和 .pfx 檔，前者包含公開金鑰、用來將 FEK 加密；後者包含私密金鑰、用來將 FEK 解密，其設定流程如右：

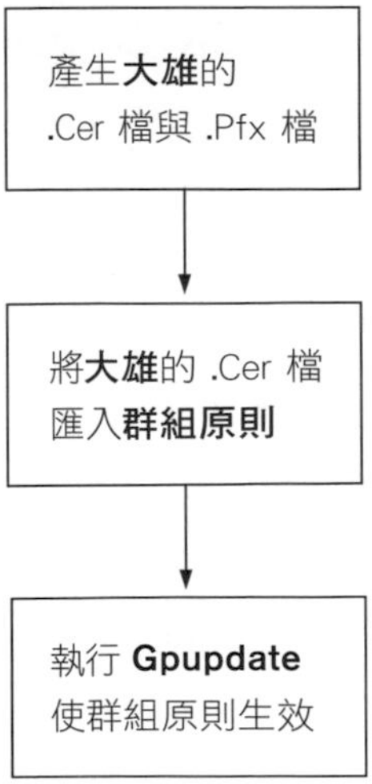

產生 .Cer 檔與 .Pfx 檔

首先請大雄在伺服器登入網域，在**命令提示字元**執行『**Cipher /r:e:\RA_Key**』指令 (e: 代表某一個 USB 隨身碟)，便會在 e 磁碟的根目錄產生 RA_Key.cer 與 RA_Key.pfx 檔。這裡之所以用 USB 隨身碟來儲存，一方面是為了設定之後由系統管理員另外保存，不放在伺服器的硬碟上，以免硬碟故障時無法存取，或被入侵時遭到濫用；另一方面則因為 USB 隨身碟通常用 FAT/FAT32 格式，沒有 NTFS 權限保護，當系統管理員要使用這兩個檔案時毋須取得擁有權，比較方便。

設定保護 pfx 檔的密碼，將來使用該檔時要輸入密碼

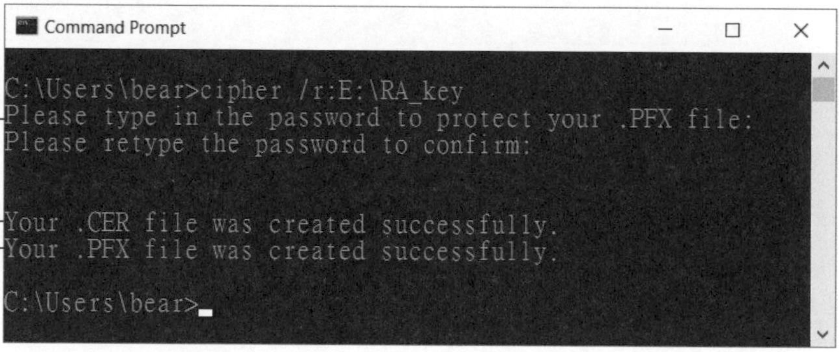

成功產生 .cer 檔和 .pfx 檔

之後請大雄關閉**命令提示字元**視窗，登出網域，後續的動作都由系統管理員來執行。

將 .Cer 檔匯入群組原則

一旦有了**大雄**的 .Cer 檔，系統管理員將該檔案匯入網域群組原則（**Default Domain Policy/ 電腦設定 / 原則 /Windows 設定 / 安全性設定 / 公開金鑰原則 / 加密檔案系統**）中，就等於指定**大雄**為修復代理人。請開啟『**群組原則物件編輯器**』視窗（開啟的步驟請參考第 10 章）：

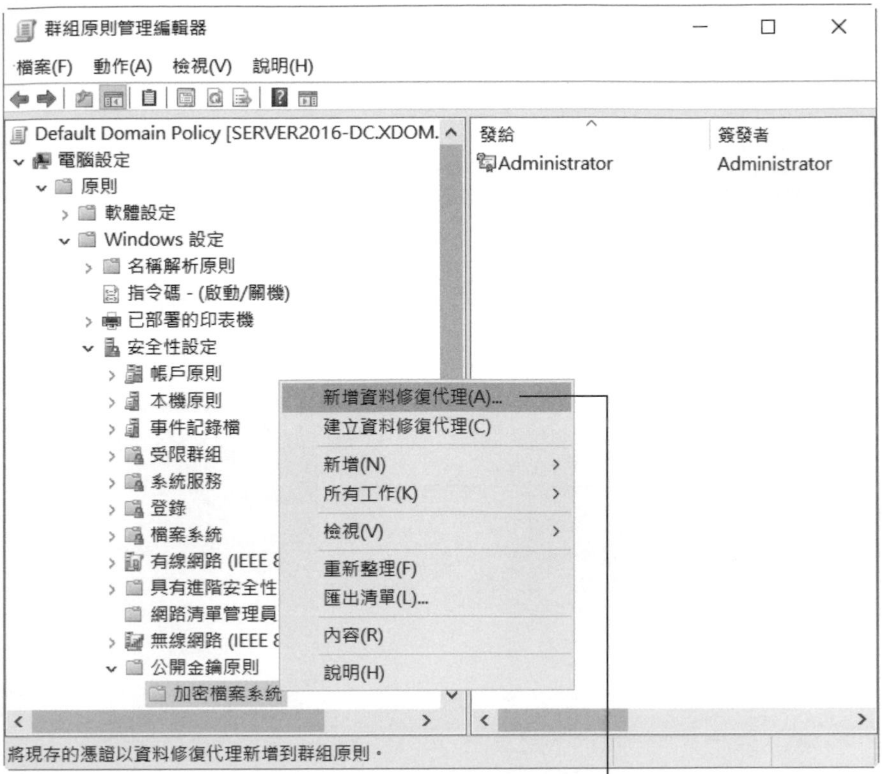

1 在**加密檔案系統**按右鈕、執行此命令

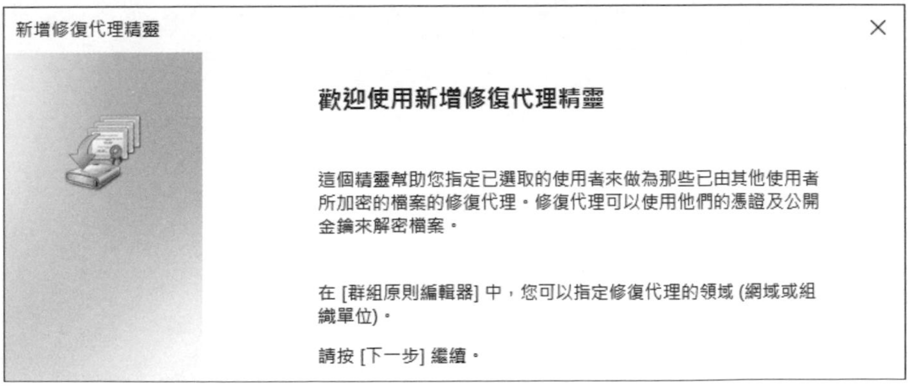
新增修復代理精靈
歡迎使用新增修復代理精靈
這個精靈幫助您指定已選取的使用者來做為那些已由其他使用者所加密的檔案的修復代理。修復代理可以使用他們的憑證及公開金鑰來解密檔案。
在 [群組原則編輯器] 中，您可以指定修復代理的領域 (網域或組織單位)。
請按 [下一步] 繼續。

按**下一步**鈕

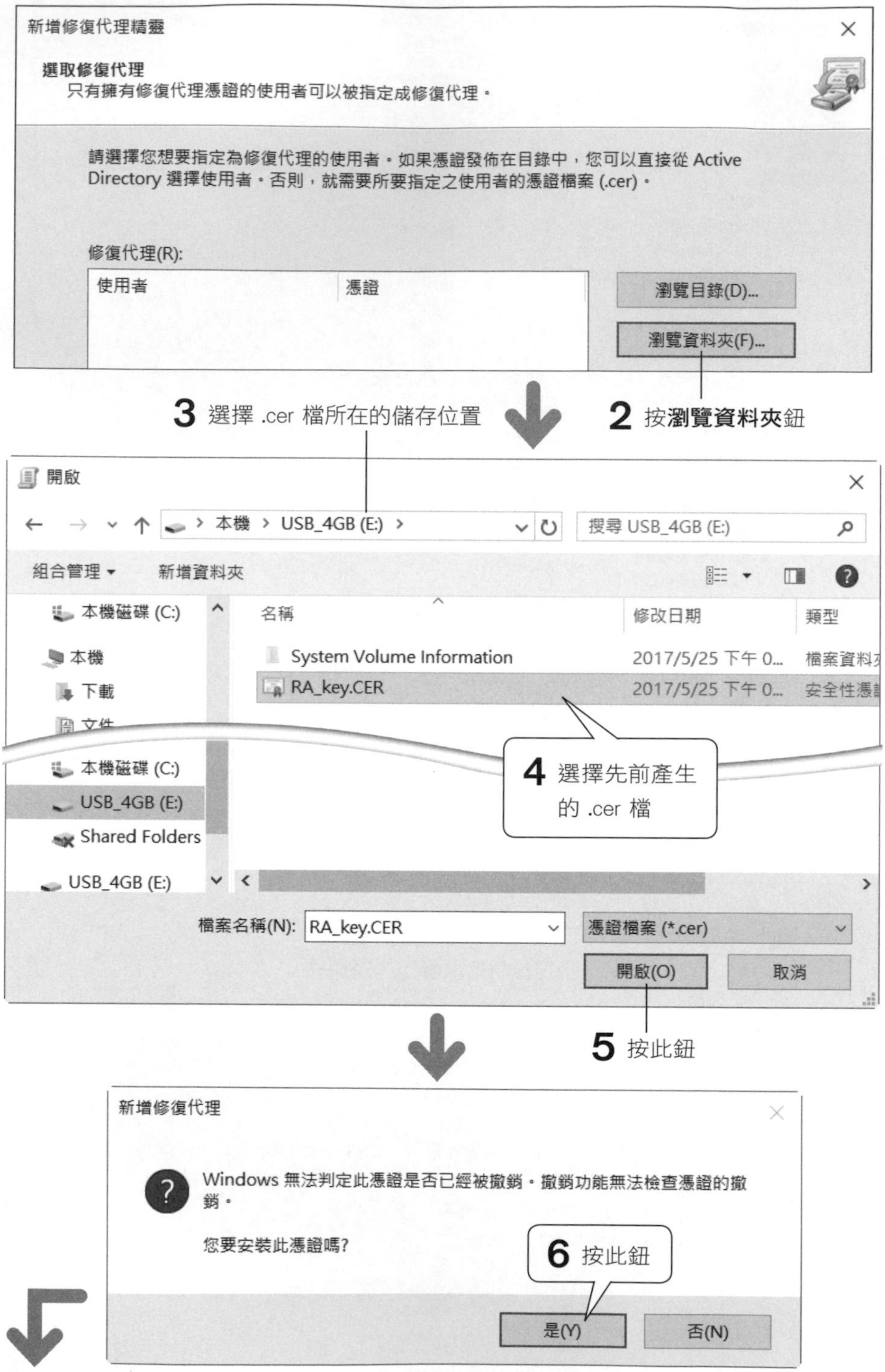
新增修復代理精靈
選取修復代理
只有擁有修復代理憑證的使用者可以被指定成修復代理。
請選擇您想要指定為修復代理的使用者。如果憑證發佈在目錄中，您可以直接從 Active Directory 選擇使用者。否則，就需要所要指定之使用者的憑證檔案 (.cer)。
修復代理(R):
使用者
憑證
瀏覽目錄(D)...
瀏覽資料夾(F)...
3 選擇 .cer 檔所在的儲存位置
2 按瀏覽資料夾鈕
開啟
本機 > USB_4GB (E:) >
搜尋 USB_4GB (E:)
組合管理
新增資料夾
本機磁碟 (C:)
本機
下載
文件
USB_4GB (E:)
Shared Folders
名稱
修改日期
類型
System Volume Information
2017/5/25 下午 0...
RA_key.CER
4 選擇先前產生的 .cer 檔
檔案名稱(N):
憑證檔案 (*.cer)
開啟(O)
取消
5 按此鈕
新增修復代理
Windows 無法判定此憑證是否已經被撤銷。撤銷功能無法檢查憑證的撤銷。
您要安裝此憑證嗎?
6 按此鈕
是(Y)
否(N)

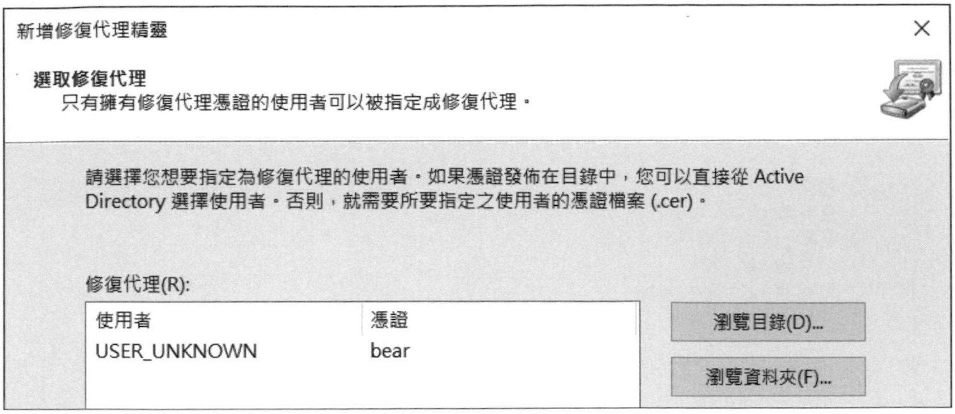
新增修復代理精靈
選取修復代理
只有擁有修復代理憑證的使用者可以被指定成修復代理。
請選擇您想要指定為修復代理的使用者。如果憑證發佈在目錄中，您可以直接從 Active Directory 選擇使用者。否則，就需要所要指定之使用者的憑證檔案 (.cer)。
修復代理(R):
使用者
憑證
USER_UNKNOWN
bear
瀏覽目錄(D)...
瀏覽資料夾(F)...

按**下一步**鈕

新增修復代理精靈
完成新增修復代理精靈
您已成功完成新增修復代理精靈。
以下使用者已被指定為修復代理:
使用者
憑證
USER_UNKNOWN
bear
要關閉這個精靈，請按一下 [完成]。
< 上一步(B)
完成
取消

7 按此鈕

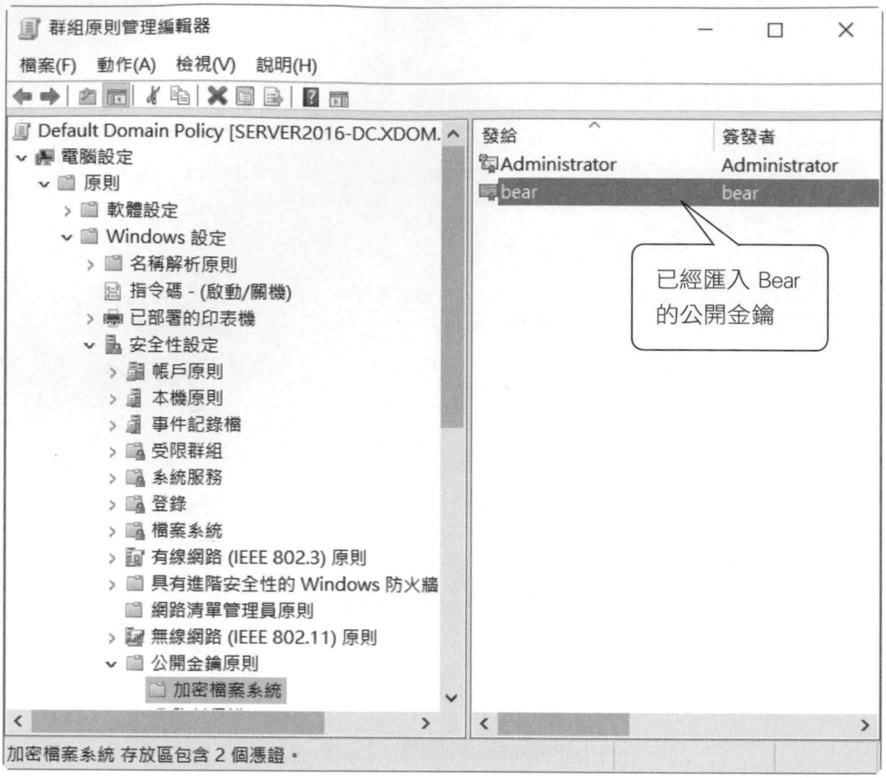

請再度開啟**命令提示字元**視窗，執行 Gpupdate.exe, 使這個修改過的群組原則立即生效，便完成了將**大雄**指定為修復代理人的程序。爾後無論任何人的 EFS 加密檔，都會伴隨一把以**大雄**的公開金鑰加密的 FEK。

以修復代理人身份解密

按照上述方式使**大雄**成為修復代理人之後，理論上他可以解開任何使用者加密的檔案。可是，實際上卻不然。因為 EFS 需要大雄的私密金鑰才能解開被加密的 FEK, 而大雄的私密金鑰在哪裡？答案是：在 .Pfx 檔案裡！

因此，還必須匯入大雄的私密金鑰（.Pfx 檔），才能使大雄真正有解密的能力。首先請暫時將大雄加入 Administrators 群組，並以大雄身份登入伺服器，然後將存有 .Pfx 檔的儲存媒體（例如：USB 隨身碟）連接到伺服器，雙按該媒體上的 .Pfx 檔：

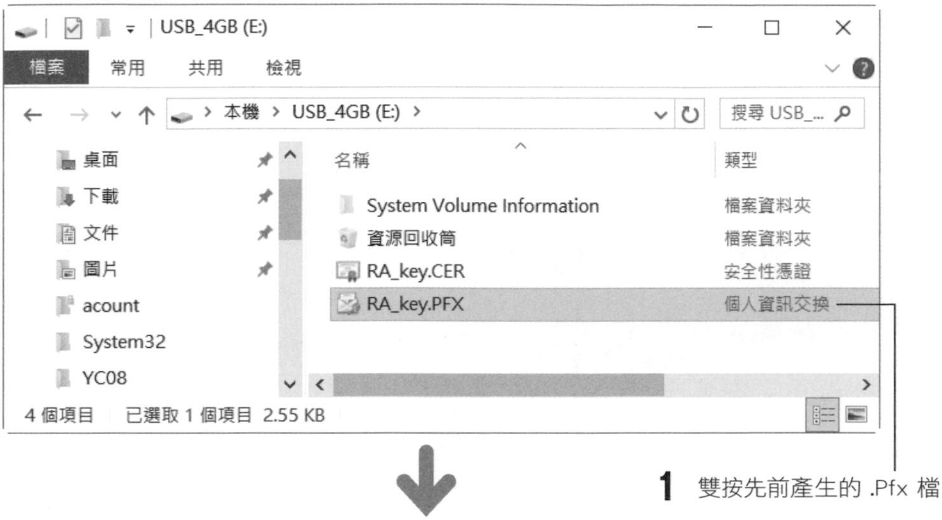

按**下一步**鈕

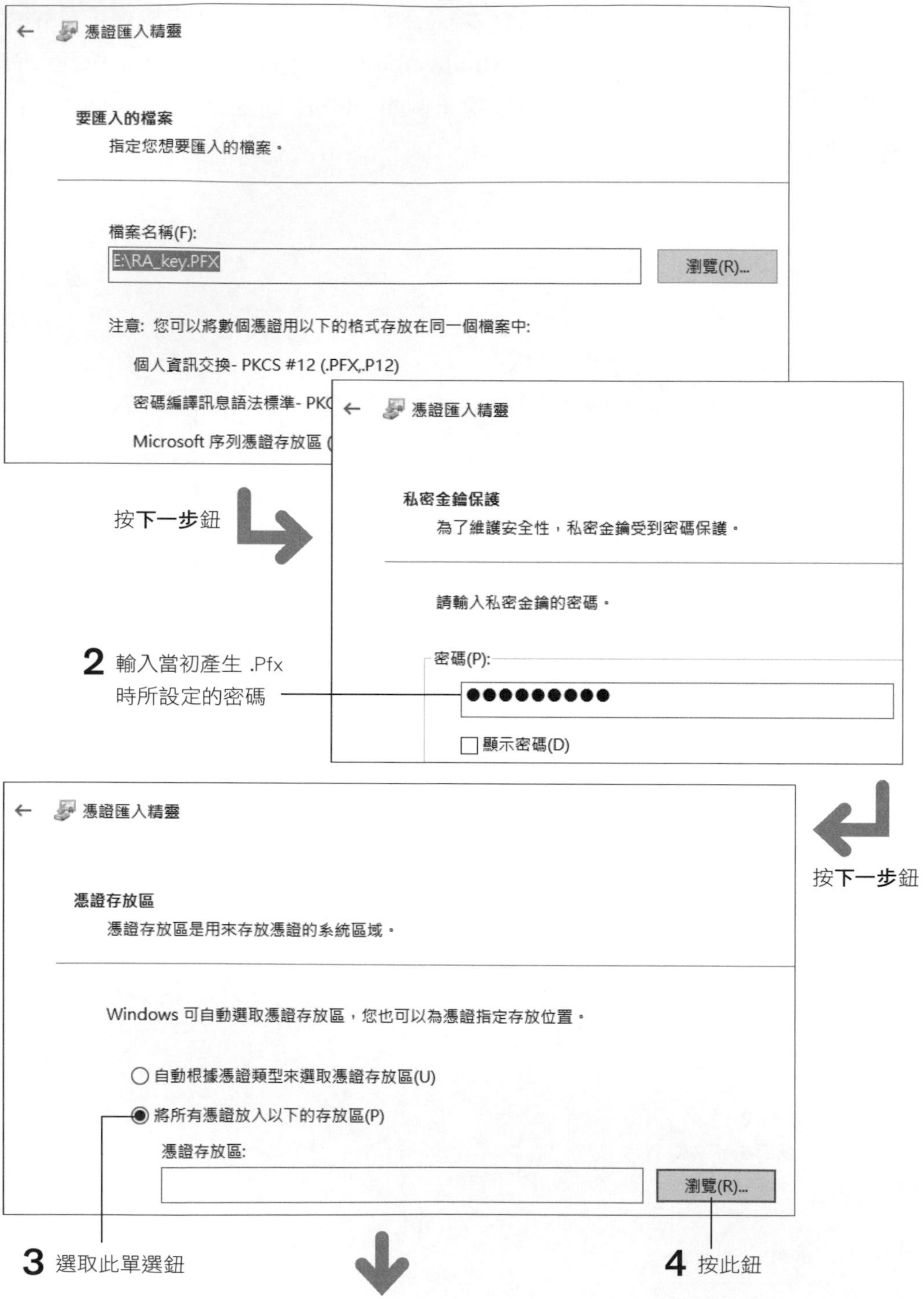

憑證匯入精靈
要匯入的檔案
指定您想要匯入的檔案。
檔案名稱(F):
E:\RA_key.PFX
瀏覽(R)...
注意: 您可以將數個憑證用以下的格式存放在同一個檔案中:
個人資訊交換- PKCS #12 (.PFX,.P12)
密碼編譯訊息語法標準- PKC
Microsoft 序列憑證存放區 (
按下一步鈕
憑證匯入精靈
私密金鑰保護
為了維護安全性，私密金鑰受到密碼保護。
請輸入私密金鑰的密碼。
密碼(P):
顯示密碼(D)
2 輸入當初產生 .Pfx 時所設定的密碼
按下一步鈕
憑證匯入精靈
憑證存放區
憑證存放區是用來存放憑證的系統區域。
Windows 可自動選取憑證存放區，您也可以為憑證指定存放位置。
自動根據憑證類型來選取憑證存放區(U)
將所有憑證放入以下的存放區(P)
憑證存放區:
瀏覽(R)...
3 選取此單選鈕
4 按此鈕

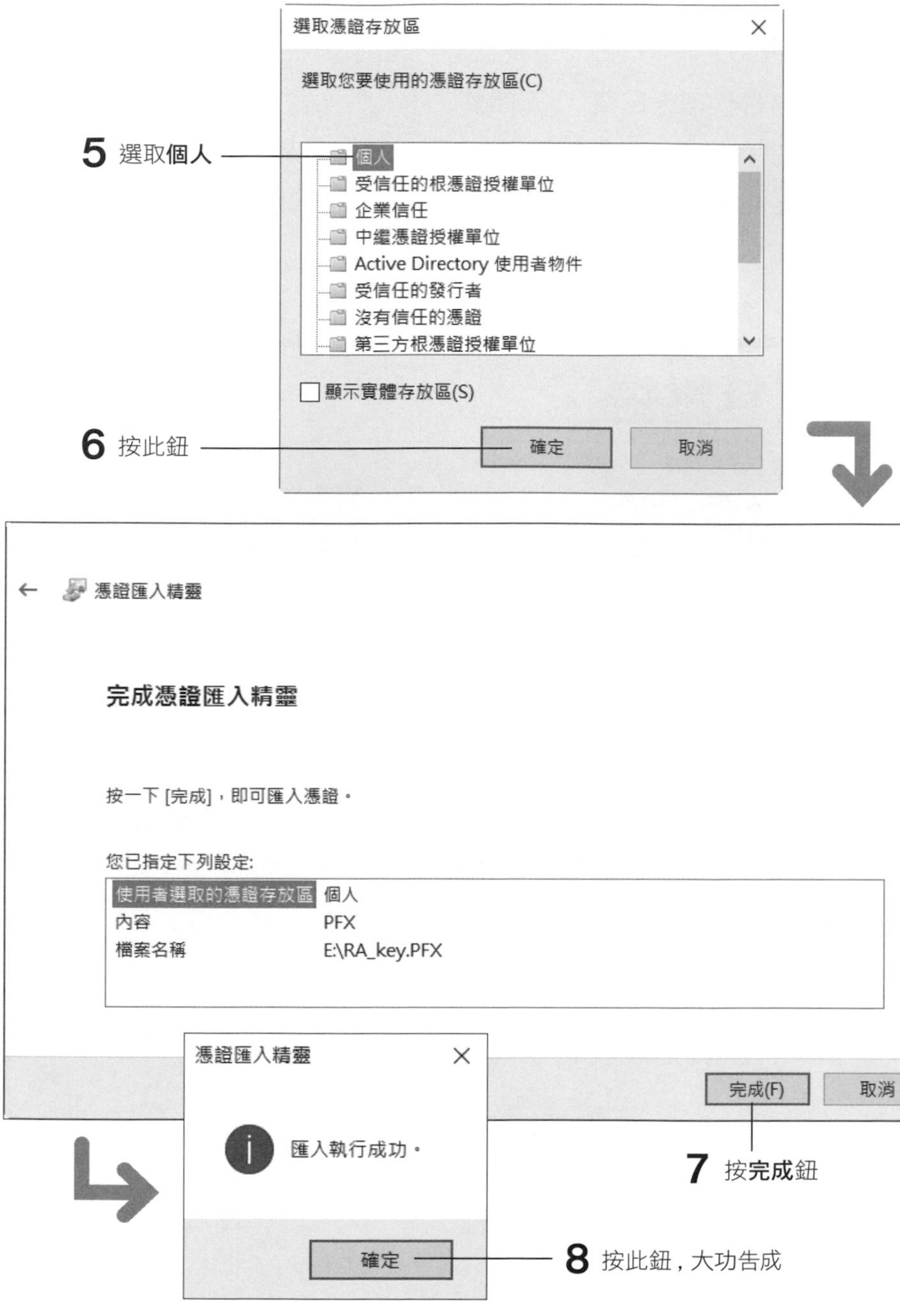

爾後**大雄**登入網域後， 便能解讀他人加密的檔案了。然而檔案若是在**大雄**成為修復代理人之前便加密，則**大雄**仍舊無法解密。

保障機密資料的具體作法

為了避免修復代理人濫權，隨意讀取他人的加密檔案，所以平常不要匯入修復代理人的 .Pfx 檔，只在必要時才匯入。而且最好將存放 .Pfx 檔的儲存媒體集中管理，例如：鎖在檔案櫃或保險箱，由資訊部門主管或高階主管掌管鑰匙，以避免不肖的系統管理員私自匯入。

12-4 資料壓縮

Windows Server 2016 可以針對 NTFS 檔案系統的磁碟機、資料夾或檔案啟用壓縮功能，一旦啟用後，存檔時系統會先將資料壓縮後再寫入；而讀取壓縮過的檔案時，系統也會自動先解壓縮。由於壓縮和解壓縮的動作都是由系統在幕後處理，因此使用者在操作上會覺得和一般檔案無異。

壓縮磁碟機

想要使磁碟機能存放更多的資料，最方便的作法就是對整部磁碟機啟用壓縮功能。其實在建立磁碟區過程的格式化步驟時，便可指定是否要啟用磁碟機壓縮功能：

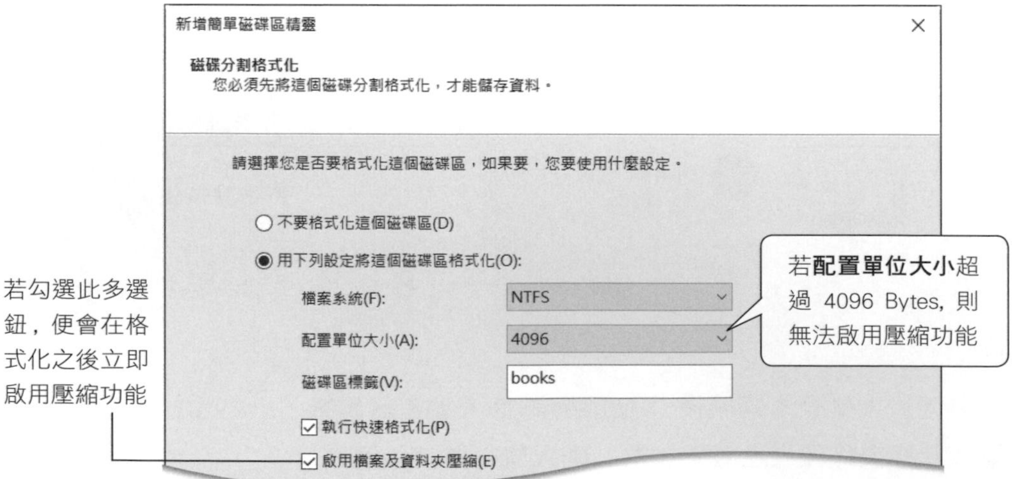
新增簡單磁碟區精靈
磁碟分割格式化
您必須先將這個磁碟分割格式化，才能儲存資料。
請選擇您是否要格式化這個磁碟區，如果要，您要使用什麼設定。
不要格式化這個磁碟區(D)
用下列設定將這個磁碟區格式化(O):
檔案系統(F):
NTFS
配置單位大小(A):
4096
磁碟區標籤(V):
books
執行快速格式化(P)
啟用檔案及資料夾壓縮(E)
若勾選此多選鈕，便會在格式化之後立即啟用壓縮功能
若配置單位大小超過 4096 Bytes，則無法啟用壓縮功能

若要壓縮既有的磁碟機（以 H 磁碟機為例），請開啟**電腦**視窗，在 H 磁碟機上按滑鼠右鈕，執行『**內容**』命令：

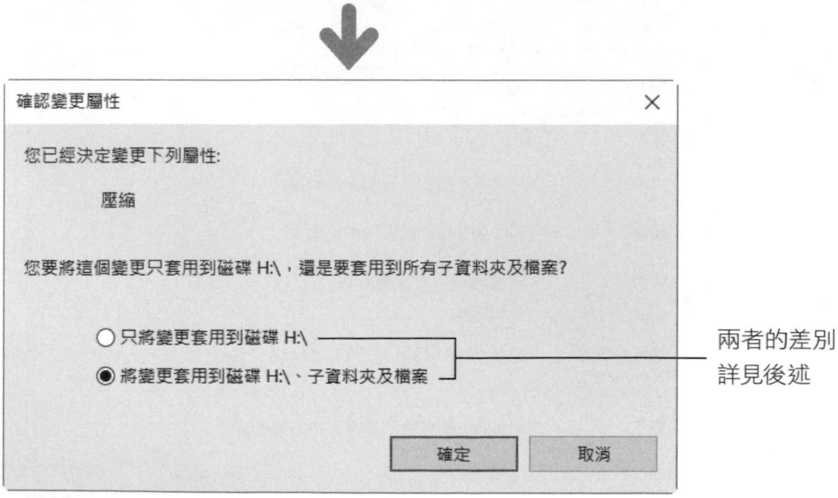

上圖兩個選項的差異如下：

- 只將變更套用到磁碟 F:\

  不壓縮已存在磁碟機上的檔案與資料夾，只會壓縮後續存入 F:\ (F 磁碟機的根目錄）的檔案與資料夾。

- 將變更套用到磁碟 F:\、子資料夾及檔案

  壓縮已存在磁碟機上所有的檔案與資料夾，並會壓縮後續存入 F 磁碟機的檔案與資料夾。

選取所要的選項後，按**確定**鈕即完成壓縮磁碟機的設定。

壓縮資料夾

若要壓縮磁碟中的某個資料夾，請在該資料夾按滑鼠右鈕，執行『**內容**』命令：

1 按**進階**鈕

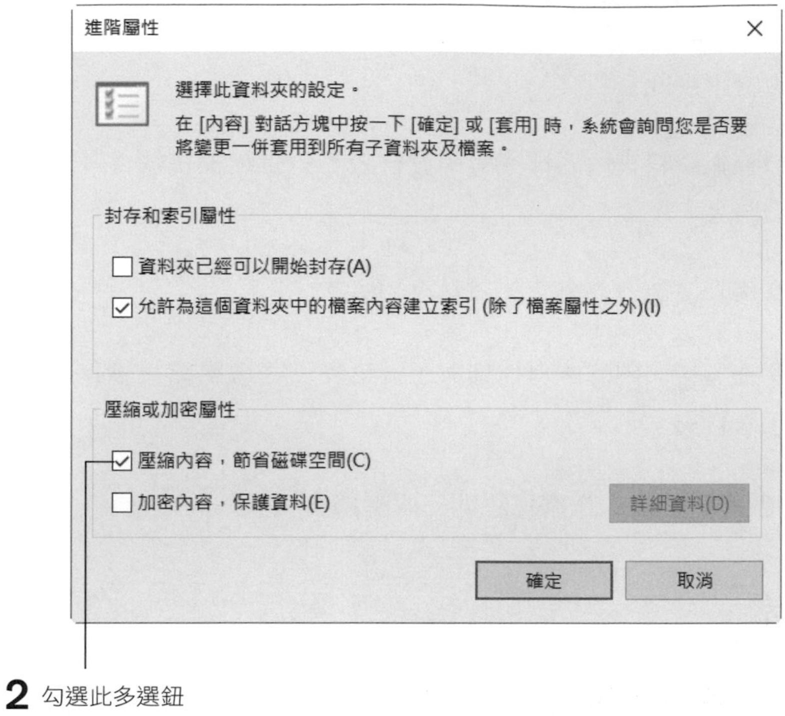
進階屬性
選擇此資料夾的設定。
在 [內容] 對話方塊中按一下 [確定] 或 [套用] 時，系統會詢問您是否要將變更一併套用到所有子資料夾及檔案。
封存和索引屬性
資料夾已經可以開始封存(A)
允許為這個資料夾中的檔案內容建立索引 (除了檔案屬性之外)(I)
壓縮或加密屬性
壓縮內容，節省磁碟空間(C)
加密內容，保護資料(E)
詳細資料(D)
確定
取消
2 勾選此多選鈕

接著連續按兩次**確定**鈕，便會看到以下的交談窗：

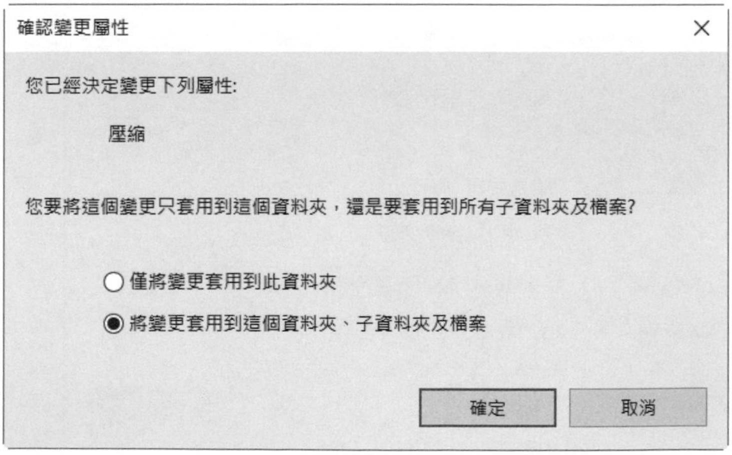
確認變更屬性
您已經決定變更下列屬性:
壓縮
您要將這個變更只套用到這個資料夾，還是要套用到所有子資料夾及檔案?
僅將變更套用到此資料夾
將變更套用到這個資料夾、子資料夾及檔案
確定
取消

上圖兩個選項的差異如下：

- 僅將變更套用到此資料夾

  不影響已存在資料夾內的檔案與子資料夾，只會壓縮後續存入資料夾的檔案與子資料夾。

- 將變更套用到這個資料夾、子資料夾和檔案

  壓縮已存在資料夾內的所有檔案與子資料夾，並會壓縮後續存入資料夾的檔案與子資料夾。

選取所要的選項後，按**確定**鈕即完成壓縮資料夾的設定。

壓縮檔案

如果只要壓縮個別的檔案，同樣是在該檔案圖示上按滑鼠右鈕，執行『**內容**』命令（可一次選取多個檔案）：

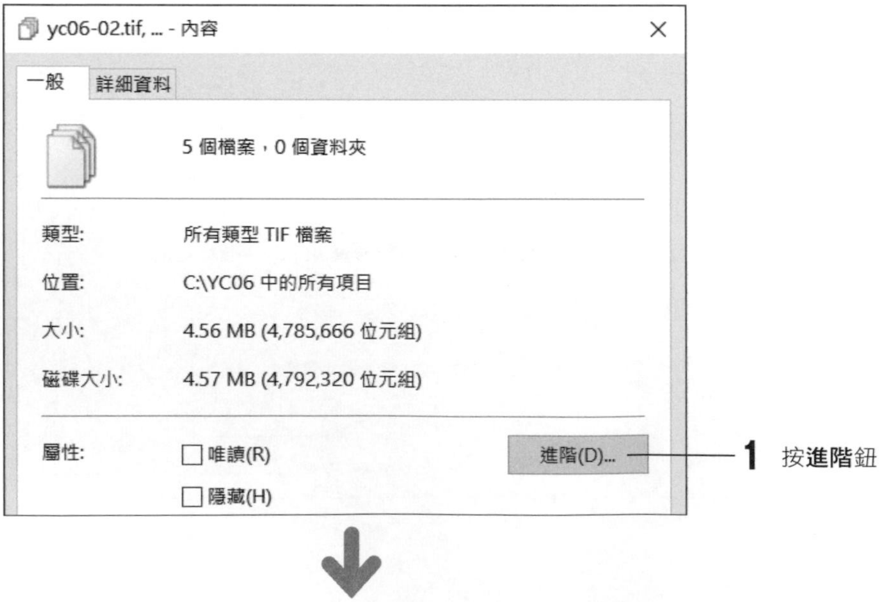

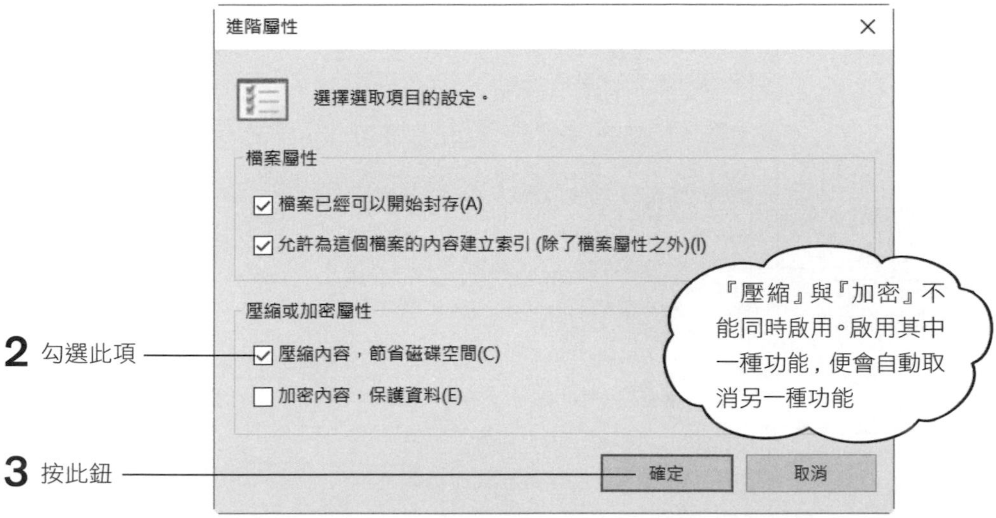

再按一次**確定**鈕之後便開始壓縮檔案。

取消壓縮

若要取消壓縮，只要取消先前的勾選狀態即可，以下僅示範『取消資料夾壓縮』，請在該壓縮的資料夾上按滑鼠右鈕，執行『**內容**』命令，然後按**進階**鈕：

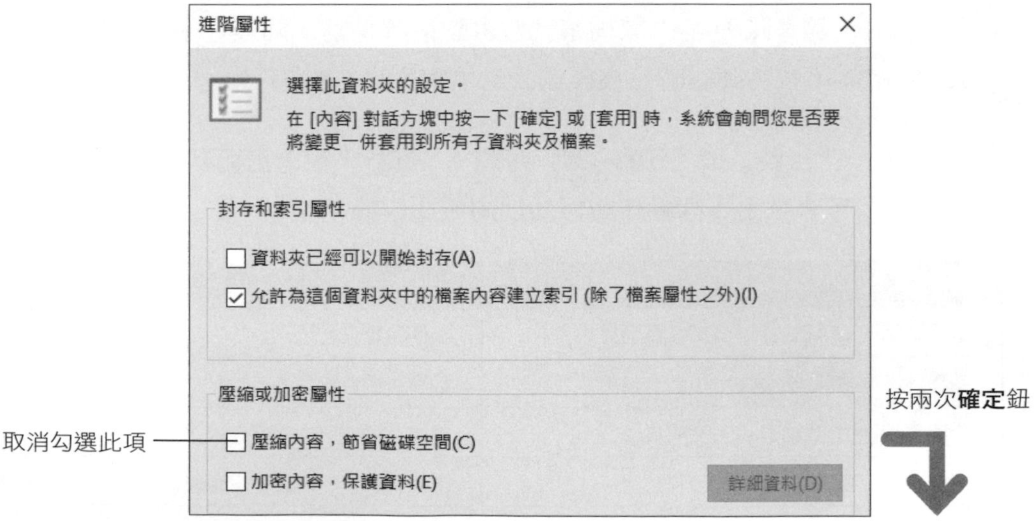

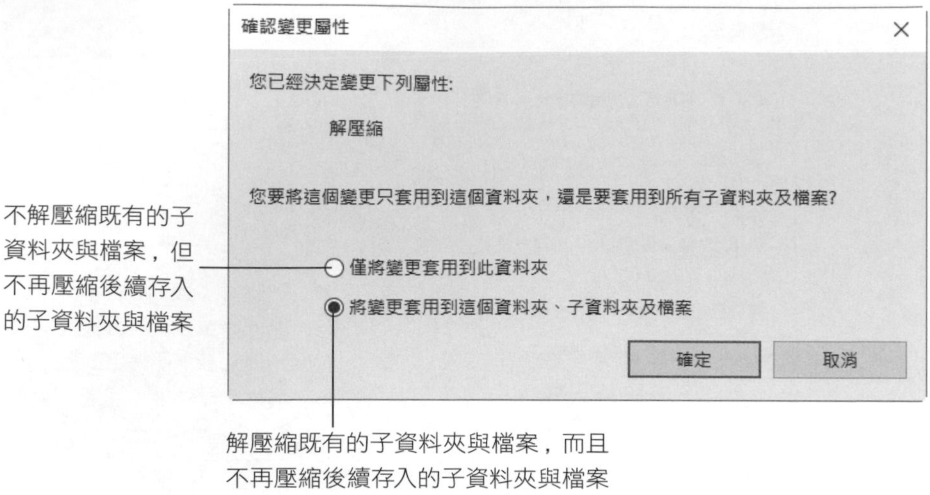

必須要注意的是：若將既有的壓縮檔解壓縮，會使檔案膨脹為原本的大小，所以若取消許多檔案的壓縮（例如：將包含數百個檔案的磁碟機解壓縮），請先確認該磁碟機有足夠的剩餘空間。

搬移或複製對壓縮資料的影響

基本上，『壓縮』是存在於 NTFS 檔案系統的一種屬性，所以若將壓縮的檔案搬移到非 NTFS 檔案系統的儲存媒體，例如：磁碟片、光碟、磁帶和 USB 隨身碟等等，該檔案就會自動被解壓縮。同理，複製到 FAT/FAT32 檔案系統的硬磁時，複製過去的檔案也是未壓縮。

此外，『複製』或『搬移』到 NTFS 資料夾也會影響該檔案能否保有壓縮屬性，下表列出不同動作與目的地的所造成的結果：

動作	結果
搬移到相同磁碟機的其它 NTFS 資料夾	仍保持壓縮
搬移到不同磁碟機的其它 NTFS 資料夾	根據目的資料夾的設定來決定
複製到相同磁碟機的 NTFS 資料夾	根據目的資料夾的設定來決定
複製到不同磁碟機的 NTFS 資料夾	根據目的資料夾的設定來決定

CHAPTER

13

Windows Server 2016

分散式檔案系統

13-1 DFS 簡介

13-2 DFS 實例應用

13-3 DFS 複寫

『分散式檔案系統』(Distributed File System, 以下簡稱為 **DFS**)在 Windows 2000 Server、Windows Server 2003 與 2003 SP1 算是第一代的產品;從 Windows Server 2003R2 開始 推出了第二代 DFS, 有新的介面、設定方式與稱呼。基本上 Windows Server 2016 繼續沿用這第二代的 DFS, 本章將介紹它的架構和應用。

13-1 DFS 簡介

DFS 的用途

DFS 是用來集中管理網路上分散各處的共用資料夾,讓使用者不必記一大堆的電腦名稱與資料夾名稱。舉例來說, 假設公司內各部門提供以下的共用資料夾,供同仁存取檔案:

部門	電腦名稱	共用資料夾名稱
研發部	RD01	Driver4Test
美工部	Imageguy	轉圖資料夾
行銷部	Market	Best_Price
資訊部	MIS_Server	AntiVirus-Tools

由於大家對於電腦名稱和共用資料夾的命名方式都不相同, 因此要利用 Windows 7/8/10 的**網路**或 Windows XP 的**網路上的芳鄰**存取這些資料夾時, 必須先選對電腦、再選對共用資料夾。萬一不知道所需的檔案在哪一部電腦,可就得一部、一部地尋找,相當沒效率。由此可知,光是提供共用資料夾還不夠方便,因為使用者還是要記住一大堆的電腦名稱。

有鑑於此，DFS 便將這些共用資料夾重新組織，組成一個新的、邏輯的樹狀架構（『邏輯的』意味著沒改變實體的儲存位置）。在此架構裡，我們可以為共用資料夾另外取一個更易記易懂的名稱，例如將『\\RD01\Driver4Test』命名為『研發部的驅動程式』，使用者點選『研發部的驅動程式』就可以存取 \\RD01\Driver4Test 資料夾的內容。

利用這種方式，我們便能將原本分散、多層次的公用資料夾，重新描繪出一張淺顯易記的架構圖：

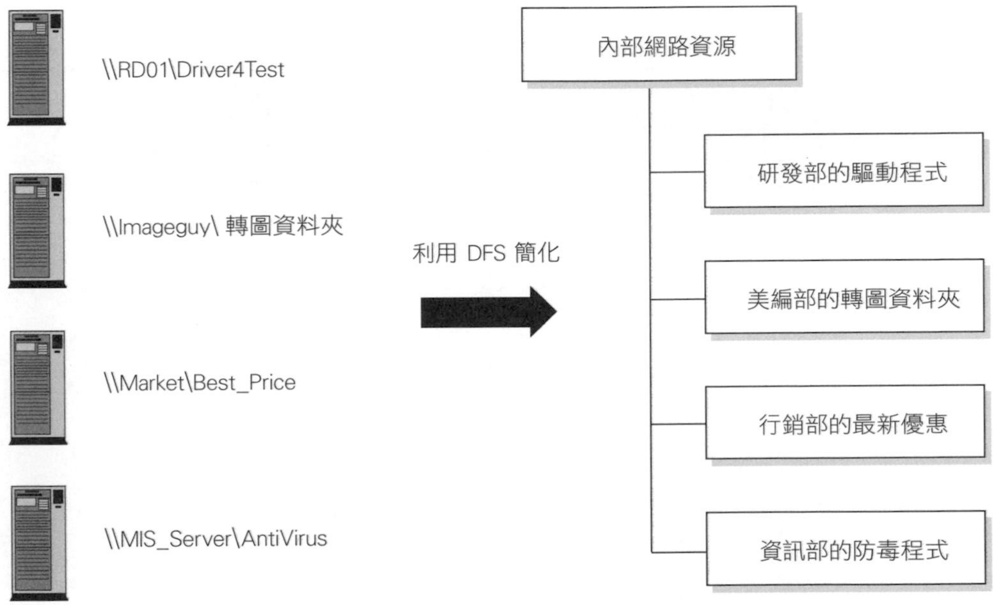

所以簡單地說，DFS 是為網路的共用資料夾，畫一張以樹狀目錄呈現的『導覽圖』。當使用者要存取共用資料夾時，毋須記得伺服器名稱和資料夾的共用名稱，只要記得這張導覽圖的起始點，從起始點開始找，就能找到所要的資料。

此外，DFS 機制並不支援 Windows 98/SE/Me 等系統，所以若用戶端若使用前述系統，就看不到 DFS 所畫的『導覽圖』。

DFS 的專有名詞

DFS 使用了一套專有名詞來說明它的架構，雖然有些是一般常用的名詞，卻有不同的定義。因此必須先弄懂這些名詞的意義，才能學好 DFS。假設旗旗公司的 DFS 架構如下圖：

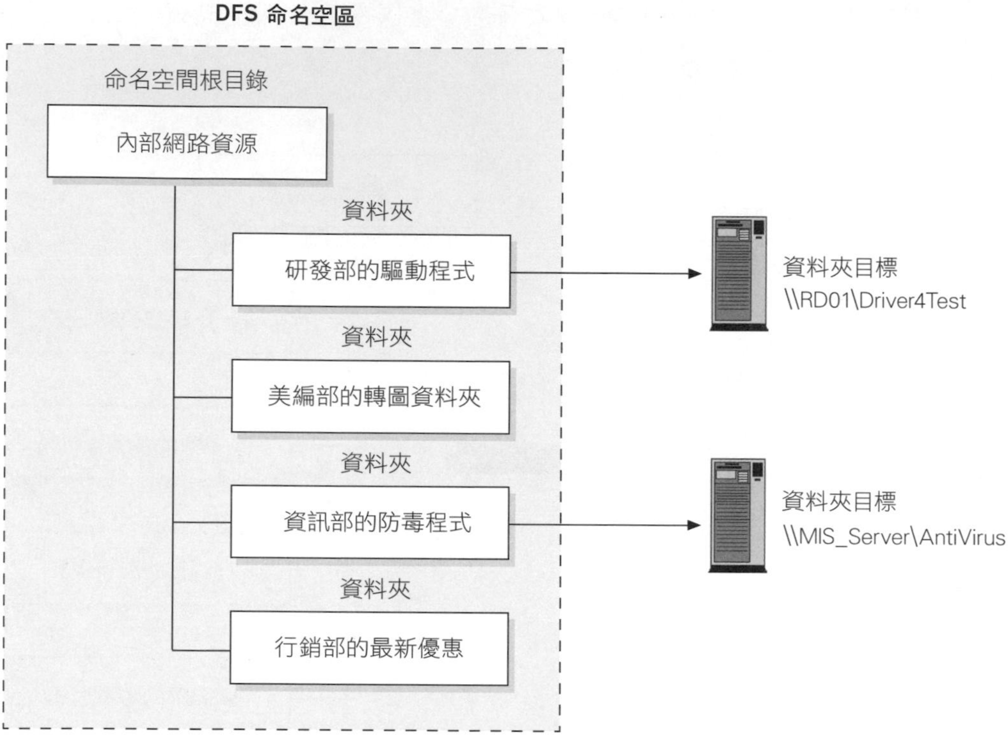

- **DFS 命名空間**（DFS Namespace）：先前提過，DFS 的功用是為整個網路共用資料夾畫出一張方便好用的**導覽圖**，而這份以樹狀目錄所呈現的導覽圖稱為『DFS 命名空間』（經常簡稱為『命名空間』）。

Tip 在 Windows Server 2003 R2 將 Namespace 譯為『名稱區』，因此有些文件仍沿用該名稱。其實『命名空間』、『名稱區』和『Namespace』都是指那一張『導覽圖』！

- **命名空間根目錄**（Namespace Root）：所謂的『命名空間根目錄』就是導覽圖的起始點，或稱為進入點（Entry Point），如同 Windows 檔案系統裡的根目錄。由於它也代表這張導覽圖的名稱，所以又稱為『命名空間名稱』。

- **命名空間伺服器**（Namespace Server）：『導覽圖』（亦即 DFS 命名空間）所在的伺服器便稱為『命名空間伺服器』。命名空間伺服器必須包含至少一個 NTFS 磁碟區，才能儲存 DFS 命名空間的相關資訊。安裝 Windows Server 2003 R2、Windows Server 2008/2008R2、Windows Server 2012/2012 R2 或 Windows Server 2016 的成員伺服器或網域控制站，都可以擔任命名空間伺服器。

- **資料夾與資料夾目標**：在 DFS 裡所謂的**資料夾**（Folder）其實只是一個『指標』（Pointer），指向網路上某個實體的共用資料夾，而被指到的這個共用資料夾稱為**資料夾目標**（Folder Target）。所以在 DFS 架構中，檔案其實不是儲存在**資料夾**，而是在**資料夾目標**。

  一個資料夾可以指向多個資料夾目標，或不指向任何資料夾目標。若指向多個資料夾目標，目的是在於容錯（Fault Tolerance），萬一無法存取其中一個資料夾目標，系統會自動轉向另一個資料夾目標存取檔案；若不指向資料夾目標的目的，表示該資料夾只是用在分類。請參考下圖：

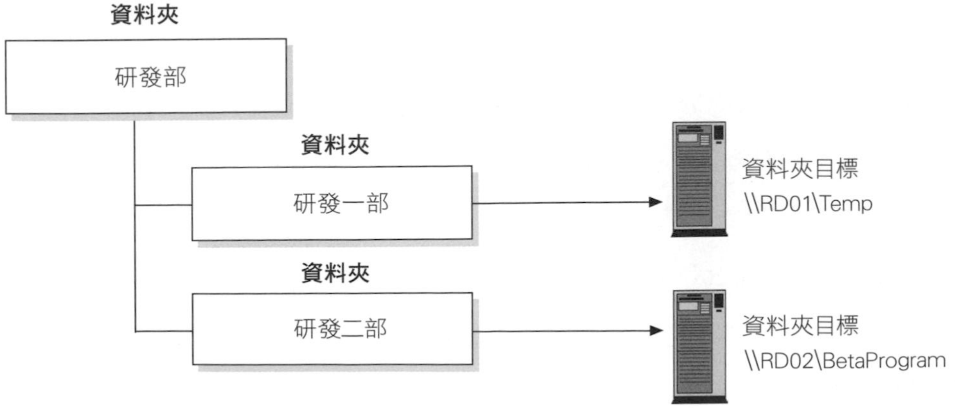

『研發部』資料夾下層有『研發一部』和『研發二部』兩個資料夾，這兩個資料夾分別指到各自的資料夾目標，但是研發部自己並未指向任何資料夾目標，只是用來將研發一部和研發二部歸類而已。

Tip 資料夾目標不一定要是共用資料夾，也可以是另一個命名空間。也就是可以從某一個命名空間的資料夾，指向另一個命名空間根目錄。

DFS 命名空間的類型

DFS 命名空間分為以下兩種：

- **網域型命名空間**（Domain-based Namespace）
- **獨立命名空間**（Stand-alone Namespace）

網域型命名空間

顧名思義，必須在有 AD 網域的環境，才能建立網域型命名空間。它又區分為『Windows Server 2008』和『Windows 2000 Server』兩種模式，雖然採用前者可以得到比較好的效能與穩定度，也是**微軟**的優先建議，但是必須符合以下兩個條件：

- 所有的命名空間伺服器必須都執行 Windows Server 2008/2008 R2、Windows Server 2012/2012 R2 或 Windows Server 2016 其中一種作業系統。
- 網域功能等級必須至少是 Windows Server 2008，這一點在 Windows Server 2016 不構成問題，因為它所允許的網域功能等級至少就是 Windows Server 2008。

Windows 2000 Server 模式的網域命名空間最多只能包括 5,000 個資料夾（沒對應到資料夾目標者不列入計算），但是 Windows Server 2008 模式的網域型命名空間則無此限制。

採用網域型命名空間的一大優點為：可以利用同網域的多部『命名空間伺服器』來記錄一個命名空間，這樣即使其中一部伺服器當機，其它伺服器仍可以繼續提供 DFS 服務，等於有容錯功能。

獨立命名空間

無論是否有 AD 網域，都可以建立獨立 DFS 命名空間，每個獨立命名空間最多可包括 50,000 個資料夾（沒對應到資料夾目標者不列入計算）。由於獨立 DFS 命名空間只允許由一部命名空間伺服器來管理，所以一旦該伺服器當機，就無 DFS 服務可用。若要有容錯功能，必須另行建立『伺服器叢集』（Server Cluster），這部分不在本書介紹，請讀者自行參考相關資訊。

三種命名空間的特性

關於前述 3 種命名空間的特性，整理如下表：

特性	獨立命名空間	網域型命名空間（Windows 2000 Server 模式）	網域型命名空間（Windows Server 2008 模式）
路徑格式	\\伺服器名稱\命名空間根目錄	\\網域名稱\命名空間根目錄	\\網域名稱\命名空間根目錄
相關資訊的存放位置	登錄資料庫（Registry）	AD 資料庫	AD 資料庫
資料夾數量	不得超過 50000 個包含目標的資料夾	不得超過 5000 個包含目標的資料夾	超過 5000 個包含目標的資料夾
最小網域功能等級	可以沒有網域	Windows 2000 混合	Windows Server 2008
伺服器的作業系統	Windows 2000 Server（含）之後的版本	Windows 2000 Server（含）之後的版本	Windows Server 2008（含）之後的版本
容錯方式	另外建立伺服器叢集	用同網域的多部名稱伺服器來記錄同一個命名空間	用同網域的多部名稱伺服器來記錄同一個命名空間

安裝 DFS 元件

要提供 DFS 服務必須安裝 **DFS 命名空間**元件，不過在 DC 預設已經安裝此元件，所以我們在 DC 上要額外安裝的是『DFS 管理工具』，此工具用來開啟 **DFS 管理**主控台，執行 DFS 的所有管理工作。請在 DC 的**伺服器管理員**執行『**管理 / 新增角色及功能**』命令，按 4 次**下一步**鈕直到出現**選取功能**畫面時，勾選**遠端伺服器管理工具 / 角色管理工具 / 檔案服務工具 / DFS 管理工具**：

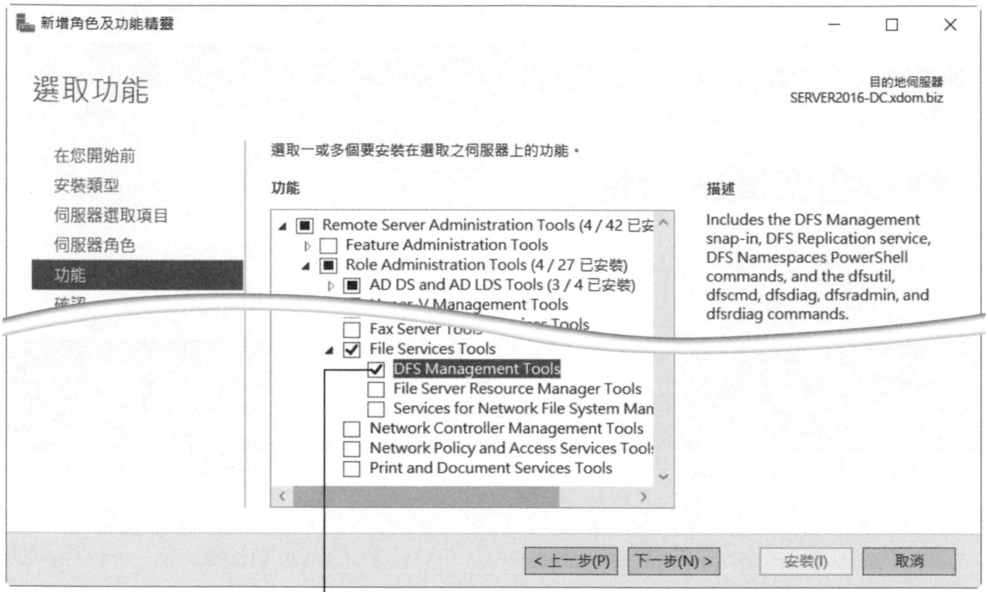

然後按**下一步**鈕、再按**安裝**鈕，直到出現安裝成功訊息時按**關閉**鈕即可，毋須重新啟動。完成後在**伺服器管理員**執行『**工具 /DFS 管理**』命令，便可開啟 **DFS 管理**主控台。

倘若用「非 DC 的 Windows Server 2016」當作命名空間伺服器，就必須自行新增 **DFS 命名空間**元件。請參考前述步驟開啟**新增角色及功能**交談窗，在**選取伺服器角色**畫面勾選**檔案和存放服務 / 檔案和 iSCSI 服務 / DFS 命名空間**：

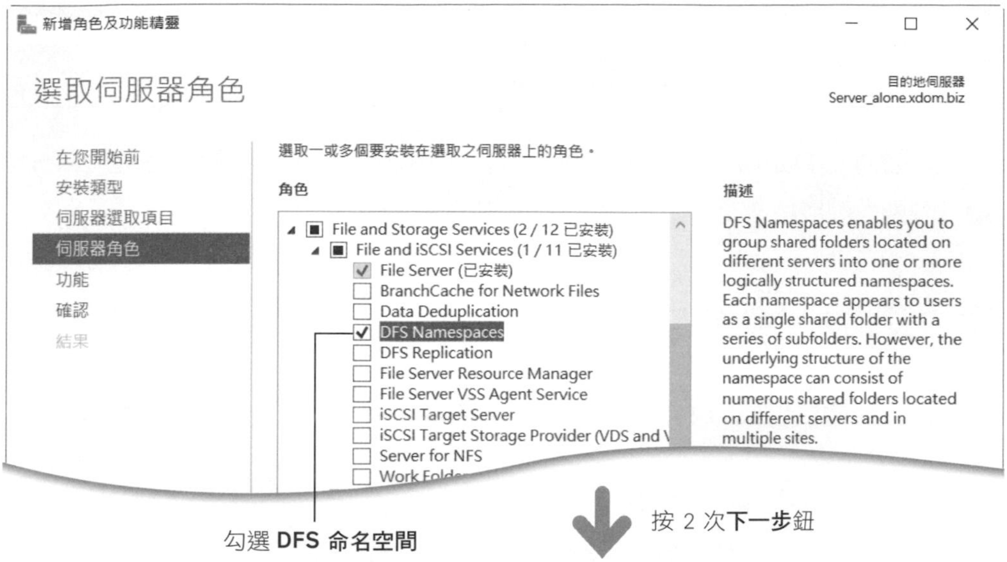

直到出現安裝成功訊息時按**關閉**鈕即可，因為系統已經一併安裝了 DFS 管理工具，所以在**伺服器管理員**執行『**工具 /DFS 管理**』命令，便可開啟 **DFS 管理**主控台。

13-2 DFS 實例應用

本節將示範如何建立命名空間、資料夾和資料夾目標，以下係在 xdom.biz 網域的網域控制站建立網域型命名空間。

建立網域型命名空間

請在**伺服器管理員**執行『**工具/DFS 管理**』命令，開啟**DFS 管理主控台**：

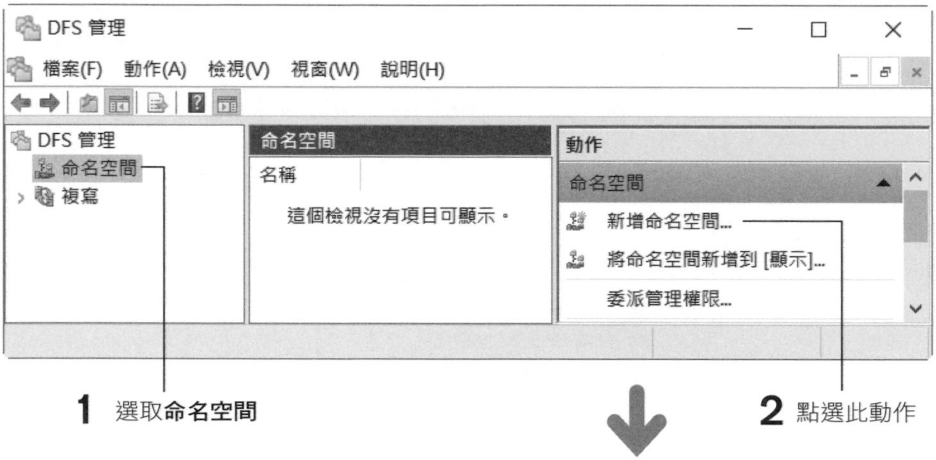

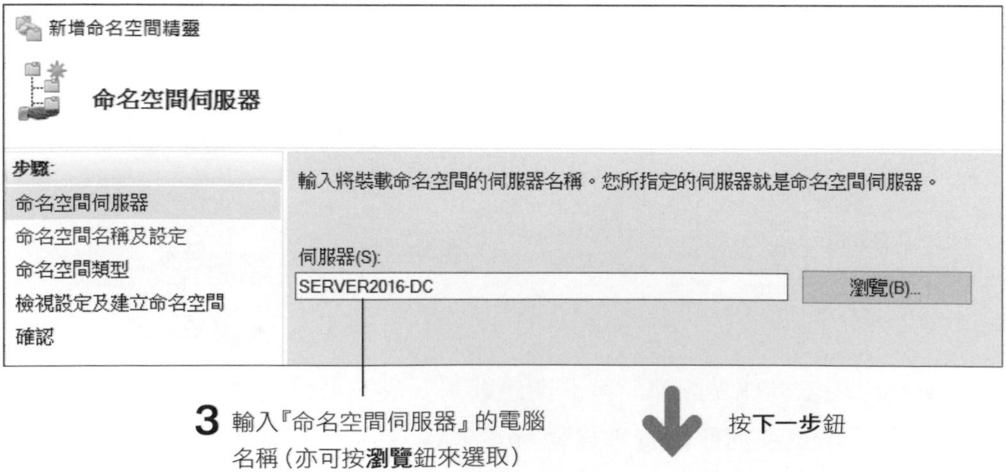

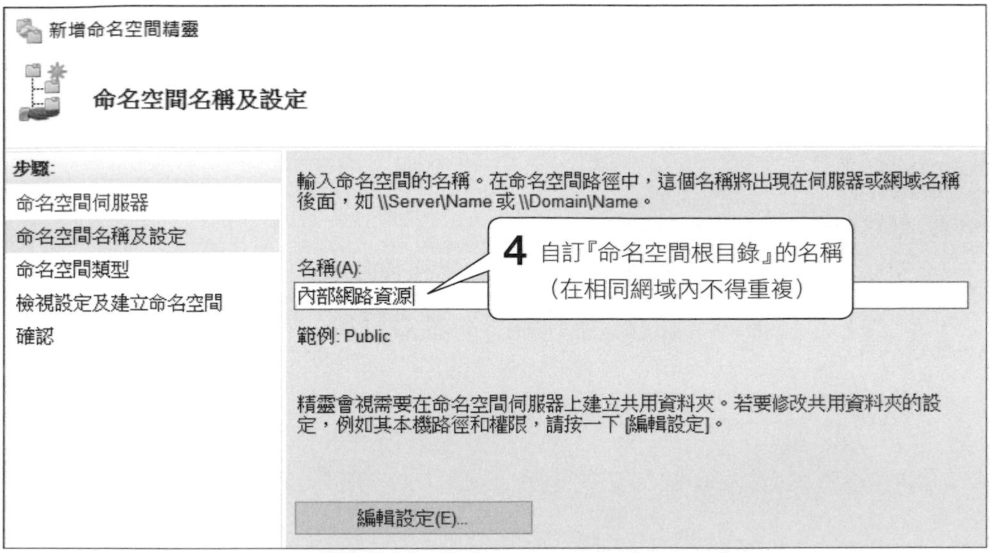

按**下一步**鈕

5 選取此單選鈕，以建立網域型命名空間

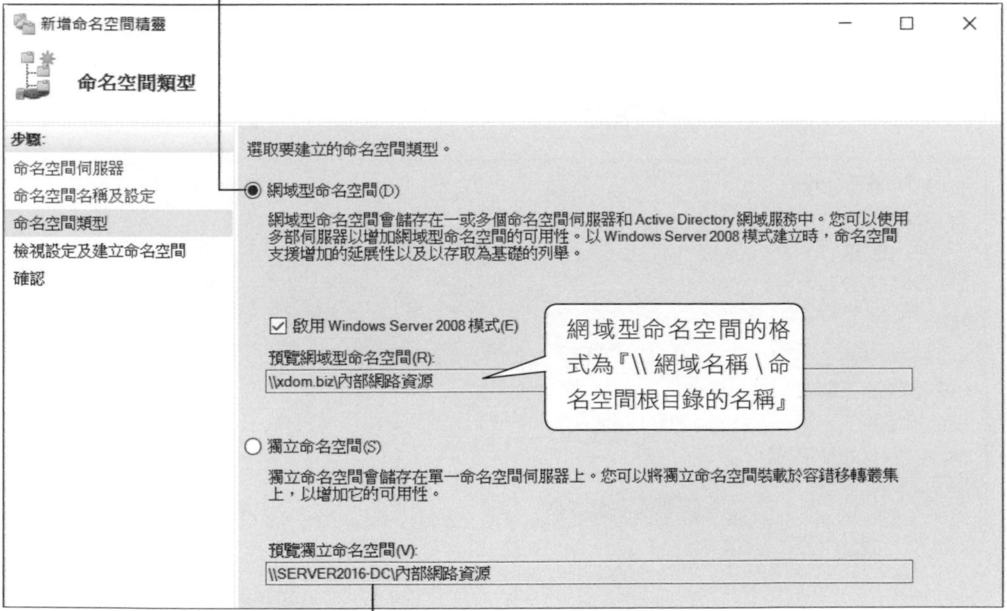

獨立命名空間的格式為『\\ 電腦名稱 \ 命名空間根目錄的名稱』

按**下一步**鈕

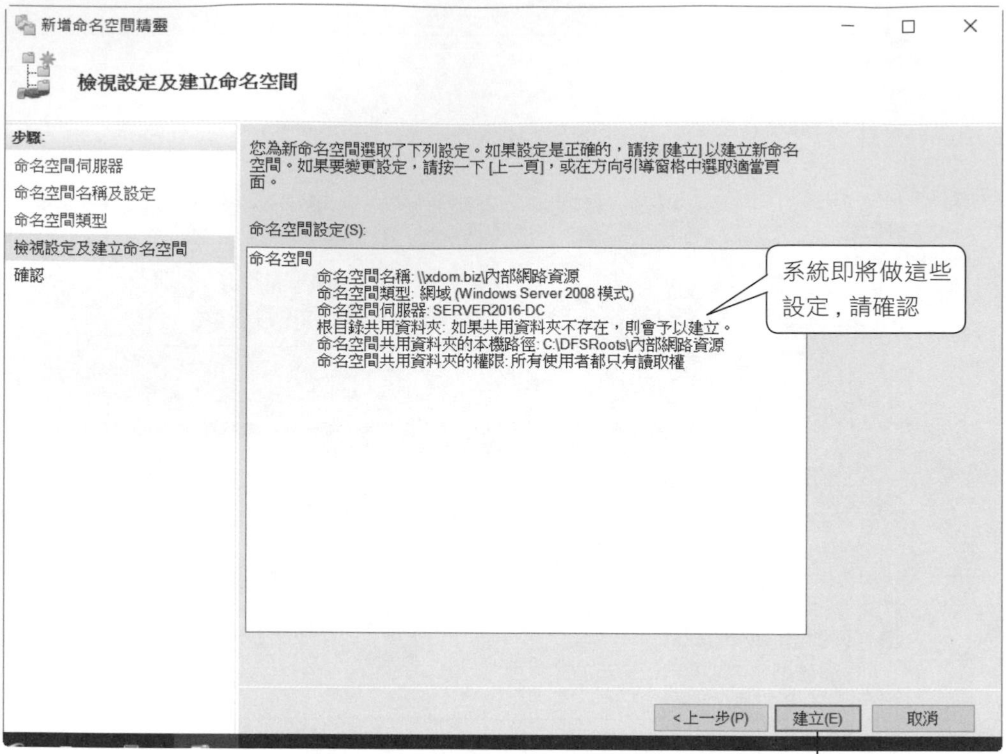
新增命名空間精靈
檢視設定及建立命名空間
步驟:
命名空間伺服器
命名空間名稱及設定
命名空間類型
檢視設定及建立命名空間
確認
您為新命名空間選取了下列設定。如果設定是正確的，請按 [建立] 以建立新命名空間。如果要變更設定，請按一下 [上一頁]，或在方向引導窗格中選取適當頁面。
命名空間設定(S):
命名空間
命名空間名稱: \\xdom.biz\內部網路資源
命名空間類型: 網域 (Windows Server 2008 模式)
命名空間伺服器: SERVER2016-DC
根目錄共用資料夾: 如果共用資料夾不存在，則會予以建立。
命名空間共用資料夾的本機路徑: C:\DFSRoots\內部網路資源
命名空間共用資料夾的權限: 所有使用者都只有讀取權
系統即將做這些設定，請確認
< 上一步(P)
建立(E)
取消

6 確認無誤後按此鈕

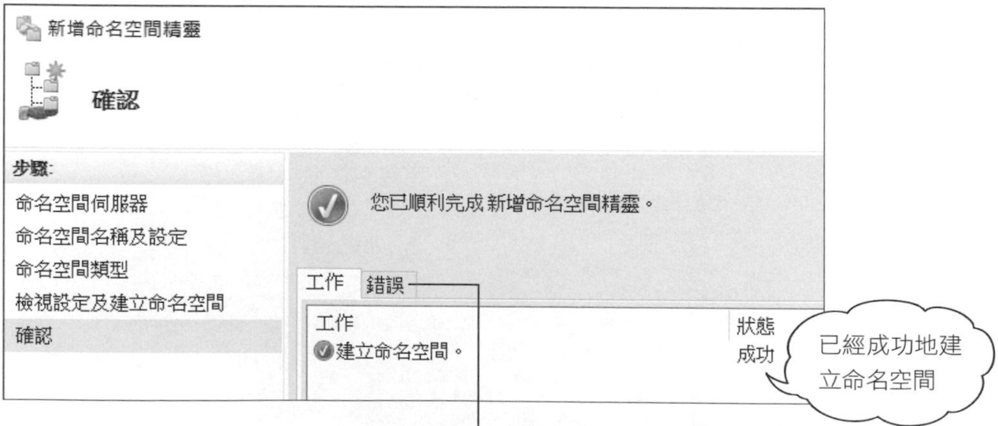
新增命名空間精靈
確認
步驟:
命名空間伺服器
命名空間名稱及設定
命名空間類型
檢視設定及建立命名空間
確認
您已順利完成 新增命名空間精靈。
工作
錯誤
工作
狀態
建立命名空間。
成功
已經成功地建立命名空間

若遇到錯誤，請切換到此頁次檢視詳細的錯誤訊息

按**關閉**鈕

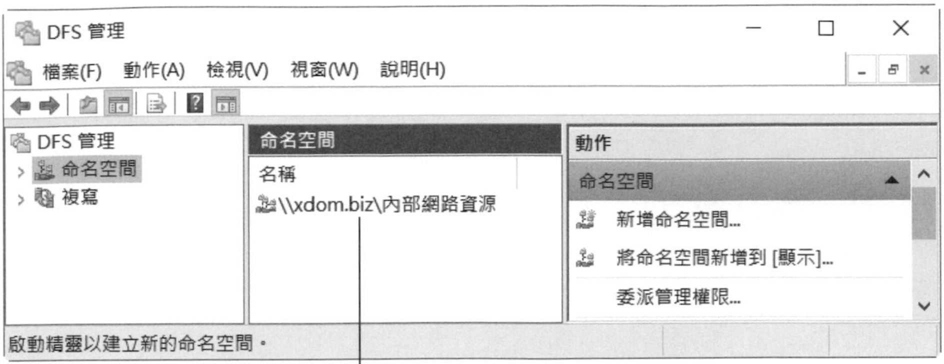

這就是剛才建立的命名空間

上述步驟只是告訴系統：我們現在要畫一張導覽圖，該圖的名稱是『**內部網路資源**』。可是這張圖目前還是空白一片，無法發揮功用，所以必須接著建立**資料夾**和**資料夾目標**。

建立『資料夾』和『資料夾目標』

首先要再次提醒：『資料夾』只是一個指標 (pointer),『資料夾目標』才是實際儲存檔案的實體資料夾，而且是一個網路共用資料夾。

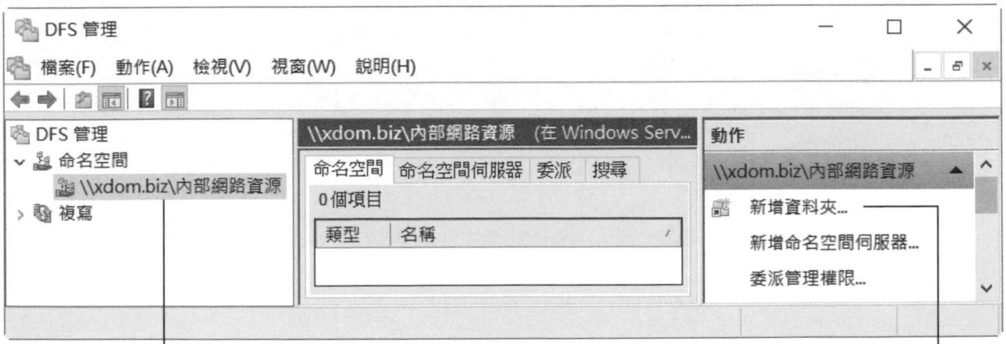

1 選取先前已經建立的命名空間

2 點選此動作以建立新資料夾

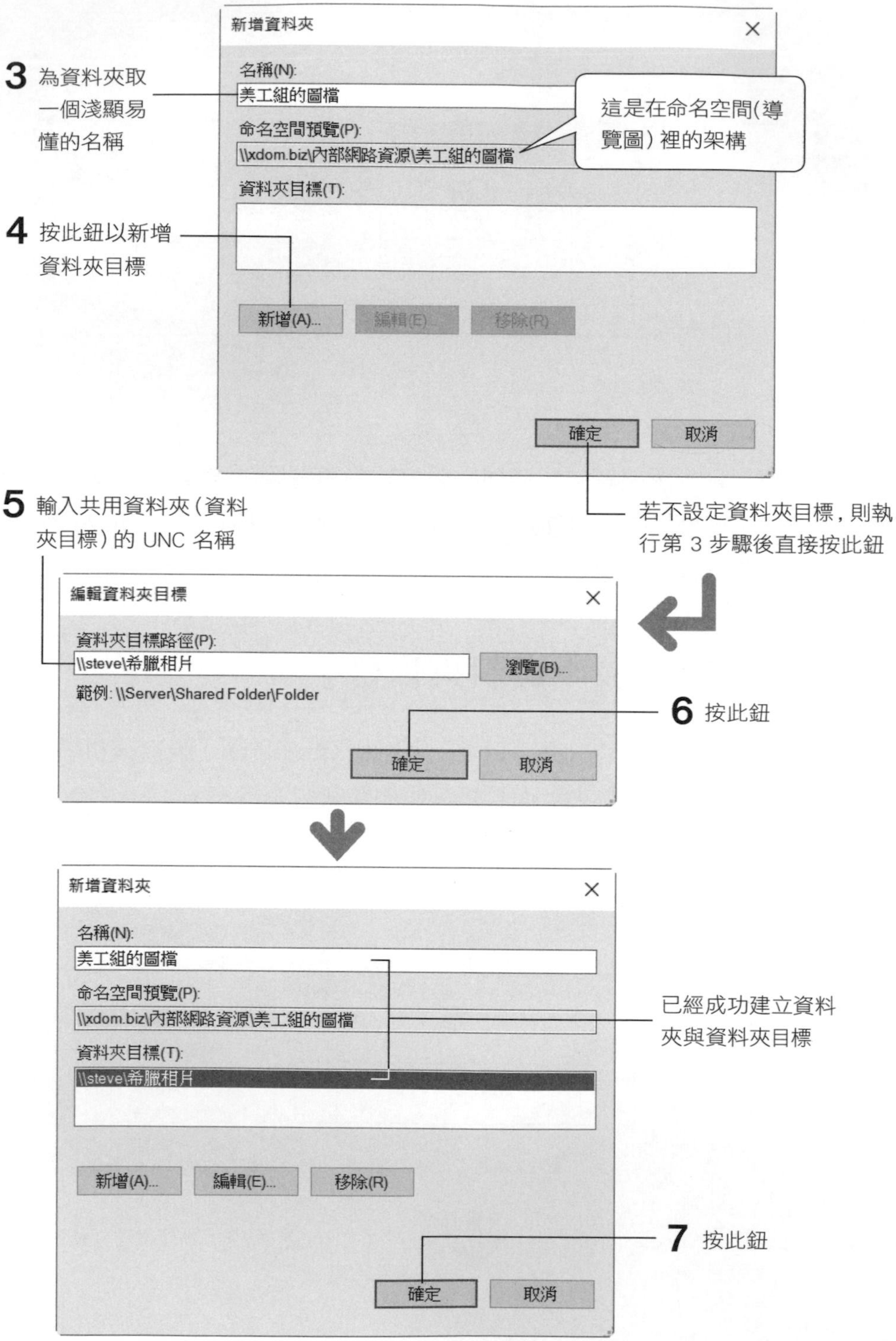

3 為資料夾取一個淺顯易懂的名稱
新增資料夾
名稱(N):
美工組的圖檔
命名空間預覽(P):
\\xdom.biz\內部網路資源\美工組的圖檔
這是在命名空間(導覽圖)裡的架構
資料夾目標(T):
4 按此鈕以新增資料夾目標
新增(A)...
編輯(E)...
移除(R)
確定
取消
若不設定資料夾目標，則執行第 3 步驟後直接按此鈕
5 輸入共用資料夾(資料夾目標)的 UNC 名稱
編輯資料夾目標
資料夾目標路徑(P):
\\steve\希臘相片
瀏覽(B)...
範例: \\Server\Shared Folder\Folder
6 按此鈕
確定
取消
新增資料夾
名稱(N):
美工組的圖檔
命名空間預覽(P):
\\xdom.biz\內部網路資源\美工組的圖檔
資料夾目標(T):
\\steve\希臘相片
已經成功建立資料夾與資料夾目標
新增(A)...
編輯(E)...
移除(R)
7 按此鈕
確定
取消

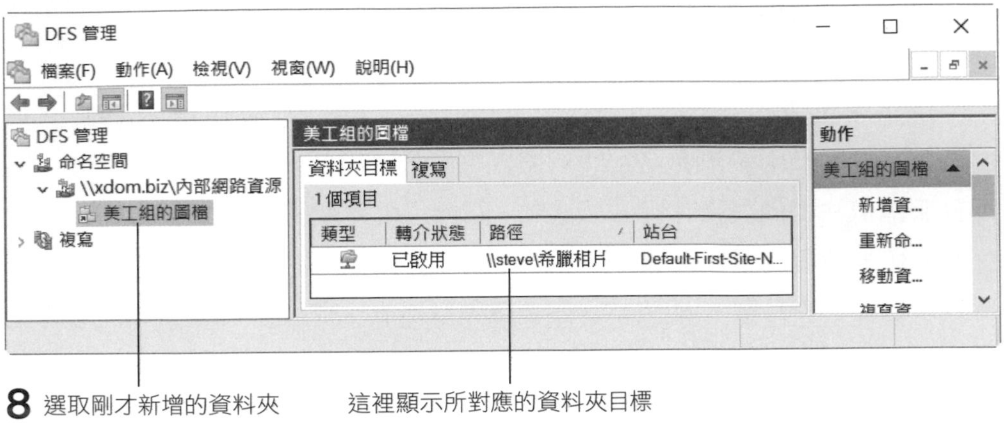

存取 DFS 命名空間的檔案

爾後使用者按**開始**鈕（在 XP 則是執行『**開始 / 執行**』命令），輸入 "\\xdom.biz"、按 Enter 鍵，便會看到**內部網路資源**資料夾（其實是命名空間根目錄），雙按它便能夠看到**美工組的圖檔**資料夾，整個操作如同大家熟悉的**網路上的芳鄰**。至於實際上是存取哪一部伺服器裡頭的檔案，使用者根本毋須知道。

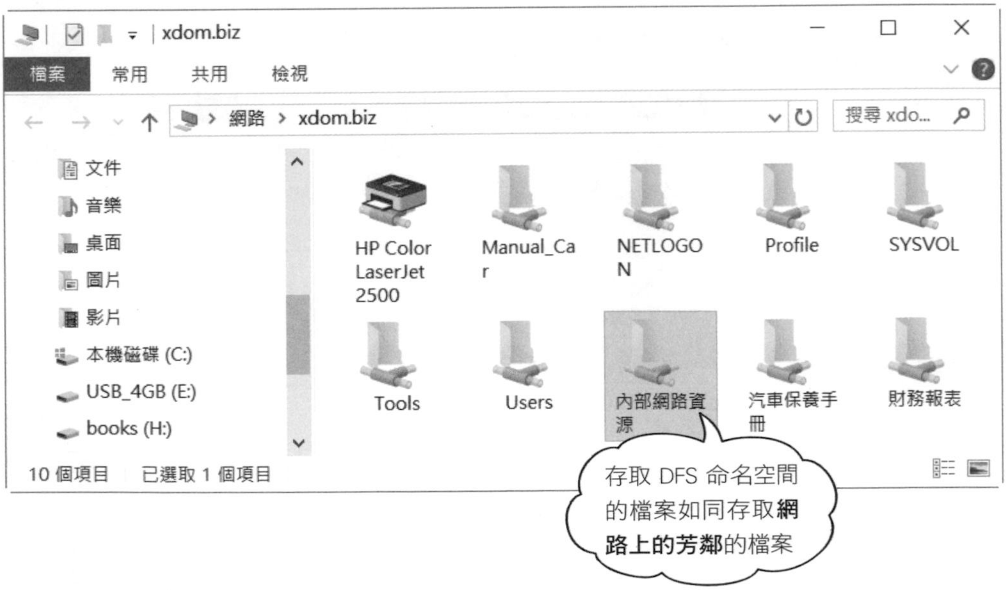

建立容錯機制

DFS 提供的容錯機制可分為『伺服器層級』和『資料夾層級』兩種，『伺服器層級』是藉由多部命名空間伺服器來存放『導覽圖』，這樣即使其中一部伺服器無法提供服務（例如：當機、關機或網路斷線等等情形）時，其它伺服器仍繼續提供 DFS 服務。同理，『資料夾層級』則是將一個資料夾對應到多個資料夾目標，即使某一個資料夾目標無法提供檔案時，系統會自動將使用者的需求引導到另一個資料夾目標。

建立『伺服器層級』的容錯機制

假設我們已經建立了『內部網路資源』命名空間，第一部命名空間伺服器為 SERVER2016-DC，現在要再增加一部命名空間伺服器，以具備容錯能力，請如下操作：

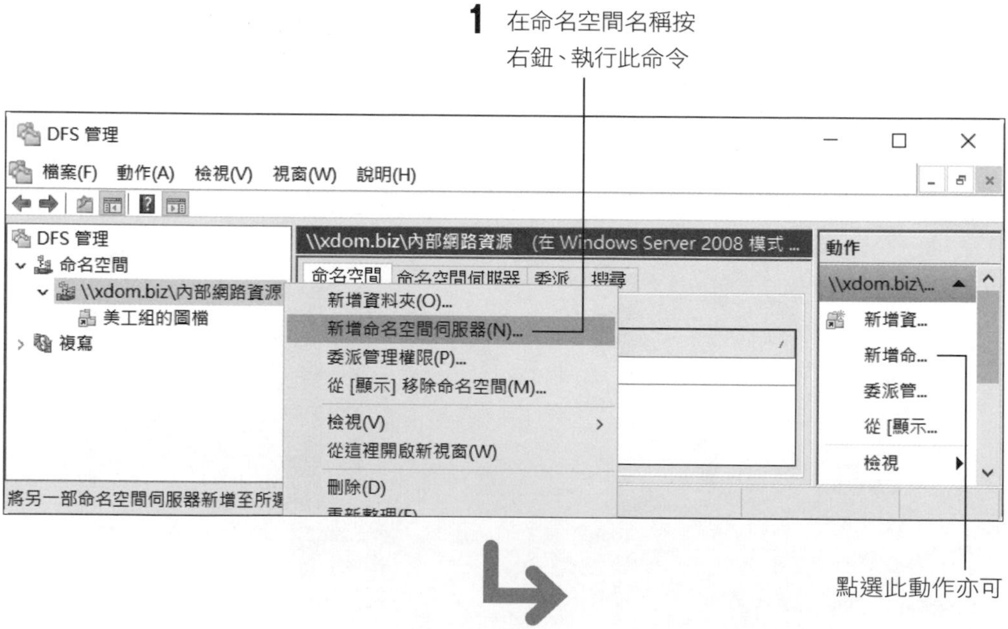

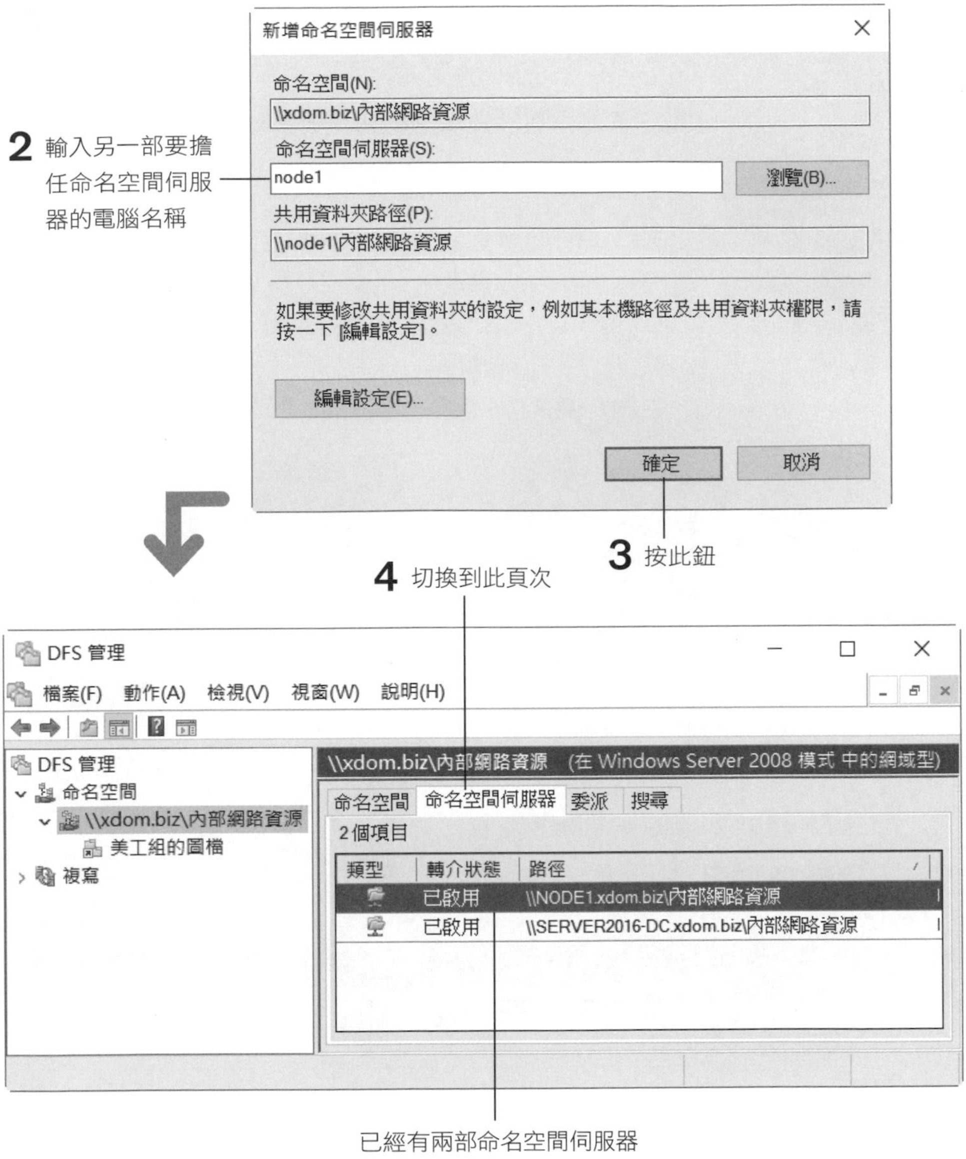

建立『資料夾層級』的容錯機制

假設我們已經將『研發部的驅動程式』資料夾，對應到『\\Server01\Driver4Test』這個資料夾目標，現在還要再對應到另一個資料夾目標：

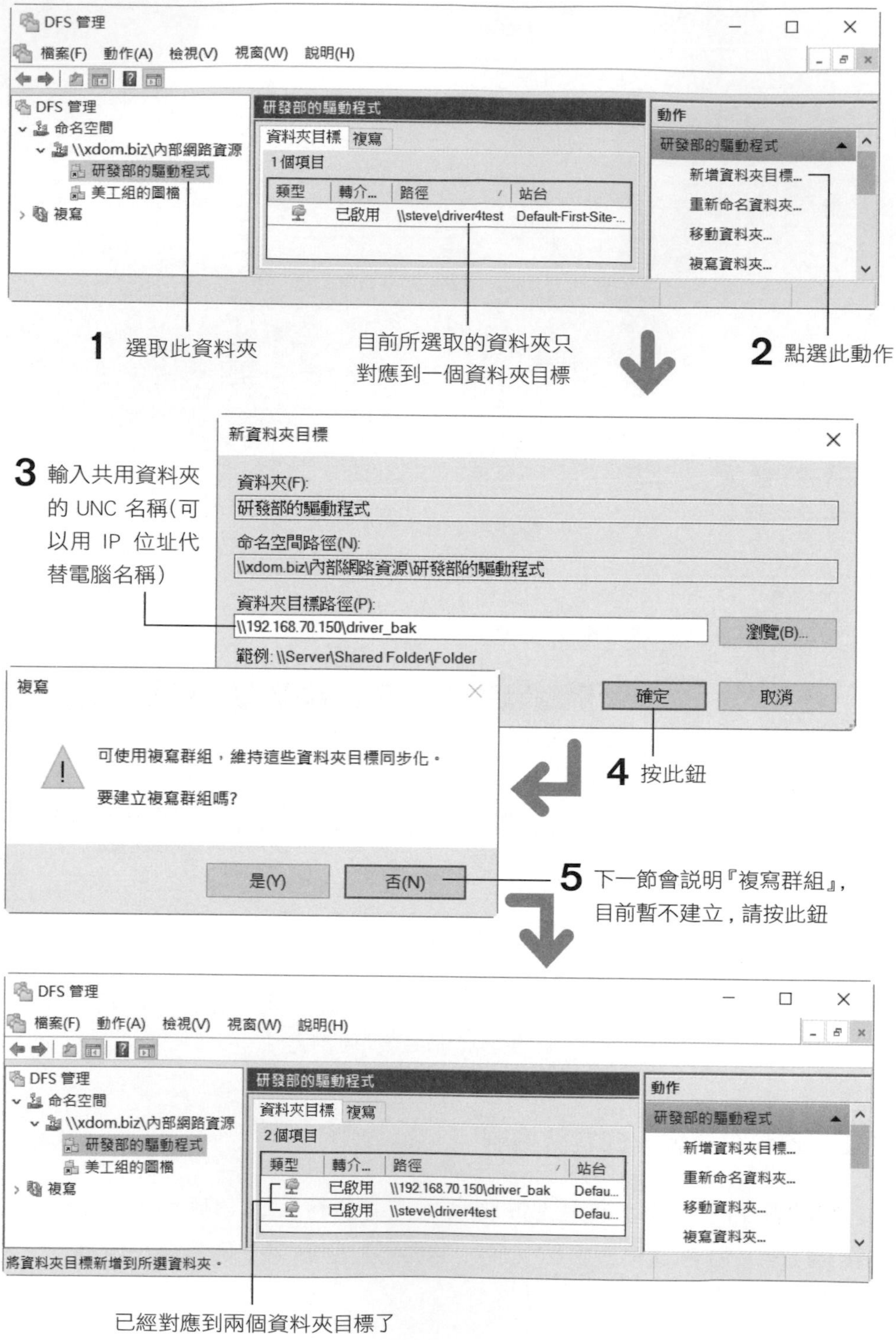
1 選取此資料夾
目前所選取的資料夾只對應到一個資料夾目標
2 點選此動作
3 輸入共用資料夾的 UNC 名稱(可以用 IP 位址代替電腦名稱)
4 按此鈕
5 下一節會說明『複寫群組』，目前暫不建立，請按此鈕
已經對應到兩個資料夾目標了

不過，現在雖然有了容錯功能，但是兩個資料夾目標的內容不會自動同步，必須依賴人工來維護，因此最好參考下一節設定『DFS 複寫』，讓系統自動執行同步工作。

在命名空間中搜尋

當我們建立的資料夾或資料夾目標愈來愈多時，勢必很難記得每一個的名稱。倘若要確認某一個共用資料夾是否已經成為資料夾目標？或某一個資料夾名稱是否已經被使用？就會用到 DFS 的搜尋功能，其操作方式如下：

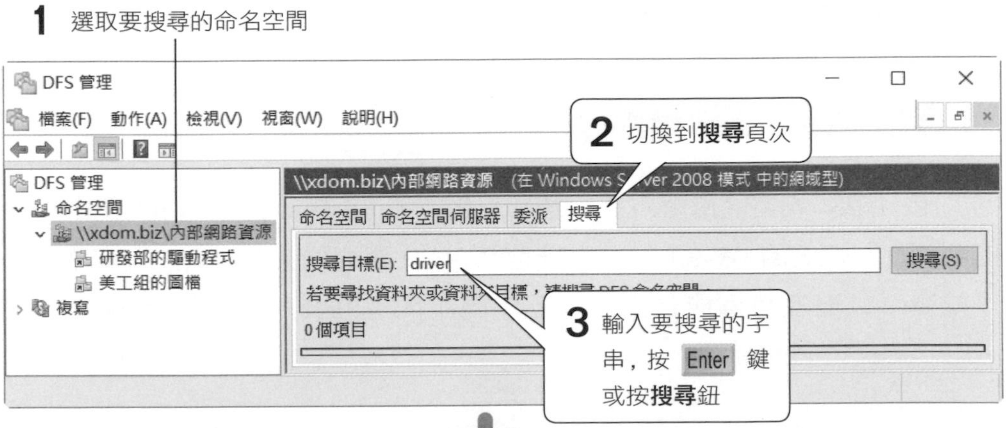

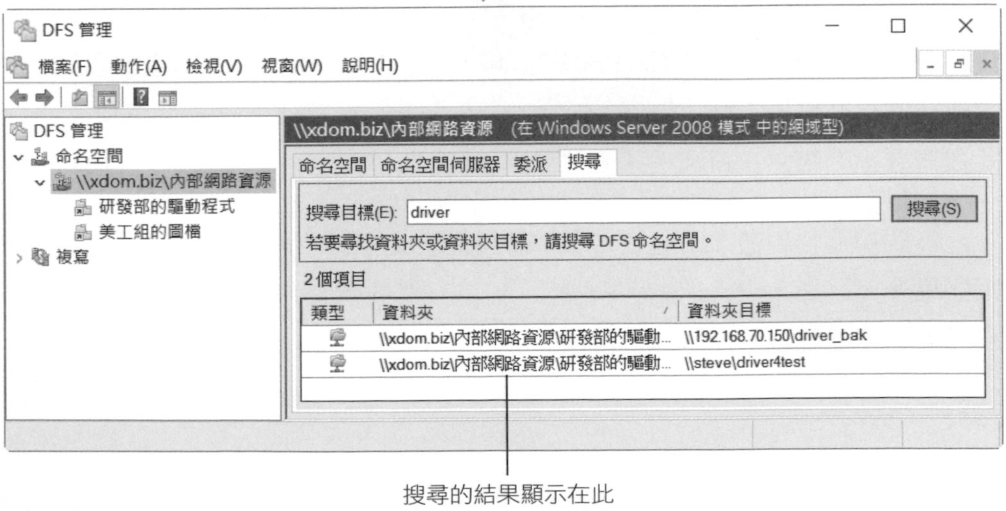

13-3 DFS 複寫

將一個資料夾對應到多個資料夾目標後，就會面臨一個重要的問題－－如何維持各資料夾目標的內容一致？倘若由人工來管理，每次都將新的檔案複製到所有的資料夾目標，不但增加管理者的負擔，也容易出錯。『DFS 複寫』（DFS Replication）機制，讓系統能自動執行各個資料夾目標的同步工作。

> **Tip** Windows 2000 Server 和 Windows Server 2003 使用『DFS 複寫』的前身－－『檔案複寫服務』（FRS, File Replication Service）－－來執行同步工作。

複寫群組與複寫資料夾

用 DFS 複寫的術語來說，**複寫群組**（Replication Group）是由一群提供 DFS 服務的 Windows 伺服器所組成。這群伺服器稱為該複寫群組的『成員』，而在每個成員上自動互相同步內容的資料夾稱為**複寫資料夾**（Replicated Folder）。

以上一節的例子來說，『研發部的驅動程式』資料夾對應到『\\SERVER2016-DC\Driver4Test』和『\\192.168.70.150\Driver_Bak』兩個資料夾目標，『SERVER2016-DC』和『192.168.70.150』這兩部伺服器就組成一個複寫群組；而『Driver4Test』和『Driver_Bak』這兩個資料夾便是此複寫群組的複寫資料夾。

一個複寫群組最多可包含 256 部伺服器或 256 個複寫資料夾；一部伺服器最多可以加入 256 個複寫群組。但是一個實體資料夾只能隸屬於一個複寫群組，不能隸屬於多個複寫群組。

『DFS 複寫』和『DFS 命名空間』彼此獨立

雖然在大多數的場合，『DFS 複寫』和『DFS 命名空間』都是搭配使用，但是它們其實是獨立的兩種機制，我們可以只使用其中一種，例如：

- 只使用 DFS 命名空間，不使用 DFS 複寫。

  我們可以建立 DFS 命名空間、設定一個資料夾對應到多個資料夾目標，但是不將這些資料夾目標設為複寫群組－－這是前一節範例的作法。等於只使用 DFS 命名空間，但是沒使用 DFS 複寫。這樣做的缺點，就是必須藉由人工來同步各個資料夾目標的內容。

- 只使用 DFS 複寫，不使用 DFS 命名空間。

  我們也可以將不在 DFS 命名空間內的資料夾加入為複寫群組，也就是說，即使不是網路上的共用資料夾或不是 DFS 命名空間中的資料夾目標，仍然能加入複寫群組，作為複寫資料夾，此種作法的主要功能在於備份資料。

使用 DFS 複寫的注意事項

- 複寫群組裡的每一個成員（伺服器），都必須執行 Windows Server 2003 R2（含）以後版本的作業系統，而且都安裝了『DFS 複寫』元件。
- 複寫群組裡的每一個成員（伺服器）必須在相同的樹系（Forest），在不同樹系的伺服器無法彼此執行 DFS 複寫。
- 複寫資料夾必須位於 NTFS 磁碟機。

➜ 倘若系統安裝了防毒軟體，可能會影響 DFS 複寫機制的運作。遇到這類問題時可先嘗試關閉防毒軟體功能，若可解決表示確為防毒軟體造成的影養，就必須求助於防毒軟體廠商。

設定 DFS 複寫

當我們將多個資料夾設為同一個複寫群組時，就等於啟動了 DFS 複寫機制。而設定複寫群組的時機，可以在新增資料夾目標時一併執行，或是另外單獨執行。

在新增資料夾目標時，一併建立複寫群組

在**伺服器管理員**請執行『**工具 /DFS 管理**』命令，開啟 **DFS 管理**視窗：

1 選取既有的資料夾，按右鈕執行此命令

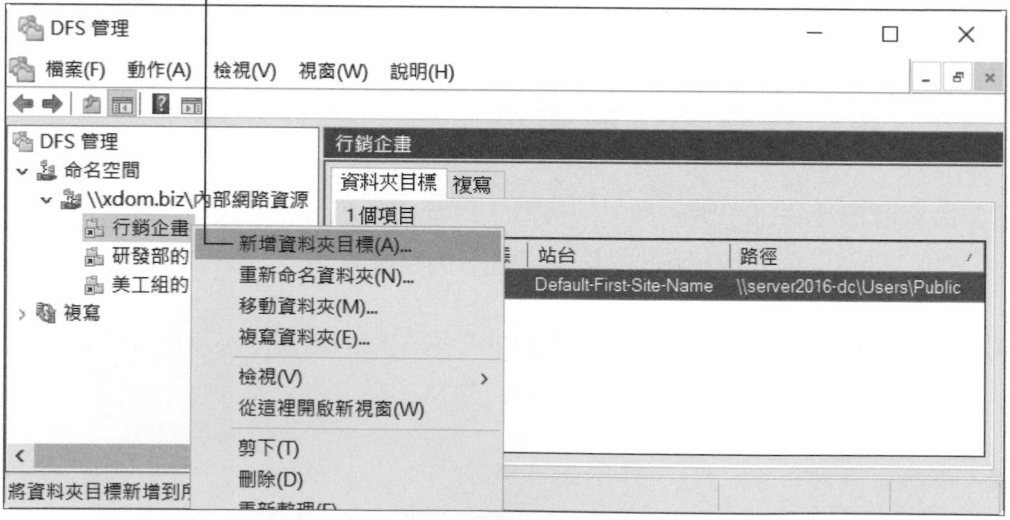

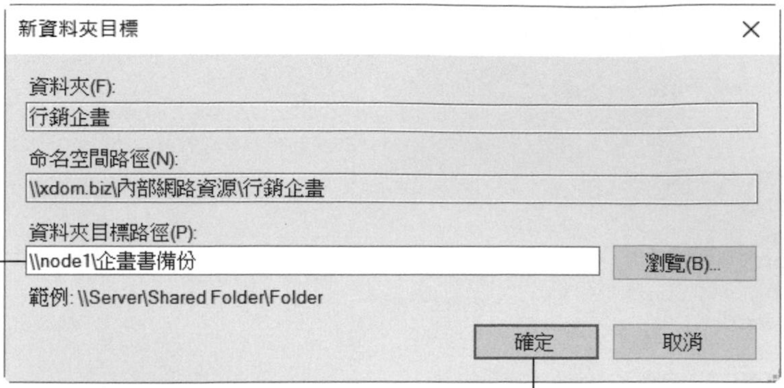

2 輸入新增的資料夾目標路徑

按確定鈕

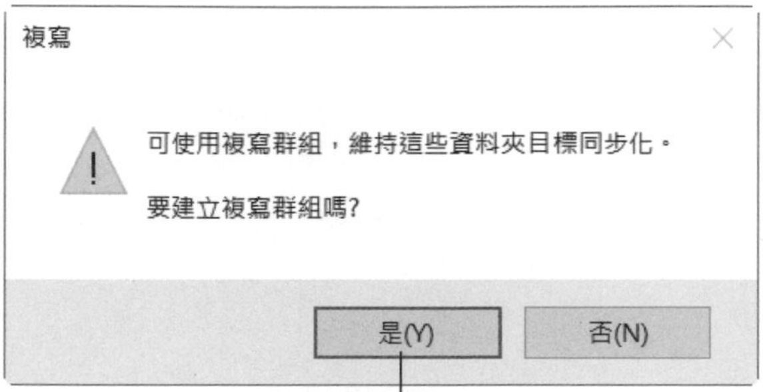

3 按此鈕建立**複寫群組**

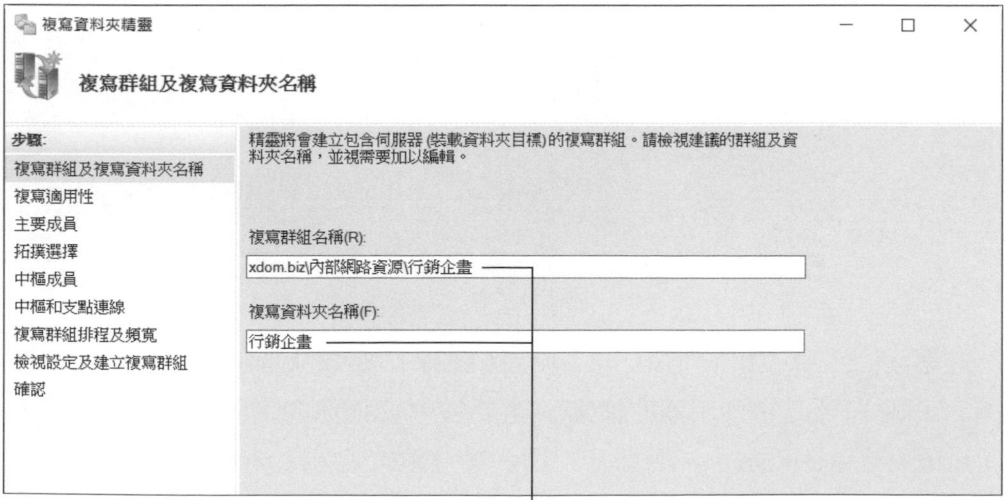

4 為複寫群組和複寫資料夾取個容易辨識的名字

按**下一步**鈕

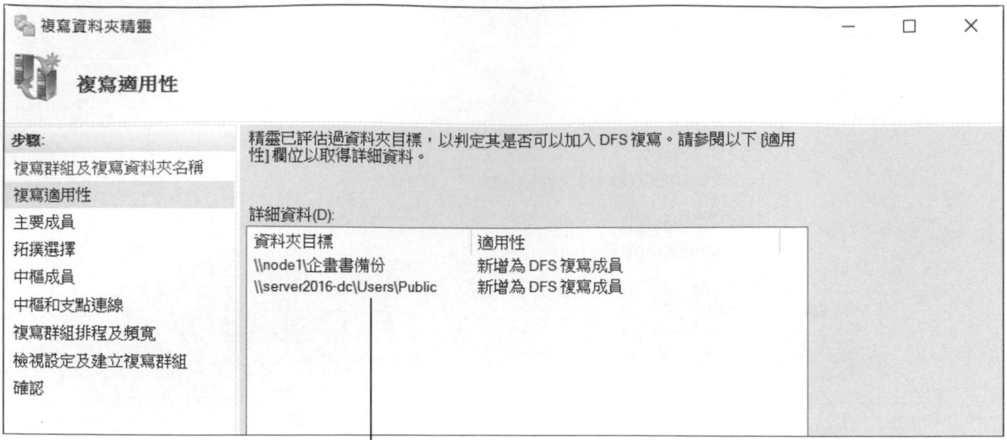

所設定的資料夾目標已經加入複寫群組

按**下一步**鈕

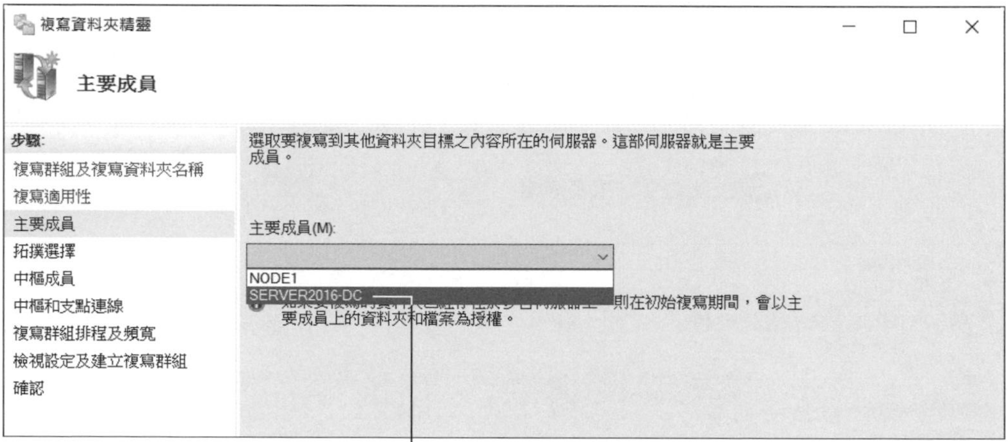

5 選擇初次複寫時要以那個成員的檔案為準

第 5 步驟在於設定第一次執行複寫時，要以哪部伺服器的檔案為標準，用來覆蓋其它伺服器的檔案，這部被當成標準的伺服器便是**主要成員**（Primary Member）。換言之，第一次 DFS 複寫必定用主要成員的檔案覆蓋其它成員的檔案；至於後續會以誰的檔案覆蓋誰，則是看那個成員的檔案比較新，不再是以主要成員為準。本例中我們選擇以 SERVER2016-DC 伺服器作為主要成員，然後按**下一步**鈕：

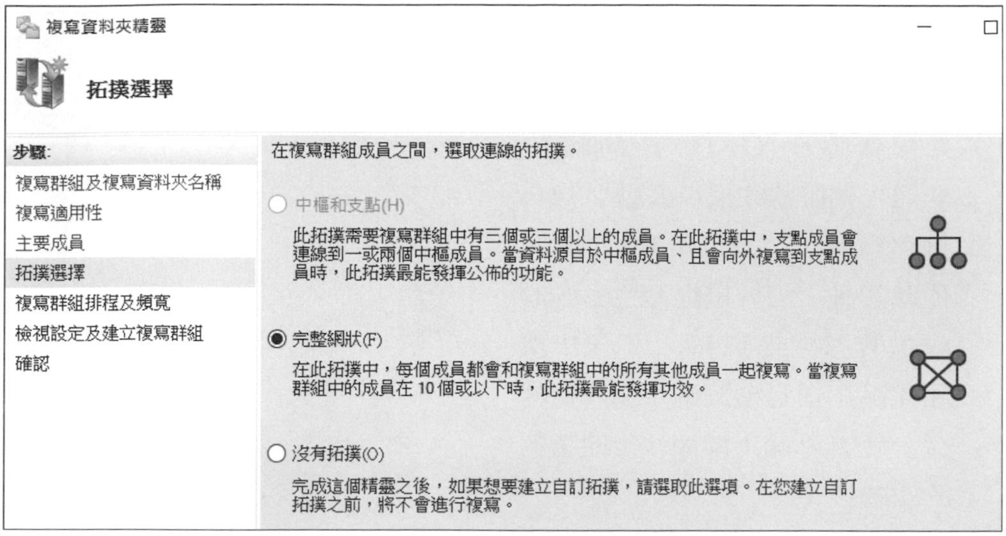

上圖係要求我們選擇使用哪一種『複寫拓樸』（Replication Topology），複寫拓樸代表複寫時資料流動的方式，總共有以下 3 種拓樸可選：

中樞和支點

A、B、C、D 其中任一部伺服器的內容異動，一律先複寫到 E 伺服器，再從 E 伺服器複寫到其它伺服器。E 伺服器稱為『中樞成員』，其它伺服器稱為『支點成員』。但是必須至少有 3 個成員（意即 3 部伺服器）才能採用此架構。

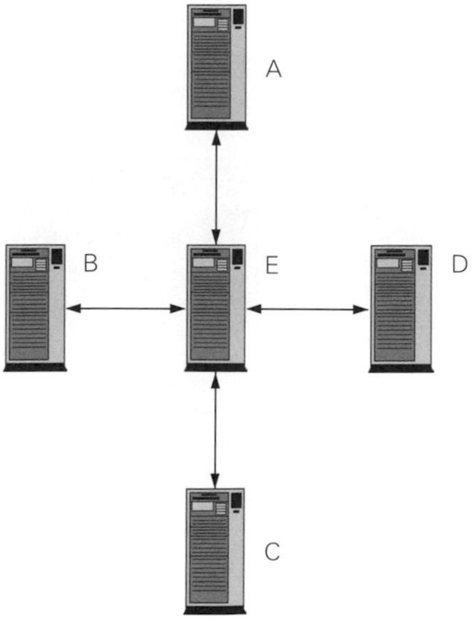

完整網狀

若 A 伺服器的資料異動，便直接複寫到 B、C、D、E 伺服器；若 B 伺服器的資料異動，也直接複寫到 A、C、D、E 伺服器，依此類推。由於是從發生異動的成員直接傳送資料，不像**中樞和支點**拓樸必須透過中樞成員轉送，因此理論上能最快反映資料的改變。

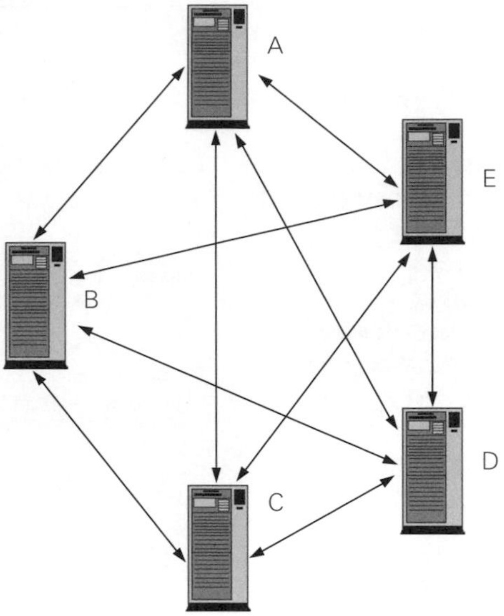

沒有拓樸

不設定任何拓樸。若以上兩種拓樸都不能滿足我們的需求，就可以選擇此項，自行設定拓樸。在尚未設定好拓樸之前，不會執行複寫動作。

其實在 2～5 部伺服器的環境中，不同拓樸所造成的差異極小，所以選哪一種拓樸都無妨。本例假設選取**完整網狀**拓樸，然後按**下一步**鈕：

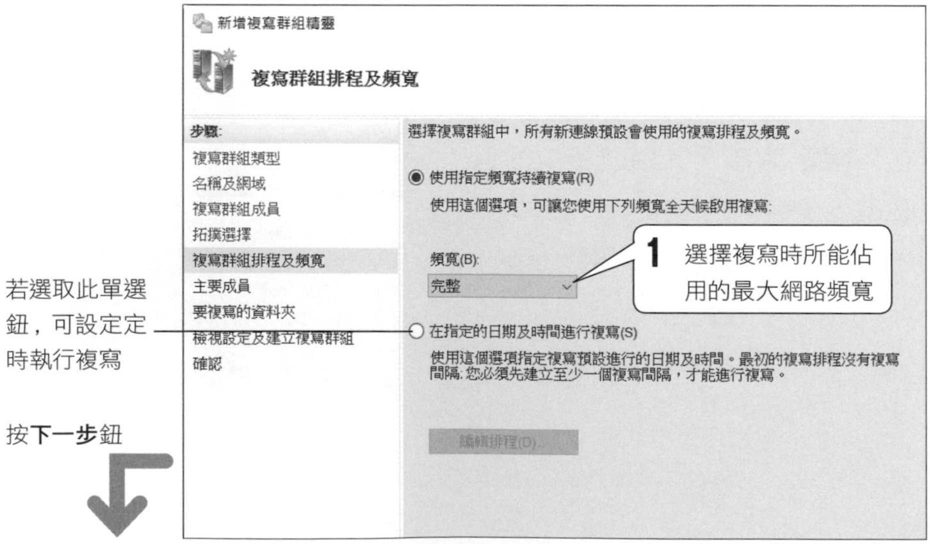

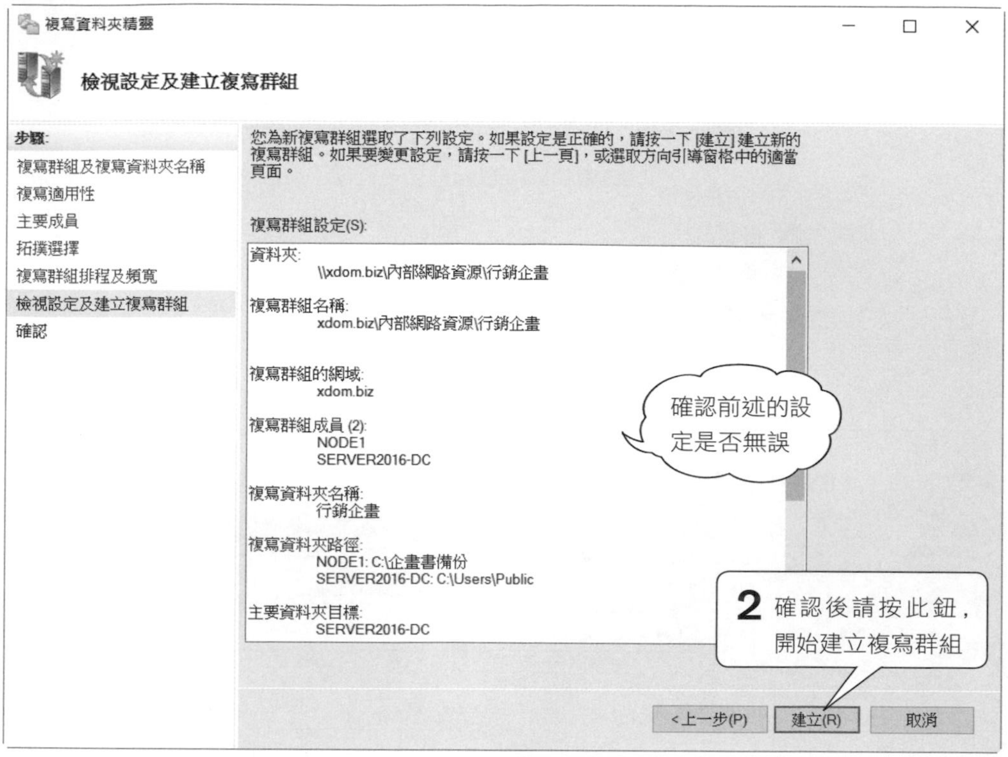
複寫資料夾精靈
檢視設定及建立複寫群組
步驟:
複寫群組及複寫資料夾名稱
複寫適用性
主要成員
拓撲選擇
複寫群組排程及頻寬
檢視設定及建立複寫群組
確認
您為新複寫群組選取了下列設定。如果設定是正確的，請按一下 [建立] 建立新的複寫群組。如果要變更設定，請按一下 [上一頁]，或選取方向引導窗格中的適當頁面。
複寫群組設定(S):
資料夾:
\\xdom.biz\內部網路資源\行銷企畫
複寫群組名稱:
xdom.biz\內部網路資源\行銷企畫
複寫群組的網域:
xdom.biz
複寫群組成員 (2):
NODE1
SERVER2016-DC
複寫資料夾名稱:
行銷企畫
複寫資料夾路徑:
NODE1: C:\企畫書備份
SERVER2016-DC: C:\Users\Public
主要資料夾目標:
SERVER2016-DC
確認前述的設定是否無誤
2 確認後請按此鈕，開始建立複寫群組
< 上一步(P)
建立(R)
取消

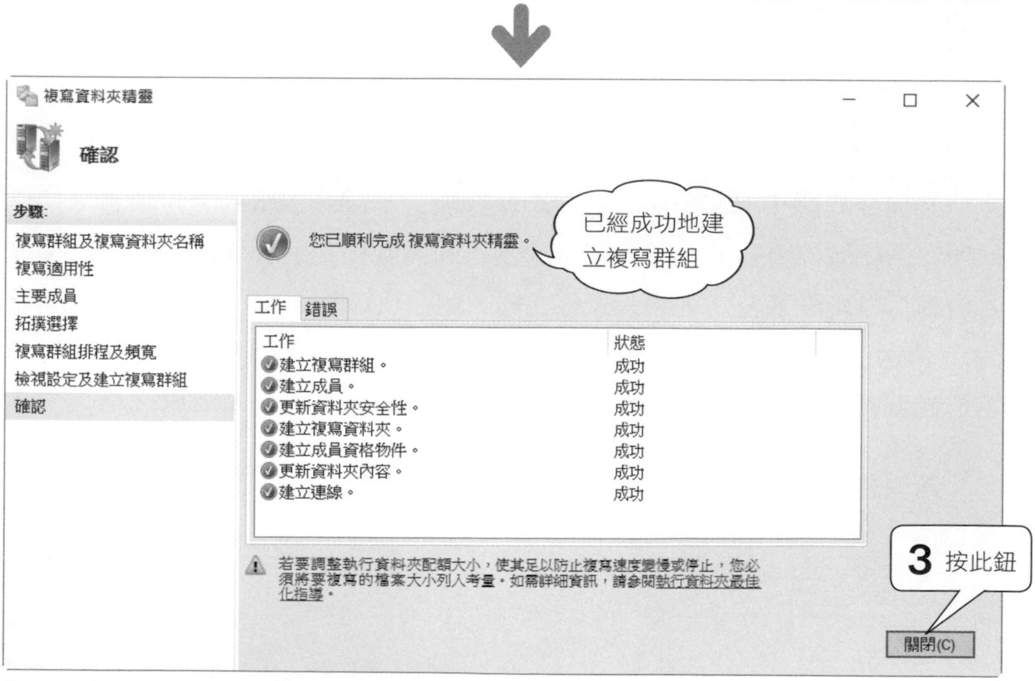
複寫資料夾精靈
確認
步驟:
複寫群組及複寫資料夾名稱
複寫適用性
主要成員
拓撲選擇
複寫群組排程及頻寬
檢視設定及建立複寫群組
確認
您已順利完成 複寫資料夾精靈。
已經成功地建立複寫群組
工作
錯誤
工作 狀態
建立複寫群組。 成功
建立成員。 成功
更新資料夾安全性。 成功
建立複寫資料夾。 成功
建立成員資格物件。 成功
更新資料夾內容。 成功
建立連線。 成功
若要調整執行資料夾配額大小，使其足以防止複寫速度變慢或停止，您必須將要複寫的檔案大小列入考量。如需詳細資訊，請參閱執行資料夾最佳化指導。
3 按此鈕
關閉(C)

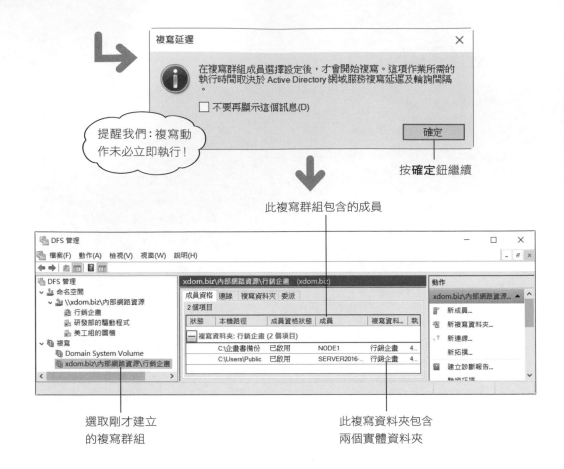

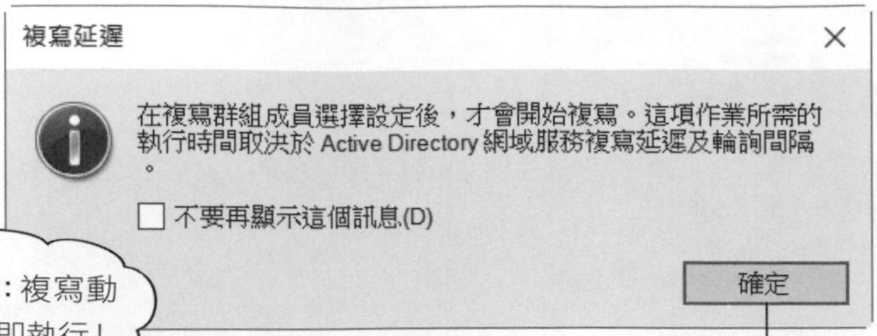

提醒我們：複寫動作未必立即執行！

按**確定**鈕繼續

此複寫群組包含的成員

選取剛才建立的複寫群組

此複寫資料夾包含兩個實體資料夾

為何要提醒『複寫動作未必立即執行呢』？因為以上的設定值會先傳送給所有的網域控制站，然後成員伺服器再向網域控制站取得這些資訊，最後才會執行 DFS 複寫。如果大家都在同一個 100Mbps 或 1Gbps 區域網路內，傳送這些資訊所花的時間很短，使用者通常感受不到有任何延遲。可是若透過低頻寬的網際網路來傳送，就能體會其中的落差。

若要強迫某一個複寫群組立即執行複寫動作，可依照下列方式：

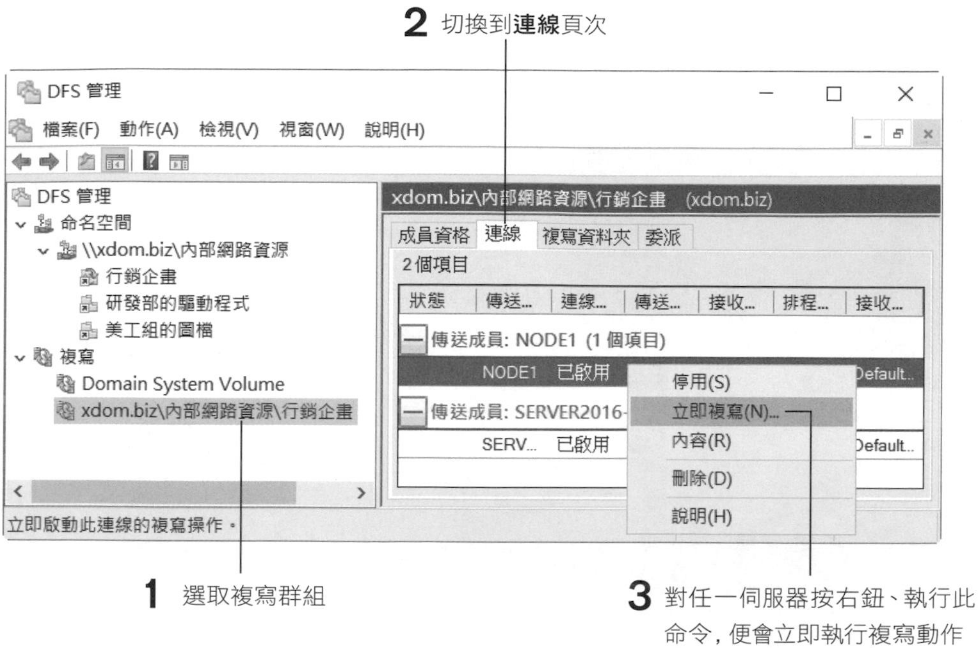
2 切換到連線頁次
1 選取複寫群組
3 對任一伺服器按右鈕、執行此命令，便會立即執行複寫動作

單獨建立複寫群組

倘若在新增資料夾目標時，並未一併建立複寫群組，那也沒關係，因為還是可以隨時單獨建立複寫群組，其步驟如下：

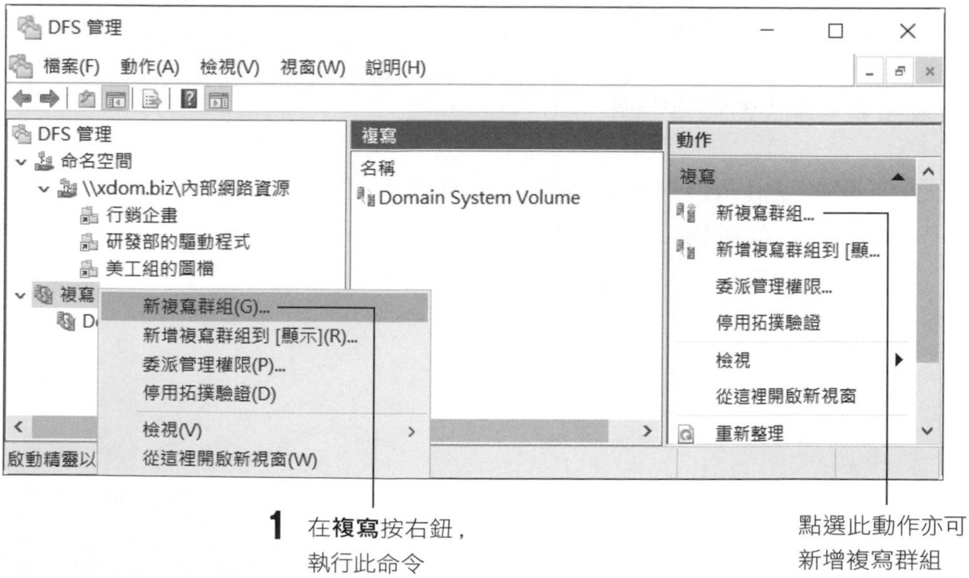
1 在複寫按右鈕，執行此命令
點選此動作亦可新增複寫群組

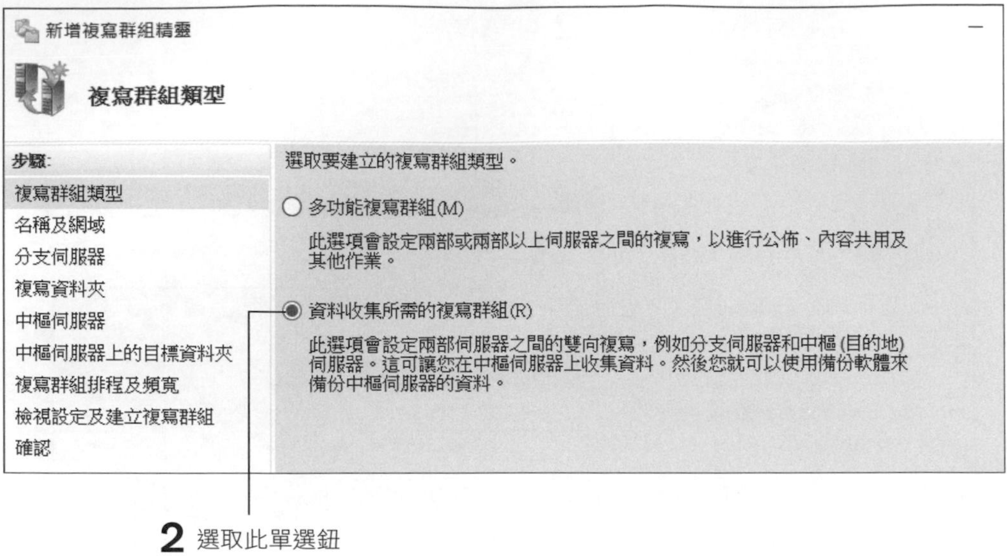

上圖中出現了兩種複寫群組：

多功能複寫群組

其實**多功能複寫群組**就是一般的複寫群組，只是為了要與後面所提到的群組區別，所以加上了『多功能』這個形容詞。換一種角度來看，可以說它是一般用途的複寫群組。

收集資料所需的複寫群組

這種複寫群組一定只有兩個成員（**多功能複寫群組**則無此限制），一個扮演『分支伺服器』；一個扮演『中樞伺服器』。初次複寫時，必定是將分支伺服器的檔案複寫到中樞伺服器。

通常總公司的 MIS 部門會將機房的伺服器設為中樞伺服器，而以分公司的伺服器擔任分支伺服器。初次複寫時先將分公司的資料複寫過來，爾後分支伺服器的內容異動，也會自動同步更新總公司伺服器的內容，等於是悄悄地做了資料備份，因此才說這種複寫群組的目的在於『收集資料』（Data Collection）。

倘若選擇**多功能複寫群組**，後續出現的畫面都和先前新增資料夾目標時，一併建立複寫群組相同。以下將以**收集資料所需的複寫群組**來示範，所假設的情境如下圖：

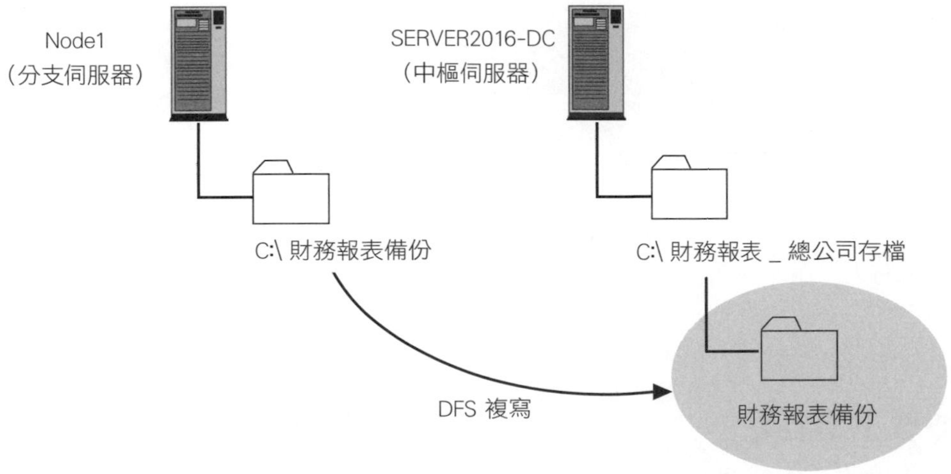

上圖代表將分支伺服器的『C:\ 財務報表備份』資料夾，複製到中樞伺服器的『C:\ 財務報表 _ 總公司存檔』資料夾，成為它的子資料夾，要注意的是這兩個資料夾都毋須是網路共用資料夾。在前一頁的第 2 步驟選擇**收集資料所需的複寫群組**後、按**下一步**鈕：

1 自訂複寫群組的名稱

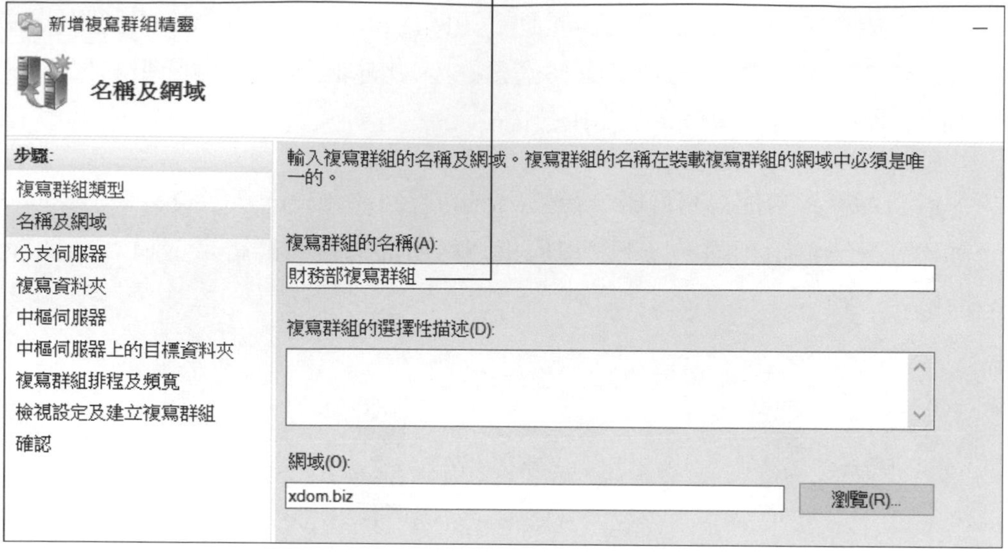
新增複寫群組精靈
名稱及網域
步驟:
複寫群組類型
名稱及網域
分支伺服器
複寫資料夾
中樞伺服器
中樞伺服器上的目標資料夾
複寫群組排程及頻寬
檢視設定及建立複寫群組
確認
輸入複寫群組的名稱及網域。複寫群組的名稱在裝載複寫群組的網域中必須是唯一的。
複寫群組的名稱(A):
財務部複寫群組
複寫群組的選擇性描述(D):
網域(O):
xdom.biz
瀏覽(R)...

按**下一步**鈕

2 輸入分支伺服器的電腦名稱

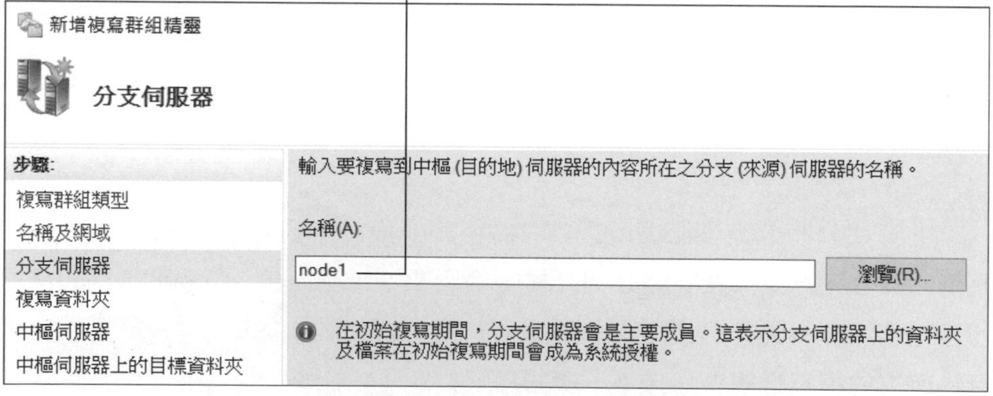
新增複寫群組精靈
分支伺服器
步驟:
複寫群組類型
名稱及網域
分支伺服器
複寫資料夾
中樞伺服器
中樞伺服器上的目標資料夾
輸入要複寫到中樞 (目的地) 伺服器的內容所在之分支 (來源) 伺服器的名稱。
名稱(A):
node1
瀏覽(R)...
在初始複寫期間，分支伺服器會是主要成員。這表示分支伺服器上的資料夾及檔案在初始複寫期間會成為系統授權。

按**下一步**鈕

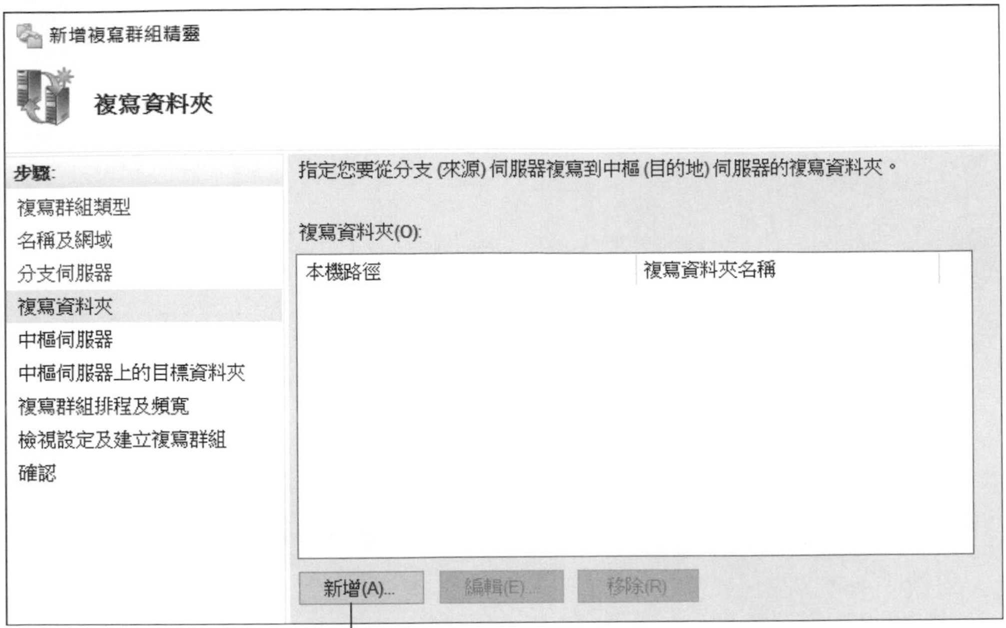

按**新增**鈕

3 輸入分支伺服器上要加入複寫群組的資料夾名稱（此資料夾毋須是共用資料夾）

預設以實體資料夾名稱當成複寫資料夾名稱，建議沿用即可

4 按此鈕

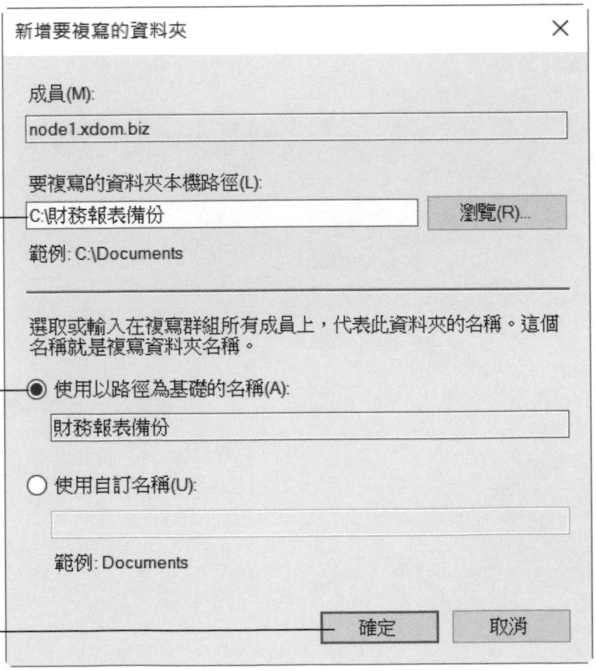

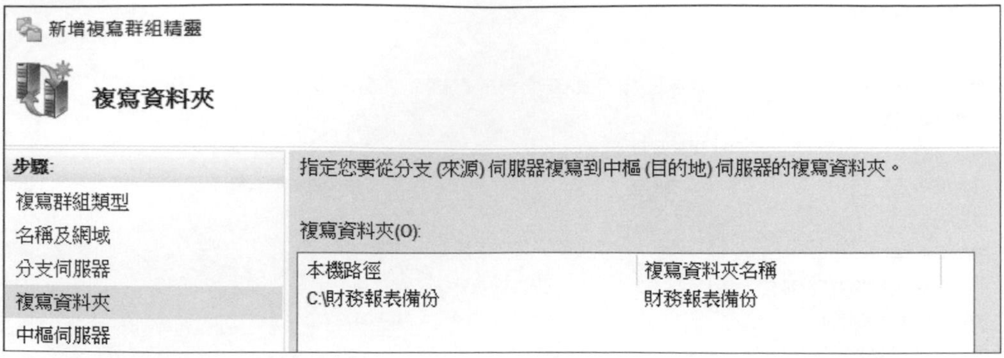
新增複寫群組精靈
複寫資料夾
步驟:
複寫群組類型
名稱及網域
分支伺服器
複寫資料夾
中樞伺服器
指定您要從分支 (來源) 伺服器複寫到中樞 (目的地) 伺服器的複寫資料夾。
複寫資料夾(O):
本機路徑
複寫資料夾名稱
C:\財務報表備份
財務報表備份

按**下一步**鈕

5 輸入中樞伺服器的電腦名稱

新增複寫群組精靈
中樞伺服器
步驟:
複寫群組類型
名稱及網域
分支伺服器
複寫資料夾
中樞伺服器
輸入目的伺服器的名稱，這部伺服器就是您收集複寫資料夾以進行備份或其他用途的位置。這部伺服器通常是資料中心或其他中央位置的中樞伺服器。
名稱(A):
SERVER2016-DC
瀏覽(R)...

按**下一步**鈕

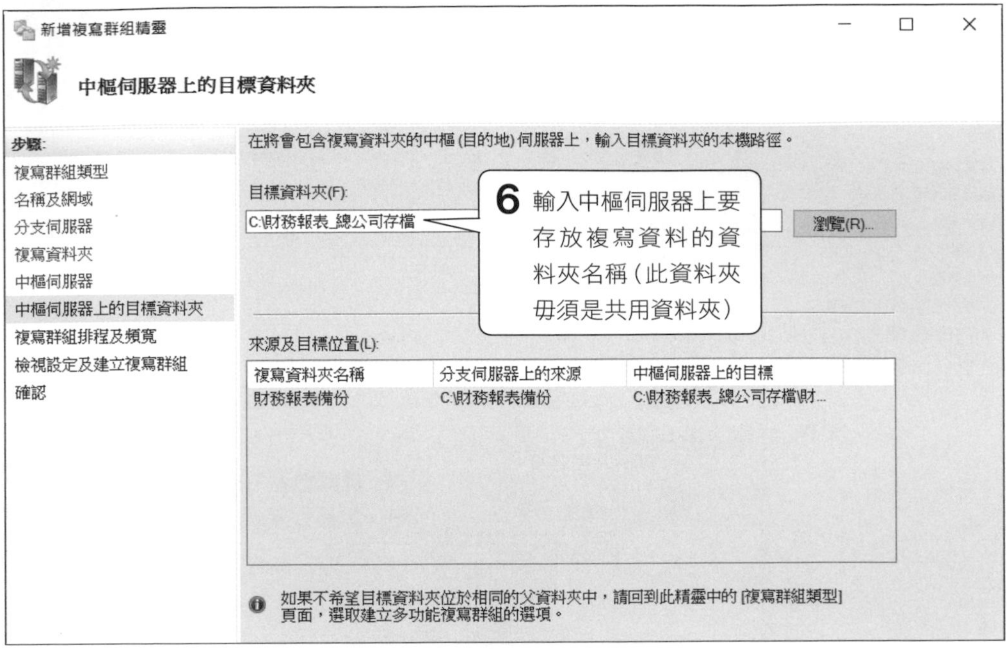
新增複寫群組精靈
中樞伺服器上的目標資料夾
步驟:
複寫群組類型
名稱及網域
分支伺服器
複寫資料夾
中樞伺服器
中樞伺服器上的目標資料夾
複寫群組排程及頻寬
檢視設定及建立複寫群組
確認
在將會包含複寫資料夾的中樞 (目的地) 伺服器上，輸入目標資料夾的本機路徑。
目標資料夾(F):
C:\財務報表_總公司存檔
瀏覽(R)...
6 輸入中樞伺服器上要存放複寫資料的資料夾名稱（此資料夾毋須是共用資料夾）
來源及目標位置(L):
複寫資料夾名稱
分支伺服器上的來源
中樞伺服器上的目標
財務報表備份
C:\財務報表備份
C:\財務報表_總公司存檔\財...
如果不希望目標資料夾位於相同的父資料夾中，請回到此精靈中的 [複寫群組類型] 頁面，選取建立多功能複寫群組的選項。

按**下一步**鈕

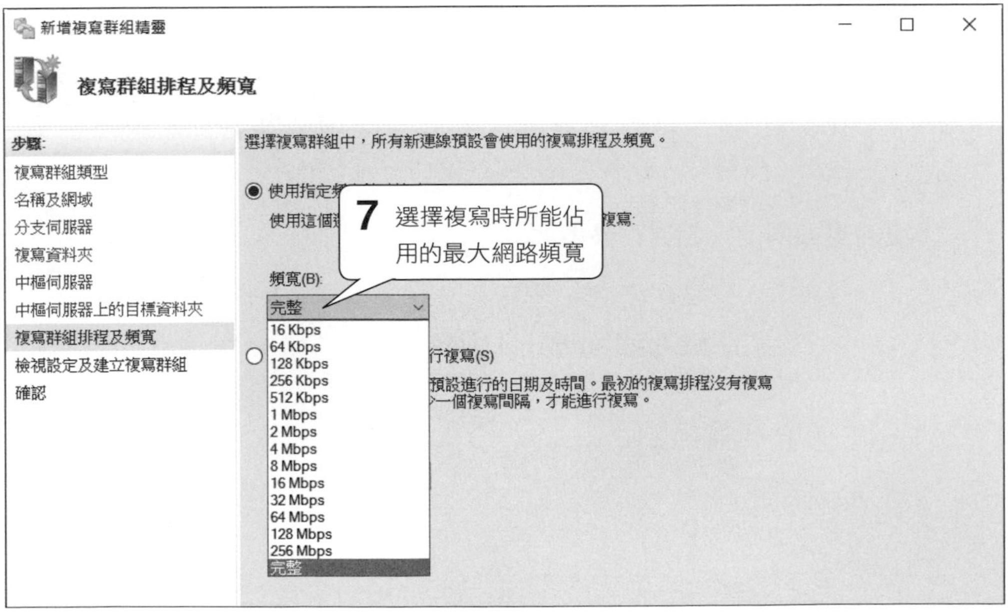
新增複寫群組精靈
複寫群組排程及頻寬
步驟:
複寫群組類型
名稱及網域
分支伺服器
複寫資料夾
中樞伺服器
中樞伺服器上的目標資料夾
複寫群組排程及頻寬
檢視設定及建立複寫群組
確認
選擇複寫群組中，所有新連線預設會使用的複寫排程及頻寬。
7 選擇複寫時所能佔用的最大網路頻寬
頻寬(B):
完整
16 Kbps
64 Kbps
128 Kbps
256 Kbps
512 Kbps
1 Mbps
2 Mbps
4 Mbps
8 Mbps
16 Mbps
32 Mbps
64 Mbps
128 Mbps
256 Mbps
完整

按**下一步**鈕

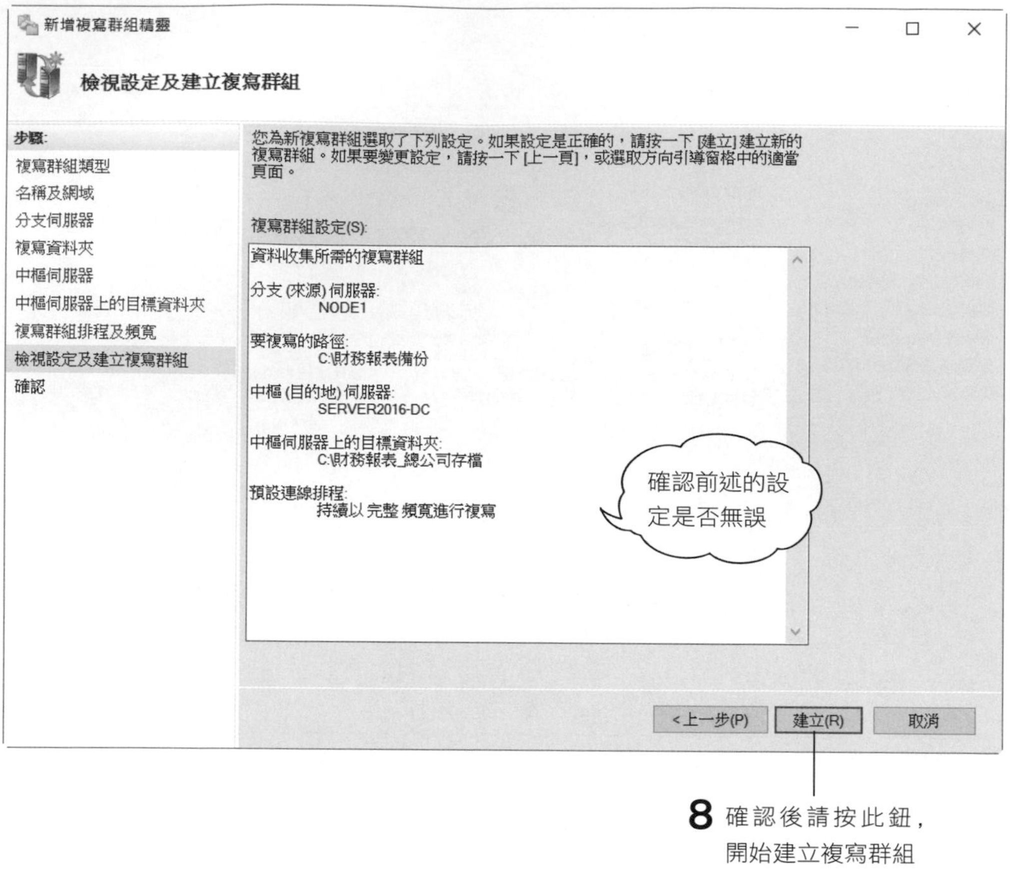
新增複寫群組精靈
檢視設定及建立複寫群組
步驟:
複寫群組類型
名稱及網域
分支伺服器
複寫資料夾
中樞伺服器
中樞伺服器上的目標資料夾
複寫群組排程及頻寬
檢視設定及建立複寫群組
確認
您為新複寫群組選取了下列設定。如果設定是正確的，請按一下 [建立] 建立新的複寫群組。如果要變更設定，請按一下 [上一頁]，或選取方向引導窗格中的適當頁面。
複寫群組設定(S):
資料收集所需的複寫群組
分支 (來源) 伺服器:
NODE1
要複寫的路徑:
C:\財務報表備份
中樞 (目的地) 伺服器:
SERVER2016-DC
中樞伺服器上的目標資料夾:
C:\財務報表_總公司存檔
預設連線排程:
持續以 完整 頻寬進行複寫
確認前述的設定是否無誤
< 上一步(P)
建立(R)
取消
8 確認後請按此鈕，開始建立複寫群組

後續的畫面同前，請自行參考。

CHAPTER

14

Windows Server 2016

遠端管理

14-1 啟用遠端連線

14-2 建立與結束遠端桌面連線

14-3 遠端桌面的選項設定

本章所謂的遠端管理 (Remote Administration)，是指系統管理員不必到伺服器前面操作，只要透過網路連線就可以操控伺服器，彷彿就坐在伺服器前使用鍵盤與滑鼠，這種技術的另一個通俗的名稱叫做「遠端遙控」(Remote Control)。

公司的機房通常有安全措施，會登記和管制人員進出，有的公司甚至將伺服器放在網路業者的 IDC(網際網路資料中心)。若只是為了新增帳戶、修改權限、設定群組原則等等尋常作業，就得進入機房、在伺服器前操作，在實務上有其困難，所以市面上諸如 pcAnywhere、Teamviewer、VNC 之類的遠端遙控軟體，受到許多系統管理員的愛用。

而**微軟**的遠端管理技術，從早期的「終端機服務」演變至今，近年來都是以「遠端桌面」(Remote Desktop)為代表，Windows Server 2016 也是將它內建在系統之中。

14-1 啟用遠端連線

在啟用遠端連線之前，我們先說明「主控端」和「被控端」這兩個名詞，以免讀者搞不清楚哪些動作應該在哪一部電腦執行：

- **主控端** (Remote Computer)：主動發起連線的一端，或者說是「控制別台電腦」的那一端。
- **被控端** (Client Computer)：被動選擇是否接受連線的一端，或者說是「被操控的電腦」。

舉例來說，若從家裡的電腦連線到公司的電腦，家裡的電腦是主控端，公司的電腦是被控端。在 Windows 系列的作業系統裡，要扮演主控端的門檻比較低，要扮演被控端的門檻比較高。從 Windows Vista 之後的版本都能夠扮演主控端，可是只有商用版 (Business)、專業版 (Professional)、企業版 (Enterprise)、旗艦版 (Ultimate) 等等高於家用版 (Home) 的系統，才能扮演被控端。如果不確定所用的系統能否擔任被控端，請在**開始**按右鈕，輸入”sysdm.cpl”、按 Enter 鍵，開啟**系統內容**：

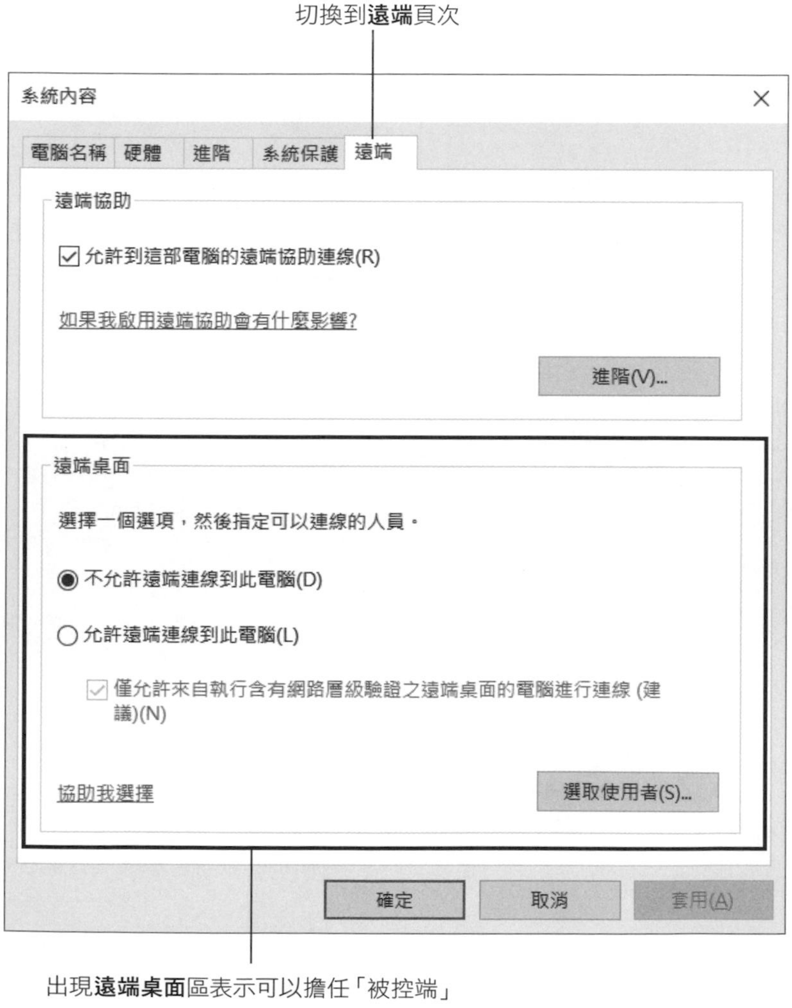

若是「家用版」（以 Windows 10 為例）就不會出現**遠端桌面**區：

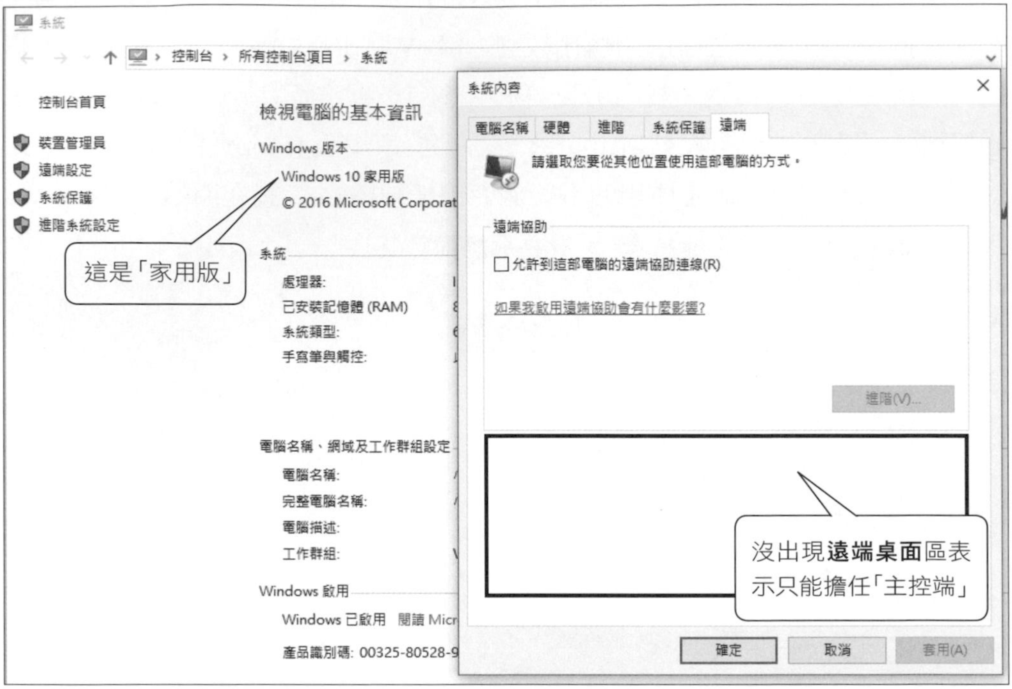

所謂的「啟用遠端桌面連線」就是擔任「被控端」，設定「誰可以與我連線」，在 Windows Server 2016 的操作步驟如下：

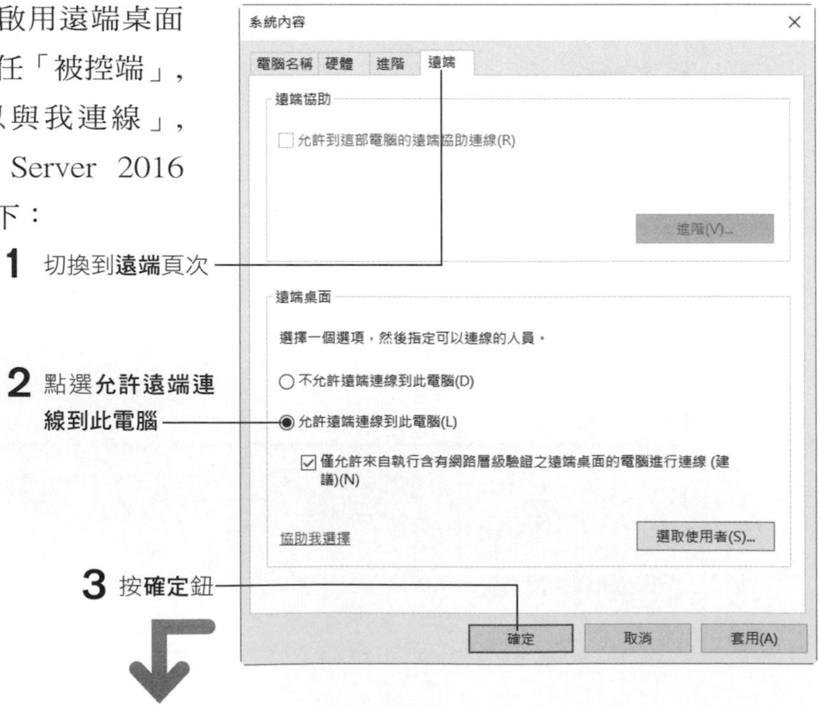

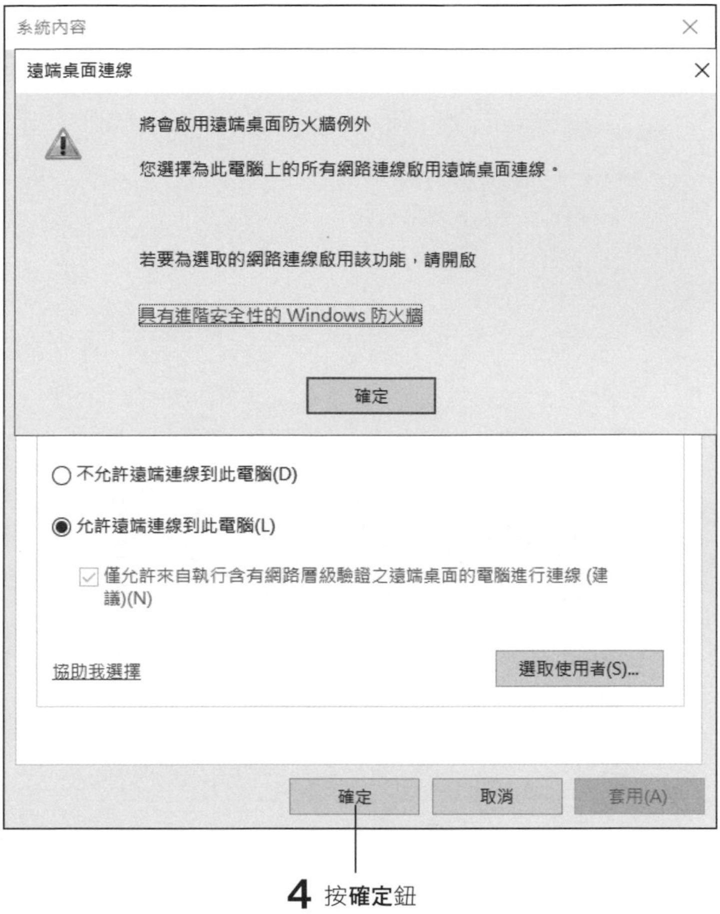

以上步驟並未指定誰可以連線過來，在 DC(網域控制站) 預設只能讓 Administrators 群組的成員建立遠端連線；在非 DC 的 Server 2016 則是讓 Administrators 和 Remote Desktop Users 群組的成員都能建立連線。此外，系統會自動調整 Windows 防火牆的設定，不阻擋遠端桌面所建立的連線，但是若使用第三方的防火牆產品，則必須自行開放 TCP 3389 通信埠。

若是要指定哪些帳戶可以登入，方式如下：

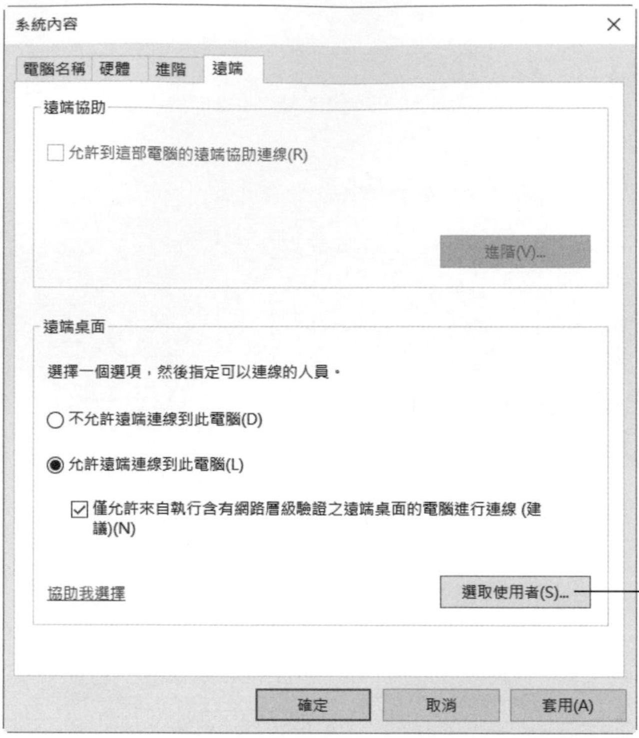

按**選取使用者**鈕

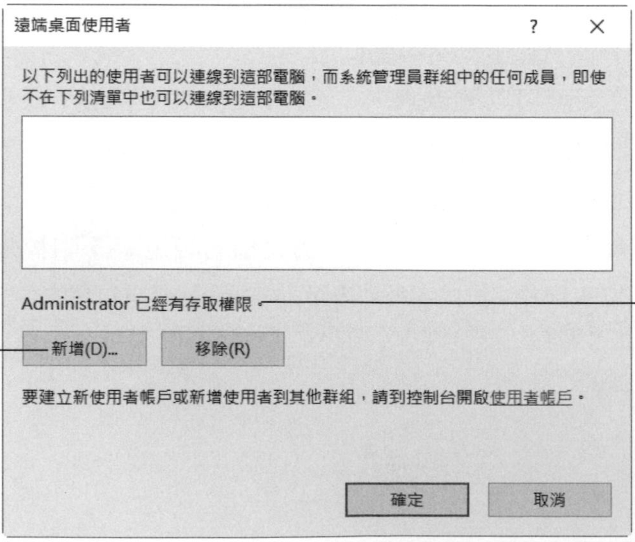

預設 **Administrators** 群組的成員已經有權限建立遠端連線

按**新增**鈕

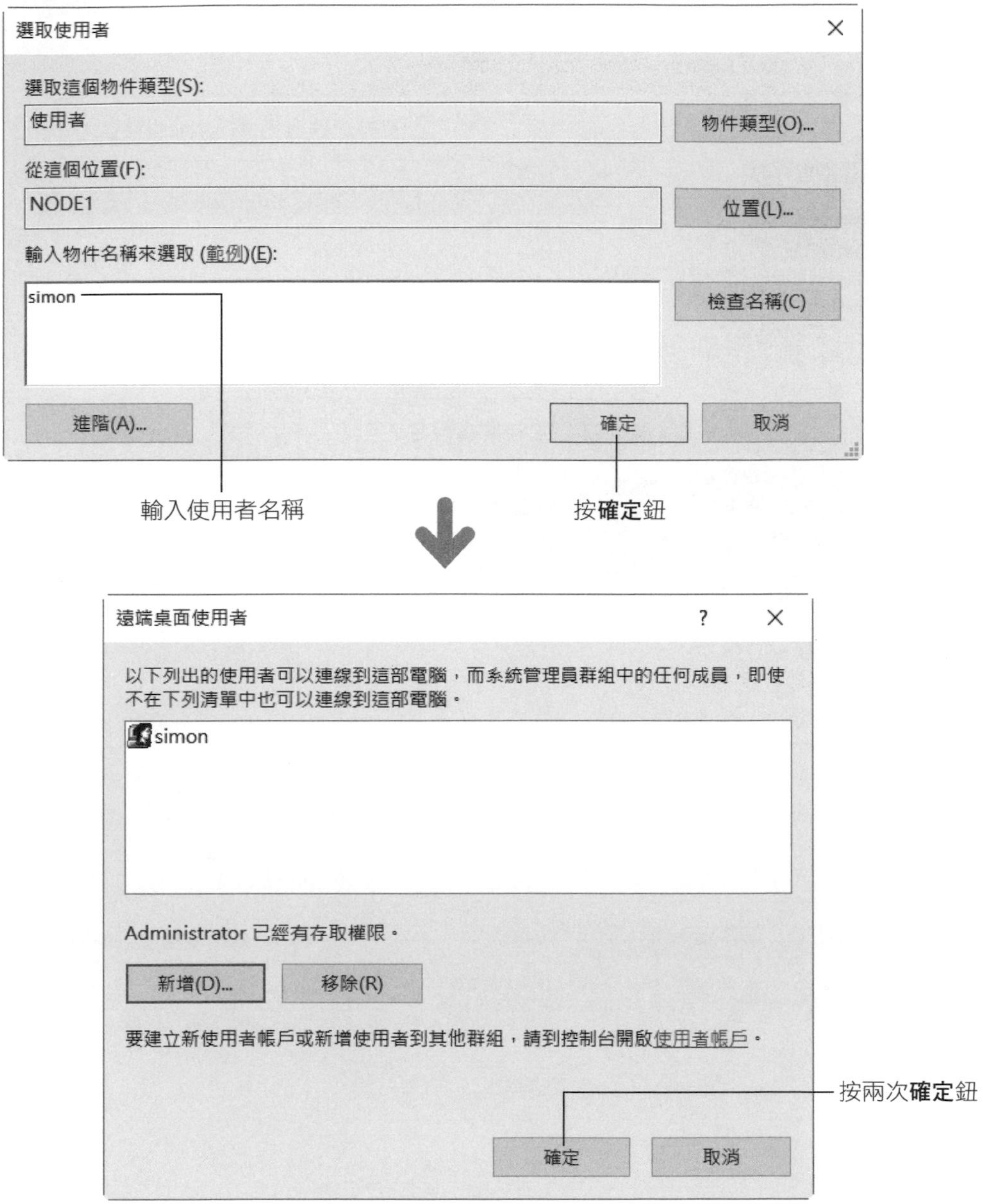

以上動作將 simon 加入 **Remote Desktop Users** 群組，若是在非 DC 的 Server 2016，該使用者就可以連線；若是在 DC，還要將連線的權限賦予 **Remote Desktop Users** 群組，請參考第 10 章，編輯 **Default Domain Controller Policy**：

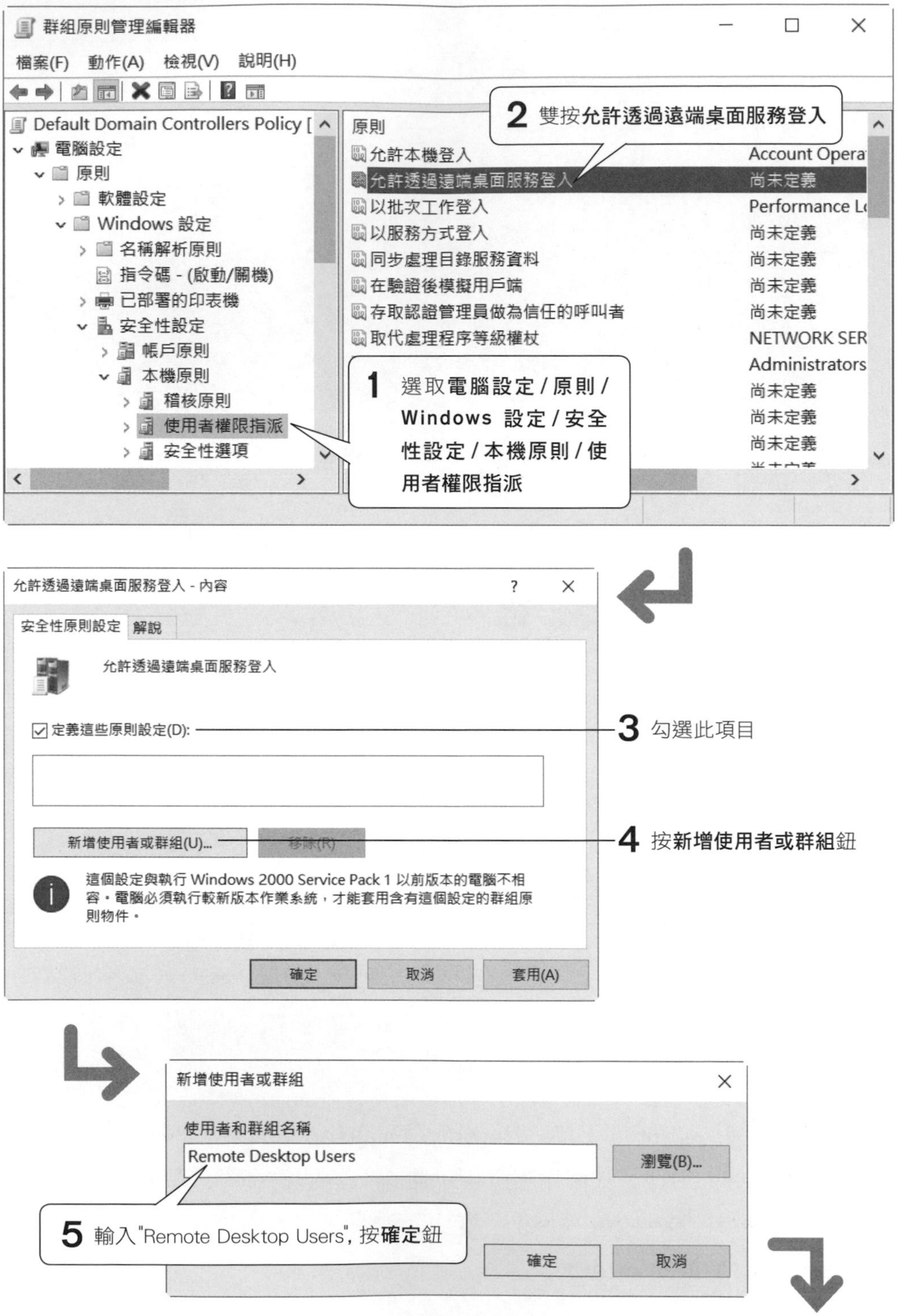
1 選取電腦設定 / 原則 / Windows 設定 / 安全性設定 / 本機原則 / 使用者權限指派
2 雙按允許透過遠端桌面服務登入
3 勾選此項目
4 按新增使用者或群組鈕
5 輸入"Remote Desktop Users", 按確定鈕

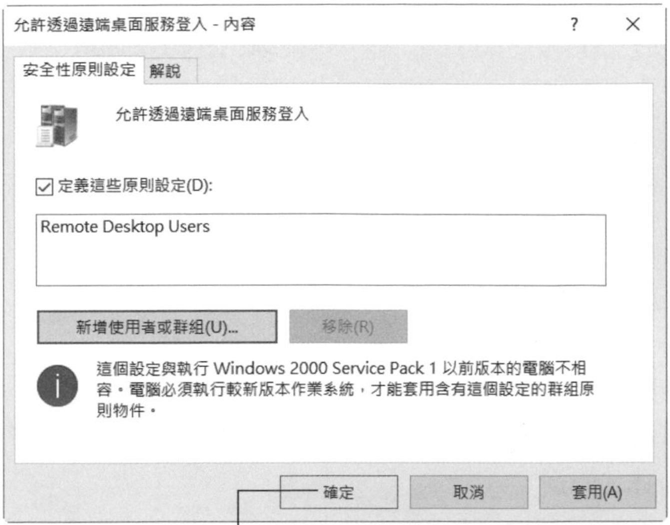

6 按**確定**鈕

已經將權限賦予 **Remote Desktop Users** 群組

最後記得按 ⊞ + R 鍵，輸入 "gpupdate.exe"、按 Enter 鍵，讓剛才修改的群組原則立即生效。

14-2 建立與結束遠端桌面連線

以下假設從 Windows 10 專業版連線到 Windows Server 2016, 換言之, Windows 10 是主控端；Windows Server 2016 是被控端。

建立遠端桌面連線

在 Windows 10 按**開始**鈕, 執行**所有應用程式 /Windows 附屬應用程式 / 遠端桌面連線** (或按 ⊞ + R 鍵, 輸入 "mstsc.exe"、按 Enter 鍵), 開啟**遠端桌面連線**視窗：

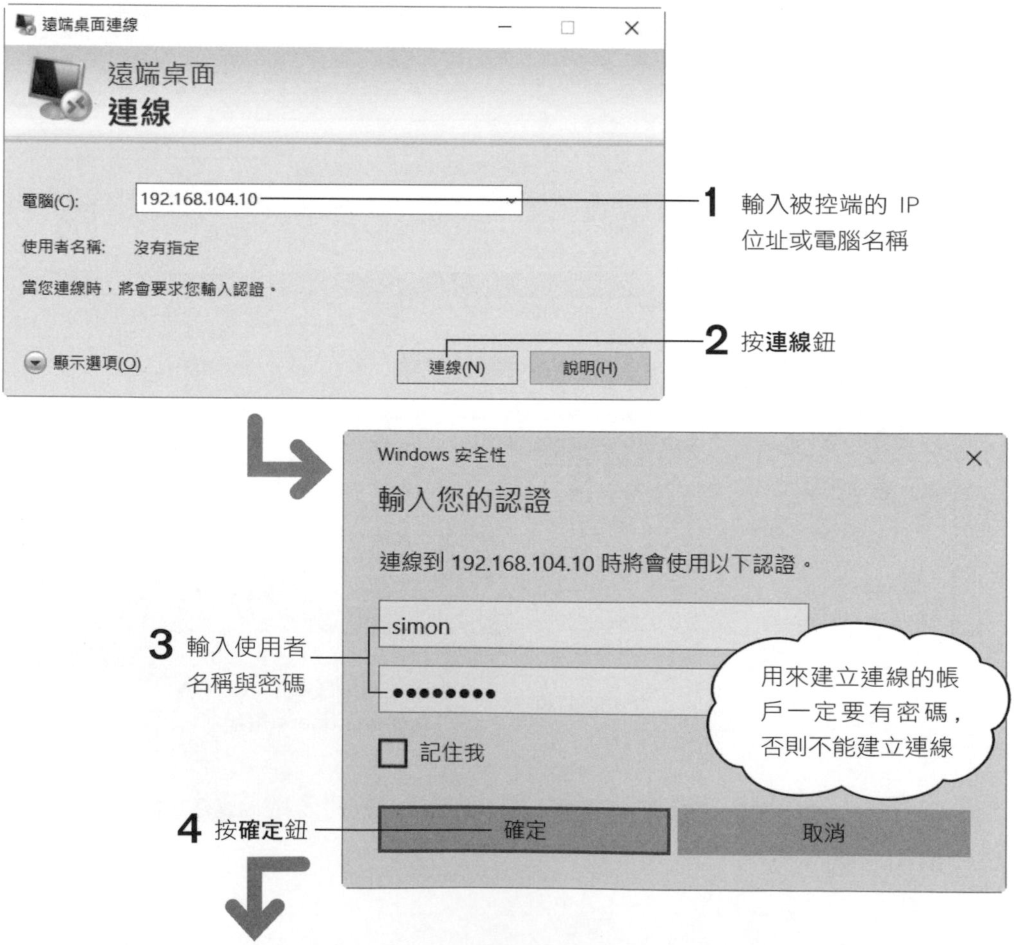

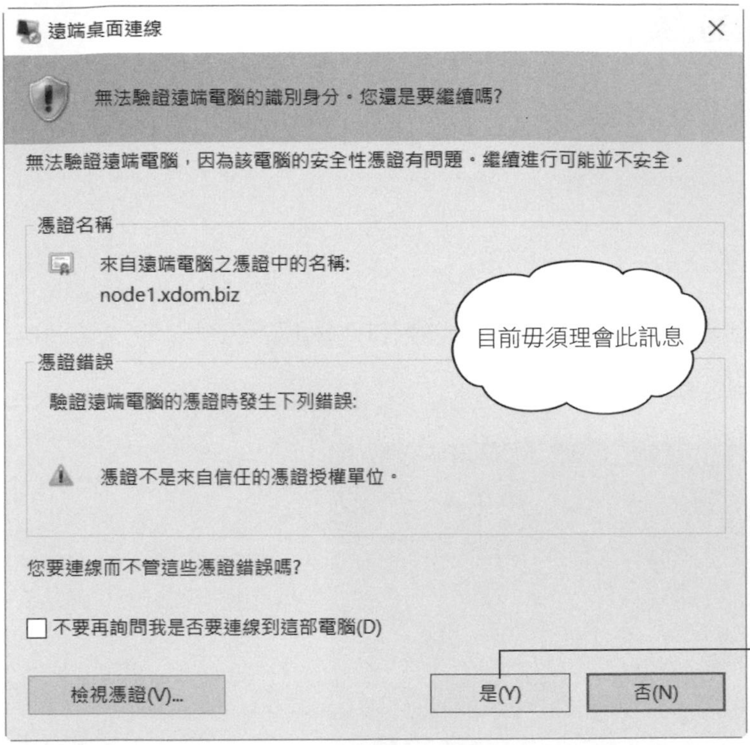
遠端桌面連線
無法驗證遠端電腦的識別身分。您還是要繼續嗎?
無法驗證遠端電腦，因為該電腦的安全性憑證有問題。繼續進行可能並不安全。
憑證名稱
來自遠端電腦之憑證中的名稱:
node1.xdom.biz
目前毋須理會此訊息
憑證錯誤
驗證遠端電腦的憑證時發生下列錯誤:
憑證不是來自信任的憑證授權單位。
您要連線而不管這些憑證錯誤嗎?
不要再詢問我是否要連線到這部電腦(D)
檢視憑證(V)...
是(Y)
否(N)

按**是**鈕

連線列，預設在全螢幕模式才會出現

「中斷連線」鈕

此鈕可切換全螢幕模式與視窗模式

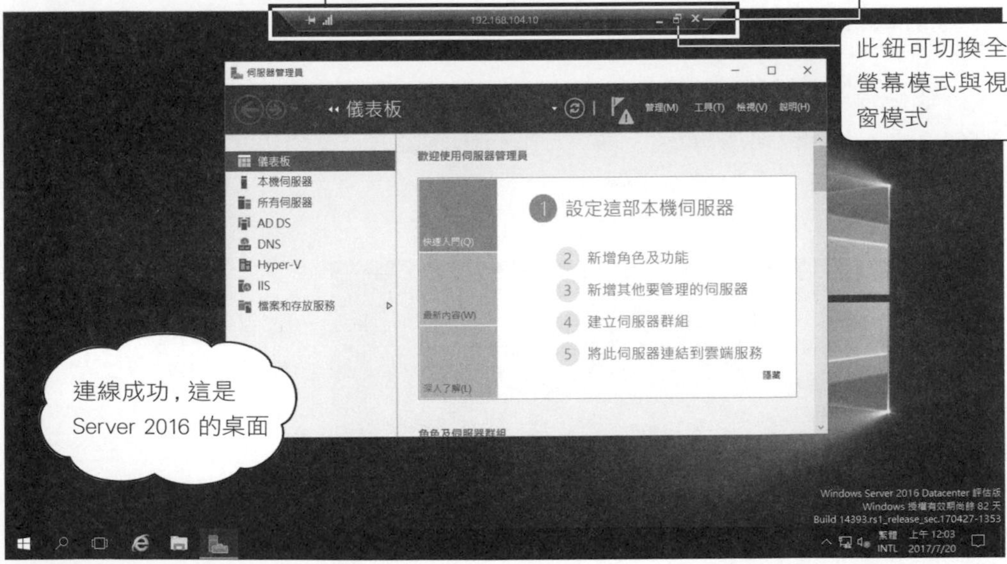
192.168.104.10
伺服器管理員
儀表板
管理(M) 工具(T) 檢視(V) 說明(H)
儀表板
本機伺服器
所有伺服器
AD DS
DNS
Hyper-V
IIS
檔案和存放服務
歡迎使用伺服器管理員
快速入門(Q)
最新內容(W)
深入了解(L)
1 設定這部本機伺服器
2 新增角色及功能
3 新增其他要管理的伺服器
4 建立伺服器群組
5 將此伺服器連結到雲端服務
隱藏
連線成功，這是 Server 2016 的桌面
Windows Server 2016 Datacenter 評估版
Build 14393.rs1_release_sec.170427-1353
上午 12:03
2017/7/20

結束遠端桌面連線

結束遠端桌面連線時，可區分成「關閉執行中的程式」和「不關閉執行中的程式」兩種方式

關閉執行中的程式

在被控端的**開始**按右鈕、執行『**關機或登出 / 登出**』命令，便會關閉所有執行中的程式，並中斷連線：

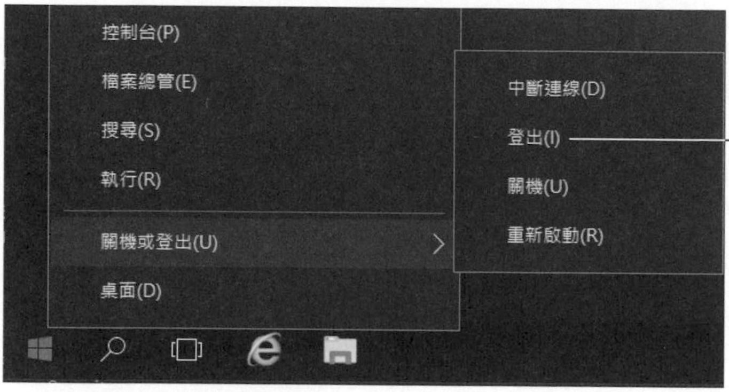

執行『**登出**』命令會關閉所有執行中的程式，並中斷連線

不關閉執行中的程式

在被控端的**開始**按右鈕、執行『**關機或登出 / 中斷連線**』命令（或是按「連線列」最右邊的「中斷連線」鈕），則會中斷連線，但不關閉執行中的程式。

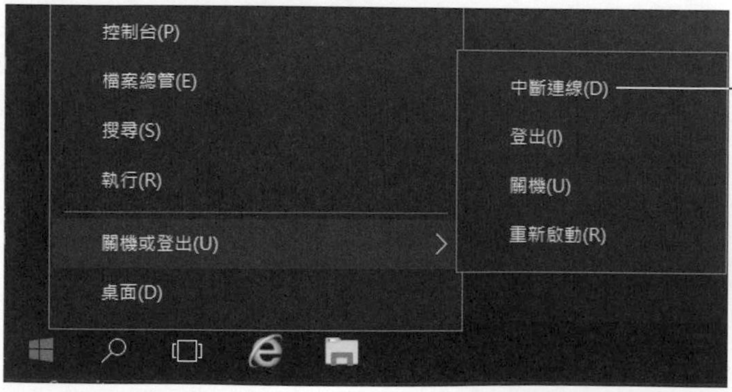

執行『**中斷連線**』命令不會關閉執行中的程式

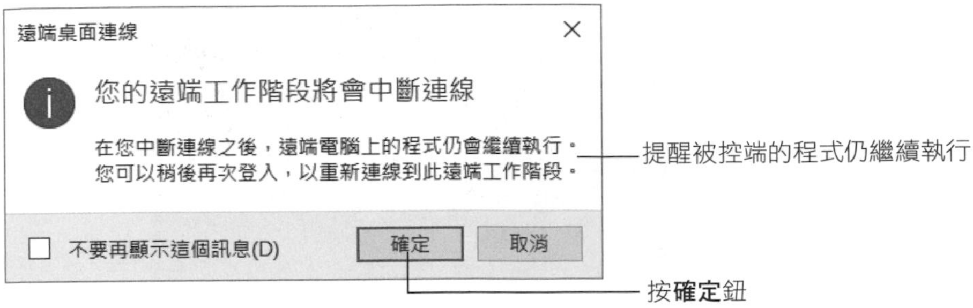

當我們要在被控端執行耗費時間的工作時，其實毋須一直佔用連線，可以在開始執行後就中斷連線，但不關閉執行中的程式，過一段時間後再度連線、察看進度。

連線數量已滿

Windows Server 2016 預設只允許建立兩條連線，而且這包含了在本機登入的使用者，因為遠端桌面連線就等於坐在電腦前操作。假設 administrator 已經登入 Server 2016, miin 也透過遠桌面連線登入，若此時又有 Simon 還要透過遠端連線登入，Simon 就會看到以下畫面：

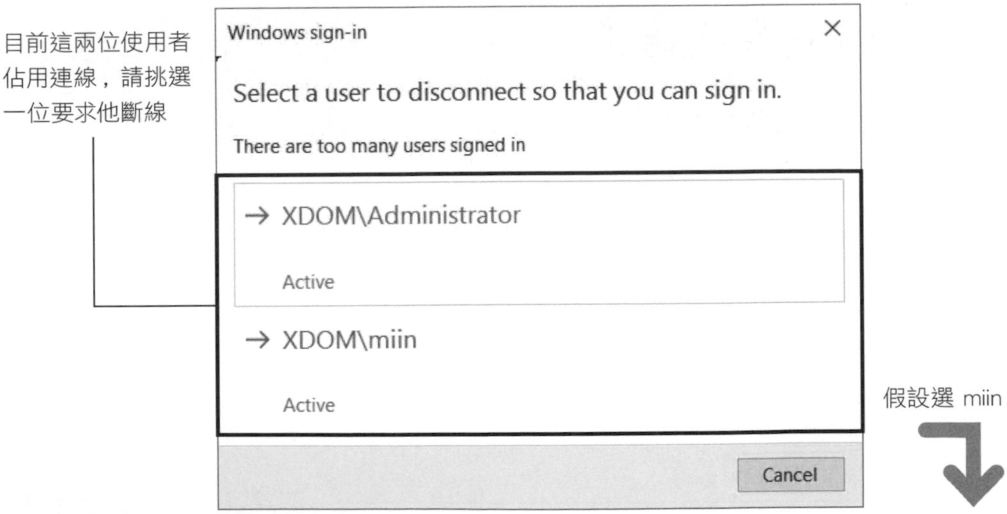

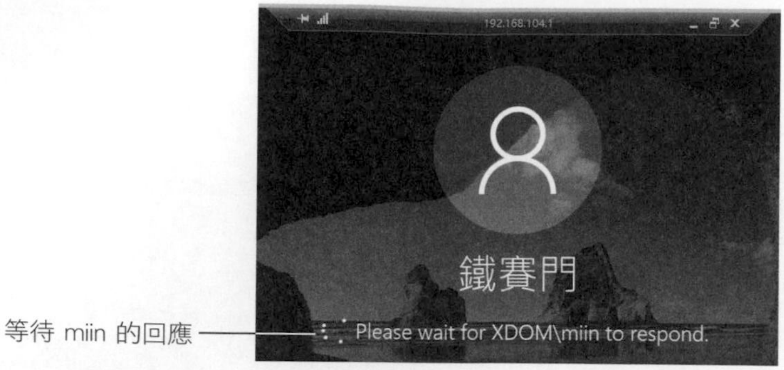

而在 miin 的螢幕會出現以下的畫面：

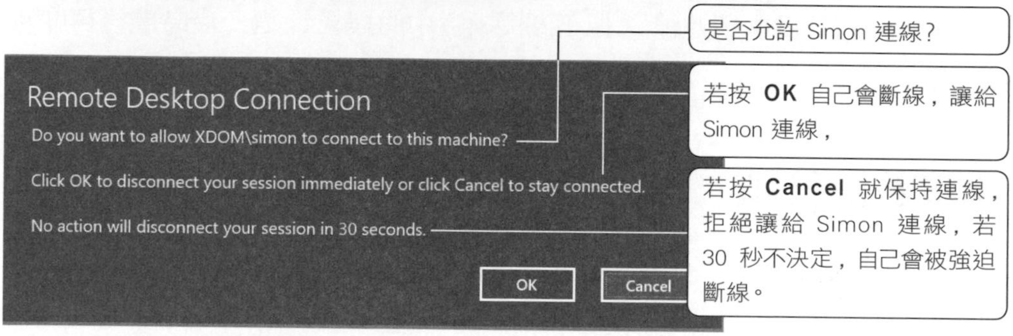

所以最終決定權還是在已經連線的使用者，如果他不讓出連線，後來的使用者就無法再建立遠端連線。

有同名使用者已連線

倘若 miin 已經建立遠端桌面連線，卻又有人用 miin 帳戶再建立遠端桌面連線，此時已經連線的 miin 會被擠掉，並看到以下的畫面：

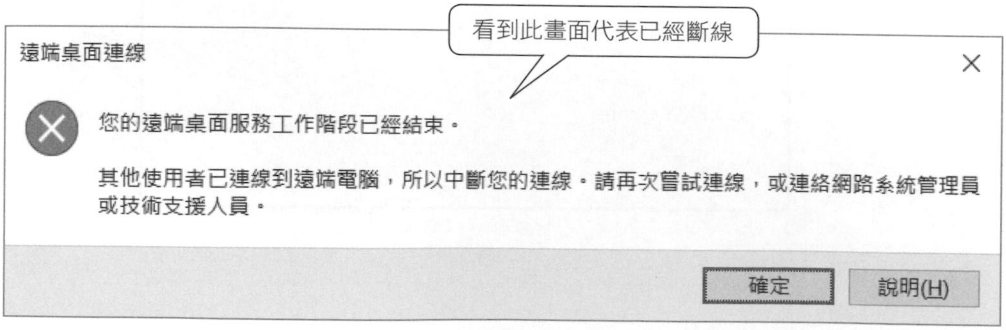

14-3 遠端桌面的選項設定

本節將說明建立遠端桌面連線時可以預先設定的參數， 讓建立連線與遙控時更安全、更方便。請開啟**遠端桌面連線**視窗：

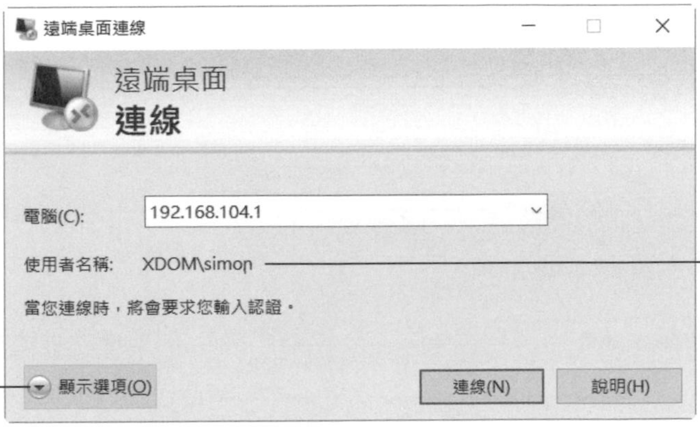

會記得前一次的使用者名稱

點選**顯示選項**

所有的選項區分為五個頁次

一般

登入設定值

用來編輯被控端的電腦名稱 (IP 位址) 和使用者名稱：

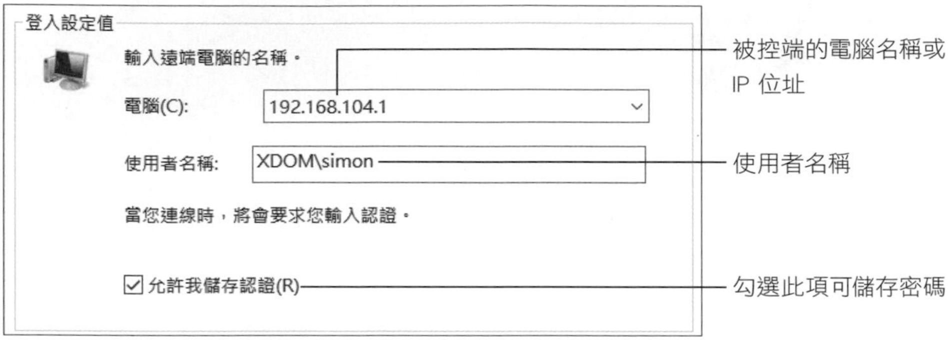

連線設定值

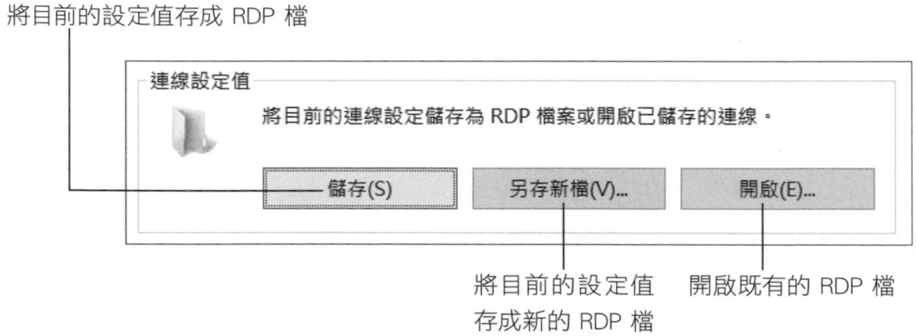

一旦存成了 RDP 檔，爾後要建立相同的遠端面連線時，直接執行該檔，就會採用儲存時的設定值來建立連線，毋須每次都還要設定。

顯示

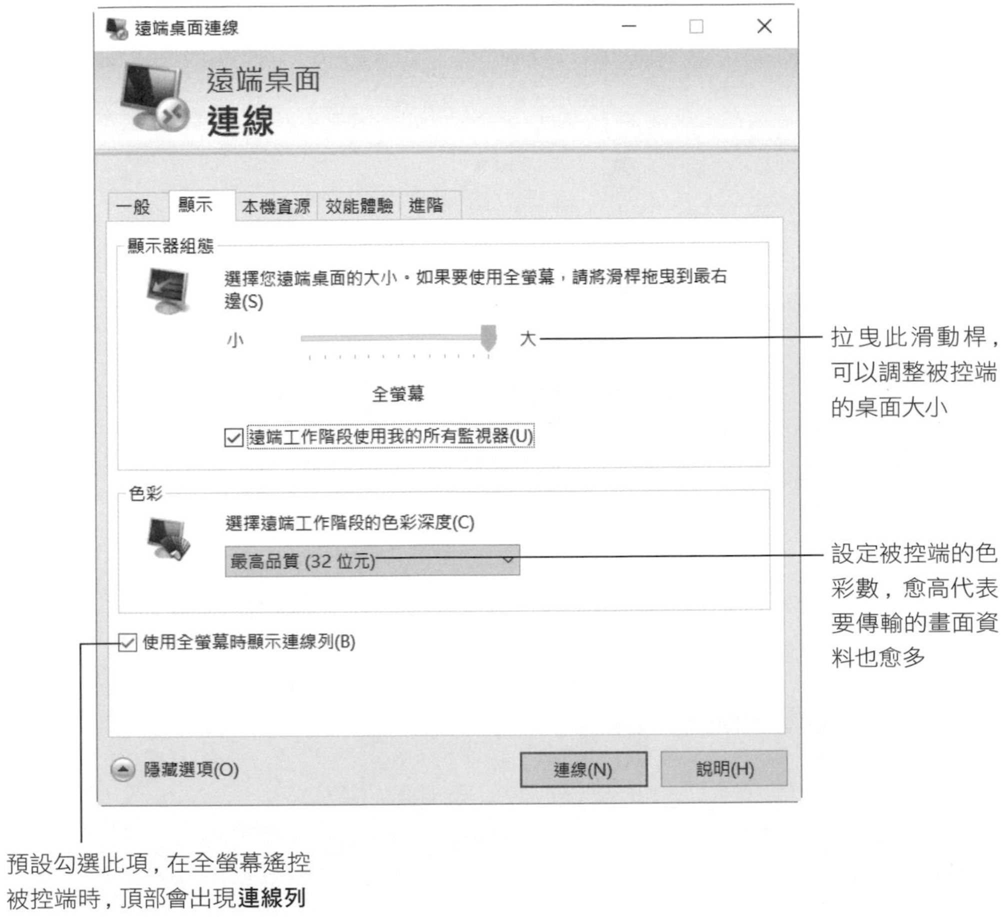

在頻寬足夠時，通常毋須改變本頁次的選項。除非頻寬不足，畫面嚴重延遲才有必要降低畫面大小和色彩數。

本機資源

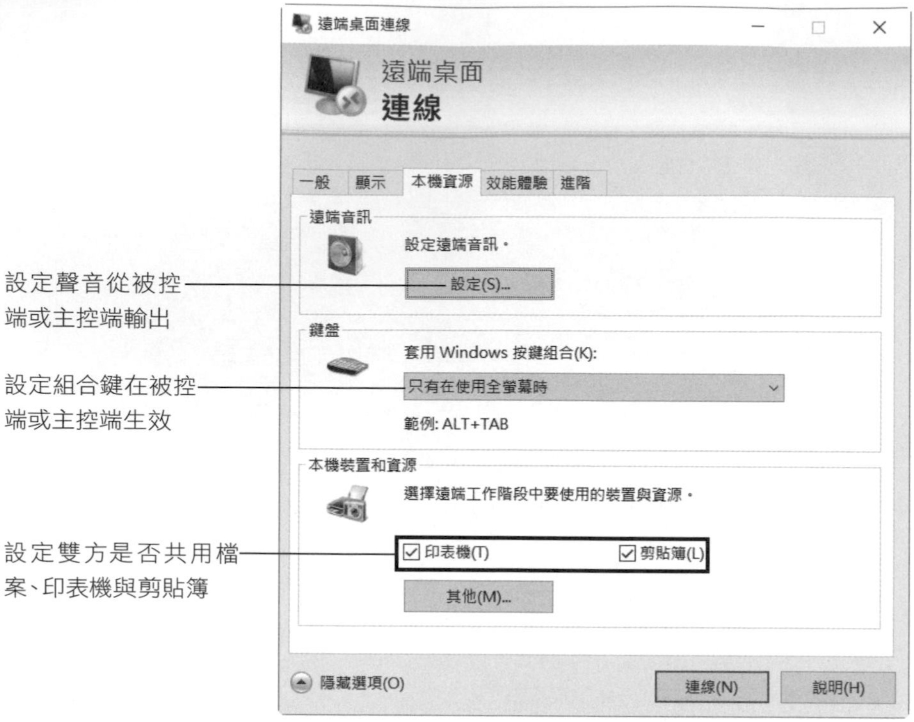
遠端桌面連線
遠端桌面
連線
一般
顯示
本機資源
效能體驗
進階
遠端音訊
設定遠端音訊。
設定(S)...
設定聲音從被控端或主控端輸出
鍵盤
套用 Windows 按鍵組合(K):
只有在使用全螢幕時
範例: ALT+TAB
設定組合鍵在被控端或主控端生效
本機裝置和資源
選擇遠端工作階段中要使用的裝置與資源。
印表機(T)
剪貼簿(L)
其他(M)...
設定雙方是否共用檔案、印表機與剪貼簿
隱藏選項(O)
連線(N)
說明(H)

假設按**遠端音訊**區的**設定**鈕：

遠端桌面連線
遠端桌面
連線
遠端音效播放
在這部電腦上播放(P)
預設值，被控端發出的聲音傳送到主控端播放
不要播放(D)
被控端發出的聲音不播放
在遠端電腦上播放(O)
被控端發出的聲音留在被控端播放
遠端音效錄製
從這部電腦錄製(R)
使用被控端的麥克風錄音
不錄製(N)
不使用被控端的麥克風錄音
確定
取消

假設在**鍵盤**區展開下拉式功能表：

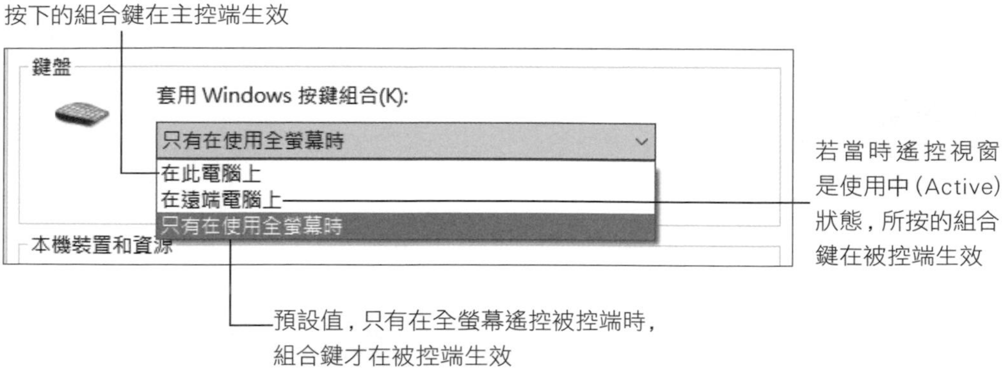
按下的組合鍵在主控端生效
鍵盤
套用 Windows 按鍵組合(K):
只有在使用全螢幕時
在此電腦上
在遠端電腦上
只有在使用全螢幕時
本機裝置和資源
若當時遙控視窗是使用中 (Active) 狀態，所按的組合鍵在被控端生效
預設值，只有在全螢幕遙控被控端時，組合鍵才在被控端生效

假設按**本機裝置和資源**區的**其他**鈕：

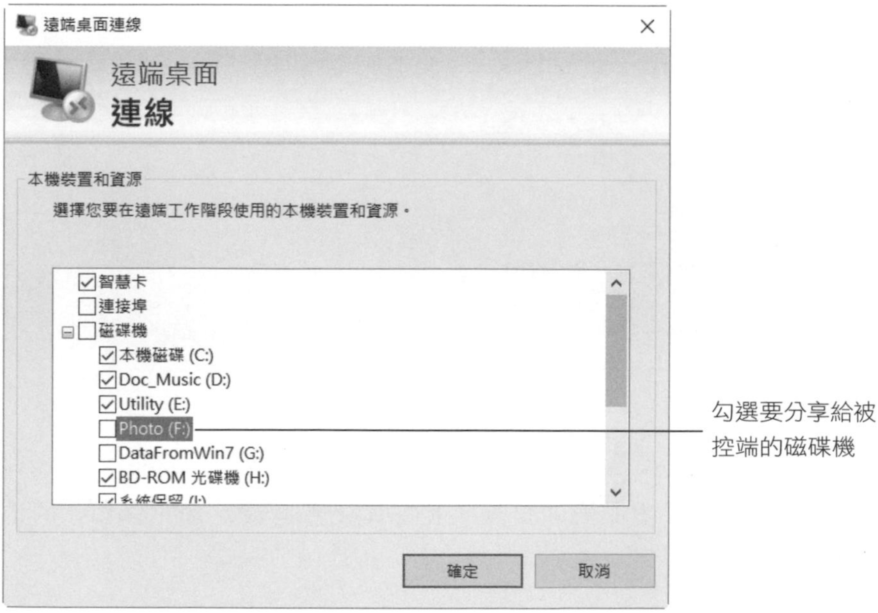
遠端桌面連線
遠端桌面
連線
本機裝置和資源
選擇您要在遠端工作階段使用的本機裝置和資源。
智慧卡
連接埠
磁碟機
本機磁碟 (C:)
Doc_Music (D:)
Utility (E:)
Photo (F:)
DataFromWin7 (G:)
BD-ROM 光碟機 (H:)
確定
取消
勾選要分享給被控端的磁碟機

若要在被控端與主控端之間傳送檔案，就要在上圖勾選磁碟機代號，連線之後在被控端畫面就會出現這些被勾選的主控端磁碟機，將檔案拉曳到這些磁碟機就等於傳送到主控端。

效能體驗

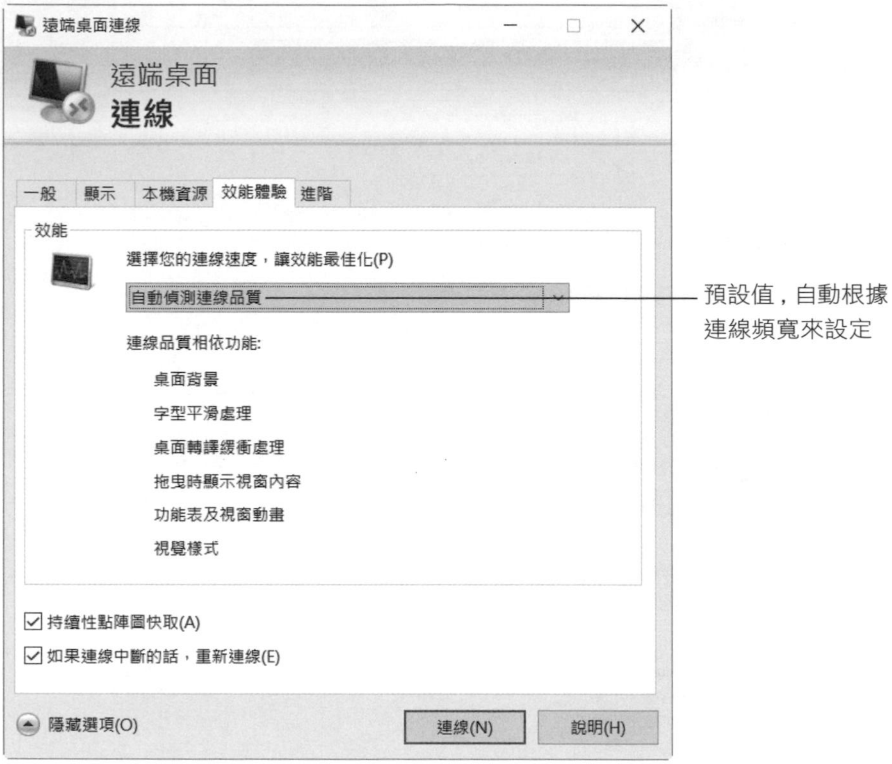

效能體驗主要是根據網路頻寬來決定要啟用哪些功能，讓操作者有最佳的體驗效果，不會覺得畫面經常卡住或反應遲緩，通常保留預設值讓系統自動偵測即可。

進階

設定驗證失敗的處置方式和是否使用閘道伺服器

遠端桌面連線
遠端桌面
連線
一般
顯示
本機資源
效能體驗
進階
伺服器驗證
伺服器驗證會檢查您是否連線到指定的遠端電腦。連線所需的驗證強度會根據您的系統安全性原則而定。
如果伺服器驗證失敗(A):
警告我
從任何位置連線
設定當我在遠端工作時透過遠端桌面閘道連線的設定。
設定(S)...
隱藏選項(O)
連線(N)
說明(H)

伺服器驗證

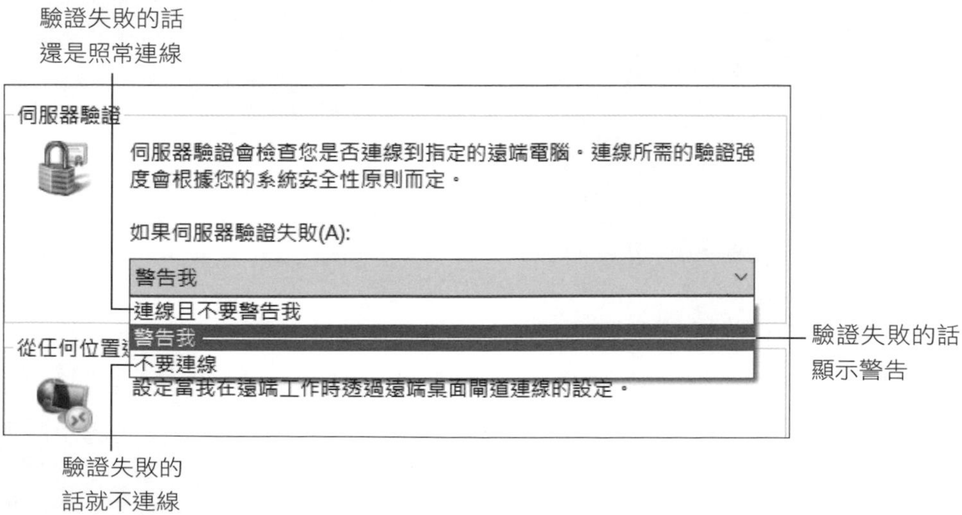
驗證失敗的話
還是照常連線
伺服器驗證
伺服器驗證會檢查您是否連線到指定的遠端電腦。連線所需的驗證強度會根據您的系統安全性原則而定。
如果伺服器驗證失敗(A):
警告我
連線且不要警告我
警告我
不要連線
從任何位置連
設定當我在遠端工作時透過遠端桌面閘道連線的設定。
驗證失敗的話
顯示警告
驗證失敗的
話就不連線

伺服器驗證可以判斷是否連線到正確的對象及是否加密連線，以避免帳戶資料外洩。但是系統管理員必須設定憑證發放機制，若只為了遠端桌面連線而做，似乎是殺雞用到牛刀，所以預設只是顯示警告，讓使用者決定是否要繼續連線。

從任何位置連線

請在**從任何位置連線**區按**設定**鈕：

當被控端位於防火牆後方時，可能無法建立遠端桌面連線。若不想用 VPN 功能，則可以架設 RD 閘道伺服器來解決，上圖便是設定是否使用 RD 閘道伺服器。關於 RD 閘道伺服器的架設方式，請自行參考線上說明與相關文件。

CHAPTER

15

Windows Server 2016

備份、還原與陰影複製

15-1 立即備份

15-2 排程備份

15-3 還原資料

15-4 陰影複製與以前的版本

雖然電腦科技進步神速，但是硬體和軟體仍然無法達到百分之百的穩定，何況還有天災人禍的潛在威脅，例如：火災、水災、恐怖攻擊等等。因此系統管理員平時必須定期備份重要的資料，才能在災後或必要時迅速復原，減低企業的損失。

本章將以 Windows Server 2016 內建的備份還原程式－－ Windows Server Backup －－為主角，介紹它的特色與操作。此外，對於平常誤刪或覆蓋的檔案，**陰影複製**與**以前的版本**就能有不錯的效果，也是值得一學的工具。

安裝 Windows Server Backup

Windows Server Backup 雖然是內建的功能，可是預設並未安裝此元件，必須透過**新增功能**來安裝。請在**伺服器管理員**視窗執行『**管理 / 新增角色及功能**』命令，連按四次**下一步**鈕，然後如下操作：

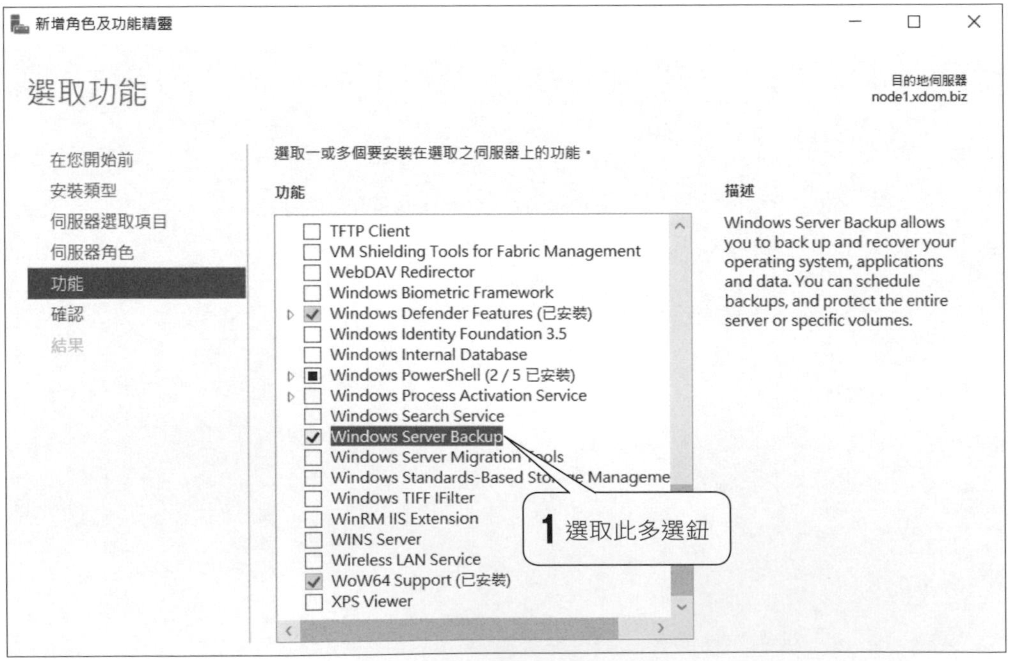

按**下一步**鈕

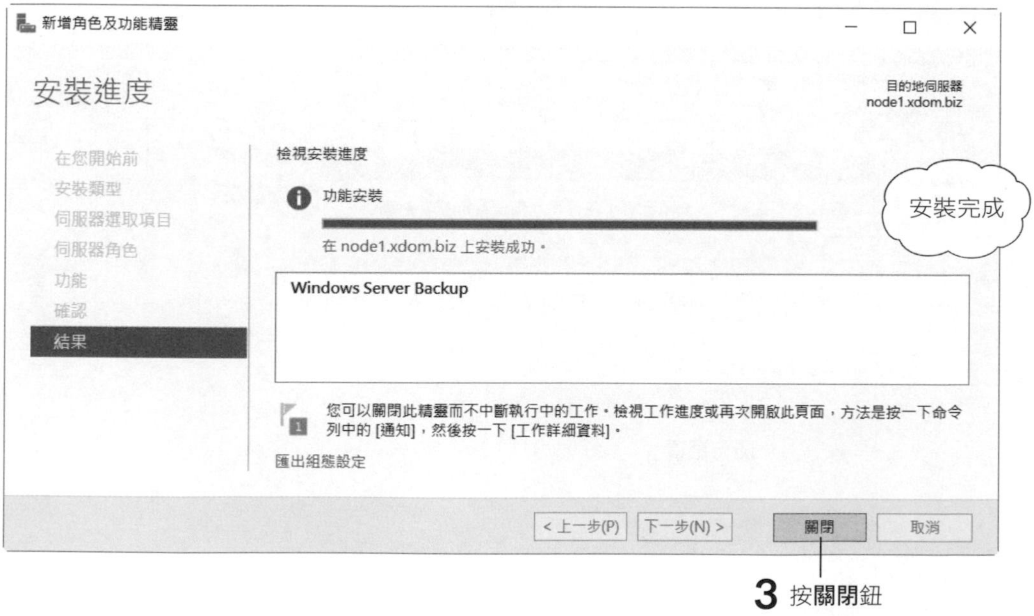

完成安裝後，請在**伺服器管理員**的**工具**下拉式功能表執行 **Windows Server Backup** 命令。不過，必須是 **Administrators** 群組或 **Backup Operators** 群組的成員，才有權限執行 Windows Server Backup 程式。

15-1 立即備份

『立即備份』在 Windows Server 2016 被稱為『一次性備份』(one-time backup),代表在完成設定之後就開始執行備份,而非另外排定執行時刻。通常在安裝完作業系統之後,會對整部伺服器立刻執行『一次性備份』,確保先擁有一份完整的系統備份資料。

備份『完整伺服器』

以下示範如何將伺服器的資料立即備份到內接式磁碟機,請在**伺服器管理員**執行『**工具 /Windows Server Backup**』命令:

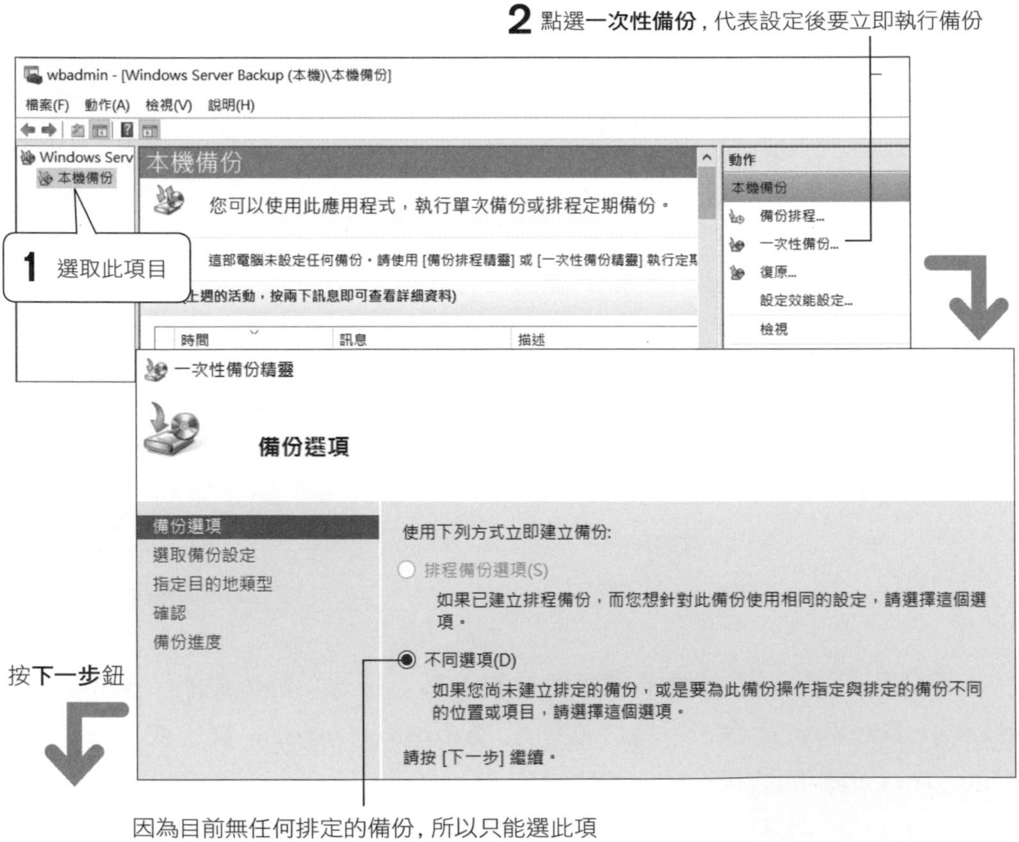

3 選取**完整伺服器**，以所有的磁碟區作為備份對象

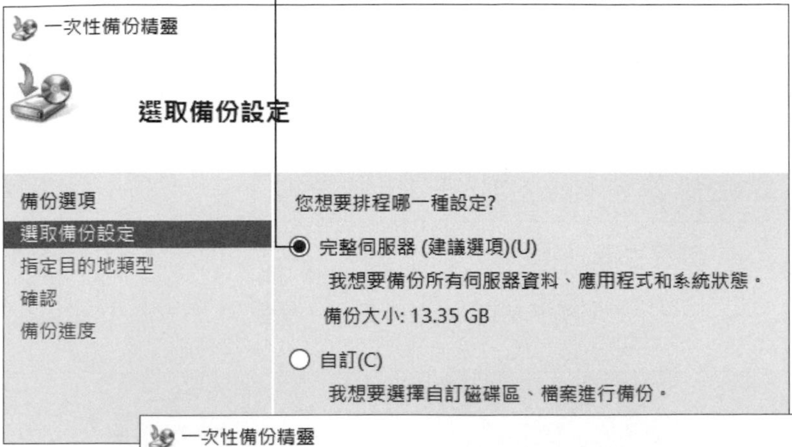

按**下一步**鈕

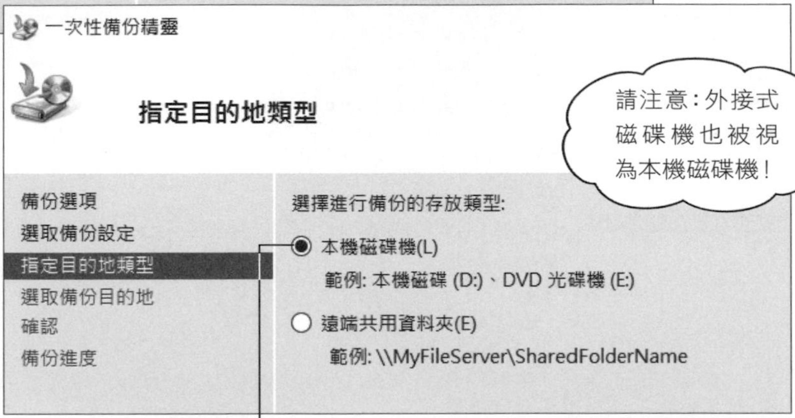

請注意：外接式磁碟機也被視為本機磁碟機！

4 以本機磁碟機作為備份目的地

按**下一步**鈕

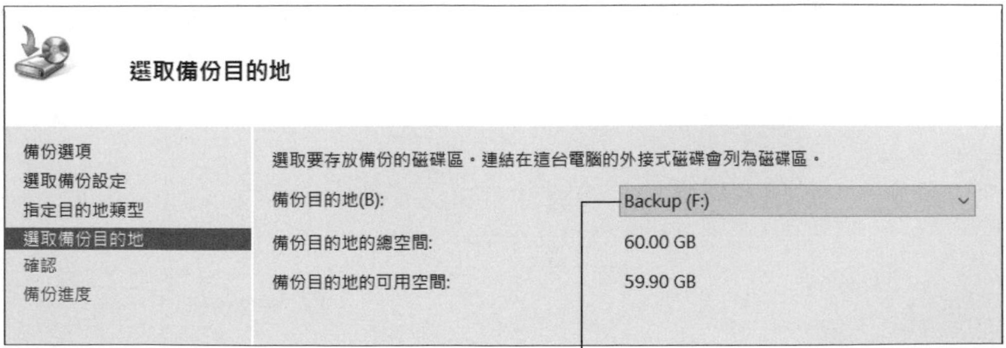

5 選擇要以哪部本機磁碟機作為備份目的地

按**下一步**鈕

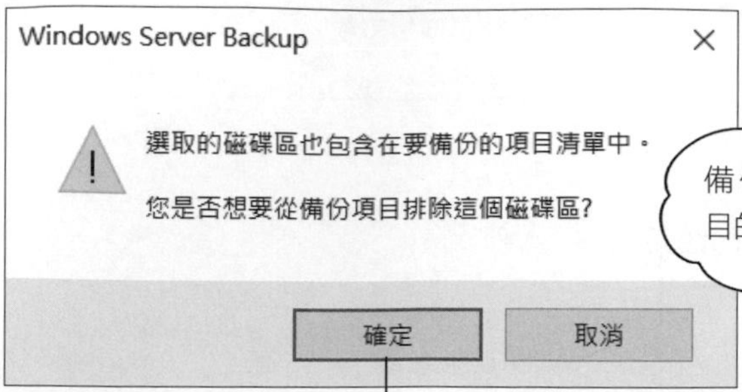
Windows Server Backup
選取的磁碟區也包含在要備份的項目清單中。
您是否想要從備份項目排除這個磁碟區?
確定
取消

備份對象與備份目的地不得相同!

6 請按此鈕，讓系統自動排除目的地磁碟區

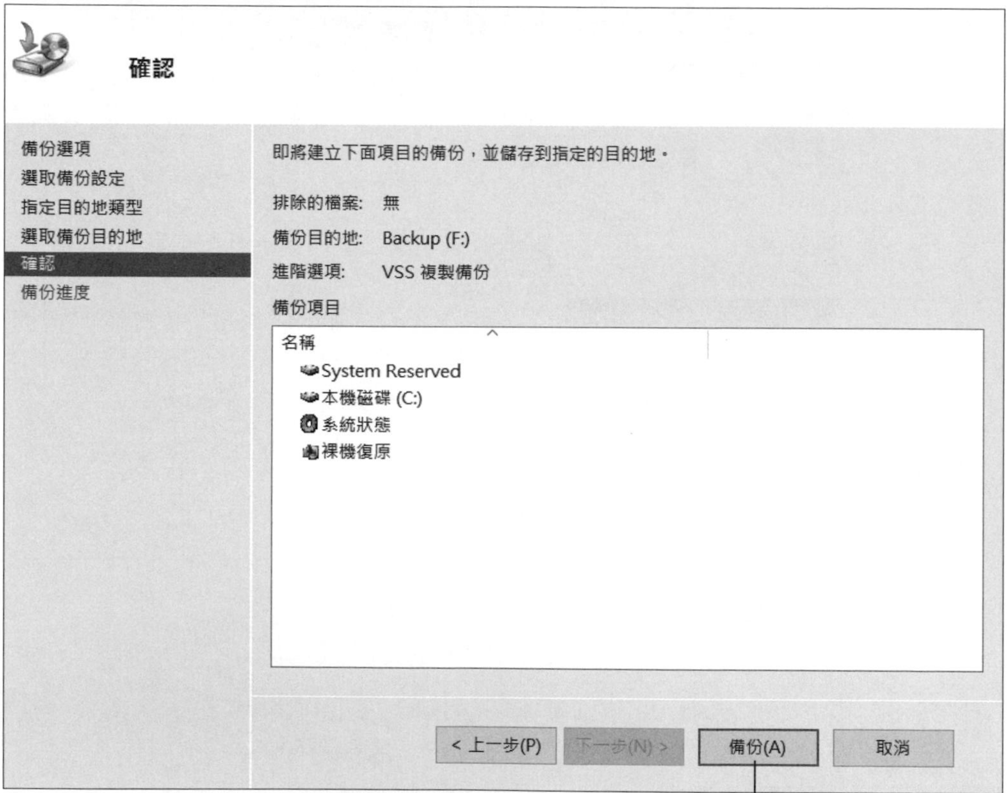
確認
備份選項
選取備份設定
指定目的地類型
選取備份目的地
確認
備份進度
即將建立下面項目的備份，並儲存到指定的目的地。
排除的檔案: 無
備份目的地: Backup (F:)
進階選項: VSS 複製備份
備份項目
名稱
System Reserved
本機磁碟 (C:)
系統狀態
裸機復原
< 上一步(P)
下一步(N) >
備份(A)
取消

7 按**備份**鈕

在備份過程中，我們可以按下**關閉**鈕關閉備份精靈視窗，備份作業仍會在背景繼續執行。完成備份作業後，在 **Windows Server Backup** 視窗的**訊息**窗格會顯示備份記錄：

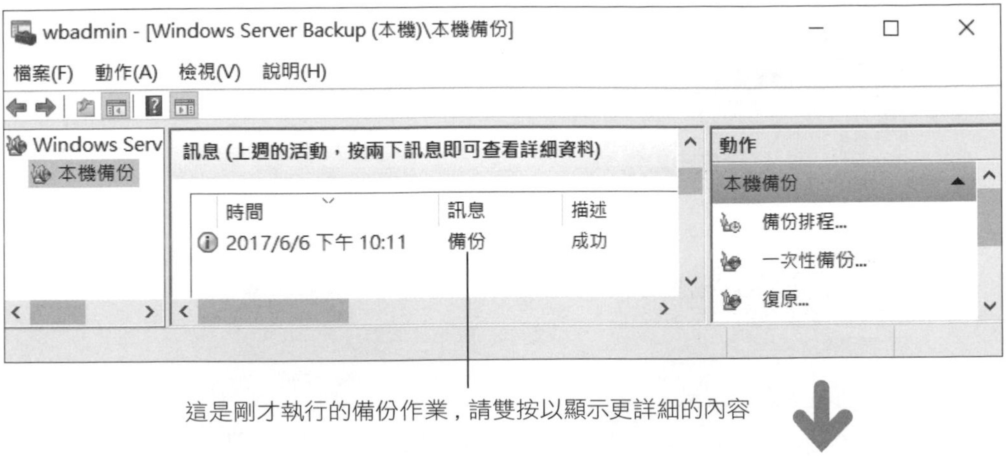

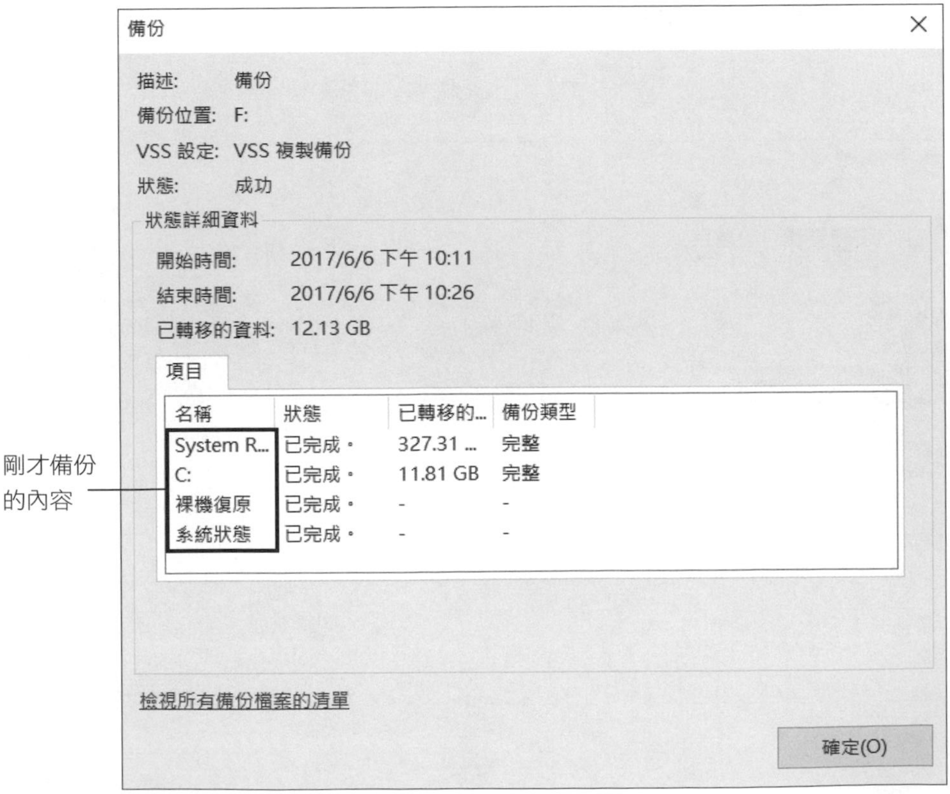

備份『指定的資料夾或檔案』

先前在備份設定的第 2 步驟若選取**自訂**，則可以選擇要備份哪些資料夾或檔案：

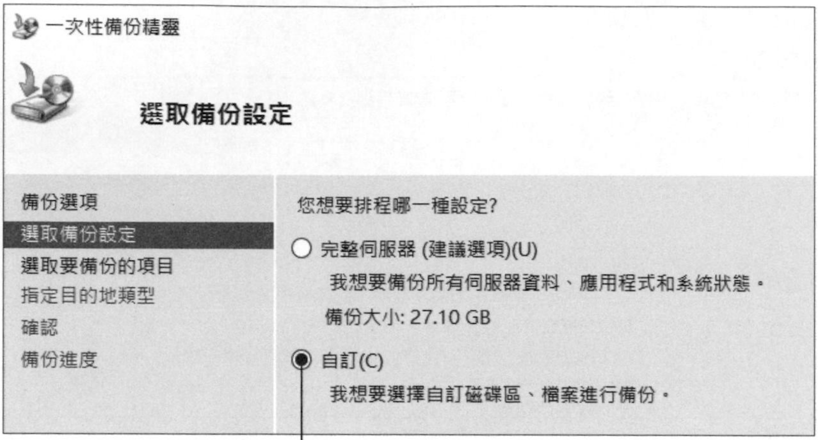

1 選取**自訂**　　按**下一步**鈕

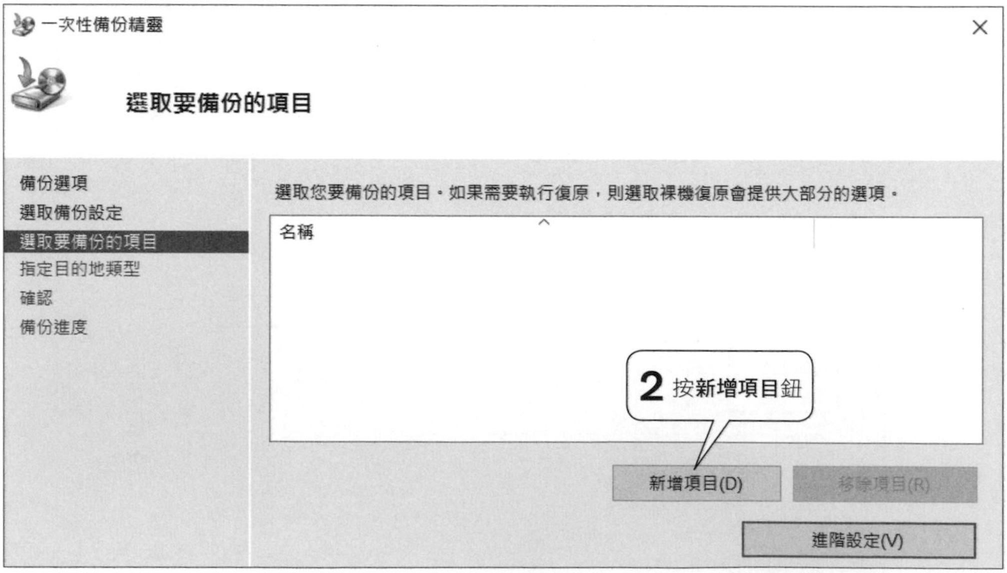

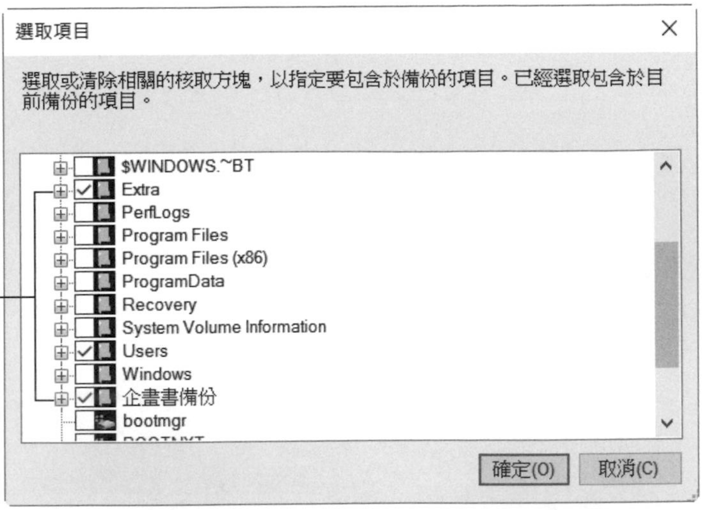
選取項目
選取或清除相關的核取方塊，以指定要包含於備份的項目。已經選取包含於目前備份的項目。
$WINDOWS.~BT
Extra
PerfLogs
Program Files
Program Files (x86)
ProgramData
Recovery
System Volume Information
Users
Windows
企畫書備份
bootmgr
確定(O)
取消(C)

3 選取要備份的資料夾和檔案

按**確定**鈕

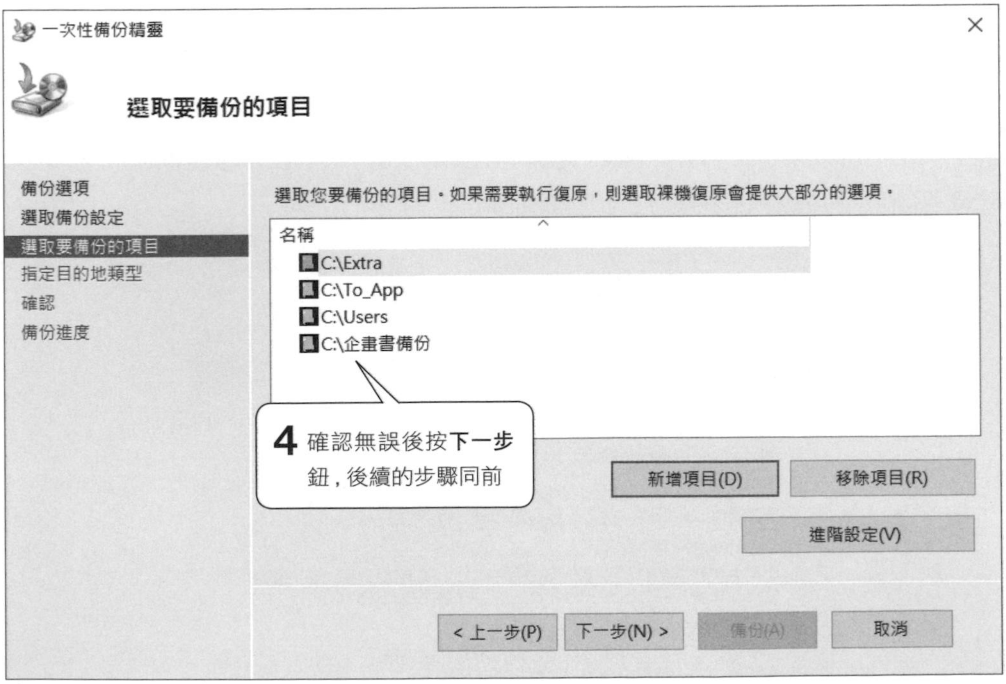
一次性備份精靈
選取要備份的項目
備份選項
選取備份設定
選取要備份的項目
指定目的地類型
確認
備份進度
選取您要備份的項目。如果需要執行復原，則選取裸機復原會提供大部分的選項。
名稱
C:\Extra
C:\To_App
C:\Users
C:\企畫書備份
新增項目(D)
移除項目(R)
進階設定(V)
< 上一步(P)
下一步(N) >
備份(A)
取消

4 確認無誤後按**下一步**鈕，後續的步驟同前

在上圖若按**進階設定**鈕，可以執行「排除項目」和「VSS 設定」兩種設定：

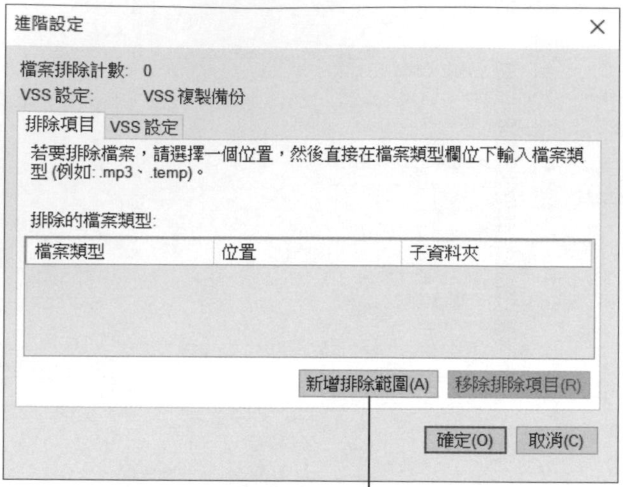

按**新增排除範圍**鈕可以選擇將哪些類型的檔案排除在外、不備份

對於某些佔空間、價值不高的檔案，例如：暫存檔 (.tmp)、私人的影音檔 (.mp3.、mp4.、.avi...) 等等，我們可以在上圖按**新增排除範圍**鈕，設定排除哪些類型的檔案不予備份，以節省時間與空間。

此外，請切換到 VSS **設定**頁次：

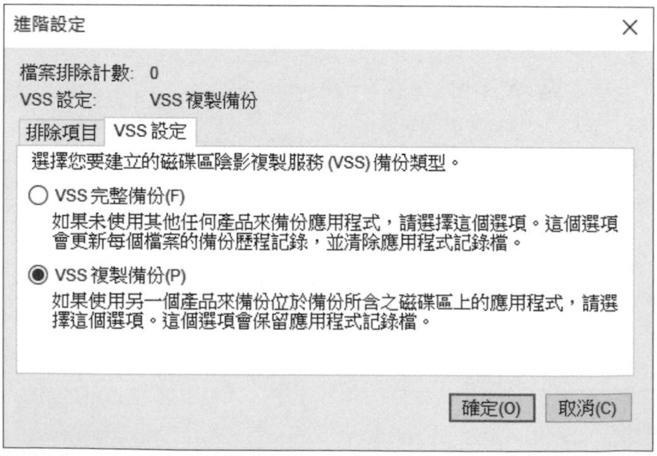

上圖有 VSS **複製備份**和 VSS **完整備份**兩個選項，我們先不要管「VSS」這個英文字，只看「完整備份」與「複製備份」。兩者主要差別在於「完整備份」則會清除 Archive 屬性，這也是一般備份程式都會做的動作；而「複製備份」則不會清除（Clear）檔案的 Archive 屬性。

到底 Archive 屬性有何作用呢？

Archive 屬性在 Windows XP 稱為「保存」，後來的 Windows 系統則稱為「封存」。當我們新增或修改檔案後，系統會設定（Set）此 Archive 屬性，而備份之後通常清除該屬性，因此備份程式可依據 Archive 屬性來判斷是否已經備份該檔案。

倘若我們還會用來其它的備份軟體來備份資料，但是卻選擇 VSS 完整備份，讓 Windows Server Backup 清除屬性，將導致這些檔案不會被其它軟體所備份，造成『你備份過的、我就不備份，我備份過的、你也不備份』的情形，結果我們會搞不清楚：「到底哪一次的備份才有最新、最完整的內容。」

因此混用不同的備份軟體時，應選擇 **VSS 複製備份**，亦即 Windows Server Backup 備份後不要清除 Archive 屬性，讓其它備份軟體也會對相同的檔案再備份一次；否則就選擇 **VSS 完整備份**。

至於 VSS（Volume Shadow Copy Service，陰影複製服務）則是讓 Windows Server Backup 能備份「已開啟」和「已鎖定」的檔案，我們在 15-4 節有較詳細的說明。

備份檔的架構

我們開啟**檔案總管**來檢視備份目的地的內容，會發現新增了 **WindowsImageBackup** 資料夾，再展開該資料夾，如下圖：

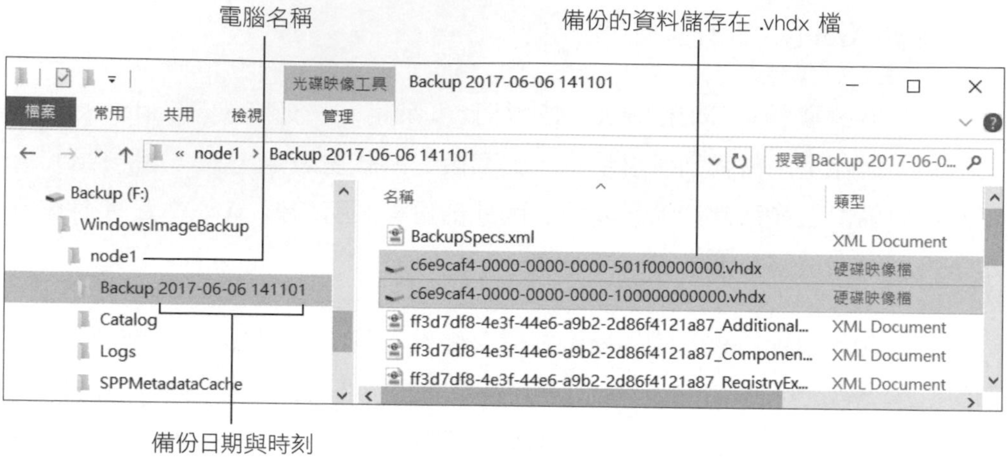

15-2 排程備份

當資料量不斷增加，網路頻寬也日益擁擠時，在上班時間執行備份可能降低伺服器或網路的效能。此時可利用排程備份，將備份時機設定在深夜時段。請開啟 **Windows Server Backup** 視窗：

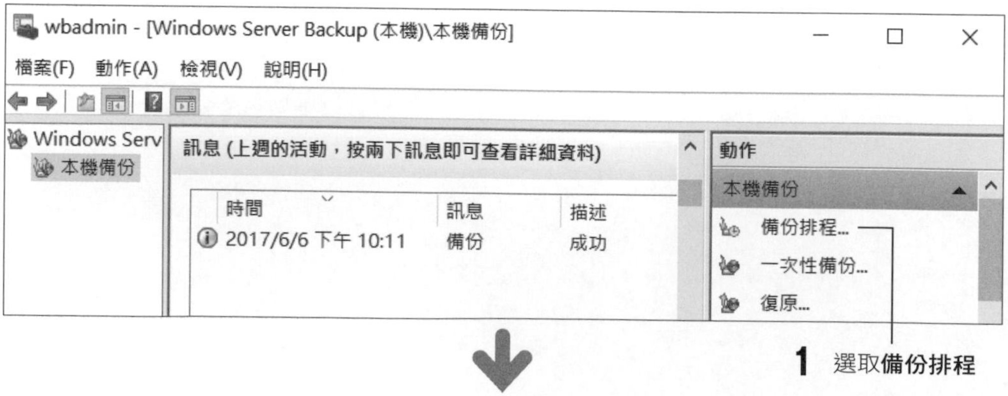

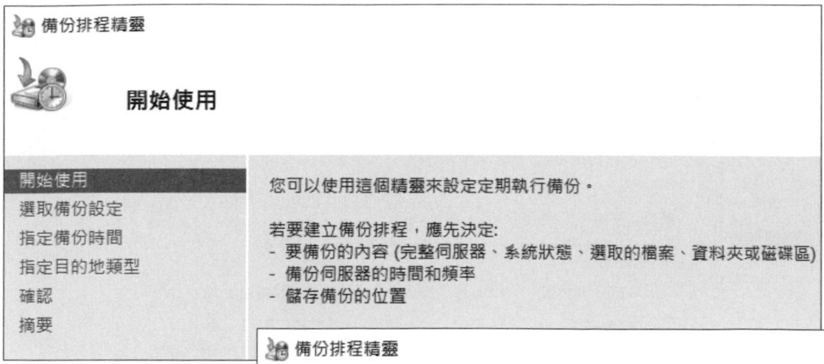

按**下一步**鈕

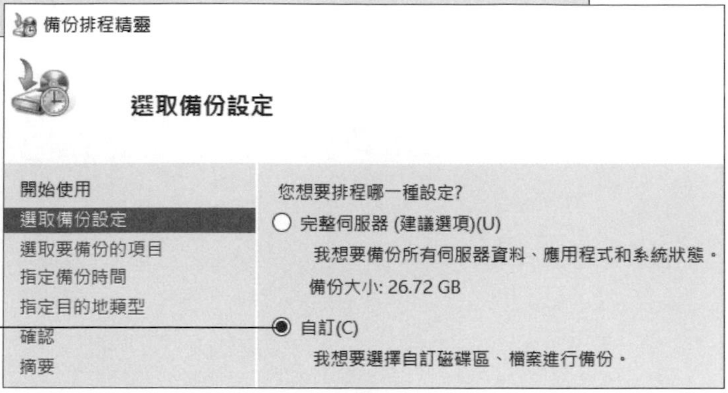

2 本例只要備份某些資料夾，故選取**自訂**

按**下一步**鈕

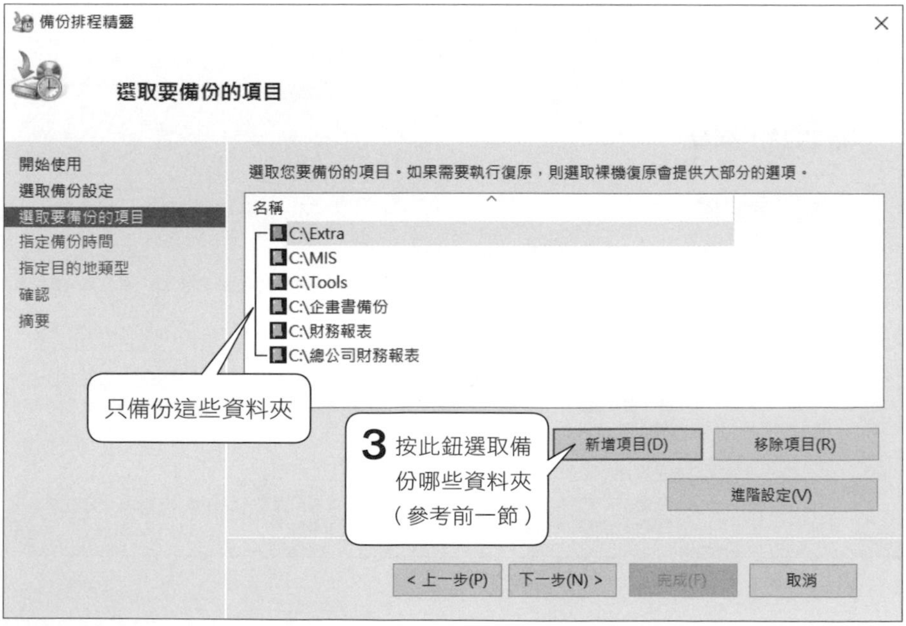

只備份這些資料夾

3 按此鈕選取備份哪些資料夾（參考前一節）

按**下一步**鈕

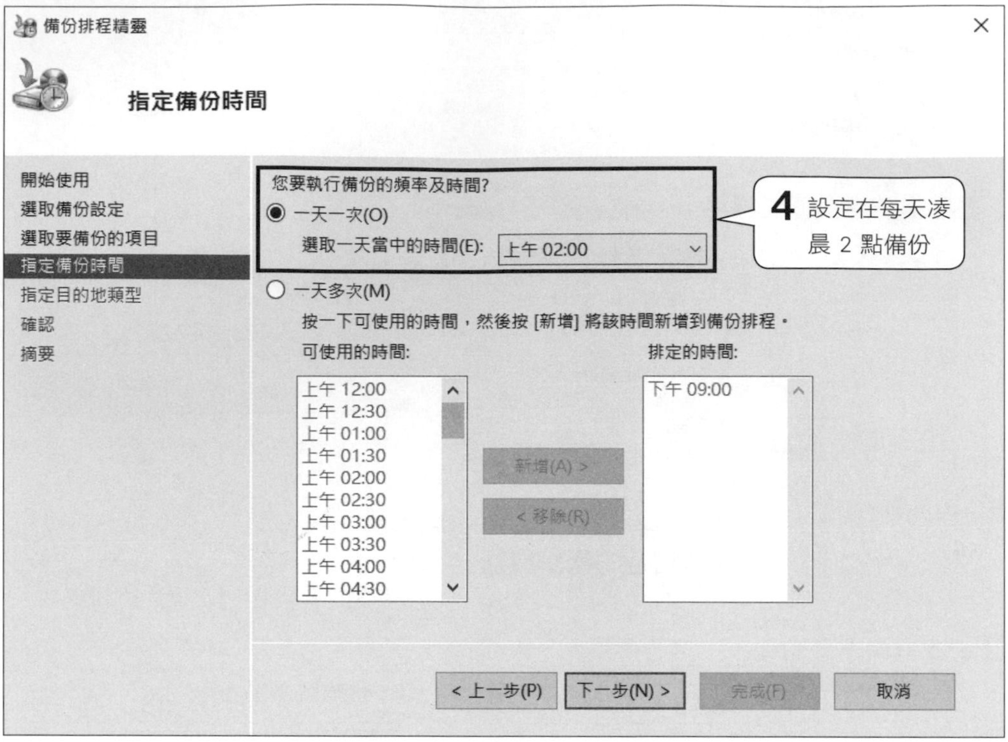
備份排程精靈
指定備份時間
開始使用
選取備份設定
選取要備份的項目
指定備份時間
指定目的地類型
確認
摘要
您要執行備份的頻率及時間?
一天一次(O)
選取一天當中的時間(E):
上午 02:00
一天多次(M)
按一下可使用的時間，然後按 [新增] 將該時間新增到備份排程。
可使用的時間:
排定的時間:
上午 12:00
上午 12:30
上午 01:00
上午 01:30
上午 02:00
上午 02:30
上午 03:00
上午 03:30
上午 04:00
上午 04:30
新增(A) >
< 移除(R)
下午 09:00
< 上一步(P)
下一步(N) >
完成(F)
取消
4 設定在每天凌晨 2 點備份

按**下一步**鈕

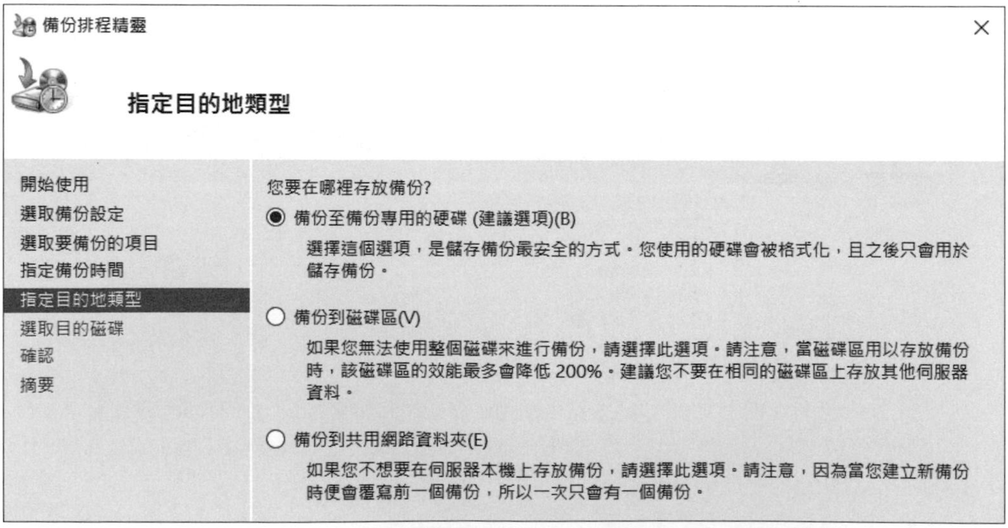
備份排程精靈
指定目的地類型
開始使用
選取備份設定
選取要備份的項目
指定備份時間
指定目的地類型
選取目的磁碟
確認
摘要
您要在哪裡存放備份?
備份至備份專用的硬碟 (建議選項)(B)
選擇這個選項，是儲存備份最安全的方式。您使用的硬碟會被格式化，且之後只會用於儲存備份。
備份到磁碟區(V)
如果您無法使用整個磁碟來進行備份，請選擇此選項。請注意，當磁碟區用以存放備份時，該磁碟區的效能最多會降低 200%。建議您不要在相同的磁碟區上存放其他伺服器資料。
備份到共用網路資料夾(E)
如果您不想要在伺服器本機上存放備份，請選擇此選項。請注意，因為當您建立新備份時便會覆寫前一個備份，所以一次只會有一個備份。

上圖的三個選項說明如下：

- **備份至備份專用的硬碟**：「專用的硬碟」意味著「只用於儲存備份資料的硬碟」，該硬碟會被重新格式化、不會有磁碟機代號，而且在檔案總管也看不到它，所以使用者誤刪資料的機會很低，是相對安全的方式，也是系統建議且預設的選項。
- **備份到磁碟區**：備份到一般磁碟區，該磁碟區不會被重新格式化，既有的磁碟機代號和檔案仍被保留。不過在備份過程中會影響該磁碟機的效能，最多降低 200%。
- **備份到網路共用資料夾**：選擇此項時要注意：因為每次備份都會產生 WindowsImageBackup 資料夾，所以會覆蓋前一次的備份內容。若要儲存多次備份的內容，就不適合選此項。

假設我們選擇**備份至備份專用的硬碟**，並按**下一步**鈕：

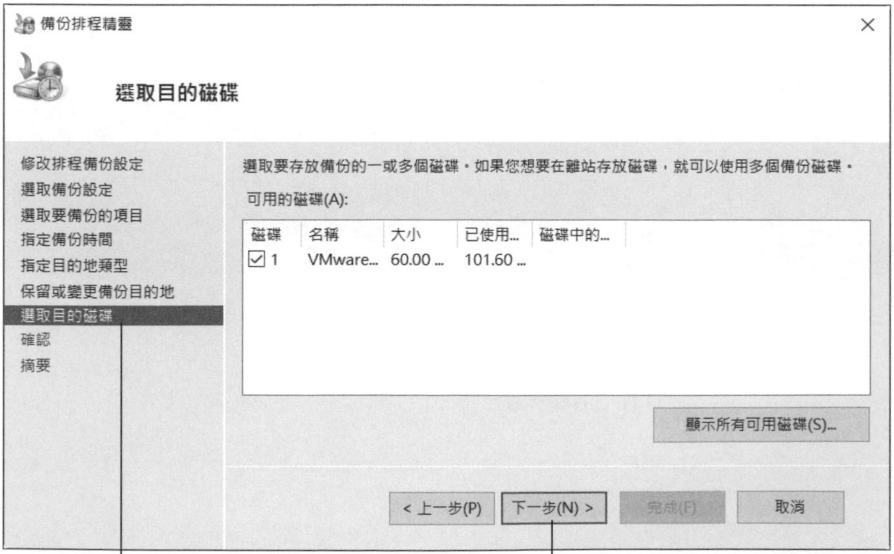

若看不到所要選取的磁碟，請按此鈕

5 選取備份目的地之後，按**下一步**鈕

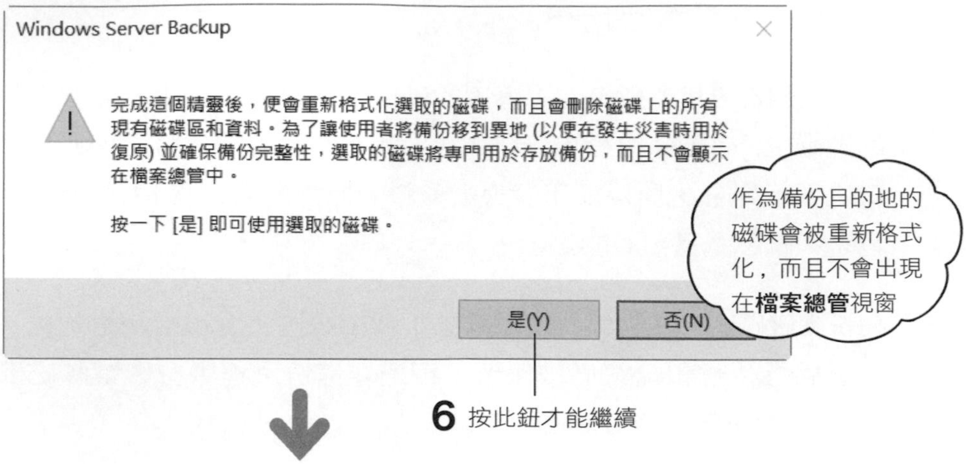
Windows Server Backup
完成這個精靈後，便會重新格式化選取的磁碟，而且會刪除磁碟上的所有現有磁碟區和資料。為了讓使用者將備份移到異地 (以便在發生災害時用於復原) 並確保備份完整性，選取的磁碟將專門用於存放備份，而且不會顯示在檔案總管中。
按一下 [是] 即可使用選取的磁碟。
是(Y)
否(N)
作為備份目的地的磁碟會被重新格式化，而且不會出現在**檔案總管**視窗
6 按此鈕才能繼續

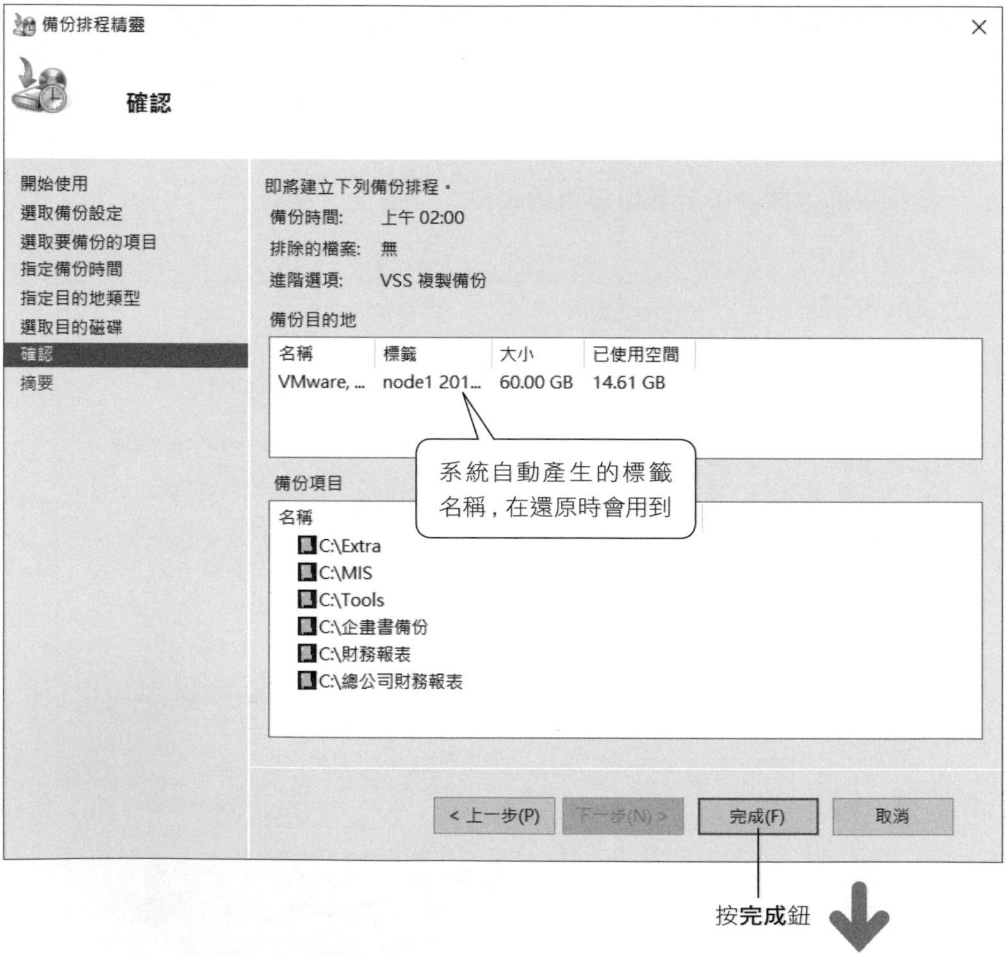
備份排程精靈
確認
開始使用
選取備份設定
選取要備份的項目
指定備份時間
指定目的地類型
選取目的地磁碟
確認
摘要
即將建立下列備份排程。
備份時間: 上午 02:00
排除的檔案: 無
進階選項: VSS 複製備份
備份目的地
名稱 標籤 大小 已使用空間
VMware, ... node1 201... 60.00 GB 14.61 GB
系統自動產生的標籤名稱，在還原時會用到
備份項目
名稱
C:\Extra
C:\MIS
C:\Tools
C:\企畫書備份
C:\財務報表
C:\總公司財務報表
< 上一步(P)
下一步(N) >
完成(F)
取消
按**完成**鈕

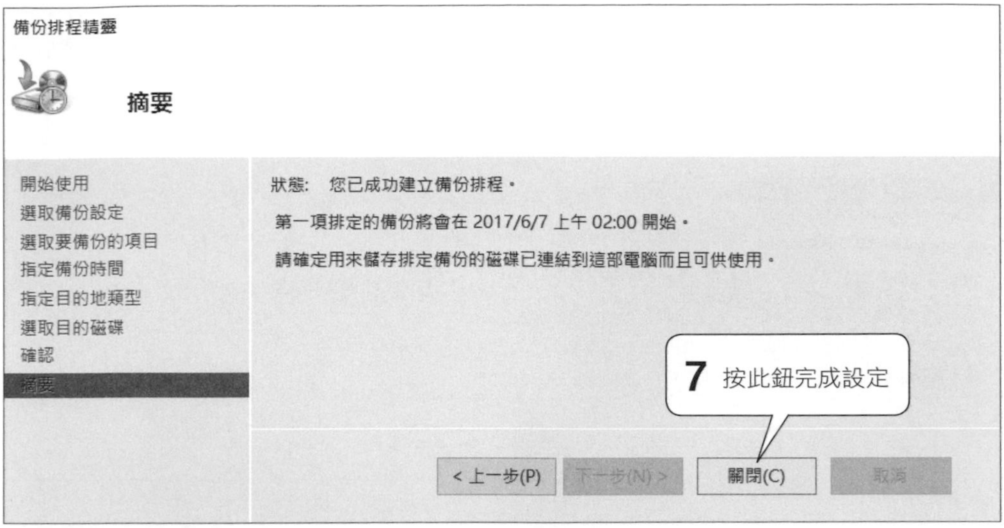

爾後到了設定的時刻，便會開始備份（當然電腦要開機、Windows Server Backup 也要在背景執行）。

15-3 還原資料

還原（在 Windows Server 2016 稱為**復原**）資料時，若備份資料位於 DVD 光碟，就只能還原整個磁碟區；若備份資料位於外接式硬碟或網路共用資料夾，則可以選擇還原磁碟區、資料夾或檔案。

請開啟 **Windows Server Backup** 視窗：

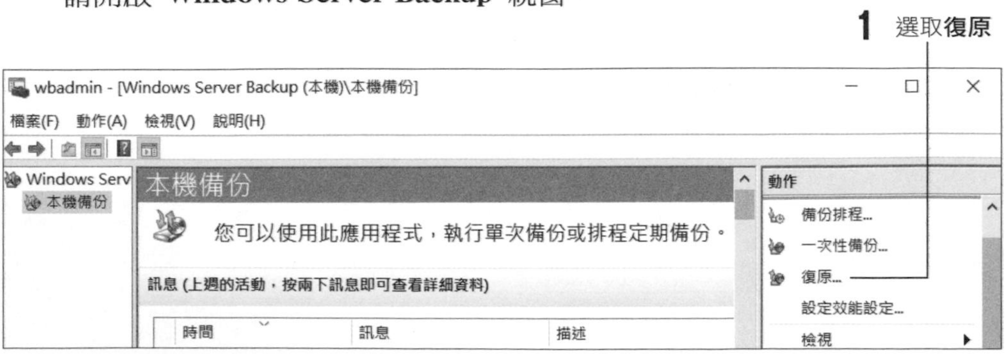

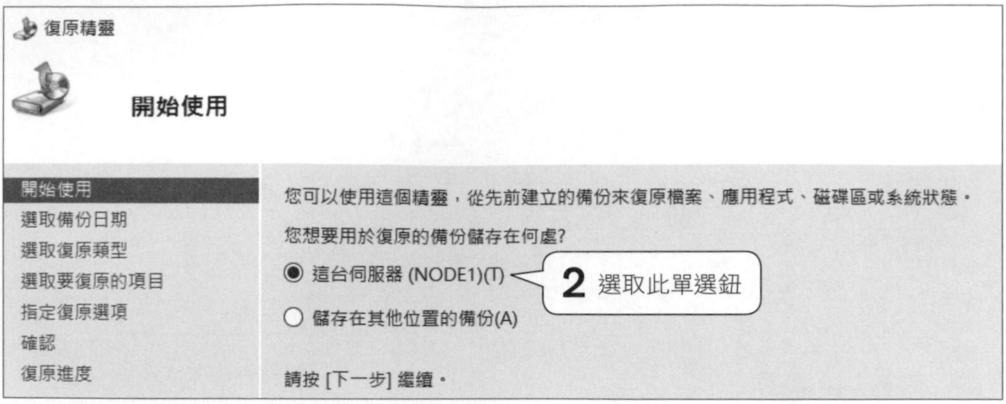
復原精靈
開始使用
開始使用
選取備份日期
選取復原類型
選取要復原的項目
指定復原選項
確認
復原進度
您可以使用這個精靈，從先前建立的備份來復原檔案、應用程式、磁碟區或系統狀態。
您想要用於復原的備份儲存在何處?
這台伺服器 (NODE1)(T)
儲存在其他位置的備份(A)
請按 [下一步] 繼續。
2 選取此單選鈕

按**下一步**鈕

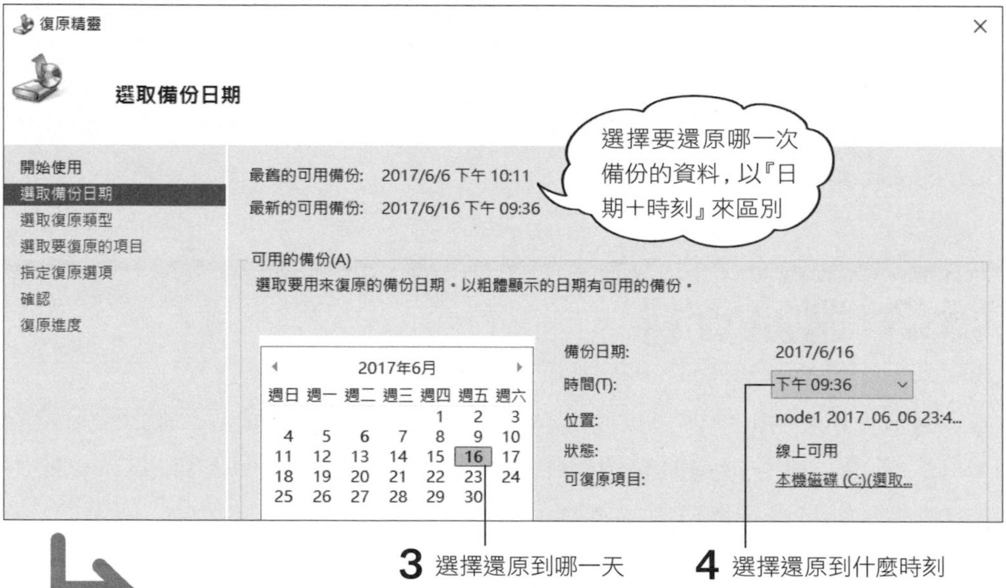
復原精靈
選取備份日期
開始使用
選取備份日期
選取復原類型
選取要復原的項目
指定復原選項
確認
復原進度
最舊的可用備份: 2017/6/6 下午 10:11
最新的可用備份: 2017/6/16 下午 09:36
選擇要還原哪一次備份的資料，以『日期+時刻』來區別
可用的備份(A)
選取要用來復原的備份日期。以粗體顯示的日期有可用的備份。
2017年6月
週日 週一 週二 週三 週四 週五 週六
1 2 3
4 5 6 7 8 9 10
11 12 13 14 15 16 17
18 19 20 21 22 23 24
25 26 27 28 29 30
備份日期: 2017/6/16
時間(T): 下午 09:36
位置: node1 2017_06_06 23:4...
狀態: 線上可用
可復原項目: 本機磁碟 (C:)(選取...
3 選擇還原到哪一天
4 選擇還原到什麼時刻

按**下一步**鈕

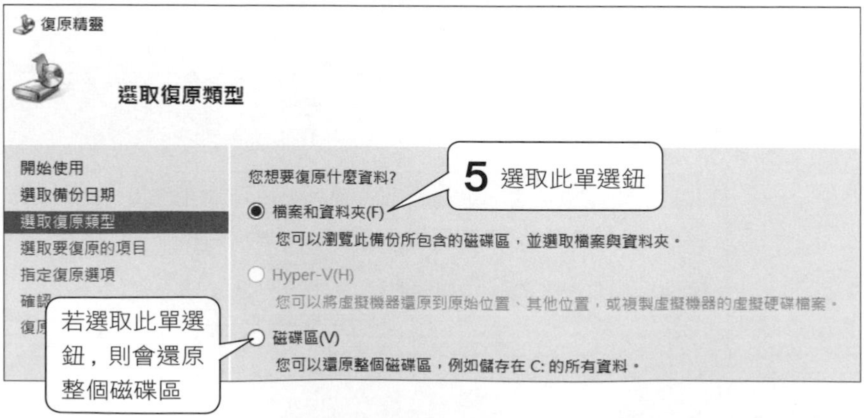
復原精靈
選取復原類型
開始使用
選取備份日期
選取復原類型
選取要復原的項目
指定復原選項
您想要復原什麼資料?
檔案和資料夾(F)
您可以瀏覽此備份所包含的磁碟區，並選取檔案與資料夾。
Hyper-V(H)
您可以將虛擬機器還原到原始位置、其他位置，或複製虛擬機器的虛擬硬碟檔案。
磁碟區(V)
您可以還原整個磁碟區，例如儲存在 C: 的所有資料。
5 選取此單選鈕
若選取此單選鈕，則會還原整個磁碟區

按**下一步**鈕

6 選擇還原目標所在的資料夾　**7** 選擇還原目標（按 Ctrl 鍵可複選）

按下一步鈕

8 還原到原本的位置

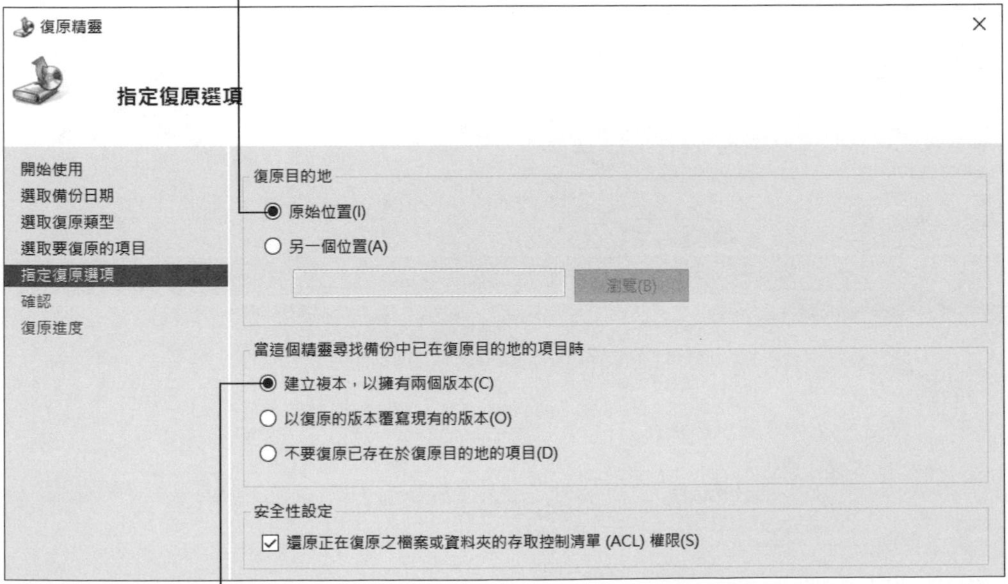

9 沿用預設值

按下一步鈕

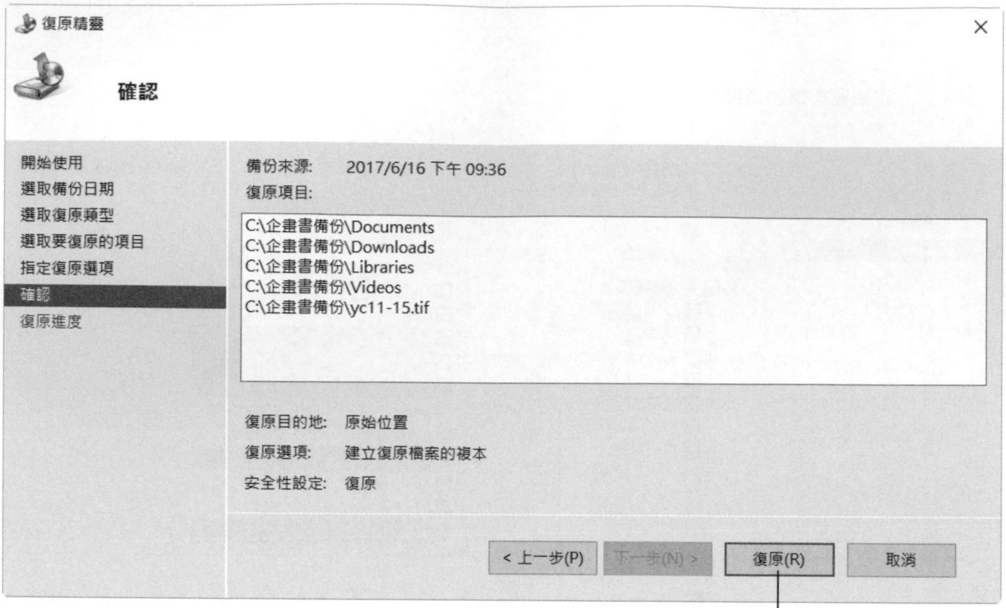
復原精靈
確認
開始使用
選取備份日期
選取復原類型
選取要復原的項目
指定復原選項
確認
復原進度
備份來源: 2017/6/16 下午 09:36
復原項目:
C:\企畫書備份\Documents
C:\企畫書備份\Downloads
C:\企畫書備份\Libraries
C:\企畫書備份\Videos
C:\企畫書備份\yc11-15.tif
復原目的地: 原始位置
復原選項: 建立復原檔案的複本
安全性設定: 復原
< 上一步(P)
下一步(N) >
復原(R)
取消

10 按此鈕開始還原

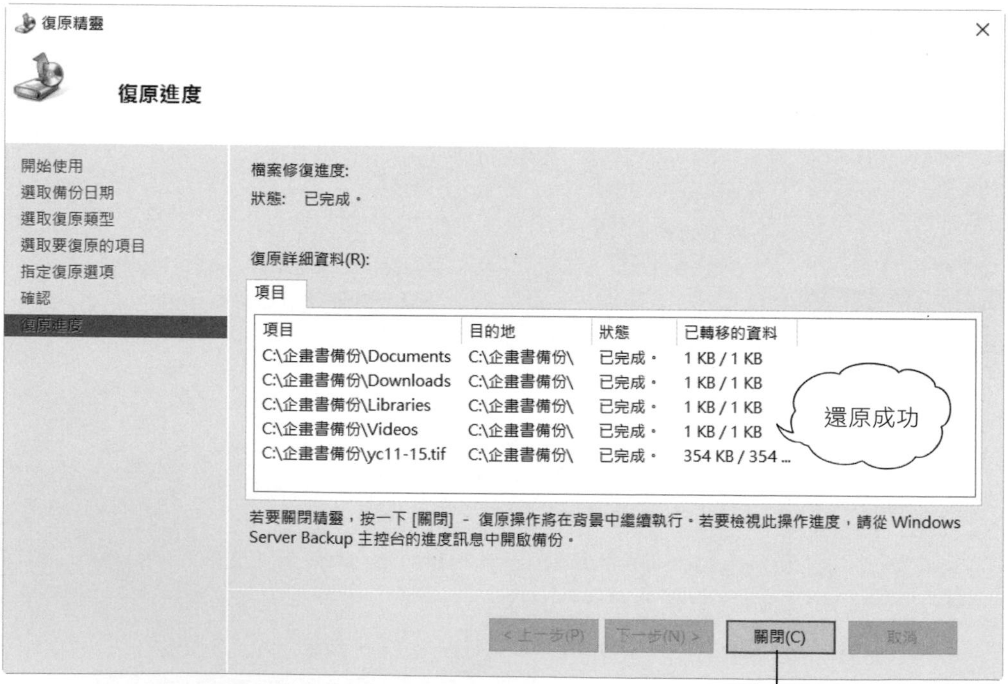
復原精靈
復原進度
開始使用
選取備份日期
選取復原類型
選取要復原的項目
指定復原選項
確認
復原進度
檔案修復進度:
狀態: 已完成。
復原詳細資料(R):
項目
項目 目的地 狀態 已轉移的資料
C:\企畫書備份\Documents C:\企畫書備份\ 已完成。 1 KB / 1 KB
C:\企畫書備份\Downloads C:\企畫書備份\ 已完成。 1 KB / 1 KB
C:\企畫書備份\Libraries C:\企畫書備份\ 已完成。 1 KB / 1 KB
C:\企畫書備份\Videos C:\企畫書備份\ 已完成。 1 KB / 1 KB
C:\企畫書備份\yc11-15.tif C:\企畫書備份\ 已完成。 354 KB / 354 ...
還原成功
若要關閉精靈，按一下 [關閉] - 復原操作將在背景中繼續執行。若要檢視此操作進度，請從 Windows Server Backup 主控台的進度訊息中開啟備份。
< 上一步(P)
下一步(N) >
關閉(C)
取消

11 按此鈕關閉復原精靈

15-4 陰影複製與以前的版本

Windows Server 2016 的**陰影複製**（Shadow copy）係針對網路上的『共用資料夾』而設計，因此又稱為**共用資料夾的陰影複製**（Shadow Copies of Shared Folder）。

何謂陰影複製

精確地說，**陰影複製**既代表功能、也代表資料。視為後者時，它代表一份複製品，『陰影』是強調它與本尊一模一樣；『複製』（其實應該譯為『副本』比較貼切）則說明它不是本尊，而是分身。

雖然**陰影複製**是一份複製品，但它可不是將本尊完整地拷貝一份，而是僅記錄變動的部分，如此可減少所需的儲存空間。實際上它運用到了快照（Snapshot）技術，至於更深入的技術細節，因為牽涉到資料結構與理論，我們就不深入說明了。

而且由於陰影複製必須在『磁碟區』（Volume）設定，它所對應的服務是『磁碟區陰影複製服務』（Volume Shadow copy Service, VSS），因此有些文件用 VSS 來代表陰影複製。

陰影複製的用途

陰影複製功能有以下兩種的主要用途：

1. 讓使用者可以救回不小心覆蓋或刪除的檔案。

   使用者在編輯共用資料夾裡頭的檔案時，若誤刪了部分重要內容、而且已經存檔；或者用較舊的檔案覆蓋了較新的檔案，都有機會從陰影複製資料中找出先前的內容（該內容稱為**以前的版本**），毋須重新輸入或請系統管理員執行還原資料作業。

Tip 我們是說『有機會』、並非一定能還原到先前的內容，其中原因請見後文。

2. 讓備份程式可以備份『已開啟』或『已鎖定』的檔案

許多備份程式在備份資料時，若遇到已經被某個應用程式開啟（Open）或鎖定（Lock）的檔案，往往因為無法取得存取權而中斷工作。如今可對於要備份的資料製作一份副本，提供給備份程式作為來源資料，就不會有上述的問題。這也正是在先前的**指定進階選項**交談窗，為何出現 **VSS 複製備份**和 **VSS 完整備份**這兩個名詞的原因。

本節將說明第 1 項用途的實作，告訴讀者如何利用陰影複製功能來挽救資料。至於第 2 項功能，因為是由備份程式一手掌控，使用者無法干預，所以不予討論。

在伺服器啟用陰影複製功能

要使陰影複製功能產生效果，必須完成以下兩件工作：

- 在伺服器端選擇 NTFS 磁碟區，啟用陰影複製功能。
- 在用戶端若使用 Windows 2000/XP 系統，必須安裝「twcli32.msi」或「ShadowCopyClient.msi」用戶端軟體，才能存取伺服器端的陰影複製資料；若使用 Windows Vista/7/10, 則毋須安裝任何軟體，因為已經內建於系統中。但是到了 Windows 8/8.1 卻「不支援」陰影複製功能，所以後文的操作不適用於 Windows 8/8.1。

Tip twcli32.msi 程式可從 Windows Server 2003/2003 R2 的 %systemdrive%\system32\clients\twclient\x86 資料夾找得到；ShadowCopyClient.msi 則可以連線到 www.microsoft.com.tw 網站，搜尋『ShadowCopyClient.msi』即可下載。

以下示範如何在伺服器端對 C 磁碟啟用**陰影複製**功能，請開啟『檔案總管』視窗，然後如下操作：

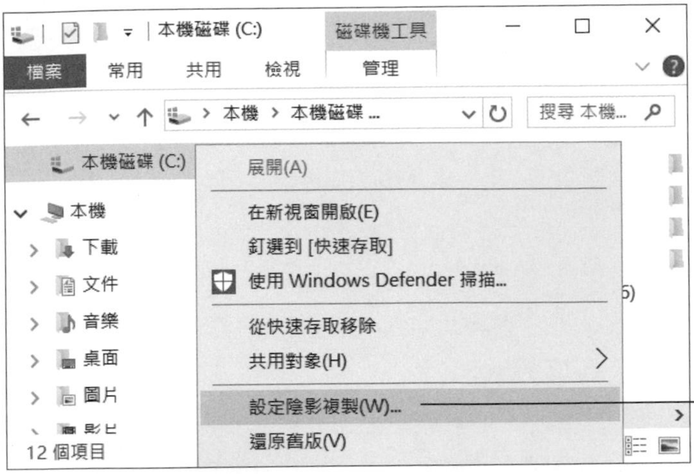

1 對 C 磁碟按右鈕、執行『**設定陰影複製**』命令

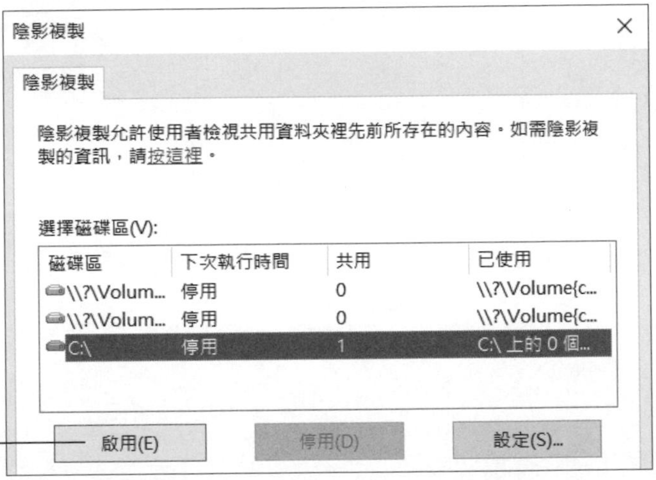

2 按**啟用**鈕

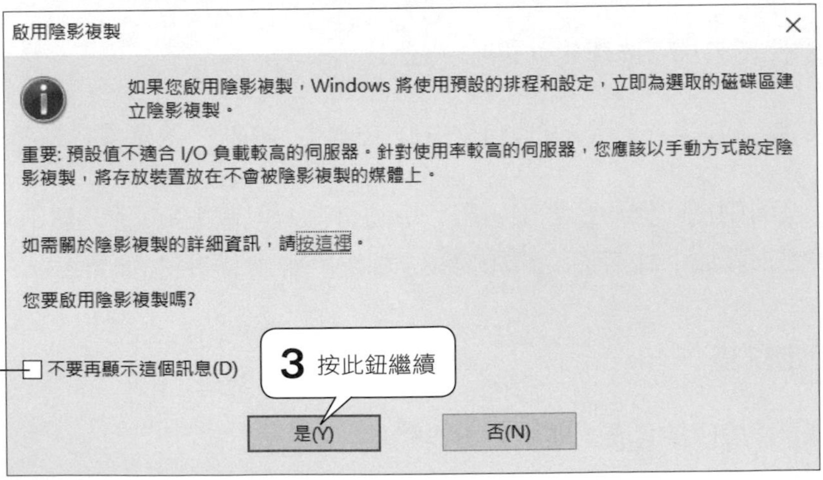

3 按此鈕繼續

若選取此多選鈕，爾後就不再出現此交談窗

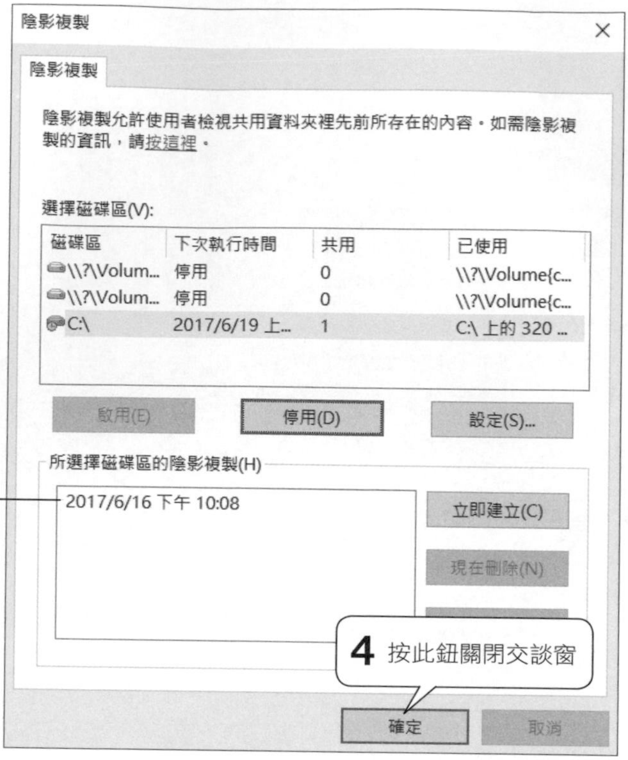

啟用時會立即建立一份陰影複製資料

以上的步驟係以預設值來啟用陰影複製功能，產生陰影複製資料的時機如下：

- 使用者啟用陰影複製功能時。
- 使用者按下**立即建立**鈕時。
- 週一到週五、每天的早上 7:00 和中午 12:00，這是系統預設的兩個排程。

前兩種時機的意思很明確，毋須贅言。但是第 3 種時機則可以由使用者依需求修改，接著便說明如何設定建立陰影複製資料的時機。

設定排程

請按照前述方式開啟**陰影複製**交談窗：

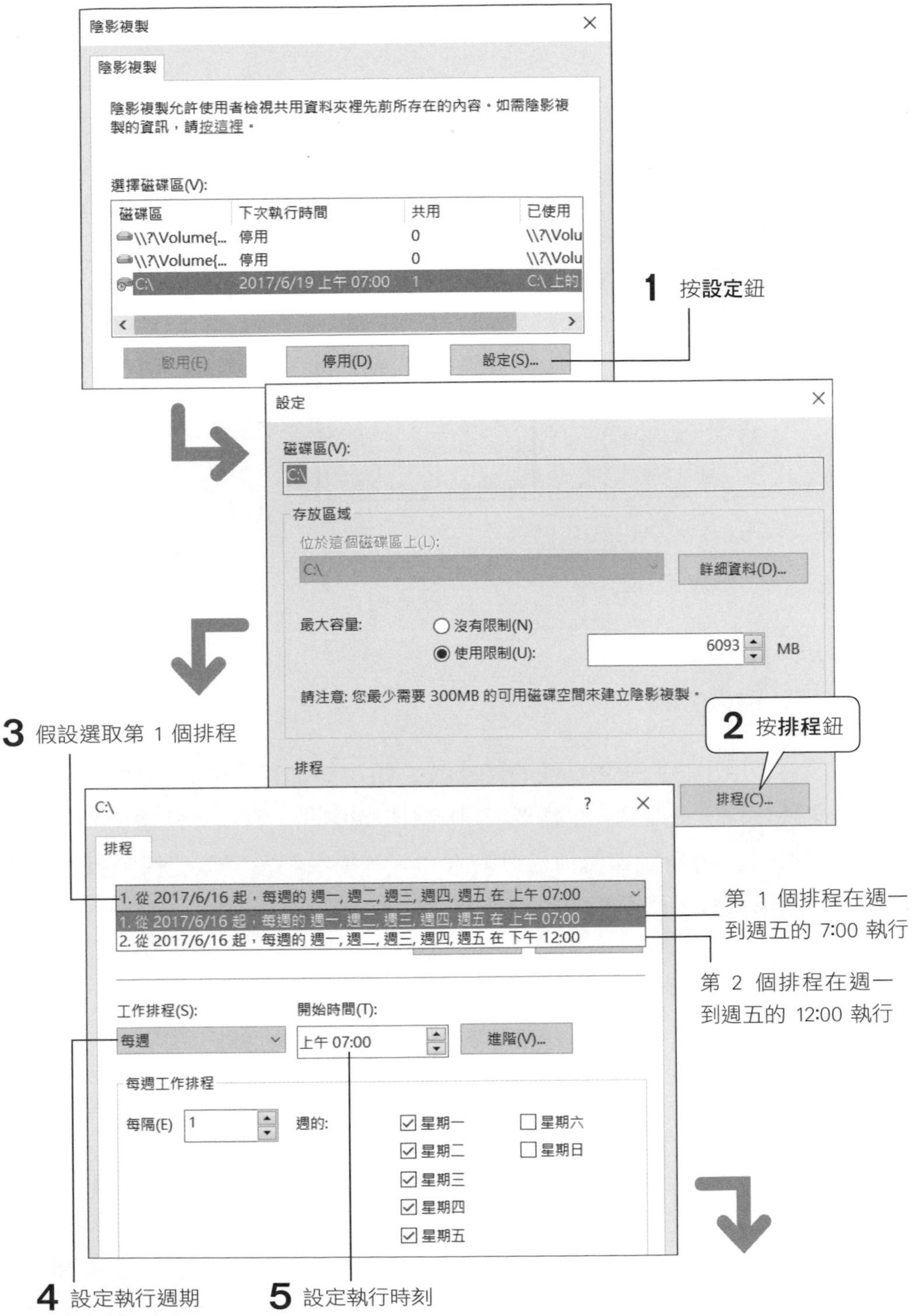
陰影複製
陰影複製允許使用者檢視共用資料夾裡先前所存在的內容。如需陰影複製的資訊，請按這裡。
選擇磁碟區(V):
磁碟區 下次執行時間 共用 已使用
\\?\Volume{... 停用 0 \\?\Volu
\\?\Volume{... 停用 0 \\?\Volu
C:\ 2017/6/19 上午 07:00 1 C:\ 上的
啟用(E) 停用(D) 設定(S)...
1 按設定鈕
設定
磁碟區(V):
C:\
存放區域
位於這個磁碟區上(L):
C:\
詳細資料(D)...
最大容量:
沒有限制(N)
使用限制(U): 6093 MB
請注意: 您最少需要 300MB 的可用磁碟空間來建立陰影複製。
2 按排程鈕
排程
排程(C)...
3 假設選取第 1 個排程
C:\
排程
1. 從 2017/6/16 起，每週的 週一, 週二, 週三, 週四, 週五 在 上午 07:00
1. 從 2017/6/16 起，每週的 週一, 週二, 週三, 週四, 週五 在 上午 07:00
2. 從 2017/6/16 起，每週的 週一, 週二, 週三, 週四, 週五 在 下午 12:00
第 1 個排程在週一到週五的 7:00 執行
第 2 個排程在週一到週五的 12:00 執行
工作排程(S): 每週
開始時間(T): 上午 07:00
進階(V)...
每週工作排程
每隔(E) 1 週的:
星期一 星期二 星期三 星期四 星期五 星期六 星期日
4 設定執行週期
5 設定執行時刻

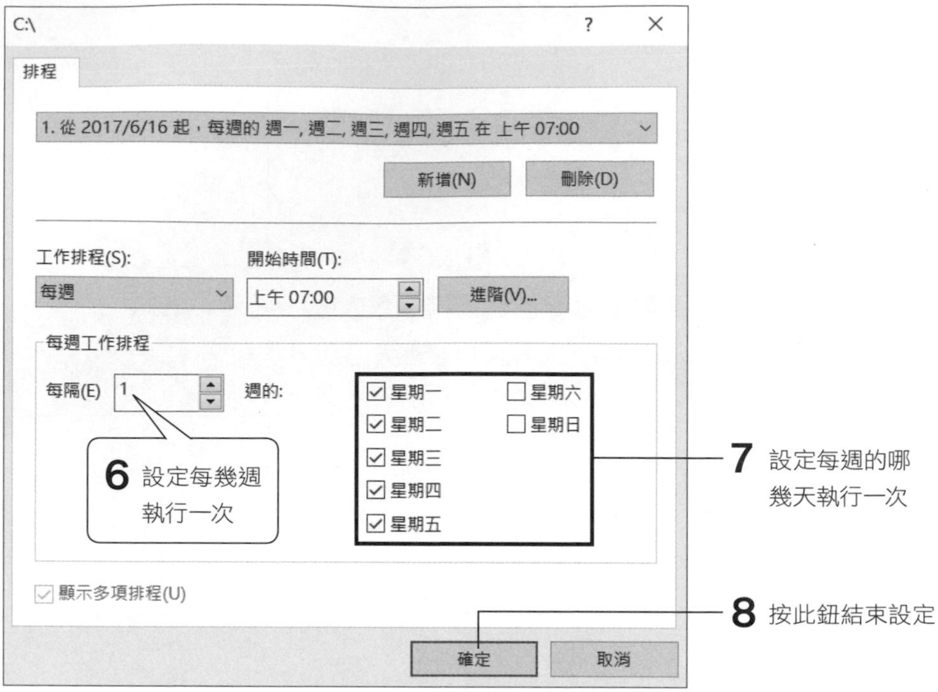

設定使用的磁碟空間

預設會在啟用陰影複製功能的磁碟區，撥出總儲存空間的 10% 用來儲存陰影複製資料－－但是至少需要 300 MB 的空間，否則無法啟用該功能。當空間用罄時，會自動覆蓋掉最舊的版本。如果我們希望保有較多版本的分身，可將陰影複製所使用的空間設得大一點。

請開啟**陰影複製**交談窗、按**設定**鈕：

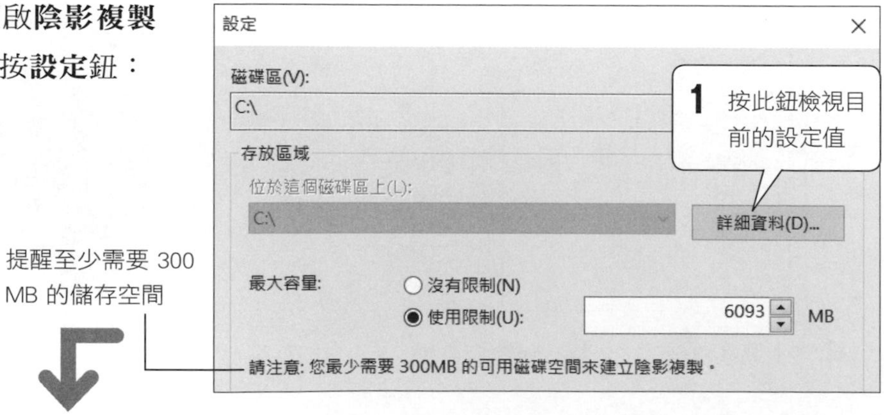

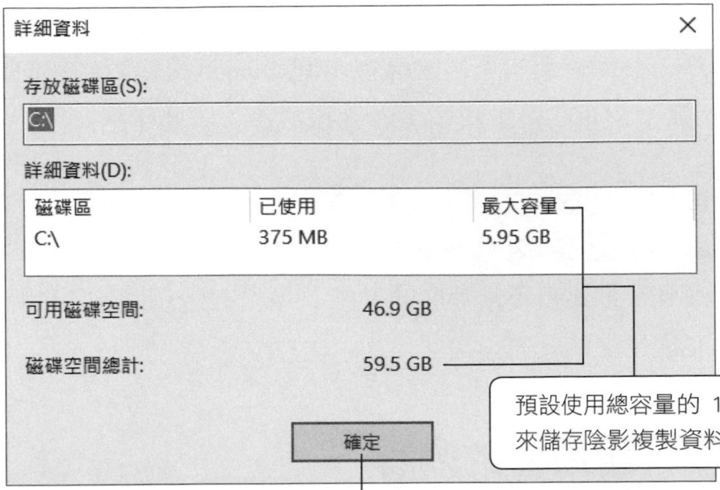

預設使用總容量的 10% 來儲存陰影複製資料

2 按此鈕回到前一個交談窗

若選取此單選鈕，代表不限制陰影複製資料所佔用的儲存空間

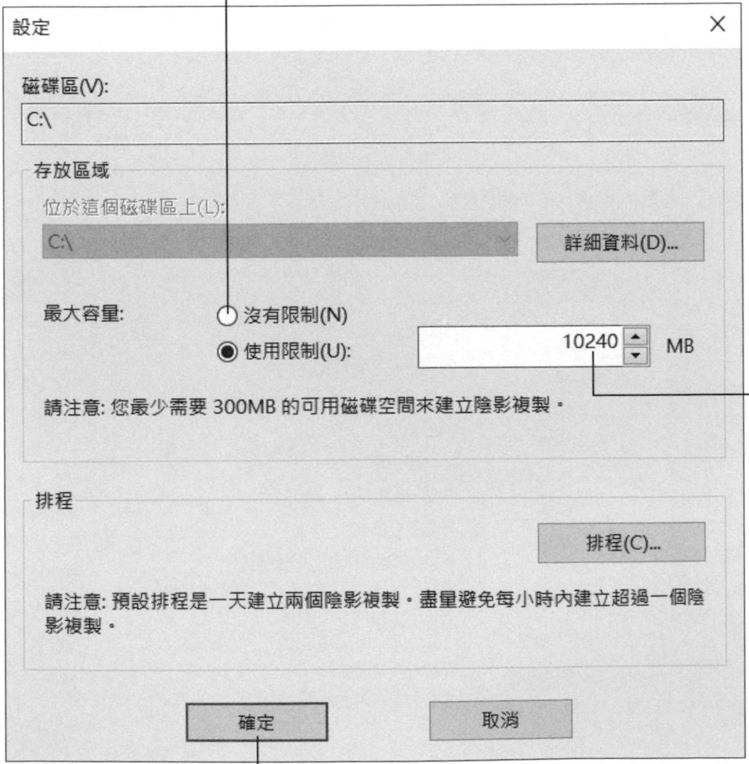

3 設定新的最大容量

4 按此鈕結束設定

其實除了儲存空間的限制之外，每個磁碟區最多只能存放 64 份陰影複製資料－－即使還有充裕的儲存空間，而且這個限制無法修改。當數量達到 64 份時，最舊的陰影複製檔就會被覆蓋，依此類推。

此外，預設將「分身」與「本尊」儲存在相同磁碟區，這或許不是一個好方案，因為容易影響伺服器的存取效率。所以我們最好將「分身」的儲存位置改到其他比較不常存取的硬碟，但是在啟用狀態不能修改，必須先停用，或是在啟用之前就先設定。

檢視、還原舊的內容

假設用戶端使用 Windows 10，在共用資料夾「\\node1\企畫書備份」不小心覆蓋了需要的資料，可用以下的步驟救回舊的內容：

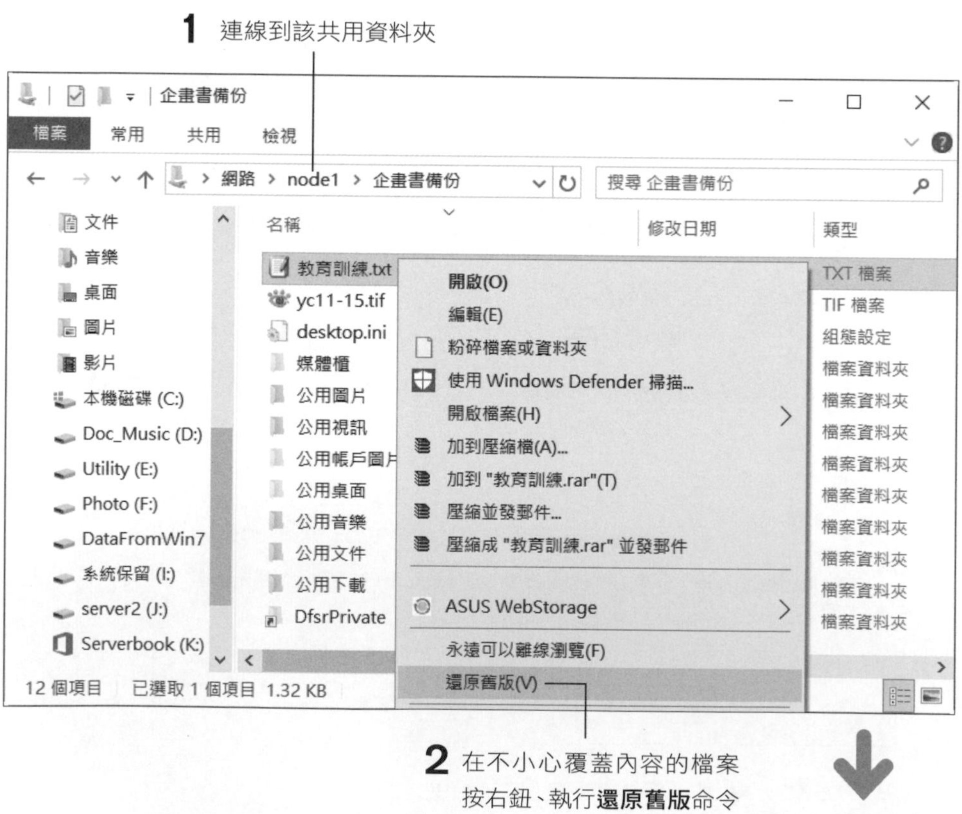

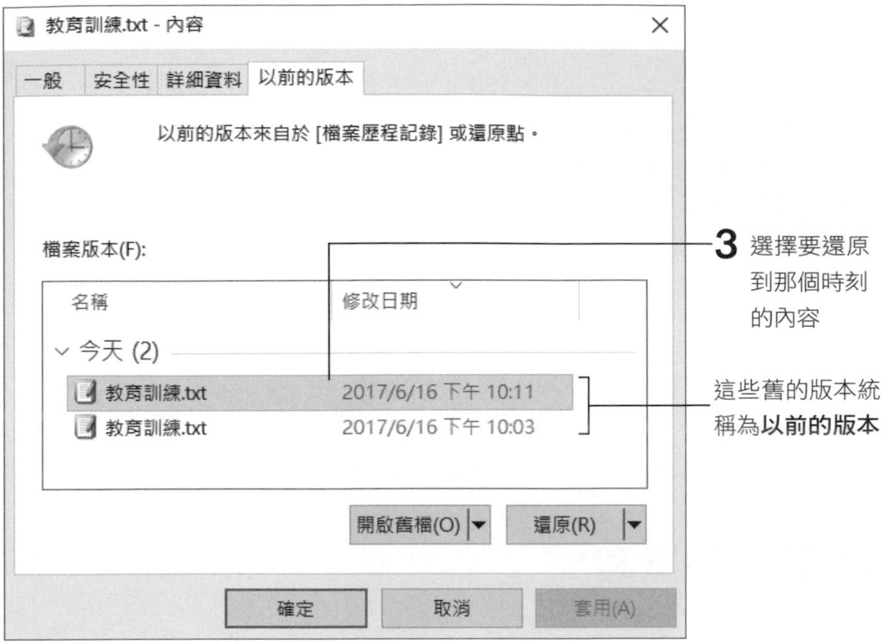

在以上交談窗中，先選取所要的版本，再依照需求按以下的按鈕：

開啟舊檔

先開啟所選的檔案版本，再決定要怎麼做。若是文字檔或圖形檔，便會顯示其內容；若是音樂檔或影片檔，便會自動播放；若是執行檔，則會開始執行。但此時該檔案處於『唯讀』狀態，不能直接以舊的版本來覆蓋新的內容， 不過可以另存新檔。這個另存的檔案， 等於是一份新建立的檔案，因此就沒有了**以前的版本**可供回復。

還原

將所選的檔案版本還原到原本的位置，覆蓋現有的版本。按鈕之後會出現以下的交談窗：

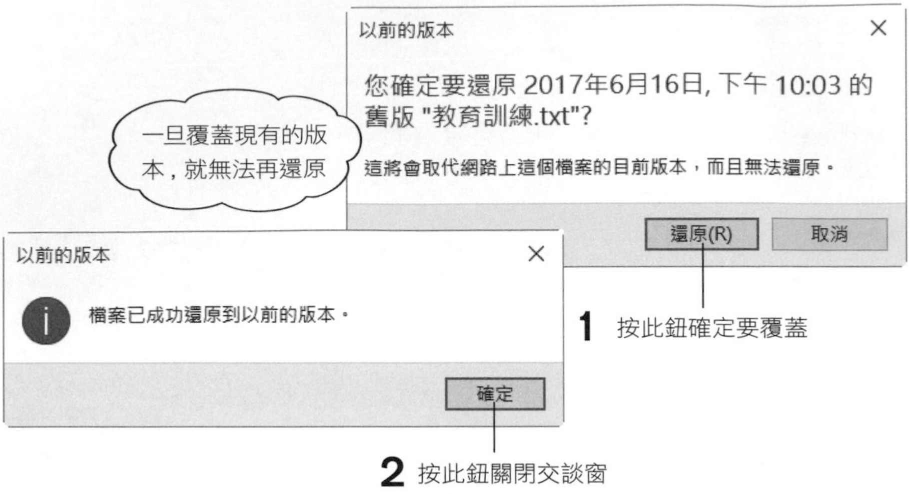

還原誤刪的檔案

前面所說的方式必須對檔案按右鈕， 執行『**還原舊版**』命令。萬一我們誤刪了該檔案，根本就沒辦法對它按右鈕時，該怎麼恢復呢？

沒關係，還是連線到該共用資料夾：

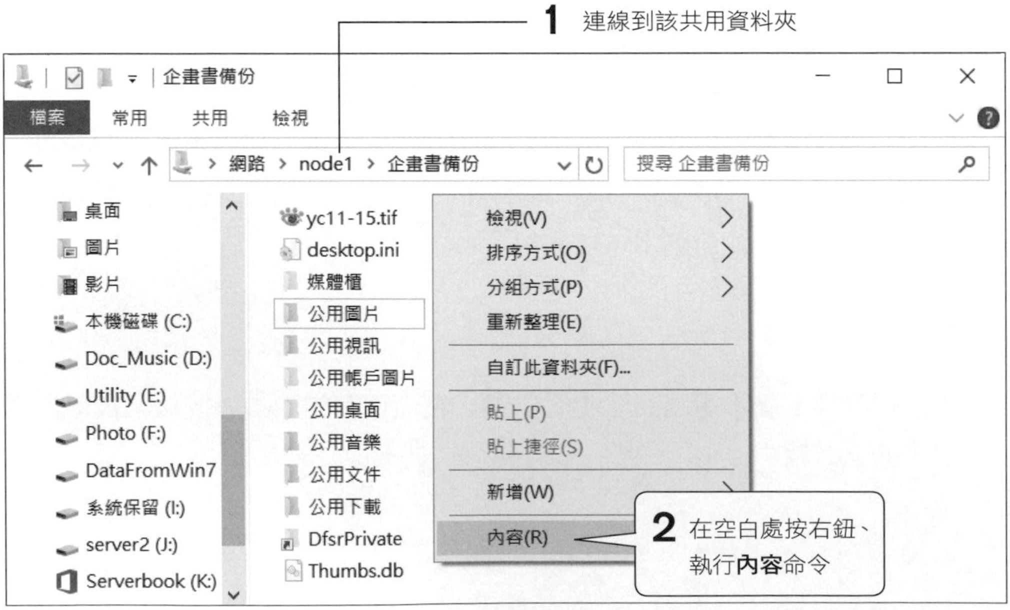

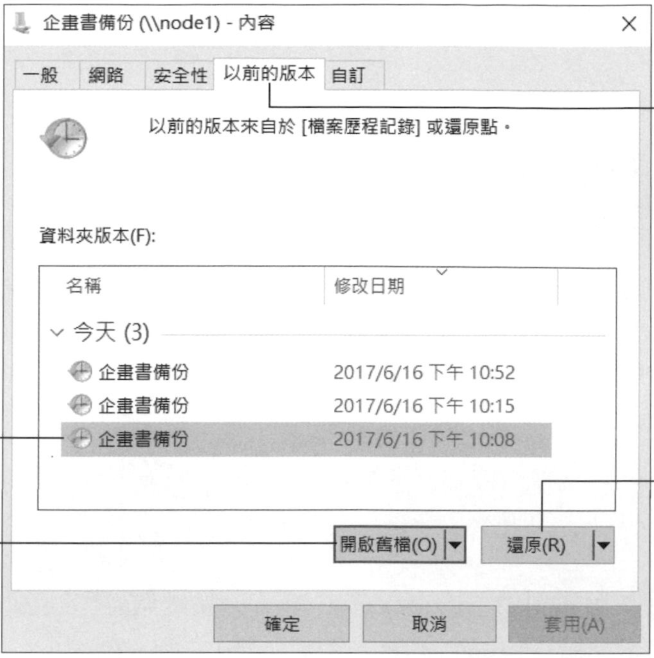

3 切換到**以前的版本**頁次

4 選擇要還原那個時刻的資料夾內容

5 按此鈕

若按此鈕會對『整個資料夾』都還原

6 在要還原的版本按右鈕，執行『**複製**』或『**傳送到**』命令，將該檔案另存一份

關於『以前的版本』的觀念澄清

看了以上的說明之後，許多人會以為：每次修改與存檔，都會產生一份**以前的版本**，其實並非如此！

首先要知道：「以前的版本」源自於陰影複製，沒做過陰影複製，就不會有「以前的版本」。每做一次陰影複製，就對應一個「以前的版本」！

當我們做過陰影複製，產生了一個分身(備份檔)，此時若修改本尊，系統發現目前的本尊與分身不同，於是產生一份「以前的版本」，讓我們可以回復到以前分身的內容。倘若再繼續修改本尊，無論改多少次，只要沒再做過陰影複製，「以前的版本」還是只有那一份。

舉例來說，假設對於 Readme.txt 在 7 點做過陰影複製、8 點修改並存檔後，便產生一份「以前的版本」，讓我們可隨時回復到 7 點的內容。如果在 9、10、11 點又修改了內容，這些修改並不會產生「以前的版本」！因為只在 7 點做過陰影複製，所以仍然只有一份「以前的版本」，就是 7 點的那一份。倘若在 12 點做了陰影複製，之後再修改並存檔，就會產生第二份「以前的版本」—— 12 點的版本可供回復，這樣瞭解了嗎？！

所以，我們在前文已經提過這個觀念：「即使啟用了『陰影複製』，只是讓我們『有機會』還原到先前的內容，但是不能保證一定能還原。」

第五篇 虛擬平台篇

CHAPTER

16

Windows Server 2016

Hyper-V

16-1 安裝 Hyper-V

16-2 新增虛擬主機與安裝作業系統

16-3 修改虛擬主機的配備

16-4 新增虛擬交換器

Hyper-V 是微軟因應虛擬化趨勢而發展的新技術，雖然 Hyper-V 1.0 版（內建於 Windows Server 2008）被許多玩家認為落後 VMWare 的 vSphere 一大截，只能拿來玩一玩，難登大雅之堂。可是歷經改良，現在的 Hyper-V 3.0 版在功能與效能都有明顯的進步，逐漸在市場佔有一席之地，讓相關業者看好它的未來。此外，要安裝 Hyper-V 元件時必須先確認 CPU 是否支援，請在**開始**按右鈕、執行**執行**，輸入 "powershell"、按 Enter 鍵：

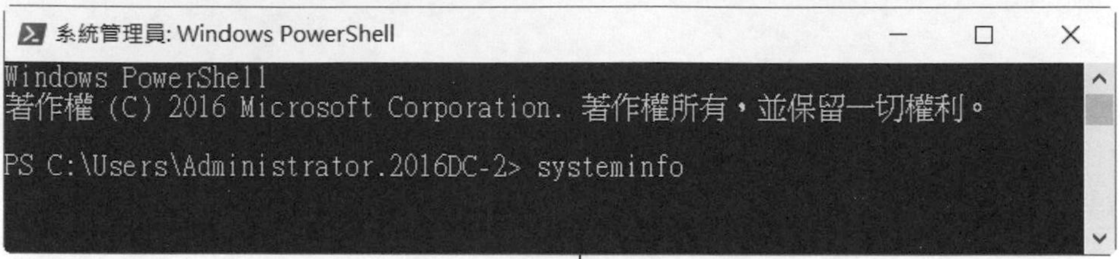

輸入 **systeminfo**、按 Enter 鍵

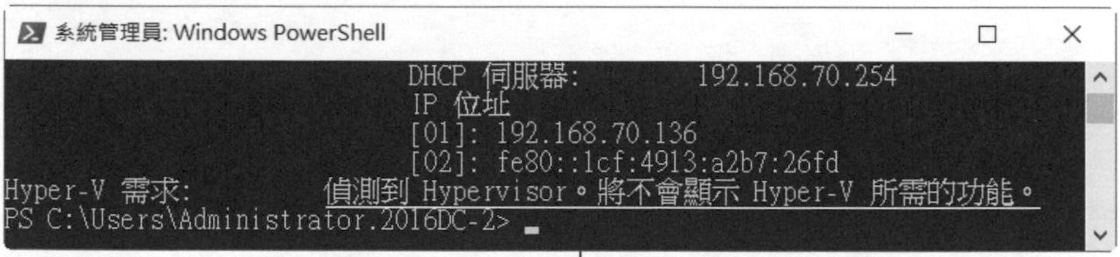

將畫面捲到最下方，若顯示「偵測到 Hypervisor」代表支援 Hyper-V 技術

Hyper-V 虛擬化技術涵蓋「硬體虛擬化」與「網路虛擬化」兩大領域，但是限於篇幅，本章僅能介紹前者，其他屬於進階設定的部分，要請讀者自行研讀相關的文件。後文為了避免混淆，將安裝 Windows Server 2016 的實體電腦稱為「實體主機」，透過 Hyper-V 所模擬出來的主機稱為「虛擬主機」(VM, Virtual Machine)。

16-1 安裝 Hyper-V

Server 2016 預設並未安裝 Hyper-V 相關元件，因此必須手動安裝。請在伺服器管理員執行『**管理 / 新增角色及功能**』命令，接著連續按 3 次**下一步**鈕：

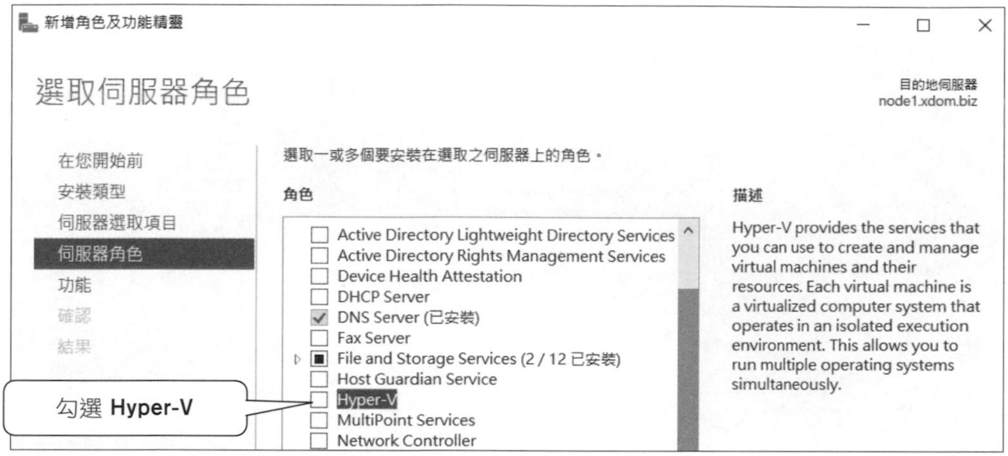

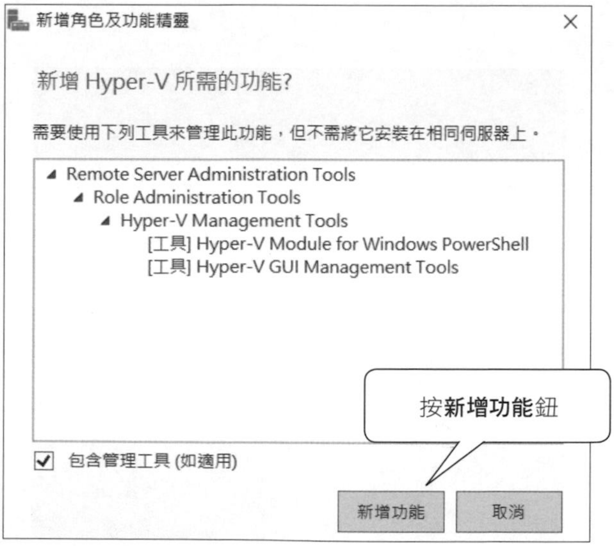

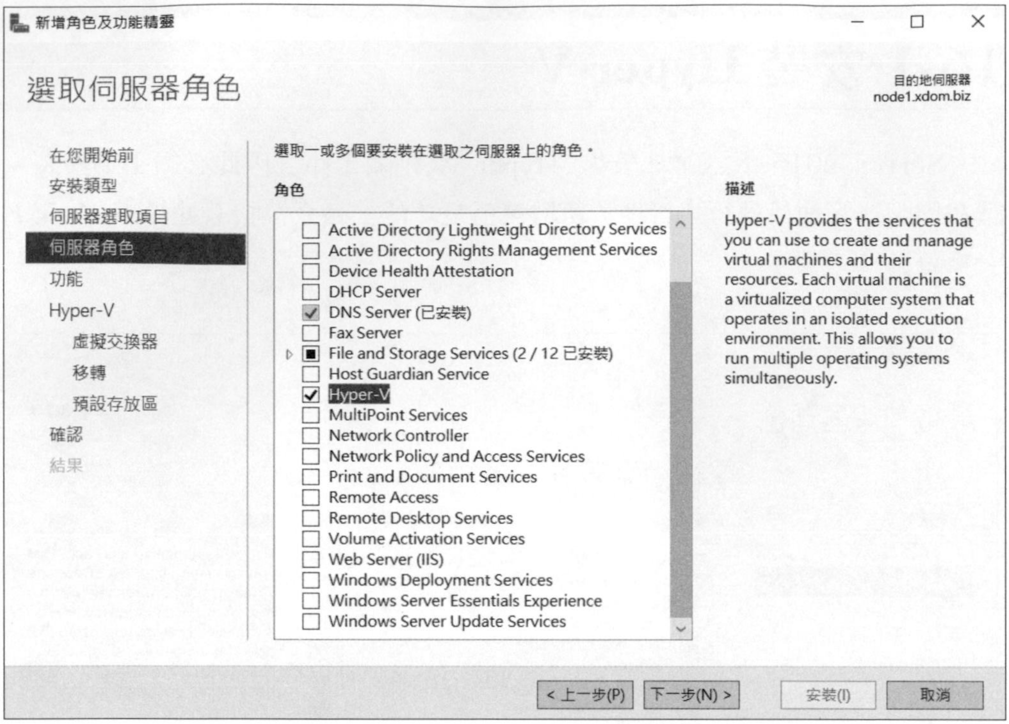
新增角色及功能精靈
選取伺服器角色
目的地伺服器
node1.xdom.biz
在您開始前
安裝類型
伺服器選取項目
伺服器角色
功能
Hyper-V
虛擬交換器
移轉
預設存放區
確認
結果
選取一或多個要安裝在選取之伺服器上的角色。
角色
Active Directory Lightweight Directory Services
Active Directory Rights Management Services
Device Health Attestation
DHCP Server
DNS Server (已安裝)
Fax Server
File and Storage Services (2 / 12 已安裝)
Host Guardian Service
Hyper-V
MultiPoint Services
Network Controller
Network Policy and Access Services
Print and Document Services
Remote Access
Remote Desktop Services
Volume Activation Services
Web Server (IIS)
Windows Deployment Services
Windows Server Essentials Experience
Windows Server Update Services
描述
Hyper-V provides the services that you can use to create and manage virtual machines and their resources. Each virtual machine is a virtualized computer system that operates in an isolated execution environment. This allows you to run multiple operating systems simultaneously.
< 上一步(P)
下一步(N) >
安裝(I)
取消

按下一步鈕

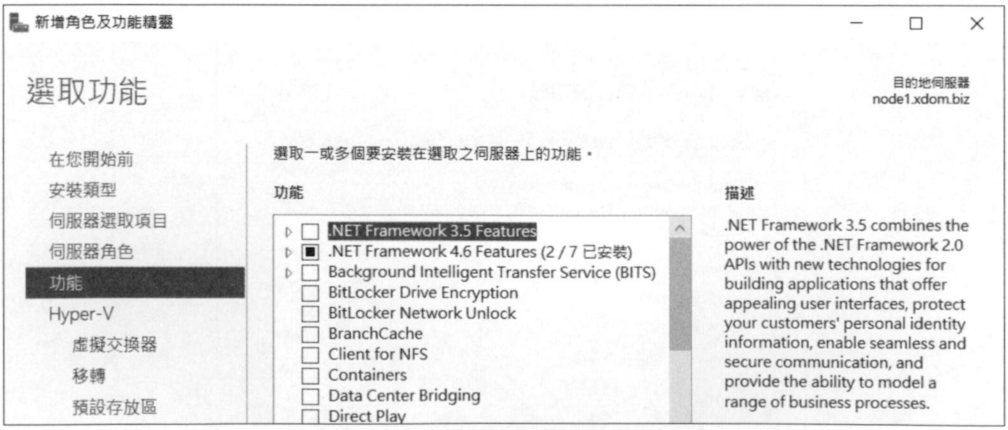
新增角色及功能精靈
選取功能
目的地伺服器
node1.xdom.biz
在您開始前
安裝類型
伺服器選取項目
伺服器角色
功能
Hyper-V
虛擬交換器
移轉
預設存放區
選取一或多個要安裝在選取之伺服器上的功能。
功能
.NET Framework 3.5 Features
.NET Framework 4.6 Features (2 / 7 已安裝)
Background Intelligent Transfer Service (BITS)
BitLocker Drive Encryption
BitLocker Network Unlock
BranchCache
Client for NFS
Containers
Data Center Bridging
Direct Play
描述
.NET Framework 3.5 combines the power of the .NET Framework 2.0 APIs with new technologies for building applications that offer appealing user interfaces, protect your customers' personal identity information, enable seamless and secure communication, and provide the ability to model a range of business processes.

按下一步鈕

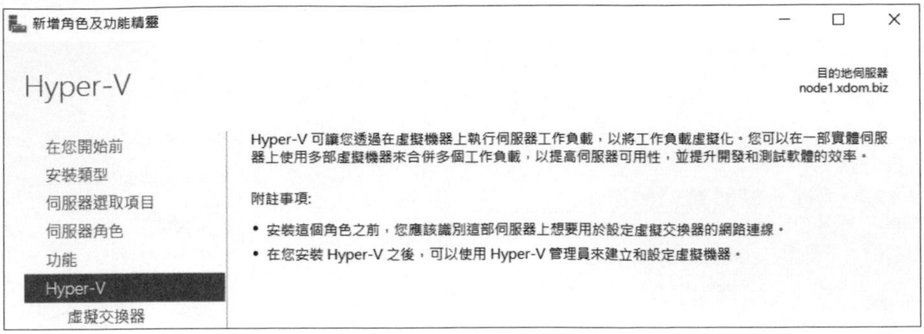
新增角色及功能精靈
Hyper-V
目的地伺服器
node1.xdom.biz
在您開始前
安裝類型
伺服器選取項目
伺服器角色
功能
Hyper-V
虛擬交換器
Hyper-V 可讓您透過在虛擬機器上執行伺服器工作負載，以將工作負載虛擬化。您可以在一部實體伺服器上使用多部虛擬機器來合併多個工作負載，以提高伺服器可用性，並提升開發和測試軟體的效率。
附註事項:
• 安裝這個角色之前，您應該識別這部伺服器上想要用於設定虛擬交換器的網路連線。
• 在您安裝 Hyper-V 之後，可以使用 Hyper-V 管理員來建立和設定虛擬機器。

按**下一步**鈕

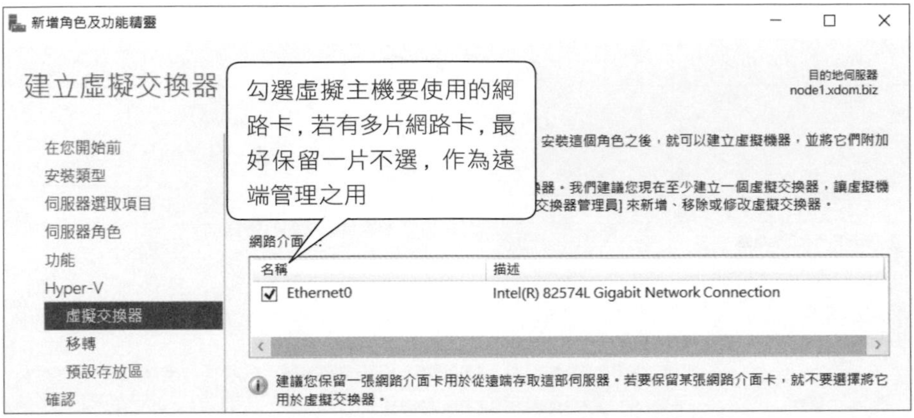
新增角色及功能精靈
建立虛擬交換器
目的地伺服器
node1.xdom.biz
勾選虛擬主機要使用的網路卡，若有多片網路卡，最好保留一片不選，作為遠端管理之用
在您開始前
安裝類型
伺服器選取項目
伺服器角色
功能
Hyper-V
虛擬交換器
移轉
預設存放區
確認
安裝這個角色之後，就可以建立虛擬機器，並將它們附加
換器。我們建議您現在至少建立一個虛擬交換器，讓虛擬機
交換器管理員] 來新增、移除或修改虛擬交換器。
網路介面
名稱
描述
Ethernet0
Intel(R) 82574L Gigabit Network Connection
建議您保留一張網路介面卡用於從遠端存取這部伺服器。若要保留某張網路介面卡，就不要選擇將它用於虛擬交換器。

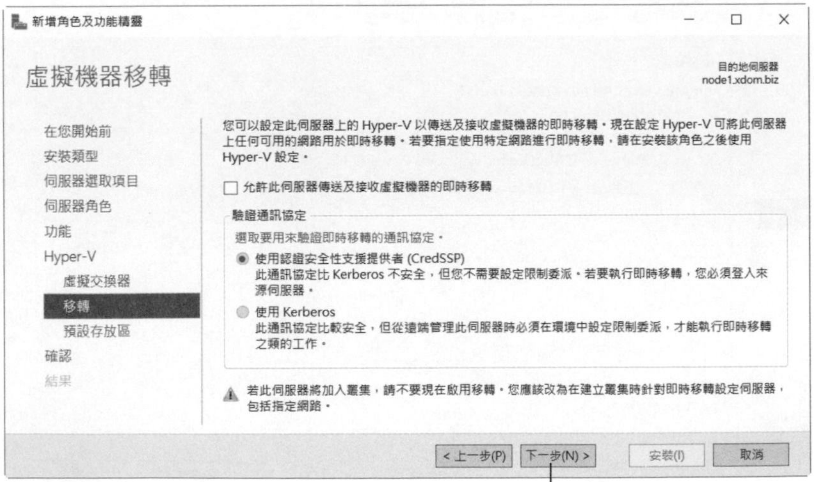
新增角色及功能精靈
虛擬機器移轉
目的地伺服器
node1.xdom.biz
在您開始前
安裝類型
伺服器選取項目
伺服器角色
功能
Hyper-V
虛擬交換器
移轉
預設存放區
確認
結果
您可以設定此伺服器上的 Hyper-V 以傳送及接收虛擬機器的即時移轉。現在設定 Hyper-V 可將此伺服器上任何可用的網路用於即時移轉。若要指定使用特定網路進行即時移轉，請在安裝該角色之後使用 Hyper-V 設定。
允許此伺服器傳送及接收虛擬機器的即時移轉
驗證通訊協定
選取要用來驗證即時移轉的通訊協定。
使用認證安全性支援提供者 (CredSSP)
此通訊協定比 Kerberos 不安全，但您不需要設定限制委派。若要執行即時移轉，您必須登入來源伺服器。
使用 Kerberos
此通訊協定比較安全，但從遠端管理此伺服器時必須在環境中設定限制委派，才能執行即時移轉之類的工作。
若此伺服器將加入叢集，請不要現在啟用移轉。您應該改為在建立叢集時針對即時移轉設定伺服器，包括指定網路。
< 上一步(P)
下一步(N) >
安裝(I)
取消

目前只有一部虛擬主機，毋須設定移轉功能，直接按**下一步**

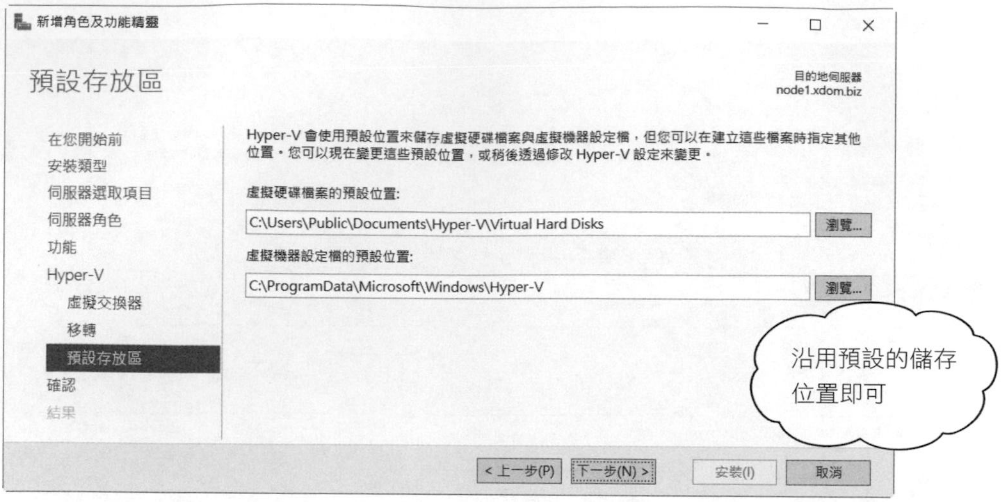
新增角色及功能精靈
預設存放區
目的地伺服器
node1.xdom.biz
在您開始前
安裝類型
伺服器選取項目
伺服器角色
功能
Hyper-V
虛擬交換器
移轉
預設存放區
確認
結果
Hyper-V 會使用預設位置來儲存虛擬硬碟檔案與虛擬機器設定檔，但您可以在建立這些檔案時指定其他位置。您可以現在變更這些預設位置，或稍後透過修改 Hyper-V 設定來變更。
虛擬硬碟檔案的預設位置:
C:\Users\Public\Documents\Hyper-V\Virtual Hard Disks
瀏覽...
虛擬機器設定檔的預設位置:
C:\ProgramData\Microsoft\Windows\Hyper-V
瀏覽...
< 上一步(P)
下一步(N) >
安裝(I)
取消

沿用預設的儲存位置即可

按**下一步**鈕

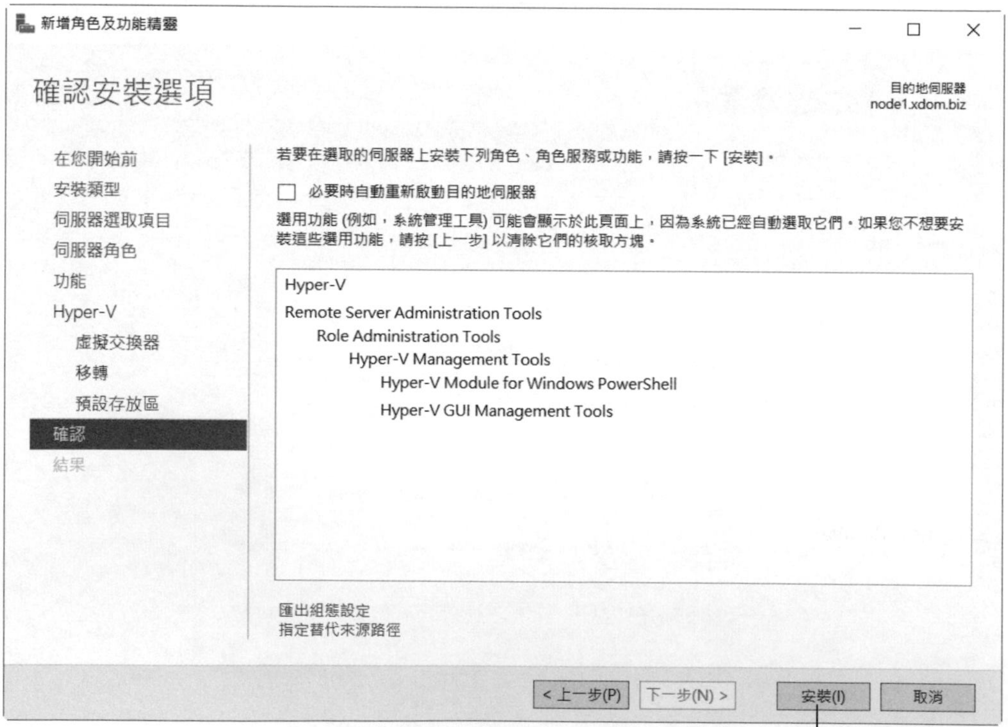
新增角色及功能精靈
確認安裝選項
目的地伺服器
node1.xdom.biz
在您開始前
安裝類型
伺服器選取項目
伺服器角色
功能
Hyper-V
虛擬交換器
移轉
預設存放區
確認
結果
若要在選取的伺服器上安裝下列角色、角色服務或功能，請按一下 [安裝]。
必要時自動重新啟動目的地伺服器
選用功能 (例如，系統管理工具) 可能會顯示於此頁面上，因為系統已經自動選取它們。如果您不想要安裝這些選用功能，請按 [上一步] 以清除它們的核取方塊。
Hyper-V
Remote Server Administration Tools
Role Administration Tools
Hyper-V Management Tools
Hyper-V Module for Windows PowerShell
Hyper-V GUI Management Tools
匯出組態設定
指定替代來源路徑
< 上一步(P)
下一步(N) >
安裝(I)
取消

按**安裝**鈕

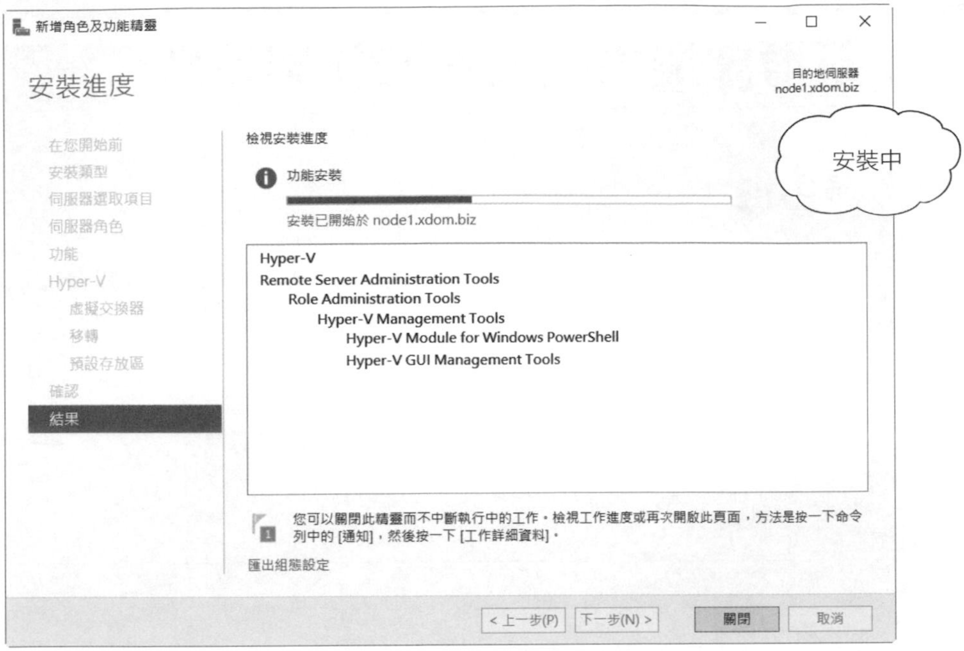
新增角色及功能精靈
安裝進度
目的地伺服器
node1.xdom.biz
在您開始前
安裝類型
伺服器選取項目
伺服器角色
功能
Hyper-V
虛擬交換器
移轉
預設存放區
確認
結果
檢視安裝進度
功能安裝
安裝已開始於 node1.xdom.biz
Hyper-V
Remote Server Administration Tools
Role Administration Tools
Hyper-V Management Tools
Hyper-V Module for Windows PowerShell
Hyper-V GUI Management Tools
您可以關閉此精靈而不中斷執行中的工作。檢視工作進度或再次開啟此頁面，方法是按一下命令列中的 [通知]，然後按一下 [工作詳細資料]。
匯出組態設定
< 上一步(P)
下一步(N) >
關閉
取消
安裝中

安裝完成後按**關閉**鈕，重新啟動之後，在**伺服器管理員**就會出現 Hyper-V 項目：

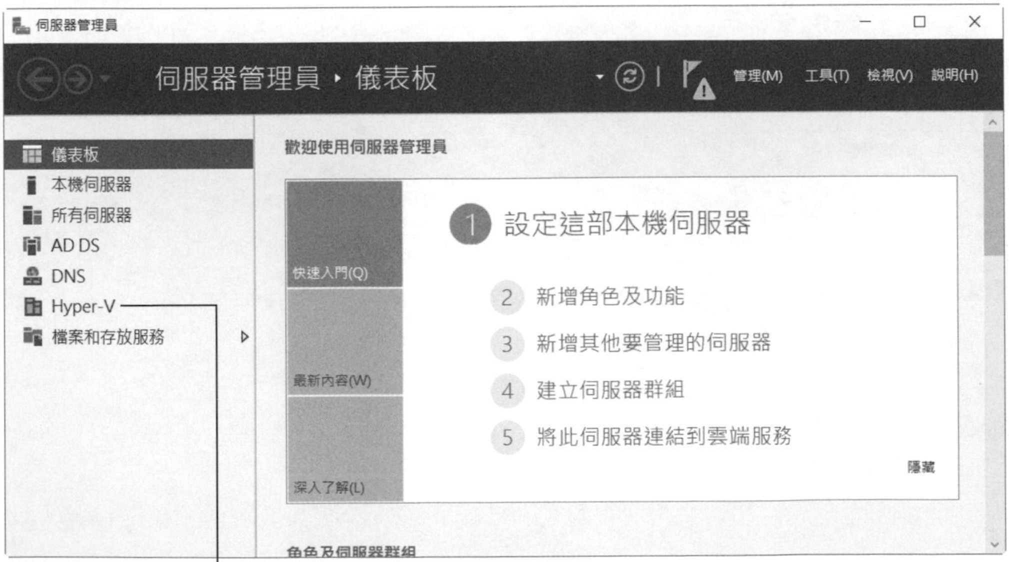
伺服器管理員
伺服器管理員 • 儀表板
管理(M)
工具(T)
檢視(V)
說明(H)
儀表板
本機伺服器
所有伺服器
AD DS
DNS
Hyper-V
檔案和存放服務
歡迎使用伺服器管理員
快速入門(Q)
最新內容(W)
深入了解(L)
1 設定這部本機伺服器
2 新增角色及功能
3 新增其他要管理的伺服器
4 建立伺服器群組
5 將此伺服器連結到雲端服務
隱藏
角色及伺服器群組
出現 Hyper-V 代表已經安裝成功

16-2 新增虛擬主機與安裝作業系統

新增虛擬主機

安裝 Hyper-V 元件之後，接著就來新增虛擬主機。請在**伺服器管理員**執行**工具 /Hyper-V 管理員**，開啟 **Hyper-V 管理員**視窗：

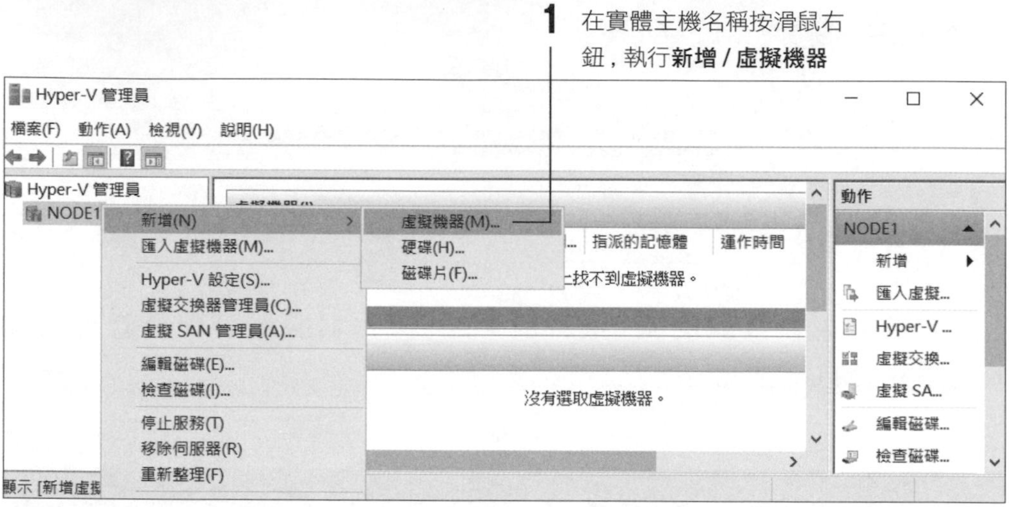

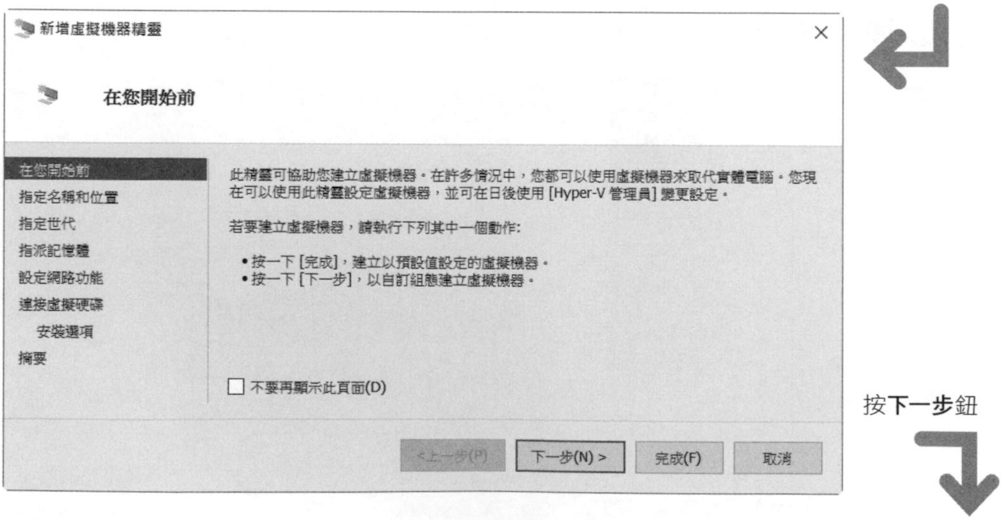

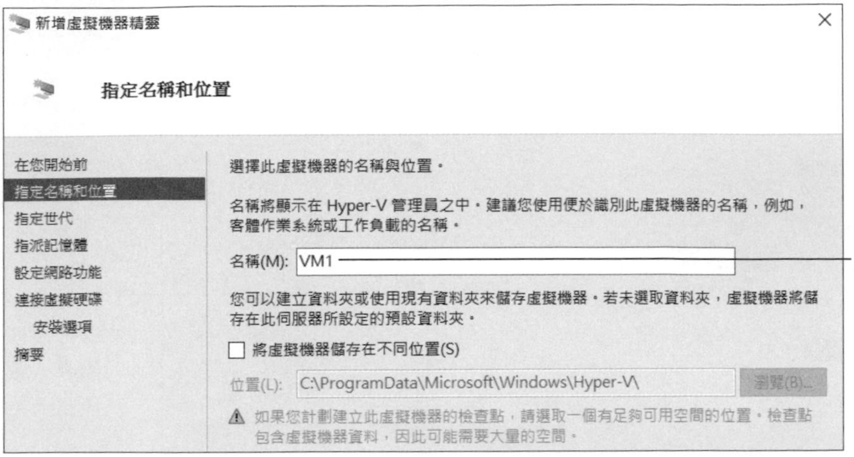

2 設定虛擬主機的名稱

按**下一步**鈕

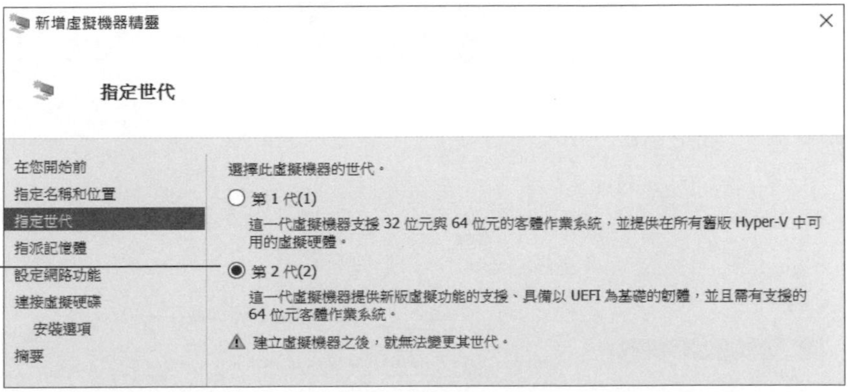

3 選取第 2 代

按**下一步**鈕

4 設定虛擬主機所要佔用的記憶體大小

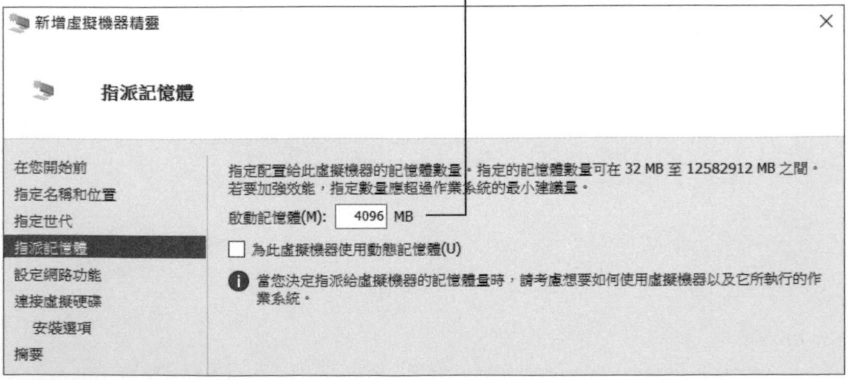

按**下一步**鈕

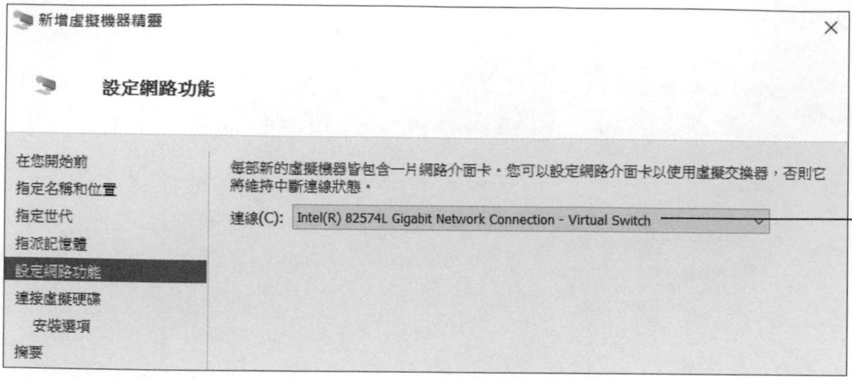

5 設定虛擬主機要使用哪一張網路卡

按**下一步**鈕

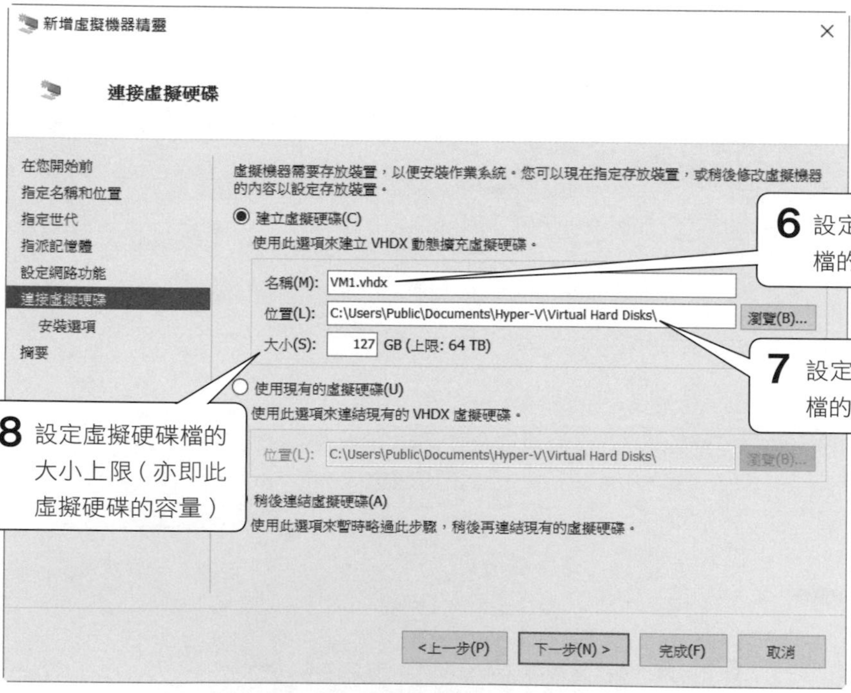

6 設定虛擬硬碟檔的檔名

7 設定虛擬硬碟檔的儲存位置

8 設定虛擬硬碟檔的大小上限（亦即此虛擬硬碟的容量）

按**下一步**鈕

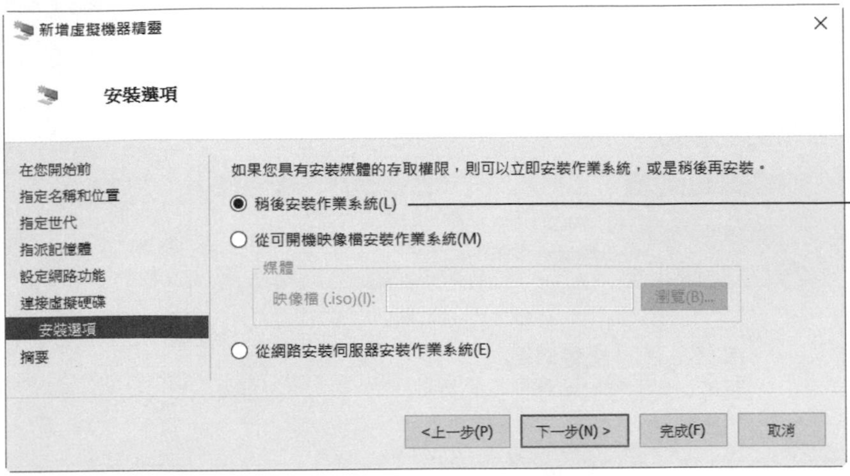
新增虛擬機器精靈
安裝選項
在您開始前
指定名稱和位置
指定世代
指派記憶體
設定網路功能
連接虛擬硬碟
安裝選項
摘要
如果您具有安裝媒體的存取權限，則可以立即安裝作業系統，或是稍後再安裝。
稍後安裝作業系統(L)
從可開機映像檔安裝作業系統(M)
媒體
映像檔 (.iso)(I):
瀏覽(B)...
從網路安裝伺服器安裝作業系統(E)
<上一步(P)
下一步(N) >
完成(F)
取消

9 現在先不安裝作業系統，請選此項

按**下一步**鈕

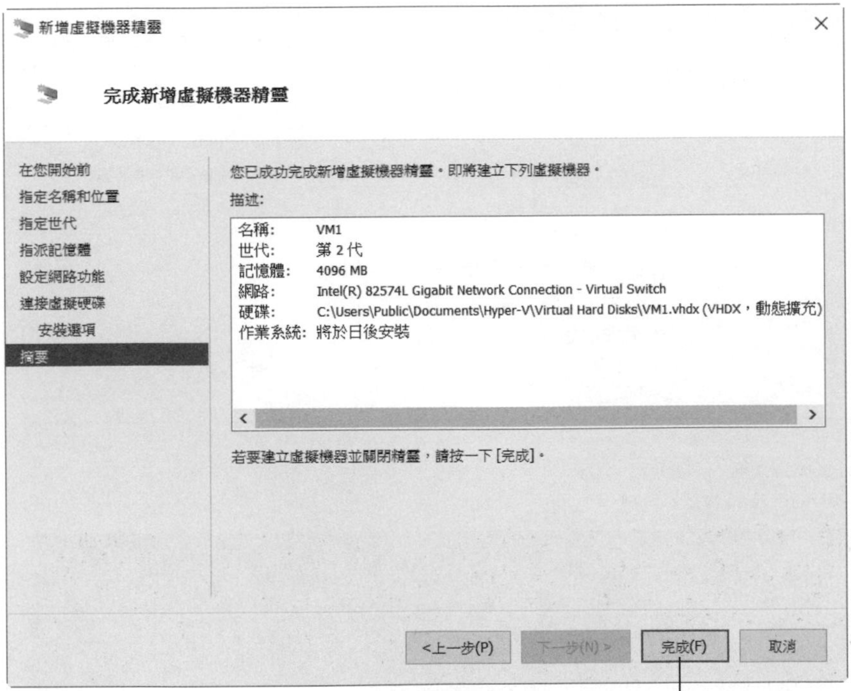
新增虛擬機器精靈
完成新增虛擬機器精靈
在您開始前
指定名稱和位置
指定世代
指派記憶體
設定網路功能
連接虛擬硬碟
安裝選項
摘要
您已成功完成新增虛擬機器精靈。即將建立下列虛擬機器。
描述:
名稱: VM1
世代: 第 2 代
記憶體: 4096 MB
網路: Intel(R) 82574L Gigabit Network Connection - Virtual Switch
硬碟: C:\Users\Public\Documents\Hyper-V\Virtual Hard Disks\VM1.vhdx (VHDX，動態擴充)
作業系統: 將於日後安裝
若要建立虛擬機器並關閉精靈，請按一下 [完成]。
<上一步(P)
下一步(N) >
完成(F)
取消

10 按**完成**鈕

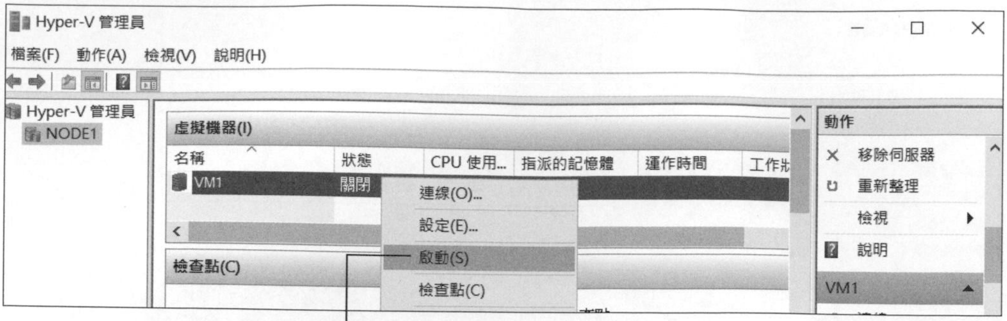

虛擬主機預設是**關閉**狀態，對它按右鈕執行『**啟動**』命令

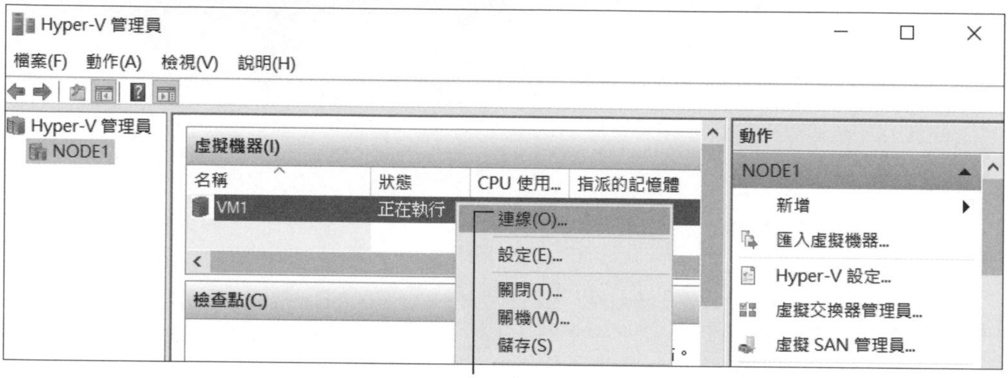

在虛擬主機按右鈕、執行『**連線**』命令，因為連線後才能看到虛擬主機的畫面

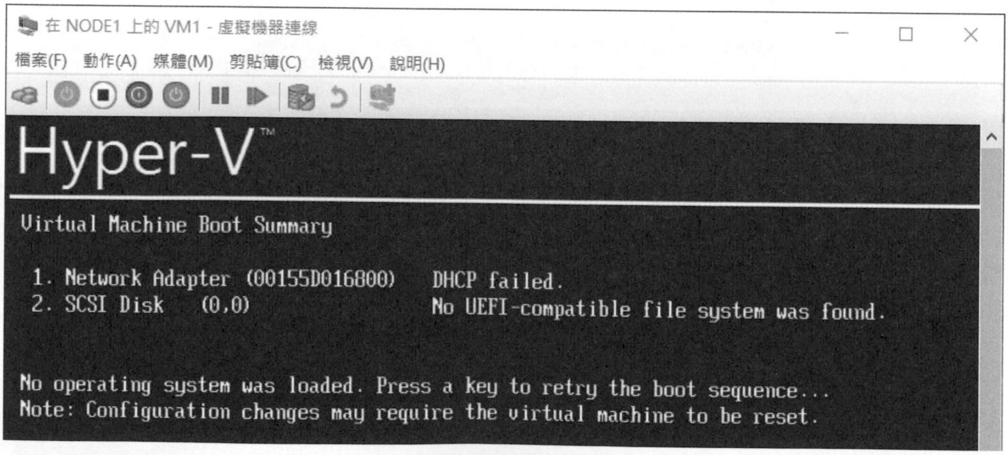

上圖會出現「No operating system was loaded....」是因為尚未安裝作業系統，這樣的虛擬主機不能提供任何服務，所以我們接著要新增光碟機並安裝作業系統，但是必須先關閉虛擬主機才能新增硬體：

執行『**動作 / 關閉**』命令

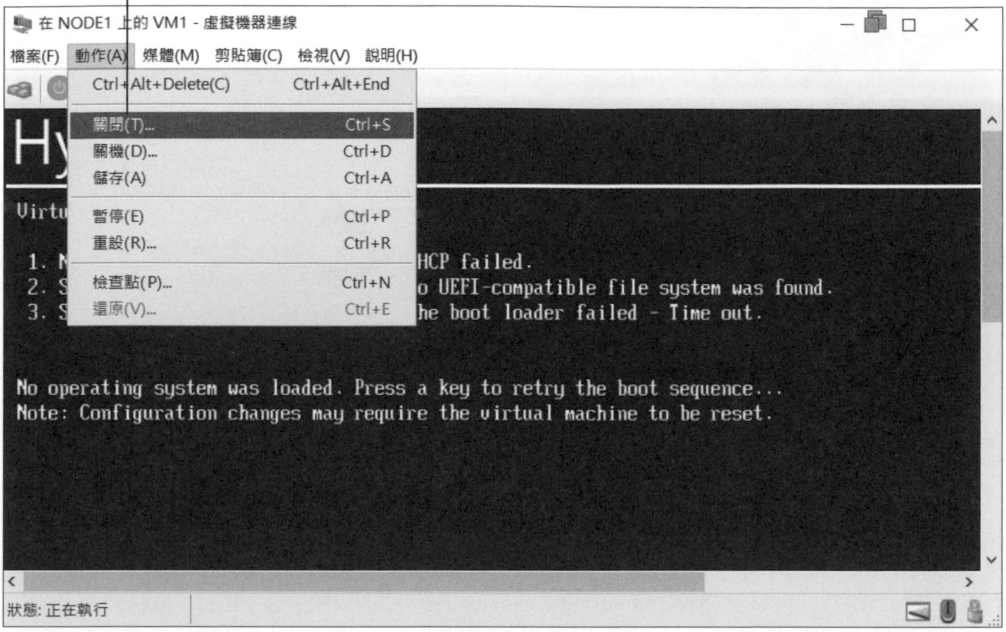

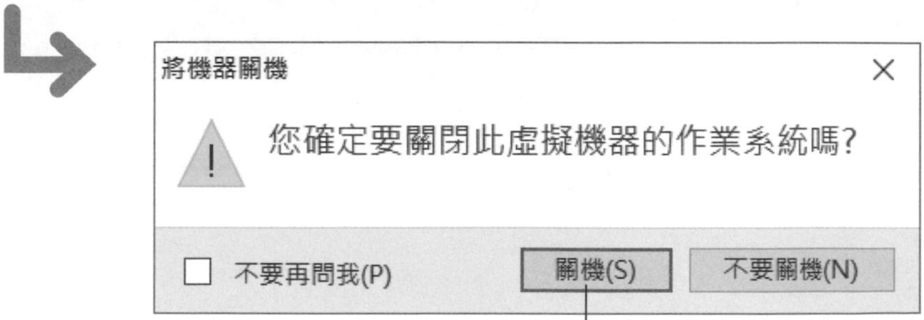

按**關機**鈕

安裝作業系統

假設已經下載 Windows Server 2016 的 iso 檔，毋須燒成光碟就可以安裝在虛擬主機：

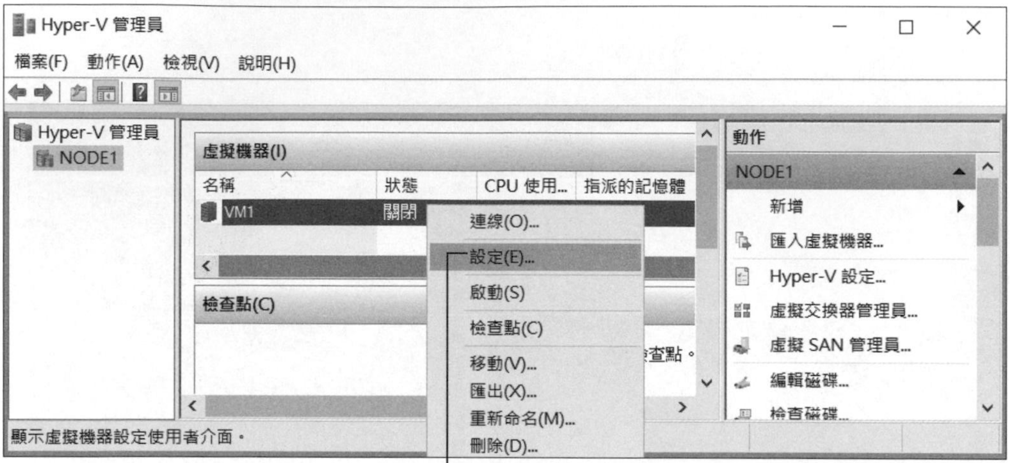

1 在虛擬主機按右鈕、執行『**設定**』命令

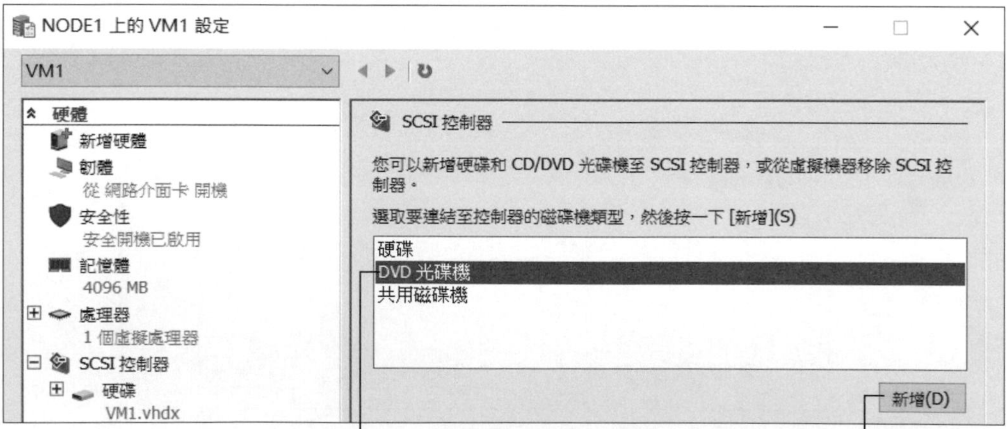

2 選取 **DVD 光碟機**

3 按**新增**鈕

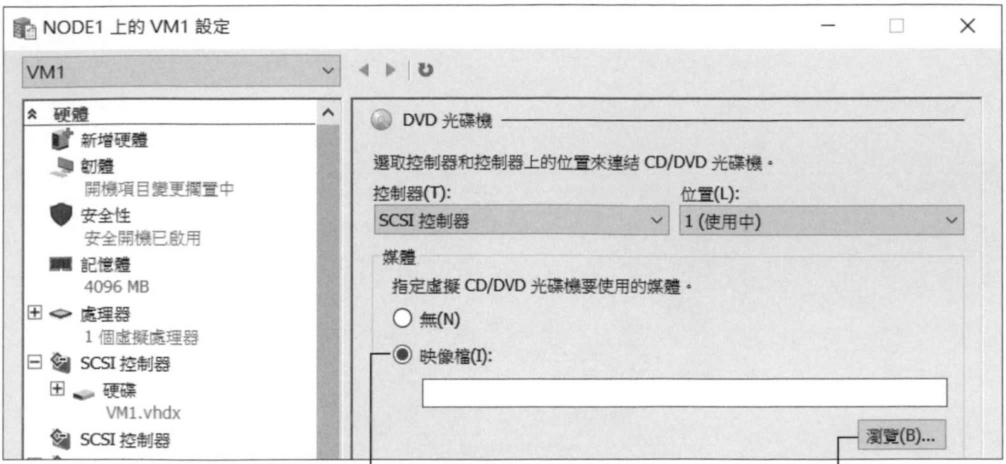
NODE1 上的 VM1 設定
VM1
硬體
新增硬體
韌體
開機項目變更擱置中
安全性
安全開機已啟用
記憶體
4096 MB
處理器
1 個虛擬處理器
SCSI 控制器
硬碟
VM1.vhdx
SCSI 控制器
DVD 光碟機
選取控制器和控制器上的位置來連結 CD/DVD 光碟機。
控制器(T):
SCSI 控制器
位置(L):
1 (使用中)
媒體
指定虛擬 CD/DVD 光碟機要使用的媒體。
無(N)
映像檔(I):
瀏覽(B)...

4 選取**映像檔**　　**5** 按**瀏覽**鈕

開啟
本機 › 下載
搜尋 下載
組合管理
新增資料夾
yc16
Microsoft Manag
本機
下載
本機磁碟 (C:)
Shared Folders
名稱
修改日期
類型
windows_server_2016_x64_9718833.iso
2017/3/28 上午 1...
檔案名稱(N):
windows_server_2016_x64_
ISO 映像檔 (*.iso)
開啟(O)
取消

6 選取 iso 檔　　**7** 按**開啟**鈕

8 點選 X 關閉此視窗

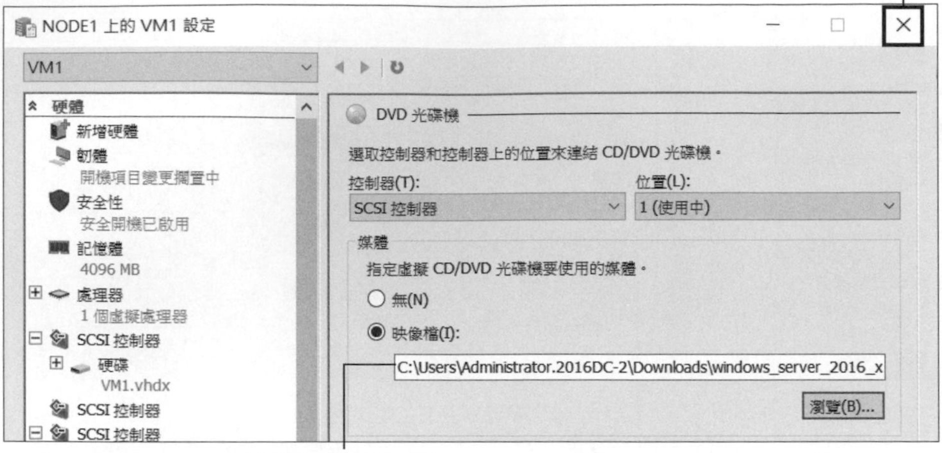

這是掛載的 iso 檔

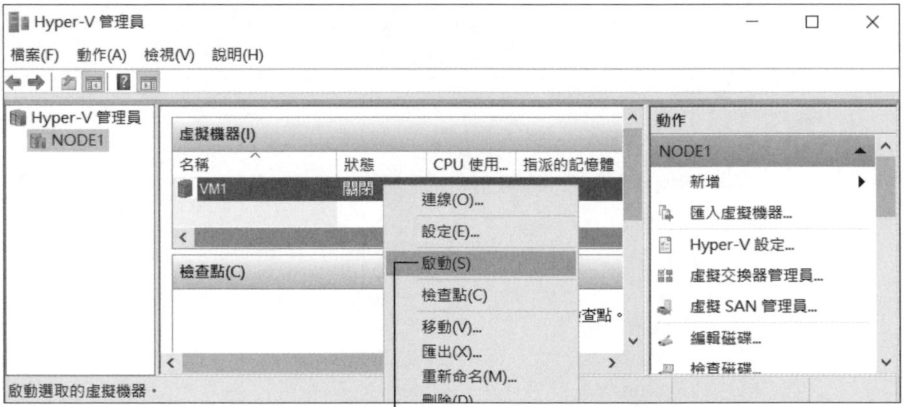

9 在虛擬主機按右鈕、執行『**啟動**』命令

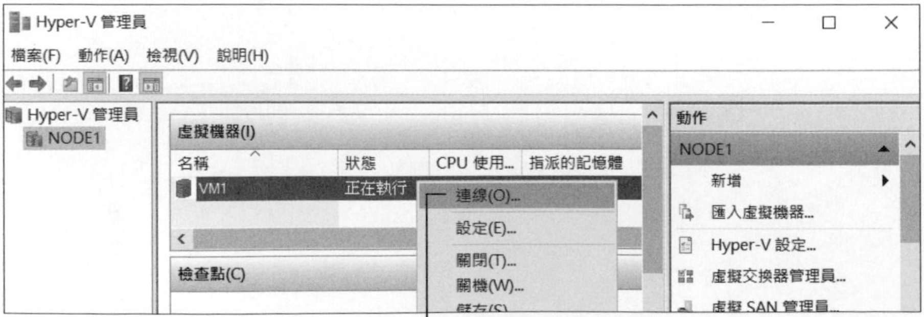

10 在虛擬主機按右鈕、執行『**連線**』命令

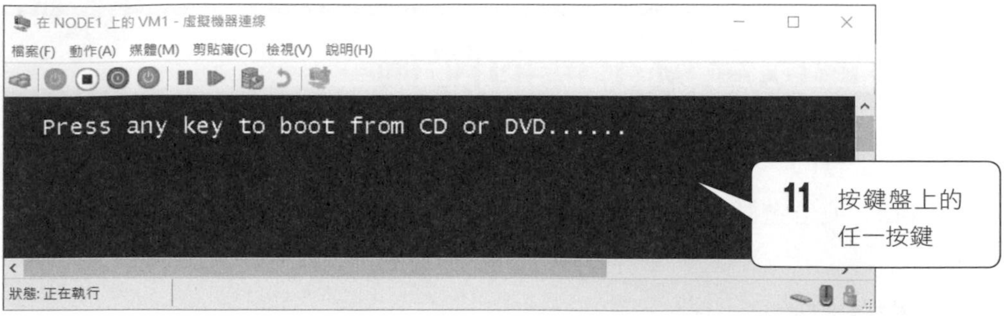

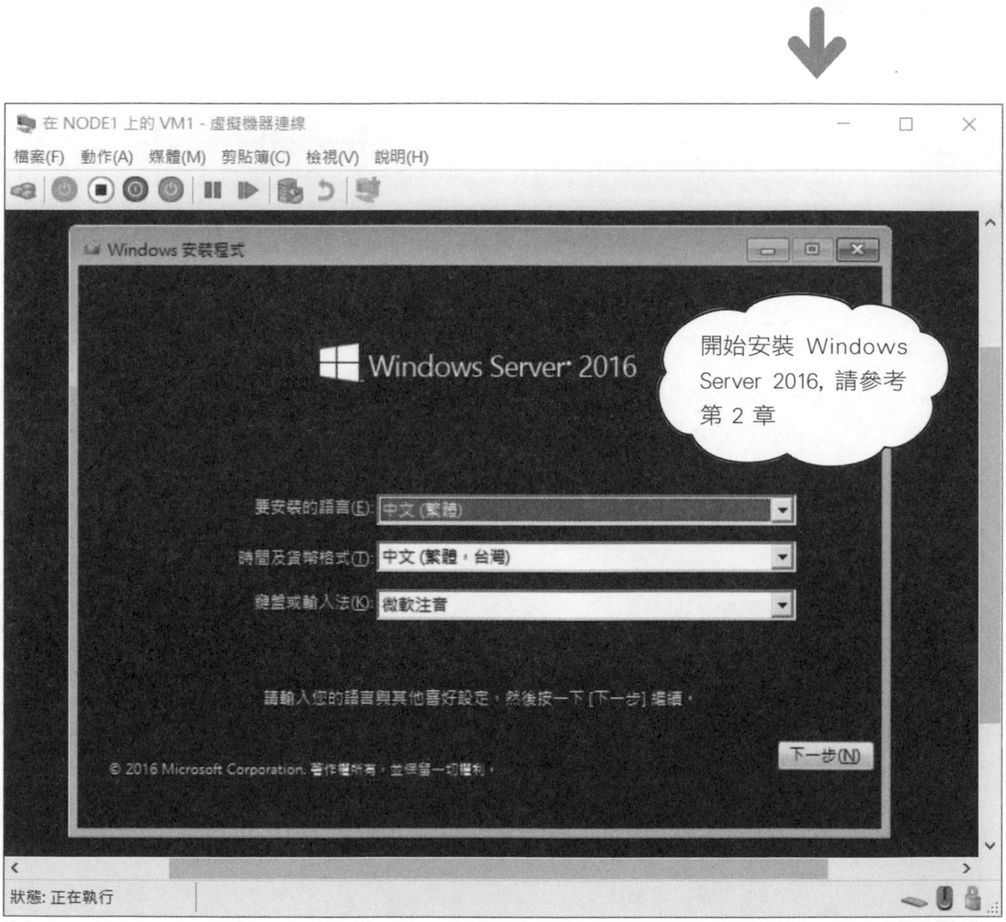

用**微軟**的官方術語來說，在實體主機安裝的作業系統稱為「Host OS」；在虛擬主機安裝的作業系統稱為「Guest OS」，Host OS 與 Guest OS 可以是相同或不同作業系統。

16-3 修改虛擬主機的配備

虛擬主機的一大優點就是可以隨時變更硬體配備，毋須關閉電源和動手拆裝機殼，但是虛擬主機必須處於關閉狀態。

變更記憶體大小

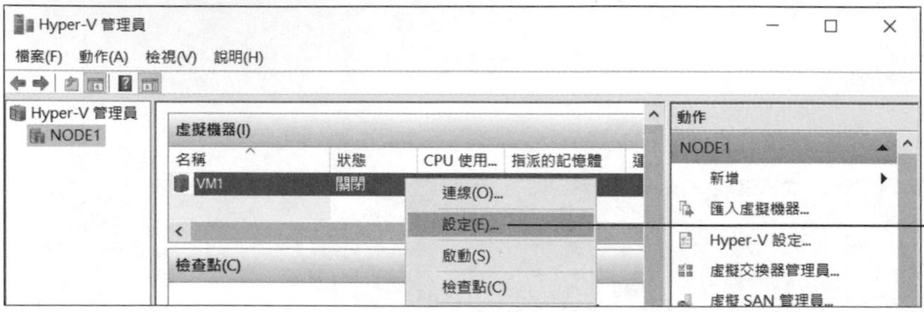

1 在虛擬主機按右鈕、執行『**設定**』命令

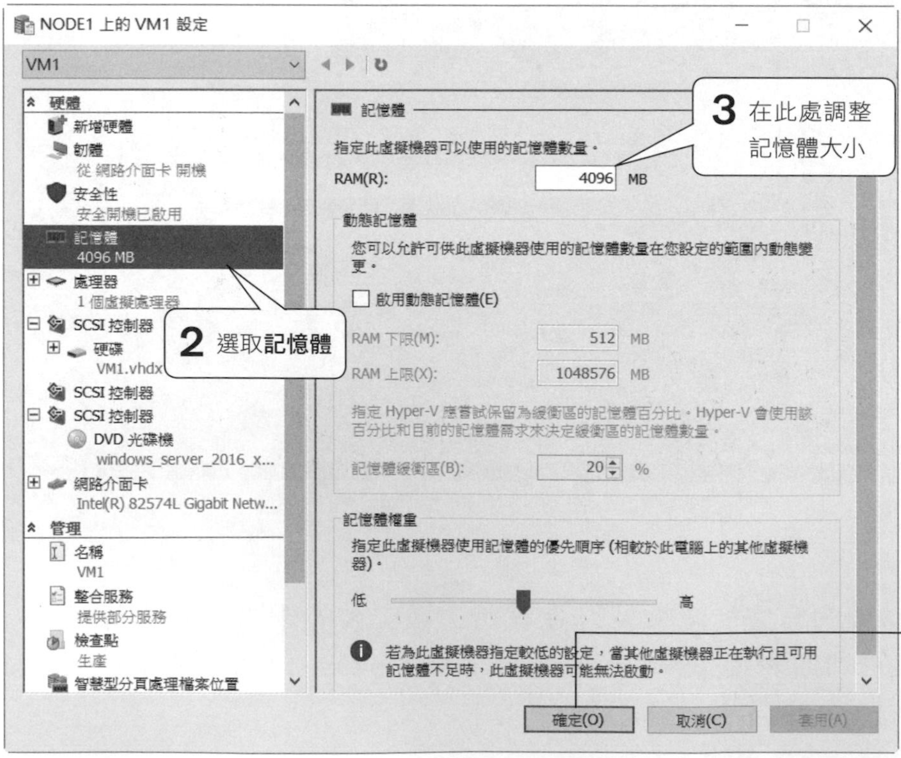

4 按**確定**鈕

修改硬碟空間

Hyper-V 管理員
檔案(F) 動作(A) 檢視(V) 說明(H)
Hyper-V 管理員
NODE1
虛擬機器(I)
名稱 狀態 CPU 使用... 指派的記憶體
VM1 關閉
連線(O)...
設定(E)...
啟動(S)
檢查點(C)
移動(V)...
匯出(X)...
重新命名(M)...
刪除(D)...
檢查點(C)
VM1
動作
NODE1
新增
匯入虛擬機器...
Hyper-V 設定...
虛擬交換器管理員...
虛擬 SAN 管理員...
編輯磁碟...
檢查磁碟...
停止服務

1 在虛擬主機按右鈕、執行『**設定**』命令

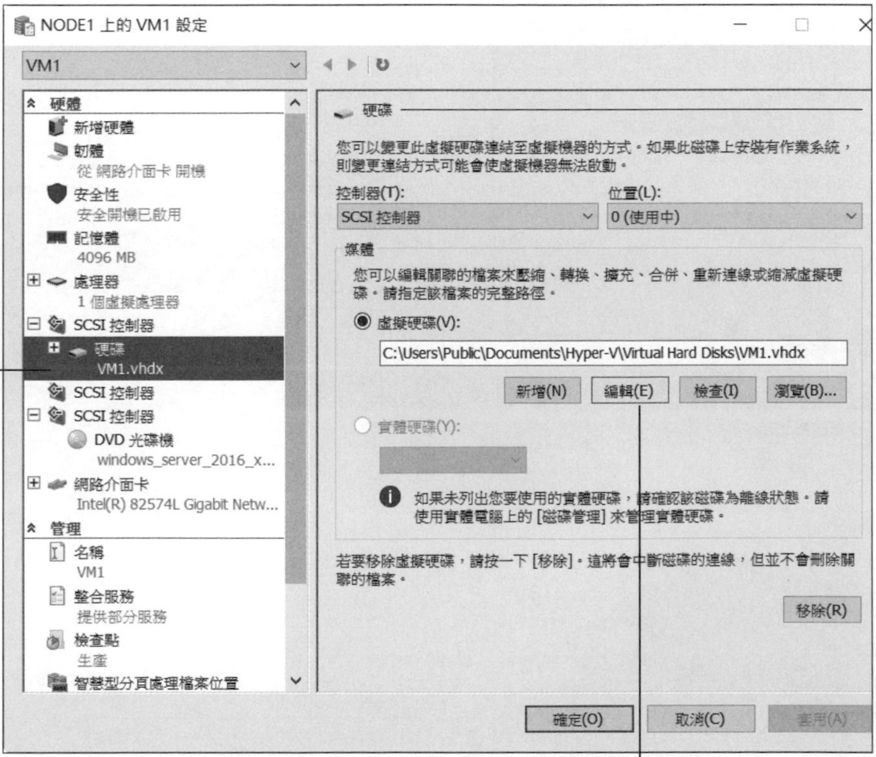
NODE1 上的 VM1 設定
VM1
硬體
新增硬體
韌體
從 網路介面卡 開機
安全性
安全開機已啟用
記憶體
4096 MB
處理器
1 個虛擬處理器
SCSI 控制器
硬碟
VM1.vhdx
SCSI 控制器
SCSI 控制器
DVD 光碟機
windows_server_2016_x...
網路介面卡
Intel(R) 82574L Gigabit Netw...
管理
名稱
VM1
整合服務
提供部分服務
檢查點
生產
智慧型分頁處理檔案位置
硬碟
您可以變更此虛擬硬碟連結至虛擬機器的方式。如果此磁碟上安裝有作業系統，則變更連結方式可能會使虛擬機器無法啟動。
控制器(T):
SCSI 控制器
位置(L):
0 (使用中)
媒體
您可以編輯關聯的檔案來壓縮、轉換、擴充、合併、重新連線或縮減虛擬硬碟。請指定該檔案的完整路徑。
虛擬硬碟(V):
C:\Users\Public\Documents\Hyper-V\Virtual Hard Disks\VM1.vhdx
新增(N) 編輯(E) 檢查(I) 瀏覽(B)...
實體硬碟(Y):
如果未列出您要使用的實體硬碟，請確認該磁碟為離線狀態。請使用實體電腦上的 [磁碟管理] 來管理實體硬碟。
若要移除虛擬硬碟，請按一下 [移除]。這將會中斷磁碟的連線，但並不會刪除關聯的檔案。
移除(R)
確定(O) 取消(C) 套用(A)

2 選取**硬碟**

3 按**編輯**鈕

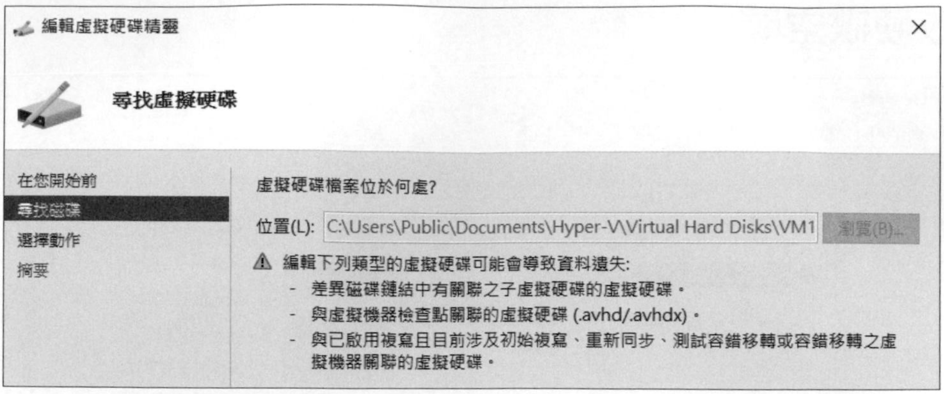
編輯虛擬硬碟精靈
尋找虛擬硬碟
在您開始前
尋找磁碟
選擇動作
摘要
虛擬硬碟檔案位於何處?
位置(L): C:\Users\Public\Documents\Hyper-V\Virtual Hard Disks\VM1
瀏覽(B)...
編輯下列類型的虛擬硬碟可能會導致資料遺失:
- 差異磁碟鏈結中有關聯之子虛擬硬碟的虛擬硬碟。
- 與虛擬機器檢查點關聯的虛擬硬碟 (.avhd/.avhdx)。
- 與已啟用複寫且目前涉及初始複寫、重新同步、測試容錯移轉或容錯移轉之虛擬機器關聯的虛擬硬碟。

按**下一步**鈕

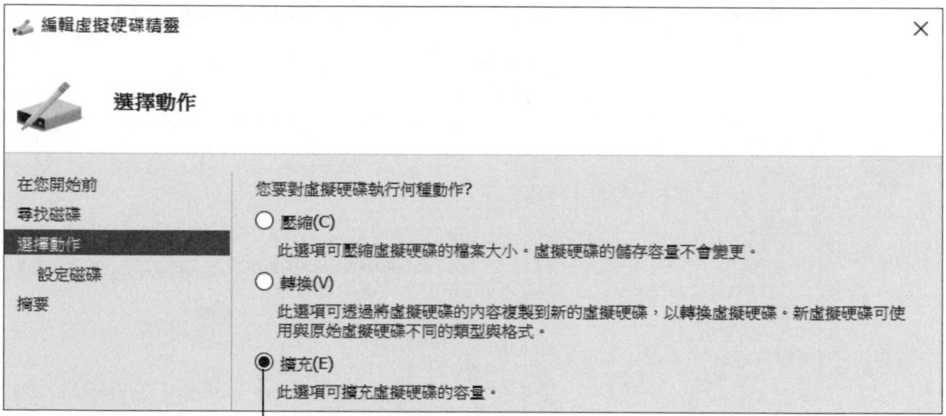
編輯虛擬硬碟精靈
選擇動作
在您開始前
尋找磁碟
選擇動作
設定磁碟
摘要
您要對虛擬硬碟執行何種動作?
壓縮(C)
此選項可壓縮虛擬硬碟的檔案大小。虛擬硬碟的儲存容量不會變更。
轉換(V)
此選項可透過將虛擬硬碟的內容複製到新的虛擬硬碟，以轉換虛擬硬碟。新虛擬硬碟可使用與原始虛擬硬碟不同的類型與格式。
擴充(E)
此選項可擴充虛擬硬碟的容量。

4 選取**擴充**

按**下一步**鈕

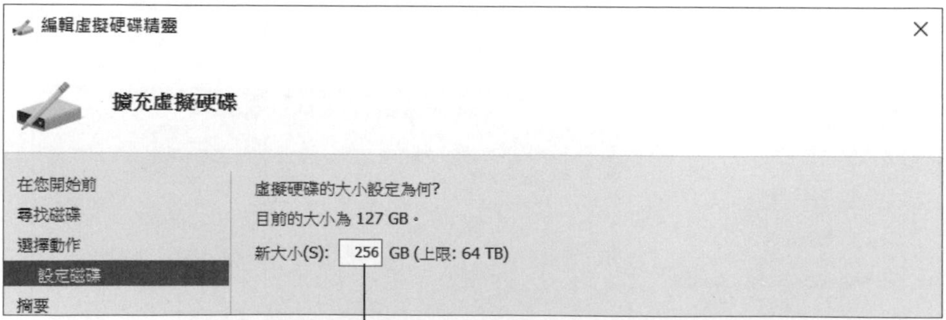
編輯虛擬硬碟精靈
擴充虛擬硬碟
在您開始前
尋找磁碟
選擇動作
設定磁碟
摘要
虛擬硬碟的大小設定為何?
目前的大小為 127 GB。
新大小(S): 256 GB (上限: 64 TB)

5 輸入新的硬碟空間大小

按**下一步**鈕

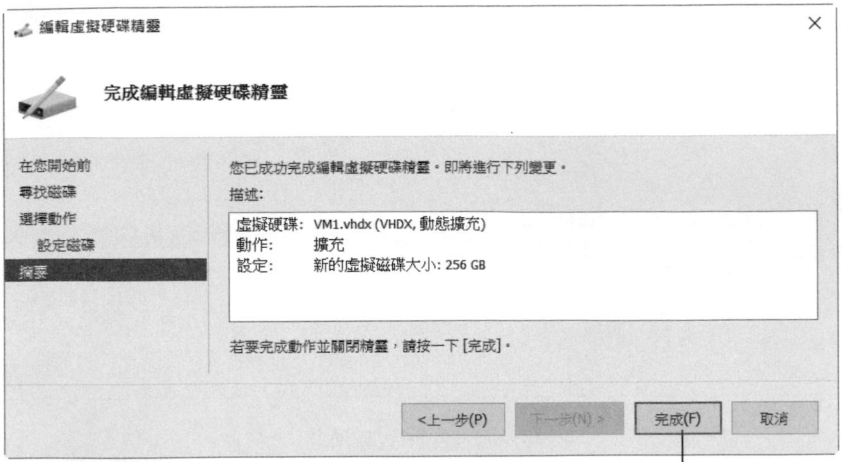

6 按**完成**鈕

新增硬碟

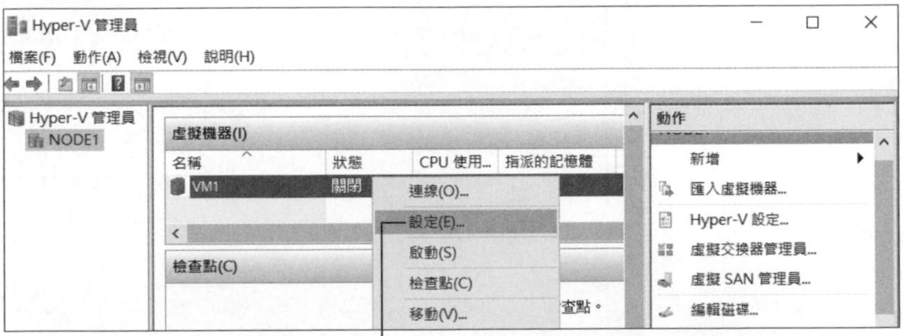

1 在虛擬主機按右鈕、執行『**設定**』命令

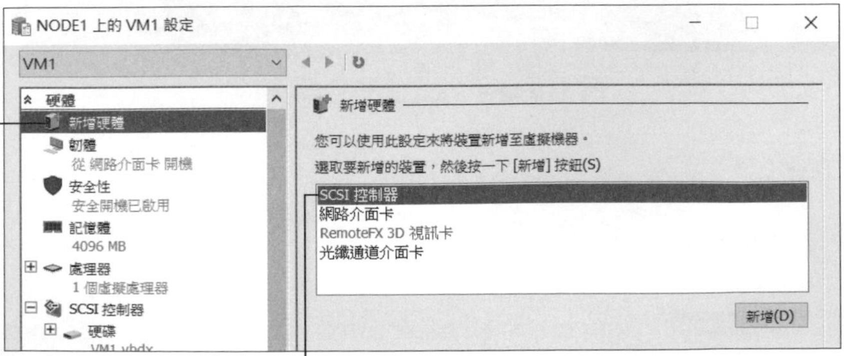

2 選取**新增硬體**

3 選取 **SCSI 控制器**、按**新增**鈕

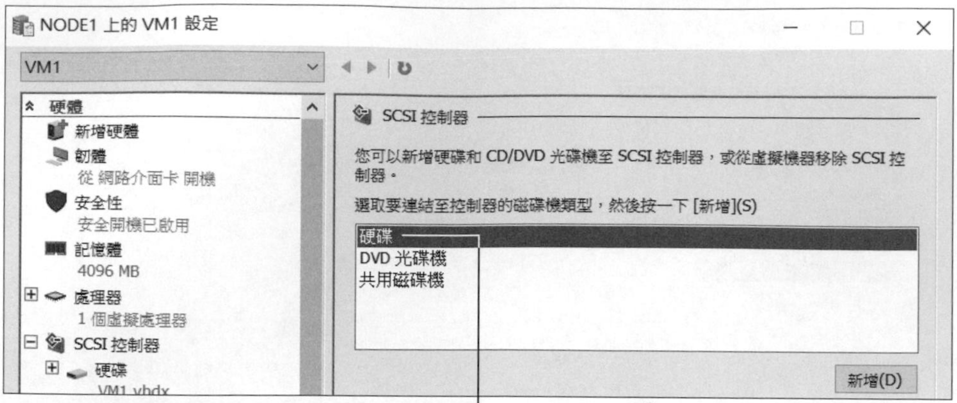
NODE1 上的 VM1 設定
VM1
硬體
新增硬體
韌體
從 網路介面卡 開機
安全性
安全開機已啟用
記憶體
4096 MB
處理器
1 個虛擬處理器
SCSI 控制器
硬碟
VM1.vhdx
SCSI 控制器
您可以新增硬碟和 CD/DVD 光碟機至 SCSI 控制器，或從虛擬機器移除 SCSI 控制器。
選取要連結至控制器的磁碟機類型，然後按一下 [新增](S)
硬碟
DVD 光碟機
共用磁碟機
新增(D)

4 選取**硬碟**、按**新增**鈕

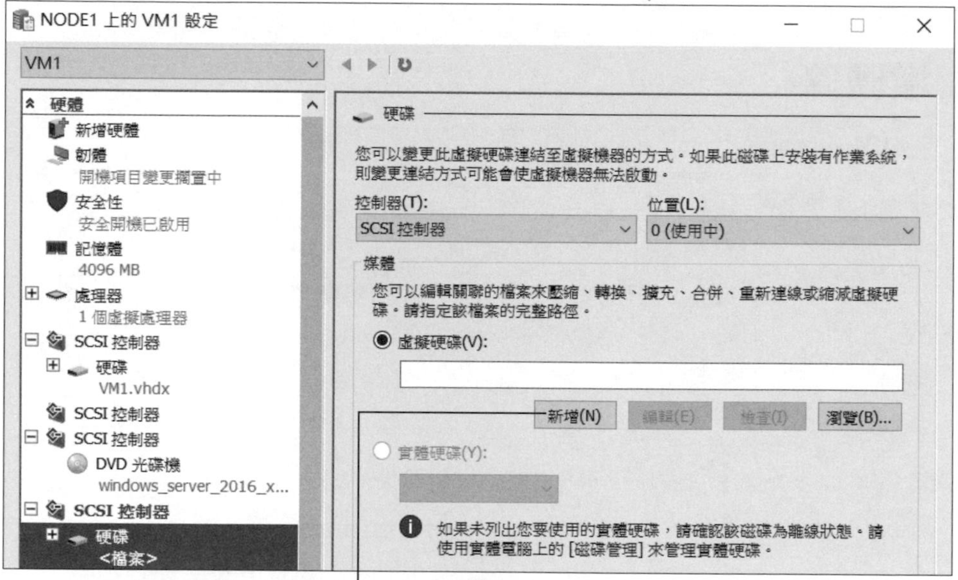
NODE1 上的 VM1 設定
VM1
硬體
新增硬體
韌體
開機項目變更擱置中
安全性
安全開機已啟用
記憶體
4096 MB
處理器
1 個虛擬處理器
SCSI 控制器
硬碟
VM1.vhdx
SCSI 控制器
SCSI 控制器
DVD 光碟機
windows_server_2016_x...
SCSI 控制器
硬碟
<檔案>
硬碟
您可以變更此虛擬硬碟連結至虛擬機器的方式。如果此磁碟上安裝有作業系統，則變更連結方式可能會使虛擬機器無法啟動。
控制器(T):
SCSI 控制器
位置(L):
0 (使用中)
媒體
您可以編輯關聯的檔案來壓縮、轉換、擴充、合併、重新連線或縮減虛擬硬碟。請指定該檔案的完整路徑。
虛擬硬碟(V):
新增(N)
編輯(E)
檢查(I)
瀏覽(B)...
實體硬碟(Y):
如果未列出您要使用的實體硬碟，請確認該磁碟為離線狀態。請使用實體電腦上的 [磁碟管理] 來管理實體硬碟。

5 按**新增**鈕

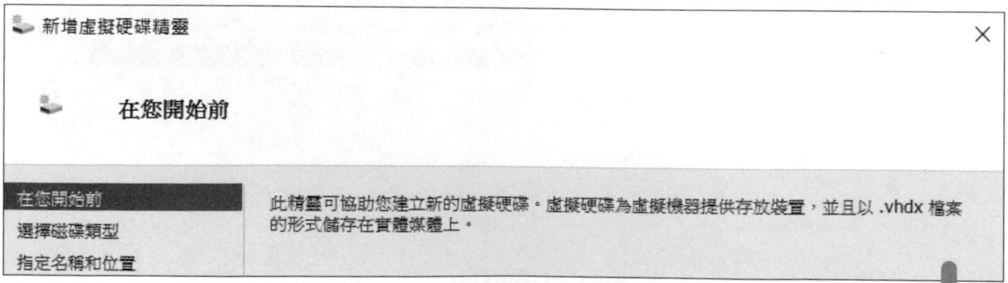
新增虛擬硬碟精靈
在您開始前
在您開始前
選擇磁碟類型
指定名稱和位置
此精靈可協助您建立新的虛擬硬碟。虛擬硬碟為虛擬機器提供存放裝置，並且以 .vhdx 檔案的形式儲存在實體媒體上。

按**下一步**鈕

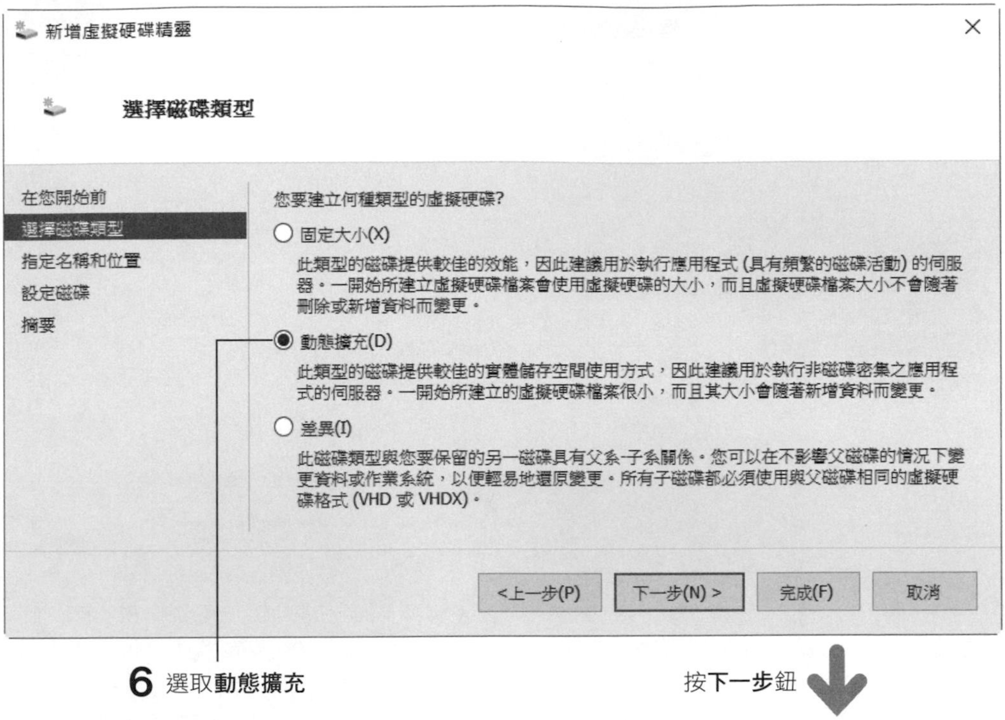
新增虛擬硬碟精靈
選擇磁碟類型
在您開始前
選擇磁碟類型
指定名稱和位置
設定磁碟
摘要
您要建立何種類型的虛擬硬碟?
固定大小(X)
此類型的磁碟提供較佳的效能，因此建議用於執行應用程式 (具有頻繁的磁碟活動) 的伺服器。一開始所建立虛擬硬碟檔案會使用虛擬硬碟的大小，而且虛擬硬碟檔案大小不會隨著刪除或新增資料而變更。
動態擴充(D)
此類型的磁碟提供較佳的實體儲存空間使用方式，因此建議用於執行非磁碟密集之應用程式的伺服器。一開始所建立的虛擬硬碟檔案很小，而且其大小會隨著新增資料而變更。
差異(I)
此磁碟類型與您要保留的另一磁碟具有父系-子系關係。您可以在不影響父磁碟的情況下變更資料或作業系統，以便輕易地還原變更。所有子磁碟都必須使用與父磁碟相同的虛擬硬碟格式 (VHD 或 VHDX)。
<上一步(P)
下一步(N) >
完成(F)
取消
6 選取動態擴充
按下一步鈕

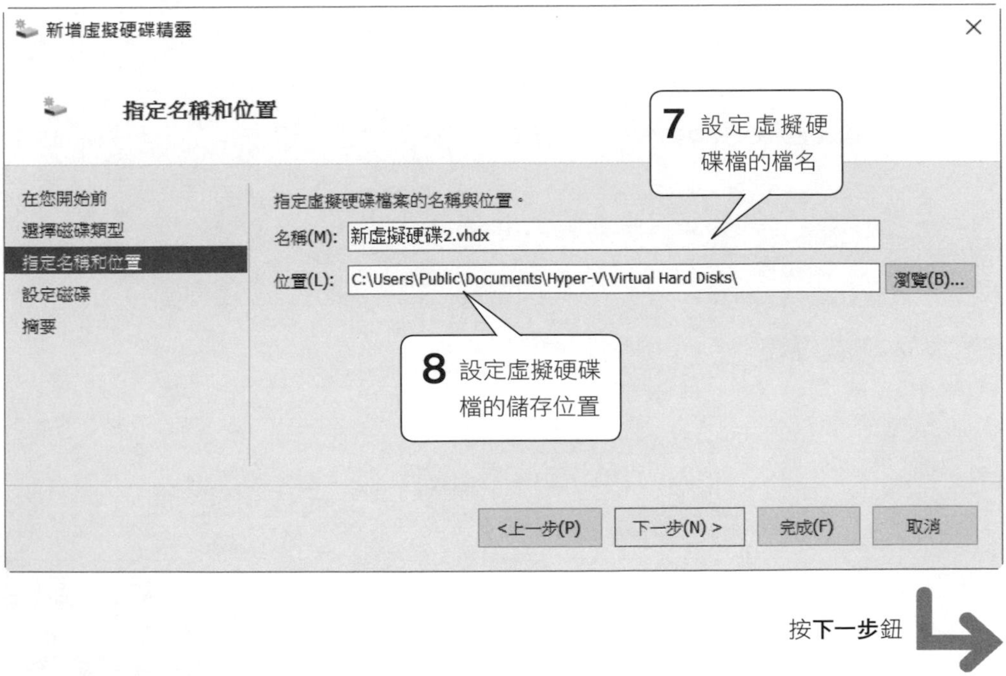
新增虛擬硬碟精靈
指定名稱和位置
7 設定虛擬硬碟檔的檔名
在您開始前
選擇磁碟類型
指定名稱和位置
設定磁碟
摘要
指定虛擬硬碟檔案的名稱與位置。
名稱(M): 新虛擬硬碟2.vhdx
位置(L): C:\Users\Public\Documents\Hyper-V\Virtual Hard Disks\
瀏覽(B)...
8 設定虛擬硬碟檔的儲存位置
<上一步(P)
下一步(N) >
完成(F)
取消
按下一步鈕

9 選取**建立新的空白虛擬硬碟**

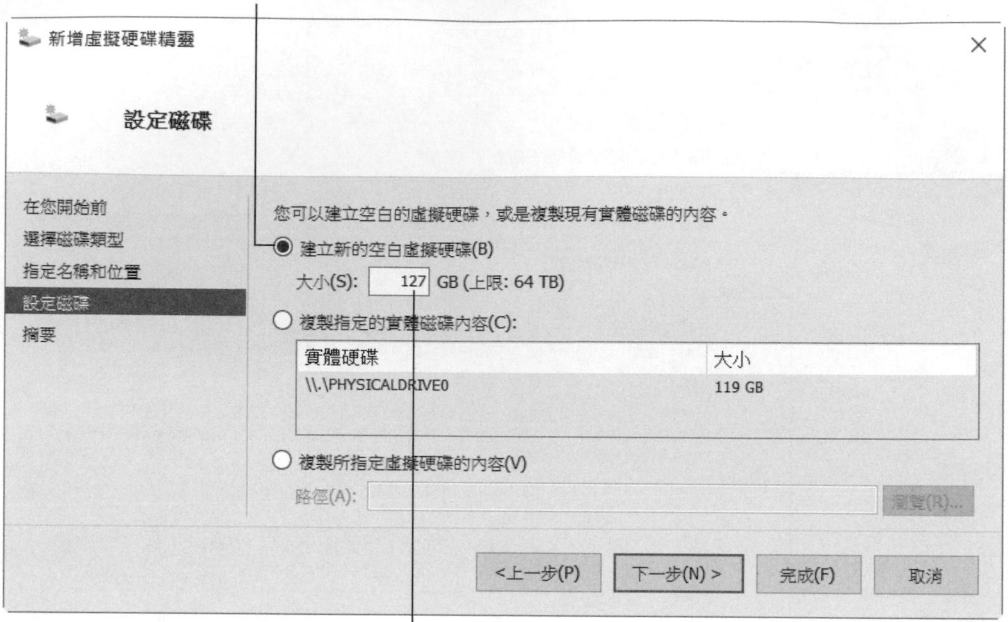

新增虛擬硬碟精靈
設定磁碟
在您開始前
選擇磁碟類型
指定名稱和位置
設定磁碟
摘要
您可以建立空白的虛擬硬碟，或是複製現有實體磁碟的內容。
建立新的空白虛擬硬碟(B)
大小(S): 127 GB (上限: 64 TB)
複製指定的實體磁碟內容(C):
實體硬碟
大小
\\.\PHYSICALDRIVE0
119 GB
複製所指定虛擬硬碟的內容(V)
路徑(A):
瀏覽(R)...
<上一步(P)
下一步(N) >
完成(F)
取消

10 設定虛擬硬碟的容量

按**下一步**鈕

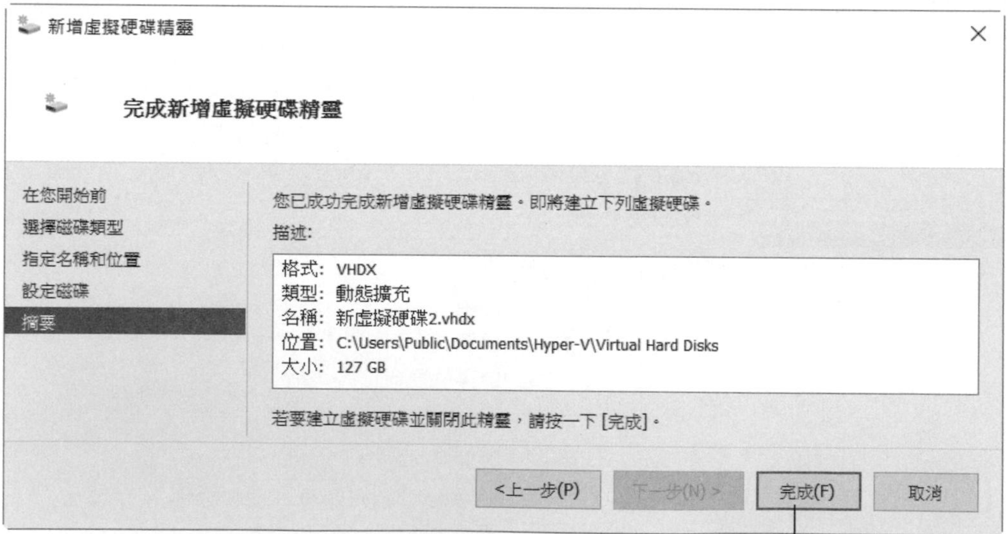

新增虛擬硬碟精靈
完成新增虛擬硬碟精靈
在您開始前
選擇磁碟類型
指定名稱和位置
設定磁碟
摘要
您已成功完成新增虛擬硬碟精靈。即將建立下列虛擬硬碟。
描述:
格式: VHDX
類型: 動態擴充
名稱: 新虛擬硬碟2.vhdx
位置: C:\Users\Public\Documents\Hyper-V\Virtual Hard Disks
大小: 127 GB
若要建立虛擬硬碟並關閉此精靈，請按一下 [完成]。
<上一步(P)
下一步(N) >
完成(F)
取消

11 按**完成**鈕

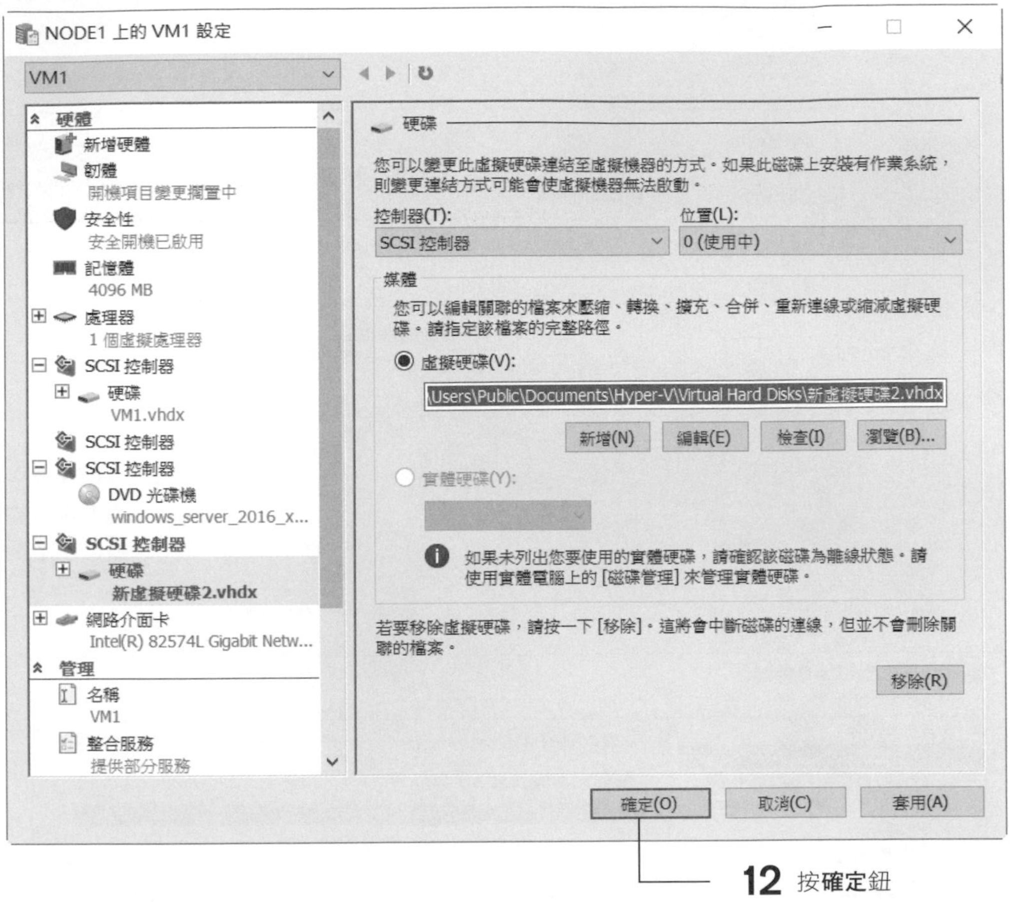

16-4 新增虛擬交換器

所謂的虛擬交換器是指模擬一部在 OSI Layer 2 工作的交換器，用來連接各虛擬主機和實體主機，讀者可以將它想像成一部「虛擬主機專用」的交換器。但是新增第一部虛擬主機之後，並不會自動建立虛擬交換器，所以該虛擬主機就是一部孤伶伶的電腦，沒有接上網路。在實務上我們會讓虛擬主機與其他主機（虛擬或實體）透過網路相連，因此在設定完主機的配備後，接著應該要建立虛擬交換器，請操作如下：

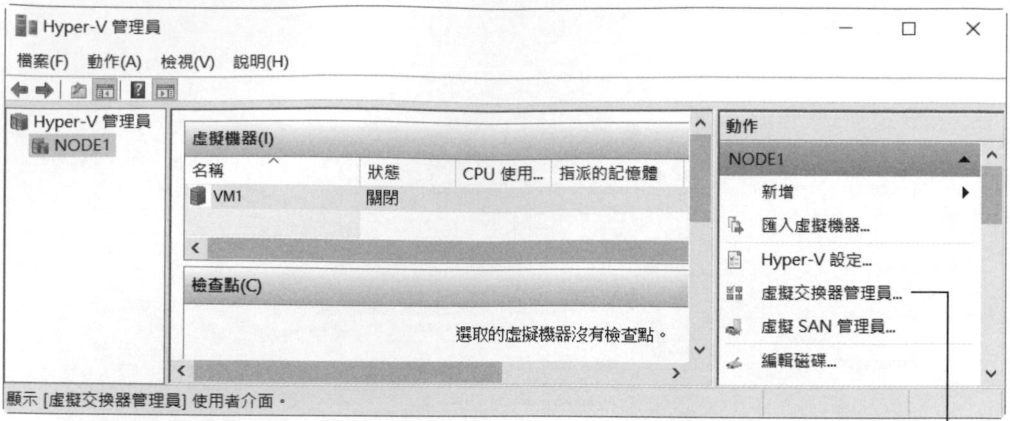
Hyper-V 管理員
檔案(F) 動作(A) 檢視(V) 說明(H)
Hyper-V 管理員
NODE1
虛擬機器(I)
名稱
狀態
CPU 使用...
指派的記憶體
VM1
關閉
檢查點(C)
選取的虛擬機器沒有檢查點。
動作
NODE1
新增
匯入虛擬機器...
Hyper-V 設定...
虛擬交換器管理員...
虛擬 SAN 管理員...
編輯磁碟...
顯示 [虛擬交換器管理員] 使用者介面。

1 在**動作**窗格選取**虛擬交換器管理員**

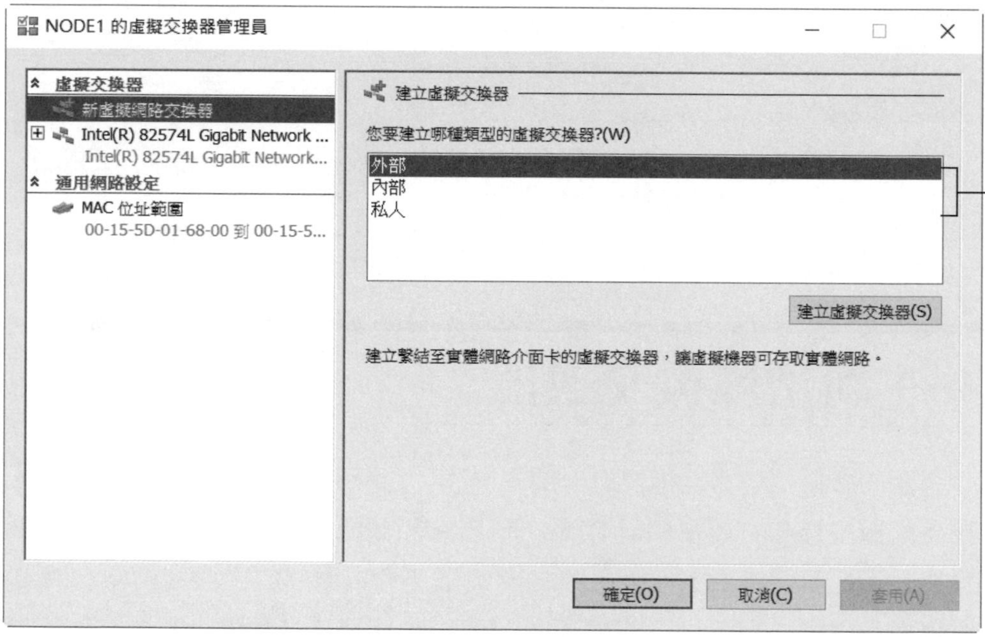
NODE1 的虛擬交換器管理員
虛擬交換器
新虛擬網路交換器
Intel(R) 82574L Gigabit Network ...
Intel(R) 82574L Gigabit Network...
通用網路設定
MAC 位址範圍
00-15-5D-01-68-00 到 00-15-5...
建立虛擬交換器
您要建立哪種類型的虛擬交換器?(W)
外部
內部
私人
建立虛擬交換器(S)
建立繫結至實體網路介面卡的虛擬交換器，讓虛擬機器可存取實體網路。
確定(O)
取消(C)
套用(A)

虛擬交換器區分為「外部、內部和私人」三種類型

上圖三種虛擬交換器的應用場合說明如下：

外部

連接到這類虛擬交換器的虛擬主機與實體主機， 彼此可以互相夠溝通，若實體主機能連到網際網路， 虛擬主機也能跟著連上網際網路。可以想像成：虛擬主機已經跳出虛擬環境，真的連接到實體主機所在的網路。

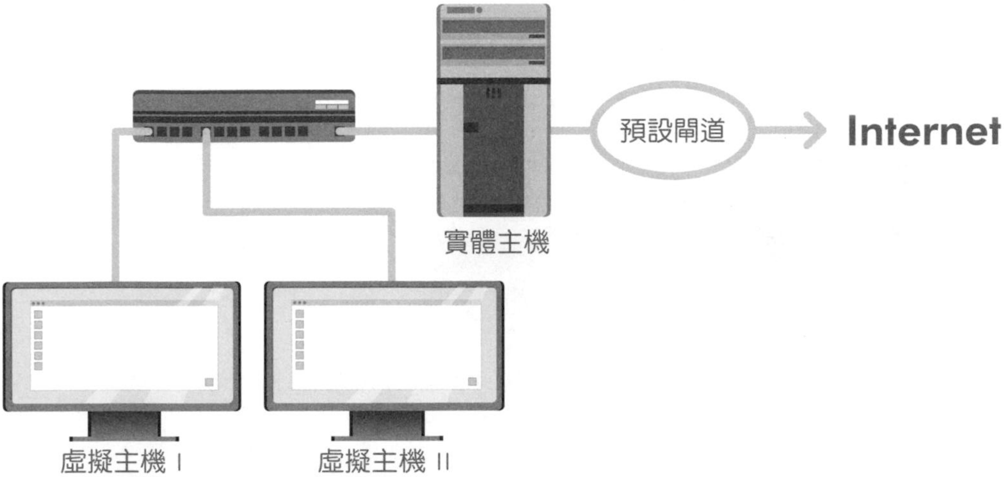

內部

連接到這類虛擬交換器的虛擬主機，彼此可以互相夠溝通， 也都能與實體主機溝通， 但是不能連到網際網路，除非在實體主機另外啟用 NAT(Network Address Translation) 功能。

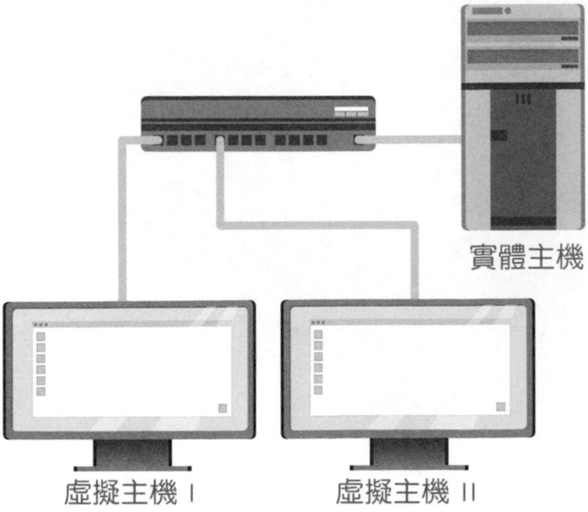

✚ 私人

連接到這類虛擬交換器的虛擬主機，彼此可以互相溝通，但是都不能與實體主機溝通，也不能連接到網際網路，等於是自成一個封閉的區域網路。

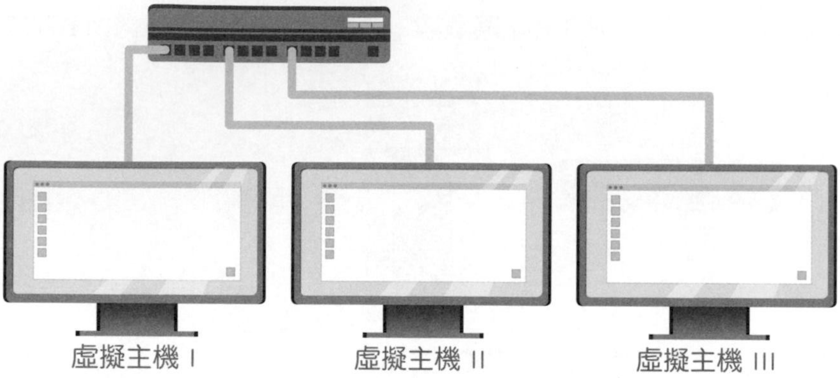

假設我們選取**外部**虛擬交換器，按**建立虛擬交換器**鈕：

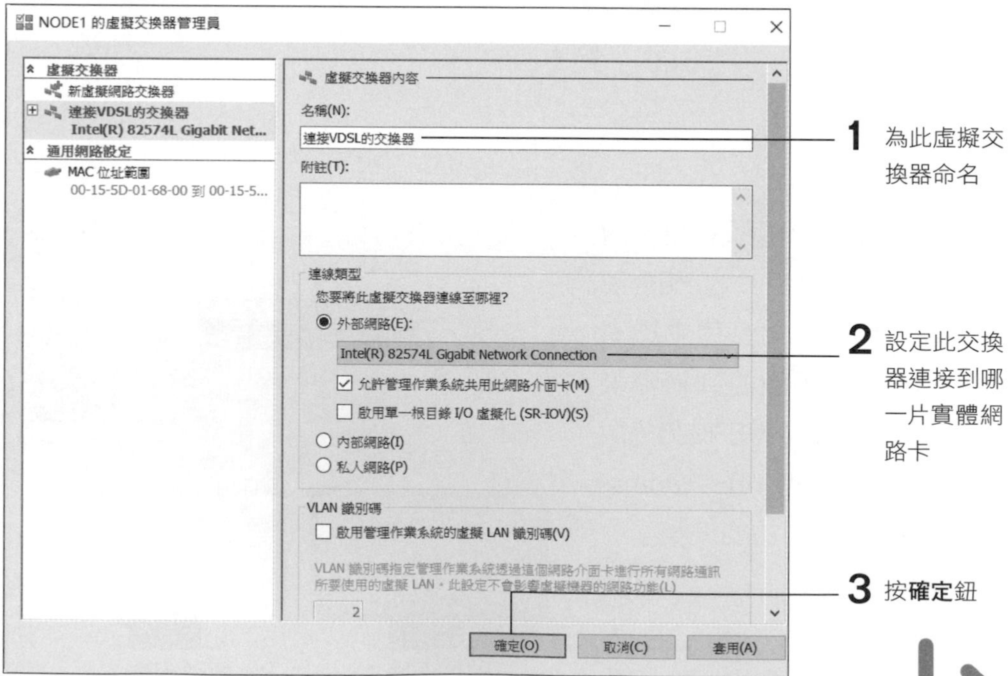

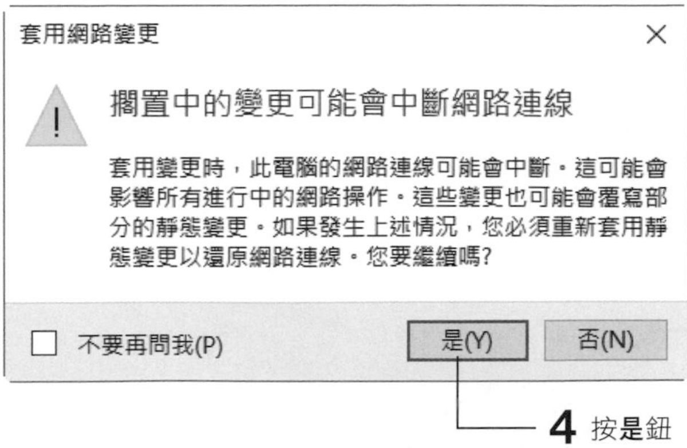
套用網路變更
擱置中的變更可能會中斷網路連線
套用變更時，此電腦的網路連線可能會中斷。這可能會影響所有進行中的網路操作。這些變更也可能會覆寫部分的靜態變更。如果發生上述情況，您必須重新套用靜態變更以還原網路連線。您要繼續嗎?
不要再問我(P)
是(Y)
否(N)
4 按是鈕

以上就新增了一部虛擬交換器，而且將虛擬主機與實體主機都連接到這部交換器。

MEMO

CHAPTER

17

Windows Server 2016

Nano Server

17-1　產生 VHD 檔

17-2　建立 Nano Server 虛擬主機

Nano Server 是 Windows Server 2016 的新增功能，受到許多使用者的注意。簡單來說，它是一個「超級精簡版的 Windows 伺服器」，比先前提過的 Server Core 還精簡。那麼，讓人不禁要問：「這麼精簡到底有什麼好處？」根據**微軟**的說明，精簡之後的好處有：「減少檔案大小、縮短安裝時間、降低重新啟動的次數、減少系統更新的頻率」。

但是也因為精簡，所以沒有圖形介面、不能本機登入，也不能擔任 DC，適合擔任 DNS 伺服器或 IIS 伺服器，不過系統管理員必須熟悉 PowerShell 指令才能掌控 Nano Server，所以並不適合初學者來當作入門的系統。本章的重點是要教讀者如何建立一部開始運作的 Nano Server，至於要再新增其他伺服器角色的話，建議先參考相關書籍或文件，熟悉 PowerShell 指令。

Tip Nano Server 的 PowerShell 指令集也是精簡版，與 Windows PowerShell 有差異。

17-1 產生 VHD 檔

當初 Windows Server 2016 推出「技術預覽版」(Technical Preview) 的時候，也曾推出 Nano Server 的下載檔，它是一個 exe 檔，執行之後會產生一個 VHD 檔，我們再透過 Hyper-V 啟動此 VHD 就可以建立 Nano Server。可是到了推出正式版之後，取消了該 exe 檔的下載，因此使用者必須準備好 Windows Server 2016 安裝光碟，再透過 PowerShell 指令來產生 Nano Server 的 VHD 檔。

以下我們將產生一個適用於 Hyper-V 的 vhdx 檔，預設從 DHCP 取得 IP 位址，請先做完以下準備工作：

1. 將安裝光碟置入光碟機，假設磁碟機代號為 「I」。
2. 將光碟上的 **NanoServer\NanoServerImageGenerator** 資料夾複製到硬碟，假設為 H:\NanoServerImageGenerator。

3. 在**開始**按右鈕，執行『**命令提示字元(系統管理員)**』命令。

4. 切換到 H:\NanoServerImageGenerator 資料夾。

5. 輸入 "powershell"、按 Enter 鍵。

輸入 "Set-ExecutionPolicy RemoteSigned"、按 Enter 鍵，修改 Windows PowerShell 的執行原則：

輸入 "Import-Module .\NanoServerImageGenerator -Verbose"、按 Enter 鍵，載入 Nano Server 的模組：

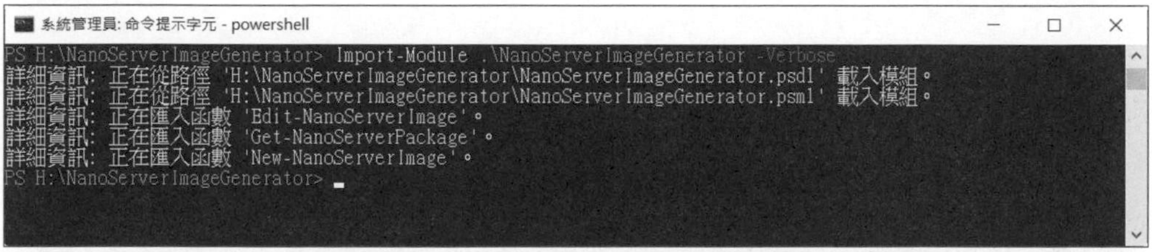

輸入 "New-NanoServerImage -Edition Standard -DeploymentType Guest -MediaPath i:\ -BasePath .\Base -TargetPath .\Nano\Nano_std.vhdx -ComputerName Nano1"、按 Enter 鍵，系統會要求設定 administrator 的密碼：

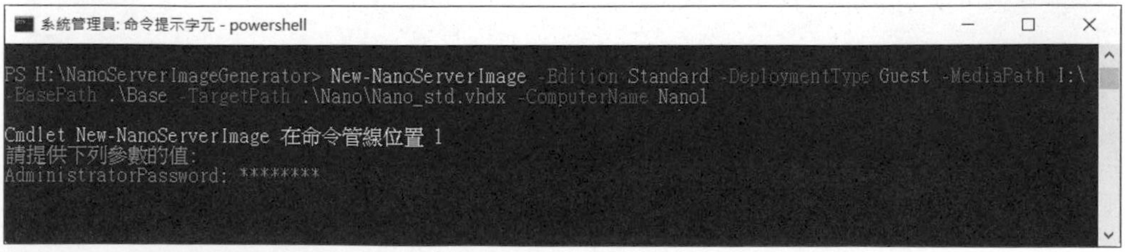

以上關於 New-NanoServerImage 的參數說明如下：

- **Edition Standard**：要建立的 Nano Server 是 Standard 版，若改為 Datacenter，則產生 Datacenter 版的 Nano Server。
- **DeploymentType Guest**：所產生的映像檔要作為虛擬主機裡的 Guest OS。
- **MediaPath i:** DVD 光碟所在的磁碟機。
- **BasePath .\Base**：掛載過程會建立與用到的資料夾。
- TargetPath .\Nano\Nano_std.vhdx 指定虛擬檔的檔案名稱為 Nano_std.vhdx，位於 .\Nano 資料夾。
- **ComputerName Nano1**：指定這部虛擬機的電腦名稱為 Nano1。

輸入密碼之後按 Enter 鍵，開始產生映像檔：

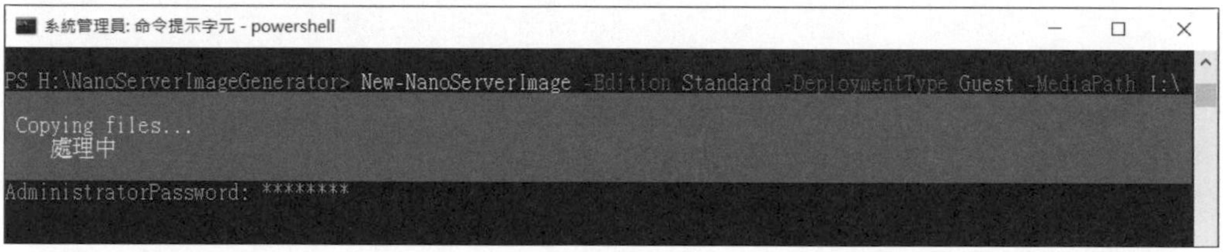

產生映像檔約需 5 ~ 10 分鐘，請耐心等待，完成時會顯示以下畫面：

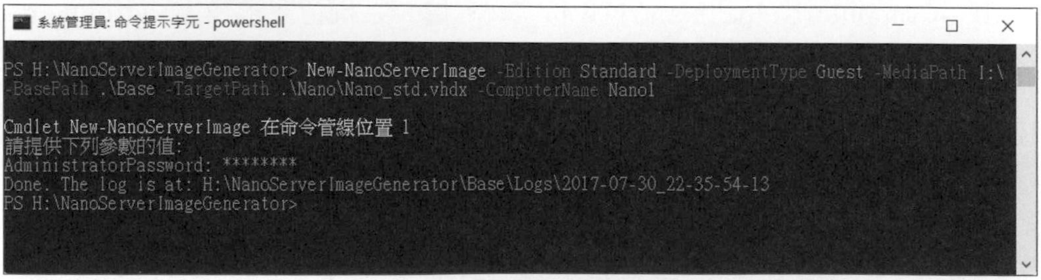

此時請用 dir 指令確認 在 \Nano 子資料夾是否有 Nano_std.vhdx 檔：

17-2 建立 Nano Server 虛擬主機

一旦有了 vhdx 映像檔，就可以利用 Hyper-V，將它載入成為一部虛擬主機，請在**伺服器管理員**執行『**工具 /Hyper-V 管理員**』命令，開啟 **Hyper-V 管理員**視窗：

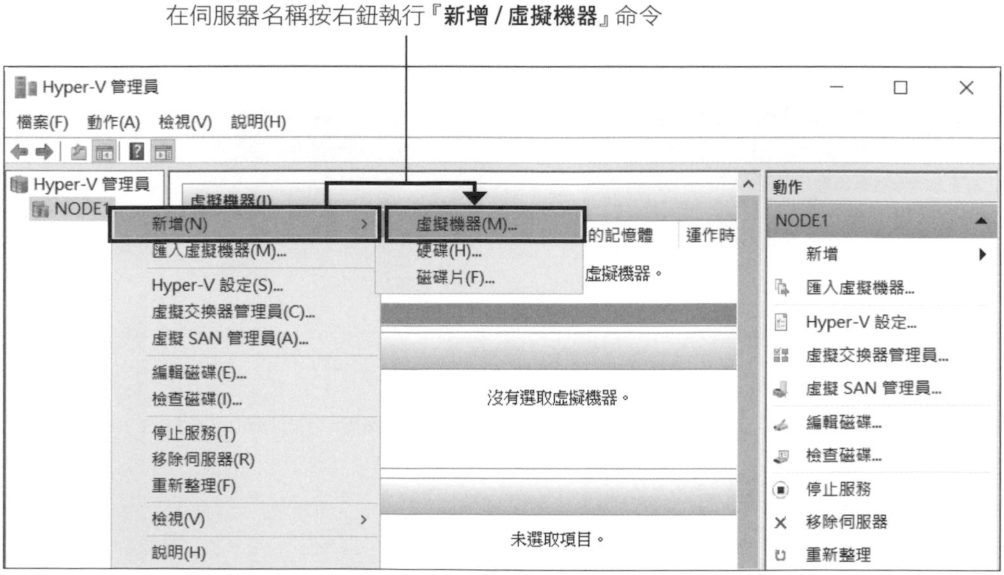

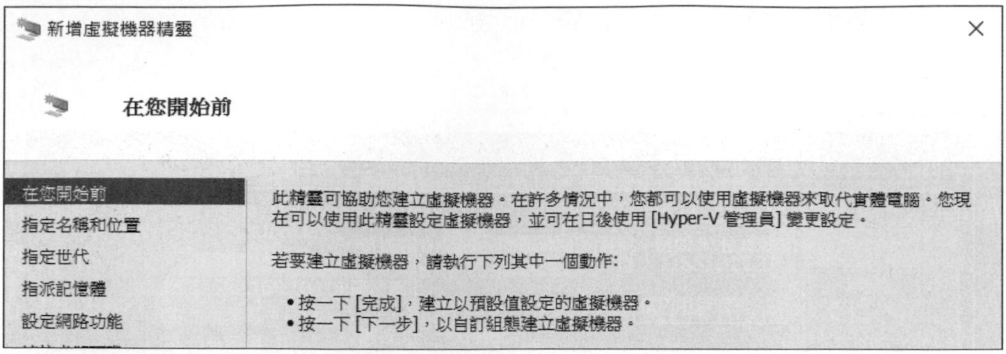
新增虛擬機器精靈
在您開始前
在您開始前
指定名稱和位置
指定世代
指派記憶體
設定網路功能
此精靈可協助您建立虛擬機器。在許多情況中，您都可以使用虛擬機器來取代實體電腦。您現在可以使用此精靈設定虛擬機器，並可在日後使用 [Hyper-V 管理員] 變更設定。
若要建立虛擬機器，請執行下列其中一個動作:
• 按一下 [完成]，建立以預設值設定的虛擬機器。
• 按一下 [下一步]，以自訂組態建立虛擬機器。

按**下一步**鈕

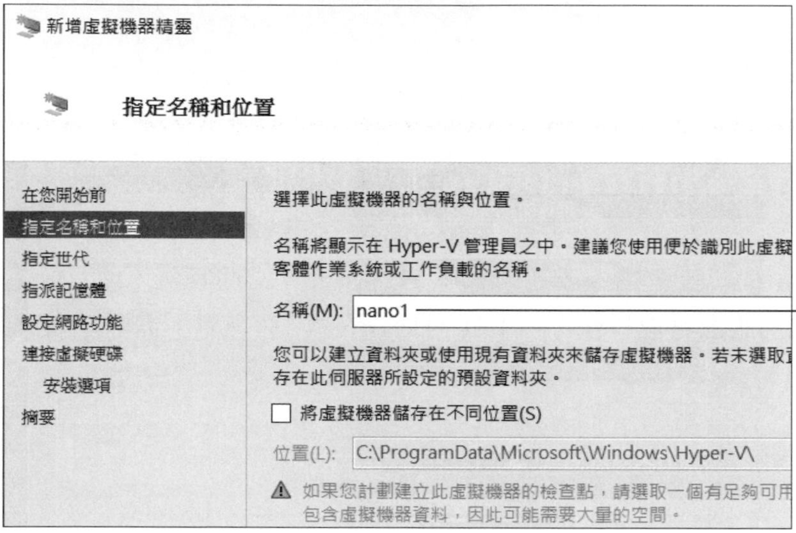
新增虛擬機器精靈
指定名稱和位置
在您開始前
指定名稱和位置
指定世代
指派記憶體
設定網路功能
連接虛擬硬碟
安裝選項
摘要
選擇此虛擬機器的名稱與位置。
名稱將顯示在 Hyper-V 管理員之中。建議您使用便於識別此虛擬
客體作業系統或工作負載的名稱。
名稱(M): nano1
您可以建立資料夾或使用現有資料夾來儲存虛擬機器。若未選取
存在此伺服器所設定的預設資料夾。
將虛擬機器儲存在不同位置(S)
位置(L): C:\ProgramData\Microsoft\Windows\Hyper-V\
如果您計劃建立此虛擬機器的檢查點，請選取一個有足夠可用
包含虛擬機器資料，因此可能需要大量的空間。

輸入虛擬機器的名稱、按**下一步**鈕

選取**第 2 代**、按**下一步**鈕

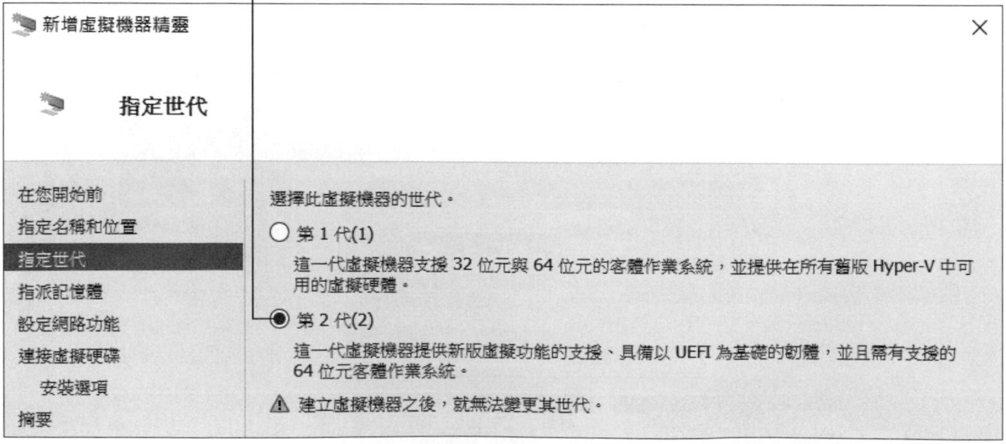
新增虛擬機器精靈
指定世代
在您開始前
指定名稱和位置
指定世代
指派記憶體
設定網路功能
連接虛擬硬碟
安裝選項
摘要
選擇此虛擬機器的世代。
第 1 代(1)
這一代虛擬機器支援 32 位元與 64 位元的客體作業系統，並提供在所有舊版 Hyper-V 中可用的虛擬硬體。
第 2 代(2)
這一代虛擬機器提供新版虛擬功能的支援、具備以 UEFI 為基礎的韌體，並且需有支援的 64 位元客體作業系統。
建立虛擬機器之後，就無法變更其世代。

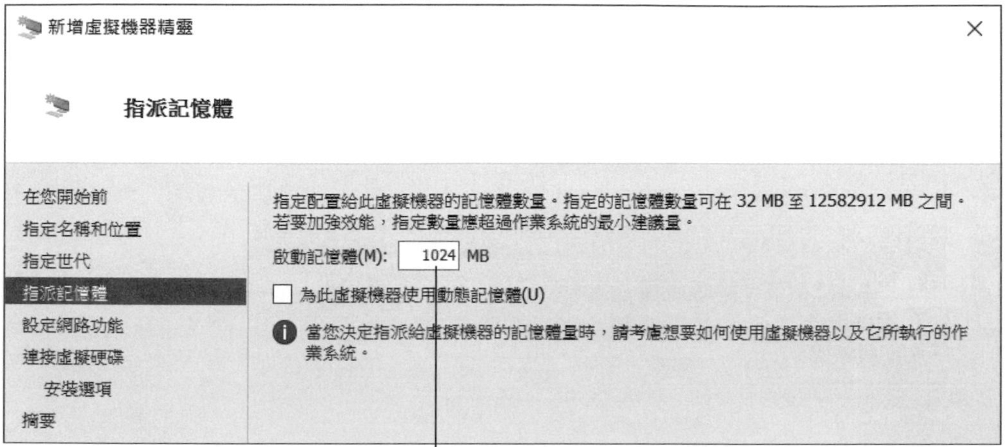
新增虛擬機器精靈
指派記憶體
在您開始前
指定名稱和位置
指定世代
指派記憶體
設定網路功能
連接虛擬硬碟
安裝選項
摘要
指定配置給此虛擬機器的記憶體數量。指定的記憶體數量可在 32 MB 至 12582912 MB 之間。若要加強效能，指定數量應超過作業系統的最小建議量。
啟動記憶體(M): 1024 MB
為此虛擬機器使用動態記憶體(U)
當您決定指派給虛擬機器的記憶體量時，請考慮想要如何使用虛擬機器以及它所執行的作業系統。

設定記憶體大小

按**下一步**鈕

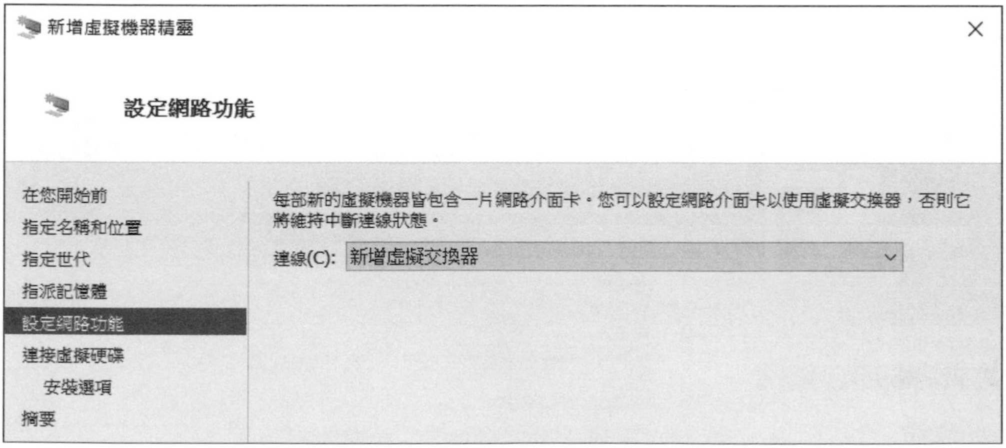
新增虛擬機器精靈
設定網路功能
在您開始前
指定名稱和位置
指定世代
指派記憶體
設定網路功能
連接虛擬硬碟
安裝選項
摘要
每部新的虛擬機器皆包含一片網路介面卡。您可以設定網路介面卡以使用虛擬交換器，否則它將維持中斷連線狀態。
連線(C): 新增虛擬交換器

按**下一步**鈕

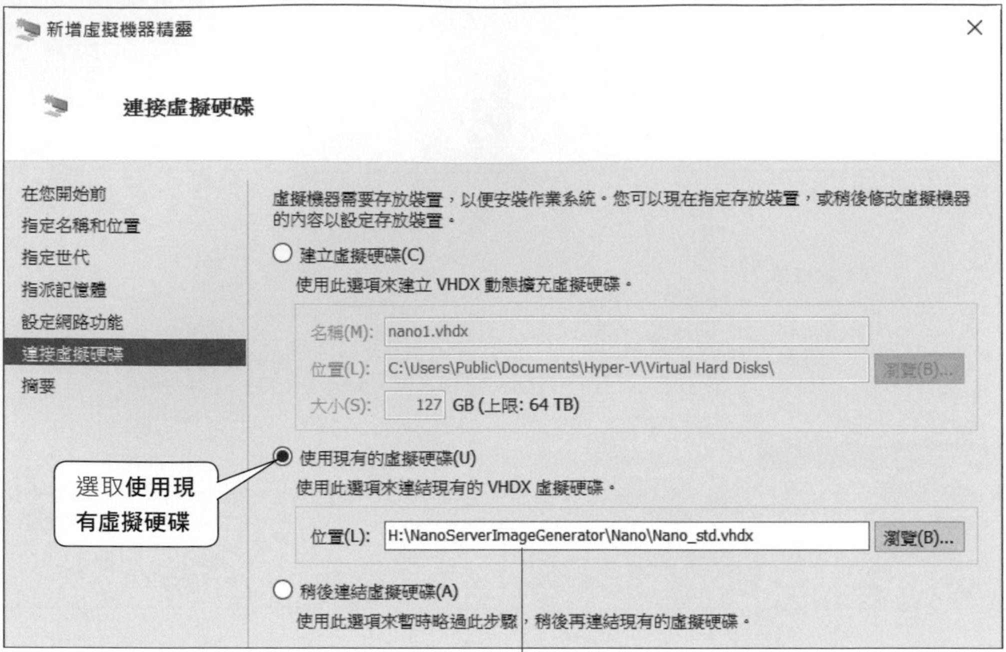
新增虛擬機器精靈
連接虛擬硬碟
在您開始前
指定名稱和位置
指定世代
指派記憶體
設定網路功能
連接虛擬硬碟
摘要
虛擬機器需要存放裝置，以便安裝作業系統。您可以現在指定存放裝置，或稍後修改虛擬機器的內容以設定存放裝置。
建立虛擬硬碟(C)
使用此選項來建立 VHDX 動態擴充虛擬硬碟。
名稱(M): nano1.vhdx
位置(L): C:\Users\Public\Documents\Hyper-V\Virtual Hard Disks\
瀏覽(B)...
大小(S): 127 GB (上限: 64 TB)
使用現有的虛擬硬碟(U)
使用此選項來連結現有的 VHDX 虛擬硬碟。
位置(L): H:\NanoServerImageGenerator\Nano\Nano_std.vhdx
瀏覽(B)...
稍後連結虛擬硬碟(A)
使用此選項來暫時略過此步驟，稍後再連結現有的虛擬硬碟。
選取**使用現有虛擬硬碟**

指定在前一節產生的 vhdx 檔

按**下一步**鈕

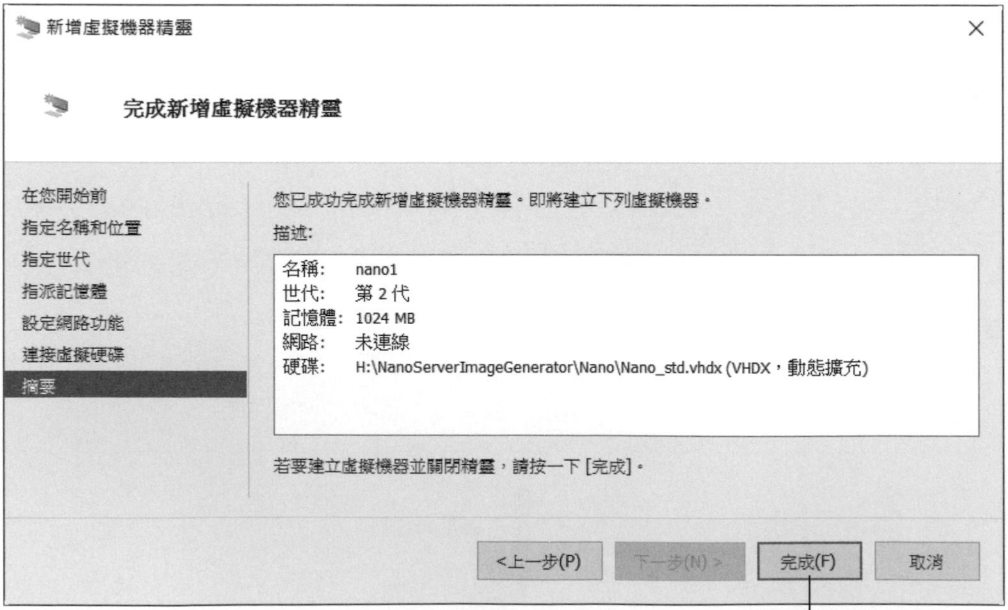
新增虛擬機器精靈
完成新增虛擬機器精靈
在您開始前
指定名稱和位置
指定世代
指派記憶體
設定網路功能
連接虛擬硬碟
摘要
您已成功完成新增虛擬機器精靈。即將建立下列虛擬機器。
描述:
名稱: nano1
世代: 第 2 代
記憶體: 1024 MB
網路: 未連線
硬碟: H:\NanoServerImageGenerator\Nano\Nano_std.vhdx (VHDX，動態擴充)
若要建立虛擬機器並關閉精靈，請按一下 [完成]。
<上一步(P)
下一步(N) >
完成(F)
取消

按**完成**鈕

在虛擬機器名稱按右鈕、執行『**啟動**』命令

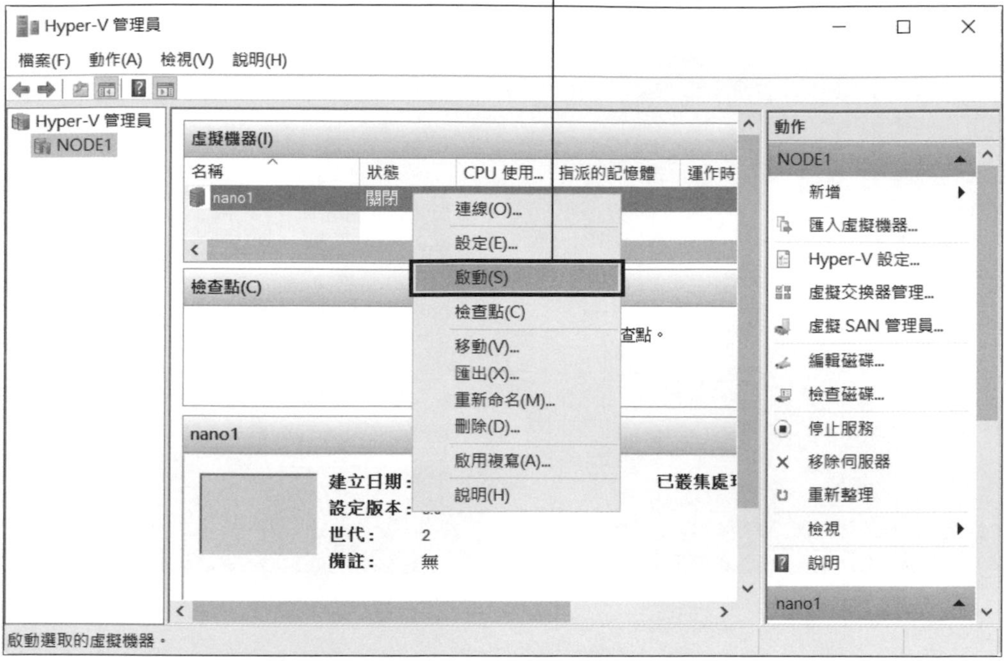
Hyper-V 管理員
檔案(F) 動作(A) 檢視(V) 說明(H)
Hyper-V 管理員
NODE1
虛擬機器(I)
名稱
狀態
CPU 使用...
指派的記憶體
運作時
nano1
關閉
連線(O)...
設定(E)...
啟動(S)
檢查點(C)
移動(V)...
匯出(X)...
重新命名(M)...
刪除(D)...
啟用複寫(A)...
說明(H)
檢查點(C)
nano1
建立日期：
設定版本：
世代：
2
備註：
無
已叢集處
動作
NODE1
新增
匯入虛擬機器...
Hyper-V 設定...
虛擬交換器管理...
虛擬 SAN 管理員...
編輯磁碟...
檢查磁碟...
停止服務
移除伺服器
重新整理
檢視
說明
nano1
啟動選取的虛擬機器。

在虛擬機器名稱按右鈕、執行『**連線**』命令

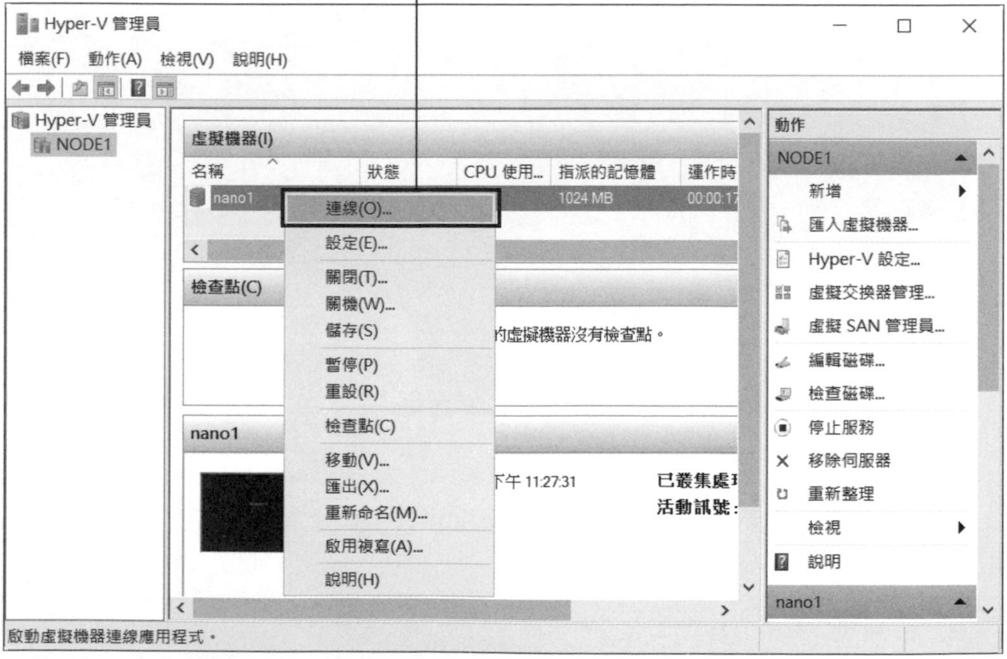
Hyper-V 管理員
檔案(F) 動作(A) 檢視(V) 說明(H)
Hyper-V 管理員
NODE1
虛擬機器(I)
名稱
狀態
CPU 使用...
指派的記憶體
運作時
nano1
1024 MB
00:00:17
連線(O)...
設定(E)...
關閉(T)...
關機(W)...
儲存(S)
暫停(P)
重設(R)
檢查點(C)
移動(V)...
匯出(X)...
重新命名(M)...
啟用複寫(A)...
說明(H)
檢查點(C)
的虛擬機器沒有檢查點。
nano1
下午 11:27:31
已叢集處
活動訊號：
動作
NODE1
新增
匯入虛擬機器...
Hyper-V 設定...
虛擬交換器管理...
虛擬 SAN 管理員...
編輯磁碟...
檢查磁碟...
停止服務
移除伺服器
重新整理
檢視
說明
nano1
啟動虛擬機器連線應用程式。

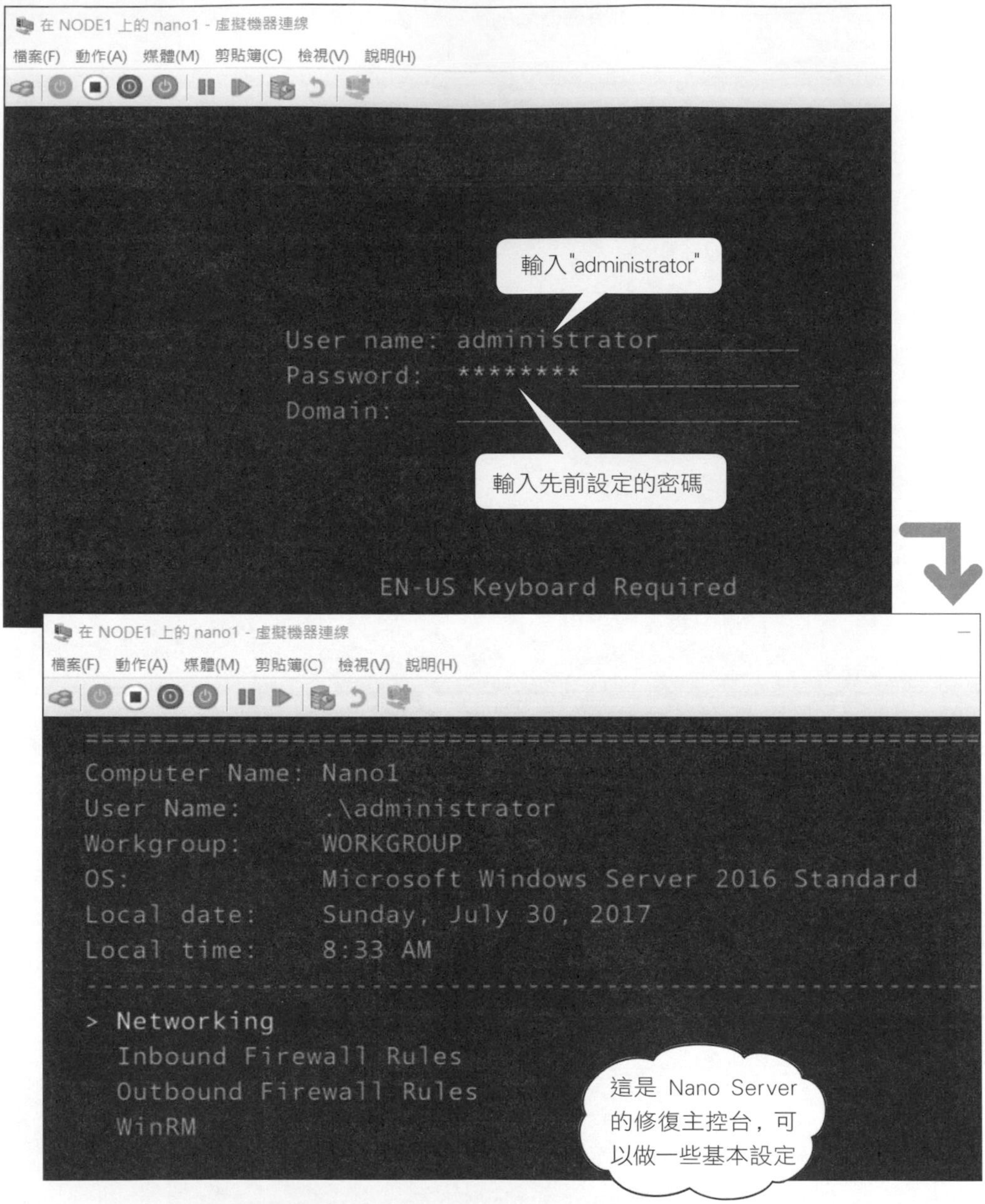

以上步驟讓我們建立了一部 Nano Server 虛擬主機，至於後續的管理工作，請參考 Nano Server 相關文件。

第六篇　架站實務篇

CHAPTER

18

Windows Server 2016

DNS 伺服器

18-1　DNS 概論

18-2　安裝 DNS 伺服器

18-3　新增區域

18-4　新增資源記錄

18-5　新增次要及反向區域

我們常見的 www.xdom.com、ftp.xdom.com 等等名稱泛稱為網址或 DNS 名稱, 較嚴謹的說法是FQDN（Fully Qualified Domain Name）, 又稱為完整網域名稱。它是由『主機名稱』+『網域名稱』所組成, 以『www.xdom.com.』為例：

- www 是 Web 伺服器的主機名稱
- xdom.com. 是 Web 伺服器的網域名稱

請注意, 光是『www.xdom.com』還不算是 FQDN, 標準的 FQDN 就是要加上最後的『.』！不過在日常溝通與使用上, 即使缺少這個『.』, 大家還是把它視為 FQDN。而 Windows 作業系統在解讀名稱時, 若發現未加結尾的『.』, 也會自動補上。所以我們平常操作時都毋須加上結尾的『.』。

FQDN 中間以『.』區隔成多個標籤 (Label), 每個標籤不得超過 63 個字元；整個FQDN 不得超過 255 個字元 (包含所有的『.』)。

Tip 雖然 FQDN 是正式稱呼, 但是許多微軟的文件都以 DNS 名稱代替 FQDN；簡言之, DNS 伺服器主要是扮演『DNS 名稱 ⟷ IP 位址』翻譯機的角色。

18-1 DNS 概論

如果將整個網際網路的『DNS 名稱 ⟷ IP 位址』翻譯工作, 都交由 1 部 DNS 伺服器來做, 不但效率差, 也提高了風險。因此實際上 DNS 是採用階層式的架構, 如下圖所示：

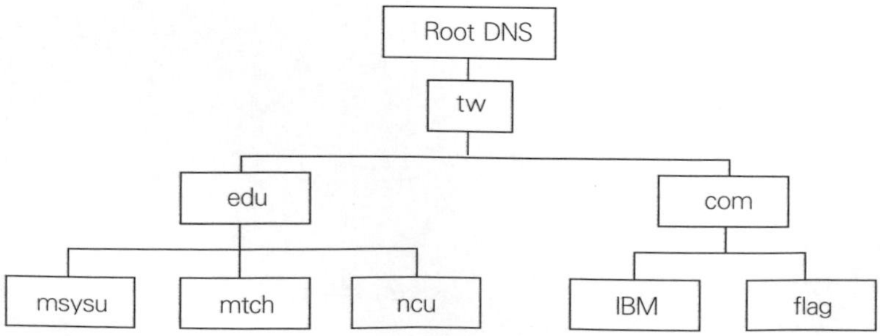

圖中每一個方格都代表一台 DNS 伺服器, 除了 Root DNS 之外的 DNS 伺服器, 都必須向上層 DNS 伺服器註冊登記自己使用的 DNS 名稱和 IP 位址, 並負責記錄自己網域內所有主機的 DNS 名稱和 IP 位址。假設小明用『server-01』這部電腦查詢 www.ncu.edu.tw 這個 DNS 名稱所對應的 IP 位址, 其查詢過程大致如下：

1. 首先查詢 server-01 內部的快取 (Cache) 資料, 若查不到答案則向 server-01 預設的 DNS 伺服器 (假設為flag1) 查詢。

2. 若 flag1 也找不到 www.ncu.edu.tw 所對應的 IP 位址, 則詢問 Root DNS 伺服器。

3. Root DNS 伺服器根據所登記的資料, 得知該 DNS 名稱是隸屬於 tw 這台 DNS 伺服器所管轄的網域, 所以請 flag1 去問 tw 。

4. tw 伺服器根據所登記的資料, 判斷這個 DNS 名稱是隸屬於 edu 這台 DNS 伺服器所管轄的網域, 所以請 flag1 去問 edu。

5. 經過類似上述的判斷, edu 再請 flag1 去問 ncu 這台 DNS 伺服器, 最後終於在 ncu 上查出了 www.ncu.edu.tw 的IP 位址為 140.115.17.146。這個查詢結果會先傳給 flag1, 再由 flag1 傳給小明的電腦 - server-01。

以上的步驟看似複雜, 其實可能只要短短的幾秒鐘就完成了。只要伺服器有按規定註冊所使用的 DNS 名稱, 我們透過任一部 DNS 伺服器就可查出全球各伺服器所使用的 IP 位址。目前全球有 13 部 Root DNS 伺服器, 登記了世界各大網域的 DNS 伺服器的 IP 位址。

18-2 安裝 DNS 伺服器

建立 Windows Server 2016 的 AD 網域時, DNS 伺服器是不可或缺的角色。所以在將電腦升級為第 1 部網域控制站時, 系統會檢查 DNS 伺服器是否已經安裝與設定妥當, 若否, 則自動在該網域控制站一併安裝 DNS 伺服器元件。我們在先前說明升級為 DC 時, 就是採用這種微軟所建議『DC 兼任 DNS 伺服器』的方式。

但是 DNS 伺服器未必得安裝在網域控制站, 它甚至可以不加入網域。假設要在未加入網域的 Windows Server 2016 (亦即『獨立伺服器』) 上安裝 DNS 伺服器, 必須先確認該電腦具有 FQDN, 而且使用固定的 IP 位址。假設該電腦無 FQDN, 請請在**開始**按右鈕、執行**執行**命令, 輸入"sysdm.cpl"、按 Enter 鍵, 開啟**系統內容**交談窗：

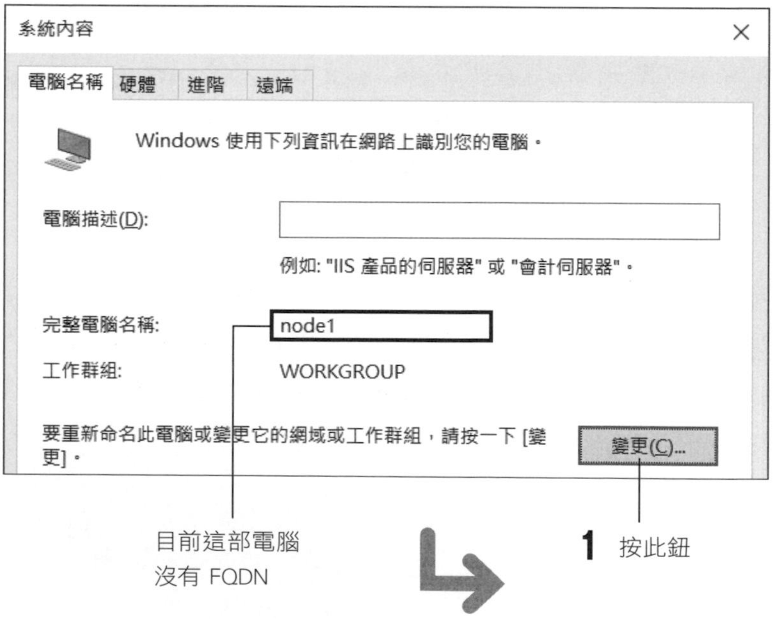

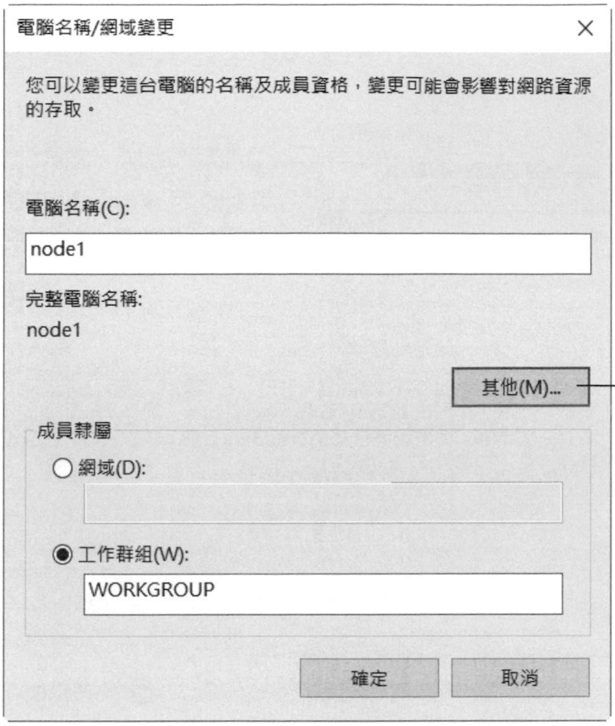
電腦名稱/網域變更
您可以變更這台電腦的名稱及成員資格，變更可能會影響對網路資源的存取。
電腦名稱(C):
node1
完整電腦名稱:
node1
其他(M)...
成員隸屬
網域(D):
工作群組(W):
WORKGROUP
確定
取消

2 按此鈕

3 輸入網域名稱, 並勾選此多選鈕

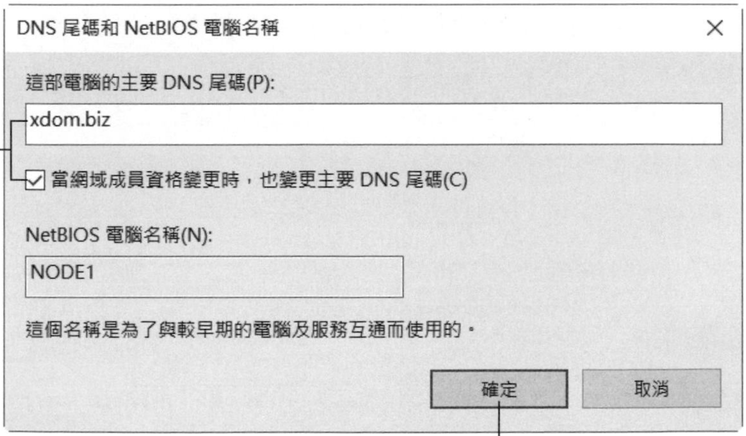
DNS 尾碼和 NetBIOS 電腦名稱
這部電腦的主要 DNS 尾碼(P):
xdom.biz
當網域成員資格變更時，也變更主要 DNS 尾碼(C)
NetBIOS 電腦名稱(N):
NODE1
這個名稱是為了與較早期的電腦及服務互通而使用的。
確定
取消

4 按此鈕

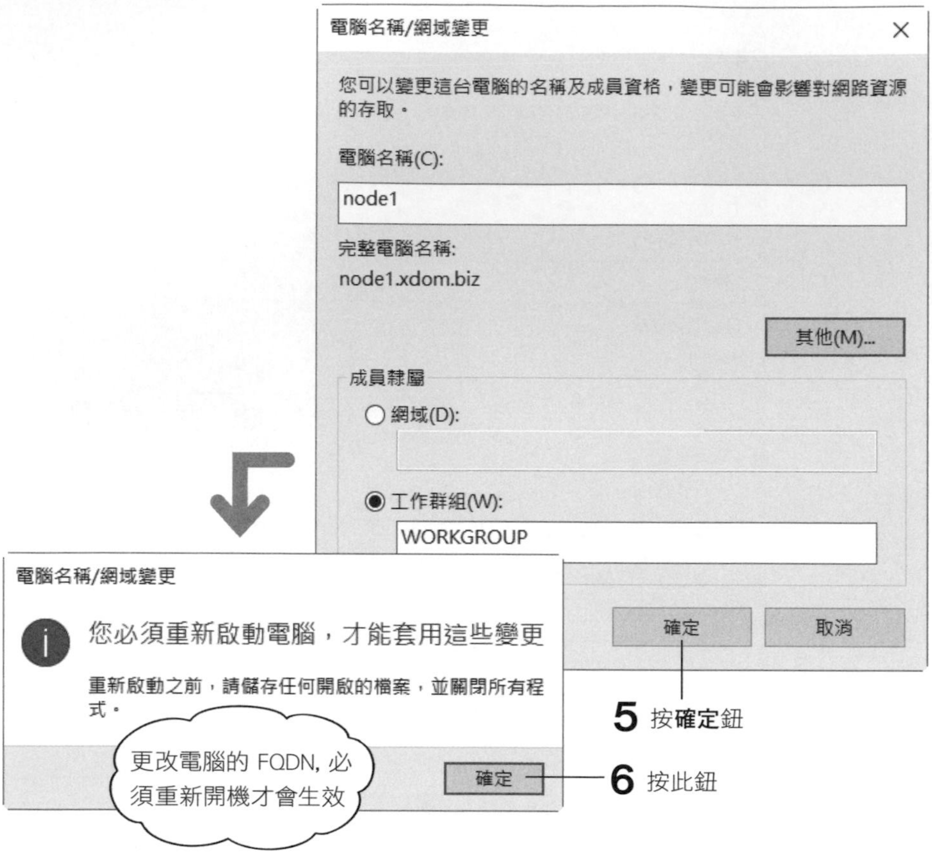
電腦名稱/網域變更
您可以變更這台電腦的名稱及成員資格，變更可能會影響對網路資源的存取。
電腦名稱(C):
node1
完整電腦名稱:
node1.xdom.biz
其他(M)...
成員隸屬
網域(D):
工作群組(W):
WORKGROUP
確定
取消
5 按確定鈕
電腦名稱/網域變更
您必須重新啟動電腦，才能套用這些變更
重新啟動之前，請儲存任何開啟的檔案，並關閉所有程式。
更改電腦的 FQDN, 必須重新開機才會生效
確定
6 按此鈕

重新啟動後, 請在**伺服器管理員**執行『**管理 / 新增角色及功能**』命令, 然後按 2 次**下一步**鈕：

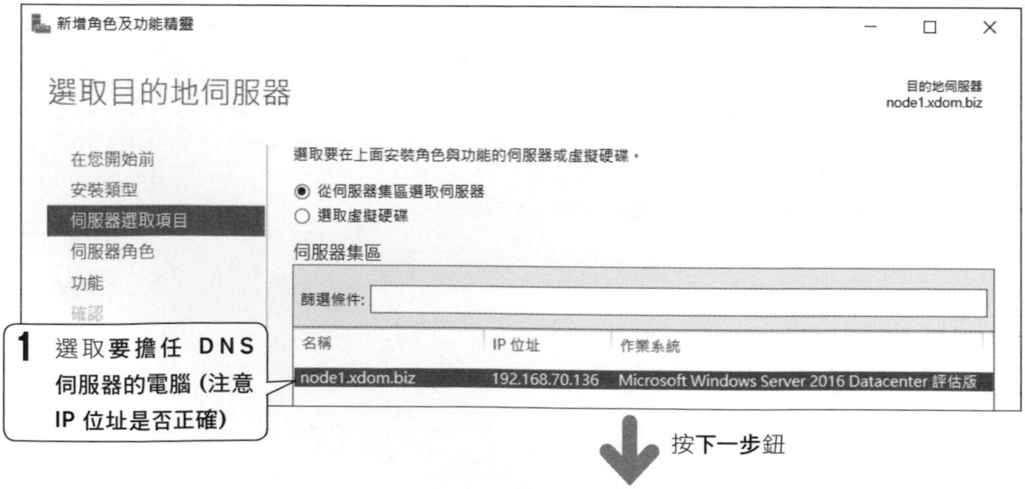
新增角色及功能精靈
選取目的地伺服器
目的地伺服器
node1.xdom.biz
在您開始前
安裝類型
伺服器選取項目
伺服器角色
功能
確認
選取要在上面安裝角色與功能的伺服器或虛擬硬碟。
從伺服器集區選取伺服器
選取虛擬硬碟
伺服器集區
篩選條件:
名稱
IP 位址
作業系統
node1.xdom.biz
192.168.70.136
Microsoft Windows Server 2016 Datacenter 評估版
1 選取要擔任 DNS 伺服器的電腦 (注意 IP 位址是否正確)
按下一步鈕

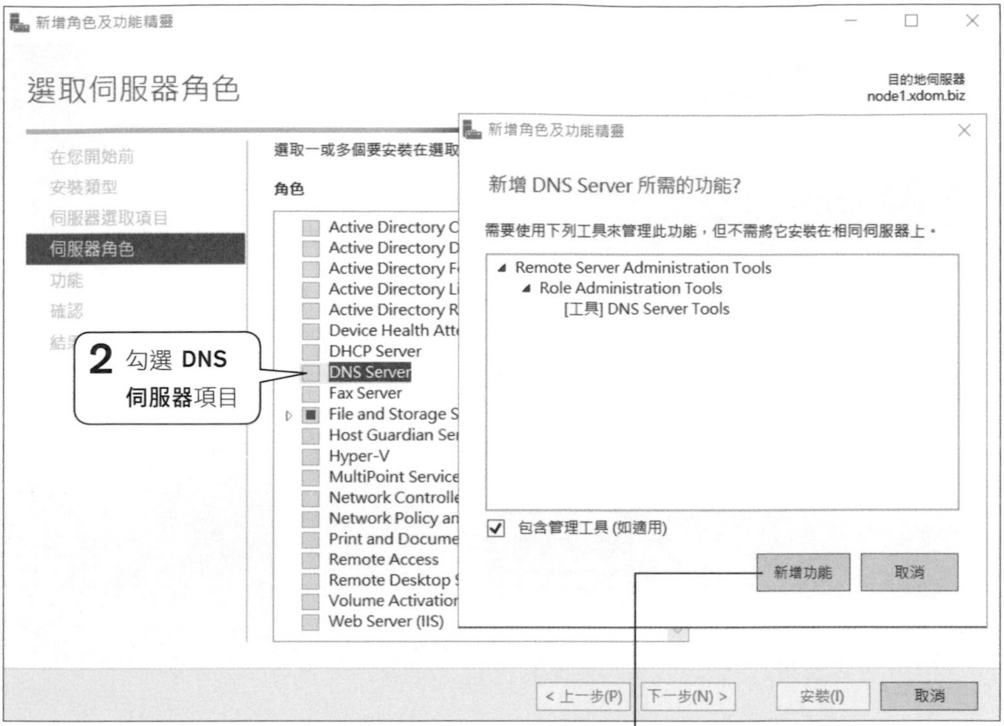
新增角色及功能精靈
選取伺服器角色
目的地伺服器
node1.xdom.biz
在您開始前
安裝類型
伺服器選取項目
伺服器角色
功能
確認
選取一或多個要安裝在選取
角色
Active Directory C
Active Directory D
Active Directory F
Active Directory Li
Active Directory R
Device Health Att
DHCP Server
DNS Server
Fax Server
File and Storage S
Host Guardian Se
Hyper-V
MultiPoint Service
Network Controlle
Network Policy an
Print and Docume
Remote Access
Remote Desktop
Volume Activation
Web Server (IIS)
2 勾選 DNS 伺服器項目
新增角色及功能精靈
新增 DNS Server 所需的功能?
需要使用下列工具來管理此功能，但不需將它安裝在相同伺服器上。
Remote Server Administration Tools
Role Administration Tools
[工具] DNS Server Tools
包含管理工具 (如適用)
新增功能
取消
< 上一步(P)
下一步(N) >
安裝(I)
取消

3 按**新增功能**鈕

按兩次**下一步**鈕

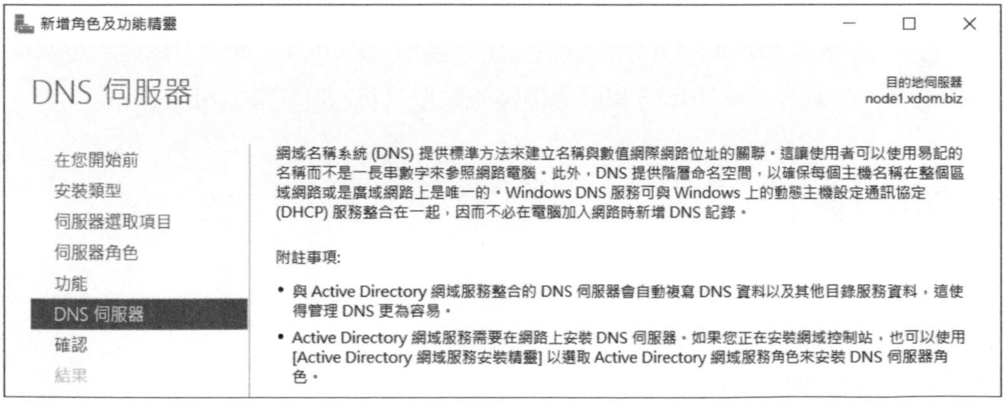
新增角色及功能精靈
DNS 伺服器
目的地伺服器
node1.xdom.biz
在您開始前
安裝類型
伺服器選取項目
伺服器角色
功能
DNS 伺服器
確認
結果
網域名稱系統 (DNS) 提供標準方法來建立名稱與數值網際網路位址的關聯。這讓使用者可以使用易記的名稱而不是一長串數字來參照網路電腦。此外，DNS 提供階層命名空間，以確保每個主機名稱在整個區域網路或是廣域網路上是唯一的。Windows DNS 服務可與 Windows 上的動態主機設定通訊協定 (DHCP) 服務整合在一起，因而不必在電腦加入網路時新增 DNS 記錄。
附註事項:
• 與 Active Directory 網域服務整合的 DNS 伺服器會自動複寫 DNS 資料以及其他目錄服務資料，這使得管理 DNS 更為容易。
• Active Directory 網域服務需要在網路上安裝 DNS 伺服器。如果您正在安裝網域控制站，也可以使用 [Active Directory 網域服務安裝精靈] 以選取 Active Directory 網域服務角色來安裝 DNS 伺服器角色。

按**下一步**鈕

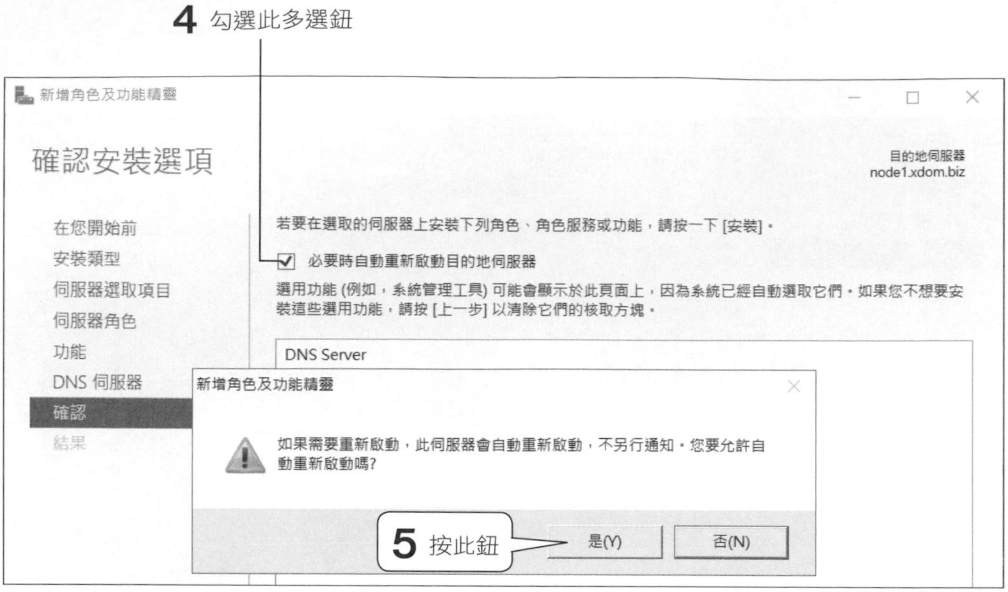

接著按**安裝**鈕, 安裝完成後按**關閉**鈕即可。

18-3 新增區域

設定 DNS 伺服器的第一個步驟就是建立**區域 (Zone)**。本節中我們將說明何謂區域, Windows Server 2016 支援哪幾種區域類型, 以及如何新增區域。

何謂區域

每個網域都至少要有一部 DNS 伺服器負責管理, 但是我們在指派 DNS 伺服器的管轄範圍時, 並非以網域為單位, 而是以區域 (Zone) 為單位。換言之, **『區域』是 DNS 伺服器的實際管轄範圍**。舉例而言, 倘若 flag 網域的下層沒有 flag 子網域, 那麼 flag 區域的管轄範圍就等於 flag 網域的管轄範圍, 如右圖：

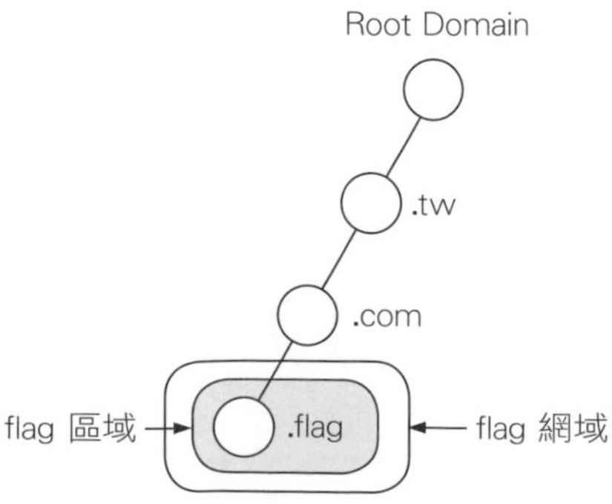

這種架構下, flag 區域就等於 flag 網域

但是, 若 flag 網域的下層有子網域, 假設為 sales 和 product, 則我們可以將 sales 網域單獨指派給 X 伺服器管轄；其餘的部份則交給 Y 伺服器管轄。也就是說, 在 X 伺服器建立了『sales 區域』, 這個 sales 區域就等於 sales 網域；在 Y 伺服器建立了『flag 區域』, 而 flag 區域的管轄範圍是『除了 sales 網域以外的 flag 網域』, 如下圖：

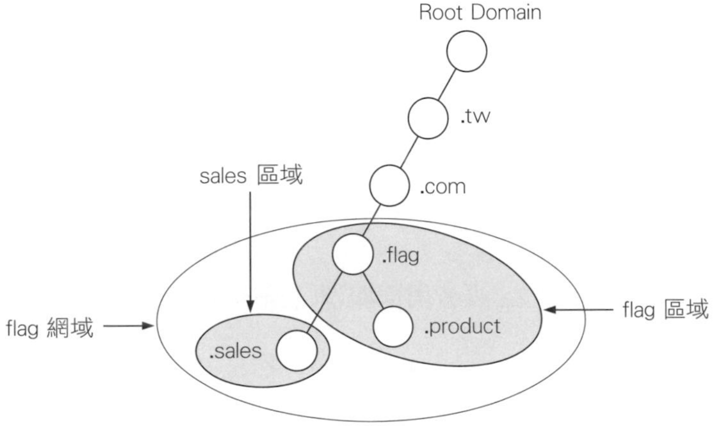

如果 flag 的子網域更多, 而且每個子網域都自成一個區域, 那麼區域和網域的關係如下圖：

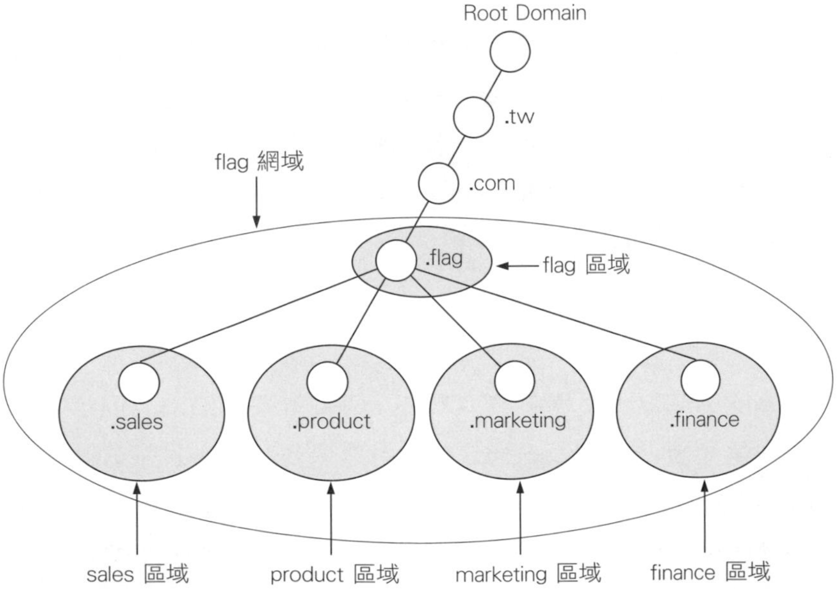

從上圖可知，當獨立成區域的子網域愈多，flag 區域和 flag 網域所管轄範圍的差異就愈大。簡言之，**區域可能等於或小於網域**，當然絕不可能大於網域。

Windows Server 2016 支援的區域類型

Windows Server 2016 支援下列 3 種區域類型：

主要區域（Primary Zone）

主要區域的資料庫，儲存區域內各電腦的相關資料，這個資料庫稱為**區域檔** (Zone File)。爾後任何電腦資料的異動，都應該更新這份區域檔。從伺服器的角度來看，建立了 xdom.biz 的主要區域，等於是使該 DNS 伺服器成為 xdom.biz 的**主要名稱伺服器** (Primary Name Server)。

次要區域（Secondary Zone）

次要區域也儲存了區域檔，但是這份區域檔是從其它 DNS 伺服器複製來的，這個複製動作稱為**區域傳送** (Zone Transfer)。而且傳送過來的區域檔會被設為『唯讀』(Read Only)，所以不能直接更改次要區域的區域檔。

從伺服器的角度來看，建立了 xdom.biz 的次要區域，等於是使該 DNS 伺服器成為 xdom.biz 的**次要名稱伺服器** (Secondary Name Server)。一個區域可以沒有次要名稱伺服器，或擁有多部次要名稱伺服器。通常在考量『容錯』(Fault Tolerance) 與『平衡負載』(Load Balance) 時，便會設立次要名稱伺服器。

虛設常式區域（Stub Zone）

這種區域的區域檔也是從其它 DNS 伺服器複製過來，但是並非完整複製，而只是複製一小部分的記錄。當用戶端要查詢虛設常式區域內的記錄時，DNS 伺服器無法立即找出答案，而是還要再詢問另一部 DNS 伺服器。這種區域的用途相當有限，因此本書不示範其建立方式。

新增主要區域

我們先介紹如何新增主要區域，後文則會說明如何新增次要區域。請在**伺服器管理員**執行『**工具 / DNS**』命令，開啟 **DNS 管理員**視窗：

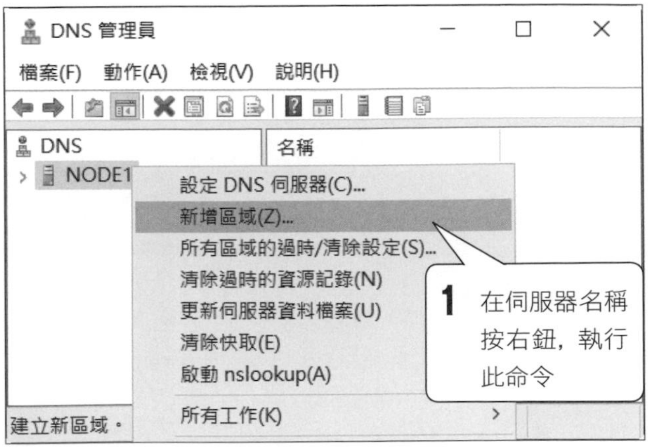
DNS 管理員
檔案(F) 動作(A) 檢視(V) 說明(H)
DNS
NODE1
名稱
設定 DNS 伺服器(C)...
新增區域(Z)...
所有區域的過時/清除設定(S)...
清除過時的資源記錄(N)
更新伺服器資料檔案(U)
清除快取(E)
啟動 nslookup(A)
所有工作(K)
建立新區域。
1 在伺服器名稱按右鈕，執行此命令

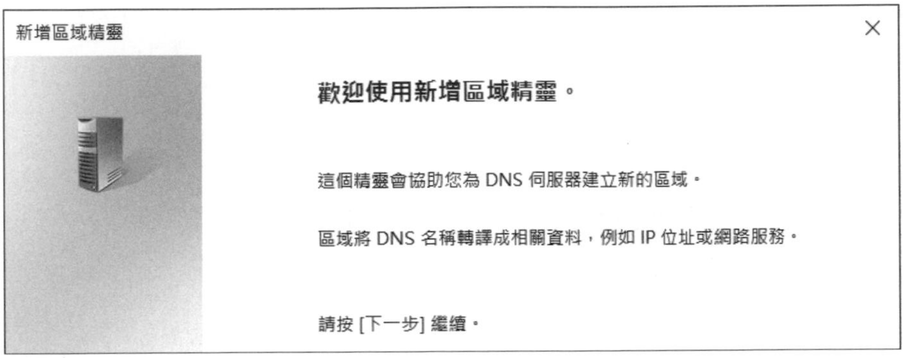
新增區域精靈
歡迎使用新增區域精靈。
這個精靈會協助您為 DNS 伺服器建立新的區域。
區域將 DNS 名稱轉譯成相關資料，例如 IP 位址或網路服務。
請按 [下一步] 繼續。

按**下一步**鈕

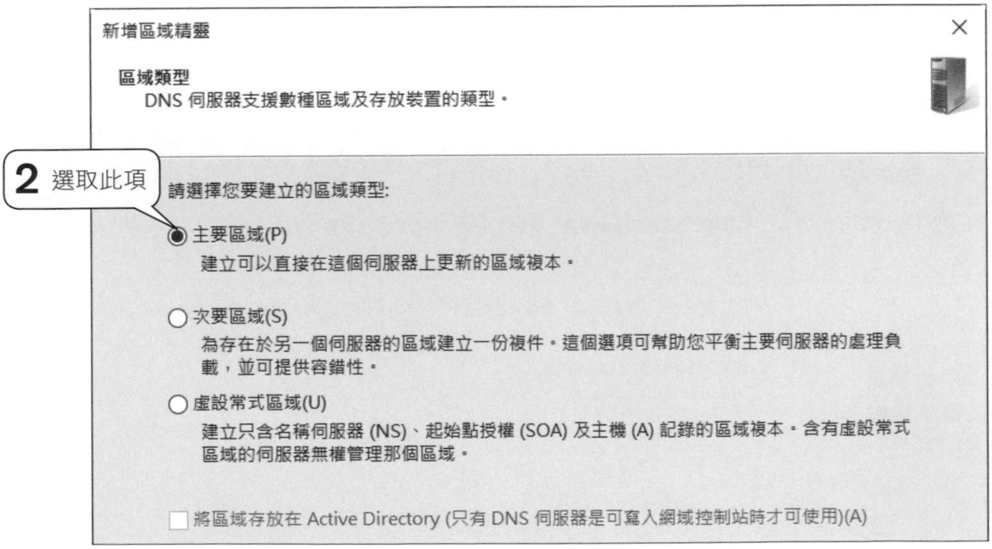
新增區域精靈
區域類型
DNS 伺服器支援數種區域及存放裝置的類型。
2 選取此項
請選擇您要建立的區域類型:
主要區域(P)
建立可以直接在這個伺服器上更新的區域複本。
次要區域(S)
為存在於另一個伺服器的區域建立一份複件。這個選項可幫助您平衡主要伺服器的處理負載，並可提供容錯性。
虛設常式區域(U)
建立只含名稱伺服器 (NS)、起始點授權 (SOA) 及主機 (A) 記錄的區域複本。含有虛設常式區域的伺服器無權管理那個區域。
將區域存放在 Active Directory (只有 DNS 伺服器是可寫入網域控制站時才可使用)(A)

按**下一步**鈕

3 選取此項

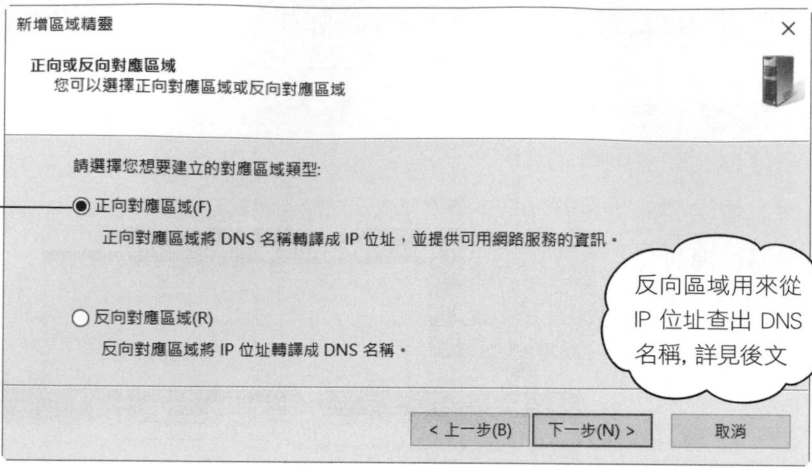
新增區域精靈
正向或反向對應區域
您可以選擇正向對應區域或反向對應區域
請選擇您想要建立的對應區域類型:
正向對應區域(F)
正向對應區域將 DNS 名稱轉譯成 IP 位址，並提供可用網路服務的資訊。
反向對應區域(R)
反向對應區域將 IP 位址轉譯成 DNS 名稱。
< 上一步(B)
下一步(N) >
取消

反向區域用來從 IP 位址查出 DNS 名稱, 詳見後文

按**下一步**鈕

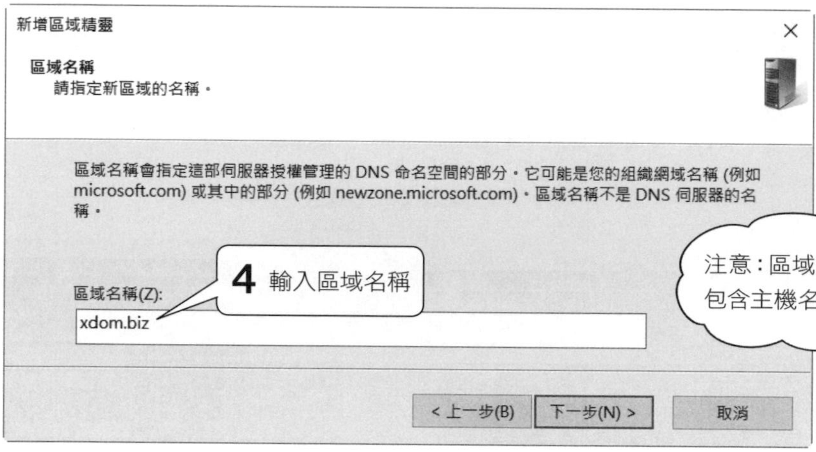
新增區域精靈
區域名稱
請指定新區域的名稱。
區域名稱會指定這部伺服器授權管理的 DNS 命名空間的部分。它可能是您的組織網域名稱 (例如 microsoft.com) 或其中的部分 (例如 newzone.microsoft.com)。區域名稱不是 DNS 伺服器的名稱。
區域名稱(Z):
xdom.biz
< 上一步(B)
下一步(N) >
取消

4 輸入區域名稱

注意：區域名稱不包含主機名稱喔！

按**下一步**鈕

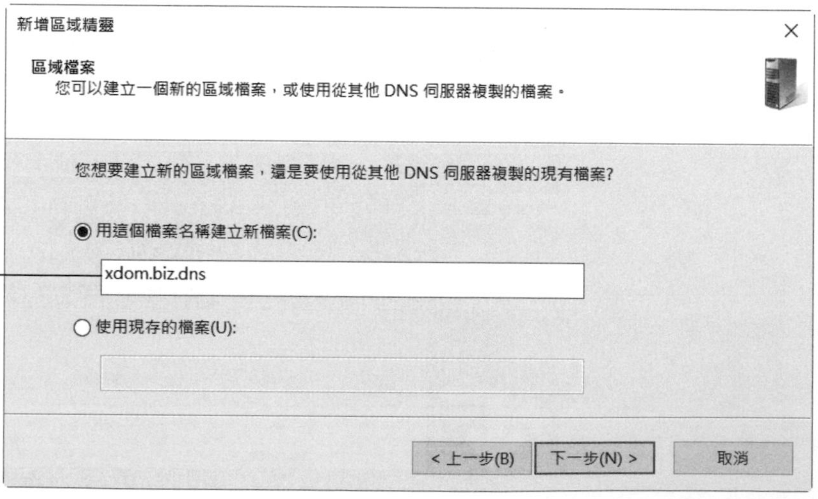
新增區域精靈
區域檔案
您可以建立一個新的區域檔案，或使用從其他 DNS 伺服器複製的檔案。
您想要建立新的區域檔案，還是要使用從其他 DNS 伺服器複製的現有檔案?
用這個檔案名稱建立新檔案(C):
xdom.biz.dns
使用現存的檔案(U):
< 上一步(B)
下一步(N) >
取消

沿用此預設的區域檔檔名即可

按**下一步**鈕

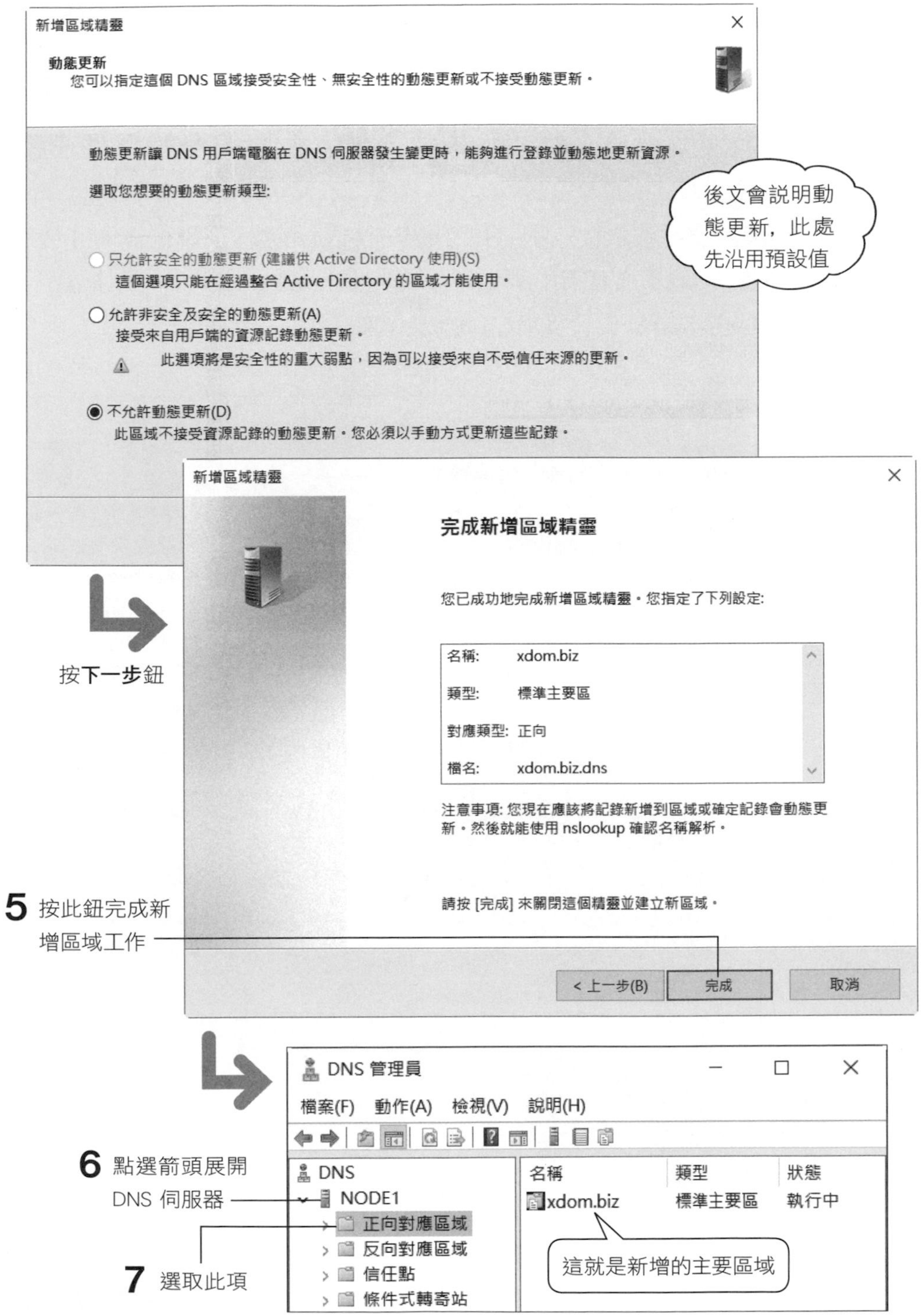
新增區域精靈
動態更新
您可以指定這個 DNS 區域接受安全性、無安全性的動態更新或不接受動態更新。
動態更新讓 DNS 用戶端電腦在 DNS 伺服器發生變更時，能夠進行登錄並動態地更新資源。
選取您想要的動態更新類型:
只允許安全的動態更新 (建議供 Active Directory 使用)(S)
這個選項只能在經過整合 Active Directory 的區域才能使用。
允許非安全及安全的動態更新(A)
接受來自用戶端的資源記錄動態更新。
此選項將是安全性的重大弱點，因為可以接受來自不受信任來源的更新。
不允許動態更新(D)
此區域不接受資源記錄的動態更新。您必須以手動方式更新這些記錄。
後文會說明動態更新，此處先沿用預設值
按下一步鈕
新增區域精靈
完成新增區域精靈
您已成功地完成新增區域精靈。您指定了下列設定:
名稱: xdom.biz
類型: 標準主要區
對應類型: 正向
檔名: xdom.biz.dns
注意事項: 您現在應該將記錄新增到區域或確定記錄會動態更新。然後就能使用 nslookup 確認名稱解析。
請按 [完成] 來關閉這個精靈並建立新區域。
< 上一步(B)
完成
取消
5 按此鈕完成新增區域工作
DNS 管理員
檔案(F) 動作(A) 檢視(V) 說明(H)
DNS
NODE1
正向對應區域
反向對應區域
信任點
條件式轉寄站
名稱 類型 狀態
xdom.biz 標準主要區 執行中
這就是新增的主要區域
6 點選箭頭展開 DNS 伺服器
7 選取此項

在網域控制站新增 AD 整合區域

先前在選擇區域類型時, 畫面的最下方有一個**將區域存放在 Active Directory** 上的多選鈕 (請參見後圖), 此多選鈕只在『DNS 伺服器兼任網域控制站』時才能選取。若選取此項, 則將區域檔整合到 AD 資料庫裡, 成為區域資料 (Zone Data), 再也沒有主要區域或次要區域之分。而且直接利用 AD 既有的複寫 (Replication) 機制, 便可以複製區域資料到其它 DNS 伺服器, 無須額外執行區域傳送動作。這種整合到 AD 資料庫的區域稱為 **AD 整合區域**, 其建立方式如下：

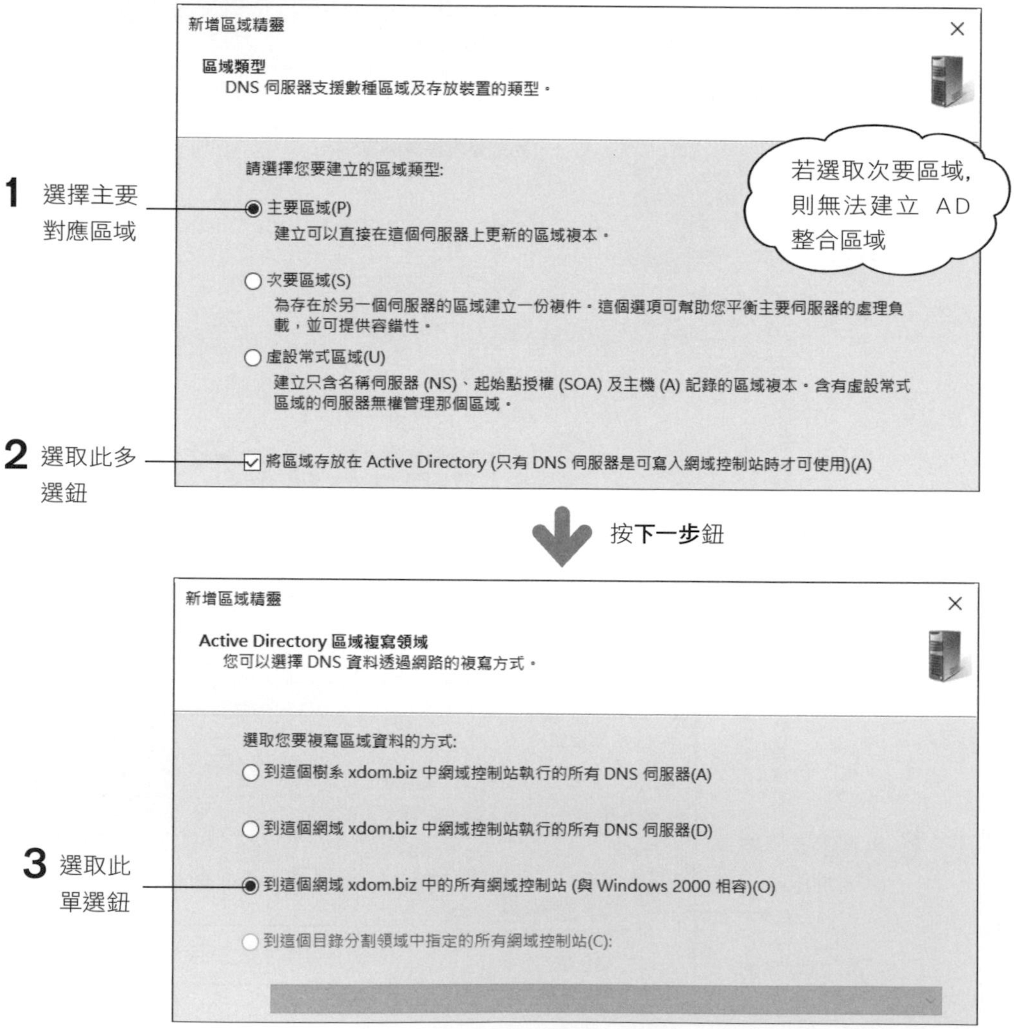
新增區域精靈
區域類型
DNS 伺服器支援數種區域及存放裝置的類型。
請選擇您要建立的區域類型:
主要區域(P)
建立可以直接在這個伺服器上更新的區域複本。
次要區域(S)
為存在於另一個伺服器的區域建立一份複件。這個選項可幫助您平衡主要伺服器的處理負載，並可提供容錯性。
虛設常式區域(U)
建立只含名稱伺服器 (NS)、起始點授權 (SOA) 及主機 (A) 記錄的區域複本。含有虛設常式區域的伺服器無權管理那個區域。
將區域存放在 Active Directory (只有 DNS 伺服器是可寫入網域控制站時才可使用)(A)
1 選擇主要對應區域
2 選取此多選鈕
若選取次要區域, 則無法建立 AD 整合區域
按下一步鈕
新增區域精靈
Active Directory 區域複寫領域
您可以選擇 DNS 資料透過網路的複寫方式。
選取您要複寫區域資料的方式:
到這個樹系 xdom.biz 中網域控制站執行的所有 DNS 伺服器(A)
到這個網域 xdom.biz 中網域控制站執行的所有 DNS 伺服器(D)
到這個網域 xdom.biz 中的所有網域控制站 (與 Windows 2000 相容)(O)
到這個目錄分割領域中指定的所有網域控制站(C):
3 選取此單選鈕

在複寫區域資料時，有以下 4 種目的地可供選擇：

- **到這個樹系 xxx.yyy.zzz 中的所有 DNS 伺服器**：將區域資料複製到整個樹系 (Forest) 所有兼任 DNS 伺服器的網域控制站。xxx.yyy.zzz 代表樹系名稱。

- **到這個網域 aaa.bbb.ccc 中的所有 DNS 伺服器**：將區域資料複製到整個網域中所有兼任 DNS 伺服器的網域控制站。aaa.bbbb.ccc 代表網域名稱，但是在本例中因為整個樹系只包含一個網域，所以樹系名稱就是網域名稱。

- **到這個網域 aaa.bbb.ccc 中的所有網域控制站**：將區域資料複製到整個網域中所有的 AD 網域控制站 － 無論該網域控制站是否兼任 DNS 伺服器。

- **到這個目錄分割領域中指定的所有網域控制站**：安裝某些應用程式時，會在AD 資料庫建立『應用程式目錄分割』(Application Directory Partition)，用來存放特定的資料。若選取此項，係將區域資料複製到有指定的應用程式目錄磁碟分割的網域控制站，所以還要在下方的下拉式列示窗選擇一種應用程式目錄磁碟分割。

假設選取**到這個網域 xdom.com 中的所有網域控制站**，請接著按**下一步**鈕並選擇**正向對應區域**：

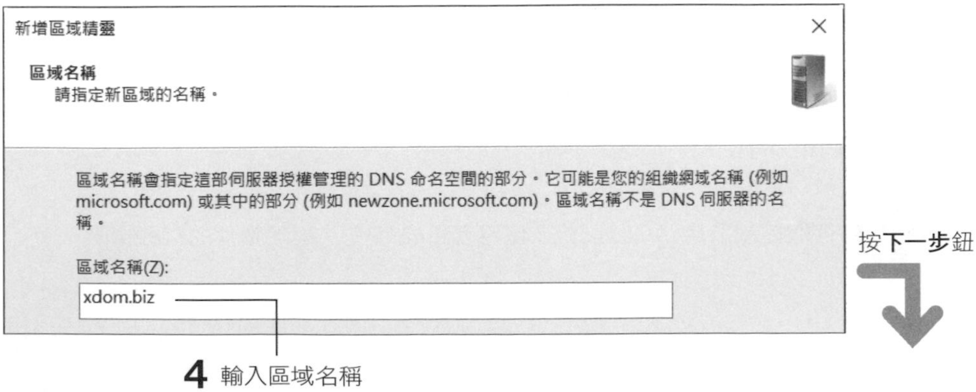
新增區域精靈
區域名稱
請指定新區域的名稱。
區域名稱會指定這部伺服器授權管理的 DNS 命名空間的部分。它可能是您的組織網域名稱 (例如 microsoft.com) 或其中的部分 (例如 newzone.microsoft.com)。區域名稱不是 DNS 伺服器的名稱。
區域名稱(Z):
xdom.biz
按下一步鈕
4 輸入區域名稱

5 選取此項

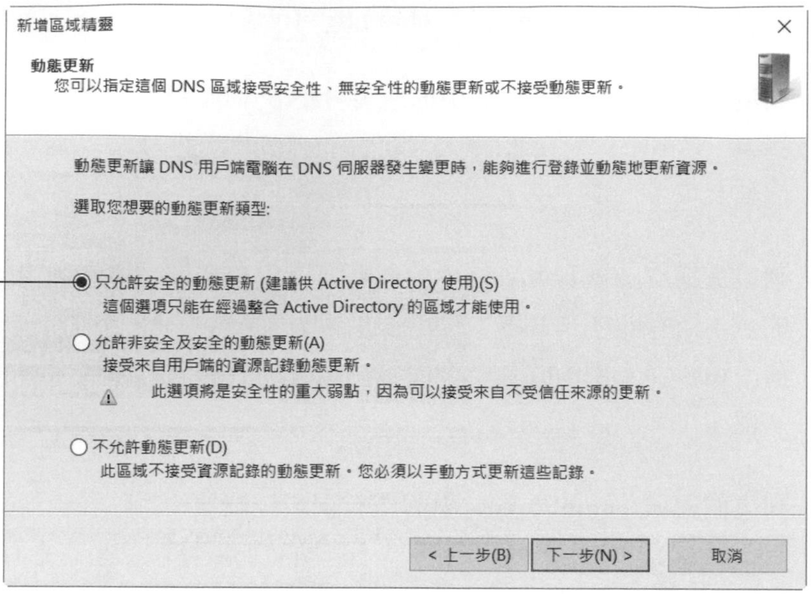
新增區域精靈
動態更新
您可以指定這個 DNS 區域接受安全性、無安全性的動態更新或不接受動態更新。
動態更新讓 DNS 用戶端電腦在 DNS 伺服器發生變更時，能夠進行登錄並動態地更新資源。
選取您想要的動態更新類型:
只允許安全的動態更新 (建議供 Active Directory 使用)(S)
這個選項只能在經過整合 Active Directory 的區域才能使用。
允許非安全及安全的動態更新(A)
接受來自用戶端的資源記錄動態更新。
此選項將是安全性的重大弱點，因為可以接受來自不受信任來源的更新。
不允許動態更新(D)
此區域不接受資源記錄的動態更新。您必須以手動方式更新這些記錄。
< 上一步(B)
下一步(N) >
取消

當 DNS 用戶端變更 IP 位址或主機名稱時，若會主動將新的資料更新到 DNS 伺服器的資料庫，表示它支援**動態更新** (Dynamic Update) 功能。但是必須 DNS 伺服器和 DNS 用戶端都支援動態更新，才能使該功能生效，目前 Windows 2000/XP (含) 以後版本 的用戶端和 Windows 2000 (含) 以後版本的 DNS 伺服器都支援該功能。

在設定 AD 整合區域的動態更新時，有以下 3 種選擇：

只允許安全的動態更新

只有建立 AD 整合區域才能選取此項。所謂安全性動態更新是指：可以透過在存取控制清單 (ACL, Access Control List) 的權限設定，決定哪些帳戶或群組可以動態更新。預設只要是可以登入網域的帳戶，皆有動態更新的權限。

Tip 存取控制清單 (ACL) 記錄了使用者和群組帳戶，對於物件的存取權限。

允許非安全及安全的動態更新

只要用戶端支援動態更新，就允許它們更新 DNS 伺服器的記錄。

不允許動態更新

若選取此項，相當於伺服器關閉動態更新功能。因此用戶端無法自動更新 DNS 伺服器的記錄，必須依賴伺服器管理員手動更新。

假設選取**只允許安全的動態更新**，然後按**下一步**鈕：

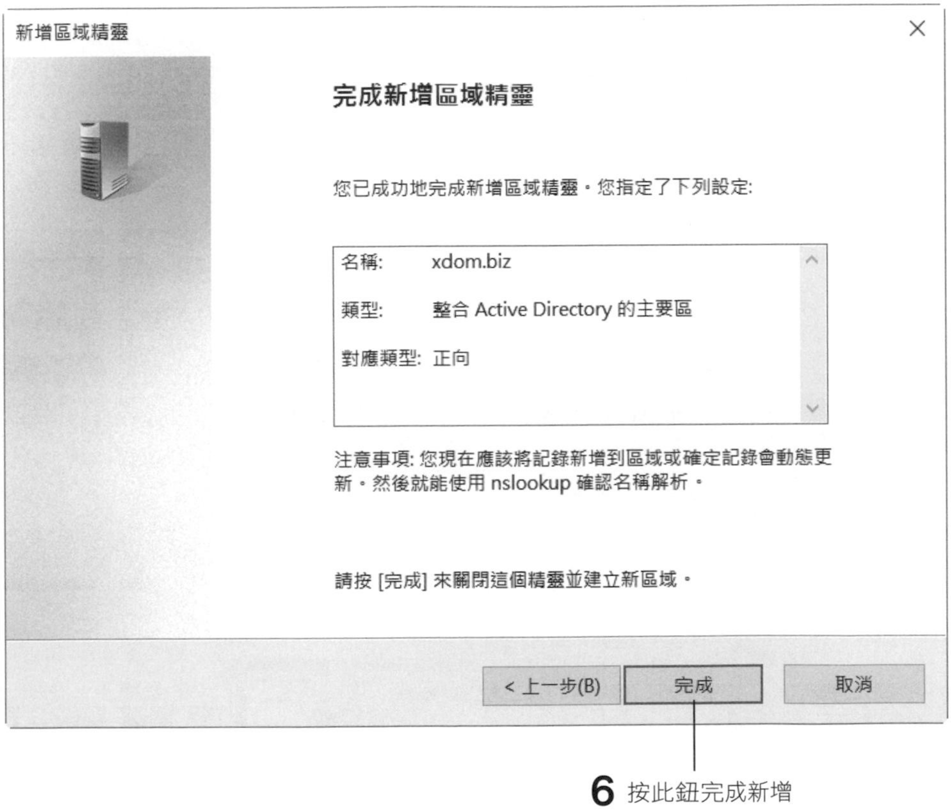

如何修改區域類型、複寫方式和動態更新設定？

在完成上述關於區域類型、複寫方式和動態更新的設定後，如果想要再修改其內容，其方式如右：

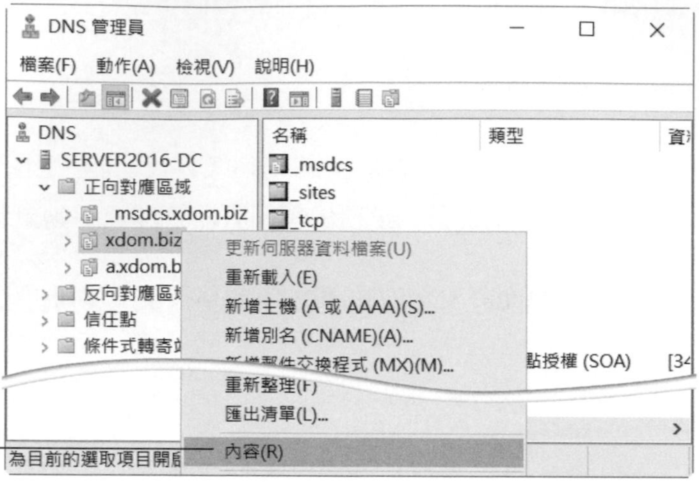

在區域名稱按右鈕，執行此命令

按此鈕可變更區域類型

按此鈕可變更複寫方式

在此下拉式功能表可以變更動態更新的設定

18-4 新增資源記錄

當我們建立區域之後，接著應該在區域檔內新增資料，這些資料便是所謂的資源記錄 (Resource Record, RR)。資源記錄的種類繁多，但是限於篇幅，我們僅介紹以下常用的 3 種：

- **主機記錄** (A Record)
- **別名記錄** (CNAME Record)
- **郵件交換程式記錄** (MX Record)

新增主機記錄

新增主機記錄 (A Record, Address Record)，就是建立電腦的 DNS 名稱與 IP 位址的對應關係，請參考下面的步驟：

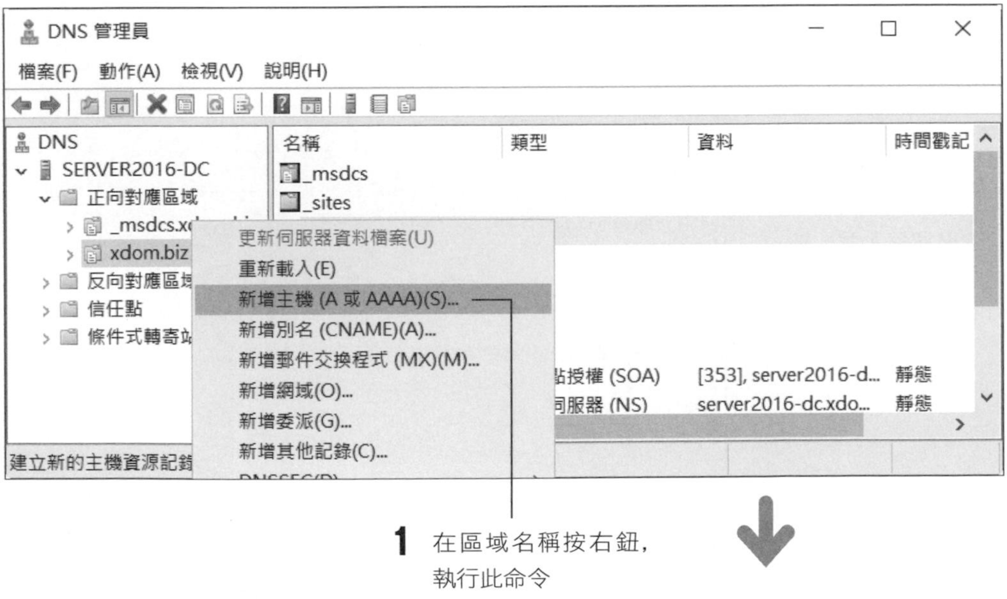

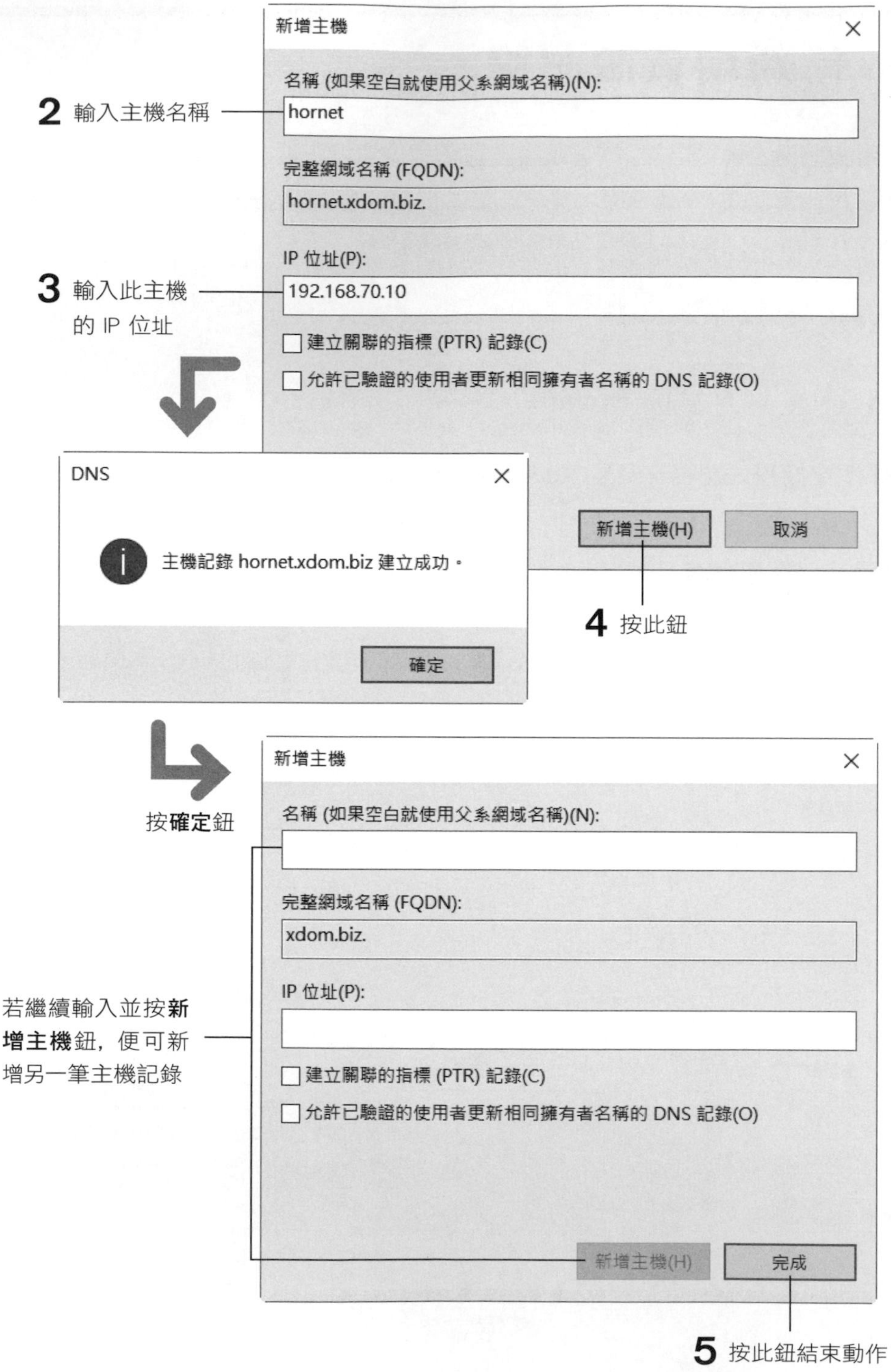
新增主機
名稱 (如果空白就使用父系網域名稱)(N):
hornet
完整網域名稱 (FQDN):
hornet.xdom.biz.
IP 位址(P):
192.168.70.10
建立關聯的指標 (PTR) 記錄(C)
允許已驗證的使用者更新相同擁有者名稱的 DNS 記錄(O)
新增主機(H)
取消
2 輸入主機名稱
3 輸入此主機的 IP 位址
4 按此鈕
DNS
主機記錄 hornet.xdom.biz 建立成功。
確定
按確定鈕
新增主機
名稱 (如果空白就使用父系網域名稱)(N):
完整網域名稱 (FQDN):
xdom.biz.
IP 位址(P):
建立關聯的指標 (PTR) 記錄(C)
允許已驗證的使用者更新相同擁有者名稱的 DNS 記錄(O)
新增主機(H)
完成
若繼續輸入並按新增主機鈕，便可新增另一筆主機記錄
5 按此鈕結束動作

新增別名記錄

所謂的別名（Canonical Name ）就是主機的另一個名稱, 可以把它想像成『化名』或『綽號』。一部主機可以同時擁有多個不同的別名, 而這些別名都是登記在 DNS 伺服器的區域檔內。

舉例來說, 假設 xdom.biz. 網域內某電腦的主機名稱為 server-01, 另外又在 DNS 伺服器上登記了eagle、tomcat 這兩個別名。則其它電腦向該伺服器查詢 server-01.xdom.biz.、eagle.xdom.biz. 或 tomcat.xdom.biz. 時, 都會查到相同的 IP 位址。若應用在 IIS 所提供的 WWW、FTP 等等服務, 則可以取 www 和 ftp 兩個別名。那麼用戶端便能以 www.xdom.biz. 來連結 Web 站台；以 ftp.xdom.biz. 來連結 FTP 站台, 但是 Web 站台與 FTP 站台其實都在同一部主機 － server-01 上。

新增別名紀錄的步驟如下：

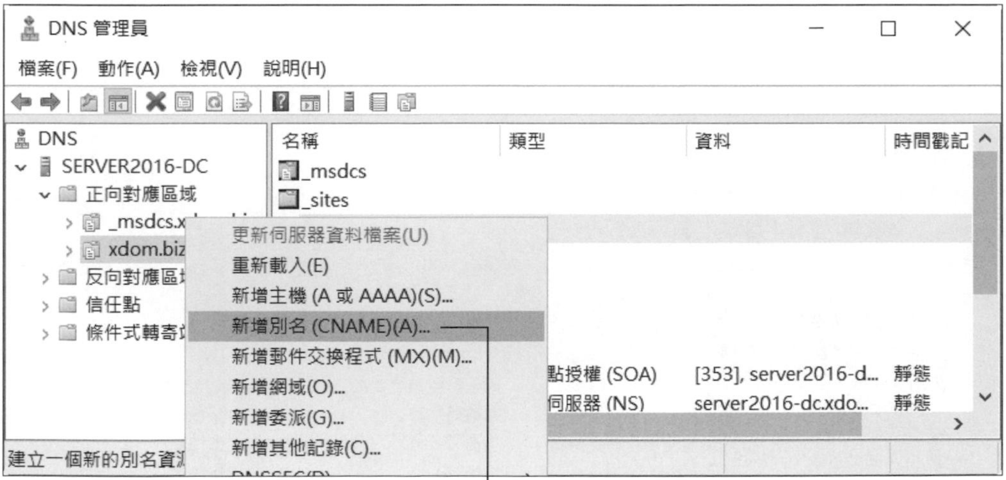

1 在區域名稱上按右鈕, 執行此命令

2 輸入別名

3 輸入此別名對應的 DNS 名稱

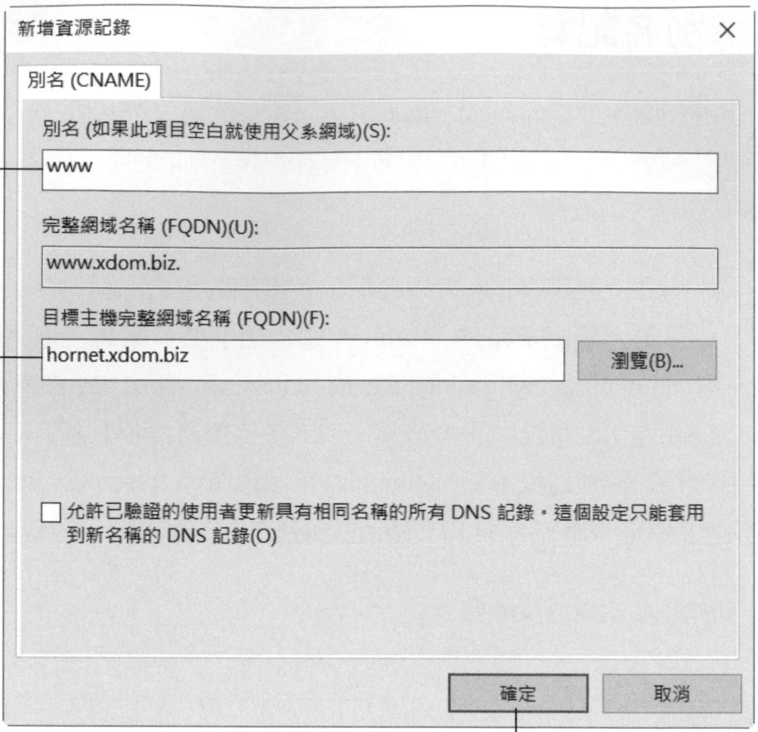
新增資源記錄
別名 (CNAME)
別名 (如果此項目空白就使用父系網域)(S):
www
完整網域名稱 (FQDN)(U):
www.xdom.biz.
目標主機完整網域名稱 (FQDN)(F):
hornet.xdom.biz
瀏覽(B)...
允許已驗證的使用者更新具有相同名稱的所有 DNS 記錄。這個設定只能套用到新名稱的 DNS 記錄(O)
確定
取消

4 按此鈕

DNS 管理員
檔案(F) 動作(A) 檢視(V) 說明(H)
DNS
SERVER2016-DC
正向對應區域
_msdcs.xdom.biz
xdom.biz
反向對應區域
信任點
條件式轉寄站
名稱
類型
資料
時間戳記
a
DomainDnsZones
ForestDnsZones
(和父系資料夾相同) 起始點授權 (SOA) [353], server2016-d... 靜態
(和父系資料夾相同) 名稱伺服器 (NS) server2016-dc.xdo... 靜態
(和父系資料夾相同) 主機 (A) 192.168.19.135 2017/6/4
node1 主機 (A) 192.168.70.150 2017/5/3
server2016-dc 主機 (A) 192.168.19.135 靜態
hornet 主機 (A) 192.168.70.10
www 別名 (CNAME) hornet.xdom.biz

這就是新增的別名記錄

新增郵件交換程式記錄

郵件交換程式 (MX, Mail eXchange) 記錄用來指定網域的郵件伺服器。其新增步驟如下：

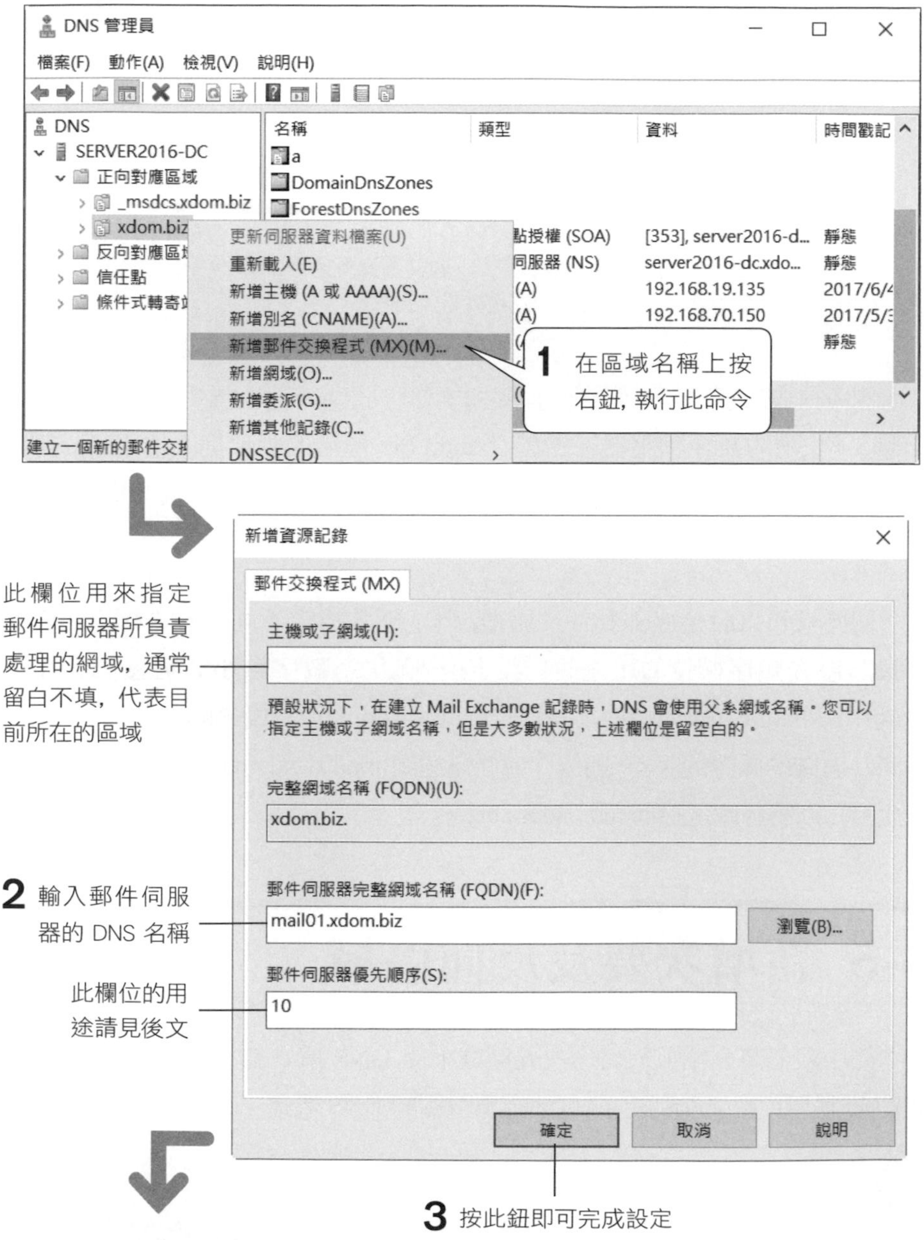

這是新增的郵件交換程式記錄, **和父系資料夾相同**意即目前所在的區域, 也就是 xdom.biz

上例所代表的意思是：當郵件伺服器要傳送收件人地址為『xxx@xdom.biz 』的郵件時, 先詢問DNS 伺服器：『負責xdom.biz 區域的郵件伺服器是哪一部？』DNS 伺服器會回答：『負責處理 xdom.biz 區域的郵件伺服器是 mail01.xdom.biz., 請將郵件送給它。』

一個區域可以設定多部郵件伺服器, 但是應該指定不同的優先順序。因此**郵件伺服器優先順序**欄位的用途便是設定優先順序, **數字愈小者愈優先使用**。假設 mail01.xdom.biz. (優先順序為10) 與 mail02.xdom.biz. (優先順序為20) 都是負責 xdom.biz. 區域的郵件伺服器, 則信件會優先送到 mail01.xdom.biz.。若 mail01.xdom.biz. 無回應, 則將郵件送給 mail02.xdom.biz。

18-5 新增次要及反向區域

本節中我們將介紹如何新增次要區域來使 DNS 擁有備援功能, 以及如何新增反向區域, 讓用戶端能夠利用 IP 位址查出電腦的 DNS 名稱。

新增次要區域

次要區域係儲存副本資料，此副本是透過**區域傳送**複製過來的區域檔，由於被設為『唯讀』(Read-Only)，因此無法修改。要新增次要區域，請參考下面的步驟：

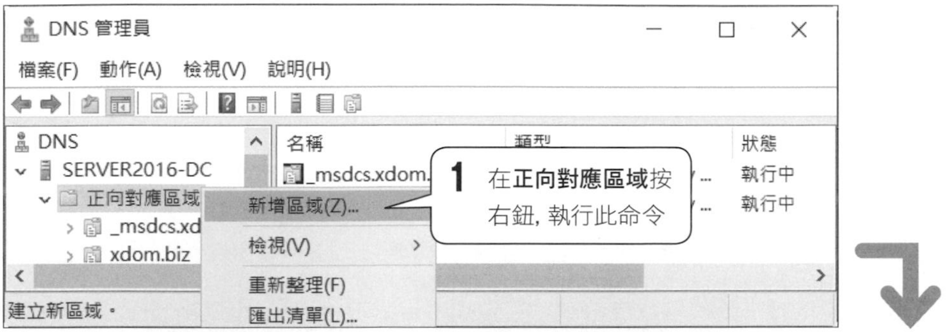

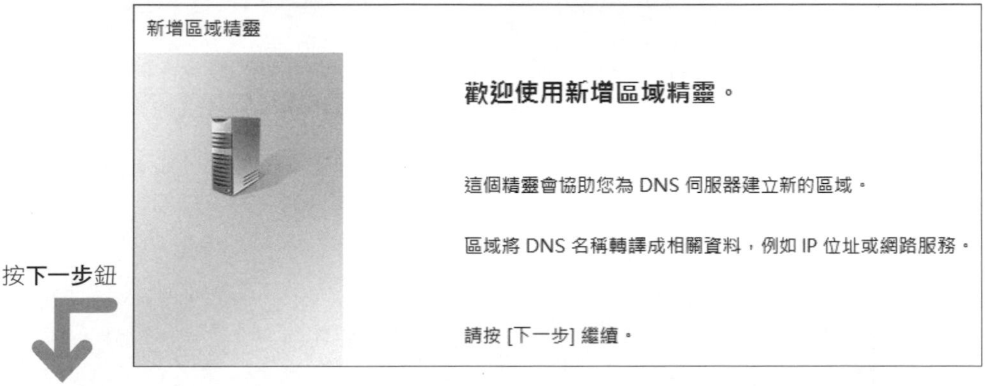

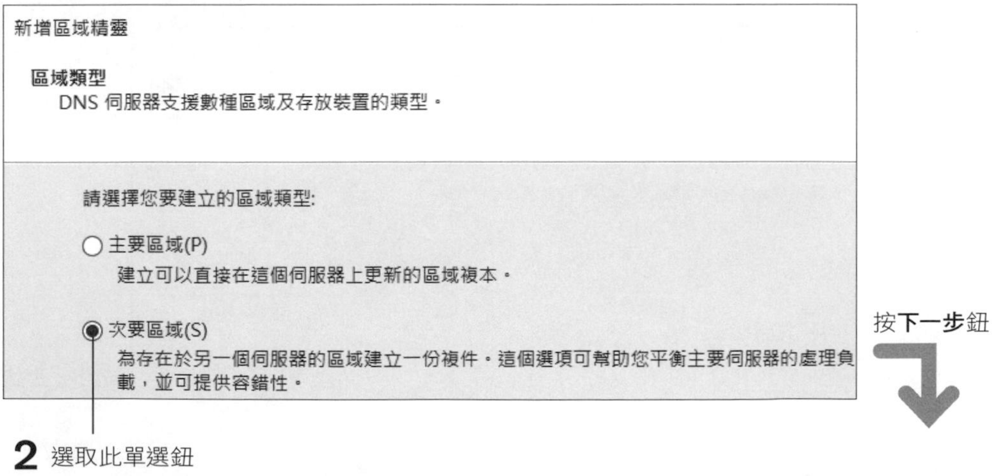

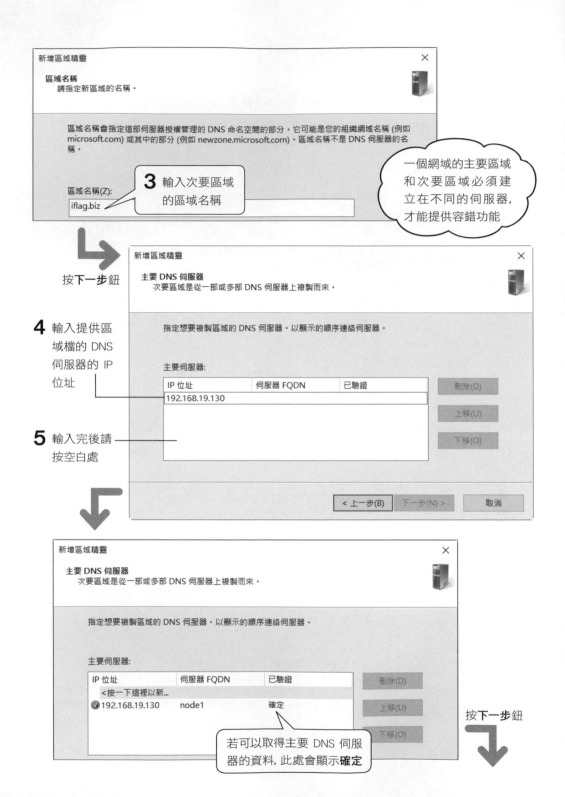

新增區域精靈
區域名稱
請指定新區域的名稱。
區域名稱會指定這部伺服器授權管理的 DNS 命名空間的部分。它可能是您的組織網域名稱 (例如 microsoft.com) 或其中的部分 (例如 newzone.microsoft.com)。區域名稱不是 DNS 伺服器的名稱。
區域名稱(Z):
iflag.biz

3 輸入次要區域的區域名稱

一個網域的主要區域和次要區域必須建立在不同的伺服器，才能提供容錯功能

按**下一步**鈕

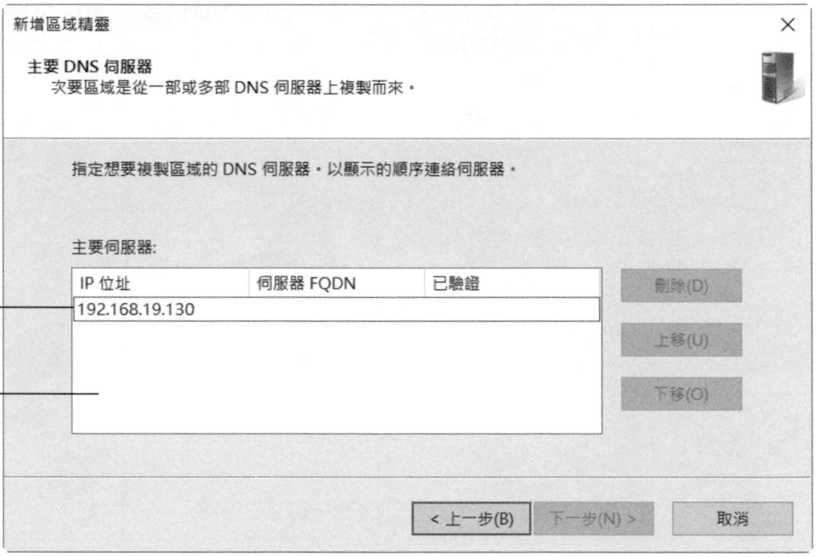

4 輸入提供區域檔的 DNS 伺服器的 IP 位址

5 輸入完後請按空白處

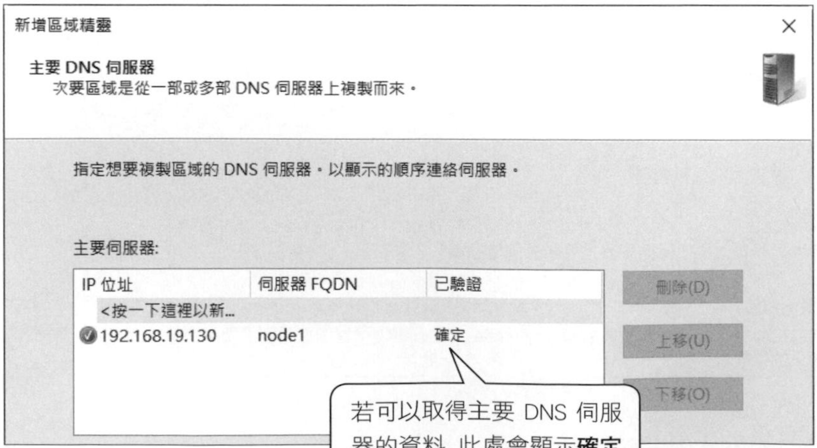

若可以取得主要 DNS 伺服器的資料，此處會顯示**確定**

按**下一步**鈕

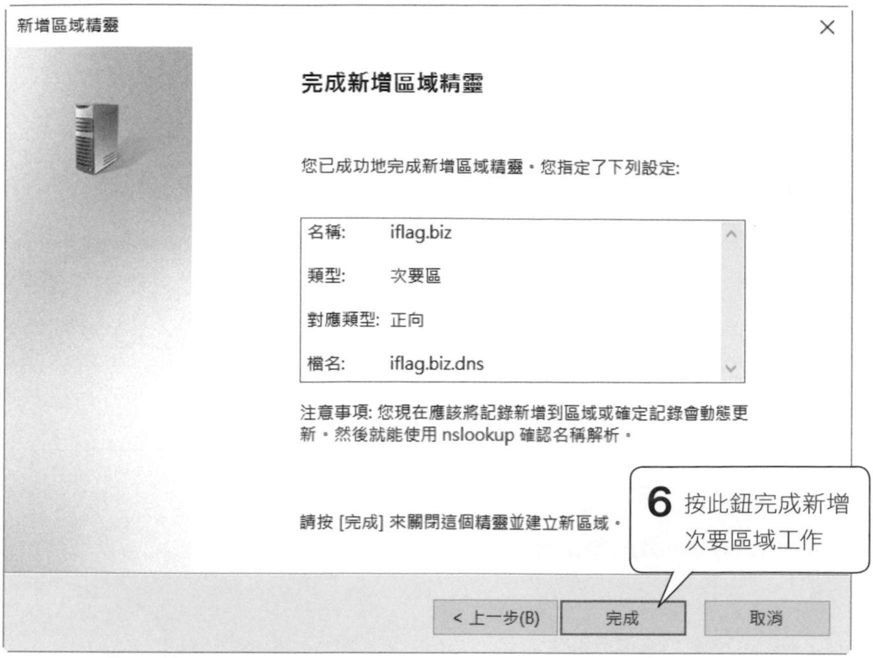

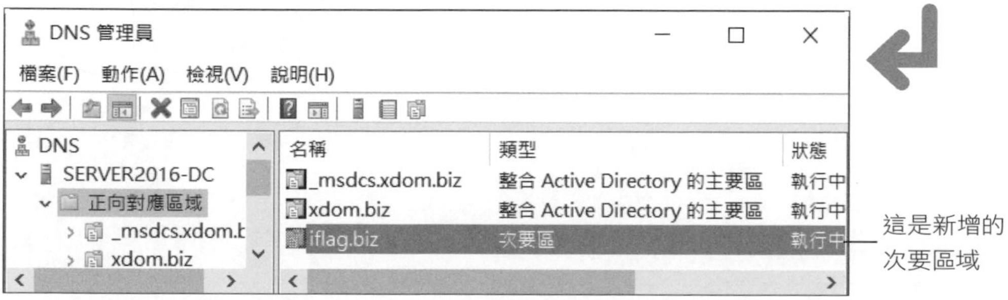

新增反向區域

建立反向區域可以讓使用者利用電腦的 IP 位址反向查出 DNS 名稱。要建立反向區域,請參考下面的步驟：

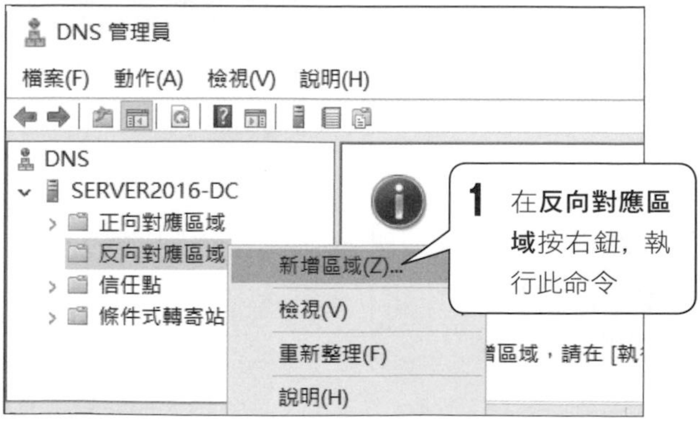

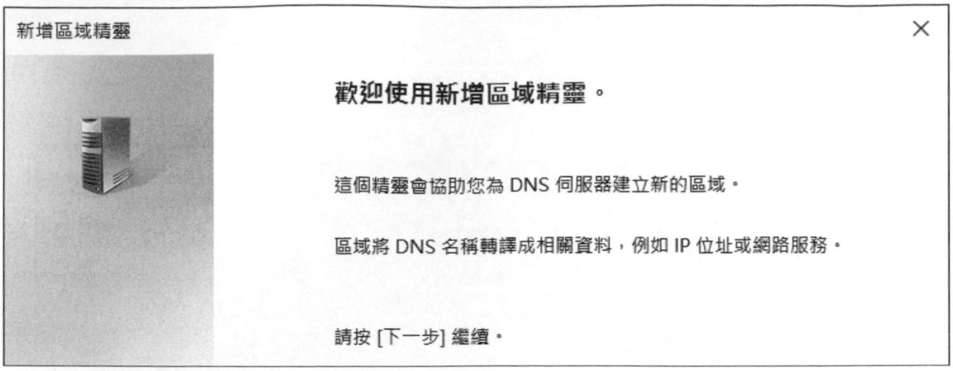
新增區域精靈
歡迎使用新增區域精靈。
這個精靈會協助您為 DNS 伺服器建立新的區域。
區域將 DNS 名稱轉譯成相關資料，例如 IP 位址或網路服務。
請按 [下一步] 繼續。

按**下一步**鈕

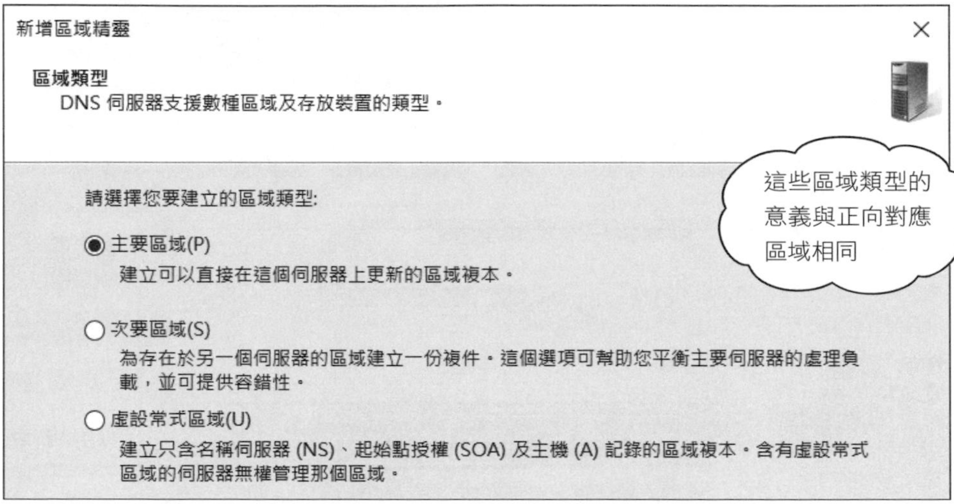
新增區域精靈
區域類型
DNS 伺服器支援數種區域及存放裝置的類型。
請選擇您要建立的區域類型:
主要區域(P)
建立可以直接在這個伺服器上更新的區域複本。
次要區域(S)
為存在於另一個伺服器的區域建立一份複件。這個選項可幫助您平衡主要伺服器的處理負載，並可提供容錯性。
虛設常式區域(U)
建立只含名稱伺服器 (NS)、起始點授權 (SOA) 及主機 (A) 記錄的區域複本。含有虛設常式區域的伺服器無權管理那個區域。

這些區域類型的意義與正向對應區域相同

按**下一步**鈕

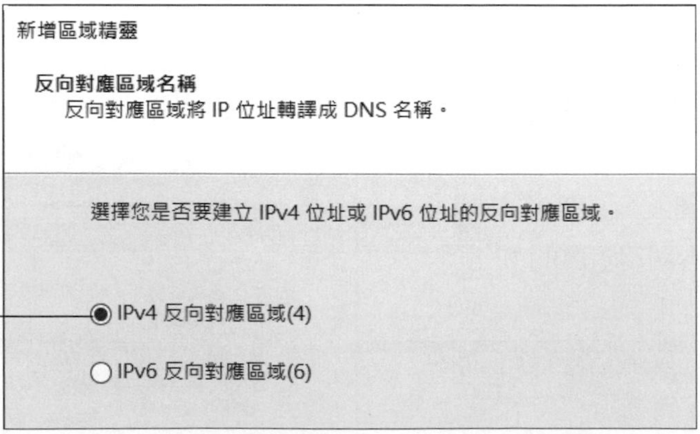
新增區域精靈
反向對應區域名稱
反向對應區域將 IP 位址轉譯成 DNS 名稱。
選擇您是否要建立 IPv4 位址或 IPv6 位址的反向對應區域。
IPv4 反向對應區域(4)
IPv6 反向對應區域(6)

2 選擇此項建立 IPv4 反向對應區域

按**下一步**鈕

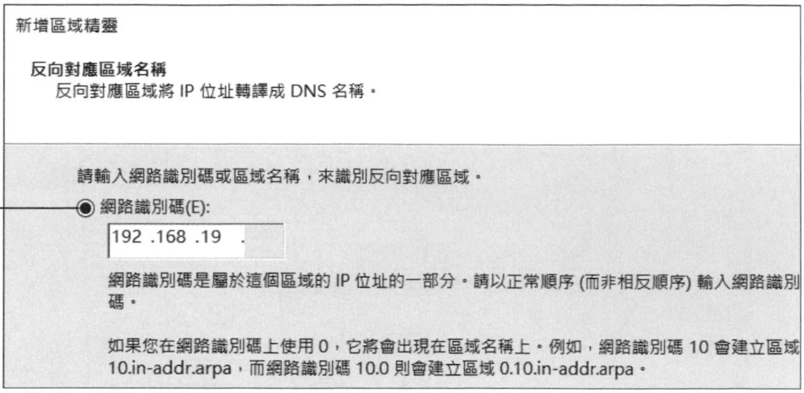
新增區域精靈
反向對應區域名稱
反向對應區域將 IP 位址轉譯成 DNS 名稱。
請輸入網路識別碼或區域名稱，來識別反向對應區域。
網路識別碼(E):
192 .168 .19 .
網路識別碼是屬於這個區域的 IP 位址的一部分。請以正常順序 (而非相反順序) 輸入網路識別碼。
如果您在網路識別碼上使用 0，它將會出現在區域名稱上。例如，網路識別碼 10 會建立區域 10.in-addr.arpa，而網路識別碼 10.0 則會建立區域 0.10.in-addr.arpa。

3 輸入此反向對應區域的 Network ID

按**下一步**鈕

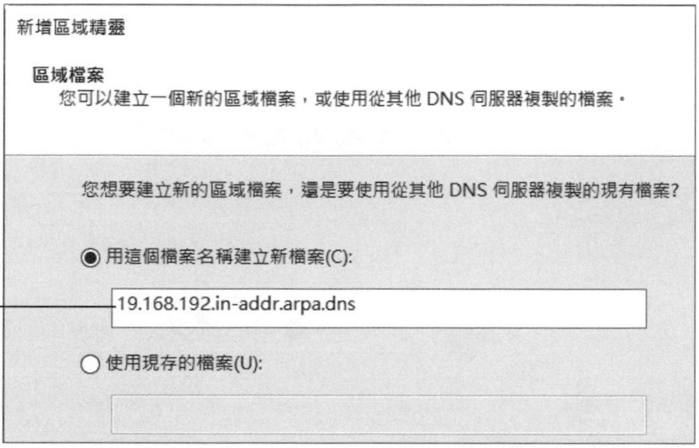
新增區域精靈
區域檔案
您可以建立一個新的區域檔案，或使用從其他 DNS 伺服器複製的檔案。
您想要建立新的區域檔案，還是要使用從其他 DNS 伺服器複製的現有檔案?
用這個檔案名稱建立新檔案(C):
19.168.192.in-addr.arpa.dns
使用現存的檔案(U):

沿用預設的檔名

按**下一步**鈕

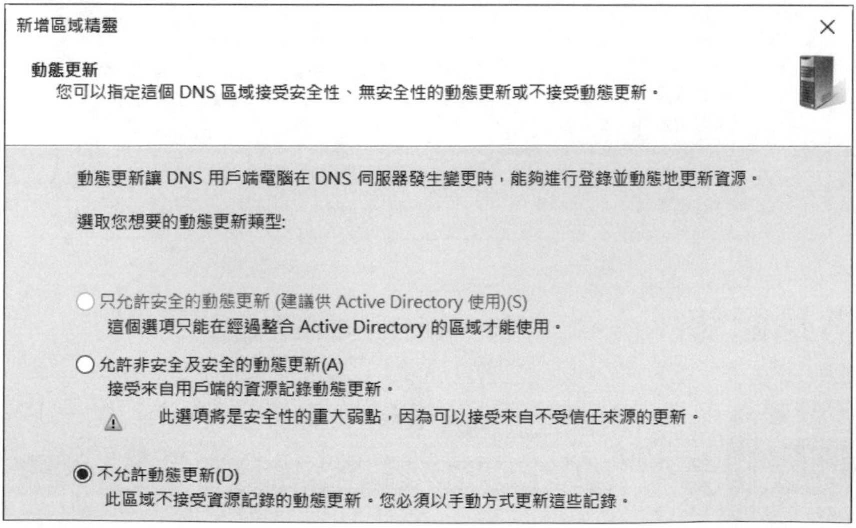
新增區域精靈
動態更新
您可以指定這個 DNS 區域接受安全性、無安全性的動態更新或不接受動態更新。
動態更新讓 DNS 用戶端電腦在 DNS 伺服器發生變更時，能夠進行登錄並動態地更新資源。
選取您想要的動態更新類型:
只允許安全的動態更新 (建議供 Active Directory 使用)(S)
這個選項只能在經過整合 Active Directory 的區域才能使用。
允許非安全及安全的動態更新(A)
接受來自用戶端的資源記錄動態更新。
此選項將是安全性的重大弱點，因為可以接受來自不受信任來源的更新。
不允許動態更新(D)
此區域不接受資源記錄的動態更新。您必須以手動方式更新這些記錄。

按**下一步**鈕

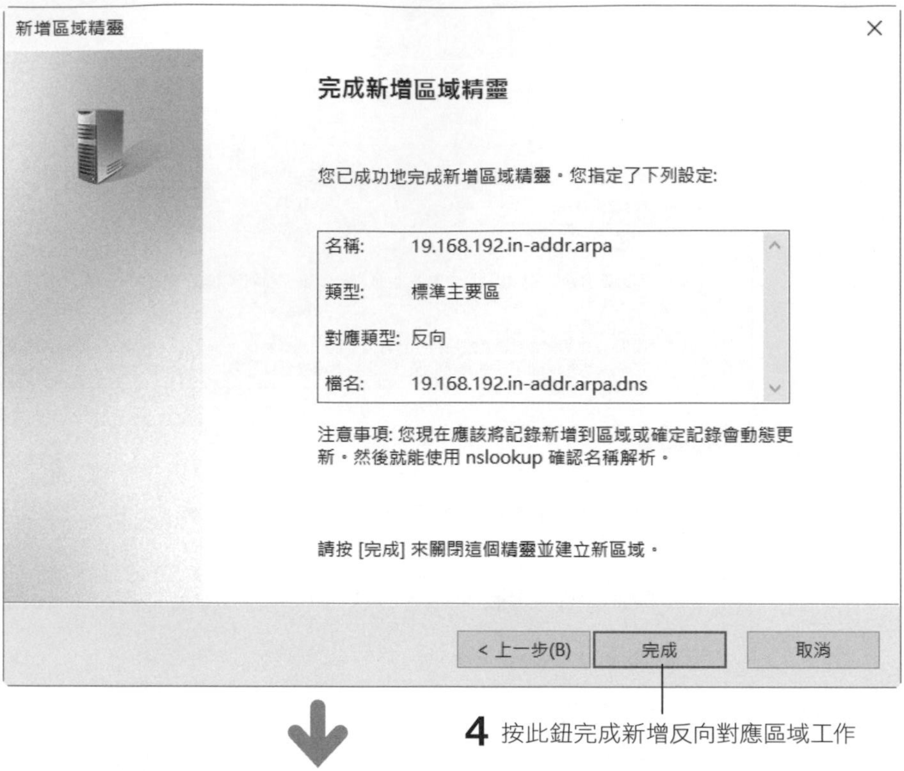

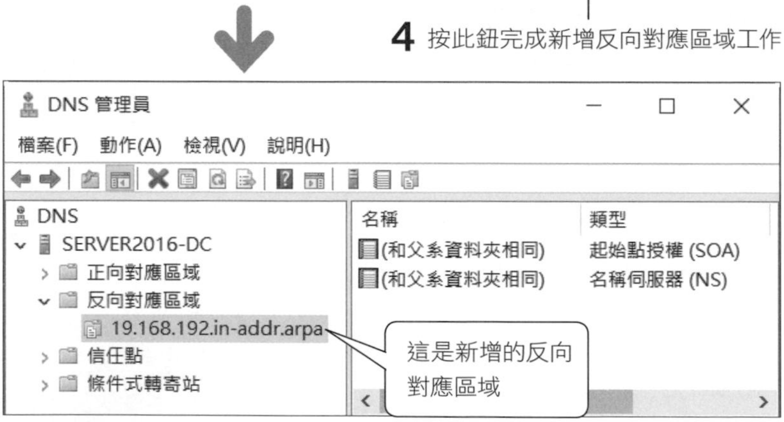

新增指標記錄

建立反向區域後, 還必須新增指標 (PTR, Pointer) 記錄, 記載 IP 位址 → DNS 名稱的對應關係, 才能提供使用者反向查詢功能。我們可以在建立主機記錄時順便建立指標記錄, 請開啟 DNS 主控台或伺服器管理員, 在區域名稱上按右鈕, 執行『**新增主機**』命令:

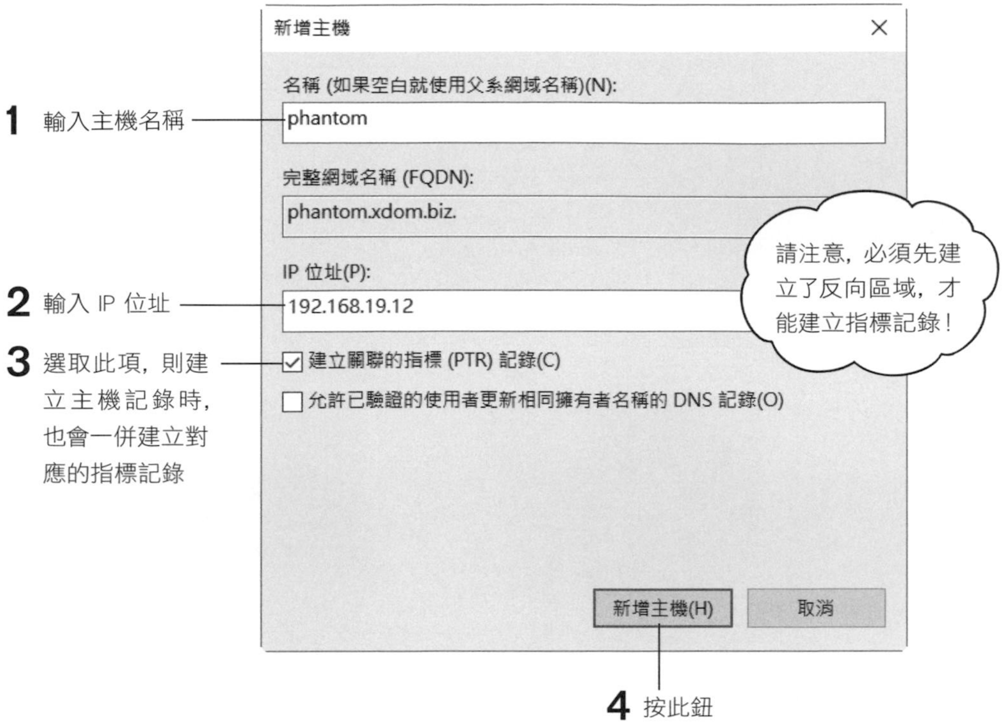
新增主機
名稱 (如果空白就使用父系網域名稱)(N):
phantom
完整網域名稱 (FQDN):
phantom.xdom.biz.
IP 位址(P):
192.168.19.12
建立關聯的指標 (PTR) 記錄(C)
允許已驗證的使用者更新相同擁有者名稱的 DNS 記錄(O)
新增主機(H)
取消
1 輸入主機名稱
2 輸入 IP 位址
3 選取此項，則建立主機記錄時，也會一併建立對應的指標記錄
4 按此鈕
請注意，必須先建立了反向區域，才能建立指標記錄！

或者，也可以直接在反向對應區域中建立指標記錄：

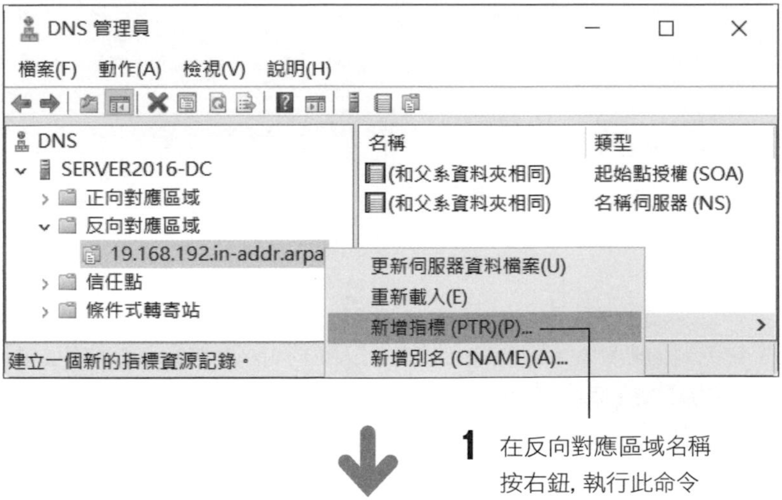
DNS 管理員
檔案(F) 動作(A) 檢視(V) 說明(H)
DNS
SERVER2016-DC
正向對應區域
反向對應區域
19.168.192.in-addr.arpa
信任點
條件式轉寄站
名稱
類型
(和父系資料夾相同)
起始點授權 (SOA)
(和父系資料夾相同)
名稱伺服器 (NS)
更新伺服器資料檔案(U)
重新載入(E)
新增指標 (PTR)(P)...
新增別名 (CNAME)(A)...
建立一個新的指標資源記錄。
1 在反向對應區域名稱按右鈕，執行此命令

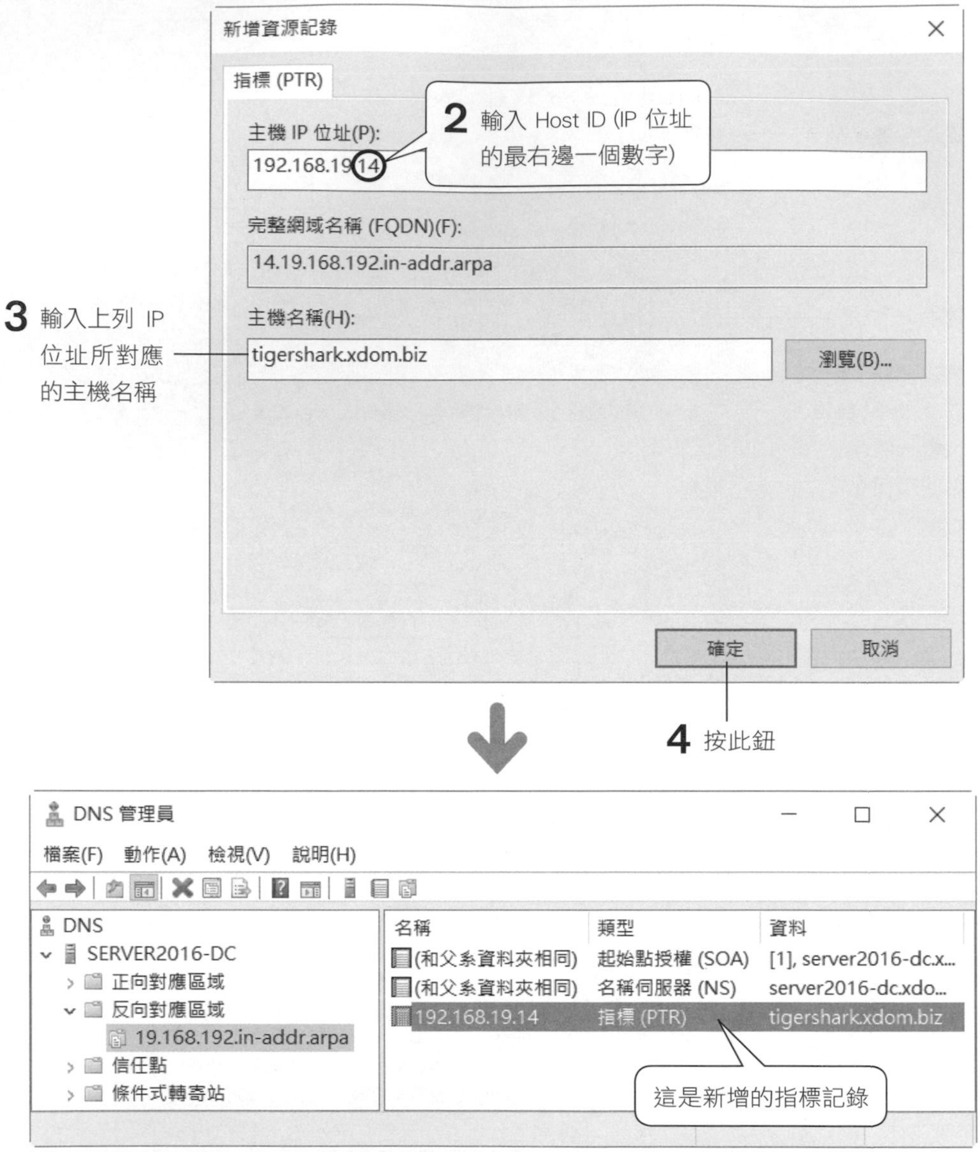

Tip 18-3 節所述的動態更新功能會將資料寫入**正向對應區域**和**反向對應區域**，亦即一併建立『主機記錄』和『指標記錄』。

CHAPTER

19

Windows Server 2016

DHCP 伺服器

19-1 安裝授權與設定

19-2 管理領域

凡是透過 TCP/IP 協定來連線的電腦, 都要擁有一個 IP 位址才能正常工作, 若要連到網際網路, 還得要設好**預設閘道**、**子網路遮罩**和 **DNS 伺服器**。而這些設定工作若都由系統管理員一手包辦, 當電腦的數量多達七、八十台時, 也會花費不少時間來管理。此外, 若是僧多粥少, IP 位址的數量低於總使用人數時, 也就不能事先為每個人設好組態。這時候, 可以考慮在設定組態時選用**自動取得 IP 位址**, 如下圖：

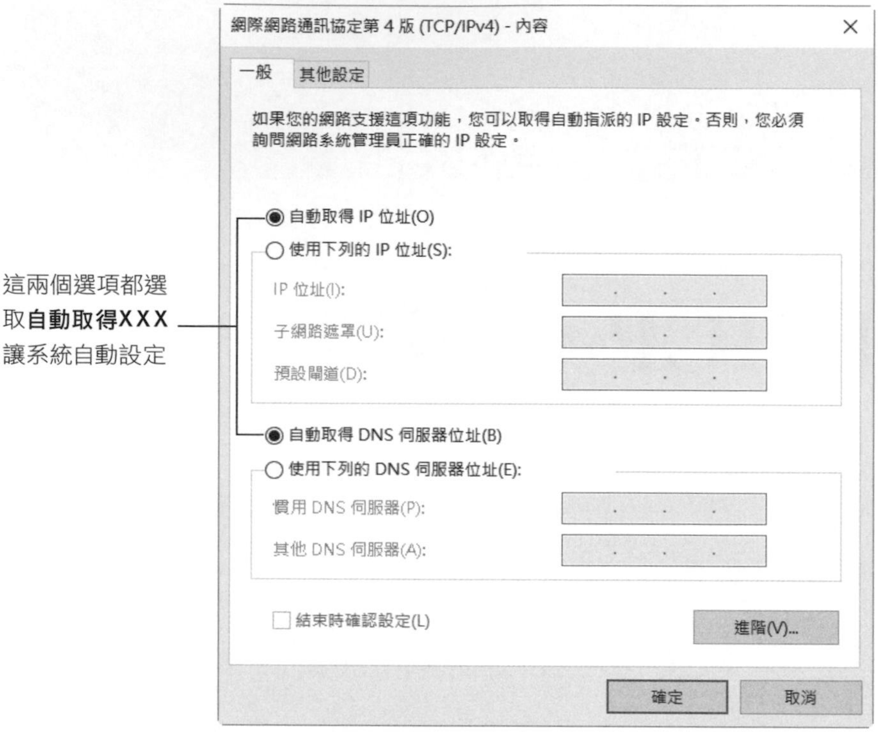

所謂的**自動取得 IP 位址**, 意指該電腦開在機過程會向某一部伺服器「申請」一個位址來用, 這個 IP 位址未必固定, 可能每次都不同, 因此又被稱為「動態 IP 位址」(Dynamic IP address), 而負責發放 IP 位址的伺服器就是本章要介紹的 DHCP 伺服器！

DHCP (Dynamic Host Configuration Protocol, 動態主機設定協定) 伺服器可以動態分配 IP 位址給網路中的電腦 (這些電腦稱為 DHCP 用戶端), 免除在每一台電腦上手動設定的麻煩。要動態分配 IP 位址給電腦, 必須先在區域網路中安裝 DHCP 伺服器, 然後將用戶端電腦設定為向 DHCP 伺服器**自動取得 IP 位址**。

當 DHCP 用戶端開機時, 會透過廣播方式向 DHCP 伺服器要求取得 IP 位址, 這時伺服器就會傳回一個尚未被使用的 IP 位址 (亦即不同的用戶端會取得不同的 IP 位址), 同時也可以將相關設定資料 (例如：子網路遮罩、DNS 伺服器位址、預設閘道位址等) 一併傳送給發出請求的電腦：

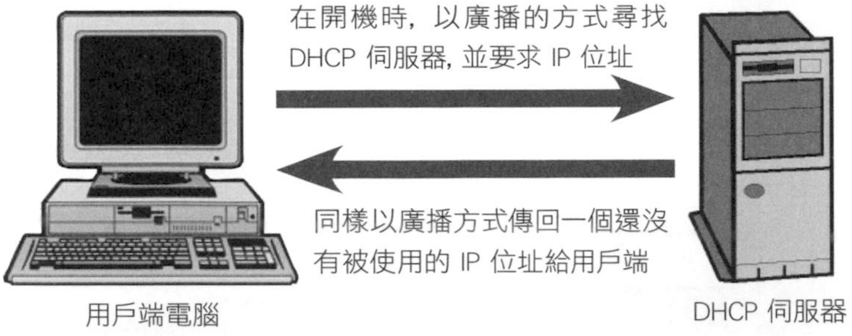

19-1 安裝授權與設定

在動手實作之前, 必須先說明以下的重要觀念：

- 本章所說的 DHCP 伺服器, 除非有特別說明, 否則都是指「在 Windows Server 2016 架設的 DHCP 伺服器」！
- 在網域內的 DHCP 伺服器, 必須經過「授權」(authorized)才能提供服務。這是為了避免有人隨便架設 DHCP 伺服器, 胡亂發放 IP 位址, 干擾正常運作。
- 沒加入網域的 DHCP 伺服器雖然不必授權就能運作, 可是一旦偵測到網域內出現經過授權的 DHCP 伺服器, 這部沒獲授權的 DHCP 伺服器就會自動停止服務。
- DHCP 伺服器本身必須擁有固定的 IP 位址, 不可以使用動態 IP 位址。

以下所假設的情境是「在網域控制站架設 DHCP 伺服器」, 因為是在網域內, 所以要經過授權。

安裝與授權 DHCP 伺服器

請在**伺服器管理員**執行『**管理/新增角色及功能**』命令，連按三次**下一步**鈕，直到出現**選取伺服器角色**畫面：

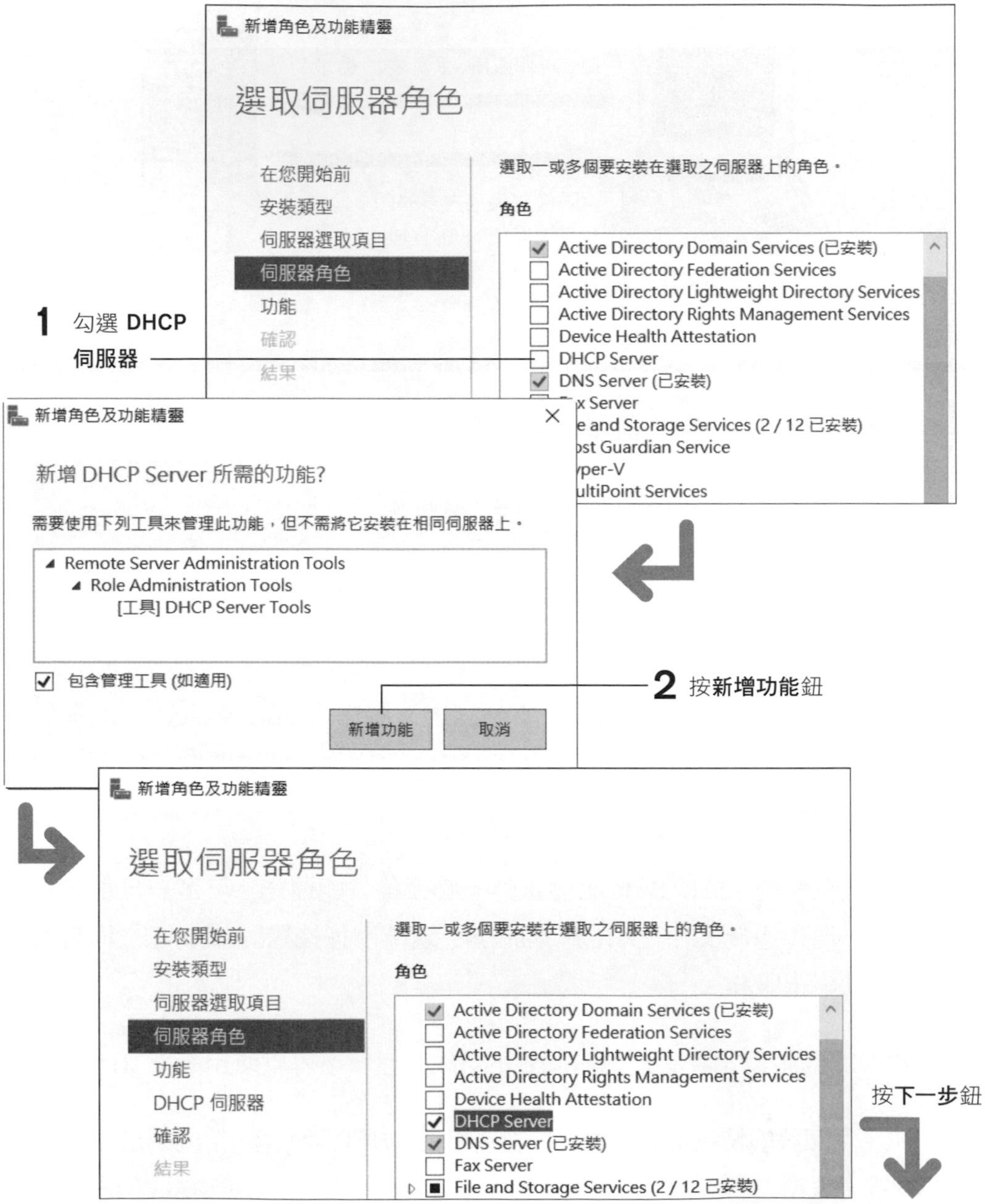

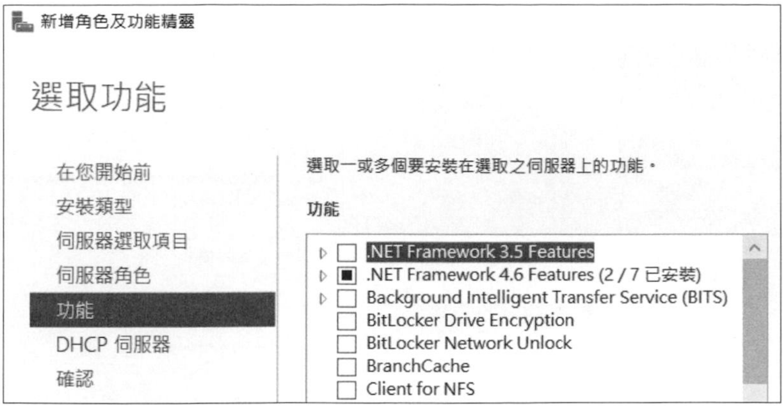
新增角色及功能精靈
選取功能
在您開始前
安裝類型
伺服器選取項目
伺服器角色
功能
DHCP 伺服器
確認
選取一或多個要安裝在選取之伺服器上的功能。
功能
.NET Framework 3.5 Features
.NET Framework 4.6 Features (2 / 7 已安裝)
Background Intelligent Transfer Service (BITS)
BitLocker Drive Encryption
BitLocker Network Unlock
BranchCache
Client for NFS

按**下一步**鈕

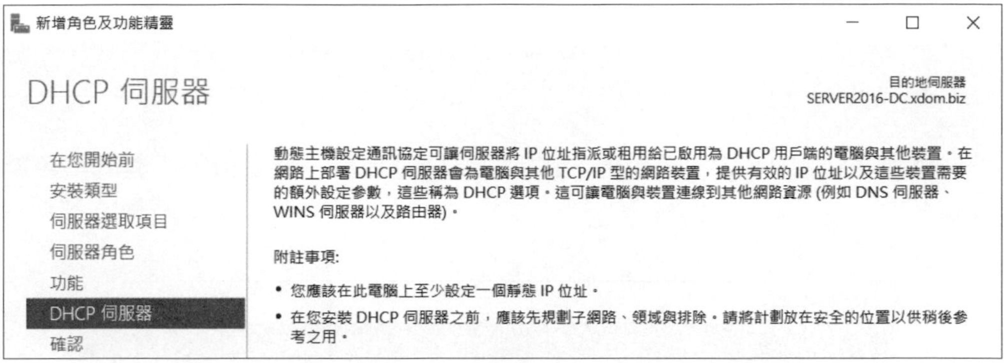
新增角色及功能精靈
DHCP 伺服器
目的地伺服器
SERVER2016-DC.xdom.biz
在您開始前
安裝類型
伺服器選取項目
伺服器角色
功能
DHCP 伺服器
確認
動態主機設定通訊協定可讓伺服器將 IP 位址指派或租用給已啟用為 DHCP 用戶端的電腦與其他裝置。在網路上部署 DHCP 伺服器會為電腦與其他 TCP/IP 型的網路裝置，提供有效的 IP 位址以及這些裝置需要的額外設定參數，這些稱為 DHCP 選項。這可讓電腦與裝置連線到其他網路資源 (例如 DNS 伺服器、WINS 伺服器以及路由器)。
附註事項:
• 您應該在此電腦上至少設定一個靜態 IP 位址。
• 在您安裝 DHCP 伺服器之前，應該先規劃子網路、領域與排除。請將計劃放在安全的位置以供稍後參考之用。

按**下一步**鈕

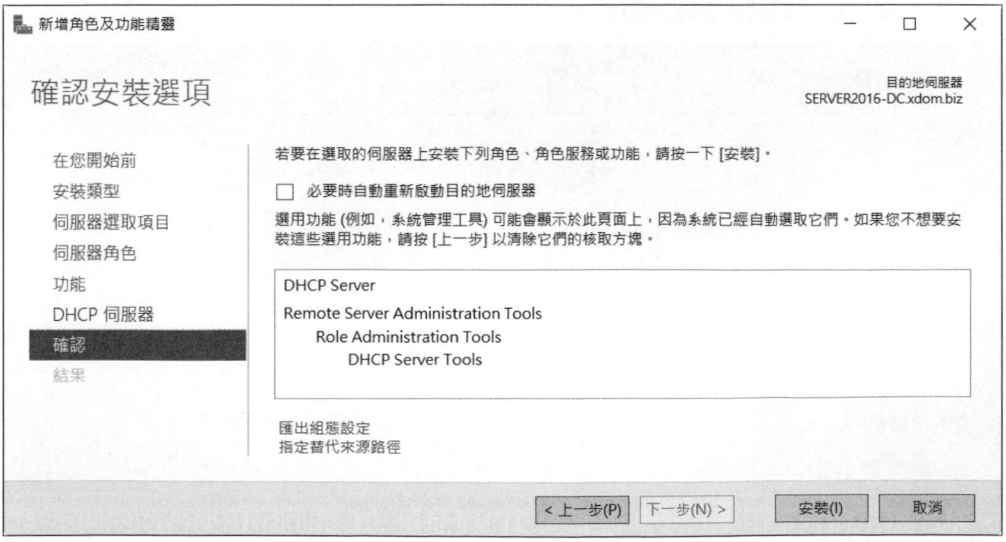
新增角色及功能精靈
確認安裝選項
目的地伺服器
SERVER2016-DC.xdom.biz
在您開始前
安裝類型
伺服器選取項目
伺服器角色
功能
DHCP 伺服器
確認
結果
若要在選取的伺服器上安裝下列角色、角色服務或功能，請按一下 [安裝]。
必要時自動重新啟動目的地伺服器
選用功能 (例如，系統管理工具) 可能會顯示於此頁面上，因為系統已經自動選取它們。如果您不想要安裝這些選用功能，請按 [上一步] 以清除它們的核取方塊。
DHCP Server
Remote Server Administration Tools
Role Administration Tools
DHCP Server Tools
匯出組態設定
指定替代來源路徑
< 上一步(P)
下一步(N) >
安裝(I)
取消

按**安裝**鈕

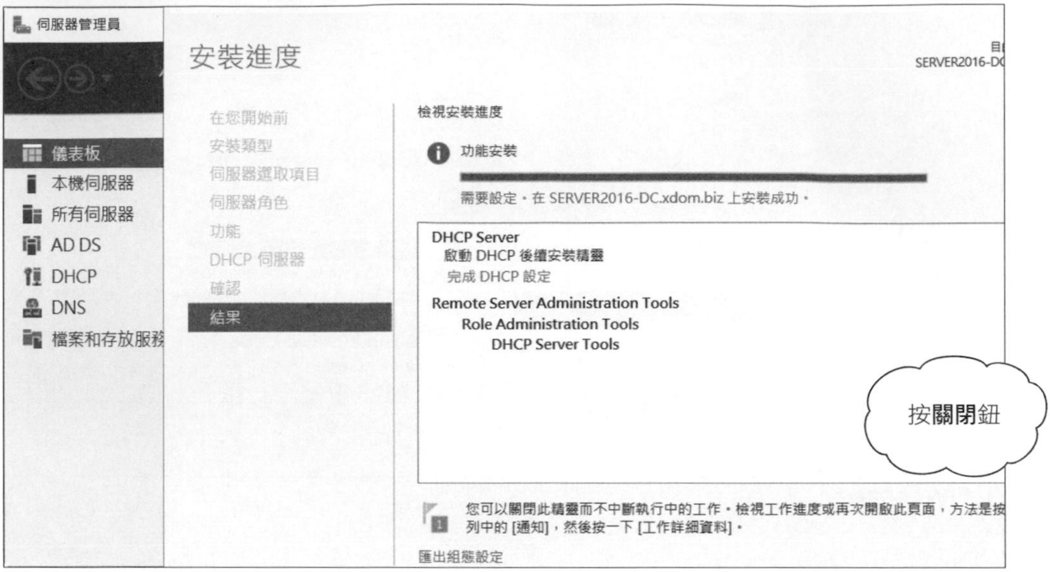
伺服器管理員
安裝進度
SERVER2016-DC
在您開始前
安裝類型
伺服器選取項目
伺服器角色
功能
DHCP 伺服器
確認
結果
儀表板
本機伺服器
所有伺服器
AD DS
DHCP
DNS
檔案和存放服務
檢視安裝進度
功能安裝
需要設定。在 SERVER2016-DC.xdom.biz 上安裝成功。
DHCP Server
啟動 DHCP 後續安裝精靈
完成 DHCP 設定
Remote Server Administration Tools
Role Administration Tools
DHCP Server Tools
按關閉鈕
您可以關閉此精靈而不中斷執行中的工作。檢視工作進度或再次開啟此頁面，方法是按
列中的 [通知]，然後按一下 [工作詳細資料]。
匯出組態設定

等到安裝 DHCP 成功後，點選**伺服器管理員\儀表板**的「黃底黑色驚嘆號」：

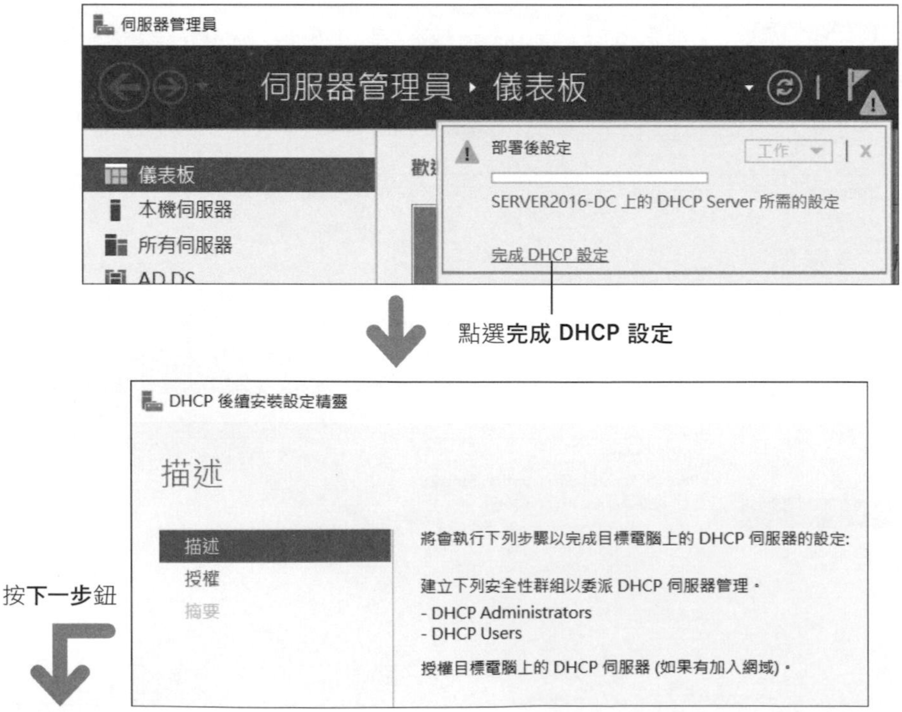
伺服器管理員
伺服器管理員 ▸ 儀表板
儀表板
本機伺服器
所有伺服器
部署後設定
工作
SERVER2016-DC 上的 DHCP Server 所需的設定
完成 DHCP 設定
點選完成 DHCP 設定
DHCP 後續安裝設定精靈
描述
描述
授權
摘要
將會執行下列步驟以完成目標電腦上的 DHCP 伺服器的設定:
建立下列安全性群組以委派 DHCP 伺服器管理。
- DHCP Administrators
- DHCP Users
授權目標電腦上的 DHCP 伺服器 (如果有加入網域)。
按下一步鈕

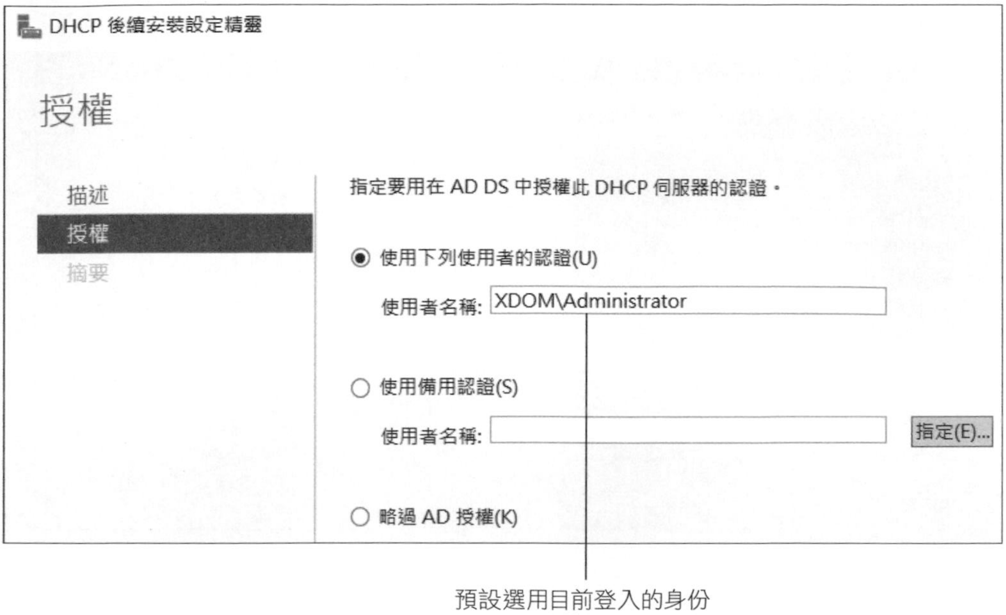

上圖係選擇要用哪一個使用者帳戶來執行授權, 因為必須是 Enterprise admin 群組的成員才有資格做此動作, 所以通常都用網域系統管理員身份。在本例我們使用「xdom/administrator」帳戶、並按**認可**鈕：

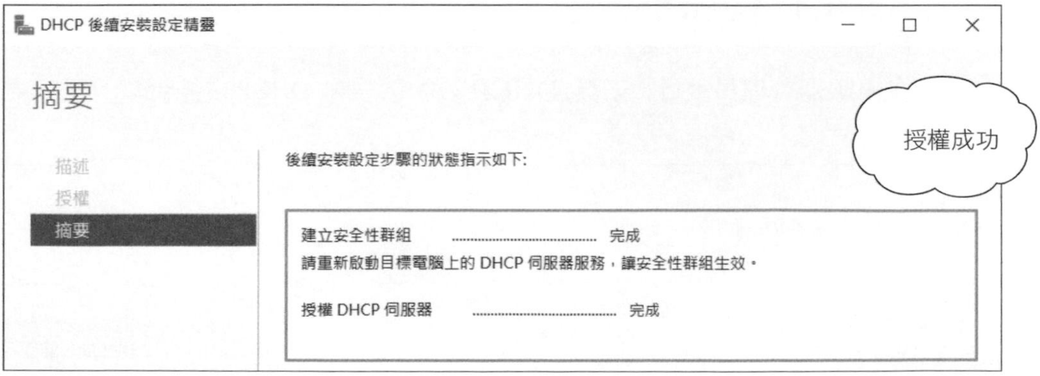

按**關閉**鈕

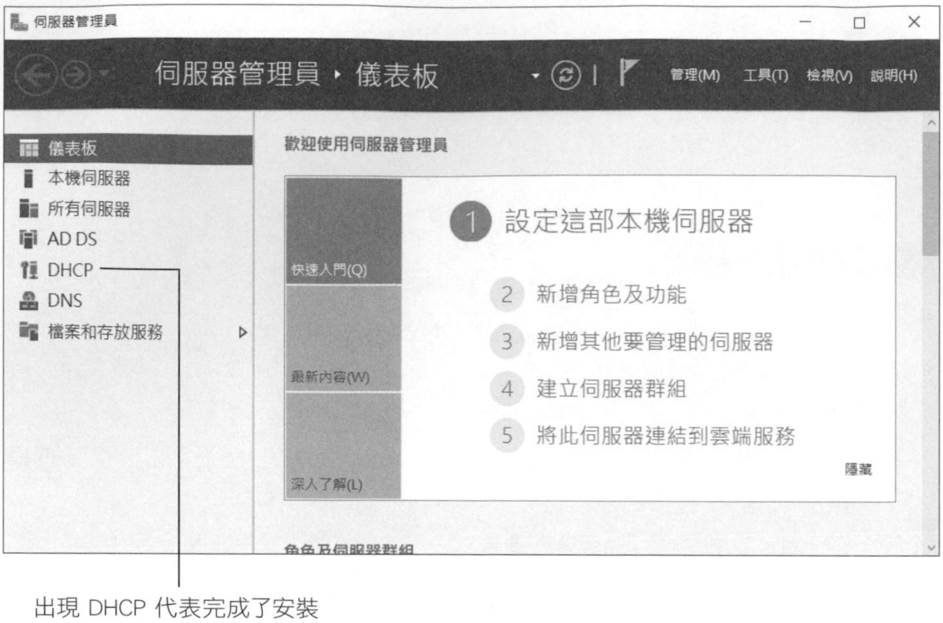

迄今已經完成「安裝」和「授權」兩件工作, 接下來要做設定工作, 由於可設定的項目蠻多, 有些在一般場合用不到, 因此我們只會介紹常用的設定項目, 例如：哪些 IP 位址可供租用、租用期間多長、使用哪一部 DNS 伺服器等等。

設定 DHCP 伺服器

請在**伺服器管理員**執行『**工具/DHCP**』命令, 開啟 DHCP 主控台：

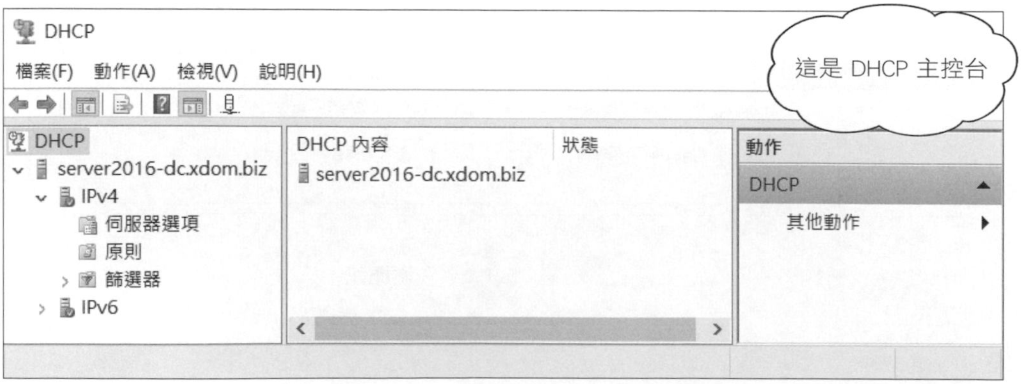

新增領域

領域(Scope)是一個 IP 位址範圍, 代表伺服器所管理的位址。假設要讓 DHCP 伺服器管理 192.168.104.100~192.168.104.120 這些位址, 這個 IP 位址範圍就是一個領域。安裝完 DHCP 伺服器之後, 緊接著該做的就是新增領域, 請如下操作：

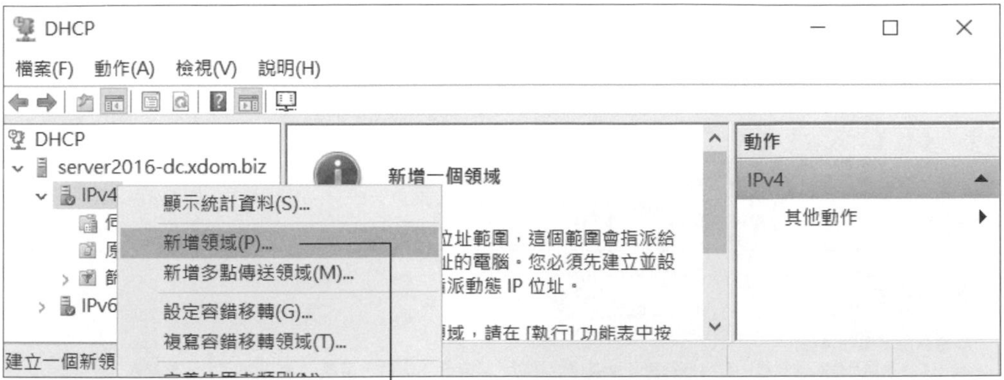

1 在 **IPv4** 按右鈕、執行**新增領域**命令

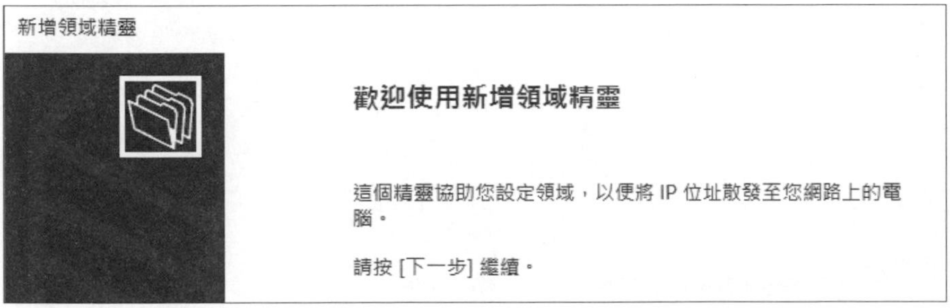

按**下一步**鈕

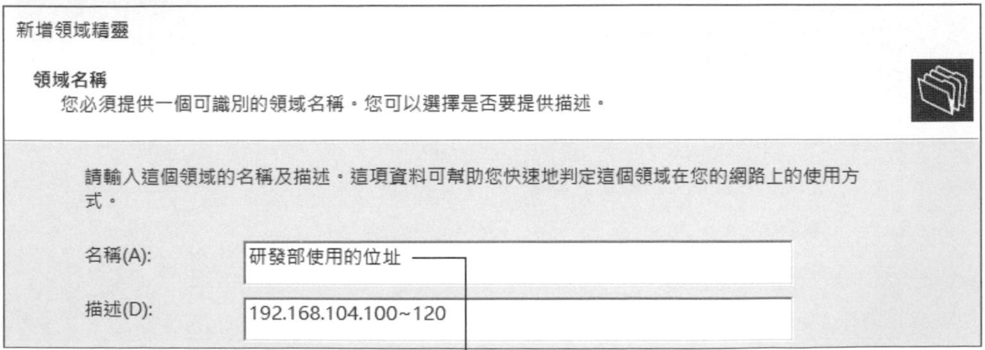

2 為這個領域命名並註解

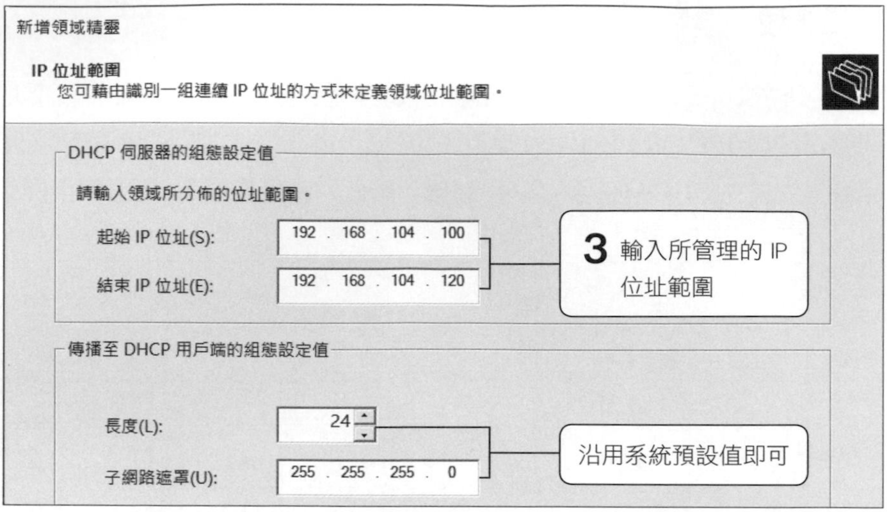

按**下一步**鈕

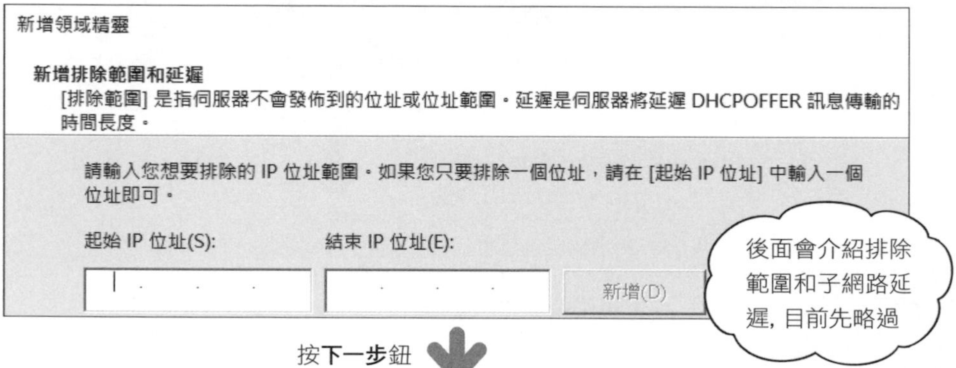

傳播至 DHCP 用戶端的組態設定值
長度(L): 24
子網路遮罩(U): 255 . 255 . 255 . 0
沿用系統預設值即可

後面會介紹排除範圍和子網路延遲, 目前先略過

按**下一步**鈕

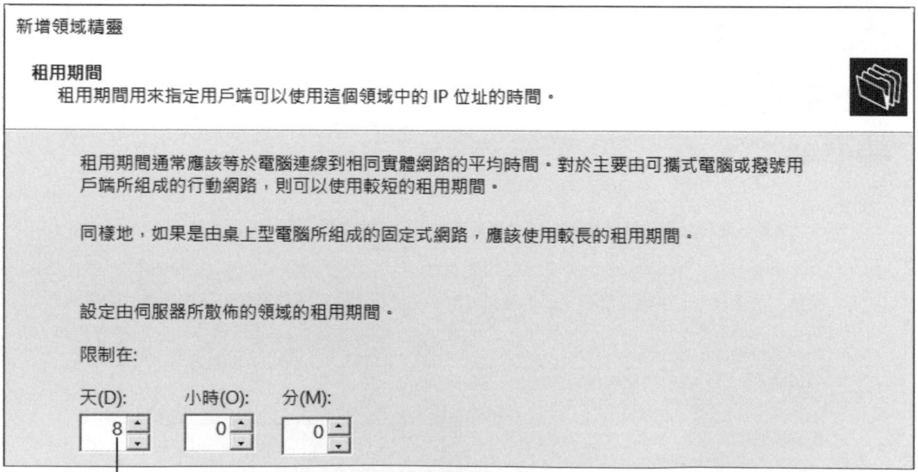
新增領域精靈
您可藉由識別一組連續 IP 位址的方式來定義領域位址範圍。
請輸入領域所分佈的位址範圍。
新增排除範圍和延遲
[排除範圍] 是指伺服器不會發佈到的位址或位址範圍。延遲是伺服器將延遲 DHCPOFFER 訊息傳輸的時間長度。
請輸入您想要排除的 IP 位址範圍。如果您只要排除一個位址，請在 [起始 IP 位址] 中輸入一個位址即可。
起始 IP 位址(S):
結束 IP 位址(E):
租用期間
租用期間用來指定用戶端可以使用這個領域中的 IP 位址的時間。
租用期間通常應該等於電腦連線到相同實體網路的平均時間。對於主要由可攜式電腦或撥號用戶端所組成的行動網路，則可以使用較短的租用期間。
同樣地，如果是由桌上型電腦所組成的固定式網路，應該使用較長的租用期間。
設定由伺服器所散佈的領域的租用期間。
限制在:
天(D): 8
小時(O): 0
分(M): 0

4 設定每個位址的租用期間, 預設是 8 天

按**下一步**鈕

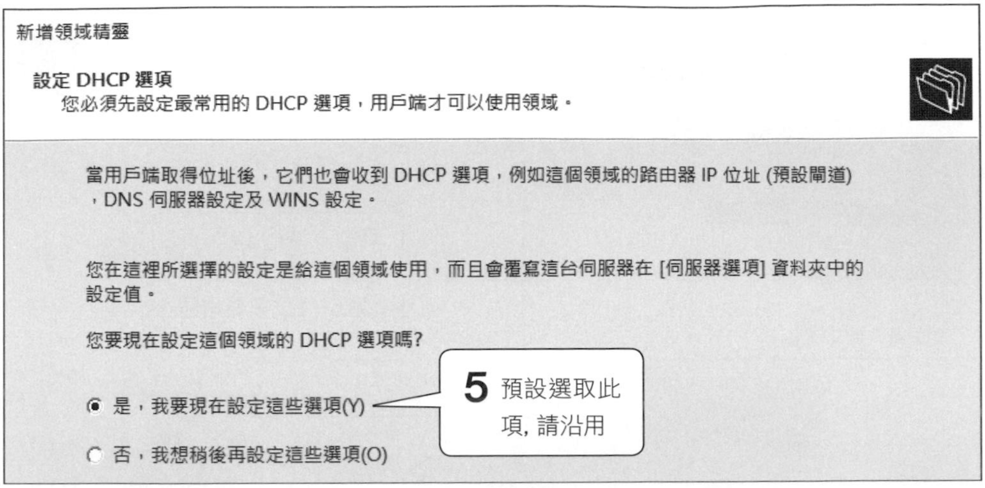
新增領域精靈
設定 DHCP 選項
您必須先設定最常用的 DHCP 選項，用戶端才可以使用領域。
當用戶端取得位址後，它們也會收到 DHCP 選項，例如這個領域的路由器 IP 位址 (預設閘道)，DNS 伺服器設定及 WINS 設定。
您在這裡所選擇的設定是給這個領域使用，而且會覆寫這台伺服器在 [伺服器選項] 資料夾中的設定值。
您要現在設定這個領域的 DHCP 選項嗎?
是，我要現在設定這些選項(Y)
否，我想稍後再設定這些選項(O)
5 預設選取此項, 請沿用

按**下一步**鈕

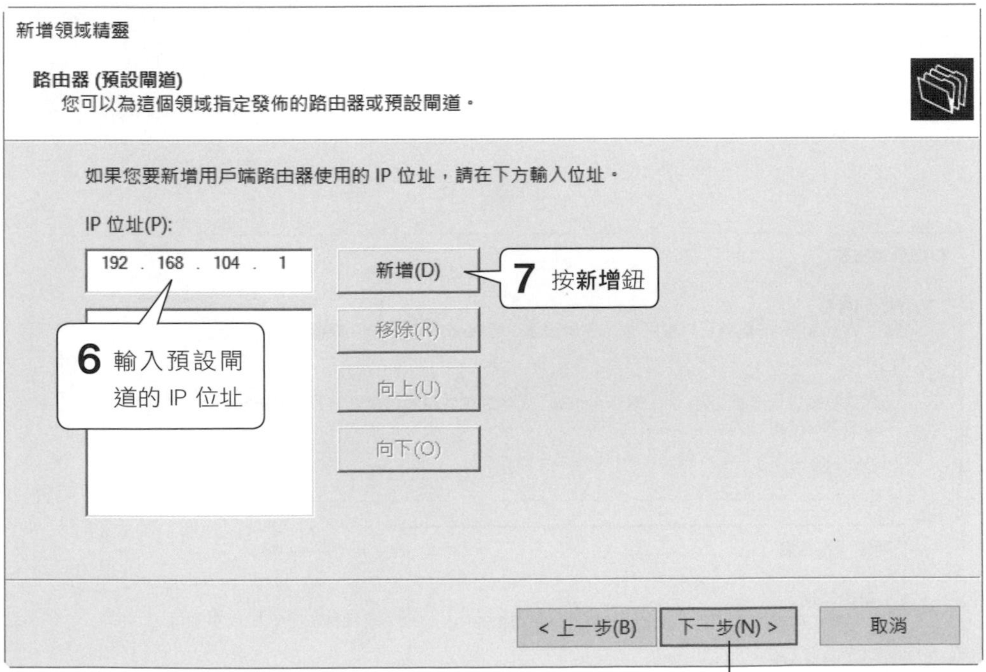
新增領域精靈
路由器 (預設閘道)
您可以為這個領域指定發佈的路由器或預設閘道。
如果您要新增用戶端路由器使用的 IP 位址，請在下方輸入位址。
IP 位址(P):
192 . 168 . 104 . 1
新增(D)
移除(R)
向上(U)
向下(O)
6 輸入預設閘道的 IP 位址
7 按新增鈕
< 上一步(B)
下一步(N) >
取消

8 按**下一步**鈕

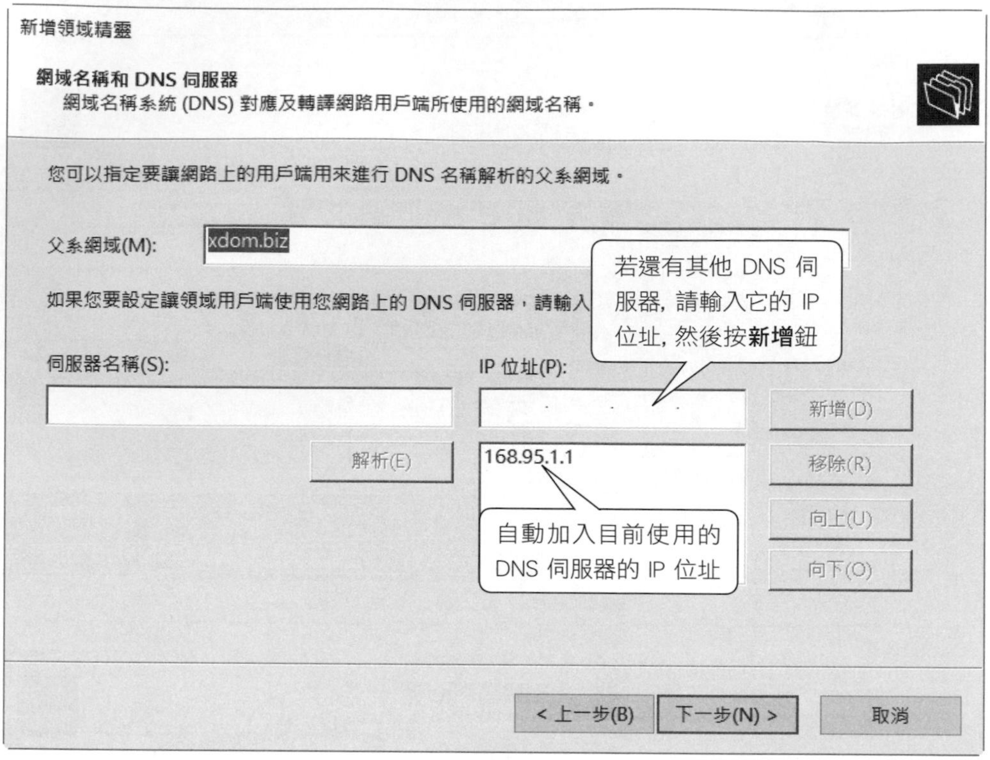
新增領域精靈
網域名稱和 DNS 伺服器
網域名稱系統 (DNS) 對應及轉譯網路用戶端所使用的網域名稱。
您可以指定要讓網路上的用戶端用來進行 DNS 名稱解析的父系網域。
父系網域(M):
xdom.biz
如果您要設定讓領域用戶端使用您網路上的 DNS 伺服器，請輸入
伺服器名稱(S):
IP 位址(P):
新增(D)
解析(E)
168.95.1.1
移除(R)
向上(U)
向下(O)
< 上一步(B)
下一步(N) >
取消
若還有其他 DNS 伺服器, 請輸入它的 IP 位址, 然後按新增鈕
自動加入目前使用的 DNS 伺服器的 IP 位址

按**下一步**鈕

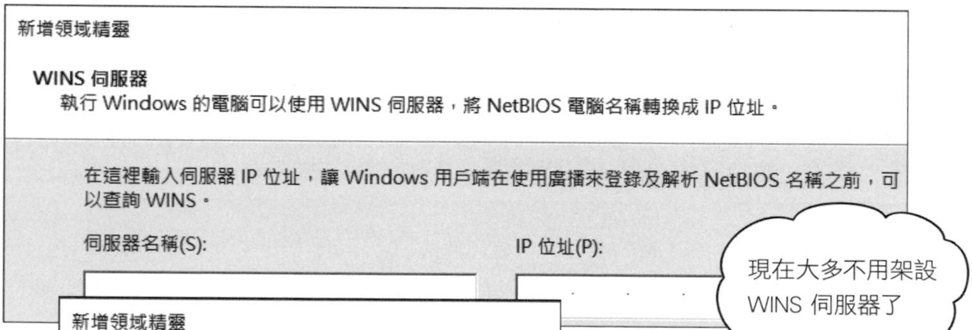
新增領域精靈
WINS 伺服器
執行 Windows 的電腦可以使用 WINS 伺服器，將 NetBIOS 電腦名稱轉換成 IP 位址。
在這裡輸入伺服器 IP 位址，讓 Windows 用戶端在使用廣播來登錄及解析 NetBIOS 名稱之前，可以查詢 WINS。
伺服器名稱(S):
IP 位址(P):
現在大多不用架設 WINS 伺服器了

按**下一步**鈕

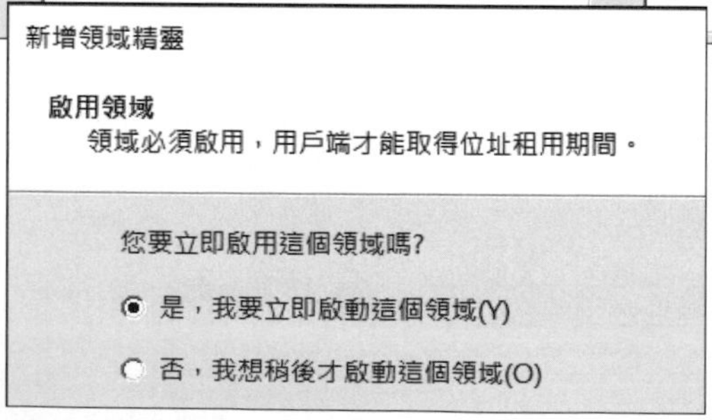
新增領域精靈
啟用領域
領域必須啟用，用戶端才能取得位址租用期間。
您要立即啟用這個領域嗎?
是，我要立即啟動這個領域(Y)
否，我想稍後才啟動這個領域(O)

按**下一步**鈕

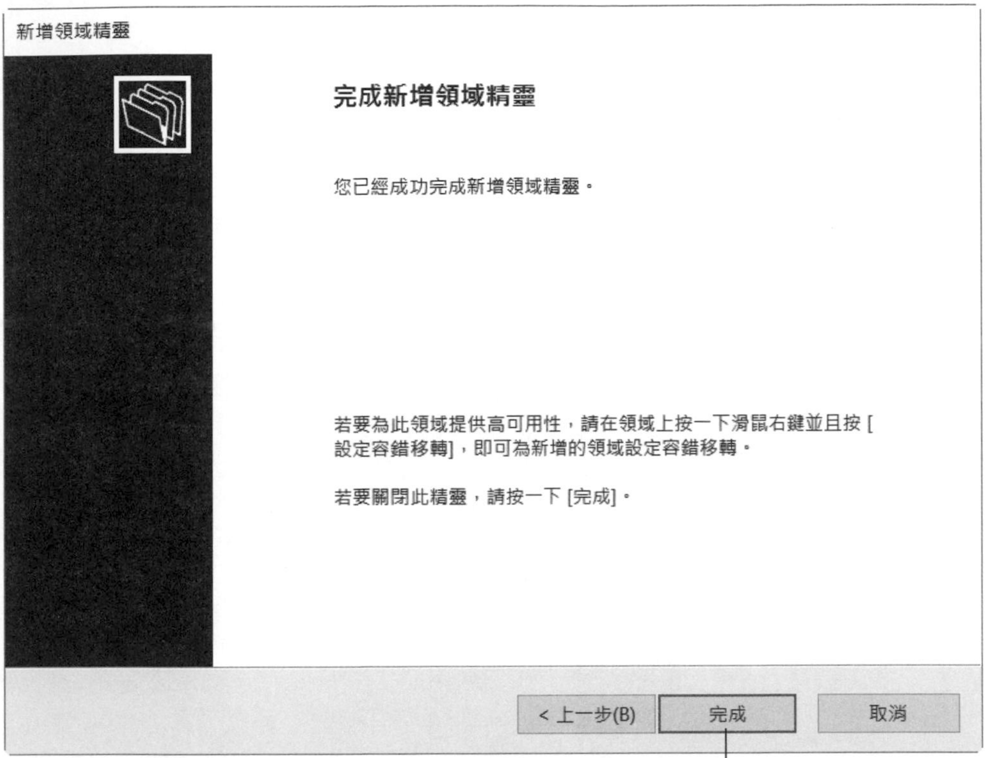
新增領域精靈
完成新增領域精靈
您已經成功完成新增領域精靈。
若要為此領域提供高可用性，請在領域上按一下滑鼠右鍵並且按 [設定容錯移轉]，即可為新增的領域設定容錯移轉。
若要關閉此精靈，請按一下 [完成]。
< 上一步(B)
完成
取消

9 按**完成**鈕

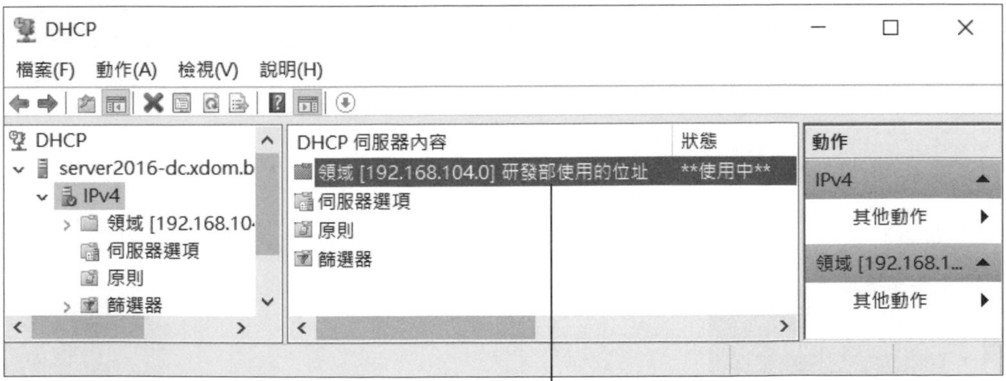
DHCP
檔案(F) 動作(A) 檢視(V) 說明(H)
DHCP
server2016-dc.xdom.b
IPv4
領域 [192.168.10
伺服器選項
原則
篩選器
DHCP 伺服器內容
狀態
領域 [192.168.104.0] 研發部使用的位址
使用中
伺服器選項
原則
篩選器
動作
IPv4
其他動作
領域 [192.168.1...
其他動作

這是我們剛才新增而且啟動的領域

設定排除範圍

假設要使某一些位址不發送給用戶端，可以設定**排除範圍**來做到：

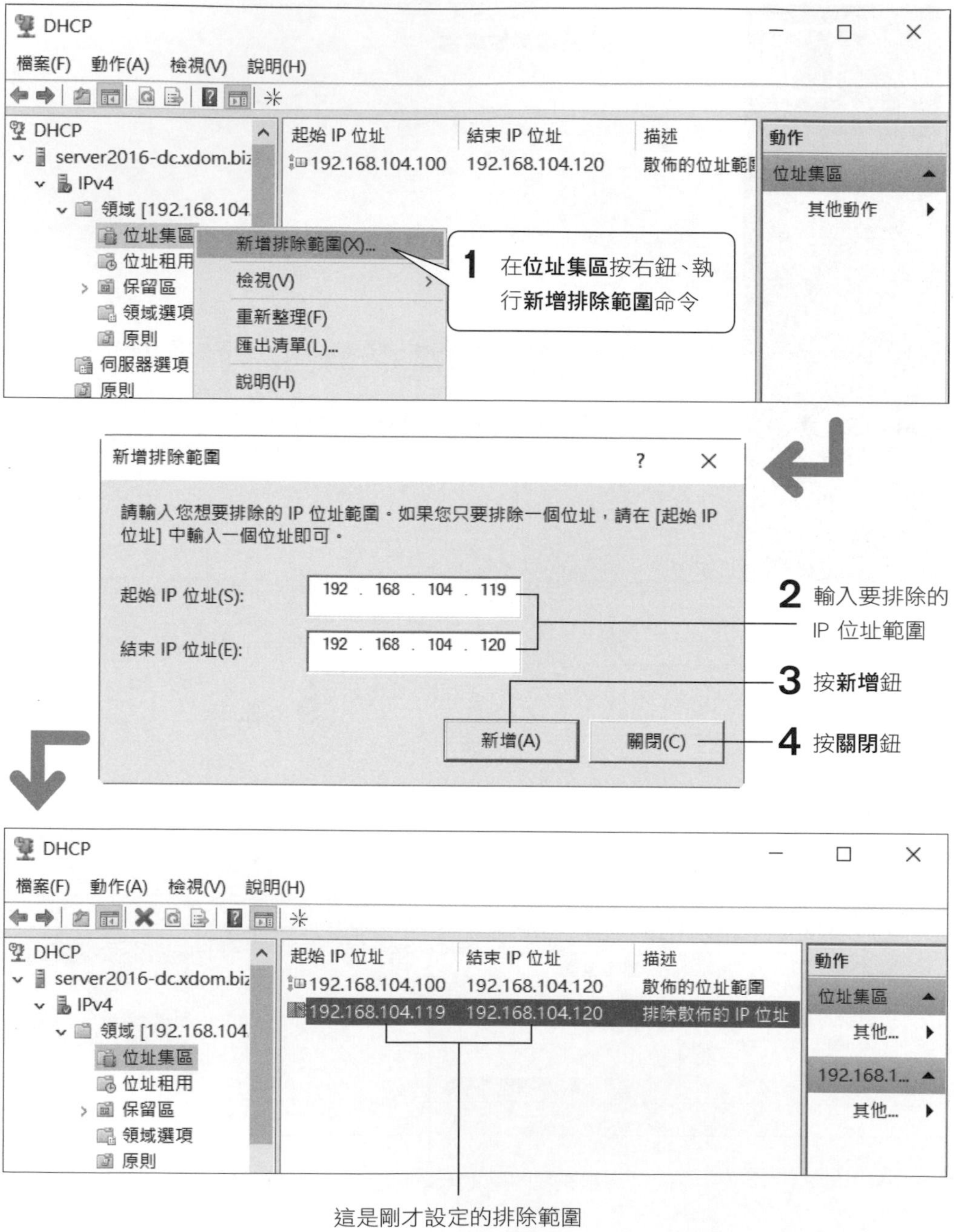
DHCP
檔案(F) 動作(A) 檢視(V) 說明(H)
起始 IP 位址 結束 IP 位址 描述
192.168.104.100 192.168.104.120 散佈的位址範圍
動作
位址集區
其他動作
新增排除範圍(X)...
檢視(V)
重新整理(F)
匯出清單(L)...
說明(H)
1 在位址集區按右鈕、執行新增排除範圍命令
新增排除範圍
請輸入您想要排除的 IP 位址範圍。如果您只要排除一個位址，請在 [起始 IP 位址] 中輸入一個位址即可。
起始 IP 位址(S): 192 . 168 . 104 . 119
結束 IP 位址(E): 192 . 168 . 104 . 120
新增(A) 關閉(C)
2 輸入要排除的 IP 位址範圍
3 按新增鈕
4 按關閉鈕
192.168.104.119 192.168.104.120 排除散佈的 IP 位址
這是剛才設定的排除範圍

從用戶端測試租用 IP 位址

假設用戶端使用 Windows 10, 以下說明如何設定為 DHCP 用戶端：

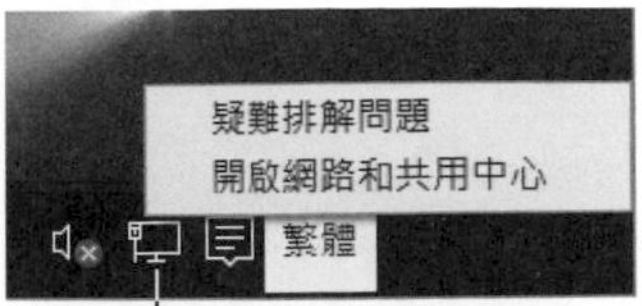

1 在右下角網路圖示按右鈕, 執行**開啟網路和共用中心**命令

2 點選**變更介面卡設定**

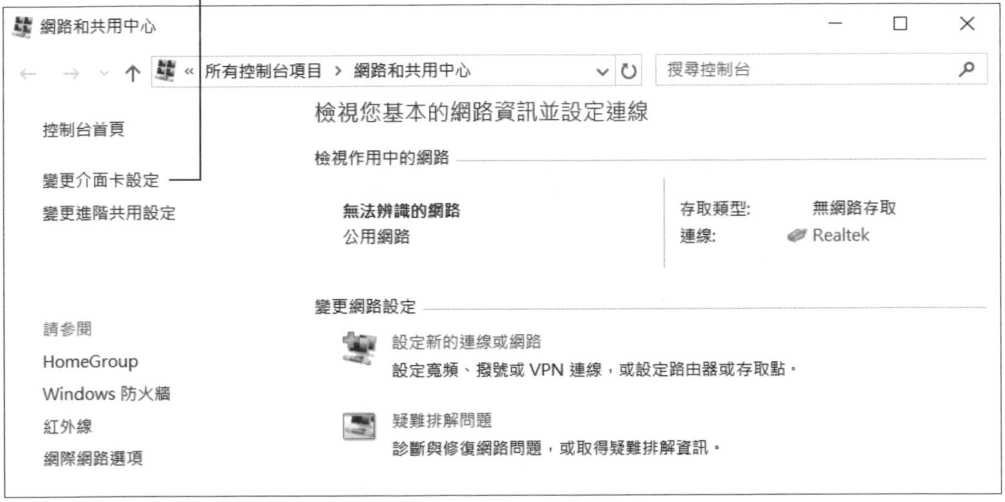

3 在目前使用的網路卡按右鈕, 執行**內容**命令

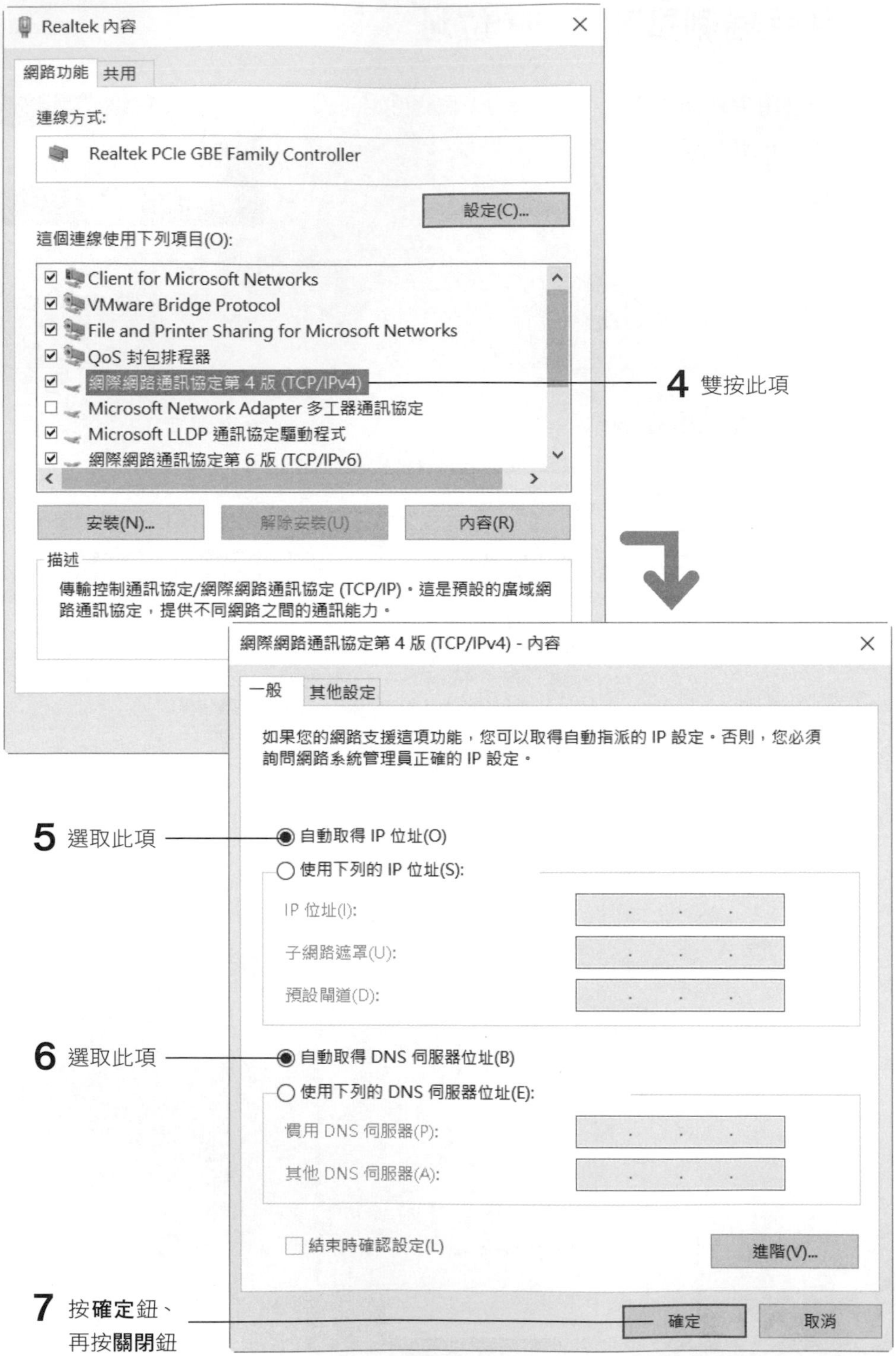
Realtek 內容
網路功能
共用
連線方式:
Realtek PCIe GBE Family Controller
設定(C)...
這個連線使用下列項目(O):
Client for Microsoft Networks
VMware Bridge Protocol
File and Printer Sharing for Microsoft Networks
QoS 封包排程器
網際網路通訊協定第 4 版 (TCP/IPv4)
Microsoft Network Adapter 多工器通訊協定
Microsoft LLDP 通訊協定驅動程式
網際網路通訊協定第 6 版 (TCP/IPv6)
安裝(N)...
解除安裝(U)
內容(R)
描述
傳輸控制通訊協定/網際網路通訊協定 (TCP/IP)。這是預設的廣域網路通訊協定，提供不同網路之間的通訊能力。
4 雙按此項
網際網路通訊協定第 4 版 (TCP/IPv4) - 內容
一般
其他設定
如果您的網路支援這項功能，您可以取得自動指派的 IP 設定。否則，您必須詢問網路系統管理員正確的 IP 設定。
5 選取此項
自動取得 IP 位址(O)
使用下列的 IP 位址(S):
IP 位址(I):
子網路遮罩(U):
預設閘道(D):
6 選取此項
自動取得 DNS 伺服器位址(B)
使用下列的 DNS 伺服器位址(E):
慣用 DNS 伺服器(P):
其他 DNS 伺服器(A):
結束時確認設定(L)
進階(V)...
7 按確定鈕、再按關閉鈕
確定
取消

如果要確認用戶端是否真的向 DHCP 伺服器租到 IP 位址，請按照前述步驟開啟網路**連線視窗**：

在目前使用的網路卡按右鈕，執行『**狀態**』命令

按**詳細資料**鈕

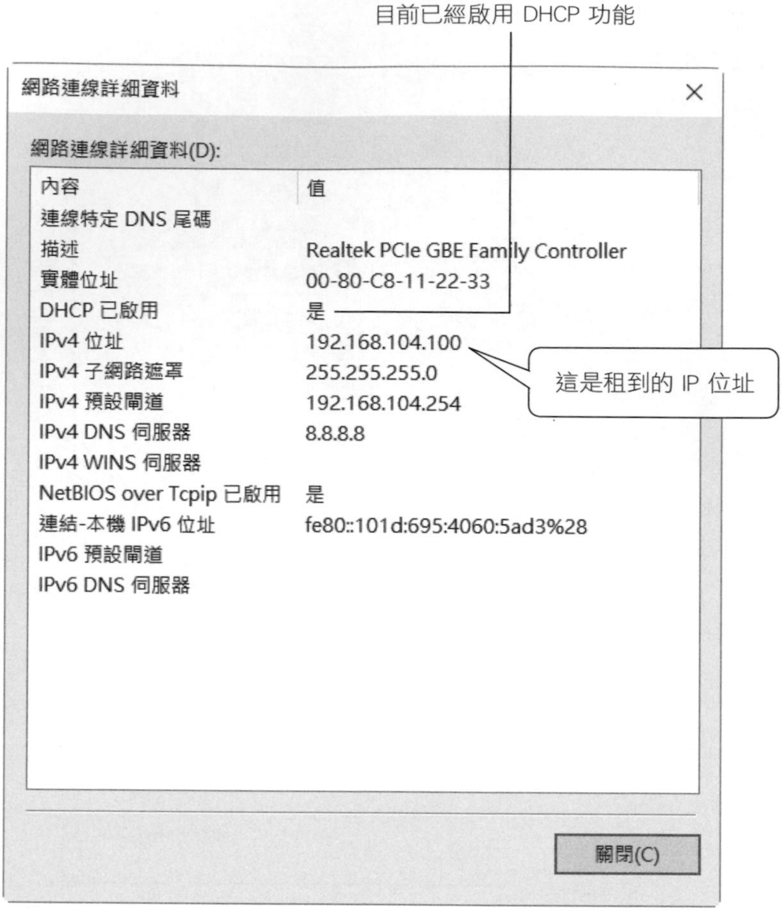

從以上操作可以看出 DHCP 用戶端租到了 IP 位址, 相關設定也一併設好了, 代表剛才架設的 DHCP 伺服器與新增的領域都正常運作！

19-2 管理領域

本節將介紹**設定 IP 租用期間**、**停用/啟用/刪除 IP 領域**、**保留特定 IP 位址**、**啟用自動更新** DNS及**設定 DHCP 選項**等設定。設定前, 請開啟 DHCP 主控台, 以便進行設定。

設定 IP 租用期間

DHCP 指派給用戶端的 IP 位址可以設定一個租用期間, 在租期屆滿之前, 用戶端會要求更新租用期間。否則在租約到期後, DHCP 伺服器可將 IP 位址分配給其他的電腦。設定租用期間可避免用戶端長時間佔用 IP 位址 (例如忘記關機), 導致其他用戶端無法取得 IP。

用戶端如何更新租用期間

用戶端從 DHCP 伺服器取得 IP 位址時, 會同時取得租用期間, 並開始計時租用時間。當租用時間到達租用期間的一半時, 用戶端會以廣播方式向原 DHCP 伺服器要求更新租約, 若更新成功, 租用期間會重新計算;若更新失敗, 則在租用期間到達 87.5% 時, 會再次要求更新。

舉例來說, 若租用期間設定為 72 小時, 在第 36 與 63 小時, 用戶端會向 DHCP 伺服器要求更新租約;若兩次都更新失敗, 租約到期後, 用戶端的 IP 位址就會變成 0.0.0.0 而無法再連上網路。

更改 IP 租用期間

在安裝 DHCP 伺服器時, 預設有線網路的租用期間為 8 天。要修改預設的 IP 租用期間可如下操作:

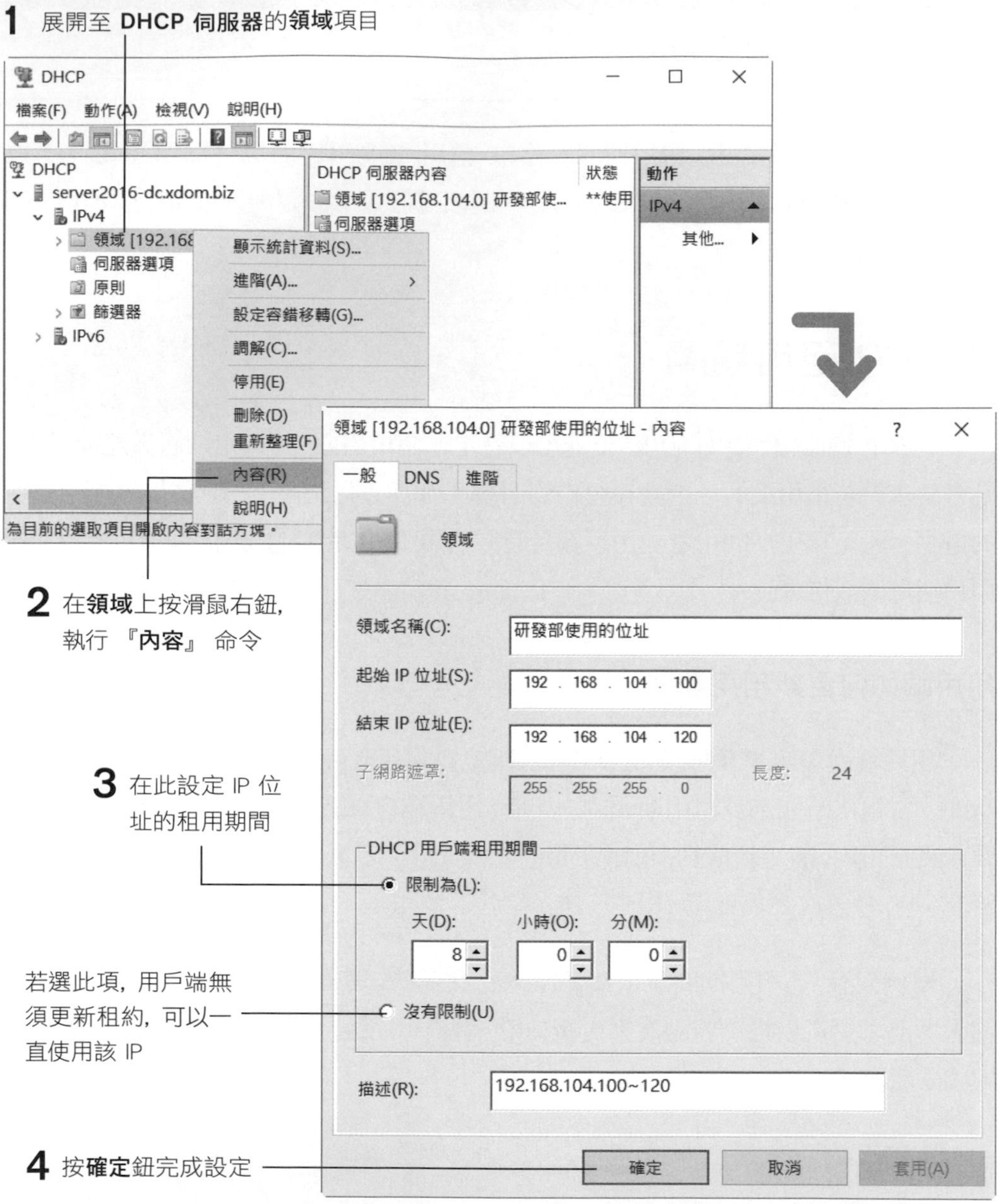

或許您會想到：『如果用戶端一再關機、開機，會不會佔用多個 IP 位址呢？』，答案是**不會**。用戶端分配到 IP 位址後，下次再度開機時，若原來 IP 位址的租約尚未過期，則會優先續租此 IP 位址並將租約更新，不會再要一個新的 IP 位址。

停用/啟用/刪除 IP 領域

要**停用/啟用/刪除** IP 領域, 請在該領域上按滑鼠右鈕, 如右操作：

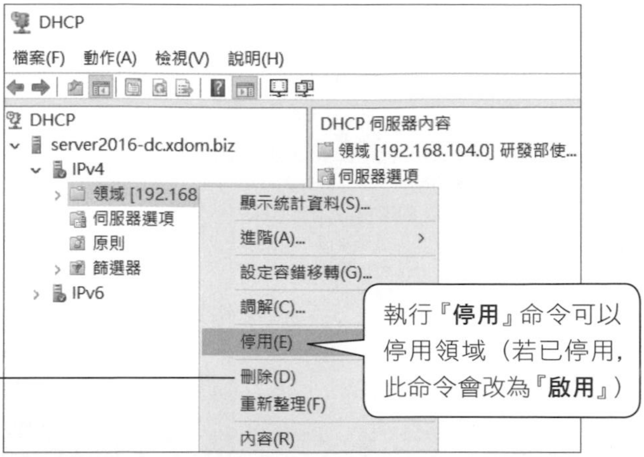

若執行『**刪除**』命令, 可刪除領域

建立第二個領域

前面在增加 DHCP 伺服器角色時, 已經建立了一個領域, 若您需要再建立第二個領域以提供其他子網路 DHCP 服務, 可如下操作：

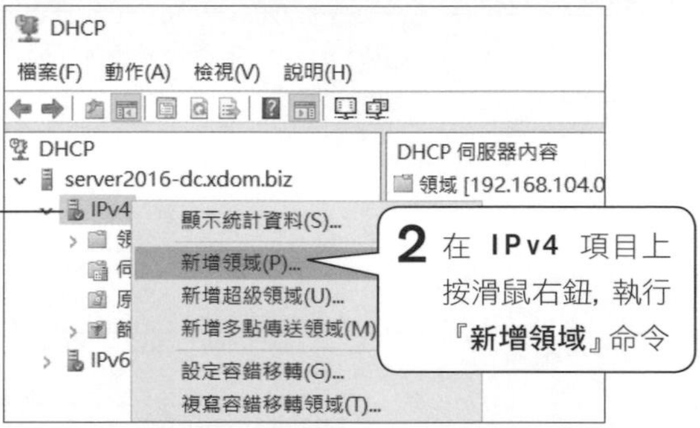

1 展開至 **IPv4** 項目

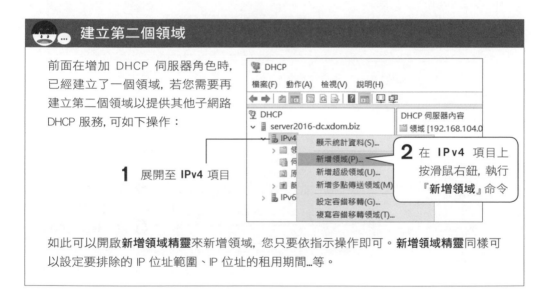

如此可以開啟**新增領域精靈**來新增領域, 您只要依指示操作即可。**新增領域精靈**同樣可以設定要排除的 IP 位址範圍、IP 位址的租用期間...等。

保留特定 IP 位址給特定對象

對於像是 WWW 與 FTP 這類需要固定 IP 位址的伺服器而言, 除了手動設定它們的 IP 位址, 並將這些 IP 位址設在排除區段外, 也可以利用 DHCP 的**保留區**功能, 保留某些 IP 位址, 專門指派給這些伺服器。換言之, 即使這些伺服器是設定成**自動取得 IP 位址**, 也能擁有固定的 IP 位址。

請開啟 DHCP 主控台, 如下操作：

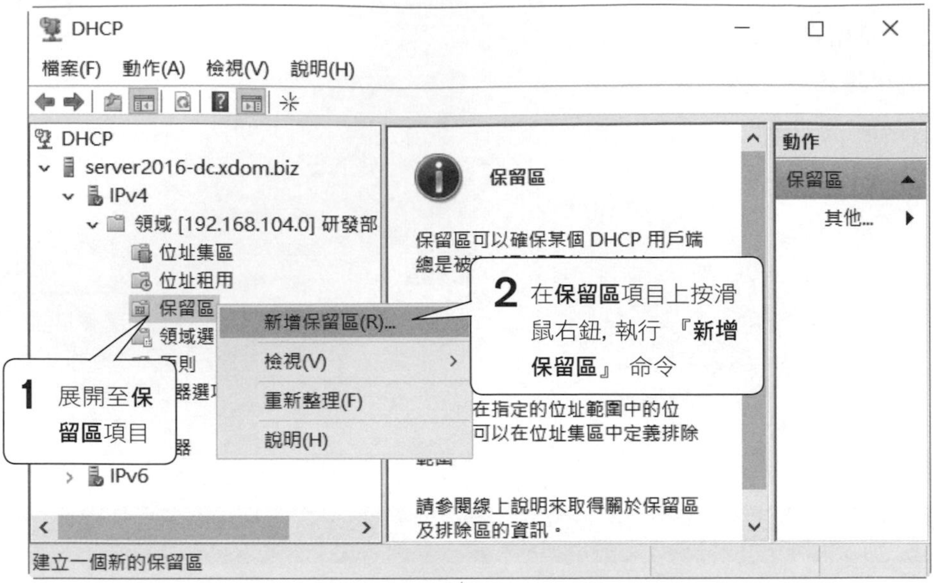
DHCP
檔案(F) 動作(A) 檢視(V) 說明(H)
DHCP
server2016-dc.xdom.biz
IPv4
領域 [192.168.104.0] 研發部
位址集區
位址租用
保留區
IPv6
保留區
保留區可以確保某個 DHCP 用戶端
在指定的位址範圍中的位
可以在位址集區中定義排除
請參閱線上說明來取得關於保留區
及排除區的資訊。
動作
保留區
其他...
新增保留區(R)...
檢視(V)
重新整理(F)
說明(H)
1 展開至保留區項目
2 在保留區項目上按滑鼠右鈕, 執行『新增保留區』命令
建立一個新的保留區

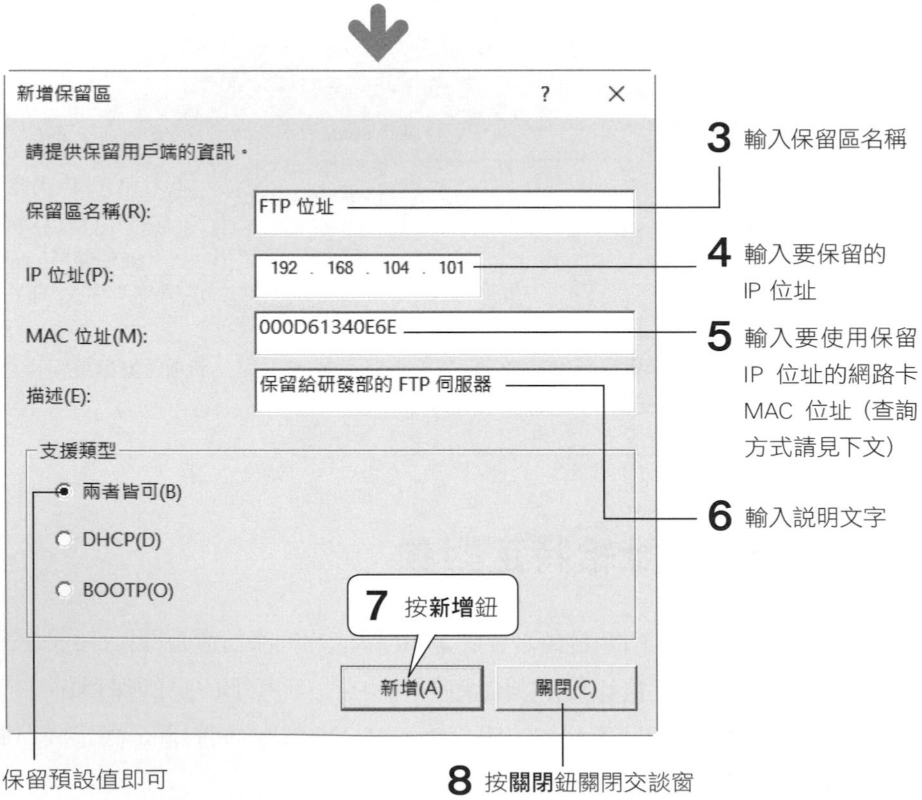
新增保留區
請提供保留用戶端的資訊。
保留區名稱(R): FTP 位址
IP 位址(P): 192 . 168 . 104 . 101
MAC 位址(M): 000D61340E6E
描述(E): 保留給研發部的 FTP 伺服器
支援類型
兩者皆可(B)
DHCP(D)
BOOTP(O)
新增(A)
關閉(C)
3 輸入保留區名稱
4 輸入要保留的 IP 位址
5 輸入要使用保留 IP 位址的網路卡 MAC 位址 (查詢方式請見下文)
6 輸入說明文字
7 按新增鈕
保留預設值即可
8 按關閉鈕關閉交談窗

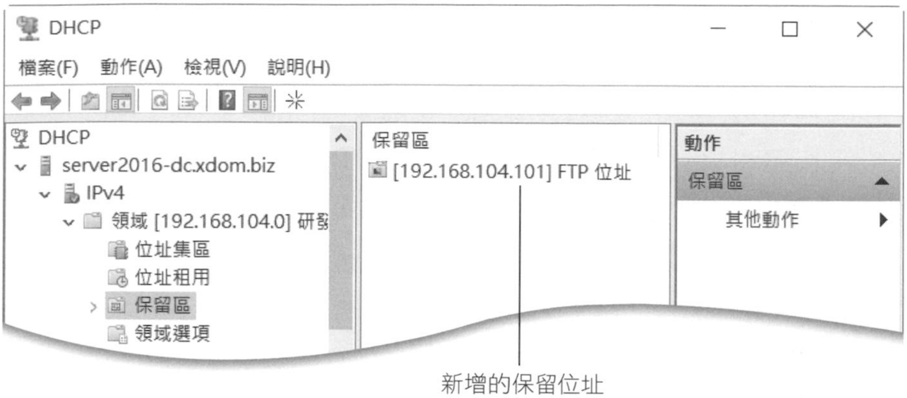

我們保留 "192.168.104.101" 給指定的 MAC 位址後, DHCP 伺服器收到來自此 MAC 位址要求 DHCP 服務時, 就都會指定 "192.168.104.101" 這個位址。然而有一點請特別注意！DHCP 的**保留區**功能無法保留 IP 位址給 DHCP 伺服器本身或其他的 DHCP 伺服器；換言之, DHCP 伺服器的 IP 位址必須手動設定。

如何查看 MAC 位址？

設定**保留區**時, 我們必須知道用戶端電腦的 MAC 位址。請在用戶端電腦開啟**命令提示字元**視窗, 然後執行 "ipconfig /all" 命令：

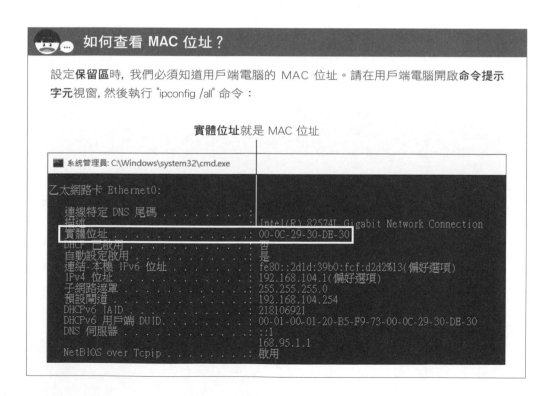

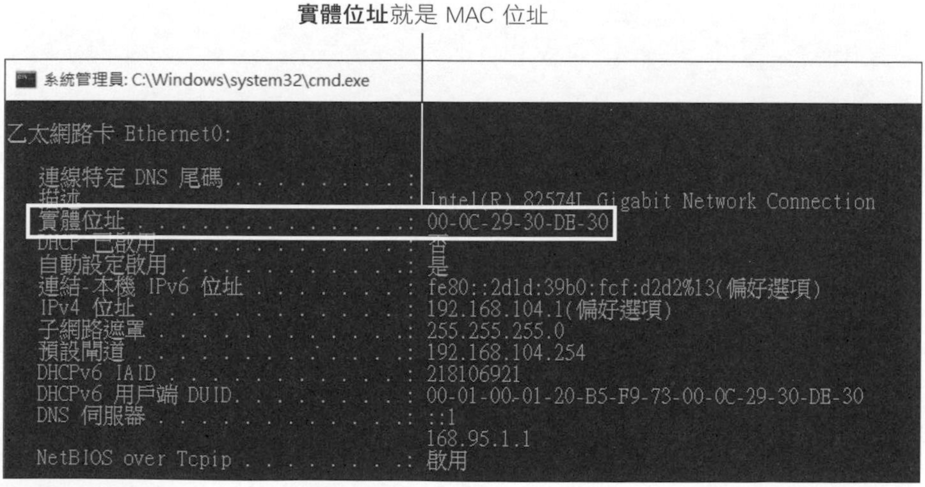

設定領域選項

前面提過 DHCP 伺服器除了可以指派 IP 位址外, 還能夠傳送 DNS 伺服器、預設閘道等設定資料給用戶端。當 DHCP 用戶端向 DHCP 伺服器提出要求時, DHCP 伺服器便會將相關的設定連同 IP 位址一併傳送出去。用戶端接收資料後, 便會自動設定其 IP 位址、DNS 伺服器以及預設閘道。這些相關的設定統稱為「領域選項」, 我們先前雖然已經設好了預設閘道、 DNS 伺服器等等, 但是隨時還是可以修改或新增, 請如下操作：

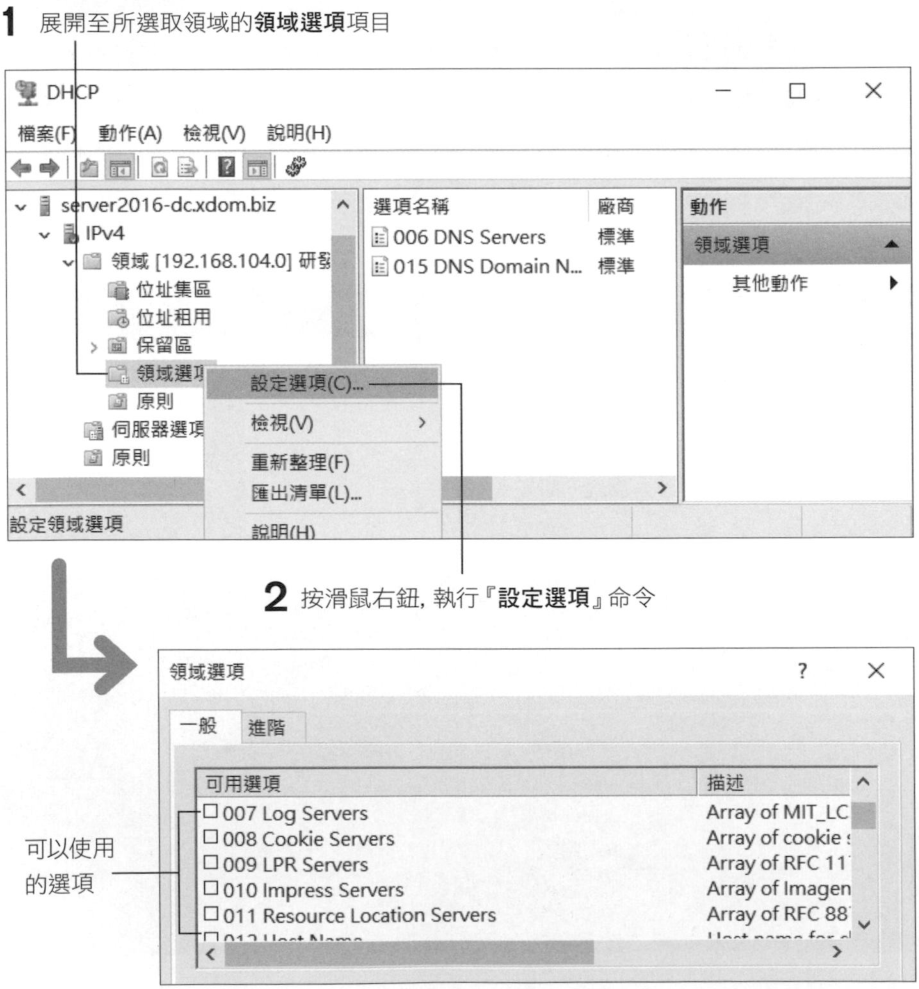

在**可用選項**欄位中雖然列出了許多的選項, 但是因為**微軟**的 DHCP 用戶端只有支援其中部分項目, 因此以下只介紹 Windows DHCP 用戶端支援的常見項目：

- **003 路由器**：指定路由器 (Router) 或預設閘道的 IP 位址。在區域網路中若架設了自己的路由器, 那麼預設閘道的角色便是由該路由器扮演。
- **006 DNS 伺服器**：提供 DHCP 用戶端使用的 DNS 伺服器 IP 位址。
- **015 DNS 網域名稱**：提供網域名稱。

瞭解項目設定的意義後, 選取要設定的項目即可。以下使用 DNS 伺服器為例來說明：

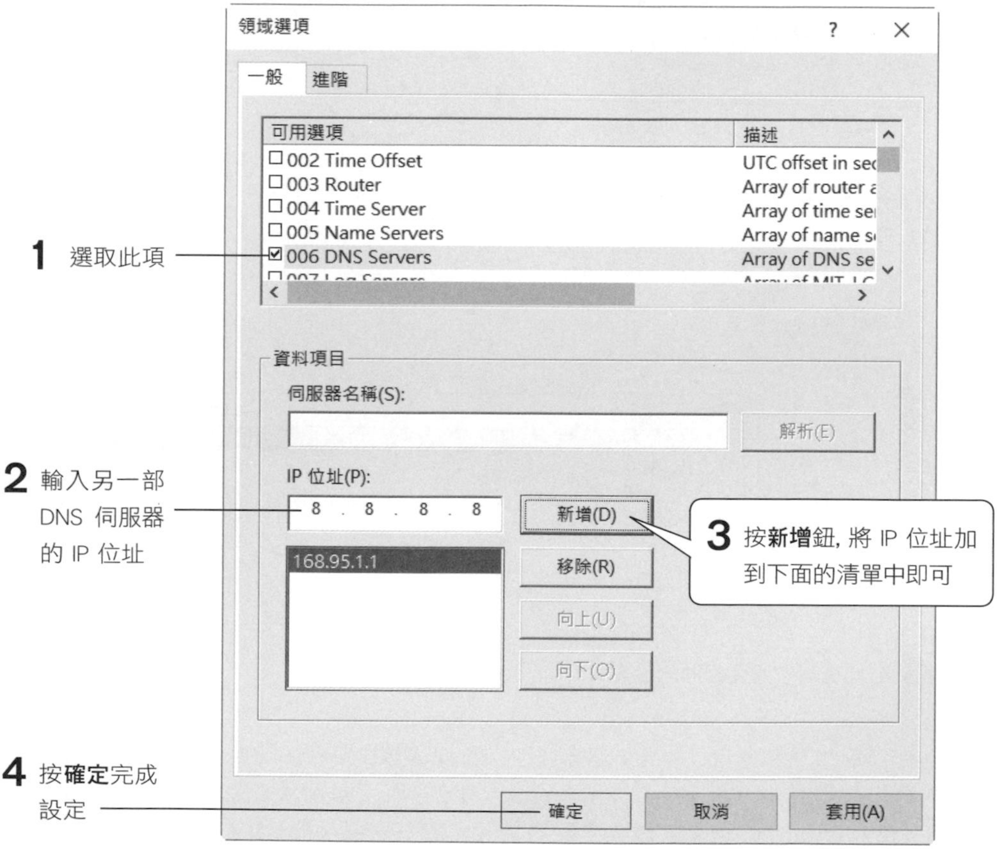

當 DHCP 用戶端更新 IP 資訊時, 也會更新您所提供的 DNS 伺服器位址。

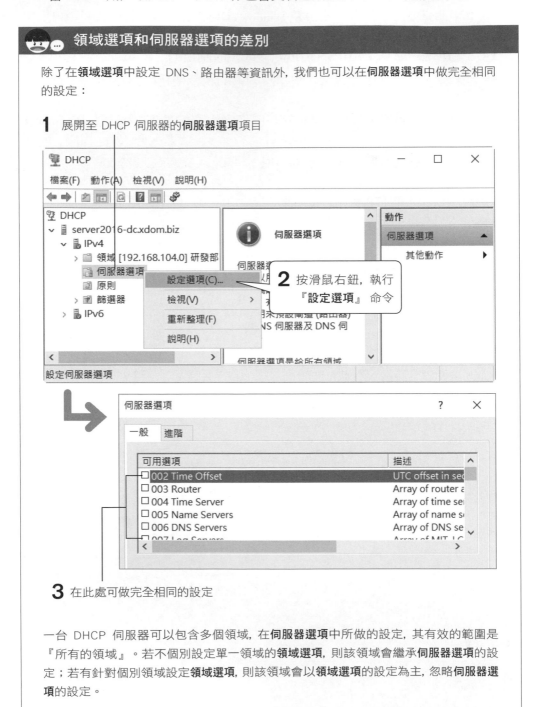

領域選項和伺服器選項的差別

除了在**領域選項**中設定 DNS、路由器等資訊外, 我們也可以在**伺服器選項**中做完全相同的設定:

1 展開至 DHCP 伺服器的**伺服器選項**項目

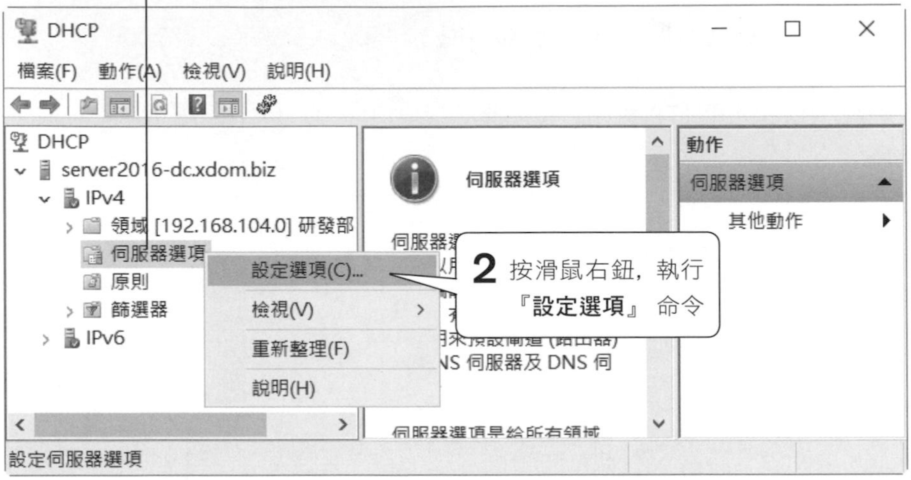

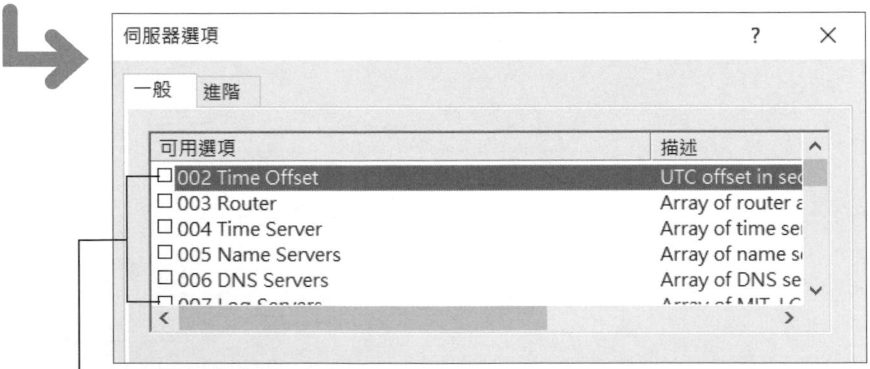

3 在此處可做完全相同的設定

一台 DHCP 伺服器可以包含多個領域, 在**伺服器選項**中所做的設定, 其有效的範圍是『所有的領域』。若不個別設定單一領域的**領域選項**, 則該領域會繼承**伺服器選項**的設定; 若有針對個別領域設定**領域選項**, 則該領域會以**領域選項**的設定為主, 忽略**伺服器選項**的設定。

多部 DHCP 伺服器共同管理

DHCP 伺服器掌管發放位址, 一旦當機勢必造成 DHCP 用戶端都上不了網路, 所以經常會架設至少兩部 DHCP 伺服器共同管理。倘若一部當機, 還有另一部可提供服務, 等於是建立備援機制。

假設目前的網路環境如下圖：

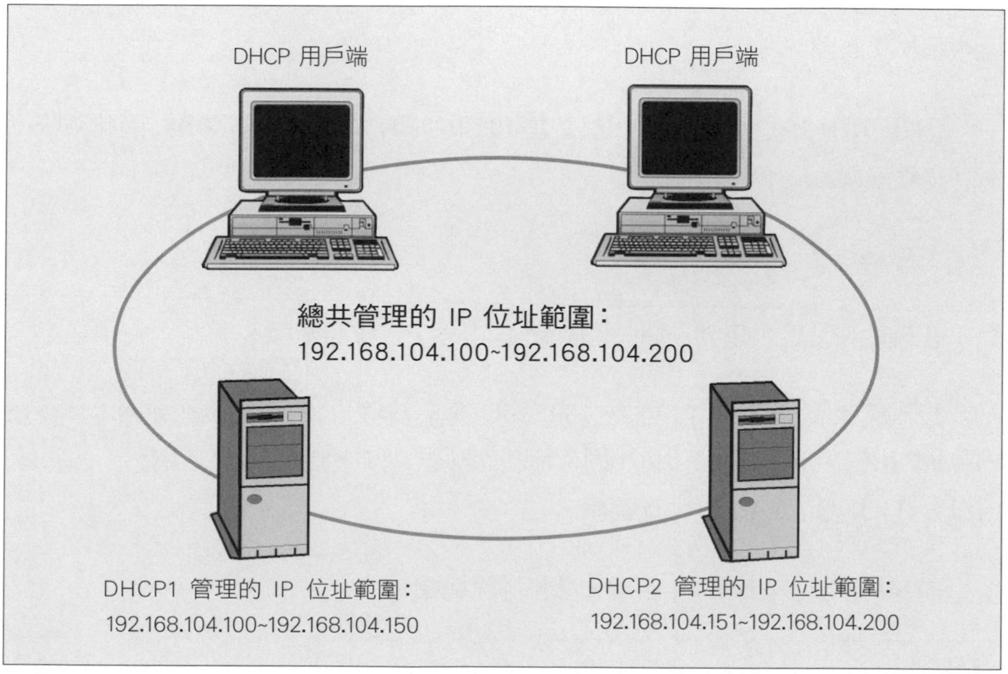

Tip 為了簡化行文, 以下省略「192.168.104」, 例如將 192.168.104.100 簡稱為 .100。

DHCP1 和 DHCP2 這兩部伺服器共同管理 .100~.200 這些 IP 位址, DHCP1 管 .100~.150、共計 51 個位址；DHCP2 管 .151~.200、共計 50 個位址。DHCP1 為主要 DHCP 伺服器, DHCP2 為備用 DHCP 伺服器, 當 DHCP1 無法提供服務時, 才由 DHCP2 服務用戶端。要建立這樣的環境, 必須做兩件事：

1. 在 DHCP1 建立領域和新增排除範圍。
2. 在 DHCP2 建立領域和新增排除範圍及子網路延遲。

在 DHCP1 建立領域和新增排除範圍

在 DHCP1 新增領域時要注意：雖然是管理的 IP 位址是 .100~.150, 可是**結束 IP 位址**不應設為 .150！因為 Windows Server 2016 的 DHCP 伺服器, 對於一個 IP 子網域只能建立一個領域。若 DHCP1 的領域是 .100~.150, 則在 DHCP2 建立 .151~.200 領域時會遇到右邊的示誤交談窗：

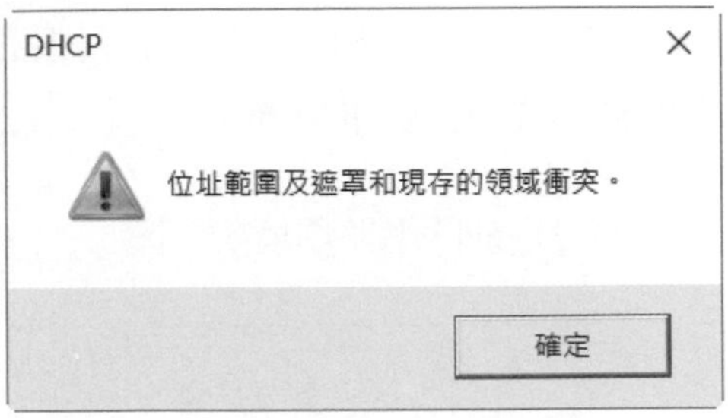

因為 .100~.150 和 .151~.200 都是在 192.168.104.X 這個 IP 子網域, 因此系統不允許建立兩個領域！

怎麼解決？

正確的作法是：建立一個「大領域」, 再設定「排除範圍」。

以本例來說, 在 DHCP1 建立 .100~.200 領域, 排除 .151~.200 位址範圍；然後在 DHCP2 也建立 .100~.200 領域(相同位址範圍被視為同一領域, 不是新增另一個領域, 所以允許), 排除 .100~.150 位址範圍。

請參考前文, 在 DHCP1 新增領域和排除範圍：

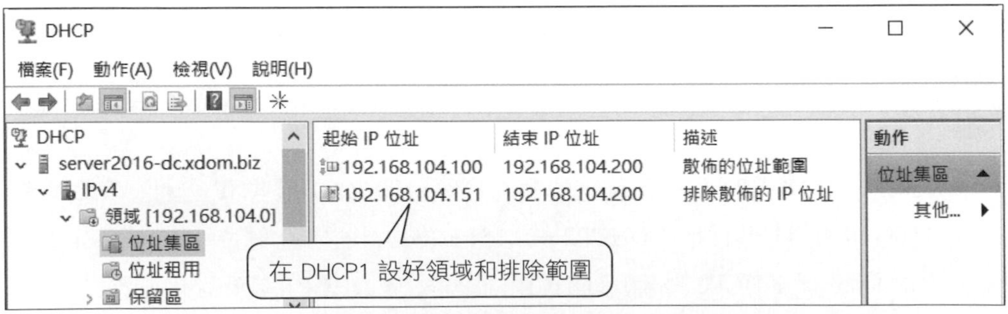

在 DHCP2 建立領域和新增排除範圍及延遲

仿照 DHCP1, 在 DHCP2 新增領域並新增排除範圍：

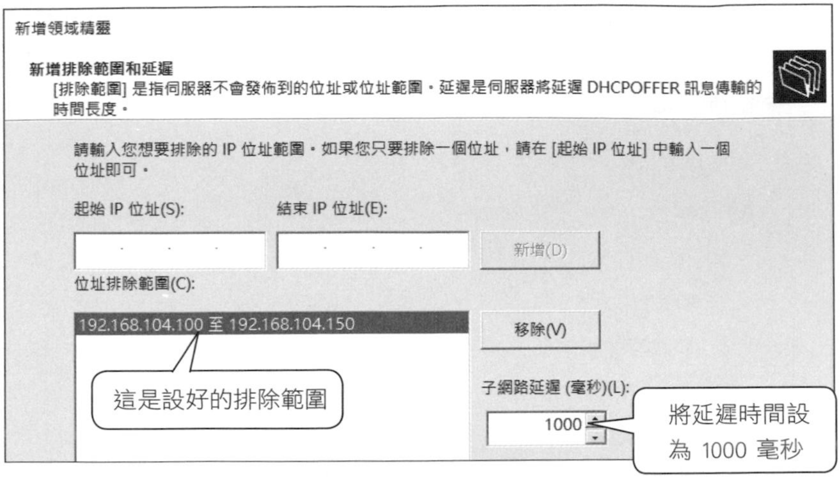

上圖的**子網路延遲**設定, 是讓 DHCP2 收到用戶端的要求時, 延遲 1 秒鐘之後才回應。因為現在有兩部 DHCP 伺服器共同管理 .100~.200 領域, DHCP 用戶端會向哪一部伺服器租用位址呢？答案是：「不一定！看哪一部伺服器先回應。」因為用戶端會向先回應的伺服器租用 IP 位址, 我們若要讓 DHCP1 優先, 就必須使 DHCP2 慢一點回應。

以後若要修改**子網路延遲**的設定值, 步驟如下：

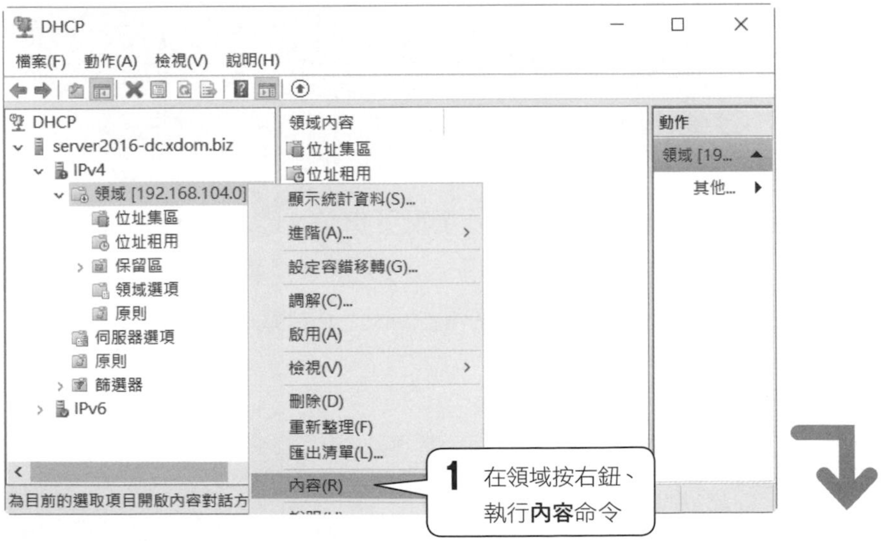

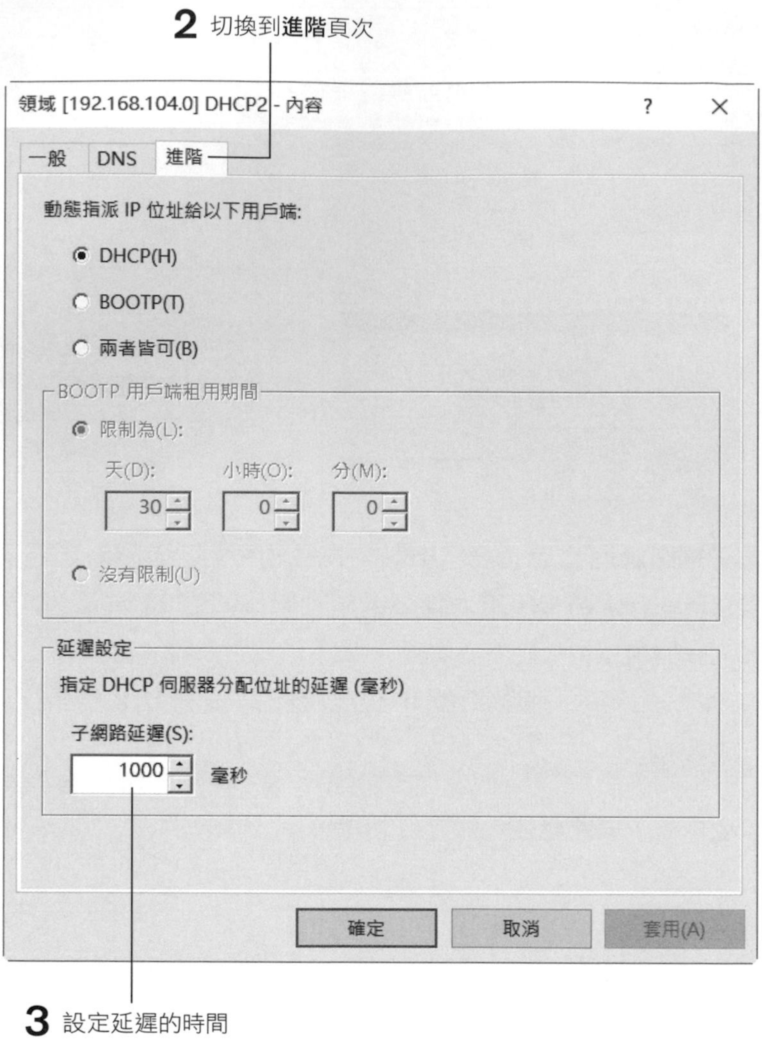

設定好之後, DHCP 用戶端初次要租用 IP 位址時, 就會優先向 DHCP1 租用；若 DHCP1 出問題, 便會向 DHCP2 租用。可是這對於「更新租約」的用戶端無效, 因為更新時優先向先前的 DHCP 伺服器續約, 不受**子網路延遲**設定值的影響。

CHAPTER

20

Windows Server 2016

IIS 網頁伺服器 — 架設、管理與維護

20-1 安裝 IIS 網頁伺服器

20-2 建立第一個自己的網站

20-3 利用 WebDAV 上傳網頁

20-4 管理與維護

前面兩章介紹了 FQDN (DNS 名稱) 與 IP 位址的管理之後，本章將介紹如何架設 Windows Server 2016 內建的網頁伺服器 —— Internet Information Services，通常簡稱為「IIS 伺服器」。

20-1 安裝 IIS 網頁伺服器

基於提高系統安全、降低網站被入侵的機會…等理由，Windows Server 2016 預設不會安裝 IIS 伺服器，因此要架設 Web 伺服器，必須先安裝 IIS 網頁伺服器。

新增『網頁伺服器』角色

請在**伺服器管理員**執行『**管理 / 新增角色及功能**』命令，連按三次**下一步**鈕、直到出現**選取伺服器角色**畫面：

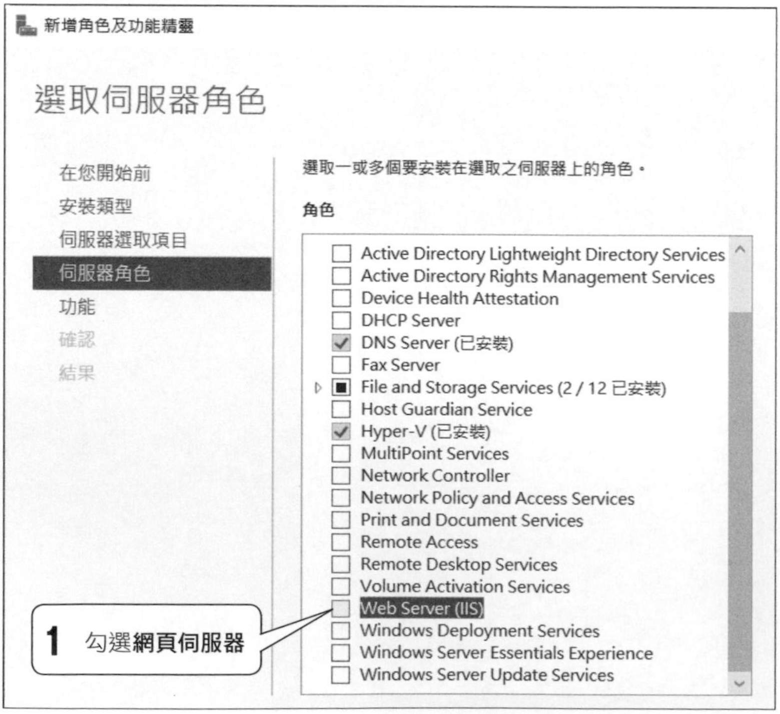

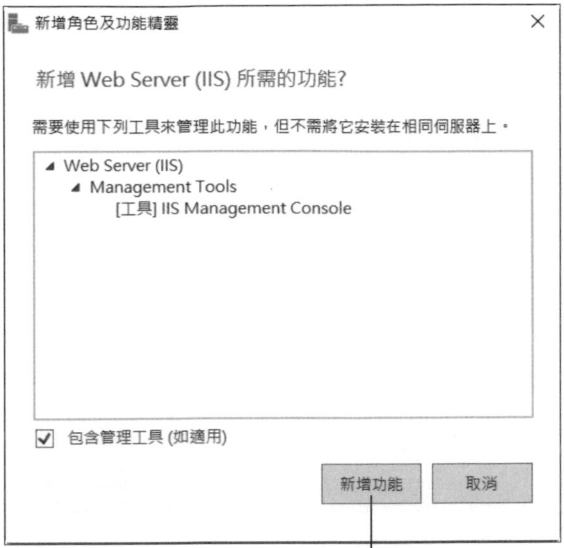

2 按**新增功能**鈕

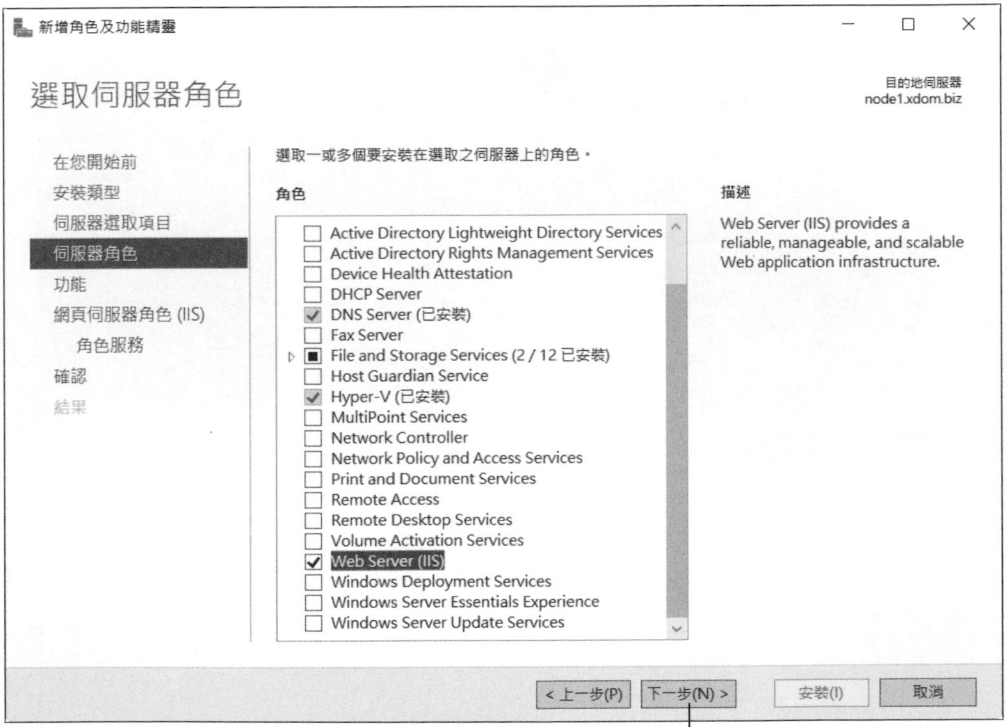

之後連續按 3 次**下一步**鈕

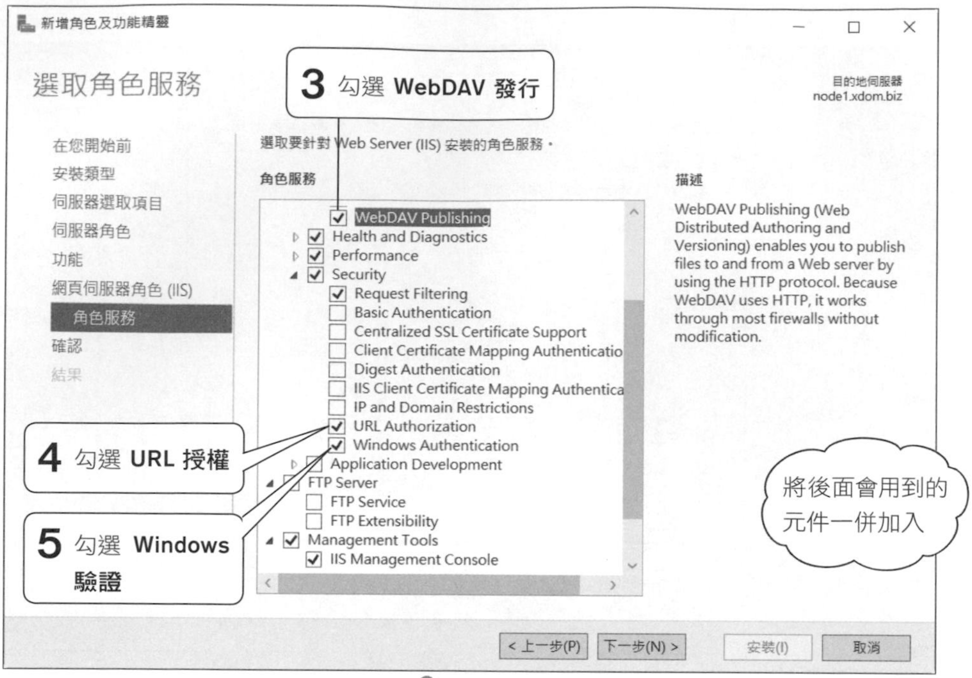
新增角色及功能精靈
選取角色服務
目的地伺服器
node1.xdom.biz
在您開始前
安裝類型
伺服器選取項目
伺服器角色
功能
網頁伺服器角色 (IIS)
角色服務
確認
結果
選取要針對 Web Server (IIS) 安裝的角色服務。
角色服務
WebDAV Publishing
Health and Diagnostics
Performance
Security
Request Filtering
Basic Authentication
Centralized SSL Certificate Support
Client Certificate Mapping Authenticatio
Digest Authentication
IIS Client Certificate Mapping Authentica
IP and Domain Restrictions
URL Authorization
Windows Authentication
Application Development
FTP Server
FTP Service
FTP Extensibility
Management Tools
IIS Management Console
描述
WebDAV Publishing (Web Distributed Authoring and Versioning) enables you to publish files to and from a Web server by using the HTTP protocol. Because WebDAV uses HTTP, it works through most firewalls without modification.
< 上一步(P)
下一步(N) >
安裝(I)
取消
3 勾選 WebDAV 發行
4 勾選 URL 授權
5 勾選 Windows 驗證
將後面會用到的元件一併加入

按**下一步**鈕

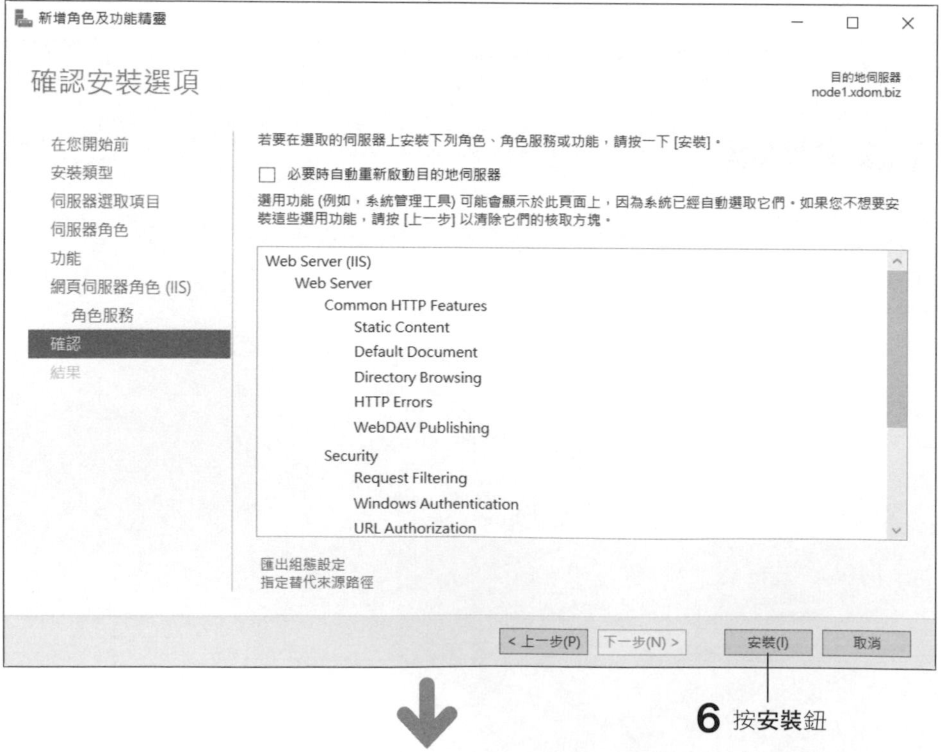
新增角色及功能精靈
確認安裝選項
目的地伺服器
node1.xdom.biz
在您開始前
安裝類型
伺服器選取項目
伺服器角色
功能
網頁伺服器角色 (IIS)
角色服務
確認
結果
若要在選取的伺服器上安裝下列角色、角色服務或功能，請按一下 [安裝]。
必要時自動重新啟動目的地伺服器
選用功能 (例如，系統管理工具) 可能會顯示於此頁面上，因為系統已經自動選取它們。如果您不想要安裝這些選用功能，請按 [上一步] 以清除它們的核取方塊。
Web Server (IIS)
Web Server
Common HTTP Features
Static Content
Default Document
Directory Browsing
HTTP Errors
WebDAV Publishing
Security
Request Filtering
Windows Authentication
URL Authorization
匯出組態設定
指定替代來源路徑
< 上一步(P)
下一步(N) >
安裝(I)
取消
6 按安裝鈕

安裝完成後，不需要重新啟動電腦，IIS 伺服器就會自動啟動，也就是說，安裝完成時，電腦就已經是個運作中的 Web 伺服器了。

瀏覽預設的網站內容

安裝好 IIS 網頁伺服器後，在 IIS 裡面已經建立好一個預設的網站，請在**伺服器管理員**執行『**工具 / Internet Information Services (IIS) 管理員**』命令，開啟 Internet Information Services (IIS) **管理員**主控台（為了方便起見，後續我們簡稱為 "IIS 管理員"）：

請開啟 IE 瀏覽器，並在瀏覽器**網址**列輸入 "http://localhost/" 或 "http://127.0.0.1/" 即可連上 IIS 預設的網站：

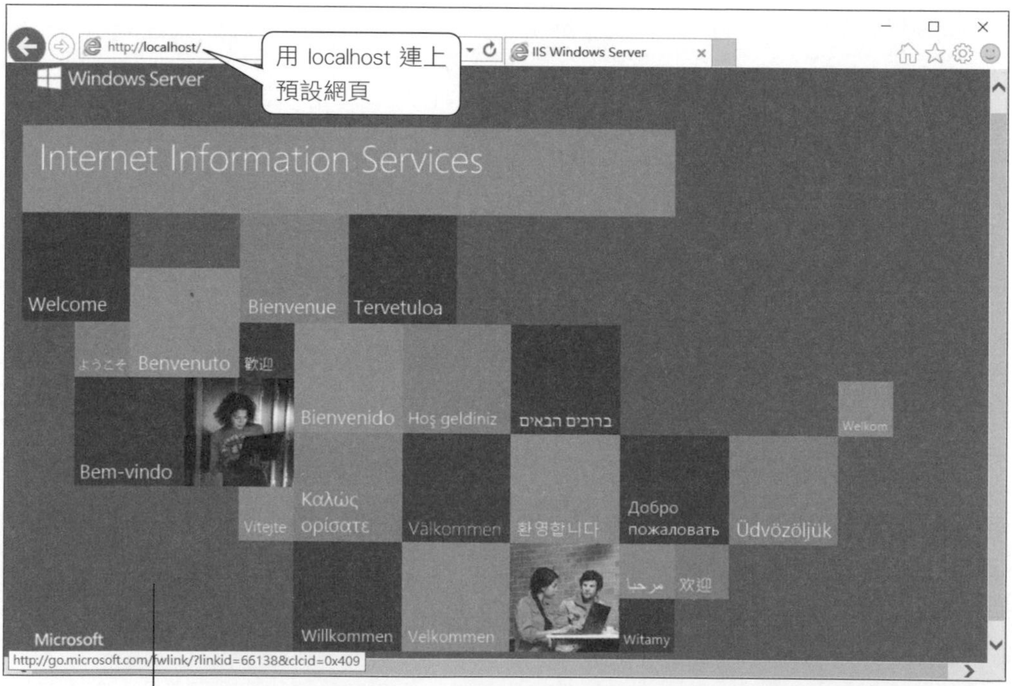

由於還沒有資料，所以會顯示此頁面

Tip **Default Web Site** 的實體路徑是在系統磁碟的 \Inetpub\wwwroot\ 資料夾中。而上述畫面是該資料夾的 iisstart.htm 檔案。

若從其他的電腦連結時，則有以下 3 種方式可以連結到 Default Web Site 站台：

- **伺服器的 IP 位址**：假設伺服器的 IP 位址是 192.168.10.1，那麼直接在**網址**列輸入 "http://192.168.10.1/"。
- **伺服器的電腦名稱**：假設伺服器的名稱是 Server-01，則區域網路內的電腦只要在**網址**列輸入 "http://Server-01"，亦可連上網站。
- **伺服器的 DNS 名稱**：如果您已經在 ISP 或是自己架設的 DNS 伺服器上新增 A 記錄（DNS 伺服器的設定請參見第 18 章），則可用該 DNS 名稱（假設是 www.xdom.biz）來連上 IIS 網頁。

20-2 建立第一個自己的網站

本節中我們將在架設的 IIS 伺服器上建立第一個自己的網站，安排網站的結構，並將網頁放到網站上，讓使用者瀏覽。

停用 Default Web Site 網站

在說明如何建立新網站前，由於 IIS 伺服器在架設完成後，會建立一個預設的網站 － **Default Web Site**，所以在建立自己的第一個網站前，請先停用此預設網站，避免後續我們在新增網站時發生問題。請依照以下步驟操作：

1 選取 **Default Web Site** 項目

2 接著按此連結停止網站運作

停止的網站將不提供任何服務，任何人都無法瀏覽，當使用者連線到此**停止**的網站，IE 瀏覽器會顯示如下的畫面：

當您要維護系統、網頁資料、升級系統應用程式、或是加裝 IIS 的功能時，建議先如上操作**停止**網站的運作，不接受使用者的連線，等完成工作後，再重新啟動網站。

新增網站

接下來我們要介紹如何建立新的網站，請在**站台**上按右鈕，並執行『**新增網站**』命令：

2 輸入網站的名稱

3 指定網站資料（網頁、圖片）的存放位置，此位置稱為**主目錄**

4 輸入電腦主機的 IP 位址

預設會勾選**立即啟動網站**項目，在建立好新網站後，立即啟動網站

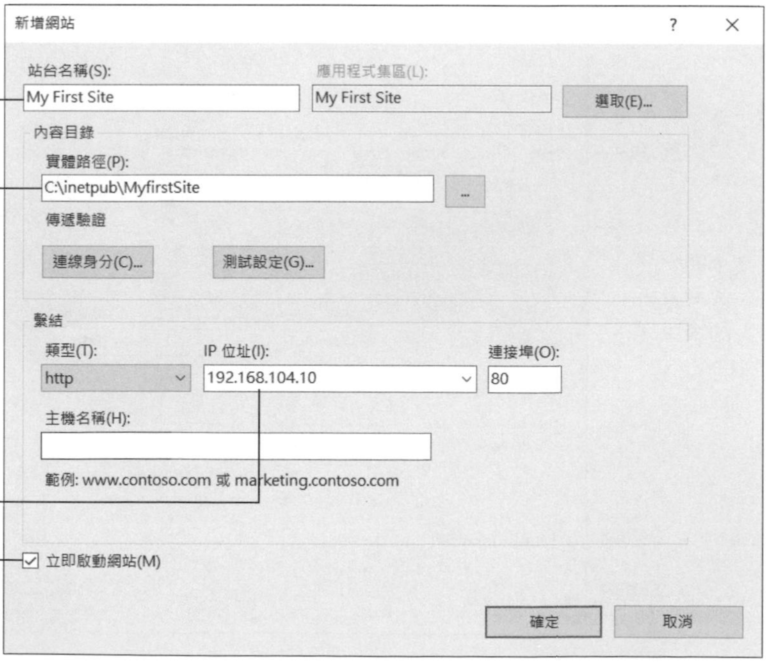

按**確定**鈕

將新網站的目錄設定為遠端電腦的共用資料夾

在建立網站時，若將網站的**主目錄**路徑，設定為區域網路中其他電腦的共用資料夾，則需要在該電腦具有足夠存取權限存取該資料夾：

1 指定共用資料夾路徑

2 按此鈕設定能存取此資料夾的帳戶

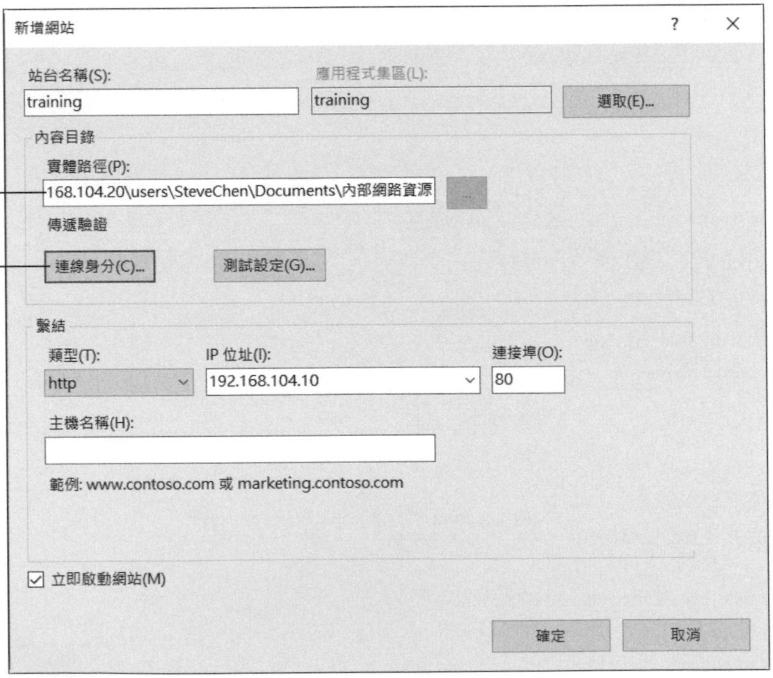

NEXT

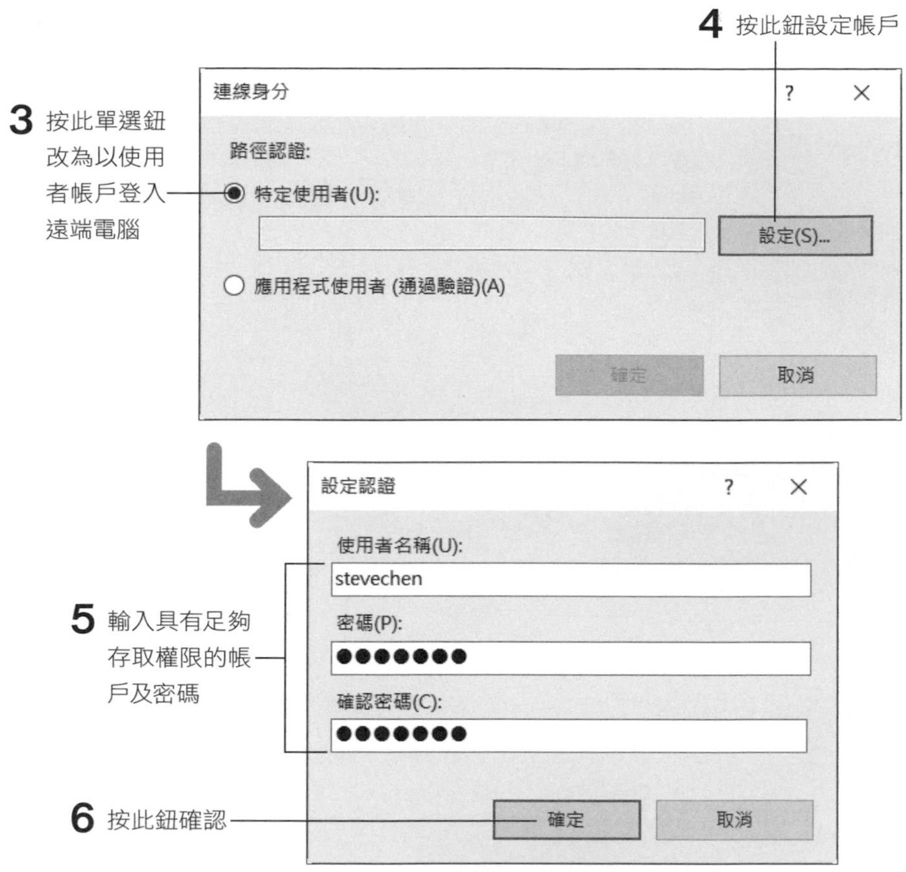

回到上一個交談窗後，連按 2 次**確定**鈕，即可完成設定。

將首頁放到網站中

建立好網站後，首要的工作就是將網頁相關檔案放到網站的主目錄中，如此才能讓用戶端連結到網站時能看到網頁。而網站首頁 (homepage) 的檔名除了可以是 default.htm 之外，還有其他四種選擇，在 IIS **管理員**主控台可以檢視：

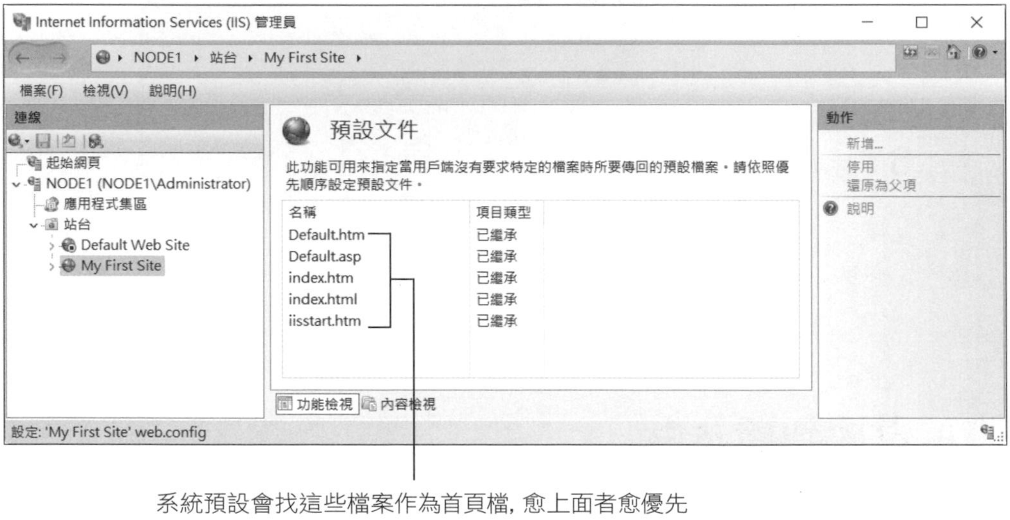

假設我們寫了一個簡單的 html 檔、命名為 index.htm, 並將它複製到網站的主目錄 (在本例為 C:\inetpub\MyFirstSite), 同樣在 **IIS 管理員**主控台可以檢視：

1 選擇剛剛新增的網站　　**2** 按此鈕切換到內容檢視

建好自己的首頁後，可立即用瀏覽器瀏覽網站，IIS 伺服器會自動將首頁檔案傳送給瀏覽器，讓瀏覽器顯示出來：

1 輸入網站的 **DNS 名稱**（必須在 DNS 伺服器已經設好）

2 自動顯示首頁的內容

Tip 除了使用網站的 DNS 名稱外，輸入 **"http:// 伺服器的 IP 位址"** 也可以連線到網站。

建立虛擬目錄

實際存在於主目錄的資料夾稱為**實體目錄** (physical directory)；而**虛擬目錄** (virtual directory) 則是「看起來像是存在於主目錄，實際上存在於其他位置」的資料夾，說得更具體一點，它就像是一個指標 (Pointer)，指到資料夾真正的位置。那麼為什麼要使用**虛擬目錄**呢？

舉例來說：網頁裡記載了十條 http://www.xdom.biz/test/hello.htm 連結，如果 test 是**實體目錄**，當硬碟空間不夠或是為了分散負載，要將網頁檔案移到其他硬碟或其他電腦時，我們就得修改這十條連結；但是如果 test 是**虛擬目錄**，則不管我們將網頁檔案移到哪裡，只要不改 test 這個名稱，就不必改變連結，而僅僅改變 test 所指向的位置即可。換言之，利用**虛擬目錄**不但可以讓網頁檔案分散儲存，而且萬一要變更位置時，不必回頭去修改網頁內容。

新增虛擬目錄

要建立虛擬目錄，請開啟 IIS 管理員，並依照以下步驟操作：

1 在要建立虛擬目錄的站台上按右鈕，並執行此命令

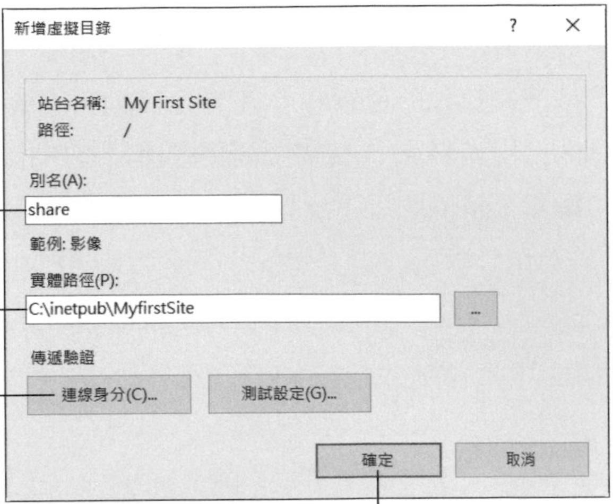

2 輸入虛擬目錄名稱

3 輸入虛擬目錄對應的實際路徑

若將實際路徑設為其他電腦的公用資料夾，請按此鈕設定可存取該資料夾的帳戶

4 按此鈕完成

5 點選**瀏覽**

現在是透過虛擬目錄名稱存取首頁

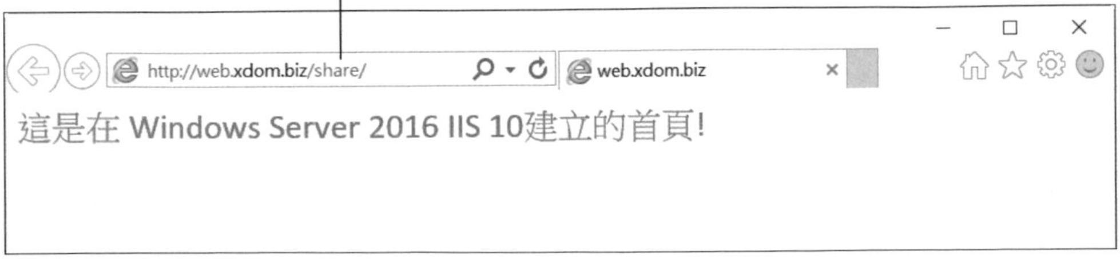

修改虛擬目錄的設定

當我們改變網頁檔的位置時，不管是移動到本機的其他磁碟，還是網路上其它電腦的共用資料夾，都需要變更虛擬目錄所指向的實體路徑，才能使網站上正常顯示。請依照以下步驟操作：

2 點選**基本設定**

1 點選要改變的虛擬目錄

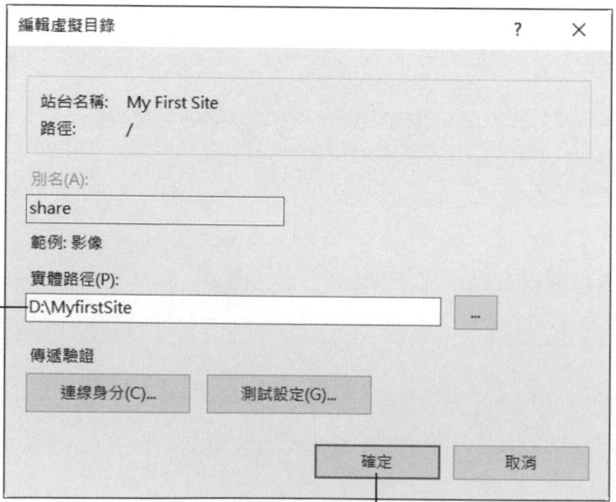

3 輸入新的實際路徑

4 按此鈕完成

20-3 利用 WebDAV 上傳網頁

建好網站後，一般而言用戶端通常會將檔案或設計完成的網頁利用 FTP 軟體上傳到網站。但在 Windows Server 2016 上，只要 IIS 伺服器安裝 **WebDAV** 元件，用戶端即可透過檔案總管上傳網頁資料。

WebDAV (Web-based Distributed Authoring and Versioning) 是 HTTP 1.1 的一項擴充功能 (extension)，因為它能將網址轉換成 UNC 名稱，配合網路分享再將 UNC 名稱對應成網路磁碟機，於是我們用**檔案總管**就能管理 Web 伺服器的檔案，感覺就像是管理本機磁碟機的檔案一樣，這也就是 WebDAV 的最終目的。

Tip 其實早年的 Windows 98 就已經有 WebDAV 功能，不過當時另外取了一個比較易懂的名稱—— Web 資料夾 (Web folder)。

我們在先前安裝 IIS 的過程中，也一併安裝了 **WebDAV 發行**、**URL 授權**和 **Windows 驗證**，這些都是在本節會用到的元件。確認是否具有 WebDAV 功能的方法是開啟 **IIS 管理員**主控台，在**功能檢視**頁次若會出現 **WebDAV 編寫規則**圖示，代表已經有 WebDAV 功能：

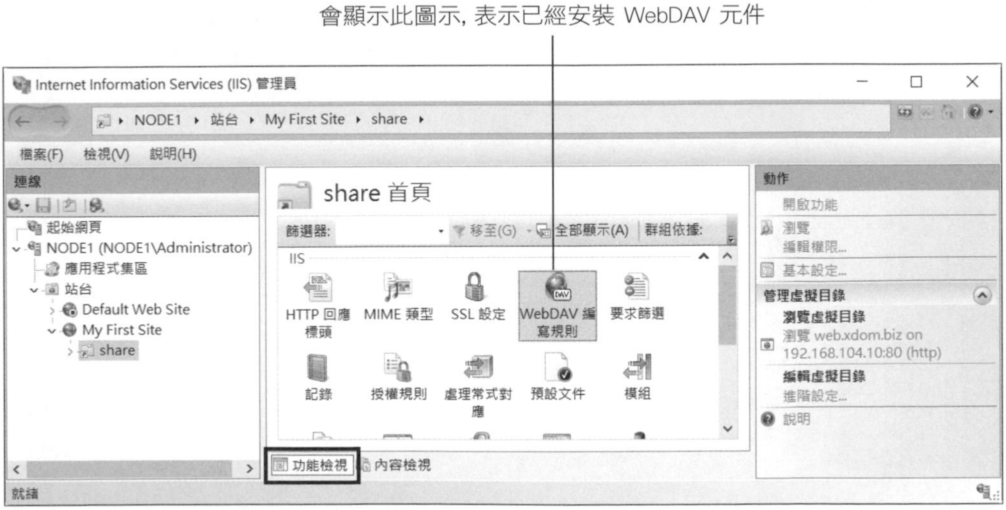

開啟 WebDAV 功能

安裝好 WebDAV 後，預設是停用的，因此我們要先啟用 WebDAV 功能：

2 雙按 **WebDAV** 編寫規則圖示

1 點選要啟用 WebDAV 的網站

3 點選**啟用 WebDAV**

4 點選**新增編寫規則**

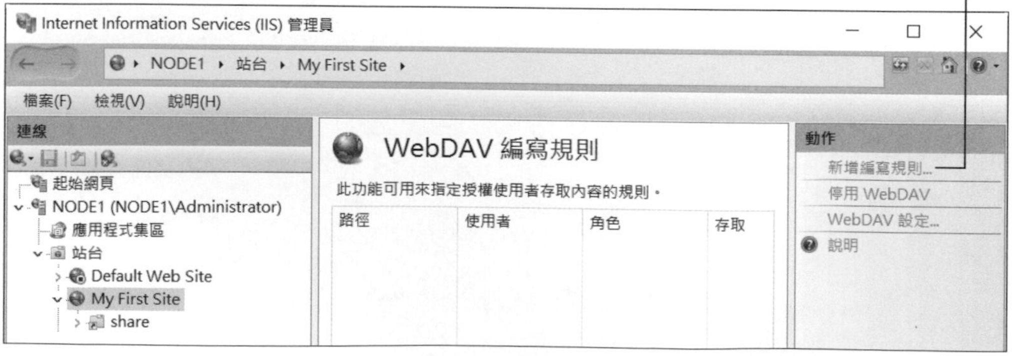

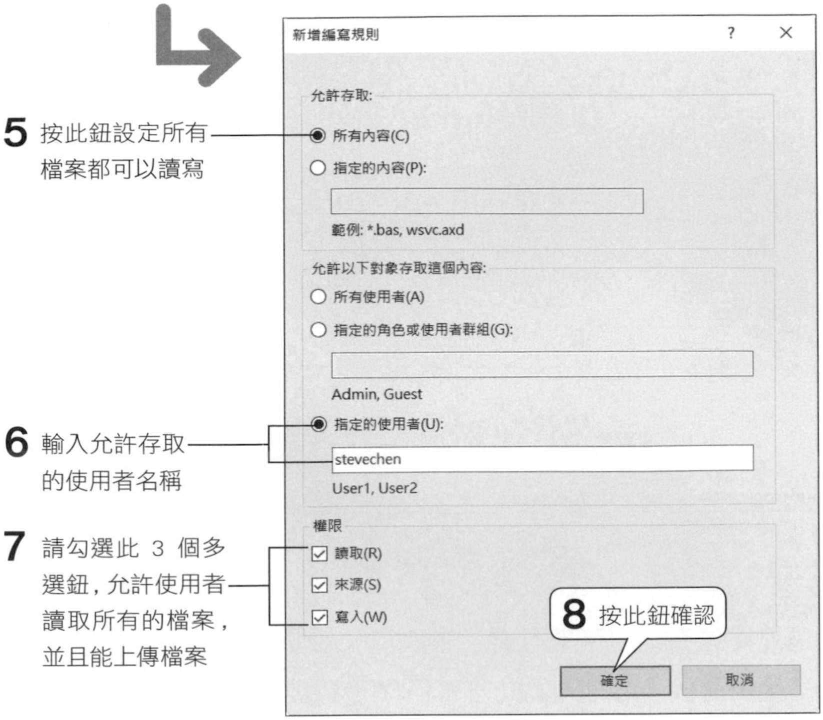

啟用 Windows 認證功能

最後我們要開啟 IIS 伺服器的 **Windows 認證**功能，允許用戶端利用網域或本機的帳戶登入 Web 伺服器，上傳或修改網頁檔。

Tip 關於 Windows 認證功能的相關內容，請參考下一章。

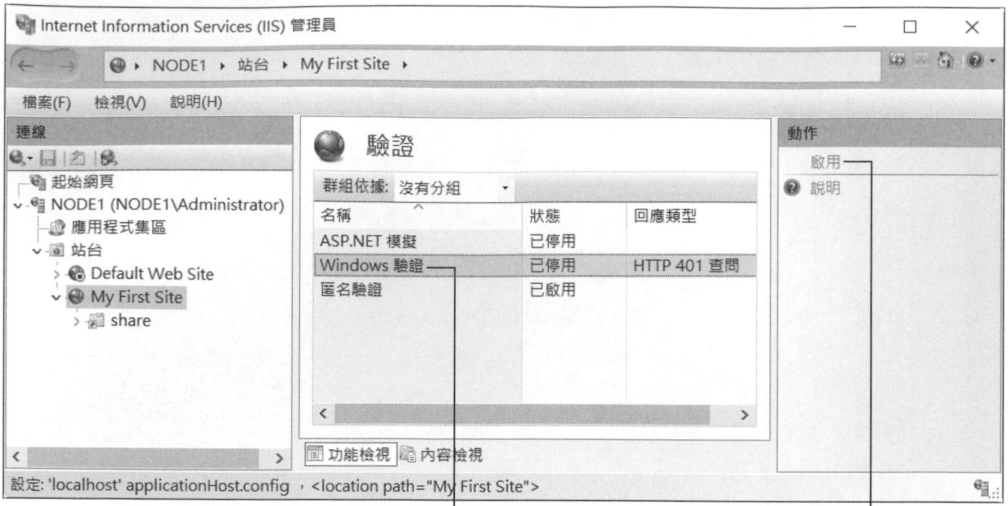

3 選取 **Windows 驗證**　　**4** 點選**啟用**

凡是變更過系統的驗證方式，無論是啟用變為停用；或是停用變為啟用，之後記得重新開啟 **IIS 管理員** (亦即關閉後再開啟)。

從用戶端建立 WebDAV 連線

完成 WebDAV 的設定後，用戶端可以透過**新增『連線網路磁碟機』**連結到網站的目錄，利用 WebDAV 提供的功能來管理 IIS 伺服器上的檔案。

新增『連線網路磁碟機』建立連線

我們將介紹利用檔案總管中的『連線網路磁碟機』功能，連接到網站的主目錄。以 Windows 10 為例，請操作如右：

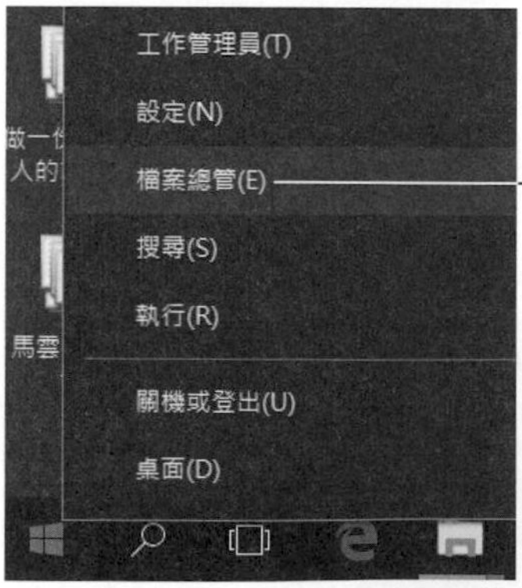

1 在**開始**按右鈕，執行**檔案總管**命令

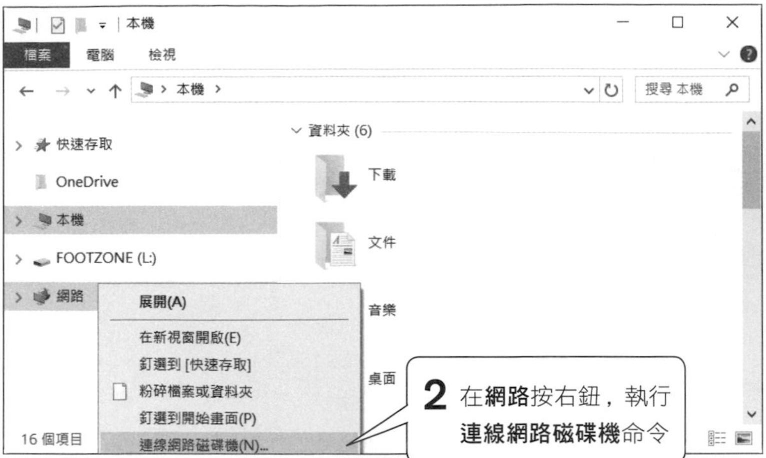

2 在**網路**按右鈕，執行**連線網路磁碟機**命令

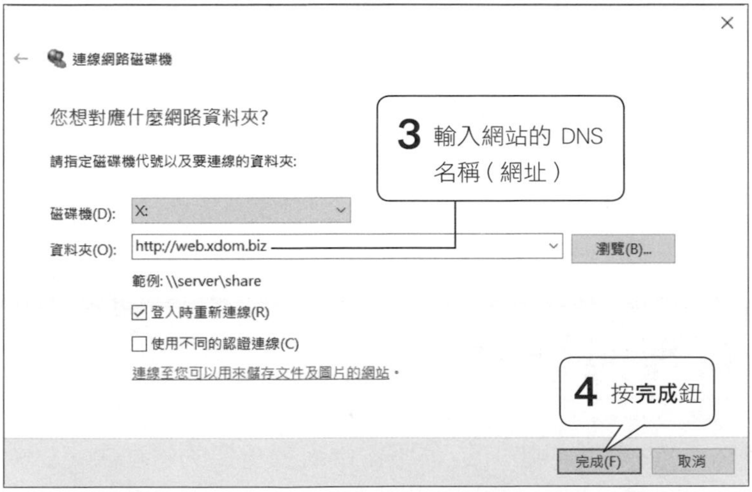

3 輸入網站的 DNS 名稱（網址）

4 按**完成**鈕

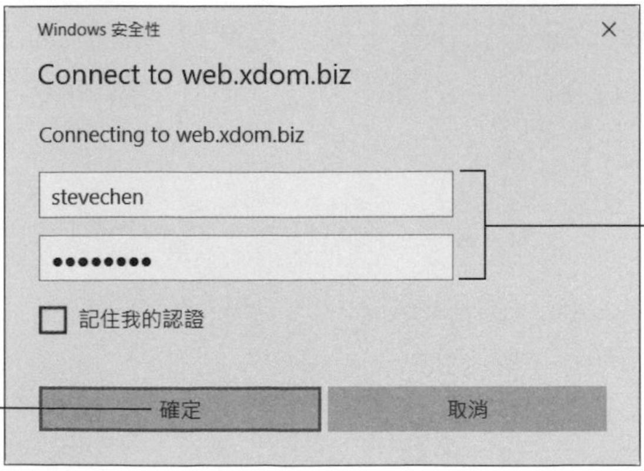

5 輸入先前在 **WebDAV 編寫規則**允許存取的使用者名稱和密碼

6 按**確定**鈕

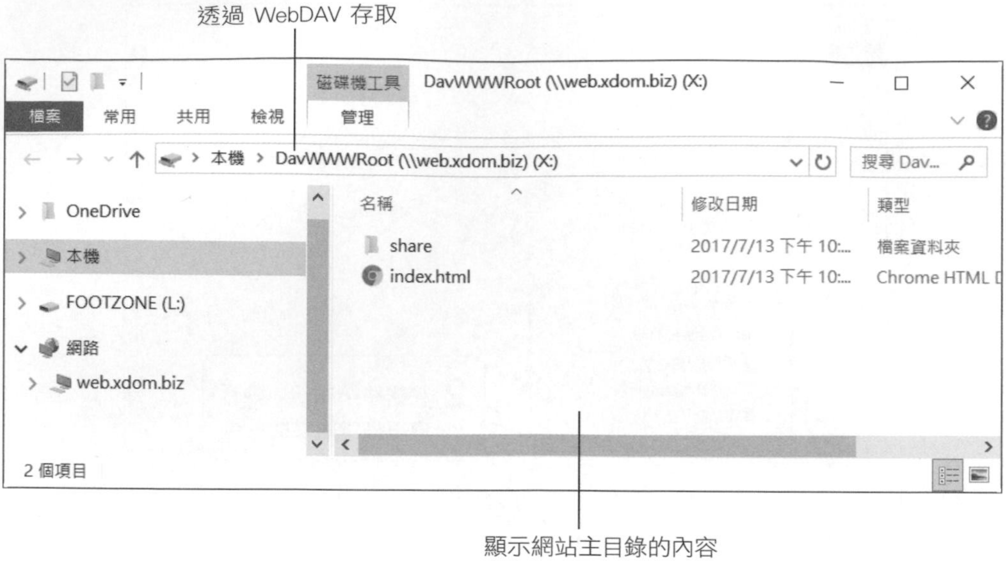

將網站的主目錄連線成網路磁碟機之後，用**檔案總管**就能新增、刪除和修改主目錄的檔案，也就是能修改網頁，所以網頁製作人員再也毋須使用 FTP 軟體來更新網頁了。

20-4 管理與維護

在本節中，我們將說明 IIS 伺服器中幾項重要的管理設定。大部分的設定功能也可以在不同網站、實體 / 虛擬目錄、或目錄中的檔案做設定。而設定的基本原則是：上層的設定會繼承給下層；若針對下層個別設定，則以個別設定優先，但是下層的設定不會影響上層及其他同階層的設定，只會適用在該層的網頁或文件。

停用和啟動網站

要停用或是啟動 IIS 伺服器的網站，請開啟 IIS **管理員**主控台：

1 選取**起始網頁 / 伺服器名稱 / 站台**下的網站

2 按此連結停用網站

要啟用網站也很簡單；

選取網站後，按此連結即可啟動網站

設定自訂的首頁檔

IIS 伺服器的首頁檔案可以是 HTML 檔、ASP.NET 檔或 ASP 檔，當使用者透過瀏覽器連線至網站時，若未指定要瀏覽哪一個網頁（例如只在**網址**列輸入 http://xdom.com.tw/），則網站會傳送預設的文件供使用者瀏覽。IIS 預設可使用 Default.htm、Default.asp、iisstart.htm、index.thm、index.html 等檔案為首頁，若有需要，也可以加入自訂的預設文件網頁：

選取任一個首頁文件後，按此處的連結可調整顯示的順序

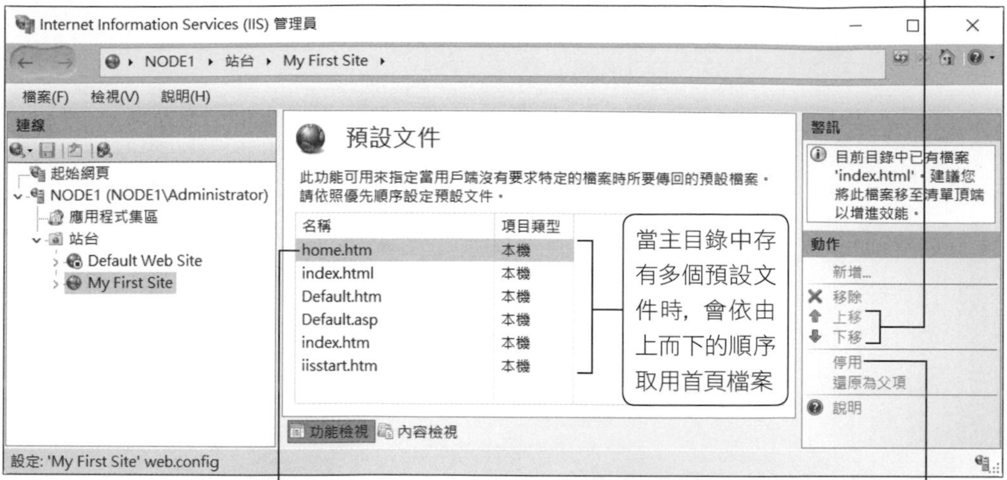

這個就是新增的首頁文件

若按下**停用**連結，則使用者在瀏覽網站時，必須輸入完整的網頁 URL 才能瀏覽該網頁，例如要開啟 Default.htm 網頁，就需要輸入 "http://xdom.com.tw/Dafault.thm"。

設定記錄檔

IIS 伺服器的記錄檔可記錄對網頁伺服器提出的要求，以及選擇何時要建立新記錄檔：

1 選取網站　**2** 雙按**記錄**圖示

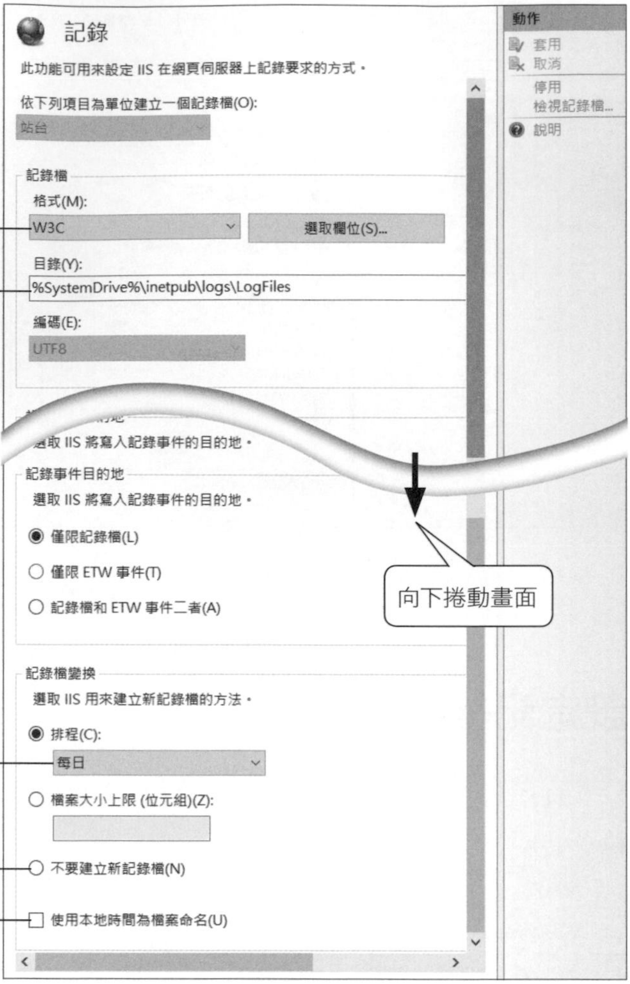

檔名格式

記錄檔的存放路徑

設定多久或記錄檔案多大時建立新的記錄檔 (預設的**每日**表示每天的 0 點建立一個新記錄檔)

此項目則會持續使用同一個記錄檔

將記錄檔名稱的時間及每筆記錄的時間改用本地時間 (預設為使用格林威治標準時間, 台灣為 GMT ＋ 8 小時)

要檢視記錄檔，請點選右上角的**檢視記錄檔**連結：

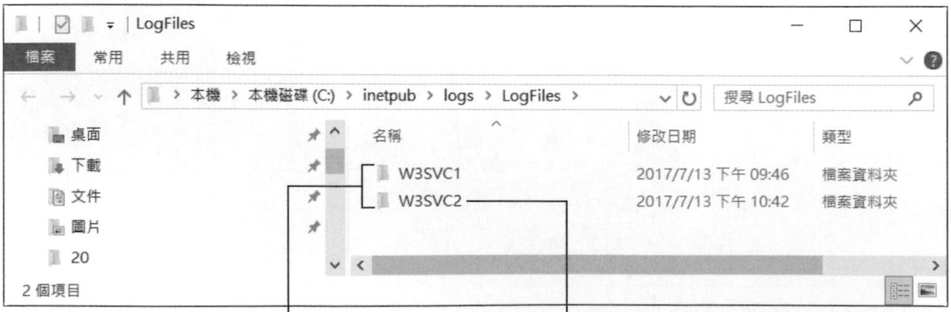

每個網站的記錄分別存放於不同子資料夾

1 雙按其中一個子資料夾

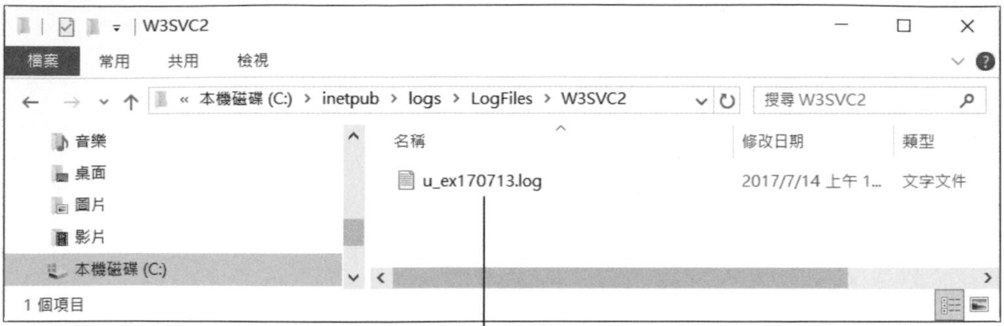
W3SVC2
檔案
常用
共用
檢視
« 本機磁碟 (C:) › inetpub › logs › LogFiles › W3SVC2
搜尋 W3SVC2
音樂
桌面
圖片
影片
本機磁碟 (C:)
名稱
修改日期
類型
u_ex170713.log
2017/7/14 上午 1...
文字文件
1 個項目

2 接著雙按某一天的記錄

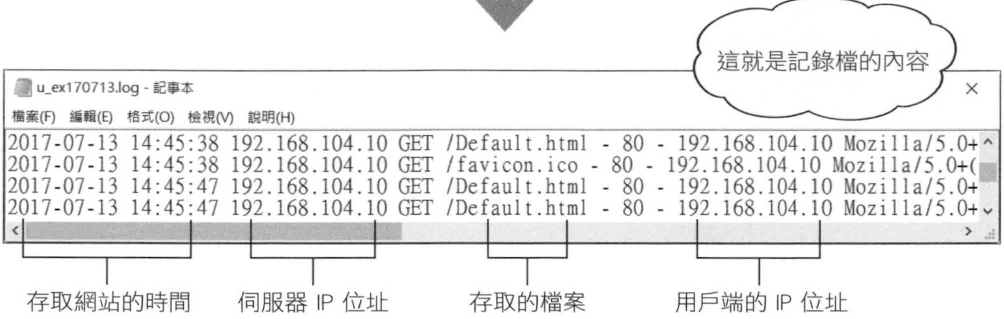
這就是記錄檔的內容
u_ex170713.log - 記事本
檔案(F) 編輯(E) 格式(O) 檢視(V) 說明(H)
2017-07-13 14:45:38 192.168.104.10 GET /Default.html - 80 - 192.168.104.10 Mozilla/5.0+
2017-07-13 14:45:38 192.168.104.10 GET /favicon.ico - 80 - 192.168.104.10 Mozilla/5.0+(
2017-07-13 14:45:47 192.168.104.10 GET /Default.html - 80 - 192.168.104.10 Mozilla/5.0+
2017-07-13 14:45:47 192.168.104.10 GET /Default.html - 80 - 192.168.104.10 Mozilla/5.0+
存取網站的時間
伺服器 IP 位址
存取的檔案
用戶端的 IP 位址

MEMO

CHAPTER

21

Windows Server 2016

IIS 網頁伺服器－安全管理與多站台應用

21-1 限制 IP 位址和網域名稱

21-2 設定身分驗證方式

21-3 設定授權

21-4 多個站台同時運作

當瀏覽器向 IIS 伺服器提出要求時, IIS 伺服器會依如下的流程, 決定是否要將要求的網頁傳送給對方：

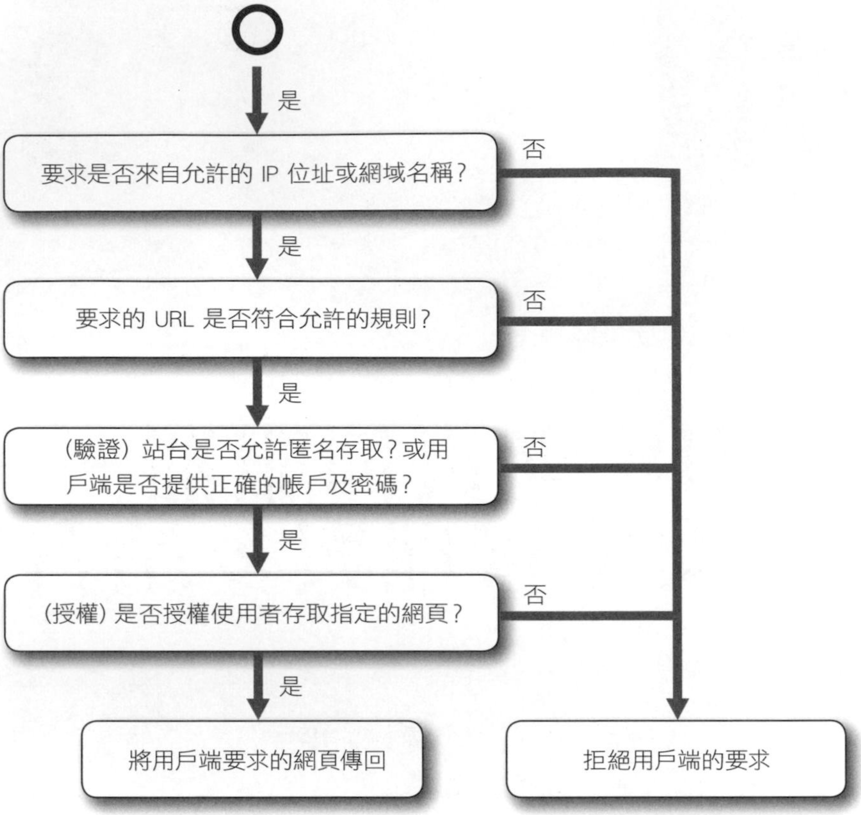
是
要求是否來自允許的 IP 位址或網域名稱？
否
是
要求的 URL 是否符合允許的規則？
否
是
(驗證) 站台是否允許匿名存取？或用戶端是否提供正確的帳戶及密碼？
否
是
(授權) 是否授權使用者存取指定的網頁？
否
是
將用戶端要求的網頁傳回
拒絕用戶端的要求

Tip 透過檢查 URL 的功能，可避免用戶端在要求的 URL 中夾帶不合法的參數或執行特定指令，造成安全上的漏洞。此功能適用於執行 ASP.NET、PHP 等動態網頁的站台，本章不予介紹。

由上可知, IIS 伺服器提供了 IP 位址和網域名稱檢查、身分驗證、授權等多道門檻, 本章將介紹這三道安全機制。

上述的篩選功能, 每一項都是 IIS 伺服器中的一個角色服務, 在預設情況下, 單純安裝 IIS 伺服器角色時, 並不會安裝這些角色服務。請開啟**IIS 管理員**主控台, 若在其中未看到**IP 位址及網域限制**、**授權規則**、**驗證**等圖示, 就表示您尚未安裝該角色服務：

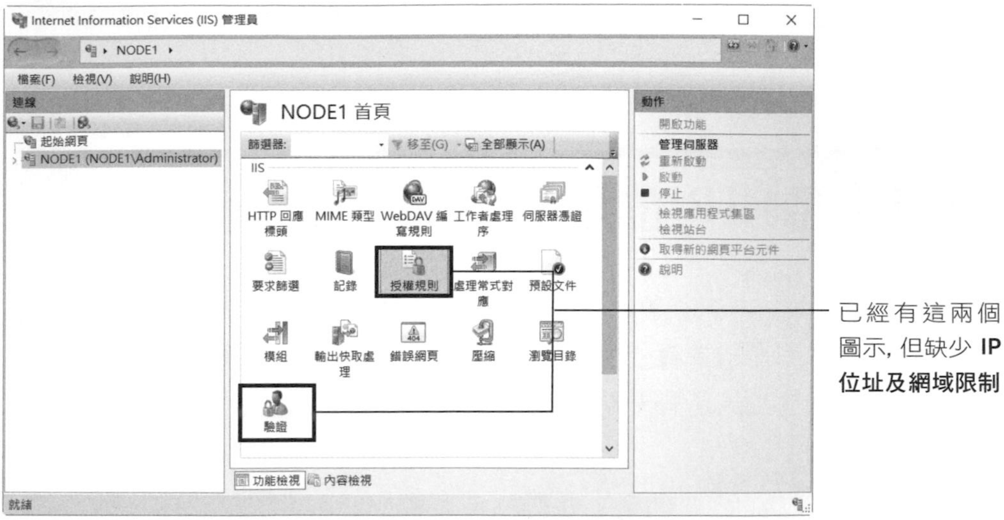

因為目前尚未安裝IP **位址及網域限制**角色服務, 以下便示範其安裝方式, 順帶將後面會用到的角色服務也一併安裝。首先請在**伺服器管理員**執行『**管理/新增角色及功能**』命令, 連按三次**下一步**鈕、直到出現**選取伺服器角色**畫面：

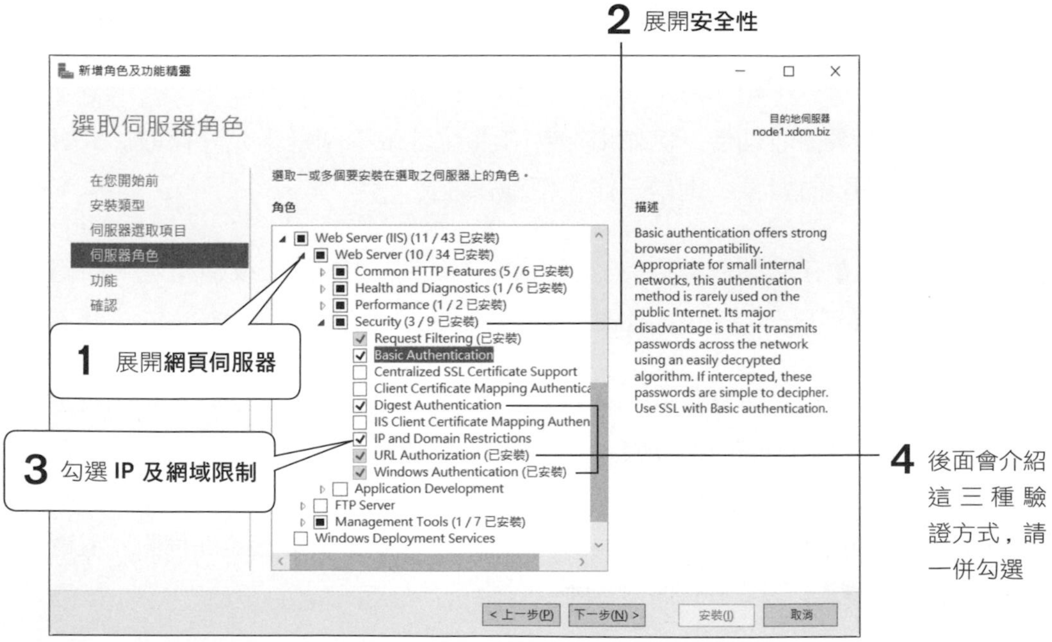

然後按兩次**下一步**鈕、再按**安裝**鈕即可。

此外本章也會介紹架設多個站台等進階的設定與應用。IIS 伺服器預設即具備此部份的功能, 不需另行安裝角色服務。

21-1 限制 IP 位址和網域名稱

對外公開的站台當然是歡迎各地的網路使用者上網瀏覽, 但對於區域網路中供內部瀏覽的站台, 我們就要對可存取的對象做一些限制了。最直覺的方式, 就是透過檢查用戶端的 IP 位址或是網域名稱來進行篩選。

舉例來說, 若區域網路中的所有電腦都被設為在同一個私有 IP 位址區段, 例如 192.168.104.xxx, 我們就可設定 IIS 伺服器只處理來自這些 IP 位址的 HTTP 要求；同理, 以網域名稱進行篩選, 則可讓 IIS 伺服器只回應來自內部網域電腦 (例如 xxx.xdom.biz) 的要求。使用這類篩選功能, 再配合防火牆的機制, 更可提高站台的安全性。

IIS 伺服器提供 IP 位址及網域名稱 (DNS 名稱) 兩種篩選工具, 來限制存取站台的用戶端, 設定的內容則有『允許存取』或『拒絕存取』：

- **允許**特定對象存取站台：例如指定某 IP 位址或範圍是『允許存取』, 對於其它未指定的對象, 則是一律『拒絕存取』。
- **拒絕**特定對象存取站台：和前一項相反, 指定某 IP 位址或範圍是『拒絕存取』, 對於其它未指定的對象則是一律『允許存取』。

如果要改用網域名稱設定, 則只需將上述的 IP 位址限制, 改用 DNS 名稱來設定即可, 原理相同。再次強調, 以上所有的設定方式, 可以設定在伺服器, 也可以設定在單一網站。網站若有自己的設定則優先採用；網站自己沒有的設定則會繼承伺服器的設定。我們目前假設一部伺服器只有一個網站在運作, 此時設定在伺服器或網站沒什麼差異, 就先以設定在伺服器為例。

以 IP 位址限制用戶端

指定單一用戶端

我們先用拒絕某個特定 IP 位址來示範存取限制的設定方式，例如我們要讓 192.168.104.2 這台電腦不能存取站台，其它電腦則無限制。請先開啟 **IIS 管理員**主控台：

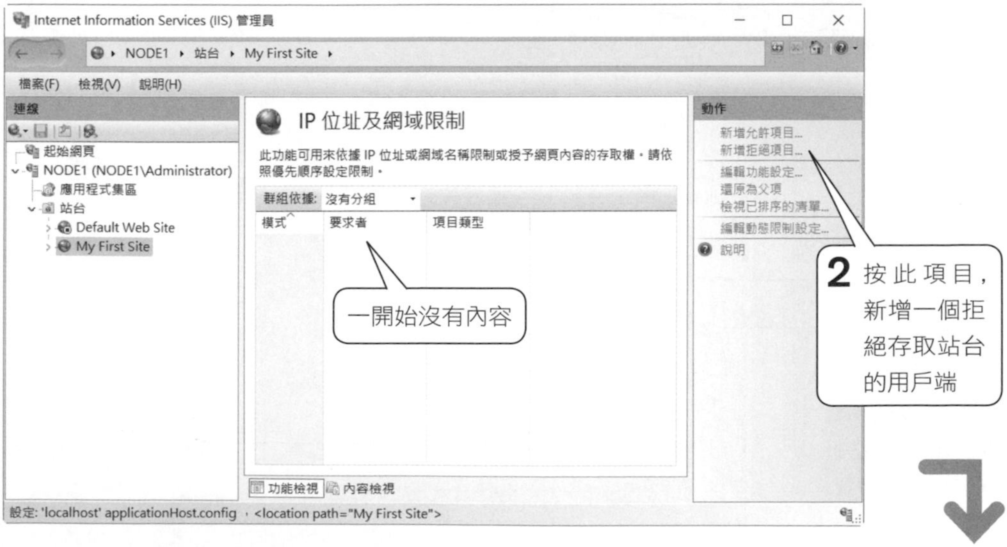

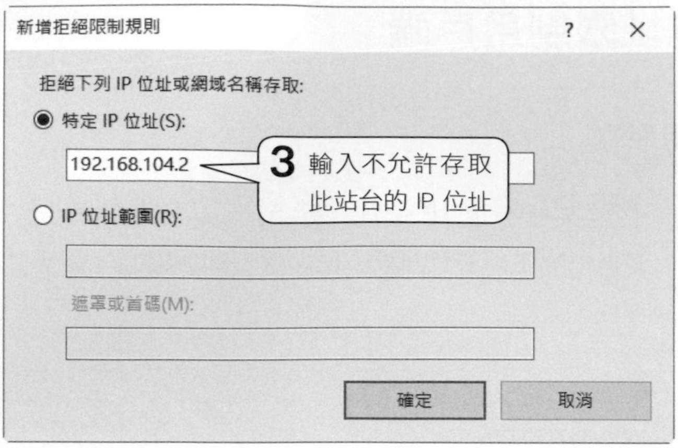

3 輸入不允許存取此站台的 IP 位址

按**確定**鈕

若要新增『允許』存取站台的用戶端, 則用此項新增

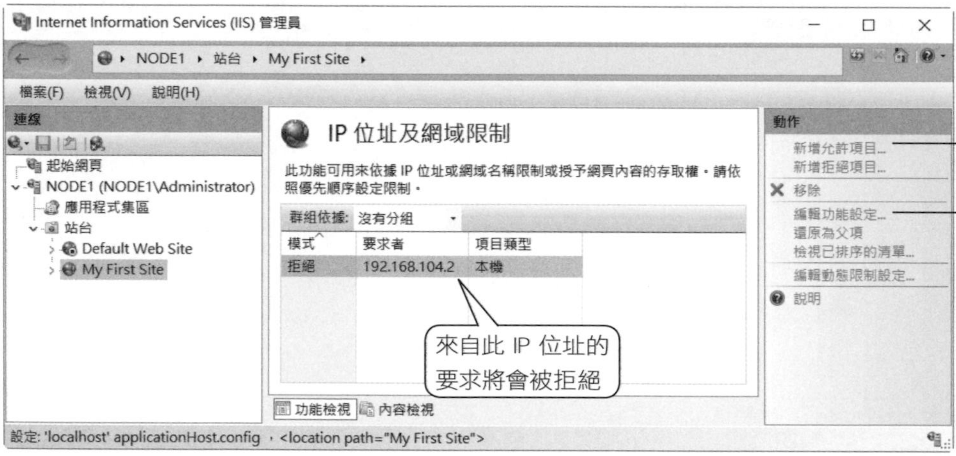

來自此 IP 位址的要求將會被拒絕

4 按此項設定其它用戶端

5 本例將允許其它用戶端存取站台, 故選此項

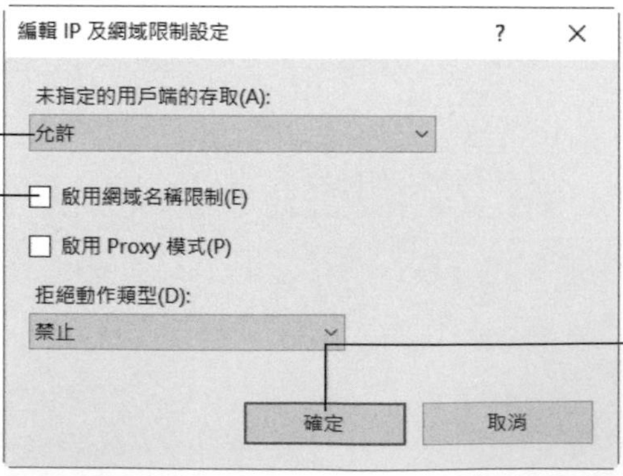

要用網域名稱設定時, 才需勾選此項(後詳)

6 按此鈕完成設定

接著我們到 IP 位址為 192.168.104.2 這台用戶端電腦來瀏覽 IIS 伺服器，就會出現如下畫面：

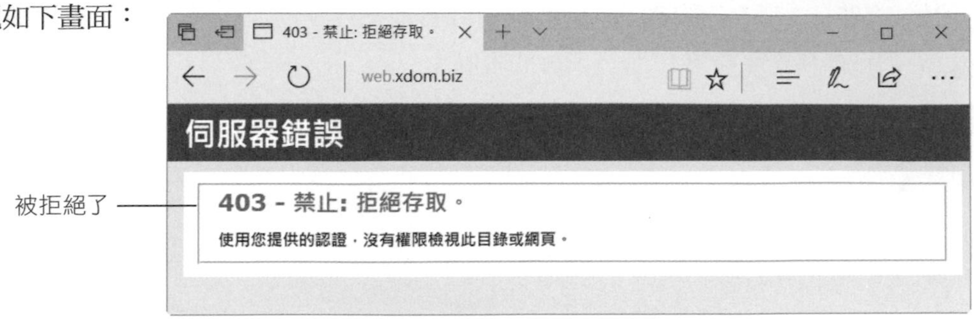

指定多個用戶端

如果要允許或拒絕多個 IP 位址，可依前述的步驟重複輸入。但是當要設定的 IP 位址是整個網路區段 (例如 192.168.0.1～192.168.0.254)，則可用下列的方式一次設定，不需個別輸入數十、數百個 IP 位址：

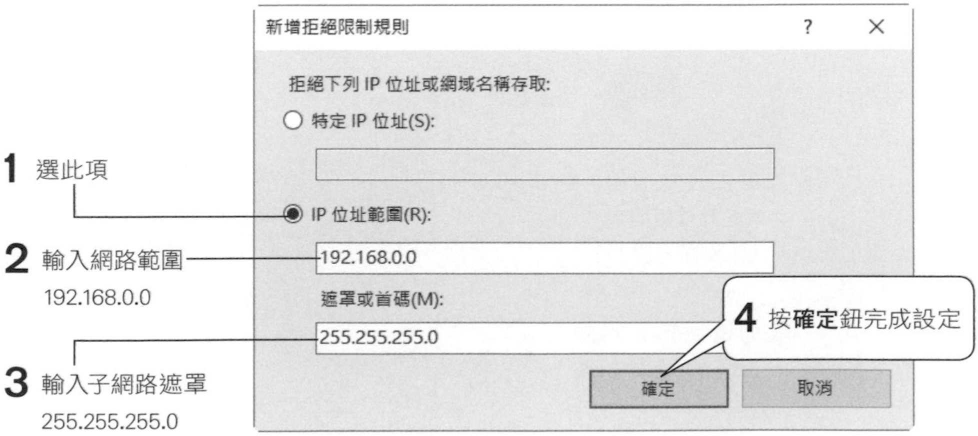

以網域名稱限制

若要用網域名稱來限制存取，必須搭配 DNS 進行反向查詢。因為當用戶端送出 HTTP 要求給 IIS 伺服器時，後者僅能由封包中得知對方的 IP 位址，因此這時候 IIS 伺服器就需向 DNS 伺服器進行反向查詢，查出對方的網域名稱後，才能決定允許或拒絕對方的存取。由於需耗費額外的處理時間，增加伺服器負擔，所以一般較少使用網域名稱來限制用戶端。

在此假設已建好 stevechen.xdom.biz 在**反向對應區域**及**指標記錄**, 接著即可進入IIS **管理員**主控台的**限制 IP 位址和網域名稱**進行設定, 設定方式和限制 IP 位址類似, 但此時移除先前用 IP 位址所做的限制：

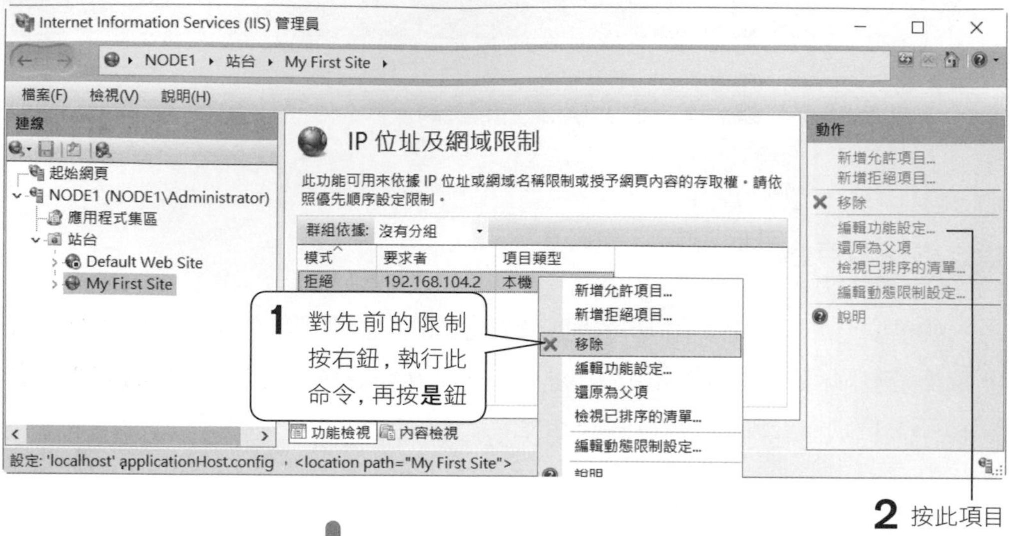

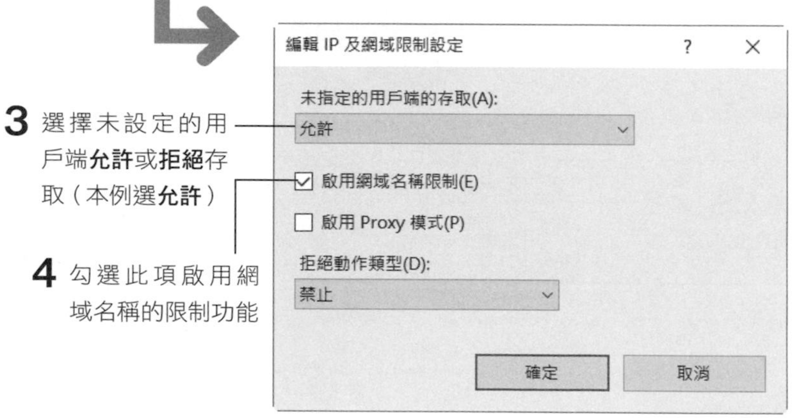

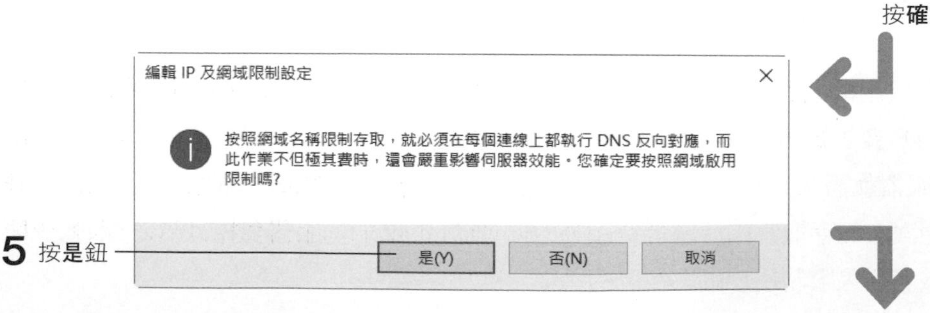

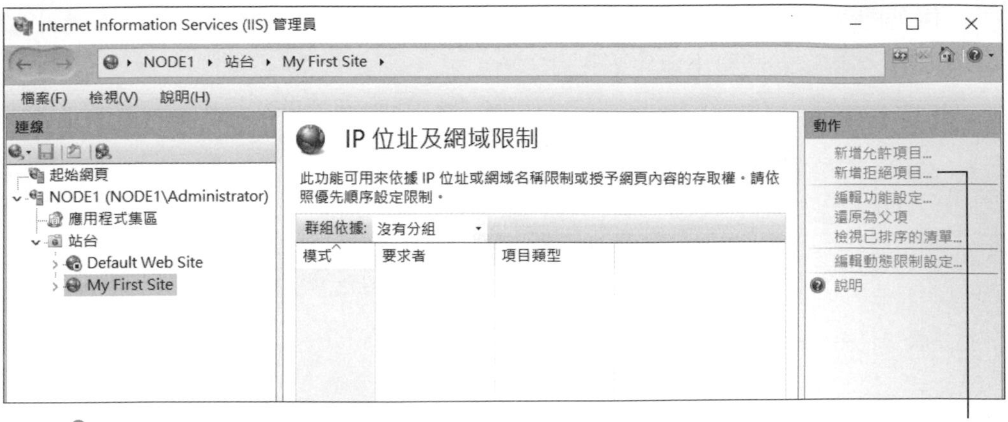

6 按此項目新增『拒絕』的項目

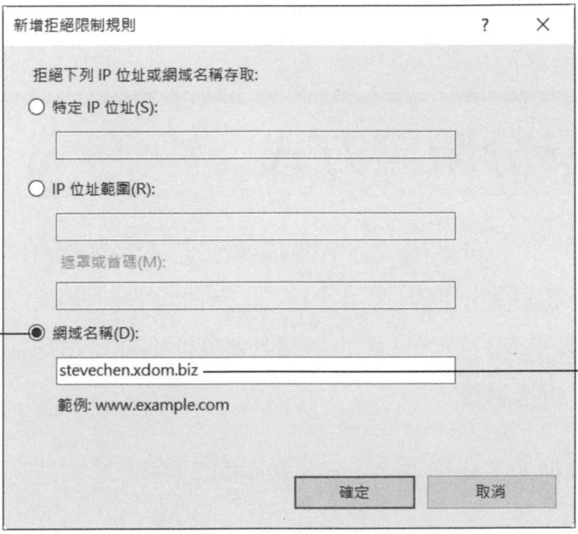

7 選此項

8 輸入用戶端的 DNS 名稱

按**確定**鈕

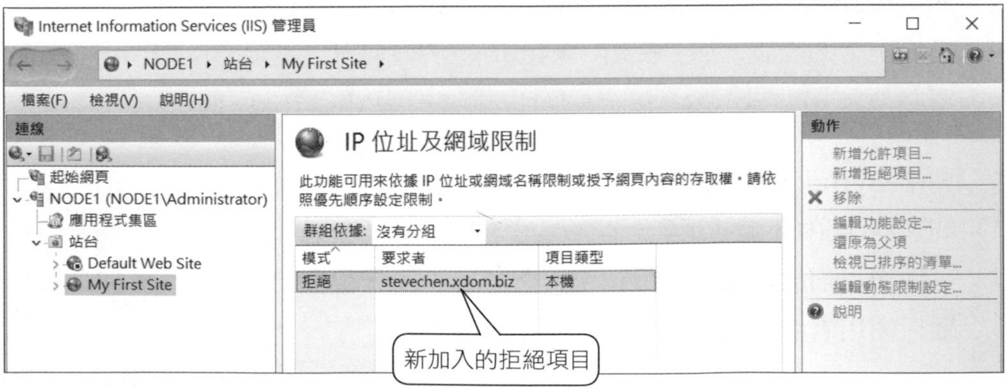

接著即可到 stevechen-pc.xdom.big 這台電腦瀏覽 IIS 伺服器, 因為剛才是設定**拒絕**存取, 所以瀏覽時會出現如下訊息：

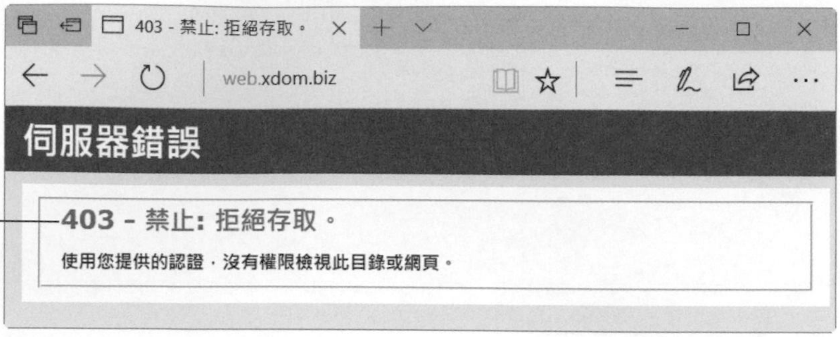

不能瀏覽站台

21-2 設定身分驗證方式

站台檢查使用者的 IP 位址或網域名稱後, 還有一道安全性檢查：確定站台是否允許用戶端**匿名存取**(也就是任何人皆可瀏覽, 此為預設值)。如果站台『不允許』**匿名存取**, 或是用戶端要求的網頁有其他 NTFS 權限限制時, 用戶端就必須輸入使用者名稱及密碼, 才能繼續瀏覽。

IIS 伺服器支援數種傳送使用者名稱及密碼的驗證方法：

- **Windows 驗證**：此種驗證方式是將使用者名稱及密碼經過雜湊 (Hash) 運算後, 再傳送到站台, 然後透過 Kerberos 或 NTLM 機制做身份驗證, 是最安全的驗證方法。使用 Windows 驗證有以下限制：用戶端的瀏覽器必須為 IE 2.0 (含) 以上, 並且不能設定使用 Proxy 伺服器。

  通常 **Windows 驗證**用在企業的內部網路, 例如：內部員工存取內部網站的資料(此內部網站不對外開放)。若使用 IE 瀏覽程式, 連線到網站時優先送出目前的使用者名稱和密碼來嘗試登入, 若失敗則出現交談窗、要求輸入使用者名稱和密碼。

- **摘要式驗證**：用戶端先將使用者名稱和密碼經過演算法處理，產生雜湊值 (Hashed Value)──此值又被稱為「摘要」(Digest) ── 然後將此摘要傳送給網站。即使途中被攔截，很難從摘要推算出的使用者名稱和密碼，所以相對安全。但是要採用此驗證方式必須符合以下條件：

    - IIS 伺服器必須加入網域。
    - 用戶端必須與 IIS 伺服器位於相同網域或是互相信任的網域。
    - 瀏覽程式必須支援 HTTP 1.1 (目前市面上常見的瀏覽程式都支援)。

- **基本驗證**：這是最不安全的驗證方式，帳戶名稱及密碼是以未加密的形式傳送到站台，因此可能會遭有心人士從中攔截竊取。

- **憑證驗證**：用戶端必須具備 IIS 伺服器所信任的 CA 伺服器所核發的憑證，然後在建立 SSL 連線時，提出憑證供伺服器端驗證。此種驗證方式在一般站台伺服器較不會用到 (常見於提供金融服務的伺服器)，故本章將不介紹。

再次提醒讀者，上列每一種驗證功能，都是由個別的**角色服務**提供，所以使用前必須先裝妥必要的角色服務。

匿名驗證：允許匿名存取

IIS 伺服器預設採用的是**匿名驗證**，用戶端毋須輸入任何帳戶及密碼即可瀏覽網頁，因為 IIS 伺服器會先嘗試利用『IUSER』這個內建帳戶讓使用者登入。我們可由**IIS 管理員**主控台的**驗證**項目中查看**匿名驗證**是一開始就啟用的：

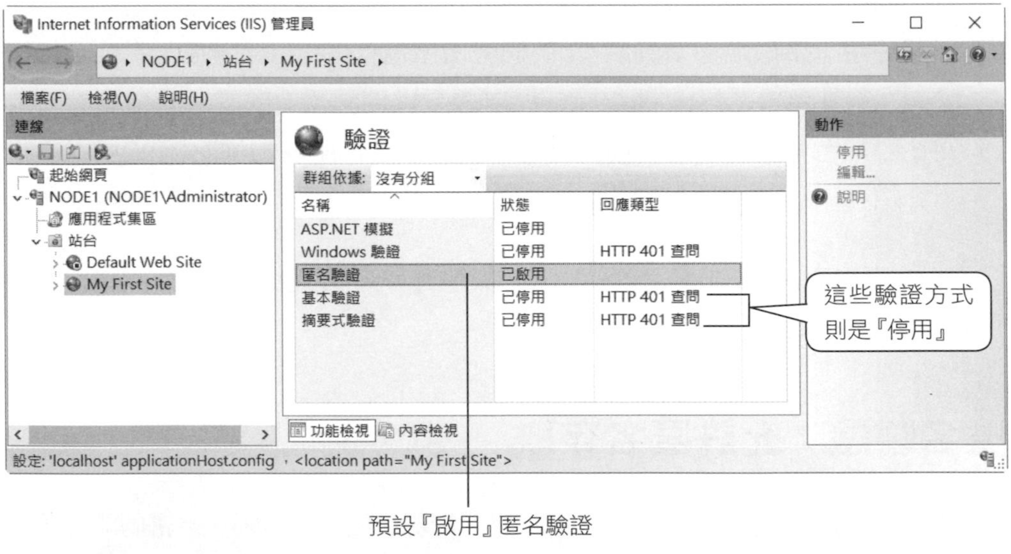

匿名驗證可與其它驗證方式共用, 在此情況下, 每個人瀏覽網頁時, 預設都先用『IUSR』這個帳戶來存取。但是當站台中有部份網頁不允許『IUSR』帳戶存取時 (亦即此帳戶沒有足夠的 權限), 系統便會依據所選擇的驗證方式, 要求使用者輸入帳戶名稱及密碼；若未啟用其它驗證方法, 系統就不會要求輸入帳戶名稱與密碼, 而是直接拒絕使用者存取該網頁。

若要停用匿名驗證, 可如下進行：

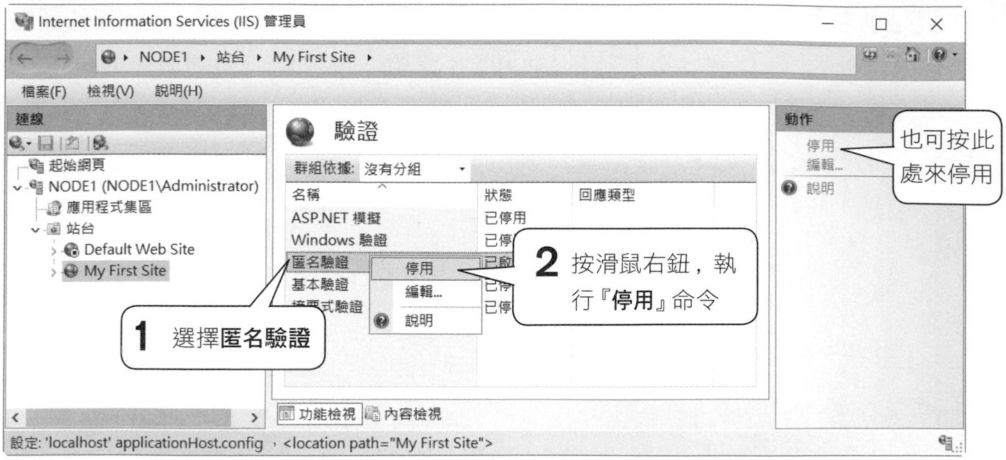

選擇驗證方法

雖然有多種驗證方式，而我們通常也僅需擇一使用；但如果有需要，可啟用所有的驗證方法，IIS 伺服器預設使用的優先順序為：『匿名驗証 > Windows 驗證 > 摘要式驗證 > 基本驗證』。

啟用驗證方式的操作都相同，以下僅示範啟用 Windows **驗證**的情形。為方便測試，請先停用**匿名驗證**，再來啟用**Windows 驗證**：

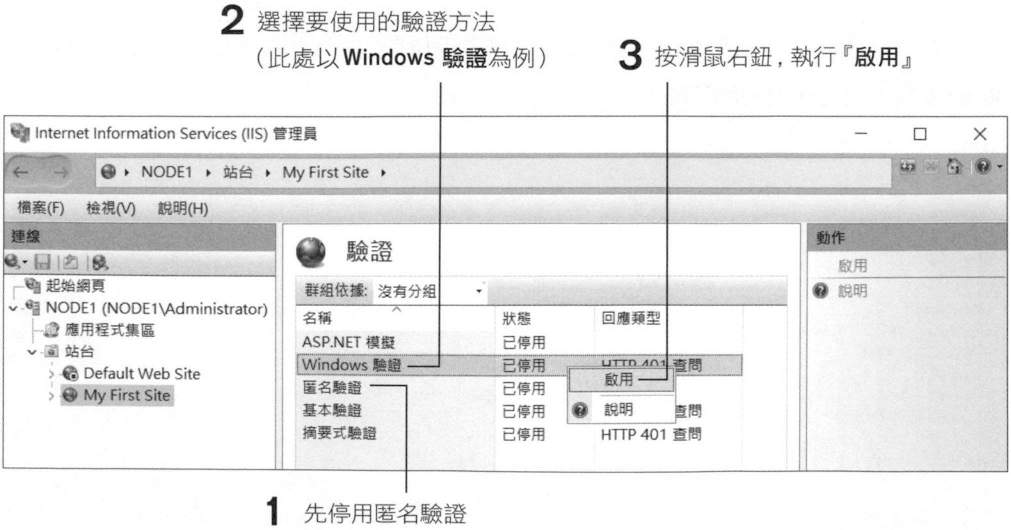

但是別忘了：光只是停用伺服器的**匿名認證**還不夠, 因為在網站的**匿名認證**預設仍是啟動的, 所以應該也要將網站的**匿名認證**一併停用。後續做任何設定時, 其實可以直接設定在網站(My First Site), 不必設定在伺服器 。完成設定後, 用戶端瀏覽站台時, 就會出現如下交談窗, 必須輸入正確帳戶名稱和密碼, 才能繼續瀏覽：

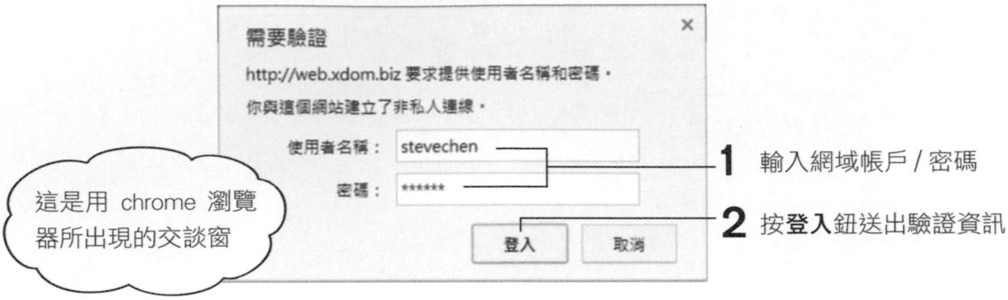

21-3 設定授權

使用者通過身份驗證後, 接下來 IIS 伺服器會依據**授權**設定, 決定是否將網頁回應給對方。舉例來說, 如果使用者 Ken 要瀏覽 default.htm, 但在 IIS 中已設定**拒絕** Ken 瀏覽 default.htm, 伺服器就不會回應網頁的內容, 使用者只會看到『401 - 未經授權』的錯誤訊息。

授權的設定方式, 和設定 **IP 位址和網域限制**的操作類似, 設定時要在 **IIS 管理員**主控台中選取**授權規則**：

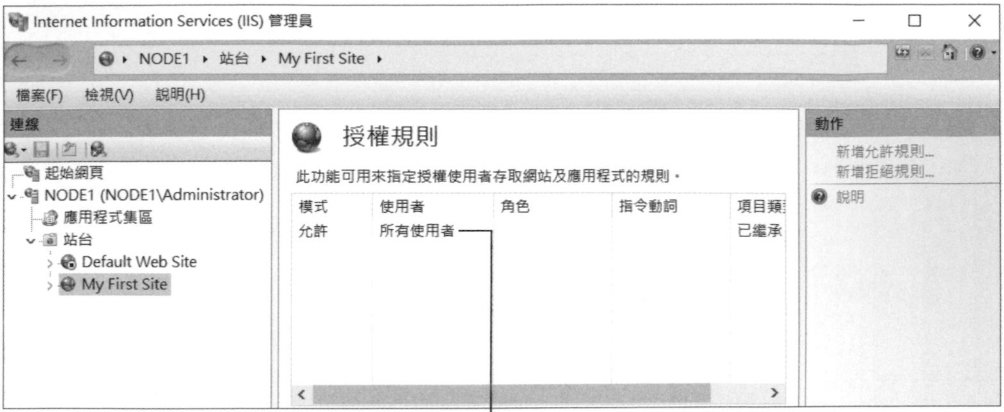

預設有一個『允許』所有使用者讀取的規則

要新增一個規則, 可按右邊的**新增允許規則**或**新增拒絕規則**項目。以**新增拒絕規則**為例, 按下後會出現如下交談窗：

1 選擇要拒絕的對象（本例選擇**指定的使用者**）

2 輸入使用者名稱

若此規則只要套用在特定的 HTTP 存取方式，可勾選後輸入存取的方式

3 按此鈕

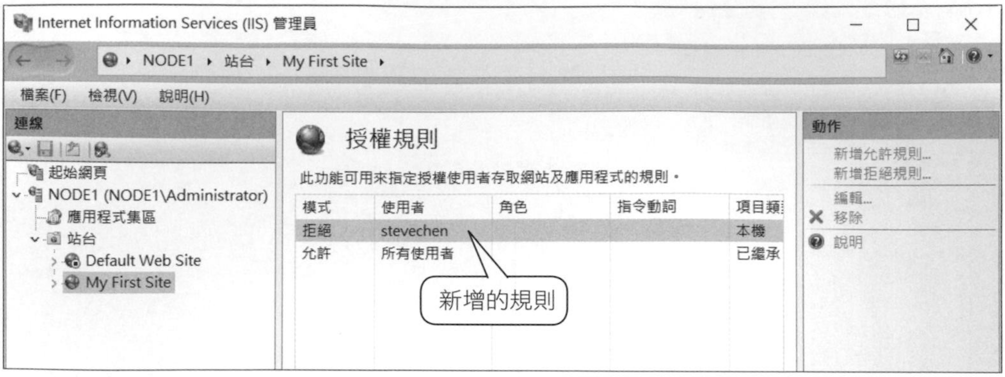

當台停用**匿名驗證**、使用 Windows 驗證時, 指定的使用者以 Edge 瀏覽器連到站台時, 就會出現如下的情形：

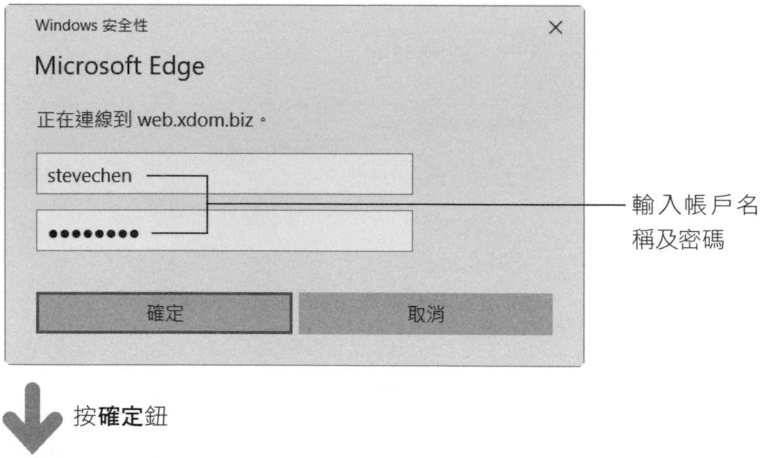

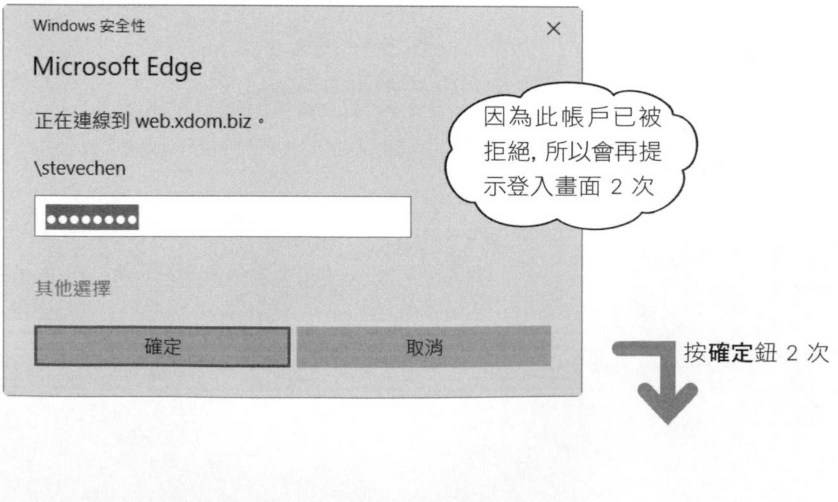

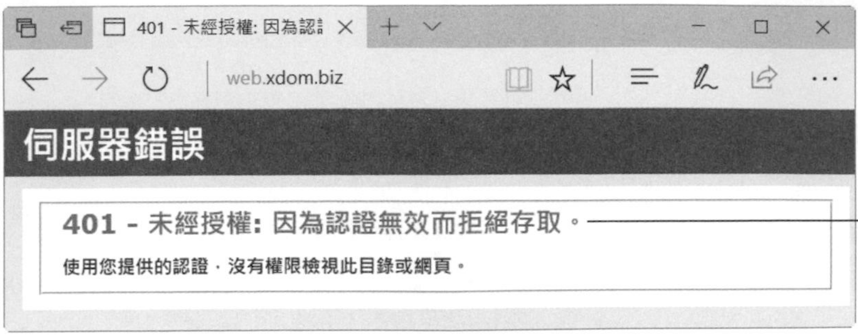

在設定授權的交談窗中有一個**將此規則套用到特定的指令動詞**選項, 勾選時可設定此規則只會套用到特定的 HTTP 指令動詞。一般單純瀏覽網頁時, 用戶端大多都是使用 HTTP 的 GET 指令向伺服器提出要求；當網頁中有使用表單時, 網頁內則會指定表單內容送回伺服器要使用 GET 或 POST 指令。您可依站台的運作方式, 以及安全性需求, 設定套用於 GET 或 POST 指令的授權規則。

Tip HTTP 通訊協定還有 PUT、DELETE 等其它『指令動詞』, 但一般較少用到, 請參見 RFC 2616 文件 (http://tools.ietf.org/html/rfc2616)。

21-4 多個站台同時運作

在單一個 IIS 伺服器中, 可以同時有多個站台在運作, 每個站台各自提供不同的網頁及服務。當伺服器有多個站台時, 可透過 3 種方式來識別：**IP 位址**、**TCP 連接埠**及**主機名稱**, 換句話說, 用戶端連上同一台 IIS 伺服器, 但指定的**IP 位址**、**TCP 連接埠**或**主機名稱**不同, 就會連到不同的站台。

從管理的角度來看, 要在 IIS 伺服器中同時運作多個站台, 有 3 種設定方式：

- 不同的站台使用**不同的 IP 位址**。
- 不同的站台使用相同的 IP 位址、但使用**不同的 TCP 連接埠**。
- 不同的站台使用相同的 IP 位址與 TCP 連接埠、但使用**不同的主機名稱**。

以下分別介紹這 3 種方式的詳細作法。

每個站台使用不同的 IP 位址

假設已安裝 IIS 伺服器的電腦目前 IP 位址為 192.168.104.10, 除了預設的站台外, 要再建立 "Site for Sales" 與 "Site for HR" 兩個站台, 且分別使用 192.168.104.148 與 192.168.104.149 這 2 個 IP 位址, 我們必須完成以下 2 個步驟：

- 替伺服器新增 192.168.104.148 與 192.168.104.149 這兩個 IP 位址。
- 分別使用上列兩個 IP 位址新增 2 個站台。

新增 IP 位址

要在 Windows Server 2016 電腦上新增 IP 位址, 請開啟**網路和共用中心**, 點選**區域連線** (Ethernet0), 再按**內容**鈕：

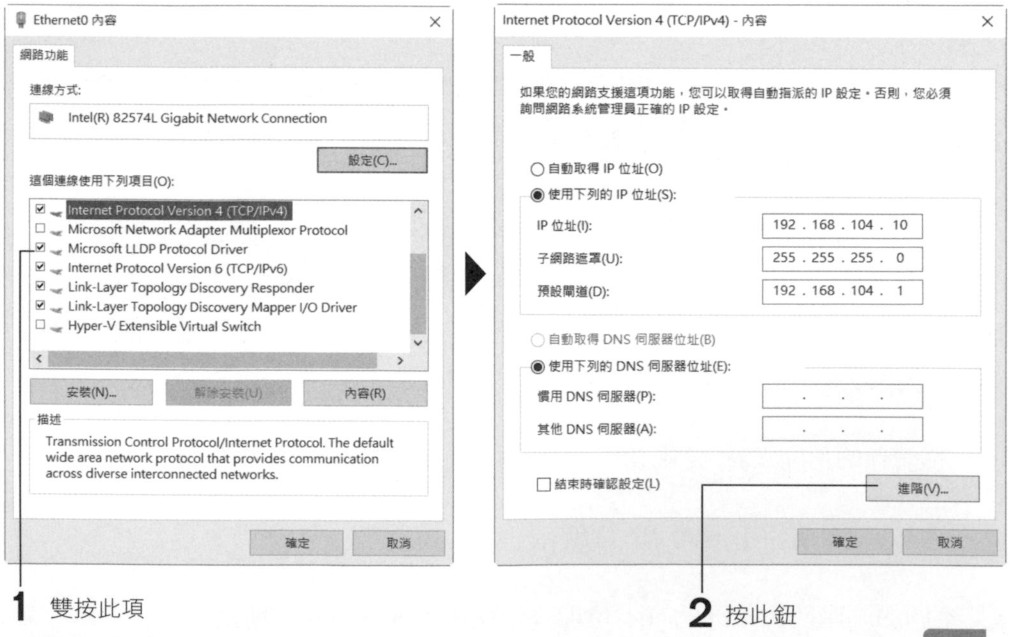

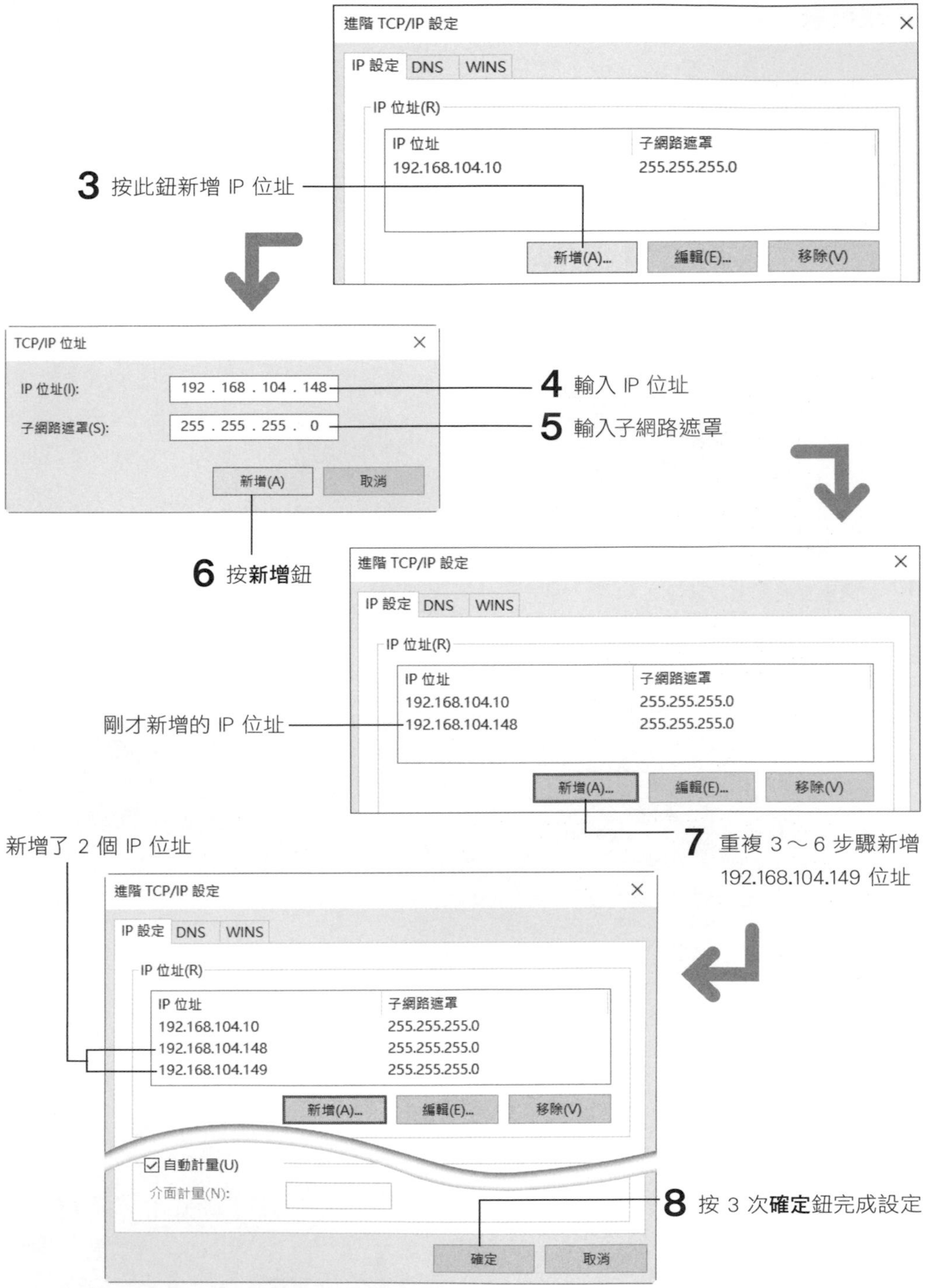
進階 TCP/IP 設定
IP 設定 DNS WINS
IP 位址(R)
IP 位址 子網路遮罩
192.168.104.10 255.255.255.0
新增(A)... 編輯(E)... 移除(V)
3 按此鈕新增 IP 位址
TCP/IP 位址
IP 位址(I): 192 . 168 . 104 . 148
子網路遮罩(S): 255 . 255 . 255 . 0
新增(A) 取消
4 輸入 IP 位址
5 輸入子網路遮罩
6 按新增鈕
192.168.104.148 255.255.255.0
剛才新增的 IP 位址
7 重複 3～6 步驟新增 192.168.104.149 位址
新增了 2 個 IP 位址
192.168.104.149 255.255.255.0
自動計量(U)
介面計量(N):
確定 取消
8 按 3 次確定鈕完成設定

設好 IP 位址後, 即可用它們來新增站台。

新增站台

在此我們以新增一個站台為例，說明如何設定它的 IP 位址：

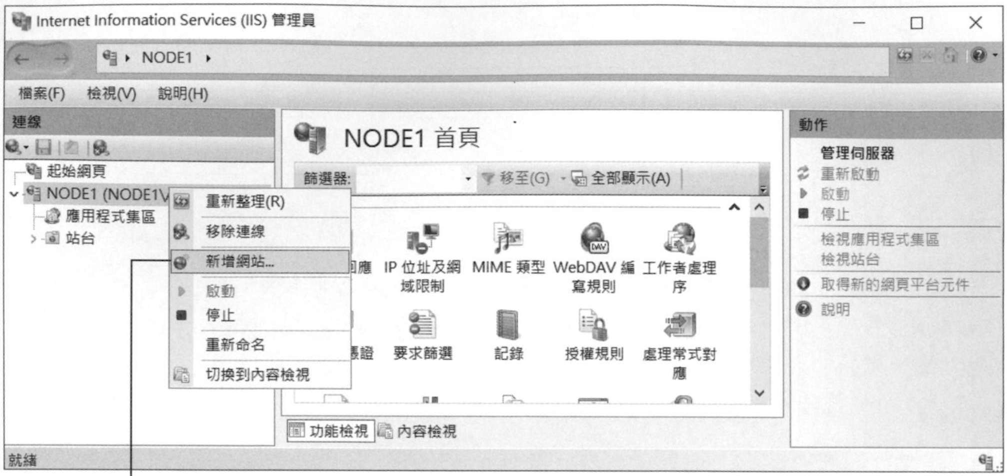

1 在伺服器名稱上按滑鼠右鈕，執行『**新增網站**』命令

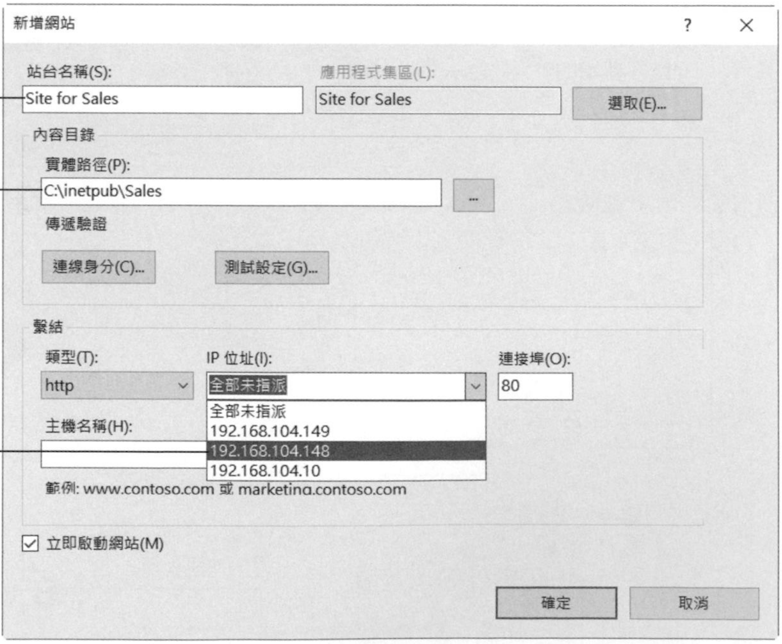

2 輸入站台名稱

3 指定站台根目錄的路徑（可按 ... 鈕立即建立新資料夾）

4 選取此站台對應的 IP 位址

按**確定**鈕

5 選取**站台**　　新建的站台

接著以相同的方式新增另一個站台 "Site for HR", 並將其 IP 位址設為 192.168.0.149：

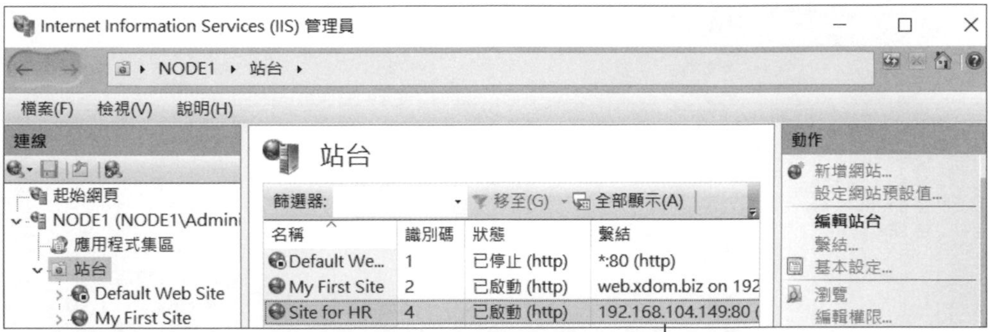

各站台的 IP 位址不同, 所以可同時運作

設定完成後, 即可用站台的 IP 位址瀏覽之。為示範設定結果, 我們先在兩個新站台的根目錄中建立內容不同的首頁, 接著分別用上述的 IP 位址來瀏覽網站, 即可看到不同站台的內容：

用不同的 IP 位址瀏覽, 會看到不同的站台 (網頁)

每個站台使用不同的 TCP 連接埠

如果您只能使用一個 IP 位址, 但需讓 IIS 伺服器同時運作多個站台, 則可讓各站台使用不同的 TCP 連接埠 (以下簡稱『連接埠』), 或使用不同的主機名稱。

使用不同連接埠的設定方式很簡單, 以下我們用前一個例子來修改。假設要將 "Site for Sales" 與 "Site for HR" 設為使用相同的 IP 位址, 但使用不同的連接埠, 此時需修改站台的**繫結**。修改方式如下：

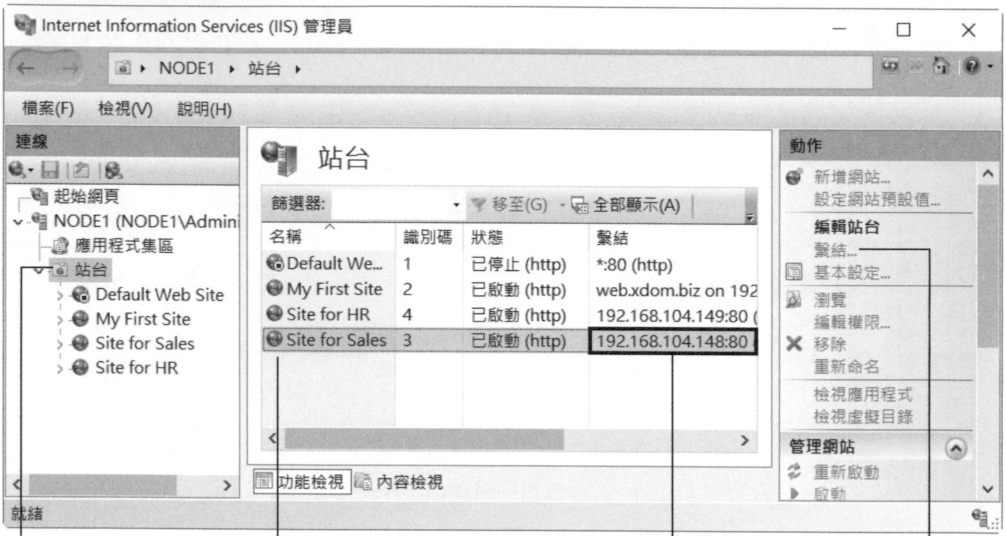

1 選擇**站台**

2 選取要修改的站台 (此處以 "Site for Sales" 為例)

原有的繫結是每個站台使用不同的 IP 位址

3 選取**繫結**

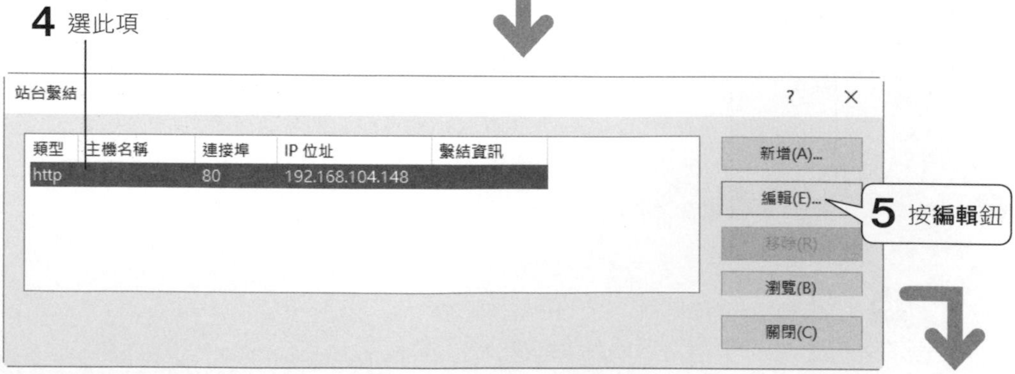

6 將 **IP 位址**改成**全部未指派**

7 輸入自訂的連接埠編號 (建議使用 5000 ～ 65534 間的值，本例使用 8888)

8 按**確定**鈕再按**關閉**鈕完成修改

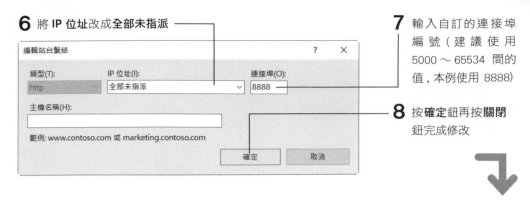

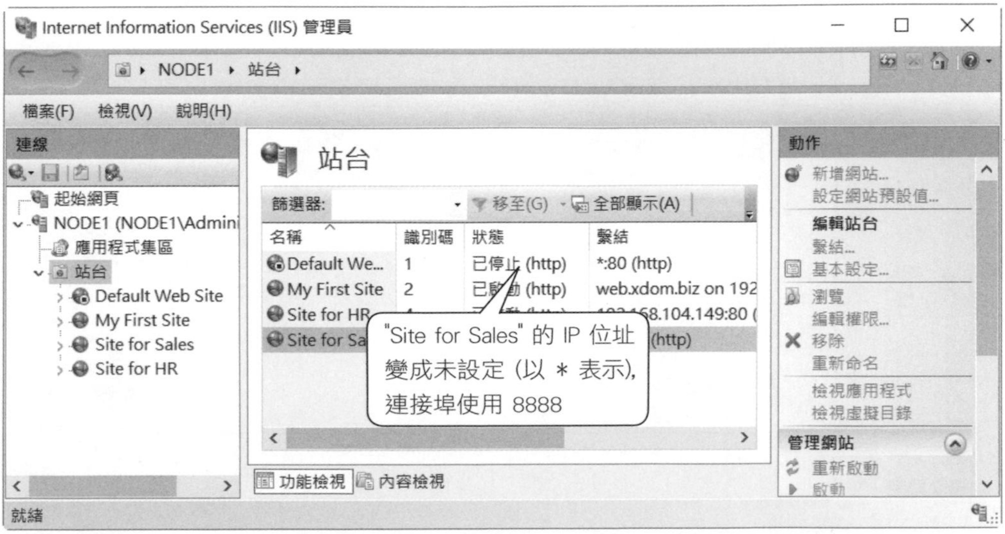

"Site for Sales" 的 IP 位址變成未設定 (以 * 表示), 連接埠使用 8888

接著再以同樣方式修改 "Site for HR" 的繫結, 將其連接埠設為 9999：

設定防火牆允許特定連接埠通過

由於 Windows Server 2016 的防火牆預設會封鎖非標準的連接埠, 所以我們還需設定讓防火牆允許來自 8888、9999 連接埠的要求, 請開啟**網路和共用中心**, 點選 **Windows 防火牆**, 再點選**進階設定**：

1 在**輸入規則**上按滑鼠右鈕，執行『**新增規則**』命令

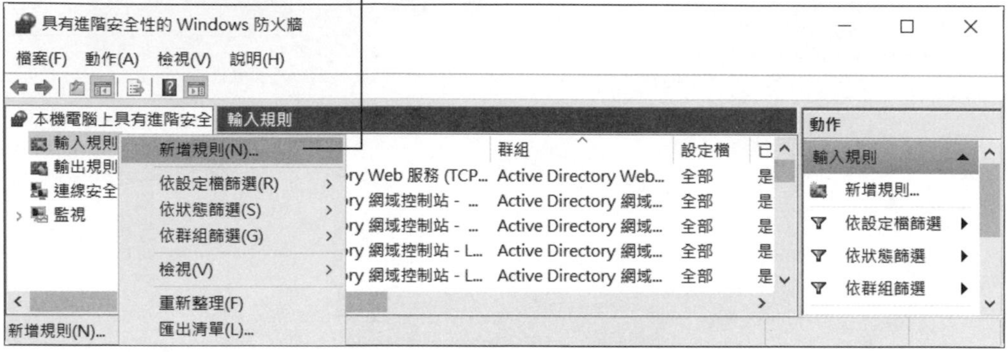

2 選**連接埠**

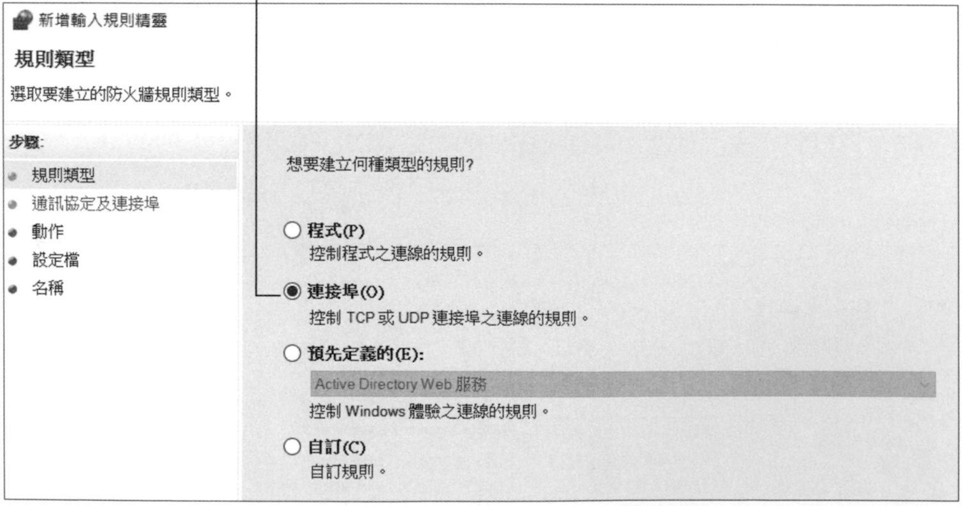

按**下一步**鈕

預設選 **TCP(T)**, 請勿更動

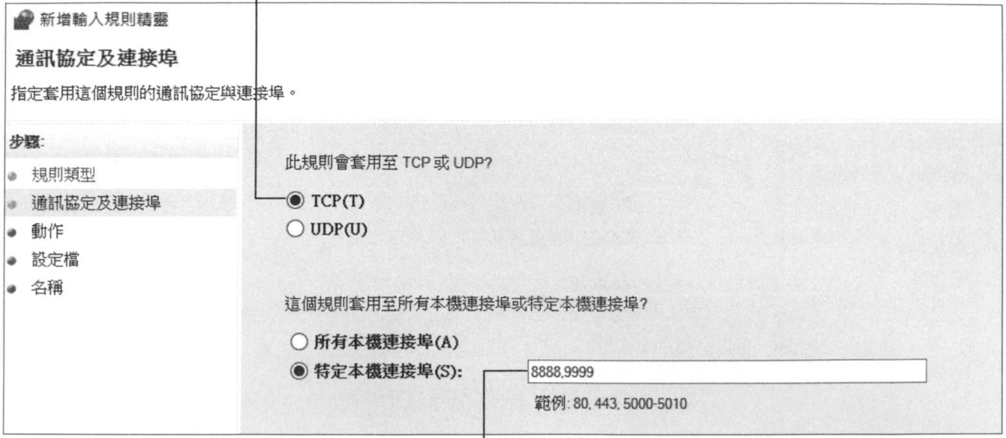

3 輸入站台所用的連接埠 (以逗號分隔)

按**下一步**鈕

4 選**允許連線**

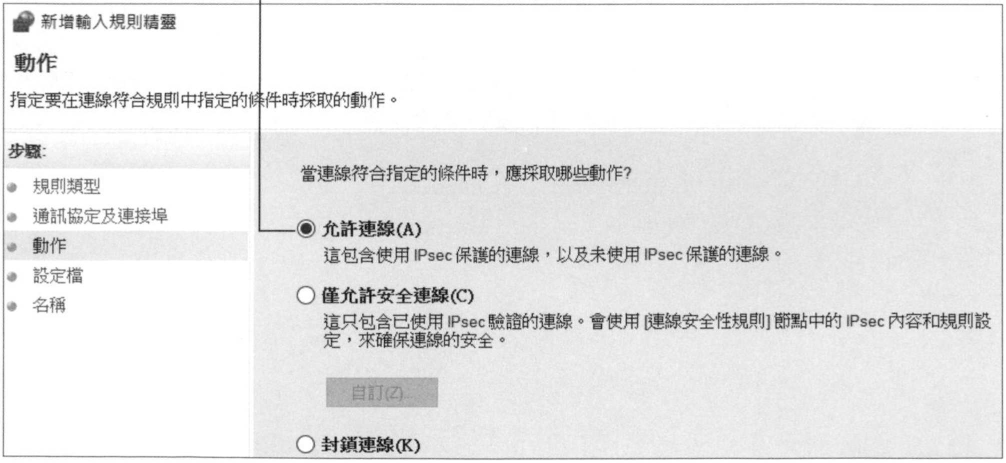

按**下一步**鈕

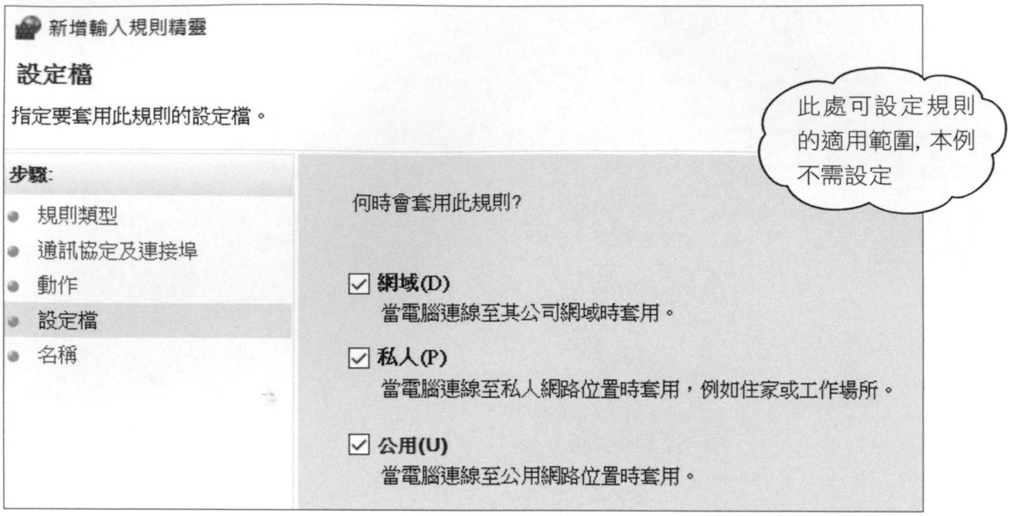
新增輸入規則精靈
設定檔
指定要套用此規則的設定檔。
步驟:
規則類型
通訊協定及連接埠
動作
設定檔
名稱
何時會套用此規則?
網域(D)
當電腦連線至其公司網域時套用。
私人(P)
當電腦連線至私人網路位置時套用，例如住家或工作場所。
公用(U)
當電腦連線至公用網路位置時套用。
此處可設定規則的適用範圍, 本例不需設定

按**下一步**鈕

5 輸入自訂的規則名稱

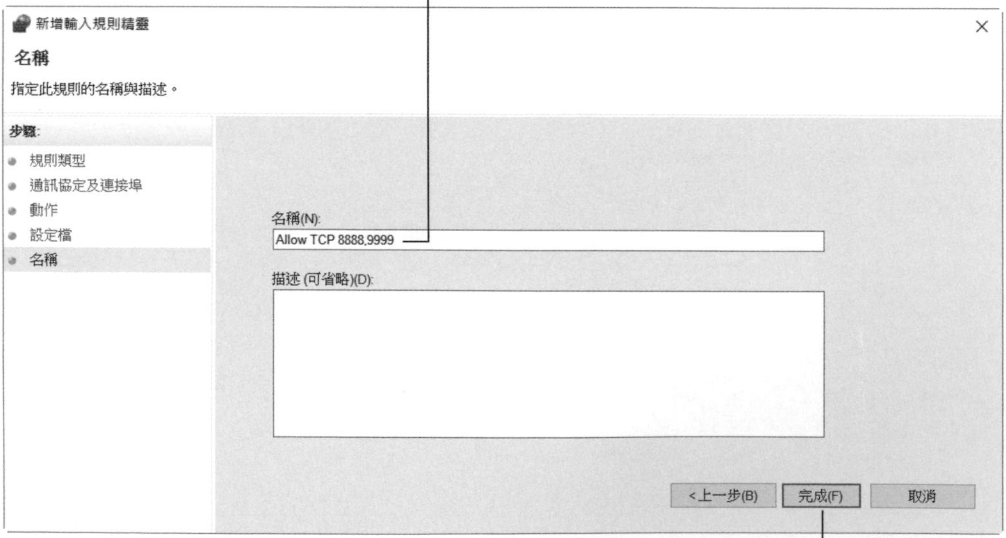
新增輸入規則精靈
名稱
指定此規則的名稱與描述。
步驟:
規則類型
通訊協定及連接埠
動作
設定檔
名稱
名稱(N):
Allow TCP 8888,9999
描述 (可省略)(D):
<上一步(B)
完成(F)
取消

6 按**完成**鈕建立新規則

用戶端連線

使用連接埠分辨不同站台的缺點, 就是用戶端必須知道正確的連接埠編號, 並在 URL 中的 IP 位址或網域名稱後面加上『：連接埠編號』, 才能連上站台：

使用不同的連接埠編號, 就能看到不同的站台

每個站台使用不同的主機名稱

在只用一個 IP 位址的情況下, 同時執行多個站台的另一個方法就是『使用不同的主機名稱』。亦即為同一個 IP 位址指定 2 個 DNS 名稱, 然後將 2 個 DNS 名稱分別設定給這 2 個站台, 這個 DNS 名稱就是 IIS 中所稱的**主機名稱**。

舉例來說, 當我們將站台 "Site for Sales" 的主機名稱設為 sales.xdom.biz；站台 "Site for HR" 的主機名稱設為 hr.xdom.biz, 使用者只要在 IE 的**網址**列輸入 sales.xdom.biz 或 hr.xdom.biz, 就可以連結到目標站台。

要達到上述透過主機名稱連結站台的功能, 我們必須進行兩項設定：

- 將各站台繫結不同的主機名稱。
- 在 DNS 伺服器建立對應的 A 記錄。

設定主機名稱

請在IIS **管理員**中選擇站台 "Site for Sales" 後, 開啟其**設定繫結**交談窗：

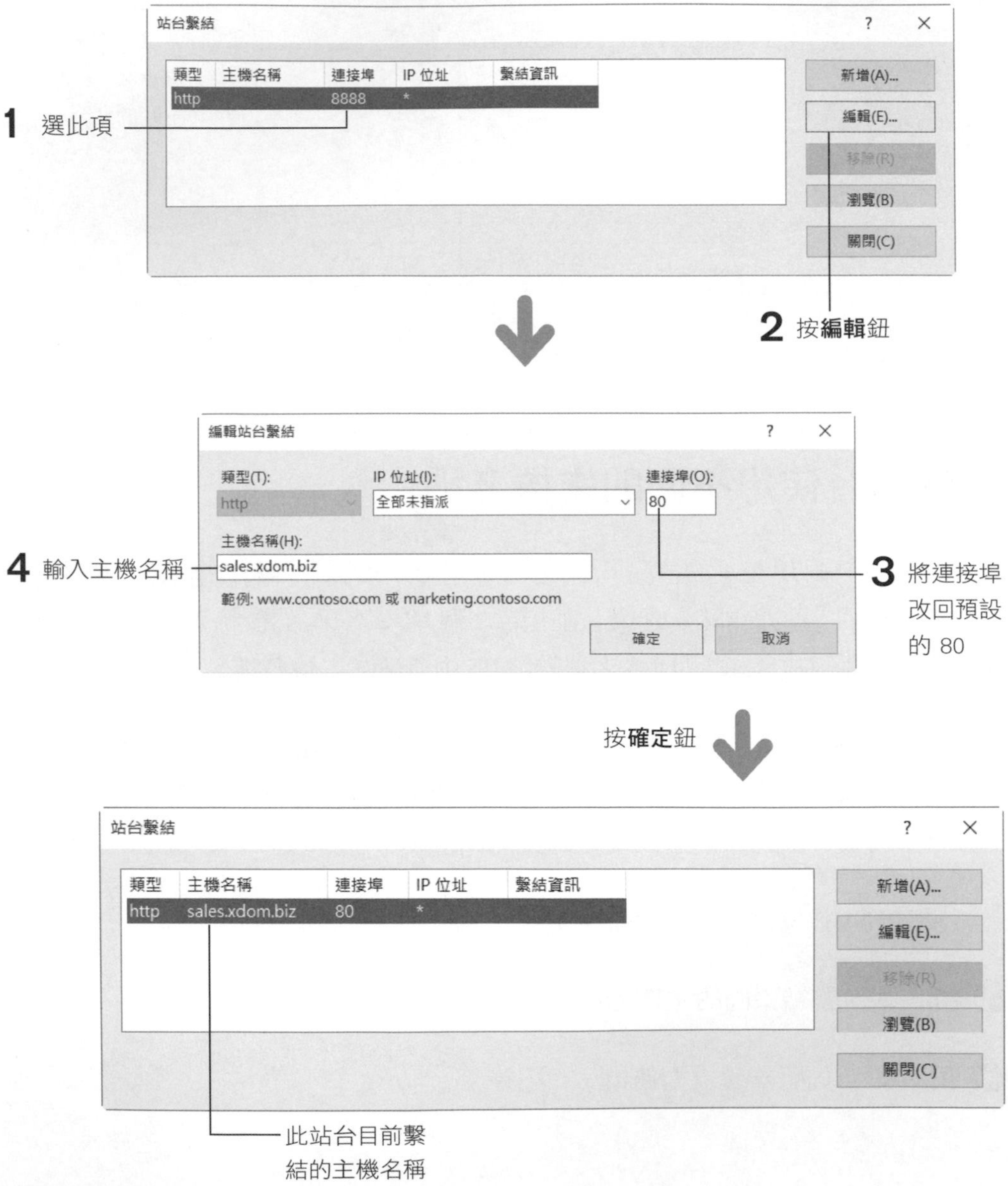

接著再以相同的步驟, 將 "Site for HR" 的主機名稱設為 hr.xdom.biz：

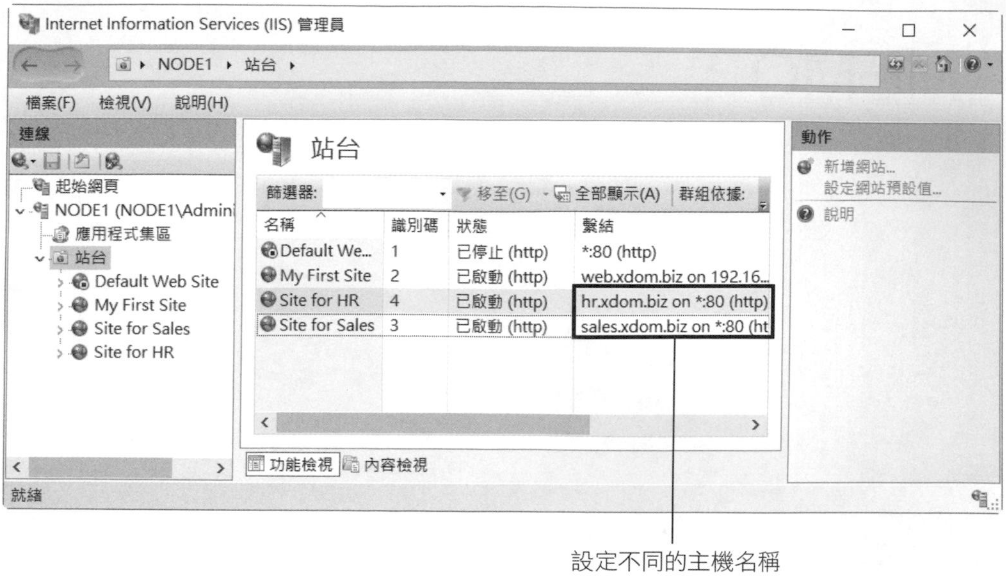

雖然 2 個站台使用相同的 IP 位址與 TCP 連接埠, 但由於各有不同的主機名稱, 所以仍被視為 2 個不同的站台。但是這裡有一點要特別注意：在 IIS 設定了主機名稱之後, 就不能再用 IP 位址存取網頁了。例如：hr.xdom.biz 和 sales.xdom.biz 這兩個主機名稱使用的位址都是 192.168.104.148, 所以現在只能透過主機名稱來連線到網站, 不能用 192.168.104.148 連線了！

MEMO

CHAPTER

22

Windows Server 2016

FTP 檔案伺服器

22-1 建立第一個 FTP 站台

22-2 設定 FTP 站台的安全性

22-3 FTP 使用者隔離

FTP (File Transfer Protocol) 是在 Internet 上相當流行的通訊協定, 無論在相同或不同的作業系統之間, 都可以使用 FTP 通訊協定來傳輸檔案。例如在 Unix、Linux、Windows 之間, 皆可透過 FTP來相互傳輸檔案。本章中我們將介紹如何建立以及管理 FTP 站台。

22-1 建立第一個 FTP 站台

本節先來認識如何建立 FTP 站台, 以及如何由用戶端連結到 FTP 站台。由於 FTP 站台與 **IIS 網頁伺服器**的關係密切, 請先確定 IIS 是否已經安裝, 這也會影響 FTP 站台的安裝方式。

已安裝網頁伺服器(IIS)的安裝方式

請在**伺服器管理員**執行『**管理/新增角色及功能**』命令, 連按三次**下一步**鈕、直到出現**選取伺服器角色**畫面：

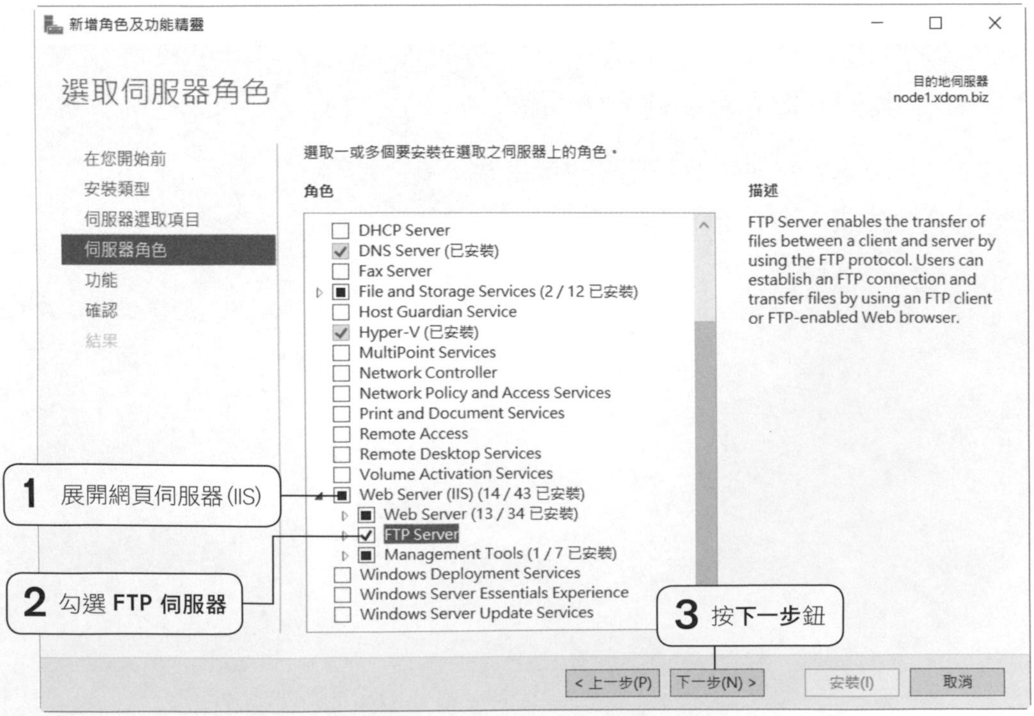

之後按**下一步**鈕、再按**安裝**鈕即可。

沒安裝網頁伺服器(IIS)的安裝方式

請在**伺服器管理員**執行『**管理/新增角色及功能**』命令, 連按三次**下一步**鈕、直到出現**選取伺服器角色**畫面：

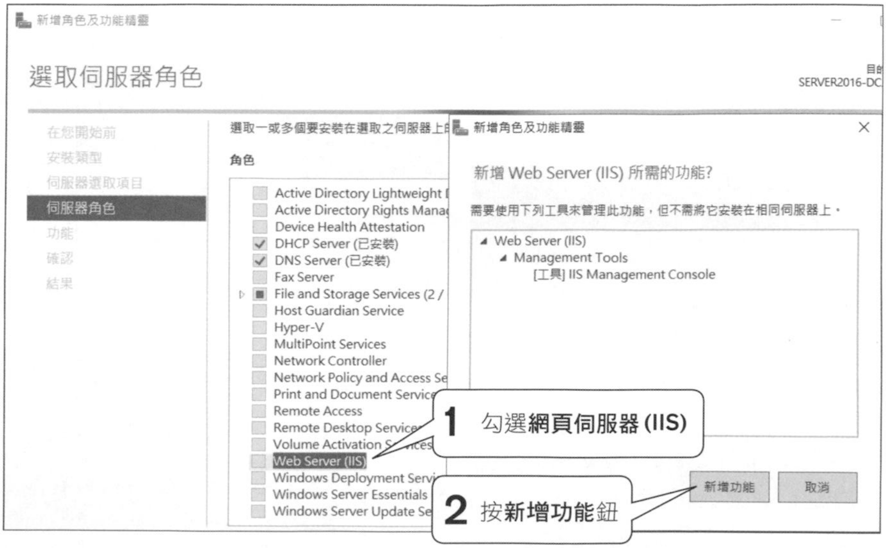

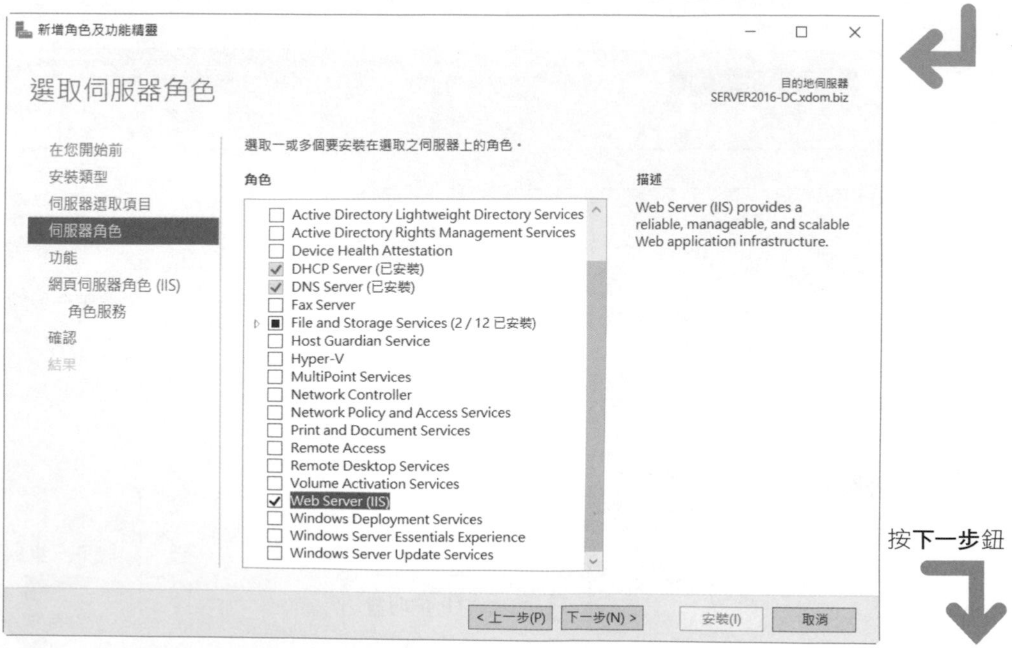

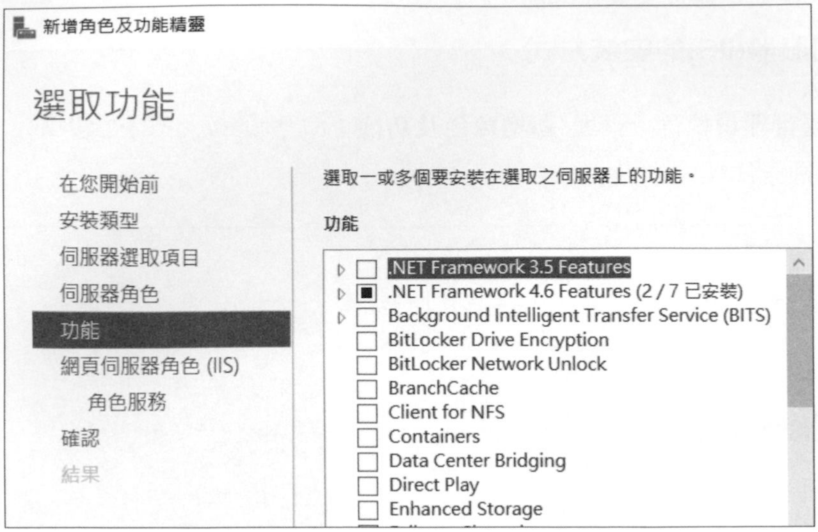

新增角色及功能精靈
選取功能
在您開始前
安裝類型
伺服器選取項目
伺服器角色
功能
網頁伺服器角色 (IIS)
角色服務
確認
結果
選取一或多個要安裝在選取之伺服器上的功能。
功能
.NET Framework 3.5 Features
.NET Framework 4.6 Features (2 / 7 已安裝)
Background Intelligent Transfer Service (BITS)
BitLocker Drive Encryption
BitLocker Network Unlock
BranchCache
Client for NFS
Containers
Data Center Bridging
Direct Play
Enhanced Storage

按下一步鈕

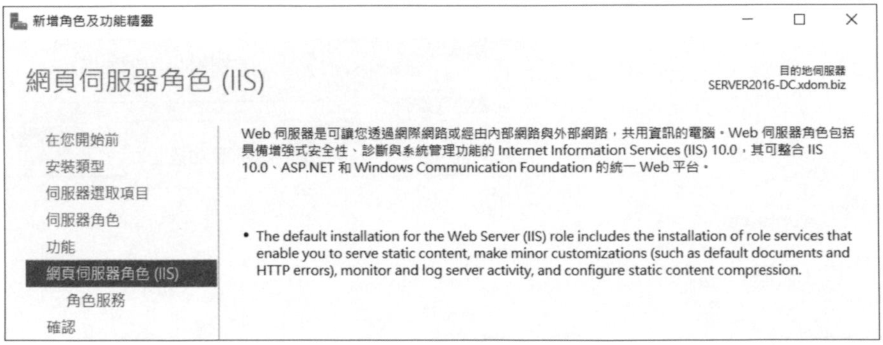

新增角色及功能精靈
網頁伺服器角色 (IIS)
目的地伺服器
SERVER2016-DC.xdom.biz
在您開始前
安裝類型
伺服器選取項目
伺服器角色
功能
網頁伺服器角色 (IIS)
角色服務
確認
Web 伺服器是可讓您透過網際網路或經由內部網路與外部網路，共用資訊的電腦。Web 伺服器角色包括具備增強式安全性、診斷與系統管理功能的 Internet Information Services (IIS) 10.0，其可整合 IIS 10.0、ASP.NET 和 Windows Communication Foundation 的統一 Web 平台。
• The default installation for the Web Server (IIS) role includes the installation of role services that enable you to serve static content, make minor customizations (such as default documents and HTTP errors), monitor and log server activity, and configure static content compression.

按下一步鈕

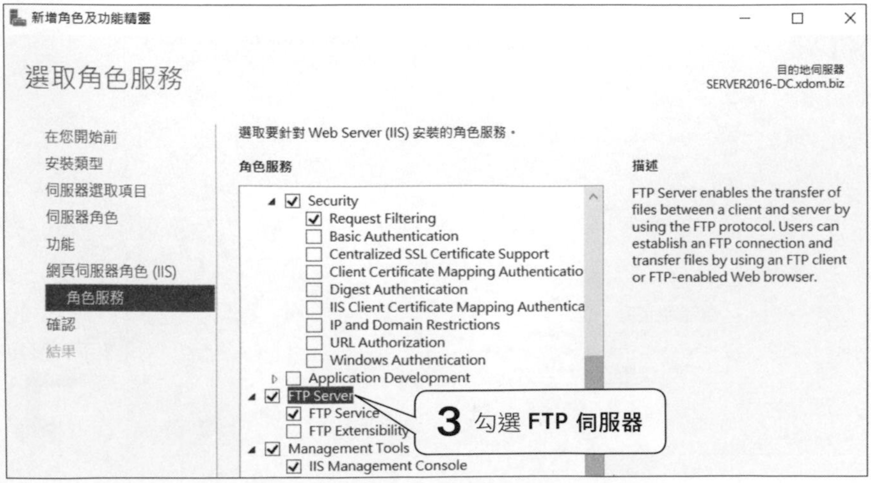

新增角色及功能精靈
選取角色服務
目的地伺服器
SERVER2016-DC.xdom.biz
在您開始前
安裝類型
伺服器選取項目
伺服器角色
功能
網頁伺服器角色 (IIS)
角色服務
確認
結果
選取要針對 Web Server (IIS) 安裝的角色服務。
角色服務
Security
Request Filtering
Basic Authentication
Centralized SSL Certificate Support
Client Certificate Mapping Authenticatio
Digest Authentication
IIS Client Certificate Mapping Authentica
IP and Domain Restrictions
URL Authorization
Windows Authentication
Application Development
FTP Server
FTP Service
FTP Extensibility
Management Tools
IIS Management Console
描述
FTP Server enables the transfer of files between a client and server by using the FTP protocol. Users can establish an FTP connection and transfer files by using an FTP client or FTP-enabled Web browser.
3 勾選 FTP 伺服器

按下一步鈕

按下一步鈕

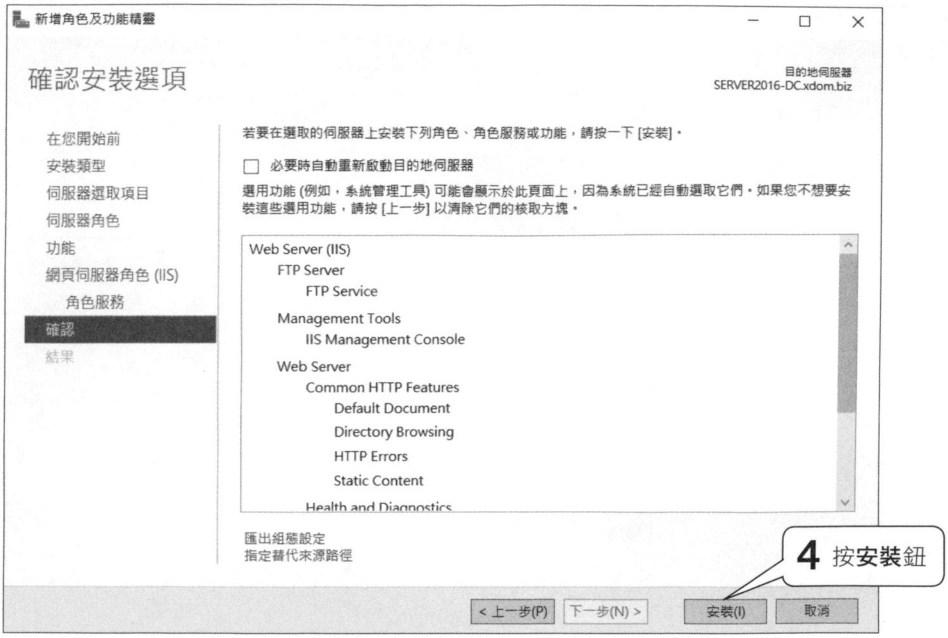

完成安裝後按**關閉**鈕即可。從以上的安裝步驟可以看出, FTP 伺服器是**網頁伺服器** (IIS) 其中的元件。事實上, FTP 伺服器沒有自己單獨的管理介面, 而是整合在 IIS **管理員**主控台之中, 在該主控台執行管理維護工作。倘若讀者對於如何開啟 IIS **管理員**主控台還不熟悉, 建議回頭看一下第 20 章。

建立 FTP 站台

建立 FTP 站台時會要求使用者設定站台名稱、存放站台內容的主目錄、是否允許匿名登入…等等, 請在**伺服器管理員**執行『工具/Internet Information Services(IIS)管理員』命令, 開啟 IIS **管理員**主控台：

Tip 後續我們將 Internet Information Services (IIS) 管理員, 簡稱為 **IIS 管理員**。

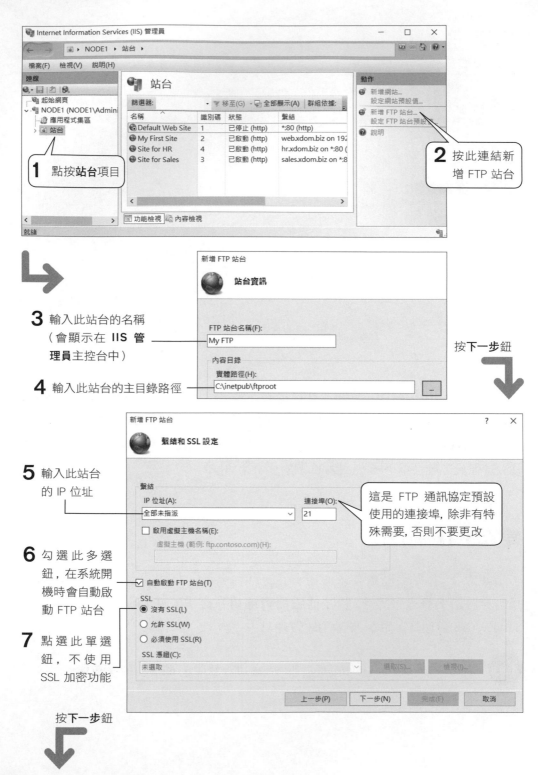

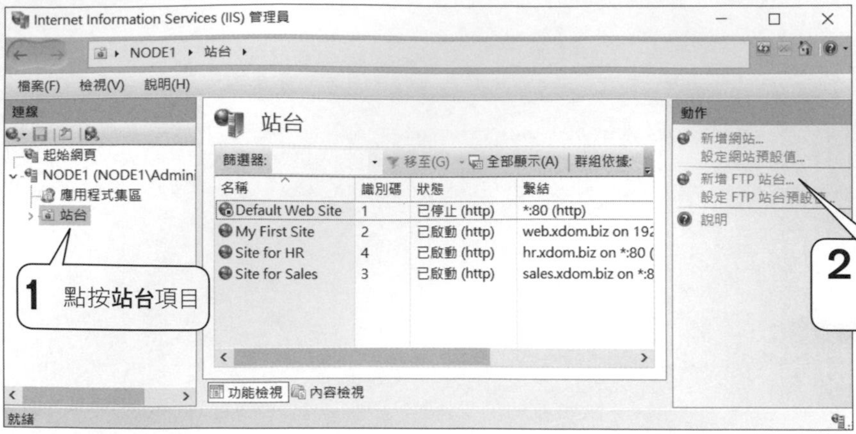

1 點按**站台**項目

2 按此連結新增 FTP 站台

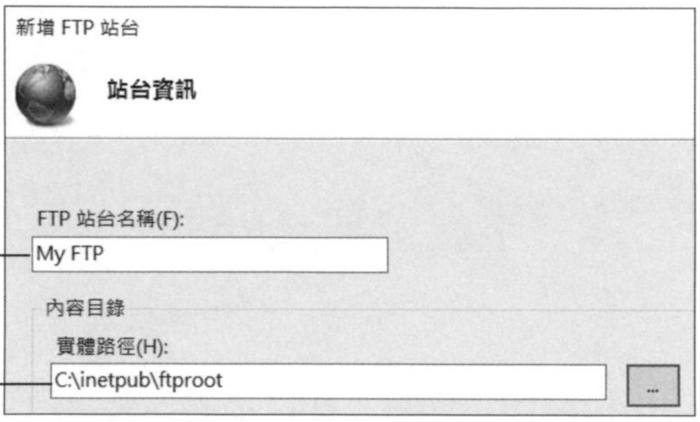

3 輸入此站台的名稱（會顯示在 **IIS 管理員**主控台中）

4 輸入此站台的主目錄路徑

按**下一步**鈕

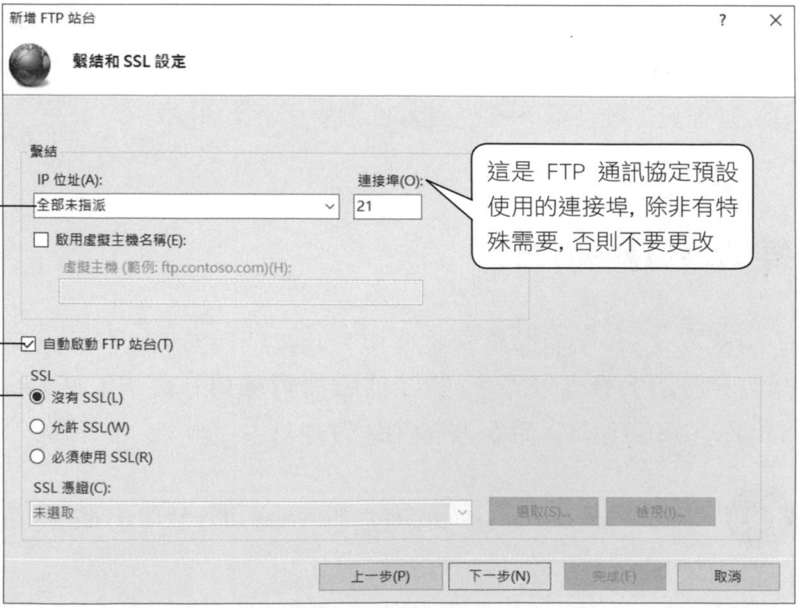

5 輸入此站台的 IP 位址

這是 FTP 通訊協定預設使用的連接埠，除非有特殊需要，否則不要更改

6 勾選此多選鈕，在系統開機時會自動啟動 FTP 站台

7 點選此單選鈕，不使用 SSL 加密功能

按**下一步**鈕

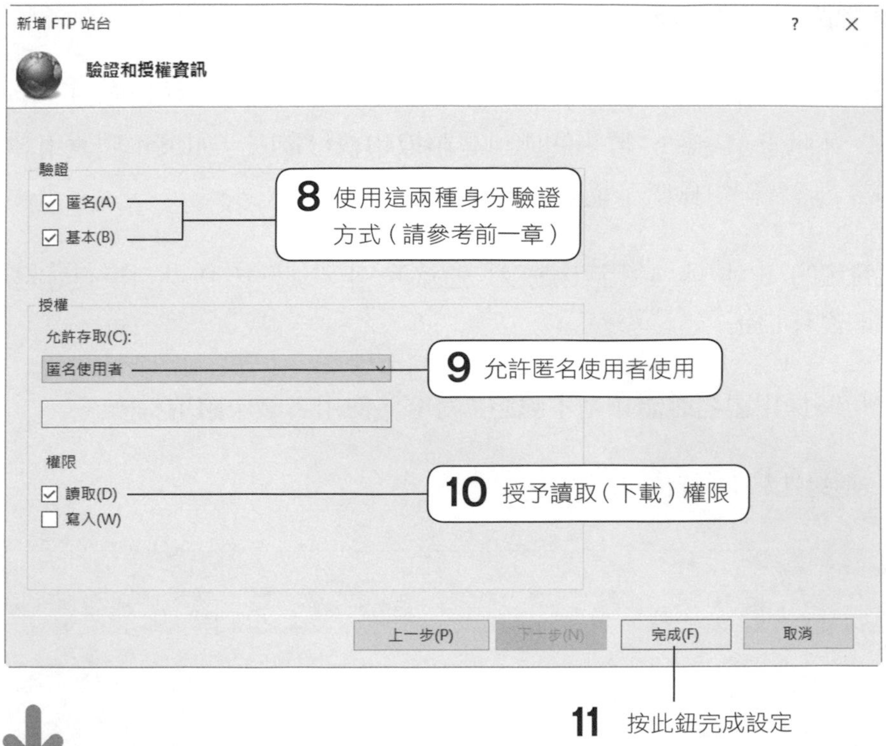
新增 FTP 站台
驗證和授權資訊
驗證
匿名(A)
基本(B)
8 使用這兩種身分驗證方式(請參考前一章)
授權
允許存取(C):
匿名使用者
9 允許匿名使用者使用
權限
讀取(D)
寫入(W)
10 授予讀取(下載)權限
上一步(P)
下一步(N)
完成(F)
取消
11 按此鈕完成設定

12 按**站台**項目

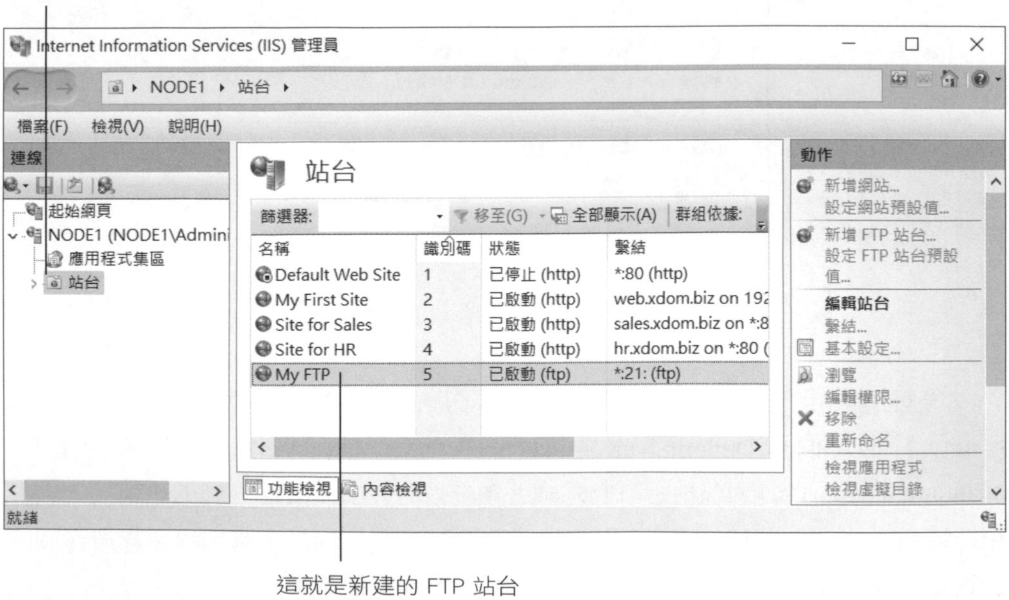
Internet Information Services (IIS) 管理員
NODE1
站台
檔案(F)
檢視(V)
說明(H)
連線
起始網頁
NODE1 (NODE1\Admini
應用程式集區
站台
篩選器:
移至(G)
全部顯示(A)
群組依據:
名稱
識別碼
狀態
繫結
Default Web Site
1
已停止 (http)
*:80 (http)
My First Site
2
已啟動 (http)
web.xdom.biz on 192
Site for Sales
3
已啟動 (http)
sales.xdom.biz on *:8
Site for HR
4
已啟動 (http)
hr.xdom.biz on *:80 (
My FTP
5
已啟動 (ftp)
*:21: (ftp)
功能檢視
內容檢視
動作
新增網站...
設定網站預設值...
新增 FTP 站台...
設定 FTP 站台預設值...
編輯站台
繫結...
基本設定...
瀏覽
編輯權限...
移除
重新命名
檢視應用程式
檢視虛擬目錄
就緒
這就是新建的 FTP 站台

上述步驟做了以下的設定：

- 以 C:\inetpub\ftproot 為 MyFTP 站台的主目錄，這是系統自動建立的資料夾，並賦予 Users 群組的成員有**讀取**和**執行**權限。如果我們改用其他資料夾，就要記得做賦予權限的動作。
- 未指派特定的 IP 位址，使用 TCP 21 連接埠。因為此 FTP 站台沒有憑證，所以選取**沒有 SSL**。
- 驗證身份時採用**匿名驗證**和**基本驗證**，對匿名使用者賦予**讀取**權限。

另外一種建立 FTP 站台的方式如下：

1 選取網站

2 點選右下角的**新增 FTP 發行**連結

後續的設定方式同前。這種方式建立了所謂的「整合在網站的 FTP站台」，以網站名稱(本例為 Default Web Site)為 FTP 站台名稱，以網站主目錄(預設是 C:\inetpub\wwwroot)為 FTP 站台主目錄，兩者幾乎合而為一。但是我們不建議初學者採用這種整合式站台，畢竟比較容易混淆，而且將網頁檔和提供下載的檔案都放在同一資料夾，會使得該資料夾佔用很大空間，不利於整理和備份。

將檔案存到 FTP 站台的主目錄

建立 FTP 站台後, 我們可以在 FTP的主目錄中存入要供使用者下載的檔案, 或建立子資料夾分門別類存放檔案, 或是讓使用者可上傳檔案：

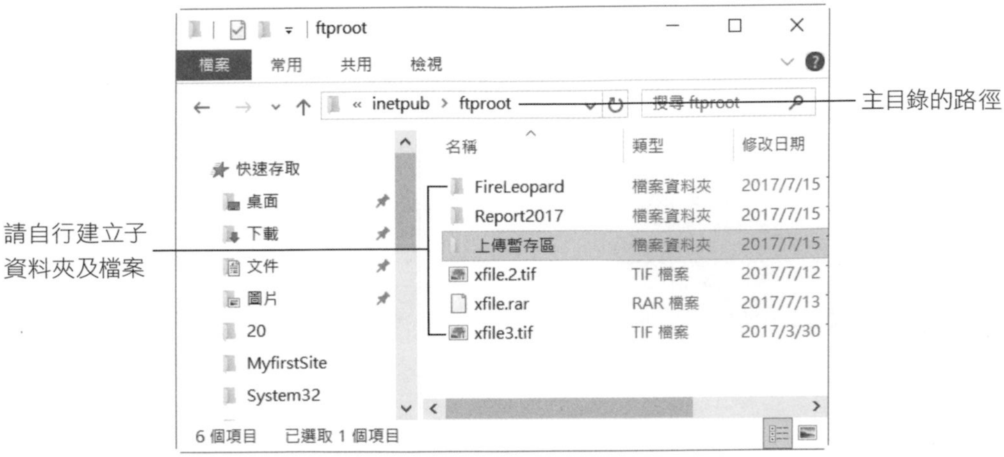

連線到 FTP 站台

設定完成後, 用戶端就可以使用 IE 或**檔案總管**來連線 FTP 站台, 兩種方法都支援下載、上傳資料。請開啟**檔案總管**：

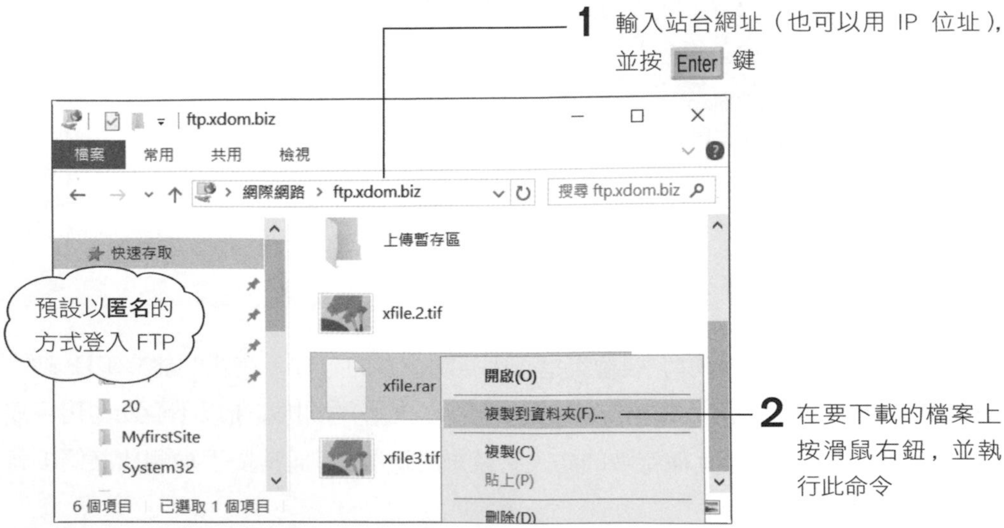

若是用 IE(本例為 IE 11), 下載方式如下：

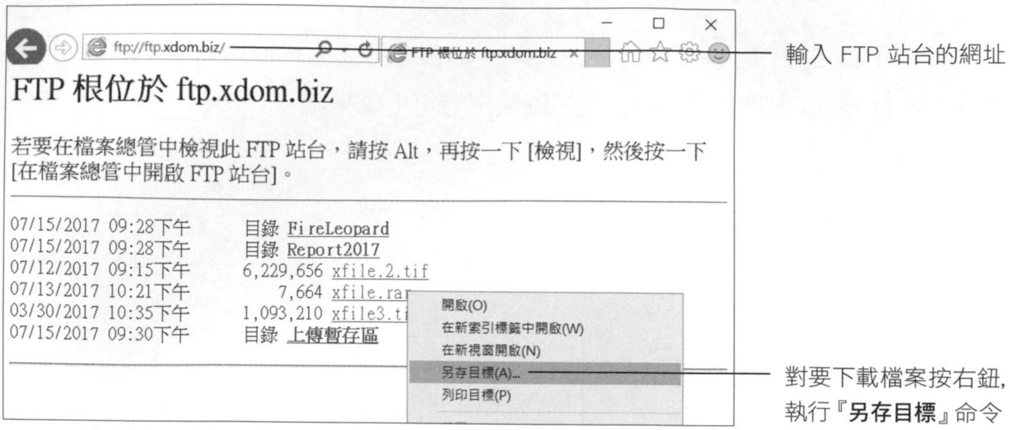

要用**檔案總管**上傳檔案也非常方便, 只要直接將本機的檔案拉曳到 FTP 站台即可：

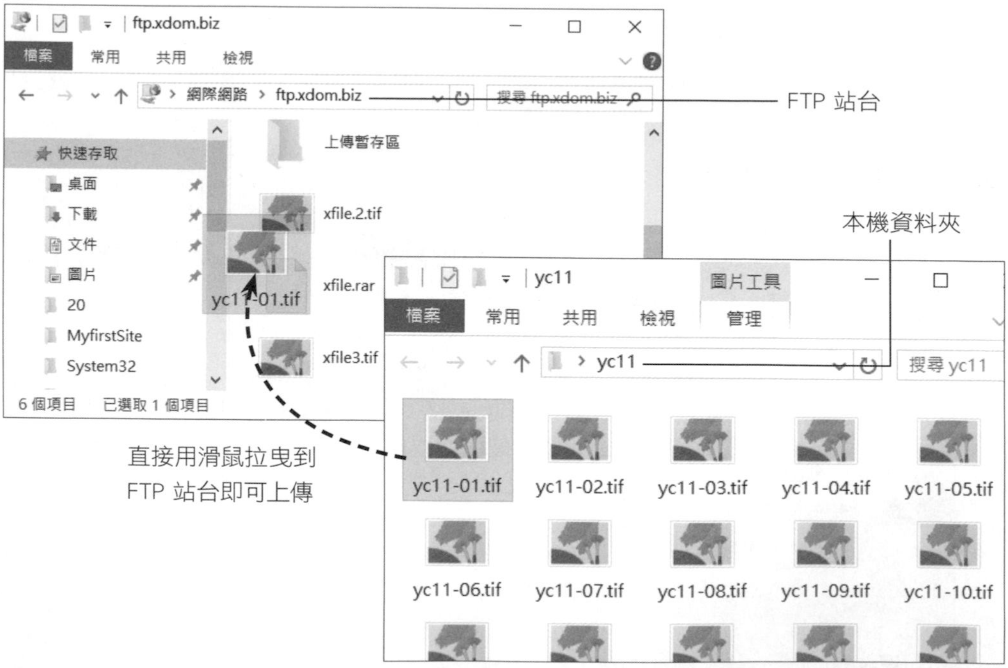

倘若一直無法連線成功, 要檢查是否因為防火牆的阻擋。在我們建立 FTP 站台過程所設定的通訊埠編號, Windows **防火牆**會自動配合開放, 所以不會妨礙用戶端連線到 FTP 站台, 但是其他廠牌的防火牆就未必這麼做, 通常要手動開放某個編號的通訊埠與方向。

22-2 設定 FTP 站台的安全性

FTP 站台的安全性設定，主要在於登入 FTP 站台時的**驗證程序**，相較於 Web 網站的安全性設定，要簡單許多。

FTP 站台的驗證程序

舉例來說，若用戶端要上傳檔案到 FTP 站台，必須先通過已下的驗證程序：

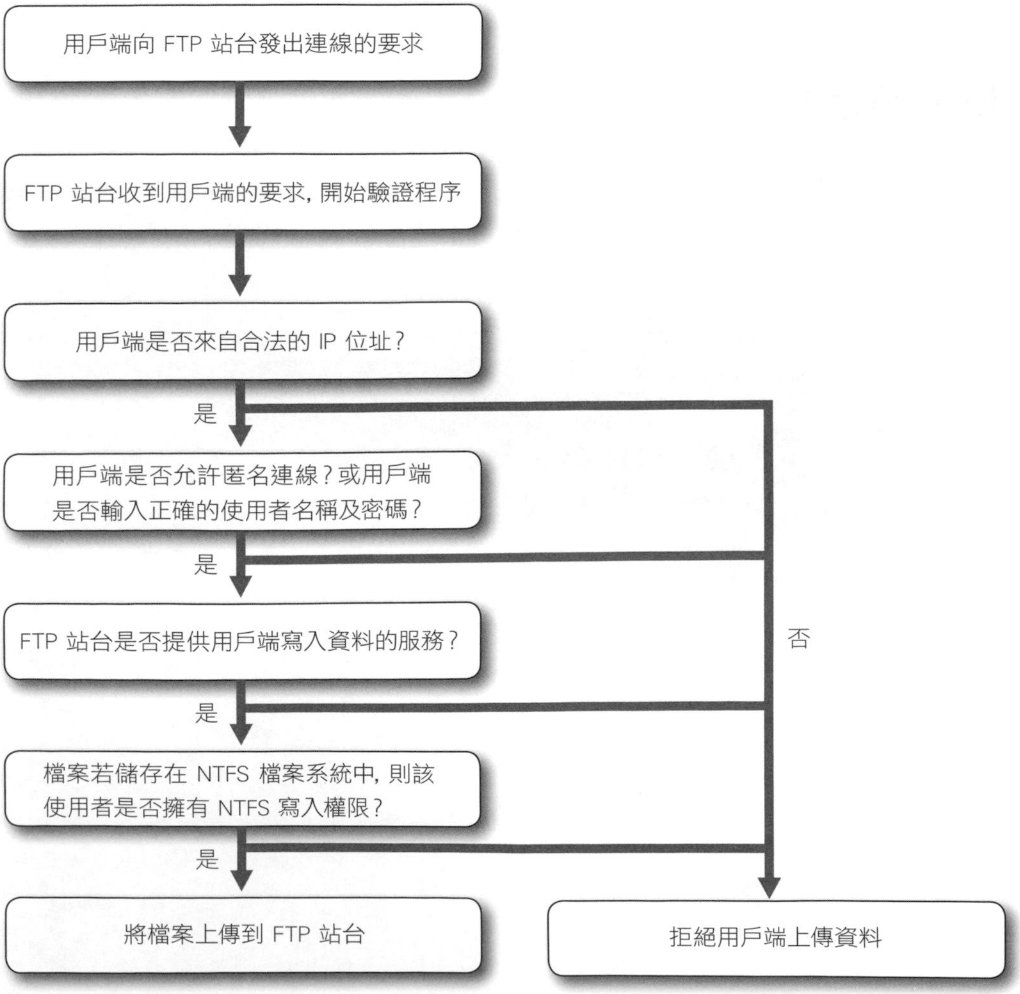

總結來說,用戶端要順利上傳檔案,有以下 4 個必要條件,缺一不可：

1. 用戶端必須來自被允許的 IP 位址。
2. 用戶端擁有允許登入的帳戶及密碼, 或是站台**允許匿名連線**。
3. FTP 站台有提供**寫入**檔案的服務。
4. 若主目錄位於 NTFS 磁碟, 則登入的帳戶必須擁有主目錄的 NTFS 寫入權限。

接著我們就介紹相關的設定方式。

限制可連線的 IP 位址

要設定可連線的 IP 位址, 比較方便的作法通常都是**拒絕來自某個 IP 位址的使用者**連線到 FTP 站台, 請**開啟 IIS 管理員主控台**命令, 並按照以下步驟操作：

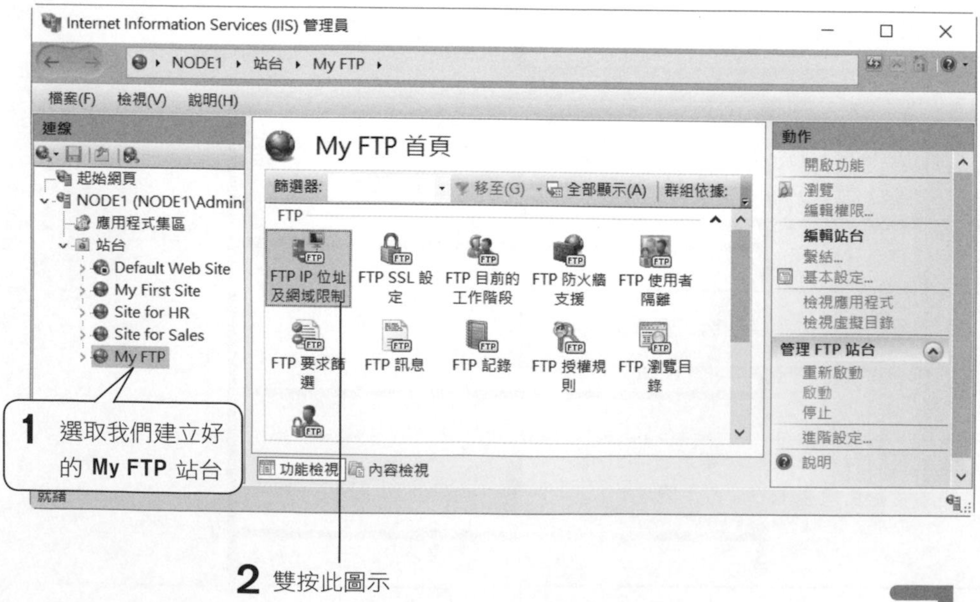

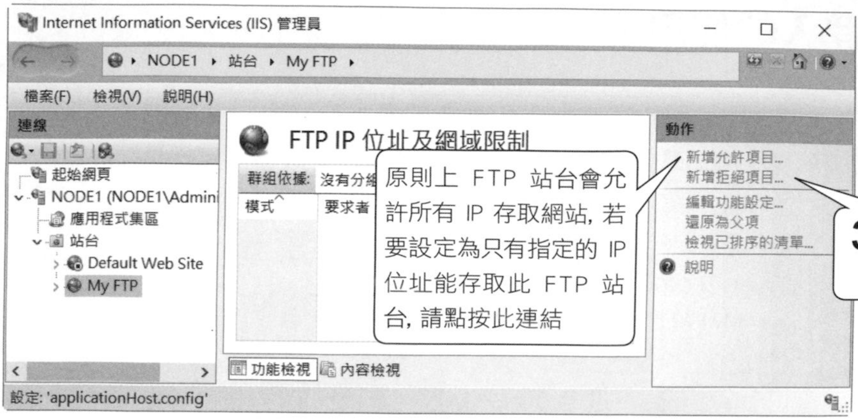

原則上 FTP 站台會允許所有 IP 存取網站, 若要設定為只有指定的 IP 位址能存取此 FTP 站台, 請點按此連結

3 點按**新增拒絕項目**

4 按此單選鈕設定一個拒絕連線的 IP 位址

若要拒絕某個網段的 IP 位址登入 FTP, 可點選此鈕

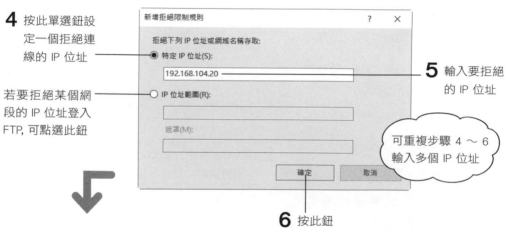

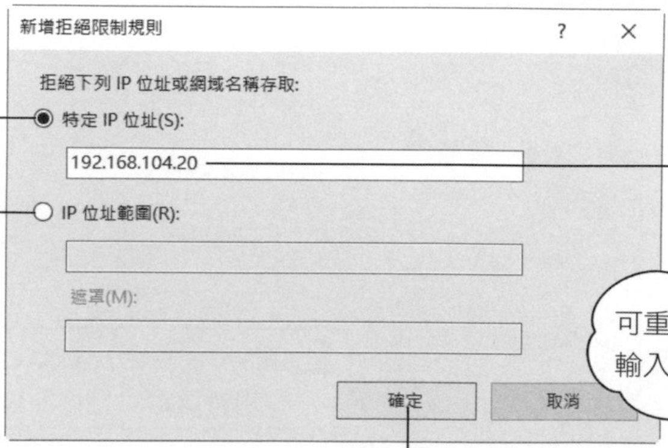

5 輸入要拒絕的 IP 位址

可重複步驟 4 ~ 6 輸入多個 IP 位址

6 按此鈕

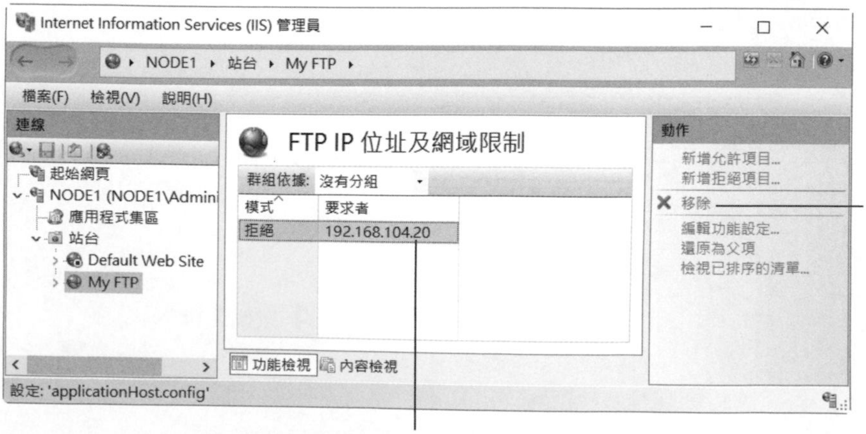

按此連結可刪除選取的項目

這台 IP 位址已經被設為拒絕連線

限制可登入的使用者

由於先前我們在設定 FTP 站台時，設定**允許匿名連線**，因此所有的匿名登入的使用者，在存取資料夾、檔案時，不需要輸入使用者名稱就可以登入站台並存取檔案。

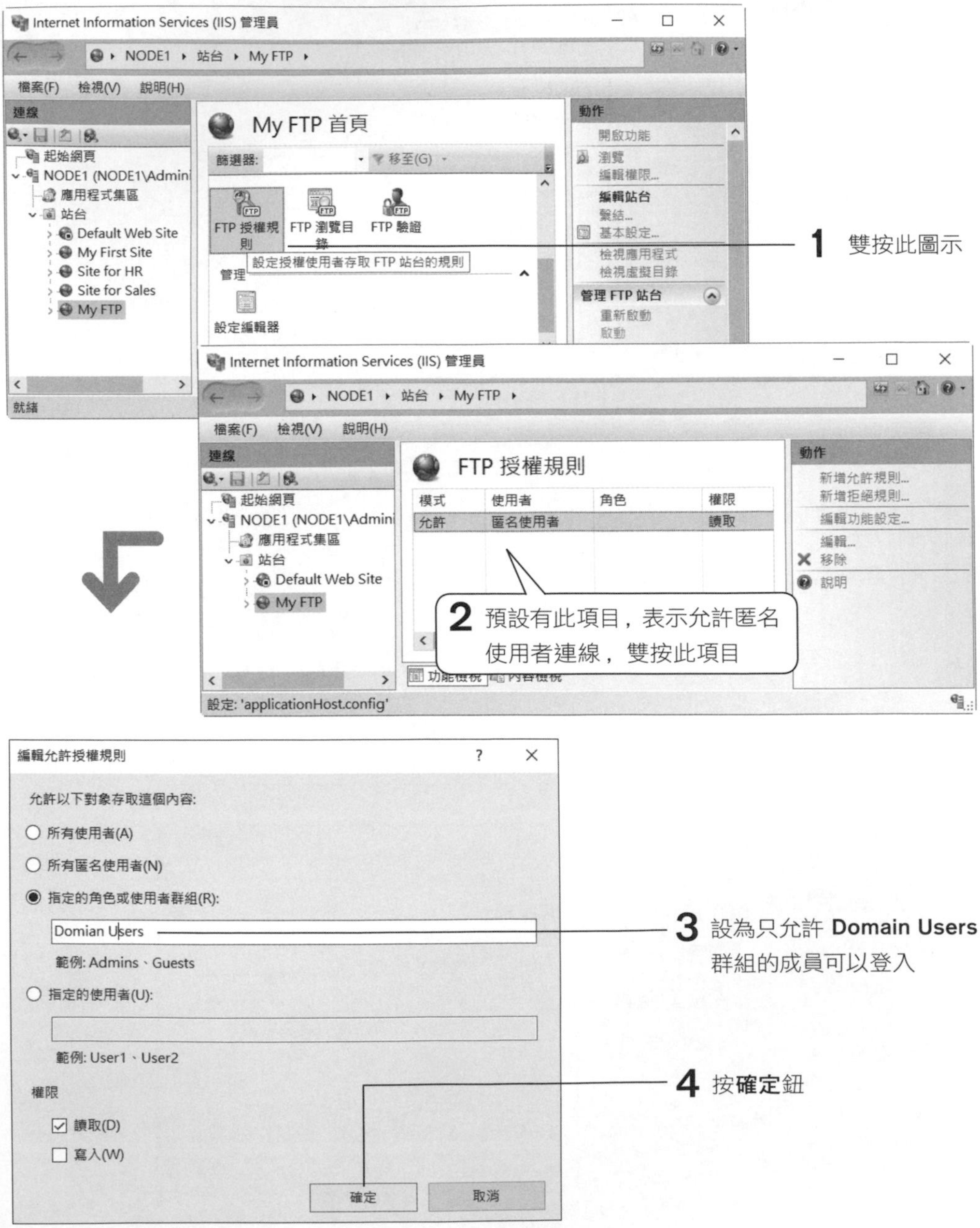

1 雙按此圖示
2 預設有此項目，表示允許匿名使用者連線，雙按此項目
3 設為只允許 Domain Users 群組的成員可以登入
4 按**確定**鈕

爾後要連線到此 FTP 站台時, 就會要求輸入使用者名稱和密碼, 非此網域的使用者便不能登入, 如下圖(以 IE 11 為例)：

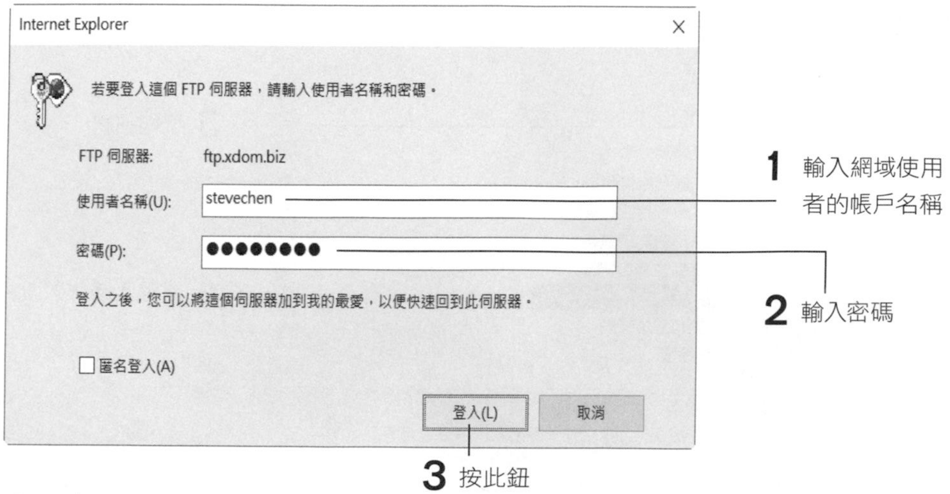

限制連線數量

FTP 站台的上傳(upload)頻寬如果不夠大, 當多位使用者連線下載時, 很容易造成壅塞, 讓使用者都抱怨。此時我們可以透過限制連線數量, 來讓每位使用者有足夠的頻寬：

3 展開**連線**

4 將**最大連線數**改為 10

5 按**確定**鈕

此外, 為了避免有人連線之後不動作, 只是「佔著毛坑不拉屎」, 可以將上圖的**控制通道逾時**的設定值也調低, 及早強制中斷閒置的連線。若要察看目前的連線數量, 請操作如下：

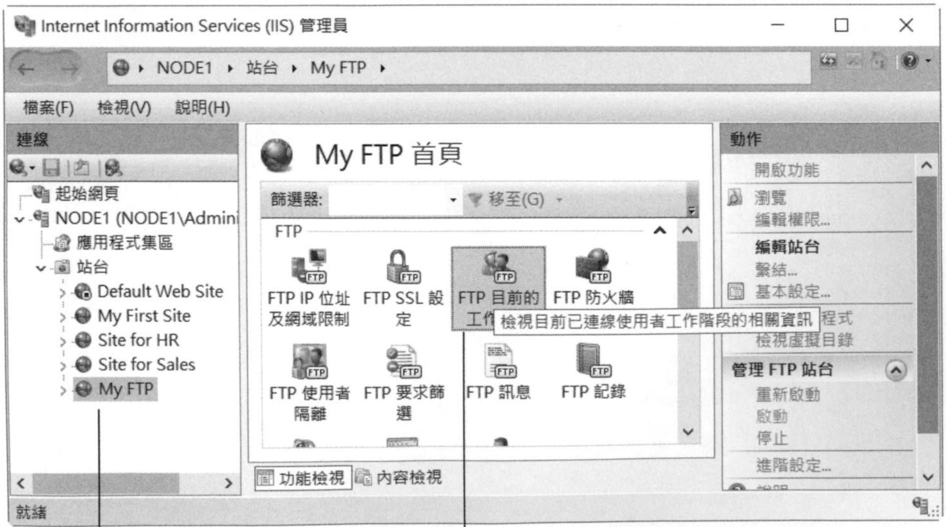

1 選取 FTP 站台

2 雙按 **FTP 目前的工作階段**

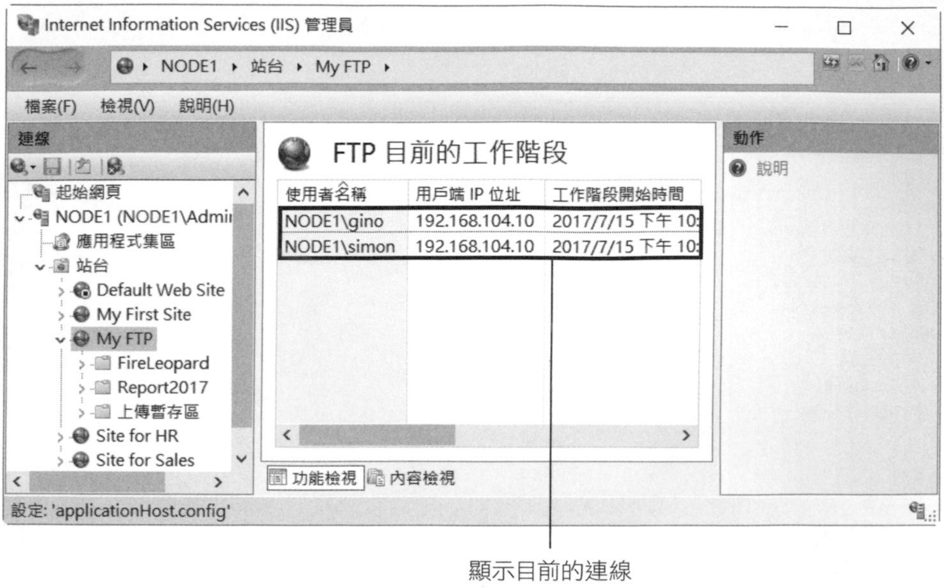

22-3 FTP 使用者隔離

到目前為止, 使用者登入 FTP 站台後都是被導向到站台的主目錄(假設是 c:\inetpub\ftproot), 大家看到的都是相同的內容。這一方面有資訊安全的疑慮, 另一方面, 則是管理員無法只讓特定使用者能讀取特定的檔案。而 **FTP 使用者隔離**(FTP User Isolation) 就能解決此問題, 能限制不同使用者存取不同的資料夾, 彼此互不相干。

從概觀來看, FTP **使用者隔離**有兩種模式：

- 不隔離, 只導向到不同資料夾
- 隔離, 導向到不同資料夾

所謂的「隔離」, 就是「不允許切換到其他資料夾」。即使像是 administrator 擁有這麼大權限, 登入 FTP 站台後, 仍然被限制在專屬的資料夾, 不得變更。

以上只是概略的說法, 實務上區分為以下五種選項：

Internet Information Services (IIS) 管理員
NODE1 站台 My FTP
檔案(F) 檢視(V) 說明(H)
連線
起始網頁
NODE1 (NODE1\Administ
應用程式集區
站台
Default Web Site
My First Site
My FTP
Site for HR
Site for Sales
My FTP 首頁
篩選器:
移至(G)
FTP 防火牆支援
FTP 使用者隔離
FTP 要求篩選
FTP 訊息
FTP 記錄
FTP 授權規則
功能檢視
內容檢視
動作
開啟功能
瀏覽
編輯權限...
編輯站台
繫結...
基本設定...
檢視應用程式
檢視虛擬目錄
管理 FTP 站台
重新啟動
啟動
停止
進階設定...
就緒

1 點選 FTP 站台

2 雙按 **FTP 使用者隔離**

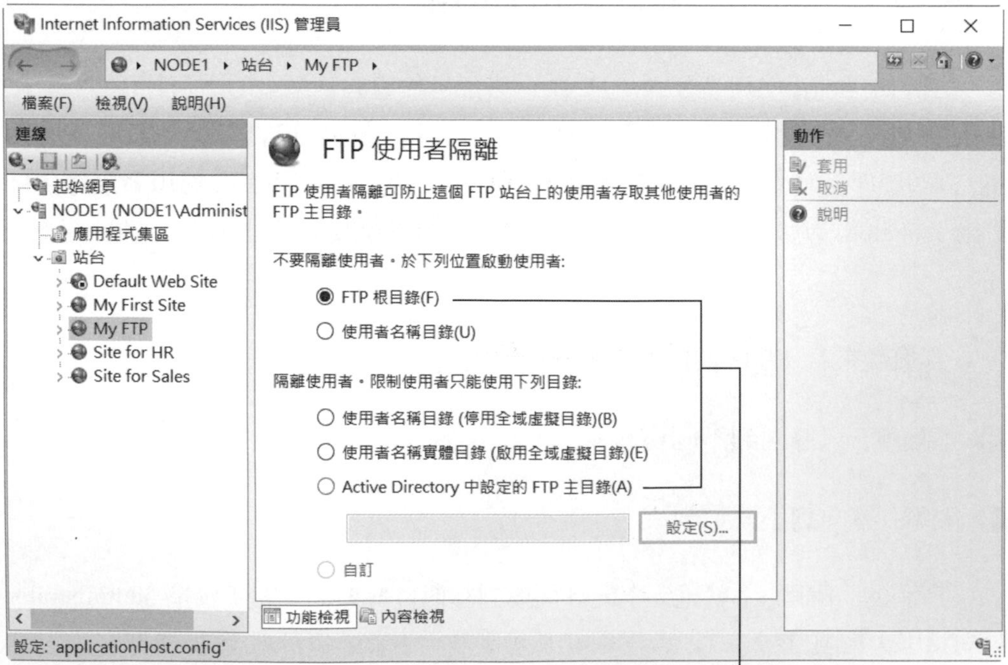
Internet Information Services (IIS) 管理員
NODE1 站台 My FTP
檔案(F) 檢視(V) 說明(H)
連線
起始網頁
NODE1 (NODE1\Administ
應用程式集區
站台
Default Web Site
My First Site
My FTP
Site for HR
Site for Sales
FTP 使用者隔離
FTP 使用者隔離可防止這個 FTP 站台上的使用者存取其他使用者的 FTP 主目錄。
不要隔離使用者。於下列位置啟動使用者:
FTP 根目錄(F)
使用者名稱目錄(U)
隔離使用者。限制使用者只能使用下列目錄:
使用者名稱目錄 (停用全域虛擬目錄)(B)
使用者名稱實體目錄 (啟用全域虛擬目錄)(E)
Active Directory 中設定的 FTP 主目錄(A)
設定(S)...
自訂
功能檢視
內容檢視
動作
套用
取消
說明
設定: 'applicationHost.config'

這就是**FTP 使用者隔離**的五種選項

這五種選項的差異簡述如下：

FTP 根目錄

不隔離，所有使用者登入後都導向到 FTP 站台的主目錄，但是該使用者若有足夠的 NTFS 權限，可以自行切換到其他資料夾，這是系統初始的預設值。

使用者名稱目錄

不隔離，使用者登入後導向到各自的專屬目錄，該目錄名稱與使用者名稱相同。但是該使用者若有足夠的 NTFS 權限，可以自行切換到其他目錄。

使用者名稱目錄(停用全域虛擬目錄)

隔離，使用者登入後導向到各自的專屬目錄，該目錄名稱與使用者名稱相同，不得切換到其他目錄，也看不到全域虛擬目錄(後文會說明)。

使用者名稱實體目錄(啟用全域虛擬目錄)

隔離，使用者登入後導向到各自的專屬目錄，該目錄名稱與使用者名稱相同，不得切換到其他目錄，但是看得到全域虛擬目錄。

Active Directory 中設定的 FTP 主目錄

隔離，只適用於 AD 網域的使用者。使用者登入後導向到各自的專屬目錄，不得切換到其他目錄。該目錄必須是在 **Active Directory 使用者和電腦** 中對使用者帳戶所設定的主目錄，不過光是設定主目錄還不夠，還要使用 **ADSI 編輯器**來修改 **msIIS-FTPRoot** 和 **msIIS-FTPDir** 兩個屬性值，程序上比較麻煩，一般並不常用。

第一項等於讓 **FTP 使用者隔離**沒生效，沒什麼好說明；而最後一項牽涉到比較複雜的設定，用到的機會也相對較低，所以也不討論。後文示範如何實作出第 2~4 項的功能。

使用者名稱目錄

首先說明，此選項的特點是：「不隔離，導向到專屬目錄(實體目錄或虛擬目錄)。」

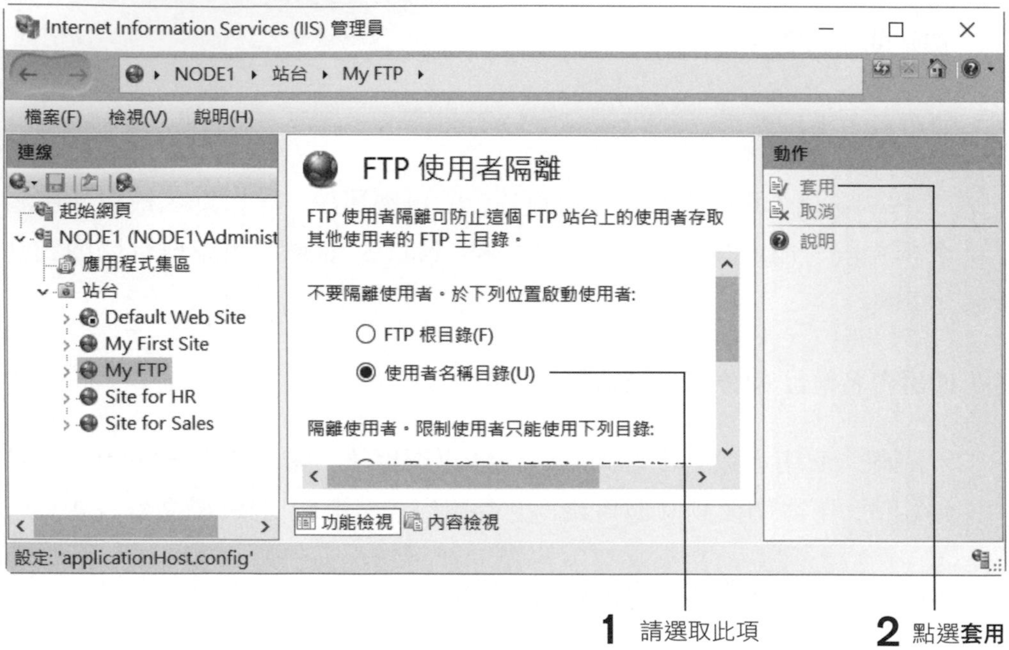

假設要讓 Simon 和 Gino 登入後導向到各自的專屬目錄，該專屬目錄必須與使用者名稱同名，可以是實體目錄或虛擬目錄，此處先採用實體目錄，後文會介紹虛擬目錄。

請在 C:\inetpub\ftproot 建立 simon 和 gino 兩個子目錄, 並分別存放不同的檔案以利辨識, 從用戶端分別以 simon 和 gino 登入, 但是請不要用 IE, 因為 IE 7 之後的版本, 統統導向到 FTP 站台的主目錄。以下為了利於觀察, 我們用 Windows 10 內建的 FTP.EXE 文字介面的程式, 並用 simon 身份登入, 請開啟**命令提示字元**:

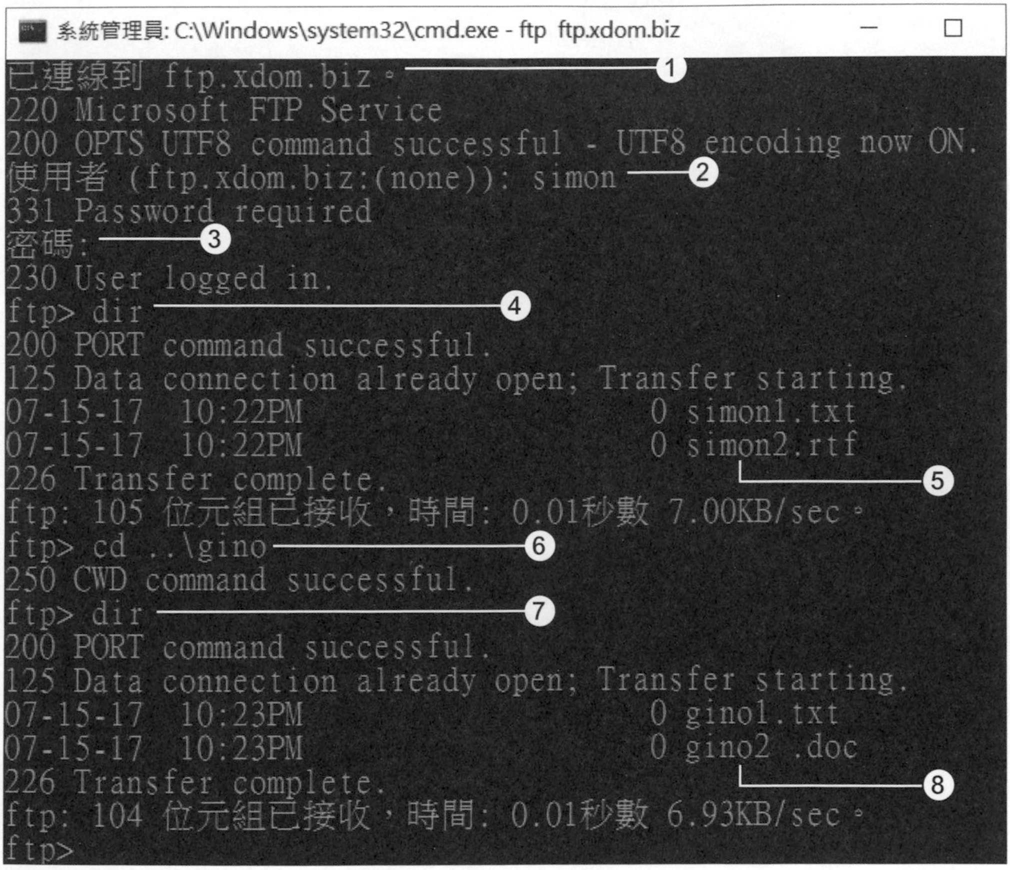
系統管理員: C:\Windows\system32\cmd.exe - ftp ftp.xdom.biz
已連線到 ftp.xdom.biz。
220 Microsoft FTP Service
200 OPTS UTF8 command successful - UTF8 encoding now ON.
使用者 (ftp.xdom.biz:(none)): simon
331 Password required
密碼:
230 User logged in.
ftp> dir
200 PORT command successful.
125 Data connection already open; Transfer starting.
07-15-17 10:22PM 0 simon1.txt
07-15-17 10:22PM 0 simon2.rtf
226 Transfer complete.
ftp: 105 位元組已接收，時間: 0.01秒數 7.00KB/sec。
ftp> cd ..\gino
250 CWD command successful.
ftp> dir
200 PORT command successful.
125 Data connection already open; Transfer starting.
07-15-17 10:23PM 0 gino1.txt
07-15-17 10:23PM 0 gino2 .doc
226 Transfer complete.
ftp: 104 位元組已接收，時間: 0.01秒數 6.93KB/sec。
ftp>
1
2
3
4
5
6
7
8

1. 連線到 ftp.xdom.biz 站台
2. 輸入 simon
3. 輸入 simon 的密碼
4. 顯示目錄的內容
5. 的確是在 simon 主目錄
6. 切換到 gino 目錄
7. 顯示目錄的內容
8. 的確切換到 gino 的主目錄

依此類推, 改用 gino 登入：

```
系統管理員: C:\Windows\system32\cmd.exe - ftp  ftp.xdom.biz
已連線到 ftp.xdom.biz。 ①
220 Microsoft FTP Service
200 OPTS UTF8 command successful - UTF8 encoding now ON.
使用者 (ftp.xdom.biz:(none)): gino ②
331 Password required
密碼: ③
230 User logged in.
ftp> dir ④
200 PORT command successful.
125 Data connection already open; Transfer starting.
07-15-17  10:23PM                 0 gino1.txt ⑤
07-15-17  10:23PM                 0 gino2 .doc
226 Transfer complete.
ftp: 104 位元組已接收，時間: 0.00秒數 104000.00KB/sec。
ftp> cd ..\simon ⑥
250 CWD command successful.
ftp> dir ⑦
200 PORT command successful.
125 Data connection already open; Transfer starting.
07-15-17  10:22PM                 0 simon1.txt ⑧
07-15-17  10:22PM                 0 simon2.rtf
226 Transfer complete.
ftp: 105 位元組已接收，時間: 0.00秒數 105000.00KB/sec。
ftp>
```

❶ 連線到 ftp.xdom.biz 站台

❷ 輸入 gino

❸ 輸入 gino 的密碼

❹ 顯示目錄的內容

❺ 的確是在 gino 主目錄

❻ 切換到 simon 目錄

❼ 顯示目錄的內容

❽ 的確切換到 simon 的主目錄

以上之所以能切換目錄, 第一個原因是：「不隔離」；第二個原因是：所有登入 FTP 站台的使用者, 預設對 inetpub 有**讀取**和**執行**的 NTFS 權限, 而且下層的子目錄都會繼承此權限, 所以 simon 和 gino 彼此都瀏覽對方的目錄(前提是要知道目錄名稱)。如果用戶端用「匿名登入」, 會導向到哪一個目錄呢？如果建立了**default**子目錄, 所有匿名登入者就會導向到該目錄；若無**default**子目錄, 則統統導向到 FTP 站台主目錄。

使用者名稱目錄(停用全域虛擬目錄)

複習一下, 此選項的特點是：「隔離, 導向到專屬目錄(實體目錄或虛擬目錄), 看不到全域虛擬目錄。」

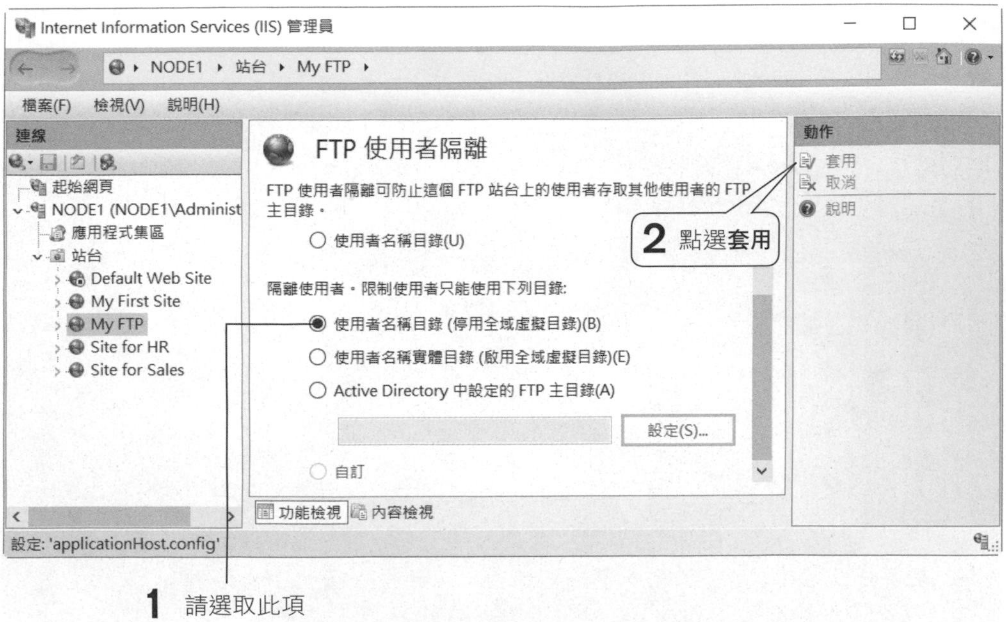

接著要在 ftproot 建立子目錄, 這些子目錄因為有特定的用途, 所以要用特定的名稱：

目錄名稱	用途
網域名稱 \ 網域使用者名稱	網域使用者登入後被導向到此目錄
LocalUser\Public	匿名使用者登入後被導向到此目錄
LocalUser\ 本機使用者名稱	建立在 FTP 伺服器的使用者登入後被導向到此目錄

自動導向和隔離

我們在此建立 ftproot\xdom\simon、ftproot\xdom\gino 和 ftproot\xdom\public 三個子目錄，請注意網域名稱是要用 NetBIOS 名稱，所以是 xdom，不是 xdom.biz。接著同樣透過 ftp.exe 用不同身份登入：

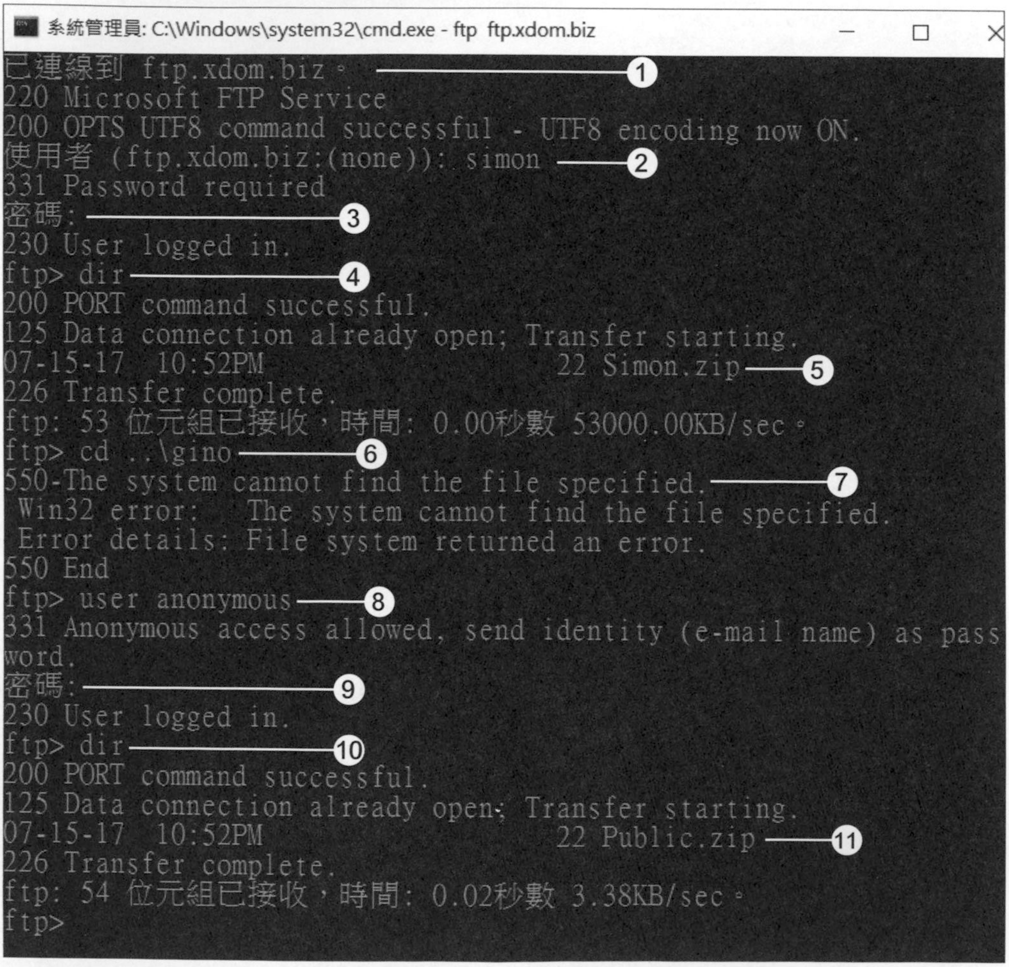
系統管理員: C:\Windows\system32\cmd.exe - ftp ftp.xdom.biz
已連線到 ftp.xdom.biz。
220 Microsoft FTP Service
200 OPTS UTF8 command successful - UTF8 encoding now ON.
使用者 (ftp.xdom.biz:(none)): simon
331 Password required
密碼:
230 User logged in.
ftp> dir
200 PORT command successful.
125 Data connection already open; Transfer starting.
07-15-17 10:52PM 22 Simon.zip
226 Transfer complete.
ftp: 53 位元組已接收，時間: 0.00秒數 53000.00KB/sec。
ftp> cd ..\gino
550-The system cannot find the file specified.
Win32 error: The system cannot find the file specified.
Error details: File system returned an error.
550 End
ftp> user anonymous
331 Anonymous access allowed, send identity (e-mail name) as password.
密碼:
230 User logged in.
ftp> dir
200 PORT command successful.
125 Data connection already open; Transfer starting.
07-15-17 10:52PM 22 Public.zip
226 Transfer complete.
ftp: 54 位元組已接收，時間: 0.02秒數 3.38KB/sec。
ftp>
1
2
3
4
5
6
7
8
9
10
11

❶ 連線到 ftp.xdom.biz 站台
❷ 輸入 simon
❸ 輸入 simon 的密碼
❹ 顯示目錄的內容
❺ 的確是在 simon 主目錄
❻ 切換到 gino 目錄
❼ 不能切換到 gino 的主目錄
❽ 改用匿名登入
❾ 隨便輸入密碼
❿ 顯示目錄的內容
⓫ 的確是在 public 目錄

存取虛擬目錄

剛才都是用實體目錄, 其實 FTP 站台如同 Web 站台也可以用虛擬目錄, 這個虛擬目錄也是一個指標(pointer)而已, 存取虛擬目錄時會被導向到實際對應的實體資料夾, 有關這方面的觀念請參考第 20 章。以下示範如何建立虛擬目錄：

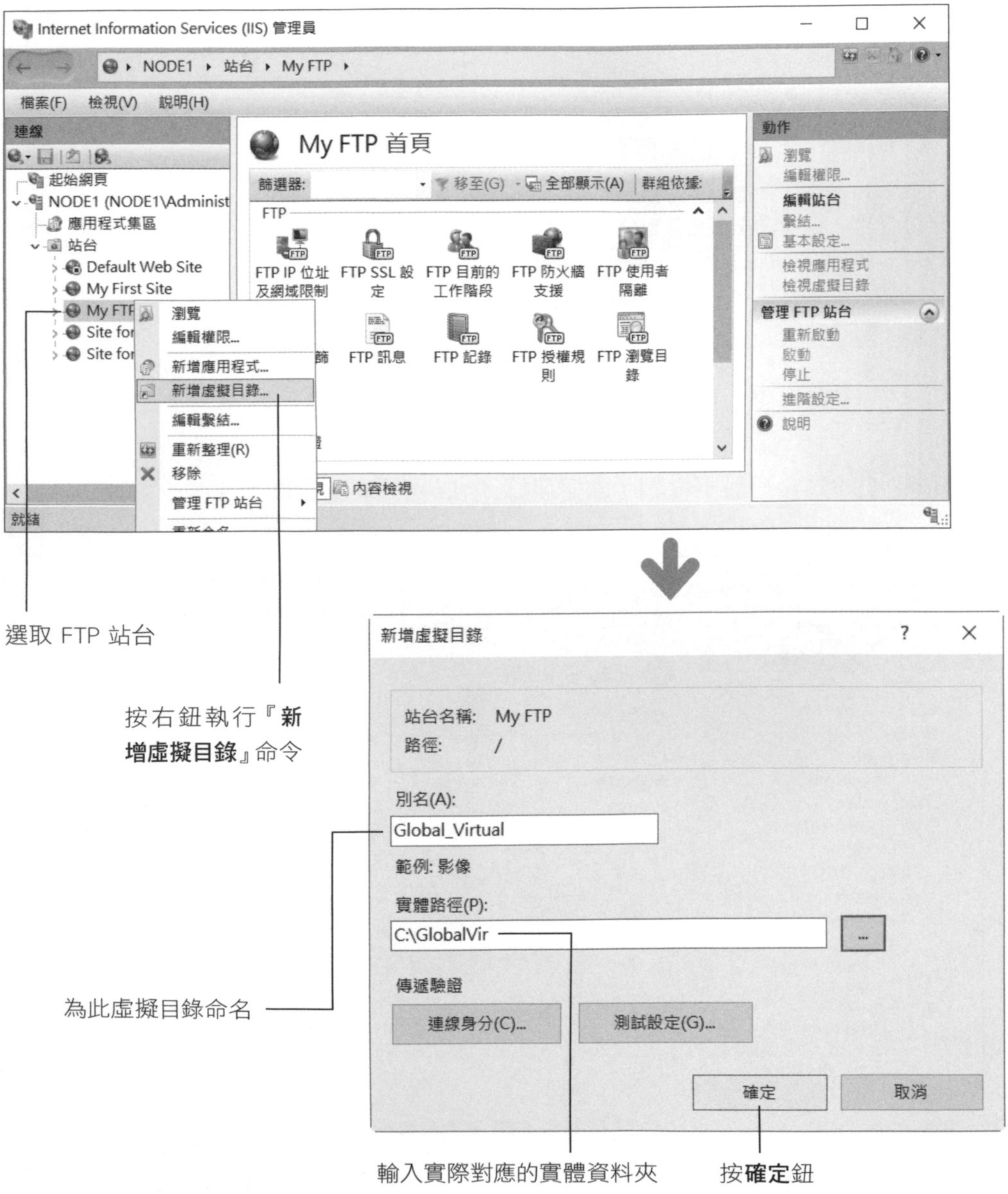

再用同樣方式在 ftproot\xdom\miin 建立 miin_virtual 虛擬目錄, 如下圖：

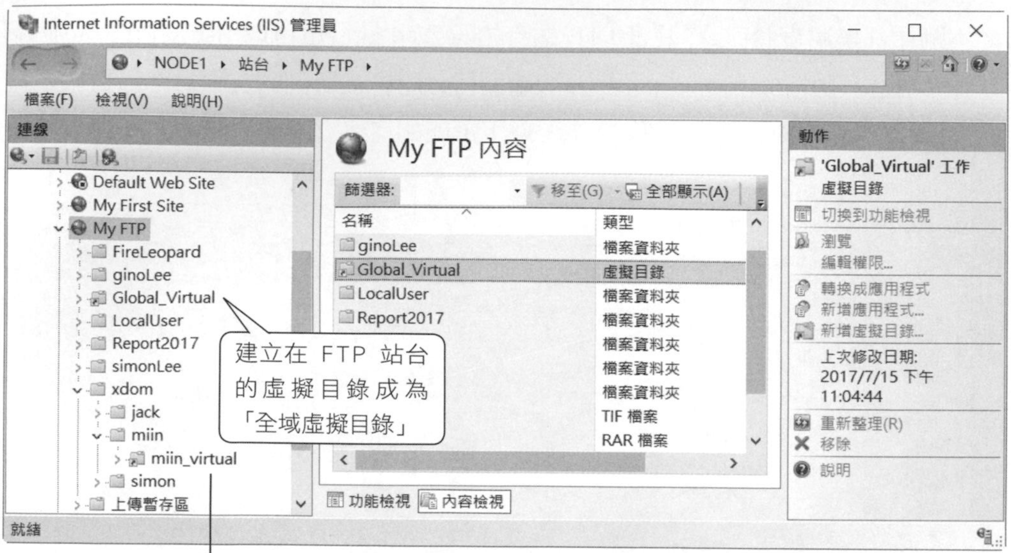

建立在 miin 之下的虛擬目錄, 不屬於「全域虛擬目錄」

但是 FTP站台預設不會顯示虛擬目錄, 所以我們要讓它顯示：

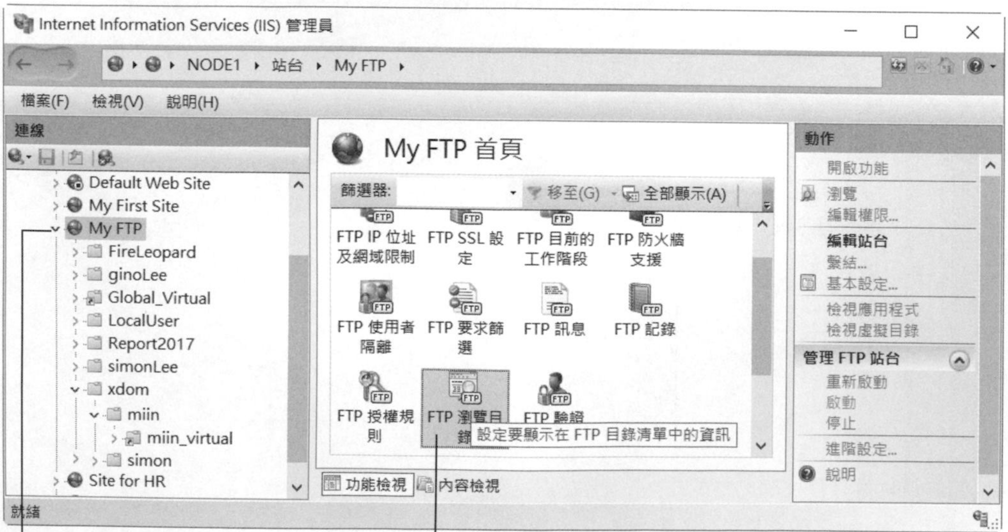

1 選取 FTP 站台

2 雙按 **FTP 瀏覽目錄**

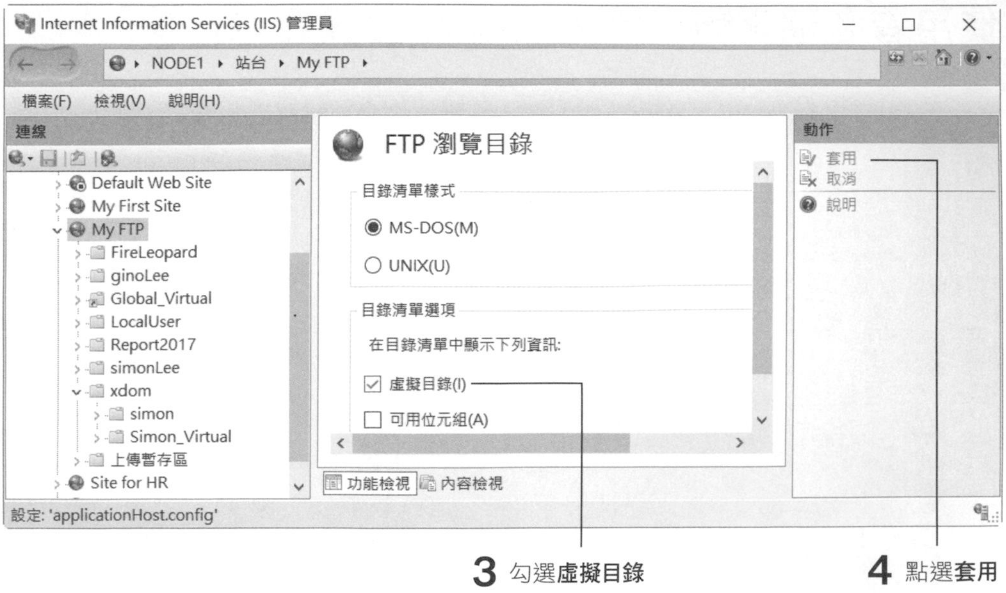

最後用 miin 身份登入來驗證：

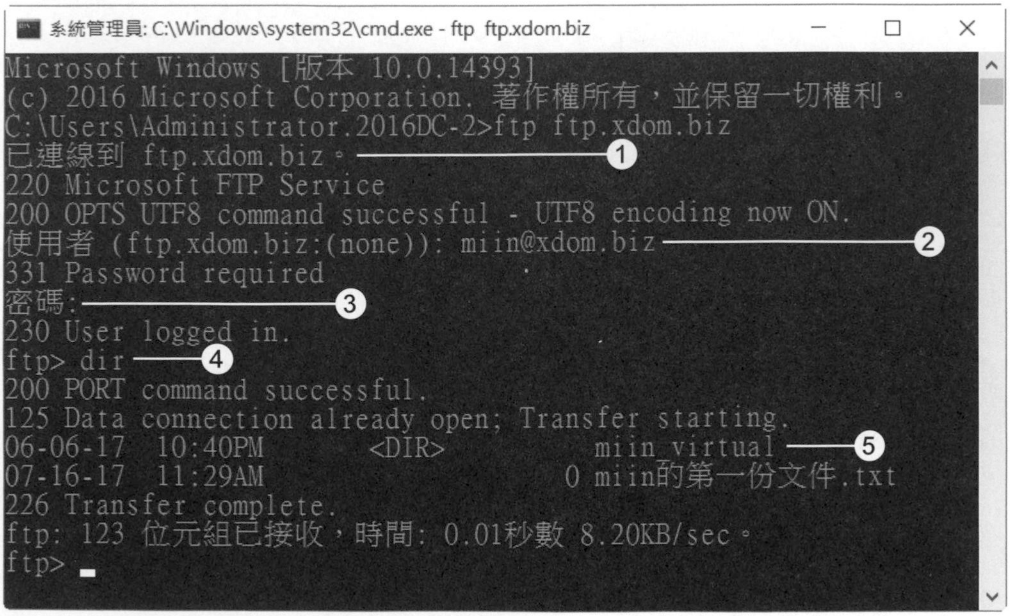

❶ 連線到 ftp.xdom.biz 站台

❷ 輸入 simon

❸ 輸入 simon 的密碼

❹ 顯示目錄的內容

❺ 看得到 miin_virtual 虛擬目錄，看不到 global_virtual 虛擬目錄

使用者名稱實體目錄(啟用全域虛擬目錄)

最後提醒, 此選項的特點是：「隔離, 專屬目錄必須是實體目錄, 看得到全域虛擬目錄。」

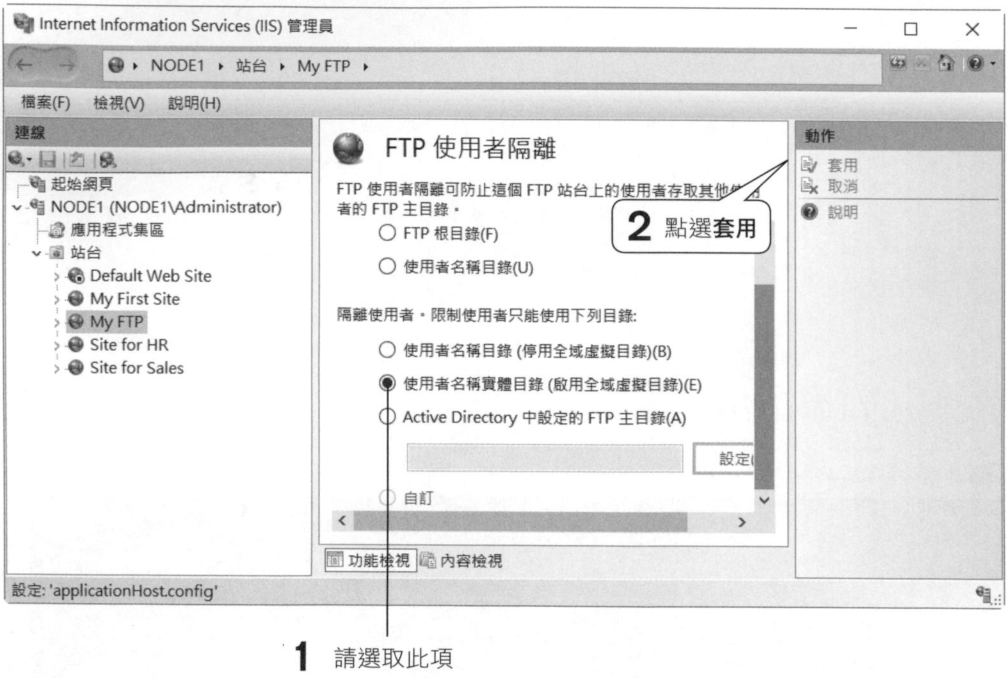

要驗證這個選項所要做的工作, 幾乎與上一個選項一樣, 只是要記得：「使用者專屬的目錄必須是實體目錄」。此外, 當使用者能存取全域虛擬目錄時, 就不能存取專屬目錄內的虛擬目錄。假設目前的目錄結構如下：

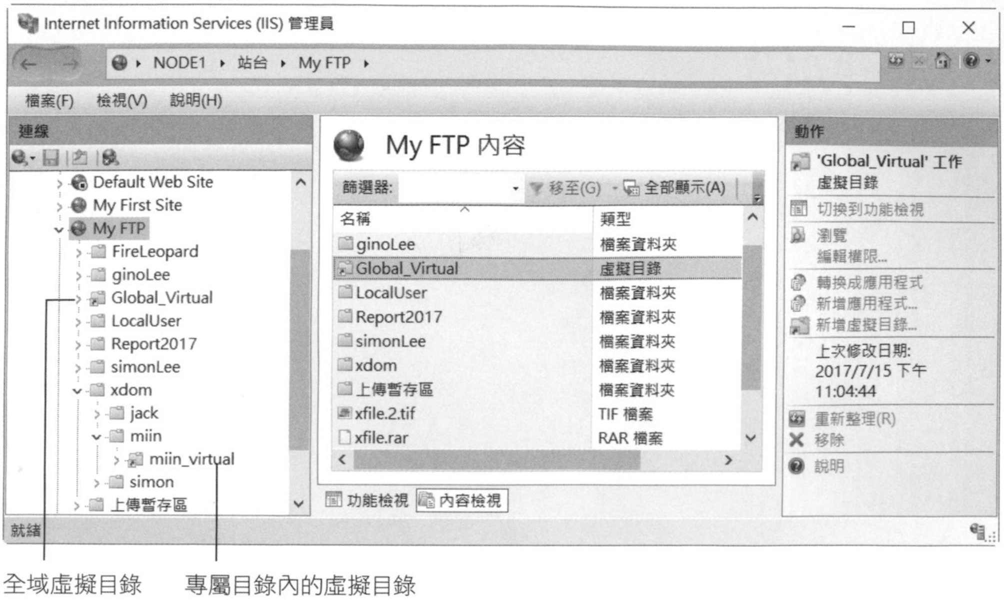

我們還是用網域使用者 miin@xdom.biz 身份登入：

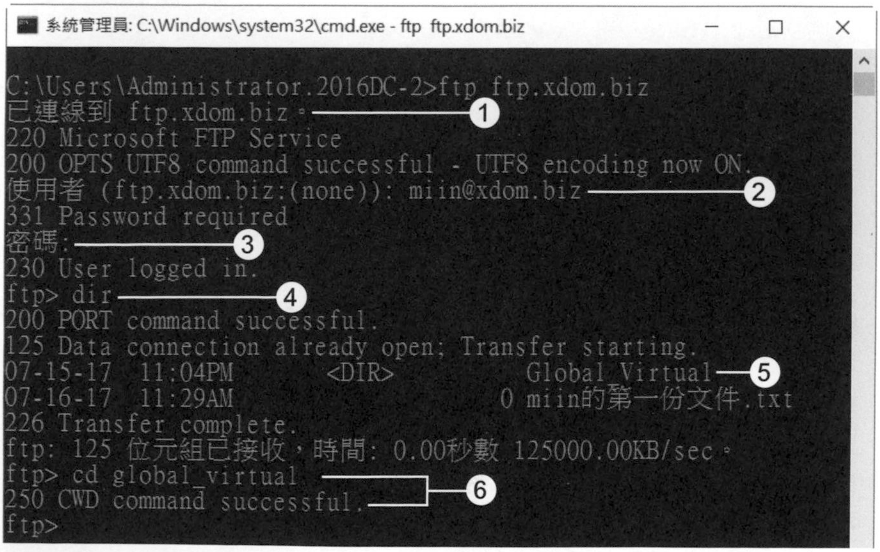

❶ 連線到 ftp.xdom.biz 站台

❷ 輸入 miin@xdom.biz

❸ 輸入 miin 的密碼

❹ 顯示目錄的內容

❺ 看得到 global_virtual 全域虛擬目錄，看不到 miin_virtual 虛擬目錄

❻ 可以切換到 global_virtual 全域虛擬目錄

MEMO

APPENDIX

A

Windows Server 2016

網路基礎知識

A-1 OSI 模型與通訊協定

A-2 IP 通訊協定

A-3 IPv6 通訊協定

A-4 TCP、UDP 與連接埠

在最近幾年，網際網路以銳不可擋的速度蔓延開來，大家在各種媒體都可以看到不少廣告，宣傳網際網路可以提供五花八門的服務，例如：收看新聞、查詢特定資訊、網路交友、網路報稅、網路團購等等。如果我們買了電腦卻不連上網際網路，簡直是『故步自封、自廢武功』，因此一部不能上網路的電腦，可以說是『腦殘』的電腦。凡此種種，都在傳達一項重要訊息－－網路時代來臨了！

A-1 OSI 模型與通訊協定

OSI 模型是用來描述網路的運作方式，可說是了解網路的基礎知識。本節首先說明 OSI 模型，然後利用此模型來介紹通訊協定的觀念。

OSI 模型（OSI Model, Open Systems Interconnection Model）是由國際標準組織（ISO, International Organization for Standardization）於 1984 年所發表的網路模型。它將整個網路系統分為 7 層，每一層各自負責特定的工作，如下表：

應用層 Application Layer	直接提供檔案傳輸、網頁瀏覽等服務，擔任使用者與網路的介面
表達層 Presentation Layer	轉換內碼、壓縮與解壓縮、加密與解密
會議層 Session Layer	負責雙方在正式傳輸之前的溝通，包括：如何發起傳輸、如何結束傳輸等等
傳輸層 Transport Layer	控制資料流量、偵錯和處理錯誤，使兩部電腦建立連線
網路層 Network Layer	決定網路位址與傳輸路徑
鏈結層 Data Link Layer	負責訊號同步、偵錯和共用傳輸媒介（Media）的規則
實體層 Physical Layer	將 0 與 1 數位資料轉換為電流、紅外線或光波等等形式

乍看之下，這 7 層的定義是不是有點抽象呢？其實它只是個理論性的參考架構，讀者不需死記，而是應該了解資料如何在這 7 層中傳送。

OSI 模型 7 層的運作方式

資料由傳送端的最上層（通常是指應用程式）產生，由上往下傳送。每經過一層，都會在前端增加一些該層專用的資訊，然後才傳給下一層。這些增加的資訊稱為『表頭』（Header），而加上表頭的動作稱為『封裝』（Encapsulation）。

經過了層層封裝，資料經過最底層（第 1 層）處理後已經套上了 6 個表頭，而後透過網路線、光纖等等媒介傳到接收端。接收端收到資料後，由最底層向上傳送，每經過一層就去掉該層認識的表頭。直到了最上層，資料便恢復成當初在傳送端最上層的原貌。其示意圖如下：

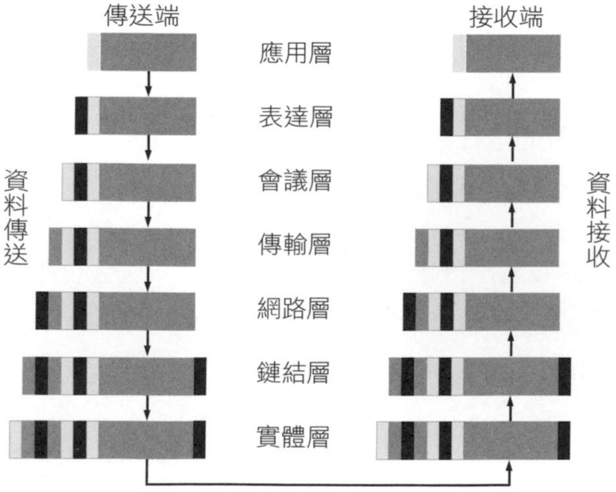

資料在各層之間傳遞時會附加或移除表頭 / 表尾資訊

Tip 在鏈結層的封裝動作，除了加上表頭之外，還會在資料的尾部加上一小段資訊，這段資訊稱為『表尾』（Trailer）。由於表頭和表尾的運作原理相同，故僅以表頭為例說明。

讀者如果初次接觸 OSI 模型，可能會疑惑：為什麼要分這麼多層呢？簡單地說，主要是為了分工合作，簡化設計。將網路的功能分解為獨立的模組，在開發程式或制訂協定時，便能以模組化的方式來設計。

OSI 模型雖然理想，但實作上卻有困難。從發表迄今，幾乎沒有一種產品能完全符合此模型的定義。雖然如此，OSI 模型的精神卻深深地影響往後網路軟體與硬體的設計。

通訊協定

廣義言之，網路設備彼此溝通時的約定都算是『通訊協定』(Protocol)。因為必須採用相同的通訊協定，雙方才能互相溝通，因此通訊協定經常被比喻為彼此相互溝通時所使用的共同語言。

大多數的通訊協定都符合 OSI 模型的精神，也就是每種通訊協定負責 7 層中的 1 或 2 層的工作。多種通訊協定一起合作，便能涵蓋完整的網路功能，所以通訊協定一般是以通訊協定組合（Protocol Suite）的方式呈現。

多年來電腦業界發展出許多種通訊協定組合，但是最普遍的就是 TCP/IP，其主要原因在於它是網際網路所採用的通訊協定組合，因此幾乎所有的網路作業系統都支援它。

TCP/IP

TCP/IP 協定組合主要是 TCP、IP 和其它許多協力通訊協定所組成。由於 TCP/IP 的發展早於 OSI 模型，因此無法完全符合 OSI 模型，但是大體上兩者仍能互相對應如下圖：

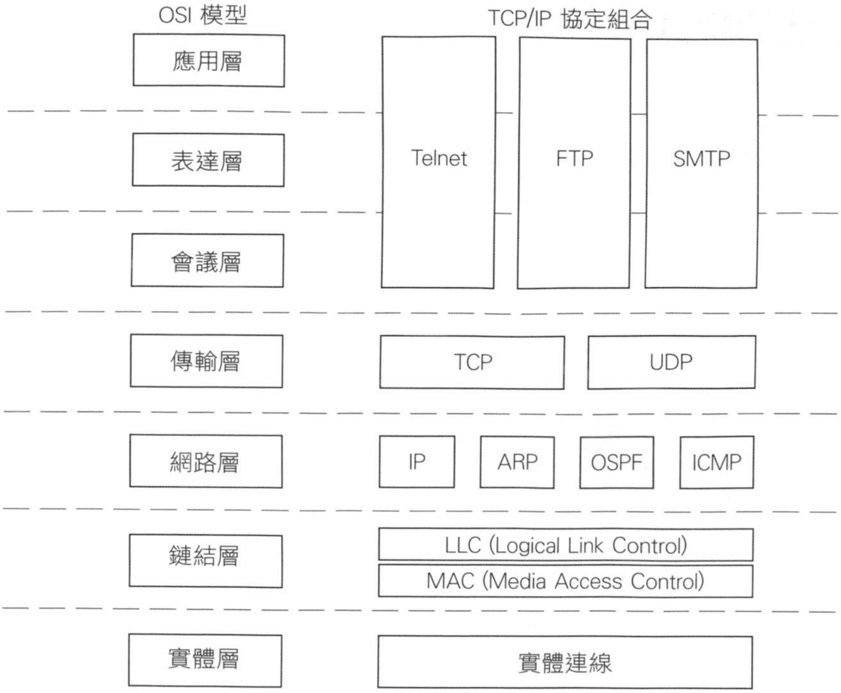

OSI 模型與 TCP/IP 協定組合的對照

在 TCP/IP 協定組合中，最重要的便是 TCP、UDP 與 IP 這 3 種協定。我們將在以下各節介紹它們。

A-2 IP 通訊協定

IP（Internet Protocol）協定為 TCP/IP 的核心協定，負責『編訂位址』與『選擇路徑』。本書許多有關網路設定的部份都與它息息相關。而且 IP 的標準是有版本差異的，目前通用的是第四版，稱為 IPv4，本書也都以它作為示範對象。未來則可能改用第六版，稱為 IPv6 版，詳見下一節。

發送端送出訊息時，IP 協定接受上層協定（TCP 或 UDP）所送來的資料，將其切割、包裝成大小合適的 IP 封包 (Packet)，然後往下層傳送。接收端則是以相反的順序來處理資料。

IP 位址的格式與等級

在現實生活中，每棟房子都會有一個獨一無二的地址，以方便郵差遞送郵件，或是外地訪客找到位置。在 Internet 的世界中，每部電腦（精確的說法是每個網路裝置）也都有一個『地址』，才能相互找到對方並傳送資料。每部使用 IP 協定的裝置，都必須擁有一個獨一無二的 IP 位址（IP Address），作為通訊時識別之用。當甲電腦傳送 IP 封包給乙電腦時，必須在封包上加上乙電腦的 IP 位址，封包才能正確地送達。

IP 位址是由 32 個位元（Bit）所組成。為了便於閱讀，我們將它分成 4 個位元組（Byte），每個位元組以 10 進位數字表示，彼此之間以小數點分隔。例如：

目前全球的 IP 位址是由 IANA（Internet Assigned Numbers Authority）所統籌分配。IP 位址可分為 5 種等級（Class），但是較常用的是 A、B、C 等 3 種等級：

- Class A：IP 位址的第 1 個位元組由 IANA 指定，後面的 3 個位元組則可自行運用。因此可運用的 IP 位址多達一千六百多萬個（2^{24}=16777216）。不過，大部分 Class A 的 IP 位址，都已經分配給當初參與 ARPAnet（Internet 的前身）實驗的政府機關、學術單位、企業和非營利組織，例如：美國國防部、麻省理工學院和惠普（HP）公司。因此，一般公司行號，甚至是國家，都無法申請到 Class A 的 IP 位址。

- Class B：IP 位址的前 2 個位元組由 IANA 指定，後面的 2 個位元組則可自行運用,因此可運用的 IP 位址有六萬五千多個(2^{16}=65536)。

- Class C：IP 位址的前 3 個位元組由 IANA 指定，後面的 1 個位元組則可自行運用。Class C 所能使用的 IP 位址只有 256 個（2^{8}=256）。

舉例來說，甲公司申請到 Class C 的 IP 位址為 203.74.205.x, 因此從 203.74.205.0 至 203.74.205.255 的 256 個 IP 位址，都可由甲公司自行運用。但是要注意的是，通常第 1 個 IP 位址 (203.74.205.0) 是用來代表網路本身，最後 1 個 IP 位址 (203.74.205.255) 是保留作廣播之用。因此，實際上可分配給裝置的 IP 只有從 203.74.205.1 ~ 203.74.205.254 的 254 個 IP 位址。

最後還要介紹私人 IP 位址（Private IP Address）。當初在制訂 IP 位址的規範時，即規定了 3 組 (分別屬於 A、B、C 等級) IP 位址，供不連接 Internet 的網路使用或測試之用：

- 10.0.0.0 至 10.255.255.255 (1 個 Class A 網路)
- 172.16.0.0 至 172.31.255.255 (16 個連續的 Class B 網路)
- 192.168.0.0 至 192.168.255.255 (256 個連續的 Class C 網路)

一般而言，網際網路服務供應商 (ISP) 的路由器（Router）會自動濾除私人 IP 位址的封包，因此這些封包不會在網際網路上流傳。

子網路遮罩

由以上說明我們可以得知，IP 位址可分為兩部份，前面的部份是由 IANA 所指定；剩下的部份則是由企業自行運用。前者稱為 Network ID（Network IDentifier, 網路位址）；後者稱為 Host ID（Host IDentifier, 主機位址）。

為了讓電腦能夠判斷 IP 位址的 Network ID 與 Host ID, 因此有所謂的子網路遮罩（Subnet Mask）。它的格式與 IP 位址相同，也是一組 32 位元的數字，每部電腦在設定 IP 位址時，也要一併設定其子網路遮罩。若以 2 進位來表示，子網路遮罩是由一連串的 1, 再加上一連串的 0 所組成。1 的數目即代表 Network ID 的長度。以先前甲公司 Class C 的網路為例，每台電腦的 IP 位址與子網路遮罩應設為：

```
IP 位址 = 203.74.205.x
子網路遮罩 = 255.255.255.0
```

若子網路遮罩以 2 進位來表示，則為：

```
11111111 11111111 11111111 00000000
          ↑                    ↑
  長度與 Network ID 相同   長度與 Host ID 相同
```

換言之，子網路遮罩是以一連串的 1 來定義 Network ID 的長度，然後以一連串的 0 代表 Host ID 的長度。

此外，子網路遮罩還具有兩項重要的功用：**切割網路**和**判斷目的地位置**。

切割網路

利用子網路遮罩，我們可以將 A、B、C 等級的網路切割成較小的子網路，以方便管理與提高效能。假設甲公司要將其 Class C 網路切割成 8 個子網路，只要增加子網路遮罩裡 1 的數目：

```
11111111 11111111 11111111 11100000 (255.255.255.224)
                       ↑
                    多三個 1
```

便可將原先 Class C 網路切成 8 個子網路。各個子網路的 IP 位址範圍如下表：

IP 位址範圍	SubNetwork ID	Host ID	子網路遮罩
203.74.205.0-31	203.74.205.0	0-31	255.255.255.224
203.74.205.32-63	203.74.205.32	32-63	255.255.255.224
203.74.205.64-95	203.74.205.64	64-95	255.255.255.224
203.74.205.96-127	203.74.205.96	96-127	255.255.255.224
203.74.205.128-159	203.74.205.128	128-159	255.255.255.224
203.74.205.160-191	203.74.205.160	160-191	255.255.255.224
203.74.205.192-223	203.74.205.192	192-223	255.255.255.224
203.74.205.224-255	203.74.205.224	224-255	255.255.255.224

在 IP 通訊協定的規範中，明訂 SubNetwork ID = 0 代表子網路自己（稱為 This Network）；HostID 全部為 1 代表該網路區段的所有裝置，作為廣播（Broadcast）之用。然而切割為子網路之後，第一個子網路的 SubNetworkID 必為 0；最後一個子網路的 HostID 也必定全部是 1，所以這頭尾兩個子網路都不能使用。以本例來說，甲公司實際可用的子網路只有 6 個，而非 8 個。

判斷目的地位置

承前例，甲公司將其 Class C 網路切割成 6 個子網路後，子網路之間必須以路由器（Router）連接，各個子網路才能相互通訊。當某一部電腦要傳送封包時，必須先判斷目的電腦是否位和自己位於相同的子網路。若是在不同的子網路的電腦時，必須先將封包送至路由器，再由路由器負責將封包轉送至目的子網路。而判斷的方法就是要靠子網路遮罩。

假設甲公司有 B、C 兩台電腦位於 203.74.205.32 ~ 63 的子網路，D 電腦則是位於 203.74.205.64 ~ 95 的子網路，如下圖：

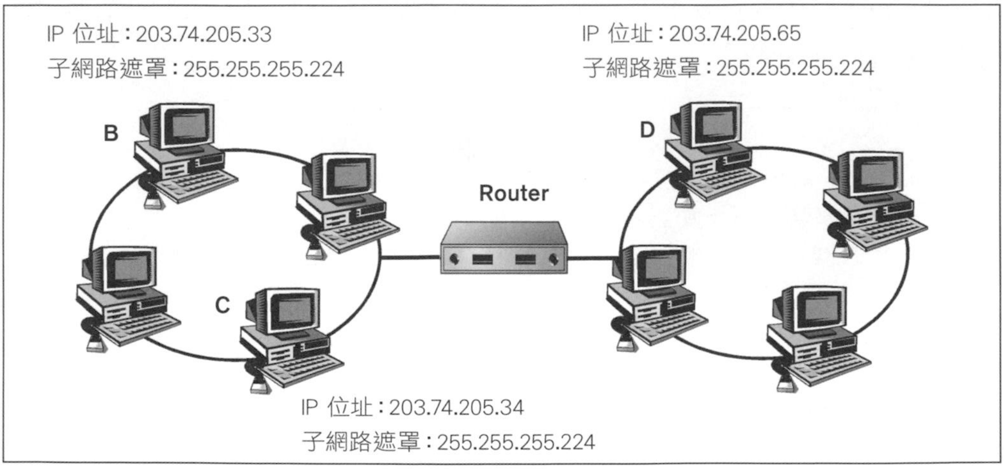

當 B 電腦要送封包給 C 電腦時，B 電腦會先將該封包的來源位址（B 電腦的 IP 位址）及目的位址（C 電腦的 IP 位址），分別與 B 電腦的子網路遮罩做二進位的 AND 運算：

```
來源位址    (十進位)   203      74       205      33
            (二進位) 11001011 01001010 11001101 00100001
子網路遮罩  (十進位)   255      255      255      224
            (二進位) 11111111 11111111 11111111 11100000
                     -----------------------------------
      運算結果 (B')  11001011 01001010 11001101 00100000

目的位址    (十進位)   203      74       205      34
            (二進位) 11001011 01001010 11001101 00100010
子網路遮罩  (十進位)   255      255      255      224
            (二進位) 11111111 11111111 11111111 11100000
                     -----------------------------------
      運算結果 (C')  11001011 01001010 11001101 00100000
```

因為 B' 和 C' 相等，表示 B、C 兩部電腦位於同一個『IP 網路區段』(IP Segment)，因此 B 電腦便直接將封包送給 C 電腦，不必透過路由器。

Tip 簡而言之，具有相同 Network ID 或 SubNetwork ID 的裝置，便是位於相同的 IP 網路區段。

同理，當 B 電腦送封包給 D 電腦時，也會將 B 的 IP 位址（來源位址）及 D 的 IP 位址（目地位址），都分別跟 B 電腦的子網路遮罩做二進位的 AND 運算：

```
來源位址    (十進位)   203      74       205      33
            (二進位) 11001011 01001010 11001101 00100001
子網路遮罩  (十進位)   255      255      255      224
            (二進位) 11111111 11111111 11111111 11100000
                     -----------------------------------
      運算結果 (B')  11001011 01001010 11001101 00100000

目的位址    (十進位)   203      74       203      65
            (二進位) 11001011 01001010 11001011 01000001
子網路遮罩  (十進位)   255      255      255      224
            (二進位) 11111111 11111111 11111111 11100000
                     -----------------------------------
      運算結果 (D')  11001011 01001010 11001011 01000000
```

因為 B' 和 D' 不相等，表示 B、D 兩部電腦位於不同的 IP 網路區段，因此 B 電腦便將封包送給『預設閘道』（也就是路由器），再由路由器轉送給 D 電腦。

A-3 IPv6 通訊協定

當初在設計 IPv4 的規格時，整個網路環境主要是由大型主機所組成，連接網際網路的設備為數不多，IP 位址的消耗量自然比較緩慢。但是隨著個人電腦普及與上網人口暴增，IP 位址的消耗量急遽增加，遠超過當初的預期。坊間便傳出『IP 位址即將用罄，搶不到 IP 位址者將成為資訊孤兒！』的風聲，造成網路界極大的震撼。因此，新版本的 IP－IPv6（Internet Protocol version 6）就在眾人的期盼中誕生。但是要使用 IPv6，不但要汰換舊有的路由器、交換器、防火牆等等網路設備，甚至還要改寫應用軟體，因此造成極大的障礙。目前在台灣，僅有中華電信和部分學術機關進行 IPv6 的學術研究，尚未普及於一般民眾。倘若讀者目前尚無使用 IPv6 的打算，不妨先略過本節，因為本書各章的示範仍是以 IPv4 為主。

IPv6 位址的格式

IPv6 位址由 128 bits 所組成，區分為 8 段（Segment），每段由 16 bits 組成，彼此以冒號（：）隔開，例如：

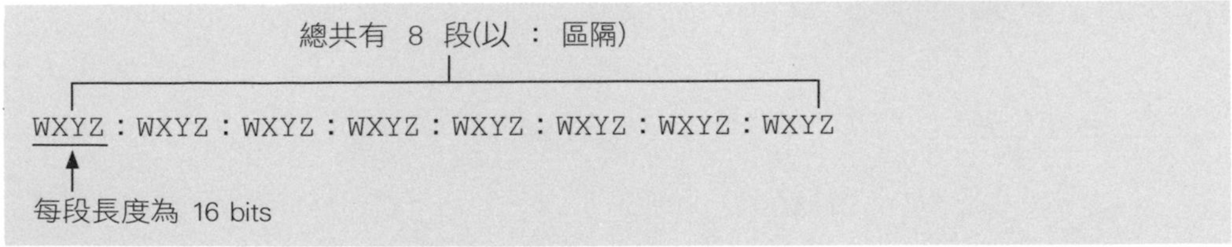

以上的 **W 、X 、Y 、Z 都是代表 16 進位數字，也就是 0 ~ F**，所以實際的 IPv6 位址會像下面的 3 個例子：

- 1234：5E0D：309A：FFC6：24A0：0000：0ACD：729D
- BCE9：0000：0000：0000：0000：0000：0000：5A4D
- 3A9D：0020：0001：0008：0000：02000：0000：000D

IPv6 位址的前 64 bits 稱為首碼（Prefix），其功用如同 IPv4 的 Network ID；後 64 bits 稱為介面位址（Interface ID, Interface IDentifier），其功用如同 IPv4 的 Host ID。但是 IPv6 位址這麼長的一串數字，甭說背起來，光是唸也唸得很繞口。所幸在 IPv6 規格中已經明文記載，對於開頭的 0 可以簡化。例如：0C12 簡化為 C12、000A 簡化為 A。

而且如果 W、X、Y、Z 都是 0，這整段 16 bits 就可以省略不寫，例如：BCE9：0000：0000：0000：0000：0000：0000：5A4D 簡寫為 BCE9::5A4D；而 3A9D：0020：0001：0008：0000：0000：0000：000D 簡寫為 3A9D:20:1:8::D 其中相鄰的兩個『:』表示其中包含一連串的 0。可是這種『雙冒號』簡寫只能出現一次，因此『1A7E::257D:39AC::34:2』就是錯誤的表示方式！

此外，IPv6 封包又區分為『Unicast』、『Multicast』和『Anycast』3 種，這 3 種封包各有不同的位址結構。以 Unicast 的 IPv6 封包為例，其中最常用的是所謂『Global IPv6 位址』，這種 IPv6 位址的前 64 bits（稱為首碼）如同 IPv4 的 Network ID；後 64 bits 的功用如同 IPv4 的 Host ID。所以，還有另一種常見的 IPv6 位址表示法，是以『IPV6 位址 / 首碼長度』表示，亦即在 IPv6 位址之後加上『/ 首碼長度』，例如：

IPv6 的新功能與 IPv4 相較之下，它不但提供更多的位址數量，在安全性、便利性和傳輸效能等方面都有長足的進步，其中較為顯著的改進如下：

- 不虞匱乏的位址數量
- 自動設定（Auto-Configuration）機制
- 更佳的保密性
- 路由（Routing）效率的提升

不虞匱乏的位址數量

理論上，IPv6 可提供 2^{128} 個位址，大約為 3.4×10^{38}，若用此數字除以地球的人口總數（約為 6.5×10^{9}），平均每人可分配到『5.2×10^{28}』（52000 兆兆）個 IPv6 位址。即使再扣除一些特殊用途的位址，每人至少還是有 1 兆個位址可用。因此科學家們認為在可預見的未來，毋須擔心 IPv6 位址會用完。

自動設定機制

在 IPv4 的時代，倘若未正確地設定 IP 位址、子網路遮罩和預設閘道，便無法正常地存取網路資源。如今 IPv6 將這些動作都自動化，透過自動設定（Auto Configuration）機制便能取得 IPv6 位址及相關設定值。所以有人說這等於是 IP 版的隨插即用（Plug-and-Play）功能。

更佳的保密性

IPv6 整合了目前廣為使用的加密協定－IPSec（IP Security）在內，不但能對傳送的資料內容加密，還能驗證身份。因此接收端可以確保收到的封包未經竄改，亦非他人冒名傳送。

路由效率的提升

IPv4 封包的表頭長度不固定，為 20～60 Bytes；而 IPv6 封包的表頭長度固定為 40 Bytes，內容也經過簡化。因此路由器在處理 IPv6 的封包時速率較快，至少省略判斷表頭長度的動作，提升了路由效率。

A-4 TCP、UDP 與連接埠

TCP (Transmission Control Protocol) 與 UDP (User Datagram Protocol) 介於應用程式與 IP 之間，負責電腦之間點對點的通訊。TCP 可提供較為可靠的傳輸方式，但相對的傳輸效率較差。相反地，UDP 傳輸效率較佳，但不保證傳輸可靠，而必須藉由上層的應用程式來確保資料的正確性。

TCP 是以連線為導向的通訊協定，亦即發送端要傳送資料給接收端之前，需要先彼此溝通、建立連線。而且雙方都利用序號 (Sequence Number) 和回應序號 (Acknowledge Number) 確認對方確實收到資料，因此可靠性比較高。例如瀏覽網站所用的 HTTP 協定與傳輸檔案所用的 FTP 協定，就是都使用 TCP。

而 UDP 是非連線導向的通訊協定，在未與接收端事先建立連線的情況下，發送端即可傳送資料過去。而且一旦傳送出去之後，不需要接收端回應是否收到，例如 DNS 服務即是使用 UDP。

TCP 與 UDP 封包的內容比較複雜，本書無法詳細介紹。不過，在許多伺服器的設定上，常常會有 TCP/UDP 連接埠 (Port) 的相關選項，因此有必要在此說明。

如果我們以房屋地址來比喻 IP 位址，那麼連接埠就好像是房屋裏面的房間號碼。就好像一棟有數千個房間的大樓，即使您憑地址找到了該棟大樓，也很難找到所要尋找的人。這時候如果知道房間號碼，事情就好辦多了。同理，每台電腦實際上會開放許多連接埠，資料從網路上傳入時必須符合對應的連接埠，電腦才能處理這些資料。換言之，當電腦以 TCP/UDP 協定傳送資訊時，其目的地是由兩部份組成。前段是目的電腦的 IP 位址，後段則是 TCP/UDP 的連接埠編號。

連接埠編號是一個長度為 16 Bits 的十進位數字，從 0 到 65535 。根據 IANA 的規定，0~1023 稱為『Well-Know』（眾所周知）連接埠，主要供伺服器程式使用。凡是在 IANA 登記有案的協定，都會分配到一個 Well-Know 連接埠編號，例如： DNS 為 53，代表 DNS 伺服器程式都應使用 53 號連接埠。至於 1024~49151 號連接埠，則是給各軟體公司向 IANA 註冊，以保留給特定的應用程式或服務；而 49152~65535 則是 Dynamic （動態）連接埠，給用戶端使用。例如：使用 IE 上網時，就會獲得一個隨機分配的動態連接埠編號。

以下為幾種服務（或者說是協定）常用的連接埠編號：

服務名稱	協定名稱	連接埠編號
DHCP	UDP	67
DNS	TCP/UDP	53
FTP	TCP	21/20
Telnet	TCP	23
SMTP	TCP	25
HTTP	TCP	80

從上表也可以看出：有的服務用會到兩種協定；有的則是用到兩個連接埠編號。

MEMO

APPENDIX

B

Windows Server 2016

準備好架站的網路環境

B-1 選擇哪一種寬頻網路

B-2 連上網路

B-3 申請付費網域名稱

隨著寬頻網路的流行, 諸多網路服務例如：ADSL、光纖、Cable 網路紛紛推出。要架站的網路環境當然是愈快、愈穩定就愈好。本章將會介紹各種寬頻網路的優點, 以及它們之間區別；安裝好網路之後如何連線上網、如何申請付費的網域名稱與免費的網域名稱。

B-1 選擇哪一種寬頻網路

提供寬頻網路的廠商, 不斷推出各種吸引消費者的促銷活動, 使得價格經常變動。因此我們並不比較誰貴誰便宜, 僅說明各種寬頻網路所提供的服務內容, 與各種網路服務之間的差異。至於要選擇哪個廠商的何種寬頻服務, 則請您評估個人需求及廠商的服務後再決定。

固定制 ADSL

固定制 ADSL 的優點在於擁有『固定的 IP 位址』, 是想要架站的使用者最佳選擇。此連線方式依據每家網路服務提供商 (ISP, Internet Service Provider), 以及不同的連線頻寬、費用, 有 1 個、 3 個、或 3 個以上的固定 IP 位址等選擇。

非固定制 ADSL

非固定制 ADSL 就是常見的撥接式 ADSL, 用戶在每次連接網際網路時, 都必須執行撥接動作 (其實是送出特定的封包, 並非一般的電話撥號), 取得一個不固定的 IP 位址, 這是目前最多人使用的寬頻網路服務。

Tip 目前 HiNet 與 SeedNet 都有提供非固定制 ADSL 可透過原來的撥接方式取得一個固定的 IP 位址, 亦適合用來架站, 詳細的申請方式請詢問您的寬頻網路廠商。

光纖上網

「光纖上網」是近年來所有 ISP 業者主推的技術, 第四台業者在更新老舊的同軸電纜時, 一併換為可承受高頻寬的電纜, 同時在主幹線也改用光纖, 想要搶高速寬頻連線的市場；而「中華電信」則是不斷降低光纖上網（它稱為「光世代」）的價格, 以各種優惠鼓勵 ADSL 用戶升級。因此就長遠來看, 光纖上網必定是明日之星, 目前僅有偏遠地區還無法使用光纖上網, 都會地區幾乎都沒有問題。

對稱式 DSL (SDSL)

對稱式 (Symmetric) DSL 最大的特點在於上傳與下載的速率是相同的 (例如下載 512 Kbps, 上傳也會是 512 Kbps), 而且具有『保證頻寬』 (QoS, Quality of Service) 功能與固定 IP 位址, 因此適合中小企業或是工作室用來架設站台。

Tip 『保證頻寬』功能就是能保證客戶的上傳或下載速率不會低於設定的傳輸速度。

對稱式 DSL 與 ADSL 的不同在於 ADSL 的下載速率大於上傳速率, 同時 ADSL 亦無保證頻寬功能, 所以對於架站而言, ADSL 未必優於『對稱式 DSL』。不過對稱式 DSL 的費用比較昂貴, 而且還需要考慮 IP 位址數量、硬體需求等等因素。

B-2 連上網路

申請安裝寬頻網路服務後, 網路服務提供商會請工程人員到府上裝機。但工程人員只負責接通線路, 通常不會替您設定上網。所以接著就來說明如何在 Windows Server 2016 系統中設定連接上網。

設定固定制 ADSL 上網

若您使用固定制 ADSL 服務, 且 Windows Server 2016 系統已經支援您的網路卡, 接下來只要輸入網路服務供應商所配發的 **IP 位址**、**子網路遮罩**、**預設閘道**、**DNS 伺服器 IP 位址**, 即可連上網路。請在**通知區域**的網路連線圖示上按右鈕, 並執行『**網路和共用中心**』命令：

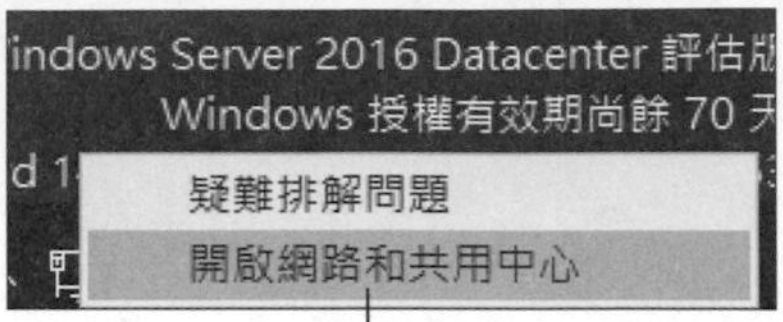

1 執行此命令

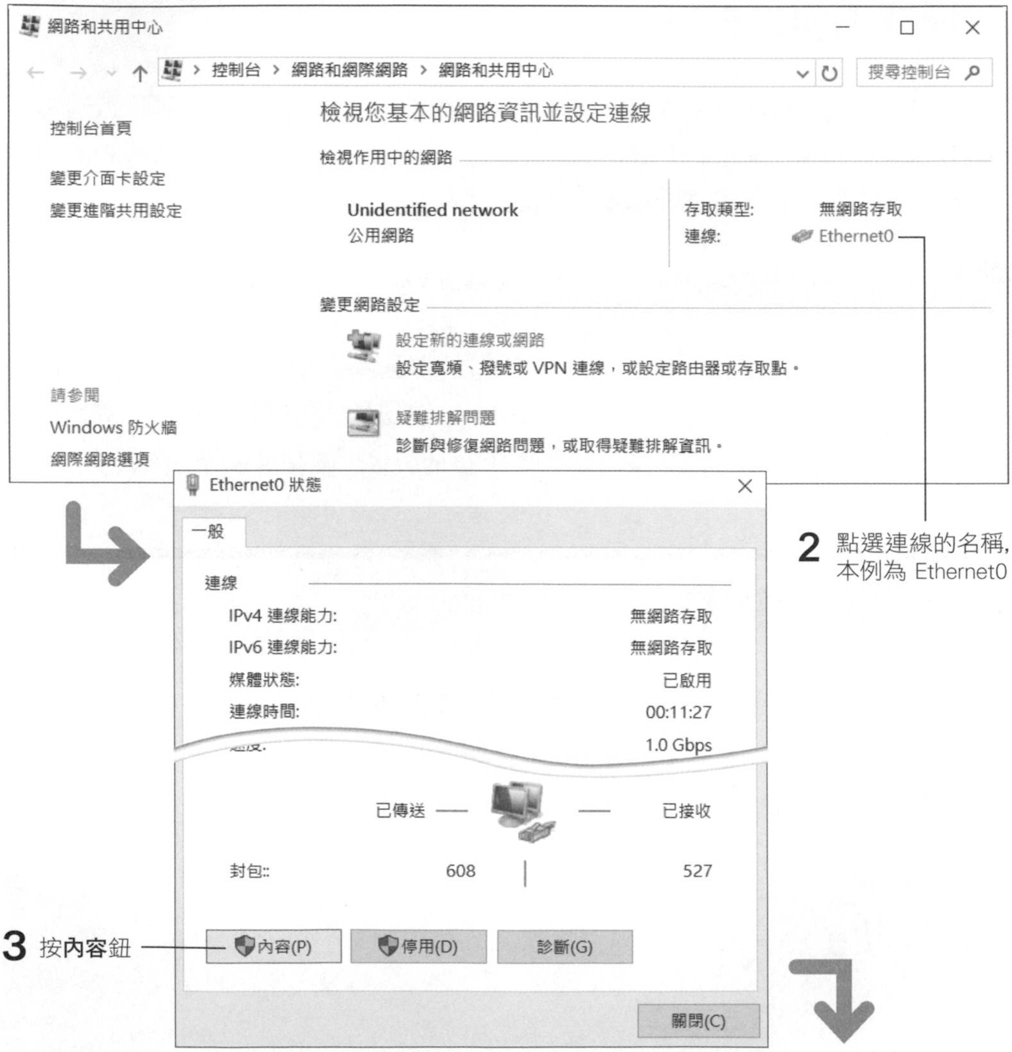

2 點選連線的名稱, 本例為 Ethernet0

3 按**內容**鈕

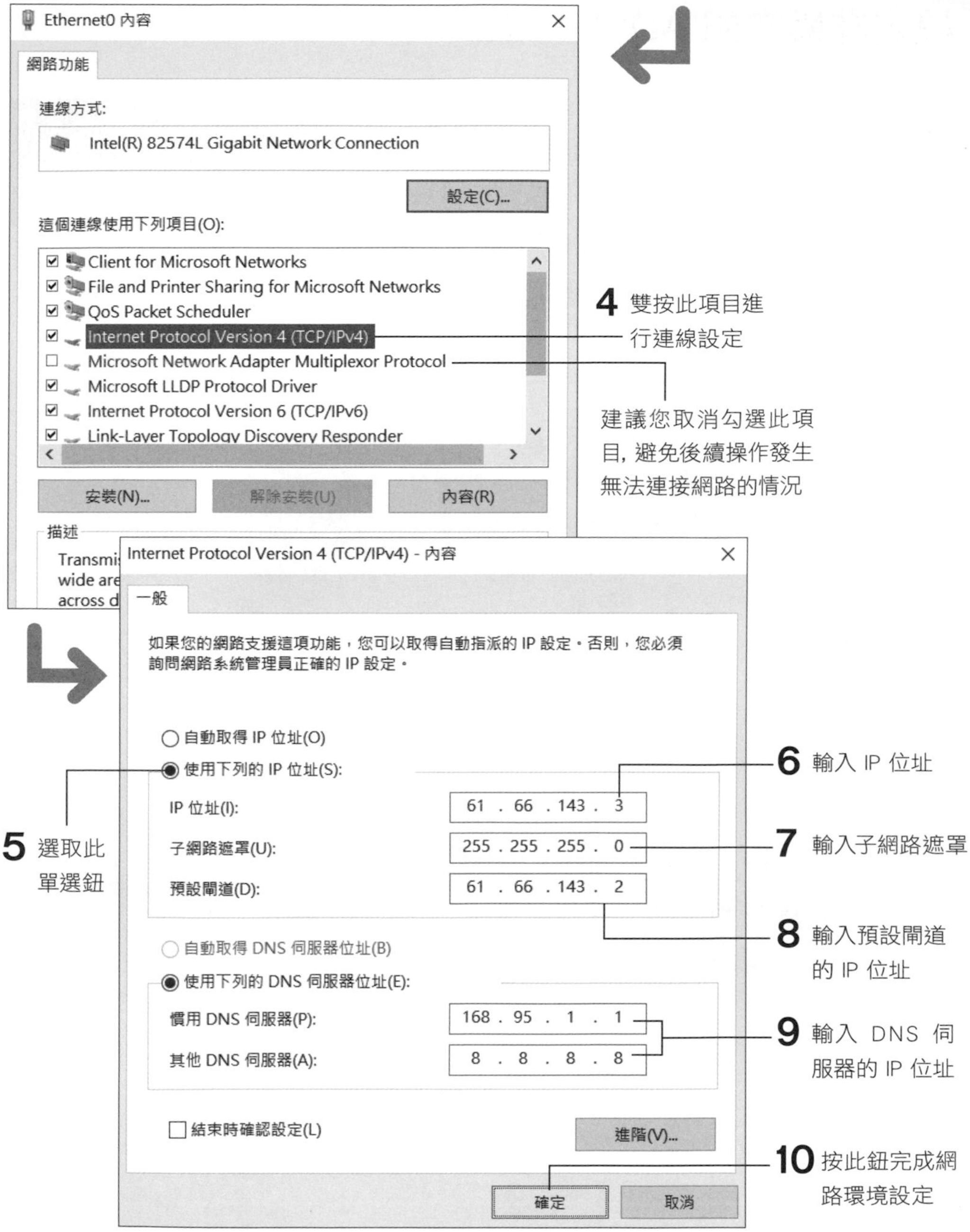
Ethernet0 內容
網路功能
連線方式:
Intel(R) 82574L Gigabit Network Connection
設定(C)...
這個連線使用下列項目(O):
Client for Microsoft Networks
File and Printer Sharing for Microsoft Networks
QoS Packet Scheduler
Internet Protocol Version 4 (TCP/IPv4)
Microsoft Network Adapter Multiplexor Protocol
Microsoft LLDP Protocol Driver
Internet Protocol Version 6 (TCP/IPv6)
Link-Layer Topology Discovery Responder
安裝(N)...
解除安裝(U)
內容(R)
描述
4 雙按此項目進行連線設定
建議您取消勾選此項目，避免後續操作發生無法連接網路的情況
Internet Protocol Version 4 (TCP/IPv4) - 內容
一般
如果您的網路支援這項功能，您可以取得自動指派的 IP 設定。否則，您必須詢問網路系統管理員正確的 IP 設定。
自動取得 IP 位址(O)
使用下列的 IP 位址(S):
IP 位址(I): 61 . 66 . 143 . 3
子網路遮罩(U): 255 . 255 . 255 . 0
預設閘道(D): 61 . 66 . 143 . 2
自動取得 DNS 伺服器位址(B)
使用下列的 DNS 伺服器位址(E):
慣用 DNS 伺服器(P): 168 . 95 . 1 . 1
其他 DNS 伺服器(A): 8 . 8 . 8 . 8
結束時確認設定(L)
進階(V)...
確定
取消
5 選取此單選鈕
6 輸入 IP 位址
7 輸入子網路遮罩
8 輸入預設閘道的 IP 位址
9 輸入 DNS 伺服器的 IP 位址
10 按此鈕完成網路環境設定

完成以上步驟後，應該就可以順利連上網路。若發生問題，則請您閱讀本節『網路故障排除』的內容。

設定非固定制 ADSL 上網

若使用非固定制 ADSL, 由於網路服務供應商並不會配發固定 IP, 因此用戶必須自行設定 ADSL 連線, 連接到網路服務供應商的伺服器, 取得一個配發的 IP 位址後才能上網。請在**通知區域**的網路連線圖示上按右鈕, 並執行『**開啟網路和共用中心**』命令：

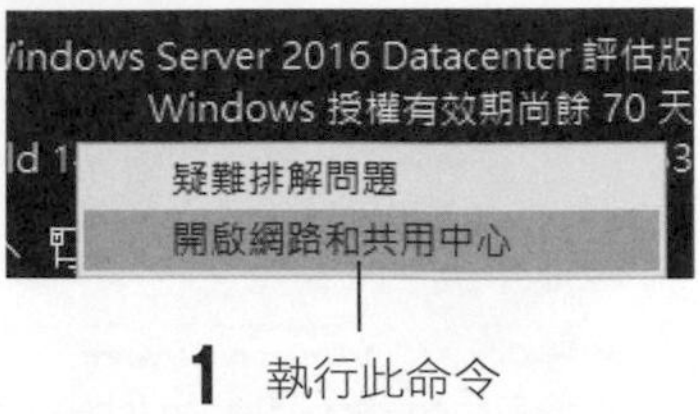

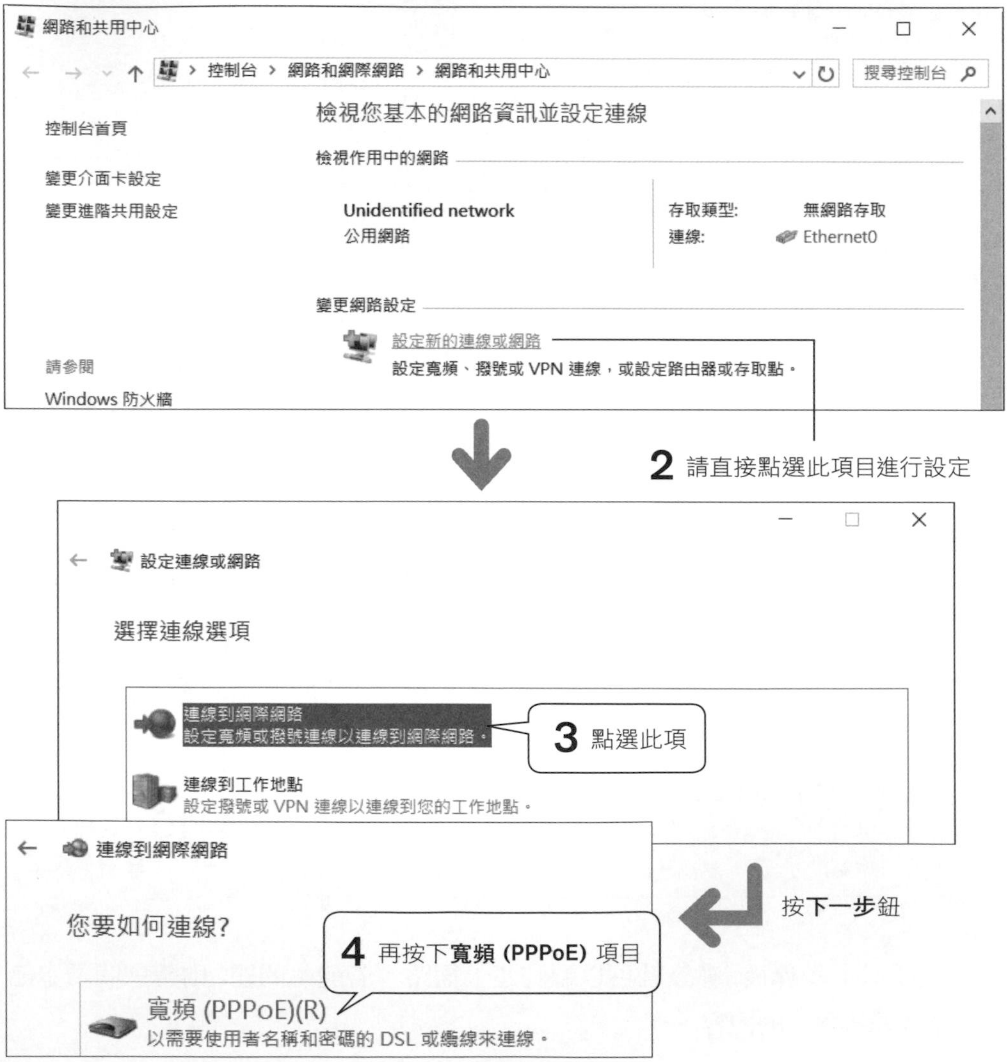

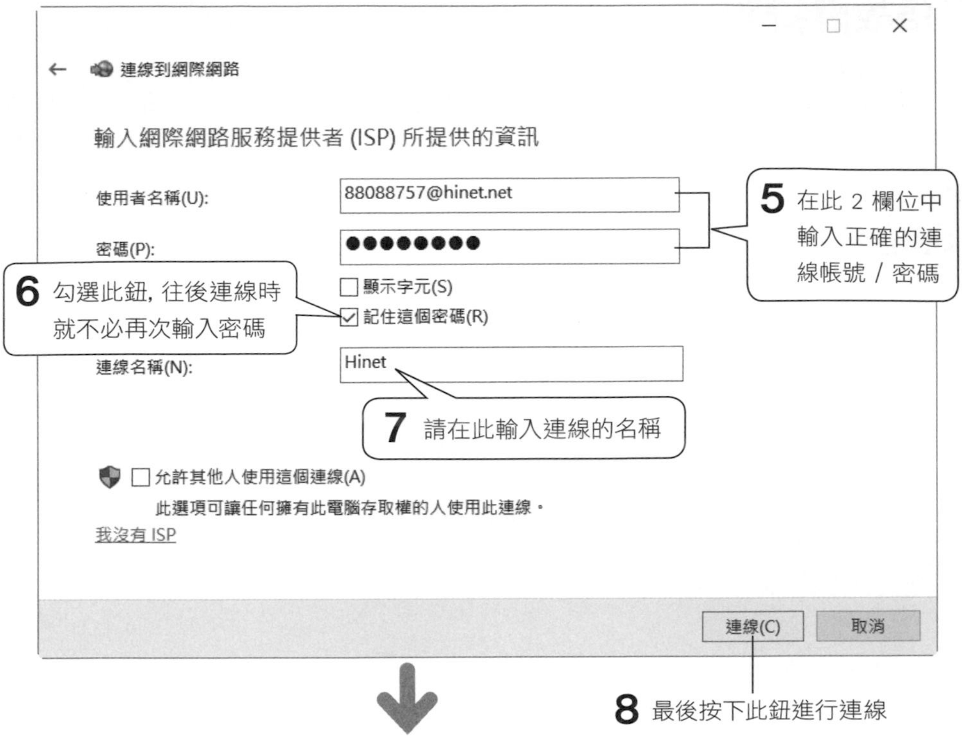

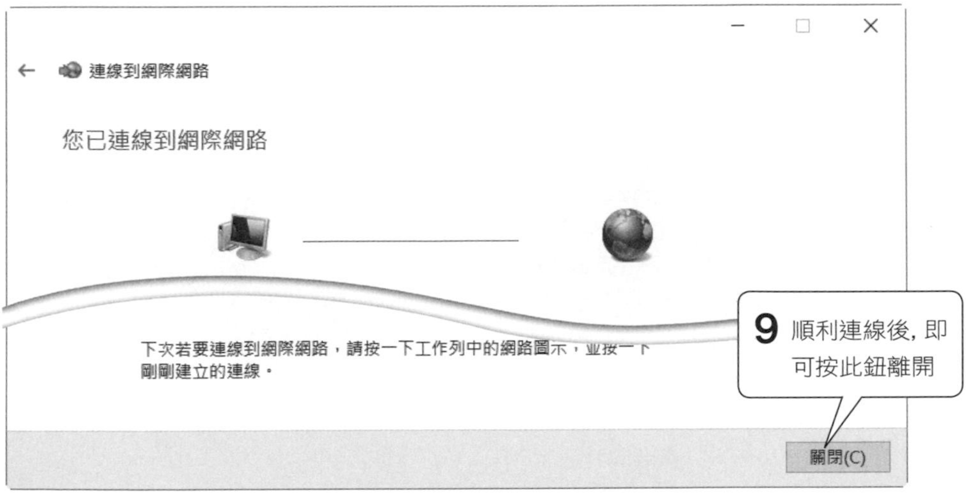

Tip 此連線設定只需做一次, 往後可利用此設定直接連接網路。

完成前述步驟, 您的電腦已經上網。而且在**通知區域**的網路連線圖示, 可以看到電腦已經順利連接到網際網路。

網路故障排除

若您無法連接到網際網路, 請依照以下的順序, 逐步釐清您的網路問題出在何處。

測試網路卡的運作

欲測試網路卡式否正常運作, 請開啟**命令提示字元**交談窗, 並執行 "**ping 電腦本機的 IP 位址**" 與 "**ping 127.0.0.1**" 指令：

```
C:\User\Administrator> ping 61.66.143.3  ← 執行此指令
                                         (61.66.143.3：電腦本身的 IP 位址)

Ping 61.66.143.3 具有 32 位元組的資料
回覆自 61.66.143.3: 位元組=32 時間<1ms TTL=128
回覆自 61.66.143.3: 位元組=32 時間<1ms TTL=128
回覆自 61.66.143.3: 位元組=32 時間<1ms TTL=128
回覆自 61.66.143.3: 位元組=32 時間<1ms TTL=128
61.66.143.3 的 Ping 統計資料
  封包：已傳送 = 4, 已收到 = 4, 已遺失 = 0 (0% 遺失)
大約的來回時間 (毫秒)：
  最小值 = 0ms, 最大值 = 0ms, 平均 = 0ms

C:\User\Administrator> ping 127.0.0.1  ← 執行此指令
Ping 127.0.0.1 具有 32 位元組的資料
回覆自 127.0.0.1: 位元組=32 時間<1ms TTL=128
回覆自 127.0.0.1: 位元組=32 時間<1ms TTL=128
回覆自 127.0.0.1: 位元組=32 時間<1ms TTL=128
回覆自 127.0.0.1: 位元組=32 時間<1ms TTL=128

127.0.0.1 的 Ping 統計資料
  封包：已傳送 = 4, 已收到 = 4, 已遺失 = 0 (0% 遺失)
大約的來回時間 (毫秒)：
  最小值 = 0ms, 最大值 = 0ms, 平均 = 0ms
```

若從電腦本身的位址有回覆 (Reply) 表示 IP 位址設定正確！

若網卡有回覆, 表示網路卡運作正常！

若您執行上述指令後，卻出現**目的地主機無法連線**或**要求等候逾時**訊息，表示 IP 位址設定不正確或是網路卡沒有正常運作。

排除網路卡問題

請先開啟 Internet Protocol Version 4 (TCP / IPv4) **內容**交談窗，並如下循序檢查：

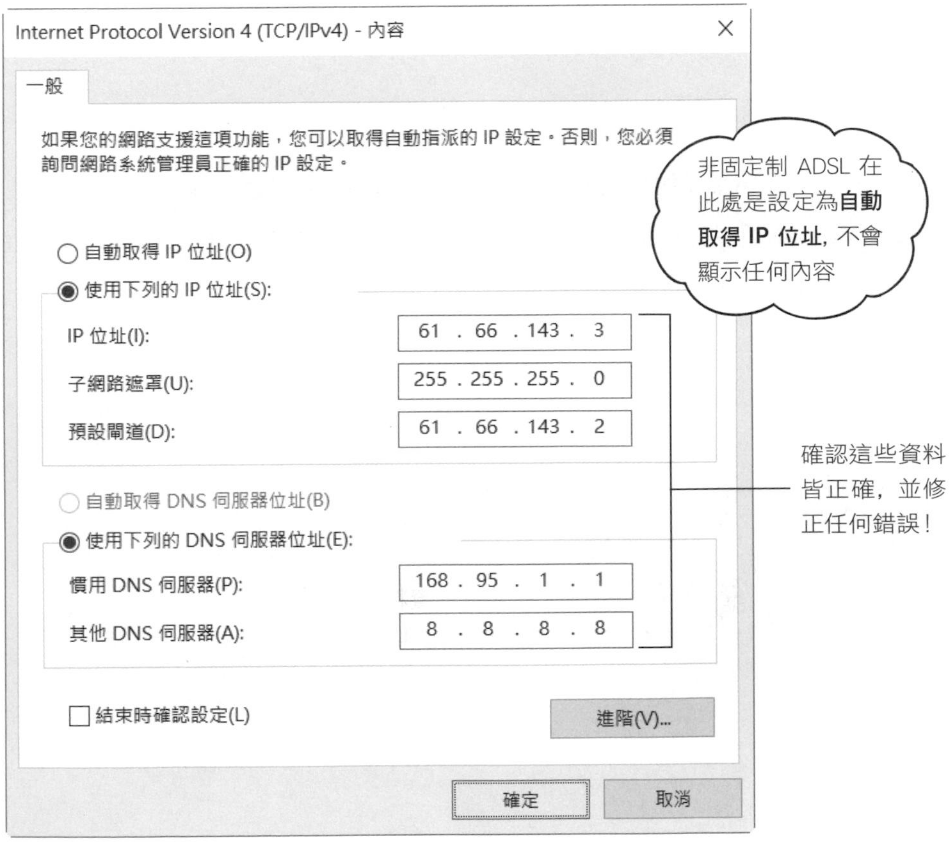

完成上述檢查後，若網路還是不通，則可能是遇到以下情況：

- 網路卡損壞。
- 網路線接觸不良、沒接好或是斷掉。
- 若有加裝集線器，則可能是集線器故障。

建議您先參考網路卡的使用手冊，根據網卡上的燈號判斷是否正常？其次將網路線改插及限期的其他連接埠；最後則是更換網路線。

檢查預設閘道的運作

若您的網路卡與網路線皆運作正常，而且使用固定制 ADSL 服務，可能是對外網路的預設閘道沒有正常運作。所以接下來檢查預設的通訊閘道，請執行 "**ping 預設閘道的 IP 位址**"：

```
C:\User\Administrator> ping 218.160.32.254  ← 執行此指令
                            預設閘道的 IP 位址

Ping 218.160.32.254 具有 32 位元組的資料
回覆自 218.160.32.254: 位元組=32 時間=26 ms TTL=127
回覆自 218.160.32.254: 位元組=32 時間=31 ms TTL=127
回覆自 218.160.32.254: 位元組=32 時間=27 ms TTL=127
回覆自 218.160.32.254: 位元組=32 時間=26 ms TTL=127
                                      若從閘道器的 IP 位址有收到回應
                                      (Reply) 表示閘道器運作正常！
218.160.32.254 的 Ping 統計資料
  封包：已傳送 = 4, 已收到 = 4, 已遺失 = 0 (0% 遺失)
大約的來回時間 (毫秒)：
  最小值 = 26ms, 最大值 = 31ms, 平均 = 27ms
```

若您使用使用 ISP 自動分配**多個 IP 位址**的 ADSL 服務，通常 ADSL 數據機就是預設的閘道。假使遇到預設閘道器沒有回應時，請關閉數據機電源後，再重新啟動您的數據機。若依然無法解決問題，可能是以下的情況所造成：

- ADSL數據機故障。
- ISP 的網路設備或線路故障。

遇到此情況, 請向 ISP 反映。

檢查對外連線

要檢查對外連線是否正常, 請執行 "**ping 任何一部網際網路主機的 IP 位址**":

```
C:\User\Administrator> ping 118.168.237.28  ← 執行此指令
                       本例我們測試另一台電腦的 IP 位址

Ping 118.168.237.28 具有 32 位元組的資料
回覆自 118.168.237.28: 位元組=32 時間=45 ms TTL=127
回覆自 118.168.237.28: 位元組=32 時間=46 ms TTL=127
回覆自 118.168.237.28: 位元組=32 時間=46 ms TTL=127
回覆自 118.168.237.28: 位元組=32 時間=46 ms TTL=127
118.168.237.28 的 Ping 統計資料
  封包:已傳送 = 4, 已收到 = 4, 已遺失 = 0 (0% 遺失)
大約的來回時間 (毫秒):
  最小值 = 45ms, 最大值 = 46ms, 平均 = 45ms
```

若該主機沒有回應, 則再試 ping 其他網際網路上的主機。若一樣沒有回應, 則即可能是閘道器與網際網路之間的連線出了問題, 請通知 ISP 儘快解決。

確定使用 DNS 名稱也能正確連線

若 ping 網際網路主機的 IP 位址, 有收到主機的回應, 此時請執行 "**ping 任一部網際網路主機的 DNS 名稱**", 例如『ping www.flag.com.tw』, 若無法收到回應, 表示 DNS 伺服器有問題, 請使用另一部 DNS 伺服器, 例如可以使用 HiNet 提供的免費 DNS 伺服器 – 『168.95.1.1』、或『168.95.192.1』, 並儘速通知 ISP 處理。

B-3 申請付費網域名稱

若您擁有固定的 IP 位址, 則已具備架站的基本條件。應該再申請一個專屬的網域名稱, 才能方便使用者連線到您架設的站台。

網域名稱的種類及費率

目前大家常用的網域名稱有 com.tw、org.tw 及 idv.tw, 這些名稱在實際的運用上並沒有什麼不同, 只是在定位、申請條件及收費不一樣而已 (每家網域廠商的申請費用也會有些許的不同, 目前有提供網域申請服務的廠商有 HiNet、SeedNet..., 您可參考下一頁圖中的列表)。

- **com.tw**：服務對象為商業團體, 費用為一年 800 元。申請時需填公司統一編號。
- **org.tw**：服務對象為財團法人或社團法人等非商業團體, 費用為一年 800 元。申請時需填社 (財) 團法人統一編號。
- **idv.tw**：服務的對象為中華民國的國民, 費用為一年 400 元。

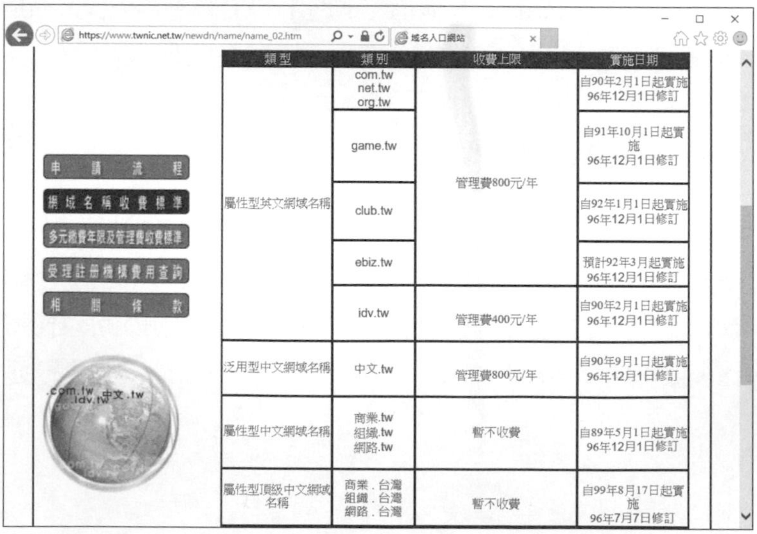

類型	類別	收費上限	實施日期
屬性型英文網域名稱	com.tw net.tw org.tw	管理費800元/年	自90年2月1日起實施 96年12月1日修訂
	game.tw		自91年10月1日起實施 96年12月1日修訂
	club.tw		自92年1月1日起實施 96年12月1日修訂
	ebiz.tw		預計92年3月起實施 96年12月1日修訂
	idv.tw	管理費400元/年	自90年2月1日起實施 96年12月1日修訂
泛用型中文網域名稱	中文.tw	管理費800元/年	自90年9月1日起實施 96年12月1日修訂
屬性型中文網域名稱	商業.tw 組織.tw 網路.tw	暫不收費	自89年5月1日起實施 96年12月1日修訂
屬性型頂級中文網域名稱	商業．台灣 組織．台灣 網路．台灣	暫不收費	自99年8月17日起實施 96年7月7日修訂

開始申請網域名稱

在瞭解費率及種類之後，可以連到**台灣網路資訊中心** (http://www.twnic.net.tw/newdn.php) 依下列步驟申請一個網域名稱，以下筆者以申請 iflag.com.tw 為例來說明：

2 按此選擇要申請的網域類型

3 按此連結繼續

依照要求完成驗證

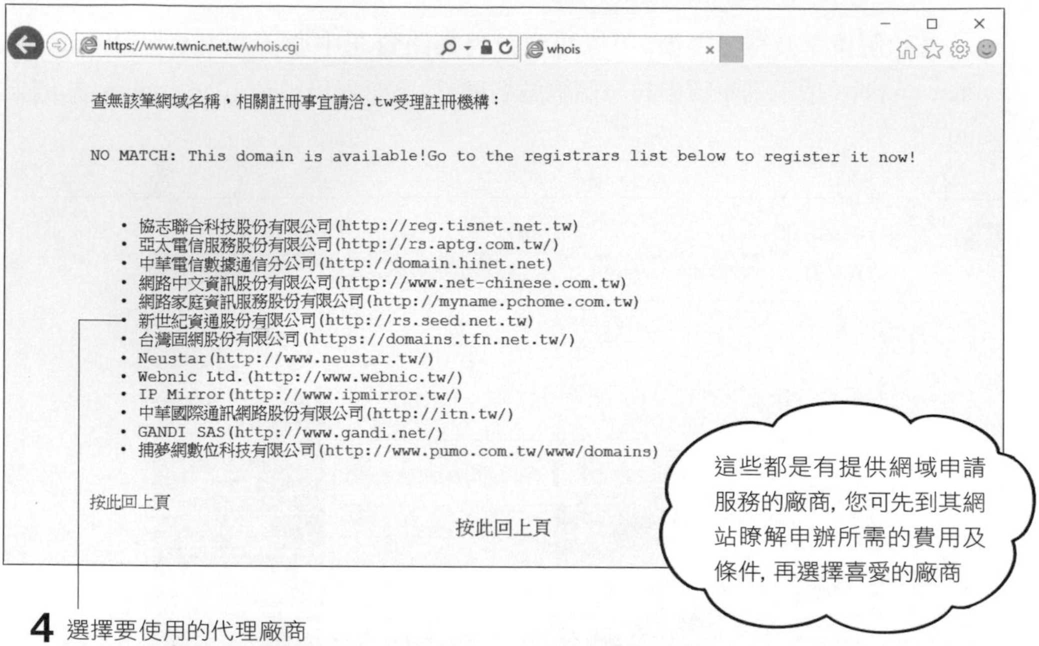
https://www.twnic.net.tw/whois.cgi
whois
查無該筆網域名稱，相關註冊事宜請洽.tw受理註冊機構：
NO MATCH: This domain is available!Go to the registrars list below to register it now!
協志聯合科技股份有限公司(http://reg.tisnet.net.tw)
亞太電信服務股份有限公司(http://rs.aptg.com.tw/)
中華電信數據通信分公司(http://domain.hinet.net)
網路中文資訊股份有限公司(http://www.net-chinese.com.tw)
網路家庭資訊服務股份有限公司(http://myname.pchome.com.tw)
新世紀資通股份有限公司(http://rs.seed.net.tw)
台灣固網股份有限公司(https://domains.tfn.net.tw/)
Neustar(http://www.neustar.tw/)
Webnic Ltd.(http://www.webnic.tw/)
IP Mirror(http://www.ipmirror.tw/)
中華國際通訊網路股份有限公司(http://itn.tw/)
GANDI SAS(http://www.gandi.net/)
捕夢網數位科技有限公司(http://www.pumo.com.tw/www/domains)
按此回上頁
按此回上頁
這些都是有提供網域申請服務的廠商, 您可先到其網站瞭解申辦所需的費用及條件, 再選擇喜愛的廠商
4 選擇要使用的代理廠商

後續的的動作因各家的設計而不同， 只要跟著說明逐步做下去就沒什麼問題，若真的遇到問題，請撥打客服電話尋求協助。